統計分析
入門與應用
SPSS中文版＋SmartPLS 4
(CB-SEM＋PLS-SEM) 第五版

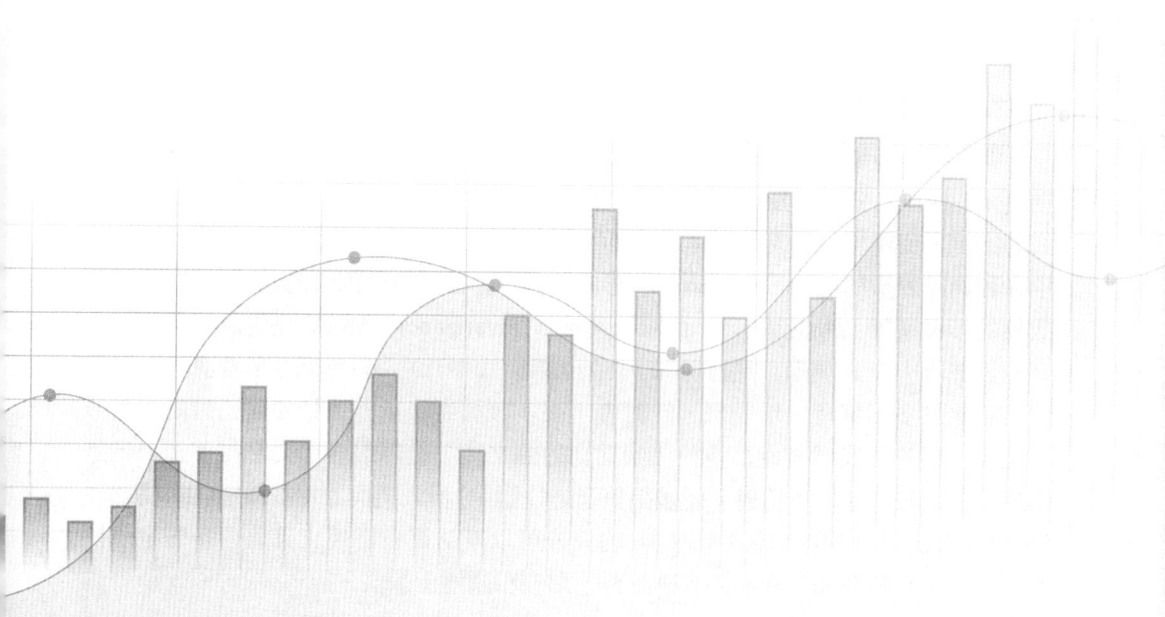

序

　　《統計分析入門與應用 SPSS（中文版）+ SmartPLS 4（CB-SEM+PLS-SEM）》這本著作更新內容有，1. 新增 SmartPLS CB-SEM & GSCA-SEM 內容，2. 更新 SmartPLS 回歸, Process, PLS-SEM，Reflective & Formative, 中介&調節 實務操作，3. 新增調節最新分析分析指導方針，4. 更新期刊對 SEM 最新要求&常見研究分析錯誤和建議解決方式…等等最新實務操作。科學研究的核心在於持續探索人、事、物的真理，其最終目標是追求「真、善、美」。即便無法達到完全的完美，我們仍盡全力貼近事實與真相。在過去 20 多年中，我們專注於多變量分析的學習與實踐，累積了豐富的經驗，並提供一系列正確且實用的多變量分析研究論文參考範例。這些範例涵蓋量表設計、敘述性統計、相關分析、卡方檢定、平均數比較、因素分析、迴歸分析、區別分析、邏輯迴歸、單因素變異數分析、多變量變異數分析、典型相關分析、信度與效度分析、聯合分析、多元尺度分析、集群分析、回歸（Regression）模型、路徑分析（Path analysis）、Process 功能分析，以及結構方程模式（SEM）等第二代統計技術。最終，我們完成了這本著作，旨在幫助更多需要進行資料分析的讀者，特別是那些希望能夠正確報告多變量分析結果的人士。我們期望此書能成為資料分析過程中的有力助手，幫助讀者掌握核心技術並應用於實務中。

　　近年來，多變量統計分析慢慢地產生巨大變化，例如：SEM 的演進、以評估研究模式的適配。發展量表，CB-SEM 和 PLS-SEM 的區別，GSCA-SEM 分析，辨別模式的指定，反映性和形成性指標的發展和模式的指定，二階和高階潛在變數的使用，中介和調節變數的應用，Formative（形成性）的評估、中介因素的 5 種型態、調節效果的多種型態、測量恆等性 (Measurement Invariance)、MGA 呈現的範例、被中介的調節 (中介式調節)、被調節的中介 (調節式中介)。作者歷經多場演講和工作坊，也參加多場講座、培訓班、研討會，很多參加者表示不清楚如何正確的提供分析結果，另外，我們審過很多投稿到期刊的論文後，發現很多論文寫得不錯，但是由於分析或報告結果不精確，而被拒稿了。《統計分析入門與應用 SPSS（中文版）+ SmartPLS 4（CB-SEM+PLS-SEM）》的完成可以幫助更多需要正確報告多變量分析的研究者，順利發表研究成果於研討會、期刊和碩博士論文。

　　感謝眾多讀者對於《多變量分析最佳入門實用書 SPSS + LISREL》、《統計分析 SPSS (中文版) + PLS_SEM (SmartPLS)》和《統計分析入門與應用 SPSS (中文版) + SmartPLS 3 (PLS_SEM)》第二版&第三版&第四版的厚愛，本書已經是第五版本。

序

《統計分析入門與應用 SPSS（中文版）+ SmartPLS 4（CB-SEM+PLS-SEM）》新增和更新的內容包括：1. 新增 SmartPLS CB-SEM 內容和實務操作，2. 新增 SmartPLS GSCA-SEM 內容和實務操作，3. 更新 SmartPLS 回歸，Process, PLS-SEM, Reflective & Formative, 中介&調節實務操作，4. 新增最新調節分析指導方針，5. 新增內生性 (Endogeneity) 實務操作，6. 新增混合方法 Mixed method 內容，7. 更新期刊對 SEM 最新要求 & 常見研究分析錯誤和建議解決方式。

本書的完成，謝謝碁峰資訊的全力幫助，感謝家人的支持，老婆的幫忙，還有陳豪、袁野、王嘯群、劉暢、周夢如、石佳興、蔣善澤、王源浩、張哲綸…等的資料收集與分析，許秉瑜教授、Patrick Y.K. Chau 教授在研究上的指導與協助，李有仁教授和王存國教授在研究上的指導，鄧景宜教授、廖耕億教授、江彥逸教授、汪志堅教授、周思畏教授、梁直青教授、戴敏育教授、陳世智教授、范錚強教授、周子銓教授、陳純德教授、廖則竣教授、翁頌舜教授、王貞淑教授、劉懿德教授、虞曉芬教授、蘇新寧教授、黃偉教授、王刊良教授、左美雲教授、陳熹教授、童昱教授、朱慶華教授、楊雪教授、葉強教授、郭熙銅教授、魯耀斌教授、鄧朝華教授、王惠文教授、姚忠教授、歐陽桃花教授、裘江南教授、杜榮教授、牟健教授、李玉海教授、曹高輝教授、池毛毛副教授、孫元教授、王剛教授、顧立平崗位教授、劉位龍教授、夏火松教授、趙晶教授、朱鎮教授、王芳教授、肖雪副教授、李永紅教授、尹麗英老師、李正衛教授、葉許紅教授、徐瑀婧副教授、郭佳副教授、曹聰副教授、李一然講師、余譯青老師、朱文龍教授、曹蓉教授、崔旭教授、程慧平教授、馬寶君教授的討論與鼓勵，以及長庚大學湯明哲校長、李書行院長、詹錦宏副院長、于卓民所長的支持。

更感謝 Prof. Detmar Straub, Prof. Chris Westland, Prof. Kwok Kee Wei, Prof. Joseph F. Hair Jr., Prof. Christian Ringle, Prof. Marko Sarstedt, Prof. Wynne Chin, Prof. Jörg Henseler, Prof. Ned Kock, Prof. Han Zhang, Prof. Andrew N. K. Chen, Prof. Yulin Fang, Prof. T. Ramayah, Prof. Hiram Ting, Prof. Jason Bennett Thatcher, Prof. Yogesh Dwivedi, Prof. Viswanath Venkatesh, Prof. Andrew Burton-Jones, Prof. Sarker, Suprateek, Prof. Christy M. K. Cheung, Prof. Sia Choon Ling Prof. Jacky Cheah, Prof. Galit Shmueli, Prof. Soumya Ray, Prof. Alain Chong 和 Prof. Rico Lam 在中介和調節分析，反映性和形成性指標與模式的說明、二階和高階因果關係、多群組比較分析、進階議題、以及內生性 (Endogeneity) 和必要條件分析 (NCA) 相關議題上的協助，使得本書可以更加完善，以幫助更多辛勞的研究者。最後要感謝每一位讀者，有您們的支持，才能有更好的書出現。

長庚大學資管系教授 蕭文龍 敬上
Shiau,Wen-Lung
mac@cgu.edu.tw

本書所獲得的讚譽

Professor Shiau is widely recognized as one of Taiwan's leading scholars in structural equation modeling (SEM). With an extensive record of publications in quantitative research methodologies, he has made significant contributions to the field. In this book, he not only provides a comprehensive introduction to SPSS techniques but also integrates cutting-edge concepts and advanced methodologies using SmartPLS. The book covers a broad spectrum of topics, including the historical development of SEM, formative assessment, mediation, moderation, measurement invariance, multi-group analysis, mediated moderation, moderated mediation, and mixed methods research.

— Provost, Beijing Normal University-Hong Kong Baptist University United International College, Zhuhai, China

— Emeritus Editor of Information and Management (I&M) Patrick Y.K. Chau

Professor Mac Shiau (Wen-Lung Shiau) is an internationally renowned expert in structural equation modeling (SEM), with a particular specialization in partial least squares structural equation modeling (PLS-SEM). His extensive contributions to the field have significantly advanced both theoretical and applied research. In this book, Professor Shiau comprehensively introduces Regression, Process, CB-SEM, and PLS-SEM methodologies while exploring advanced analytical techniques, including measurement invariance assessment, multi-group analysis, mediation, moderation, and more. With a clear and structured approach, this book serves as an essential guide for understanding and applying modern statistical modeling techniques.

I strongly recommend this book to researchers and practitioners alike who seek to deepen their knowledge of statistical modeling and enhance their research capabilities. It is an invaluable resource for both academic and professional advancement.

—Prof Wei Kwok Kee, President, SIM Global Education

Prior to his current appointment, Prof Wei was the Founding Dean of the School of Continuing and Lifelong Education (SCALE) at the National University of Singapore (NUS) from 2016 to 2020. He was Dean of the College of Business from 2007 to 2012 and Head of the Department of Information Systems from 2002 to 2007 at the City University of Hong Kong (CityU). He was the Founding Head of the Department of Information Systems at NUS from 1998 to 2002.

—Prof Wei is a Fellow of the Association of Information Systems (AIS) and was President of that Association in 2003/4. He was awarded the AIS LEO Award for Lifetime Exceptional Achievement in Information Systems in 2015.

Professor Dr. Mac Shiau (Wen-Lung Shiau) demonstrates that Partial Least Squares Structural Equation Modeling (PLS-SEM) has become an indispensable and widely accepted method within the repertoire of multivariate analysis techniques used by researchers and practitioners alike. In this book, he presents a comprehensive and methodologically robust exploration of Structural Equation Modeling (SEM), integrating the latest advancements in SmartPLS 4 to enhance both accessibility and practical application. Drawing on his extensive expertise, Professor Shiau once again delivers an exceptional and pioneering textbook on SEM, providing invaluable guidance for scientists and professionals looking to incorporate Covariance-based SEM (CB-SEM) and PLS-SEM into their research and projects. At the same time, this book serves as an essential teaching resource for instructors introducing students to both CB-SEM and PLS-SEM through SmartPLS 4. With its clear presentation, methodological depth, and practical insights, this textbook is an indispensable resource for anyone involved in SEM-based research, teaching, or application.

— 德國 Hamburg University of Technology (TUHH)
Prof. Christian M. Ringle （SmartPLS 開發者之一）

Authored by Wen-Lung Shiau, one of the world's foremost authorities in Structural Equation Modeling (SEM), this book provides a comprehensive and authoritative exploration of both Covariance-Based SEM (CB-SEM) and Partial Least Squares SEM (PLS-SEM). It not only covers the fundamental principles but also delves into the latest advancements and related methodologies, making it an indispensable resource for researchers and practitioners alike. Now recognized as a definitive and essential reference, this book serves as a one-stop resource for those seeking to master SEM and its evolving applications. Offering a state-of-the-art yet application-driven approach, it balances methodological depth with practical insights, ensuring that both novice and experienced scholars can effectively apply SEM techniques in their research. This book is a must-have for anyone looking to stay at the forefront of modern statistical modeling.

— Professor for Marketing, Ludwig-Maximilians-University Munich, Germany, Marko Sarstedt

"Professor Mac Shiau (Wen-Lung Shiau) provides valuable insights into journal standards, common SEM pitfalls, endogeneity issues, CB-SEM techniques, and mixed-method research. With its thorough explanations and strong methodological foundation, this book is an excellent resource for SEM in research, education, and practical applications. It equips scientists and students with the knowledge needed to effectively apply SEM in social science studies."

— Prof. Han ZHANG (Editor-in-Chief of Information and Management ; I&M)
Dean and Chair Professor
School of Business
Hong Kong Baptist University

Professor Mac Shiau (Wen-Lung Shiau) delivers a valuable textbook that offers clear guidance on both Covariance-based SEM (CB-SEM) and Partial Least Squares Structural Equation Modeling (PLS-SEM). The book is designed to help readers learn and integrate relevant techniques into their studies and projects, including Enhancements in SmartPLS regression, PROCESS modeling, PLS-SEM, and reflective & formative modeling. In this new edition, several important additions are provided including guidelines for conducting moderation analysis, updates on journal requirements for SEM and common research mistakes with solutions, endogeneity practices for better model accuracy, and an introduction of mixed-method approaches for SEM. With its structured explanations, methodological depth, and real-world insights, this book is an essential reference for SEM research, teaching, and applications. It can be a valuable resource for researchers, professionals, educators, and students to apply SEM methodology more properly and rigorously for appropriate work.

— Andrew N. K. Chen (Co-Editor-in-Chief of Decision Support Systems; DSS)
Professor, Area of Analytics, Information, and Operations
School of Business, University of Kansas

Professor Mac Shiau (Wen-Lung Shiau) is an internationally recognized expert in structural equation modeling (SEM). This new book offers critical updates on journal standards for SEM, tackles prevalent research pitfalls with pragmatic solutions, explores endogeneity techniques to enhance model accuracy, and presents mixed-method approaches for behavioral information systems research. I strongly endorse this book for academics and practitioners aiming to deepen their comprehension of statistical modeling and elevate their research skills. It is an essential resource for academic and professional advancement.

— Xin (Robert) Luo, Ph.D.
Distinguished Professor of MIS
Anderson School of Management
The University of New Mexico, USA

Associate Editor: Journal of the Association for Information Systems, Information & Management, Electronic Commerce Research, Journal of Electronic Commerce Research
Co-Editor in Chief: International Journal of Accounting and Information Management

I highly recommend Prof. Wen-Lung Shiau's book, 統計分析入門與應用 SPSS (中文版) + SmartPLS 4 (CB-SEM & PLS-SEM), as an outstanding resource for researchers looking to master multivariate analysis techniques. This book offers clear, step-by-step guidance, making complex statistical concepts accessible and easy to understand. Through well-structured examples and practical applications, Prof. Shiau effectively bridges theory and practice, enabling readers to confidently apply these techniques in their own research. The book also introduces new calculation methods available in SmartPLS 4, covering essential topics such as regression models, path analysis, multiple moderation analysis, and more. As a leading expert in CB-SEM and PLS-SEM, Prof. Shiau brings extensive experience in both research and teaching, offering valuable insights that help researchers accurately interpret and report their multivariate analysis results in conference papers, journal articles, and dissertations.

Overall, 統計分析入門與應用 SPSS (中文版) + SmartPLS 4 (CB-SEM & PLS-SEM) is an essential reference for researchers seeking to deepen their understanding of multivariate statistical modeling and enhance their academic writing skills. This book is a must-read for anyone engaged in empirical research using SEM techniques.

— Chair Professor in Information Systems and Digital Innovation, University of Nottingham Ningbo China
Co-Editor-in-Chief, Industrial Management & Data Systems (IMDS)
Alain Yee Loong Chong

"Professor Wen-Lung Shiau, a distinguished authority in Structural Equation Modeling (SEM), presents a comprehensive guide that delves into SPSS, CB-SEM, and PLS-SEM. This book integrates the latest advancements in SEM, including cutting-edge methodologies for addressing endogeneity, sophisticated moderator analyses, and mixed-methods approaches. Furthermore, it provides critical insights into common research pitfalls and the evolving journal standards for SEM, making it an indispensable resource for researchers seeking to enhance their SEM proficiency and elevate the quality of their academic publications."

— Prof. Dr. Hiram Ting 陈芳尧教授

School of Management and Marketing, Taylor's University, Selangor, Malaysia. Hospitality and Tourism Institute, Duy Tan University, Danang, Vietnam

Professor Wen-Lung Shiau, a prominent expert in Structural Equation Modeling (SEM) in Taiwan, has significantly contributed to quantitative research methodologies through his extensive publications. In this book, he thoroughly introduces SPSS techniques and integrates advanced SEM methodologies using SmartPLS. This work covers the historical evolution of SEM, formative assessments, mediation and moderation analysis, measurement invariance, multi-group analysis, mediated moderation, moderated mediation, endogeneity, and sophisticated analytical approaches, providing a rigorous and in-depth exploration of modern SEM applications. With its focus on foundational concepts and cutting-edge techniques, this volume is an invaluable resource for novice and experienced researchers seeking to enhance their SEM expertise and apply it effectively in their studies.

— Prof. José L. Roldán
Professor of Management
Universidad de Sevilla (Spain)

This book offers an in-depth, up-to-date guide on the latest features of SmartPLS 4 and SPSS, making it an indispensable resource for researchers utilizing Covariance-Based SEM (CB-SEM) and Partial Least Squares SEM (PLS-SEM). It includes comprehensive model evaluation guidelines and practical instructions, helping scholars apply these techniques accurately and effectively in their work. Authored by Prof. Wen-Lung Shiau, a renowned expert in SEM, the book also incorporates the latest updates, including new methodologies for handling endogeneity, advanced moderator analysis, and mixed methods. Additionally, it offers critical insights on common research errors and the latest journal requirements for

SEM, making it an essential reference for anyone looking to advance their SEM expertise and improve their research publications.

— Professor Yide Liu, Macau University of Science and Technology

With his extensive experience in conducting research and mentoring our next generation of researchers, Prof. Shiau offered this excellent book on quantitative research for researchers and practitioners. It provides comprehensive coverage of essential techniques needed for conducting research using SPSS and the structural equation model (SEM) with SmartPLS. No doubt, it will be an essential reference book for all of us.

— Prof. Kevin K.W. Ho (何啟榮), Institute of Business Sciences, University of Tsukuba
　　Editor-in-Chief, Journal of Organizational Computing & Electronic Commerce

導讀

推廣和出版統計分析相關技術和書籍將近 20 年，感謝眾多學校和系所，採用《統計分析入門與應用 SPSS(中文版) + SmartPLS 系列為教科書，在碩博士論文的引用次數已經超過 1,110 次，多變量分析最佳入門實用書 SPSS+LISREL 引用次數已經超過 1,972 次，《統計分析入門與應用 SPSS(中文版) + SmartPLS 》系列使用人數已經超過 10,000 人，在碩博士論文引用的系所簡列如下：

臺灣大學資訊管理學研究所	國立臺北教育大學教育行政
臺灣大學國際企業學研究所	國立臺北教育大學教育經營與管理學系
臺灣大學社會工作學研究所	國立臺南大學教育經營與管理研究所
國立交通大學管理學院資訊管理學程	國立屏東大學文化創意產業學系碩士班
國立成功大學交通管理學系	國立屏東教育大學體育學系碩士班
國立成功大學工業與資訊管理學系	國立臺灣科技大學企業管理系
國立中央大學資訊管理研究所	國立國防大學政治作戰學院政治研究所
國立中央大學企業管理研究所	國立暨南大學資訊管理學系
國立中山大學經濟學研究所	國立雲林科技大學技術及職業教育研究所
國立中山大學國際經營管理碩士班	國立高雄應用科技大學資訊管理系碩士班
國立中山大學公共事務管理研究所	國立臺東大學資訊管理學系碩士班
國立中正大學企業管理所	國立高雄餐旅大學餐旅教育研究所
國立中正大學資訊管理所	銘傳大學資訊管理學系
國立中正大學醫療資訊管理研究所	銘傳大學管理研究所
國立臺北大學企業管理學系	元智大學資訊管理學系
國立臺北大學資訊管理學系	元智大學經營管理碩士班
國立臺北大學都市計劃研究所	輔仁大學國際經營管理碩士學位學程
國立中興大學行銷學系所	義守大學資訊管理研究所
國立中興大學/森林學系所	東吳大學企業管理學系
國立高雄師範大學成人教育研究所	東海大學工業工程與經營資訊學系
國立高雄師範大學資訊教育研究所	長庚大學企業管理研究所
國立高雄第一科技大學/行銷與流通管理所	長庚大學臨床行為科學研究所
國立高雄第一科技大學/運籌管理所	淡江大學保險學系保險經營碩士班
國立嘉義大學行銷與流通管理研究所	大葉大學事業經營研究所
國立彰化師範大學資訊管理學系所	大葉大學資訊管理學系
國立彰化師範大學商業教育學系	中國文化大學觀光休閒事業管理研究所
國立聯合大學資訊與社會研究所	中華大學資訊管理學系
國立臺中技術學院事業經營研究所	中華大學科技管理學系(所)

導讀

　　隨著 PLS_SEM 的盛行，SmartPLS 已經更新至 SmartPLS 4，新增 CB-SEM，許多老師希望能提供正確的分析結果範例，讓初學者學習基礎的資料分析外，並且能夠學會最新的研究分析和正確報告的能力，作者再接再勵推出《統計分析與應用 SPSS(中文版)+SmartPLS 4 (CB-SEM+PLS-SEM)，除了提供最新和最正確的中介和調節分析，更提供正確的報告多變量分析的結果範例。因此，本書十分適用於統計分析和多變量分析的課程，也希望有更多學校和系所能採用，讓本書成為協助更多人的一本有用的教科書。

　　作者在訓練課程和演講中(例如：資策會、國立政治大學、國立中央大學、國立台灣科技大學、國立臺北科技大學、國立臺灣師範大學、國立臺北大學、國立高雄師範大學、國立彰化師範大學、國立新竹教育大學、銘傳大學、東海大學、亞東技術學院、致理技術學院、國立屏東商業技術學院、馬偕專校、文化大學、德明財經科技大學、南台科大、樹德科大、大同大學、東吳大學、東華大學、國立清華大學、國立中山大學、國立新加坡大學(PACIS 2015)、中山大學、浙江大學、南京大學、西安電子科技大學、西安郵電大學、華中師範大學、浙江工商大學、北京航天航空大學、浙江工業大學、寧波諾丁漢大學、合肥工業大學、山東財經大學、武漢紡織大學、中國地質大學(武漢)、南開大學、中國科學院、西北大學、PACIS 2019 (西安交通大學)、西北師範大學、中國人民大學…等等，與數千位研究人員(研究生、博士生、講師、教授、研究機構人員)交換意見，意見交流中發現眾多研究人員所遇到的問題十分相似，我們一併整理和建議解決方式(Q&A)如下：

1. 在研究方法上，SmartPLS 4 (PLS-SEM+CB-SEM)最新的分析功能有哪些？

    答： a) 迴歸(Regression)模型。

    b) 路徑分析(Path analysis)和 Process 功能分析，包括直接和間接影響的計算。

    c) CB-SEM 共變數形式結構方程模式

    d) 多重調節分析（例如，三向交互）。

    e) 在大多數算法中考慮變量的類型資料

    f) 提供標準化、非標準化和以均值為中心的 PLS-SEM 分析

    g) 內生性(Endogeneity)評估使用高斯 copula 方法。

    h) 必要條件分析(NCA)，包括顯著性檢驗。

    請參考：

    - 蕭文龍 (2025)，統計分析與應用 SPSS(中文版)+SmartPLS 4 (CB-SEM+PLS-SEM)，臺北：碁峰

2. 在研究方法上，PLS-SEM 遇到的核心問題是什麼？

    答： 在研究方法，長久以來 PLS-SEM 的兩大問題是：(1)缺乏一致性結果；(2)缺乏模式適配指標(model fit) (Henseler et al. 2014) SmartPLS 4 已經提供解決方式，在缺乏一致性問題上，SmartPLS 4 提供 PLSc 功能(consistent PLS Algorithm+consistent PLS Bootstrapping) (Dijkstra and Henseler (2015)，可以提供一致性的結果，但只能用在所有構面是反應性(reflective)；對於在缺乏模式適配指標這個問題上，SmartPLS 4 提供了 SRMR 模式適配指標(Henseler et al. 2014)，以評估研究模式的適配。

    - Henseler, J., Dijkstra, T. K., Sarstedt, M., Ringle, C. M., Diamantopoulos, A., Straub, D. W., Ketchen, D. J., Hair, J. F., Hult, G. T. M., and Calantone, R. J. 2014. "Common Beliefs and Reality about Partial Least Squares: Comments on Rönkkö & Evermann (2013)," *Organizational Research Methods* (17:2), pp. 182-209.

    - Dijkstra, T. K., and Henseler, J. 2015. "Consistent Partial Least Squares Path Modeling," MIS Quarterly (39:2), pp. 297-316.

    - 一致性的 PLS、PLSc (PLS Consistence)

    - 形成性(formative)調節構面的正確計算

    - IPMA 重要性與績效的矩陣分析

    - 多群組分析 Multigroup Analysis (MGA)

    - 異質性(Heterogeneity) FIMIX-PLS 分析

    - 異質性(Heterogeneity) PLS-POS 分析

    - Confirmatory Tetrad Analysis PLS (CTA-PLS), PLS 驗證四價分析

3. 如何驗證一個構面是否是形成性(formative)？

    答： SmartPLS 4 提供驗證性 Tetrad 四價分析，以驗證一個構面是否為形成性。

    - Gudergan, S., Ringle, C.M., Wende, S., and Will, A. 2008. "Confirmatory Tetrad Analysis in PLS Path Modeling," *Journal of Business Research* (61:12), pp. 1238-1249.

4. 管理的論文一定要有理論做為基礎嗎？

答： 探索性的研究不一定要有理論做基礎，因為尚在探索現象階段。實證研究就非常要求有理論基礎，因為在管理方面，常以理論為依據，用來說明和解釋研究的現象。

- 蕭文龍(2025)，統計分析 SPSS(中文版)+SmartPLS 4 (CB-SEM+PLS-SEM)，臺北：碁峰，本書第一章關於理論的部份。

5. 量表可以自行發展嗎？

答： 當然可以，只是發展量表有一定的要求和程式，較為困難，一般的研究都會借用成熟的量表。

請參考：

- 蕭文龍(2025)，統計分析 SPSS(中文版)+SmartPLS 4 (CB-SEM+PLS-SEM)，臺北：碁峰，本書第三章量表的發展。

- Shiau, W.-L., Hsu, P.-Y., and Wang, J.-Z. 2009. "Development of measures to assess the ERP adoption of SMEs," *Journal of Enterprise Information Management* (22:1/2), pp. 99-118.

- Shiau, W.-L. and Huang，L. C. 2023. "Scale development for analyzing the fit of real and virtual world integration: An example of Pokémon Go," *Information Technology & People.* https://doi.org/10.1108/ITP-11-2020-0793

6. 一般論文的信效度要求有哪些？

答： 量表信度部分，主要檢驗個別項目的信度，以多元相關平方(Squared Multiple Correlations, SMC)值作為觀察標準值，理想的 SMC 值需大於 0.5，表示測量指標具有良好的信度。潛在變項組成信度(Composite Reliability, CR)：指構面內部變數的一致性，一般而言，其值須大於 0.7 (Hair et al. 2010)。本研究中之潛在變項的組成信度值皆大於 0.9，代表構面具有良好的內部一致性。在收斂效度方面，檢驗因素負荷量，個別構面的組成信度以及平均變異數萃取量(Hair et al. 2010; Shiau and Luo 2013)。因素負荷量須大於 0.7，各測量構面的組成信度的值須大於 0.7 (CR>0.7)建議值，當所有構面平均變異數萃取量的值均大於建議值門檻 0.5 (Hair et al. 2010)，則具有其收斂效度。區別效度主要是檢驗測量變項對於不同構面間的鑑別程度。各構面間平均變異數萃取量的平方根值均需大於測量不同構面間之相關係數(Hair et al. 2010; Shiau and Luo 2013; Shiau and Chau 2016；Shiau et al. 2020.)

請參考：

- Hair, J.F., Black, W.C., Babin, B.J., and Anderson, R.E. 2010. *Multivariate data analysis: A global perspective (7th ed.)*, Upper Saddle River, NJ: Pearson Prentice Hall.

- Shiau, W.-L., and Chau, P. Y. K. 2016. "Understanding behavioral intention to use a cloud computing classroom: Amultiple model-comparison approach," Information & Management (53:3), pp. 355-365. (SSCI, 2015 IF= 2.163) (Web of Science 80 times cited, ESI 1% highcited article)

- Shiau, W.-L., and Luo, M.M. 2013. "Continuance intention of blog users: the impact of perceived enjoyment, habit, user involvement and blogging time," *Behaviour & Information Technology (BIT)* (32:6), pp. 570-583.

- Shiau, W.-L., Yuan, Y., Pu, X., Ray, S. and Chen, C.C. 2020. "Understanding Fintech continuance: perspectives from self-efficacy and ECT-IS theories," *Industrial Management & Data Systems* (120:9), pp. 1659-1689.

7. 投期刊論文，經常被要求說明 PLS-SEM 是否是適當的分析方法時，需要回答為何要使用 PLS？

答： 在過去的幾十年中，基於共變異數的結構方程模型(CB-SEM)是分析觀測變數和潛在變數之間複雜關係的好方法和主要方法。相比之下，PLS-SEM 方法近年來在行銷管理、組織管理、國際管理、人力資源管理、資訊系統管理、運營管理、管理會計、戰略管理、酒店管理、供應鏈管理和運營管理等諸多領域都發生了很大的變化，成為多變數分析方法之一。相較於 LISREL 和 AMOS 的 SEM，PLS 方法對於量測尺度(measurement scales)、樣本數大小(sample size)和殘差分佈(residual distributions)的要求較低。

Ringle et al. (2012) 整理使用 PLS 方法的理由如下表。

	Number of Studies in *MISQ* Reporting (N = 65)	Proportion Reporting (%)	Number of studies in *JM, JMR,* and *JAMS* Reporting (N = 60)	Proportion Reporting (%)
Total	46	70.77	20	33.33
Specific Reasons:				
Small Sample Size	24	36.92	15	25.00
Non-Normal Data	22	33.85	19	31.67
Formative Measures	20	30.77	19	31.67
Focus on Prediction	10	15.38	14	23.33
Model Complexity	9	13.85	6	10.00
Exploratory Research	7	10.77	1	1.67
Theory Development	6	9.23	0	0.00
Use of Categorical Variables	4	6.15	6	10.00
Convergence ensured	2	3.08	2	3.33
Theory Testing	1	1.54	5	8.33
Interaction Terms	1	1.54	5	8.33

Source：Ringle, C.M., Sarstedt, M., and Straub, D.W.. 2012. "Editor's Comments: A Critical Look at the Use of PLS-SEM in MIS Quarterly," *MIS Quarterly* (36:1), pp. iii-xiv.

8. 說明 PLS-SEM 是否是適當的分析方法時？

答：中文請參考：

PLS-SEM 的主要優點包括放寬用於使用 CB-SEM 估計模型的最大概似法所需的常態分佈假設，以及 PLS-SEM 能夠估計具有較小樣本量和較複雜模型的能力(Hair et al. 2019; Shiau et al. 2019; Khan et al. 2019; Shiau and Chau 2016)。與 CB-SEM 相比，PLS-SEM 更適用於：當研究目標是對理論發展的探索性研究時；當分析是針對預測的角度時；當結構模型複雜時；當結構模型包括一個或多個形成性模式時；當樣本量較小時；當分佈不是常態時；以及當研究需要潛在變量分數以進行後續分析時(Gefen et al. 2011; Hair et al. 2019; Shiau et al. 2019; Khan et al. 2019; Shiau and Chau 2016; Shiau et al. 2020)。上述原因支持考慮 PLS-SEM 是適合研究的 SEM 方法。

英文請參考：

The primary advantages of PLS-SEM include the relaxation of normal distributional assumptions required by the maximum likelihood method used to estimate models using CB-SEM, and PLS-SEM's ability to easily estimate much more complex models with smaller sample sizes (Hair et al. 2019; Shiau et al. 2019; Khan et al. 2019; Shiau and Chau 2016).Compared with CB-SEM, PLS-SEM is more suitable for this study including when the research objective is exploratory research for theory development; when the analysis is for a prediction perspective; when the structural model is complex; when the structural model includes one or more formative constructs; when the sample size is smaller due to a small population; when distribution is lack of normality; and when research requires latent variable scores for consequent analyses (Gefen et al. 2011; Hair et al. 2019; Shiau et al. 2019; Khan et al. 2019; Shiau and Chau 2016; Shiau et al. 2020). The above reasons provide supports to consider the PLS is an appropriate SEM method for a study.

Reference:

- Gefen, D., Straub, D.W., and Rigdon, E.E. 2011. "An Update and Extension to SEM Guidelines for Admnistrative and Social Science Research," *MIS Quarterly* (35: 2) pp.iii-xiv.

- Khan G.F., Sarstedt M., Shiau W,-L., Hair J.F., Ringle C.M., and Fritze M.P., 2019. "Methodological research on partial least squares structural equation modeling (PLS-SEM): An analysis based on social network approaches," *Internet Research* (29:3), pp. 407-429

- Shiau, W.-L., Sarstedt, M., and Hair, J.F. 2019. "Internet research using partial least squares structural equation modeling (PLS-SEM)," *Internet Research* (29:3), pp. 398-406. (SSCI)

- Hair J. F., Risher J. J., Sarstedt M., and Ringle C. M., 2019. "When to use and how to report the results of PLS-SEM," *European Business Review* (31:1), pp. 2-24.

- Shiau, W.-L., and Chau, Y.K. 2016. "Understanding behavioral intention to use a cloud computing classroom: A multiple model-comparison approach," Information & Management (53:3), pp. 355-365. (Web of Science 80 times cited, ESI 1% highcited article)

- Shiau, W.-L., Yuan, Y., Pu, X., Ray, S. and Chen, C.C. 2020. "Understanding Fintech continuance: perspectives from self-efficacy and ECT-IS theories," Industrial Management & Data Systems (120:9), pp. 1659-1689.

9. CB_SEM 和 PLS_SEM 有何不同？

答：

- 以變數的共變數 Covariance 結構進行分析，稱為 Covariance_Base SEM (CB_SEM)，常用的軟體工具有 LISREL、EQS、AMOS。

- 以變數的主成份結構進行分析使用作最小平方法(Partial lease square; PLS)，稱為 PLS_SEM，常用的軟體工具有 SmartPLS、PLS-Graph、VisualPLS。

請參考：

- 蕭文龍(2025)，統計分析 SPSS(中文版)+SmartPLS 4 (CB-SEM+PLS-SEM)，臺北：碁峰，本書第 15 章。

- Hair, J.F., Sarstedt, M., Ringle, C.M., and Mena, J.A. 2012. "An Assessment of the Use of Partial Least Squares Structural Equation Modeling in Marketing Research," *Journal of the Academy of Marketing Science* (40:3), pp. 414-433.

- Shiau, W.-L., and Chau, P.Y.K. 2016. "Understanding behavioral intention to use a cloud computing classroom: A multiple model-comparison approach," Information & Management (53:3), pp. 355-365. (Web of Science 80 times cited, ESI 1% highcited article) (doi:10.1016/j.im.2015.10.004) (SSCI, 2015 IF= 2.163, 5-year Impact Factor: 3.175, Ranks Q1, 25/144 - Information Science & Library Science. (國科會管理二學門推薦期刊 排名第 9)

10. CB_SEM 和 PLS_SEM 的使用時機？最小樣本需求？

答：

- CB-SEM 技術強調全部的適配，主要是在檢測理論的適用性，適合進行理論模型的檢測(驗證性)。CB-SEM (LISREL、EQS、AMOS)所需要的樣本最小值介於 100-150，最好有問項總數的 10 倍。

- PLS-SEM，PLS 的部分，它的設計主要是在解釋變異(檢測因果關係是否具有顯著的關係)，適合進行理論模型的建置(探索性)，也以用來驗證所探討推論因果關係。PLS 對於樣本的需求為：樣本數一定要大於所提出的問項總數，最好有問項總數的 10 倍。

請參考：

- 蕭文龍(2025)，統計分析 SPSS(中文版)+SmartPLS 4 (CB-SEM+PLS-SEM)，臺北：碁峰，本書第 15 章。

- Gefen, D., Rigdon, E.E., and Straub, D. 2011. "An Update and Extension to SEM Guidelines for Administrative and Social Science Research," *MIS Quarterly* (35:2), pp. iii-xiv.

11. 一般研究常用的模式比較有哪些？

    答：

    - 在相同的模式中，一般常用的巢狀模式(Nested model)比較。
    - 在不同的模式中，常用的為成對巢狀 F 檢定(pairwise nested F-tests)。

    CB-SEM 請參考：

    - Shiau, W.-L., and Chau, P.Y.K. 2012. "Understanding blog continuance: a model comparison approach," *Industrial Management & Data System*s (112:4), pp. 663-682.

    PLS-SEM (相同模式使用 MGA；不同模式使用 PLSpredict 比較)請參考：

    - Shiau, W.-L., Yuan, Y., Pu, X., Ray, S. and Chen, C.C. 2020. "Understanding Fintech continuance: perspectives from self-efficacy and ECT-IS theories," Industrial Management & Data Systems (120:9), pp. 1659-1689. ESI 1% highly cited article

12. Reflective(反映性)和 Formative(形成性)的觀察變數有何不同？
    Reflective(反映性)和 Formative(形成性)的模式有何不同？

    答： 測量模式是觀察變數對於潛在構面的關聯性，主要可以分成兩種關係：

    - 反映性(reflective)的觀察變數：所觀察的變數可以直接反映到潛在變數上，是屬於單向的關聯性。
    - 形成性(formative)的觀察變數：它是探討動機(某種原因)的導致，來形成出潛在構面。

    反映性 Reflective 模式的題項呈現構面，題項改變不會造成構面的改變，構面改變會造成題項改變，題項是有可換性的，題項有相同或類似的內容，也分享應用在同一個主題，刪除題項不會改變構面的概念。

    形成性 Formative 模式的題項定義了構面的特徵，如果題項改變，構面也會跟著改變，題項不需要有互換性，題項沒有相同或是類似的內容，刪除題項有可能會改變構面的概念。

    請參考：

    - Ringle, C. M., Wende, S., and Will, A. 2005. *SmartPLS2.0 (M3)*, Hamburg：University of Hamburg. (http://www.smartpls.de)

- 蕭文龍(2025)，統計分析 SPSS(中文版)+SmartPLS 4 (CB-SEM+PLS-SEM)，臺北：碁峰，本書第 18 & 19 章。

13. 一般研究中，談的二階的模式有哪些？

答： 二階(Second order)的反映性 Reflective 模式與形成性 Formative 模式是屬於階層式潛在變數模式(Hierarchical latent variable Model)最簡單的模式，二階的反映性與形成性模式與一階的反映性與形成性模式結合，形成四種模式，分別是模式一 reflective-reflective，模式二 reflective-formative，模式三 formative-reflective，模式四 formative - formative。

請參考：

- Hou, A.C.Y., Shiau, W.-L., and Shang, R.-A. 2019. "The involvement paradox: The role of cognitive absorption in mobile instant messaging user satisfaction," *Industrial Management & Data Systems* (119:4), pp.881-901.

- Huang, L.-C. and Shiau, W.-L. 2017. "Factors affecting creativity in information system development: Insights from a decomposition and PLS–MGA," *Industrial Management & Data Systems* (117:3), pp. 442-458. (SCI)

- Jarvis, C. B., MacKenzie, S. B., and Podsakoff, P. M. (2003), "A Critical Review of Construct Indicators and Measurement Model Misspecification in Marketing and Consumer Research," *Journal of Consumer Research* (30:2), pp. 199-218.

- Petter, S., Straub, D., and Rai, A. 2007. "Specifying Formative Constructs in Information Systems Research" *MIS Quarterly* (31: 4), pp. 623-656.

- 蕭文龍(2025)，統計分析 SPSS(中文版)+SmartPLS 4 (CB-SEM+PLS-SEM)，臺北：碁峰。本書第 19 章。

14. 投稿時，常被要求提供 CMV，什麼是 CMV 呢？

答： CMV 的全名是 Common Method Variance 共同方法變異，又稱同源變異意見。是指收集資料時，同一個方法(來源)可能導至產生的偏差(Bias)，又稱為 Common method bias。

請參考：

- Shiau, W.-L., and Luo, M.M. 2012. "Factors Affecting Online Group Buying Intention and Satisfaction: A Social Exchange Theory Perspective," *Computers in Human Behavior* (28:6), pp. 2431-2444.
- Shiau, W.-L., Yuan, Y., Pu, X., Ray, S. and Chen, C.C. 2020. "Understanding Fintech continuance: perspectives from self-efficacy and ECT-IS theories," *Industrial Management & Data Systems* (120:9), pp. 1659-1689.

15. 什麼是 None Response bias (無回應偏差)？

答：在收集資料時，沒有回應的資料會產生偏誤，稱為無回應偏差。一般的處理方式是將回收的資料，分成前期和後期的資料作檢定，利用 t 或卡方檢定前後期回應無顯著差異，以顯示無回應偏差對本研究的影響並不嚴重。

請參考：

- Shiau, W.-L., and Luo, M.M. 2012. "Factors Affecting Online Group Buying Intention and Satisfaction: A Social Exchange Theory Perspective," Computers in Human Behavior (28:6), pp. 2431-2444.
- Shiau, W.-L., Yuan, Y., Pu, X., Ray, S. and Chen, C.C. 2020. "Understanding Fintech continuance: perspectives from self-efficacy and ECT-IS theories," Industrial Management & Data Systems (120:9), pp. 1659-1689.
- Podsakoff, P. M., MacKenzie, S. B., Lee, J.-Y., & Podsakoff, N. P. 2003. Common method biases in behavioral research: a critical review of the literature and recommended remedies. Journal of Applied Psychology, 88:879.

16. 收集到資料，呈現非常態分配(Non-normal distribution)，或違反基本假設，例如，變異同質性和獨立性，該如何處理？

答：

- 在一般情形下，多變量分析的書都會建議作資料的轉換，將非常態分配的資料轉換成常態的分配。
- 若兩組的變異數不一樣時，建議使用 Welch's t-test。
- 若是使用 ANOVA 分析，變異數同質性有問題時，建議使用 Games-Howell 事後檢定。

- 當自變數不是常態分配時，也可以將區間資料轉換成順序資料，使用 Whitney-Manu-Wilcoxon 檢定。
- 當自變數不是常態分配時，將區間資料轉換成順序資料。若是多於兩組要檢定時，建議使用 Kruskal-Wallis 替代 ANOVA 檢定。

請參考：

- López, X., Valenzuela, J., Nussbaum, M., and Tsai, C.-C. 2015. "Some recommendations for the reporting of quantitative studies," *Computers & Education* (91), pp. 106-110.
- Hair, J.F., Black, W.C., Babin, B.J., and Anderson, R.E. 2010. *Multivariate data analysis: A global perspective* (7th ed.). Upper Saddle River, NJ: Pearson Prentice Hall.

17. 投稿文章後，收到審查意見有：缺乏貢獻或貢獻不足時，該如何處理？

答：理論是概念(concept)們和他們之間關係的敘述，用來說明現象發生的原因和發生的過程，因此，理論上的貢獻是增加我們對於概念們和他們之間關係的瞭解(知識)。一篇好的管理(期刊)文章是要能對知識有重要貢獻，在典型的管理(期刊)文章一般都會期待有清楚的討論理論上的貢獻，接著討論研究和實務上的意涵(implication for research and practice)。Implication for practice 是經過確認而需要說明實務上的問題；Implication for research 是經過確認而未來需要調查的現象。

Ladik and Stewart (2008)對於一篇具有創新(Innovation)的文章，提供不同的貢獻程度(1 最少– 8 最多)，如下：

1) Straight replication 直接複製(先前的研究)
2) Replication and extension 複製和延伸
3) Extension of a new theory/method in a new area 延伸新的理論/將方法運用到新領域
4) Integrative review (e.g., meta-analysis) 整合性觀點(例如：彙總分析)
5) Develop a new theory to explain an old phenomenon -compete one theory against another - classic theory testing 發展新理論以解釋舊現象
6) Identification of a new phenomenon 確認新的現象
7) Develop a grand synthesis - integration 發展大的融合，也就是整合

8) Develop a new theory that predicts a new phenomenon 發展新理論以預測新的現象

大部份的研究貢獻度都落在項目 2-5，貢獻度項目 6-8 的研究相對較少，也較不容易完成和發表。

當研究者完成一篇論文時，若是未能寫出貢獻而被拒絕刊登是很可惜的一件事。研究者不能寄望審查者會自己找出貢獻，而是要清楚的寫出文章的貢獻，可能在理論、方法或文本上的貢獻。就理論的貢獻而言，理論的貢獻(theoretical contribution)包含：(1) Originality or Novelty，(2) Utility。關於理論上的貢獻，一般需要呈現出原生性的(Originality)和效用(Utility)，理論貢獻的原生性或新奇性與理論的意涵(theoretical implication)息息相關。理論的意涵(theoretical implication)是基於理論的延伸，是理論貢獻中必要且合理的一部份。換句話說，理論的貢獻基於存在理論上，理論的意涵也就理所當然成為理論貢獻的一部份。理論的意涵又常與科學上的有用相關，科學上的有用是理論貢獻的最重要部份，所以需要呈現出實務上的效用(Utility)。

具體的貢獻可以寫在 Abstract、Introduction、discuss、conclusion、implication for research and practice。例如，在 Introduction 中探討某 A 影響 B 的重要性時，許多文章都會敘述過去的研究很少探討 A 影響 B (研究缺口)，卻未討論 A 影響 B 對哪些人是重要(Ladik and Stewart, 2008)，也未討論 A 影響 B 對於知識(理論上)的貢獻。在投稿前，務必再次確認已經清楚的寫出文章的貢獻。

請參考：

- Ladik, D. M., and Stewart, D. W. 2008. "The contribution continuum," Journal of the Academy of Marketing Science (36:2), pp. 157-165.

- Ågerfalk, P. J. 2014. "Insufficient theoretical contribution: a conclusive rationale for rejection?" *European Journal of Information Systems* (23:6), pp. 593-599. (Editorial)

18. 投稿時，被要求做 Measurement invariance，什麼是 Measurement invariance？

答：Measurement invariance is also referred to as measurement equivalence. 測量不變性又稱為測量恆等性。我們通常使用測量恆等性來確認群組間的差異是來自於不同群組潛在變數的內含或意義，換句話說，無法確立測量恆等性時，群組間的差異可能是來自於測量誤差，這會使得比較群組的結果失效。當測量恆等性未呈現時，會降低統計檢定力，影響估計的精確，甚至可能會誤導結果。總而言之，作多群組分析時，若是未能建立測量恆等性，則所有的結果都可能有問題，因此，測量恆等性在多群組分析中是必要的檢測，也是必需要通過的測試。PLS-SEM 使用的是 measurement invariance of composit models (MICOM)程式來評估測量恆等性，有三：Configurall invariance 設定恆等性、Compositional invariance 組成恆等性和 Equal mean values and variances 平均數和變異恆等性。

請參考：

- Huang, L.-C. and Shiau, W.-L. 2017. "Factors affecting creativity in information system development: Insights from a decomposition and PLS–MGA," *Industrial Management & Data Systems* (117:3), pp. 442-458. (SCI)

- Shiau, W.-L., Chen, H., Chen, K., Liu, Y.-H., and Tan, F.T.C. 2021. "A Cross-Cultural Perspective on the Blended Service Quality for Ride-Sharing Continuance," Journal of Global Information Management (29:6/2), pp. 1-25. (SSCI)

19. 投稿時，被要求說明是中介因素 5 種型態中的哪一種。什麼是中介因素的 5 種型態？

答：中介因素的 5 種型態

   1) Complementary (Mediation) 互補的中介
   2) Competitive (Mediation) 競爭的中介
   3) Indirect-only (Mediation) 完全中介
   4) Direct-only (Non Mediation) 只有直接影響（無中介）
   5) No-effect (Non Mediation) 沒有影響（無中介）

   請參考：

   - Shiau, W.-L., Yuan, Y., Pu, X., Ray, S. and Chen, C.C. 2020. "Understanding Fintech continuance: perspectives from self-efficacy and ECT-IS theories," *Industrial Management & Data Systems* (120:9), pp. 1659-1689.

   - 蕭文龍(2025)，統計分析 SPSS(中文版)+SmartPLS 4 (CB-SEM+PLS-SEM)，臺北：碁峰，本書第 20 章

20. 投稿時，被要求說明調節項的分析方式？

答：研究者在應用調節分析時，常遇到文章被拒的的問題有：

- 模型設置的正確性：是否在模型中包含調節變項與交互項，會影響結果的解釋。例如，直接效果與調節效果的同時檢驗常會引發混淆，可以參考 Becker et al., (2023) 的文章。

- 交互項生成的錯誤：手動生成交互項或使用不合適的方法（如傳統的乘積指標方法）。

- 二元變項解釋困難：當二元調節變項被標準化後，其均值可能不具實際意義，這使得結果難以解釋並可能導致錯誤的結論。

- 注意：二元變項可以使用 SEM 的 MGA 處理，請參考，Shiau, et al., (2021) 的文章。而交互項生成的研究可以請參考 Liang, Chih-Chin & Shiau, Wen-Lung (2018) , Shiau, et al. (2024)的文章。

請參考：

- Becker, J.-M., Cheah, J.H. , Gholamzade,R. , Ringle, C.M., Sarstedt M.(2023) PLS-SEM's most wanted guidance International Journal of Contemporary Hospitality Management, 35 (1) (2023), pp. 321-346

- Shiau, W.-L., Chen, H., Chen, K., Liu, Y.-H., and Tan, F. T. C.(2021). A Cross-Cultural Perspective on the Blended Service Quality for Ride-Sharing Continuance. Journal of Global Information Management (JGIM, SSCI), Vol. 29 No. 6, Article 2, pp. 1-25.

- Liang, Chih-Chin & Shiau, Wen-Lung (2018): Moderating effect of privacy concerns and subjective norms between satisfaction and repurchase of airline e-ticket through airline-ticket vendors, Asia Pacific Journal of Tourism Research, Vol. 23, Issue 12, Pages 1142-1159, (SSCI, 2017 IF= 1.352) DOI: 10.1080/10941665.2018.1528290

- Shiau,Wen-Lung, Liu, Chang, Cheng, Xuanmei , and Yu, Wen-Pin (2024), Employees' Behavioral Intention to Adopt Facial Recognition Payment to Service Customers: From Status Quo Bias and Value-Based Adoption Perspectives, Journal of Organizational and End User Computing , 36(1), 1-32.（JOEUC, SCI & SSCI Q1 2023 IF=3.6 INFORMATION SCIENCE & LIBRARY SCIENCE 28/160）

- 蕭文龍(2025)，統計分析 SPSS(中文版)+SmartPLS 4 (CB-SEM+PLS-SEM)，臺北：碁峰。本書第 20 章。

21. 如何正確的呈現當代 SEM 研究論文？

    答： 我們經過 20 多年的 SEM 學習和實戰經歷，提供正確的 CB-SEM 和 PLS-SEM 研究論文參考範例。新增最新&最正確的中介分析，類別型和連續型的調節分析，以及避免 Type II error 的 power analysis 統計檢定力(功效)分析文章，讀者們可以自行參考如何做正確的 SEM 分析和研究結果如何正確的呈現，請多多參考和引用，謝謝大家的支持。

22. 許多老師詢問：SEM 能做什麼研究？頂級期刊還接受 SEM 文章嗎？

    答： 請參考頂級期刊中 MISQ、ISR 和 JAIS 部份的 SEM 多用途範例如下：

    1) MISQ

    - Experiment+ SEM
      Johnston, A.C., Warkentin, M., and Siponen, M. 2015. "An enhanced fear appeal rhetorical framework: leveraging threats to the human asset through sanctioning rhetoric," *MIS Quarterly* (39:1), pp. 113-134.

    - Surveys
      Schmitz, P. W., Teng, J. T. C., and Webb, K. J. 2016. "Capturing the complexity of malleable it use: adaptive structuration theory for individuals," *Social Science Electronic Publishing* (40:3), pp. 663-686.

    - Mixed method Qual+Quan (SEM)
      Zhang, X., and Venkatesh, V. 2017. "A nomological network of knowledge management system use: antecedents and consequences," *MIS Quarterly* (41:4), pp. 1275-1306.

    - Mixed method Qual+Quan (SEM)
      Srivastava, S. C., and Chandra, S. 2018. "Social presence in virtual world collaboration: an uncertainty reduction perspective using a mixed methods approach," *MIS Quarterly* (42:3), pp. 779-803.

    2) ISR

    - A survey experiment (SEM)
      Wang, J., Li, Y., and Rao, H. R. 2017. "Coping responses in phishing

detection: an investigation of antecedents and consequences," *Information Systems Research* (28:2), pp. 378-396.

- A survey experiment (SEM)
  Breward, M., Hassanein, K., and Head, M. 2017. "Understanding consumers' attitudes toward controversial information," *Information Systems Research* (28:4), pp. 760-774.

- Qual+Quan (SEM)
  Sarker, S., Ahuja, M., and Sarker, S. 2018. "Work-Life Conflict of Globally Distributed Software Development Personnel: An Empirical Investigation Using Border Theory," *Information Systems Research* (29:1), pp. 103-126.

- A survey experiment (SEM)
  Robert Jr, L. P., Dennis, A. R., and Ahuja, M. K. 2018. "Differences are different: Examining the effects of communication media on the impacts of racial and gender diversity in decision-making teams," Information Systems Research (29:3), pp. 525-545.

3) JAIS

- Focus group +SEM
  Crossler, R. E., and Posey, C. 2017. "Robbing Peter to Pay Paul: Surrendering Privacy for Security's Sake in an Identity Ecosystem," *Journal of the Association for Information Systems* (18:7), pp. 487-515.

- Experiment & SEM
  You, S., and Robert, L. 2018. "Emotional attachment, performance, and viability in teams collaborating with embodied physical action (EPA) robots," *Journal of the Association for Information Systems* (19:5), pp. 377-407.

更多的混合方法和多重方法，建議參考文章如下：

- Cheng, X., Zhang, X., & Luo, X. (2025). The IT-driven ridesharing economy at the base of the pyramid: Unravelling the impact of uncertainty reduction on drivers' engagement in ridesharing. Information Systems Journal, 35(2), 577-610.

- Wei, X., Zhang, Y., Luo, X. R., Pan, G., & Nie, G. (2024). Qualitative cusp catastrophe multi-agent simulation model to explore abrupt changes in online impulsive buying behavior. Journal of the Association for Information Systems, 25(2), 304-340.

- Lin, J., Luo, X., Li, L., & Hsu, C. (2024). Unraveling the effect of organisational resources and top management support on e-commerce capabilities: evidence from ADANCO-SEM and fsQCA. European Journal of Information Systems, 33(3), 403-421.

- Wang, L., Lowry, P. B., Luo, X., & Li, H. (2023). Moving consumers from free to fee in platform-based markets: an empirical study of multiplayer online battle arena games. Information Systems Research, 34(1), 275-296.

23. 什麼是新興議題？有哪些方向？

答： 每年都會有新興議題，可以參考最新的調查(例如：Garner Group, Wall Street Journal…)，資訊系統成功模式可以參考 Petter et al. (2013)新議題和新方向。以作者為例，電子商務和雲端運算都有新議題和新方向，也需要瞭解過去已經建立起來的知識，例如，電子商務(Shiau and Dwivedi, 2013)、知識管理(Shiau, 2015)、供應鏈管理(Shiau et al. 2015)、企業資訊系統(Shiau, 2016)、人機互動(Shiau et al. 2016)、雲端運算(Shiau and Chau, 2016)、社會網絡(Shiau and Dwivedi 2017)，Facelook (Shiau et al. 2018)、行動資訊系統(Shiau et al. 2019)、Blockchain-Internet of Things (BIoT) (Tsang et al. 2021)、IS Cognition(認知) and emotion (情緒) (Shiau et al. 2021), 資訊安全 Shiau et al. (2023)的核心知識….等等如圖：

Core knowledge of information security Shiau et al. (2023)		
Blockchain-Internet of Things (BIoT) Tsang et al. (2021)	Business intelligence Shiau et al. (2022)	Cognition and emotion in IS Shiau et al. (2021)
Supply Chain Management Shiau et al. (2015)	Social Network Shiau & Dwivedi (2017)	Facebook Shiau et al. (2018)
Human Computer Interaction Shiau et al. (2016)	Electronic Commerce Shiau & Dwivedi (2013)	Knowledge Management Shiau (2015)
Enterprise Information System Shiau (2016)	Management Information System Shiau et al. (2015)	Mobile Information System Shiau (2019)

My core knowledge of MIS (digital world)

Reference:

- Shiau, W.-L. 2015. "Exploring the intellectual structure of knowledge management: A co-citation analysis," International Journal of Advancements in Computing Technology (7:1), pp. 9-16.

- Shiau, W.-L. 2016. "The intellectual core of enterprise information systems: A co-citation analysis," Enterprise Information Systems (10:8), pp. 815-844. (SCI, 2015 IF= 2.269, ABS **)

- Shiau, W.-L. and Dwivedi, Y.K. 2017. "Co-Citation and Cluster Analyses of Extant Literature on Social Networks," International Journal of Information Management (37:5), pp. 390-399. (SSCI, 國科會管理二學門資管推薦期刊 排名第 14)

- Shiau, W.-L., and Dwivedi, Y.K. 2013. "Citation and co-citation analysis to identify core and emerging knowledge in electronic commerce research," Scientometrics (94:3), pp. 1317-1337. (SSCI, ABS **)

- Shiau, W.L., Chen, S.Y., and Tsai, Y.C. 2015. "Key management information systems issues: Co-citation analysis of journal articles," International Journal of Electronic Commerce Studies (6:1), pp.145-162. (EI).

- Shiau, W.-L., Dwivedi, Y. K., and Lai, H.-H. 2018. "Examining the core knowledge on facebook," International Journal of Information Management (43), pp. 52-63. (SSCI, 國科會管理二學門資管推薦期刊 排名第 14)

- Shiau, W.-L., Dwivedi, Y.K., and Tsai, C.-H. 2015. "Supply chain management: exploring the intellectual structure" Scientometrics (105:1), pp. 215-230. (SSCI, ABS **)

- Shiau, W.-L., Wang, X., Zheng, F., and Tsang, Y.P. 2022. "Cognition and emotion in the information systems field: a review of twenty-four years of literature," Enterprise Information Systems (16:6), pp. 1033-1069. (SCI, ABS **).

- Shiau, W.-L., Yan, C. -M., and Kuo, C. -C. 2016. "The Intellectual Structure of Human Computer Interaction Research," Journal of Information Science and Engineering (JISE) (32:3), pp. 703-730. (SCI)

- Shiau, W.-L., Yan, C.-M., and Lin, B.-W. 2019. "Exploration into the Intellectual Structure of Mobile Information Systems. International Journal of Information Management," (47), pp. 241-251. (SSCI, 國科會管理二學門資管推薦期刊 排名第 14)

- Shiau, W.-L., Chen, H., Wang, Z.H., and Dwivedi, Y.K. 2022. "Exploring core knowledge in business intelligence research," Internet Research (accepted and forthcoming) (SSCI & SCI Q1, ABS ***國科會管理二學門資管推薦期刊 排名第 18)

- Shiau, W.-L., Wang, X. Q., Zheng, F. (2023) What are the trend and core knowledge of information security? A citation and co-citation analysis, Information & Management (SSCI, 全球 IS 領域公認排前 11 名的期刊 & 國科會管理二學門資管推薦期刊 排名第 9), doi: https://doi.org/10.1016/j.im.2023.103774

24. 投稿時，期刊要求正確的使用控制變數？

答：目前期刊有許多包含控制變數的分析不精確，特別是 Lantent variables。

如何選用控制變數？可以參考 Becker (2005), Atinc et al. (2012), Li, M. (2021) 的 DAG。頂刊都用哪些控制變數？可以參考 Shiau et al. (2024)。如何正確分析控制變數？可以參考 Shiau et al. (2024)。

請參考：

- Becker, T. E. (2005). Potential problems in the statistical control of variables in organizational research: A qualitative

- Atinc, G., Simmering, M. J., & Kroll, M. J. (2012). Control variable use and reporting in macro and micro management research. Organizational Research Methods, 15(1), 57–74.

- Li, M. (2021). Uses and abuses of statistical control variables: Ruling out or creating alternative explanations? Journal of Business Research, 126, 472–488

- Wen-Lung Shiau, Patrick Y.K. Chau, Jason Bennett Thatcher, Ching-I Teng, Yogesh K. Dwivedi (2024), Have we controlled properly? Problems with and recommendations for the use of control variables in information systems research, International Journal of Information Management, Volume 74,

Volume 74, February, 102702 (SSCI, 2022 IF= 21, Information Science & Library Science Q1, 1/161.) https://doi.org/10.1016/j.ijinfomgt.2023.102702

25. 投稿時，期刊要求正確的內生性分析？

答： 內生性問題十分重要。關於內生性的問題，IS 頂刊早在 2019 年已經全面要求，現在較好的期刊，也逐漸重視起來。相關資訊可以參考 Mithas et al. (2022), Becker et al. (2022), Eckert et al. (2022), Hill et al. (2021), Hult et al. (2018)。如何對內生性進行事後嚴格檢驗 IV, Hausman test, Control variable, Gaussian Copula？實作部分請參考我們在 JOEUC 最新刊出的文章中的 Post-hoc Rigorous Test in Endogeneity Shiau et al. 2024)。

- Mithas, Sunil; Xue, Ling; Huang, Ni; and Burton-Jones, Andrew. 2022. "Editor's Comments: Causality Meets Diversity in Information Systems Research," MIS Quarterly, (46: 3) pp.iii-xviii.

- Becker, J.-M., Proksch, D., and Ringle, C. M. (2022). Revisiting Gaussian Copulas to Handle Endogenous Regressors. Journal of the Academy of Marketing Science, 50: 46-66.

- Eckert, C., and Hohberger, J. (2022). Addressing Endogeneity Without Instrumental Variables: An Evaluation of the Gaussian Copula Approach for Management Research. Journal of Management, 01492063221085913.

- Hill, A.D., Johnson, S.G., Greco, L.M., O'Boyle, E.H. and Walter, S.L., (2021). Endogeneity: A review and agenda for the methodology-practice divide affecting micro and macro research. Journal of Management, 47(1), pp.105-143.

- Hult, G. T. M., Hair, J. F., Proksch, D., Sarstedt, M., Pinkwart, A., and Ringle, C. M. (2018). Addressing Endogeneity in International Marketing Applications of Partial Least Squares Structural Equation Modeling. Journal of International Marketing, 26(3): 1-21.

- Shiau,Wen-Lung, Liu,Chang, Cheng, Xuanmei, and Yu,Wen-Pin (2024), Employees' Behavioral Intention to Adopt Facial Recognition Payment to Service Customers: From Status Quo Bias and Value-Based Adoption Perspectives, Journal of Organizational and End User Computing, 36(1), 1-32.（JOEUC, SCI & SSCI Q1 2023 IF=3.6 INFORMATION SCIENCE & LIBRARY SCIENCE 28/160）

目錄

Chapter 1　統計分析簡介與數量方法的基礎

- 1-1　統計分析簡介 1-1
- 1-2　理論 1-4
  - 1-2-1　印象管理理論 (Theory of impression management) 1-5
  - 1-2-2　交易成本理論 (Transaction cost theory) 1-6
  - 1-2-3　任務、科技適配理論 (Task technology fit theory) 1-6
  - 1-2-4　長尾理論 (The long tail) 1-7
  - 1-2-5　制度理論 (Institutional theory) 1-7
  - 1-2-6　服務品質理論 (Service Quality, SERVQUAL) 1-8
  - 1-2-7　科技接受模式 (Technology Acceptance Model, TAM) 1-8
  - 1-2-8　計劃行為理論 (The Theory of Planned Behavior, TPB) ... 1-9
  - 1-2-9　理性行為理論 (Theory of Reasoned Action, TRA) 1-10
  - 1-2-10　期望確認理論 (Expectation confirmation theory) 1-11
  - 1-2-11　資訊系統成功模式 (DeLone and McLean IS success model) 1-12
  - 1-2-12　資源依賴理論 (Resource dependency theory, RDT) 1-13
  - 1-2-13　資源基礎理論 (Resource-based theory) 1-14
  - 1-2-14　滿意度 (Satisfaction) 1-14
  - 1-2-15　權變理論 (Contingency theory) 1-15
  - 1-2-16　認知適配理論 (Cognitive fit theory) 1-16
  - 1-2-17　推敲可能性模型 (Elaboration likelihood model, ELM) ... 1-17
- 1-3　量表簡介 1-18
  - 1-3-1　資料的量測尺度 (Scales of measurement) 1-18
  - 1-3-2　量表 1-21
- 1-4　抽樣 (Sampling) 1-23
- 1-5　統計分析的基礎統計學 1-25

1-5-1　描述性統計資料 1-25
　　1-5-2　機率分配 1-26
　　1-5-3　常態分配 1-26
　　1-5-4　決定樣本數的大小 (使用於母體平均數) 1-29
　　1-5-5　中央極限定理 1-30
　　1-5-6　估計及區間估計 1-31
　　1-5-7　t 分配 1-34
　　1-5-8　卡方分配 (X^2 分配) 1-35
　　1-5-9　F 分配 1-36
　　1-5-10　統計估計和假設檢定 1-37
　　1-5-11　兩個母體的估計與檢定 1-39
　　1-5-12　三個 (含) 以上母體的估計與檢定 – 變異數分析 1-39
1-6　常用的統計分析 (多變量分析或稱為數量方法) 1-40
　　1-6-1　Analysis of variance 變異數分析 1-40
　　1-6-2　Factor Analysis 因素分析 1-41
　　1-6-3　Multiple Regression 複迴歸 1-41
　　1-6-4　Discriminate Analysis 區別分析 1-41
　　1-6-5　Logic Regression 邏輯迴歸 1-42
　　1-6-6　Univariate Analysis of Variance (ANOVA) 單因子變異數分析 1-43
　　1-6-7　Multivariate Analysis of Variance (MANOVA) 多變量變異數分析 1-43
　　1-6-8　Canonical Correlation 典型相關 1-44
　　1-6-9　Conjoint Analysis 聯合分析 1-44
　　1-6-10　Structural Equation Modeling 結構方程模式 1-45
　　1-6-11　簡易數量方法的記憶 1-46

Chapter 2　SPSS 的基本操作

2-1　SPSS 的簡介 2-1
2-2　SPSS 軟體的功能表介紹 2-4
2-3　資料的輸入 2-11

	2-3-1	在 SPSS 輸入資料 2-12
	2-3-2	從 Excel 轉入資料 2-15
2-4	資料的分析與輸出結果 2-18
	2-4-1	操作圖示 2-19
	2-4-2	執行命令語法 2-21
2-5	實用範例 2-24
	2-5-1	反向題的處理 2-25
	2-5-2	變數的運算 2-29
	2-5-3	函數的使用 2-31
	2-5-4	Pie 圓餅圖的使用 2-33
	2-5-5	直條圖的使用 2-38

Chapter 3　量表的發展、信度和效度

3-1	量表的發展 3-1
3-2	量表的信度和效度 3-8
3-3	量表發展實例 3-9
3-4	探索性和驗證性研究的信度和效度 3-10
3-5	探索性因素分析 (EFA) 和驗證性因素分析 (CFA) 之比較 3-20
3-6	研究作業 3-20
3-7	寫作參考範例 3-22

Chapter 4　檢視資料與敘述性統計

4-1	檢視資料 4-1
	4-1-1	登錄錯誤 4-1
	4-1-2	遺漏值 4-7
	4-1-3	遺漏值的處理 4-19
	4-1-4	偏離值 Outlier 4-23
	4-1-5	檢定多變量分析的基本假設 4-24

4-2	敘述性統計分析 (Descriptive statistics)	4-38
4-3	寫作參考範例	4-48

Chapter 5　相關分析(Correlation Analysis)

5-1	相關分析	5-1
5-2	Pearson 積差相關係數	5-2
5-3	ϕ 相關係數	5-9
5-4	點二系列相關	5-14
5-5	Spearman 等級相關	5-17
5-6	淨相關	5-20
5-7	部份相關	5-26
5-8	寫作參考範例	5-31
	5-8-1　Pearson 積差相關的寫作參考範例	5-31
	5-8-2　Spearman 等級相關的寫作參考範例	5-32
	5-8-3　偏相關的寫作參考範例	5-33

Chapter 6　卡方檢定

6-1	卡方檢定 (X^2 test)	6-1
6-2	適配度檢定 (good-of-fit test)	6-1
6-3	獨立性檢定 (test of independence)	6-8
6-4	同質性檢定 (test of homogeneity)	6-16
6-5	寫作參考範例	6-24

Chapter 7　平均數比較(t 檢定)

7-1	平均數比較 (各種 t test 的應用)	7-1
7-2	Means 平均數分析	7-2
7-3	單一樣本 t 檢定	7-7
7-4	獨立樣本 t 檢定	7-11
7-5	成對樣本 t 檢定	7-15

7-6　寫作參考範例 7-20
    7-6-1　平均數分析的寫作參考範例 7-21
    7-6-2　單一樣本 t 檢定的寫作範例 7-22
    7-6-3　獨立樣本 t 檢定的寫作參考範例 7-23
    7-6-4　配對樣本 t 檢定的寫作參考範例 7-25

Chapter 8　因素分析

8-1　因素分析 8-1
8-2　因素分析的基本統計假設 8-2
8-3　因素分析之檢定 8-3
8-4　選取因素之數目 8-3
8-5　因素的轉軸和命名成為構面 8-4
8-6　樣本的大小和因素分析的驗證 8-7
8-7　因素分析在研究上的重要應用 8-7
8-8　研究範例 8-8
8-9　寫作參考範例 8-20

Chapter 9　迴歸分析

9-1　迴歸分析 (Regression Analysis) 9-1
9-2　迴歸分析的基本統計假設 9-2
9-3　找出最佳的迴歸模式 9-3
9-4　檢定迴歸模式的統計顯著性 (F test) 9-4
9-5　共線性問題 9-5
9-6　驗證結果 9-6
9-7　研究範例 9-6
9-8　寫作參考範例 9-29

Chapter 10 區別分析與邏輯迴歸

10-1 區別分析 (Discriminant Analysis) 10-1
    10-1-1 區別分析介紹 10-1
    10-1-2 區別分析範例 10-4
10-2 邏輯迴歸 (Logistic Regression) 10-14
    10-2-1 邏輯迴歸 (Logistic Regression) 介紹 10-14
    10-2-2 邏輯迴歸 (Logistic Regression) 範例 10-15
10-3 寫作參考範例 10-24

Chapter 11 單變量變異數分析

11-1 單變量變異數分析簡介 11-1
11-2 單因子變異數分析的設計 11-2
11-3 變異數分析的基本假設條件 11-2
11-4 單變量變異數分析 11-3
11-5 單變量變異數分析範例 11-6
11-6 單變量變異數分析範例：One-Way ANOVA 11-15
11-7 重複量數 Repeated Measures 11-22
11-8 單變量共變異數分析 (ANCOVA) – 控制變數 11-30
11-9 單變量共變數分析 – 前後測設計 11-41
11-10 寫作參考範例 11-49
    11-10-1 變異數分析的寫作參考範例 11-49
    11-10-2 單變量變異數分析的寫作參考範例 11-51
    11-10-3 重複測量的寫作參考範例 11-51
    11-10-4 單變量共變異數分析的寫作參考範例 11-53
    11-10-5 單變量變異數分析 – 前後測設計的寫作參考範例 11-54

Chapter 12　多變量變異數分析

12-1　多變量變異數分析 12-1

12-2　MANOVA 的基本假設 12-1

12-3　多變量變異數分析和區別分析的比較 12-2

12-4　MANOVA 與 ANOVA 的比較 12-2

12-5　樣本大小的考量 12-2

12-6　多變量變異數的檢定 12-3

12-7　二因子交互作用下的處理方式 12-4

12-8　MANOVA 範例：二因子交互作用顯著 12-7

12-9　MANOVA 範例：二因子交互作用不顯著 12-39

12-10　寫作參考範例 12-55

Chapter 13　典型相關

13-1　典型相關 13-1

13-2　典型相關分析的基本假設 13-2

13-3　典型函數的估計 13-2

13-4　典型函數的選擇 13-2

13-5　重疊指數 (Redundancy index) 13-3

13-6　解釋典型變量 13-3

13-7　驗證 (validation) 結果 13-4

13-8　典型相關與其他多變量計數的比較和應用 13-4

13-9　典型相關的範例 13-5

　　　13-9-1　典型相關使用 MANOVA 命令語法 13-5

　　　13-9-2　典型相關使用 Cancorr 命令語法 13-10

13-10　寫作參考範例 13-17

Chapter 14 聯合分析、多元尺度方法和集群分析

- 14-1 聯合分析 (Conjoint Analysis) 14-1
  - 14-1-1 聯合分析介紹 14-1
  - 14-1-2 聯合分析的統計假設 14-2
  - 14-1-3 聯合分析的設計 14-2
  - 14-1-4 選擇 Factors 和 Levels 14-3
  - 14-1-5 評估模式的適切性 14-5
  - 14-1-6 結果的解釋和驗證 14-5
  - 14-1-7 聯合分析的應用 14-6
- 14-2 多元尺度方法 14-6
  - 14-2-1 多元尺度方法介紹 14-6
  - 14-2-2 多元尺度分析之假設 14-7
  - 14-2-3 導出知覺圖 (Perceptual Map) 14-7
  - 14-2-4 確認 Dimensions (構面) 數 14-8
  - 14-2-5 評估 MDS 模式的適配度 14-9
  - 14-2-6 構面的命名與解釋 14-9
  - 14-2-7 驗證知覺圖 (Perceptual Maps) 14-10
  - 14-2-8 多元尺度方法的應用 14-10
  - 14-2-9 多元尺度的實務操作 14-10
- 14-3 集群分析 14-18
  - 14-3-1 集群分析介紹 14-18
  - 14-3-2 集群分析的統計假設 14-18
  - 14-3-3 衡量相似性 14-18
  - 14-3-4 集群分析的方法 14-20
  - 14-3-5 決定集群數目 14-23
  - 14-3-6 解釋和驗證集群 14-24
  - 14-3-7 集群分析與區別分析之比較 14-24
  - 14-3-8 集群分析與因素分析之比較 14-24
  - 14-3-9 集群分析的應用 14-25

14-3-10 集群分析的應用範例 14-25
14-4　寫作參考範例 14-33

Chapter 15　結構方程模式之 Partial Least Squares (PLS) 偏最小平方

15-1　結構方程模式 Structural equation modeling (SEM) 15-1
15-2　Partial Least Squares (PLS)偏最小平方 15-11
15-3　SEM 結構方程模式 15-13
15-4　PLS 的結構方程模式 (SEM) 15-17
15-5　Covariance-based SEM (CB-SEM)和 Variance-based SEM (PLS-SEM)
　　　的比較 15-21
15-6　當代 SEM 研究(論文)需要呈現的內容 15-24
15-7　當代 SEM 研究論文參考範例 15-26

Chapter 16　SmartPLS 統計分析軟體介紹

16-1　SmartPLS 4 統計分析軟體的基本介紹 16-1
16-2　基本功能介紹 16-5
16-3　SmartPLS 4 的 Regression 回歸分析 16-35
16-4　SmartPLS 4 的 Process 簡單中介效果分析 16-46
16-5　多重直接和間接(中介)的模式 16-55

Chapter 17　SmartPLS 的 CB-SEM

17-1　SEM 共變數形式結構方程模式(Covariance-based SEM；CB-SEM) 17-1
17-2　SEM 的統計假設 17-2
17-3　模式的界定、設計和分析 17-3
17-4　結構方程模式(SEM)的符號 17-4
17-5　結構方程模式(SEM)的模式 17-6
17-6　Model(模式)的參數估計與辨識 17-8
17-7　SEM 的整體適配度 17-10

17-8　結構方程模型的應用 17-16
17-9　SmartPLS 的 CB-SEM 實作 17-19

Chapter 18　結構方程模式之反映性(Reflective)模式

18-1　PLS-SEM 結構方程模式的各種準則 18-1
18-2　PLS-SEM 研究(論文)需要呈現的內容 18-9
18-3　PLS-SEM 實例 – 量表的設計與問卷的回收 18-10
18-4　結構方程模式之反映性(Reflective)模式範例 18-13

Chapter 19　結構方程模式之形成性(Formative)模式

19-1　反映性 Reflective 與形成性 Formative 模式的比較 19-1
19-2　反映性 Reflective 和形成性 Formative 的模式設定錯誤 19-4
19-3　反映性 Reflective 和形成性 Formative 模式的判定 19-6
19-4　反映性 Reflective 和形成性 Formative 模式的範例 19-7
19-5　PLS-SEM 研究(論文)需要呈現的內容 19-15
19-6　形成性構面量測模式的評估標準 19-17
19-7　結構方程模式之形成性(Formative)模式實例 19-20
19-8　階層式潛在變數模式 Hierarchical latent variable Model
　　　(Second or higher order analysis) 19-38

Chapter 20　交互作用、中介和調節(干擾)

20-1　交互作用(Interaction) 20-2
20-2　中介效果之驗證 20-8
20-3　調節(干擾)效果的驗證 20-38
　　　20-3-1　Case 1：自變數 X 為類別，調節變數 M 為類別 20-41
　　　20-3-2　Case 2-1：自變數 X 為連續，調節變數 M 為類別 20-46
　　　20-3-3　Case 2-2：自變數 X 為連續，調節變數 M 為類別
　　　　　　　(使用 SmartPLS 操作範例) 20-58
　　　20-3-4　Case 3：自變數 X 為類別，調節變數 M 為連續 20-66

	20-3-5	Case 4：自變數 X 為連續，調節變數 M 為連續	20-75
	20-3-6	Case 4：自變數 X 為連續，調節變數 M 為連續	20-81
20-4	調節分析的新指導方針	20-90
20-5	期刊文章的調節效果整理	20-92

Chapter 21 SmartPLS 4 進階應用介紹

21-1	一致性的 PLS：PLS$_c$ (PLS Consistence)	21-1
	21-1-1 範例 PLS$_c$	21-3
21-2	IPMA 重要性與績效的矩陣分析	21-14
21-3	多群組分析 Multigroup Analysis (MGA)	21-15
21-4	異質性(Heterogeneity)	21-29
21-5	CTA-PLS (PLS 驗證四價分析)	21-40

Chapter 22 中介式調節(被中介的調節)和調節式中介(被調節的中介)分析

Chapter 23 混合方法、論文結構與發表於期刊的建議

23-1	混合方法研究	23-1
23-2	研究流程	23-8
23-3	論文結構	23-8
23-4	研究發表於期刊的建議	23-11

附錄 A 統計分配表

A-1	Z 分配表	A-1
A-2	卡方分配表	A-2
A-3	t 分配表	A-3
A-4	F 分配表	A-4

本書學習資源

提供本書範例檔，以及超值電子書（附錄 B～K）。

- 附錄 B　實驗設計與統計分析
- 附錄 C　Hayes process 4.x 的中介和調節
- 附錄 D　Process 中介和調節 in SmartPLS 4
- 附錄 E　PLS-SEM 正確的中介分析期刊文章範例
- 附錄 F　PLS-SEM 正確的調節分析期刊文章範例
- 附錄 G　內生性 Endogeneity 問題分析與實務操作
- 附錄 H　必要條件分析 NCA
- 附錄 I　SEM 的一階因素模型和二階因素模型
- 附錄 J　廣義結構成分分析結構方程模型（GSCA-SEM）
- 附錄 K　PLS-SEM 在各領域的應用

請至 http://books.gotop.com.tw/download/AEM002900 下載。

其內容僅供合法持有本書的讀者使用，未經授權不得抄襲、轉載或任意散布。

統計分析簡介與數量方法的基礎

1-1 統計分析簡介

生活中充滿各式各樣待解決的問題,其中部分問題可透過統計分析方法加以解決。統計分析方法以數學為基礎,具備嚴謹的邏輯和明確的標準,需要遵循特定規範進行操作。從確立研究目的、設計與選用研究題項、提出假設、進行抽樣、資料蒐集、數據分析與解釋,最終得出結論,統計分析為決策者提供了可靠的數據基礎,幫助其做出正確的決定。

在一般的統計課程中,統計分析通常分為描述性統計與推論統計兩大類型:

描述性統計

描述性統計是最基本的統計方法,旨在對研究所得數據進行整理、歸類、簡化,並以圖表形式呈現,從而描述和歸納資料的特徵(例如:人口變數統計)。描述性統計主要關注資料的集中趨勢、離散程度及相關強度,常用指標包括:平均數($\overline{X}$)、標準差(σ)、相關係數(r)等。

推論的統計

推論統計則進一步利用機率的形式,判斷數據之間是否存在某種關係,並透過樣本數據推測母體的情況。推論統計包含兩個主要部分:假設檢定(Hypothesis Testing)和參數估計(Parameter Estimation),最常用的方法有Z檢定、t檢定、卡方檢定等等。

描述性統計與推論統計相輔相成,彼此密不可分,描述性統計是推論統計的基礎,通過整理和歸納數據,為後續推論提供清晰的資料框架。在研究中選擇描述性統計或推論統計,需根據研究目的而定,若目的是對數據特徵進行總結與描述,則適合採用描述性統計。若目的是根據樣本資料推測母體特徵,則應使用推論統計。推論統計是描述性統計的進一步運用:利用樣本數據進行推測,為研究問題提供更深層次的解答。

在社會科學研究中,研究問題往往較為複雜,因此描述性統計與推論統計經常被結合使用,以提供更全面的分析與解決方案,透過嚴謹的統計分析,不僅能夠深化對現象的理解,還能為決策提供科學依據,助力解決多樣化的研究問題。

在社會科學研究中,待解決的問題往往相當複雜,為了有效處理這些問題,需要採用嚴謹且系統化的研究流程。以下是一般社會科學研究的典型流程:確立研究動機→擬定研究目的→相關文獻探討→建立研究架構→決定研究分法→資料蒐集與分析→研究結論與建議,我們整理一般的研究流程如右圖:

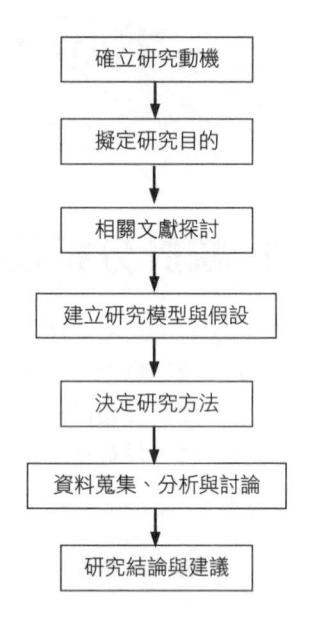

```
確立研究動機
    ↓
擬定研究目的
    ↓
相關文獻探討
    ↓
建立研究模型與假設
    ↓
決定研究方法
    ↓
資料蒐集、分析與討論
    ↓
研究結論與建議
```

在日常生活或工作中,透過觀察與思考找到具有意義的問題,便是形成研究動機的起點。當確立了研究動機後,進一步擬定明確的研究目的,作為研究方向的指引。

接著,根據研究動機與目的進行文獻探討,透過檢視相關文獻,掌握現有研究成果與理論基礎,從中建立概念性的研究架構。這一架構將成為整個研究設計的核心指導,幫助研究者決定應採用的研究方法,包括:問卷設計:設計能夠蒐集所需資料的調查問卷。資料分析工具的選擇:確定分析所需的軟體或工具,例如統計分析軟體。分析方法的使用:選擇適合的分析技術,如描述性統計或推論統計。當問卷回收完成後,即進入資料分析階段,研究者根據所蒐集的資料進行整理與分析,揭示關鍵結果,為研究討論提供依據。最後,根據資料分析結果撰寫研究結論,提出具體建議,為學術研究或實務應用提供參考與指引。

在社會科學的研究中,統計分析扮演的角色是十分吃重的,統計分析也是社會科學的研究中的一部份,統計分析前先確定母體的範圍,設計出量表(問卷設計),接著就是統計分析的工具選擇及分析方法的使用,接著在問卷回收期滿結束後開始進行資料分析,呈現出正確的資料分析結果。統計分析的實施步驟如下圖:

統計分析的實施步驟：

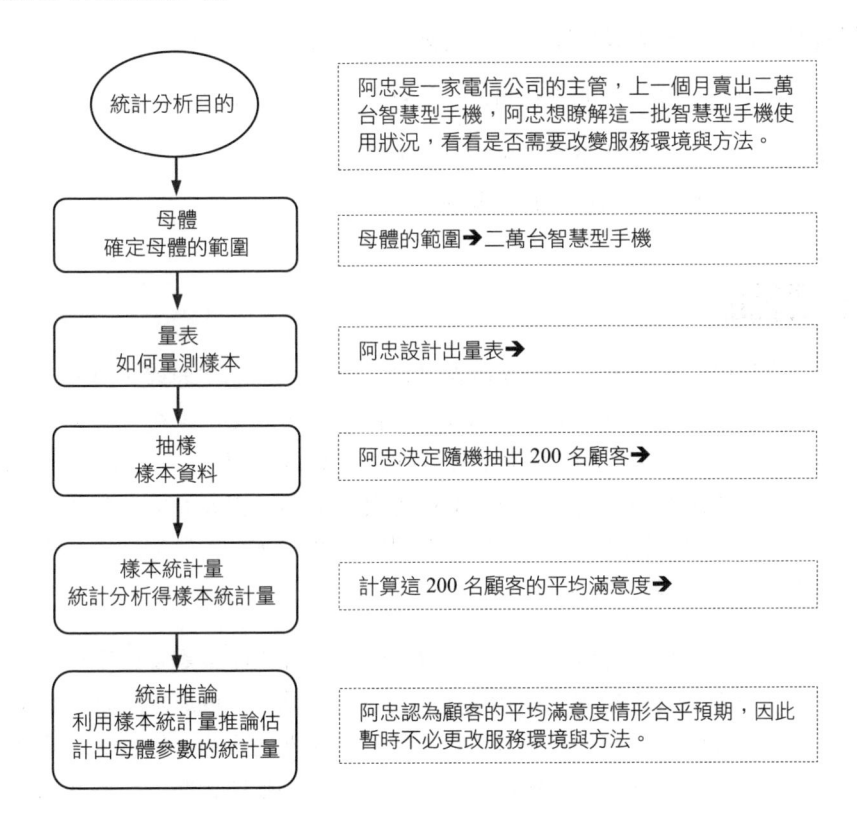

```
統計分析目的 ──→ 阿忠是一家電信公司的主管，上一個月賣出二萬
                 台智慧型手機，阿忠想瞭解這一批智慧型手機使
                 用狀況，看看是否需要改變服務環境與方法。
      ↓
母體
確定母體的範圍 ──→ 母體的範圍→二萬台智慧型手機
      ↓
量表
如何量測樣本 ──→ 阿忠設計出量表→
      ↓
抽樣
樣本資料 ──→ 阿忠決定隨機抽出 200 名顧客→
      ↓
樣本統計量
統計分析得樣本統計量 ──→ 計算這 200 名顧客的平均滿意度→
      ↓
統計推論
利用樣本統計量推論估
計出母體參數的統計量 ──→ 阿忠認為顧客的平均滿意度情形合乎預期，因此
                         暫時不必更改服務環境與方法。
```

在社會科學研究中，統計分析涉及的範疇極為廣泛，涵蓋以下幾個關鍵環節：

- **理論**：研究的理論基礎和邏輯架構。
- **量表**（問卷設計）：設計能有效蒐集數據的量表或問卷工具。
- **抽樣**：包括問卷的發放與回收，確保樣本具有代表性。
- **基礎統計學**：進行數據整理與描述，奠定分析基礎。
- **常用統計分析方法**：如多變量分析（亦稱數量方法），用於深入分析數據之間的關係。

因此，本章節將逐一介紹統計分析的基本概念與數量方法的基礎內容，具體包括以下幾個部分：

1. **理論簡介**：探討研究理論的建構與運用。
2. **量表簡介**：解析問卷或量表的設計原則與應用範疇。

1-3

3. **抽樣簡介**：介紹抽樣方法與樣本的處理方式，確保數據的有效性。
4. **基礎統計學**：涵蓋數據整理、描述性統計及相關指標的應用。
5. **常用統計分析方法**：說明多變量分析技術及其在社會科學中的應用場景。

這些內容將為讀者提供清晰的統計分析框架與實踐指引，幫助深入理解統計分析在社會科學研究中的核心角色與應用價值。

1-2 理論

在日常生活中，理論是一組用來解釋事實或現象的敘述或原理，幫助我們理解周遭的世界。而在社會科學研究中，理論則是一種對社會現象的系統性觀點，可以是一種信念或原理，用來引導行動，協助解釋或判斷複雜的社會現象。在社會科學研究中，實證性研究常以某個理論為基礎，對相關現象進行驗證。學術意涵：實證研究有助於延伸和擴展理論的適用範疇，深化對理論的理解。實務應用：研究結果為實務工作者提供可參考的依據，指導實際行動。

在我們一般生活中，理論是一組的敘述或原理，用來解釋事實或現象。在社會科學的研究中，理論是社會現象的系統觀，也可以是一個信念或原理用來引導行動，協助瞭解或判斷社會現象。在社會科學的研究裏有實證性的研究，實證性的研究是以某個理論為基礎，進行相關現象的驗證，在學術上，可以延伸和擴張理論的應用，在實務上，可以提供實務工作者遵循的依據。

理論在社會科學研究流程中扮演著主導與核心的角色，其重要性體現在以下幾個關鍵環節：確立研究動機與目的：在界定研究動機與目的時，研究者需要明確採用何種理論觀點作為切入點，從而界定研究範圍與方向。相關文獻探討：在文獻探討階段，研究者需整理與理論觀點相關的文獻資料，分析該理論在過去研究中的應用與發展。建立研究模型：許多研究模型的建構來自於理論的延伸或改良，理論為研究模型提供了邏輯與框架基礎。研究結論與建議：在總結研究成果時，需闡明研究議題對理論的貢獻，並討論其在學術與實務上的意涵，強調理論的價值與應用。理論在社會科學的研究中扮演著核心的角色，也就是在社會科學的研究中，瞭解的社會現象是由理論建構起系統觀，因此，我們更應該好好的瞭解什麼是理論？以及更多的理論。

理論的定義與描述具有多樣性。廣義而言，理論是一組用來解釋事實或現象的敘述或原理，特別是能夠重複驗證且廣泛接受的自然或社會現象。理論不僅可以用來解釋現象，還能預測未來，同時為人類行動提供指導，協助理解與判斷複雜的現象。理論的使用根據其功能有多種分類。Gregor(2006)在其發表於 MIS Quarterly 的文章中，將理論的使用劃分為五大類：有 (1) theory for analyzing(理論用來分析)，(2) theory for explaining(理論用來解釋)，(3) theory for predicting(理論用來預測)，(4) theory for explaining and predicting (理論用來解釋和預測)，(5) theory for design and action(理論用來設計和行動)。理論與研究之間有著密不可分的關係，研究可以根據理論的先後性分為兩種主要類型：探索性研究是針對未知現象進行初步探討，目的在於熟悉該現象並建立基礎，為後續研究提供依據。實證性的研究是以某個理論為基礎，進行相關現象的驗證，在學術上，可以延伸和擴張理論的應用，在實務上，可以提供實務工作者遵循的依據。理論在各個學門，例如：教育學、藝術學、體育學、圖書資訊學、心理學、法律學、政治學、經濟學、社會學、傳播學、人類學、教育學、管理學(人力資源、組織行為、策略管理、醫務管理、生管、交管、行銷、資管、數量方法與作業研究應用)…等，都扮演著相當重要的角色，我們整理常見的理論如後。

1-2-1 印象管理理論
(Theory of impression management)

　　印象管理理論是由 Erving Goffman 於 1959 所提出，如下圖。印象管理理論解釋了在複雜人際互動和事實背後的動機。也說明每個人都會配合情境，運用適合的策略呈現自己。

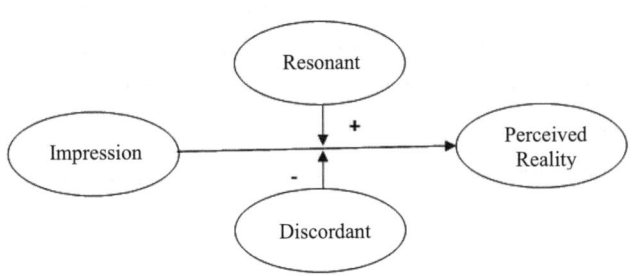

相關資料：

- Dillard, C., Browning, L.D., Sitkin, S.B., and Sutcliffe, K.M. 2000. "Impression Management and the Use of Procedures at the Ritz-Carlton: Moral Standards and Dramaturgical Discipline," *Communication Studies* (51:4), pp. 404-414.
- Giacalone, R.A., and Rosenfeld, P. 1989. *Impression Management in the Organization*, Hillsdale, NJ: Lawrence Erlbaum Associates.
- Giacalone, R.A., and Rosenfeld, P. 1991. *Applied Impression Management*, Newbury Park, CA: Sage.

- Goffman, E. 1959. *The Presentation of Self in Everyday Life,* New York, NY: Doubleday.
- Schlenker, B.R. 1980. *Impression Management: The Self-Concept, Social Identity, and Interpersonal Relations,* Monterey, CA: Brooks/Cole Publishing Co.

1-2-2 交易成本理論(Transaction cost theory)

　　交易成本理論是由諾貝爾經濟學得獎主寇斯(Coase 1937)所提出，交易成本是指「當交易行為發生時，所隨同產生的各項成本」。然而不同的交易往往就涉及不同種類的交易成本，例如：Williamson (1975)提出的交易成本包含：搜尋成本、資訊成本、議價成本、決策成本、監督交易進行的成本、違約成本。使用交易成本理論的研究模式如下：

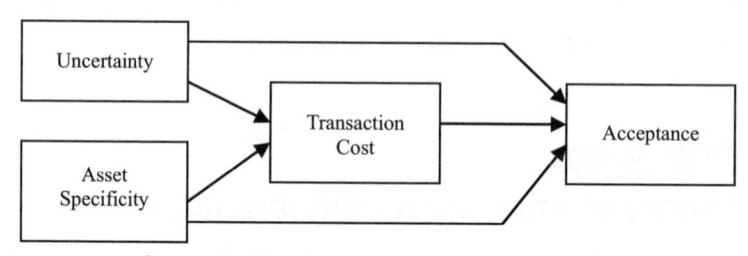

Source：Decision Support Systems (Liang and Huang 1998)

相關資料：

- Coase, R.H. 1937. "The nature of the firm," *Economica, New Series* (4:16), pp. 386-405.
- Liang, T.P., and Huang, J.S. 1998. "An Empirical Study on Consumer Acceptance of Products on Electronic Markets: A Transaction Cost Model," *Decision Support Systems* (24:1), pp. 29-43.
- Oliver, W. 1975. *Markets and hierarchies: Analysis and antitrust implications,* New York, NY: Free Press.

1-2-3 任務、科技適配理論(Task technology fit theory)

　　由 Goodhue 與 Thompson 於 1995 年提出任務、科技適配理論(Task Technology Fit theory)，如下圖。

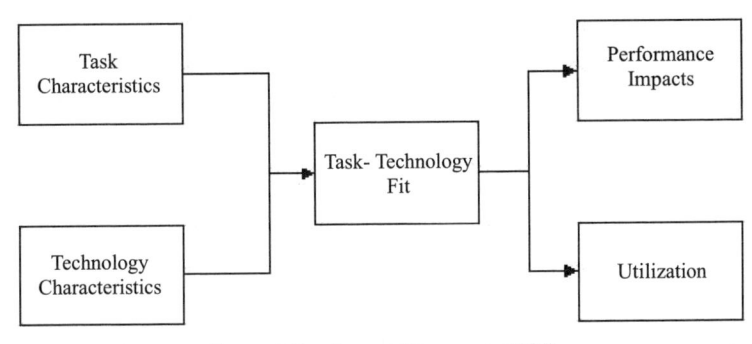

```
        ┌──────────────┐
        │     Task     │─────────┐         ┌──────────────┐
        │Characteristics│         │     ┌──▶│ Performance  │
        └──────────────┘         ▼     │   │   Impacts    │
                          ┌──────────┐ │   └──────────────┘
                          │  Task-   │─┤
                          │Technology│ │
                          │   Fit    │ │   ┌──────────────┐
                          └──────────┘ └──▶│  Utilization │
        ┌──────────────┐         ▲         └──────────────┘
        │  Technology  │─────────┘
        │Characteristics│
        └──────────────┘
```

Source：Goodhue and Thompson (1995)

任務、科技適配理論認為 IT 可以正面的影響使用者個人的績效，並且可以結合任務的能力，很容易被使用者所使用。

相關資料：

- Goodhue, D.L. 1995. "Understanding user evaluations of information systems," *Management Science* (41:12), pp. 1827-1844.
- Goodhue, D.L., and Thompson, R.L. 1995 "Task-technology fit and individual performance," *MIS Quarterly* (19:2), pp. 213-236.
- Zigurs, I., and Buckland, B.K. 1998. "A theory of task/technology fit and group support systems effectiveness," *MIS Quarterly* (22:3), pp. 313-334.

1-2-4 長尾理論(The long tail)

2004 年 10 月，《Wired》雜誌主編 Chris Anderson 首次提出長尾理論(The long tail)，以簡單的圖表解釋了電子商務的利基所在。通路只要夠大，不是主流的商品，例如：需求量小的商品「總銷量」也能夠和主流的、需求量大的商品銷量競爭。在 Internet 上的實例就是 Amazon 跟 Google，因此，長尾理論使得電子商務擁有一個具說服力的理論基礎。

1-2-5 制度理論(Institutional theory)

制度理論 Institutional theory 由 Selznick (1948)，Dimaggio and Powell (1983)所倡導，制度理論的觀點認為，組織在面對的制度環境(institutional environments)下會採取某一種組織結構設計或某項措施是為了取得所需的資源及組織內部成員和外部社會的支持，期望獲得組織生存的合法性(legitimacy)。

相關資料：

- Selznick, P. 1948. "Foundations of the Theory of Organizations," *American Sociological Review* (13), pp. 25-35.
- DiMaggio, P.J., and Powell, W.W. 1983. "The iron cage revisited: Institutional isomorphism and collective rationality in organizational fields," *American Sociological Review* (48:2), pp. 147-160.

1-2-6 服務品質理論(Service Quality, SERVQUAL)

服務品質理論是由 Parasuraman, Berry, and Zeithaml 為主要倡導學者，於 1985 年提出服務品質的概念模型。服務品質理論 SERVQUAL 是用來衡量服務品質，其定義是「認知服務品質」為顧客的「期望」與「感受」之間的差距。Parasuraman et al. (1988)提出服務品質的五個構面有 (1) Tangibles(有形性) - physical facilities, equipment, staff appearance, etc. (2) Reliability(可靠性) - ability to perform service dependably and accurately. (3) Responsiveness(反應度) - willingness to help and respond to customer need. (4) Assurance(信賴感) - ability of staff to inspire confidence and trust. (5) Empathy(關懷度) - the extent to which caring individualized service is given。服務品質理論(SERVQUAL, Service Quality)除了大量使用於行銷領域外，目前有涉及到服務的各個領域，大多都認同以 SERVQUAL 做為衡量服務品質的考量。

相關資料：

- Parasuraman, A., Berry, L.L., and Zeithaml, V.A. 1985. "A Conceptual Model of Service Quality and Its Implications for Future Research," *Journal of Marketing* (49: 4), pp. 41-50.
- Parasuraman, A., Berry, L.L., and Zeithaml, V.A. 1988. "SERVQUAL: A Multiple-Item Scale For Measuring Consumer Perceptions of Service Quality," *Journal of Retailing* (64:1), pp. 12-40.
- Parasuraman, A., Berry, L.L. and Zeithaml, V.A. 1991. "Refinement and Reassessment of the SERVQUAL Scale," *Journal of Retailing* (67:4), pp. 420-450.

1-2-7 科技接受模式 (Technology Acceptance Model, TAM)

科技接受模型(Technology Acceptance Model, TAM)是 Davis 於 1986 年所提出的，Davis 使用理性行為理論(Theory of Reasoned Action, TRA)和計劃行為理論(Theory of

Planned Behaviour, TPB)模式為基礎，發展成 TAM 科技接受模型，用來研究使用者接受資訊科技(Information Technology, IT)的影響因素。TAM 認為影響使用者的使用意向主要認知有用性(Perceived Usefulness, PU)及認知易用性(Perceived Easy of Use, PEOU)這二個構面，再透過使用態度(Attitude Towards)及使用意向(Behavioural Intention to Use)的影響，進而實際地使用 IT。

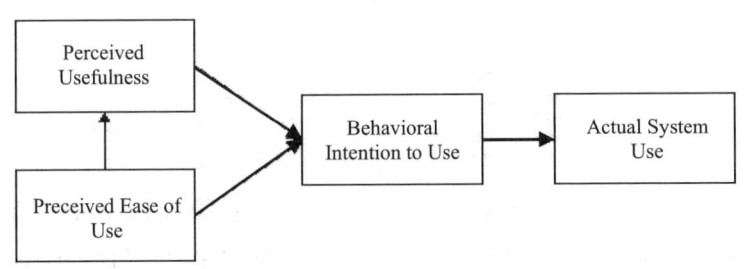

```
┌─────────────┐
│  Perceived  │
│ Usefulness  │
└──────┬──────┘
       │         ┌─────────────┐     ┌─────────────┐
       ↓         │ Behavioral  │     │Actual System│
       ─────────→│Intention to │────→│    Use      │
       ↑         │    Use      │     │             │
       │         └─────────────┘     └─────────────┘
┌─────────────┐
│Preceived Ease│
│   of Use    │
└─────────────┘
```

Source：Davis et al. (1989), Venkatesh et al. (2003)

相關資料：

- Davis, F.D. 1986. "A technology acceptance model for empirically testing new end-user information systems: Theory and results," Doctoral dissertation, Sloan School of Management, Massachusetts Institute of Technology.
- Davis, F.D. 1989. "Perceived usefulness, perceived ease of use, and user acceptance of information technology," *MIS Quarterly* (13:3), pp. 319-339.
- Venkatesh, V., Morris, M.G., Davis, G.B., and Davis, F.D. 2003. "User acceptance of information technology: Toward a unified view," *MIS Quarterly* (27:3), pp. 425-478.

1-2-8 計劃行為理論
(The Theory of Planned Behavior, TPB)

計劃行為理論(The Theory of Planned Behavior，簡稱 TPB)為美國心理學家 Ajzen 所倡導，用來預測行為之重要理論。計劃行為理論(Ajzen 1985, 1991)指出「行為意圖(behavior intention, BI)」是個人對從事某項行為(behavior, B)的意願，是預測行為最好的指標。意圖由三個構面所組成：(1) 對該行為所持的態度(attitude toward the behavior, AT)；(2) 主觀規範(subjective norm, SN)；(3) 行為控制知覺(perceived behavioral control, PBC)。計劃行為理論的模式如下：

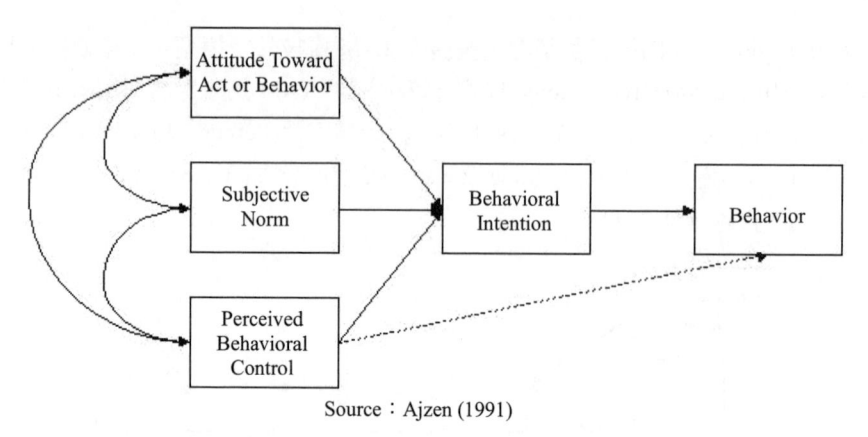

[Figure: Theory of Planned Behavior model — Attitude Toward Act or Behavior, Subjective Norm, Perceived Behavioral Control → Behavioral Intention → Behavior]

Source：Ajzen (1991)

- Ajzen, I. 1985. "From intentions to actions: A theory of planned behavior," In *Springer series in social psychology,* J. Kuhl, and J. Beckmann (eds.), Berlin: Springer. pp. 11-39.
- Ajzen, I. 1991. "The theory of planned behavior," *Organizational Behavior and Human Decision Processes* (50:2), pp. 179-211.

計劃行為理論就是想要分析出行為與心理之間的關係，進而從研究結果中找出可以影響行為的因素。

1-2-9 理性行為理論(Theory of Reasoned Action, TRA)

理性行為理論是由 Fishbein 和 Ajzen 於 1967 年所提出預測個人行為態度意向之理論。理性行為理論認為 Behavioral Intention(行為意向)會受到「態度」及「主觀性規範」所影響。態度是指個人對行為的想法，主觀性規範是指社會習俗、他人意見或壓力。理性行為理論的模式如下：

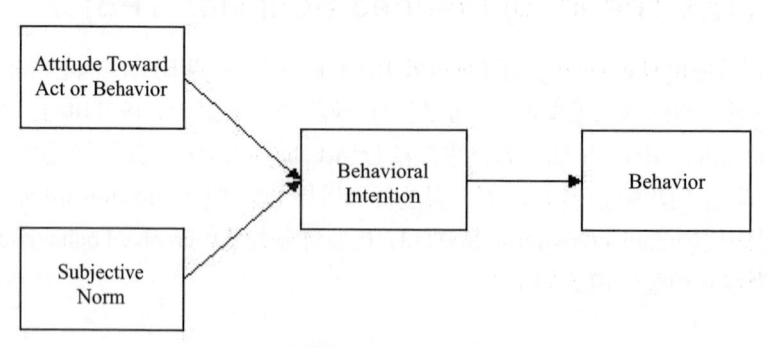

[Figure: Theory of Reasoned Action model — Attitude Toward Act or Behavior, Subjective Norm → Behavioral Intention → Behavior]

Source: Fishbein, M., and Ajzen, I. (1975).

相關資料：

- Ajzen, I., and Fishbein, M. 1973. "Attitudinal and normative variables as predictors of specific behavior," *Journal of Personality and Social Psychology* (27:1), pp. 41-57.
- Fishbein, M. 1967. "Readings in attitude theory and measurement," in *Attitude and the prediction of behavior*, M. Fishbein (ed.), New York: Wiley. pp. 477-492.
- Fishbein, M., and Ajzen, I. 1975. *Belief, attitude, intention, and behavior : An introduction to theory and research,* Reading, MA: Addison-Wesley.

1-2-10 期望確認理論(Expectation confirmation theory)

期望確認理論最早由(Oliver 1977, 1980)提出的，為一般研究消費者滿意度之基礎模型，概念為消費者在購買前的預期，及實際購買後的績效，兩者比較之後，有正向確認、負向確認，最後產生滿意程度上的差異，如下圖。

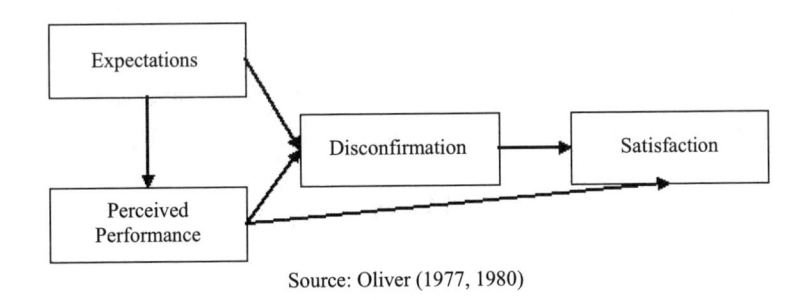

Source: Oliver (1977, 1980)

Bhattacherjee 修正 ECT，提出「持續使用 IS 意圖模式」，使其符合資訊系統之情境，如下圖。

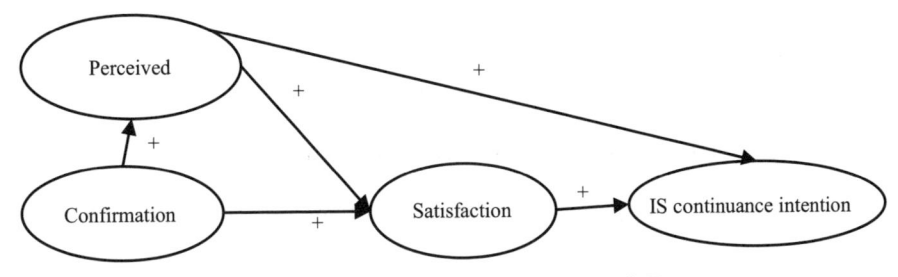

資料來源：Bhattacherjee (2001)持續使用 IS 意圖

統計分析入門與應用

相關資料：

- Oliver R.L. 1977. "Effect of Expectation and Disconfirmation on Post exposure Product Evaluations - an Alternative Interpretation," *Journal of Applied Psychology* (62:4), pp. 480.
- Oliver R. L. 1980. "A Cognitive Model of the Antecedents and Consequences of Satisfaction Decisions," *Journal of Marketing Research* (17:3), pp. 460.
- Spreng, R.A., MacKenzie, S.B., and Olshavsky, R.W.1996. "A reexamination of the determinants of consumer satisfaction," *Journal of Marketing* (60:3), pp. 15.
- Bhattacherjee, A. 2001. "Understanding information systems continuance: An expectation-confirmation model," *MIS Quarterly* (25:3), pp. 351.

1-2-11 資訊系統成功模式 (DeLone and McLean IS success model)

DeLone and McLean 於 1992 年提出「資訊系統成功模式 (Information Systems Success model)」。資訊系統成功模式有「系統品質 (Systems Quality)」、「資訊品質 (Information Quality)」、「使用 (Use)」與「使用者滿意 (User Satisfaction)」、「個人的影響 (Individual Impact)」與「組織的影響 (Organizational Impact)」六大構面，如下圖：

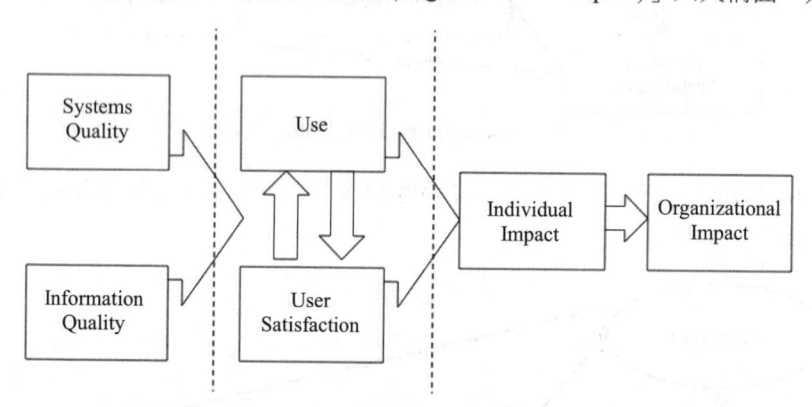

Source: Information Systems Success Model (DeLone & McLean 1992)

DeLone and McLean(2003)回顧十年(1993 年到 2002 年中期)期刊，研究者提出了更新的模型，如下圖：

```
                    Information
                    Quality

                                        Intention
                                        to Use    Use

                    Systems                                    Net Benefits
                    Quality
                                        User
                                        Satisfaction

                    Service
                    Quality
```

Source: Updated Information Systems Success Model (DeLone & McLean 2002, 2003)

相關資料：

- DeLone, W.H., and McLean, E.R. 1992. "Information Systems Success: The Quest for the Dependent Variable," *Information Systems Research* (3:1), pp 60-95.
- DeLone, W.H., and McLean, E.R. 2003. "The DeLone and McLean Model of Information Systems Success: A Ten-Year Update," *Journal of Management Information Systems* (19:4), pp. 9-30.

1-2-12 資源依賴理論 (Resource dependency theory, RDT)

　　資源依賴理論(resource dependency theory, RDT)是Pfeffer and Salancik於1978所提出。資源依賴理論是指組織在一個開放性的社會系統和不確定性的環境下，無法自給自足，組織為了求生存需要依賴外部資源的供給，並適時提供資源給外部組織，而與外部環境不斷地互動，組織才能持續生存下去。

相關資料：

- Pfeffer, J., and Salancik, G. 1978. The external control of organizations: A resource dependence perspective, New York: Harper & Row.
- Ulrich, D., and Barney, J.B. 1984. "Perspectives in organizations: Resource dependence, efficiency, and population," *Academy of Management Review* (9:3), pp. 471.

1-2-13 資源基礎理論(Resource-based theory)

　　資源基礎理論是由 Penrose, Wernerfelt 和 Barney 等為主要倡導學者，資源基礎理論的先驅是 Penrose (1959)，在其《The theory of the growth of the firm》(企業的成長理論)一書中，提到企業為獲取利潤，不僅要擁有優越的資源，更要具備有效的利用這些資源的能力，來追求企業成長。Wernerfelt (1984)延續 Penrose 的論點，在其「企業的資源基礎觀點」文章中，首先提出資源基礎觀點(resource-based view; RBV)，以「資源觀點」取代「產品觀點」來分析企業。Barney (1986)則延續 Wernerfelt 所提出的觀點，認為不同的企業對於不同的策略資源，所產生的價值也不相同，所以企業的績效不只來自產品市場的競爭，也由企業不同的資源所產生，因此企業進行策略規劃時，應先分析本身所具備的各種具有競爭優勢的資源，例如：有價值的資源、稀有性的資源、不可模仿性的資源、不可替代性的資源。對於資源基礎理論(Resource-based theory)，不同的學者或許會有不同的見解與看法，但共通的最終目的是在於探討企業如何獲取最大利益。

相關資料：

- Barney, J.B. 1986a. "Strategic factor markets: Expectations, luck and business strategy," *Management Science* (32), pp. 1512-1514.
- Barney, J.B. 1986b. "Organizational culture: Can it be a source of sustained competitive advantage?" *Academy of Management Review* (11), pp. 656-665.
- Barney, J.B. 1986c. "Types of Competition and the Theory of Strategy: Toward an Integrative Framework," *Academic of Management Review* (11), pp. 791-800.
- Penrose, E.T. 1959. *The Theory of the Growth of the Firm*, New York: Wiley.
- Wernerfelt, B. 1984. "A resource-based view of the firm," *Strategic Management Journal* (5), pp. 171-180.

1-2-14 滿意度(Satisfaction)

　　滿意度一般是指一個人感覺到愉快或失望的程度。由於對象的不同，使用的範圍和方式也會有所不同，以顧客對產品為例子，Miller (1977)認為顧客滿意度是由顧客的預期之程度和知覺之成效，二者交互作用所形成的程度。Kotler (1991)也認為顧客滿意度的高低是取決於顧客感受的知覺價值和顧客的期望水準。以顧客對服務為例子，Hernon 等人(1999)認為建立顧客滿意度應包含對接待人員的滿意度和整體服務滿意度兩部份。以使用者對資訊系統為例子，Bailey and Pearson (1983)是藉由文獻研究、專家訪問與訪問調查等方式，歸納整理出 39 個問項(如正確性、及時性與人員的態度等)。

以測量受訪者對各問項相對資訊需求之認知反應結果與強度。進而可以從研究結果中找出可以影響資訊系統滿意度的因素。對於一個組織而言，提供顧客滿意的服務，是組織生存的必要條件之一，所以各行各業對於顧客滿意度都相當的重視。

相關資料：

- Bailey, J.E., and Pearson, S.W. 1983. "Development of a tool for measuring and analyzing computer user satisfaction," *Management Science* (29), pp.530-545.
- Hernon, P.N., Danuta, A, and Altman, E. 1999. "Service Quality and Customer Satisfaction; an assessment and future direction," *The Journal of Academic Librarianship* (25), pp. 9-17.
- Kotler, P. 1991. *Marketing management: Analysis, planning, implementation, and control* (7th ed.), Englewood Cliffs, NJ: Prentice-Hall, pp. 455-459.
- Miller, J.A. 1977. "Studying Satisfaction Modifying Models, Eliciting Expectation, Posing Problem, and Meaningful Measurement," in *The Conceptualization of Consumer Satisfaction and Dissatisfaction,* H. Hunt (ed.), Cambridge: Marketing Science Institute.

1-2-15 權變理論(Contingency theory)

權變理論是 Fiedler 於 1964 所提出。一個簡化的權變理論模式如下圖：

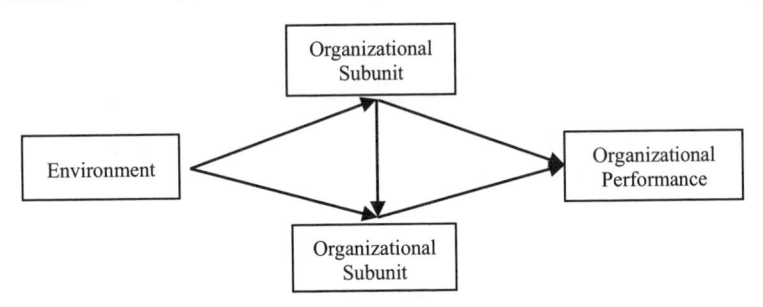

A simplified model of contingency theory in organizational research(Fiedler 1964)

權變理論認為組織效能有賴於組織設計與其所面臨的情境的適配度，特別強調情境因素的重要性。

相關資料：

- Fiedler, F.E. 1964. "A Contingency Model of Leadership Effectiveness," *Advances in Experimental Social Psychology* (1), New York: Academic Press. pp. 149-190.

- Weill, P., and Olson, M.H. 1989. "An Assessment of the Contingency Theory of Management Information Systems," *Journal of Management Information Systems* (6:1), pp. 63.

1-2-16 認知適配理論(Cognitive fit theory)

Vessey 於 1991 提出認知適配論(Cognitive Fit Theory)，用來說明任務(task)與資訊呈現格式(presentation format)的關係「適配(fit)」一致時，會提高個人的的任務效能，相反的，當任務(task)與資訊呈現格式(presentation format)的關係「適配(fit)」不一致時，會降低個人的的任務效能(Vessey 1991)。

Shaft and Vessey (2006)探討在軟體的理解和修正的關係中認知適配的角色，如下圖。Shaft and Vessey 提出內外部呈現領域的問題和解決問題的任務會影響心智呈現任務的解決方案，進而影響解決問題的效能。

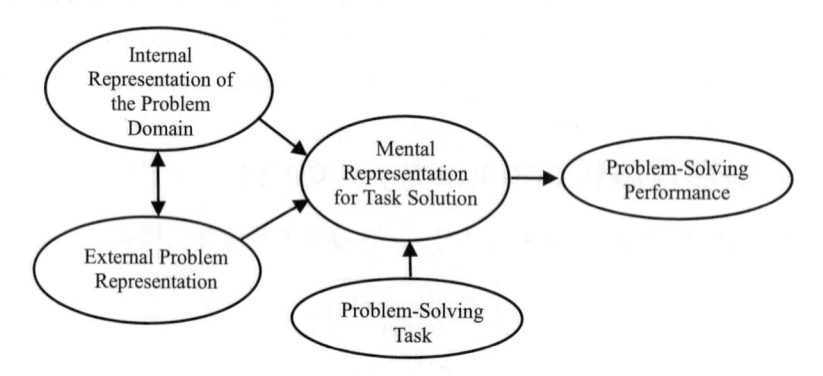

Source: Shaft and Vessey (2006) "The Role of Cognitive Fit in the Relationship between Software Comprehension and Modification", MIS Quarterly, Volume 30, Issue 1, pp. 29-55.

相關資料：

- Vessey, I. (1991). Cognitive Fit: A Theory-Based Analysis of the Graphs Versus Tables Literature. Decision Sciences 22(2), 219-240.
- Vessey, I. and Galletta, D.(1991). Cognitive Fit: An Empirical Study of Information Acquisition. Information Systems Research, 2(1), 63-84.
- Shaft, T. M. and Vessey, I.(2006) "The Role of Cognitive Fit in the Relationship between Software Comprehension and Modification", MIS Quarterly, 30(1), pp. 29-55.
- Shipp, A. J. and K. J. Jansen (2011). "Reinterpreting time in fit theory: Crafting and recrafting narratives of fit in medias res," Academy of Management Review, 36(1), pp. 76-101.

1-2-17 推敲可能性模型
(Elaboration likelihood model, ELM)

推敲可能性模型 Elaboration likelihood model (ELM) 是 Petty 和 Cacioppo，於 1986 所提出，用來說明態度改變的說服理論模型，如下圖。

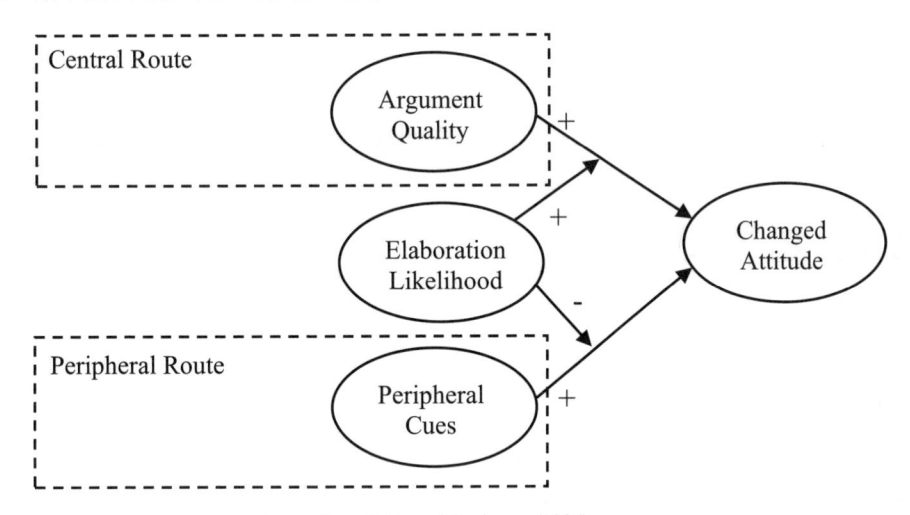

Source from Petty and Cacioppo (1986)

推敲可能性模型認為信息處理有「中央路徑(central route)」和「邊緣路徑(peripheral route)」兩種方式。當推敲可能性高，例如高度的動機和能力，會願意花精力對信息加以分析涉入程度(Involvement)高，會考慮走中央路徑；當推敲可能性低，例如個人之動機與能力相對較弱時或涉入程度(Involvement)低，會考慮走邊緣路徑。

相關資料：

- Petty, R. E., and Cacioppo, J. T. (1986). "The elaboration likelihood model of persuasion". Advances in experimental social psychology: 125.
- Petty, R.E., and Cacioppo, J.T. (1986). Communication and Persuasion: Central and Peripheral Routes to Attitude Change. New York: Springer-Verlag.
- Angst, C. M., and R. Agarwal (2009) "Adoption of Electronic Health Records in the Presence of Privacy Concerns: The Elaboration Likelihood Model and Individual Persuasion", MIS Quarterly, (33) 2, pp. 339-370.
- Bhattacherjee, A., and C. Sanford (2006) "Influence Processes for Information Technology Acceptance: An Elaboration Likelihood Model", MIS Quarterly, (30)4, pp. 805-825.

- Cheung, C. M.-Y., C.-L. Sia, and K. K. Kuan (2012) "Is This Review Believable? A Study of Factors Affecting the Credibility of Online Consumer Reviews from an ELM Perspective, " Journal of the Association for Information Systems, (13) 8, pp618-635.
- Dinev, T. (2014) "Why Would We Care about Privacy?", European Journal of Information Systems, (23) 2, pp. 97-102.

IS theories 參考資料來源：

- The Theories Used in IS Research Wiki (http://is.theorizeit.org/wiki/Main_Page)

1-3 量表簡介

　　研究人員想輕易地使用統計技術來分析資料時，大多都需要嚴謹的量表，但是量表如何量測資料呢？這就需要先瞭解資料的量測尺度，因此，本節將介紹資料的量測尺度和量表。

1-3-1 資料的量測尺度(Scales of measurement)

　　社會科學的資料擁有多種性質，因此，我們在量測這些資料時，就需要有不同的尺度，量測尺度是對資料給予適當的代表值，以做為統計運算的基礎，一般我們常用的量測尺度有 - 名目尺度(nominal scale)、順序尺度(ordinal scale)、區間尺度(interval scale)和比例尺度(ratio scale)，我們分別介紹如下：

- 名目尺度(nominal scale)：名目尺度是用來處理分類的資料，也稱為類別尺度(ategorial scale)，在分類的資料中，都會以一個數字來代表一個類別，我們常用的範例如下：
  性別 – 0 代表男性，1 代表女性
  婚姻 – 0 代表未婚，1 代表已婚
  企業規模 – 0 代表中小企業，1 代表大企業

- 順序尺度(ordinal scale)：順序尺度用來處理有前後關係的資料，以表示高、低，好、壞，等級…等等，這些資料可以給予大小不同的值，這些值只代表順序，不代表差距有多大，也不代表有相同的距離，我們常用的範例如下：
  - 教育程度 – 0 代表國小，1 代表國中，2 代表高中職，3 代表大專，4 代表研究所，5 代表博士

- 職位層級－0代表工讀生，1代表職員，2代表經理，3代表總經理，4代表董事長

- 區間尺度(interval scale)：區間尺度用來處理有標準化的量測，單位和相同距離尺度的資料，這些資料並無真正的零(無資料)，我們常用的範例如下：
  溫度－有-5°C、0°C、10°C…等等
  時間－有時、分、秒…等等

  區間尺度的大小是有意義的，數值之間的差距也是有代表的意義，由於處理的是相同距離尺度的資料，所以也稱為等距尺度或間距尺度。

- 比例尺度(ratio scale)：比例尺度用來處理其有標準化的量測單位和絕對零值的資料，絕對零值的意思是數值為零時，就代表無此資料，我們常用的比例尺度範例如下：
  年齡－1歲、10歲、20歲、40歲、60歲、80歲、100歲
  身高－20公分、60公分、100公分、150公分、200公分
  體重－20公斤、40公斤、60公斤、80公斤

以上介紹資料的 4 種量測尺度，若是以涵蓋的範圍來比較則是名目尺度(類別)最小，接下來是順序尺度，區間尺度，最大範圍的是比例尺度，我們以下圖來表示：

名目(類別)＜順序＜區間＜比例
處理資料的範圍愈大 →

資料處理的範圍愈小，其處理的程度較不精確，例如：名目尺度的資料，反之，資料處理的範圍愈廣，其處理的程度較精確，例如：比例尺度的資料最精確，至於我們該用何種量測尺度，則是視研究的資料型態而訂定，並非隨意指定的，讀者需要加以小心使用。

資料的分佈

資料的各種分佈情形代表的是－量測而得到的各種特性，例如：我們調查某一家連鎖超商的顧客消費行為，就可以知道顧客消費的大致情形，一般我們最常想了解資料的分佈情形有資料的集中趨勢(Measure of central tendency)和資料的分散程度(Measures of Dispersion) 我們分別介紹如下：

1. 資料的集中趨勢：是在一組的資料中，找出一個值，使得其它的數值會往它集中，常用的量測方法有眾數、中位數、幾何平均數、算術平均數和加權算術平均數，我們再簡介如下：

- 眾數 mode：計算出次數最多的觀察值
- 中位數 median：計算出位置排列在中央的數值
- 幾何平均數 geometric mean：用來處理等比級數的平均數，是觀察值相乘 n 次就開 n 次根號，我們以幾何平均數 G、觀察值 X_1、X_2、..... X_n 為範例，數學式如下：

$$G = \sqrt[n]{X_1 X_2 X_3 ... X_n} = \prod_{i=1}^{n}(X_i)^{\frac{1}{n}}$$

- 算術平均數 arithemetic mean：將觀察值加總，再除以觀察值的個數，我們以算術平均數 $\overline{X}$，觀察值 X_1、X_2、..... X_n 有 n 個為範例，數學式如下：

$$\overline{X} = \frac{X_1 + X_2 + ... + X_n}{n} = \frac{\sum_{i=1}^{n} X_i}{n}$$

- 加權算術平均數 Weighted arithmetic mean：在算術平均數中，每個觀察值都是相同的比重，若是遇到觀察值的重要程度不一樣時，我們可以對每個觀察值給以權重，再計算其平均數，我們以加權算術平均數 $\overline{X}_w$、觀察值 X_1、X_2、..... X_n 有 n 個，權重 Weight：X_1 是 W_1，X_2 是 W_2，X_n 是 W_n

$$\overline{X_w} = \frac{X_1 W_1 + X_2 W_2 + ... + X_n W_n}{W_1 + W_2 + ... + W_n} = \frac{\sum_{i=1}^{n} X_i W_i}{\sum_{i=1}^{n} W_i}$$

2. 資料的分散程度：資料的分散程度是用來確認資料的集中趨勢(例如：平均數)是否具有代表性的問題，資料的分散程度低時，平均數就具有高的代表性，反之資料的分散程度高時，平均數會具有低的資料代表性，常見的資料的分散程度量測有全距、變異數和標準差，我們再簡介如下：

- 全距(Range)：一組觀察值中最大值與最小值的差，我們以 R 代表

    R = 最大值 − 最小值

    R 愈大，代表分散程度愈大

    R 愈小，代表分散程度愈小

- 變異數：變異數也稱為平均平方離差(mean squared deviation) 是觀察值與平均數離差(相減)的平方和，除以觀察值的個數。我們以母體變異數 σ^2 (σ = sigma)，母體觀察值 X_1、X_2、….. X_n 有 n 個，母體平均數為 u，數學式如下：

$$\sigma^2 = \frac{\sum(x-u)^2}{N}$$

當變異數的資料來源是樣本時，由於樣本變異數 S^2 失去一個自由度(degree of freeden：df)，所以樣本變異數分母為 n -1，x 為觀察值，$\overline{x}$ 為平均數，樣本變異數 S^2，數學式如下：

$$S^2 = \frac{\sum(X-\overline{X})^2}{n-1}$$

- 標準差：用來解釋資料分散的情形，由於變異數是平方值，不易解釋，經由開根號後會得到標準差，標準差同樣分為母體的標準差和樣本的標準差，數學式如下：
  * 母體的標準差：σ^2 為母體的變異數
    $\sigma = \sqrt{\sigma^2}$
  * 樣本的標準差：S^2 為樣本的變異數
    $S = \sqrt{s^2}$
  (1) 標準差會保留變異數的所有特性，也易於解釋，所以我們一般都用標準差在作解釋
  (2) 標準差愈大，代表資料愈分散
     標準差愈小，代表資料愈集中

1-3-2 量表

在社會科學的研究分類中，可以分為質性研究和量化研究，無論是質性研究或量化研究都是可以加以測量，只是測量的標準化程度不同。在質性研究中，研究者盡可能地收集受訪者的各種資訊，因此，擁有最豐富的資訊，但由於問項未經嚴謹處理，因此，標準化程度低，一般我們稱這樣的測量方式是使用非結構化的問項(unstructured questionnaire)，非結構化的問項由於未設定明確的問項主軸內容，容易導致資料分析時，沒有一定的方向可以遵循，因此，許多研究者會先設定問項的主軸，收集受訪者資料時，只分佈一定範圍內，採用非結構化的處理，這樣的測量方式是使用半結構化

的問項(semi-structured questionnaire)，半結構化的問項仍傾向適用於質性研究，因為使用統計技術分析時，仍有相當的難度。研究人員想輕易地使用統計技術來分析資料時，大多都會嚴謹地先製訂一個測量的工具 – 量表，具有一定的測量格式，以提供受訪者自行填答(self reported)，我們稱這樣的測量方式為結構化的問項(structured questionnaire)，我們將結構化和非結構化的測量方式整理如下：

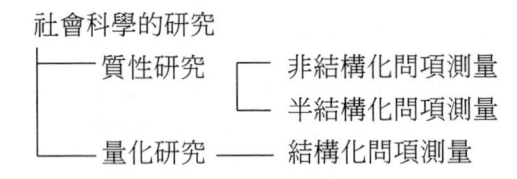

```
社會科學的研究
    ├─ 質性研究 ─┬─ 非結構化問項測量
    │           └─ 半結構化問項測量
    └─ 量化研究 ─── 結構化問項測量
```

在量化研究中，通常我們需要一個量表來進行問卷調查，量表是用一個以上的指標(indicator)來衡量待測物體或對象的特性，並且可以將此特性數值化，一般我們常聽到的量表格式有 Thurstone 量表、Guttman 量表、語意差異量表(semantic differential scale)和李克特量表(Likert scale)，我們簡介如下：

- Thurstone 量表

    研究人員在編製 Thurstone 量表時，會先寫好要測量的項目，交由專家來篩選項目(11 點的評分方式)，我們對每一項計算其平均數和四分差(Q score)，四分差較高的題項代表一致性較差，適合被刪除，我們會選出較一致性的題項，進行後續的工作，由於 Thurstone 量表的編製較複雜，還有專家的主觀問題，因此，現在較少使用，在一般的期刊論文中也較少看到。

- Guttman 量表

    研究人員在編製 Guttman 量表時，會先將題項依一定的方向排列，也就是說，題項的意涵是由強到弱或由弱到強的方式編排，填答者依序作答時，會遇到轉折的題項，在轉折之前，填答者一致性的回答，就代表累積了多少分數，因此，也稱 Guttman 量表為累積量表。

- 語意差異量表

    研究人員在編製語意差異量表時，主要是使用形容詞在語意上的差異，這些形容詞常常是成對出現，語意經常是正好相反的，例如：快的-慢的、好的-壞的、重的-輕的、強的-弱的、忙的-閒的…等等，研究人員可以計算每個題項的平均數，還可以使用因素分析所取得的構面進行加總後，再進行後續的工作。

- 李克特量表(Likert scale)

  李克特量表在社會科學研究中,是最常出現的量表,廣泛的應用在行銷、組織行為、人力資源、學習科技、教育、財務管理、心理測驗、…等等,特別適用於感受或態度上的衡量,例如:商業品牌代表著產品的銷售好壞,李克特 5 點量表,可以使用數值 1 代表非常不同意,2 代表不同意,3 代表沒有同意或不同意,4 代表同意,5 代表非常同意,李克特 5 點量表的數值與數值之間是等距的,經由因素分析後的構面可以加總,以得到一個加總計分值,形成一個構面可以由一個值代表,因此,李克特量表也是可加總量表的一種。

  在量表的使用上,理論一直是很重要的因素,因為理論可以協助我們概念化測量的問題,藉由理論的協助,可以使我們發展或使用具有一致性的,有效的、可應用的量表。

1-4 抽樣(Sampling)

為什麼我們需要抽樣?原因是母體太大,我們無法取得所有母體的數據,或則是因為取得母體數據的成本太高,負擔不起,因此,我們可以藉由抽樣取得的樣本來推論母體,如下圖:

樣本 → 推論 → 母體

抽樣的好壞會直接影響推論的結果,也就是說,樣本的正確性和準確性是相當重要的影響因素,才能代表(推論)母體,因此,我們進行抽樣的目的是想獲得具有代表性的樣本,這樣的樣本才能代表母體,然而,存在社會現象的母體有很多種,我們必須針對不同的母體採取不同的抽樣方法,才能獲得代表性的樣本,常見的抽樣方式有簡單隨機抽樣(simple random sampling)、分層抽樣(stratifies sampling)、群集抽樣(cluster sampling)和便利抽樣(convenience sampling),我們分別介紹如下:

- 簡單隨機抽樣 (simple random sampling)

  簡單隨機抽樣會使母體的每一個單位被抽中的機率都一樣,例如:A 班有 60 位學生,我們要從 A 班抽出 10 位學生參加啦啦隊比賽,則可以使用簡單隨機抽樣,常用的方式是使用亂數表(random number table)來協助選出適當的樣本。

  優點:當母體較小時,容易執行以取得適當的樣本。

  缺點:當母體較大時,母體的完整名冊不易獲得,造成抽樣時的成本較大,執行起來很困難。

使用時機：1. 母體有完整的資料，可以進行編號。
　　　　　2. 母體的抽樣單位差異小，才不會抽出偏誤的樣本。

- 分層抽樣(stratifies sampling)

  分層抽樣是將母體依某個準則，區分成 N 個不重疊的組，這些組我們稱之為 – 層(strata)，我們先將母體區分成幾個不同的層，之後再從每一層中分別抽取樣本，最後將各層抽取的樣本集合起來，成為我們所需要的總樣本，這就是分層抽樣。例如：B 系有博士班、碩士班和大學部，我們可以從這三個不同的層，抽出一定比例人數參加「校長座談」，這就是分層抽樣。

  優點：樣本分配較平均，可以提高精確度，並且可以比較各層樣本的差異可以做比較分析使用。

  缺點：分層的特性若是沒有考慮好，則會有抽樣不均的情形，反而降低精確度。

  使用時機：1. 母體的抽樣單位差異較大時。
  　　　　　2. 母體經分層後，層與層之間的變異較大，該層內的變異較小。

- 群集抽樣(隨機抽樣的一種)

  群集抽樣是將母體分成幾個群集(例如：部落或縣、市、鄰、里)經過隨機選取群集後，只有選中的群集才進行抽出樣本或進行普查，例如：研究人員想調查大專學生的生活支出時，可以從全國 150 所大專院校中，先隨機抽出 15 所大專院校，再從這 15 所大專院校中，每所學校抽出 100 位學生當做樣本，這就是群集抽樣。

  優點：可以大量降低抽樣成本，容易實行

  缺點：容易發生抽樣偏誤，風險較高

  使用時機：群集與群集之間變異小，群集內的變異大時適用，剛好與分層抽樣的使用時機相反。

- 便利抽樣(非隨機抽樣)

  便利抽樣從字面上解釋，是屬於很方便進行抽樣的方式，例如：街頭訪問、資訊展的訪問…等。

  優點：成本低，樣本容易取得。

  缺點：抽樣取得的樣本，缺乏代表性，所以較少使用。

在量化研究的抽樣使用上，可以分為 pilot test 抽樣和實測抽樣，pilot test 抽樣的目的是為了驗證量表適切性和構面的正確性，實測抽樣則是為了研究的結果所作的抽樣，這二種抽樣取得的樣本，都得仰賴後續章節數量方法的運算，得到我們需要的統計量，才能對研究的結果下結論。

1-5 統計分析的基礎統計學

本節討論的是在統計分析(多變量分析或稱為數量方法)中會用到的基礎統計,方便讀者理解統計分析(多變量分析或稱為數量方法)的內涵,並不是討論或介紹艱深的統計學。

1-5-1 描述性統計資料

一般基本的統計資料是要能描述資料的特性,例如:Mean 平均數、Median 中位數、Mode 眾數、Std deviation 標準差、Variance 變異數...等等。以了解資料的 Central Tendency 集中趨勢和 Dispersion 分散情形。我們整理常用的一般統計測量數如下:

- Percentile Values 百分位數值
  - Quartiles 四分位數,將數值排序後,分成四等份。
  - Cut point for equal groups 自訂的幾個相等分組。
  - Percentile 百分位數,將數值排序後,分成 100 等份,用來觀察資料較大值或較小值百分比的分佈情形。

- Central Tendency 集中趨勢
  - Mean 平均數,將觀察值加總,再除以觀察值的個數,用來觀察資料的平衡點,但是較容易受到極端值的影響。
  - Median 中位數,計算出位置排列在中央的數值,適用於順序資料或比例資料,較不受到極端值的影響。
  - Mode 眾數,計算出次數最多的觀察值,適用於類別資料,例如民意調查,不受到極端值的影響。
  - Sum 總和,將觀察值加總。
  - Values are group midpoints 分組的中間點的值。

- Dispersion 分散情形
  - Std deviation 標準差,將變異數開根號,回歸原始的單位,標準差越大代表資料越分散。
  - Variance 變異數,將觀察值與平均數之差,平方後進行加總,再除以觀察值的個數,變異數越大代表資料越分散。
  - Range 全距,將觀察值中的最大值減去最小值。
  - Minimum 最小值。
  - Maximum 最大值。

- S.E. mean 平均數的標準差,S.E.越小,資料的可靠性越大。

■ Distribution 分佈情形
- Skewness 偏度:資料分佈的情形,以偏度來看,除了正常的常態分配外,有可能是左偏或右偏的資料分佈。
- Kutorsis 峰度,資料的分佈,以峰度來看,除了正常的常態分配外,有可能是高狹峰態分佈和低闊峰態分佈。

1-5-2 機率分配

在社會科學中,我們常聽到隨機抽樣,其表示抽樣是隨著某個「機率」而產生的,若是我們可以知道某個機率的分配情形,我們便能夠推算可能的結果,也就可以從樣本推算母體,一般我們知道的機率分配,依照隨機變數的不同可以分為「間斷的機率分配」和「連續的機率分配」,我們整理如下:

■ 間斷的機率分配
- 二項機率分配(binomial probability distribution) – 常用於每次測試會有成功或失敗,1/2 的機率分配,例如:擲銅板。
- 超幾何機率分配(hypergeometric probability) – 常用於抽出的樣本不放回母體,計算抽出成功的次數分配,例如:樂透彩。
- 泊松機率分配(poisson probability distribution) – 常用於一段時間內,隨機發生的機率分配,例如:1 小時內到某家超商消費的人數。

■ 連續的機率分配
- 常態分配(normal distribution) – 數量方法中使用最多、最重要的分配,稍後介紹。
- 均等分配(Uniform distribution) – 用在連續的一段時間內,其事件的分配是平均分配,例如:機械化生產的產品。
- 指數分配(exponential distribution) – 用來描述兩次事件發生之間的等待時間。

1-5-3 常態分配

常態分配在統計學中,是相當重要的分配,其適用於相當多的自然科學和社會科學環境中,例如:人類的身高和體重,大致上都呈現常態分配,其函數數學式如下:

$$f(x) = \frac{1}{\sqrt{2\pi}\sigma} e^{-(x-u)^2/2\sigma^2} \quad -\infty < x < \infty$$

π = 3.14159

σ = 標準差

e = 2.71828

u = 平均數

∞ = 無限大

常態分配以圖來表示如下：

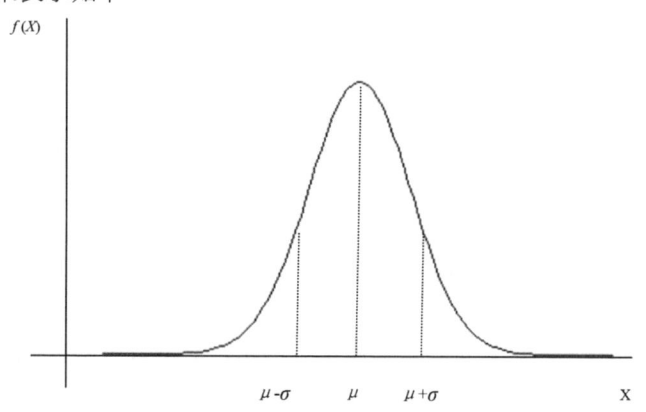

常態分配的曲線最高點(最大值)是在平均數，平均數可以是正值、負值，也可以是零，圖形以平均數為中心會呈現對稱分佈，整個常態分配。

所含蓋的面積總和等於 1，剛好等於常態隨機變數的機率。

我們常用幾個標準差來代表品質的好壞，其意義是指有多少的機會會落在可以控制的範圍內，例如：1 個標準差，2 個標準差，3 個標準差，如下圖：

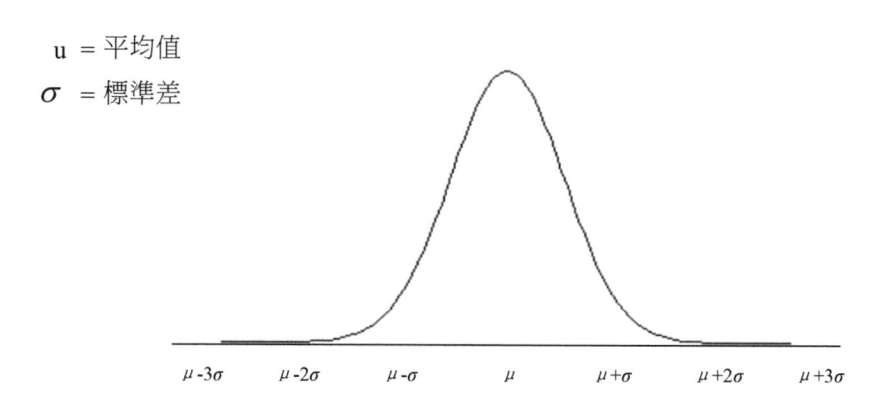

u = 平均值

σ = 標準差

轉換成數值後，如下圖：

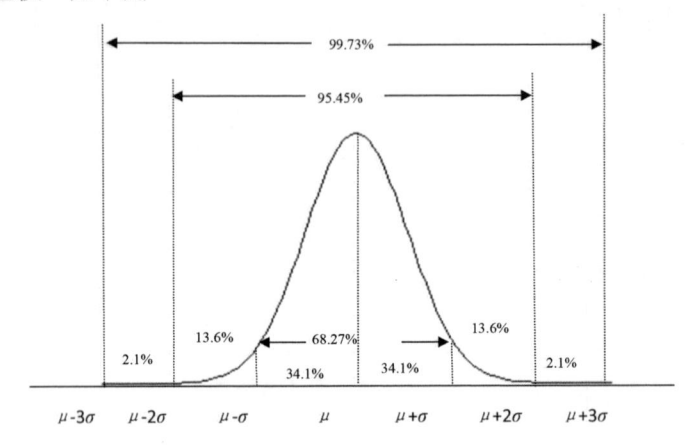

1 個標準差：有 68.26%的機率會落在離平均數±1 個標準差的範圍內。
2 個標準差：有 95.44%的機率會落在離平均數±2 個標準差的範圍內。
3 個標準差：有 99.74%的機率會落在離平均數±3 個標準差的範圍內。

我們通常使用常態分配來進行統計推論，由樣本來推論母體，這經常必須假設母體為常態分配下，我們經由樣本的抽樣分配，例如：t 分配、F 分配和卡方分配，才可以進行統計估計和假設檢定，以推論結果是否如我們所預期的，所以常態分配在我們的統計學中是相當重要的分配。

標準常態分配（Z 值表）

標準常態分配就是將常態分配進行標準化，使平均數=0，變異數=1，標準差=1，以得到一個 Z score 的機率分配，如下圖：

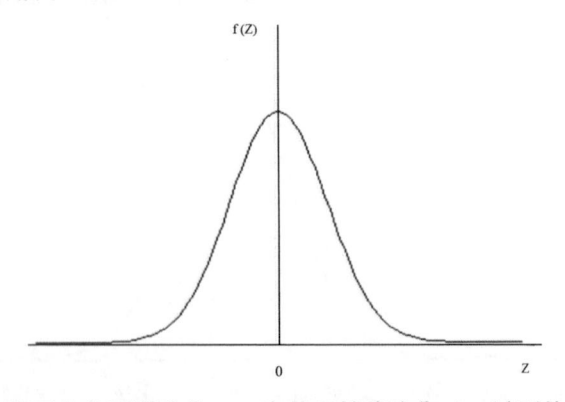

標準常態分配曲線下方的面積和為 1，也就是機率和為 1，以平均數 0 為中心，呈現對稱分配，所以其機率表可以只給一邊，也就是左邊或右邊機率表。

為什麼需要標準常態分配呢？因為不同的常態分配，其平均數和標準差也有所不同，形成不一樣的曲線，我們想要得到其區間估計的機率，得使用積分的方式，對於一般人而言，相當繁瑣而且也不容易使用，於是研究人員通常會將常態隨機變數(例如：A)，標準化成標準常態隨機變數 Z，經由查標準常態機率分配表(Z 值分配表)求得機率值。

1-5-4 決定樣本數的大小(使用於母體平均數)

樣本數的大小會影響我們估計的正確性，當樣本數愈大誤差較小，正確性較高，但是調查的成本也隨樣本數增大，反之，當樣本數小，誤差較大，正確性低，成本也較低。因此，在作抽樣調查時，通常會考慮所需要的成本，另外，還有一個很重要的考量因素是可容忍的誤差，因為誤差值直接影響正確性，我們可以藉由可容忍的誤差值，反推出所需要的樣本數，由抽樣誤差不超過 e 值，演變至估計母體平均數之樣本數如下：

$$抽樣誤差 \quad \overline{X} - u \leq e$$
$$Z_{a/2} \frac{\sigma}{\sqrt{n}} \leq e$$

平方後：$(Z_{a/2})^2 \frac{\sigma^2}{n} \leq e^2$

移項後，樣本大小 n，$n \geq \frac{(Z_{a/2})^2 \sigma^2}{e^2}$

當母體變異數未知時，使用樣本變異數 S^2 取代母體變異 σ^2

母體樣本數 $n \geq \frac{(Z_{a/2})^2 S^2}{e^2}$

例如：有一家機械業的製造商，主要生產鑽孔的軸承，目前正在生產一批軸承，品管人員隨機抽樣 16 個軸承，平均大小為 46 公厘，標準差為 5.7 公厘，在 95% 的信心水準，我們可以估算軸承可能的範圍大小為 42.96～49.04 公厘，但是顧客要求在 95% 的信心水準時，估計誤差不得超過 2 公厘，這時候，我們應該需要多少樣本，才可以達到顧客的要求？

估計誤差 ≤ 2

$\overline{X} - u \leq 2$

$Z_{a/2} \dfrac{\sigma}{\sqrt{n}} \leq 2$

平方,移項後 $n \geq \dfrac{(Z_{a/2})^2 \sigma^2}{2^2}$

$$n \geq \dfrac{(1.96)^2 (5.7)^2}{2^2}$$

(母體變異數未知,使用樣本數 S^2 取代,母體變異數 σ^2 ; S = 5.7)

$n \geq 31.2$

$n = 32$

我們需要抽樣達 32 個樣本,才能達到顧客要求在 95% 的信心水準時,估計誤差不超過 2 公厘的要求。

1-5-5 中央極限定理

當母體為常態分配時,不論我們的抽樣數量是多少,樣本平均數的抽樣分配作為常態分配,問題是在很多的情況下,母體的分配並非是常態分配,那怎麼辦?這時候,就要用到中央極限定理。

中央極限定理:不論母體是否為常態分配,抽樣的樣本數夠大時,則樣本平均數的抽樣分配會趨近常態分配。

注意:在一般情形下,卡方 X^2 達到顯著時,ϕ 值也會達到顯著。

注意:中央極限定理只適用於大樣本,至於大樣本需要多大,才能稱為大樣本,則決定於母體的分配情形,一般建議樣本 ≥ 30 時,樣本平均數會趨近於常態分配。

我們整理母體為常態分配和不是常態分配,樣本大小的分配如下

- 母體為常態分配
  大樣本:樣本分配為常態分配
  小樣本:樣本分配為常態分配

- 母體不是常態分配
  大樣本:樣本分配接近常態分配(中央極限定理)
  小樣本:決定於母體的分配情形

1-5-6 估計及區間估計

統計推論(statistical inference)主要包含有兩大部份，分別是估計(estimate)與假設檢定(hypothesis testing)。估計是用來推估我們感興趣的參數，包括：點估計及區間估計；假設檢定則是先建立虛無假設(null hypothesis)，再利用檢定的方式，計算是否有足夠的證據來拒絕或接受，我們所建立的假設關係。

點估計如下圖：

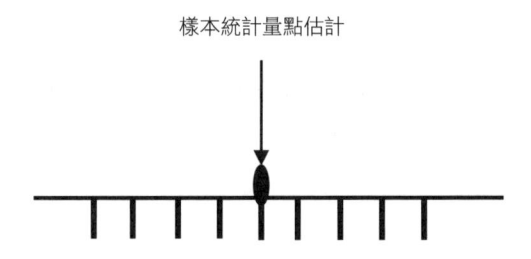

樣本統計量點估計

說明：

1. 從母體中抽出的樣本觀察值，用點估計式計算值作為母體參數的估計值。
2. 提供未知母體參數大小的約略估計，但無法知道多接近母體參數值。

例如：

樣本平均 $\overline{X}$ 是一個母體平均數 u 的點估計式。若 $\overline{X}$ = $60，則$60 是母體平均數 u 的點估計值。

區間估計如下圖：

信賴區間
Confidence interval

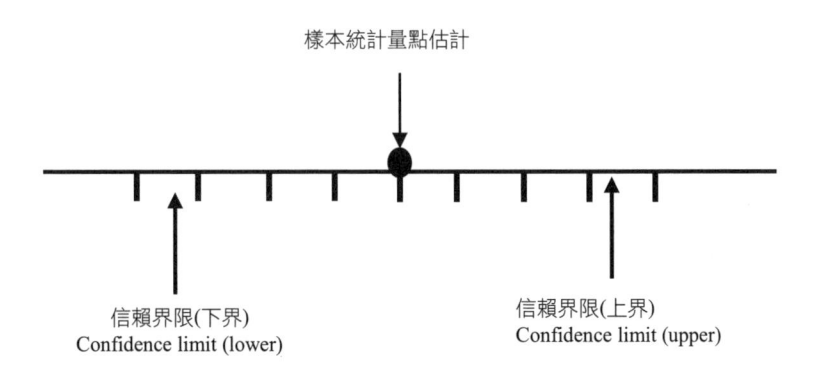

樣本統計量點估計

信賴界限(下界)　　　　　　　信賴界限(上界)
Confidence limit (lower)　　Confidence limit (upper)

說明：

1. 使用樣本觀察值計算一個區間的上界與下界，稱為信賴界限，使得在重複抽取樣本時，未知參數落在計算的信賴界限的比例達到需要的準確度，稱為信賴水準。

2. 當抽取隨機樣本後，可以根據事先選定的信賴水準，如 0.95 或 95%，再利用區間估計式計算信賴界限，如下界為$45，上界為$75。

3. 對於上面的計算結果，我們的解釋為：有 95%的信心相信未知母體的平均數介於 $45 與 $75 之間。

例如：μ 的 95%信賴區間(95% Confidence Interval, 95% CI)，表示此區間有 95%的機會會涵蓋真實母群體平均數。μ 的信賴區間，其公式如下：

Point Estimate ± (Critical Value)(Standard Error)

Point Estimate 點估計，Critical Value 臨界值，Standard Error 標準差

當 σ(標準差)已知時，μ 的信賴區間是

$$\boxed{\overline{X} \pm Z_{\alpha/2} \frac{\sigma}{\sqrt{n}}}$$

$\overline{X}$ 是點估計

$Z_{\alpha/2}$ 常態分布下，Z 的 $\alpha/2$ 單尾機率的臨界值

$\sigma/\sqrt{n}$ 標準差

當 σ(標準差)未知時，μ 的信賴區間是

$$\boxed{\overline{X} \pm t_{\alpha/2} \frac{S}{\sqrt{n}}}$$

$\overline{X}$ 是點估計

$t_{\alpha/2}$ 常態分布下，t 的$\alpha/2$ 單尾機率的臨界值

$S/\sqrt{n}$ 標準差

統計分析簡介與數量方法的基礎 **01**

區間估計式與信賴水準

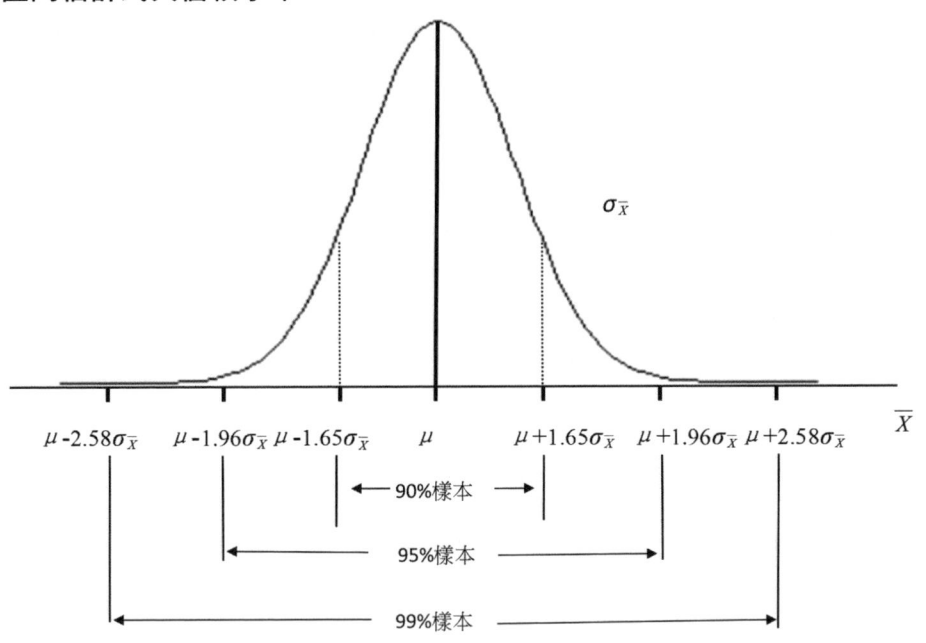

（常態分配圖）

$\mu-2.58\sigma_{\bar{X}}$　$\mu-1.96\sigma_{\bar{X}}$　$\mu-1.65\sigma_{\bar{X}}$　μ　$\mu+1.65\sigma_{\bar{X}}$　$\mu+1.96\sigma_{\bar{X}}$　$\mu+2.58\sigma_{\bar{X}}$

← 90%樣本 →
← 95%樣本 →
← 99%樣本 →

信賴水準 Confidence Level

1. 未知母體參數落在信賴界限所形成信賴區間的機率
2. 機率 $1-\alpha$ 通常以百分數 $100(1-\alpha)\%$ 表示
   $-\alpha$ 為未知母體參數不落在信賴區間的可能性（換言之即估計錯誤的機率）
3. 常用的信賴水準為：99%、95%、90%

信賴水準(Confidence Level)與信賴區間(Confidence Intervals)的關連

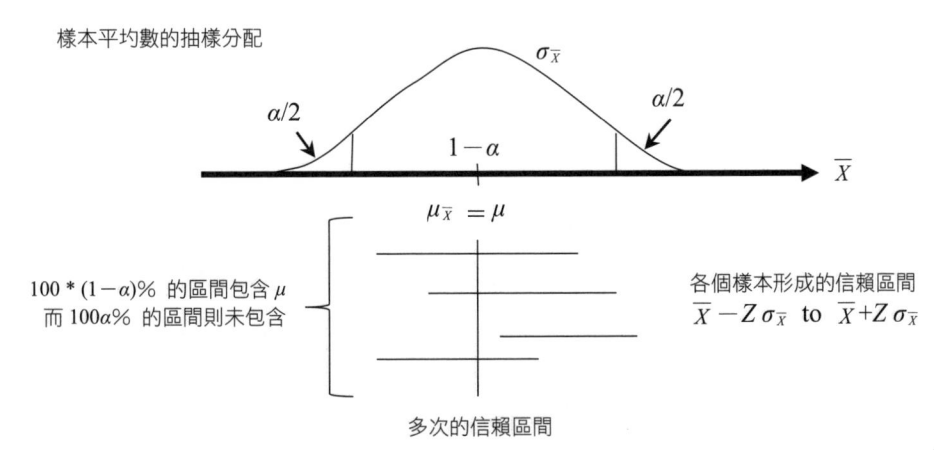

樣本平均數的抽樣分配

$\alpha/2$　　$1-\alpha$　　$\alpha/2$

$\mu_{\bar{X}} = \mu$

$100*(1-\alpha)\%$ 的區間包含 μ
而 $100\alpha\%$ 的區間則未包含

各個樣本形成的信賴區間
$\bar{X} - Z\sigma_{\bar{X}}$ to $\bar{X} + Z\sigma_{\bar{X}}$

多次的信賴區間

1-33

區間估計的意義

在相同的情境、信賴水準、與樣本數下，不停從母體重複的抽取樣本，並利用區間估計式計算信賴區間。在這些計算的區間中會有 100 * (1-α)% 的區間包含 μ，而 100 * α%的區間則不包含 μ。

例如 α = 5 時，區間中會有 100 * (1-α)% 的區間包含 μ，也就是 95%的區間包含 μ。而 100 * α%的區間則不包含 μ，也就是 5%的區間不包含 μ。

問題：為何使用區間估計？

點估計：從評斷的標準：不偏性、有效性、最小變異不偏性、一致性，得知點估計無法知道估計的準確性。

區間估計：從給予未知母體參數估計的準確性，重複取樣時的準確度

(信賴水準的機率觀點)和估計時的信心(信賴水準的實際觀點)得知點區間估計有較正確估計的準確性。

也因此，常用的：常態檢定，Z 檢定、t 檢定、F 檢定、回歸分析和結構方程模式(SEM)都是使用區間估計。

1-5-7 t 分配

t 分配適用於母體為常態分配，標準差 σ 未知，小樣本的情形下，我們可以使用 t 分配求出平均數 u 的信賴區間，以便作統計推論，所以說，t 分配是使用於母體平均數的分配。

在一般的社會科學中，母體為常態分配，母體的標準差 σ 為未知，樣本大小的處理方式不同，大樣本仍呈現常態分配，小樣本則不趨近常態分配，而是呈現自由度 n-1 的 t 分配，估計方式我們整理如下：

$$\text{大樣本：使用 } Z = \frac{\bar{x} - u}{s/\sqrt{n}} \text{ 做估計}$$

$$\text{小樣本：使用 } t = \frac{\bar{x} - u}{s/\sqrt{n}} \text{ (以樣本標準差 S 代替母體標準差 } \sigma \text{)}$$

t 分配使用參數為自由度(df)，自由度指的是在統計量中，隨機變量可以自由變動的數目，t 分配的自由度為 n-1(n 為樣本數)。

t 分配的特性

- t 分配是以平均數 0 為中心，呈現對稱分配情形如下：

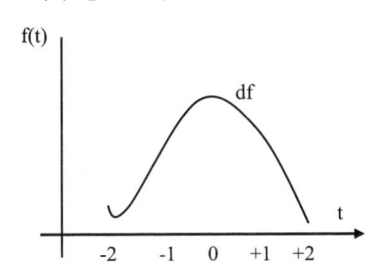

- t 分配下的總面積等於 1
- 當 df 趨近無限大 ∞ 時，t 分配會近似標準常態分配
- 在一般情形下，樣本數 ≥ 30 時，我們會以標準常態分配取代 t 分配

1-5-8 卡方分配(X^2 分配)

t 分配使用於母體平均數，而卡方分配則是使用於母體變異數。在我們生活中，母體變異數或標準差對於我們的用品有很大的影響，例如：我們使用的光碟片(聽音樂、儲存資料、看影片)，其中心直徑大小的圓圈關係著能否播放的問題，也就是說，光碟片中心孔的變異數不可以太大，它代表著光碟片的品質，我們可以利用抽樣方式來檢驗其產品的品質，這時候，母體變異數是未知的，我們則可以使用樣本變異數來進行估計，也就是說，我們使用卡方分配來推論母體變異數。

卡方分配的自由度為 n-1，自由度指的是在統計量中，隨機變異可以自由變動的數目，從樣本變異數演變至卡方分配，如下：

$$\text{樣本 } X_1 \cdot X_2 \cdot \ldots X_n \text{ 其變異數 } S^2 = \frac{\sum_{i=1}^{n}(X_i - \overline{X})^2}{n-1}$$

$$S^2(n-1) = \sum_{i=1}^{n}(X_i - \overline{X})^2$$

$$\frac{S^2(n-1)}{\sigma^2} = \frac{\sum_{i=1}^{n}(X_i - \overline{X})^2}{\sigma^2} \sim 趨近 X_{n-1}^2 \ (卡方分配)$$

卡方分配會呈現大於等於 0 的分配,如下圖:

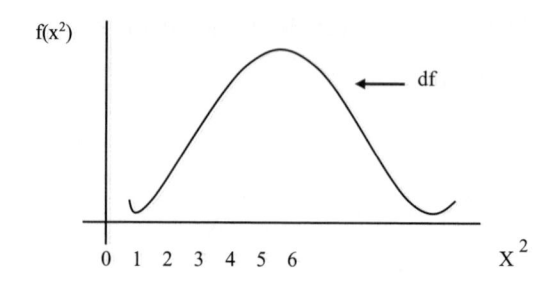

卡方分配的特性:

- 卡方分配會隨著自由度(df)的增加時,呈現對稱分配。
- 卡方分配的 df 趨近無限大 ∞ 時,可以由常態分配取代卡方分配。
- 卡方分配的平均數等於自由度 df,變異數等於 2 倍的 df(自由度)。

1-5-9 F 分配

　　t 分配使用於母體平均數,卡方分配使用於母體變異數,而 F 分配則是使用於比較兩個母體變異數的大小,也就是說,兩個母體變異數的比較,可以使用 F 分配來作估計和推論,使用的方法是用樣本的變異數比來推論母體變異數是否相等。

　　F 分配有個自由度,分別是由分子項的自由度決定 F 分配的第一個自由度,分母項的自由度決定 F 分配的第 2 個自由度,我們整理從樣本變異數演變至 F 分配如下:

$$樣本 A 的變異數\ S_A^2 = \frac{\sum(X_A - \overline{X_A})^2}{n_A - 1}$$

$$樣本 B 的變異數\ S_B^2 = \frac{\sum(X_B - \overline{X_B})^2}{n_B - 1}$$

$$\frac{S_A^2/\sigma_1^2}{S_B^2/\sigma_2^2} \sim 趨近\ F_{nA-1, nB-1} \quad (F 分配)$$

F 分配會呈現大於等於 0 的分配，如下圖：

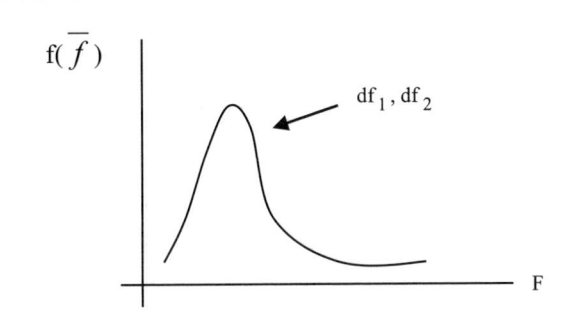

$$f(\overline{f})$$

df$_1$, df$_2$

F

F 分配的特性

- F 分配是由 2 個自由度 df$_1$ 和 df$_2$ 所決定。
- F 分配的倒數還是呈現 F 分配。

1-5-10 統計估計和假設檢定

我們在前面章節介紹過，t 分佈是用來推論母體平均數 u，卡方(X^2)分佈是用來推論母體變異數 σ^2 或標準差 σ，F 分佈是用來推論兩個以上母體變異數 σ^2 的比值或標準差 σ 的比值，我們整理如下表：

分佈	推論
t	母體平均數 u
x^2	母體變異數 σ^2 或標準差 σ
F	兩個以上母體變異數 σ^2 的比值或標準差 σ 的比值

■ 統計估計

統計估計是先設定分佈的機率值，再推論母體的數值。

例如：

設定 t 分佈的機率值，可以推論出母體的平均數 u 的值

設定 x^2 分佈的機率值，可以推論出母體變異數 σ^2 的值或標準差 σ 的值

設定 F 分佈的機率值，可以推論出母體變異數 σ^2 的比值或標準差 σ 的比值

■ 假設檢定

假設檢定是先對母體的特性，提出一個假設 hypothesis，再利用抽樣取得的樣本統計量，來檢定(test)母體特性是否符合提出的假設，以拒絕或接受此假設。

我們進行推論母體時，都會使用到抽樣的樣本，利用樣本的統計量(平均數、變異數、標準差)推論母體可能的數量，抽樣時，在機率分佈圖上是一個個的點，因此，我們稱為點估計(Point estimation)，點估計隨著樣本的不同變化頗大，所以點估計的準確度較容易有問題，於是，將點估計的範圍加大，形成一個母體會出現的區間，我們稱之為區間估計(interval estimation)，使用區間估計時，我們稱母體可能會出現的區間稱為信賴區間(confidence interval)，以 $1-\alpha$ 表示，也就是接受區，α 代表顯著水準，在 α 顯著水準內的區域，我們稱為拒絕區，如下圖：

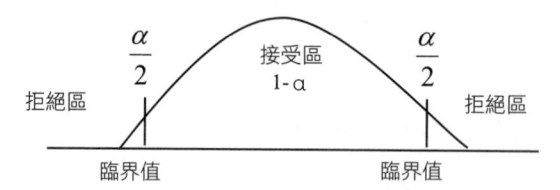

圖的中間為信賴區間，也就是接受區，兩端為拒絕區，臨界值是接受區與拒絕區的分界值，若是只有一端拒絕區，則是使用 α，兩端拒絕區時為 $\frac{\alpha}{2}$，拒絕區在兩端時，我們稱為雙尾檢定(two-tailed test)，拒絕區只出現在右端時，我們稱為右尾檢定(right-tailed test)，拒絕區只出在左端時，我們稱為左尾檢定(left-tailed test)，無論是使用右尾檢定或是左尾檢定，我們都稱做–單尾檢定(one-tailed test)。

在進行檢定前，我們必須先對母數設定好兩個假設(hypothesis)，一個是虛無假設(null hypothesis)用 H_0 表示，另一個是對立假設(alternative hypothesis)用 H_1 表示，虛無假設是先設定母體的事件為真的，再進行檢定，對立假設則是對母體的事件提出不同的假設，而使用樣本的統計量做決策(decision rule)時，有 2 個情形，一個是會拒絕 H_0，另一個是不會拒絕 H_0，所以有四種組合(2 個假設和 2 個決策)，其中有 2 種組合是正確的判斷，另外，2 種組合是錯誤的判斷。

我們使用樣本的統計量做決策(decision rule)時，有可能產生判斷錯誤，也就是說，母體 H_0 為真，而樣本的決策為拒絕 H_0 時，我們稱為型態 I 錯誤(type I error)，用 α 表示型態 I 錯誤的機率，另一個可能產生判斷錯誤的情形，是當母體 H_0 為假(H_1 為真)時，而樣本的決策為不拒絕 H_0，我們稱為型態 II 錯誤(type II error)，用 β 表示型態 II 錯誤的機率，我們整理如下：

		母體實際情形	
		H_0 為真	H_0 為假 (H_1 為真)
樣本統計量決策	拒絕 H_0	α	$1-\beta$
	不拒絕 H_0	$1-\alpha$	β

我們希望得到情形是母體 H_0 為真，樣本統計量決策為不拒絕 H_0，用 $1-\alpha$ 表示正確的機率，另一種情形是母體 H_0 為假(H_1 為真)，樣本統計量決策為拒絕 H_0，用 $1-\beta$ 表示正確的機率，但是，偏偏在做假設檢定時，型態 I 和型態 II 的判斷錯誤很難避免，因此，我們只能想辦法降低錯誤的機率，也就是說，α 與 β 愈小愈好，不幸的是，α 變小時，β 會變大，反之亦然，β 變小時，α 也會變大，因此，我們通常是先固定好 α，決定臨界值，再根據假設的情形進行兩尾檢定，左尾檢定或右尾檢定。

我們整理假設檢定的步驟如下：

1. 設定兩個假設(虛無假設和對立假設)。
2. 確認抽樣的樣本分佈(例如：t 分佈，X^2 分佈)，設定顯著水準 α，一般設為 0.05，訂出接受區和拒絕區。
3. 確定使用雙尾，左尾或右尾檢定，由顯著水準 α，樣本數、樣本標準差、計算後經查表得到臨界值。
4. 比較檢定的統計量與臨界值的大小，若是落在接受區，則接受虛無假設 H_0，若是落在拒絕區，則拒絕虛無假設 H_0，接受對立假設。
5. 由檢定的結果 – 接受虛無假設或拒絕虛無假設(接受對立假設)進行討論，並做成結論。

1-5-11 兩個母體的估計與檢定

在前面章節中，我們討論的單一母體的統計估計和假設檢定，若是要比較兩個母體是否有差異時，可以使用的方法如下：

- 兩個母體平均數差的估計和檢定 – 獨立樣本
- 兩個母體平均數差的估計和檢定 – 成對樣本
- 兩個母體變異比的估計和檢定 – F 分配做檢定

我們在進行兩個母體的估計與檢定時，同樣地，需要抽出 2 個樣本，以進行統計推論，若是兩個樣本來自於二個不相關的母體，則稱為獨立樣本，若是兩個樣本來自於二個相關的母體，則稱為成對樣本(相依樣本)。

1-5-12 三個(含)以上母體的估計與檢定 – 變異數分析

在進行三個(含)以上母體的估計與檢定時，我們通常是比較三個(含)以上母體的平均數是否相等，也就是說，在比較多個母體平均數之間是否有差異(變異)，所以會使用變異數分析(analysis of variance)，我們一般簡稱 ANOVA，變異數分析除了用來檢定三個(含)以上母體的平均數,是否相同外,更常用來檢定因子對依變數是否有影響,因此,若是進行單一因子對依變數的影響分析,就稱為單因子變異數分析(one-way analysis of variance)，若是進行二因子對依變數的影響分析,就稱為多變量變異數分析(multivariate analysis of variance,簡稱 MANOVA)，變異數分析的 ANOVA 和 MANOVA 方法,我們在後面的章節中,會有詳細的介紹。

1-6 常用的統計分析
(多變量分析或稱為數量方法)

常用的統計分析(多變量分析或稱為數量方法) –

- Analysis of variance 變異數分析(平均數比較)
- Factor analysis 因素分析
- Multiple regression 複迴歸
- Discriminant analysis 區別分析
- Logic regression 邏輯迴歸
- Univariate analysis of variance(ANOVA)單因子變異數分析
- Multivariate analysis of variance (MANOVA)多變量變異數分析
- Canonical correlation analysis 典型相關分析
- Conjoint analysis 聯合分析
- Structure Equation Model 結構方程模式

我們簡介如下(詳細內容，請參考後面各章節)。

1-6-1　Analysis of variance 變異數分析

變異數分析適用於依變數是計量，自變數是非計量，變異數分析可以分為單變量和多變量差異數分析，單一依變數(也稱為單一準則變數)的計算，我們稱為單變量變異數分析(Univeriate analysis of variance, ANOVA)，如下圖：

$$Y = X_1+X_2+X_3+....+X_K$$
(計量)　　(非計量，例如：名目)

多個依變數(也稱為多個準則變數)的計算，我們稱為多變量的變異數分析(Multivariate analysis of variance, MANOVA)，如下圖：

$$Y_1+Y_2+Y_3+\ldots+Y_i = X_1+X_2+X_3+\ldots+X_k$$
（計量）　　　　　　（非計量，例如：名目）

變異數分析的目的是要發掘多個類別的自變數對於單一或多個依變數的影響(之間的關係)，檢定的方式是比較平均數是否有顯著的差異。

1-6-2 Factor Analysis 因素分析

因素分析包含有
- 主成份分析 (Principal component analysis)
- 一般因素分析 (Common factor Analysis)

主成份分析是由 Pearson 於 1901 發明，在 1993 年時由 Hotelling 加以發展和推廣的分析方法。因素分析的目的是在壓縮原始的一堆變數，形成較少的代表性變數，而且，這些代表性的變數具有最小的資訊損失和保有最多原變數的資訊(最大的變異數)。簡單地說，我們常用因素分析來去除不重要的變數，以形成少數的構面(dimensions)，這些構面可以用來形成研究構面，或形成加總的尺度(summated scales)，以方便後續的統計技術分析。

1-6-3 Multiple Regression 複迴歸

複迴歸也稱為多元迴歸，適用於依變數和自變數都是計量的情形，如下圖：

$$Y = X_1+X_2+X_3+\ldots+X_k$$
（計量）　　　　　　（計量）

複迴歸的目的是用來預測當自變數 X 改變時，依變數 Y 會改變多少，計算的方式通常是使用最小平方法(lease square)來達成。

1-6-4 Discriminate Analysis 區別分析

區別分析：在已知的樣本分類，建立判別標準(區別函數)，以判定新樣本應歸類於那一群中。

區別分析適用於依變數是非計量,自變數是計量的情形,如下圖:

$$Y = X_1+X_2+X_3+....+X_k$$
(非計量,例如:名目)　　(計量)

區別分析的依變數最好是可以分為幾組,在單一依變數下,可以分為 2 分法的性別(男生和女生)、多分法的薪資(高、中和低收入),區別分析的目的是要了解組別的差異和找到區別函數,用來判定單一受測者應該是歸於那一個的組別或群體。

1-6-5 Logic Regression 邏輯迴歸

邏輯迴歸適用於依變數(dependent variable),為名義二分變數,自變數(Independent variable)為連續變數如下:

$$Y = X_1 + X_2 + X_3 + ...$$
(名義二分變數)　　　(連續變數)

- 邏輯迴歸,複迴歸和區別分析之比較:

邏輯迴歸和複迴歸的差別是複迴歸必須資料符合常態性分佈,常用普通最小平方法(ordinary least square)進行估計,而邏輯迴歸則是資料必須呈現 S 型的機率分配,也稱為 Logic 分佈,常用最大概似法(maximum Likelihood Estimate) MLE 進行估計,如下圖:

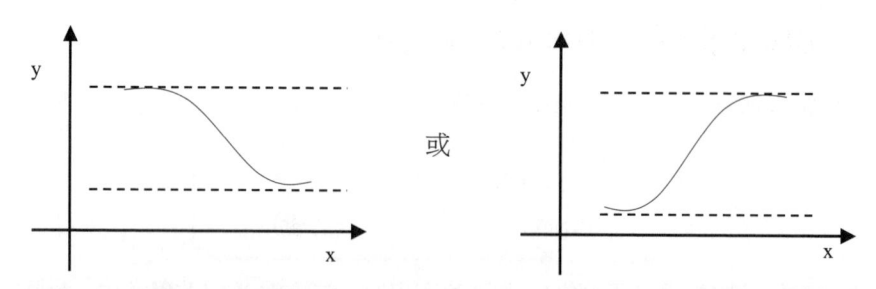

複迴歸的依變數和自變數都是連續性的變數,邏輯迴歸的依變數是名義二分變數,自變數是連續變數。邏輯迴歸和區別分析的差異是,區別分析需要符合變異數(variance)、共變異數(covariance)相等,而邏輯迴歸較不受變異數,共變異數影響(Hair 1998),但是邏輯迴歸需要符合的是 S 型的 Logic 分佈,邏輯迴歸和區別分析相同的是依變數是名義二分變數,自變數是連續變數。

1-6-6 Univariate Analysis of Variance (ANOVA) 單因子變異數分析

自變數只有一個的變異數分析，稱為單因子變異數分析，
也就是 y1+y2+...= x (y 可以是一個(含)以上，x 只有 1 個)
單因子變異數分析的 2 種設計方式：1.獨立樣本 2.相依樣本

1. 獨立樣本
   受測者隨機分派至不同組別，各組別的受測者沒有任何關係，也稱為完全隨機化設計
   (1) 各組人數相同：HSD 法，Newman-Keals 法
   (2) 各組人數不同(或每次比較 2 個以上平均數時)：Scheffe 法

2. 相依樣本：有二種情形
   (1) 重複量數：同一組受測者，重複接受多次(k)的測試以比較之間的差異
   (2) 配對組法：選擇一個與依變數有關控制配對條件完全相同，以比較 k 組受測者在依變數的差異

變異數分析的基本假設條件

- 常態：直方圖，偏度(skewness)和峰度(kcat osis)，檢定，改正(非常態可以透過資料轉型來改正)
- 線性：變數的散佈圖，檢定，簡單廻歸+ residual
- 變異數同質性：1y，用 Levene 檢定
  　　　　　　　>= 2y 時，用 Box's M 檢定

1-6-7 Multivariate Analysis of Variance (MANOVA) 多變量變異數分析

MANOVA 是 Anova 的延伸使用，用來作多個母群平均數比較的統計方法。
MANOVA 的 3 個基本假設與 Anova 相同都是共變數分析的基本假設有：

- 常態：直方圖，偏度(skewness)和峰度(kcat osis)，檢定，改正(非常態可以透過資料轉型來改正)
- 線性：變數的散佈圖，檢定，簡單廻歸+ residual
- 變異數同質性：1y，用 Levene 檢定
  　　　　　　　>= 2y 時，用 Box's M 檢定

MANOVA 可以指定二個或二個以上依變數的變異數和共變數分析(針對單一依變數的變異數分析，請使用 Anova)，MANOVA 也可以分別對每個依變數進行檢定(如同

Anova)，問題是分開的個別檢定無法處理依變數間的複(多個)共線性(multi Lollineareity) 問題，必須使用 MANOVA 才能處理。

1-6-8 Canonical Correlation 典型相關

典型相關適用於依變數為計量或非計量，自變數也是計量或非計量，如下圖：

$$Y_1+Y_2+Y_3+\ldots+Y_j = X_1+X_2+X_3+\ldots+X_k$$
(計量，非計量)　　　　　(計量，非計量)

- Canonical Correlation (典型相關)和 Regression(迴歸)的不同
典型相關分析可以視為複迴歸的延伸使用，複迴歸的依變數(Y)只有一個，自變數(X)有多個，典型相關則是可以處理多個依變數和多個自變數。
典型相關分析的目的是要找出依變數的線性結合和自變數的線性結合，這兩個線性結合相關最大化，簡單地說，就是找出 Y 這一組的線性結合，X 這一組的線性結合，這兩個線性結合的最大化，換句話說，典型相關分析就是要求得一組的權重(Weight)以最大化依變數和自變數的相關。

- 典型相關和主成份的不同
主成份分析是處理一組變數內，最大的萃取量，典型相關則是處理兩組變數的關係最大化。
適用於典型相關分析的資料是 2 組的變數，這二組變數擁有理論上的支持，一組為依變數，一組為自變數，經由分析所得到的典型相關，可以用在很多的地方，因此，典型相關的目的，可以有下列幾項：
- 決定二組變數的關係強度。
- 計算出依變數和自變數在線性關係最大化下的權重 Weight，另外的線性函數則會最大化，剩餘的相關，並且和前面的線性組合是相互獨立。
- 用來解釋依變數和自變數關係存在的本質。

1-6-9 Conjoint Analysis 聯合分析

聯合分析適用於依變數是計量或順序，自變數是非計量，如下：

$$Y = X_1+X_2+X_3+\ldots+X_k$$
(計量或非計量)　(非計量，例如：名目)

聯合分析是分析因子的效果，其目的是將受測者對受測體的整體評價予以分解，藉由整體評價求出受測體因子的效用。

聯合分析特別適用於了解客戶的需求，針對新的產品或服務，我們可以將新的產品或服務分解成項組合，例如：手機分解成－品牌(2 種)、形狀(2 種)和價格(3 種)，如此一來，總共有 2×2×3=12 種組合，客戶計對這 12 種組合給予分數，最後再依據客戶的整體評價求出各個組合的效用，以了解客戶對於新產品的喜好。

1-6-10　Structural Equation Modeling 結構方程模式

SEM 的全名是 Structural Equation Modeling(結構方程模式)，是一種統計的方法學，早期的發展與心理計量學和經濟計量學息息相關，之後，逐漸受到社會學的重視，因為結構方程模式除了結合了因數分析和路徑分析兩大統計技術外，更是多用途的多變量分析技術。在前面章節介紹的多變量分析技術，大都是處理單一關係的應變數和自變數，而 SEM 則是可以處理一組(二個或二個以上)關係的應變數和自變數，數學方程式如下：

$$Y_1 = X_{11} + X_{12} + \ldots + X_{1j}$$
$$Y_2 = X_{21} + X_{22} + \ldots + X_{2j} \ldots$$
$$Y_i = X_{i1} + X_{i2} + \ldots + X_{ij}$$
(計量)　　　(計量，非計量)

SEM 常用來指定和估計變數們的線性關係模式，結構方程模式也常用在因果模式、因果分析、同時間的方程模式、共變結構的分析、潛在變數路徑分析和驗證性的因素分析，研究中，SEM 可以用來處理相關的(可觀察到的)變數或實驗的變數，在一般的情況下，大都使用在相關的變數。SEM 在相關的研究設計中，會使用切斷面的(Cross-sectional designs)研究設計和長時間的(Longitudinal designs)研究設計。切斷面的研究設計，簡單的說，就是取得一次的資料，例如：我們最常使用的方式，就是發一次問卷；而長時間的研究設計至少需要取得三次的資料，例如：對於相同的受測者，依時間的不同，發出了三次的問卷。在應用方面，SEM 結構方程模式，已經應用到各種領域，我們列舉如下：企業管理、資訊管理、人力資源管理、健康醫療、社會學、心理學、經濟學、宗教的研究、國際行銷、消費者行為、通路的管理、廣告、定價策略、滿意度的調查。從以上的資料顯示出 SEM 已經逐漸深入許多領域的研究了。

1-6-11 簡易數量方法的記憶

口訣：為便於理解與記憶，我們整理數量方法的關鍵內容如下表，幫助讀者快速掌握常用統計分析方法及其應用情境。

	依變數 (y)	自變數 (x)
ANOVA 單因子變異數分析	計量	名目
MANOVA 多變量變異數分析	計量	名目
聯合分析(conjoint analysis)	計量，順序	名目
區別分析(discriminate analysis)	名目	計量
典型相關分析(canonical correlation analysis)	計量	計量
複迴歸(multiple regression)	計量	計量
結構方程模式(Structure Equation Model)	計量	計量，非計量

在社會科學研究中，統計分析的應用範圍極為廣泛。本章節已系統性地介紹了統計分析及數量方法的基礎內容，具體包括以下幾部分：理論簡介：探討理論在研究中的基礎作用與應用範疇。量表簡介：介紹量表（問卷）的設計原則與應用。抽樣簡介：分析樣本選取與抽樣方法，確保研究數據的代表性與信度。基礎統計學：敘述性統計與推論統計的基本概念與應用。常用統計分析（多變量分析/數量方法）包括 ANOVA（變異數分析）、MANOVA（多變量變異數分析）、典型相關、複回歸分析，以及 SEM（結構方程模式）等。數量方法是社會科學研究中不可或缺的工具，它為研究者提供了深入分析數據、驗證假設及解釋現象的科學基礎。透過口訣與系統化的整理，讀者能更輕鬆地掌握核心統計分析方法，為社會科學研究的實踐奠定穩固基礎。

SPSS 的基本操作

2-1 SPSS 的簡介

　　IBM® SPSS® Statistics 是一個整合的統計軟體產品系列，SPSS 的全名是 Statistical Program for Social Science 社會科學的統計軟體，是一套歷史悠久的統計套裝軟體，可以讓我們快速查看資料並且輕鬆做好資料分析，IBM® SPSS® Statistics 支援多國語系，我們可以運用 SPSS 輕鬆建置圖表、分析大量的資料、深入探索假設檢定、釐清變數之間的關係、解釋並進行預測、建立群集分析，使公司的分析更容易及更有效率。

　　隨著社會和科學不斷的進步，各領域對於統計分析的需求不斷的增加，功能強大而且容易使用的工具可以協助我們快速地作出正確的統計分析，作為管理者下決策的重要參考資料，統計套裝軟體扮演著不可或缺的角色。SPSS 在經過多年的市場歷練和改進後，使用者可以透過滑鼠的點選和拖曳，輕鬆地完成資料的讀取、分析和產出報表，而廣泛地應用於商管、心理、教育、農業、醫學、金融界…等等，例如：市場調查研究產品的接受度、醫學上研究分析病患存活率、製造上評估生產流程等等。IBM® SPSS® Statistics 在國內各大專院校的使用率是最高的，是最受歡迎的統計套裝軟體。目前發行的版本已經到達 2X 版，由基礎的模組 Base 為主(一定要安裝)，再搭配其它的模組所組成，我們整理 IBM® SPSS® Statistics 功能模組的簡單介紹如下：

模　組	功　能
基礎模組 (Base)	• 提供多種檔案資料的計算、轉換與管理 • 提供描述性統計，例如：平均數(mean)、中位數(median)、變異數(variance)… • 提供交叉分析(Crosstabs)、線性迴歸及曲線估計(Regression & Curve Estimation) • 獨立樣本、成對樣本的平均數比較，變異數分析(ANOVA)

模　組	功　能
基礎模組 (Base)	• 多變量分析：判別分析、因素分析、信度分析(Reliability)、集群分析、多維尺度分析 Multidimensional scaling(ALSCAL) • 時間數列圖表(time series 中的 Sequence plot…) • 無母數檢定…等等
迴歸模型 (Regression Models)	各種迴歸模型，功能有： • 二元和多元迴歸(Binary & Multinomial Logistic Regression) • Probit 分析(Probit Analysis) • 非線性迴歸(Nonlinear Regression) • 最小平方加權估計(Weighted Least Square Estimation) • 二階段最小平方迴歸(Two-Stage Least-Squares Regression)
進階的統計模型 (Advanced Models)	進階的統計模型，功能有： • 一般線性模型 GLM-General Linear Models(ANOVA、ANCOVA、MANOVA、Repeated Measures) • 變異成份(Variance Components) • 對數線性模型選擇 Model Selection Loglinear Analysis (Hierarchical) • 一般對數線性分析(General Loglinear Analysis)和順序迴歸 (Ordinal Regression) • 存活分析 Survival Analysis(Life Tables, Kaplan-Meier, Cox Regression) • 線性混合模型 Linear Mixed Models
表格(Tables)	提供多個變量的表格呈現，功能有： • 產生複雜表格和分析複選題 • 可對複選題執行顯著性檢定
時間數列分析 (Trends)	提供時間數列分析之模型，有： • ARIMA、Autoregression、Exponential Smoothing、Seasonal Decomposition、Spectral Analysis
類別資料分析 (Categories)	提供類別資料分析方法，功能有： • 最佳尺度迴歸 Regression with Optimal Scaling (CATREG) • 類別主成份分析 Categorical Principal Components Analysis (PRINCALS)

模 組	功 能
類別資料分析 (Categories)	• 非線性典型相關分析 Nonlinear Canonical Correlation Analysis (OVERALS) • 對應分析 Correspondence Analysis • 多重回應分析 Multiple Correspondence Analysis (原 Homogeneity Analysis) • 多維尺度 Multidimensional scaling(PROXSCAL)
複雜抽樣 (Complex Samples)	提供抽樣計畫的訂定、執行(機率抽樣)，到參數估計，以評估抽樣方法。項目有： • 抽樣計畫精靈(Sampling Plan Wizard)：協助您建立抽樣計畫。 • 分析準備精靈(Analysis Preparation Wizard)：協助您計畫抽樣方法與樣本大小。 • 估計樣本頻率(Complex Samples Frequencies)：估計樣本的次數分配。 • 估計樣本的描述性統計(Complex Samples Descriptives)：估計樣本的描述性統計量，包括平均數、標準差、總和…等。 • 估計樣本的交叉分析(Complex Samples Tabulate)：提供描述性統計量與交叉分析，其中包含統計量的信賴區間以及執行假設檢定。 • 估計樣本的比率(Complex Samples Ratios)：提供比率統計量的計算。 • 估計樣本的線性迴歸(Complex Samples General Linear Model)：提供所抽出的樣本來進行線性迴歸分析、ANOVA 及 ANCOVA。 • 估計樣本的邏輯迴歸(Complex Samples Logistic Regression)：提供所抽出的樣本來進行 Binary & Multinomial Logistic Regression。
聯合分析 (Conjoint)	提供聯合分析(Conjoint Analysis)，項目有： • 正交設計(Orthoplan)，以產生模擬產品組合。 • 設計模擬產品的小卡片(Planxard)。 • 聯合分析(Conjoint)：聯合分析消費者的偏好，以研究重要的產品屬性。
分類樹 (Classification Trees)	提供建立決策樹模型和驗證資料，功能有： • 提供常用的 CHAID、Exhaustive CHAID、CART、QUEST 四種決策樹演算法。

模　組	功　能
分類樹 (Classification Trees)	• 用樹狀圖的方式呈現決策樹的分類規則，並可以自訂決策樹的條件。 • 可以驗證資料。
遺漏值分析 (Missing Value Analysis)	提供遺漏值資料的處理方法，例如：EM Algorithm 與 Regression Algorithm…等方法，可以修正遺漏值的問題。
資料驗證 (Data Validation)	提供資料的驗證功能，以辨識異常的資料，再決定是否將這些資料納入分析。
可程式化能力 (Programmability)	提供支援外部語言 Python－可以直接執行 python 程式或與 C++、Java 等進行結合，完成統計分析工作。
精確檢定 (Exact Tests)	提供在無母數檢定與交叉分析表中(傳統的統計方法無法檢定)兩種精確檢定的方法，有 Exact Test (以超幾何分佈實際計算的顯著水準)和 Monte Carlo 模擬的顯著水準。
地圖 (Maps)	提供將地理資訊與其他資料結合的資訊，以六種地理資訊地圖(直條圖、圓餅圖、數值範圍、個別值、漸變符號、點密度)顯示出來。

　　基本上，SPSS 從早期的版本到 2X 視窗版，基本的統計方法都有提供，也就是 Base 模組，本書主要介紹的也是在 Base 模組，再加上多變量分析所需要的常用模組。接下來我們就要介紹 SPSS 軟體的基本操作。SPSS 軟體的基本操作有資料的輸入，資料的分析與輸出結果。在做任何資料的分析之前，一定要先作資料的輸入，常用的資料輸入方式有二種，分別是直接在 SPSS 輸入和從 Excel 轉入資料。在資料的分析與輸出結果方面，執行資料分析的方式有二種，分別是操作圖示和執行命令語法，我們分別介紹如後。

2-2　SPSS 軟體的功能表介紹

　　在操作 SPSS 軟體之前，一定要先了解 SPSS 軟體的功能表，我們一方面操作，一方面介紹如下：

1. 開啟 SPSS 軟體，出現圖如下，視窗功能表包含「檔案、編輯、檢視、資料、轉換、分析、直效行銷、統計圖、公用程式、視窗、說明」。

SPSS 的基本操作 **02**

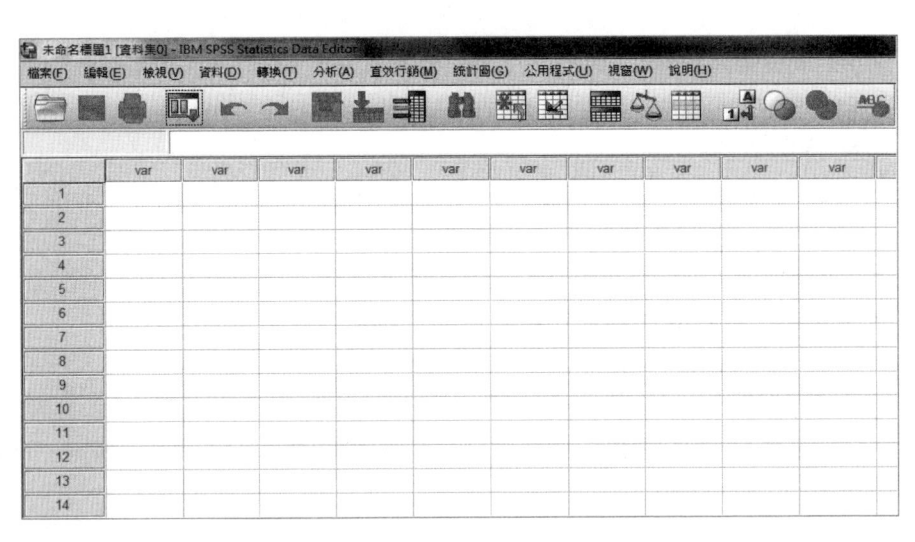

2. 點選[檔案]，出現圖如下：

按這裏

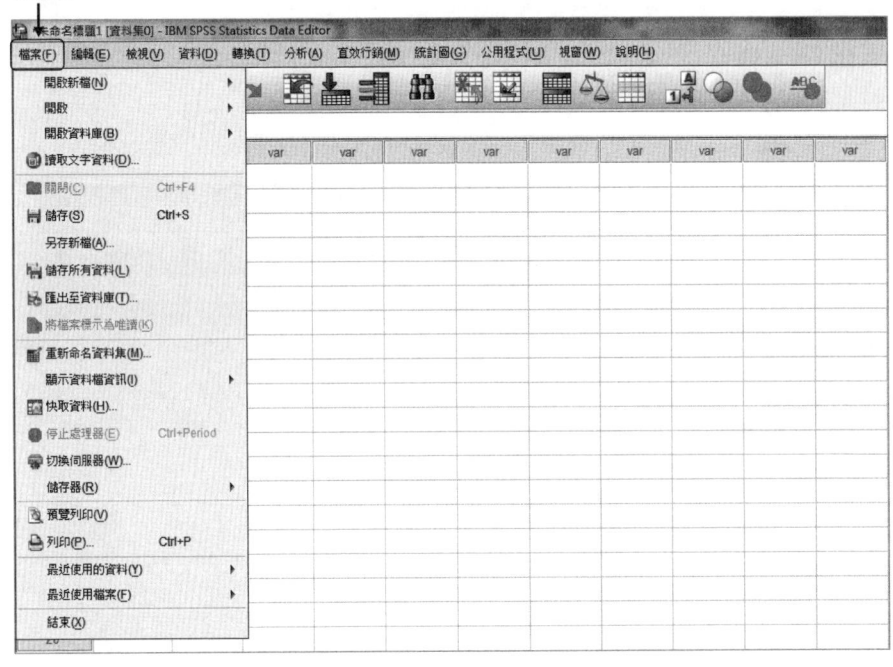

選[檔案]出現以下功能：「開啟新檔、開啟、開啟資料庫、讀取文字資料、關閉、儲存、另存新檔、儲存所有資料、匯出至資料庫、將檔案標示為唯讀、重新命名資料集、顯示資料欄資訊、快取資料、停止處理器、切換伺服器、儲存器、預覽列印、列印、最近使用的資料、最近使用檔案、結束」。

2-5

常用的功能解釋如下：
- 開啟新檔：可以開啟新的 Data (資料檔)、Syntax (語法檔)、Output (輸出檔)、和 Script(程式檔)。
- 開啟：可以開啟 Data (資料檔)、Syntax (語法檔)、Output (輸出檔)、Script (程式檔)及 other (其他檔案)。
- 開啟資料庫：可以開啟資料庫系統中的資料，例如：dBase、Assess、SQL 等等。
- 讀取文字資料：可以開啟文字檔，例如：*.txt。
- 關閉：關閉檔案。
- 儲存：儲存檔案。
- 另存新檔：另存新的檔案，可以儲存成 *.sav SPSS 檔案，*.*/s Excel 檔案、*.dbf、dBase 檔案…等等。
- 儲存所有資料：儲存所有使用中資料。
- 匯出至資料庫：可以匯出至其他資料庫。
- 將檔案標示為唯讀：將檔案標示為唯讀，防止被更改。

3. 點選[編輯]，出現圖如下：

選[編輯]，出現以下功能：「復原、重做、剪下、複製、貼上、貼上變數、清除、插入變數、插入觀察值、尋找、尋找下一個、取代、直接跳到觀察值、直接跳到變數、直接跳到插補、選項」。

4. 點選[檢視]，出現圖如下：

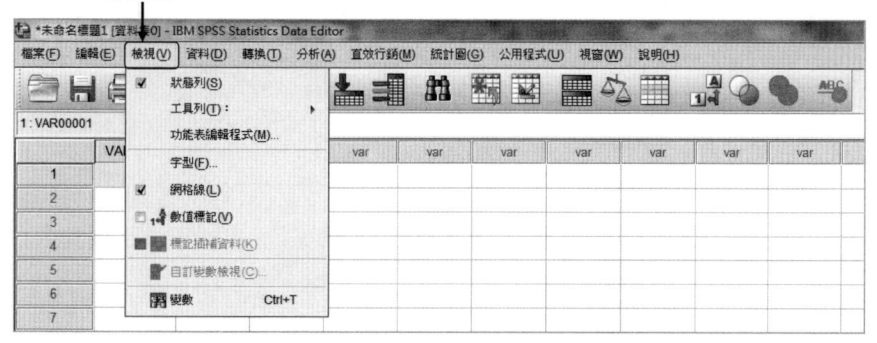

選[檢視]，出現以下功能：「狀態列、工具列、功能表編輯程式、字型、網格線、數值標記、標記插補資料、自訂變數檢視、變數」。

5. 點選[資料]，出現圖如下：

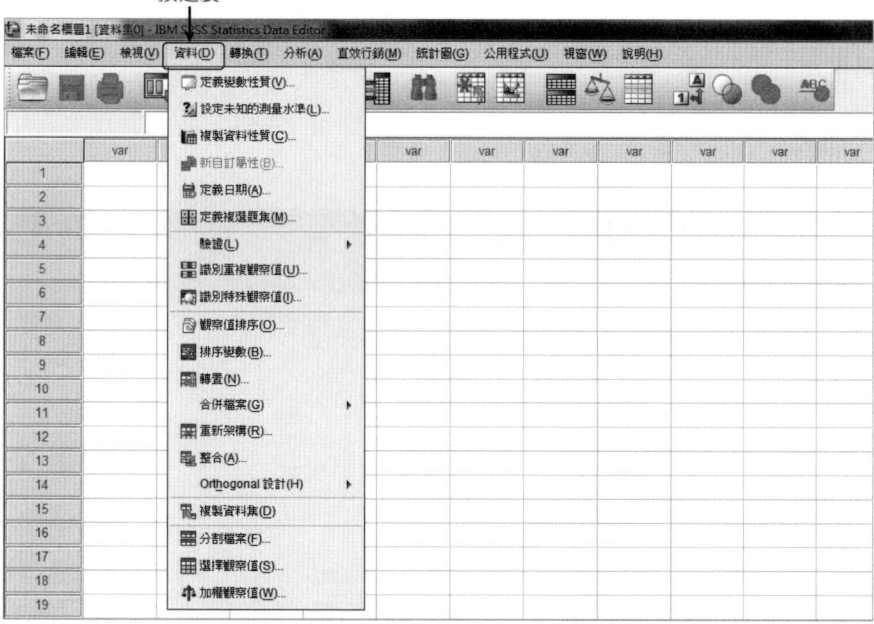

選[資料]，出現以下功能：「定義變數性質、設定未知的測量水準、複製資料性質、新自訂屬性、定義日期、定義複選題集、驗證、識別重複觀察值、識別特殊觀察值、觀察值排序、排序變數、轉置、合併檔案、重新架構、整合、Orthogonal 設計、複製資料集、分割檔案、選擇觀察值、加權觀察值」。

6. 點選[轉換]，出現圖如下：

　　　　　　　　　按這裏

選[轉換]，出現以下功能：「計算變數、計算觀察值內的數值、偏移值、重新編碼成同一變數、重新編碼成不同變數、自動重新編碼、Visual Binning、最適 Binning、準備建模用的資料、等級觀察值、日期和時間精靈、建立時間數列、置換遺漏值、亂數產生器、執行擱置的轉換」。

7. 點選[分析]，出現圖如下：

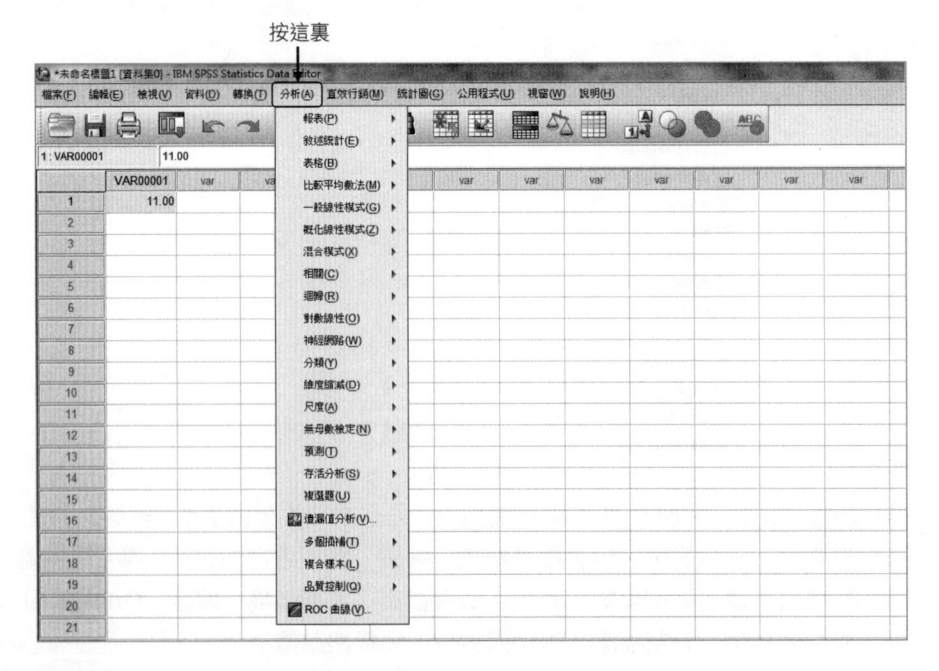

　　　　　　　　　按這裏

選[分析]，出現以下功能：「報表、敘述統計、表格、比較平均數法、一般線性模式、概化線性模式、混合模式、相關、迴歸、對數線性、神經網絡、分類、維度縮減、尺度、無母數檢定、預測、存活分析、複選題、遺漏值分析、多個插補、複合樣本、品質控制、ROC 曲線」。

8. 點選[直效行銷]，出現圖如下：

選[直效行銷]，出現以下功能：「選擇技術」。

9. 點選[統計圖]，出現圖如下：

選[統計圖]，出現以下功能：「圖表建立器、圖表板樣本選擇器、歷史對話記錄」。

2-9

10. 點選[公用程式]，出現圖如下：

選[公用程式]，出現以下功能：「變數、OMS 控制台、OMS 識別碼、評分精靈、合併模式_XML、資料檔備註、定義變數集、使用變數集、執行程式檔、製作模式作業、自訂對話方塊、延伸配套」。

11. 點選[視窗]，出現圖如下：

選[視窗]，出現以下功能：「分割、所有視窗縮到最小」。

12. 點選[說明]，出現圖如下：

按這裏

選[說明]，出現以下功能：「主題、輔導簡介、案例研究、統計教練、指令語法參考、開發人員中心、關於、演算法、SPSS Inc.首頁、檢查更新」

2-3 資料的輸入

在做任何資料的分析之前，一定要先作資料的輸入，常用的資料輸入方式有二種，分別是直接在 SPSS 輸入和從 Excel 轉入資料。我們以下面的範例為例子，說明如何在 SPSS 輸入和從 Excel 轉入資料。

範例資料：

我們以大學生為例，抽樣調查 12 個大學生的 NO 編號，Sex 性別(1 男性、2 女性)，Score 學期成績，Cost 每月花費，Income 家庭收入(1 低收入、2 高收入)，Location 區域(1 北部、2 中部、3 南部)，詳細資料如下表：

2-11

表 1. 學生抽樣範例資料

No	Sex	Score	Cost	Income	Location
1	2	79.00	8,500.00	2	2
2	1	88.00	4,800.00	1	3
3	1	72.00	9,200.00	1	1
4	2	76.00	12,000.00	1	1
5	2	85.00	15,000.00	2	1
6	1	81.00	7,200.00	1	2
7	2	76.00	6,800.00	1	2
8	2	72.00	8,000.00	2	3
9	2	70.00	9,500.00	2	1
10	1	65.00	5,000.00	2	3
11	1	75.00	6,000.00	1	2
12	1	66.00	7,000.00	2	3

2-3-1 在 SPSS 輸入資料

在 SPSS 輸入資料的操作步驟如下：

1. 開啟 SPSS 後，出現畫面如下，點選[變數檢視]，進行名稱的修改

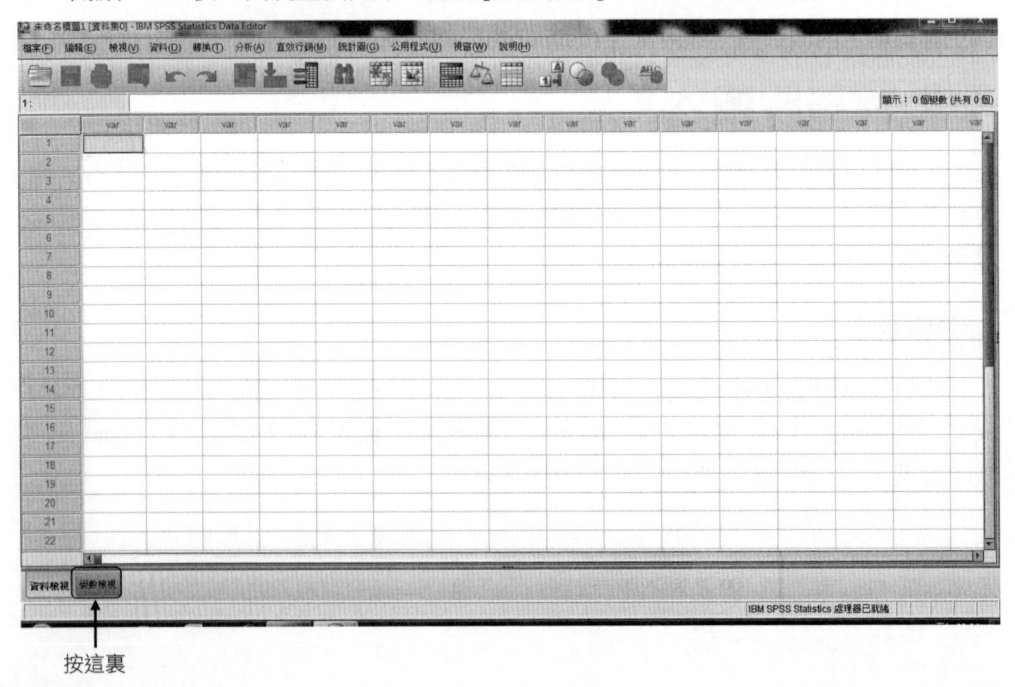

按這裏

SPSS 的基本操作 **02**

2. 依序輸入名稱，並調整小數點位數

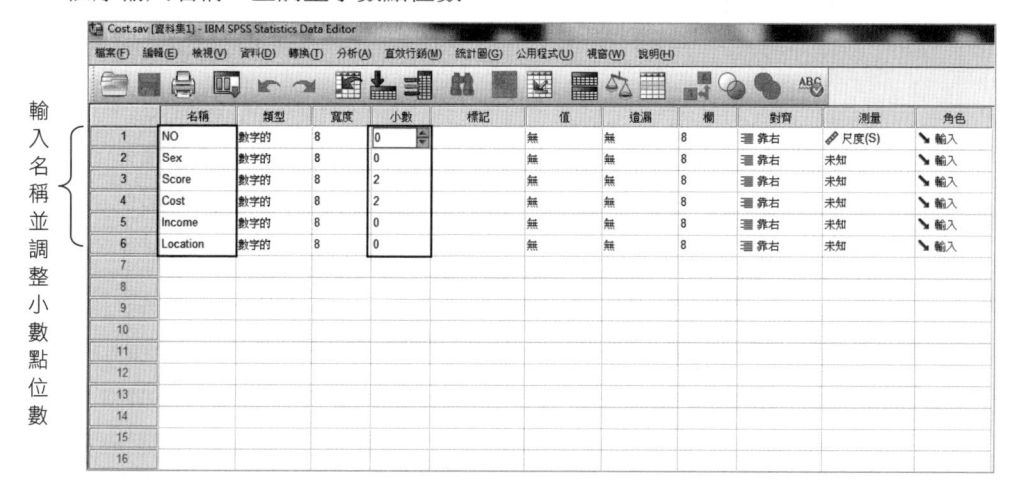

輸入名稱並調整小數點位數

3. [資料檢視]中名稱已依上一步驟而改變

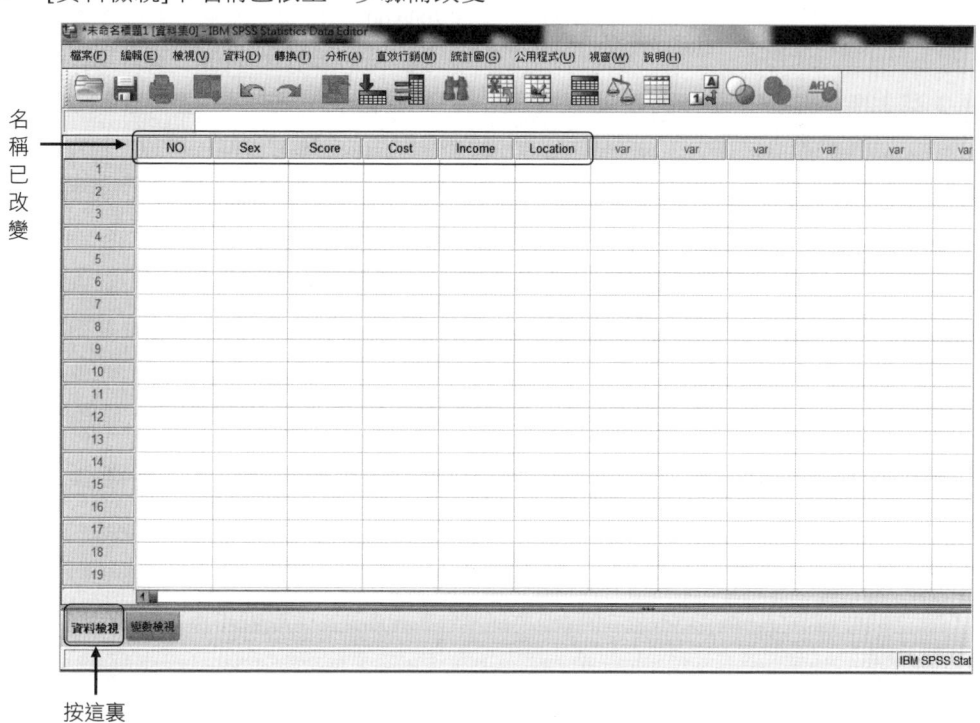

名稱已改變

按這裏

2-13

4. 依序輸入資料，結果如下圖：

No	Sex	Score	Cost	Income	Location
1	2	79.00	8500.00	2	2
2	1	88.00	4800.00	1	3
3	1	72.00	9200.00	1	1
4	2	76.00	12000.00	1	1
5	2	85.00	15000.00	2	1
6	1	81.00	7200.00	1	2
7	2	76.00	6800.00	1	2
8	2	72.00	8000.00	2	3
9	2	70.00	9500.00	2	1
10	1	65.00	5000.00	2	3
11	1	75.00	6000.00	1	2
12	1	66.00	7000.00	2	3

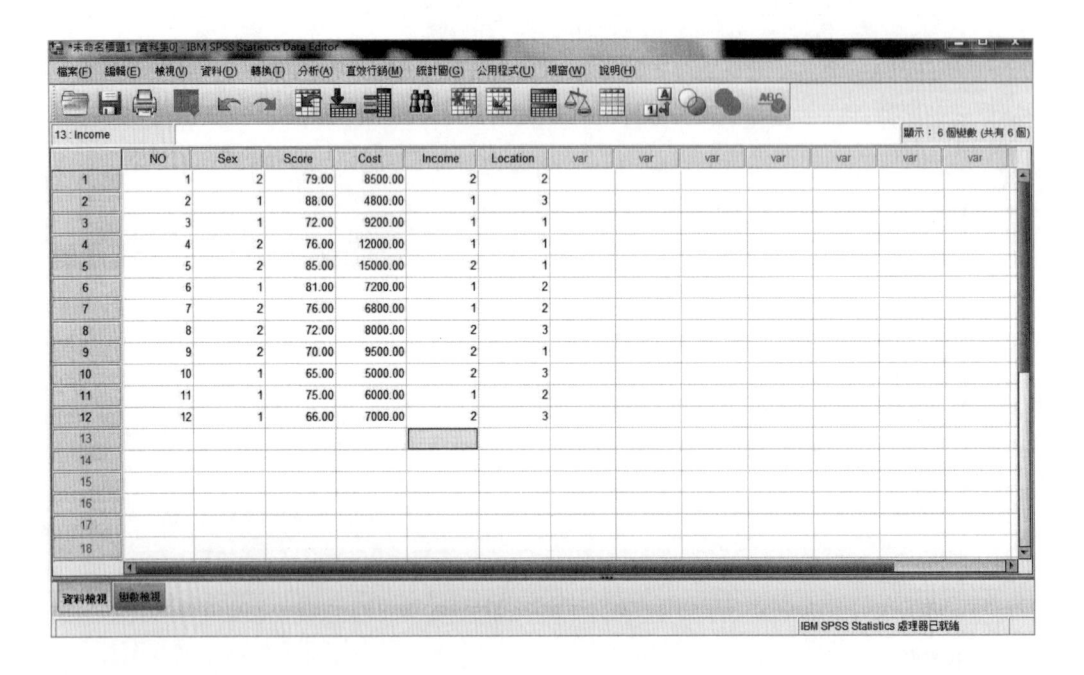

5. 點選 [檔案/另存新檔]，如下圖：

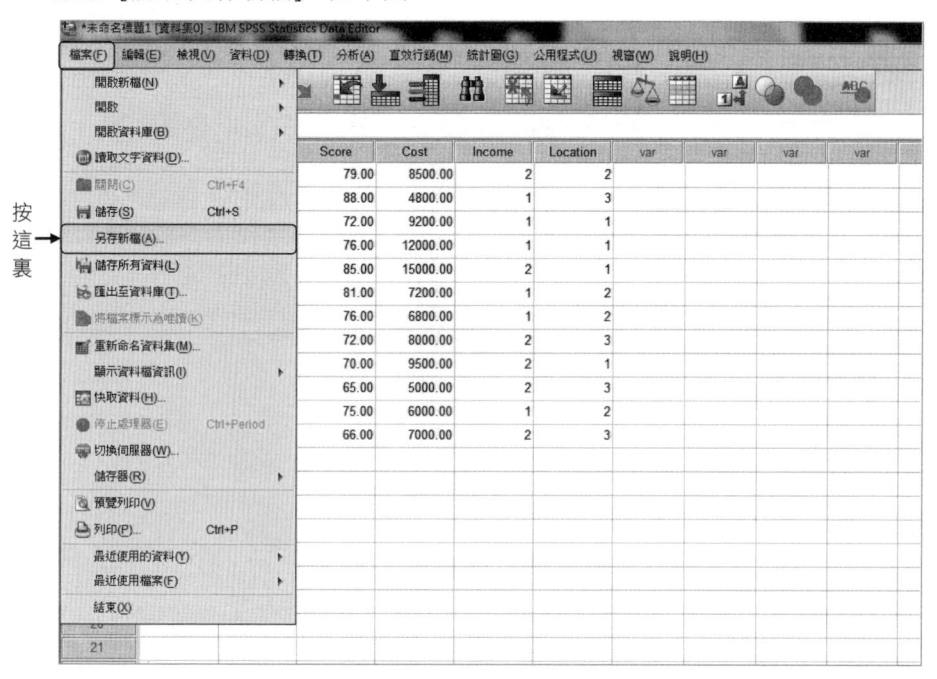

按這裏 →

6. 檔案名稱輸入 Cost，點選[儲存]

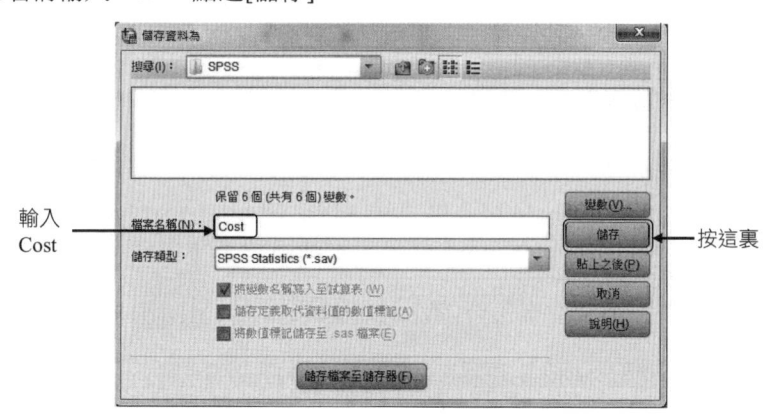

輸入 Cost

按這裏

儲存後，我們已經完成直接在 SPSS 輸入資料了。

2-3-2 從 Excel 轉入資料

(請先將範例檔 Ch2 複製到 C:\Ch2)

從 Excel 轉入資料的操作步驟如下：

1. 點選[檔案/開啟/資料]

2. 檔案類型選擇「Excel」,再選擇檔案 Cost.xls (在 C:\Ch2),點選[開啟]

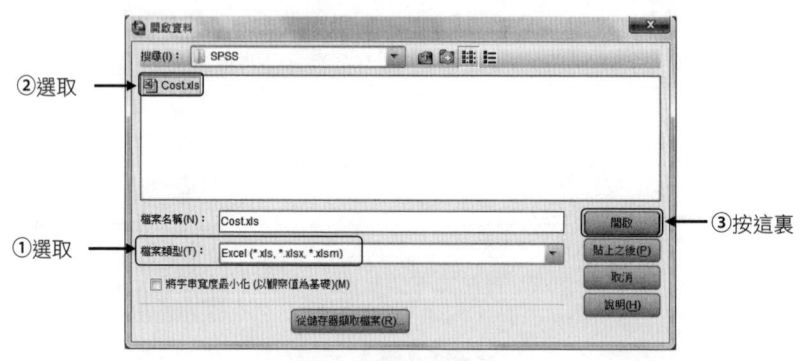

3. 點選[確定]

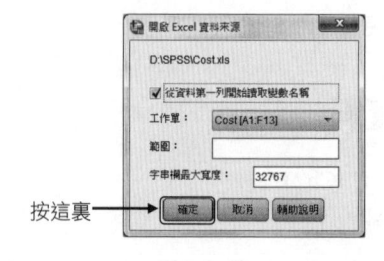

SPSS 的基本操作 **02**

4. 檔案開啟後，資料內容如下圖：

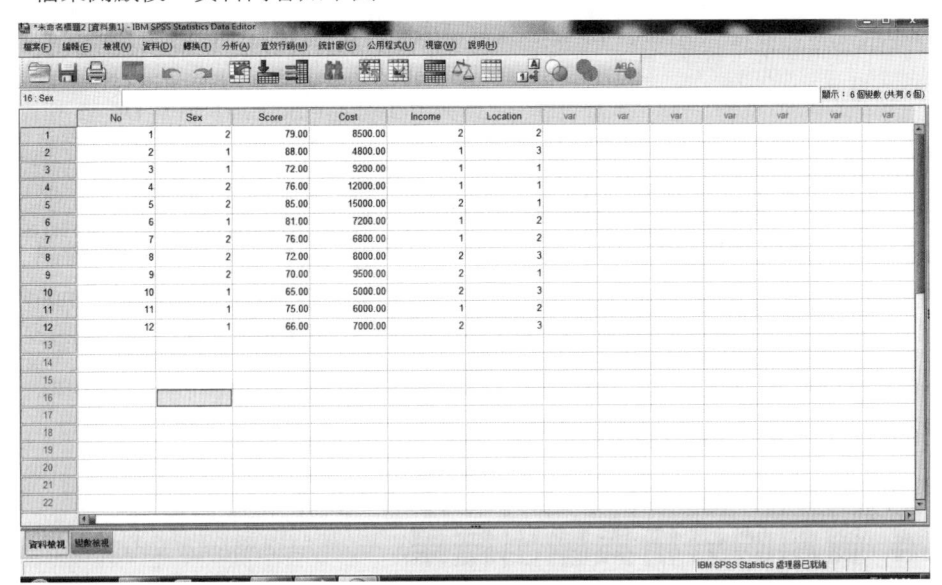

5. 點選[檔案/另存新檔]

按這裏

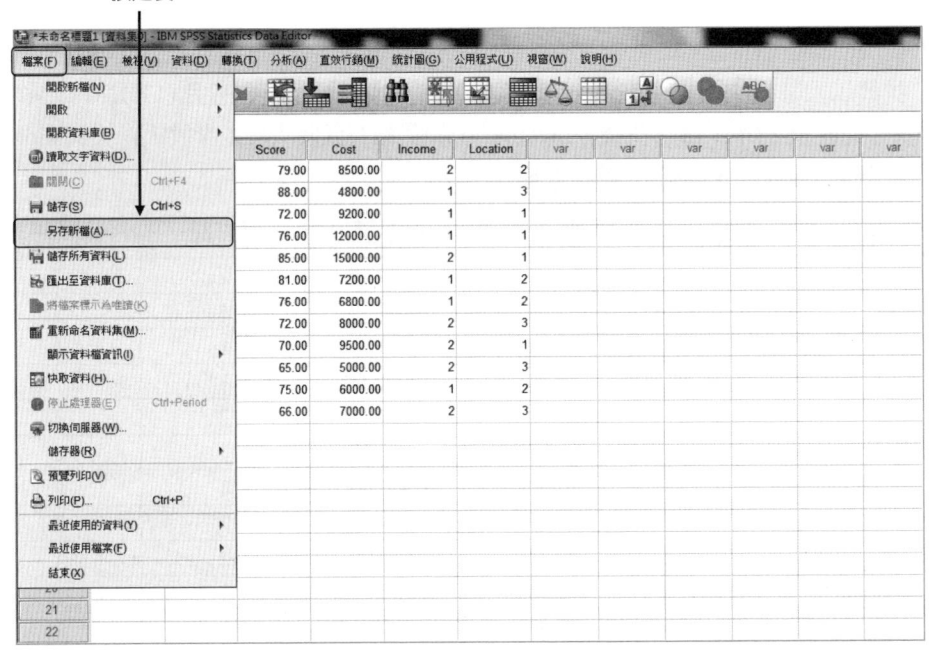

2-17

6. 儲存檔名為 cost.sav，點選[儲存]

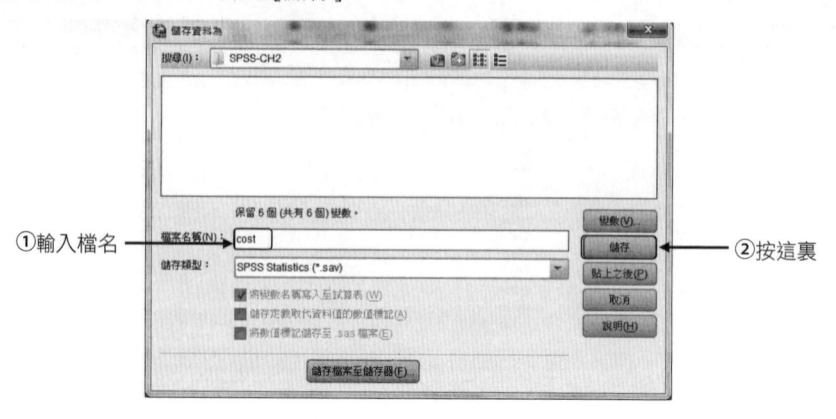

①輸入檔名　②按這裏

我們已經完成從 Excel 轉入資料了。

2-4 資料的分析與輸出結果

執行資料分析的方式有二種，分別是操作圖示和執行命令語法，我們以下面的範例為例子，說明如何執行資料分析。

範例：

我們以大學生為例，抽樣調查 12 個大學生的 No 編號，Sex 性別(1 男性，2 女性)，Score 學期成績，Cost 每月花費，Income 家庭收入(1 低收入，2 高收入)，Location 區域(1 北部，2 中部，3 南部)，資料整理如下：

No	Sex	Score	Cost	Income	Location
1	2	79.00	8500.00	2	2
2	1	88.00	4800.00	1	3
3	1	72.00	9200.00	1	1
4	2	76.00	12000.00	1	1
5	2	85.00	15000.00	2	1
6	1	81.00	7200.00	1	2
7	2	76.00	6800.00	1	2
8	2	72.00	8000.00	2	3
9	2	70.00	9500.00	2	1
10	1	65.00	5000.00	2	3
11	1	75.00	6000.00	1	2
12	1	66.00	7000.00	2	3

SPSS 的基本操作 **02**

我們想要知道大學生的 Score 學期成績和 Cost 每月花費的平均數、標準差、最大值和最小值。

2-4-1 操作圖示

操作圖示的步驟如下：

1. 點選[分析/報表/觀察值摘要]

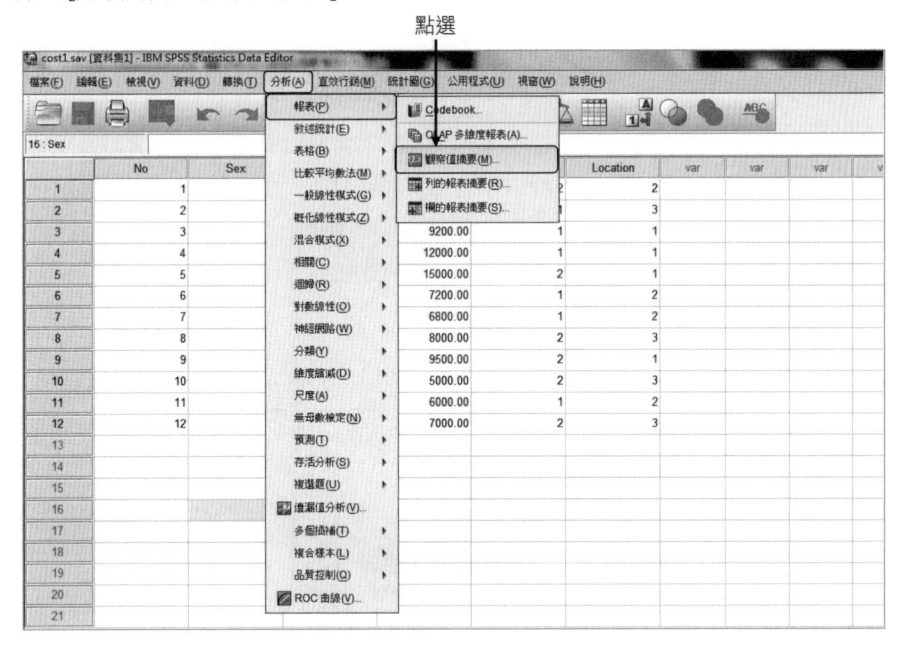

2. 選取「Score」及「Cost」至變數欄位

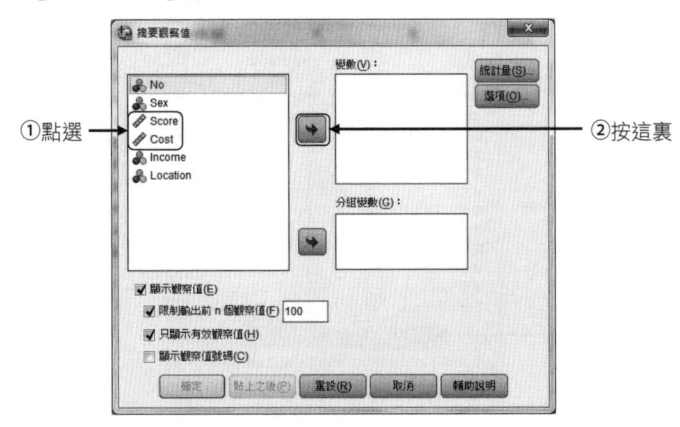

2-19

3. 點選[統計量]

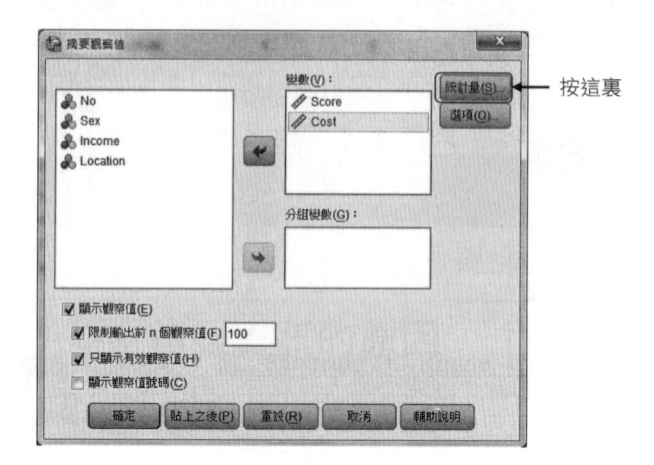

4. 選擇「平均數」、「最小值」、「最大值」及「標準差」至儲存格統計量欄位

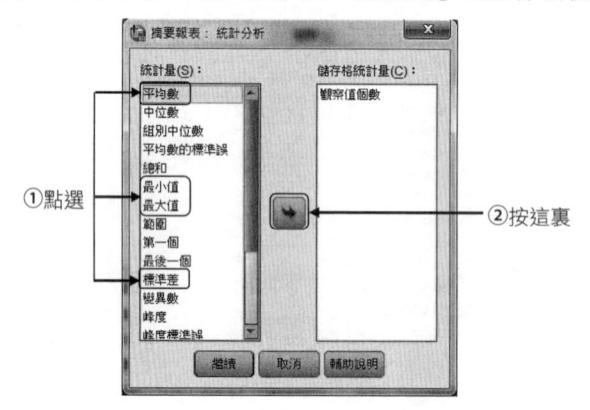

5. 點選[繼續]

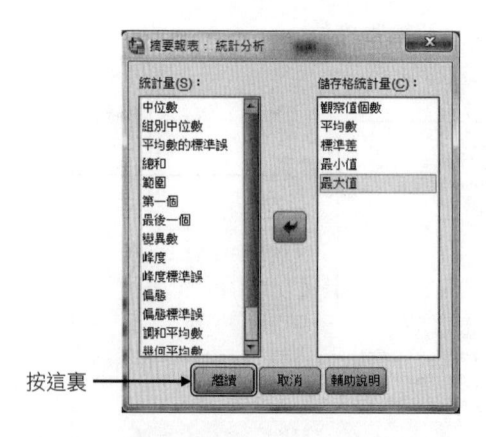

6. 分析結果如下圖：

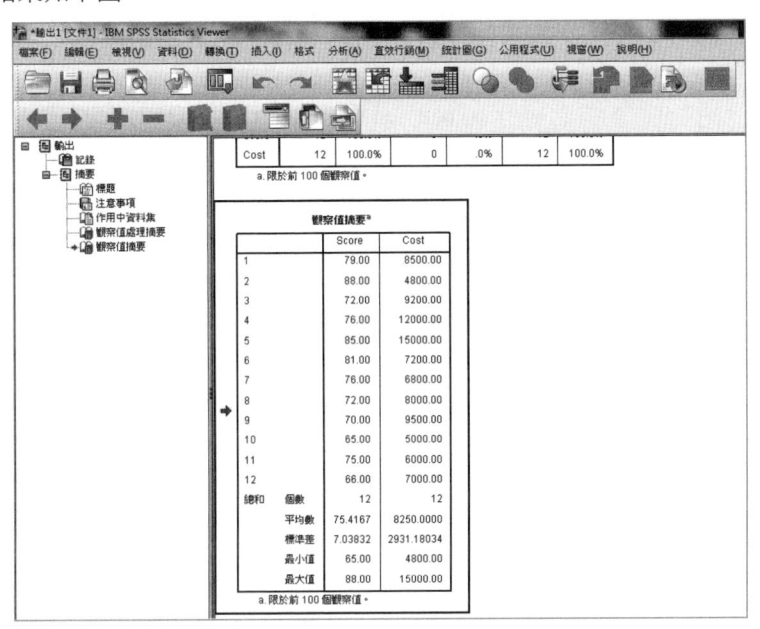

由表格中得知，Score 的平均數為 75.4167 分，標準差為 7.03832 分，最大值為 88 分，最小值為 65 分，而 Cost 的平均數為 8250 元，標準差為 2931.18034 元，最大值為 15000 元，最小值為 4800 元。

2-4-2 執行命令語法

我們也可以用執行命令語法方式來執行資料的分析，我們以下面的範例為例子，說明如何用命令語法方式來執行資料分析。

範例：

我們以大學生為例，抽樣調查 12 個大學生的 No 編號，Sex 性別(1 男性，2 女性)，Score 學期成績，Cost 每月花費，Income 家庭收入(1 低收入，2 高收入)，Location 區域(1 北部，2 中部，3 南部)，資料整理如下：

No	Sex	Score	Cost	Income	Location
1	2	79.00	8500.00	2	2
2	1	88.00	4800.00	1	3
3	1	72.00	9200.00	1	1
4	2	76.00	12000.00	1	1

No	Sex	Score	Cost	Income	Location
5	2	85.00	15000.00	2	1
6	1	81.00	7200.00	1	2
7	2	76.00	6800.00	1	2
8	2	72.00	8000.00	2	3
9	2	70.00	9500.00	2	1
10	1	65.00	5000.00	2	3
11	1	75.00	6000.00	1	2
12	1	66.00	7000.00	2	3

我們需要知道大學生的 Score 學期成績和 Cost 每月花費的平均數、標準差、最大值和最小值。

命令語法如下：

```
SUMMARIZE
  /TABLES=Score Cost
  /FORMAT=VALIDLIST NOCASENUM TOTAL LIMIT=100
  /TITLE='Case Summaries'
  /MISSING=VARIABLE
  /CELLS=COUNT MEAN STDDEV MIN MAX .
```

執行命令語法的操作步驟如下：

1. 點選[檔案/開啟新檔/語法]

SPSS 的基本操作 **02**

2. 鍵入語法如下圖：

   輸入語法：

   ```
   SUMMARIZE
   /TABLES=Score Cost
   /FORMAT=VALIDLIST NOCASENUM TOTAL LIMIT=100
   /TITLE='Case Summaries'
   /MISSING=VARIABLE
   /CELLS=COUNT MEAN STDDEV MIN MAX .
   ```

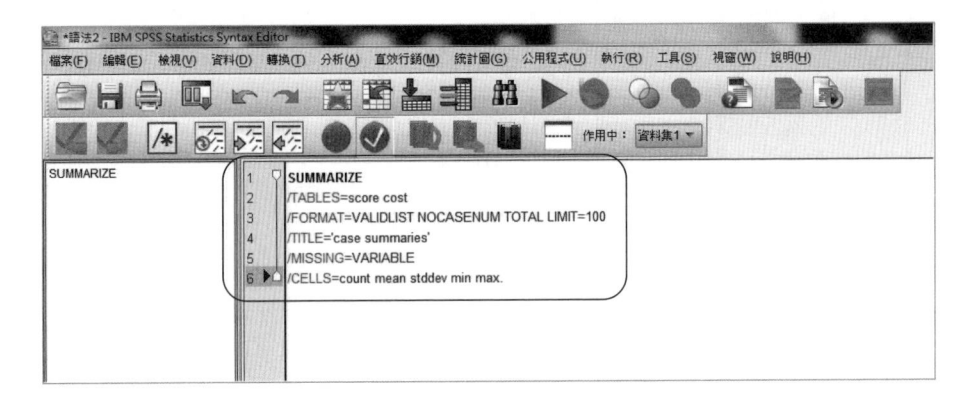

3. 點選[執行/全部]

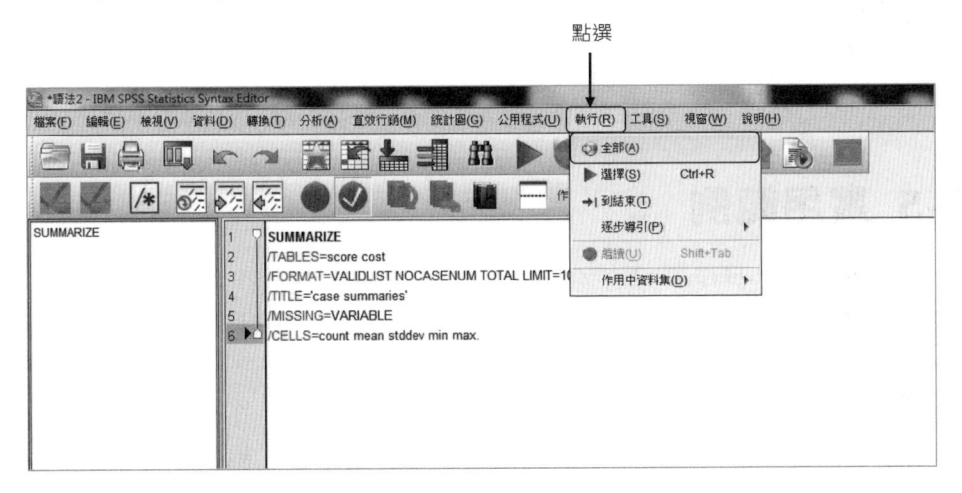

2-23

4. 分析結果如下圖：

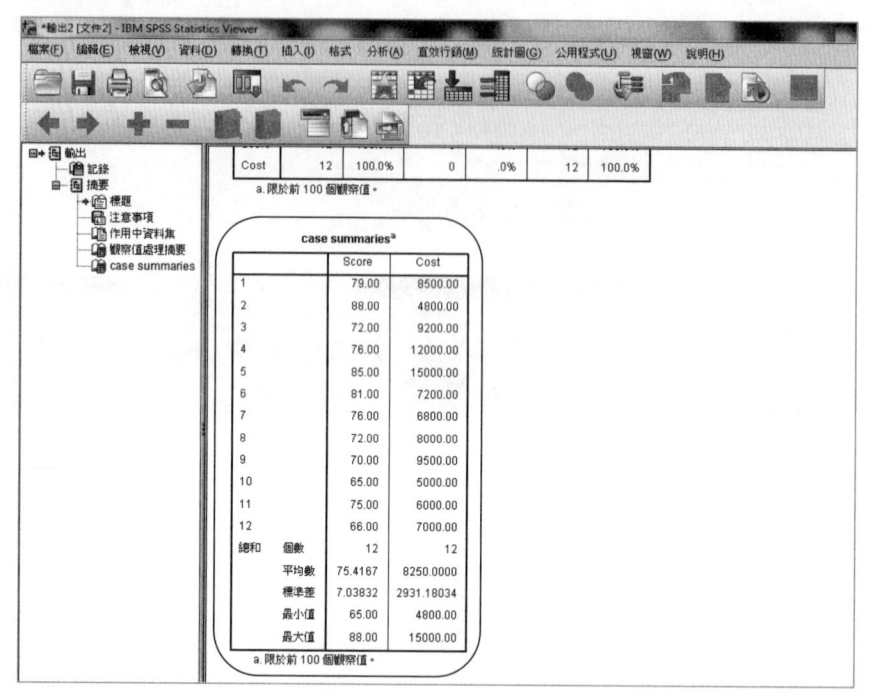

	Score	Cost
1	79.00	8500.00
2	88.00	4800.00
3	72.00	9200.00
4	76.00	12000.00
5	85.00	15000.00
6	81.00	7200.00
7	76.00	6800.00
8	72.00	8000.00
9	70.00	9500.00
10	65.00	5000.00
11	75.00	6000.00
12	66.00	7000.00
總和 個數	12	12
平均數	75.4167	8250.0000
標準差	7.03832	2931.18034
最小值	65.00	4800.00
最大值	88.00	15000.00

a. 限於前 100 個觀察值。

由表格中得知，Score 的平均數為 75.4167 分，標準差為 7.03832 分，最大值為 88 分，最小值為 65 分，而 Cost 的平均數為 8250 元，標準差為 2931.18034 元，最大值為 15000 元，最小值為 4800 元。

2-5 實用範例

在 SPSS 的基本操作中，我們介紹實用的 5 個範例，分別是：反向題的處理，變數的運算，函數的使用，Pie 圓餅圖的使用和直條圖的使用，實用範例如下：

實用範例：

我們以大學生為例，抽樣調查 12 個大學生的 Sex 性別(1 男性，2 女性)，Score1 上學期成績，Score2 下學期成績，Cost 每月花費，Income 家庭收入(1 低收入，2 高收入)，Location 區域(1 北部，2 中部，3 南部)，Sat_Score 成績的滿意度(1 非常不滿意、2 不滿意、3 普通、4 滿意、5 非常滿意)，Mag_Cost 自我管理生活費的滿意度(1 非常滿意、2 滿意、3 普通、4 不滿意、5 非常不滿意)注意此題為反向題，資料整理如下：

(先前已將範例檔 Ch2 複製到 C:\Ch2)：範例檔 example.xls

Sex	Score1	Score2	Cost	Income	Location	Sat_Score	Mag_Cost
2	79	81	8500	2	2	4	1
1	88	92	4800	1	3	4	2
1	72	68	9200	1	1	3	3
2	76	88	12000	1	1	5	5
2	85	65	15000	2	1	5	4
1	81	79	7200	1	2	2	1
2	76	82	6800	1	2	4	1
2	72	80	8000	2	3	3	2
2	70	75	9500	2	1	3	5
1	65	77	5000	2	3	1	2
1	75	80	6000	1	2	4	3
1	66	69	7000	2	3	2	4

2-5-1 反向題的處理

在實用範例中，我們注意到 Mag_Cost 自我管理生活費的滿意度(1 非常滿意、2 滿意、3 普通、4 不滿意、5 非常不滿意)此題為反向題，我們需要將反向題修改回(1 非常不滿意、2 不滿意、3 普通、4 滿意、5 非常滿意)。注意：反向題是由研究者所設計，並非 1 代表非常滿意就是反向題。

反向題處理的操作步驟如下：

1. 開啟範例檔 example.xls (在 C:\Ch2)，資料內容如下圖：

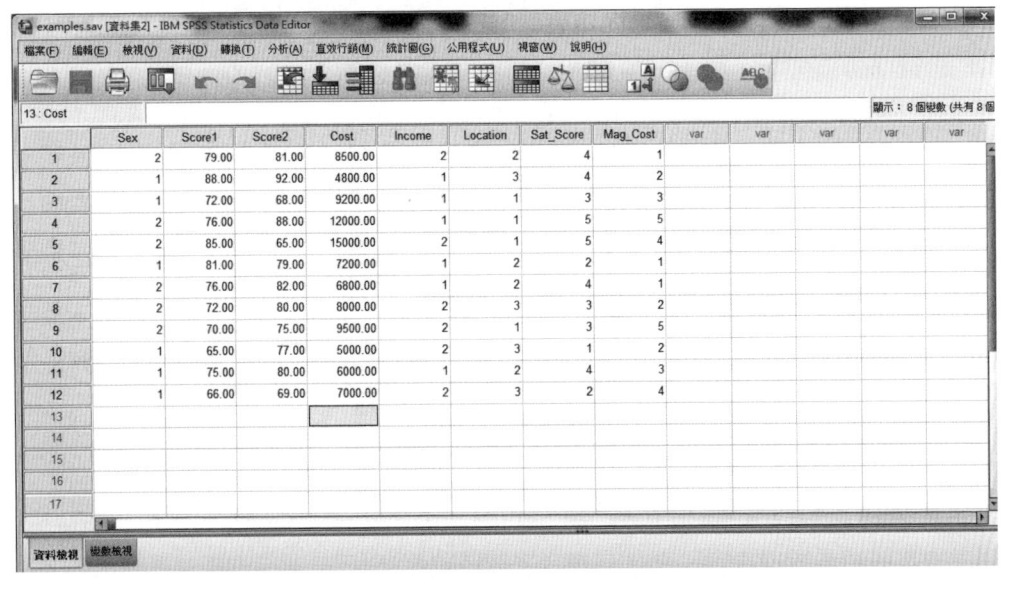

2. 點選[轉換/重新編碼成不同變數]

   點選

3. 選擇「Mag_Cost」至[輸入變數->輸出變數]欄位

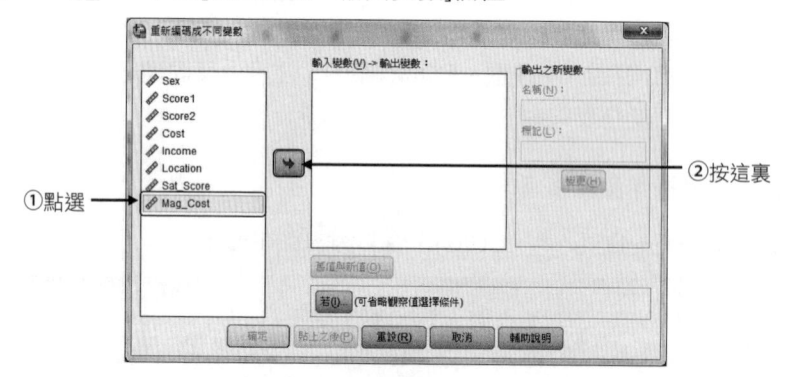

   ①點選　②按這裏

4. 將新變數命名為「Mag_Cost2」，點選[變更]

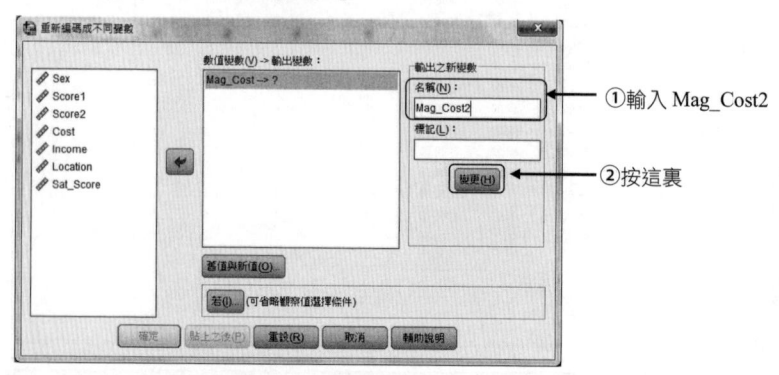

   ①輸入 Mag_Cost2
   ②按這裏

5. 點選[舊值與新值]

6. 依序鍵入舊值 1-5 與新值 5-1 並逐次點選[新增]

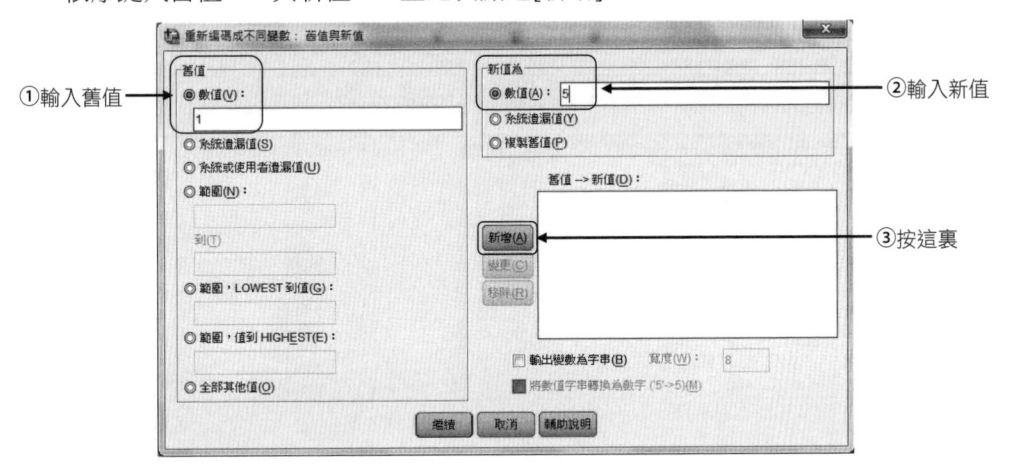

7. 鍵入資料如下圖，點選[繼續]

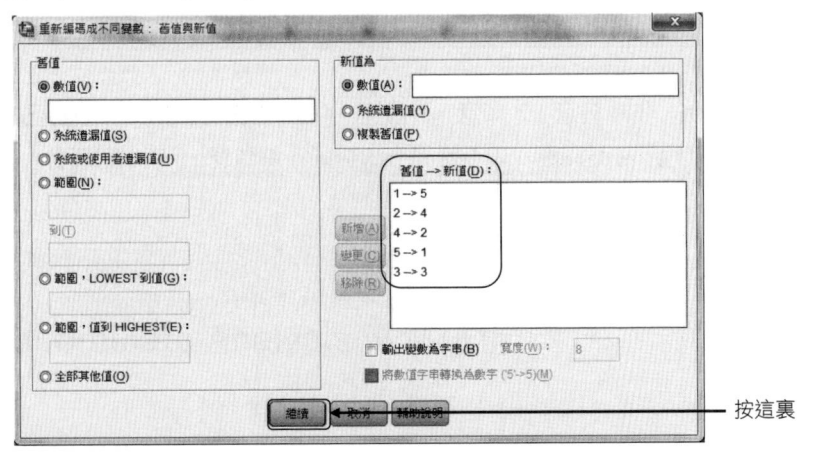

統計分析入門與應用

8. 點選[確定]

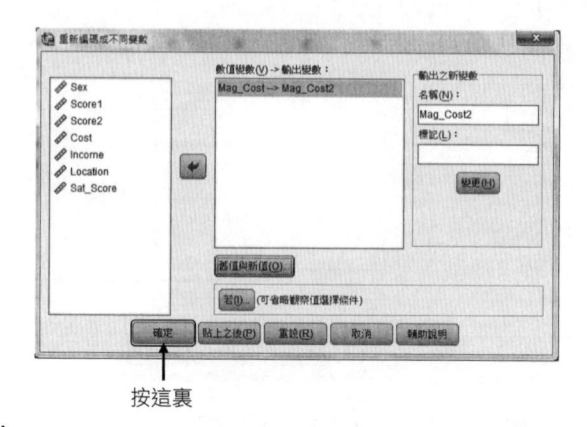

按這裏

9. 結果如下圖：

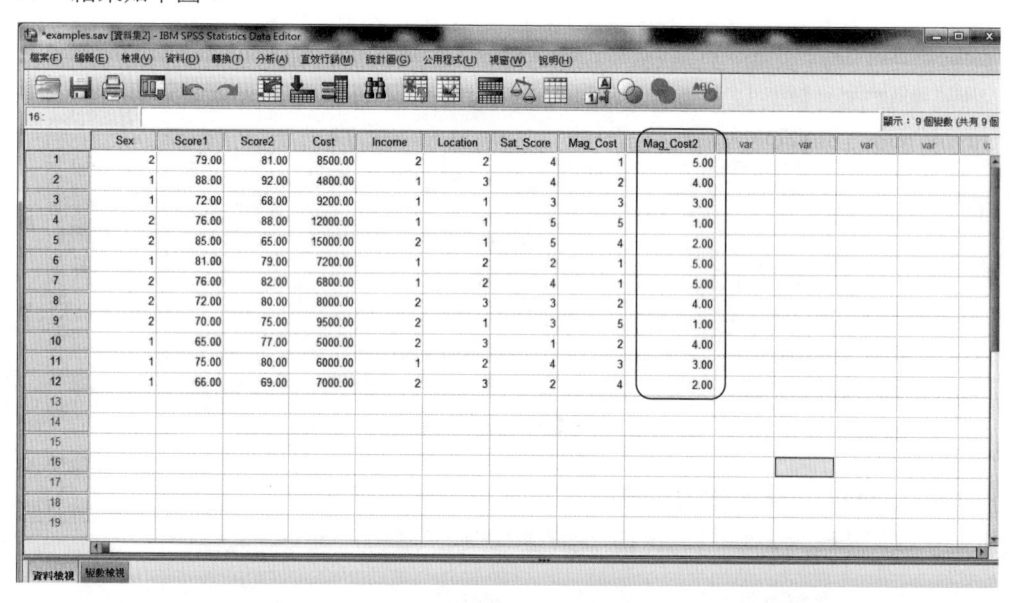

Mag_Cost(1.非常滿意、2.滿意、3.普通、4.不滿意、5.非常不滿意)已進行反向處理為 Mag_Cost2(1.非常不滿意、2.不滿意、3.普通、4.滿意、5.非常滿意)

2-5-2 變數的運算

變數運算的操作步驟如下：
計算一年的成本

1. 點選[轉換/計算變數]

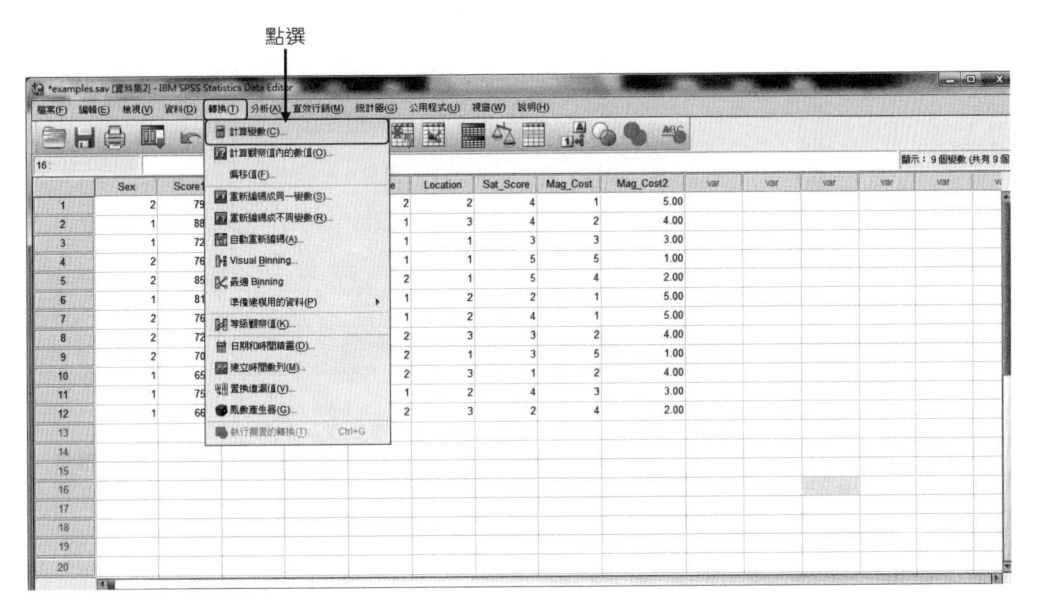

2. 鍵入目標變數為「Annual_Cost」，選擇「Cost」至數值運算式欄位

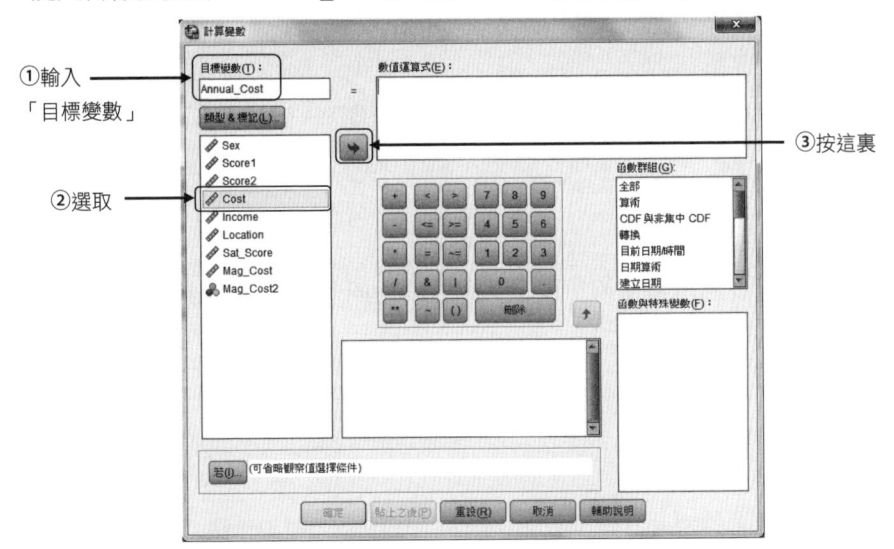

3. 將「Cost」乘以 12，點選[確定]

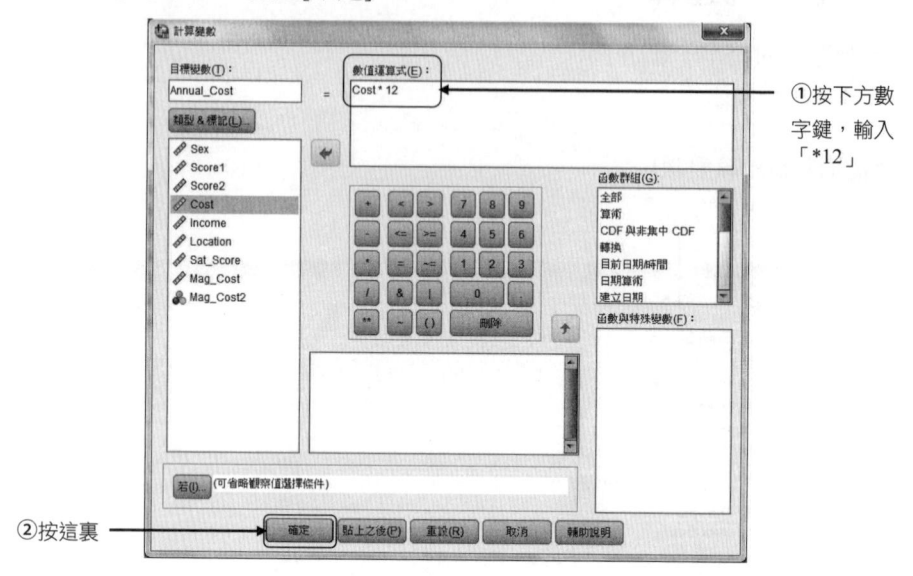

① 按下方數字鍵，輸入「*12」

② 按這裏

4. 結果如下圖：

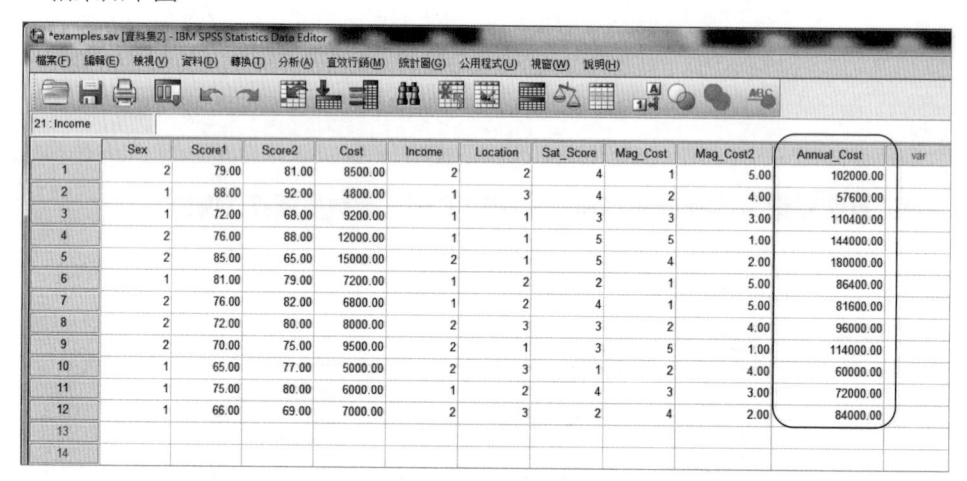

	Sex	Score1	Score2	Cost	Income	Location	Sat_Score	Mag_Cost	Mag_Cost2	Annual_Cost	var
1	2	79.00	81.00	8500.00	2	2	4	1	5.00	102000.00	
2	1	88.00	92.00	4800.00	1	3	4	2	4.00	57600.00	
3	1	72.00	68.00	9200.00	1	1	3	3	3.00	110400.00	
4	2	76.00	88.00	12000.00	1	1	5	5	1.00	144000.00	
5	2	85.00	65.00	15000.00	2	1	5	4	2.00	180000.00	
6	1	81.00	79.00	7200.00	1	2	2	1	5.00	86400.00	
7	2	76.00	82.00	6800.00	1	2	4	1	5.00	81600.00	
8	2	72.00	80.00	8000.00	2	3	3	2	4.00	96000.00	
9	2	70.00	75.00	9500.00	2	1	3	5	1.00	114000.00	
10	1	65.00	77.00	5000.00	2	3	1	2	4.00	60000.00	
11	1	75.00	80.00	6000.00	1	2	4	3	3.00	72000.00	
12	1	66.00	69.00	7000.00	2	3	2	4	2.00	84000.00	

我們已經完成計算大學生的年度生活花費(annual cost)，並將結果列為新變數—Annual_Cost。

SPSS 的基本操作 **02**

2-5-3 函數的使用

函數使用的操作步驟如下：
計算成績平均

1. 點選[轉換/計算變數]

   點選

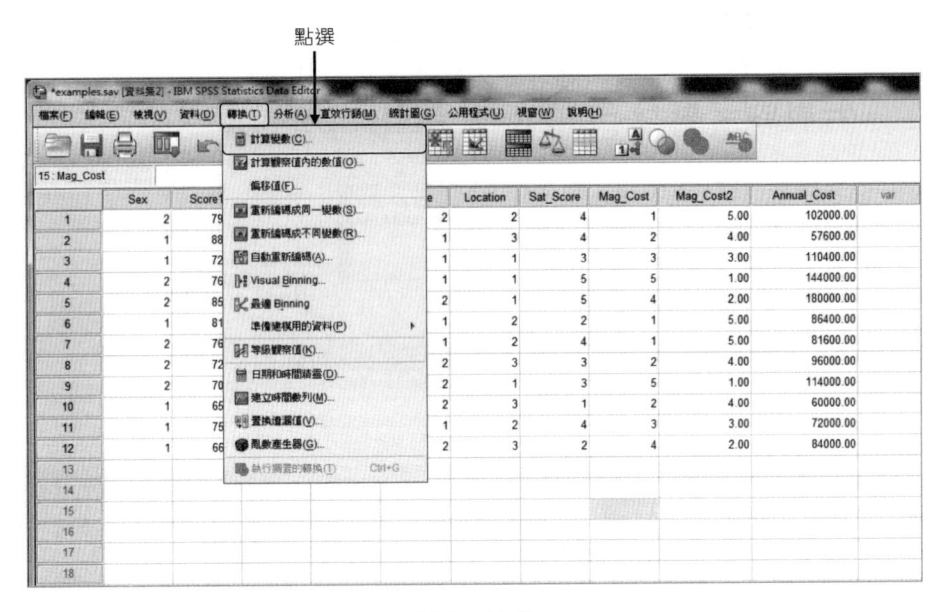

2. 鍵入目標變數為「Ave_Score」，選擇函數「Mean」

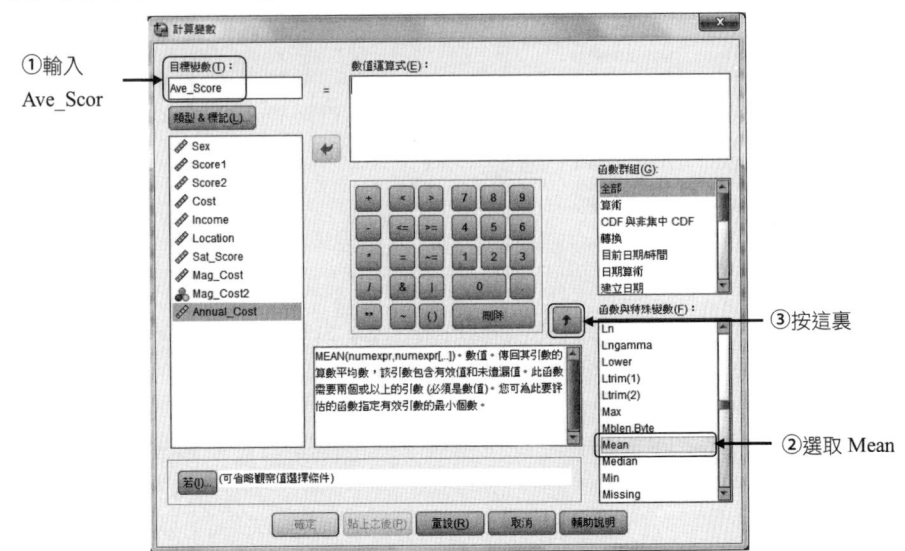

   ①輸入 Ave_Scor

   ②選取 Mean

   ③按這裏

2-31

3. 將「Score1」與「Score2」置入數值運算式欄位的 Mean 函數中，點選[確定]

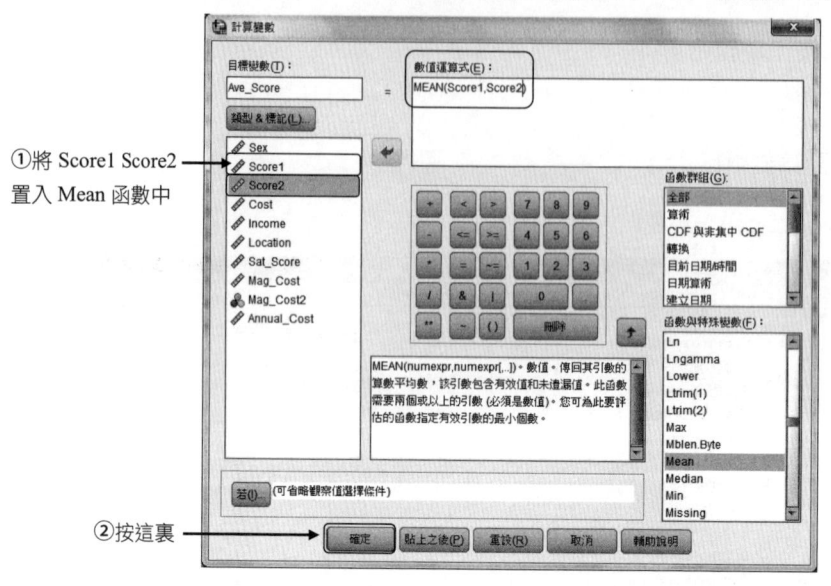

①將 Score1 Score2 置入 Mean 函數中

②按這裏

4. 結果如下圖：

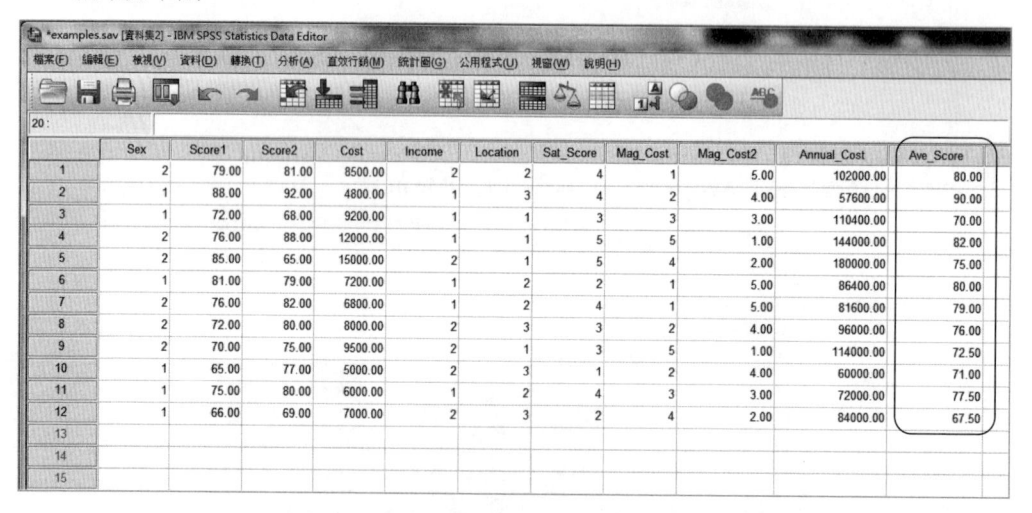

	Sex	Score1	Score2	Cost	Income	Location	Sat_Score	Mag_Cost	Mag_Cost2	Annual_Cost	Ave_Score
1	2	79.00	81.00	8500.00	2	2	4	1	5.00	102000.00	80.00
2	1	88.00	92.00	4800.00	1	3	4	2	4.00	57600.00	90.00
3	1	72.00	68.00	9200.00	1	1	3	3	3.00	110400.00	70.00
4	2	76.00	88.00	12000.00	1	1	5	5	1.00	144000.00	82.00
5	2	85.00	65.00	15000.00	2	1	5	4	2.00	180000.00	75.00
6	1	81.00	79.00	7200.00	1	2	2	1	5.00	86400.00	80.00
7	2	76.00	82.00	6800.00	1	2	4	1	5.00	81600.00	79.00
8	2	72.00	80.00	8000.00	2	3	3	2	4.00	96000.00	76.00
9	2	70.00	75.00	9500.00	2	1	3	5	1.00	114000.00	72.50
10	1	65.00	77.00	5000.00	2	3	1	2	4.00	60000.00	71.00
11	1	75.00	80.00	6000.00	1	2	4	3	3.00	72000.00	77.50
12	1	66.00	69.00	7000.00	2	3	2	4	2.00	84000.00	67.50

我們已經完成計算大學生的年度平均成績 (Ave_Score)，利用 Score1 和 Score2 計算出大學生的年度平均成績，並將結果列為新變數—Ave_Score。

2-5-4 Pie 圓餅圖的使用

Pie 圓餅圖使用的操作步驟如下：

1. 點選[統計圖/歷史對話記錄/圓餅圖]

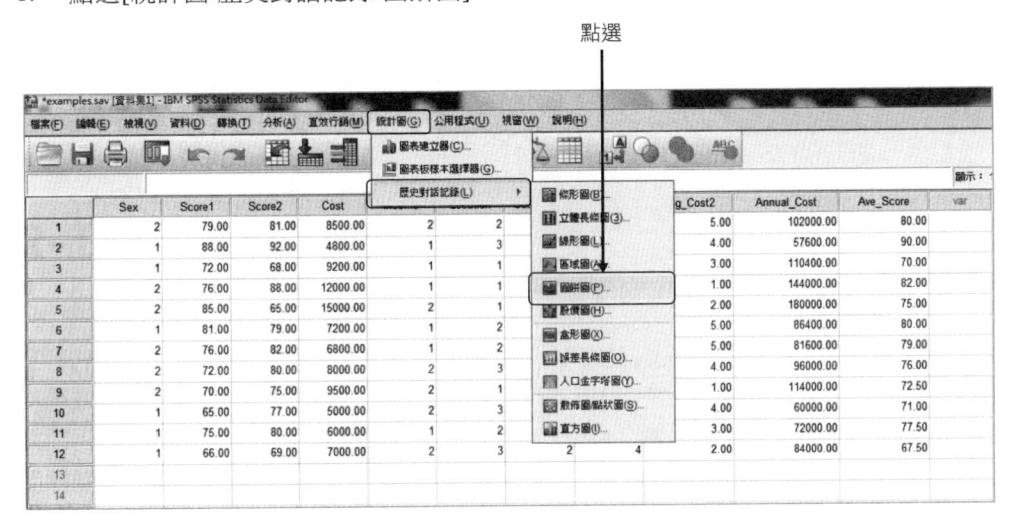

2. 點選[定義]

3. 點選「變數總和」,選擇「Cost」至變數欄位與「Location」至定義圖塊依據欄位

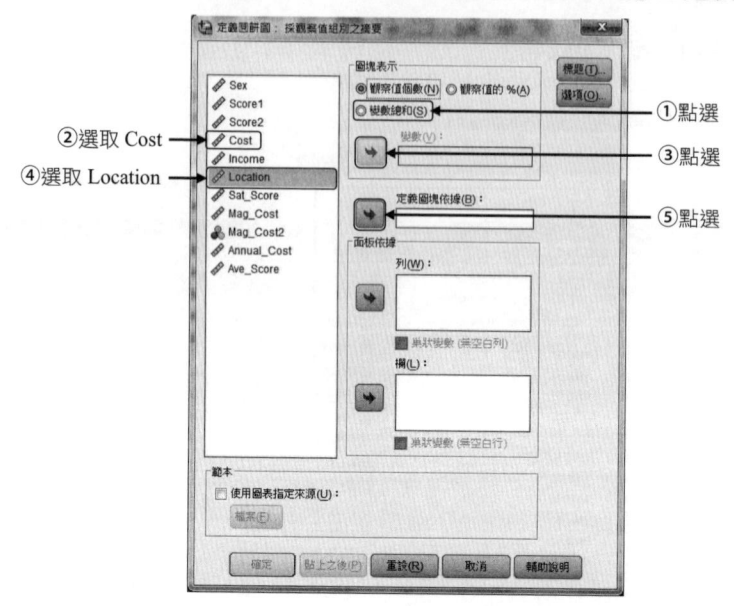

   ①點選
   ②選取 Cost
   ③點選
   ④選取 Location
   ⑤點選

4. 點選[確定]

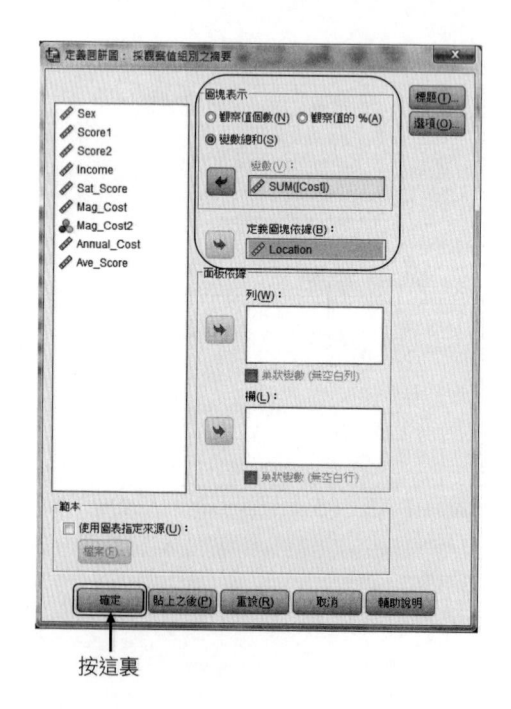

   按這裏

5. 結果如下圖：

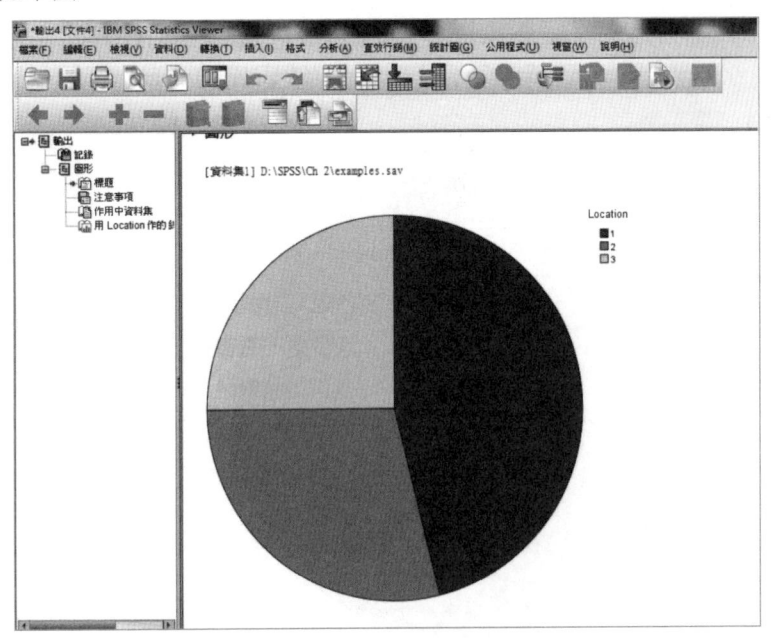

6. 對圖表連續點擊兩下

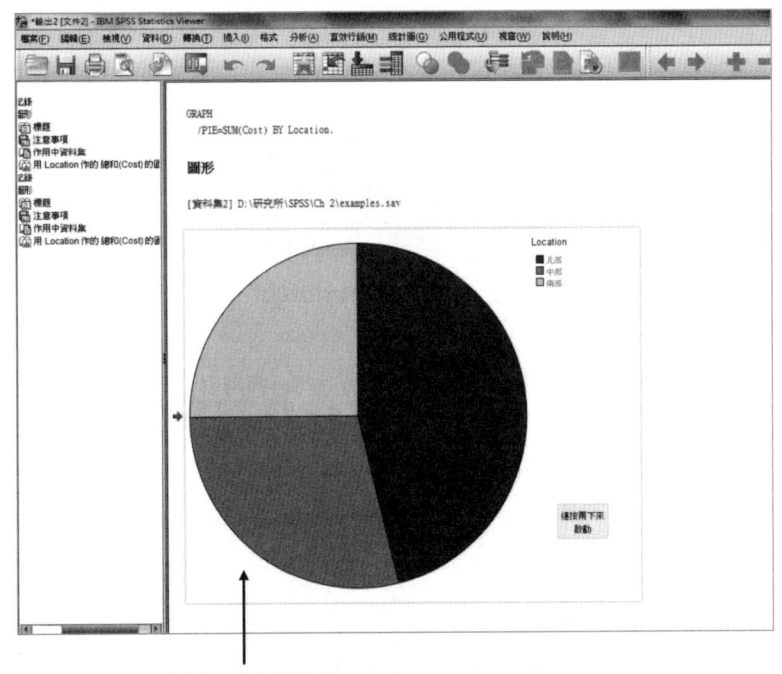

對圖表連續點擊兩下

2-35

7. 點選「顯示資料標籤」

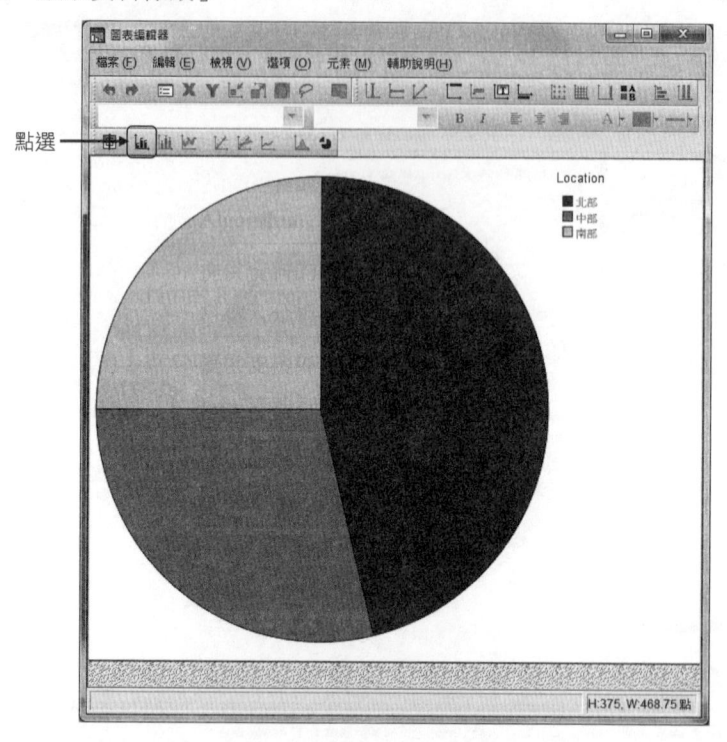

8. 選擇「資料值標記」，選取「總和 Cost」及「百分比」至內容欄位，選擇完畢後點選 [套用]

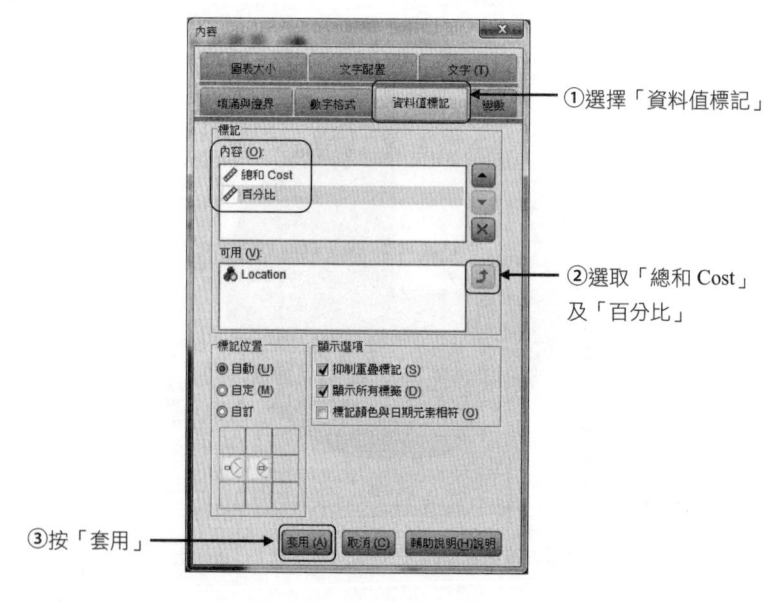

9. 套用完畢即點選[關閉]

按這裏

10. 結果如下圖

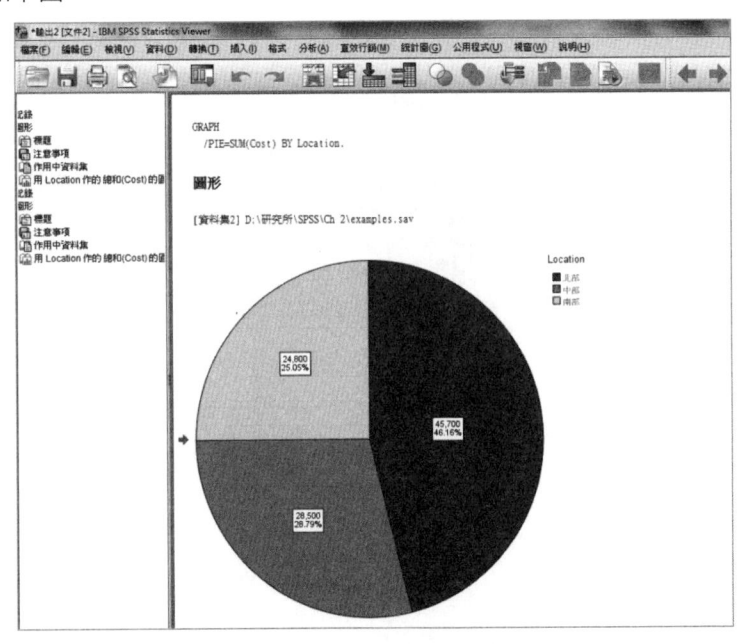

　　我們已經完成 Pie 圓餅圖的使用了，藉由圓餅圖可得知不同區域的大學生每月花費的比例，北部大學生的 Cost 總和為 45700 元，占 46.16%；中部大學生的 Cost 總和為 28500 元，占 28.79%；南部大學生的 Cost 總和為 28400 元，占 25.05%。

2-37

2-5-5 直條圖的使用

直條圖使用的操作步驟如下：

1. 點選[統計圖/歷史對話記錄/條形圖]

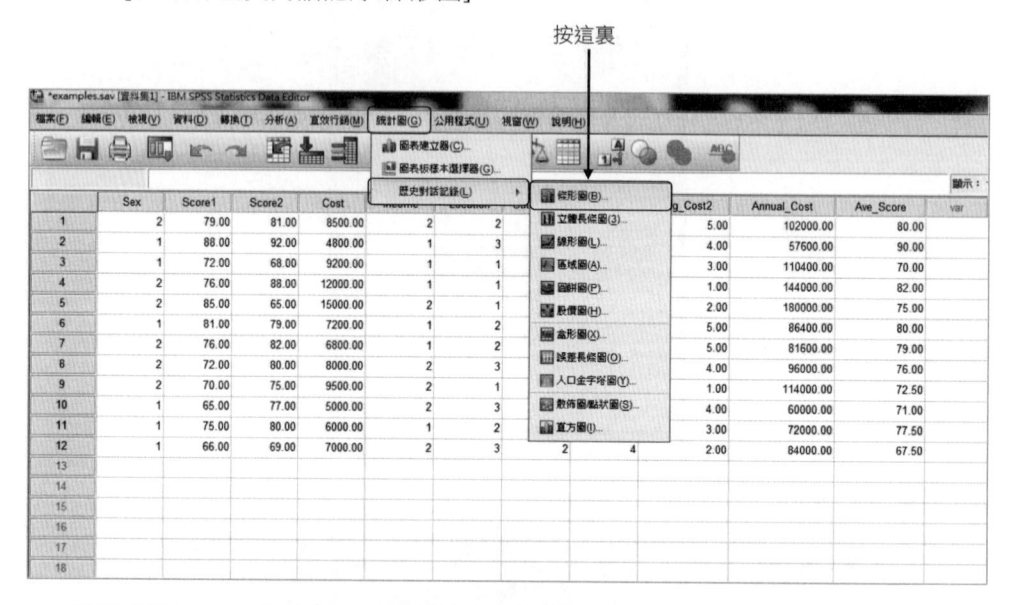

2. 選擇「簡單」及「觀察值組別之摘要」，點選[定義]

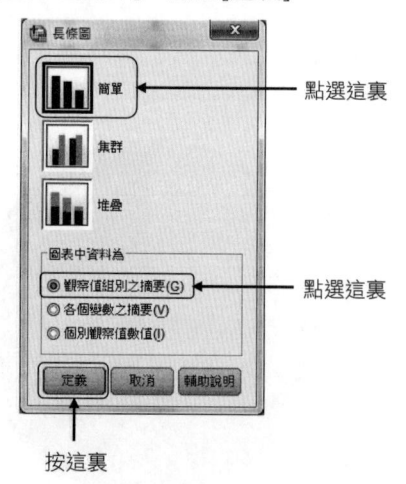

SPSS 的基本操作 **02**

3. 選擇「其他統計量」，選擇「Cost」至變數欄位，選擇「Location」至類別軸，點選[變更統計量]

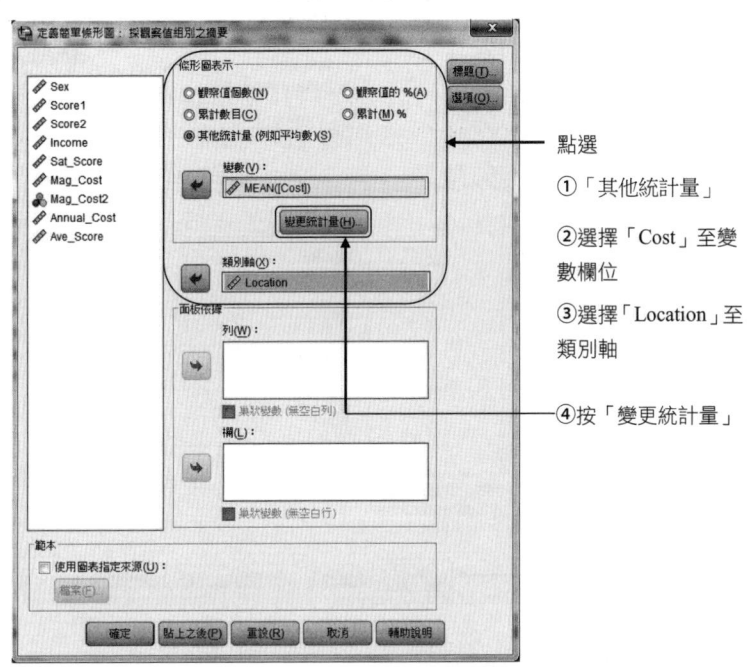

點選
① 「其他統計量」
② 選擇「Cost」至變數欄位
③ 選擇「Location」至類別軸
④ 按「變更統計量」

4. 選擇「平均數」，點選[繼續]

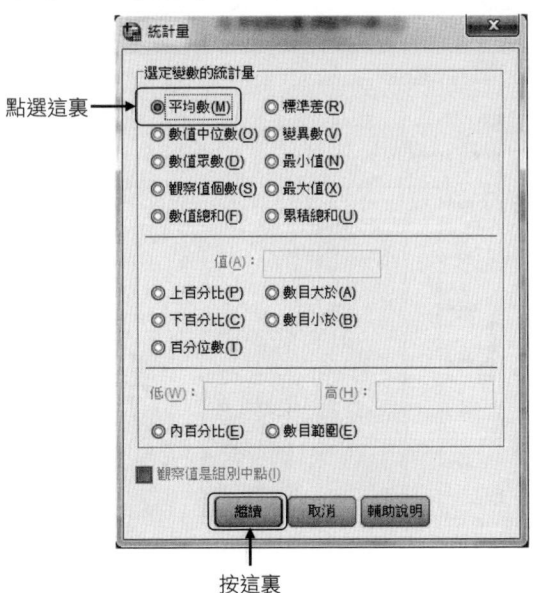

點選這裏

按這裏

2-39

5. 選擇完畢，點選[確定]

按這裏 → (確定)

6. 圖表如下，連續點擊兩下：

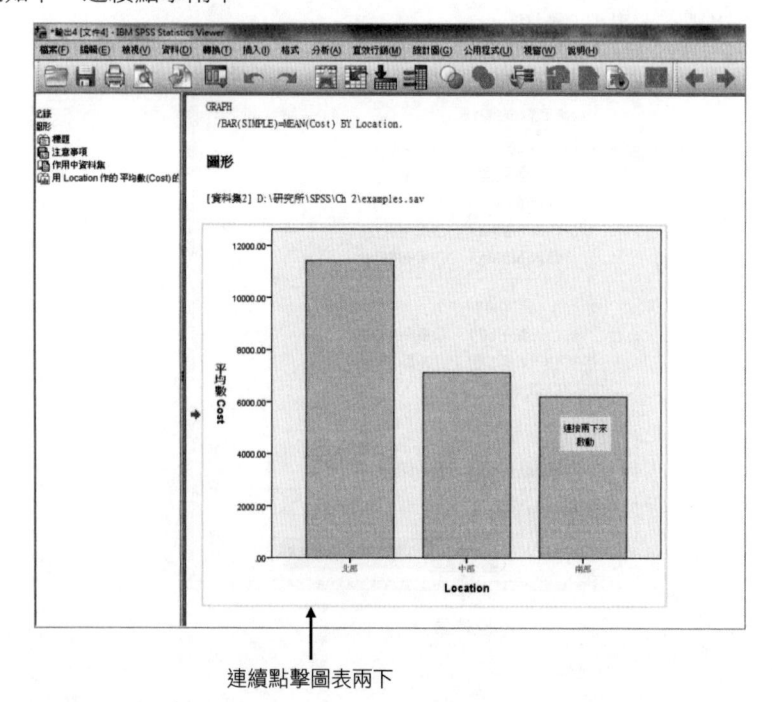

連續點擊圖表兩下

2-40

7. 點選「顯示資料標籤」

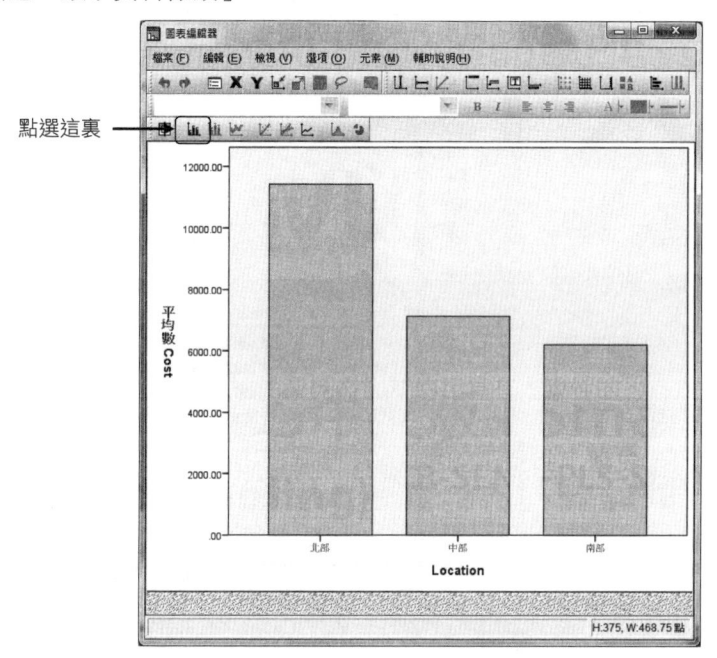

   點選這裏

8. 選擇「資料值標記」，選取「Cost」及「百分比」至內容欄位，選擇完畢後點選 [套用]

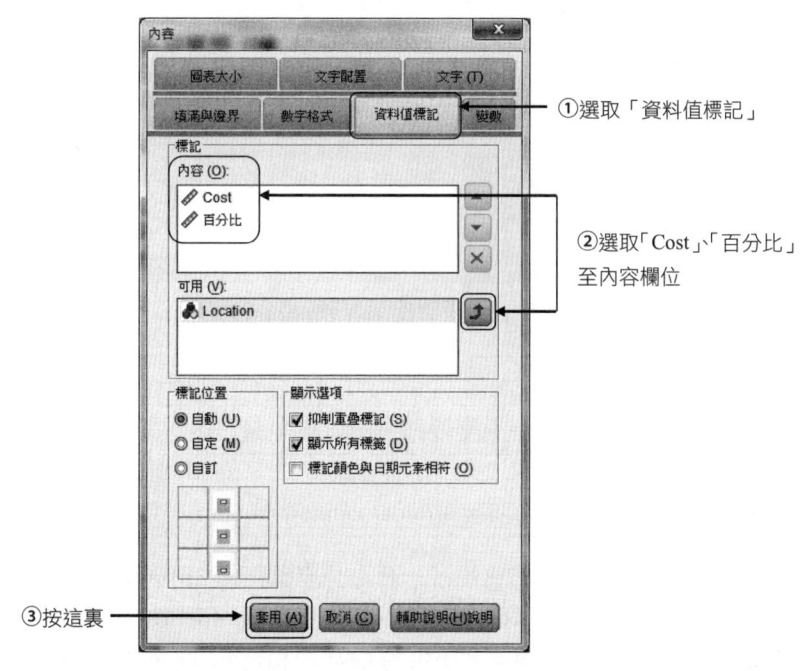

   ① 選取「資料值標記」
   ② 選取「Cost」、「百分比」至內容欄位
   ③ 按這裏

9. 套用完畢後即點選[關閉]

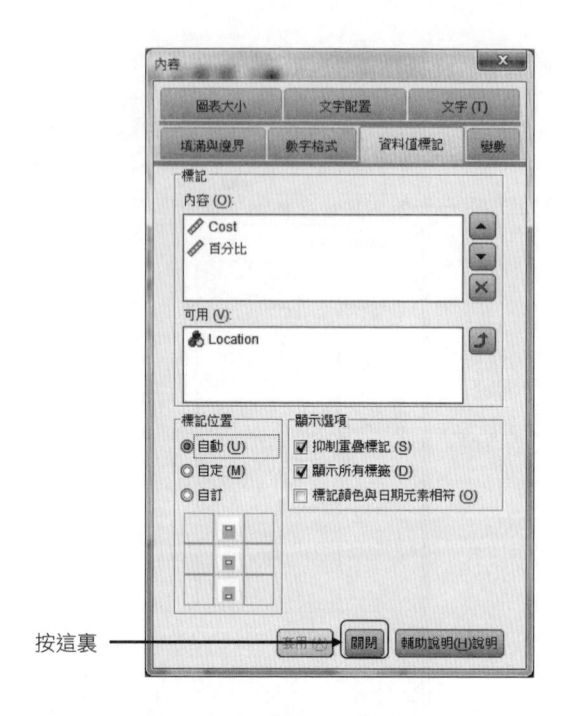

按這裏

10. 結果如下圖

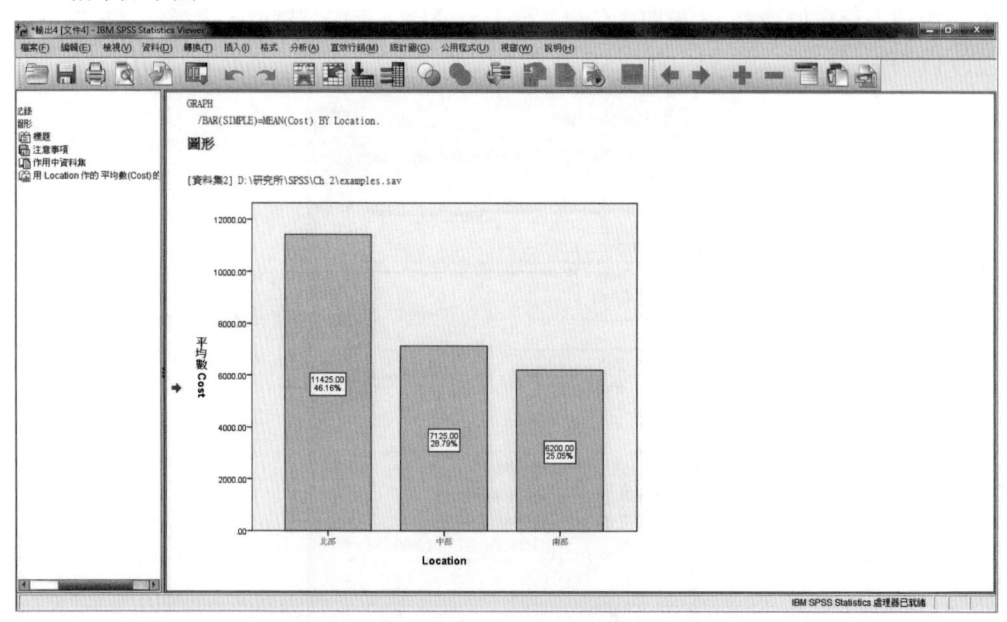

　　我們已經完成直條圖的使用了，藉由長條圖可得知不同區域的大學生每月平均花費的比例，北部大學生的 Cost 平均為 11425 元，占 46.16%；中部大學生的 Cost 總和為 7125 元，占 28.79%；南部大學生的 Cost 總和為 6200 元，占 25.05%。

CHAPTER 3 量表的發展、信度和效度

3-1 量表的發展

　　社會科學的研究，常常傾向於使用多個理論模型來解釋小範圍的現象或經驗，對於研究人員所感興趣的現象，常常無法直接測量，例如：情緒的好壞，期望的高低…等等，對於這些無法直接測量的現象，我們會發展一些問項，來評量這些現象的概念，這些問項的集合就可以測量出我們原本無法直接評估的現象，並且加以解釋，這些問項也是我們進行測量中所使用的工具，我們稱之為量表。在量表的發展時期，理論一直是很重要的因素，因為理論可以協助我們概念化測量的問題，藉由理論的協助，我們可以發展具有一致性的，有效的可應用的量表。

　　量表對於社會科學研究中從事量化研究的人員而言，是相當重要的一環，少了量表，我們就無法作到量化的效果，從事社會科學研究的人員在進行問卷調查設計時，時常會找不到想要的量表，或則是有找到類似的量表，但經過討論後，覺得並不適用，這時候，惟一的選擇，就是發展一個適合自己測量的工具 – 量表。有一些研究人員，對於發展量表視為畏途，原因是對於發展有用的測量工具 – 量表的方法不熟悉，以致於只能依賴別人所發展的量表，當然囉！發展量表的確是一件不輕鬆的事，必須經過嚴謹的處理，才能發展出一份適當的、穩定的量表，關於量表的發展，有一定的步驟可以遵循，我們列出三種量表發展的方式如下：

1. Robert F. De Vellis 所寫的《Scale Development: Theory and Application》一書，由吳齊殷所譯的中文書 p87~148，所提到發展量表的八大指導原則如下：

    步驟 1. 清楚地界定什麼是你所想要測量的
    步驟 2. 建立題庫
    步驟 3. 決定測量的格式

步驟 4. 請專家檢視最初的問題群
步驟 5. 考慮加入效度評估問項
步驟 6. 對選定的樣本，進行問項施測
步驟 7. 評估問項
步驟 8. 選擇量表長度

2. 在張紹勳所寫的《研究方法》一書 p261，所提到量表發展的過程，也是八大步驟如下：

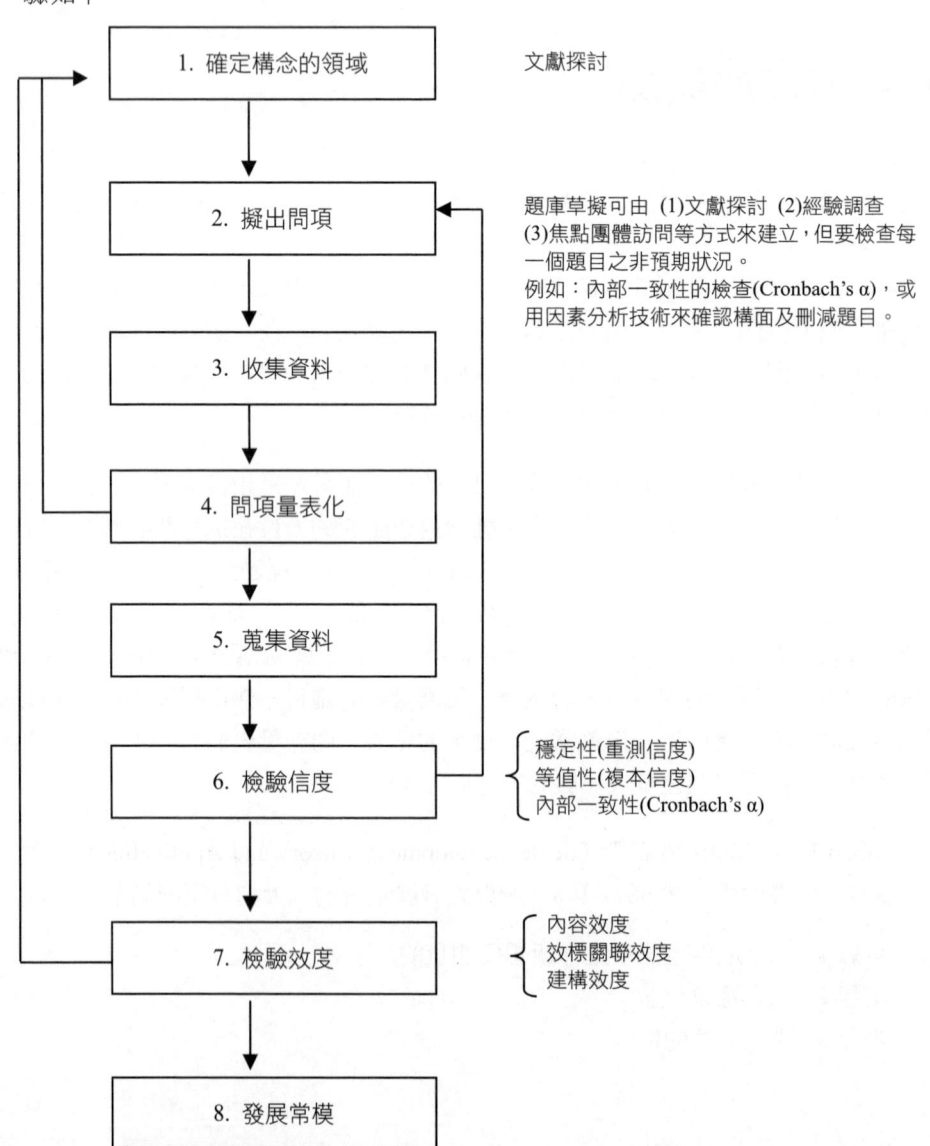

```
1. 確定構念的領域        文獻探討
        ↓
2. 擬出問項    ←    題庫草擬可由 (1)文獻探討 (2)經驗調查
                    (3)焦點團體訪問等方式來建立，但要檢查每
                    一個題目之非預期狀況。
                    例如：內部一致性的檢查(Cronbach's α)，或
                    用因素分析技術來確認構面及刪減題目。
        ↓
3. 收集資料
        ↓
4. 問項量表化
        ↓
5. 蒐集資料
        ↓
6. 檢驗信度    {  穩定性(重測信度)
                   等值性(複本信度)
                   內部一致性(Cronbach's α)
        ↓
7. 檢驗效度    {  內容效度
                   效標關聯效度
                   建構效度
        ↓
8. 發展常模
```

3. Churchill (1979)的量表發展有八大步驟,如下:

步驟 1. Specify the domain of the construct 確認構面的領域
步驟 2. qenerate a sample of items 建立樣本項目(問項)
步驟 3. collect data 收集資料
步驟 4. purify measures 淨化量測項目(刪除不適當的問項)
步驟 5. collect mew data 收集新的資料
步驟 6. assess reliability 評估信度
步驟 7. assess validity 評估效度
步驟 8. develop norms 發展常模

(Source: Churchill Jr., G.A. 1979. "A Paradign for Developing Better Measures of Marketing Constructs," *Marketing Research* (16:1), pp. 64-73.)

量表的發展在近 10 年來有相當大的變化與進展,尤其是形成性(formative)指標與模式受到各學科領域的重視(例如:行銷、企管、資管、人力資源管理、組織科學、教育…等等),MacKenie et al. (2005)回顧在行為和組織研究中量測模式錯誤指定的問題,特別整理發展反映性(reflective)和形成性(formative)量表的步驟如下:

(Source: MacKenzie, S.B., Podsakoff, P.M., and Jarvis, C.B. 2005. "The Problem of Measurement Model Misspecification in Behavioral and Organizational Research and Some Recommended Solutions," *Journal of Applied Psychology* (90:4), pp. 710-730.)

1. 清楚的定義構面領域
2. 評估構面概念的面向
3. 產生構面的量測問項
4. 考慮構面和量測問項的關係
5. 指定將被檢定的量測和結構關係
6. 收集資料
7. (A)淨化"反映性"量測與 (B)淨化"形成性"量測

(A) 淨化反映性(reflective)量測	(B) 淨化形成性(formative)量測
估計 Confirmatory Factory analysis (CFA) 驗證性因素分析模式	估計 Confirmatory Factory analysis (CFA) 驗證性因素分析模式
評估適配度(GOF; goodness of fit) (例如：GIF、CFI、SRMR)	評估適配度(GOF; goodness of fit) (例如：GIF、CFI、SRMR)
評估問項效度 (顯著性和因素負荷量大小)	評估問項效度 (潛在不顯著權重 weight)
評估問項信度 (item-to-total correlation, SMC, test-retest reliability)	評估問項信度 (test-retest reliability)
刪除低的信效度	刪除低的信效度
評估構面效度 (AVE; average variance explained)	評估構面效度 (與一個存在正確的準則建立相關 correlation，量測相同構面，測試一個已知群體的效度)
評估構面信度 (Cronbach's α and latent variable reliability)	

8. 評估理則學、區別效度和準則有關的效度
    - 估計適當的 CFA 模式
    - 評估構面的相關以建立區別效度
    - 評估構面之間的關係，作為理則學上效度的證據(例如：構面之間的關係達顯著，並且實務上是重要的)
9. 使用新的樣本，交互驗證量表

在 2011 年，MacKenzie et al. (2011)發表"構面的量測和驗證步驟"於資管 Top 1 的期刊 MIS Quarterly，驗證的 10 步驟如下：

(Source: Mackenzie, S.B., Podsakoff, P.M., And Podsakoff, N.P. 2011. "Construct Measurement and Validation Procedures in MIS and Behavioral Research: Integrating New and Existing Techniques," *MIS Quarterly* (35:2), pp. 293-334.)

量表的發展，信度和效度 03

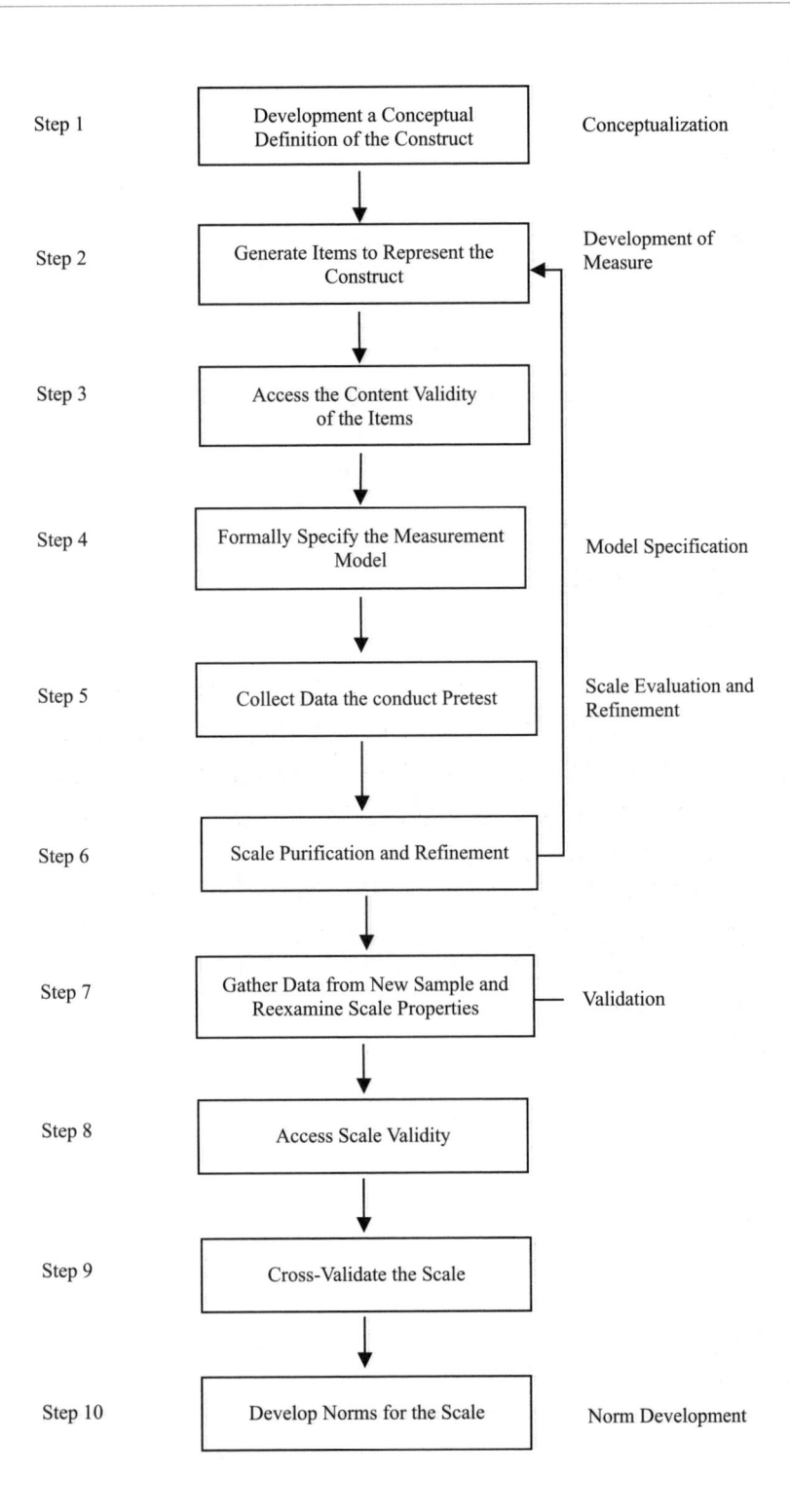

Step	Process	Phase
Step 1	Development a Conceptual Definition of the Construct	Conceptualization
Step 2	Generate Items to Represent the Construct	Development of Measure
Step 3	Access the Content Validity of the Items	
Step 4	Formally Specify the Measurement Model	Model Specification
Step 5	Collect Data the conduct Pretest	Scale Evaluation and Refinement
Step 6	Scale Purification and Refinement	
Step 7	Gather Data from New Sample and Reexamine Scale Properties	Validation
Step 8	Access Scale Validity	
Step 9	Cross-Validate the Scale	
Step 10	Develop Norms for the Scale	Norm Development

3-5

概念化

Step 1. 概念化

發展一個構面的概念化定義，研究者應該清楚且具體說明構面的性質，並且概念化主題，研究者需要認清"構面"概念化呈現的是什麼，也要討論構面與別的構面不同的地方。首先確認研究的焦點構面是否已經被之前的研究定義過，並且去訪談從業人員或專家，確認清楚是否在焦點的構面中有多個次構面(子維度)，構面是否有一個以上的概念化的區別或則是次構面(子維度)，假如有多個次構面(子維度)，那麼要將每個次構面(子維度)定義清楚，使每個都聚焦在相同的構面上。除了(a)次構面(子維度)的共同主題外，是否還有不同於其他維度的必要特性？(b)是否剔除了其中一個的維度就會造成構面的意義改變？假如有達成上述(a)和(b)的條件，那就是一個多重維度構面。

發展量表問卷(問項)

Step 2. 產生代表構面的問項

構面是否為單一維度或多重維度，最後都要產生能夠完整的代表其構面的目標問項，而這些問項能夠相關於構面外的內容越少越好。假如構面是多重維度，那就必須要產生每個次構面(子維度)的問項，也能夠藉此去確認各個維度在構面中的定義。另外，對於問項的用詞也應該盡可能地「**簡單**」和「**精確**」，如果有多重目地的問項，應該要被分化成兩個問項，如果不能分化的話，那麼這問項應該要被刪除。問項有含糊不清或不常見的術語應給予澄清，有複雜的問項也要簡化，才能讓問項更具體、簡潔，最後，問項的字詞也要更精煉或是要剔除明顯的偏誤。

Step 3. 評估問項內容的效度

內容效度是指問項能夠反映內容的程度。以下有兩項條件可以拿來評估內容效度：1) 各別的問項是否能夠代表其構面的內容領域，2) 這些問項合在一起是否能夠代表其構面的全部內容。

模式指定

Step 4. 正式地指定量測模式

正式**指定**問項、構面和次構面(子維度)之間關係的、預期的一個量測模式。要建立量測的量表和確保模式的參數是可被辨認的，是很複雜的一件事。

- 當一階的量測量表是形成性還是反映性都可設為：
  1) 設定在潛在構面中一個路徑並設其指標在非零值中
  2) 設定構面的變異為非零值(非零值通常為 1.0)
- 當二階的量測量表是形成性還是反映性都可設為：
  1) 設定在二階構面中一個路徑並設其次構面(子維度)在非零值中
  2) 設定二階構面的變異為非零值(非零值通常為 1.0)

量表評估與精緻化

Step 5. 收集資料以實施前測

一旦量測模式被確定後，要收集其樣本的資料去檢視"量表"的心理測驗的特性與評估其收斂、區別和理論的效度。在選擇樣本中，人口比例與樣本代表是很重要的，因為量測模式可能會跨不同領域的人；以及決定樣本的大小，在探索性因素分析當中，建議其最小的樣本數量為 100 至 500 人。評估收斂效度，選擇樣本構面的量測應該包含部分資料的聚集程度。評估區別效度，相似構面的量測是有可能被混淆。評估理論效度，構面的量測是理論與焦點構面有關。

Step 6. 量表淨化與精緻化

評估量測模式的適合度檢定，在構面層級上評估問項設定的效度，在構面層級上評估問項設定的信度，評估各個問項的信效度，消除有問題的問項。

驗證

Step 7. 從新的樣本聚集資料和重新檢測"量表"特性

為了評估量表的心理測量特性的程度，可以根據發展的樣本資料的特性和允許一個有效的統計檢驗去適配量測模式。使用新樣本，量測模式可以再次被評估，再次檢查它的適配情形，心理測量特性也可以被再次評估。

Step 8. 評估量表的效度

評估量表的效度可以從多方面著手，例如：構面的實驗性操作，已知群組的比較，評估理論部分和相關標準的效度，使用理論部分的網絡去評估多重維度構面的效度，評估區別效度
- 假如量表是焦點構面的有效的指標(問項)，評估是否要去回應量表的表現
- 評估焦點構面的問項是否是…

1) 是準確的呈現在構面下(藉由實驗性操作或比較已知群組在不同的構面上)
2) 充分的找到構面的多重維度性質
3) 是有別於其他構面的問項(區別效度)
4) 是與其他構面的量測有關，說明在構面的理論網絡(理論效度 nomological validity)

Step 9. 交叉驗證量表

假如在量表發展和淨化過程的步驟中，模式有被修改的話，此步驟就很重要。對於反映性指標，量測的評估建議是可以從發展量表的樣本中獲得，相對於評估是從驗證的樣本。

另外建議使用多群組分析去比較一系列的潛在模式的心理測量，增加相等的限制，可以對各小組去測試：
1) 共變異矩陣的相等
2) 因素構面的結構相等性(configural equivalence)
3) 因素負荷量的量度相等性(metric equivalence)
4) 問項的量尺相等性(scalar equivalence)

規範發展

Step 10. 發展量表規範(常模)

發展規範(常模)可以幫助量表分數上的解釋。
1) 注意樣本的大小，但是其數量是要依研究者所要研究的族群大小而定。
2) 要認清規範(常模)是會隨著時間而改變，所以規範(常模)要定期去更新，而規範(常模)的時間期限也要說明。

發展量表規範(常模)可以使我們擁有具有一致性的、有效的量表，以應用到社會科學的各個領域。

3-2 量表的信度和效度

量表經由實測(收集實際的資料)後，我們必須檢驗量表的信度和效度，為什麼檢驗量表的信度和效度呢？原因是因為量表本身在進行測量時會產生測量誤差，若是測量誤差大，則會有信度低，沒有效度的情形發生。

信度；指的是量表的一致性，有三個指標可以使用，我們整理如下：

- 內在信度：是指內部一致性，使用 Cronbach's α。
- 重測信度：是指穩定性，對於相同的樣本，在一段時間的前後，各施測一次，所取得的信度，稱為重測信度。
- 複本信度：是指等值性，也就是對於不同的樣本，各施測一次，所取得的信度，稱為複本信度。

效度：指的是量表的正確性，有 3 個常用的指標一起使用，我們整理如下：

- 內容效度(Content validity)，量測的題向和數量要足以代表量測的概念。
- 收斂效度(Convergent validity)，量測相同構面問項間的相關性要高。
- 區別效度(Discriminate validity)，量測不同構面問項間的相關性要低。

3-3 量表發展實例

量表發展 實例一

我們以期刊文章 Sethi, V. and King, W.R. 1994. "Development of Measures to Assess the Extent to Which an Information Technology Application Provides Competitive Advantage," *Management Science* (40:12), pp. 1601–1627. 為範例，這篇文章是以 Churchill (1979)量表發展的八大指導原則為基礎，有稍做修正，其量表發展的步驟如下：

步驟 1. 建立 CAPITA 構面的領域，有 Efficiency、Functionality、Threat、Preemptiveness 和 Synergy 五大構面

步驟 2. 建立 45 個問項，形成假設模式

步驟 3. 收集資料，由 7 位高階資訊人員逐一填答

步驟 4. 淨化量測問項，由填答者提供意見，逐步修改問項，直到最後二位填答者對於問項不再有重大意見為止

步驟 5. 收集新資料，樣本是 (1)美國前 1000 大製造業和服務業公司, (2)Strategic Data Planing Institute 的 251 成員(公司資料)

步驟 6. 評估效度，以符合每個構面的收斂效度水準下，刪除 16 個問項，剩 29 個問項，形成 7 個構面

步驟 7. 評估信度，每個構面信度值都要達到 0.5 以上，可接受

步驟 8. 建構常模，以結構方程驗證 CAPITA 完整模式，整體配適度是可接受的，而且相較於假設模式有顯著的改善。

量表發展 實例二

我們以期刊文章 Torkzadeh, G. and Doll, W.T. 1999. "The development of a tool for measuring the perceived impact of information technology on work," Omega, *The International Journal of Management Science* (27:3), pp. 327-339. 為範例。

說明其量表發展的步驟：

步驟 1. 文獻回顧：用來確認要測量的構面
步驟 2. 建立題庫：建立 39 個問項
步驟 3. 決定測量的格式：使用 Linkert (李克特)5 點量表
步驟 4. 收集資料(pilot test)：使用結構化的問卷進行訪談
步驟 5. 評估問項：經由探索性因素分析和相關分析評估問項，並經過信度和效度的檢驗，刪除不適的問項後，剩下 12 個問項
步驟 6. 問項量表化：將 12 個問項製成量表

這篇期刊的大量問卷，除了自己發展的量表外，還結合了另外三篇發展良好的量表構面，形成完整的量表，再寄出並回收大量問卷，以進行自己發展的量表和其它量表構面的相關分析和比較，結論當然是自己的量表可以有效地測量資訊科技在工作上的衝擊。

3-4 探索性和驗證性研究的信度和效度

一般社會科學的研究可以分為探索性的研究和驗證性的研究，因此在信度和效度的處理上，也分為探索性研究的信度和效度和驗證性研究的信度和效度，我們分別介紹如後。

探索性研究的信度和效度

在社會科學研究的探索性因素分析 EFA 中，最常出現的量表是李克特量表(Likert scale)，李克特量表廣泛的應用在行銷、組織行為、人力資源、學習科技、教育、財務管理、心理測驗、…等等，特別適用於感受或態度上的衡量，在李克特(Likert scale)量表法中常用的信度考驗方法為「Cronbach's α」係數及「折半信度」(Split-half reliability)。也就是說在探索性因素分析 EFA 中，一般都是使用 Cronbach's α 值來計算信度，Cronbach's α 係數是 Cronbach 在 1851 年提出，提供計算類別變數以及區間尺度變數。「Cronbach's α」係數及「折半信度」(Split-half reliability)都是屬於內部一致性信

度係數(internal-consistency reliability coefficient)，也就是施測一次量表的結果，立即進行估計量表的信度係數，若是一個量表的信度愈高，代表量表愈穩定(stability)，而 Cronbach's α 係數值介於 0 與 1 之間，α 值愈大的話，相對的表示信度愈高，Cronbach's α 值至少要大於 0.5，在實務上最好是 α＞0.7(Nunnally 1978)。

範例：我們設計的研究問卷如下：

問卷調查

1. 企業經營者參加資訊相關研討會的頻率？
   ☐ 很少　☐ 較少　☐ 普通　☐ 較多　☐ 很高
2. 企業經營者在公司使用電腦的頻率？
   ☐ 很少　☐ 較少　☐ 普通　☐ 較多　☐ 很高
3. 企業經營者參加企業 E 化相關研討會的頻率？
   ☐ 很少　☐ 較少　☐ 普通　☐ 較多　☐ 很高
4. 企業經營者閱讀資訊相關雜誌或書刊的頻率？
   ☐ 很少　☐ 較少　☐ 普通　☐ 較多　☐ 很高

以下各項為決定是否導入企業 E 化系統的重要考量	非常不重要	有些不重要	普通	比較重要	非常重要
5. 企業 E 化系統可以增加收益的好處，是否為導入企業 E 化系統的重要考量	☐	☐	☐	☐	☐
6. 企業 E 化系統可以擁有較好的系統整合，是否為導入企業 E 化系統的重要考量	☐	☐	☐	☐	☐
7. 企業 E 化系統可以降低存貨的好處，是否為導入企業 E 化系統的重要考量	☐	☐	☐	☐	☐
8. 企業 E 化系統的總費用很高，是否為導入企業 E 化系統的重要考量	☐	☐	☐	☐	☐
9. 企業 E 化系統的顧問費用佔總花費(導入企業 E 化費用)的 50%，是否為導入企業 E 化系統的重要考量	☐	☐	☐	☐	☐
10. 企業 E 化系統的維護人才相當難找並且維護費用很高,是否為導入企業 E 化系統的重要考量	☐	☐	☐	☐	☐
11. 企業 E 化系統擁有較好的供應商的技術支援,是否為導入企業 E 化系統的重要考量	☐	☐	☐	☐	☐
12. 企業 E 化系統擁有流程改善的好處,是否為導入企業 E 化系統的重要考量	☐	☐	☐	☐	☐

13. 競爭者採用新技術(企業 E 化系統)的壓力，是否為導入企業 E 化系統的重要考量	☐☐☐☐☐
14. 企業 E 化系統的技術成熟程度，是否為導入企業 E 化系統的重要考量	☐☐☐☐☐
15. 以新技術開發的企業 E 化系統取代現有老舊系統(企業 E 化系統的開發技術較現有系統新)，是否為導入企業 E 化系統的重要考量	☐☐☐☐☐
16. 維護企業 E 化系統需要資源的難度，是否為導入企業 E 化系統的重要考量	☐☐☐☐☐
17. 企業 E 化系統功能配合企業營運規模，是否為導入企業 E 化系統的重要考量	☐☐☐☐☐
18. 企業 E 化訓練課程的費用很高，是否為導入企業 E 化系統的重要考量	☐☐☐☐☐
19. 企業 E 化系統一致性的運作的好處，是否為導入企業 E 化系統的重要考量	☐☐☐☐☐
20. 競爭者已導入企業 E 化系統，是否為導入企業 E 化系統的重要考量	☐☐☐☐☐

　　本研究問卷共發出 100 份，回收有效問卷 74 份。經編碼輸入資料後，存檔成 Reliability analysis.sav。對於這份量表(問卷)，想知道是否具有可靠性或穩定性，也就是測量一致性的程度，俗稱信度，經過因素分析後，可以分成 CEO、Benefit、Cost 和 Technology 四個構面，各自的題項如下：

- CEO 構面
    1. 企業經營者參加資訊相關研討會的頻率？
    2. 企業經營者在公司使用電腦的頻率？
    3. 企業經營者參加企業 E 化相關研討會的頻率？
    4. 企業經營者閱讀資訊相關雜誌或書刊的頻率？

- Benefit 構面
    5. 企業 E 化系統可以增加收益的好處，是否為導入企業 E 化系統的重要考量？
    6. 企業 E 化系統可以擁有較好的系統整合，是否為導入企業 E 化系統的重要考量？
    7. 企業 E 化系統可以降低存貨的好處，是否為導入企業 E 化系統的重要考量？

■ Cost 構面

8. 企業 E 化系統的總費用很高，是否為導入企業 E 化系統的重要考量？
9. 企業 E 化系統的顧問費用佔總花費(導入企業 E 化費用)的 50%，是否為導入企業 E 化系統的重要考量？
10. 企業 E 化系統的維護人才相當難找並且維護費用很高，是否為導入企業 E 化系統的重要考量？

■ Technology 構面

14. 企業 E 化系統的技術成熟程度，是否為導入企業 E 化系統的重要考量？
15. 以新技術開發的企業 E 化系統取代現有老舊系統(企業 E 化系統的開發技術較現有系統新)，是否為導入企業 E 化系統的重要考量？
16. 維護企業 E 化系統需要資源的難度，是否為導入企業 E 化系統的重要考量？

在作其它統計分析之前，需先對這些量表(問卷)做各個構面和總構面(所有題項)的信度分析，操作步驟如下：

(請先將範例檔 Ch3 複製到 C:\Ch3)

1. 範例檔開啟 Reliability analysis.sav (在 C:\Ch3)，點選[分析/尺度/信度分析]，如下圖：

2. 選取 s1~s4 至「項目」欄位，模式選擇為「Alpha 值」

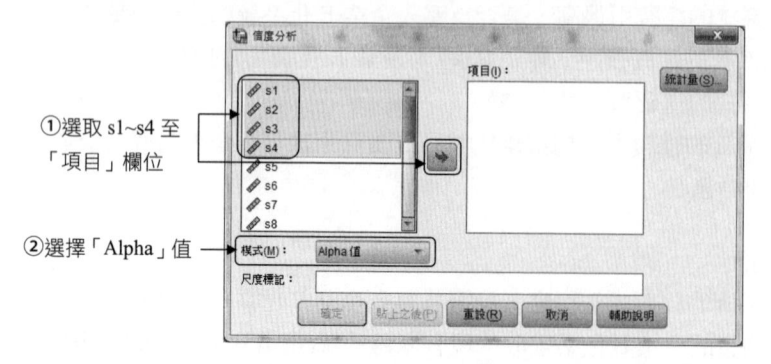

①選取 s1~s4 至「項目」欄位
②選擇「Alpha」值

3. 點選[統計量]

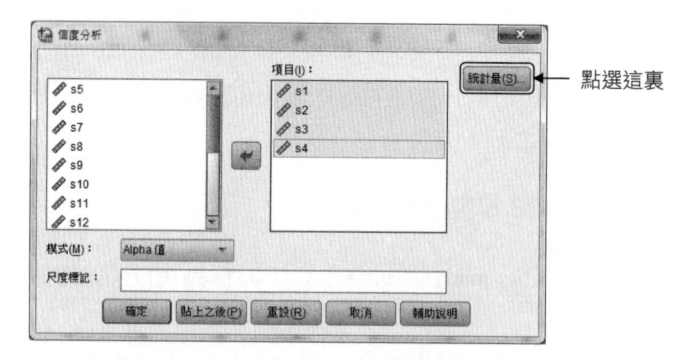

點選這裏

4. 勾選「刪除項目後之量尺摘要」，勾選完畢後，點選[繼續]

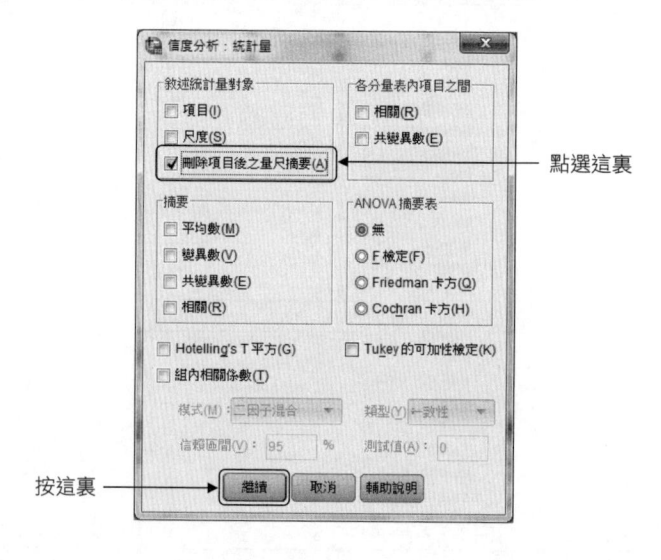

點選這裏

按這裏

5. 點選[確定]

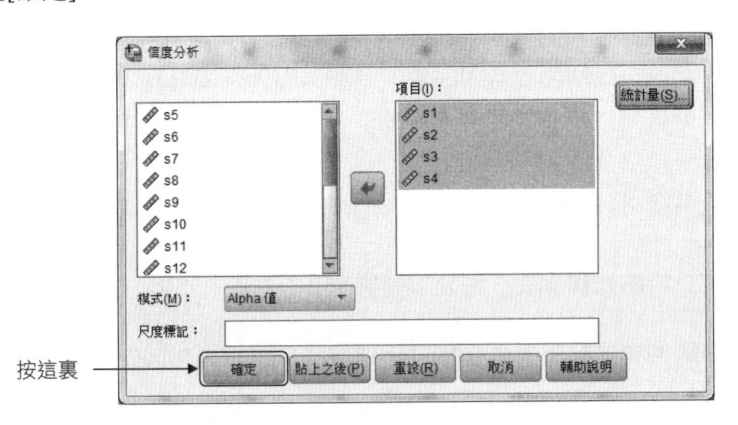

6. 結果如下圖

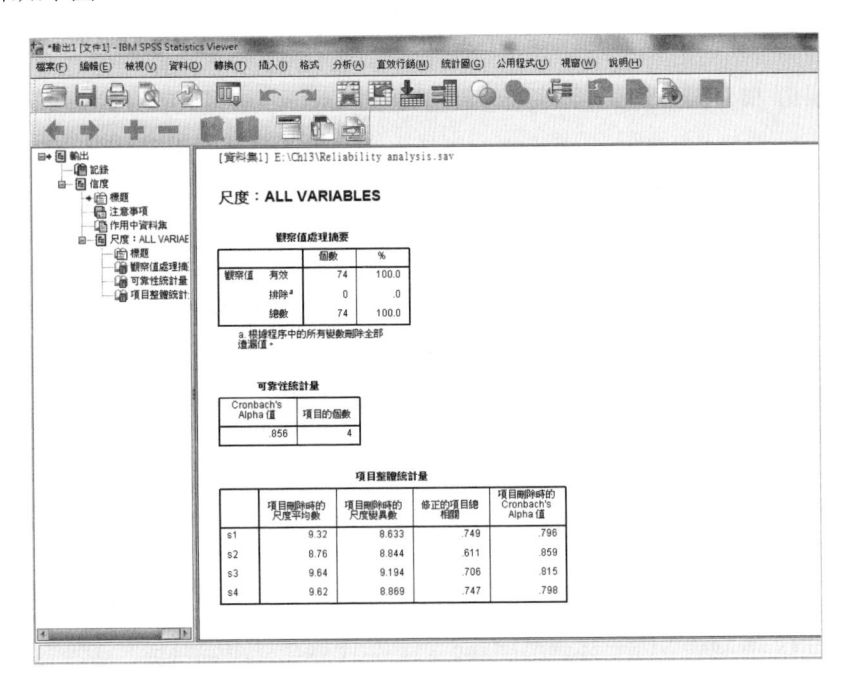

CEO 構面 Cronbach's α 值 0.856＞0.7，代表具有良好的信度。

我們也可以在範例資料檔下，直接執行下列語法：

```
RELIABILITY  /VARIABLES=s1 s2 s3 s4  /FORMAT=NOLABELS
/SCALE(ALPHA)=ALL/MODEL=ALPHA  /SUMMARY=TOTAL  .
```

會得到相同的報表結果。

- Benefit 構面的信度分析

    Benefit 構面的題項如下：

    5. 企業 E 化系統可以增加收益的好處，是否為導入企業 E 化系統的重要考量？
    6. 企業 E 化系統可以擁有較好的系統整合，是否為導入企業 E 化系統的重要考量？
    7. 企業 E 化系統可以降低存貨的好處，是否為導入企業 E 化系統的重要考量？

    我們重複信度分析的操作步驟，將題項變數 s5 s6 s7 選入分析，得到報表結果。

    我們也可以在範例資料檔下，直接執行下列語法，會得到相同的報表結果：

    ```
    RELIABILITY  /VARIABLES=s5 s6 s7  /FORMAT=NOLABELS
    /SCALE(ALPHA)=ALL/MODEL=ALPHA  /SUMMARY=TOTAL .
    ```

    報表分析結果如下：
    Benefit 構面的信度 Cronbach's α 值 0.935＞0.7，代表具有良好的信度。

- Cost 構面的信度分析

    Cost 構面的題項如下：

    8. 企業 E 化系統的總費用很高，是否為導入企業 E 化系統的重要考量？
    9. 企業 E 化系統的顧問費用佔總花費(導入企業 E 化費用)的 50%，是否為導入企業 E 化系統的重要考量？
    10. 企業 E 化系統的維護人才相當難找並且維護費用很高，是否為導入企業 E 化系統的重要考量？

    我們重複信度分析的操作步驟，將題項變數 s8 s9 s10 選入分析，報表結果如後。

    我們也可以在範例資料檔下，直接執行下列語法，會得到相同的報表結果：

    ```
    RELIABILITY  /VARIABLES=s8 s9 s10  /FORMAT=NOLABELS
    /SCALE(ALPHA)=ALL/MODEL=ALPHA  /SUMMARY=TOTAL .
    ```

    報表分析結果如下：
    Cost 構面的信度 Cronbach's α 值 0.839＞0.7，代表具有良好的信度。

- Technology 構面的信度分析

    Technology 構面的題項如下：

14. 企業 E 化系統的技術成熟程度，是否為導入企業 E 化系統的重要考量？
15. 以新技術開發的企業 E 化系統取代現有老舊系統 (企業 E 化系統的開發技術較現有系統新)，是否為導入企業 E 化系統的重要考量？
16. 維護企業 E 化系統需要資源的難度，是否為導入企業 E 化系統的重要考量？

我們重複信度分析的操作步驟，將題項變數 s14 s15 s16 選入分析，報表結果如後。

我們也可以在範例資料檔下，直接執行下列語法，會得到相同的報表結果：

```
RELIABILITY  /VARIABLES=s14 s15 s16  /FORMAT=NOLABELS
/SCALE(ALPHA)=ALL/MODEL=ALPHA  /SUMMARY=TOTAL .
```

報表分析結果如下：
Technology 構面的信度 Cronbach's α 值 0.814＞0.7，代表具有良好的信度。

■ 總構面(所有題項)的信度分析

我們重複信度分析的操作步驟，將所有題項變數 s1 s2 s3 s4 s5 s6 s7 s8 s9 s10 s14 s15 s16 選入分析，報表結果如後。我們也可以在範例資料檔下，直接執行下列語法，會得到相同的報表結果：

```
RELIABILITY  /VARIABLES=s1 s2 s3 s4 s5 s6 s7 s8 s9 s10 s14 s15 s16
/SCALE(ALPHA)=all  /MODEL=ALPHA  /SUMMARY=TOTAL.
```

報表分析結果如下：
總構面(所有題項)的信度 Cronbach's α 值 0.883＞0.7，代表具有良好的信度。

結果：
我們整理信度分析的結果如下表：

構面	信度 (Cronbach's α 值)
CEO	0.856
Benefit	0.935
Cost	0.839
Technology	0.814
Total	0.883

*Cronbach's α 值＞0.7，代表具有良好的信度。

本範例的各個構面和總構面 Cronbach's α 值＞0.7，代表具有良好的信度。

■ 驗證性研究的信度和效度

在社會科學研究的**驗證性**因素分析 CFA 中，最常出現的量表也是李克特量表(Likert scale)，李克特量表廣泛的應用在行銷、組織行為、人力資源、學習科技、教育、財務管理、心理測驗、…等等，特別適用於感受或態度上的衡量。驗證性研究(CFA)又稱實證研究，CFA 驗證性因素分析的信度和效度指的就是結構方程模式(SEM)的信度和效度。在結構方程模式(SEM)的使用情形中，若是研究人員只單獨使用量測模式，而沒有使用結構模式時，則是在檢測量測模式的因素結構和量測誤差，我們稱為驗證性因素分析(Confirmatory factory analysis; CFA)，由於 CFA 的量測模式是經由理論建構而來，已經明顯地區隔各個構面，我們只要取因素負荷量大於 0.5 者，就可以得到各結構之間互相獨立的條件。

在探索性因素分析 EFA 中，我們可以使用 Cronbach's α 值來計算信度，在結構方程模式(SEM)的驗證性因素分析中，每個構面的信度是由標準化因素負荷量總和的平方，加上測量誤差之總和後，除以標準化因素負荷量總和的平方，數學式如下：

$$構面信度 = \frac{(標準化因素負荷量的總和)^2}{(標準化因素負荷量的總和)^2 + 測量誤差之總和}$$

我們以 CIO 的特質為例，如下圖：

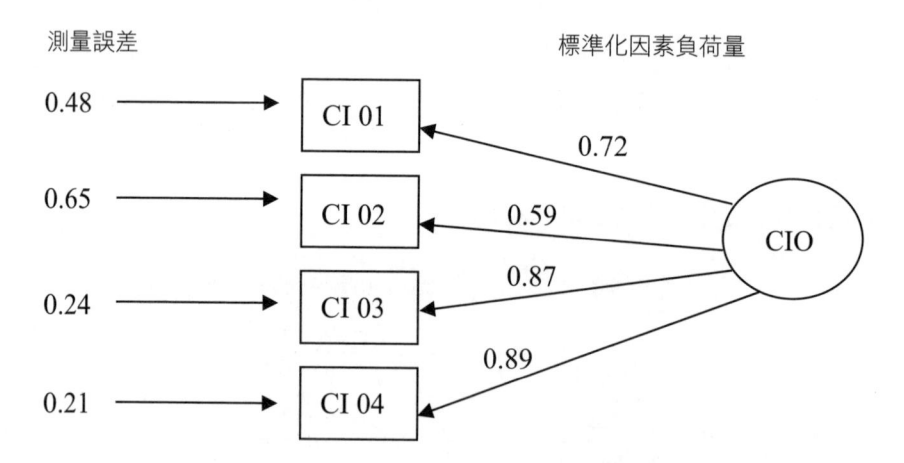

測量誤差　　　　　　　　　　　標準化因素負荷量

0.48 →　CI 01　← 0.72
0.65 →　CI 02　← 0.59　　CIO
0.24 →　CI 03　← 0.87
0.21 →　CI 04　← 0.89

計算方式如下：
標準化因素負荷量的總和 = 0.72 + 0.59 + 0.87 + 0.89 = 3.07
測量誤差的總和 = 0.48+0.65+0.24+0.21=1.58

量表的發展，信度和效度 **03**

$$構面信度 = \frac{(3.07)^2}{(3.07)^2 + 1.58} = 0.86$$

一般信度的標準為 ≥ 0.7，至少要達到 0.6 的標準

■ SEM 的效度

SEM 的效度指的就是 CFA 驗證性因素分析的效度。用來判定效度的方式是變異萃取大於構面的相關係數。變異萃取是代表構面的解釋量，構面的變異萃取是由標準化因素負荷平方後的總和再加上測量誤差的總和，再除以標準化因素負荷平方後的總和，數學式如下：

$$變異萃取：\frac{標準化因素負荷平方後的總和}{標準化因素負荷平方後的總和 + 測量誤差的總和}$$

我們仍然以 CIO 的特質為範例，如下圖：

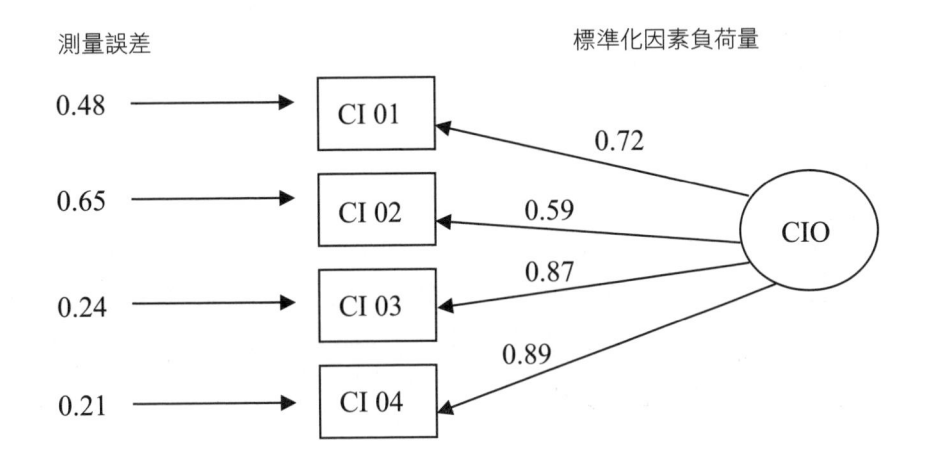

測量誤差　　　　　　　　　　　標準化因素負荷量

0.48 → [CI 01] ← 0.72
0.65 → [CI 02] ← 0.59　　(CIO)
0.24 → [CI 03] ← 0.87
0.21 → [CI 04] ← 0.89

計算方式如下：

標準化因素負荷平方後的總和 = $(0.72)^2 + (0.59)^2 + (0.87)^2 + (0.89)^2 = 2.4155$

測量誤差之總和 = $0.48 + 0.65 + 0.24 + 0.21 = 1.58$

平均的變異萃取 = $\frac{2.4155}{2.4155 + 1.58} = 0.6045$

變異萃取的標準值 ≥ 0.5，表示構面被解釋大於等於百分之五十。變異萃取大於構面的相關係數就表示各個構面之間有良好的區別效度，我們會在後面的章節範例中加以解釋。

3-19

3-5 探索性因素分析(EFA)和驗證性因素分析(CFA)之比較

探索性因素分析是用來定義潛在的構面，由於潛在的因子(例如：道德、勇氣、...等)無法直接量測，我們可以藉由因素分析來發掘這些概念的結構成份，以定義出結構的各個維度(構面)，以及每個維度(構面)包含了那些變數。

因素分析的使用：

在確認結構成份後，我們經常使用因素分析於彙總(summarization)和資料縮減(Data reduction)，我們分別介紹如下：

- 彙總(summarization)
  所有的變數經由因素分析後，可以得到少數的概念，這些概念等同於彙總所有的變數，經由適當的命名後，就成了我們所謂的構面。
- 資料縮減(Data reduction)
  我們可以經由因素分析後，選取具有代表性的變數，這些有代表性的變數仍然具有原有變數的大部份解釋量外，也保留了原始的結構，因此，透過因素分析我們可以得到資料縮減的功能。

驗證性因素分析(Confirmatory factor analysis; CFA)是用來檢定理論模式下的因素結構，也可以用來檢驗量測項目的信度和效度，因此，具有理論檢驗和因素確認的功能，驗證性因素分析可以視為 SEM 的次模式，可以和結構模式結合，形成 SEM 的完整模式(Full model)，所以，驗證性因素分析和探索性分析的使用有很大的不同，研究人員可以依需要而使用這二種因素分析，但務必清楚使用的目的和方法，方能達到預期的效果。

3-6 研究作業

作業：理論，模式和量表
指導原則：1 個模式、2 個理論、3 個量表

在一般的情形下，我們會藉由研究問題的需要，尋求理論上的支援，發展一個模式，以說明研究的架構，再透過發展良好的量表進行量測(問卷調查)。若是我們選擇使用修改既定的模式作研究時，採用的方法如下：

1. 從文獻中找一個適合研究問題的模式 model
2. a. 從同一份文獻找出支持該模式的理論
   b. 新增一個找到的理論，以擴增原始模式
3. 從文獻找到 1~3 個量表，可以量測擴增後的模式

- 理論 (theory)：我們列舉如下
  - The theory of planned behavior 計劃行為理論
  - Experience theory 經驗理論
  - Innovation theory 創新理論
  - Dynamic Capability Theory 動態能力理論
  - Information Asymmetry Theory 資訊不對稱理論
  - Trust Theory 信任理論
  - General Deterrence Theory 一般的制止理論
  - Ethical Reasoning Theory 倫理學上推論的理論
  - Strategic Alignment Theory 策略調整理論
  - Resource-Based Theory 資源基礎理論
  - Innovation Diffusion Theory 創新擴散理論
  - Task/System Fit Theory 系統符合理論
  - Social Presence Theory/Information Richness Theory 資訊豐富理論
  - Agency Theory 代理理論
  - Transaction Cost Theory 交易成本理論
  - Hofstede's Cultural Consequences Theory
  - Kuhn's Paradigmatic Theory 孔恩的典範理論

- 模式(model)：我們列舉如下
  Strategic alignment model：策略調整模式
  TAM (Technology Acceptance Model)：科技接受模式
  Expectancy Likelihood Model：期望可能的模式

- 量表(scale)：我們列舉如下
  Service 量表，TAM 量表⋯。

3-7 寫作參考範例

量表的發展是問卷設計中非常重要的部分,學者在找不到理想量表時,可以為自己的研究發展合適的量表。發展量表需要進行嚴謹的處理步驟,保證量表發展時需要理想的信度和效度。

正確的書寫方式,參考以下範例。

- Shiau, W. L., Hsu, P. Y., and Wang, J. Z. 2009. "Development of Measures to Assess the ERP Adoption of Small and Medium Enterprises," Journal of Enterprise Information Management (22:1–2), pp. 99–118.

"We follow Churchill's (1979) guideline for developing measures that have desirable reliability and validity in order to have better measures. Churchill suggested an eight-step sequence:

(1) Specify the domain of the construct.
(2) Generate a sample of items.
(3) Collect data.
(4) Purify measures.
(5) Collect data.
(6) Assess reliability.
(7) Assess validity.
(8) Develop norms.

表 3-4 問卷題項

Items	Name	Questionnaire
1	CEO 1	The frequency of CEO/CIO attending IT-related conferences is high
2	CEO 2	The frequency of CEO/CIO accessing computers is high
3	CEO 3	The frequency of CEO/CIO attending ERP-related conferences is high
4	CEO 4	The frequency of CEO/CIO reading IT-related articles is high
5	Benefit 1	Creating better company profits through cost reduction is an important factor for the ERP adoption decision in my company
6	Benefit 2	Having better system integration is an important factor for the ERP decision adoption in my company
7	Benefit 3	Obtaining benefits from inventory reduction is an important factor for the ERP adoption decision in my company
8	Cost 1	The high cost of an ERP system may deter my company's adoption of ERP
9	Cost 2	The high cost of an ERP consultant's fee may deter my company's adoption of ERP
10	Cost 3	The high cost of recruiting and retaining IT professionals may deter my company's adoption of ERP
11	Technology 1	Better vendor technological support is an important factor in ERP adoption
12	Benefit 4	Better process improvement is an important factor in ERP adoption
13	Technology 2	More pressure from the new IS technology of competitors is an important factor in ERP adoption
14	Technology 3	Technological sophistication in the ERP system is an important factor in the ERP adoption decision
15	Technology 4	Using software developed with the latest information technology is an important factor in ERP adoption decision
16	Technology 5	The difficulty of maintaining information systems with resources is an important factor in ERP adoption decision in my company
17	Benefit 5	A more matched ERP system is an important factor in ERP adoption
18	Cost 4	A higher cost of ERP training fee may deter my company's adoption of ERP
19	Benefit 6	More benefit from consistency in operations is an important factor in ERP adoption
20	Technology 6	Competitors who have adopted technological innovation (ERP) have a strong positively related influence on ERP adoption

刪除的題項和詳細的原因 (Deleted items and detail reasons)

- Technology 1 was deleted because its loading pattern on its own dimension had a lower loading factor than on the other dimension and it showed a tendency to load on both dimensions.
- Benefit 4 was deleted because its loading pattern its on own dimension had a lower loading factor than on the other dimension.
- Technology 2 was deleted because its loading pattern on its own dimension had a lower loading factor than on the other dimension and it showed a tendency to load on both dimensions.
- Benefit 5 was deleted because its loading pattern did not display a simple structure and it showed a tendency to load on two dimensions.

- Cost 4 was deleted because its loading pattern did not display a simple structure and it showed a tendency to create an unknown dimension.
- Benefit 6 was deleted because its loading pattern did not display a simple structure and it showed a tendency to create an unknown dimension.
- Technology 6 was deleted because its loading pattern did not display a simple structure and it showed a tendency to create an unknown dimension.

這篇文章量表發展的步驟包括：

步驟 1. 文獻回顧：用來確認要測量的構面

步驟 2. 建立題庫：建立 20 個題項

步驟 3. 決定測量的格式：使用李克特 5 級量表

步驟 4. 收集資料 (pilot test)：使用結構化的問捲進行訪談

步驟 5. 評估題項：經由探索性因素分析和相關分析評估題項，並經過信度和效度的檢驗，刪除不適的題項後，剩下 13 個題項

步驟 6. 題項量表化：將 13 個題項製成量表

　　本文的目的是制定中小企業實施 ERP 的評估量表。本文遵循 Prof. Churchill 的指導方針，制定具有信度和效度的量表，並採用結構方程模型 (SEM) 統計方法，對 328 家企業的 126 份有效回應資料進行分析。研究發現，影響 ERP 採用的因子有：CEO 的特點和感知到的效益對 ERP 採用具有正面影響，而成本和技術對 ERP 採用具有負面影響。然而，只有「感知利益」是一個重要的維度。令人驚訝的是，ERP 系統的成本並沒有顯著影響 ERP 的採用。

　　注意：我們建議新的量表發展請參考 Mackenzie et al. (2011) 的 10 個步驟，參考來源如下：

- Mackenzie, S.B., Podsakoff, P.M., and Podsakoff, N.P. 2011. "Construct Measurement and Validation Procedures in MIS and Behavioral Research: Integrating New and Existing Techniques," MIS Quarterly (35:2), pp. 293-334.

CHAPTER 4 檢視資料與敘述性統計

在一般的研究中，許多研究者忽略了檢視資料的重要性，以至於在統計分析資料時，常常遇到資料分配有問題和資料無法分析出結果，或即使分析出結果，仍是有問題的結果，導致於接下來的 – 研究討論和建議未來的研究方向也都有問題。檢視資料是在統計分析之前，必需要作的事，目的是為了確保資料分析結果的正確性。許多新手或研究者拿到資料後，便急著想知道統計分析結果，而忽略檢視資料，等到資料分析有了結果之後，才驚覺有異常的值，到頭來還是得重作檢視資料，刪除不適當的值才能繼續作資料分析。

4-1 檢視資料

我們整理檢視資料時，常見又可以避免或處理的問題如下：

- 登錄錯誤
- 遺漏值
- 遺漏值的處理
- 偏離值(是否要刪除)
- 檢定多變量分析的基本假設

4-1-1 登錄錯誤

登錄錯誤是很難避免的，只要是有人工輸入的資料，經常會發生登錄錯誤，在筆者的經驗中，不管是自行輸入或則找工讀生輸入資料，都曾經發生過登錄錯誤，例(1)：輸入性別，男性為 1，女性為 2，在登錄資料時，很容易發生資料登錄為 12 和 21，例(2)：輸入李克特(Linkert)5 點量表，非常不滿意為 1 到非常滿意為 5，在登錄資料時，很容易發生資料登錄為 11,12, 23, 34, 45...等等，這時候應如何處理呢？我們提供最簡單的方式便是利用數值統計中的次數，最小值(minimum)和最大值(maximum)來檢視資料一旦發現異常值，則馬上可以回到資料集進行修正。

檢視資料登錄錯誤的實務操作如下：
(請先將範例檔 Ch4 複製到 C:\Ch4)

1. 開啟 missing data.sav (在 C:\Ch4)，點選[分析/敘述統計/次數分配表]

2. 選擇 Sex 至變數欄位

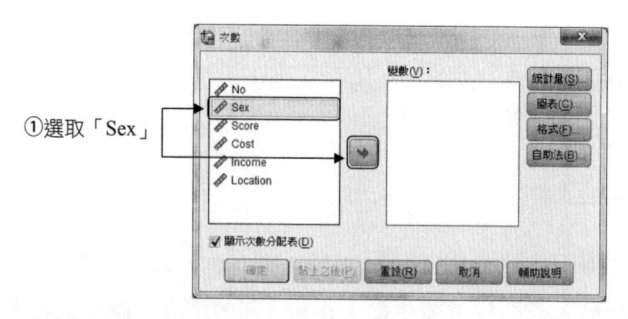

統計量：各種統計量。
圖表：有長條圖、圓餅圖和直方圖。
格式：輸出報表的格式。

4-2

3. 點選[統計量]

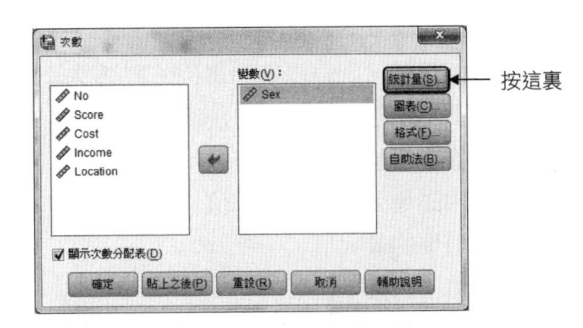

4. 勾選「最小值」、「最大值」及「範圍」，點選[繼續]

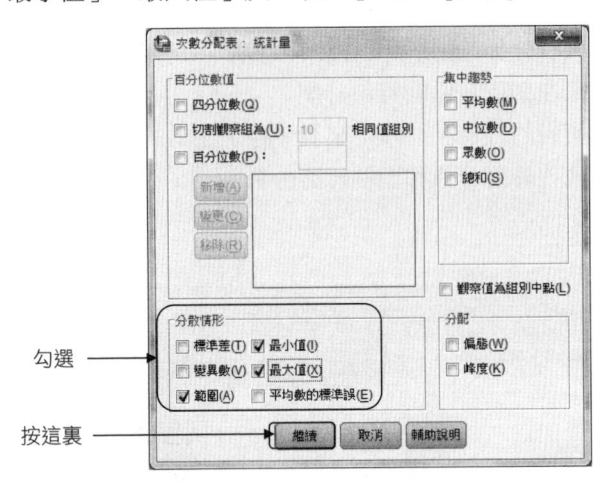

- 百分位數值：
    四分位數：將數值排序後，分成四等份。
    切割觀察組為：自訂的幾個相等分組。
    百分位數：將數值排序後，分成 100 等份，用來觀察資料較大值或較小值百分比的分佈情形。
- 集中趨勢：
    平均數：將觀察值加總，再除以觀察值的個數，用來觀察資料的平衡點，但是較容易受到極端值的影響。
    中位數：計算出位置排列在中央的數值，適用於順序資料或比例資料，較不受到極端值的影響。
    眾　數：計算出次數最多的觀察值，適用於類別資料，例如民意調查，不受到極端值的影響。
    總　和：將觀察值加總。

- 觀察值為組別中點：分組的中間點的值。
- 分散情形：
    標準差： 將變異數開根號，回歸原始的單位，標準差越大代表資料越分散。
    變異數： 將觀察值與平均數之差，平方後進行加總，再除以觀察值的個數，變異數越大代表資料越分散。
    範　圍： 將觀察值中的最大值減去最小值。
    最小值： 顯示觀察值中的最大值。
    最大值： 顯示觀察值中的最小值。
    平均數的標準誤：平均數的標準誤越小，資料的可靠性越大。
- 分配：
    偏態 (Skewness)： 資料分佈的情形，以偏度來看除了正常的常態分配外，有可能是左偏或右偏的資料分配。
    峰度 (Kutorsis)： 資料的分佈，以峰度來看，除了正常的常態分配外，有可能是高狹峰態分佈和低闊峰態分佈。

5. 選擇完畢及點選[確定]

統計量：各種統計量。
圖表：有長條圖、圓餅圖和直方圖。
格式：輸出報表的格式。

6. 結果如下圖：

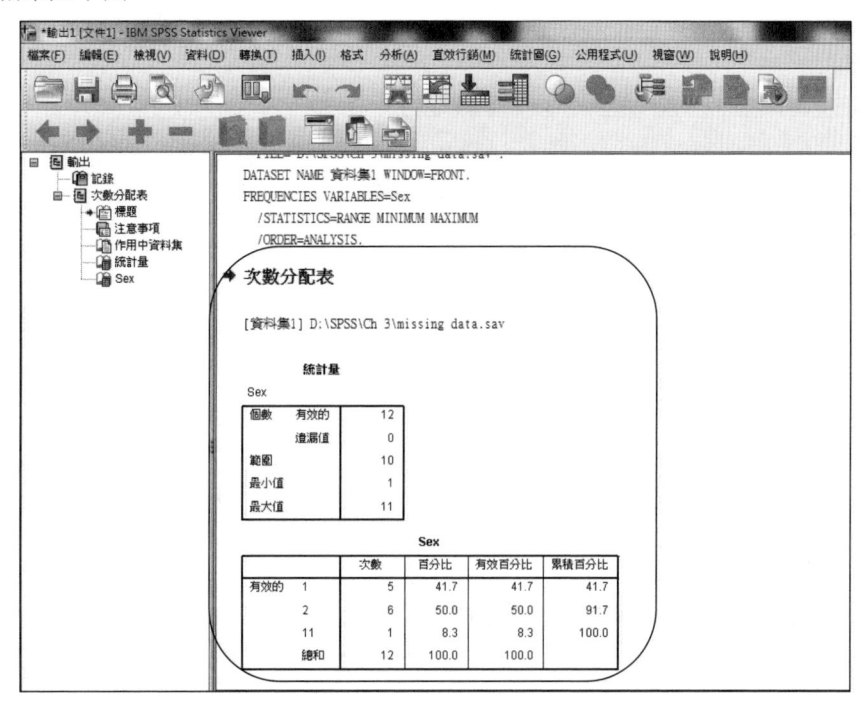

[SPSS Statistics Viewer 視窗截圖]

```
DATASET NAME 資料集1 WINDOW=FRONT.
FREQUENCIES VARIABLES=Sex
  /STATISTICS=RANGE MINIMUM MAXIMUM
  /ORDER=ANALYSIS.
```

次數分配表

[資料集1] D:\SPSS\Ch 3\missing data.sav

統計量

Sex

個數	有效的	12
	遺漏值	0
範圍		10
最小值		1
最大值		11

Sex

		次數	百分比	有效百分比	累積百分比
有效的	1	5	41.7	41.7	41.7
	2	6	50.0	50.0	91.7
	11	1	8.3	8.3	100.0
	總和	12	100.0	100.0	

在調查中性別為男性=1，女性=2，從表中可得知最大值為11，由此可見，有登錄錯誤之情況。

我們也可以在範例資料檔下，直接執行下列語法，以檢視資料登錄錯誤：

```
FREQUENCIES VARIABLES=Sex  /STATISTICS=RANGE MINIMUM MAXIMUM /ORDER= ANALYSIS .
```

執行檢視資料登錄錯誤的命令語法實務操作如下：

1. 輸入語法

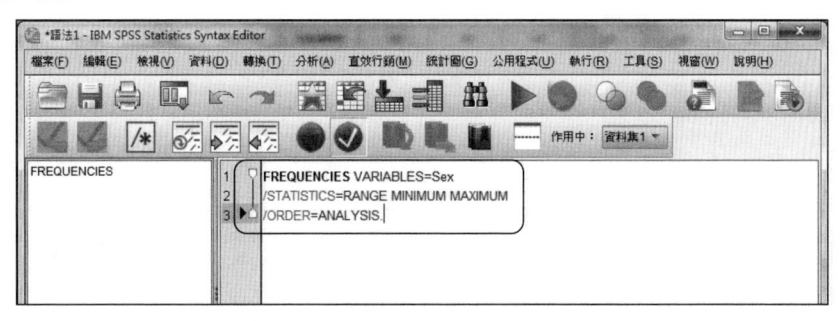

[SPSS Statistics Syntax Editor 視窗截圖，顯示：]
```
FREQUENCIES VARIABLES=Sex
/STATISTICS=RANGE MINIMUM MAXIMUM
/ORDER=ANALYSIS.
```

2. 點選 執行/全部

3. 結果如下圖

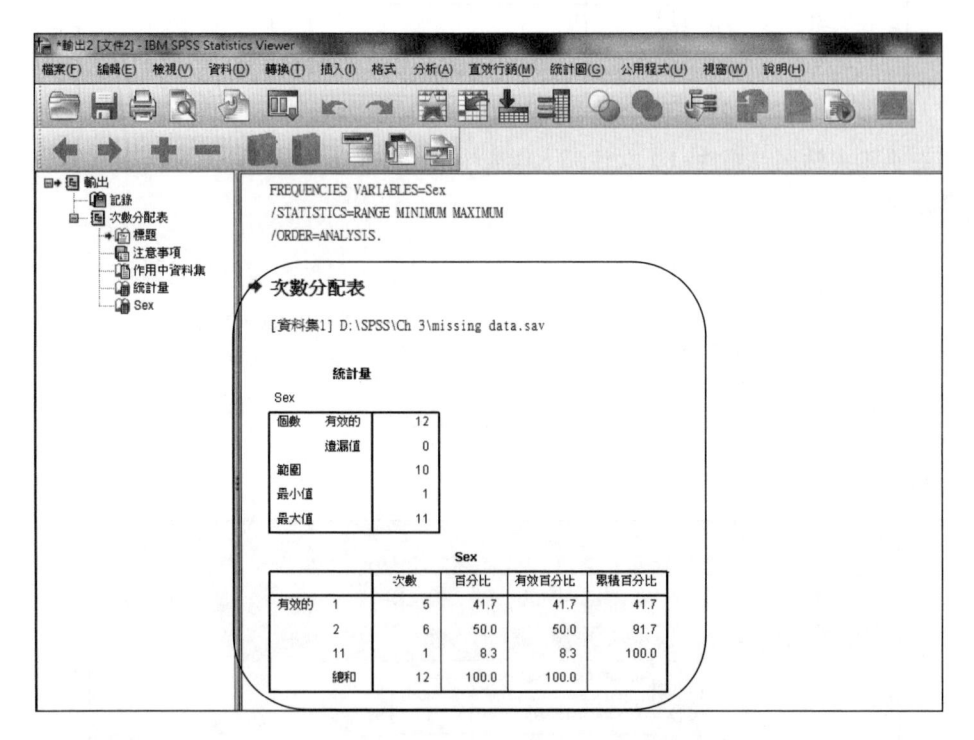

在調查中性別為男性=1，女性=2，從表中可得知最大值為 11，由此可見，有登錄錯誤之情況。研究者需要回到原始資料進行修正。

4-1-2 遺漏值

遺漏值一直也是在數量方法中,很常碰到的問題,一般在 E-mail(word 檔)和當面填寫問卷回收後,都會發覺有漏填,甚至是有大半都未填,這些漏填的值,可能對於結果都有著多多少少的影響,甚至會將結果倒轉,也就是從顯著影響變成不顯著,或則是從不顯著變成了顯著的影響,因此,當遺漏值發生時,對於遺漏值的處理,我們就必須謹慎小心,適當地去處理。

✪ 遺漏值的分析

遺漏值發生的原因有很多,有可能是未登錄而產生遺漏值,填答者拒絕回答(隱私的問題…),或則是取樣不適當,也就是找來的填答者,根本不適合填答我們的問題,這些都有可能導致於遺漏值的發生。當遺漏值發生時,我們就需要做遺漏值的分析。

遺漏值分析的實務操作如下:
(先前已將範例檔 Ch4 複製到 C:\Ch4)

1. 開啟範例檔 missing data.sav (在 C:\Ch4),點選[分析/遺漏值分析]

點選這裏

2. 選擇「Score」和「Cost」至數值變數欄位

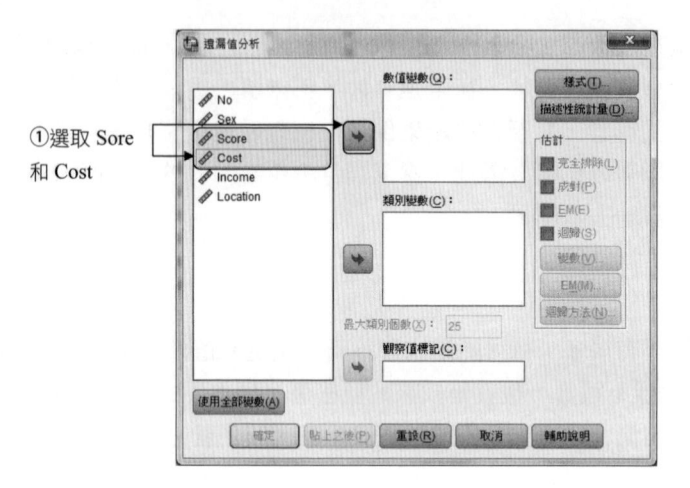

①選取 Sore 和 Cost

3. 勾選估計欄位,選擇「Sex」、「Income」和「Location」至類別變數,點選[描述性統計量]

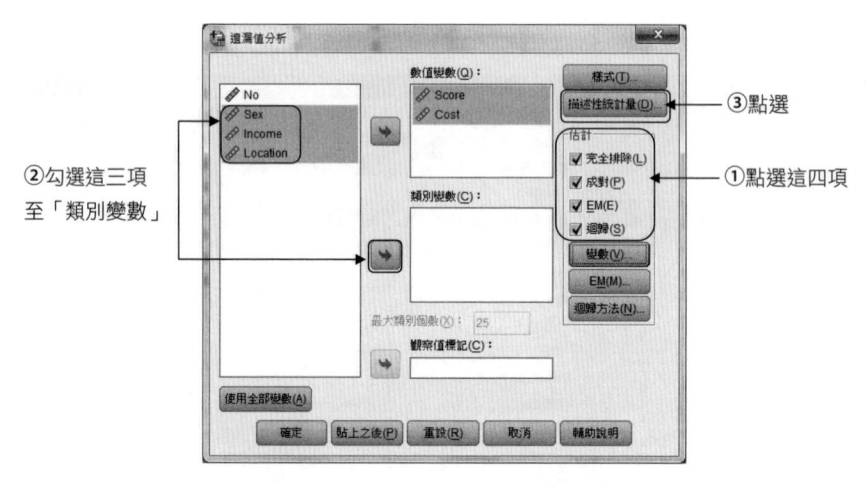

②勾選這三項至「類別變數」

①點選這四項

③點選

- 估計(Estimation):
  完全排除:有遺漏值排除。
  成對:成對變數之間的相關值。
  EM (expectation-maximization):期望最大化:使用疊代的方式估計平均數,共變異矩陣和相關係數估計值。
  迴歸(Regression):使用多元線性迴歸來估計遺漏值。

4. 勾選下列選項，點選[繼續]

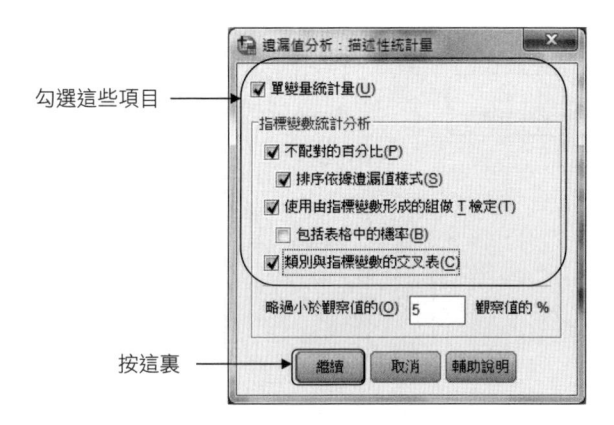

勾選這些項目

按這裏

- 單變量的統計(Univariate statistics)：
  不配對的百分比：顯示百分比不符合的變數。
  排序依據遺漏值樣式：根據遺漏值的樣式排序。
  使用由指標變數行成的組做 T 檢定(t tests with groups formed by indicator variables：顯示分組的 t 檢定。
  類別與指標變數的交叉表(Crosstabulations of categorical and indicator variables)：顯示類別變數的交叉表。

5. 點選[變數]

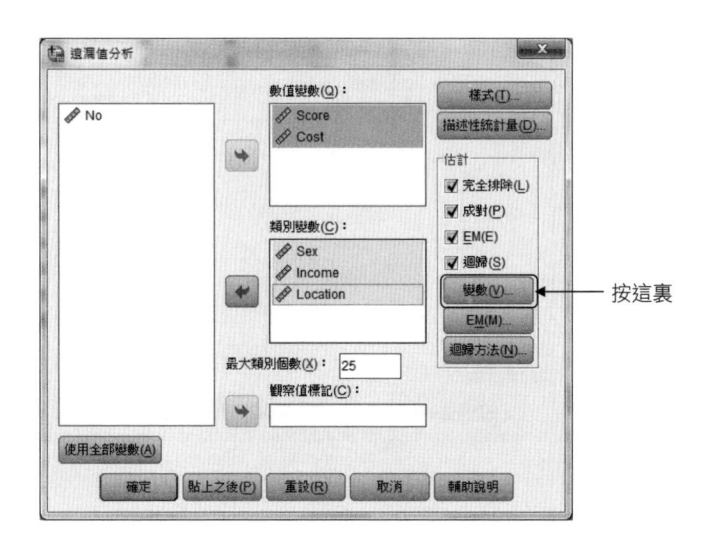

按這裏

4-9

6. 勾選「使用全部數值變數」，點選[繼續]

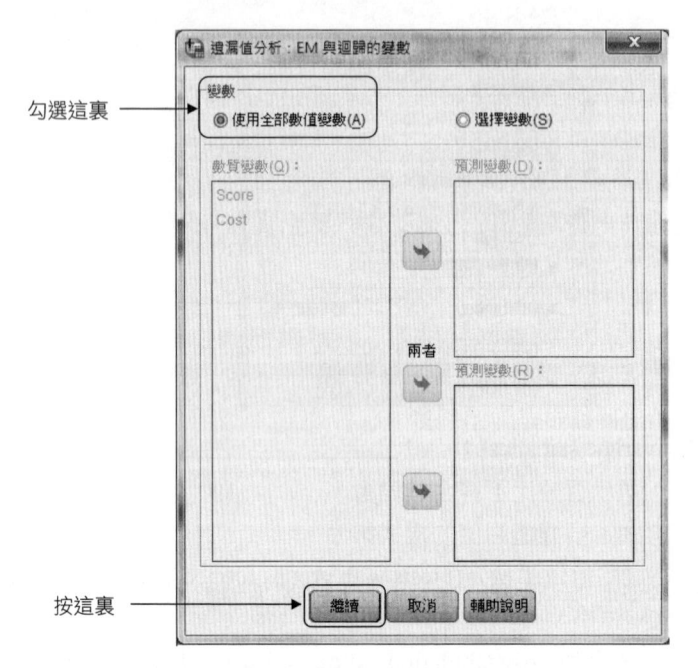

7. 點選[EM]

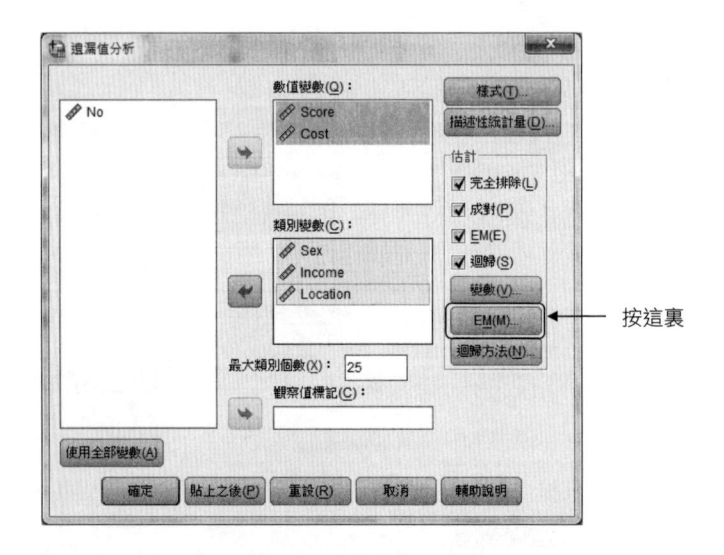

8. 勾選「常態」，點選[繼續]

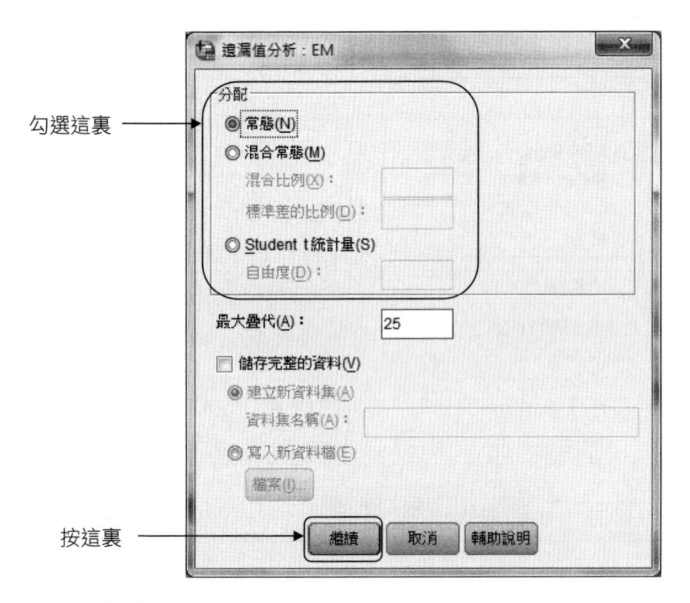

9. 點選[迴歸方法]

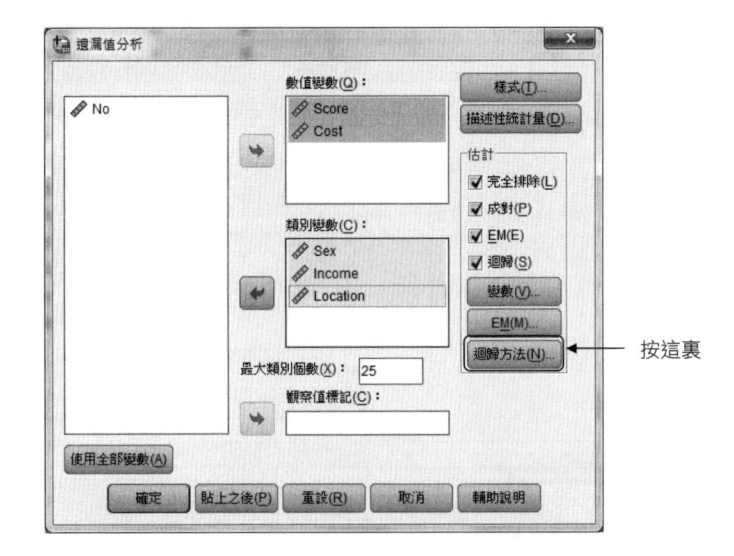

10. 勾選「殘差」，點選[繼續]

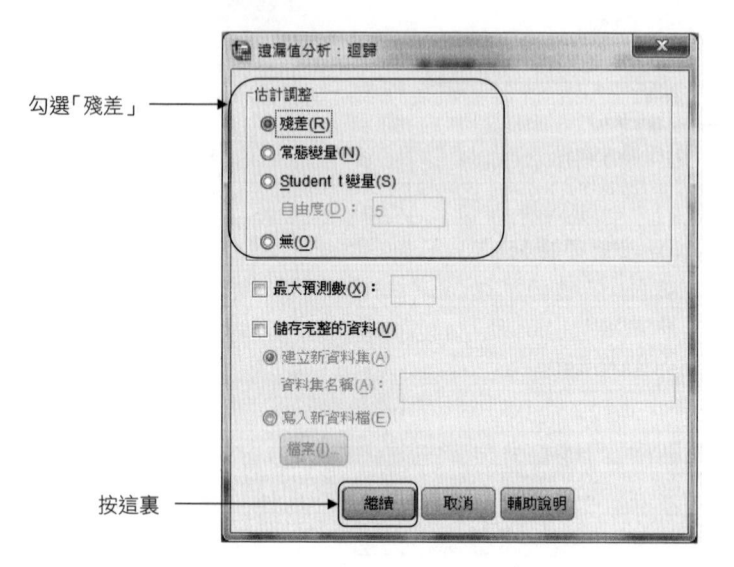

   勾選「殘差」

   按這裏 → 繼續

11. 選擇完畢即點選[確定]

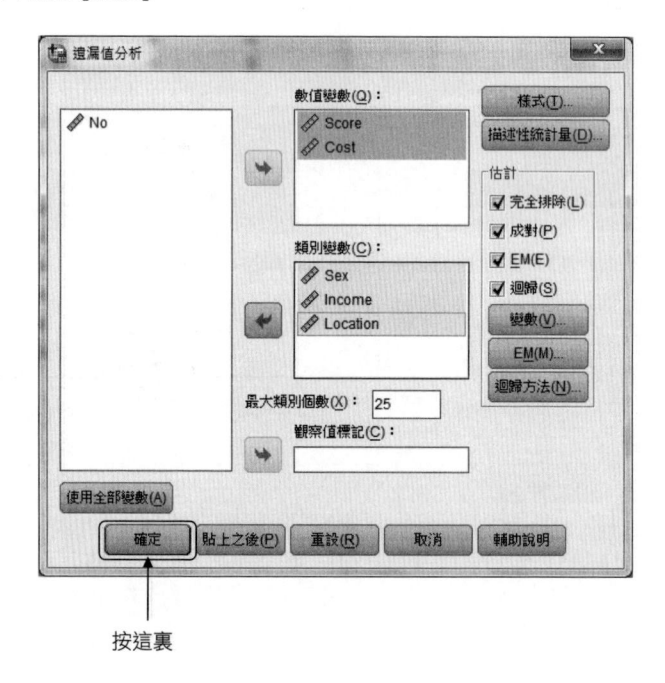

   按這裏 → 確定

12. 結果如下圖：

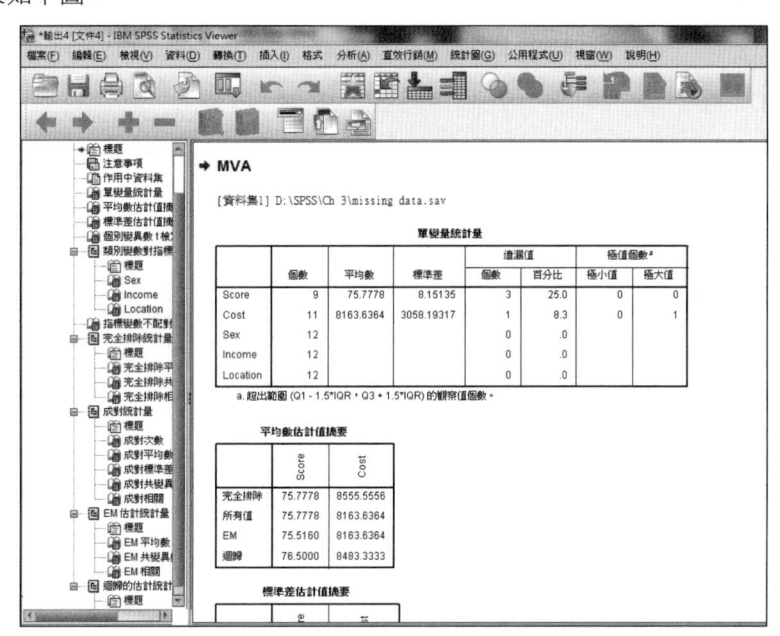

    [SPSS Statistics Viewer 螢幕截圖]

    由上表中可知，Score 共有 9 筆，平均數為 75.7778 分，標準差為 8.15135 分；Cost 共有 11 筆，平均數為 8163.6364 元，標準差為 3058.19317 元；Sex、Income、Location 分別共有 12 筆。

13. 結果如下圖：

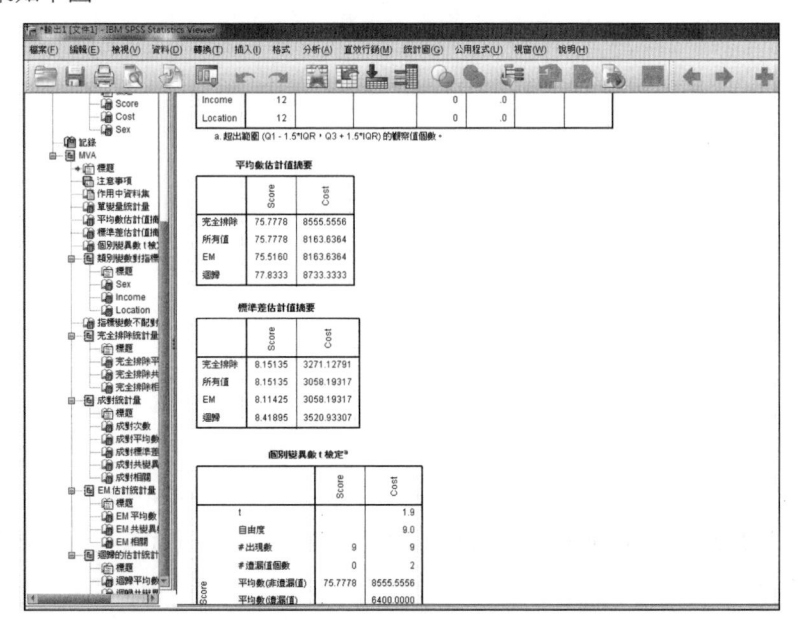

    [SPSS Statistics Viewer 螢幕截圖]

由平均數估計摘要表得知，Score 及 Cost 分別以四種不同方法估計出的平均數；由標準差估計摘要表得知，Score 及 Cost 分別以四種不同方法估計出的標準差。

14. 結果如下圖：

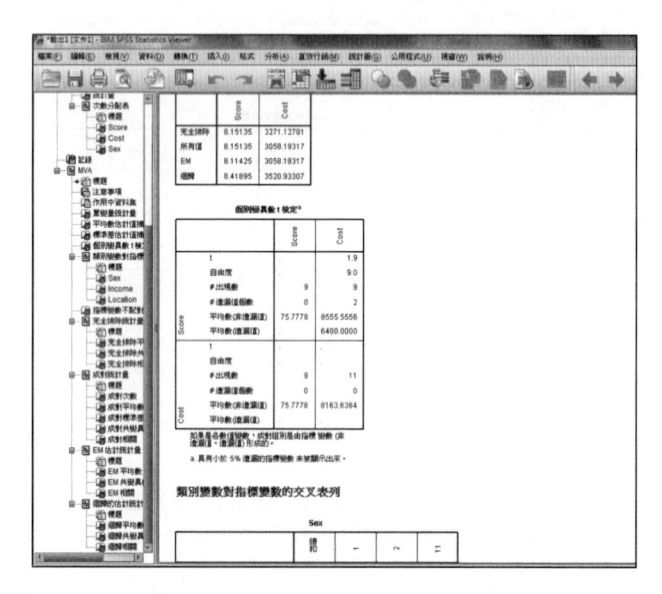

15. 結果如下圖：

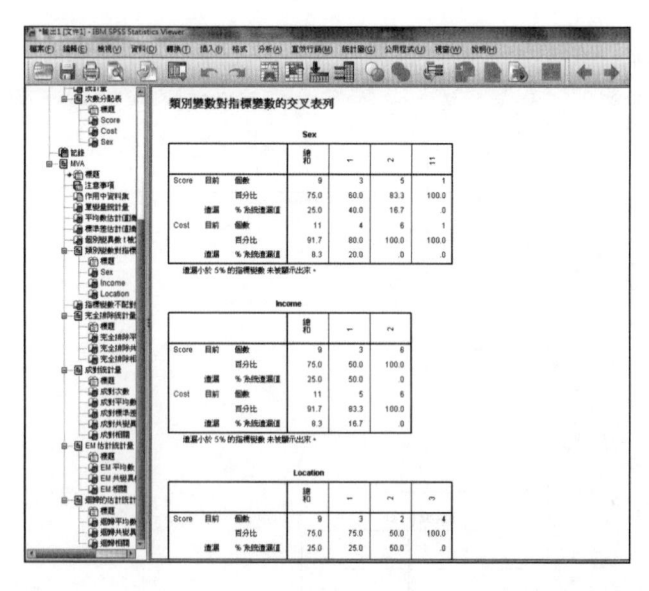

將類別變數(Sex、Income、Location)與數值變數(Score、Cost)交叉比對進行遺漏值分析。

16. 結果如下圖：

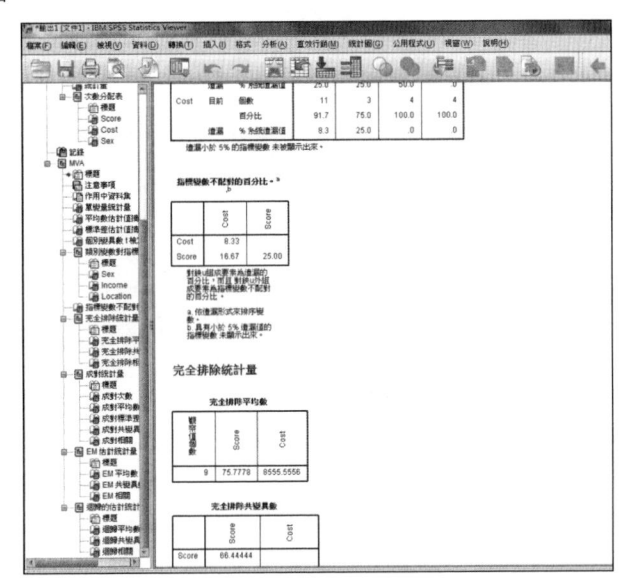

將數值變數(Cost、Score)交叉配對進行遺漏值分析，Cost 遺漏筆數為 1，相對於總數應為 12 筆，因此遺漏百分比為 8.33(1/12)；Score 遺漏筆數為 3，相對於總數應為 12 筆，因此遺漏百分比為 25(3/12)；Cost 與 Score 遺漏筆數共為 4，相對於總數應為 24 筆，因此遺漏百分比為 16.67(4/24)。

17. 結果如下圖：

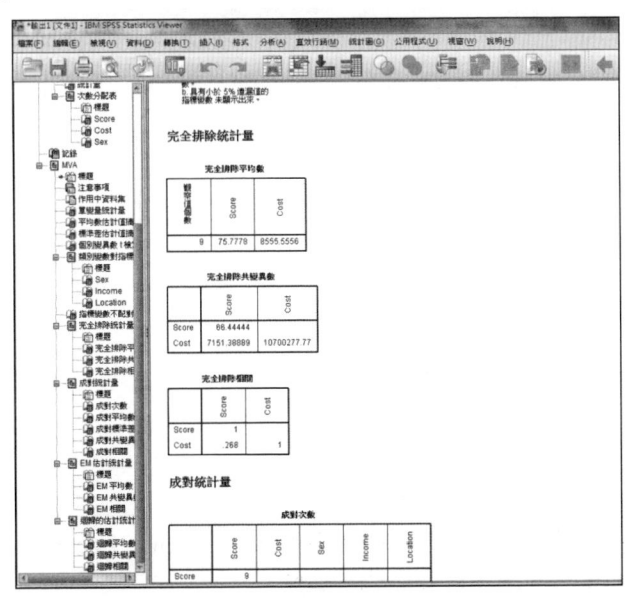

上表為**數值變數**(Score、Cost)進行完全排除遺漏值後所計算出的平均數、共變異數及相關係數。

18. 結果如下圖：

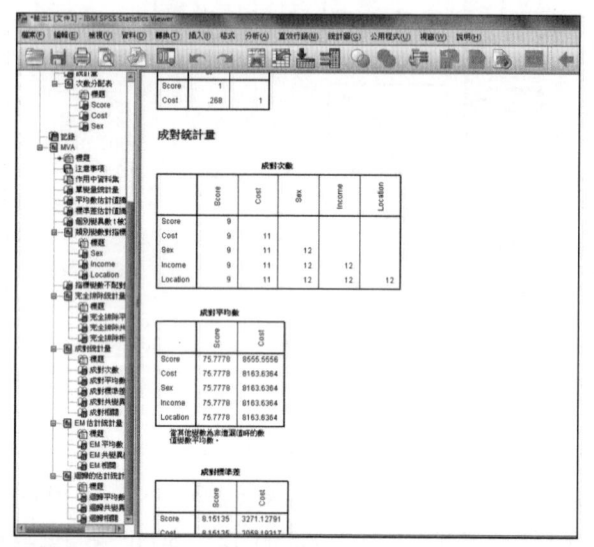

上表為**數值變數**(Score、Cost)與**類別變數**(Sex、Income、Location)進行成對估計後所計算出的次數及平均數。

19. 結果如下圖：

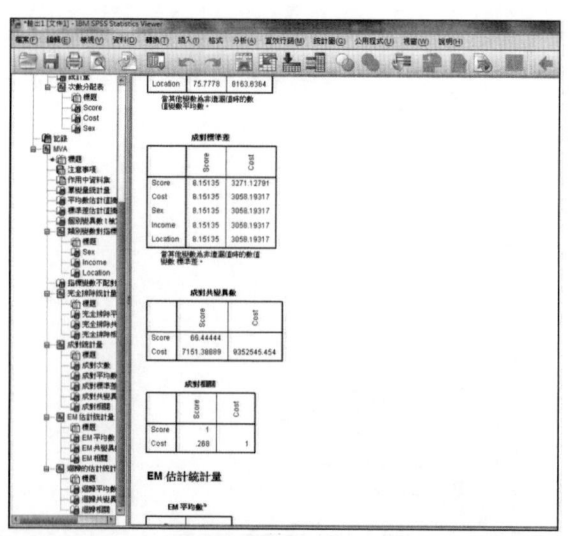

上表為**數值變數**(Score、Cost)與**類別變數**(Sex、Income、Location)進行成對估計後所計算出的標準差、共變異數及相關係數。

20. 結果如下圖

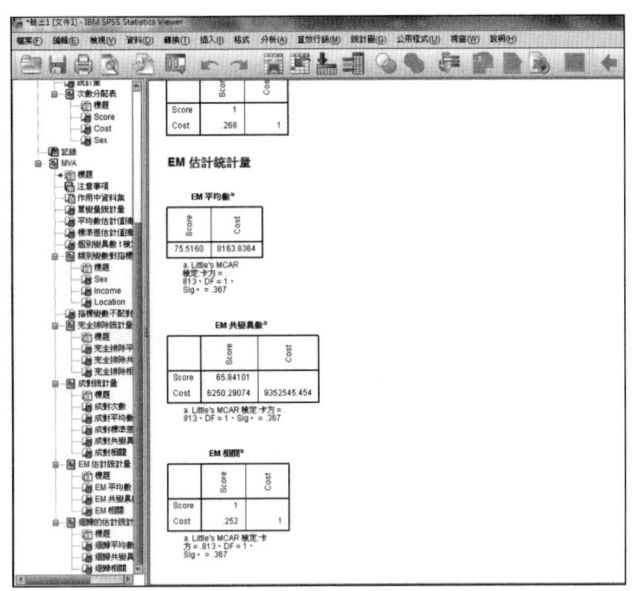

上表為數值變數(Score、Cost)進行 EM 估計後所計算出的平均數、共變異數及相關係數。

21. 結果如下圖

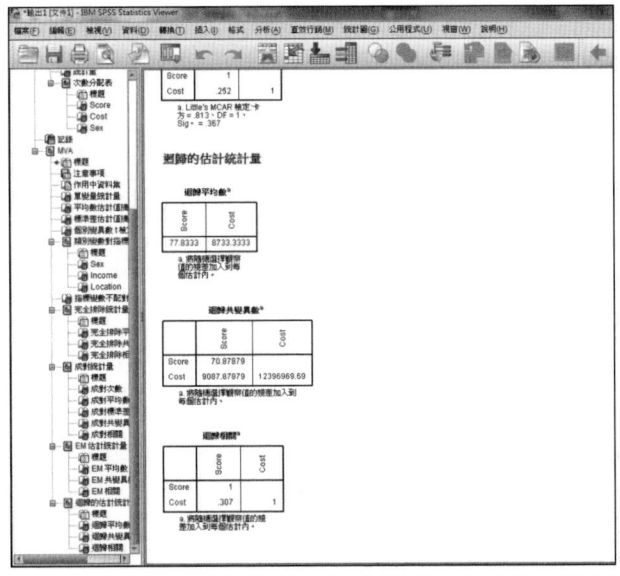

上表為數值變數(Score、Cost)進行迴歸估計後所計算出的平均數、共變異數及相關係數。

我們也可以在範例資料檔下，直接執行下列語法，會得到相同的報表結果：

```
MVA  Score Cost  Sex Income Location  /MAXCAT = 25  /CATEGORICAL = Sex
Income Location  /TTEST NOPROB PERCENT=5  /CROSSTAB PERCENT=5
/MISMATCH PERCENT=5  /LISTWISE  /PAIRWISE  /EM ( TOLERANCE=0.001
CONVERGENCE=0.0001 ITERATIONS=25 )  /REGRESSION ( TOLERANCE=0.001
FLIMIT=4.0 ADDTYPE=RESIDUAL ) .
```

執行命令語法的實務操作如下：

1. 輸入語法

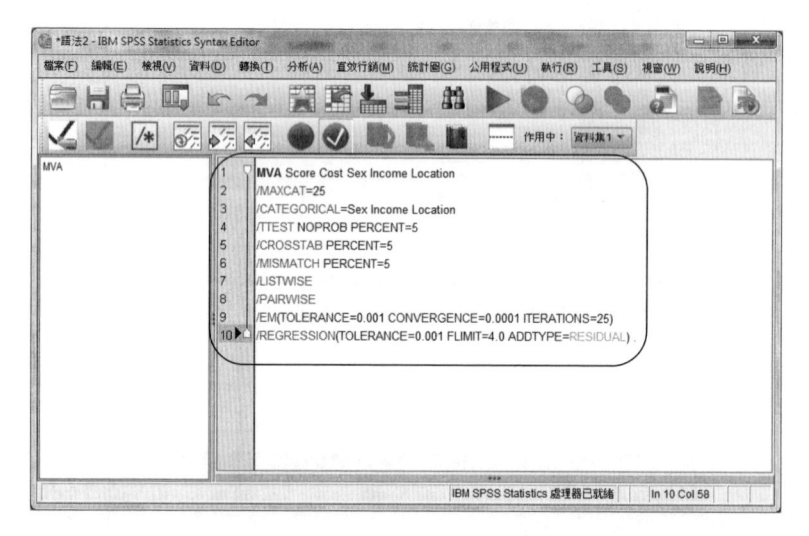

2. 點選[執行/全部]

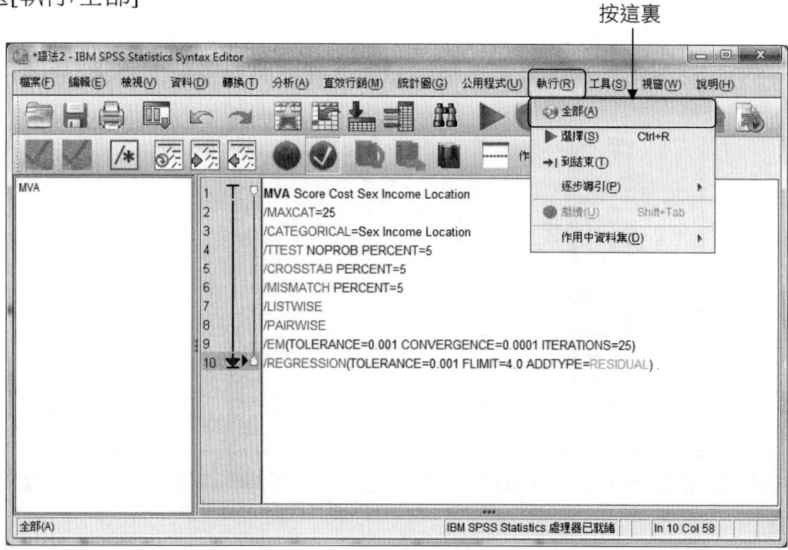

3. 結果如下圖：

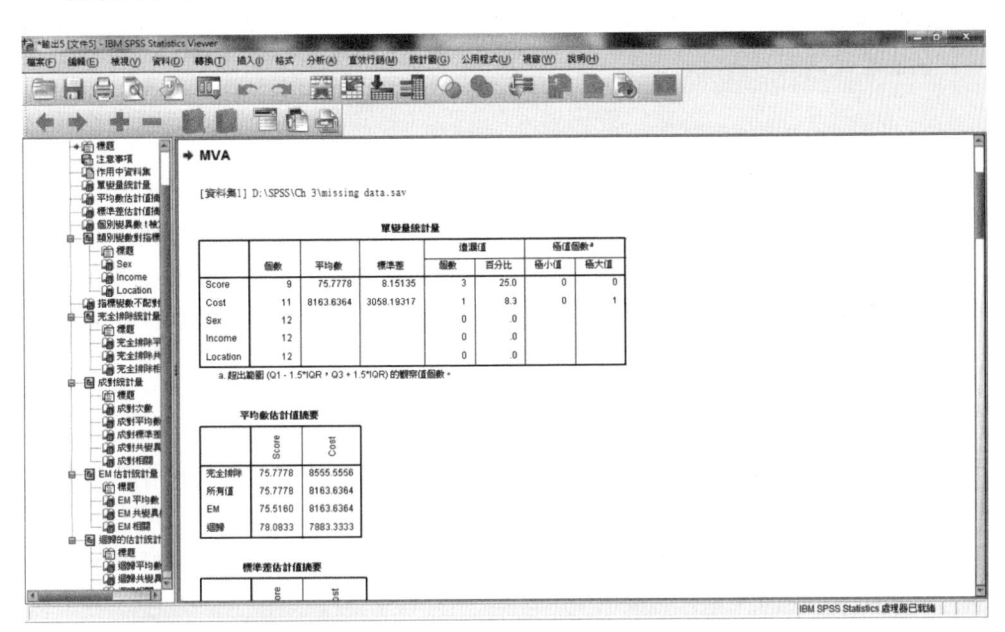

會得到相同的報表結果。

4-1-3 遺漏值的處理

一般處理遺漏值的方法有(1)只採用填寫完整的資料、(2)刪除樣本個數、(3)插補法三大類，我們介紹如下：

(1) 只採用填寫完整的資料

適用於遺漏值是完全隨機分佈的，遺漏值不會對於結果有重大的偏差影響，也稱為 MCAR 完全隨機遺漏值(missing completely at random)，使用填寫完整的資料時，需要注意的是樣本數會不會因此排除過多，導致於樣本數的不足，進而影響研究的結果。

(2) 刪除樣本個數或變數

刪除樣本個數是刪除違反的樣本數，適用於遺漏值是非隨機分佈，在進行刪除樣本的個數時，最好是有實證或理論上的根據，並且要有高度相關，可替代的變數，以避免刪除樣本變數後，影響到研究的結果。

(3) 插補法(Imputation method)

插補法適用於量化的變數(metric variables)，常用的方法有(a)使用所有資訊、(b)估計取代遺漏的資料。

(a) 使用所有的資訊

使用所有的資訊是將所有的變數納入觀察，以計算其相關 correlation 和其它的資訊(變異，共變異矩陣...)，使資料得到最大化，以克服遺漏值刪除後帶來的問題，然而，即使是如此，每次處理遺漏的變數，還是會產生部分的偏誤，例如，透過相關未處理遺漏值的變數，在刪除一個變數後，所有的相關係數都有可能影響，而產生不一致的情形，這是我們必須考慮的地方。

(b) 估計取代遺漏的資料

估計取代遺漏的資料是使用各種方式來填補遺漏值，隨著遺漏值的情況不同，取代遺漏資料的方法也不同，我們介紹常用的方法。

- 個案取代法：適用於變數值完全未填或只有填少部份，這時候，我們會找樣本外的接近的個案來取代遺漏值。
- 平均數取代法：適用於變數值已經填好大部份，是一般最常用的方法，將樣本數中計算所得的平均數，填入遺漏值，優點是簡單容易使用，缺點是變數是實際分佈會被替代值所影響(扭曲)。
- 先前的研究來取代：以先前的研究來取代的方法必須確認用外來的資訊取代會比內部產生的替代值為佳，這是較為困難的地方，用先前的研究來取代的優缺點與平均數取代法一樣，優點是簡單易用，缺點是變數的分佈會被影響。

遺漏值處理的實務操作如下：
(先前已將範例檔 Ch4 複製到 C:\Ch4)

1. 開啟 missing data.sav (在 C:\Ch4)，點選[轉換/置換遺漏值]

   點選

2. 選擇「Score」至新變數欄位，方法選擇「數列平均數」

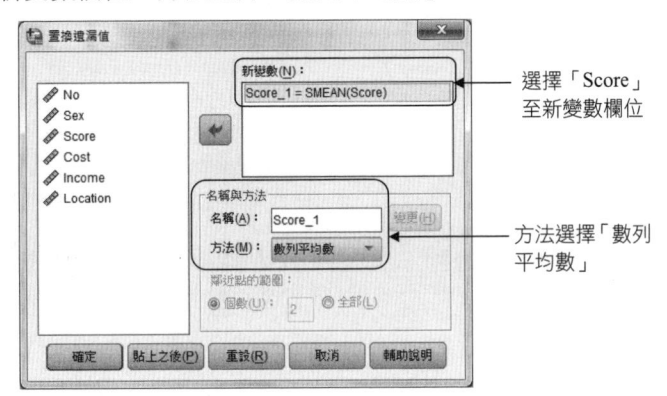

   選擇「Score」至新變數欄位

   方法選擇「數列平均數」

置換遺漏值的方法如下：
    使用平均數來代替遺漏值。
    使用附近點的平均數來代替遺漏值。
    使用附近點的中位數來代替遺漏值。
    使用遺漏值的前後值的中間值來代替遺漏值。
    使用線性迴歸所預測的數值來代替遺漏值。

3. 選擇「Cost」至新變數欄位，方法選擇「點上的線性趨勢」，點選[變更]

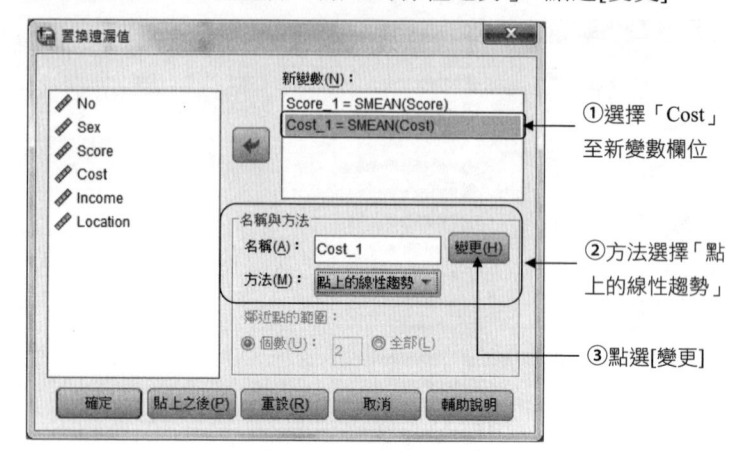

　　①選擇「Cost」至新變數欄位
　　②方法選擇「點上的線性趨勢」
　　③點選[變更]

4. 點選[確定]

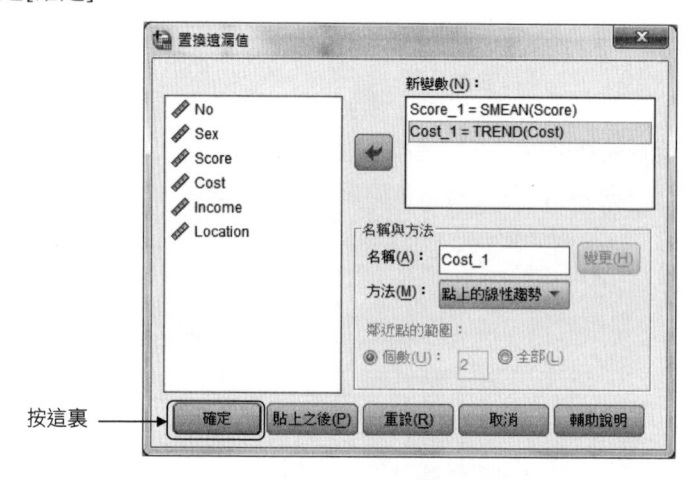

　　按這裏

置換遺漏值的方法如下：

　　數列平均數(Series mean)：使用平均數來代替遺漏值。
　　Mean of nearby points：使用附近點的平均數來代替遺漏值。
　　Median of nearby points：使用附近點的中位數來代替遺漏值。
　　Linear interpolation：使用遺漏值的前後值的中間值來代替遺漏值。
　　點上的線性趨勢(Linear trend at points)：使用線性迴歸所預測的數值來代替遺漏值。

5. 結果如下圖：

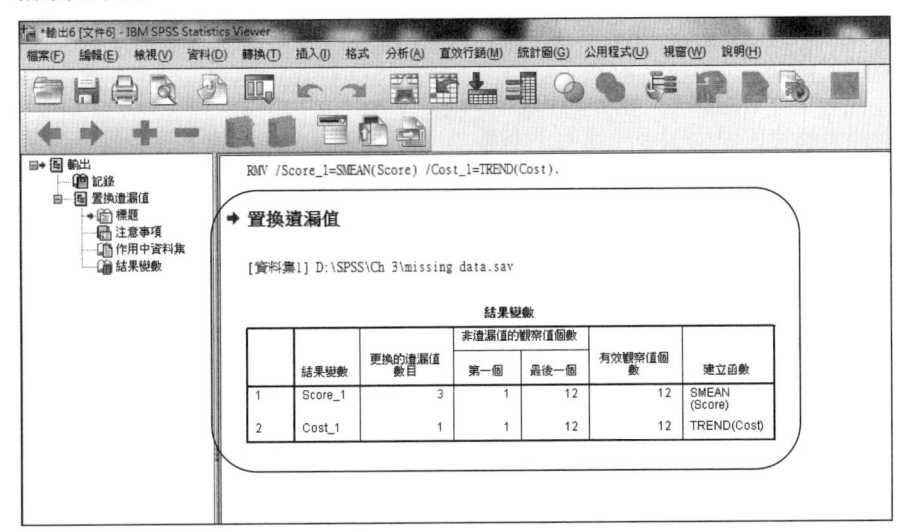

6. 我們回到資料檔，會看到插補的數值以新的變數 Score_1 和 Cost_1 儲存，如下圖：

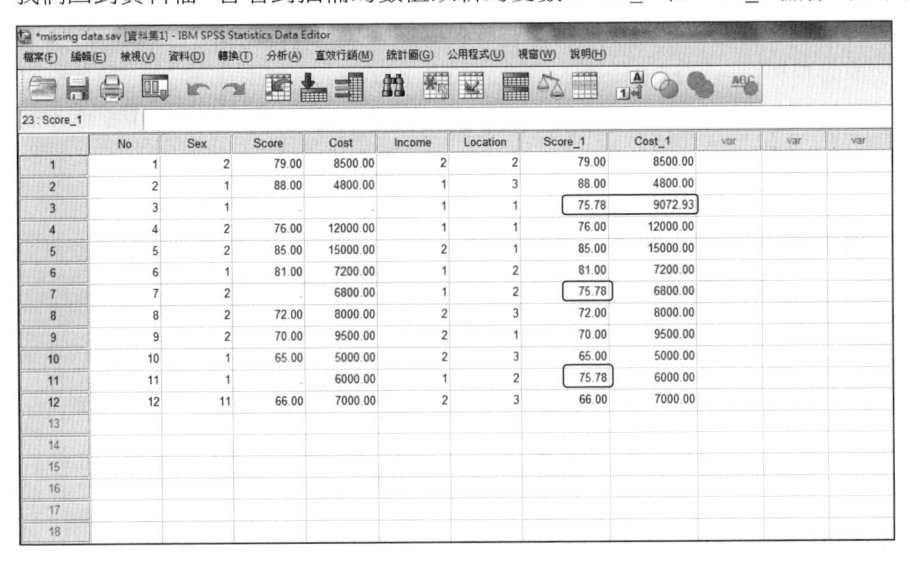

由上圖中可看到，Score_1 以平均數作為遺漏值替代，Cost_1 以線性迴歸所預測的數值作為遺漏值替代。

4-1-4 偏離值 Outlier

偏離值指的是變數的觀察值明顯的與其它值有所有不同，我們不能因此就判定偏離值的好與壞，而是要依變數含的內容而定，例如，變數代表的是企業的年淨利，若是有正的偏離值，其所代表的是企業該年表現的很傑出，賺了很多錢，相反的，調查物品的賣出價格時，若是有多個偏離值，其所代表的可能是售價有異常，需要加以檢視，以判定要保留或刪除，以避免偏離值影響正常的研究結果。

偏離值發生的原因很多，常見的有輸入或編碼錯誤，異常的事件發生，若是具有代表性，則保留偏離值，若是不具有代表性，則刪除此偏離值，異常事件發生的偏離值，雖然本身是偏離值，但若是與其它變數結合時，其有相當的代表含意，則我們仍然需要保留此偏離值。有關偏離值的量測，我們會在檢定多變量分析基本假設的實務操作中，一併實作。

4-1-5 檢定多變量分析的基本假設

在進行多變量分析之前，我們須先確認收集而來的樣本，必須符合多變量分析的基本假設，有常態性(normality)，同質性(homoscedasticity) 也稱為變異數相等，和線性(linearity)，若是變數和變量無法符合多變量分析的基本假設，則可以透過資料的轉換，以達到符合多變量分析的基本假設，在一般的量化研究中，若是資料未符合多變量分析的基本假設，並且未經由資料的轉換而符合多變量分析的基本假設，那麼使用多變量技術，進行統計的假設檢定結果，無法支持其結果的論述，原因就在於其收集的資料，根本就不適用於多變量分析，而是需要其它量化技術的處理。

✪ Normality 常態性(常態分配)

常態分配在統計學中，是相當重要的分配，其適用於相當多的自然科學和社會科學環境中，其函數數學式如下：

$$f(x) = \frac{1}{\sqrt{2\pi}\sigma} e^{-(x-u)^2/2\sigma^2} \qquad -\infty < x < \infty$$

π = 3.14159
σ = 標準差
e = 2.71828
u = 平均數
∞ = 無限大

常態分配以圖來表示如下：

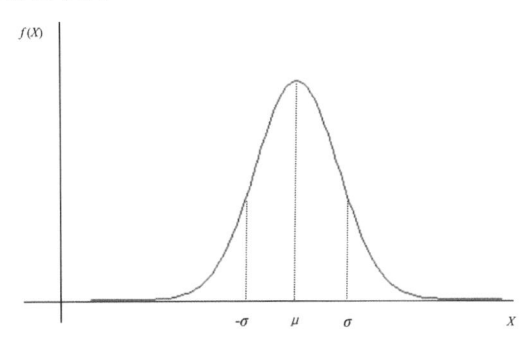

常態分配的曲線最高點(最大值)是在平均數，平均數可以是正值、負值，也可以是零，圖形以平均數為中心會呈現對稱分佈，整個常態分配。

我們通常使用常態分配來進行統計推論，由樣本來推論母體，這經常必須假設母體為常態分配下，我們經由樣本的抽樣分配，例如：t 分配、F 分配和卡方分配，才可以進行統計估計和假設檢定，以推論結果是否如我們所預期的，所以常態分配在我們的統計學中是相當重要的分配。

❂ 標準常態分配 (Z 值表)

標準常態分配就是將常態分配進行標準化，使平均數 =0，變異數 =1，標準差 =1，以得到一個 Z score 的機率分配，如下圖：

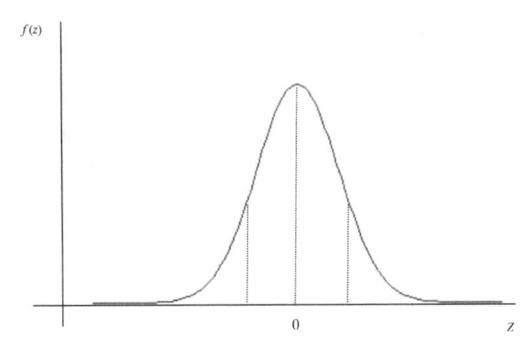

標準常態分配曲線下方的面積和為 1，也就是機率和為 1，以平均數 0 為中心，呈現對稱分配，所以其機率表可以只給一邊，也就是左邊或右邊機率表。

為什麼需要標準常態分配呢？因為不同的常態分配，其平均數和標準差也有所不同，形成不一樣的曲線，我們想要得到其區間估計的機率，得使用積分的方式，對於一般人而言，相當繁瑣而且也不容易使用，於是，研究人員通常會將常態隨機變數(例如：A)，標準化成標準常態隨機變數 Z，經由查標準常態機率分配表(Z 值分配表)求得機率值。

✪ 中央極限定理

當母體為常態分配時，不論我們的抽樣數量是多少，樣本平均數的抽樣分配作為常態分配，問題是在很多的情況下，母體的分配並非是常態分配，那怎麼辦？這時候，就要用到中央極限定理。

中央極限定理：不論母體是否為常態分配，抽樣的樣本數夠大時，則樣本平均數的抽樣分配會趨近常態分配。

> 注意：中央極限定理只適用於大樣本，至於大樣本需要多大，才能稱為大樣本，則決定於母體的分配情形，一般建議樣本≥30 時，樣本平均數會趨近於常態分配。

我們整理母體為常態分配和不是常態分配，樣本大小的分配如下：

- 母體為常態分配

大樣本：樣本分配為常態分配
小樣本：樣本分配為常態分配

- 母體不是常態分配

大樣本：樣本分配接近常態分配(中央極限定理)
小樣本：決定於母體的分配情形

在一般的社會科學中，母體為常態分配，母體的標準差 σ 為未知，樣本大小的處理方式不同，大樣本仍呈現常態分配，小樣本則不趨近常態分配，而是呈現自由度 n-1 的 t 分配，估計方式我們整理如下：

$$大樣本：使用 Z = \frac{\bar{x} - u}{s/\sqrt{n}} 做估計$$

$$小樣本：使用 t = \frac{\bar{x} - u}{s/\sqrt{n}} \text{ (以樣本標準差 S 代替母體標準差} \sigma\text{)}$$

(1) 常態性的檢定

常態性的檢定有多種，我們介紹常用的方式如下：

- Histogram 直方圖
- Stem-and-leaf 根葉圖
- skewness 偏度
- kurtosis 峰度
- kolmogorov-Smirnov, K-S 檢定
- Shapiro-wilk, S-W 檢定

■ Histogram 直方圖

直方圖是簡易的判定方式，如下圖，其呈現的分配，如同常態分配的型態

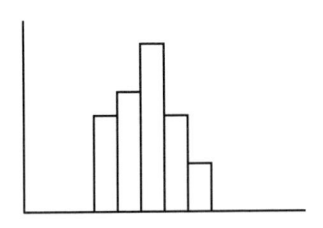

中間較高，兩邊較低

■ Stem-and-leaf 根葉圖

根葉圖是另一種簡易的判別方式，如下圖：

Frequency	Stem & leaf
0	6
2	6 56
3	7 022
4	7 5669
1	8 1
2	8 58

Stem 是根，也就是觀察的值，leaf 是次數，觀察值發生的次數，看根葉圖時，必須轉 90 度看，也是如同常態分配的型態中間較高，兩邊較低。

■ skewness 偏度

資料分佈的情形，以偏度來看除了正常的常態分配外，有可能是左偏或右偏的資料分配，如下圖：

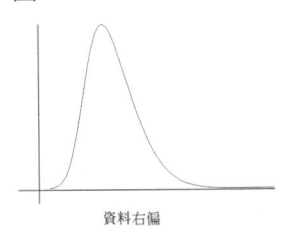

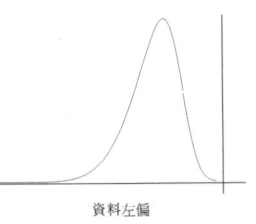

資料右偏　　　　　　　　資料左偏

4-27

資料的左偏和右偏的分佈，有時難以判定時，可以用偏度的統計值 Z skewness 來作統計檢定。

$$Z\ skewness = \frac{skewness}{\sqrt{6/N}} \quad N\ 是樣本數(Hair, 1998)$$

我們需要的是 Z 值小於常態分配的臨界值，例如，在 95% 的信心水準下，臨界值是±1.96，也就是說，z 值介於±1.96 時，接受為常態分配，若是在 99% 的信心水準下，臨界值是±2.58，也就是說 z 值介於±2.58 時，接受常態分配。

- kurtosis 峰度
  資料的分佈，以峰度來看，除了正常的常態分配外，有可能是高狹峰態分佈和低闊峰態分佈，如下圖：

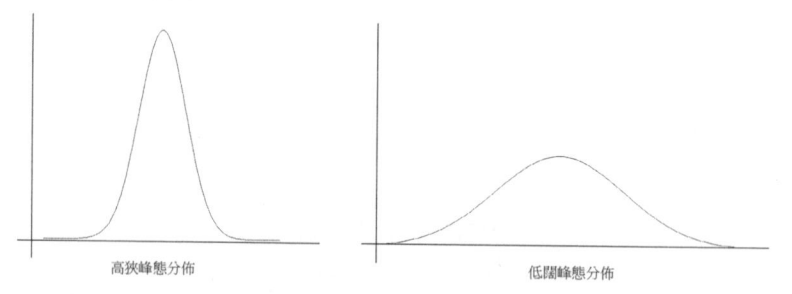

  高狹峰態分佈　　　　　　　　低闊峰態分佈

  資料的高狹峰態分佈和低闊峰態分佈，有時難以判定時，可以用峰度的統計值 Z kurtosis 來作統計檢定

$$Z\ kurtosis = \frac{kurtosis}{\sqrt{24/N}} \quad N\ 是樣本數(Hair, 1998)$$

我們需要的是 Z 值小於常態分配的臨界值，例如，在 95% 的信心水準下，臨界值是±1.96，也就是說，z 值介於±1.96 時，接受為常態分配，若是在 99% 的信心水準下，臨界值是±2.58，也就是說 z 值介於±2.58 時，接受常態分配。

- Kolmogorov-Smirnov 檢定和 Shapiro-wilk 檢定
  Kolmogorov-Smirnov 檢定和 Shapiro-wilk 檢定是常態性檢定中，最常用的 2 個方法，因為這兩種檢定都提供了統計檢定的顯著水準，若是達到顯著水準，以 95% 的信心水準為例，Sig.p≦0.05，則會拒絕虛無假設－也就是拒絕了常態性，我們想要的是"不顯著"，Sig.p＞0.05，代表的是符合常態分配。

(2) Homoscedasticity (同質性)

Homoscedasticity (同質性)也稱為變異數相等，我們檢定變異數相等的目的是避免依變數只被部份的自變數所解釋，特別是在 ANOVA 單變量變異數分析和 MANOVA 多變量變異數分析，都需要作變異數相等的檢定，一般最常用的方式如下：

- 依變數為一個計量變數(metric)時，適用 Levene test，來檢測單一變數是否平均分佈於不同組別。
- 依變數為兩個計量變數(metric)時，適用 Box's M 檢定，來檢測變異矩陣或共變異矩陣的相等性。

對於 Levene test 和 Box's M 檢定，我們在 ANOVA 和 MANOVA 章節有實作和解說。

(3) Linearity (線性)

多變量分析中，另一個重要的基本假設就是 Linearity 線性，只要是基於線性結合的多項式關係而進行的多變量分析技術，都需要符合線性的特性，例如，多元迴歸(Multiple regression)，邏輯迴歸(Logic regression)和結構方程式(SEM)，一般用來檢定變數是否為線性分佈的方法有散佈圖(scatter plots)和簡易迴歸，從散佈圖可以看出資料呈現的型態是否為線性，從簡易迴歸可以看出非線性部份所呈現的殘差(residuals)，殘差會反應出依變數無法解釋的部份，若是殘差過大，已經影響到線性分佈時，就需要透過資料的轉換作處理，將非線性份佈的變數轉換成線性分佈，我們整理資料的轉換方式如下：

- 變數在偏度 Skewness 為平坦時，適用倒數(例如：$1/x$ 或 $1/y$)
- 變數在偏度 Skewness 左偏時，適用開根號 $\sqrt{\ }$
- 變數在偏度 Skewness 右偏時，適用倒數或 log

讀者可以視需要將資料轉換成常態分佈和線性的分佈

檢視資料常態性與線性的實務操作如下：
(先前已將範例檔 Ch4 複製到 C:\Ch4)

1. 開啟 normal data.sav (在 C:\Ch4),選擇[分析/敘述統計/預檢資料]

   按這裏

2. 選擇「Score」和「Cost」至依變數清單欄位

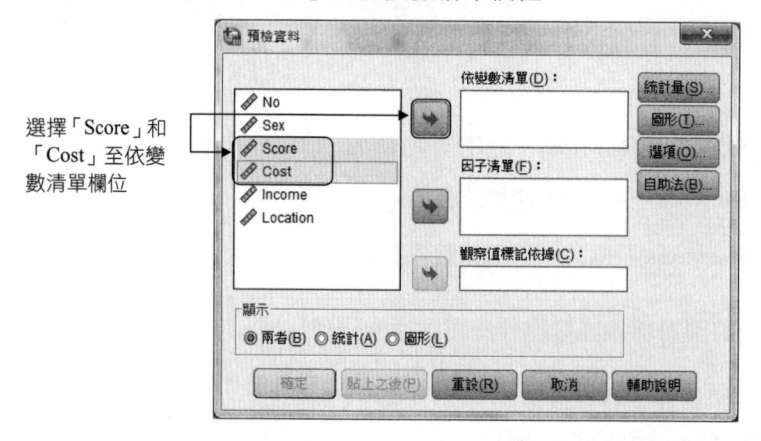

   選擇「Score」和「Cost」至依變數清單欄位

3. 點選[統計量]

　　　　　　　　　　　　　　　　　　　　　　　← 按這裏

4. 勾選「描述性統計量」及「偏離值」

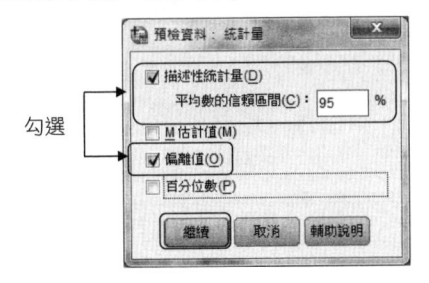

　　　　　　　勾選

5. 點選[圖形]

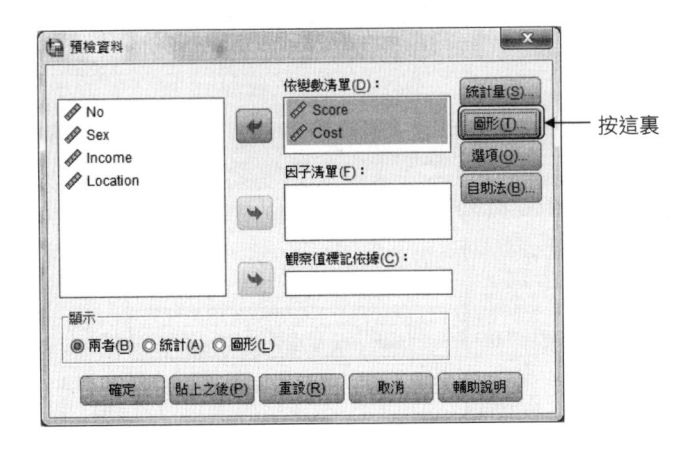

　　　　　　　　　　　　　　　　　　　　　　　← 按這裏

4-31

6. 勾選「莖葉圖」、「直方圖」與「常態機率圖附檢定」，點選[繼續]

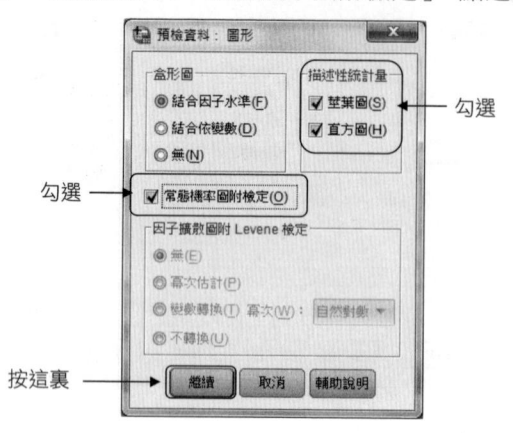

7. 選擇完畢即點選[確定]

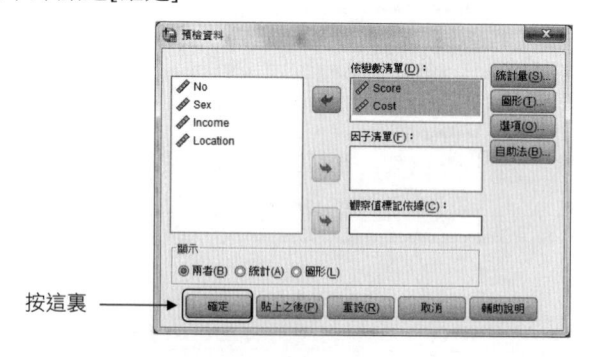

8. 結果如下圖：

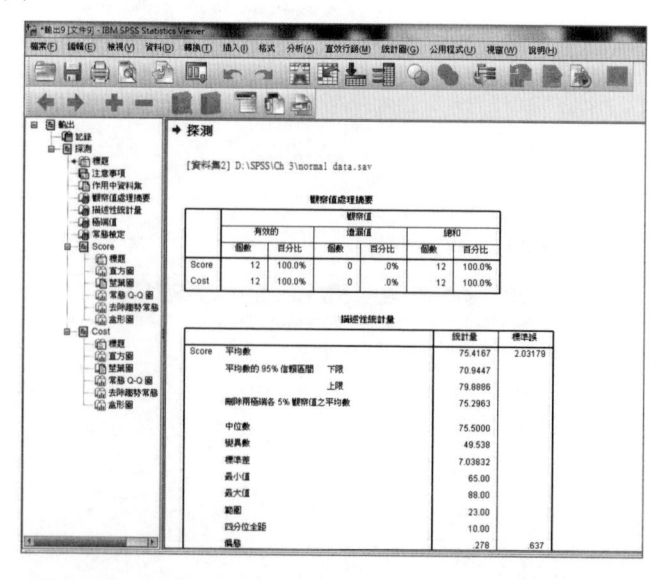

由觀察值處理摘要表中可確認是否有遺漏值。

9. 結果如下圖

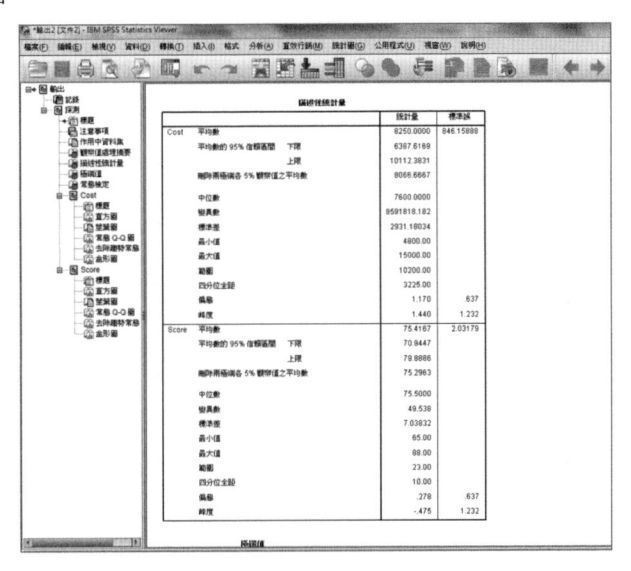

從描述性統計量表中可得知此筆資料的基本狀況，例如:Cost 的偏態為 1.170 及峰度為 1.440，在信心水準 95%下，兩者皆在臨界值±1.96 內，Score 的偏態為 0.278 及峰度為-0.475，在信心水準 95%下，兩者皆在臨界值±1.96內，由此可知，具有常態性。

10. 結果如下圖

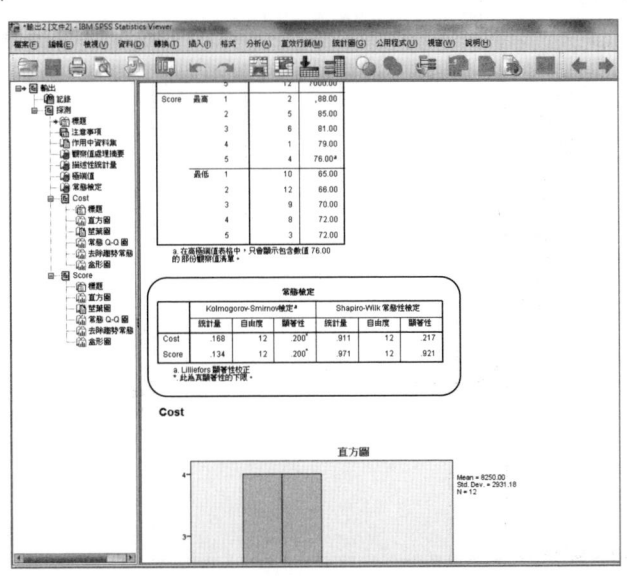

透過 Kolmogorov-Smirnov 與 Shapiro-Wilk 檢定常態分配,Score 的 K-S 檢定的顯著值為 0.200、S-W 檢定的顯著值為 0.921,皆大於 0.05,因此符合常態分配;Cost 的 K-S 檢定的顯著值為 0.200、S-W 檢定的顯著值為 0.217,皆大於 0.05,因此符合常態分配。

11. 結果如下圖

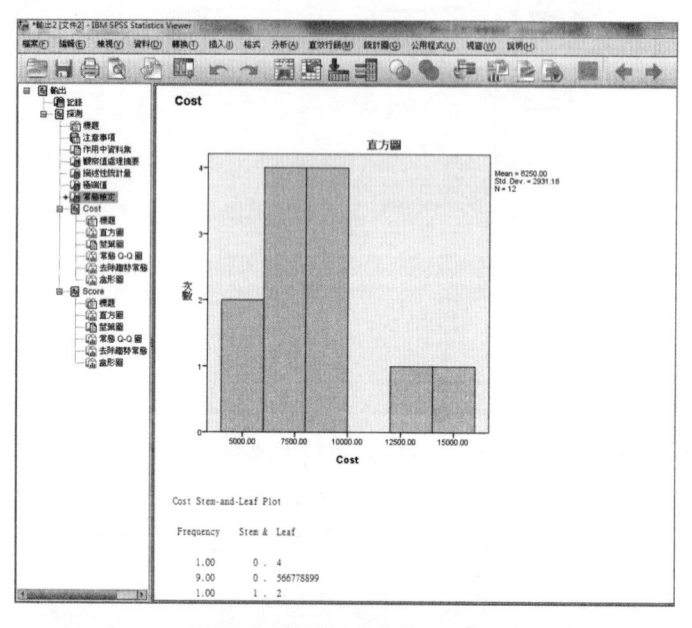

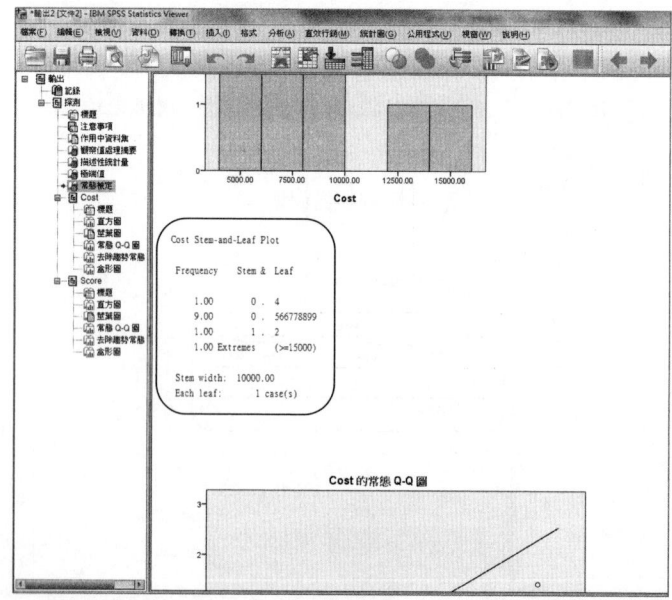

透過直方圖及根葉圖檢視 Cost 常態性。

12. 結果如下圖

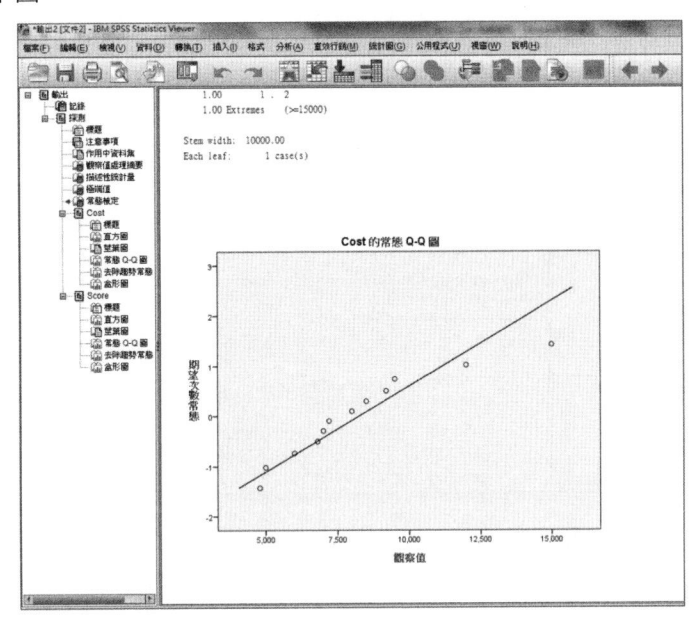

透過 QQ 檢視 Cost 常態性與線性。

13. 結果如下圖

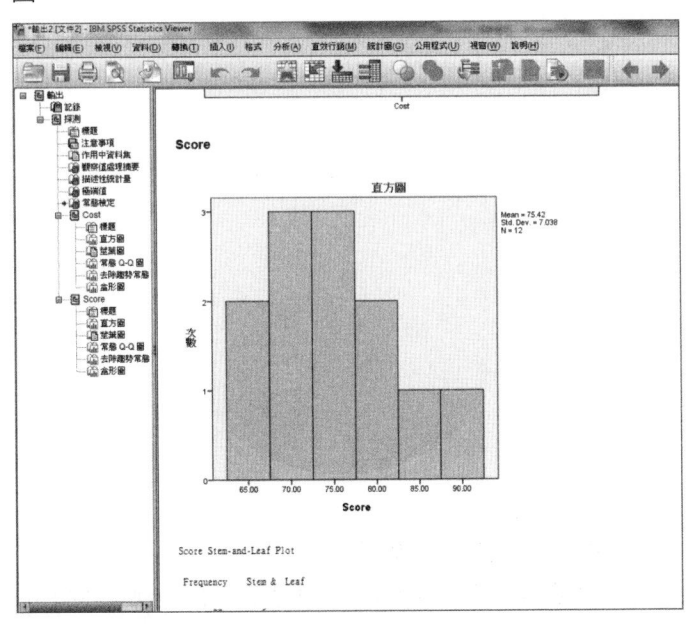

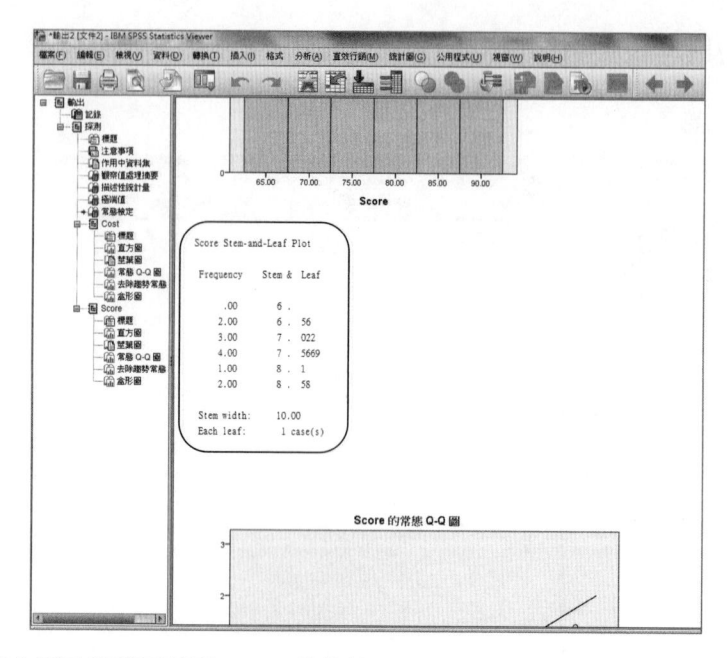

透過直方圖及根葉圖檢視 Score 常態性。

14. 結果如下圖

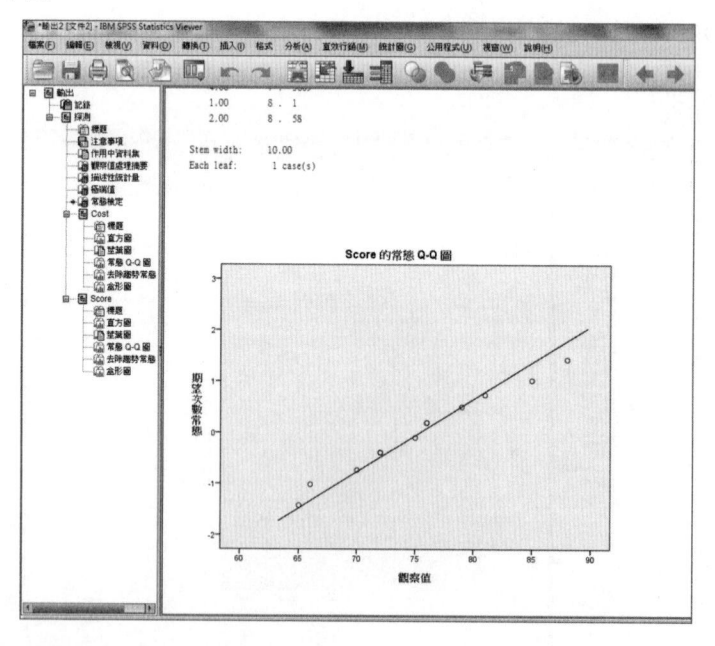

透過 Q-Q 圖檢視 Score 常態性與線性。

我們也可以在範例資料檔下,直接執行下列語法,會得到相同的報表結果:

```
EXAMINE VARIABLES=Score Cost  /PLOT BOXPLOT STEMLEAF HISTOGRAM
NPPLOT  /COMPARE GROUP  /STATISTICS DESCRIPTIVES EXTREME  /CINTERVAL
95  /MISSING LISTWISE  /NOTOTAL.
```

執行檢視資料常態性與線性命令語法的實務操作如下

1. 輸入語法

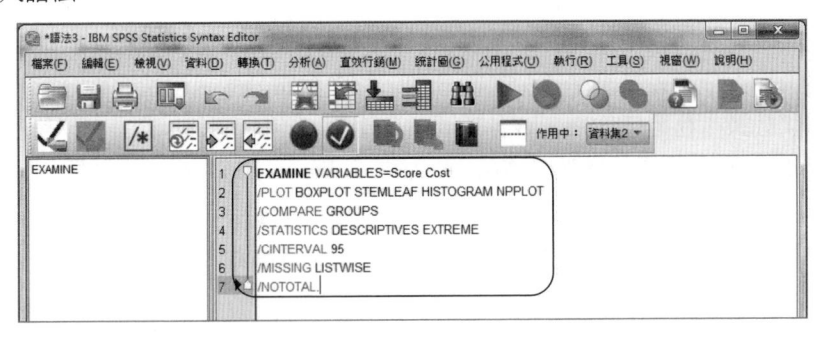

2. 點選[執行/全部]

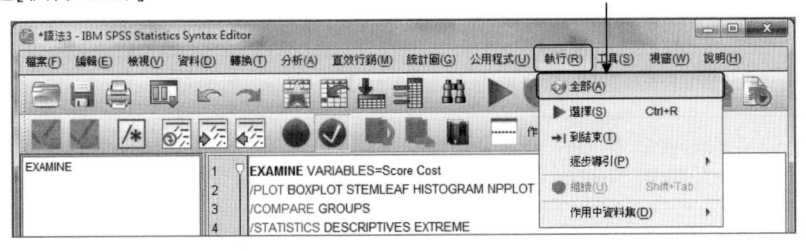

3. 結果如下圖：

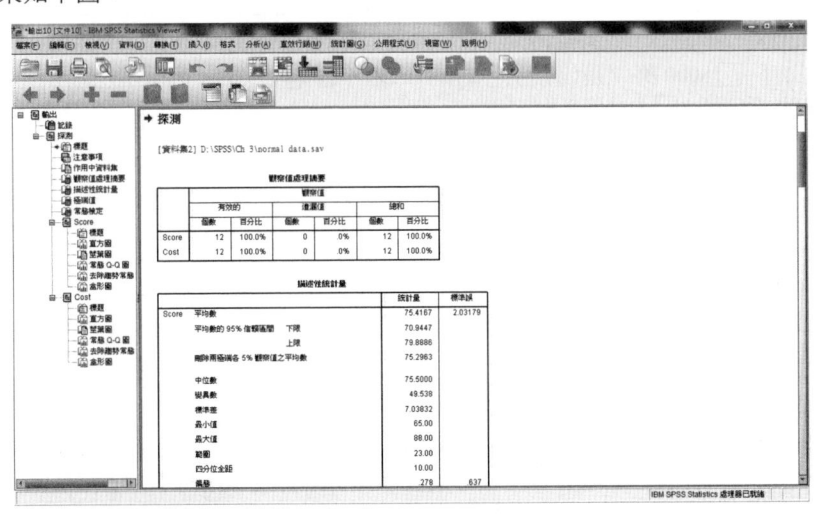

我們得到相同的報表結果。

4-2 敘述性統計分析(Descriptive statistics)

敘述性統計就是將收集到的資料，使用各種統計圖表及統計量的計算，清楚的呈現統計的結果。也就是說，利用簡單敘述統計分析，可以畫出長條圖和圓餅圖、直方圖、折線圖等。也可以求得各樣本各項變動資料之最小值、最大值、平均數、標準差、次數分配、相對次數分配、累積次數分配、百分比分配等項目，以瞭解各樣本的基本資料。例如我們將問卷中李克特五尺度量表之回答，經過編碼量化後，計算出次數分配、平均數、百分比以及標準差、次數分配、相對次數分配、累積次數分配、百分比分配等相關數據。利用平均數了解各項問項及構面間相對程度之看法，再利用標準差(standard deviation)之離差量數測度(measures of dispersion)來測度資料間相互的差異性。標準差越大顯示資料之差異性越大，標準差越小則表示該指標重要性之看法越一致，主要用於各指標間的差異性，以了解單一績效指標項目之重要性看法之一致性。

範例：我們設計的研究問卷如下：

研究問卷
【企業基本資料】
一、如果貴公司目前(曾經)使用的 ERP 系統是哪一種？ ☐ SAP　☐ Oracle ☐ 鼎新 Tip-Top ☐ 自行開發　☐ 其他
二、貴公司的員工人數？ ☐ 100 人以下 ☐ 100~499 人 ☐ 500~999 人 ☐ 1000~1999 人 ☐ 2000 人以上
三、貴公司 2004 年資本額(新台幣)？ ☐ 8000 萬以下 ☐ 8000 萬~2 億(不含) ☐ 2 億~10 億(不含) ☐ 10 億~50 億(不含) ☐ 50 億~100 億(不含) ☐ 100 億以上
四、貴公司 2004 年營業額(新台幣)？ ☐ 10 億以下 ☐ 10 億~20 億(不含) ☐ 20 億~30 億(不含) ☐ 30 億~50 億(不含) ☐ 50 億~100 億(不含) ☐ 100 億以上
五、貴公司 ERP 專案預算(含電腦軟硬體及系統開發)？ ☐ 1 仟萬以下 ☐ 1 仟萬~3 仟萬(不含) ☐ 3 仟萬~5 仟萬(不含) ☐ 5 仟萬~1 億(不含) ☐ 1 億以上
六、貴公司是屬於下列哪一種產業？ ☐ 消費性電子 ☐ 電子及通訊器材 ☐ 電機機械 ☐ 電器電纜 ☐ 紡織纖維 ☐ 橡、塑膠及其製品 ☐ 化學材料及其製品 ☐ 鋼鐵工業 ☐ 運輸工具及其零件業 ☐ 水泥／營建 ☐ 農產品及食品業 ☐ 其他

檢視資料與敘述性統計 04

本研究問卷共發出 957 份，回收有效問卷 350 份。根據問卷企業基本資料部份之填答內容，有公司使用之大型資訊系統、員工人數、資本額、營業額、ERP 專案預算、公司產業類別等，經編碼輸入資料後，存檔成 descriptive.sav。

敘述性統計的實務操作如下：
(先前已將範例檔 Ch4 複製到 C:\Ch4)

1. 開啟 descriptive.sav (在 C:\Ch4)，點選[分析/敘述統計/次數分配表]，如下圖：

2. 將「ERP」、「員工人數」、「資本額」、「營業額」、「專案預算」、「產業類別」與「已調查產業類別」選至變數欄位，點選[統計量]

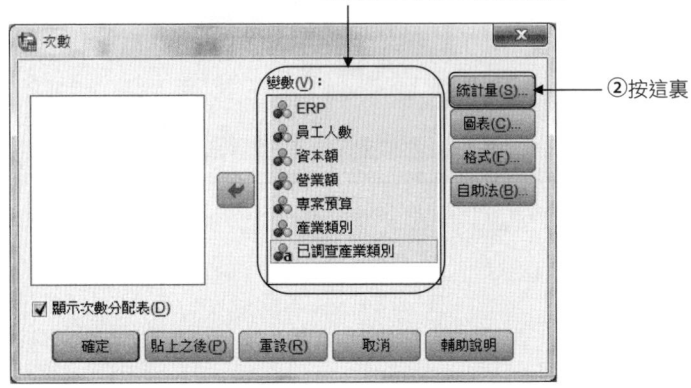

4-39

3. 勾選「標準差」、「變異數」、「範圍」、「最小值」、「最大值」及「平均數的標準誤」，點選[繼續]

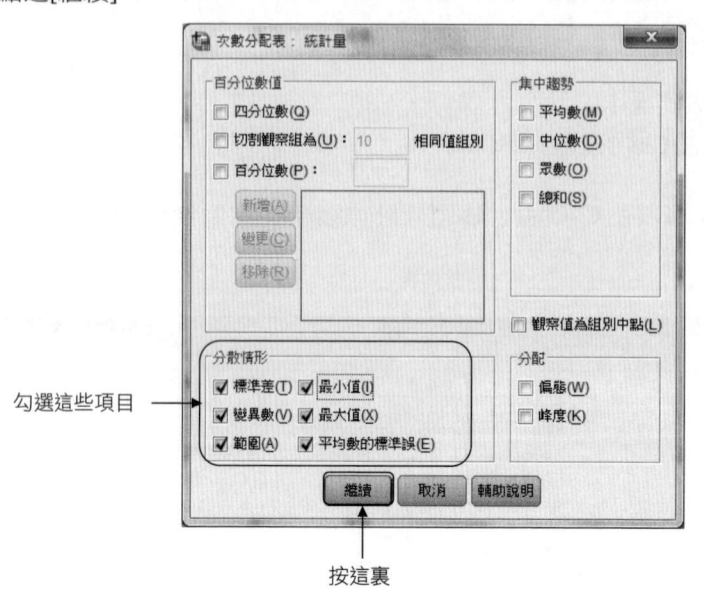

4. 點選[確定]

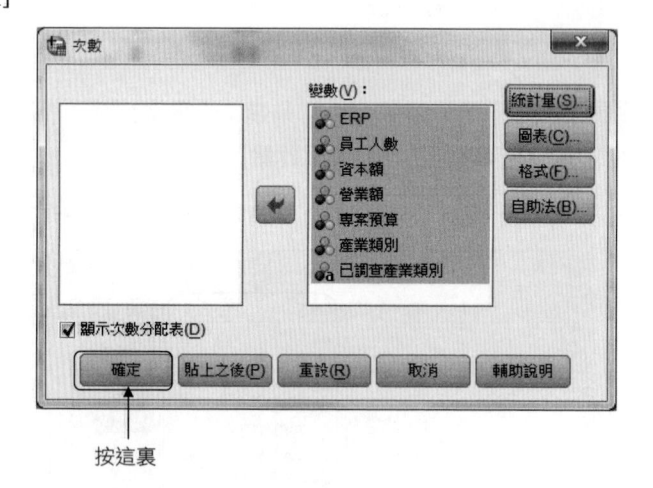

5. 結果如下圖：

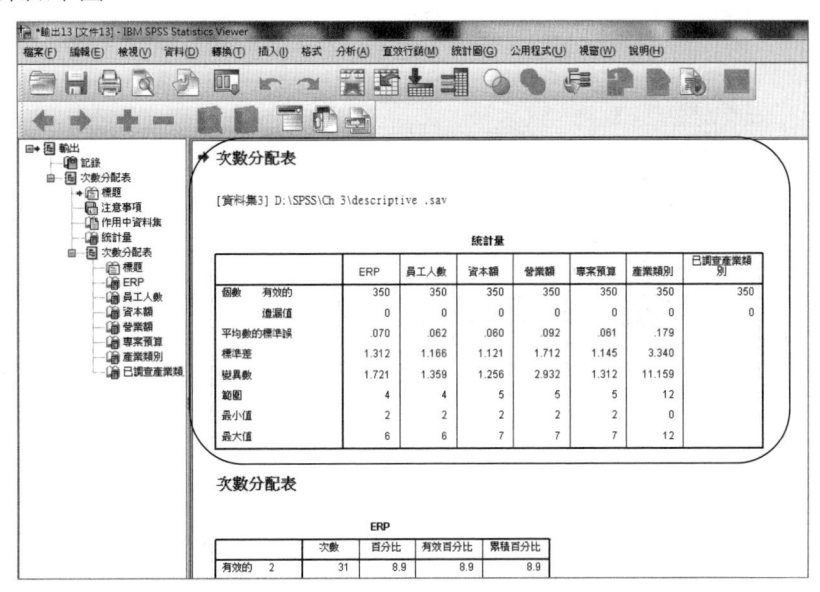

   由上表可得知該變數的描述性統計量。

6. 結果如下圖：

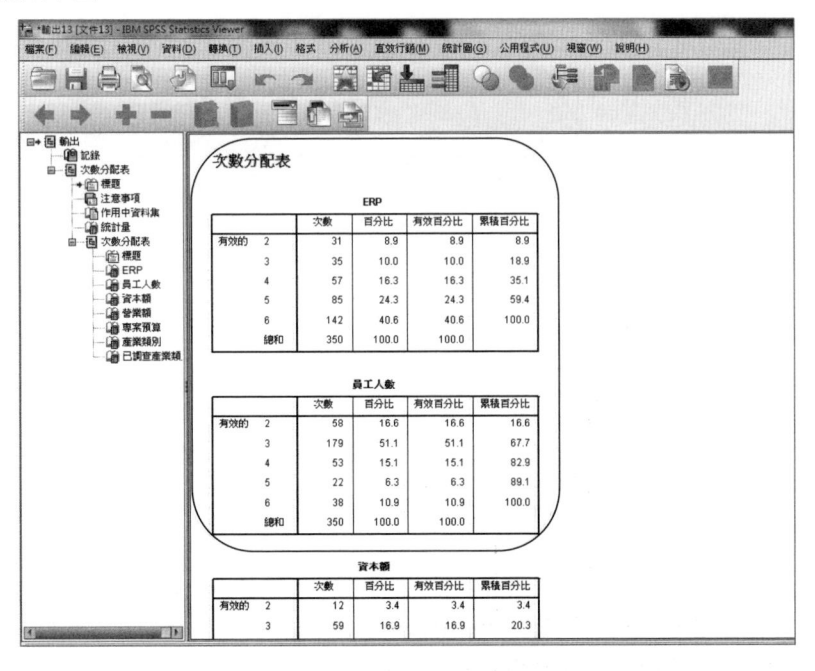

   由次數分配表可得知 ERP 與員工人數各數值的次數分配及百分比。

7. 結果如下圖：

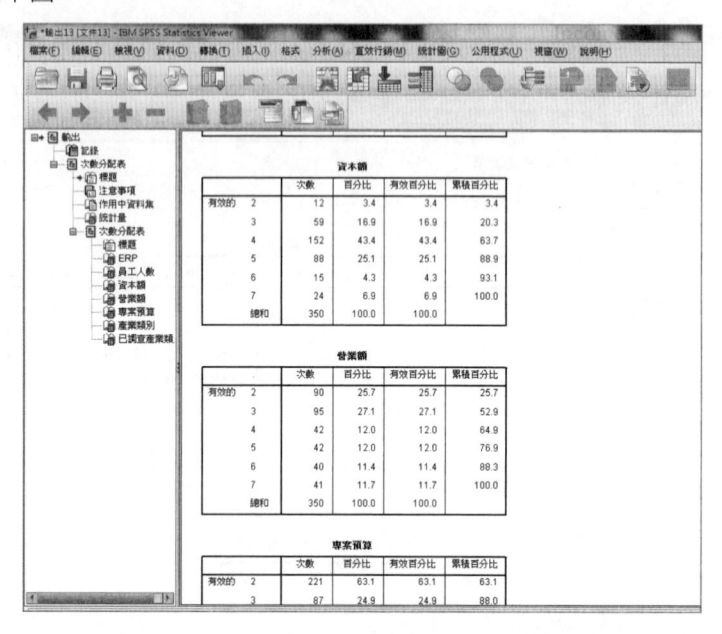

    由次數分配表可得知資本額與營業額各數值的次數分配及百分比。

8. 結果如下圖：

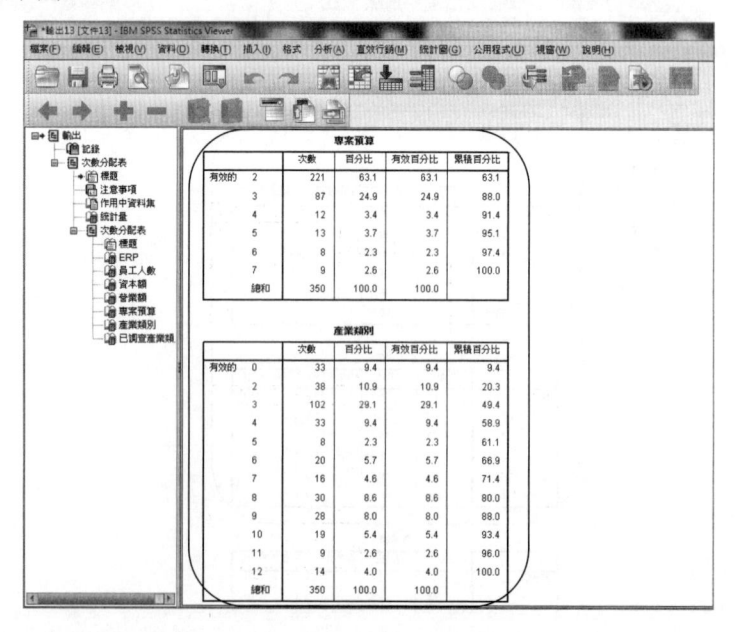

    由次數分配表可得知專案預算與產業類別各數值的次數分配及百分比。

9. 結果如下圖：

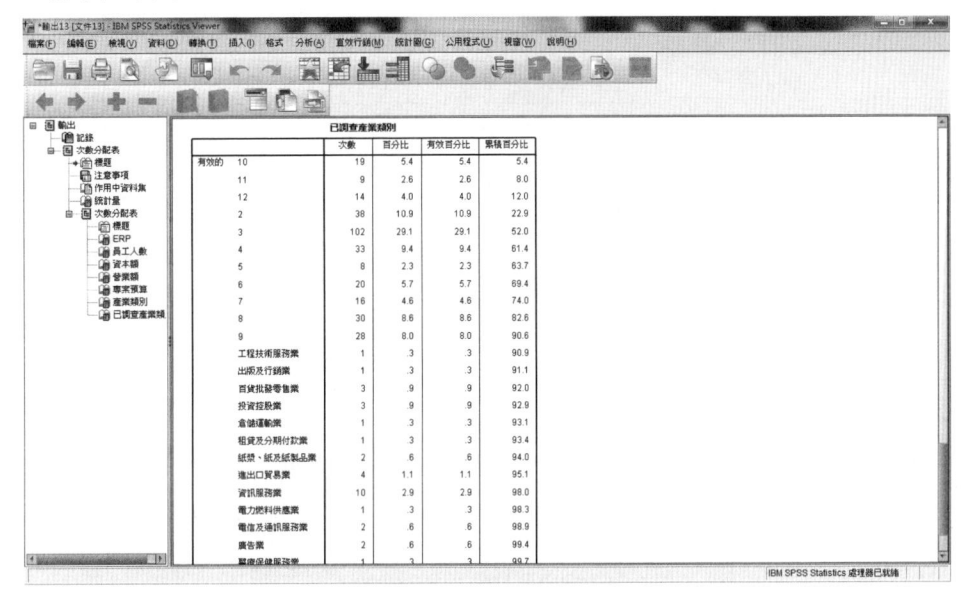

由次數分配表可得知已調查產業類別各數值的次數分配及百分比。

我們也可以在範例資料檔下，直接執行下列語法，會得到相同的報表結果：

```
FREQUENCIES  VARIABLES=ERP 員工人數 資本額 營業額 專案預算 產業類別 已調查
產業類別  /STATISTICS=STDDEV VARIANCE RANGE MINIMUM MAXIMUM SEMEAN
/ORDER=  ANALYSIS .
```

✪ 敘述統計結果整理

回收樣本基本資料描述

　　本研究問卷共發出 957 份，回收 372 份，扣除填答不全與胡亂填答之無效問卷 22 份，有效問卷 350 份，有效回收率為 36.57%。根據問卷企業基本資料部份之填答內容，依公司使用之大型資訊系統、員工人數、資本額、營業額、ERP 專案預算、公司產業類別等。

■　資本額

　　企業年資本額，如下表所示，以 2 億~10 億(不含)佔最多，共 152 家(43.4%)，其次為 10 億~50 億(不含)，佔樣本 25.1%。2 億以上之企業共佔 79.7%。

4-43

樣本回收企業 2004 年資本額分佈情況

項目	量表項目	樣本數	百分比
2004 年資本額	8 仟萬以下	12	3.4
	8 仟萬~2 億(不含)	59	16.9
	2 億~10 億(不含)	152	43.4
	10 億~50 億(不含)	88	25.1
	50 億~100 億(不含)	15	4.3
	100 億以上	24	6.9
	合計	350	100.0

■ 公司員工總人數

在公司員工總人數方面，如下表所示，以 100~499 人為最多，共有 179 家(51.1%)，其次為 100 人以下，佔樣本 16.6%，500~999 人，佔樣本 15.1%，1000~1999 人為最少，共 22 家(6.3%)。

樣本回收總人數分佈情況表

項目	量表項目	樣本數	百分比
員工人數	100 人以下	58	16.6
	100~499 人	179	51.1
	500~999 人	53	15.1
	1000~1999 人	22	6.3
	2000 人以上	38	10.9
	合計	350	100.0

■ 營業額

營業額如下表所示，顯示企業年營業額以 10 億~20 億(不含)最多，佔樣本 27.1%，其次為 10 億以下佔樣本 25.7%，20 億~30 億(不含)佔樣本 12.0%和 30 億~50 億(不含)佔樣本 12.0%，100 億以上佔樣本 11.7%，50 億~100 億(不含)佔樣本 11.4%。

樣本回收企業營業額分佈情況

項目	量表項目	樣本數	百分比
2004 年營業額	10 億以下	90	25.7
	10 億~20 億(不含)	95	27.1
	20 億~30 億(不含)	42	12.0

檢視資料與敘述性統計 **04**

項目	量表項目	樣本數	百分比
	30 億~50 億(不含)	42	12.0
	50 億~100 億(不含)	40	11.4
2004 年營業額	100 億以上	41	11.7
	合計	350	100.0

　　我國 ERP 專案建置的方式，主要可以分為專案統包與專業分工兩種類型。外商 ERP 軟體業者多採取「專業分工」的策略，透過企業管理顧問公司或國際級資訊大廠，以專業顧問服務與最佳典範經驗滿足大型企業流程再造的需求。而所謂「專案統包」指業者同時扮演專案建置與 ERP 軟體開發的角色。過去，由於台灣軟體市場規模太小(不及資訊硬體的十分之一)(資料來源：周樹林 2003)，造成本土 ERP 業者多採取專案統包的建置策略，並強調軟體修改的彈性以滿足企業本土化特殊流程的需求，所以大部分的企業 ERP 系統屬於客制化的系統，故回收問卷回覆多以 40.6%「其他」。

　　另外，企業對於 ERP 專案資本支出的要求謹慎，其中 ERP 專案預算低於一千萬高達 63.4%，因為導入 ERP 金額多寡為台灣地區企業主之考慮建置 ERP 系統之關鍵因素之一，雖然 SAP 及 Oracle 擁有技術領先及軟體功能完整之優勢，但其高額的導入費用(SAP：一億以上及 Oracle：1 千萬~五千萬)也令台灣企業望之卻步。故回收樣本中，除了其他之外，有部分企業是優先以企業本身的資訊部門來自行開發相關軟體，有 23.4% 以「自行開發」為主。

✪ 企業採用 ERP 系統現況

　　在企業採用 ERP 系統方面，以「其他」所佔樣本比率最高為 40.6%，其次為「自行開發」，佔樣本 24.3%，SAP 佔樣本 8.9%，Oracle 佔樣本 10.0%和鼎新 Tip-Top 佔樣本 16.3%。

　　除「其他」和「自行開發」以外，台灣企業電子化(e-Business)軟體市場在經過整合後，有呈現大者恆大的態勢，本研究調查 ERP 前三大的廠商 SAP(8.9%)、Oracle(10.0%)與鼎新(16.3%)合計市佔率即高達 35.2%。整體而言，在各項應用軟體市場中，除國外大廠 SAP 及 Oracle 等外，鼎新為目前國內最具規模之廠商。

ERP 系統採用現況

項目	量表項目	樣本數	百分比
ERP 系統	SAP	31	8.9
	Oracle	35	10.0

4-45

項目	量表項目	樣本數	百分比
ERP 系統	鼎新 Tip-Top	57	16.3
	自行開發	85	24.3
	其他	142	40.6
	合計	350	100.0

✪ ERP 專案預算(包含軟硬體和系統開發)

在專案預算方面,顯示企業大部分對於 ERP 導入的投資費用以 1 仟萬以下所佔比率最高為 63.1%,其次為 1 仟萬~3 仟萬(不含),佔樣本 24.9%,3 仟萬~5 仟萬(不含)佔樣本 3.4%,5 仟萬~1 億(不含)佔樣本 3.7%,2 億以上佔樣本 2.6%,1 億~2 億(不含)佔樣本 2.3%,如下表所示。

ERP 專案預算

項目	量表項目	樣本數	百分比
ERP 專案預算	1 仟萬以下	221	63.1
	1 仟萬~3 仟萬(不含)	87	24.9
	3 仟萬~5 仟萬(不含)	12	3.4
	5 仟萬~1 億(不含)	13	3.7
	1 億~2 億(不含)	8	2.3
	2 億以上	9	2.6
	合計	350	100.0

✪ 企業產業別分佈情況

企業產業別分佈情況,如下表所示,在企業產業類別以電子及通訊器材為最多,共 102 家(29.1%),其次為消費性電子,佔樣本 10.9%,在其次為電機機械與其他,皆佔樣本 9.4%。

樣本回收企業產業別分佈情況

項目	量表項目	樣本數	百分比
產業類別	消費性電子	38	10.9
	電子及通訊器材	102	29.1
	電機機械	33	9.4

項目	量表項目	樣本數	百分比
產業類別	電器電纜	8	2.3
	紡織纖維	20	5.7
	橡、塑膠及其製品	16	4.6
	化學材料及其製品	30	8.6
	鋼鐵工業	28	8.0
	運輸工具及其零件業	19	5.4
	水泥、營建	9	2.6
	農產品及食品業	14	4.0
	其他	33	9.4
	合計	350	100.0

問卷回收後,針對填答「其他」的企業,再以電子郵件的方式詢問其行業別,對於仍無回函者,參考中華徵信所「2004年台灣地區 TOP 5000」之行業別,對回收樣本中「其他」部分的資料進行分類,如下表所示。

樣本回收「其他」產業別分佈情況

項目	量表項目	樣本數	百分比
其他產業類別	工程技術服務業	1	0.3
	出版及行銷業	1	0.3
	百貨批發零售業	3	0.9
	投資控股業	3	0.9
	倉儲運輸業	1	0.3
	租貸及分期付款業	1	0.3
	紙漿、紙及紙製品業	2	0.6
	進出口貿易業	4	1.1
	資訊服務業	10	2.9
	電力燃料供應業	1	0.3
	電信及通訊服務業	2	0.6
	廣告業	2	0.6
	醫療保健服務業	1	0.3
	證卷及期貨業	1	0.3
	合計	33	9.4

4-3 寫作參考範例

為確保資料分析結果的正確性，檢視資料是在進行統計分析之前必需要的步驟。常見的問題包括登錄錯誤、遺漏值處理、偏離值(是否要刪除)、檢驗多變量分析的基本假設。

通過使用叙述性統計分析，可以求得樣本的最小值、最大值、平均值、標準差、頻率分佈等，以瞭解各樣本的基本資料。

正確的書寫方式，參考以下範例：

✪ 範例 1：檢驗多變數分析的基本假設

- Krancher, O., Dibbern, J. & Meyer, P. 2018. "How Social Media-Enabled Communication Awareness Enhances Project Team Performance," Journal of the Association for Information Systems (19:9), pp. 813-856.

"We ran all models separately for Study 1, for Study 2, and for the pooled data set (i.e., for data pooled from Study 1 and Study 2). In all models, we applied a square root transformation to task-oriented communication during strategy formulation and to task-oriented communication during action episodes in order to eliminate the positive skew of these count data variables. Moreover, we standardized the data before pooling. We performed a number of checks to ascertain that the assumptions of OLS were met (Wooldridge, 2009, pp. 104-105). Histograms and q-q plots showed that the residuals of all models followed normal distributions, indicating that the assumption of normally distributed error terms was met. Variance inflation factors were below 3, suggesting that multicollinearity problems were not salient in the data. Plotting residuals and dependent variables in a scatter plot diagram showed no departure from the assumption of homoscedastic error terms."

在進行多變數分析前，需確保樣本符合基本假設，即常態性、同質性和線性。作者對變數開根號來消除偏態分佈。對資料進行標準化後，查看長條圖、QQ 圖、散點圖和 VIF 檢查常態性、同質性和線性。

專案團隊越來越依賴電腦中介通信。在本文中，作者假設團隊中的溝通受益於溝通意識功能。作者認為，當團隊成員參與任務時，溝通意識功能會在行動集中付出代價。作者對 51 個和 35 個項目團隊進行了兩項研究，以檢查行動期間的溝通量與低溝通意識和高溝通意識下的團隊績效之間的關係。結果表明，溝通意識使得交流在效果和效率方面都更有益。

✪ 範例 2：敘述性統計分析

- Wallace, L., James, T. L., and Warkentin, M. 2017. "How Do You Feel about Your Friends? Understanding Situational Envy in Online Social Networks," Information and Management (54:5), pp. 669-682.

"Demographic characteristics of the sample are provided in Table 1. There were more male respondents than female: 60% to 40%. Caucasian/White was the ethnicity reported by over half of the respondents. The majority of the sample was between 18 and 22, which is to be expected given the use of university students. University students are heavy users of Facebook and thus squarely fit within our desired demographic. Prior research has indicated that the use of university students is appropriate for contexts familiar to that demographic, such as Facebook use [e.g.,72]. Because we needed to survey individuals who were proficient and relatively long-term users of Facebook, the use of university students for our study is appropriate. The technical characteristics provided in Table 2 demonstrate that our respondents were indeed proficient long-term Facebook users. The majority of our respondents had used Facebook for more than 2 years (96%) and had more than 300 Facebook friends (84%). Furthermore, the majority of respondents (92%) reported intermediate or advanced proficiency on Facebook."

查看樣本的人口統計特徵和技術特徵的敘述性統計量。人口統計特徵包括性別、年齡和種族的比例，具體見表 4-9。技術特徵包括受訪者使用 Facebook 的年限、擁有的 Facebook 好友數、電腦和 Facebook 熟練程度，具體見表 4-10。

表 4-9 人口統計特徵敘述性統計

Table 1
Sample Demographics.

Gender		Age		Ethnicity	
Male	373	18	97	Caucasian/White	474
Female	252	19	146	African American/Black	72
		20	187	Latino/Hispanic (white, black)	48
		21	101	Pacific Islander	3
		22	52	Native American/Indian	1
		23	19	Middle Eastern	9
		24	6	Latino	11
		25–30	11	Other	7
		31 or over	6		

表 4-10 技術特徵敘述性統計

Table 2
Domain Characteristics of Sample.

Computer Proficiency			Facebook Proficiency			Length of Time on Facebook			Number of Friends on Facebook		
Novice		40	Novice		49	Less than 6 months		5	1–30		6
Intermediate		410	Intermediate		328	5 months to 1 year		9	31–100		11
Advanced		175	Advanced		248	1–2 years		10	101–300		86
						2–4 years		112	301–500		120
						4 or more years		489	501–1000		235
									1001+		167

　　線上社交網路（OSN）提供了一系列資訊，利用人格、使用和滿足理論的五因素模型，作者探討了人格特質和線上社交網路如何影響線上社交網路。來自 625 份調查的資料表明，Facebook 用戶在表現出神經質時會體驗到更大的線上社交網路，並使用 Facebook 來滿足收集資訊，尋求關注或消磨時間的需求，這表明易受嫉妒的用戶應該將線上社交網路用於特定目的，並避免被動追求而遭受嫉妒。

相關分析
(Correlation Analysis)

CHAPTER 5

5-1 相關分析

「相關分析」常常與「因果關係」混淆，相關分析不是因果關係，沒有誰影響誰的問題，換言之，沒有「因」影響「果」的問題，若是有需要分析「因果關係」，請使用回歸分析或結構方程模式(SEM)。

相關分析探討的是兩個變數之間的關聯程度(degree of association)，普遍運用在各個學科，社會科學中的人文教育和管理學科(企管、資管、人管、行銷...等等)，例如：身高和體重的關聯程度，血壓和年齡的關聯程度，銷售量和廣告金額的關聯程度，資訊品質和認知價值的關聯程度，薪酬和績效的關聯程度，都是很好的實例。

相關分析使用的是兩個變數，例如 A 和 B，這兩個變數量測尺度(Scale)有可能是名目(類別)，區間，比率或順序(數量)，簡單區分為類別和數量，如下：

A \ B	名目(類別)	區間，比率或順序(數量)
名目(類別)	1	2
區間，比率或順序(數量)	3	4

在 1，2，3 種情形下，我們可以使用列聯表(Contingency table)表示，可以使用 X^2 卡方檢定。相關分析適用於第四種情形下，兩個變數，例如 A 和 B，都是區間、比率或順序的計量變數。在統計上，使用的是兩個變數關連程度的統計量，例如，常用的 Pearson 相關分析的 Pearson 相關係數，就是用來表示兩個變數之間的關連程度。

相關係數(correlation coefficient)是本章最重要的判讀依據，有大小和方向兩種特性，我們分別介紹如下：

- 相關係數的大小(magnitude)：表示兩個變數之間，相關程度的強弱，相關係數的絕對值愈大，代表相關程度愈強，相反的，相關係數的絕對值愈小，代表相關程度愈弱，若是相關係數的值為 0，代表零相關，也就是沒有相關。

- 相關係數的方向(direction)：表示兩個變數之間，是正相關，還是負相關，相關係數是正值，代表兩個變數中的一個變數增加時，另一個變數也會增加，相關係數是負值，代表兩個變數中的一個變數增加時，另一個變數就會減少，反之亦然。

一般常用的相關分析有 Pearson 積差相關係數，ϕ 相關係數，點二系列相關，Spearman 等級相關，淨相關，和部份相關(複相關大多都使用迴歸，請參考迴歸分析)，相關的內容我們分別介紹如後。

5-2 Pearson 積差相關係數

Pearson 積差相關係數(Product-Moment Correlation Coefficient)是適用於 2 個變數都是連續變數，可以是 interval scale (區間變數)或 ratio scale(比率變數)，相關係數的計算如下：

$$\rho_{XY} = \frac{\sigma_{XY}}{\sigma_X \sigma_Y} = \frac{\frac{1}{N}\sum(X-u_x)(Y-u_Y)}{\sqrt{\frac{1}{N}\sum(X-u_x)^2}\sqrt{\frac{1}{N}\sum(Y-u_y)^2}}$$

ρ_{XY} ：X,Y 變數的相關係數
σ_{xy} ：X 與 Y 的共變數
σ_x ：X 的標準差
σ_y ：Y 的標準差
u_X ：X 的平均數
u_Y ：Y 的平均數

注意：ρ_{XY} 計算的是 X 和 Y 的總相關，值的大小位於 ±1 之間。

由於母體的 ρ_{XY} 通常為未知，必須用樣本來估計，因此，樣本的相關係數計算如下：

相關分析(Correlation Analysis) 05

$$r_{XY} : \frac{S_{XY}}{S_X S_Y} = \frac{\frac{\sum(X-\overline{X})(Y-\overline{Y})}{n-1}}{\sqrt{\frac{\sum(x-\overline{x})^2}{n-1}}\sqrt{\frac{\sum(y-\overline{y})^2}{n-1}}}$$

r_{XY}：X, Y 變數的相關係數
S_{xy}：樣本共變數
S_x：X 的樣本標準差
S_y：Y 的樣本標準差
$\overline{x}$：X 的樣本平均數
$\overline{y}$：Y 的樣本平均數

注意：r_{XY} 計算的是，x,y 的線性相關，非線性則無法估計，r_{XY} 的值位於 ±1 之間，+1 時，為完全正相關，-1 時，為完全負相關。

✪ r_{XY} 的圖示

r_{XY} 樣本的相關係數是一次方的函數，可以用散佈圖來查看。

- r_{XY} 為正相關的圖如下：

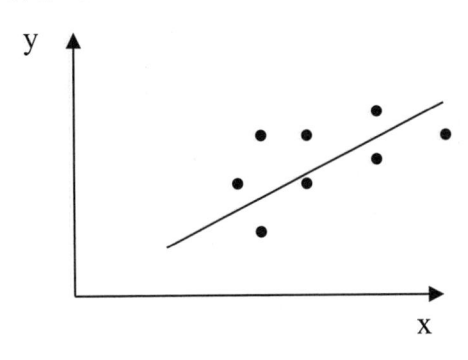

- r_{XY} 為負相關的圖如下：

5-3

■ r_{XY} 值的判別

在判定 r_{XY} 值時，一般常用三級制，絕對值大於等於 0.8 時，為高度相關，大於等於 0.4 時，為中度相關，小於 0.4 時，為低度相關。

研究假設如下：

虛無假設 H_0：$\rho = 0$，兩個變數之間無相關

對立假設 H_1：$\rho \neq 0$，兩個變數之間有相關

範例：

Trust 有用性(使用資安產品可以加速工作時間)及 Risk 易用性(資安產品很容易使用)之間是否有相關存在。(題項：Trust、Risk)

假設：$\begin{array}{l} H_0 : \rho = 0 \\ H_1 : \rho \neq 0 \end{array}$

Pearson 積差相關係數的操作步驟如下：

(請先將範例檔 Ch5 複製到 C:\Ch5)

1. 開啟 correlation.sav (在 C:\Ch5)，點選[分析/相關/雙變數]

相關分析(Correlation Analysis) 05

2. 選擇「信任」與「風險」至變數欄位

   選擇「信任」
   與「風險」至
   變數欄位

3. 勾選「相關係數」，選擇完畢即點選[確定]

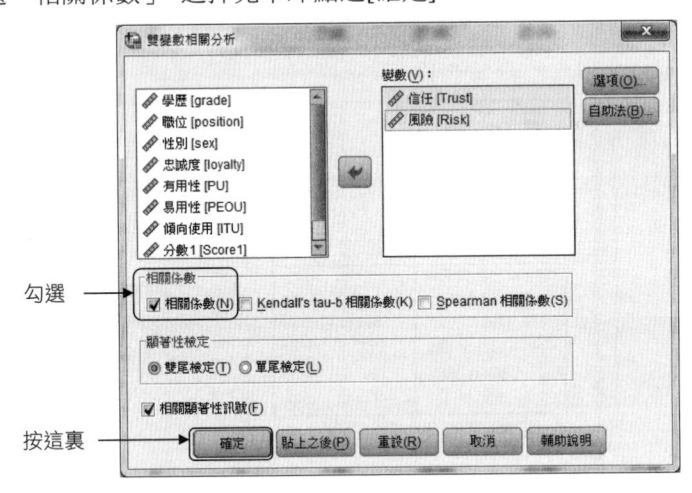

   勾選

   按這裏

- 相關係數：
  - 相關係數(Pearson 預設)：使用積差相關分析(Product-Moment Correlation analysis)是最常用的相關分析，輸出為對稱的相關矩陣，也就是斜對角為 1，上三角和下三角矩陣的內容數值是一樣的，一般我們常列舉下三角矩陣的內容數值於報告中。
  - Kendall's tau-b 相關係數：用來處理等級(有序分類)的相關係數。
  - Spearman 相關係數：用來處理非常態分佈的等級(有序分類)的相關係數，也稱為無母數的相關分析。

5-5

- 顯著性檢定(Test of Significance)：
  雙尾檢定(Two-tailed)。
  單尾檢定(One-tailed)。

- 相關顯著性訊號(Flag significant correlations)：在結果中，用星號標記顯著性的相關，一般情形下，P<0.05 標記一顆星號(*)，P<0.01 標記二顆星號(**)。

4. 結果如下

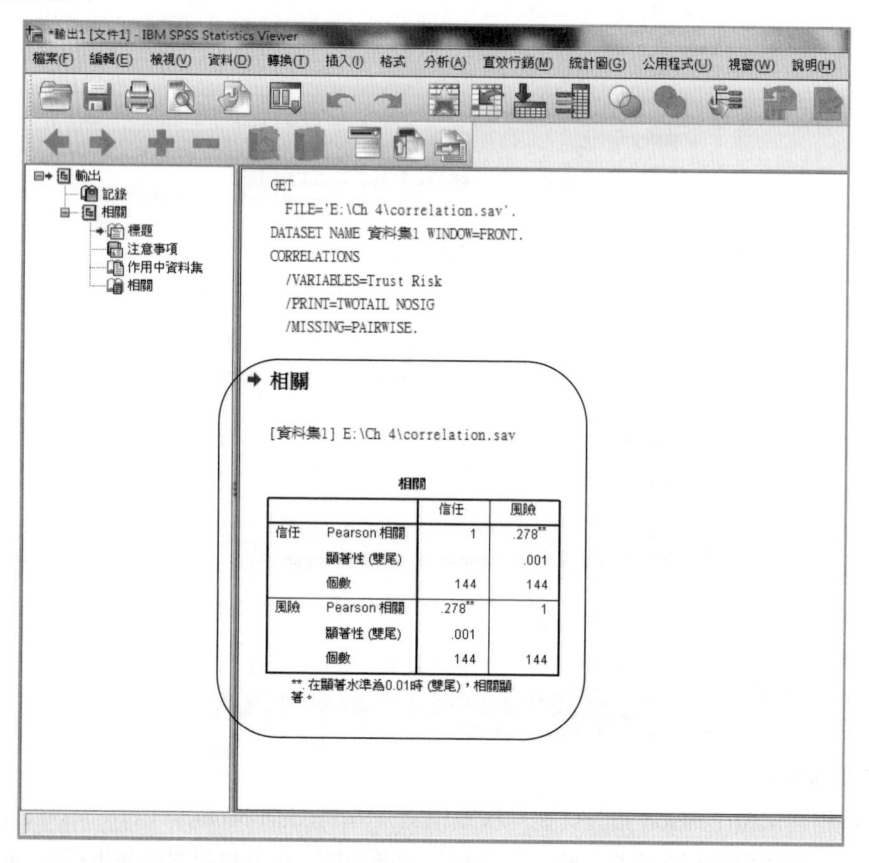

```
GET
    FILE='E:\Ch 4\correlation.sav'.
DATASET NAME 資料集1 WINDOW=FRONT.
CORRELATIONS
    /VARIABLES=Trust Risk
    /PRINT=TWOTAIL NOSIG
    /MISSING=PAIRWISE.
```

相關

[資料集1] E:\Ch 4\correlation.sav

相關

		信任	風險
信任	Pearson 相關	1	.278**
	顯著性 (雙尾)		.001
	個數	144	144
風險	Pearson 相關	.278**	1
	顯著性 (雙尾)	.001	
	個數	144	144

**. 在顯著水準為0.01時 (雙尾)，相關顯著。

信任與風險之間的顯著性為 0.001，小於 0.05，具有顯著相關，其相關係數=0.278，屬於低度相關。

我們也可以在範例資料檔下，直接執行下列語法，會得到相同的報表結果：

```
CORRELATIONS  /VARIABLES=Trust Risk  /PRINT=TWOTAIL NOSIG
  /MISSING=PAIRWISE .
```

相關分析(Correlation Analysis)

執行 Pearson 積差相關係數命令語法的操作步驟如下：

1. 點選[檔案/開啟新檔/語法]

2. 輸入語法

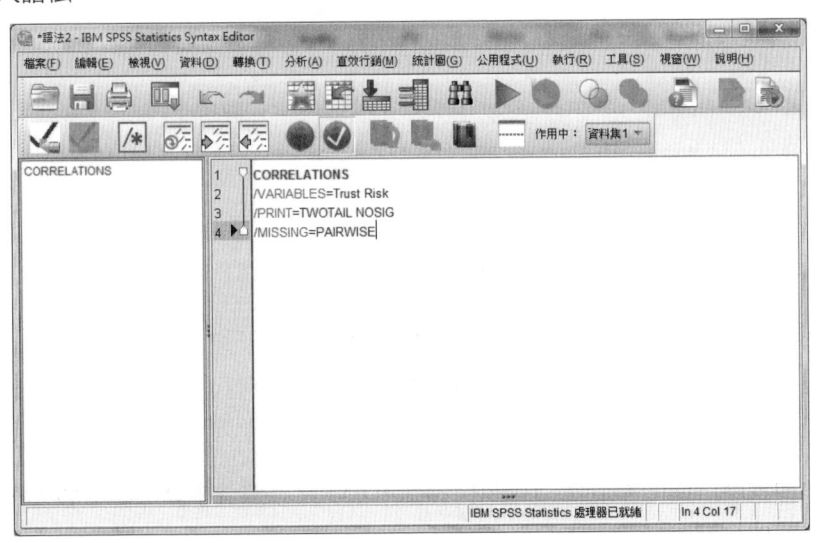

3. 點選[執行/全部]　　　　　　　　　　　　　　　　　按這裏

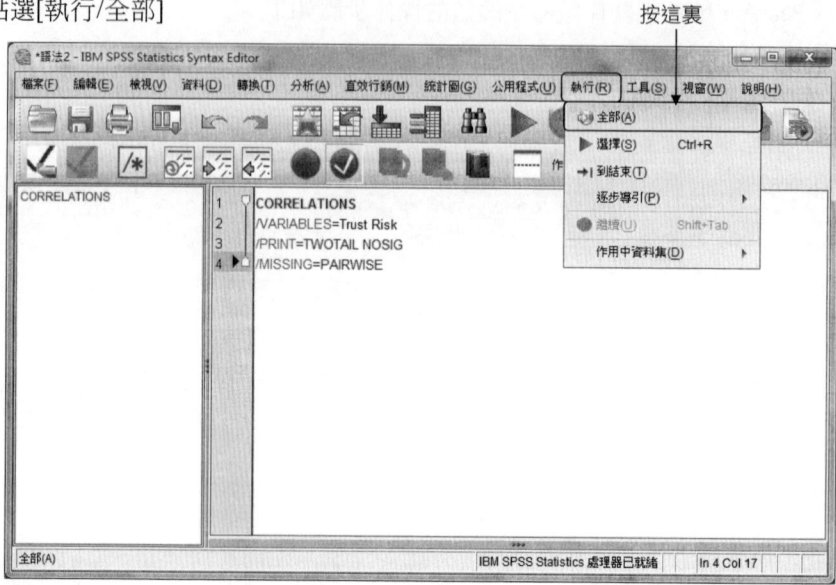

4. 結果如下

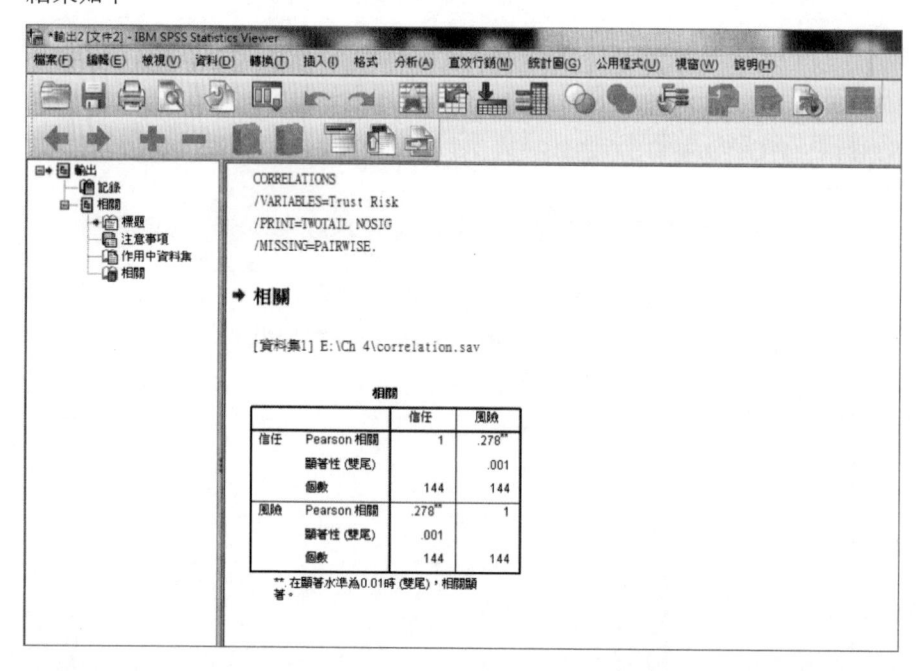

信任與風險之間的顯著性為 0.001，小於 0.05，具有顯著相關，其相關係數=0.278，屬於低度相關。

5-3 ϕ 相關係數

ϕ 相關係數(Phi correlation coefficient)適用於二個變數都是二分名義變數(nominal-dichotomous variable)，也就是都是二分類的變數。

例如：性別，民主和共產國家…等等。

ϕ 相關係數值為卡方 X^2 的另一種轉換值，由於 X^2 容易受到樣本數大小的影響，於是將 X^2 轉換成 0~1 之間，0 代表無相關，1 化表高度相關，ϕ 值的計算方式如下：

$$\phi = \sqrt{\frac{x^2}{N}}$$

注意：在一般情形下，卡方 X^2 達到顯著時，ϕ 值也會達到顯著。

範例：
學歷與職位間有無關係，題項：grade(學歷)、position (職位)
說明：
$H_0 : \phi = 0$
$H_1 : \phi \neq 0$
H_0 無關係，H_1 有關係

ϕ(Phi)相關係數的操作步驟如下：
開啟 correlation.sav (在 C:\Ch5)

1. 點選[分析/敘述統計/交叉表]　　按這裏

2. 選擇「學歷」至列

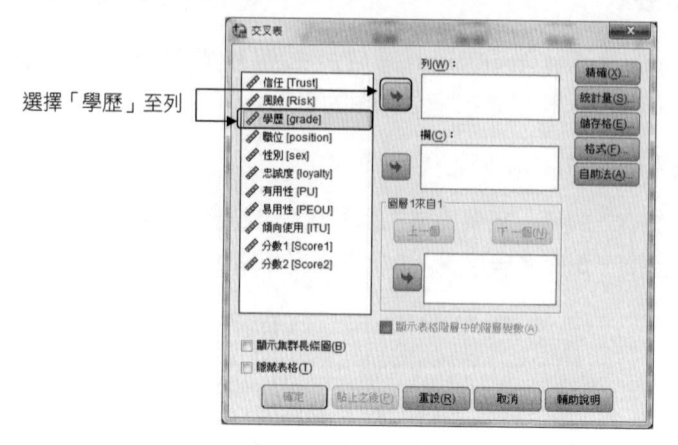

   選擇「學歷」至列

3. 選擇「職位」至欄

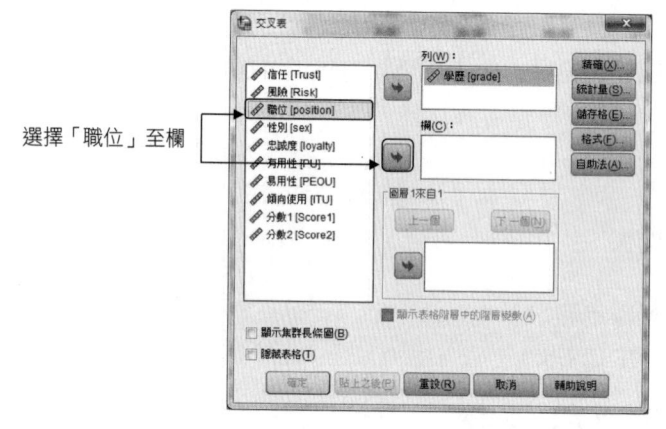

   選擇「職位」至欄

4. 選擇完畢後，點選[統計量]

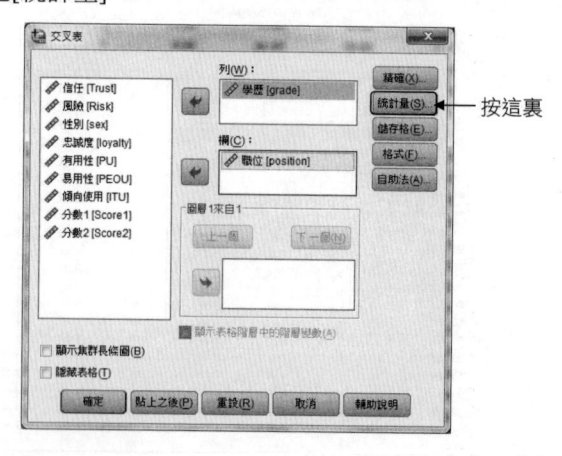

   按這裏

相關分析(Correlation Analysis) 05

5. 勾選「卡方分配」及「Phi 與 Cramer's V」，點選[繼續]

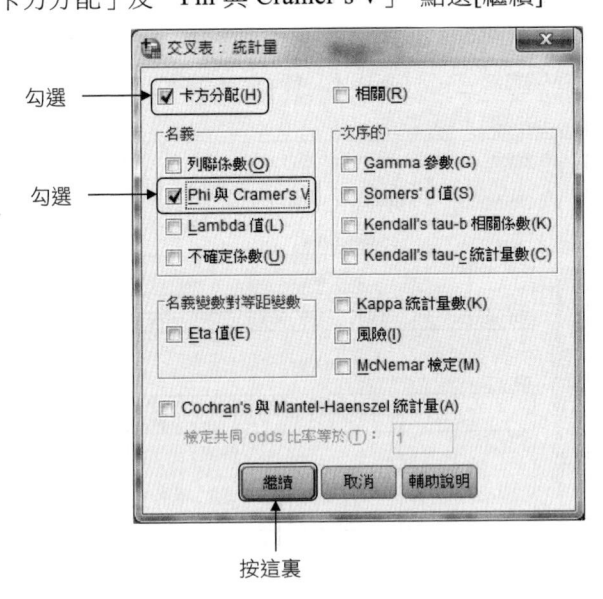

6. 點選[確定]

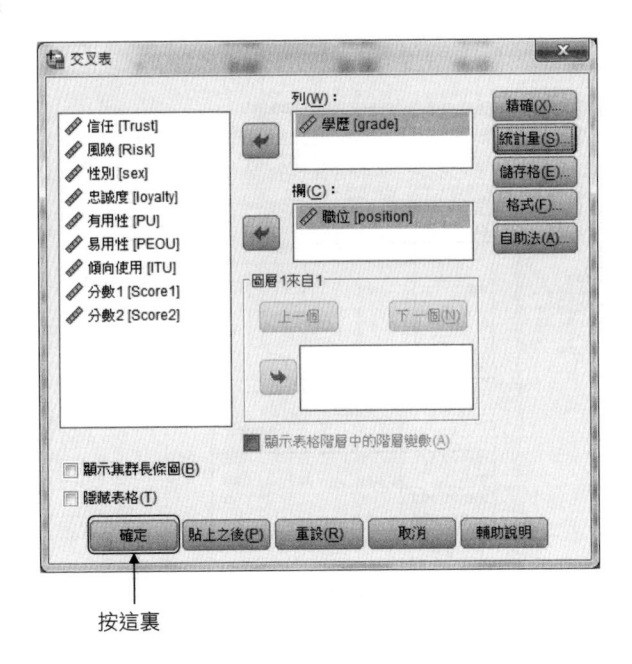

5-11

7. 結果如下圖

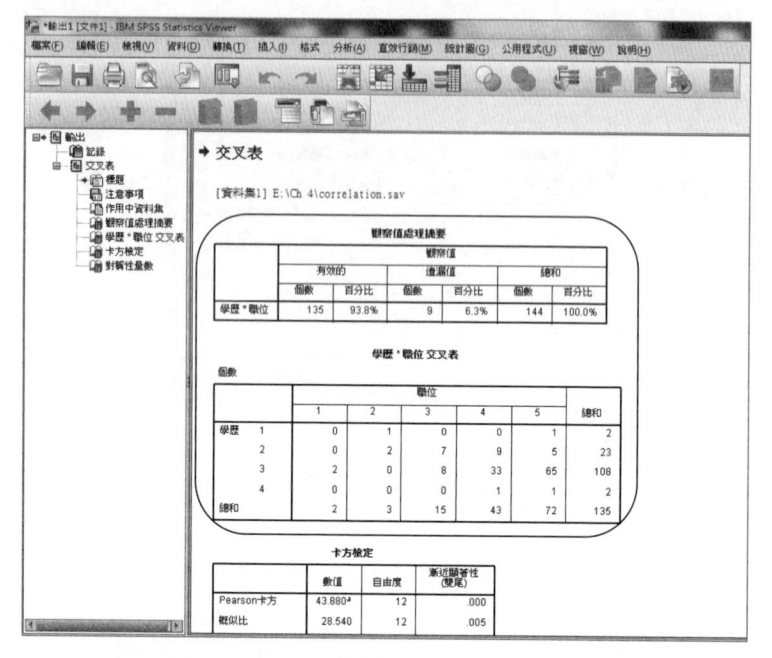

8. 結果如下圖

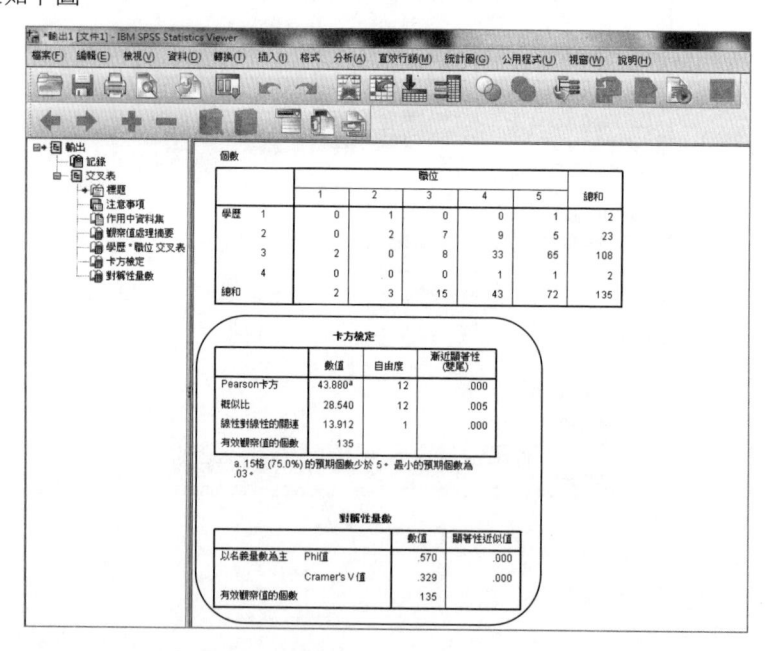

H0:無相關，H1:有相關，其顯著性為 0.000，小於 0.05，因此拒絕 H0，結果為顯著相關，相關係數為 0.570。

我們也可以在範例資料檔下，直接執行下列語法，會得到相同的報表結果：

```
CROSSTABS  /TABLES=grade BY position  /FORMAT= AVALUE TABLES
/STATISTIC=CHISQ PHI  /CELLS= COUNT  /COUNT ROUND CELL .
```

執行 ϕ(Phi)相關係數命令語法的操作步驟如下：

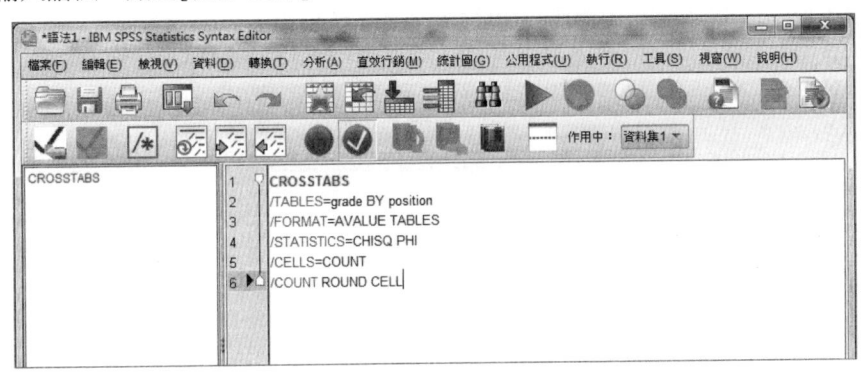

1. 輸入語法，點選[執行/全部]

2. 結果如下圖

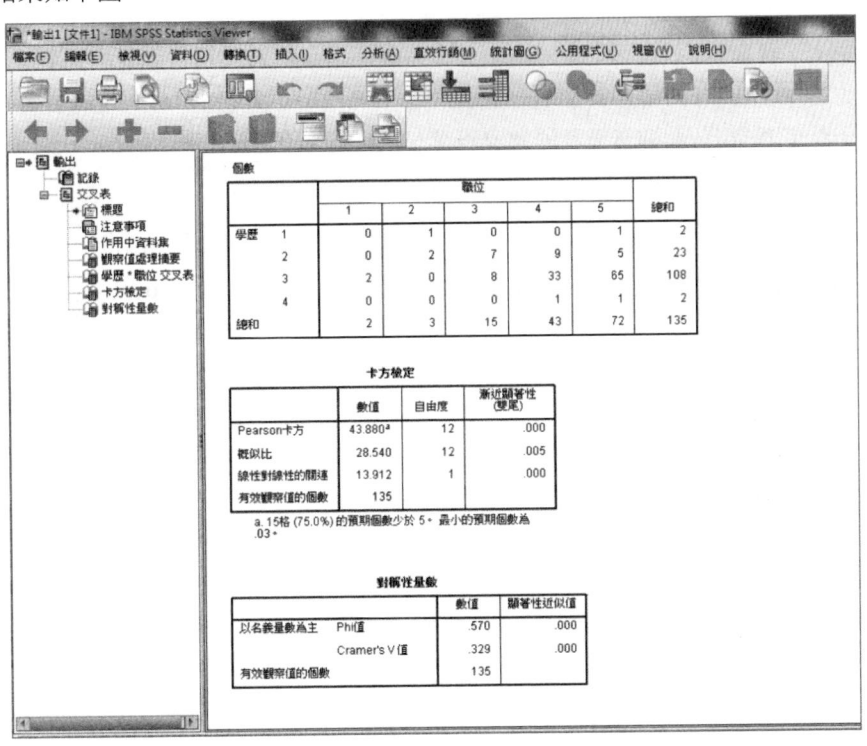

H0:無相關，H1:有相關，其顯著性為 0.000，小於 0.05，因此拒絕 H0，結果為顯著相關，相關係數為 0.570。

5-4 點二系列相關

點二系列相關(Point-biserial Correlation)適用於一個變數為二分名義變數，另一個為連續變數(區間變數或比率變數)，點二系列的相關係數計算如下：

$$r_{pb} = \frac{\overline{X_P} - \overline{X_q}}{S_t} \sqrt{pq}$$

r_{pb} ：相關係數值
$\overline{x_p}$ ：樣本的平均數
$\overline{x_q}$ ：樣本的平均數
S_t ：全部樣本的標準差
p ：p 組人數占全部的百分比
q ：q 組人數占全部的百分比

注意：在 SPSS 軟體中，沒有處理點二系列相關係數的選項，由於計算點二系列的相關係數值會與 Pearson 相關係數值一樣，所以，在處理點二系列相關問題時，都會採用 Pearson 相關係數的步驟來計算。

✪ 範例：

品牌忠誠度與性別之間是否有相關存在，題項：sex (性別)、Loyalty(品牌忠誠度)

說明：

$H_0 : r = 0$
$H_1 : r \neq 0$
H₀ 無關係，H₁ 有關係

點二系列相關的操作步驟如下：
開啟 correlation.sav (在 C:\Ch5)

相關分析(Correlation Analysis) 05

1. 點選[分析/相關/雙變數]

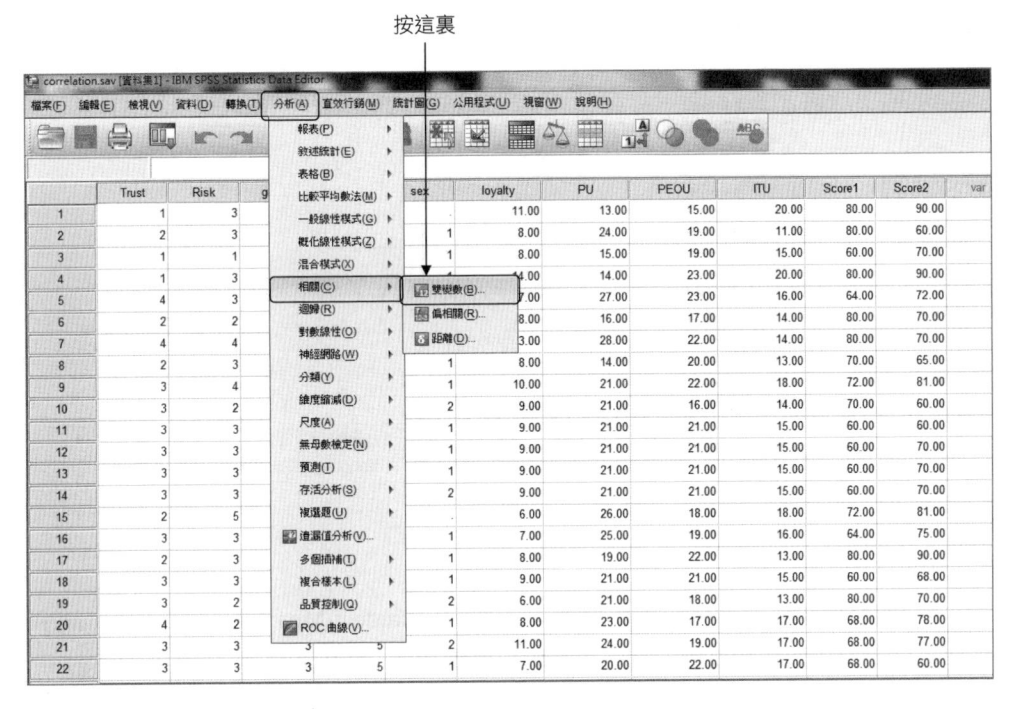

按這裏

2. 選擇「性別」及「忠誠度」至變數欄位

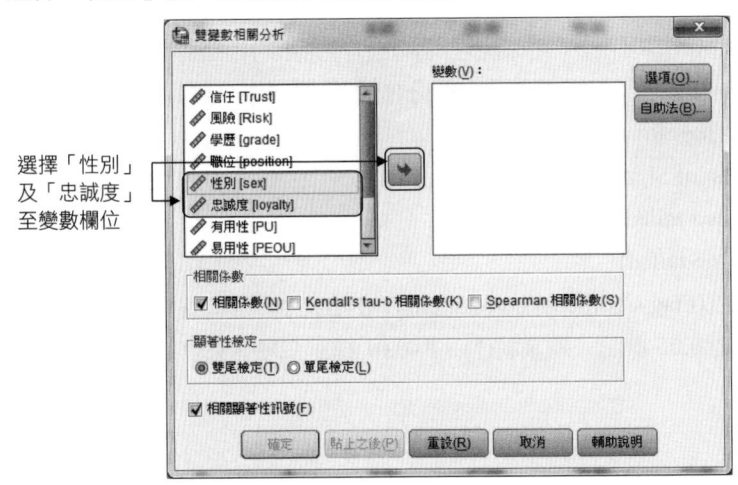

選擇「性別」及「忠誠度」至變數欄位

5-15

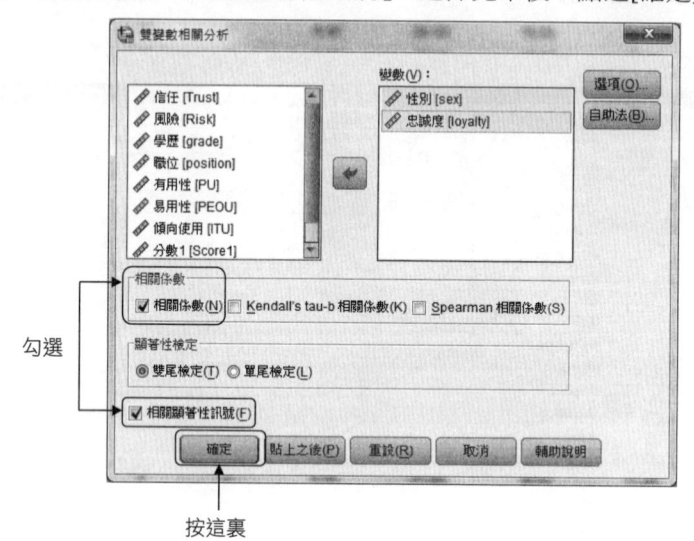

3. 勾選「相關係數」、「相關顯著性訊號」，選擇完畢後，點選[確定]

（勾選／按這裏）

- 相關係數：
  - 相關係數(Pearson 預設)：使用積差相關分析(Product-Moment Correlation analysis)是最常用的相關分析，輸出為對稱的相關矩陣，也就是斜對角為 1，上三角和下三角矩陣的內容數值是一樣的，一般我們常列舉下三角矩陣的內容數值於報告中。
  - Kendall's tau-b 相關係數：用來處理等級(有序分類)的相關係數。
  - Spearman 相關係數：用來處理非常態分佈的等級(有序分類)的相關係數，也稱為無母數的相關分析。
- 顯著性檢定(Test of Significance)：
  - 雙尾檢定(Two-tailed)
  - 單尾檢定(One-tailed)
- 相關顯著性訊號(Flag significant correlations)：在結果中，用星號標記顯著性的相關，一般情形下，P<0.05 標記一顆星號(*)，P<0.01 標記二顆星號(**)。

4. 結果如下圖

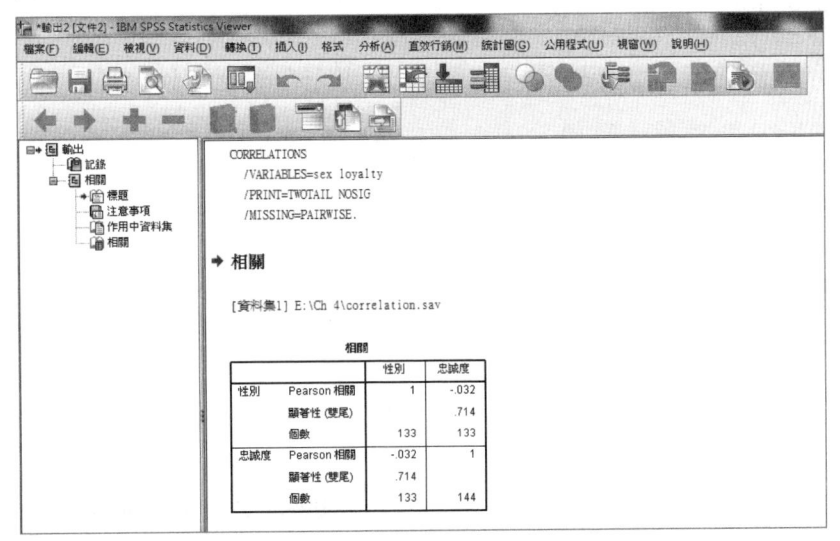

令 H0:無相關，H1:有相關，性別與忠誠度的顯著性=0.714，大於 0.05，不拒絕 H0，結果為無顯著相關。

5-5 Spearman 等級相關

Spearman 等級相關係數(Rank Order Correlation Coefficient)適用於兩個變數皆為順序尺度，其目的是在算出兩組等級之間一致的程度，例如，可以用在兩個人對於 N 台筆記型電腦進行印象分數等級的評定或則是 1 個人對於 N 台筆記型電腦進行前後二次印象分數等級的評定。

Spearman 等級相關係數的計算如下：

$$r^S = 1 - \frac{6 \sum D_i^2}{N(N^2-1)}$$

r_S：Spearman 等級相關係數
D_i：配對等第的差距值
研究假設：
虛無假設 H_0：$r_S = 0$　兩者無相關
對立假設 H_1：$r_S \neq 0$　兩者有相關

✪ 範例：

某單位顧問對於廠商同樣的產品，前後加以評分給等第，我們想知道前後加以評分給等第之間是否有相關存在，題項：Score1(分數 1)、Score2(分數 2)。

說明：x

$H_0 : r_s = 0$

$H_1 : r_s \neq 0$

Spearman 等級相關的操作步驟如下：
開啟 correlation.sav (在 C:\Ch5)

1. 點選[分析/相關/雙變數]

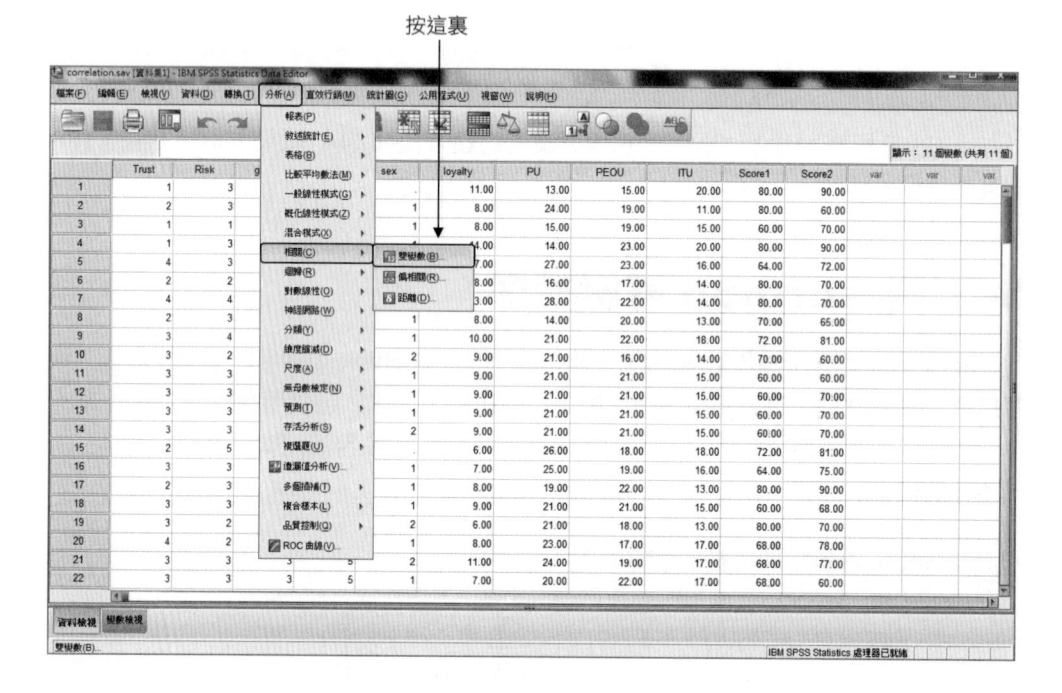

按這裏

2. 選擇「分數 1」與「分數 2」至變數欄位

選擇「分數 1」與「分數 2」至變數欄位

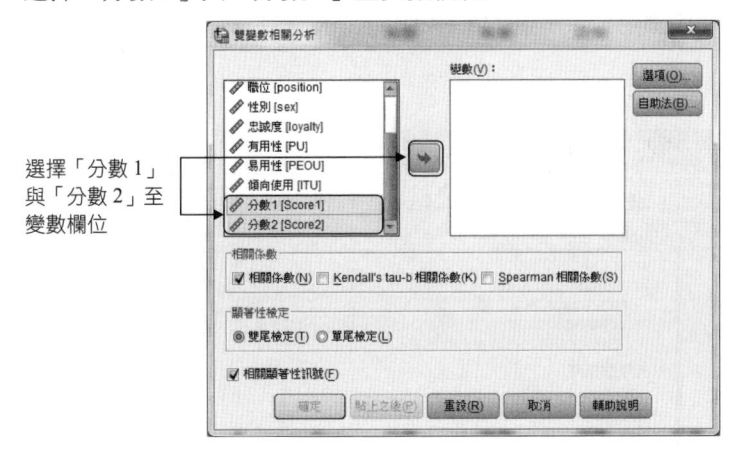

3. 勾選「Spearman 相關係數」，選擇完畢後，點選[確定]

勾選

按這裏

- 相關係數：
  - 相關係數(Pearson 預設)：使用積差相關分析(Product-Moment Correlation analysis)是最常用的相關分析，輸出為對稱的相關矩陣，也就是斜對角為 1，上三角和下三角矩陣的內容數值是一樣的，一般我們常列舉下三角矩陣的內容數值於報告中。
  - Kendall's tau-b 相關係數：用來處理等級(有序分類)的相關係數。
  - Spearman 相關係數：用來處理非常態分佈的等級(有序分類)的相關係數，也稱為無母數的相關分析。
- 顯著性檢定(Test of Significance)：
  - 雙尾檢定(Two-tailed)。
  - 單尾檢定(One-tailed)。

5-19

- 相關顯著性訊號(Flag significant correlations)：在結果中，用星號標記顯著性的相關，一般情形下，P<0.05 標記一顆星號(*)，P<0.01 標記二顆星號(**)。

4. 結果如下圖

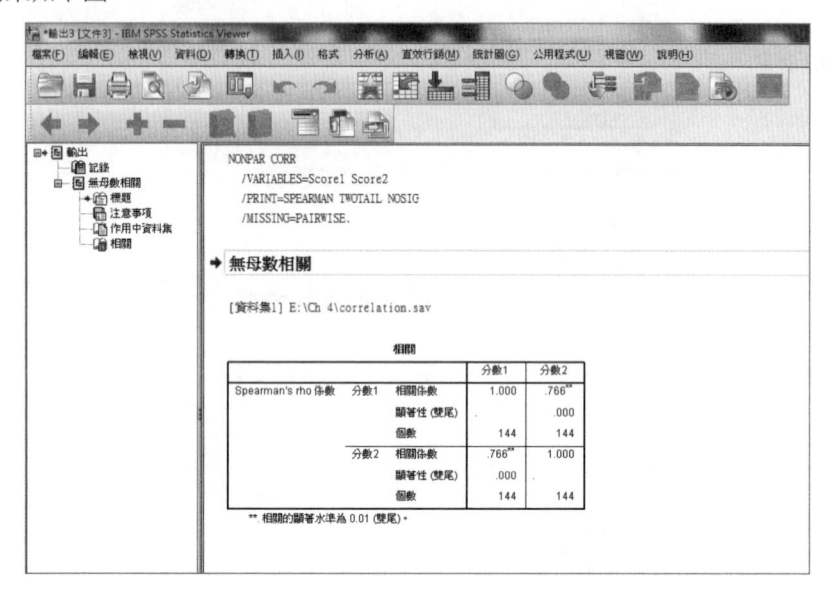

令 H0:無相關，H1:有相關，分數 1 與分數 2 的顯著性為 0.000，小於 0.05，拒絕 H0，結果為顯著相關，相關係數為 0.766。

5-6 淨相關

淨相關(Partial Correlation)又被稱為偏相關，在前面 Pearson 相關係數討論中，我們是直接探討二個變數之間的相關程度，但是，如果這二個變數同時與第三個變數有關係時，也就是說，這二個變數可能會受到第三個變數的干擾，這時，我們想了解原先二個變數的相關是否是由第三個變數所造成的影響，就可以將第三個變數的影響效果控制住，也就是計算與第三個變數有相關部份排除後，原先二個變數的純淨相關。

淨相關係數的展示式：例如有 X_1, X_2 兩變數，第三變數為 X_3

X_1 和 X_2 相關係數 $= r_{12}$
X_1 和 X_3 相關係數 $= r_{13}$
X_2 和 X_3 相關係數 $= r_{23}$
X_1 和 X_2 相關係數並排除 r_{13} 和 r_{23} 時的淨相關係數$= r_{12.3}$

相關分析(Correlation Analysis)

$$r_{12.3} = \frac{r_{12} - r_{13}r_{23}}{\sqrt{1-r_{13}^2}\sqrt{1-r_{23}^2}}$$

研究假設：

虛無假設 $H_0 : r = 0$　兩者無淨相關

對立假設 $H_1 : r \neq 0$　兩者有淨相關

✪ 範例：

易用性與傾向使用均與有用性成正相關，計算易用性與傾向使用的淨相關。(題項：PU、PEOU、ITU)

$H_0 : r = 0$

$H_1 : r \neq 0$

H_0 無關係，H_1 有關係

淨相關的操作步驟如下：

開啟 correlation.sav (在 C:\Ch5)

1. 點選[分析/相關/偏相關]

按這裏

5-21

2. 選擇「易用性」和「傾向使用」至[變數]欄位，選擇「有用性」至「控制的變數」欄位

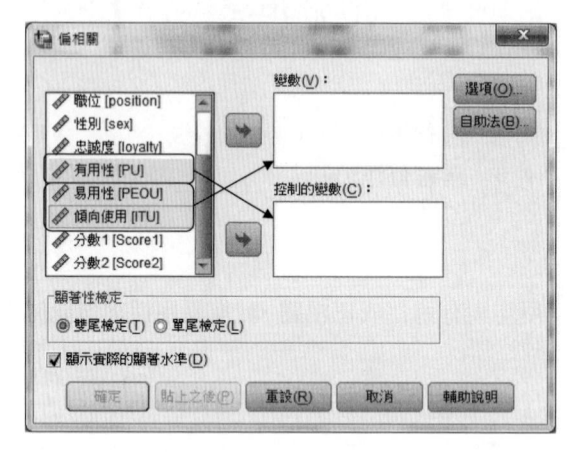

3. 點選[選項]

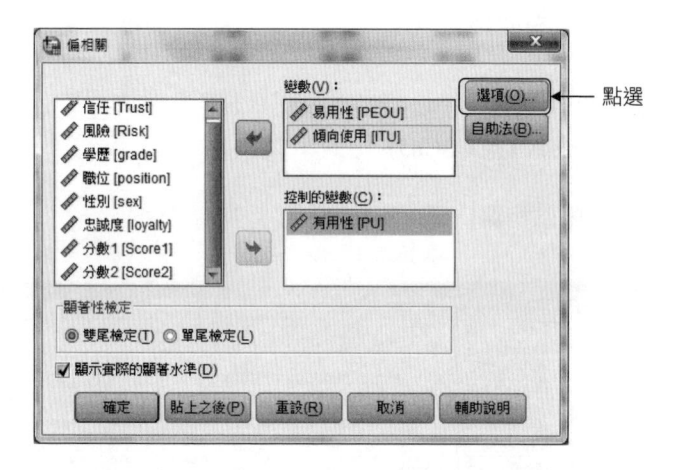

- 顯著性檢定：
  - 雙尾檢定(Two-tailed)。
  - 單尾檢定(One-tailed)。
- 顯示實際的顯著水準：在結果中，用星號標記顯著性的相關，一般情形下，P<0.05 標記一顆星號(*)，P<0.01 標記二顆星號(**)。

相關分析(Correlation Analysis)　**05**

4. 勾選「平均數與標準差」和「零階相關」，點選[繼續]

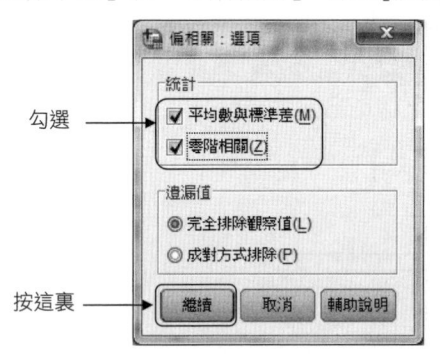

   勾選

   按這裏

- 統計
  - 平均數和標準差
  - 零階相關：顯示控制變數的零階相關係數，也就是積差相關係數。
- 遺漏值：
  - 完全排除觀察值：有遺漏值的樣本皆排除不統計。
  - 成對方式排除：有成對遺漏值的樣本皆排除不統計。

5. 點選[確定]

   按這裏

5-23

6. 結果如下圖

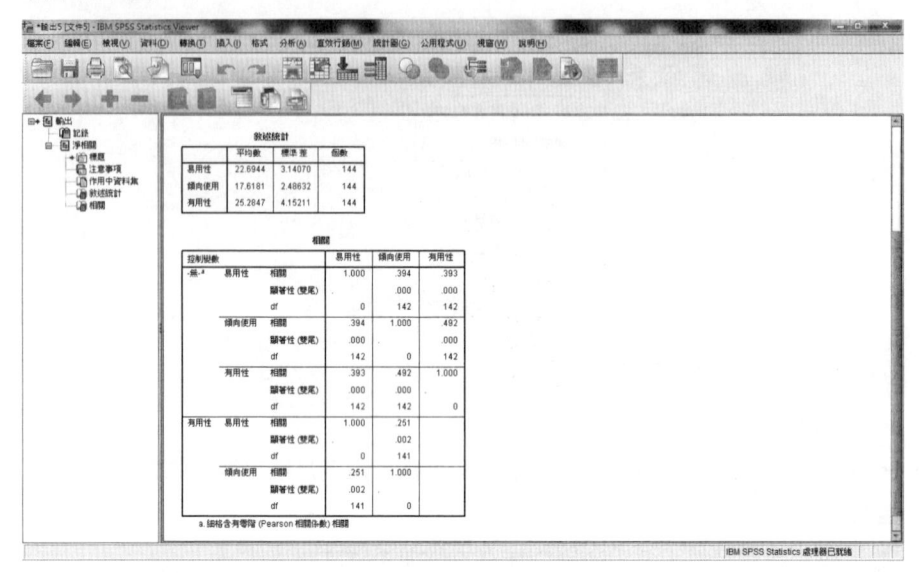

令 H0:無相關，H1:有相關，在未對「有用性」進行控制的情況下，「易用性」與「傾向使用」的顯著性為 0.000，小於 0.05，拒絕 H0，結果為顯著相關，其相關係數=0.394；納入「有用性」做為控制變數後，「易用性」與「傾向使用」的顯著性為 0.000，小於 0.05，拒絕 H0，結果為顯著相關，其相關係數=0.251，由此可知，「易用性」與「傾向使用」兩者之間的淨相關值為 0.251。

我們也可以在範例資料檔下，直接執行下列語法，會得到相同的報表結果：

```
PARTIAL CORR  /VARIABLES= PEOU ITU BY PU  /SIGNIFICANCE=TWOTAIL
/STATISTICS=DESCRIPTIVES CORR   /MISSING=LISTWISE .
```

執行淨相關命令語法的操作步驟如下：

1. 輸入語法

2. 點選[執行/全部]

按這裏

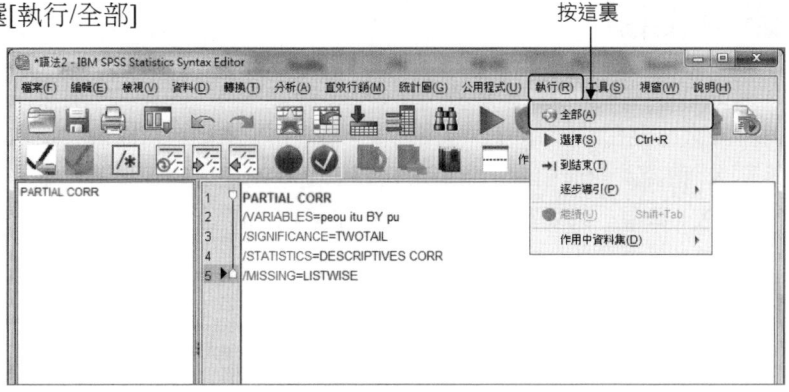

3. 結果如下圖

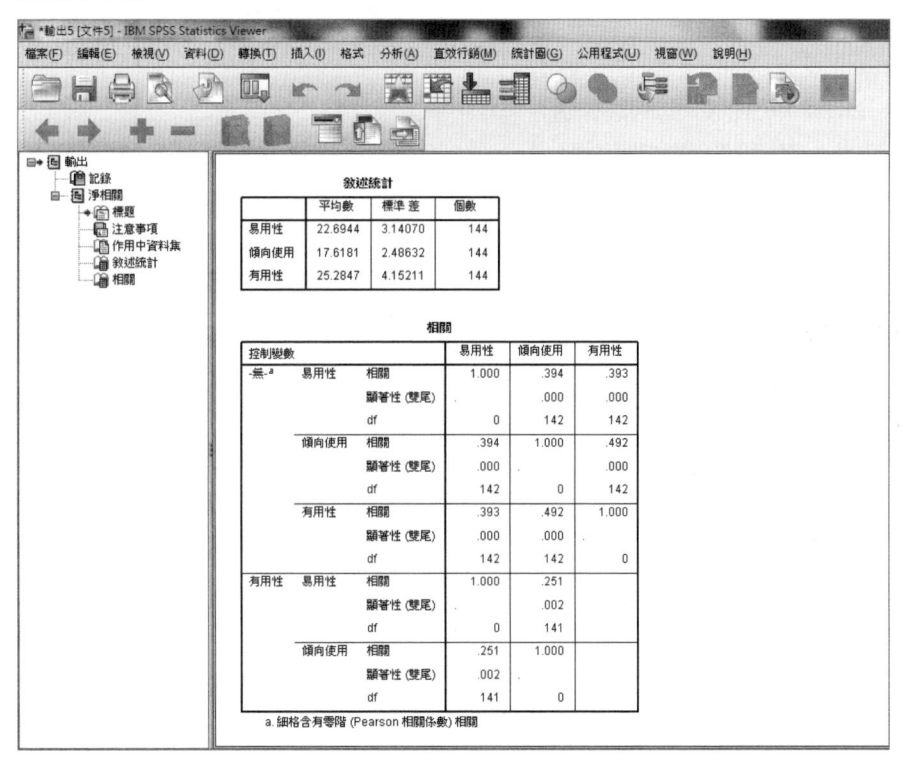

令 H0:無相關，H1:有相關，在未對「有用性」進行控制的情況下,「易用性」與「傾向使用」的顯著性為 0.000，小於 0.05，拒絕 H0，結果為顯著相關，其相關係數=0.394；納入「有用性」做為控制變數後,「易用性」與「傾向使用」的顯著性為 0.000，小於 0.05，拒絕 H0，結果為顯著相關，其相關係數=0.251，由此可知,「易用性」與「傾向使用」兩者之間的淨相關值為 0.251。

5-7 部份相關

部份相關(part correlation)又被稱為半淨相關(semipartial correlation)，原因是部份相關在處理時，是處理淨相關的部份，淨相關是 X_1 和 X_2 變數，排除第三變數 X_3 的影響後，所得到 X_1 和 X_2 的淨相關，而部份相關則是在處理排除效果時，僅處理第三變數 X_3 與 X_1 或 X_2 其中一個變數相關，得到的結果稱為部份相關。

部份相關的表示式：

$$r_{1(2.3)} = \frac{r_{12} - r_{13}r_{23}}{\sqrt{1-r_{23}^2}}$$

$r_{1(2.3)}$ ：X_2 中排除 X_3 的影響力
r_{12} ：X_1 和 X_2 的相關係數
r_{13} ：X_1 和 X_3 的相關係數
r_{23} ：X_2 和 X_3 的相關係數

注意：請比較淨相關和部份相關的表示式，會發覺只有分母部份不相同，這意味著，淨相關和部份相關的值不會一樣，一般淨相關的絕對值會大於部份相關的絕對值。

✪ 範例：

易用性與傾向使用均與有用性成正相關，計算易用性與傾向使用的淨相關。(題項：PU、PEOU、ITU)

$H_0 : r = 0$
$H_1 : r \neq 0$
H_0 無關係，H_1 有關係

部份相關的操作步驟如下：

相關分析(Correlation Analysis) 05

開啟 correlation.sav (在 C:\Ch5)

1. 點選[分析/迴歸/線性]

按這裏

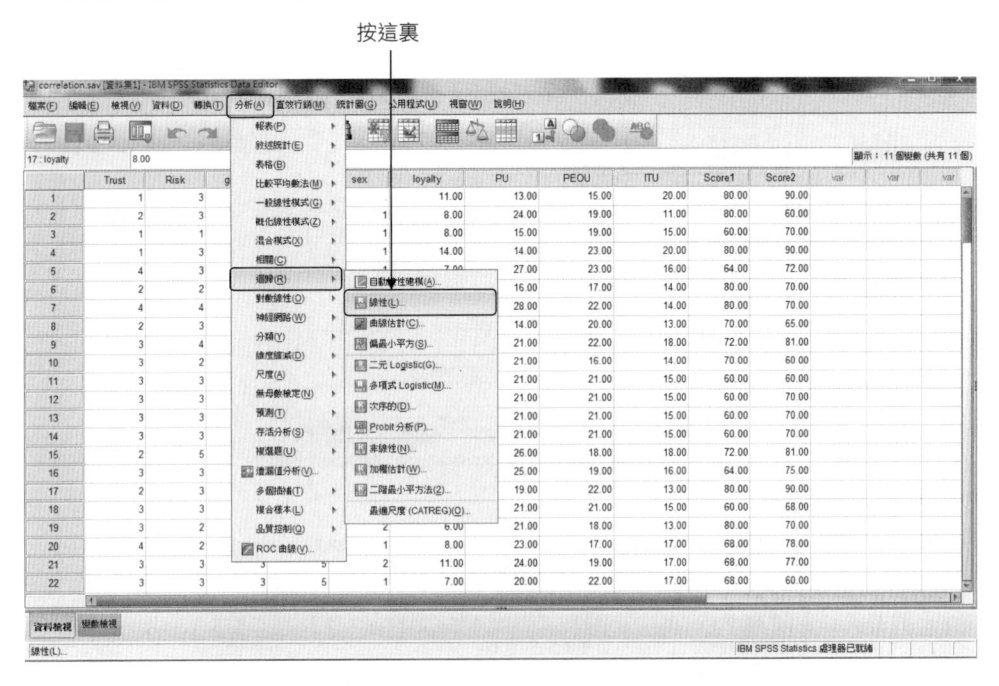

2. 選擇「傾向使用」至依變數欄位

①選取

②按這裏

3. 選擇「有用性」與「易用性」至自變數欄位

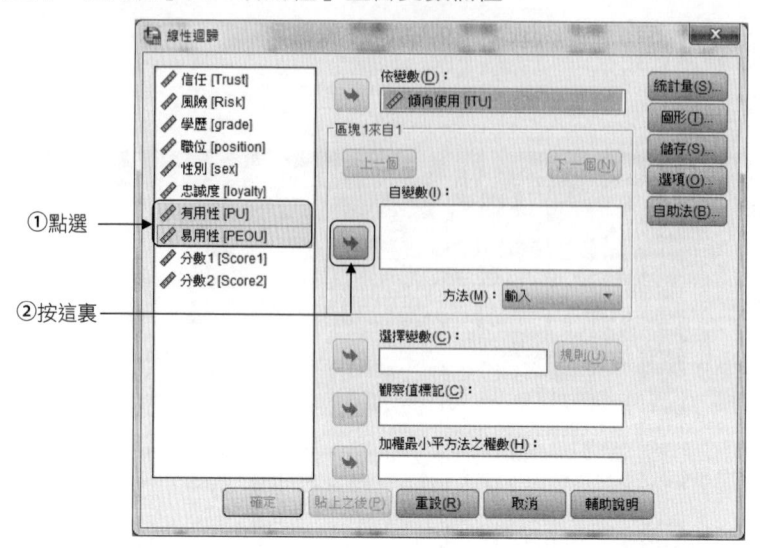

①點選 → 有用性 [PU]、易用性 [PEOU]
②按這裏 → （箭頭按鈕）

4. 點選[統計量]

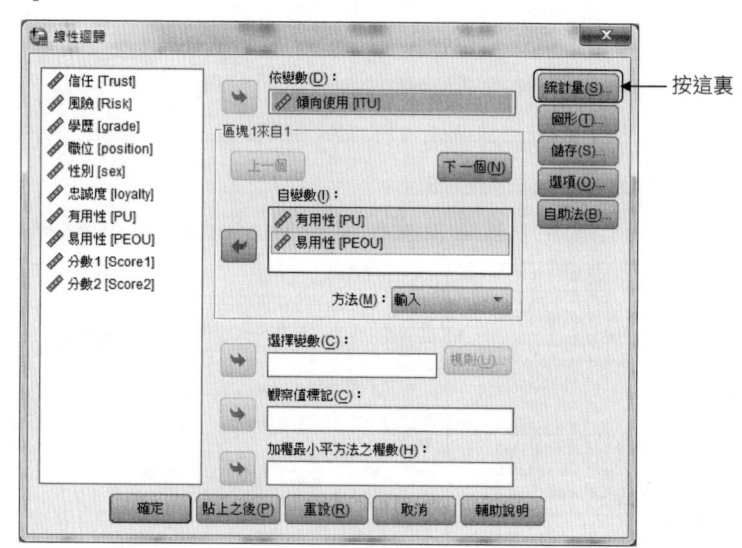

按這裏 → 統計量(S)

5. 結果如下圖

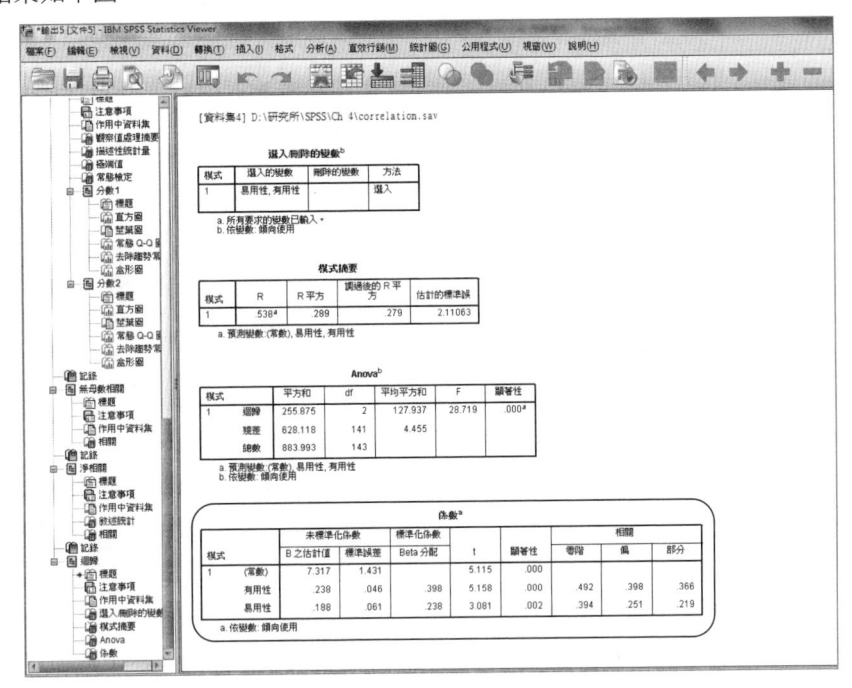

由上表可知，有用性與傾向使用的淨相關為 0.398，部分相關為 0.366；易用性與傾向使用的淨相關為 0.251，部分相關為 0.219。

我們也可以在範例資料檔下，直接執行下列語法，會得到相同的報表結果：

```
REGRESSION  /MISSING LISTWISE  /STATISTICS COEFF OUTS R ANOVA ZPP
/CRITERIA=PIN(.05) POUT(.10)  /NOORIGIN  /DEPENDENT ITU
/METHOD=ENTER PU PEOU  .
```

執行部份相關命令語法的操作步驟如下：

1. 輸入語法

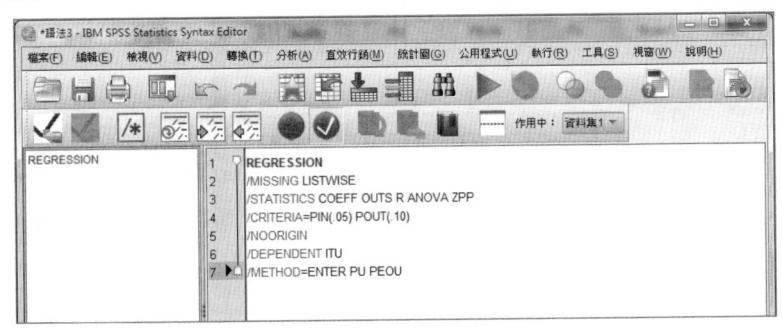

2. 點選[執行/全部]

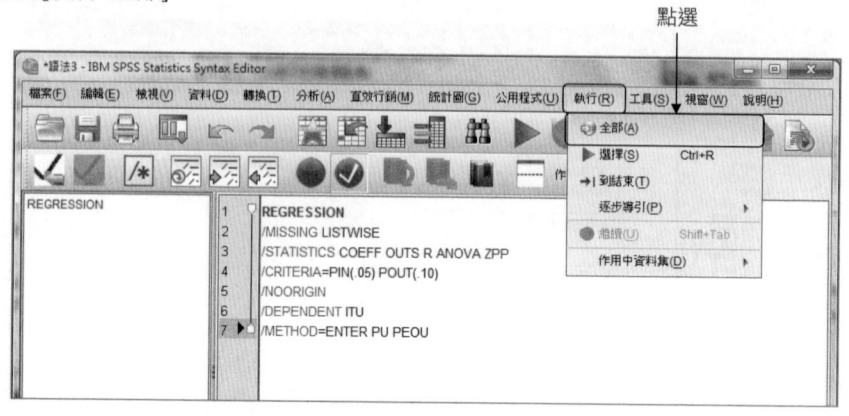

3. 結果如下圖

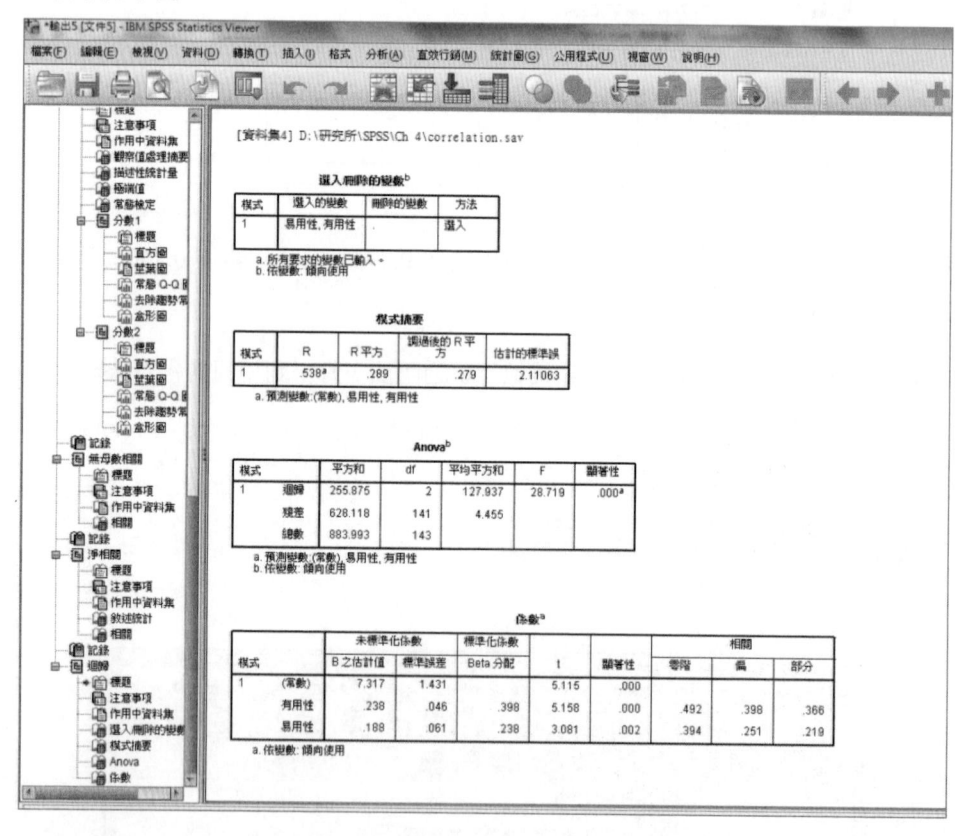

由上表可知，有用性與傾向使用的淨相關為 0.398，部分相關為 0.366；易用性與傾向使用的淨相關為 0.251，部分相關為 0.219。

5-8 寫作參考範例

相關分析探討的是兩個變數之間的相關程度,包括強度和方向。Pearson 積差相關係數是適用於 2 個變數都是連續變數的情況。Spearman 等級相關係數適用於兩個變數皆為順序標度,其目的是在算出兩組等級之間一致的程度。淨相關又被稱為偏相關,是兩個變數在排除了其餘部分或全部變數影響情形下的淨相關性或純相關性。正確的書寫方式,參考以下範例。

5-8-1 Pearson 積差相關的寫作參考範例

- Kim, K., Mithas, S., and Kimbrough, M. 2017. "Information Technology Investments and Firm Risk Across Industries: Evidence from the Bond Market," MIS Quarterly (41:4), pp. 1347–1367.

作者研究債權人對資訊技術(IT)投資風險認知的各行業差異。我們在資訊技術投資與初始債券評級和收益率差異之間記錄的關聯表明,信用評級機構和債券投資者認為自動化和資訊產業的資訊技術投資風險低於轉型行業。我們記錄了資訊技術投資與變革行業中比自動化或資訊行業更不穩定的未來現金流相關聯。調查結果表明,債券投資者更喜歡自動化行業的資訊技術投資,其中資訊技術投資的現金流收益較小但比轉型行業更穩定。這些調查結果提供了重要的見解。

"Table A5 in Appendix A provides Pearson coefficients and shows a positive (negative) association of IT investments with bond ratings (yield spreads). The correlation coefficients are significant for the bond rating and yield spread. The correlation coefficients of control variables with cost of debt variables generally show results consistent with prior studies. Firm size, profitability, and interest coverage are positively associated with bond ratings, while leverage is negatively associated. The variables exhibit opposite signs with yield spreads. Finally, bond rating and yield spreads are negatively correlated."[p. 1355]

Pearson 積差相關係數是適用於 2 個變數都是連續變數的情況。作者使用 Pearson 積差相關分析各變數之間的相關性。資訊投資(IT Investment)與債券評級(bond rating)/利差(yield spreads)呈正/負相關;債券評級和利差具有相關性;控制變數公司規模(firm size)、盈利能力(profitability)和利息償付率(interest coverage)與債券評級呈正相關,而與利差呈負相關,表現出相反差異的跡象。最後得出債券評級和利差呈負相關。

表 5-2 相關係數

Table A5. Correlations	(1)	(2)	(3)	(4)	(5)	(6)	(7)	(8)	(9)	(10)	(11)	(12)
(1) Ln (IT Investment)	1											
(2) Bond Rating	0.38[a]	1										
(3) Ln (Spread)	−0.13[c]	−0.67[a]	1									
(4) Ln (Firm Size)	0.76[a]	0.36[a]	−0.18[b]	1								
(5) Leverage	−0.28[a]	−0.50[a]	0.36[a]	−0.24[a]	1							
(6) Profit	−0.05	0.30[a]	−0.39[a]	−0.29[a]	−0.03	1						
(7) Interest Coverage	0.14[c]	0.40[a]	−0.28[a]	0.03	−0.51[a]	0.41[a]	1					
(8) MtB	0.16[b]	0.24[a]	−0.22[a]	0.13[c]	−0.18[b]	0.13[c]	0.21[a]	1				
(9) Maturity	0.08	0.11[c]	−0.11	0.05	−0.10	0.20[b]	0.08	0.05	1			
(10) Ln (BondAmount)	0.56[c]	0.09	0.03	0.57[a]	0.04	−0.21[a]	0.07	0.01	−0.07	1		
(11) Redeemable	0.09	−0.26[a]	0.45[a]	0.04	0.31[a]	−0.10	−0.01	−0.08	−0.01	0.45[a]	1	
(12) Subordination	−0.20[b]	−0.42[a]	0.29[a]	−0.21[a]	0.18[b]	−0.05	−0.03	−0.05	−0.06	0.29[a]	0.09	1
(13) Investment Debt	0.33[c]	0.71[a]	−0.57[a]	0.36[a]	−0.31[a]	0.13[c]	0.10	0.18[b]	0.13[c]	0.11[c]	−0.17[a]	−0.52[a]

[a] $p < .001$, [b] $p < .01$, [c] $p < .05$.

5-8-2 Spearman 等級相關的寫作參考範例

- Ye, S., Gao, G. (Gordon), and Viswanathan, S. 2011. "Strategic Behavior in Online Reputation Systems: Evidence from EBay," SSRN Electronic Journal (38:4), pp. 1033–1056.

　　本研究探討了賣家如何應對 EBay 上聲譽系統設計的變化。具體而言，作者關注 EBay 聲譽系統中的一個特定策略行為：賣方明確報復買方提供的負面回饋，強迫買方撤銷其負面回饋。作者研究了這些策略賣家如何回應他們對買家進行報復的能力。EBay 聲譽系統提供了一個自然的實驗環境，使作者能夠推斷出聲譽系統對賣方行為的因果影響。結果顯示，強迫買家通過報復來撤銷他們的負面回饋，使低品質的賣家能夠操縱他們的聲譽並偽裝成高品質的賣家。作者發現這些賣家對 EBay 宣佈禁止撤銷禁令的行為反應強烈。有趣的是，在這些策略賣家的力量受到限制之後，我們發現他們會更加努力地提高他們的聲譽得分。本研究為信譽系統與賣方行為之間的關係提供了有價值的見解，這對於線上聲譽機制的設計具有重要意義。

　　"The descriptive statistics and correlation matrix of the variables in the regression are provided in Tables 3 and 4. The maximum VIF is 1.59, well below the threshold of 10, indicating that there is no multicollinearity among the independent variables."[p1040]

表 5-3 相關係數矩陣

Table 4. Correlation Matrix

Variable	VIF	(1)	(2)	(3)	(4)	(5)	(6)	(7)	(8)	(9)	(10)	(11)	(12)
(1)	1.39	1.00											
(2)	1.29	0.36*	1.00										
(3)	1.04	0.02*	-0.07*	1.00									
(4)	1.16	-0.28*	-0.16*	0.07*	1.00								
(5)	1.59	0.45*	0.45*	-0.18*	-0.19*	1.00							
(6)	1.01	0.01*	0.04*	-0.05*	-0.01	0.00	1.00						
(7)	1.01	0.03*	0.01	-0.03*	-0.00	-0.02	0.86*	1.00					
(8)	1.01	0.06*	0.06*	-0.04*	-0.02	0.04*	0.58*	0.07*	1.00				
(9)	1.01	-0.02	0.05*	-0.03*	-0.03*	0.08*	0.38*	0.07*	0.63*	1.00			
(10)	1.00	-0.00	-0.01	-0.02	0.01	-0.01	0.19*	0.02	0.33*	-0.00	1.00		
(11)	1.00	0.01	0.03*	-0.02	-0.01	-0.02	0.38*	0.03*	0.69*	0.00	-0.00	1.00	
(12)		0.03*	-0.02	0.05*	0.04*	-0.04*	0.07*	-0.01	0.16*	0.27*	0.01	-0.01	1.00

Note: Pair-wise Spearman correlation is reported. *Indicates $p < 0.05$.

表 5-3 提供了變數的 Spearman 相關矩陣，最大方差膨脹因數為 1.59，遠低於 10 的閾值，表明獨立變數之間沒有多重共線性。

5-8-3 偏相關的寫作參考範例

- Raymond, L. 2015. "Organizational Context and Information Systems Success: A Contingency Approach," Journal of Management Information Systems (6:4), pp. 5–20.

對於資訊系統的成功，組織因素與個體因素同樣重要。本文將選定的組織因素，即組織規模、成熟度、資源、時間框架和 IS 複雜程度與使用者滿意度和系統使用情況聯繫起來。該模型通過對 34 家中小型製造企業的實證調查進行測試。資料分析結果表明，雖然組織時間框架和資訊系統複雜性對滿意度和使用率有直接影響，但規模、成熟度和資源的影響是由資訊系統複雜性調節的。

"An attempt was made to verify these assumptions by calculating partial correlation coefficients. In the first case, the potential intervening effect of IS sophistication was removed from the relationship between the organizational context variables and IS success. In the second case, the potential intervening effect of the organizational context variables was removed from the relationship between IS sophistication and IS success. The partial correlation values thus obtained are presented in Table 3 and can be compared with the initial zero-order correlations in Table 2.

One can see that positive relationships between size and user satisfaction, maturity and user satisfaction, and maturity and offline usage become nonsignificant when the effect of IS sophistication is removed, thus qualifying the support given Hypotheses 1 and 2 in that part of the effect of size and maturity on IS success is indirect rather than direct. Secondly, significant but negative relationships appear between resources and user satisfaction, and resources and offline usage, contradicting Hypothesis 3." [p. 16]

表 5-4 資訊系統成功的情景因素的偏相關係數（n=34）

Table 3　Partial Correlations of the Context Variables with Is Success ($n = 34$)

	user satisfaction	offline usage	online usage
size (controlling for IS sophistication)	.20	−.14	.28*
maturity (controlling for IS sophistication)	.19	.11	−.02
resources (controlling for IS sophistication)	−.42***	−.06	−.29*
time frame (controlling for IS sophistication)	.58****	.11	.41***
IS sophistication (controlling for size, maturity, resources, time frame)	.59****	.34**	.33**

*$p < .1$　**$p < .05$　***$p < .01$　****$p < .001$

作者通過計算偏相關係數來驗證假設。從表 5-4 中可以看出，當去除 IS 複雜性的影響時，規模和使用者滿意度，成熟度和用戶滿意度以及成熟度和離線使用之間的正相關關係變得不顯著，因此假設 1 和假設 2 支援符合規模和成熟度對 IS 成功影響的部分是間接的而不是直接的。其次，資源與用戶滿意度，資源與線下使用之間存在負向的顯著關係，與假設 3 相矛盾。

以上是相關分析的論文寫作方式，讀者可以學習和依照需求修改自己的文章。

CHAPTER 6 卡方檢定

6-1 卡方檢定(X² test)

　　最早由英國卡爾‧皮爾森(Karl pearson)在 1900 年發表，適用於類別變數(categorical variables)的檢定。在一般文獻中，當提及卡方檢定而沒有特別指明類型時，通常是指皮爾森卡方檢定(Pearson's chi-squared test)。卡方檢定適用於非連續變項(例如：類別或次序變數)之差異分析，卡方檢定的虛無假設是：一個樣本中已發生事件(類別變數)的次數分配會服從某個理論分配。其中事件必須互斥並且所有事件機率總合等於 1。卡方分配可以協助我們利用樣本的變異數來推論母體變異數，母體變異數代表著資料的分散程度。隨著應用的不同，對於資料分散的程度也有不同的使用，例如：對於獲利程度而言，值是較大較好，但對於品管的變異數而言，則是愈小愈好。卡方檢定則是利用卡方分配(卡方值)來進行檢定，適用於分類變數的分析，若是單一類別的變數，可以得到次數的分配，若是有兩個類別，則可以使用交叉表(cross-tabulation)分析，而且使用卡方(Chi-Square, X^2)來作檢定。若是多群體類別的變數，則可以使用列聯表(Contingency table)分析，也是使用卡方(Chi-Square, X^2)值來作檢定。卡方檢定常用的應用有三大類，分別是適配度檢定(good-of-fit test)，獨立性檢定(test of independence)和同質性檢定(test of homogeneity)，我們分別介紹如後。

6-2 適配度檢定(good-of-fit test)

　　當我們想了解某一個變數是否與某個理論或母體分配相符合時，就可以使用卡方檢定的應用之一「適配度檢定」，適配度檢定的內容是一個變數，因此，也稱為單因子分類(one-way classification) 檢定。卡方的適配度檢定是取樣本的觀察值和母體的期望值作比較，而卡方值愈大，代表觀察值和期望值差異愈大，當卡方值超過某一個臨界值時，就會得到顯著的統計檢定結果。

研究問題的假設如下：

虛無假設 H_0：母體符合某種分配或理論
對立假設 H_1：母體不符合某種分配或理論

若是適配度檢定的結果是顯著，則會拒絕虛無假設 H_0

卡方統計量的定義如下：

$$X^2 = \sum_{i=1}^{K} \frac{(O_i - E_i)^2}{E_i}$$

O_i = 樣本的觀察值

E_i = 理論推算的期望值

範例：某電腦公司在資訊展時，分別售出筆記型電腦白色 50 台，黑色 40，灰色 30 台，該電腦公司想要知道，消費者對筆記型電腦的顏色偏好是否有差異？

我們整銷售的資料如下：

類別 觀察值	白色	黑色	灰色
售出數量	50	40	30

虛無假設 H_0：消費者對筆記型電腦顏色的偏好是相同的
對立假設 H_1：消費者對筆記型電腦顏色的偏好是不相同的

期望值 = 總人數 ＊每種結果的機率

$= (50+40+30) * (\frac{1}{3})$

$= 40$

$X^2 = \sum_{i=1}^{K} \frac{(O_i - E_i)^2}{E_i}$

$= \frac{(50-40)^2}{40} + \frac{(40-40)^2}{40} + \frac{(40-30)^2}{40}$

$= 2.5+0+2.5$

$= 5$

自由度 = (3-1) = 2

查表：

假設顯著水準 α 訂定為 5%，自由度為 2，查卡方分配臨界值表 X^2 = 5.99

結果：
我們計算卡方統計量為 5，小於卡方分配臨界值 5.99，因此，我們接受虛無假設 H_0，消費者對筆記型電腦顏色的偏好是相同的。

卡方適配度檢定的實務操作如下：
(請先將範例檔 Ch6 複製到 C:\Ch6)

1. 開啟 expected.sav (在 C:\Ch6)，點選[資料/加權觀察植]

按這裏

2. 勾選「觀察值加權依據」，選擇「Sale」至次數變數欄位

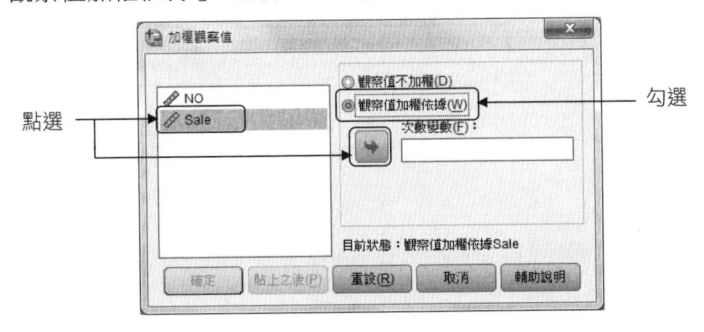

點選　　　　　　　勾選

3. 選擇完畢後，點選[確定]

4. 點選[分析/無母數檢定/歷史對話記錄/卡方]

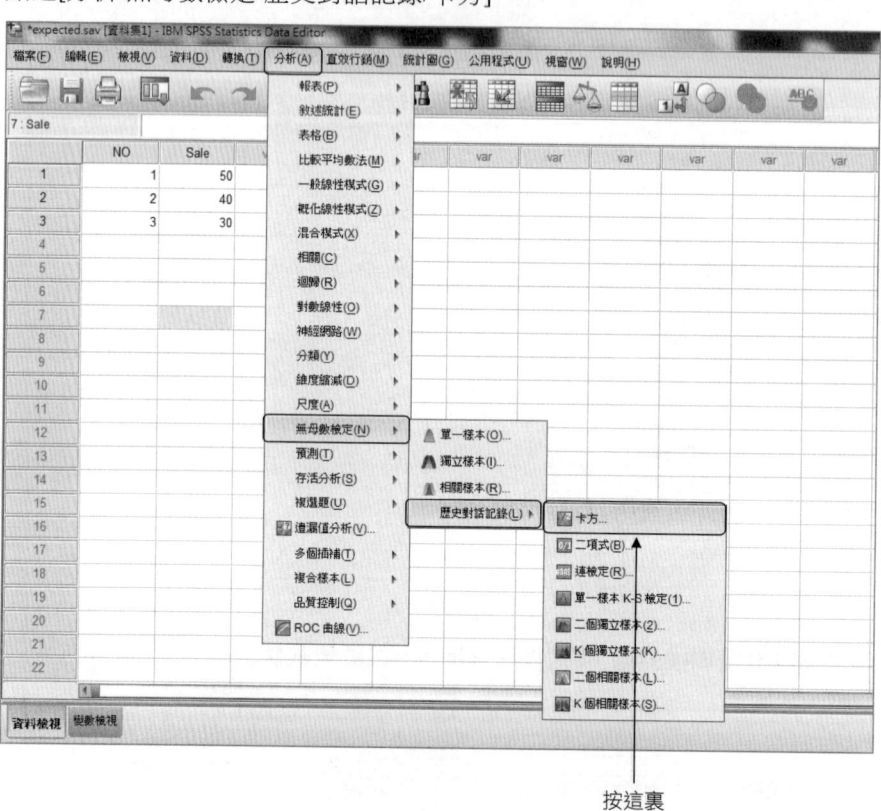

卡方檢定 **06**

5. 選擇「Sale」至[檢定變數清單]欄位

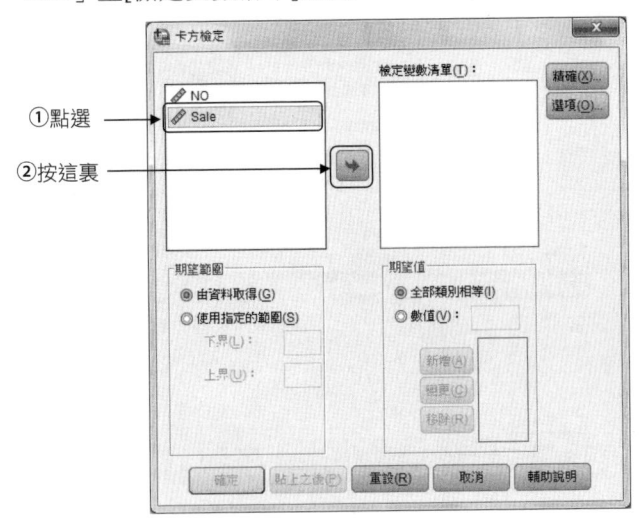

6. 點選[選項]

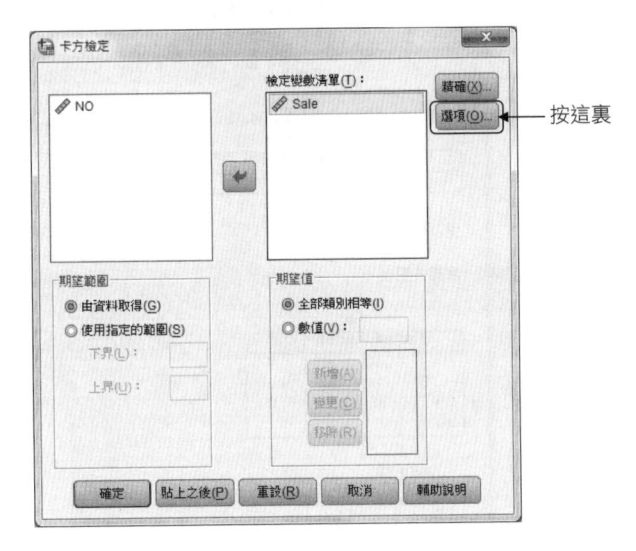

7. 勾選「描述性統計量」，點選[繼續]

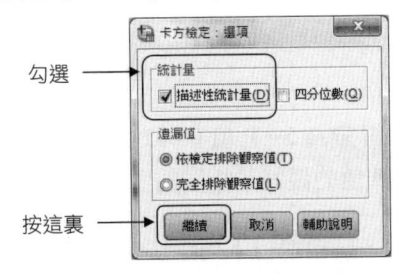

6-5

8. 選擇完畢後,點選[確定]

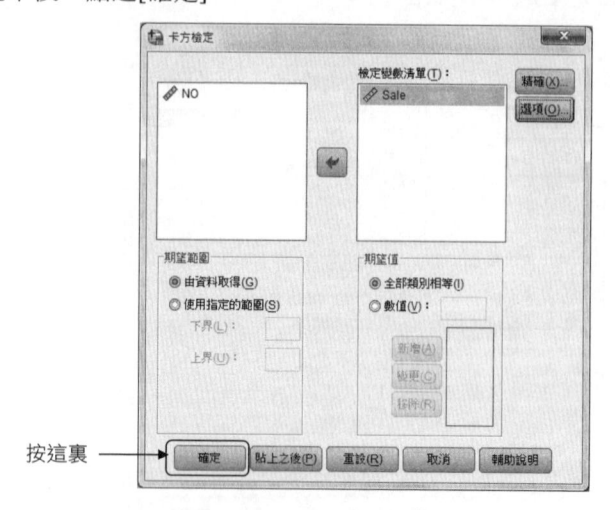

   按這裏

9. 結果如下圖

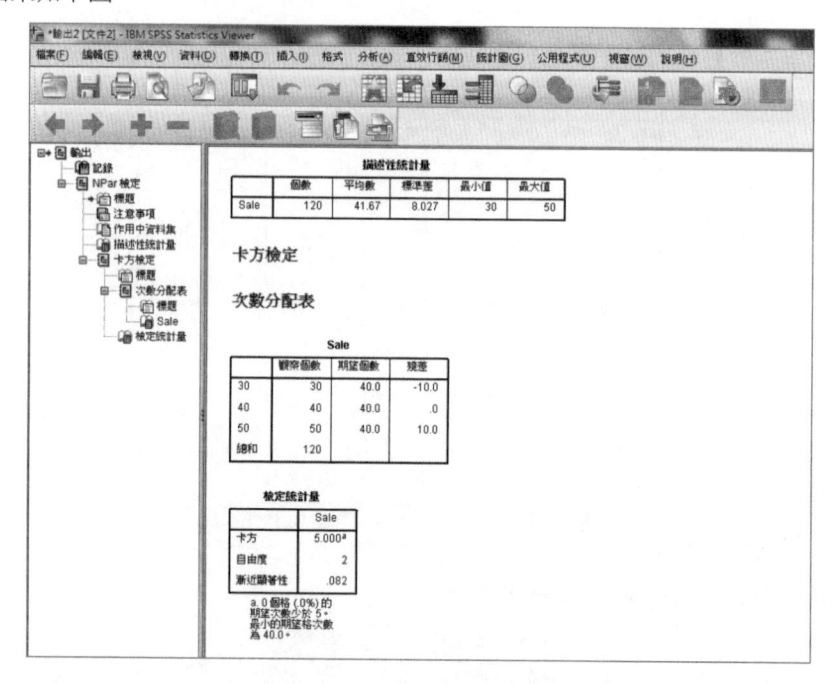

結果:

　　從表中我們可以看到卡方統計量為 5,P 值 0.082 大於 0.05,因此,我們接受虛無假設 H_0,消費者對筆記型電腦顏色的偏好是相同的。

　　我們也可以在範例資料檔下,直接執行下列語法,會得到相同的報表結果:

```
NPAR TEST  /CHISQUARE=Sale  /EXPECTED=EQUAL  /STATISTICS
DESCRIPTIVES  /MISSING ANALYSIS.
```

執行卡方檢定命令語法的實務操作如下：

1. 輸入語法

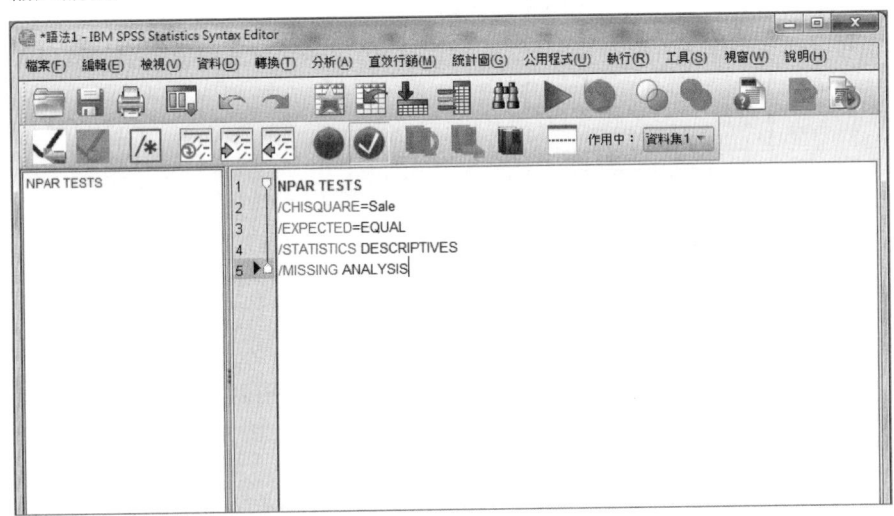

2. 點選[執行/全部]

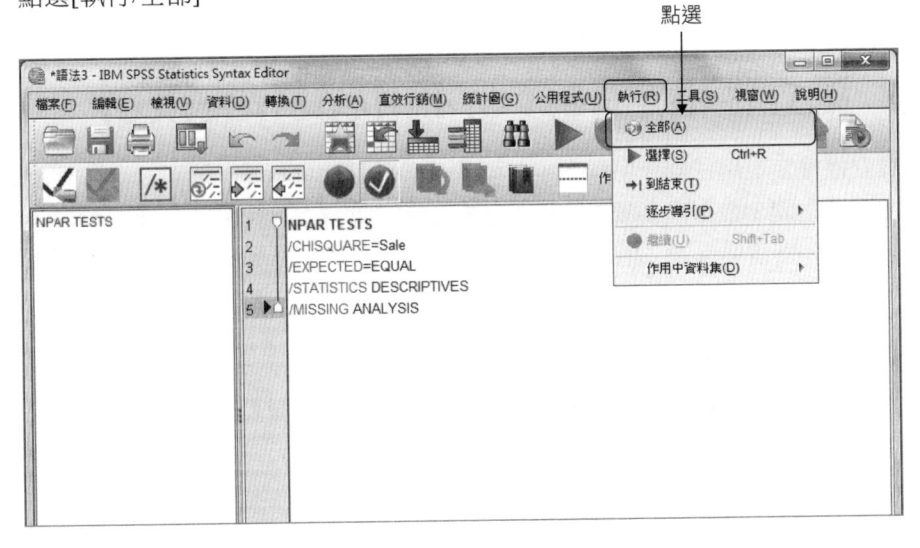

3. 結果如下圖

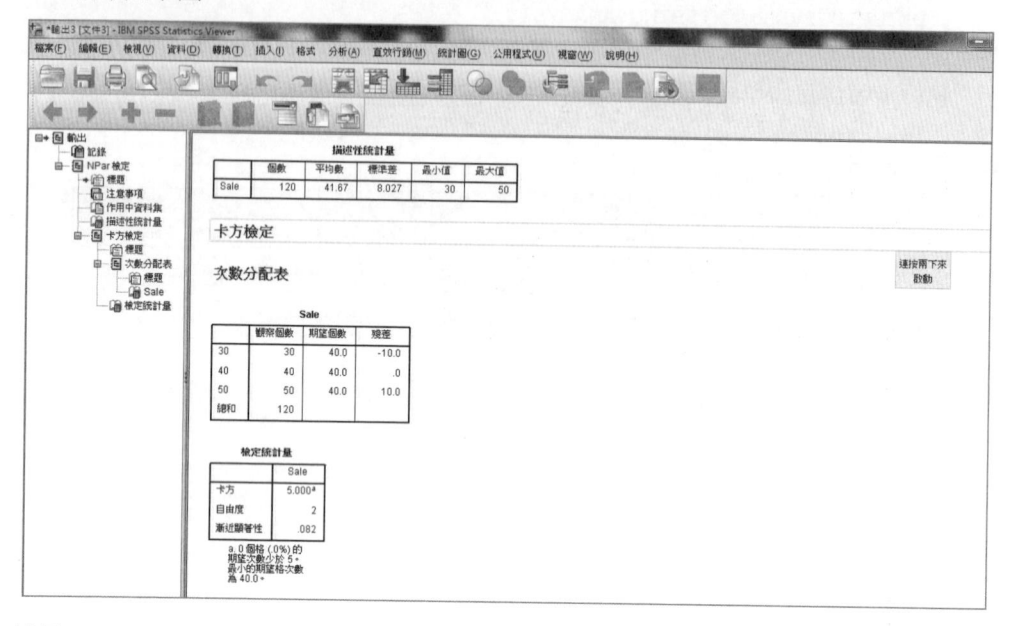

結果：

從表中我們可以看到卡方統計量為 5，P 值 0.082 大於 0.05，因此，我們接受虛無假設 H_0，消費者對筆記型電腦顏色的偏好是相同的。

6-3 獨立性檢定(test of independence)

獨立性檢定是用在同一個樣本中，兩個變數的關聯性檢定，也就是說，在探討兩個類別變數之間，是否互為獨立，或則是有相依的關係存在，獨立性檢定的結果，若是達到顯著，則需要查看二個變數的關聯性強度，我們整理如下：

2×2 列連表：查看 ϕ(phi)相關係數

3×3 列連表：查看列聯係數(coefficient of contingency)

注意：4×4，5×5，6×6：也是查看列聯係數。

2×3 列連表：查看 Cramer's V 係數

注意：(3×2，2×4，3×4…)：也是查看 Cramer's V 係數。

註解：一般建議不超過 16 個方格，也就是使用小於 4×4 或 3×5 的表格，以免難於解釋結果，另外，一般也常用 Lamda(λ)係數來解釋兩個變數的關係，λ 係數是以一個變數可以解釋另一個變數時，削減誤差比率(Proportioned Reduction in Error)，愈大代表兩個變數的關連性愈強。

電腦公司銷售筆記型電腦，男性分別購買白色 50，黑色 60，灰色 50，女性分別購買白色 70，黑色 30，灰色 40，我們想要了解性別(男、女)在購買筆記型電腦時，對於顏色的選擇是否有差異？

首先，我們整理男女購買筆記型電腦的觀察值如下：

	白色	黑色	灰色	(加)總計
男	50	60	50	160
女	70	30	40	140
(加)總計	120	90	90	300

研究問題的假設如下：

　　虛無假設 H_0：兩個變數相互獨立，代表男女性別與購買筆記型電腦顏色無關
　　對立假設 H_1：兩個變數相互關連(相依)，代表男女性別與購買筆記型電腦顏色有關

$$\text{理論的期望值} = \frac{\text{橫列總計}}{\text{總計}} * \frac{\text{縱列總計}}{\text{總計}} * \text{總計}$$

$$\text{自由度} = (\text{列的數目} - 1)(\text{行的數目} - 1) = (r-1)(j-1)$$

我們計算男女購買筆記型電腦的理論期望值如下：

男性購買白色 $= \frac{160}{300} \times \frac{120}{300} \times 300 = 64$

男性購買黑色 $= \frac{160}{300} \times \frac{90}{300} \times 300 = 48$

男性購買灰色 $= \frac{160}{300} \times \frac{90}{300} \times 300 = 48$

女性購買白色 $= \frac{140}{300} \times \frac{120}{300} \times 300 = 56$

女性購買黑色 $= \frac{140}{300} \times \frac{90}{300} \times 300 = 42$

女性購買灰色 $= \frac{140}{300} \times \frac{90}{300} \times 300 = 42$

我們整理男女購買筆記型電腦的理論期望值如下：

	白色	黑色	灰色	(加)總計
男	64	48	48	160
女	56	42	42	140
(加)總計	120	90	90	300

我們整理觀察值和理論的期望值如下：

	白色	黑色	灰色	(加)總計
男	50 (64)	60 (48)	50 (48)	160
女	70 (56)	30 (42)	40 (42)	140
(加)總計	120	90	90	300

註：(數字)代表理論的期望值

卡方檢定統計量：

$$X^2 = \sum_{i=1}^{r}\sum_{j=1}^{c}\frac{(O_{ij}-E_{ij})^2}{E_{ij}}$$

O 為觀察次數，E 為期望次數

若 $X^2 > X^2_{(r-1)(c-1)\alpha}$ 則拒絕虛無假設 H_0

$$X^2 = \frac{(50-64)^2}{64} + \frac{(60-48)^2}{48} + \frac{(50-48)^2}{48} + \frac{(70-56)^2}{56} + \frac{(30-42)^2}{42} + \frac{(40-42)^2}{42}$$
$$= 13.17$$

查表：

假設顯著水準α行為 5%，自由度= (3-1)(2-1) = 2，查卡方分配臨界值表 X^2 =5.99

結果：

我們計算卡方統計量為 13.17，大於卡方分配臨界值 5.99，因此，我們拒絕虛無假設 H_0，消費者男女性別與購買筆記型電腦顏色有關。

卡方檢定 **06**

獨立性檢定的實務操作如下：
(先前已將範例檔 Ch6 複製到 C:\Ch6)

1. 開啟範例 independence.sav (在 C:\Ch6)，點選[資料/加權觀察值]

   按這裏

2. 勾選「觀察值加權依據」，選擇「Sale」至次數變數欄位

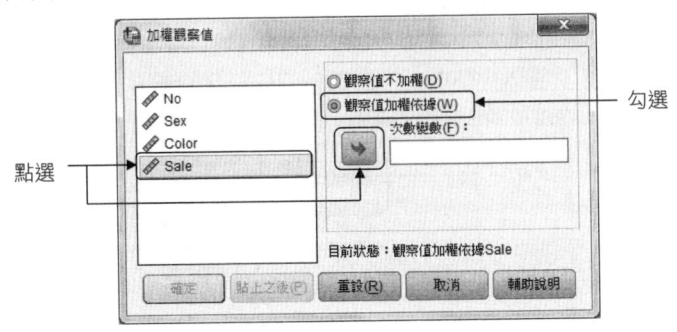

   點選　　勾選

6-11

3. 選擇完畢後，點選[確定]

4. 點選[分析/敘述統計/交叉表]

5. 選擇「Sex」至[列]，選擇「Color」至[欄]，點選[統計量]

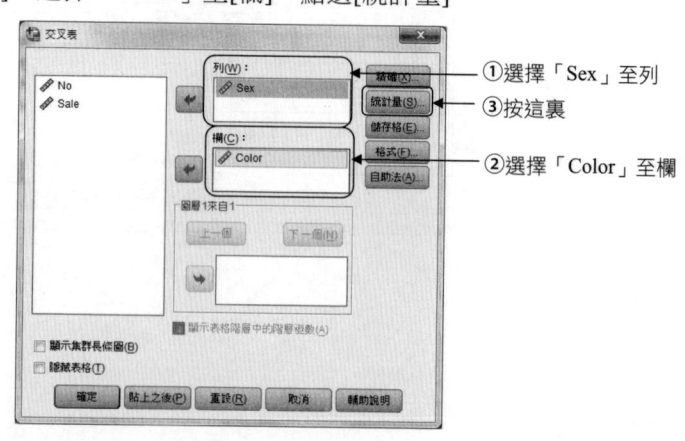

6. 勾選「卡方分配」、「列聯係數」、「Phi 與 Cramer's V」與「Lambda 值」，點選[繼續]

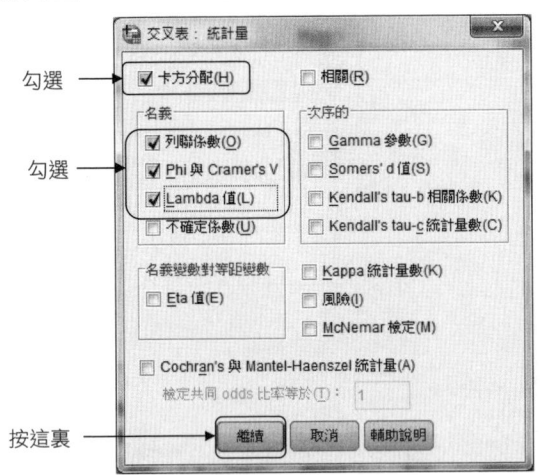

- 卡方分配 (Chi-square)：卡方統計量
- 相關(Correlations)：相關分析，Pearson 和 Spearman 相關係數
- 名義(Nominal)：名義尺度變數
  - 列聯係數(Contingency coefficient)：列聯係數，介於 0~1 之間，值愈大，關係愈強
  - Phi 與 Cramer's V：Phi 係數和 Cramer's 係數，都是介於 0~1 之間，值愈大，關係愈強
  - Lambda 值(L)：自變數對應變數的預測能力，值愈大，預測能力愈強
  - 不確定係數(Uncertainty coefficient)：自變數對應變數的不確定影響多少
- 次序的(Ordinal)：順序尺度變數
  - Gamma 參數：變數關係值一致或不一致
  - Somers'd 值：變數關係值一致或不一致，從 Gamma 變化而來。
  - Kendall's tau-b 相關係數：變數關係值一致或不一致，從 Gamma 變化而來。
  - Kendall's tau-c 統計量數：變數關係值一致或不一致，從 tau-b 變化而來。
- 名義變數對等距變數(Nominal by Interval)：名義變數 vs 等距變數
  - Eta：提供 Eta 值，值愈大，代表關連愈高
- Kappa 統計量數：提供內部一致性的檢定，介於 0~1 之間，值愈大，一致性愈高
- 風險(Risk)：提供風險值
- McNemar 檢定：適用於相同受測者，進行前後二次的量測，以進行配對卡方檢定
- Cochran's 與 Mantel-Hasenszel 統計量：適用於二分類變數的獨立性檢定和同質性檢定

7. 點選[儲存格]

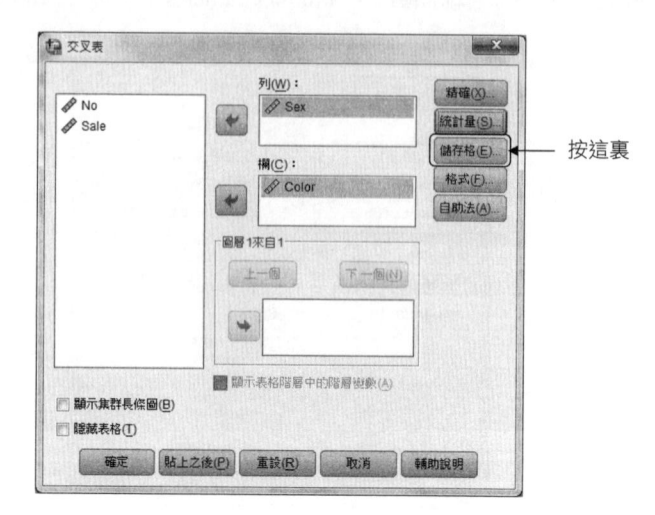

8. 勾選「觀察值」、「列」、「行」和「總和」，點選[繼續]

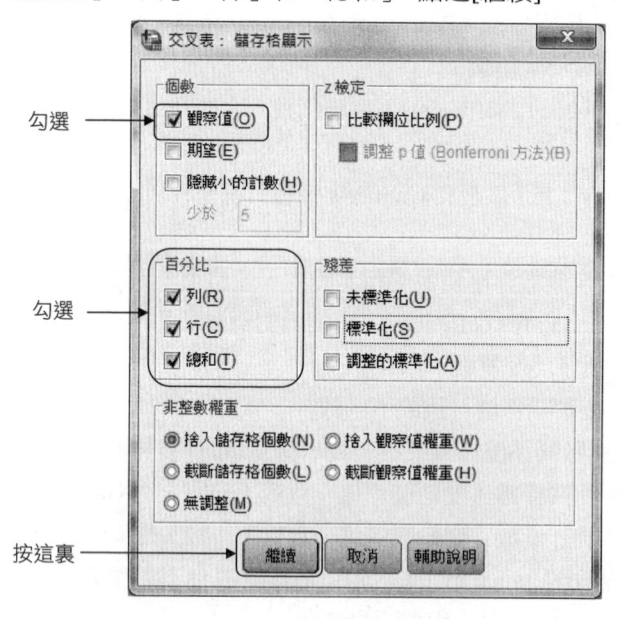

9. 點選[確定]

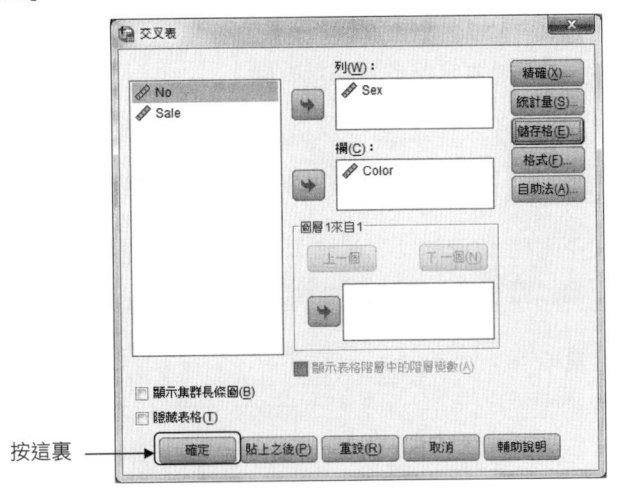

10. 結果如下圖

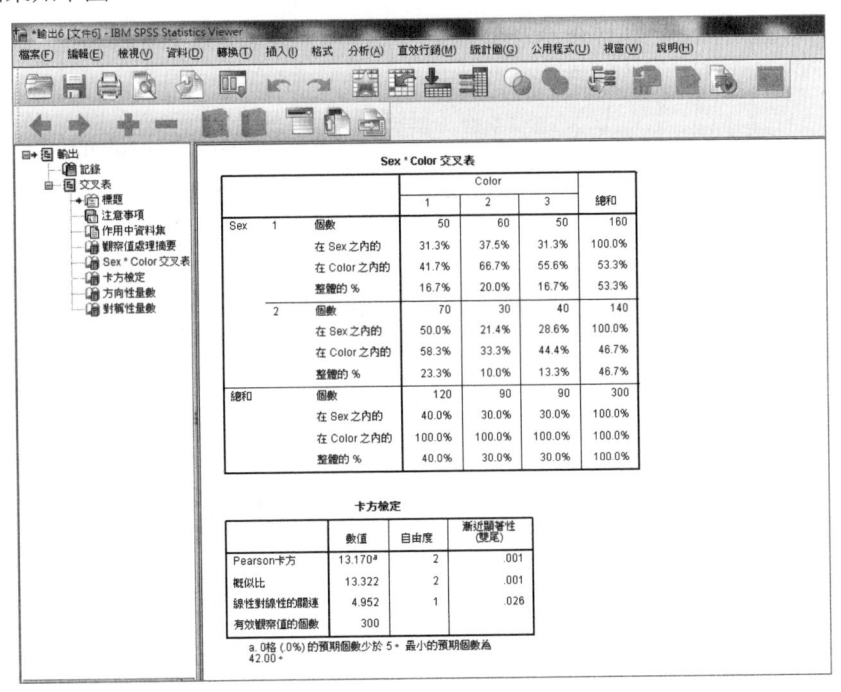

我們也可以在範例資料檔下，直接執行下列語法，會得到相同的結果：

```
CROSSTABS  /TABLES=Sex BY Color  /FORMAT= AVALUE TABLES
/STATISTIC=CHISQ CC PHI LAMBDA  /CELLS= COUNT ROW COLUMN TOTAL  /COUNT
ROUND CELL .
```

結果：

我們得到卡方統計量為 13.17，P 值 0.001 小於臨界值 0.05，因此，我們拒絕虛無假設 H_0，消費者男女性別與購買筆記型電顏色有關。

6-4 同質性檢定(test of homogeneity)

同質性檢定是用在不同樣本(例如：二個樣本)中，同一個變數是否為一致的檢定，也就是說，用來檢測不同母體在同一個變數的回應下，是否有顯著差異。

同質性檢定的統計量如下：

$$X^2 = \sum_{i=1}^{r}\sum_{j=1}^{c}\frac{(O_{ij}-E_{ij})^2}{E_{ij}}, \text{自由度 df = (r-1)(c-1)}$$

O 為觀察次數，E 為期望次數

若 $X^2 > X^2_{(r-1)(j-1),\alpha}$ 則拒絕虛無假設 H_0

同質性檢定的統計量 $\sum_{i=1}^{r}\sum_{j=1}^{c}\frac{(\text{觀察次數}_{ij}-\text{期望次數}_{ij})^2}{\text{期望次數}_{ij}}$ 為 Pearson chi-square 皮爾森卡方統計量，另外，也可以使用 likelihood 概似比卡方統計量來作檢定

注意：我們使用同質性檢定於細格大於 2 時，只能檢定出是否有顯著差異，至於是那二組有顯著差異，則需要再進一步，作事後比較，才可以得知。

範例：我們想瞭解大學生，大學教師，家長對於研究生購買筆記型電腦的意見是否一致？

我們整理大學生，大學教師，家長對於研究生購買筆記型電腦的意見，贊成或反對的觀察值如下：

	贊成	反對
大學生	50	40
大學教師	60	30
家長	50	70

研究問題的假設如下：
- 虛無假設 H_0：對於問題的反應是一致，代表著大學生，大學教師和家長，對於研究生購買筆記型電腦的態度是一致的
- 對立假設 H_1：對於問題的反應是不同的，代表著大學生，大學教師和家長，對於研究生購買筆記型電腦的態度是不一致的

我們可以設定身份 ID：大學生 1，大學教師 2，家長 3
意見 Opinion：贊成 1，反對 2
贊成或反對的觀察值 number。
輸入列聯表

ID	Opinion	number
1	1	50
1	2	40
2	1	60
2	2	30
3	1	50
3	2	70

同質性檢定的實務操作：
(先前已將範例檔 Ch6 複製到 C:\Ch6)

1. 開啟範例 homogeneity.sav (在 C:\Ch6)，點選[資料/加權觀察值]

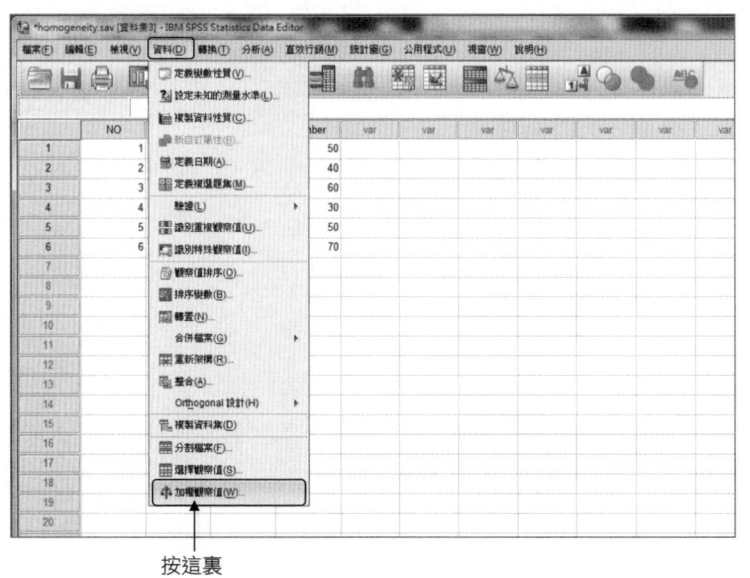

按這裏

2. 勾選「觀察值加權依據」，選擇「number」至[次數變數]欄位

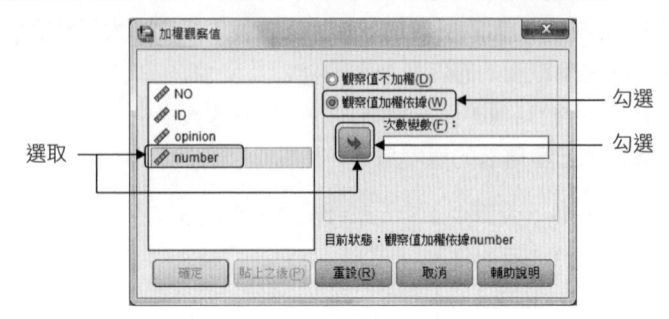

3. 點選[確定]

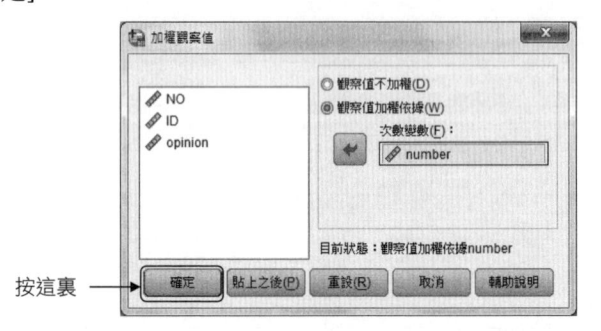

4. 點選[分析/敘述統計/交叉表]

卡方檢定 **06**

5. 選擇「ID」至列，選擇「opinion」至欄，點選[統計量]

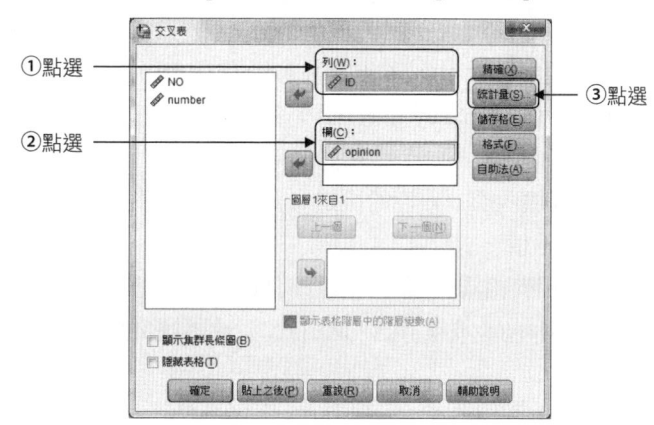

6. 勾選「卡方分配」、「列聯係數」、「Phi 與 Cramer's V」與「Lambda 值」，點選[繼續]

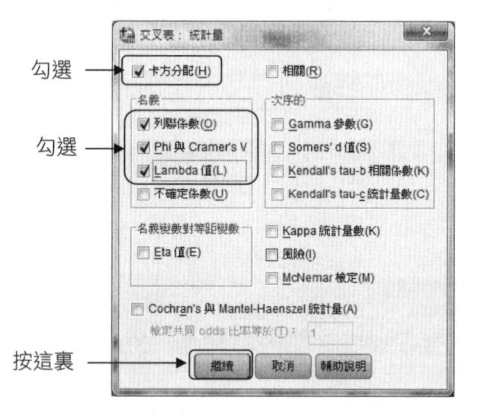

- 卡方分配(Chi-square)：卡方統計量
- 相關(Correlations)：相關分析，Pearson 和 Spearman 相關係數
- 名義(Nominal)：名義尺度變數
  - 列聯係數(Contingency coefficient)：列聯係數，介於 0~1 之間，值愈大，關係愈強
  - Phi 與 Cramer's V：Phi 係數和 Cramer's 係數，都是介於 0~1 之間，值愈大，關係愈強
  - Lambda 值(L)：自變數對應變數的預測能力，值愈大，預測能力愈強
  - 不確定係數 Uncertainty coefficient：自變數對應變數的不確定影響多少
- 次序的(Ordinal)：順序尺度變數
  - Gamma 參數：變數關係值一致或不一致

6-19

- Somers'd 值：變數關係值一致或不一致，從 Gamma 變化而來。
- Kendall's tau-b 相關係數：變數關係值一致或不一致，從 Gamma 變化而來。
- Kendall's tau-c 統計量數：變數關係值一致或不一致，從 tau-b 變化而來。

■ 名義變數對等距變數(Nominal by Interval)：名義變數 vs 等距變數
  - Eta：提供 Eta 值，值愈大，代表關連愈高
■ Kappa 統計量數：提供內部一致性的檢定，介於 0~1 之間，值愈大，一致性愈高
■ 風險(Risk)：提供風險值
■ McNemar 檢定：適用於相同受測者，進行前後二次的量測，以進行配對卡方檢定
■ Cochran's 與 Mantel-Hasenszel 統計量：適用於二分類變數的獨立性檢定和同質性檢定

7. 點選[儲存格]

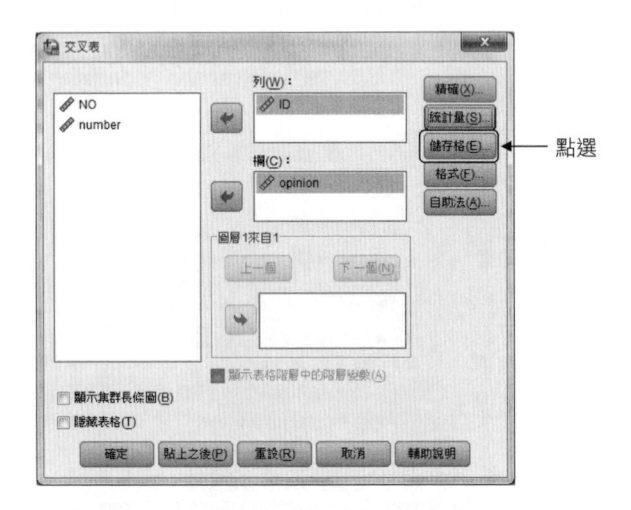

8. 勾選「觀察值」、「期望值」、「列」、「行」和「總和」，點選[繼續]

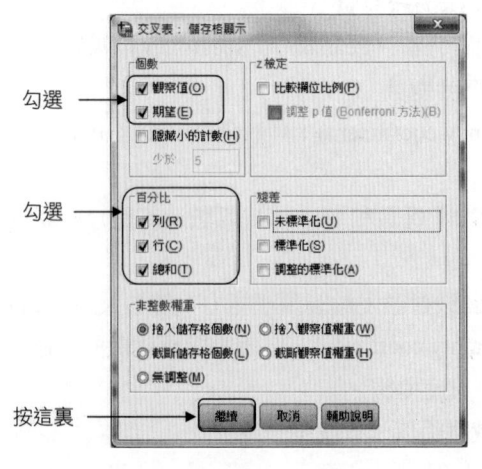

9. 選擇完畢後，點選[確定]

10. 結果如下圖

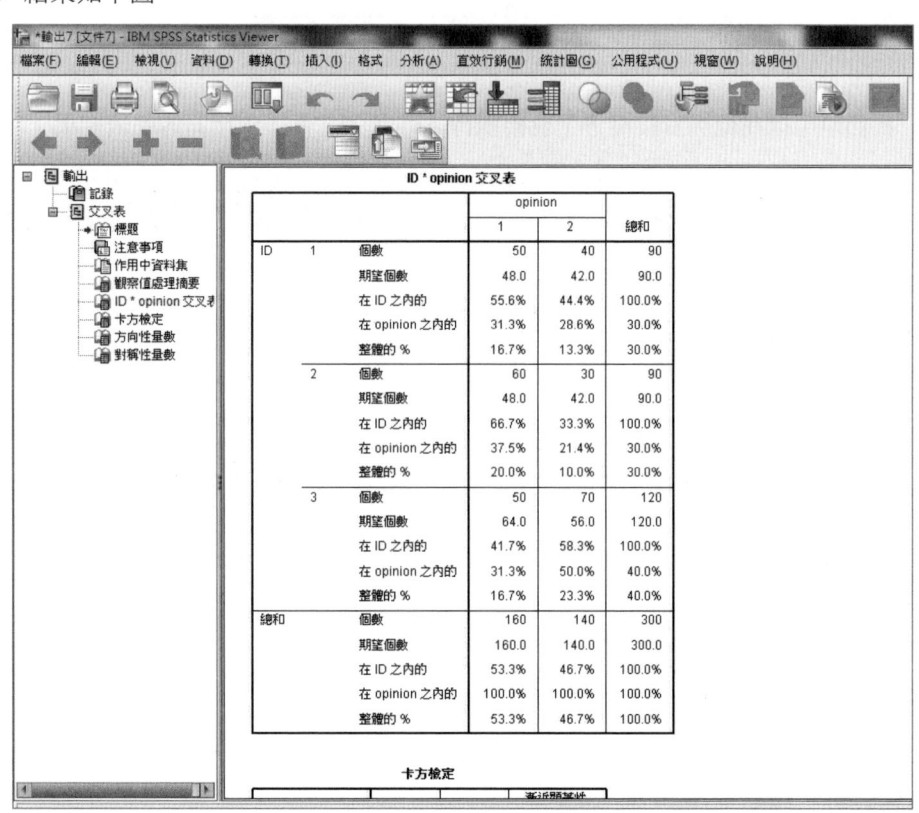

			opinion		總和
			1	2	
ID	1	個數	50	40	90
		期望個數	48.0	42.0	90.0
		在 ID 之內的	55.6%	44.4%	100.0%
		在 opinion 之內的	31.3%	28.6%	30.0%
		整體的 %	16.7%	13.3%	30.0%
	2	個數	60	30	90
		期望個數	48.0	42.0	90.0
		在 ID 之內的	66.7%	33.3%	100.0%
		在 opinion 之內的	37.5%	21.4%	30.0%
		整體的 %	20.0%	10.0%	30.0%
	3	個數	50	70	120
		期望個數	64.0	56.0	120.0
		在 ID 之內的	41.7%	58.3%	100.0%
		在 opinion 之內的	31.3%	50.0%	40.0%
		整體的 %	16.7%	23.3%	40.0%
總和		個數	160	140	300
		期望個數	160.0	140.0	300.0
		在 ID 之內的	53.3%	46.7%	100.0%
		在 opinion 之內的	100.0%	100.0%	100.0%
		整體的 %	53.3%	46.7%	100.0%

11. 結果如下圖

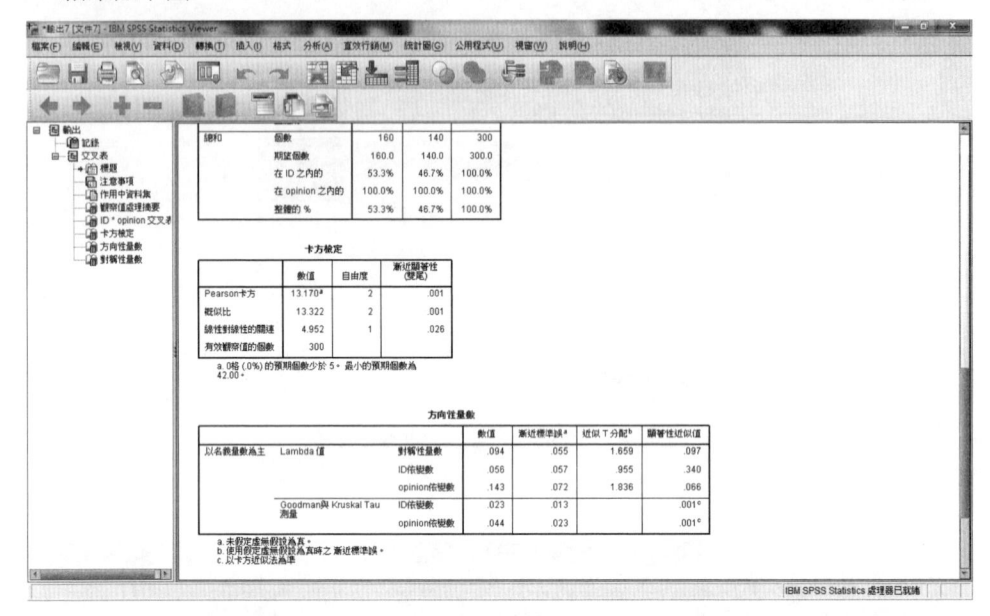

我們也可以在範例資料檔下,直接執行下列語法,會得到相同的報表結果:

```
CROSSTABS  /TABLES=ID BY opinion  /FORMAT= AVALUE TABLES
/STATISTIC=CHISQ CC PHI LAMBDA   /CELLS= COUNT EXPECTED ROW COLUMN TOTAL
/COUNT ROUND CELL .
```

執行同質性檢定命令語法的實務操作:

1. 輸入語法

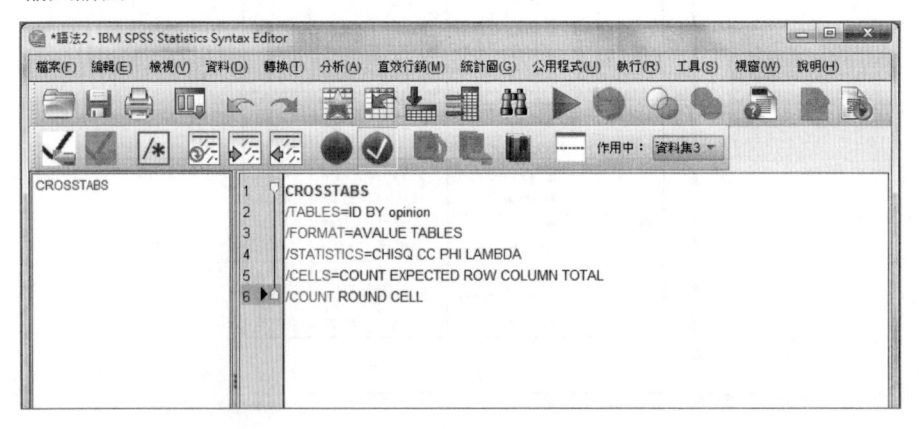

2. 點選[執行/全部]

按這裏

3. 結果如下圖

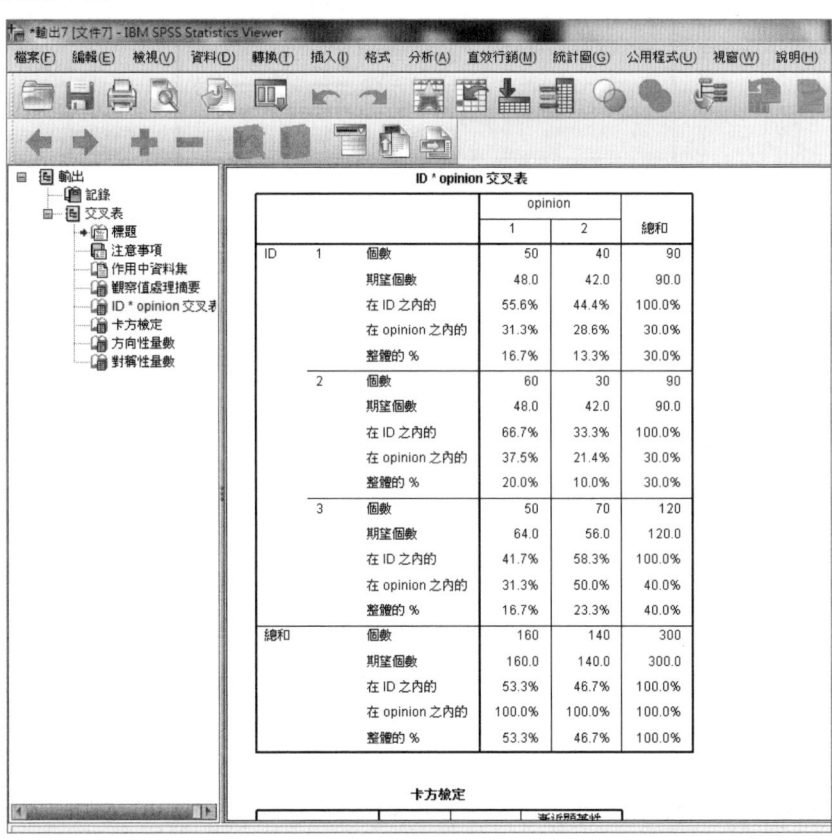

4. 結果如下圖

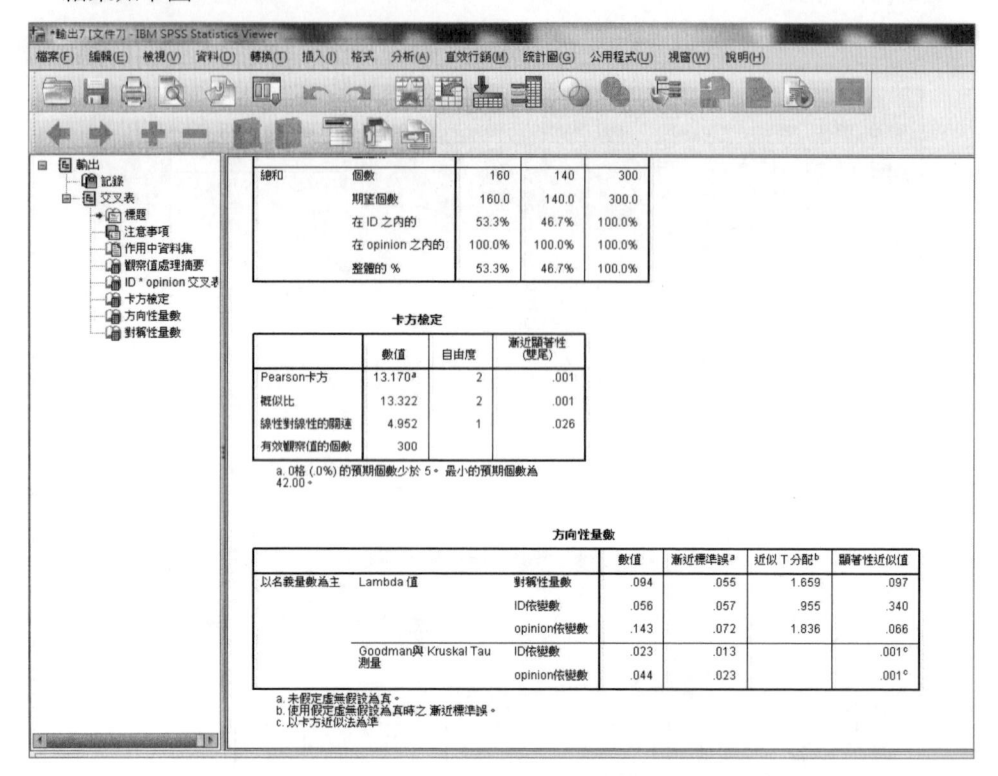

結果：

我們得到卡方統計量為 13.17，P 值 0.001 小於臨界值 0.05，因此，我們拒絕虛無假設 H_0，對於問題的反應是不同的，代表著大學生、大學教師和家長，對於研究生購買筆記型電腦的態度是不一致的。

6-5 寫作參考範例

卡方檢定適用於非連續變數（類別或順序變數）的差異分析，說明我們利用樣本的變異來推斷總體變異，從而瞭解資料的離散程度。

適配度檢定是取樣本的觀察值和總體的期望值作比較，期望值與觀察值是否有顯著差異。卡方值越大，代表觀察值和期望值差異越大。

獨立性檢定探討同一個樣本中兩個類別變數的關聯性。

同質性檢定探討在不同樣本中同一個變數是否為一致的檢定。

正確的書寫方式,參考以下範例。

✪ 範例 1:適配度檢定 good-of-fit test

- Park, I., Sharman, R., and Rao, H. R. 2017. "Disaster Experience and Hospital Information Systems: An Examination of Perceived Information Assurance, Risk, Resilience, and HIS Usefulness," MIS Quarterly (39:2), pp. 317–344.

"The model fit results of the analyses for each model are shown in Table C1, including the chi-square, degrees of freedom, and X2/df values. The comparison of the baseline model and Method-C model yields a chi-square difference of 4.714 with one degree of freedom, which exceeds the 0.05 chi-square critical value. This result shows that the chi-square difference test comparing these two models supports rejecting the restriction to 0 of the 22 method factor loadings in the baseline model. A model comparison between the Method-U and Method-C models shows that the chi-square difference testing provides support for rejecting the restrictions in the Method-C model. The comparison yielded a chi-square difference of 13.84 with 17 degrees of freedom, which does not exceed the 0.05 critical value of 0.678. The Method-U and Method-R models reveal the chi-square difference test resulted in a nonsignificant difference of 15.419 at 10 degrees of freedom. The result of the Method-U and Method-R models indicates that the effects of the marker variable did not significantly bias factor correlation estimates. Thus, as a set, there was not a significant difference between the baseline model factor correlations and the Method-U factor correlations." [pA4]

表 6-7 顯示了每種模型分析的適配度結果,包括卡方,自由度和 X^2 / df 值。

表 6-7 卡方、適配度、模型比較檢定

Table C1. Chi-Square, Goodness-of-Fit Values, And Model Comparison Tests			
Model	χ^2	df	CFI
CFA	324.199	194	0.972
Baseline	352.262	202	0.968
Model-C	347.547	201	0.968
Model-U	333.703	184	0.968
Model-R	349.122	194	0.966
Chi-square model comparison tests			
ΔModels	$\Delta\chi^2$	Δdf	Critical Value
Baseline vs. Model-C	4.714	1	0.030
Model-C vs. Model-U	13.845	17	0.678
Model-U vs. Model-R	15.419	10	0.118

本文探討了個人的災難經歷如何影響他或她對社會技術安全因素（風險、資訊保障、恢復力）和醫院資訊系統（HIS）的感知有用性的看法。本文由兩個側重於不同方面的研究組成：與受嚴重暴風雪影響的三家醫院（標記為聯邦災難）的員工進行的准實地試驗，我們在這些實驗中比較感知因素。災難經歷（有沒有召回）和第一個樣本組（有災難經歷）和第二個對比樣本組（沒有災難經歷）的醫院員工來自兩個類似醫院的比較研究。結果表明，災難經歷改變了影響感知有用性的感知因素之間的關係。個人傾向於認為負面因素（例如風險）在實際上在災難情況下具有直接經驗而不是在正常情況下具有更大的影響。積極因素（例如資訊保證和彈性）對具有災難經歷的人（有召回與非召回）的影響較小。

✪ 範例2：獨立性檢定

- Galliers, R. D., and Meadows, M. 2018. "A Discipline Divided: Globalization and Parochialism in Information Systems Research," Communications of the Association for Information Systems (11:December).

"As indicated in Section II, three Chi Squared tests were undertaken to test the independence of the three key concepts (nationality of journal, nationality of author, and nationality of journal cited). The results are as follows and are unequivocal.

TEST ONE

Null hypothesis: nationality of journal is independent of nationality of author.

Chi Square calculated	151.1
Significance level	0.000 (to 3 decimal places)
Result	Reject the null hypothesis

In analyzing the link between nationality of author and nationality of journal further we note that the proportion of papers in MISQ and ISR written solely by North American authors varies in the range 60-70% over the seven years analysed. The same proportion in ISJ and JSIS varies from 20 to 30%. The proportion of papers in ISJ and JSIS written solely by European authors varies in the range 40 to 50%. Conversely, the proportion of papers written solely by Europeans in MISQ and ISR never exceeds 5%. There is no evidence of a trend over the period." [p112-113]

作者進行了三次卡方檢定，以測試三個關鍵概念的獨立性（期刊的國籍，作者的國籍和所引用的期刊的國籍），結果顯示期刊的國籍和作者的國籍有關。在此基礎上進行進一步分析。

本文通過回顧七年期間（1994-2000）四個主要 IS 期刊中的作者「國籍」，並通過回顧這些作者引用的文獻的「國籍」來調查 IS 中全球化和狹隘主義的悖論。其中兩種期刊在美國出版，兩種在歐洲出版。儘管明顯認識到我們領域日益全球化，至少部分是由資訊技術（IT）引起的，但資料提供了確鑿的證據，證明 IS 學科的特點是沿著國家或至少是區域界線的明顯的狹隘主義。如果領先的 IS 期刊不繼續為研究人員發聲，發表部分的、具有文化偏見的研究結果，那麼似乎需要重新定位。這些發現還對基於引文分析的出版材料以及我們對我們學科中"國際"稱謂的構成的理解產生了深遠的影響。

✪ 範例 3：同質性檢定

- Wang, E. T. G., and Tai, J. C. F. 2003. "Factors Affecting Information Systems Planning Effectiveness: Organizational Contexts and Planning Systems Dimensions," Information & Management (40:4), pp. 287–303.

"The result of Chi-square tests again showed no significant differences between the two groups in either of the variables (P>0.05). Thus, there appeared to be no non-response bias. The test results are provided in Tables 2 and 3, respectively." [p294]

表 6-8 同質性檢定

Table 3
Homogeneity test between earlier and later stage

Characteristics	Test	Statistical likelihood ratio	P-value[*]
Company assets	Chi-square test	5.18	0.52
Industry types	Chi-square test	10.89	0.09

[*] $P > 0.05$ indicates no non-response bias.

卡方檢定的結果表明兩個變數在兩組之間沒有顯著差異（P> 0.05）。因此，不存在無反應偏差。

基於策略和資訊系統規劃的先前研究，本研究整合了三個領域，從應急角度研究組織背景和規劃系統維度對資訊系統規劃有效性的影響。該模型得到了實證支持，顯示了許多背景因素和規劃系統維度對於提高資訊系統規劃效率的重要性。特別是，結果證明了組織改進規劃能力在調解組織背景和規劃系統維度對資訊系統規劃有效性的影響方面具有重要的關鍵作用。

平均數比較 (t 檢定)

7-1 平均數比較(各種 t test 的應用)

平均數比較(Compare Means)是常用的統計分析,用來比較兩個群體的平均數,也就是各種 t test 的應用,常見的範例 1:在學生學習成就方面,常見的方法是將學生隨機分成 2 組,一組使用原本的教法,稱為控制組(control group),另一組使用新的教法,稱為處理組(treatment group),學生學習課程結束後,比較新的教法是否比原本的教法來的有效。範例 2:同一個群體前後量測比較,在學生學習成就方面,同一個群體的學生在學習課程前量測一次分數和學習課程結束後再量測一次分數,比較學習課程是否有效果。平均數比較(各種 t test 的應用),SPSS 提供 5 種平均數比較的方法如下:

- Means 平均數分析
- One-Sample t test 單一樣本 t 檢定
- Independent-Sample t test 獨立樣本 t 檢定
- Paired-Samples t test 成對樣本 t 檢定
- One-Way ANOVA 單因子變異數分析

使用時機的整理:

- 不同類別變數組合下,連續變數在各組的平均數、標準差、次數等:使用平均數
- 單一變數的平均數作檢定:單一樣本 t 檢定
- 兩組平均數差異的檢定(獨立樣本):獨立樣本 t 檢定
- 兩組平均數差異的檢定(相依樣本):成對樣本 t 檢定
- 多個母體平均數差異的檢定:One-Way ANOVA 單因子變異數分析(ANOVA 於第十章再詳細介紹)

說明：
a. 獨立樣本：兩個來自於獨立，沒有相關的樣本
b. 成對樣本：兩個平均數來自於同一個樣本，有關係的樣本

7-2 Means 平均數分析

　　Means 平均數分析是用在不同類別變數組合下，連續變數在各組的統計量，例如：平均數、中位數、標準差、總合、最小值、最大值、範圍、峰度、偏態…等等，也可以勾選 Anova table and eta，進行單因子變異數分析和 Test for linearity 線性檢定。

✪ 範例：

　　我們以大學生為例，抽樣調查 12 個大學生的 No 編號，Sex 性別(1 男性，2 女性)，Score 學期成績，Cost 每月花費，Income 家庭收入(1 低收入，2 高收入)，Location 區域(1 北部，2 中部，3 南部) 如下：

No	Sex Score	Cost	Income	Location
1	2	79.00 8500.00	2	2
2	1	88.00 4800.00	1	3
3	1	72.00 9200.00	1	1
4	2	76.0012000.00	1	1
5	2	85.0015000.00	2	1
6	1	81.00 7200.00	1	2
7	2	76.00 6800.00	1	2
8	2	72.00 8000.00	2	3
9	2	70.00 9500.00	2	1
10	1	65.00 5000.00	2	3
11	1	75.00 6000.00	1	2
12	1	66.00 7000.00	2	3

　　我們在不同類別變數組合下，進行 Means 平均數分析。

　　Means 平均數分析的實務操作如下：
(請先將範例檔 Ch7 複製到 C:\Ch7)

平均數比較 (t 檢定) **07**

1. 開啟 cost.sav 範例檔 (在 C:\Ch7)，點選[分析/比較平均數法/平均數]

   按這裏

2. 選取「Score」、「Cost」至「依變數清單」欄位

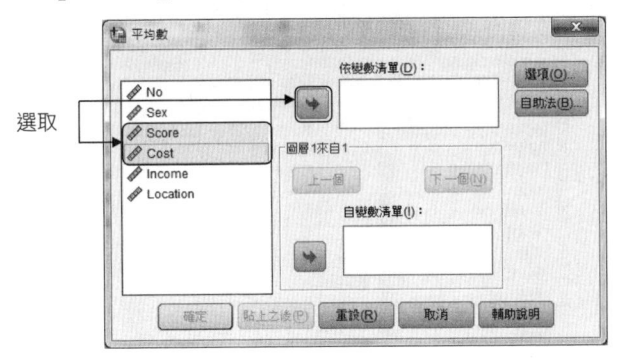

變數說明：
No 編號，Sex 性別(1 男性，2 女性)，Score 學期成績，Cost 每月花費，Income 家庭收入(1 低收入，2 高收入)，Location 區域(1 北部，2 中部，3 南部)。

7-3

3. 選取「Sex」、「Income」和「Location」至「自變數清單」欄位

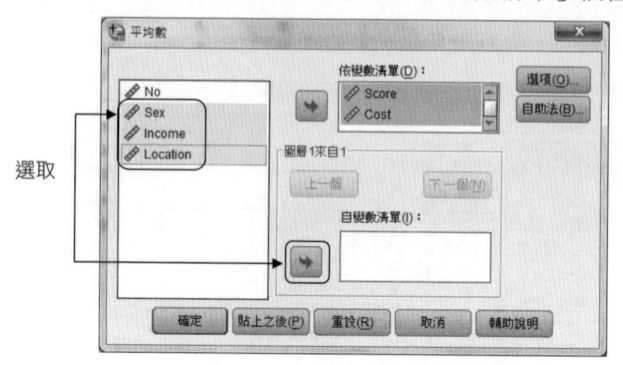

4. 點選[選項]

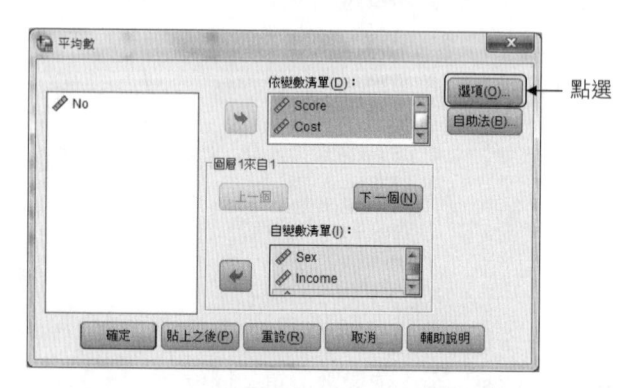

5. 勾選「Anova 表格與 eta 值」與「線性檢定」，點選[繼續]

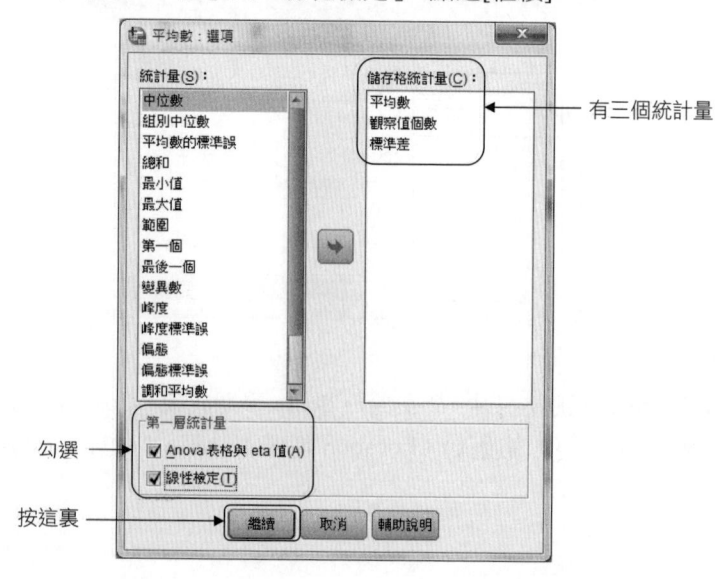

6. 選擇完畢後，點選[確定]

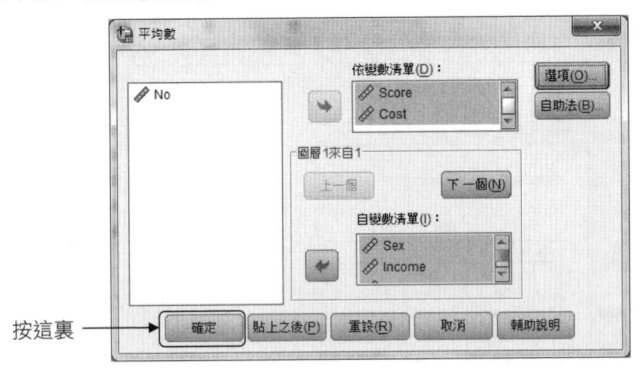

7. 結果如下圖

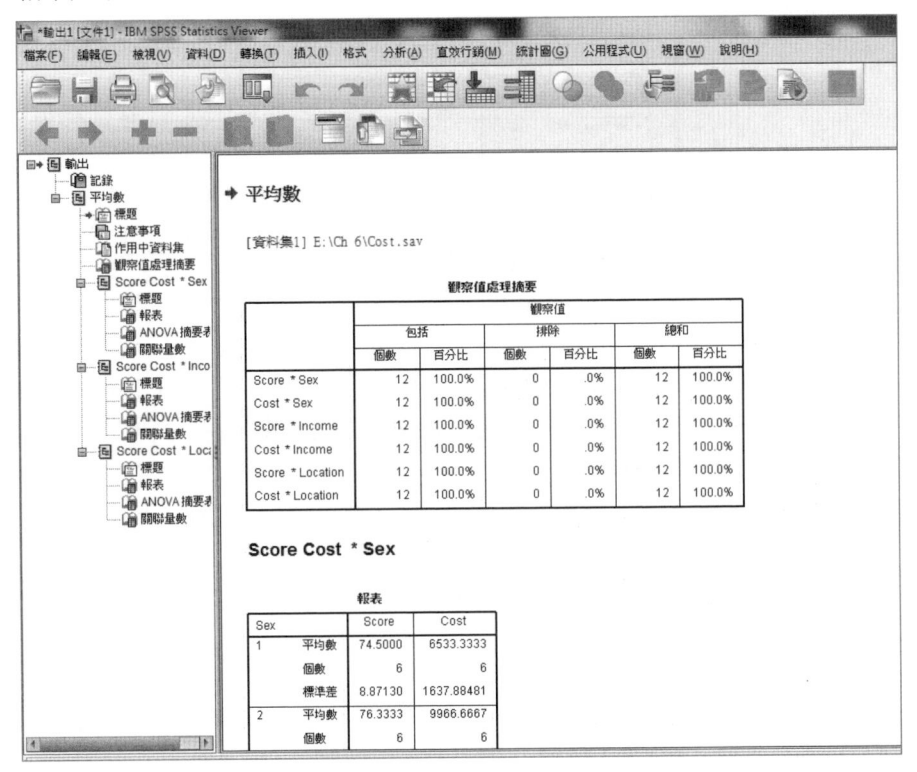

各種變數的組合，有樣本的 Included 包括，Excluded 排除和 Total 總合。

8. 結果如下圖(接續)

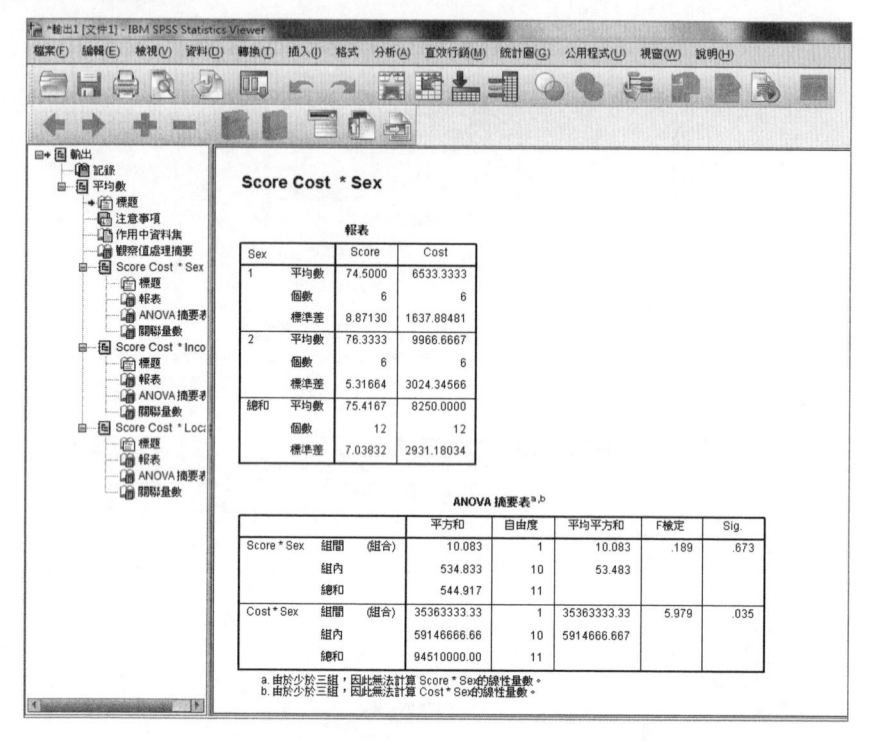

以 Sex 性別(1 男性，2 女性)做分組，顯示 1 男性，2 女性和總共的三個統計量 Mean 平均數，N 樣本數和 Std. Deviation 標準差。

在不同性別下，Score 學期成績的 Sig. P=0.673 未達顯著水準，在不同性別下，Cost 每月花費的 Sig. P=0.035 達顯著水準。

我們也可以在範例資料檔下，直接執行下列語法，會得到相同的報表結果：

```
MEANS  TABLES=Score Cost  BY Sex Income Location  /CELLS MEAN COUNT
STDDEV  /STATISTICS ANOVA LINEARITY .
```

總結：

Mears 平均數分析在一般情形下較為少用，原因是 Mears 平均數提供的各種統計量，都較其它的功能不足，我們整理如下：

Mears 平均數分析的功能
- 一般敍述性統計：一般用 Descriptives 取代
- ANOVA 檢定：一般用 One-Way ANOVA 取代
- 關聯分析：一般用相關分析 Correlate 取代

7-3 單一樣本 t 檢定

單一樣本 t 檢定(One-Sample t Test)是適用於用單一變數的平均數作檢定，也就是說，檢定樣本數中某一個變數的平均數是否與母體的平均數有無顯著的不同，條件是母體的平均數必須為已知，研究假設如下：

虛無假設　$H_0 : \mu = \mu_0$（無顯著差異）
對立假設　$H_1 : \mu \neq \mu_1$（有顯著差異）

單一樣本 t 檢定的統計量：

$$t = \frac{\bar{x} - u}{S / \sqrt{N}}$$

$\bar{x}$ = 樣本平均數
u = 母體的平均數
s = 樣本的標準差
N = 樣本數
自由度　df = N-1

注意：在常態分配下，平均數比較中，母體平均數 u 的檢定是與母體操準差 σ(已知,未知)和樣本數 N(大,小)有關，檢定的方式有 Z 值, Z 分配和 t 值(t 分配)兩種，分別如下：

$$Z = \frac{\bar{x} - u}{\sigma / \sqrt{N}}, \quad \sigma_{\bar{X}} = \sigma / \sqrt{N}$$

$$t = \frac{\bar{x} - u}{S / \sqrt{N}}, \quad S_{\bar{X}} = S / \sqrt{N}$$

我們整理檢定方式中 Z 值與 t 值的適用方式，如下：
- 在母體的標準差已知，小樣本的情形下：使用 Z 值
- 在母體的標準差已知，大樣本的情形下：使用 Z 值
- 在母體的標準差未知，小樣本 N<30 的情形下：使用 t 值
- 在母體的標準差未知，大樣本的情形下：使用 Z 值

有趣的是當樣本數增大時，t 分配會趨近 Z 分配，也就是可以使用 t 值來替代 Z 值的判定，在實務上，我們大多都是用樣本推論母體，母體提供 t 檢定，而無 Z 檢定。

範例：

我們以大學生的生活花費為例，在不考慮租屋費用和課業花費的情況下，根據調查，家長給大學生每個月的平均生活花費為$6000，我們抽樣 12 個大學生每個月的花費如下：

學生數	1	2	3	4	5	6	7	8	9	10	11	12
花費/每月	8500	4800	9200	12000	15000	7200	6800	8000	9500	5000	6000	7000

研究假設如下：

虛無假設 H_0：$u = 6000$ 元，無顯著差異

H_1：$u \neq 6000$ 元，有顯著差異

小樣本，母體常態且變異數未知，所以，適用 t 分配來檢定母體平均數

Total cost= 99000

樣本平均數 $\overline{X}$ = 99000/12 = 8250

樣本變異數 S^2 = $\frac{1}{n-1}\sum(x_i - \overline{x})^2$

$= \frac{1}{12-1}(8500-8250)^2$

$= 94510000/12 - 1$

$= 8591818$

樣本標準差 = S = $\sqrt{S^2}$ = $\sqrt{8591818}$ = 2931

$$t = \frac{\overline{X} - u_0}{S_{\overline{X}}} = \frac{\overline{x} - u_0}{s/\sqrt{n}}$$

6000	7000	8000
$\frac{8250-6000}{2931/\sqrt{12}}$	$\frac{8250-7000}{846.10}$	$\frac{8250-8000}{846.10}$
$= \frac{8250-6000}{846.1}$	$= \frac{8250-7000}{846.10}$	$= \frac{8250-8000}{846.10}$
$= 2.659$	$= 1.477$	$= 0.295$

查表：

$t_{n-1, 0.25} = t_{11, 0.25} = 2.201$

$|t| > t_{n-1, 0.025}$

結論：

檢定統計量 t = 2.659，$|t| > t_{n-1, 0.025}$，拒絕虛無假設

在 α = 0.05 水準下，大學生的花費和家長給的生活有顯著的差異，因此，可以解釋為許多大學生為了生活費，而不得不外出打工。

平均數比較 (t 檢定) **07**

單一樣本 t 檢定的實務操作如下：
(先前已將範例檔 Ch7，複製到 C:\Ch7)

1. 開啟範例檔 cost.sav (在 C:\Ch7)，點選[分析/比較平均數法/單一樣本 T 檢定]

按這裏

變數說明：
No 編號，Sex 性別(1 男性，2 女性)，Score 學期成績，Cost 每月花費，Income 家庭收入(1 低收入，2 高收入)，Location 區域(1 北部，2 中部，3 南部)。

2. 選取「Cost」至「檢定變數」欄位

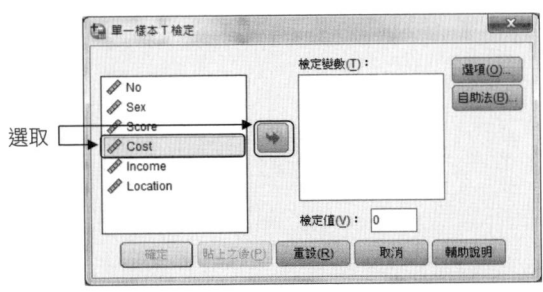

選取

7-9

3. 檢定值設為 6000，點選[選項]

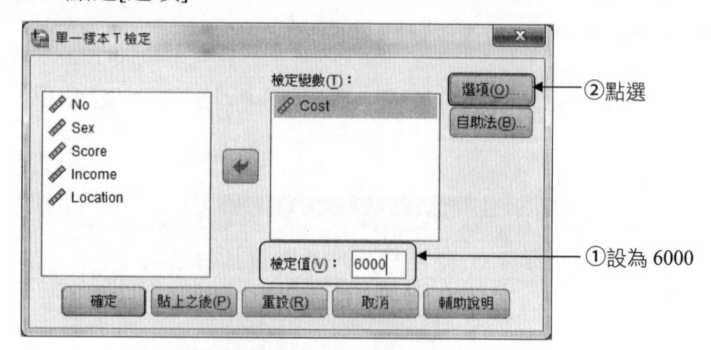

　　①設為 6000
　　②點選

4. 信賴區間百分比設為 95%，點選[繼續]

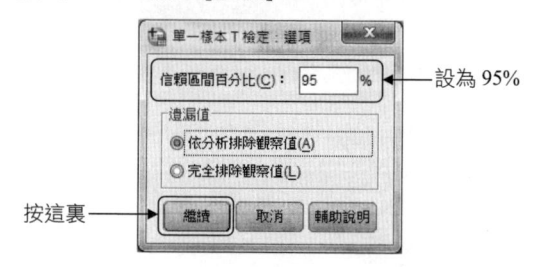

　　設為 95%
　　按這裏

5. 選擇完畢後，點選[確定]

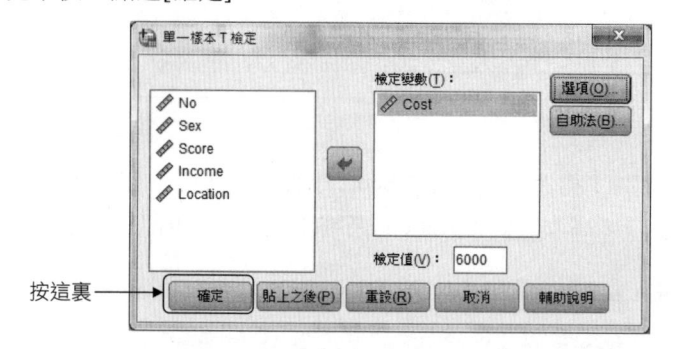

　　按這裏

6. 結果如下圖

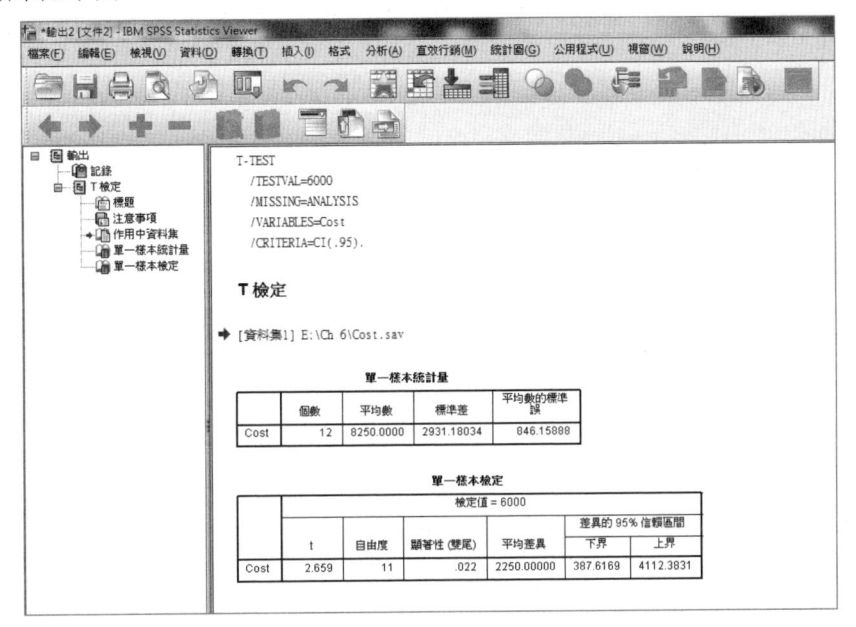

顯示 Cost 每月花費的 N 樣本數，Mean 平均數，每月花費 8250 元，Std. Deviation 標準差和 Std. Error Mean 標準差平均數。

Cost 每月花費：
檢定統計量 t = 2.659, Sig. P=0.022 <0.05，拒絕虛無假設
在 α = 0.05 水準下，大學生的平均每月花費 8250 元和家長給的平均生活費 6000 元有顯著的差異，因此，可以解釋為許多大學生為了生活費，而不得不外出打工。

我們也可以在範例資料檔下，直接執行下列語法，會得到相同的報表結果：

```
T-TEST  /TESTVAL = 6000  /MISSING = ANALYSIS  /VARIABLES = Cost
/CRITERIA = CI(.95) .
```

7-4 獨立樣本 t 檢定

獨立樣本 t 檢定(Independent-Sample t test)，獨立樣本是受測者隨機分派至不同組別，各組別的受測者沒有任何關係，也稱為完全隨機化設計。t test (t 檢定)是用來檢定 2 個獨立樣本的平均數差異是否達到顯著的水準。也就是說這二個獨立樣本可以透過分組來達成，計算 t 檢定時，會需要 2 個變數，我們會將自變數 x 分為 2 個組別，檢

7-11

定 2 個獨立樣本的平均數是否有差異(達顯著水準)得考慮從 2 個母體隨機抽樣本後，計算其平均數 u 差異的各種情形。

研究假設如下：
虛無假設　　$H_0：\mu = \mu_0$ (無顯著差異)
對立假設　　$H_1：\mu \neq \mu_1$ (有顯著差異)

✪ 範例：

獨立樣本 t 檢定的實務操作如下：
(先前已將範例檔 Ch7 複製到 C:\Ch7)

1. 開啟範例檔 cost.sav (在 C:\Ch7)，點選[分析/比較平均數法/獨立樣本 T 檢定]

變數說明：
No 編號，Sex 性別(1 男性，2 女性)，Score 學期成績，Cost 每月花費，Income 家庭收入(1 低收入，2 高收入)，Location 區域(1 北部，2 中部，3 南部)。

2. 選取「Score」與「Cost」至「檢定變數」欄位

3. 選取「Sex」至「分組變數」欄位

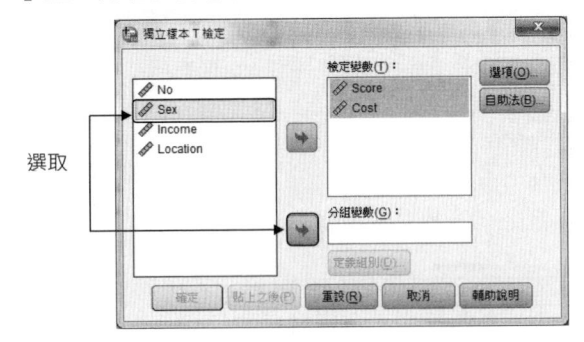

4. 點選[定義組別]

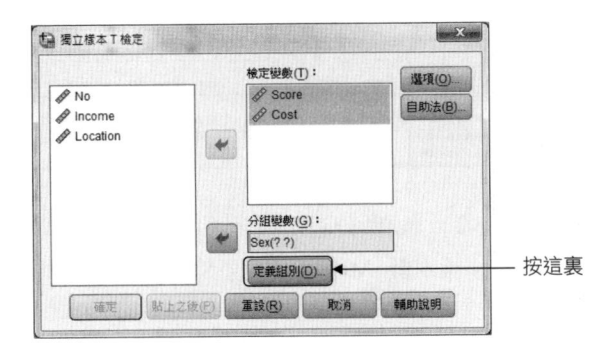

5. 定義組別，選擇完畢即點選[繼續]

6. 選擇完畢後，點選[確定]

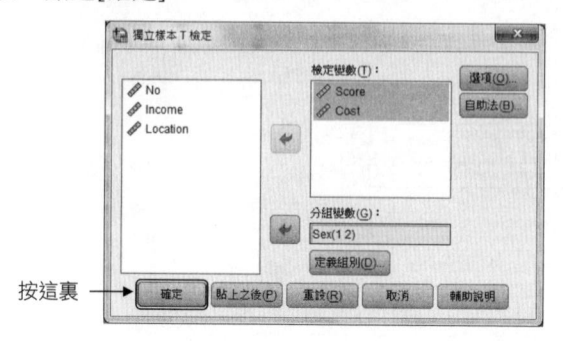

7. 結果如下圖

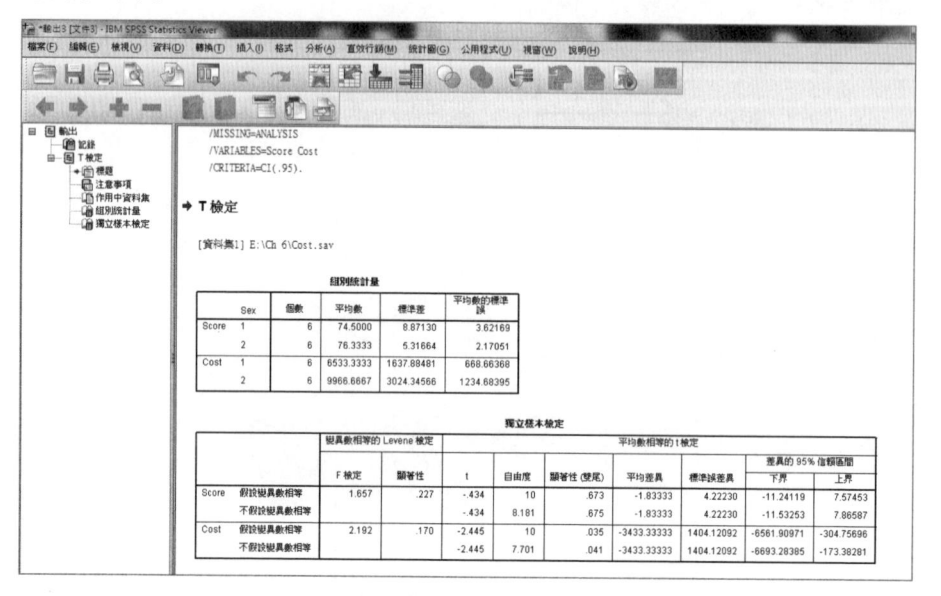

以 Sex 性別(1 男性，2 女性)做分組，顯示 1 男性，2 女性在 Score 學期成績，Cost 每月花費的四個統計量 N 樣本數，Mean 平均數，Std. Deviation 標準差和 Std. Error Mean 標準誤差平均數。

以 Sex 性別(1 男性，2 女性)做分組，顯示在 Score 學期成績，檢定統計量 t = -.434, Sig. P=0.673 >0.05，接受虛無假設，在 α = 0.05 水準下，大學生男女性別的 Score 學期成績平均數是一樣的，沒有顯著的差異。

在 Cost 每月花費，檢定統計量 t = -2.445, Sig. P = 0.035 <0.05，拒絕虛無假設，在 α = 0.05 水準下，大學生男女性別的 Cost 每月花費平均數是不一樣的，有顯著的差異，女生平均每月花費 9966 元，比男生平均每月花費 6533 元較高。

我們也可以在範例資料檔下，直接執行下列語法，會得到相同的報表結果：

```
T-TEST  GROUPS = Sex(1 2)   /MISSING = ANALYSIS   /VARIABLES = Score Cost
/CRITERIA = CI(.95) .
```

7-5 成對樣本 t 檢定

成對樣本 t 檢定(Paired-Sample T test)，成對樣本 t 檢定是使用於相依樣本，最常用在相依樣本下的重複量測設計(repeated measure design)，也就是同一個樣本，前後量測二次，例如，消費者對於使用筆記型電腦前和使用筆記型電腦後，態度是否有差異。

研究假設如下：
虛無假設 $H_0：u_1 = u_2$（無顯著差異）
對立假設 $H_1：u_1 \neq u_2$（有顯著差異）

成對樣本 t 檢定的統計量：

$$t = \frac{\overline{D} - u_0}{\frac{S_0}{\sqrt{n}}}$$

成對差 D ：施測前後的差值 $(X_1 - X_2)$

成對差 D 的平均數 $= \frac{\sum D}{n}$

成對差 D 的變異數：$S_D = \sqrt{\frac{\sum D^2 - n\overline{D}^2}{n-1}}$

自由度 df = N-1

範例：
大學生使用某品牌筆記型電腦前和使用後的印象分數如下：
研究假設：虛無假設 $H_0：u_D = 0$（無顯著差異）
　　　　　對立假設 $H_1：u_D > 0$（有顯著差異）

大學生代號	使用前 X_1	使用後 X_2	印象分數差 $D = X_1 - X_2$	D^2
1	90	80	10	100
2	62	57	5	25
3	61	53	8	64
4	82	68	14	196
5	80	70	10	100
			$\sum D = 47$	$\sum D^2 = 485$

樣本成對差 D 的平均數：

$$\overline{D} = \frac{\sum D}{n} = \frac{47}{5} = 9.4$$

樣本成對差 D 的變異數：

$$S_D = \sqrt{\frac{\sum D^2 - n\overline{D}^2}{n-1}} = \sqrt{\frac{485 - 5 \times 9.4^2}{5-1}} = 3.286$$

N < 30 為小樣本，成對差母體為常態，變異數未知，所以，使用 t 分配 檢定標準 $\alpha = 0.05$ 自由度 df = n-1 = 4

$t_{n-1, 0.05} = 2.132$

結論：

t = 6.396 $t_{n-1, 0.05} = 2.132$

t > $t_{n-1, 0.05}$，拒絕虛無假設

因此，我們可以解釋大學生對於某種品牌筆記型電腦使用前和使用後的印象有顯著的差異，也就是使用後的印象較使用前的印象差。

成對樣本 t 檢定的實務操作如下：

(先前已將範例檔 Ch7 複製到 C:\Ch7)

平均數比較 (t 檢定) **07**

1. 開啟範例檔 pair.sav (在 C:\Ch7)，點選[分析/比較平均數法/成對樣本 T 檢定]

   按這裏

   變數說明：
   No 編號，Before 使用前的印象分數，After 使用後的印象分數。

2. 選取「Before」與「After」至「配對變數」欄位

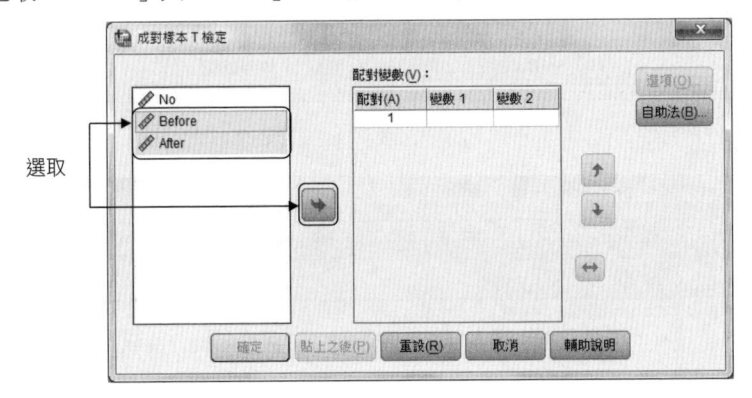

3. 點選[選項]

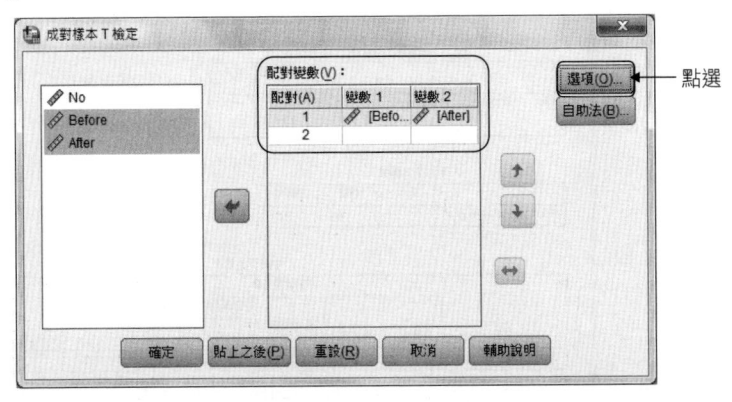

7-17

4. 信賴區間百分比設為 95%，點選[繼續]

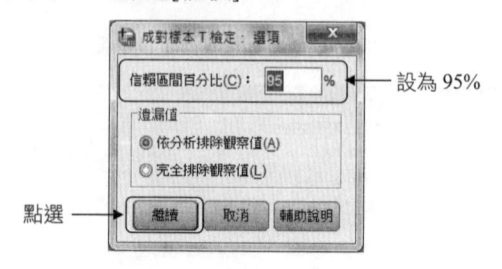

5. 選擇完畢後，點選[確定]

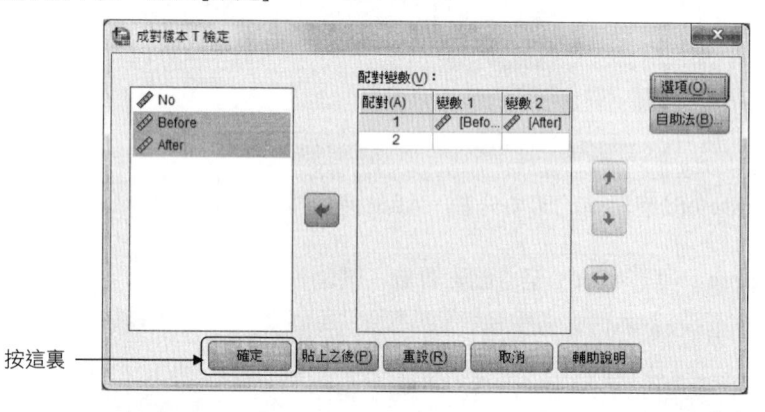

6. 結果如下圖

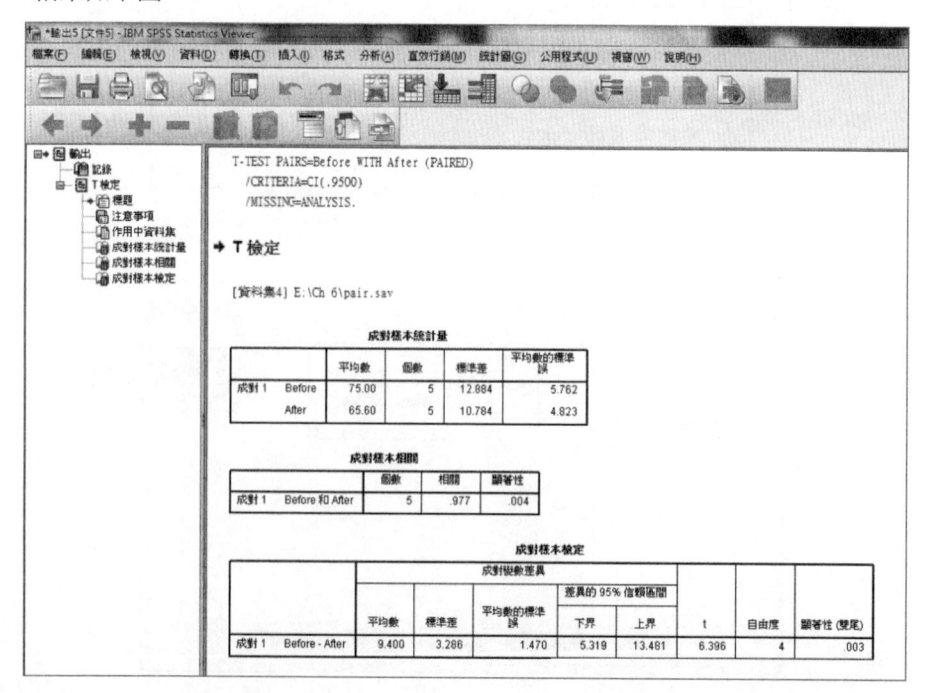

顯示 Before 使用前的印象分數和 After 使用後印象分數的四個統計量 N 樣本數，Mean 平均數，Std. Deviation 標準差和 Std. Error Mean 標準誤差平均數。

顯示 Before 使用前的印象分數和 After 使用後印象分數的相關係數 0.997，P=0.004 達顯著水準。

從表中，我們可以看出 t = 6.396，Sig. P=0.004 達顯著水準，拒絕虛無假設。顯示大學生對於某種品牌筆記型電腦使用前和使用後的印象分數不同，因此，我們可以解釋大學生對於某種品牌筆記型電腦使用前和使用後的印象有顯著的差異，也就是使用後的印象較使用前的印象差。

我們也可以在範例資料檔下，直接執行下列語法，會得到相同的報表結果：

```
T-TEST PAIRS = Before WITH After (PAIRED)  /CRITERIA = CI(.95)
/MISSING = ANALYSIS.
```

執行成對樣本 t 檢定的命令語法。

1. 輸入語法

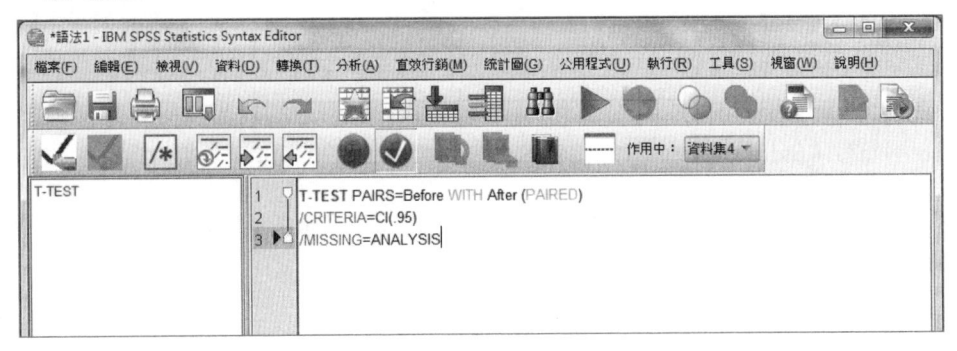

2. 點選[執行/全部]

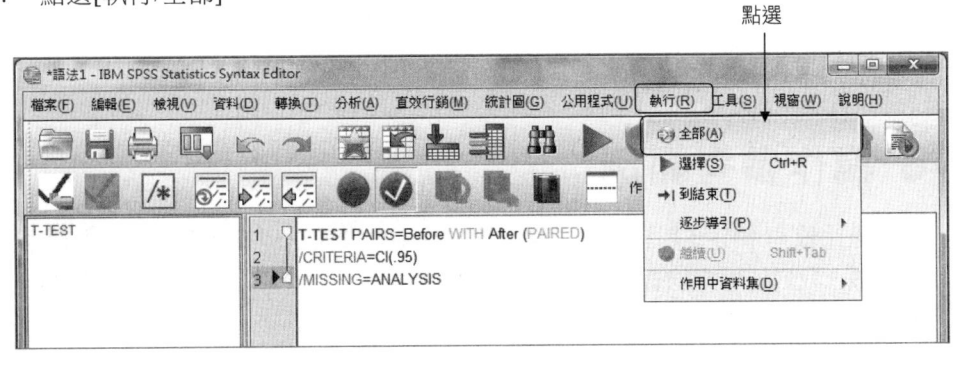

3. 結果如下圖

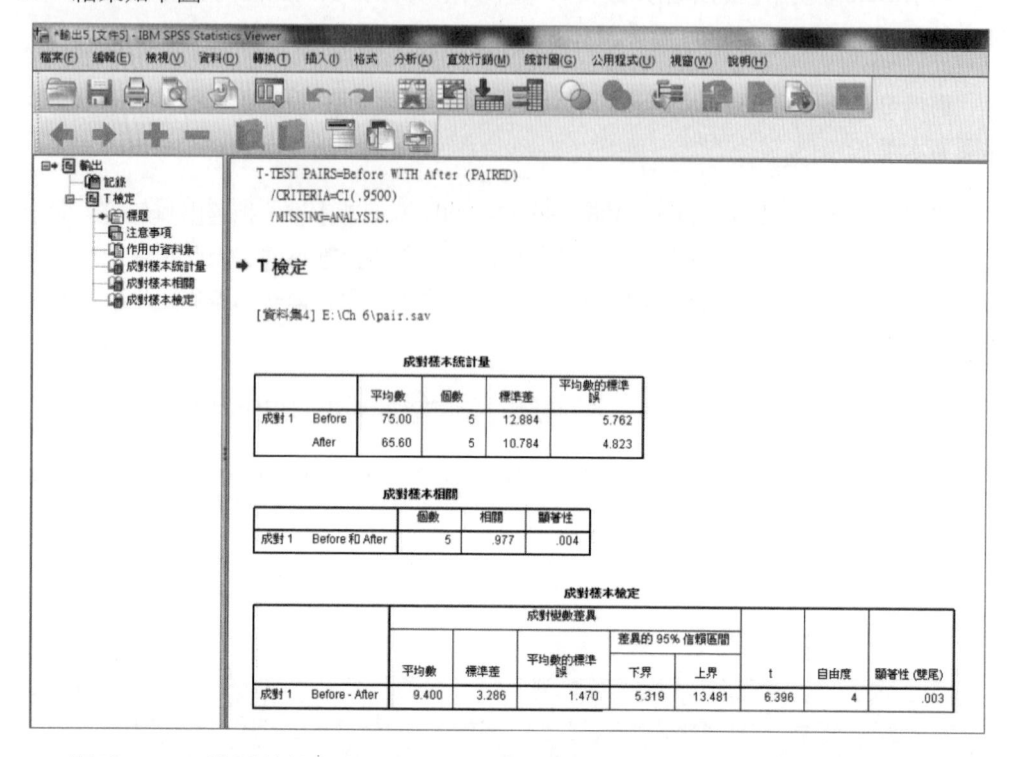

```
T-TEST PAIRS=Before WITH After (PAIRED)
  /CRITERIA=CI(.9500)
  /MISSING=ANALYSIS.
```

T 檢定

[資料集4] E:\Ch 6\pair.sav

成對樣本統計量

		平均數	個數	標準差	平均數的標準誤
成對 1	Before	75.00	5	12.884	5.762
	After	65.60	5	10.784	4.823

成對樣本相關

		個數	相關	顯著性
成對 1	Before 和 After	5	.977	.004

成對樣本檢定

		成對變數差異							
					差異的 95% 信賴區間				
		平均數	標準差	平均數的標準誤	下界	上界	t	自由度	顯著性(雙尾)
成對 1	Before - After	9.400	3.286	1.470	5.319	13.481	6.396	4	.003

顯示 Before 使用前的印象分數和 After 使用後印象分數的四個統計量 N 樣本數，Mean 平均數，Std. Deviation 標準差和 Std. Error Mean 標準誤差平均數。

顯示 Before 使用前的印象分數和 After 使用後印象分數的相關係數 0.997，P=0.004 達顯著水準。

從表中，我們可以看出 t = 6.396，Sig. P=0.004 達顯著水準，拒絕虛無假設。顯示大學生對於某種品牌筆記型電腦使用前和使用後的印象分數不同，因此，我們可以解釋大學生對於某種品牌筆記型電腦使用前和使用後的印象有顯著的差異，也就是使用後的印象較使用前的印象差。

7-6 寫作參考範例

平均數比較（t 檢定）用於比較一組中變數的平均數與一個或多個其他組中相同變數的平均數。我們提供平均數分析、單一樣本 t 檢定、獨立樣本 t 檢定核對總和配對樣本 t 檢定的參考寫作範例。

正確的書寫方式，參考以下範例。

7-6-1 平均數分析的寫作參考範例

不同類別變數組合下，連續變數在各組的平均數、標準差、頻率等的檢定採用平均數分析。

- Pendharkar, P. C., and Rodger, J. A. 2006. "Information Technology Capital Budgeting Using a Knapsack Problem," International Transactions in Operational Research (13:4), pp. 333–351.

在本文中，作者描述了一個資訊技術資本預算（ITCB）問題，ITCB 問題可以建模來優化問題，並提出兩種不同的模擬退火（SA）啟發式解決方案程式來解決 ITCB 問題。作者將兩個 SA 啟發式程式的性能與兩種眾所周知的資本預算排名方法的性能進行比較。結果表明，使用 SA 啟發式選擇的 IT 投資稅後利潤高於使用兩種排名方法選擇的資訊技術投資。

"The results indicate that the FRSA and SSA approaches outperformed the A-Rank and the D-Rank approaches in terms of selecting the projects that maximize the after-tax profit. The pairwise differences in means comparison for after-tax profits between SSA and A-Rank, and SSA and D-Rank; FRSA and A-Rank, and FRSA and D-Rank were significant at 0.01 level of significance. The pairwise differences in means comparisons between A-Rank and D-Rank, and FRSA and SSA were not significant. One of the reasons for lack of significant difference in means, between A-Rank and D-rank, may be because of a set of common projects that were selected by both the A-Rank and the D-Rank selection approaches." [p345]

表 7-4 兩種方法稅後的描述性統計

Table 3
The descriptive statistics of after-tax profit for the two approaches

Method	Mean profit (millions)	SD profit (millions)	Mean projects selected	SD (projects)
A-Rank	$3708.07	2685.45	25.26	12.08
D-Rank	$3708.42	2684.95	16.96	15.64
SSA	$3740.77	2715.49	8.22	2.79
FRSA	$3740.76	2715.51	8.22	2.76

FRSA, feasibility restoring simulated annealing; SSA, simple simulated annealing.

表 7-5 稅後利潤平均數|t|檢定結果的成對差異

Table 4
Pairwise difference in means |t|-test results for after-tax profits

Mean SSA	Mean FRSA	Mean A-Rank	Mean D-Rank	|t|-value	P<t
3740.77	3740.76			0.09	0.922
3740.77		3708.07		6.65	0.000**
3740.77			3708.42	6.42	0.000**
	3740.76	3708.07		6.65	0.000**
	3740.76		3708.42	6.45	0.000**
		3708.07	3708.42	1.51	0.137

**Significant at 99% confidence.
FRSA, feasibility restoring simulated annealing; SSA, simple simulated annealing.

表 7-4 和表 7-5 的結果表明，在選擇最大化稅後利潤的項目方面，FRSA 和 SSA 方法的表現優於 A-Rank 和 D-Rank 方法。SSA 和 A-Rank，SSA 和 D-Rank，FRSA 和 A-Rank，FRSA 和 D-Rank 之間稅後利潤的均值差異比較在 0.01 顯著性水準上達顯著。A-Rank 和 D-Rank 與 FRSA 和 SSA 之間平均數比較的成對差異不顯著。A-Rank 和 D-Rank 之間缺乏顯著差異的原因之一可能是由於 A-Rank 和 D-Rank 選擇有一組共同項目。

7-6-2 單一樣本 t 檢定的寫作範例

單一變數的平均數作檢定採用單一樣本 t 檢定。

- Chen, D. N., Hu, P. J. H., Kuo, Y. R., and Liang, T. P. 2010. "A Web-Based Personalized Recommendation System for Mobile Phone Selection: Design, Implementation, and Evaluation," Expert Systems with Applications (37:12), pp. 8201-8210.

在本文中，作者說明了基於 AHP 的機制在開發基於網頁的推薦系統中的應用，並通過對 244 名行動電話用戶進行受控實驗來實證評估原型，重點關注內容和系統滿意度。評估包括基於等級分析的基準系統和基於等同權重的系統作為比較基線。總體而言，結果表明使用 AHP 構建有效推薦系統的可行性和價值。受試者似乎對基於 AHP 的系統的建議感到滿意，儘管其相對苛刻的輸入要求可能需要緩解和適當的介面設計。該研究有助於一般推薦系統的研究和實踐，並有助於為線上商店和消費者開發行動電話推薦系統。

"To test H1, we perform a one-sample t-test to assess whether the average content satisfaction equals 3, the middle value on the five-point measurement scale. If the result of the one-sample t-test significantly exceeds 3, users apparently are satisfied with the recommendations by the system under evaluation. Table 5 summarizes our results, including the subjects' satisfaction with the recommendation by the respective systems, using the equal weight-based system as a comparative baseline." [p. 8208]

表 7-6 用單樣本 t 檢定分析內容滿意度

Table 5
Analysis of content satisfaction using one-sample *t*-test.

Construct	AHP-based system		Rank-based system	
	t-Value	*p*-Value	*t*-Value	*p*-Value
Content satisfaction	2.48	0.01	0.80	0.43
Measurement item				
The system's recommended phones meet my requirements	1.59	0.11	−0.56	0.57
The system's recommended phones satisfy my specifications	2.70	0.01	1.89	0.06
I am satisfied with the accuracy of recommended phones by the system	0.84	0.40	−0.74	0.46
Overall, I am satisfied with the system's recommendations	3.64	0.00	2.15	0.03
This system produces better recommendations than those by the equal weight-based system	0.17	0.12	−1.24	0.22

為了測試 H1，作者進行單一樣本 t 檢定以評估平均內容滿意度是否等於 3，即五點測量量表的均值。如果結果顯著地超過 3，則用戶顯然對所評估的系統的建議感到滿意。表 5 總結了所有結果。

7-6-3 獨立樣本 t 檢定的寫作參考範例

兩組平均數差異的檢定(獨立樣本)採用獨立樣本 t 檢定。

- Hibbeln, M., Jenkins, J. L., Schneider, C., Valacich, J. S., and Weinmann, M. 2017. "How Is Your User Feeling? Inferring Emotion Through Human-Computer Interaction Devices," MIS Quarterly (41:1), pp. 1-21.

在本文中，作者討論使用人機互動輸入裝置來推斷情緒。具體，利用注意力控制理論來解釋通過電腦滑鼠捕獲的運動（即滑鼠游標移動）如何能夠成為負面情緒的即時指示。文中進行了 3 項研究，結果發現滑鼠游標距離和速度可用於推斷負面情緒的水準，樣本的 R^2 為 0.17。結果使研究人員能夠評估即時系統使用過程中的負面情緒反應，更加時間精確地檢查情緒反應，進行多方法情緒研究，並創建更加不引人注目的情感和適應性系統。

"We then conducted a t-test to test the hypothesized relationships between negative emotion and mouse cursor movements and found that participants in the negative-emotion condition had significantly greater cursor distance (t(63) = 2.774, p < .01, η2 = .109) and slower mouse cursor speed (t(63) = 2.257, p < .05, η2 = .091) than did participants in the baseline condition. Thus, our results support both hypotheses H1 and H2 (see Table 4 for the summary statistics)." [p9]

表 7-7 研究 1 的描述性統計

Table 4. Descriptive Statistics for Study 1	Mean	Median	Std. Dev.	Min	Max
Distance (px)					
Baseline Condition	8,337	8,171	2,879	4,075	13,716
Negative-Emotion Condition	10,872	9,939	4,321	6,467	21,986
Speed (px/ms)					
Baseline Condition	.18	.17	.067	.09	.38
Negative-Emotion Condition	.15	.14	.048	.06	.25
SAM Pleasure					
Baseline Condition	7.76	9	1.50	5	9
Negative-Emotion Condition	3.31	3	2.33	1	9

作者使用 t 檢定測試負面情緒和滑鼠游標移動的關係，同時參考描述性統計分析摘要表，顯示在滑鼠游標移動距離中，統計量 t=2.774，p < .01，拒絕虛無假設，參與者在負面情緒的條件和基準條件下的滑鼠游標移動距離有顯著差異，負面情緒條件下的滑鼠游標移動距離更大。

在滑鼠游標移動中，統計量 t=2.257，p < .05，拒絕虛無假設，參與者在負面情緒的條件和基準條件下的滑鼠游標移動速度有顯著差異，在負面情緒條件下的滑鼠游標速度更慢。

7-6-4 配對樣本 t 檢定的寫作參考範例

兩組平均數差異的檢定(相依樣本)採用配對樣本 t 檢定。

- Hendrickson, A. R., Massey, P. D., and Cronan, T. P. 1993. "On the Test-Retest Reliability of Perceived Usefulness and Perceived Ease of Use Scales," MIS Quarterly (17:2), pp. 227-230.

隨著資訊技術（IT）不斷為組織決策者提供更多豐富和多樣化的資訊系統，對評估這些系統成功的有效可靠工具的需求日益重要。資訊系統成功的一個基本原則是決策者的研究注意願意採用和使用這些系統。預測和解釋使用的措施對於確定人們接受或拒絕資訊技術的原因非常重要。本文報告了感知有用性和感知易用性量表的重測信度。

"The results of the paired t-tests of the subjects' mean responses and correlation coefficients between individual scale items for the sample using the spreadsheet package are shown in Table 2. Correlations between the individual scale items for this sample range from a low of .54 to a high of .73. There are two differences for the individual item mean scores (T1-T2)that are statistically different at the 0.05 level-"Easier to do Work" and "Useful in Work." No significant differences were found between the subscale means."[p. 228]

作者通過配對樣本 t 檢定對主體間平均回應和量表問項的相關性進行測量，見表 7-8。樣本中各量表問項間的相關性範圍在 0.54 到 0.73。檢定結果顯示有兩個問項的平均得分在 0.05 水準上有顯著差異，「Easier to do Work」和「Useful in Work」，其他子問項的平均數沒有顯著差異。

表 7-8 兩次試驗法的統計資料：試算表應用

Table 2. Test-Retest Statistics: Spreadsheet Application

	Test Mean T1	Retest Mean T2	Correlation (T1-T2)*	Significance of t-value
Usefulness				
Accomplish Task Quickly	1.706	1.687	.62	.8211
Improve Performance	1.824	1.706	.68	.1823
Increase Productivity	1.745	1.725	.62	.8211
Enhance Effectiveness	1.706	1.608	.66	.2796
Easier to do Work	1.843	1.686	.73	.0443**
Useful in Work	1.420	1.686	.64	.0035**
Subscale Total	**1.690**	**1.683**	**.85**	**.7094**
Ease of Use				
Easy to Learn	2.020	1.961	.73	.4967
Easy to Manipulate	2.176	2.078	.69	.3583
Clear/Understandable Interaction	2.216	2.059	.54	.1583
Flexible to Interact With	2.140	2.098	.60	.7425
Easy to Become Skillful	1.765	1.882	.59	.2039
Easy to Use	1.902	2.020	.65	.2609
Subscale Total	**2.037**	**2.016**	**.77**	**.8373**

* Initial and second administration, all significant at 0.01 level.
** Statistically significant at 0.05 level.

CHAPTER 8 因素分析

8-1 因素分析

因素分析(factor analysis)是將所有因素經由分析後,能以少數幾個因素來解釋一群相互有關係存在的變數,而又能解釋原來最多的資訊。因此因素分析並無依變數(dependent variable)和自變數(independent variable)之分,而是將所有的變數選取進來,除了可以看到每個變數和其它所有變數的關係外,更可以用來形成對所有變數的最大化解釋。因素分析的目的是用來定義潛在的構面,由於潛在的因子(例如:道德、勇氣…等等)無法直接量測,我們可以藉由因素分析來發掘這些概念的結構成份,以定義出結構的各個維度(構面),以及每個維度(構面)包含了那些變數。

因素分析的使用:在確認結構成份後,我們經常使用因素分析於彙總(summarization)和資料縮減(Data reduction),我們分別介紹如下:

- 彙總(summarization)
  所有的變數經由因素分析後,可以得到少數的概念,這些概念等同於彙總所有的變數,經由適當的命名後,就成了我們所謂的構面。

- 資料縮減(Data reduction)
  我們可以經由因素分析後,選取具有代表性的變數,這些有代表性的變數仍然具有原有變數的大部份解釋量外,也保留了原始的結構,因此,透過因素分析我們可以得到資料縮減的功能。

✪ 因素分析與主成份分析的比較

因素分析(Factor Analysis)與主成份分析(Principal Component Analysis, PCA)是兩種不同的分析方法,但目的都是縮減變數數量。許多教科書和統計軟體都從數學解的角度來解釋,主成份分析也可看成是因素分析的特例。

我們整理因素分析與主成份分析的比較如下表：

	因素分析(Factor Analysis)	主成份分析 (Principal Component Analysis, PCA)
分析的資料	共變異數：每一變數與其他變數共同享有的變異。	變異數：所有變數的變異都考慮在內。
資料縮減	選取少數因素(Factor)，盡可能的解釋原變數的相關情形。	選擇一組成份(Component)，盡可能的解釋原變數的變異數。
適合性	適合做變數的結構分析。	適合做變數的簡化。
轉軸	需要轉軸才能對因素命名與解釋。	不需要轉軸就能對因素命名與解釋。
假設性	假設變數(資料)滿足某些結構而得到的結果。	對變數(資料)做線性組合，變數(資料)不需要任何假設。

因素分析法所分析的資料是所有變數間共變量。從變數刪減、轉軸到因素命名的整套過程，可以提供更多的資訊，適合做變數的結構分析。主成份分析法(PCA)所分析的資料是所有變數的變異量，主成份分析藉由「萃取」，讓變數間的變異數最大，使變數在這些成份上呈現最大差異，適合做變數(資料)的簡化。

因素分析和其他多變量技術的比較：因素分析是屬於 Interdependence(互依)，技術的一種，和 Cluster(集群)分析一樣，都是將所有變數選取進來測試，並無依變數和自變數之分，許多的多變量技術，例如：Canonical Correlation Analysis(典型相關分析)、Conjoint Analysis(聯合分析)、ANOVA(單變量變異數分析)、MNOVA (多變量變異數分析)、Regression Analysis(迴歸分析)…等等，都是有準則變數，也就是有依變數和自變數之分。

8-2 因素分析的基本統計假設

在作因素分析之前，必須檢定資料是否符合下列 4 種基本的統計假設(statistical assumption)：

1. 線性關係 – 兩組變數的相關係數是基於線性關係，若不是線性關係，則變數需要轉換，以達成線性關係。
2. 常態性(normality) – 雖然，典型相關並無最嚴格要求常態性，但常態性會使分配標準化以允許變數間擁有較高的相關，因此，符合常態是較好的作法，由於多變量的常態難以判讀，所以大都是針對單一變量要求是常態性。

3. 變異數相等(Homoscedasticity) – 若不相等，會降低變數間的相關，因此，需要符合變異數相等。
4. 樣本的同質性(Homogeneity of sample) – 有相同性質的樣本就會產生多元共線性 mulitcollinearity，由於因素分析是用來辨識變數之間的關係，因此，適度的多元共線性是需要的，也就是說，相同構面下的項目應該具有高度的相關性。

8-3 因素分析之檢定

當變數之間的相關太高或太低時，都不適合做因素分析，我們一般都會使用 KMO 和 Bartlett's 球形檢定來判定是否做因素分析。KMO 的全名是 Kaiser-Meyer-Olkin，KMO 是使用淨相關(partial correlation)矩陣來計算，Kaiser(1974)提出了 KMO 抽樣適配度的判定準則如下：

0～0.5	0.5～0.59	0.6～0.69	0.7～0.79	0.8～1.0
不可接受	悲殘的	平凡的	中度的	良好的

Bartlett's 球形檢定是使用相關係數來計算，在一般的情形下，相關矩陣的值必須明顯地大於 0，我們使用 spss 軟體時可以查看 Bartlett's 球形檢定的顯著性，作為判定是否適合做因素分析的檢定之一項準則。

8-4 選取因素之數目

在眾多的變數下，我們應該選取多少因素之數目才好呢？基本上，沒有單一的標準，可以決定一切，研究人員仍必須考慮實務上的經驗和判斷來決定，在一般情形下，我們常用下列 4 種方法來作初始的判定。

- 特徵值(eigenvalue>1)：特徵值大於 1 的涵義是變數能解釋的變異超過 1 時，就表示很重要，可以保留下來，若是小於 1 時，就表示不重要，可以捨棄，特徵值也稱為是隱藏根(Latent Root)，特徵值特別適用於變數的數量介於 20 個至 50 個，若是變數的數量少於 20 個，則有萃取太少的問題，若是變數的數量大於 50 個，則有萃取太多的問題。
- 陡坡圖(Scree Test)：陡坡圖可以用來判定最適切的因素個數，它是用特徵值當 y 軸，因素的個數當 x 軸，曲線上的點代表變數可以解釋的變異，如下圖：

```
 特
 徵  4
 值
     3
     2
     1 ─────────────判定點
                    ┼
                    │
     └──┬──┬──┬──┼──┬──┬──┬─────────────┬──→
        1  2  3  4  5  6  7  8 ........ 20  因數個數
```

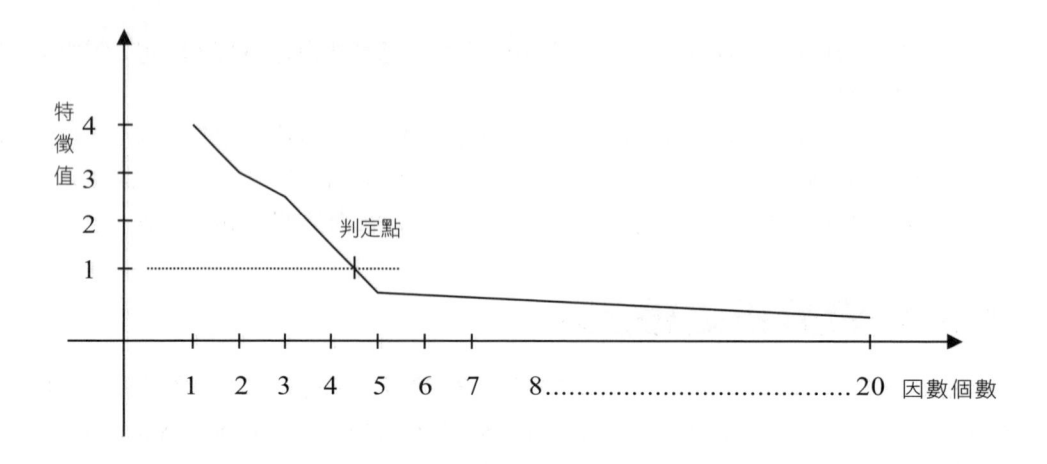

陡坡圖的判定方式是當曲線下降至平坦處，就是判定點，如上圖，我們會選取 5 個因素，若是採用特徵值 >= 1 的方法，則會選取 4 個因素，研究人員到底選取 4 個還是 5 個因素，得考慮實務上的經驗來判定了。

- 理論決定

  研究人員根據過去的文獻或理論架構來選取因素時，則在做因素分析前，已經知道需要選取多少個因素，因素分析是用來驗證有關多少因素應該被選取。

- 變異的百分比

  在萃取的因素能解釋的變異數，累積到一定程度就可以了，在社會科學中，大多都同意變異數累積到 60%左右，就達到標準了，有些研究的選取準則，有可能會再低一些。

8-5 因素的轉軸和命名成為構面

在做因素分析時，我們想要從眾多變數中萃取出幾個因素，然而，許多變數可能會在好幾個因素中，都有影響，我們將這些影響稱之為 – 因素負荷 Factor loading。因素負荷代表著變數和因素之間的關係，高的因素負荷代表著變數影響因素的代表性也較高，若是變數有因素負荷於好幾個因素時，我們對於因素而言，很難加以解釋，這時候，就需要透過轉軸的方式，使變數們明確地座落在某個因素上，我們才好對因素命名，而形成構面，我們以下圖為例來說明。

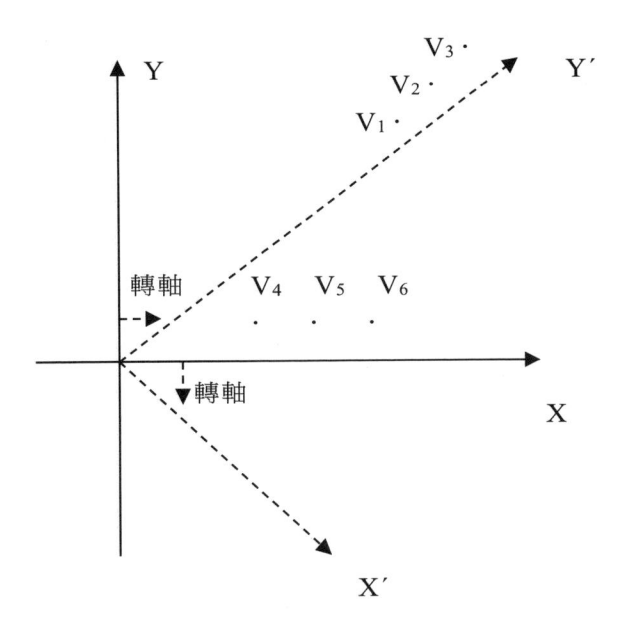

原始的變數 V1、V2、V3、V4、V5、V6 投影在 X 和 Y 軸時，在 X 軸上的 V1 和 V6 矩離很近，很難歸屬那一方，經由轉軸後，投影到 X′和 Y′，我們可以查看 V1、V2 和 V3 同屬一群，而 V4、V5、V6 則屬於另一群，這就是轉軸的功能。

✪ 因素負荷(Factor Loading)顯著性的準則

在解釋因素之前，我們必須考慮那些因素的因素負荷是值得考慮的(顯著的)，一般而言，最低的準則是 ±0.3 時，大於或等於 ±0.4 時，我們視為是重要的，大於或等於 ±0.5 時，我們視為更重要的，必須要考慮進來的，為什麼會是這樣呢？因為因素負荷(Factor Loading)的平方，等於是因素解釋變數的總變異量，我們整理因素負荷和解釋變異量的百分比如下：

因素負荷	解釋變異量的百分比
0.3	9%
0.4	16%
0.5	25%
0.6	36%
0.7	49%
0.8	64%
0.9	81%

在統計的顯著性上，因素負荷和樣本大小有關係，樣本愈大，因素負荷的在較小的值，就達顯著性；我們利用 Hair (1998) p112 頁所整理的樣本大小和因素負荷顯著性的準則如下：

樣本大小	因素負荷達顯著
350	0.30
250	0.35
200	0.40
150	0.45
120	0.50
100	0.55
85	0.60
70	0.65
60	0.70
50	0.75

我們在作研究時，最好採用因素負荷大於或等於 0.6 以上，以避免作效度分析時，較容易出問題，一般而言，採用因素負荷大於或等於 0.7 時，效度分析都沒有問題。

因素轉軸的方法有許多種，最常用的有 Orthogonal Rotation Methods (直交或稱正交轉軸法)和 Oblique Rotation Methods (斜交轉軸法)，我們整理如下圖：

因素轉軸的方法

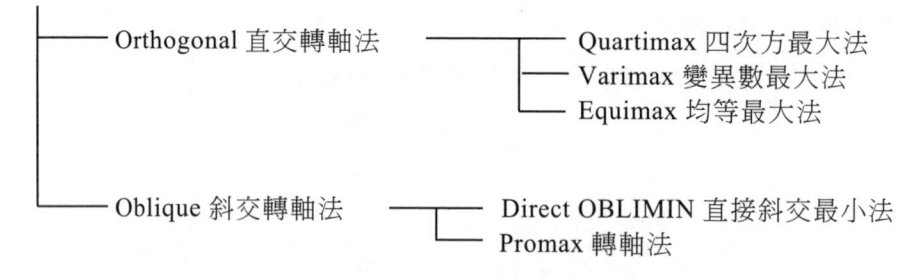

- Orthogonal 直交轉軸法
  - Quartimax 四次方最大法
  - Varimax 變異數最大法
  - Equimax 均等最大法
- Oblique 斜交轉軸法
  - Direct OBLIMIN 直接斜交最小法
  - Promax 轉軸法

直交轉軸法常用的有四次方最大法，變異數最大法和均等最大法，在直交轉軸法中，因素與因素之間沒有相關，代表著兩者之間是呈 90° 的關係。斜交轉軸法常用的有直接斜交最小法和 Promax 轉軸法，在斜交轉軸法中，因素與因素之間有相關，代表著兩者之間不是呈 90º 的關係。在 SPSS 統計軟體中，在一般情形下，我們會選用 Varimax 變異數最大法為因素轉軸的方法，在必要的情形也可以選擇其它方法。

8-6 樣本的大小和因素分析的驗證

樣本的大小並沒有絕對的準則，樣本數量不可少於 50，最好至少要達 100 個以上，因素分析的可靠性才會高，在一般的情形下，都會以多少個變數作為基準，樣本數最少為變數數量的 5 倍，例如：我們有 15 個變數，至少要有 15×5=75 個樣本，最好有 10 倍變數的數量，也就是說，若是我們有 15 個變數，最好有 15×10=150 個樣本。

因素分析的驗證：我們常用分離的樣本(split sample)和分半的樣本來驗證因素分析，分離的樣本是我們分別取樣二次，將二個樣本進行測試，看看結果是否呈現一致性。分半的樣本是當我們一次取樣的數量夠大時，我們可以隨機的將此樣本分成兩半，再將此分半的二個樣本進行測試，看看結果是否呈現一致性，以達到因素分析的驗證。

8-7 因素分析在研究上的重要應用

因素分析在我們進行的許多研究中，扮演相當重要的角色，它的重要應用有形成構面、建立加總尺度、提供信度與提供效度。

- 形成構面：
  構面是概念性定義，當我們以理論為基礎，以定義概念來代表研究的內容，我們所使用量表的項目經由因素分析的轉軸後，通常相同概念的項目會在某個因素下，我們將此因素命名，就形成我們要的構面。
- 建立加總尺度：
  在形成構面後，代表單一因素是由多個項目所組成，因此，我們可以建立加總尺度(summated scale)，以單一的值來代表單一的一個因素或構面。
- 信度(reliability)：
  用來評估一個變數經由多次量測後，是否呈現一致性的程度，我們稱之為信度。在測量內部的一致性時，我們遵守的準則為(item)項目與項目的相關係數大於 0.3，項目與構面的相關係數大於 0.5，整個構面的信度大多使用 Cronbach's alpha 值大於或等於 0.7，探索性的研究則允許下降到 0.6 的標準。

- 效度(validity)：
用來確保量表符合我們所給的概念性的定義，符合信度的要求和呈現單一維度的情形，效度包含有收斂效度(convergent validity)和區別效度(Discriminant Validity)，收斂效度指的是構面內的相關程度要高，區別效度指的是構面之間相關的程度要低。

8-8 研究範例

範例：我們設計的研究問卷如下：

問卷調查

1. 企業經營者參加資訊相關研討會的頻率？
   ☐ 很少　☐ 較少　☐ 普通　☐ 較多　☐ 很高

2. 企業經營者在公司使用電腦的頻率？
   ☐ 很少　☐ 較少　☐ 普通　☐ 較多　☐ 很高

3. 企業經營者參加企業 E 化相關研討會的頻率？
   ☐ 很少　☐ 較少　☐ 普通　☐ 較多　☐ 很高

4. 企業經營者閱讀資訊相關雜誌或書刊的頻率？
   ☐ 很少　☐ 較少　☐ 普通　☐ 較多　☐ 很高

以下各項為決定是否導入企業 E 化系統的重要考量	非常不重要	有些不重要	普通	比較重要	非常重要
5. 企業 E 化系統可以增加收益的好處，是否為導入企業 E 化系統的重要考量	☐	☐	☐	☐	☐
6. 企業 E 化系統可以擁有較好的系統整合，是否為導入企業 E 化系統的重要考量	☐	☐	☐	☐	☐
7. 企業 E 化系統可以降低存貨的好處，是否為導入企業 E 化系統的重要考量	☐	☐	☐	☐	☐
8. 企業 E 化系統的總費用很高，是否為導入企業 E 化系統的重要考量	☐	☐	☐	☐	☐

9.	企業 E 化系統的顧問費用佔總花費(導入企業 E 化費用)的 50%，是否為導入企業 E 化系統的重要考量	☐	☐	☐	☐	☐
10.	企業 E 化系統的維護人才相當難找並且維護費用很高，是否為導入企業 E 化系統的重要考量	☐	☐	☐	☐	☐
11.	企業 E 化系統擁有較好的供應商的技術支援，是否為導入企業 E 化系統的重要考量	☐	☐	☐	☐	☐
12.	企業 E 化系統擁有流程改善的好處，是否為導入企業 E 化系統的重要考量	☐	☐	☐	☐	☐
13.	競爭者採用新技術(企業 E 化系統)的壓力，是否為導入企業 E 化系統的重要考量	☐	☐	☐	☐	☐
14.	企業 E 化系統的技術成熟程度，是否為導入企業 E 化系統的重要考量	☐	☐	☐	☐	☐
15.	以新技術開發的企業 E 化系統取代現有老舊系統(企業 E 化系統的開發技術較現有系統新)，是否為導入企業 E 化系統的重要考量	☐	☐	☐	☐	☐
16.	維護企業 E 化系統需要資源的難度，是否為導入企業 E 化系統的重要考量	☐	☐	☐	☐	☐
17.	企業 E 化系統功能配合企業營運規模，是否為導入企業 E 化系統的重要考量	☐	☐	☐	☐	☐
18.	企業 E 化訓練課程的費用很高，是否為導入企業 E 化系統的重要考量	☐	☐	☐	☐	☐
19.	企業 E 化系統一致性的運作的好處，是否為導入企業 E 化系統的重要考量	☐	☐	☐	☐	☐
20.	競爭者已導入企業 E 化系統，是否為導入企業 E 化系統的重要考量	☐	☐	☐	☐	☐

本研究問卷共發出 100 份，回收有效問卷 74 份。經編碼輸入資料後，存檔成 factor analysis.sav。

因素分析的實務操作如下：
(請先將範例檔 Ch8 複製到 C:\Ch8)

1. 開啟 factor anaslysis.sav 範例檔(在 C:\Ch8)，點選[分析/維度縮減/因子]

2. 選取 s1~s20 至「變數」欄位

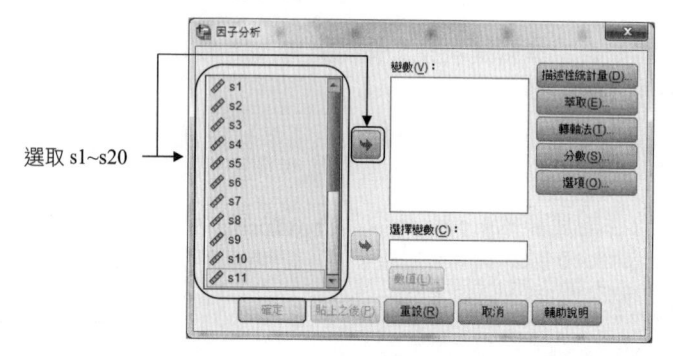

3. 點選[描述性統計量]

4. 勾選「未轉軸之統計量」與「KMO 與 Bartlett 的球形檢定」，選擇完畢後，點選[繼續]

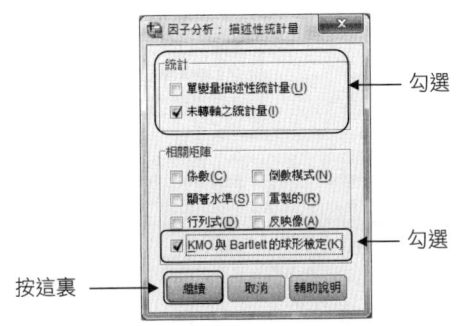

- 統計：
  - 單變量描述性統計量(Univariate descriptives)：顯示每個變數的平均數和標準差等等。
  - 未轉軸之統計量：顯示尚未轉軸前的統計量，例如特徵值，解釋變異百分比等等。
- 相關矩陣(Correlation Matrix)：
  - 係數(Coefficients)：顯示相關矩陣的係數。
  - 顯著水準(Significance levels)：顯示相關矩陣計算後的顯著水準，例如 P 值。
  - 行列式(Determinant)：顯示相關矩陣的行列式值。
  - KMO 與 Bartlett's 的球形檢定(test of sphericity)：KMO and Bartlett 的球形檢定，以判定是否適合作因素分析。
  - 倒數模式(Inverse)：顯示相關矩陣的反矩陣值。
  - 重製的(Reproduced)：顯示相關矩陣的重製矩陣值。
  - 反映像(Anti-image)：顯示相關矩陣的反映像的共變數和矩陣。

5. 點選[萃取]

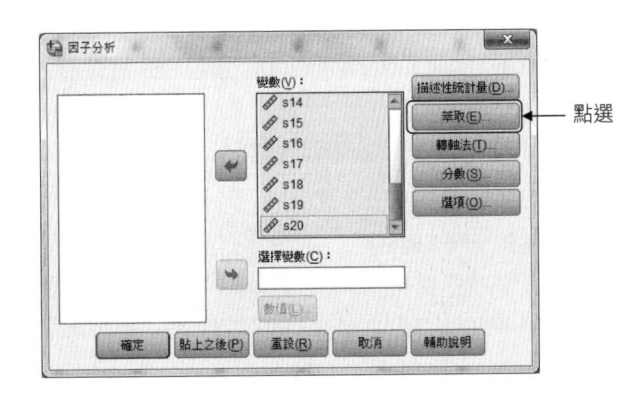

6. 選擇方法為「主成份」，勾選「未旋轉因子解」、「陡坡圖」，點選[繼續]

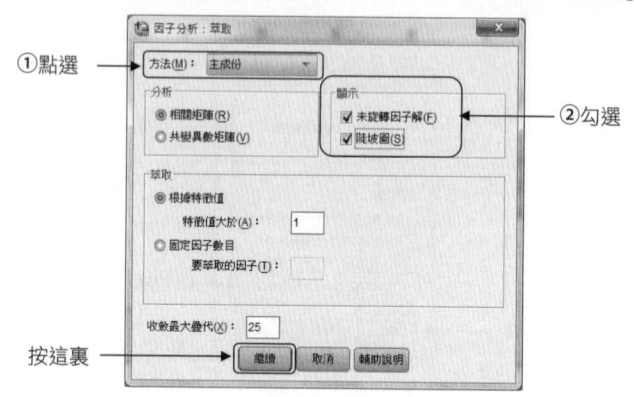

- 方法 Method

  主成份分析 Prinicpal components

  未加權最小平方法 Unweighted least squares

  一般化最小平方法 Generalized least squares

  最大概似法 Maximum likelihood

  主軸因素法 Principal axis factoring

  Alpha 因素法 Alpha factoring

  印象因素法 Image factoring

- 方法 Method
  - 主成份：主成份分析法(Prinicpal components)。
- 分析 Analyzec
  - 相關矩陣(Correlation matrix)：使用相關矩陣來萃取因素。
  - 共變異數矩陣(Covariance matrix)：使用共變矩陣來萃取因素。
- 顯示(Display)
  - 未旋轉因子解(Unrotated factor solution)：顯示尚未轉軸前的統計量，例如：特徵值，解釋變異百分比等等。
  - 陡坡圖(Scree plot)：用圖形顯示因素個數。
- 萃取(Extract)
  - 根據特徵值(Eigenvalues over)：一般會選特徵值 >= 1。
  - 固定因子數目(Number of factors)：自訂選取幾個因素個數。
- 收斂最大疊代(Maximum Iterations for Convergence)：收斂的最大疊代次數，預設為25次。

7. 點選[轉軸法]

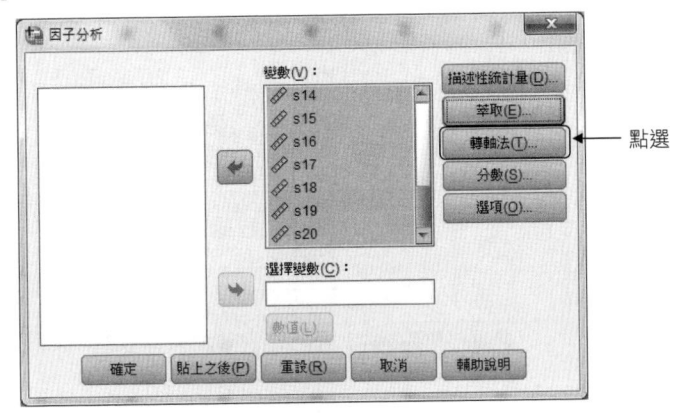

8. 點選「最大變異法」，選擇完畢後，點選[繼續]

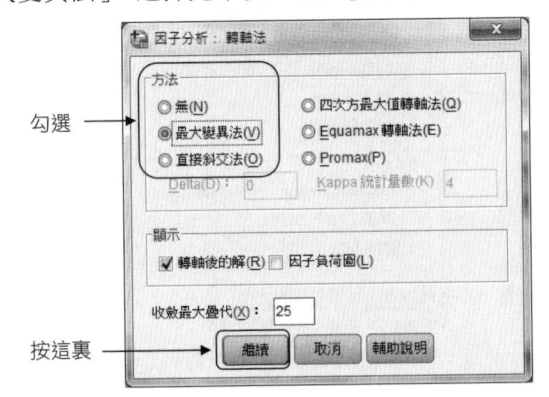

- 方法：因素轉軸的方法。
    - 無(N)：不轉軸。
    - 最大變異法 Varimax
    - 直接斜交法 Direct Oblimin
    - 四次方最大值轉軸法 Quartimax
    - Equamax 轉軸法(E)
    - Promax(P)
- 顯示
    - 轉軸後的解 Rotated solution
    - 因子負荷圖 Loading plot(s)

收斂最大疊代(Maximum Iterations for Convergence)：收斂的最大疊代次數，預設為 25 次。

9. 點選[選項]

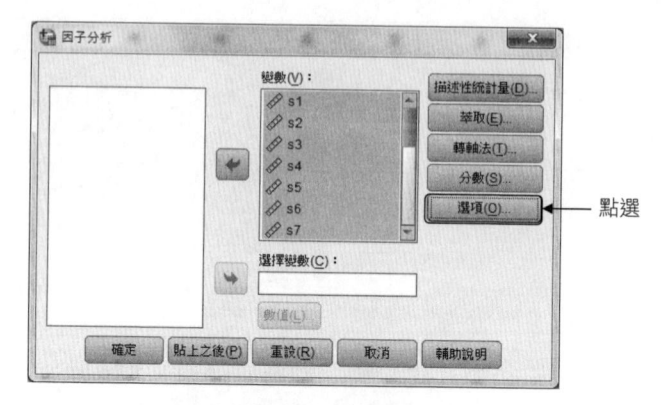

10. 點選「完全排除觀察值」，選擇完畢後，點選[繼續]

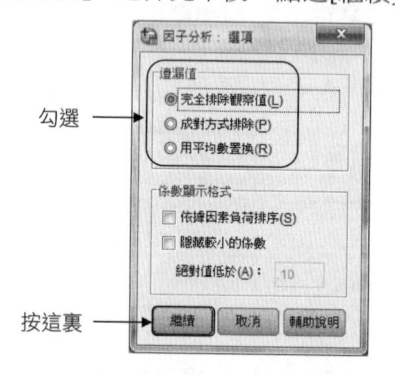

- 遺漏值 Missing Values：
  - 完全排除觀察值 Exclude cases listwise：遺漏值都排除後，才加以計算。
  - 成對方式排除 Exclude cases pairwise：成對相關方式中，遺漏值都排除後，才加以計算。
  - 用平均數置換 Replace with mean：使用平均數取代遺漏值。
- 係數的顯示格式
  - 依據因素負荷排序 Sorted by size
  - 隱藏較小的系數

實用說明：
我們常用 Exclude cases listwise 完全排除遺漏值和 Sorted by size 根據因素負荷量排序，由於我們想呈現原始順序給讀者，所以才未選用 Sorted by size 根據因素負荷量排序，要使用原始順序或根據因素負荷量排序，由研究者自行判定。

11. 選擇完畢後，點選[確定]

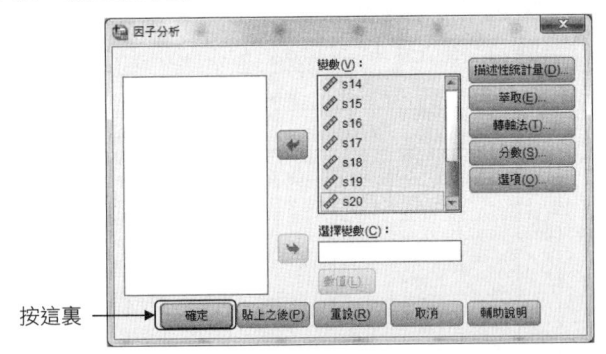

按這裏 →

12. 結果如下圖

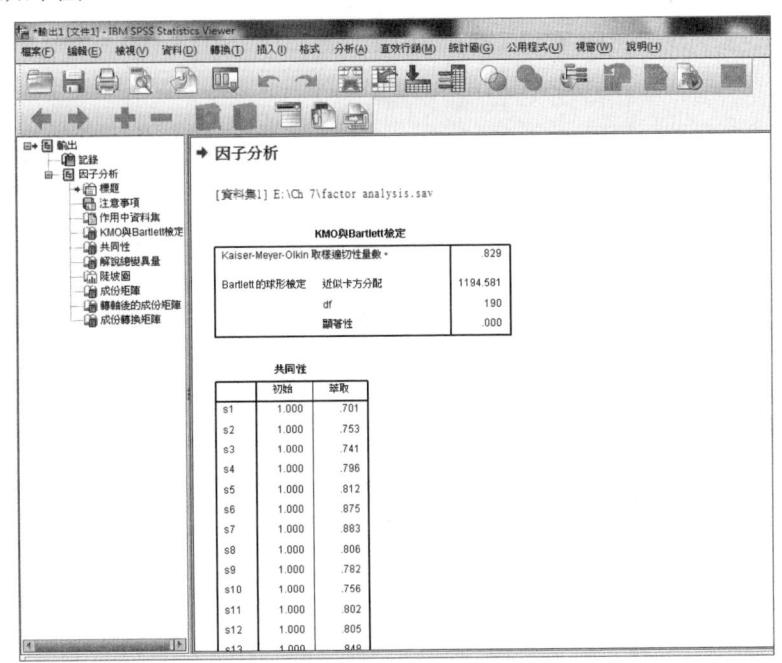

KMO 和 Bartlett's 球形檢定來判定是否作因素分析。Kaiser (1974)提出了 KMO 抽樣適配度的判定準則如下：

0 ~ 0.5	0.5 ~ 0.59	0.6 ~ 0.69	0.7 ~ 0.79	0.8 ~ 1.0
不可接受	悲殘的	平凡的	中度的	良好的

本範例的 KMO 值 0.829，Bartlett's 球形檢定的顯著性 P 值 0.000 <0.05，適合作因素分析。

解說總變異量

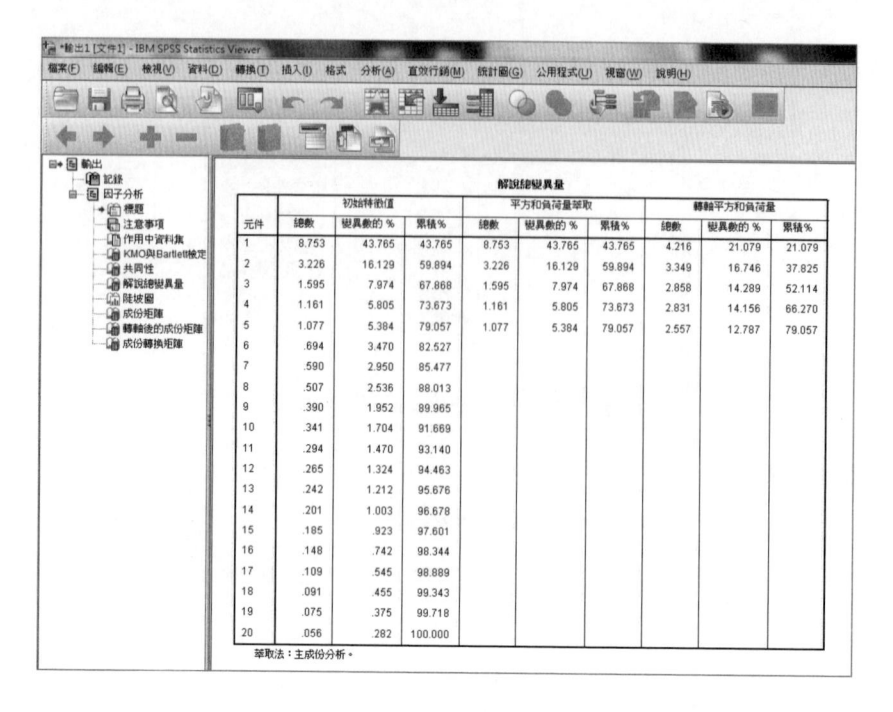

元件	初始特徵值 總數	變異數的 %	累積 %	平方和負荷量萃取 總數	變異數的 %	累積 %	轉軸平方和負荷量 總數	變異數的 %	累積 %
1	8.753	43.765	43.765	8.753	43.765	43.765	4.216	21.079	21.079
2	3.226	16.129	59.894	3.226	16.129	59.894	3.349	16.746	37.825
3	1.595	7.974	67.868	1.595	7.974	67.868	2.858	14.289	52.114
4	1.161	5.805	73.673	1.161	5.805	73.673	2.831	14.156	66.270
5	1.077	5.384	79.057	1.077	5.384	79.057	2.557	12.787	79.057
6	.694	3.470	82.527						
7	.590	2.950	85.477						
8	.507	2.536	88.013						
9	.390	1.952	89.965						
10	.341	1.704	91.669						
11	.294	1.470	93.140						
12	.265	1.324	94.463						
13	.242	1.212	95.676						
14	.201	1.003	96.678						
15	.185	.923	97.601						
16	.148	.742	98.344						
17	.109	.545	98.889						
18	.091	.455	99.343						
19	.075	.375	99.718						
20	.056	.282	100.000						

萃取法：主成份分析。

我們會選用 Varimax 變異數最大法為因素轉軸的方法，形成五個成分 (構面)。

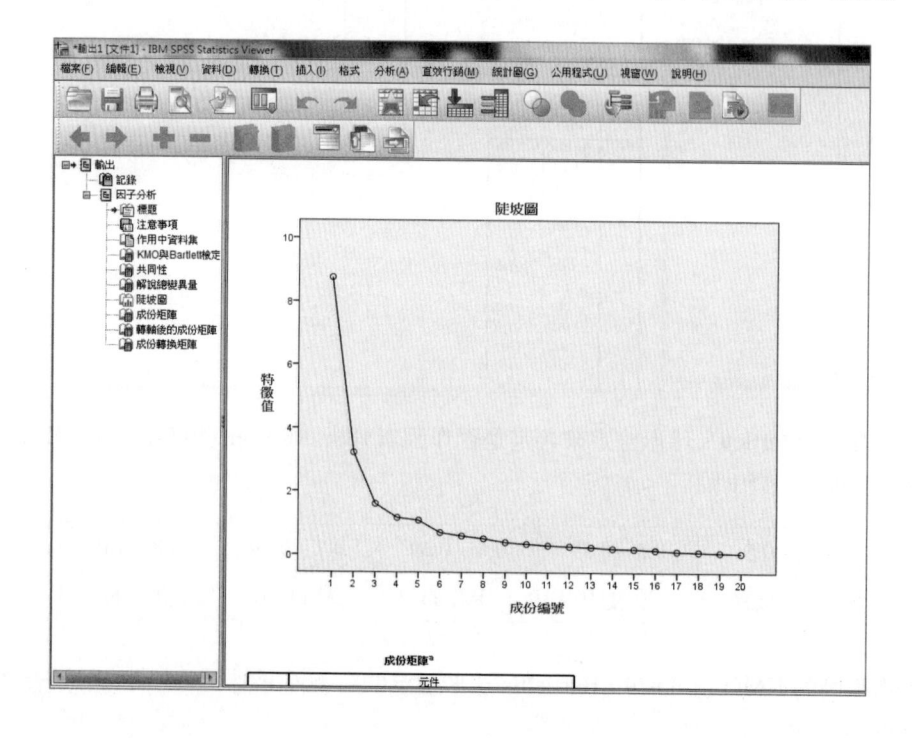

成份矩陣

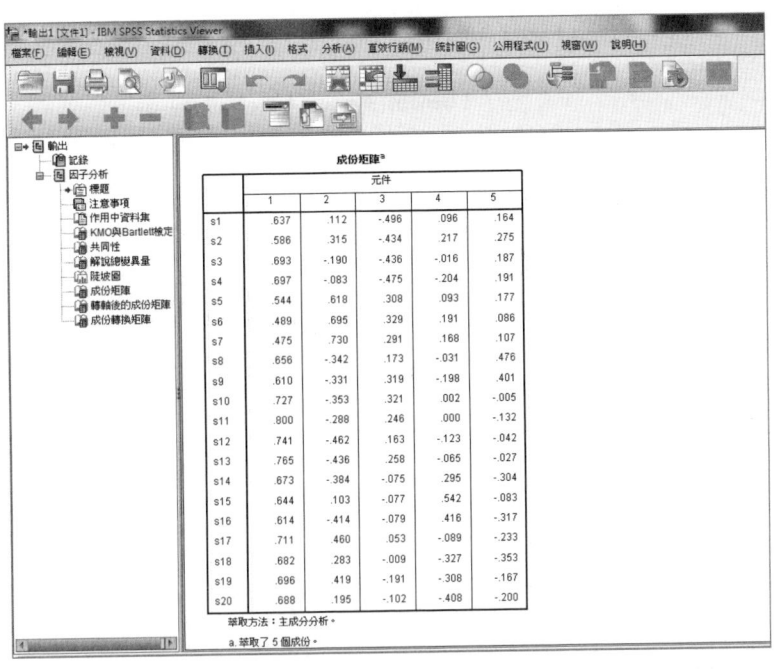

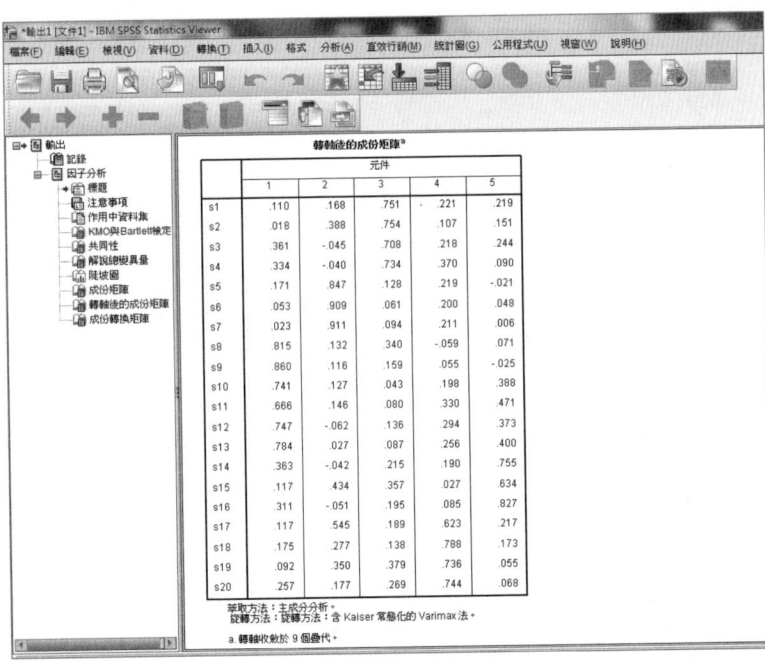

	元件 1	2	3	4	5
s1	.637	.112	-.496	.096	.164
s2	.586	.315	-.434	.217	.275
s3	.693	-.190	-.436	-.016	.187
s4	.697	-.083	-.475	-.204	.191
s5	.544	.618	.308	.093	.177
s6	.489	.695	.329	.191	.086
s7	.475	.730	.291	.168	.107
s8	.656	-.342	.173	-.031	.476
s9	.610	-.331	.319	-.198	.401
s10	.727	-.353	.321	.002	-.005
s11	.800	-.288	.246	.000	-.132
s12	.741	-.462	.163	-.123	-.042
s13	.765	-.436	.258	-.065	-.027
s14	.673	-.384	-.075	.295	-.304
s15	.644	.103	-.077	.542	-.083
s16	.614	-.414	-.079	.416	-.317
s17	.711	.460	.053	-.089	-.233
s18	.682	.283	-.009	-.327	-.353
s19	.696	.419	-.191	-.308	-.167
s20	.688	.195	-.102	-.408	-.200

萃取方法：主成分分析。
a. 萃取了 5 個成份。

轉軸後的成份矩陣

	元件 1	2	3	4	5
s1	.110	.168	.751	.221	.219
s2	.018	.388	.754	.107	.151
s3	.361	-.045	.708	.218	.244
s4	.334	-.040	.734	.370	.090
s5	.171	.847	.128	.219	-.021
s6	.053	.909	.061	.200	.048
s7	.023	.911	.094	.211	.006
s8	.815	.132	.340	-.059	.071
s9	.860	.116	.159	.055	-.025
s10	.741	.127	.043	.198	.388
s11	.666	.146	.080	.330	.471
s12	.747	-.062	.136	.294	.373
s13	.784	.027	.087	.256	.400
s14	.363	-.042	.215	.190	.755
s15	.117	.434	.357	.027	.634
s16	.311	-.051	.195	.085	.827
s17	.117	.545	.189	.623	.217
s18	.175	.277	.138	.788	.173
s19	.092	.350	.379	.736	.055
s20	.257	.177	.269	.744	.068

萃取方法：主成分分析。
旋轉方法：含 Kaiser 常態化的 Varimax 法。
a. 轉軸收斂於 9 個疊代。

我們將因素分析的結果，依題項語意分成四個構面，分別為 CEO，Benefit，Cost，Technology 和無法命名的 Unknown 構面。我們整理出結果如下：

8-17

Results of First Factor Analysis

Factor^a	1 CEO	2 Benefit	3 Cost	4 Technology	5 Unknown
S1	.751				
S2	.754				
S3	.708				
S4	.734				
S5		.847			
S6		.909			
S7		.911			
S8			.815		
S9			.860		
S10			.741		
S11	.666			.471	
S12	.747	-.062			
S13	.784			.400	
S14				.755	
S15				.634	
S16				.827	
S17		.545			.623
S18			.138		.788
S19		.350			.736
S20				.068	.744

Total variance explained 79.057%

我們根據題意，將各個因素歸類和命名如下：

Results of First Factor Analysis

Factor^a	1 CEO	2 Benefit	3 Cost	4 Technology	5 Unknown
CEO 1	.751				
CEO 2	.754				
CEO 3	.708				
CEO 4	.734				
Benefit 1		.847			
Benefit 2		.909			
Benefit 3		.911			
Cost 1			.815		
Cost 2			.860		
Cost 3			.741		
Technology 1	.666			.471	
Benefit 4	.747	-.062			
Technology 2	.784			.400	
Technology 3				.755	

Results of First Factor Analysis

Factor[a]	1 CEO	2 Benefit	3 Cost	4 Technology	5 Unknown
Technology 4				.634	
Technology 5				.827	
Benefit 5		.545			.623
Cost4			.138		.788
Benefit 6		.350			.736
Technology 6				.068	.744

Total variance explained 79.057%

刪除不適用的問項，有跨構面題項，行成無法命名構面的題項，如 Technology 1、Benefit 4、Technology 2、Benefit 5、Cost4、Benefit 6、Technology 6。由於刪除問項後，題項和構面可能會有異動，因此，需要再次作因素分析以確認題項和構面，我們整理報表輸出結果如下：

Results of Second Factor Analysis

Factor	CEO	Benefit	Cost	Technology
CEO 1	.824			
CEO 2	.713			
CEO 3	.756			
CEO 4	.827			
Benefit 1		.879		
Benefit 2		.946		
Benefit 3		.934		
Cost 1			.816	
Cost 2			.905	
Cost 3			.667	
Technology 3				.813
Technology 4				.626
Technology 5				.891

Total variance explained 79.416

最後我們將因素分析的結果，確認分成四個構面，分別為 CEO、Benefit、Cost 和 Technology 構面，總變異解釋達 79.416。

我們也可以在範例資料檔下，直接執行下列語法：

```
FACTOR  /VARIABLES s1 s2 s3 s4 s5 s6 s7 s8 s9 s10 s11 s12 s13 s14 s15
s16 s17 s18 s19 s20  /MISSING LISTWISE /ANALYSIS s1 s2 s3 s4   s5 s6
s7 s8 s9 s10 s11 s12 s13 s14 s15 s16 s17 s18 s19 s20  /PRINT INITIAL
```

```
KMO EXTRACTION ROTATION  /PLOT EIGEN  /CRITERIA MINEIGEN(1)
ITERATE(25)  /EXTRACTION PC  /CRITERIA ITERATE(25)  /ROTATION
VARIMAX  /METHOD=CORRELATION .
```

會得到相同的報表結果。

8-9 寫作參考範例

因素分析是將所有因素經由分析後,將原有的許多變數(維度)的資料,縮減成較少的維度數,同時又能保持原資料所提供的大部分資訊。確認結構成分後,我們經常使用因素分析來進行匯總和資料縮減。

正確的書寫方式,參考以下範例。

- Ma, Q., Pearson, J. M., and Tadisina, S. 2005. "An Exploratory Study into Factors of Service Quality for Application Service Providers," Information & Management (42:8), pp. 1067–1080.

✪ 3.2.2. Verification of dimensionality

we utilized a principal component analysis to identify the critical factors. The analysis was conducted using SPSS (11.01). We applied two criteria to decide the number of factors that can be identified: eigenvalues greater than 1.0 [17] and factor loadings greater than 0.50. Item analysis was also used to ensure that each item was assigned to its proper factor.

In order to maximize the correlations of each item on a factor, we used an oblique rotation, as we assumed that there were correlations among the underlying components. Each of the extracted factors was present in the component pattern matrix. According to the guidelines by Hair et al., to obtain a power level of 80% at a 0.05 significance level with 120 responses, a factor loading of 0.50 is required.

After dropping low-loading items, we derived nine factors. Surprisingly, only one item loaded on factors 8 and 9. The resultant factor matrix indicated that these items could not be forced onto other factors and that they were indeed unique. After examining the contents of these two factors, we found that they addressed price and data ownership. Data are regarded as an information asset and typically owned by the customer. When using an ASP, data are stored remotely on the ASP server. If the service contract with the ASP is discontinued, ownership of the data becomes questionable. This might be an important legal or ethical issue, but not a quality characteristic of an application or service. Consequently, we dropped this item. After this, the loading for "price" became very small and it was therefore also dropped. After several steps of factor refining, we derived the results displayed in Table 4.

The sampling adequacy index, Kaiser-Meyer-Olkin (KMO) of the factor analysis of the remaining 33 items was 0.82. This index ranges from 0 to 1 with 0.80 or above being considered meritorious; 0.70 or above, middling; 0.60 or above, mediocre; 0.50 or above, miserable; and below 0.05 unacceptable. We also used Bartlett's test of Sphericity-an indicator of the overall significance of the correlation matrix, which tests for the presence of correlations among the variables. The approximate Chi-square for Bartlett's test of Sphericity was 1623.7 with 528 d.f. The Bartlett's test indicated that non-zero correlations existed at the significance level of 0.0001. Therefore, the validity of the factors selected in this study was statistically established.

Most of factor loading in Table 4 were significant and items loaded cleanly to the underlying factor. However, for some factors, the item loadings are lower than the 0.50 threshold. As this is an exploratory study, we decided to lower the loading cut point to 0.40 and include the items that met this criteria.

3.2.3. Instrument reliability and validity assessment

Internal reliability was measured using Cronbach's alpha (Table 5); it varied between 0.60 and 0.77. According to Hair et al., 0.60 is satisfactory for exploratory studies. An additional test to check the robustness of the factor structure would be a comparison of the obliquely rotated factors with orthogonally rotated factors. Under an orthogonal rotation, the same factors were extracted: this confirmed the stability and robustness in the initial factor structure.

Validity was assessed in terms of content and discriminant validity. Content validity was evaluated qualitatively by examining the data collection and processing method. This ensures that the instrument does measure the concept of service quality of ASPs. Discriminant validity was assessed by the variance-extracted test [13]. The variance-extracted test assesses the amount of variance captured by an underlying factor in relation to the amount of variance due to measurement error. The total variance extracted was approximately 60%. In social science research, the acceptable percentage of variance is generally considered to be about this level.

✪ 3.2.4. Factor labeling

After careful examination of the items within each factor, we gave each dimension an appropriate name (see Table 6). Comparing these dimensions with those found by the qualitative method, most of the dimensions are the same, further suggesting the validity of this study. For example, the items in the dimensions of "availability", "features", "assurance", "reliability", "empathy", and "security" are almost identical. Of course, overlapping and discrepancies exist; for example, the items "application standardization" and "anti-virus protection" were grouped in the quantitative approach but not in qualitative approach. Possibly it was difficult for ASPs to answer the questions clearly." [pp. 1074-1075]

1. 維度確認

作者使用主成分分析法來確定關鍵因素，使用兩個標準來確定因素數量：特徵值大於 1.0 和因素負荷大於 0.50。為了最大化每個問項在因素上的相關性，因素轉軸採用斜交轉軸法。根據 Hair 等人的指導原則，樣本量為 120 的因素負荷應大於 0.5。在刪除低負荷題項後，得到 9 個因素。作者在檢查因素內容後，放棄了 2 個因素，經過提煉得出了表 8-9 中顯示的結果。對剩餘 33 個題項，作者進行 KMO 和 Bartlett's 球形檢驗，KMO 值為 0.82，Bartlett's 球形檢驗在 0.0001 水準上達顯著，在統計學上確定了本研究中選擇的因素的有效性。

表 8-9 轉軸後的成分矩陣

Table 4
Rotated component matrix

Item	Factor						
	1	2	3	4	5	6	7
Applications' "friendly" user interface	0.81						
Allowing customers to add and delete users	0.64						
Application interoperability	0.63						
Ease of data reporting and extracting	0.59						
Customer perception	0.54						
Application upgrading	0.52						
Application scalability	0.43						
System uptime		0.75					
Data confidentiality		0.70					
Contingency and replacement policy		0.61					
Disaster recovery		0.60					
Responsiveness (problem fix time/record time)		0.55					
Hardware/software redundancy		0.49					
Specified holidays in contract			0.72				
ASP certifications			0.70				
Network performance			0.69				
Proper personnel ration to the number of clients			0.51				
Possibility of modifying the contract			0.48				
Secure physical environment (room)				0.70			
Application configuration				0.64			
Application performance monitoring				0.54			
Expertise availability				0.49			
Quality assurance systems or tools				0.45			
Shared approach to problem solving					0.74		
The age of ASP					0.72		
Detailed fee for services					0.71		
Metrics measuring customers usage and growth					0.50		
Customer training and education					0.40		
Application standardization						0.69	
Anti-virus protection						0.67	
Security auditing							0.69
Encryption							0.60
Technical support availability 24 × 7 in contract							0.46

2. 信效度評估

使用 Cronbach's alpha 值測量內部信度（表 8-10），值介於 0.60 和 0.77 之間。根據內容效度和區別效度評估效度。通過變異提取評估區別效度，本研究中提取的總變異百分比約為 60%，為可接受水準。

表 8-10 內部信度和效度

Table 5
Internal reliability and validity

Factor	Total eigenvalues	% of variance	Cumulative (%)	Chi-square	Sig. level	Cronbach's α
1	3.42	10.35	10.35	52.5	0.0000	.75
2	3.33	10.10	20.45	111.2	0.0000	.74
3	3.17	9.62	30.07	59.4	0.0000	.76
4	2.95	8.92	38.99	36.0	0.0000	.74
5	2.76	8.35	47.84	39.5	0.0000	.76
6	1.90	5.76	54.30	36.2	0.0000	.67
7	1.86	5.62	59.93	14.2	0.0008	.60

3. 因素命名

仔細檢查每個因素內的題項後，作者給每個維度一個合適的名稱（表 8-11）。將這些維度與定性方法發現的維度進行比較，大多數維度都相同，進一步表明了本研究的有效性。

表 8-11 因素模型的比較

Table 6
Comparison of factor models

Product (Garvin)	Service (Parasuraman et al.)	ASP (Ma et al.)
Performance	Tangible	Features
Features	Reliability	Availability
Reliability	Responsiveness	Reliability
Conformance	Assurance	Assurance
Durability	Empathy	Empathy
Serviceability		Conformance
Aesthetics		Security
Perceived quality		

本研究探索應用服務供應商（ASP）行業的服務品質，採用定性和定量的方法，確定 ASP 行業服務品質的維度。本研究確定了 7 個維度，包括特徵、可用性、可靠性、保證、同理心、一致性和安全性。此外，還提供了一份初始清單，以說明 ASP 評估和診斷其服務品質績效。

CHAPTER 9 迴歸分析

9-1 迴歸分析(Regression Analysis)

許多人將「迴歸分析」和「相關分析」的使用混淆，相關分析可以用來描述兩個連續變數的線性關係，若要進一步確認兩個變數之間的因果關係，則可以使用迴歸分析。迴歸分析(Regression Analysis)可以分為簡單迴歸 Simple Regression 和複迴歸(多元迴歸)Multiple Regression，簡單迴歸是用來探討 1 個依變數和 1 個自變數的關係，複迴歸(多元迴歸)是用來探討 1 個依變數和多個自變數的關係，我們整理簡單迴歸和複迴歸的表示式如下：

簡單迴歸表示式：

$$Y = \beta_0 + \beta_1 X_1 + \varepsilon$$
β_0 為常數，β_1 為迴歸係數，ε 為誤差

複迴歸表示式：

$$Y = \beta_0 + \beta_1 X_1 + \beta_2 X_2 + \ldots + \beta n X n + \varepsilon$$
β_0 為常數，$\beta_1 \ldots \beta n$ 為迴歸係數，ε 為誤差

複迴歸使用的變數都是計量的，也就是說，依變數與自變數二者皆為計量的，表示式如下：

$$Y = X_1 + X_2 + \ldots + X_n$$
(計量) 計量

✪ 迴歸分析的二大應用方向

迴歸分析經常用在解釋和預測二大方面，有關解釋方面，我們可以從取得的樣本，計算出迴歸的方程式，再透過迴歸的方程式得知每個自變數對依變數的影響力(貢獻)，當然也可以找出最大的影響變數，以進行統計上和管理意涵的解釋。有關預測方面，由於迴歸方程式是線性關係，我們可以估算自變數的變動，會帶給依變數的多大改變，因此，我們使用迴歸分析來預測未來的變動。

9-2 迴歸分析的基本統計假設

在使用迴歸分析前，必須要確認資料是否符合迴歸分析的基本統計假設，否則，當資料違反迴歸分析的基本統計假設時，會導致統計推論偏誤的發生。

迴歸分析的基本統計假設有下列 4 項：

- 線性關係
  依變數和自變數之間的關係必須是線性，也就是說，依變數與自變數存在著相當固定比率的關係，若是發現依變數與自變數呈現非線性關係時，可以透過轉換(transform)成線性關係，再進行迴歸分析。

- 常態性(normality)
  若是資料呈現常態分配(normal distribution)，則誤差項也會呈現同樣的分配，當樣本數夠大時，檢查的方式是使用簡單的 Histogram(直方圖)，若是樣本數較小時，檢查的方式是使用 normal probability plot(常態機率圖)。

- 誤差項的獨立性
  自變數的誤差項，相互之間應該是獨立的，也就是誤差項與誤差項之間沒有相互關係，否則，在估計迴歸參數時，會降低統計的檢定力，我們可以藉由殘差(Residuals)的圖形分析來檢查，尤其是與時間序列和事件相關的資料，特別需要注意去處理。

- 誤差項的變異數相等(Homoscedasticity)
  自變數的誤差項除了需要呈現常態性分配外，其變異數也需要相等，變異數的不相等(heteroscedasticity)會導致自變數無法有效的估計應變數，例如：殘差分佈分析時，所呈現的三角形分佈和鑽石分佈，在 spss 軟體中，我們可以使用 Levene test，來測試變異的一致性，當變異數的不相等發生時，我們可以透過轉換(transform)成變異數的相等後，再進行迴歸分析。

9-3 找出最佳的迴歸模式

選擇變數進入的方式(以得到最佳的迴歸模式)在進行迴歸分析時,大部份的情形是有多個自變數可以選擇使用在迴歸方程式中,我們想要找到的是能夠以較少的自變數就足以解釋整個迴歸模式最大量,存在問題是我們應該選取多少個自變數,又應如何選擇呢?我們整理選擇自變數進入迴歸模式的方式如下:

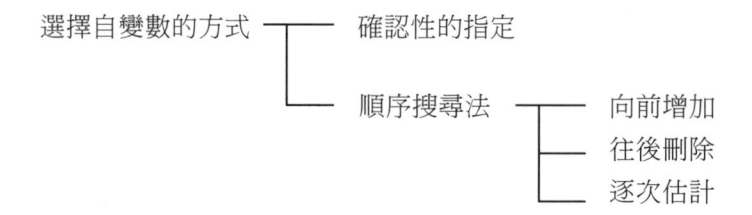

```
選擇自變數的方式 ─┬─ 確認性的指定
                └─ 順序搜尋法 ─┬─ 向前增加
                              ├─ 往後刪除
                              └─ 逐次估計
```

- 確認性的指定
  以理論或文獻上的理由為基礎,研究人員可以指定哪些變數可以納入迴歸方程式中,但必須注意的是,研究人員必須能確認選定的變數可以在簡潔的模式下,達到最大量的解釋。

- 順序搜尋法(Sequential Search Methods)
  順序搜尋法是依變數解釋力的大小,選擇變數進入迴歸方程式,常見的有向前增加(Forward Addition)、往後刪除(Backward Elimination)、逐次估計(Stepwise Estimation)三種,我們分別介紹如下:
  - 向前增加 (Forward Addition):自變數的選取是以達到統計顯著水準的變數,依解釋力的大小,依次選取進入迴歸方程式中,以逐步增加的方式,完成選取的動作。
  - 往後刪除(Backward Elimination):先將所有變數納入迴歸方程式中求出一個迴歸模式,接著,逐步將最小解釋力的變數刪除,直到所有未達顯著的自變數都刪除為止。
  - 逐次估計(Stepwise Estimation):逐次估計是結合向前增加法和往後刪除法的方式,首先,逐步估計會選取自變數中與應變數相關最大者,接著,選取剩下的自變數中,部份相關係數與應變數較高者(解釋力較大者),每新增一個自變數,就利用往後刪除法檢驗迴歸方程式中,是否有需要刪除的變數,透過向前增加,選取變數,往後刪除進行檢驗,直到所有選取的變數都達顯著水準為止,就會得到迴歸的最佳模式。

9-4 檢定迴歸模式的統計顯著性(F test)

迴歸模式的顯著性檢定,一般都使用 F test (檢定),F 檢定將所有自變數計算進來,看應變數 Y 和所有自變數 Xn 是否有統計的顯著性。

F 檢定的虛無假設(Null hyposesis) 如下:
$H_0 : \beta_1 = \beta_2 ..... = \beta n = 0$
$H_1 : $ Not all $\beta_i = 0$ (i = 1,2, ..., n)

我們會將資料計算所得到的 F 值與查表所得的 Fcrit 比較:
若 F > Fcrit:顯著性存在,推翻虛無假設,需要作進一步的檢定或解釋。
若 F ≤ Fcrit:顯著性不存在,接受虛無假設,研究者不需要作進一步的檢定,但仍需要作解釋。
F 值的計算公式如下:

$$F = \frac{\text{SSE regression / df regression}}{\text{SSE total / df residual}}$$

$$= \frac{(\text{Sum of squared errors regression / Degrees of freedom regression})}{(\text{Sum of squared errors total / Degrees of freedom residual})}$$

df regression = (k-1),k 為估計母數的數目
df residual = n-k,k 為估計母數的數目,n 為樣本數
Fcrit = $F_{(k-1, n-k)}$,查表可得 F 值

✪ 決定係數 R^2 (R square)

決定係數(coefficient of determination) R^2 是用來解釋線性迴歸模式的適配度(goodness of fit),$R^2=0$ 時,代表依變數(Y)與自變數(X_n)沒有線性關係,$R^2 \neq 0$ 時,代表依變數(Y)被自變數(X_n)所解釋的比率,計算公式如下:

$$R^2 = 1 - \frac{SSe}{SSt},\ SSe\ \text{為誤差變異量},\ SSt\ \text{為總變異量}$$

R^2 是迴歸可解釋的變異量,來自於依變數 Y 的總變異量,等於迴歸測量的變異量 + 誤差變異量,關係式如下:

SSt = SSregression + SSe

迴歸分析 **09**

$$1 = \frac{SSregression}{SSt} + \frac{SSe}{SSt}$$
$$= 迴歸可解釋的變異量 + 誤差總變異量$$
$$迴歸可解釋的變異量 = \frac{SSregression}{SSt} = 1 - \frac{SSe}{SSt}$$

調整後的 R^2 (adjusted R^2)

在迴歸模式中，R^2 會用來說明整個模式的解釋力，但是 R^2 會受到樣本大小的影響而呈現高估現象，樣本愈小，愈容易出現問題(高估)，因此，大多數的學者都採用調整後的 R^2，也就是將誤差變異量和依變數(Y)的總變異量都除以自由度 degree of freedom. (df)。

$$\text{Adjusted } R^2 = 1 - \frac{\frac{SSe}{dfe}}{\frac{SSt}{dft}}$$

經自由度的處理後，我們就可以避免樣本太小而導致高估整個迴歸模式的解釋力。

✪ 解釋迴歸的變量

在迴歸模式具有統計顯著性後，我們想要看看在迴歸方程式中，那些自變數(X_n)對依變數(Y)有較大的影響力，在原始的資料中，若是尺度衡量不一致，例如：體重的公斤、公克，身高的公尺、公分，都會產生解釋迴歸變量的問題，因此，我們必須操作標準化的係數，也就是對原始的自變數(X_n)予以標準化，標準化後的變數，不會受到不同尺度衡量的影響，由標準化的自變數所計算而得到的迴歸係數，我們稱為 β 係數(beta 係數)，擁有 β 係數愈高的自變數(X_n)，對依變數(Y)的影響力愈大。

9-5 共線性問題

當自變數們(X_n)有共線性的問題時，代表自變數(X_n)有共同解釋的部份，個別的自變數(X)，無法確認對依變數(Y)有多大的影響，那我們如何辨識自變數們(X_n)有共線性的問題呢？下列 2 個步驟可以辨識共線性的問題：

步驟 1： 查看相關係數，超過 0.8 就已經太高了，可能有共線性問題

步驟 2： 查看容忍值(tolerance)，容忍值 = (1-自變數被其它變數所解釋的變異量)，容忍值(0~1 之間)，愈大愈好，容忍值愈大，代表愈小的共線性問題，容忍值的倒數 = 變異數膨脹因素(VIF, variance inflation faction)，VIF 的值愈小愈好，代表愈沒有共線性問題。

當發生共線性問題時,我們可以採用 (1) 忽略高相關變數、(2) 只作預測,不作解釋迴歸係數、(3) 只用來了解關係、(4) 使用其他迴歸分析,來處理共線性的問題。

9-6 驗證結果

驗證結果的目的是想要確認可以代表母體,我們想要驗證迴歸模式時,可以使用 2 個獨立的樣本,或同一個樣本,分割成 2 個樣本,進行迴歸分析後,若是二個樣本沒有顯著差異,就代表樣本有一致性,表示我們得到的迴歸模式經過驗證後,可以代表母體。

9-7 研究範例

我們設計的研究問卷範例如下:

【ERP專案團隊的運作】					
A. 他們(她們)在參與專案時,您覺得:	非常不同意	有些不同意	普通	比較同意	非常同意
1. 對 ERP 系統開發給予明確的規範	☐	☐	☐	☐	☐
2. 參與 ERP 系統開發與建置團隊人選的指派	☐	☐	☐	☐	☐
3. 制定新 ERP 系統做與不做的標準	☐	☐	☐	☐	☐
B. 團隊合作方面,我們專案小組的成員					
4. 對於合作的程度是滿意	☐	☐	☐	☐	☐
5. 對專案是支持的	☐	☐	☐	☐	☐
6. 對跨部門的合作是很有意願	☐	☐	☐	☐	☐
【大型ERP系統的開發/使用】					
C. 對於系統的品質,您覺得	非常不同意	有些不同意	普通	比較同意	非常同意
7. ERP 系統可以有效地整合來自不同部門系統的資料	☐	☐	☐	☐	☐
8. ERP 系統的資料在很多方面是適用的	☐	☐	☐	☐	☐
9. ERP 系統可以有效地整合組織內各種型態的資料	☐	☐	☐	☐	☐

D. 對於資訊的品質,您覺得					
10. 提供精確的資訊	☐	☐	☐	☐	☐
11. 提供作業上足夠的資訊	☐	☐	☐	☐	☐
E. 對於資訊部門的服務,您覺得					
12. 會在所承諾的時間內提供服務	☐	☐	☐	☐	☐
13. 堅持作到零缺點服務	☐	☐	☐	☐	☐
14. 總是願意協助使用者	☐	☐	☐	☐	☐
F. 就使用者滿意而言,您覺得					
15. 滿意 ERP 系統輸出資訊內容的完整性	☐	☐	☐	☐	☐
16. ERP 系統是容易使用	☐	☐	☐	☐	☐
17. ERP 系統的文件是有用的	☐	☐	☐	☐	☐

　　以台灣地區企業排名前 2000 大為研究對象,本研究問卷共發出 957 份,回收有效問卷 350 份,有效回收率為 36.57 %。

　　我們建構的研究模式如下:

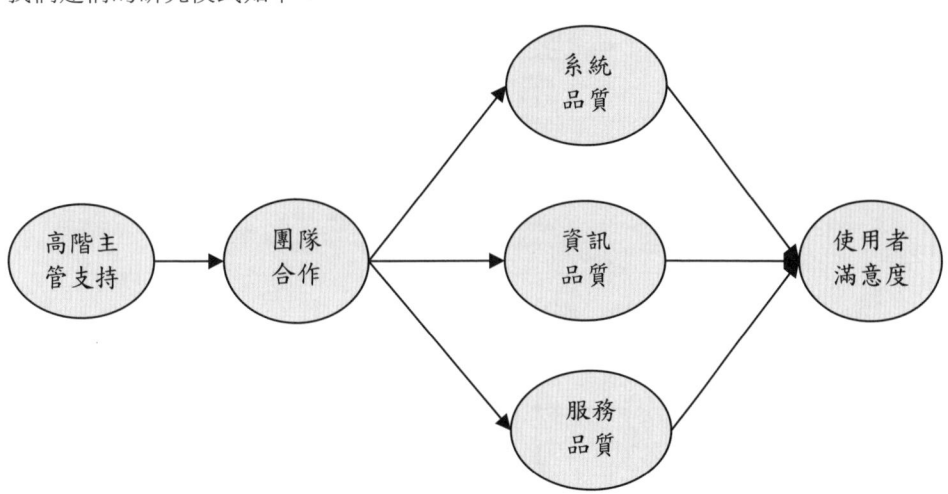

　　編碼代號:高階主管支持(MI)、團隊合作(CO)、系統品質(SQ)、資訊品質(IQ)、服務品質(SV)、使用者滿意度(US)。

　　依研究構面的因果關係,我們需要處理四次的簡單迴歸和一次的複迴歸,四次的簡單迴歸分別是高階主管支持(MI)→團隊合作(CO)、團隊合作(CO)→系統品質(SQ)、團隊合作(CO)→資訊品質(IQ)、團隊合作(CO)→服務品質(SV)；一次的複迴歸的依變數是使用者滿意度(US)，自變數是系統品質(SQ)、資訊品質(IQ)和服務品質(SV)。

說明：簡單迴歸是用來探討 1 個依變數和 1 個自變數的關係。
複迴歸(多元迴歸)是用來探討 1 個依變數和多個自變數的關係。

實務操作如下：
(請先將範例檔 Ch9 複製到 C:\Ch9)

1. 開啟範例檔 Regression.sav (在 C:\Ch9)，點選[分析/迴歸/線性]，如下圖：

2. 選取「CO」至「依變數」欄位

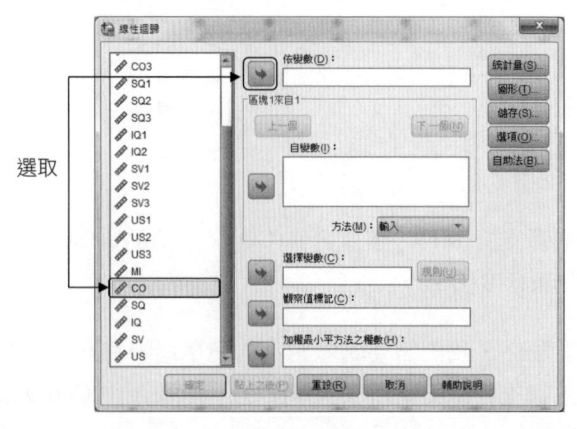

3. 選取「MI」至「自變數」欄位

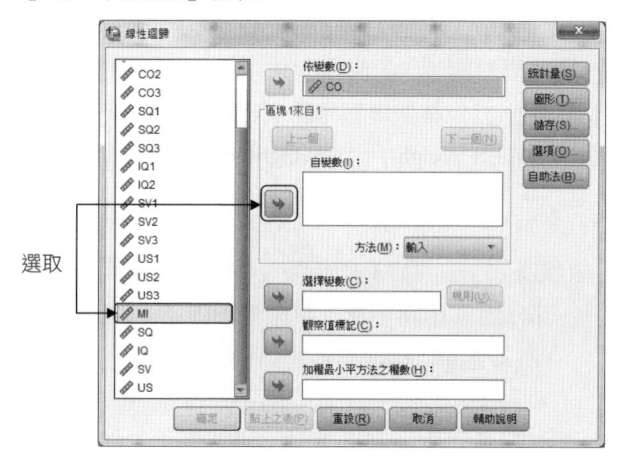

4. 選擇方法為「輸入」，點選[統計量]

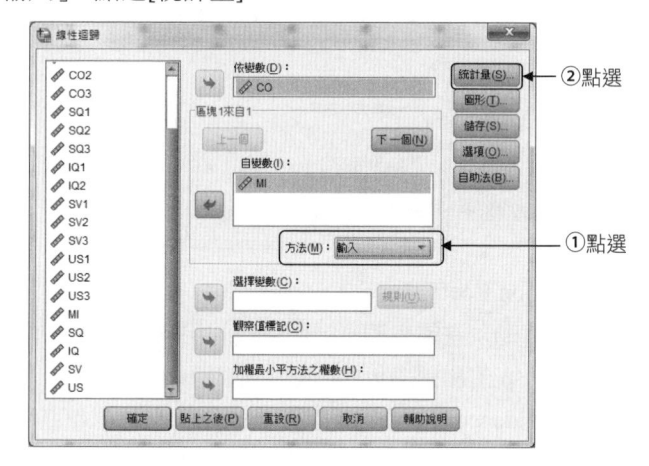

- 依變數
- 自變數
- 方法：
    - 輸入(Enter)：所有變數同時進入迴歸方程式。
    - 逐次估計(Stepwise)：逐次估計是結合向前增加法和往後刪除法的方式，首先，逐步估計會選取自變數中與應變數相關最大者，接著，選取剩下的自變數中，部份相關係數與應變數較高者 (解釋力較大者)，每新增一個自變數，就利用往後刪除法檢驗迴歸方程式中，是否有需要刪除的變數，透過向前增加，選取變數，往後刪除進行檢驗，直到所有選取的變數都達顯著水準為止，就會得到迴歸的最佳模式。

- 移除法(Remove)：可以強迫移除某些變數進入迴歸方程式
 - 往後法(Backward)：先將所有變數納入迴歸方程式中求出一個迴歸模式，接著，逐步將最小解釋力的變數刪除，直到所有未達顯著的自變數都刪除為止。
■ 觀察值標記(Case Labels)：設定某個變數作為標籤。
■ 加權最小平方方法之權數(WLS weight)：以 Weighted Least-Square 最小平方和來建立迴歸的模式。

5. 勾選「估計值」、「信賴區間」、「共變異數矩陣」、「模式適合度」、「R 平方改變量」、「描述性統計量」、「部分與偏相關」及「共線性診斷」

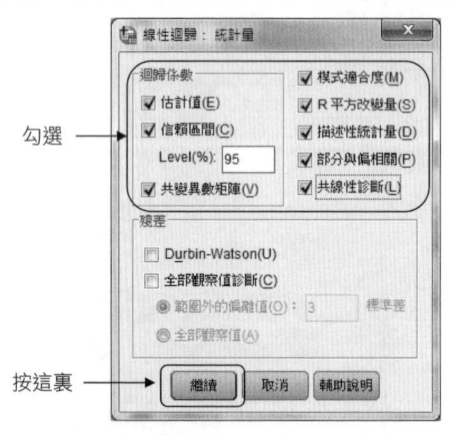

■ 迴歸係數(Regression Coefficients)：
 - 估計值(Estimates)：在報表輸出迴歸係數的相關值，例如：迴歸係數的估計值，標準差，t 值，p 值和標準化的迴歸係數(Beta)值。
 - 信賴區間(Confidence intervals)：在報表輸出 95%的信賴區間值。
 - 共變異數矩陣(Covariance matrix)：輸出共變異數矩陣值。
 - 模式適合度(Model fit)：用來顯示模式適切度，相關參考值有：複相關係數 R，判定係數 R^2，調整後的 R^2 和標準差。
 - R 平方改變量(R squared change)：顯示模式適合度時，R^2，F 值的改變量，值越大代表預測能力越強。
 - 描述性統計量(Descriptives)：顯示變數的平均數、標準差、有效的樣本數和相關矩陣。
 - 部份與偏相關(Part and partial correlations)：顯示部份與偏相關的係數
 - 共線性診斷(Collinearity diagnostics)：顯示共線性診斷統計量，例如：變異數膨脹因子(VIF)和交乘積矩陣的特徵值。

迴歸分析 **09**

- 殘差(Residuals)：
  - Durbin-Watson：顯示 Durbin-Watson 檢定量，也就是相鄰誤差項的相關大小。
  - 全部觀察值診斷(Casewise diagnostics)：每個觀察值的診斷。

6. 點選[圖形]

7. 勾選「直方圖」與「常態機率圖」

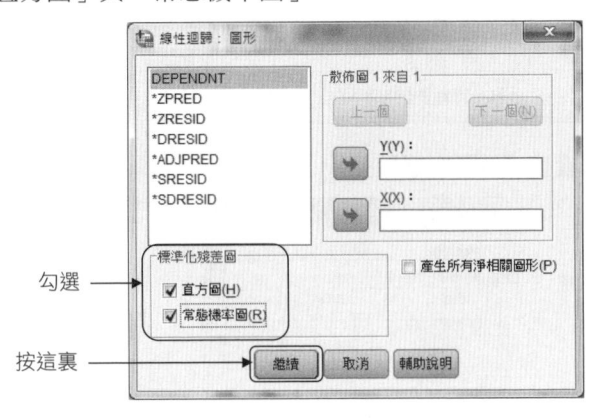

DEPENDNT 依變數
*ZPRED 標準化預測值
*ZRESID 標準化殘差值
*DRESID 刪除後標準化殘差值
*ADJPRED 調整後的預測值
*SRESID 殘差值
*SDRESID 刪除後的殘差值

9-11

- 散佈圖 1 來自 1(Scatter 1 of 1)：選取變數的殘差散佈圖，須要選取一個變數為 X 軸，另一個變數為 Y 軸。
- 標準化殘差圖(Standardized Residual Plots)
  - 直方圖(Histogram)
  - 常態機率圖(Normal probability plot)
- 產生所有淨相關圖形(Produce all partial plots)：輸出每個自變數與依變數的殘差散佈圖。

8. 點選[選項]

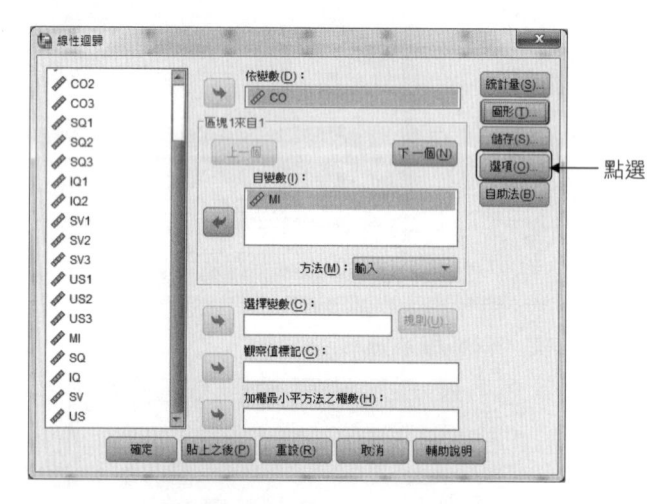

9. 點選「使用 F 機率值」，點選[繼續]

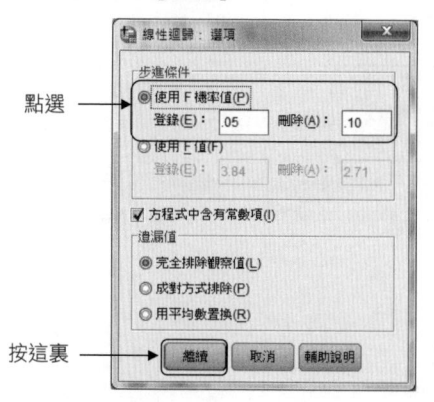

- 步進條件(Stepping Method Criteria)
  使用 F 機率值(Use probability of F)。
  - 登錄(Entry).05：(預設)自變數選入回歸方程式的機率值。

- 刪除(Removal) .10：回歸方程式計算後，變數大於回歸參數的顯著機率值會被移除。
- 使用 F 值(Use F value)：改為 F 值作為選取變數與刪除變數的標準。

方程式中含有常數項(Include constant in equation)

■ 遺漏值(Missing Values)
- 完全排除觀察值(Exclude cases listwise)
- 成對方式排除(Exclude cases pairwise)
- 用平均數置換(Replace with mean)

10. 結果如下圖

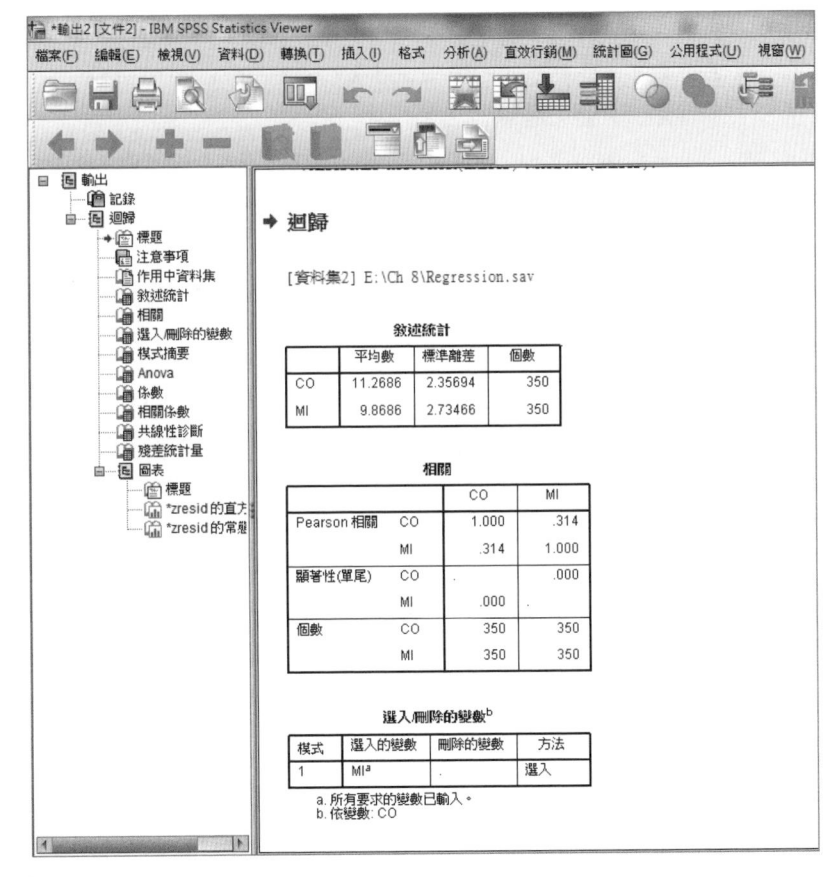

敘述性統計：顯示團隊合作(CO)、高階主管支持(MI)的平均數和標準差。

相關的統計：顯示團隊合作(CO)、高階主管支持(MI)的相關係數是顯著的 Sig. P=0.000 相關係數的值是 0.314。

模式中進入的依變數是 CO 和自變數是 MI。

9-13

統計分析入門與應用

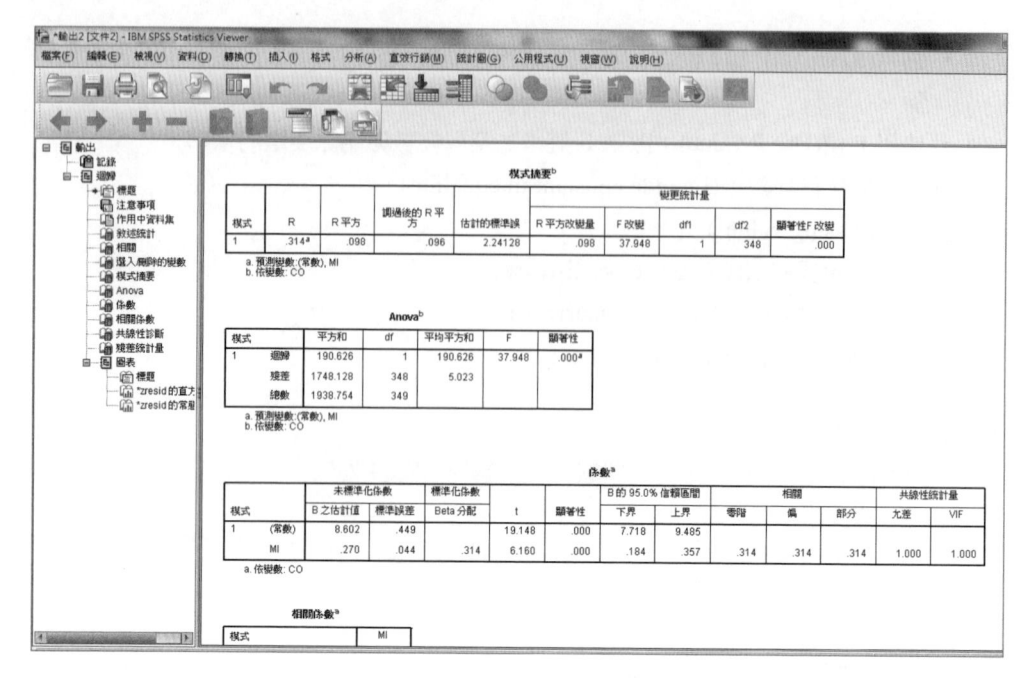

模式摘要表，有複相關係數 R=0.14，R 平方=0.098、調整後的 R 平方=0.096、估計的標準誤=2.241、R 平方的改變量=0.098、F 值的改變=37.948、分子自由度=1、分母自由度=348、F 值改變的顯著性=0.000。

變異數分析摘要表，有 SSR=190.626，SSE=1748.128，SST=1938.754，SSR+SSE=SST，F 值等於 37.948 (F=MSR/MSE=190.626÷5.023=37.948)，P=.000＜.05，達顯著水準。

✪ 係數表：

迴歸分析的各係數值，常數項等於 8.602，未標準化的迴歸係數(Unstandardized Coefficients) 高階主管支持(MI)= .270，標準化的迴歸係數(Standardized Coefficients) Beta 值=.314，t 值= 6.160，p=.000＜.05，達到顯著水準。

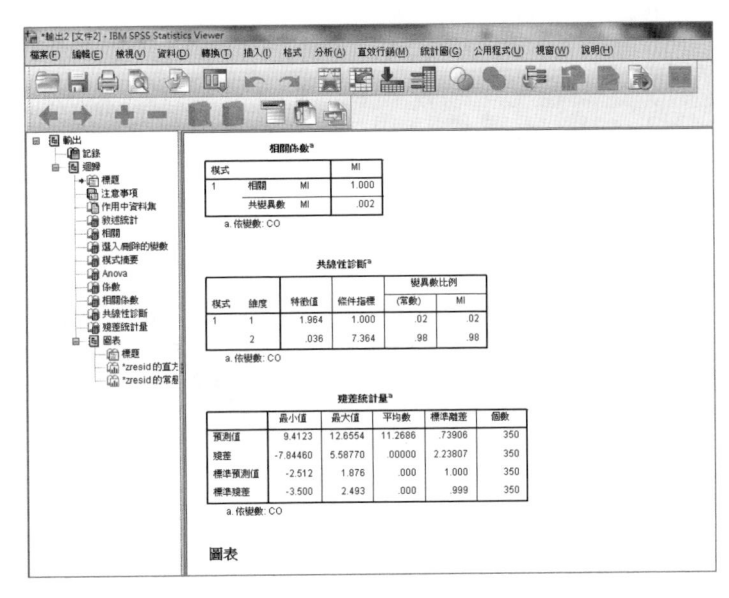

相關係數：自變數的相關係數= 1.000，共變數係數=0.002

共線性診斷：除了變異數膨脹因素(VIF, variance inflation faction)，VIF 的值愈小愈好，代表愈沒有共線性問題外，也可以看 Dimension 維度的 Eigenvalue 和 Condition Index 的值，一般是 Condition Index 的值大於 30 時，就可能有共線性問題。

殘差統計量：殘差值的敘述性統計量有預測值，殘差值，標準化預測值和標準化殘差值，例如：最小殘差值= -7.8446，最大殘差值= 5.5877，標準差= 2.23807。

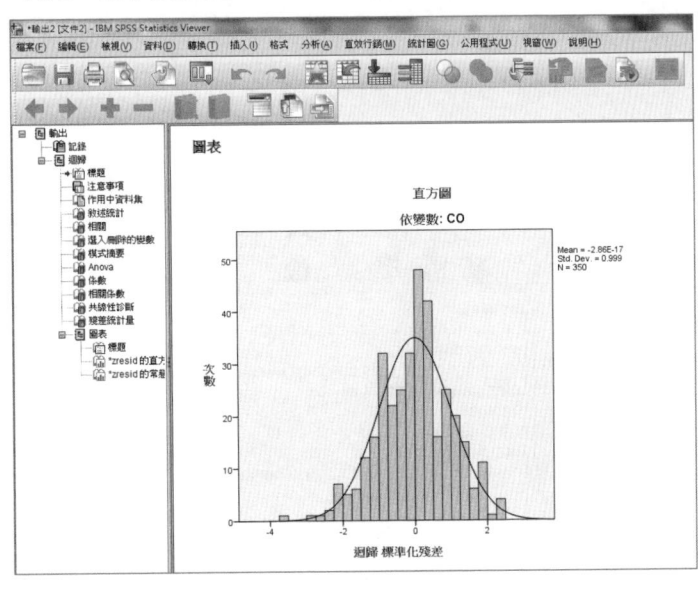

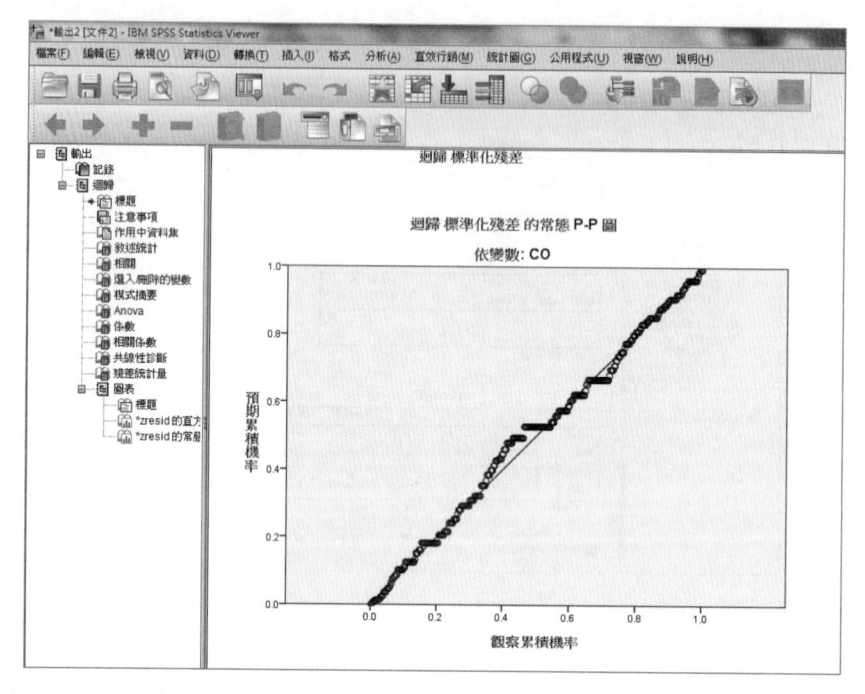

我們也可以在範例資料檔下，直接執行下列語法，會得到相同的報表結果：

```
REGRESSION  /DESCRIPTIVES MEAN STDDEV CORR SIG N  /MISSING LISTWISE
/STATISTICS COEFF OUTS CI BCOV R ANOVA COLLIN TOL CHANGE ZPP
/CRITERIA=PIN(.05) POUT(.10)  /NOORIGIN  /DEPENDENT CO
/METHOD=ENTER MI  /RESIDUALS HIST(ZRESID) NORM(ZRESID) .
```

執行命令語法的實務操作如下：

1. 輸入語法

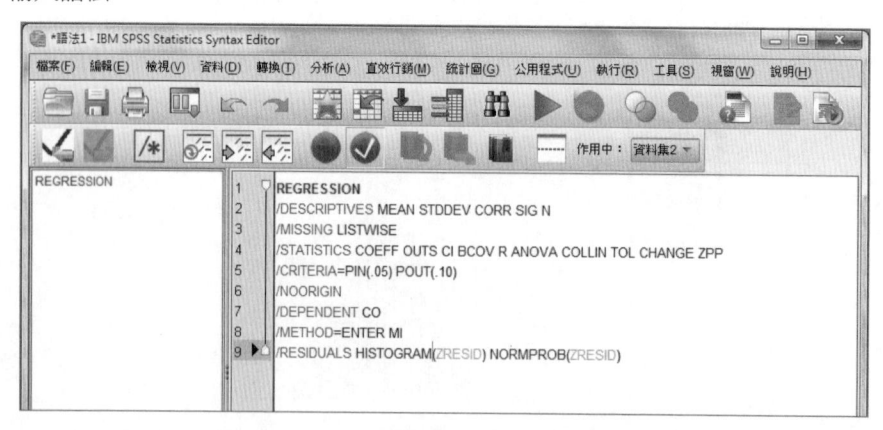

迴歸分析 09

2. 點選[執行/全部]

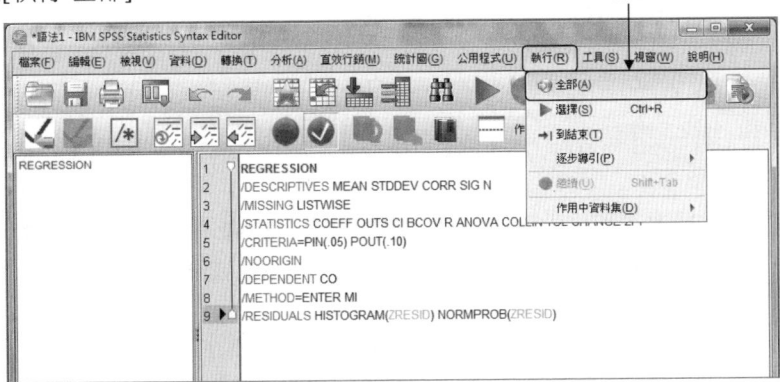

3. 結果如下圖

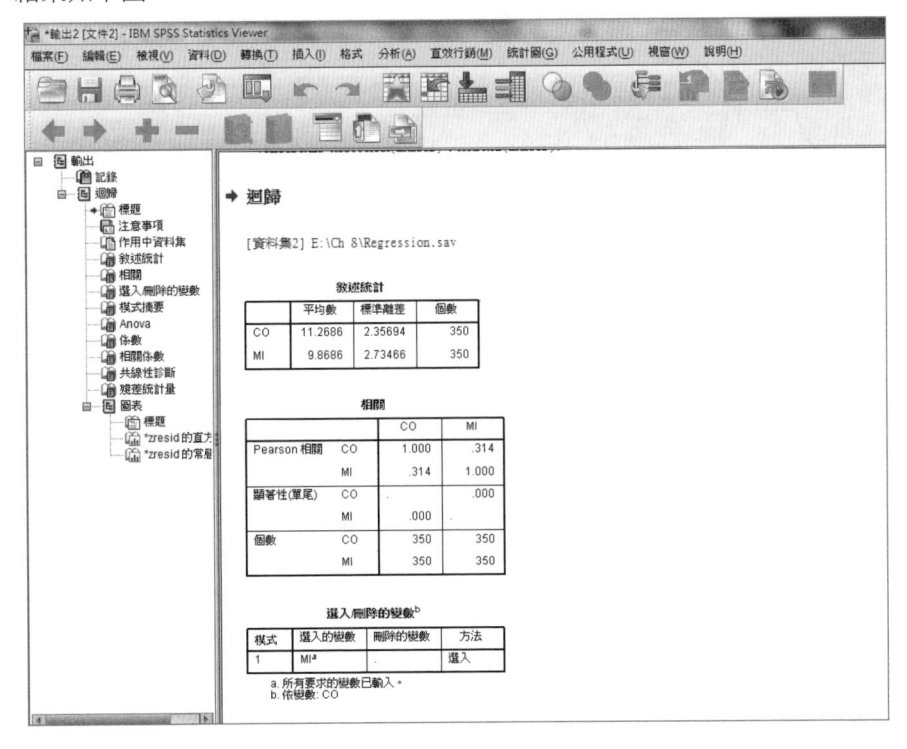

我們需要的值是在模式摘要表和係數表如下：

模式摘要表

Model	R	R Square	Adjusted R Square	Std. Error of the Estimate	Change Statistics R Square Change	F Change	df1	df2	Sig. F Change
1	.314(a)	**.098**	.096	2.24128	.098	37.948	1	348	**.000**

9-17

係數表

Model		Unstandardized Coefficients B	Unstandardized Coefficients Std. Error	Standardized Coefficients Beta	t	Sig.	95% Confidence Interval for B Lower Bound	95% Confidence Interval for B Upper Bound	Correlations Zero-order	Correlations Partial	Correlations Part	Collinearity Statistics Tolerance	Collinearity Statistics VIF
1	(Constant)	8.602	.449		19.148	.000	7.718	9.485					
	MI	.270	.044	**.314**	6.160	**.000**	.184	.357	.314	.314	.314	1.000	1.000

我們從模式摘要表和係數表中整理高階主管支持(MI)對團隊合作(CO)的變數解釋力= .098，顯著性 P=0.0000 和路徑係數= .314，我們整理成圖示如下：

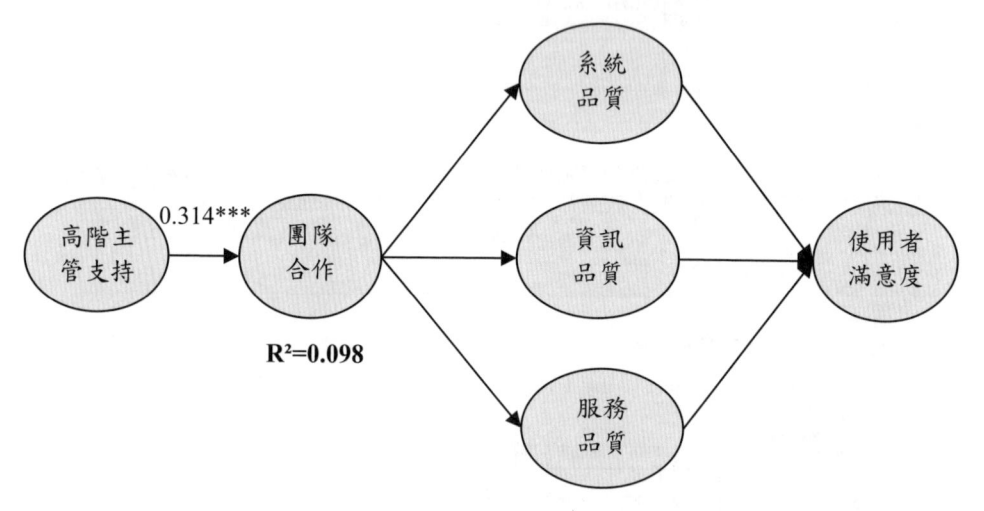

說明：***表示達0.001之顯著水準

高階主管支持(MI)、團隊合作(CO)、系統品質(SQ)、資訊品質(IQ)、服務品質(SV)、使用者滿意度(US)。

我們處理好高階主管支持(MI)對團隊合作(CO)的影響後，接著要處理的是團隊合作(CO)→系統品質(SQ)的影響，由於都是使用線性迴歸，我們可以重複高階主管支持(MI)對團隊合作(CO)的操作步驟，也可以使用更快速的 Dialog Recall(重新呼叫對話框)的方式進行實作，使用 Dialog Recall(重新呼叫對話框)的方式可以不必重新設定前次已經設定好的參數值，只要更改變數或更改部分參數就可以執行我們所需要的統計了。接下來我們使用 Dialog Recall(重新呼叫對話框)的方式處理團隊合作(CO)→系統品質(SQ)的影響，實務操作如下：

迴歸分析 **09**

1. 點選[呼叫最近使用的對話/線性迴歸]

   按這裏

2. 選取「SQ」至「依變數」欄位，選取「CO」至「自變數」欄位，點選[確定]

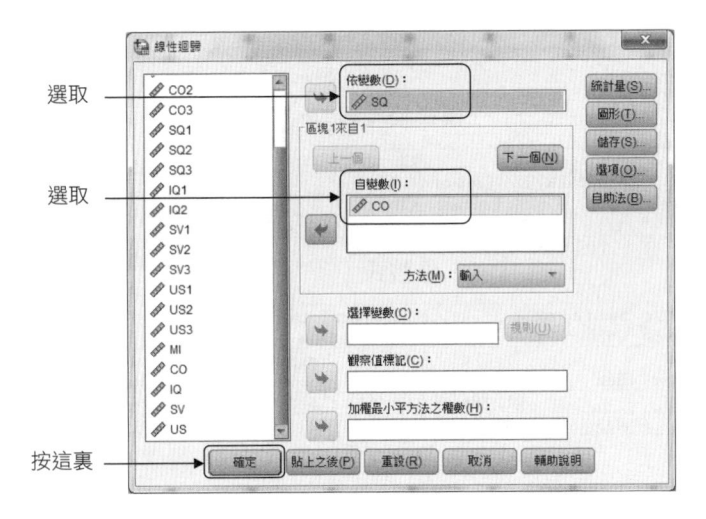

   選取

   選取

   按這裏

9-19

3. 結果如下圖

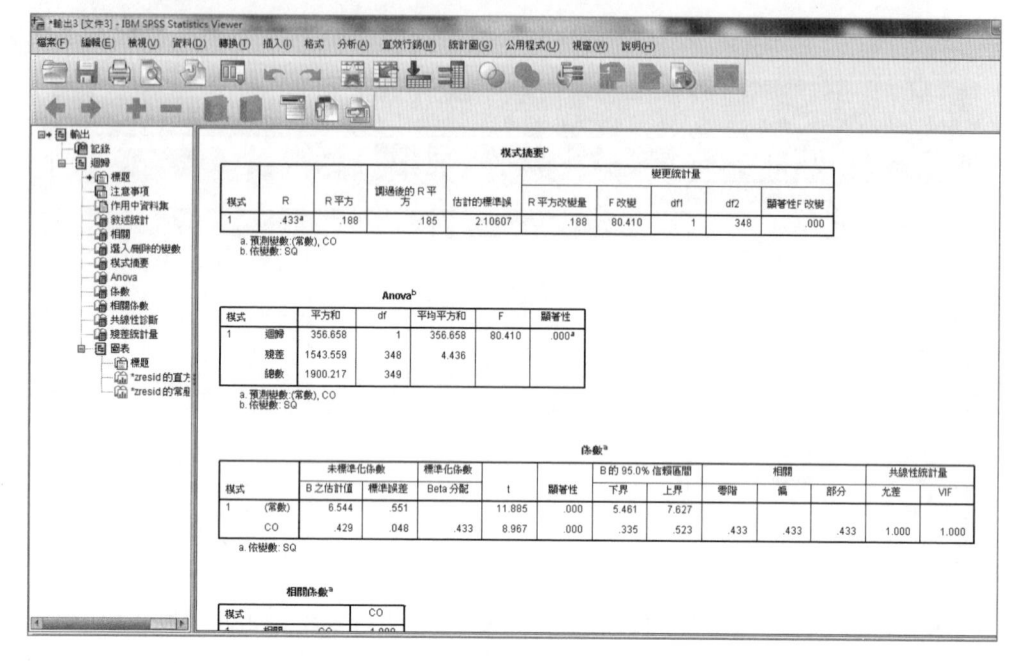

我們需要的值是在模式摘要表和係數表如下：

模式摘要表

Model	R	R Square	Adjusted R Square	Std. Error of the Estimate	Change Statistics				
					R Square Change	F Change	df1	df2	Sig. F Change
1	.433(a)	**.188**	.185	2.10607	.188	80.410	1	348	**.000**

係數表

Model		Unstandardized Coefficients		Standardized Coefficients	t	Sig.	95% Confidence Interval for B		Correlations			Collinearity Statistics	
		B	Std. Error	Beta			Lower Bound	Upper Bound	Zero-order	Partial	Part	Tolerance	VIF
1	(Constant)	6.544	.551		11.885	.000	5.461	7.627					
	CO	.429	.048	**.433**	8.967	**.000**	.335	.523	.433	.433	.433	1.000	1.000

我們從模式摘要表和係數表中整理團隊合作(CO)對系統品質(SQ)的變數解釋力 = .188，顯著性 P=0.0000 和路徑係數= .433，我們整理成圖示如下：

迴歸分析 09

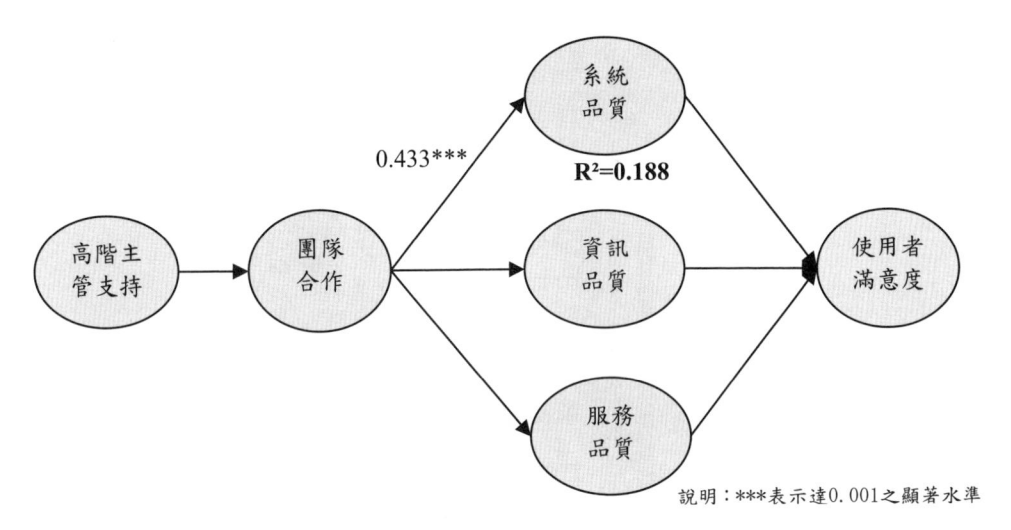

```
                          系統
                          品質
              0.433***   ┌─────┐
                        R²=0.188
  高階主        團隊                資訊                使用者
  管支持  ───→  合作   ────→     品質     ────→    滿意度

                          服務
                          品質

                              說明：***表示達0.001之顯著水準
```

高階主管支持(MI)、團隊合作(CO)、系統品質(SQ)、資訊品質(IQ)、服務品質(SV)、使用者滿意度(US)。

我們處理好團隊合作(CO)→系統品質(SQ)的影響後，接著要處理的是團隊合作(CO)→資訊品質(IQ)的影響，由於都是使用線性迴歸，我們可以重複高階主管支持(MI)對團隊合作(CO)的操作步驟，也可以使用更快速的 Dialog Recall(重新呼叫對話框)的方式進行實作，使用 Dialog Recall(重新呼叫對話框)的方式可以不必重新設定前次已經設定好的參數值，只要更改變數或更改部分參數就可以執行我們所需要的統計了。接下來我們使用 Dialog Recall(重新呼叫對話框)的方式處理團隊合作(CO)→資訊品質(IQ)的影響，實務操作如下：

1. 點選[呼叫最近使用的對話/線性迴歸]

按這裏

9-21

2. 選取「IQ」至「依變數」欄位，選取「CO」至「自變數」欄位，點選[確定]

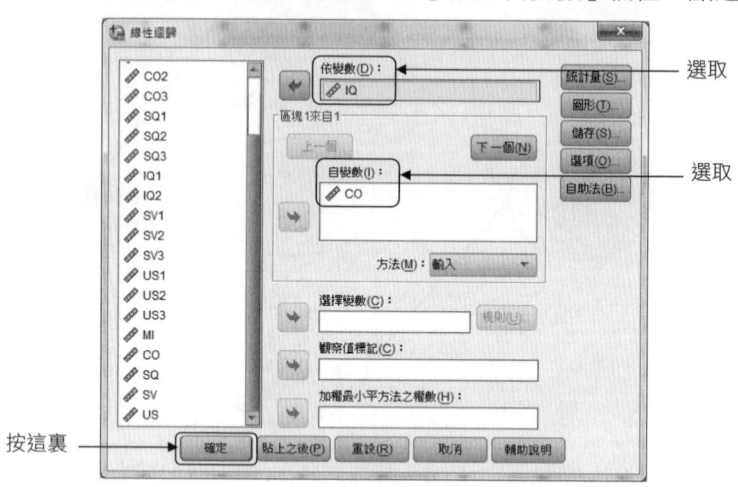

3. 結果如下圖

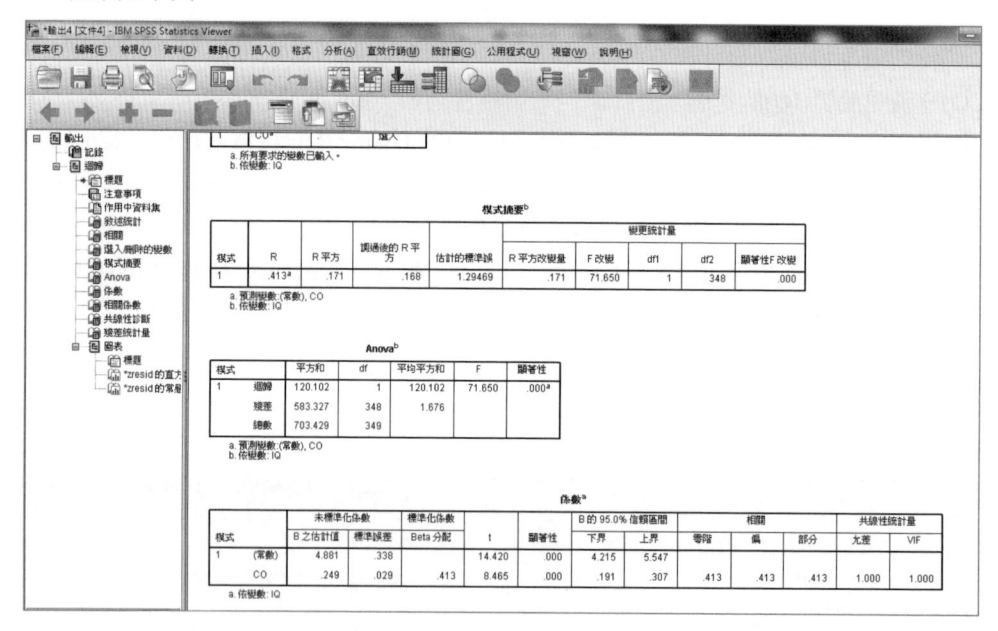

我們需要的值是在模式摘要表和係數表如下：

模式摘要表

Model	R	R Square	Adjusted R Square	Std. Error of the Estimate	Change Statistics R Square Change	F Change	df1	df2	Sig. F Change
1	.413(a)	**.171**	.168	1.29469	.171	71.650	1	348	**.000**

係數表

Model		Unstandardized Coefficients B	Std. Error	Standardized Coefficients Beta	t	Sig.	95% Confidence Interval for B Lower Bound	Upper Bound	Correlations Zero-order	Partial	Part	Collinearity Statistics Tolerance	VIF
1	(Constant)	4.881	.338		14.420	.000	4.215	5.547					
	CO	.249	.029	**.413**	8.465	**.000**	.191	.307	.413	.413	.413	1.000	1.000

我們從模式摘要表和係數表中整理**團隊合作**(CO)對**資訊品質**(IQ)的變數解釋力 = .171，顯著性 P=0.0000 和路徑係數= .413，我們整理成圖示如下：

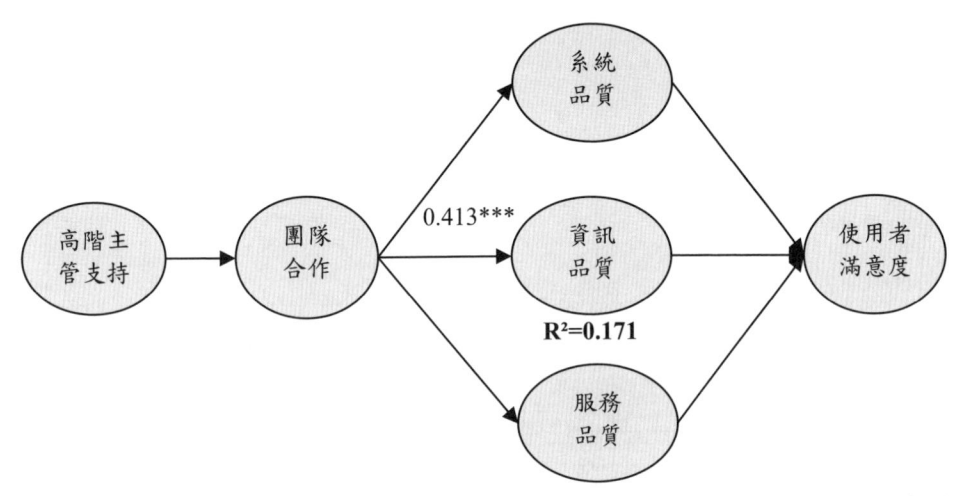

說明：***表示達0.001之顯著水準

高階主管支持(MI)、團隊合作(CO)、系統品質(SQ)、資訊品質(IQ)、服務品質(SV)、使用者滿意度(US)。

我們處理好團隊合作(CO)→資訊品質(IQ)的影響後，接著要處理的是團隊合作(CO)→服務品質(SV)的影響，由於都是使用線性迴歸，我們可以重複高階主管支持(MI)對團隊合作(CO)的操作步驟，也可以使用更快速的 Dialog Recall(重新呼叫對話框)的方式進行實作，使用 Dialog Recall(重新呼叫對話框)的方式可以不必重新設定前次已經設定好的參數值，只要更改變數或更改部分參數就可以執行我們所需要的統計了。接下來我們使用 Dialog Recall(重新呼叫對話框)的方式處理團隊合作(CO)→服務品質(SV)的影響，實務操作如下：

1. 點選[呼叫最近使用的對話/線性迴歸]

2. 選取「SV」至「依變數」欄位，選取「CO」至「自變數」欄位，點選[確定]

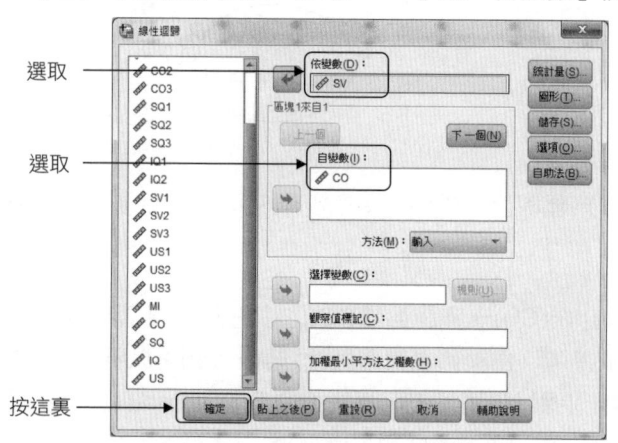

3. 結果如下圖

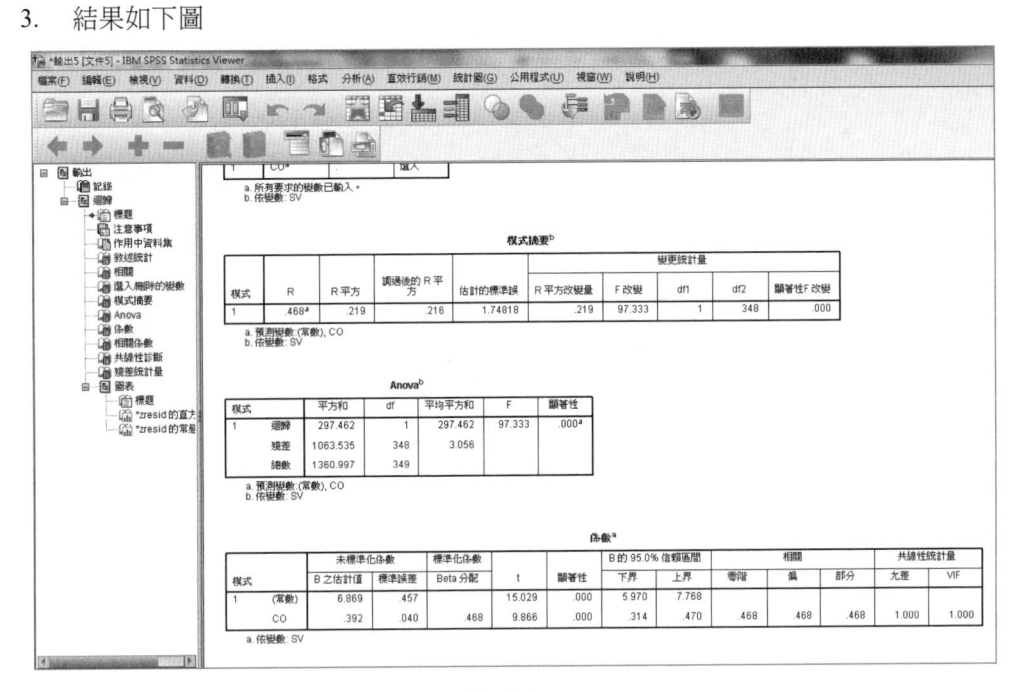

我們需要的值是在模式摘要表和係數表如下：

模式摘要表

Model	R	R Square	Adjusted R Square	Std. Error of the Estimate	Change Statistics				
					R Square Change	F Change	df1	df2	Sig. F Change
1	.468(a)	**.219**	.216	1.74818	.219	97.333	1	348	**.000**

a　Predictors: (Constant), CO
b　Dependent Variable: SV

係數表

Model		Unstandardized Coefficients		Standardized Coefficients	t	Sig.	95% Confidence Interval for B		Correlations			Collinearity Statistics	
		B	Std. Error	Beta			Lower Bound	Upper Bound	Zero-order	Partial	Part	Tolerance	VIF
1	(Constant)	6.869	.457		15.029	.000	5.970	7.768					
	CO	.392	.040	**.468**	9.866	**.000**	.314	.470	.468	.468	.468	1.000	1.000

a　Dependent Variable: SV

我們從模式摘要表和係數表中整理團隊合作(CO)對服務品質(SV)的變數解釋力＝.219，顯著性 P=0.0000 和路徑係數＝.468，我們整理成圖示如下：

9-25

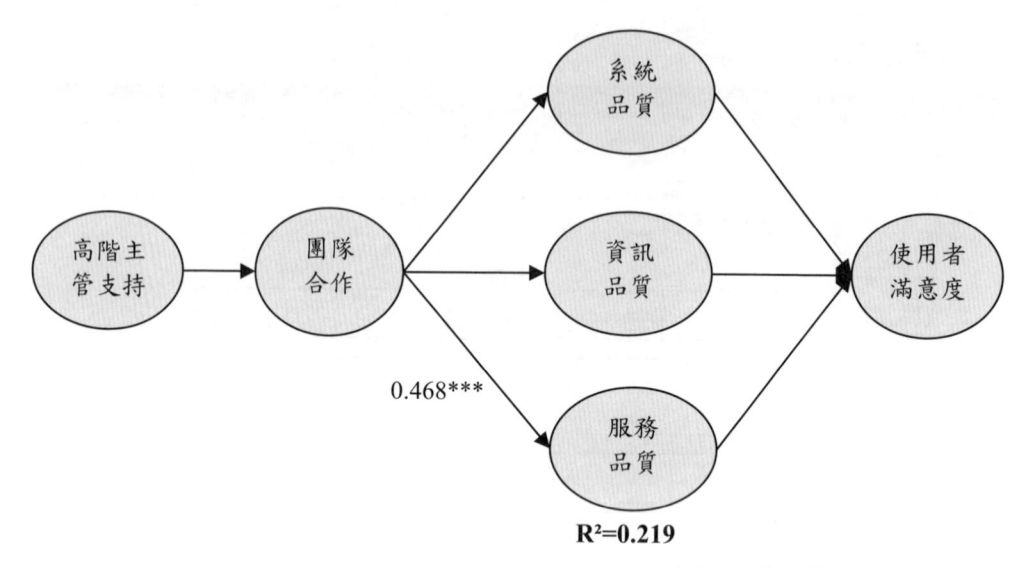

說明：***表示達0.001之顯著水準

高階主管支持(MI)、團隊合作(CO)、系統品質(SQ)、資訊品質(IQ)、服務品質(SV)、使用者滿意度(US)。

我們處理好團隊合作(CO)→服務品質(SV)的影響後，接著要處理的是系統品質(SQ)、資訊品質(IQ)和服務品質(SV)三個對使用者滿意度(US)的影響，由於都是使用線性迴歸，我們可以重複高階主管支持(MI)對團隊合作(CO)的操作步驟，也可以使用更快速的 Dialog Recall(重新呼叫對話框)的方式進行實作，使用 Dialog Recall(重新呼叫對話框)的方式可以不必重新設定前次已經設定好的參數值，只要更改變數或更改部分參數就可以執行我們所需要的統計了。接下來我們使用 Dialog Recall(重新呼叫對話框)的方式處理系統品質(SQ)、資訊品質(IQ)和服務品質(SV)三個對使用者滿意度(US)的影響，實務操作如下：

1. 點選 [呼叫最近使用的對話/線性迴歸]

2. 選取「US」至「依變數」欄位，選取「SV,IQ,SQ」至「自變數」欄位，點選[確定]

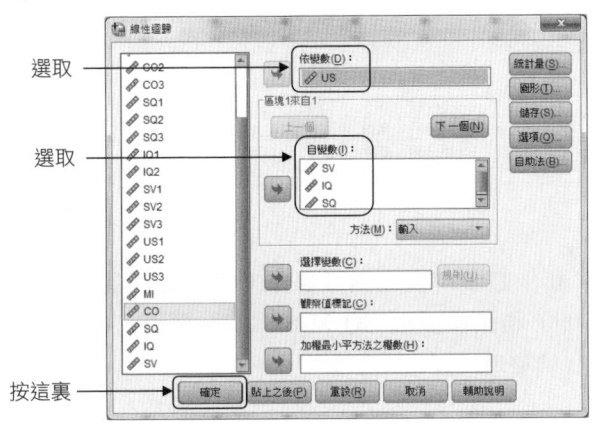

3. 結果如下圖

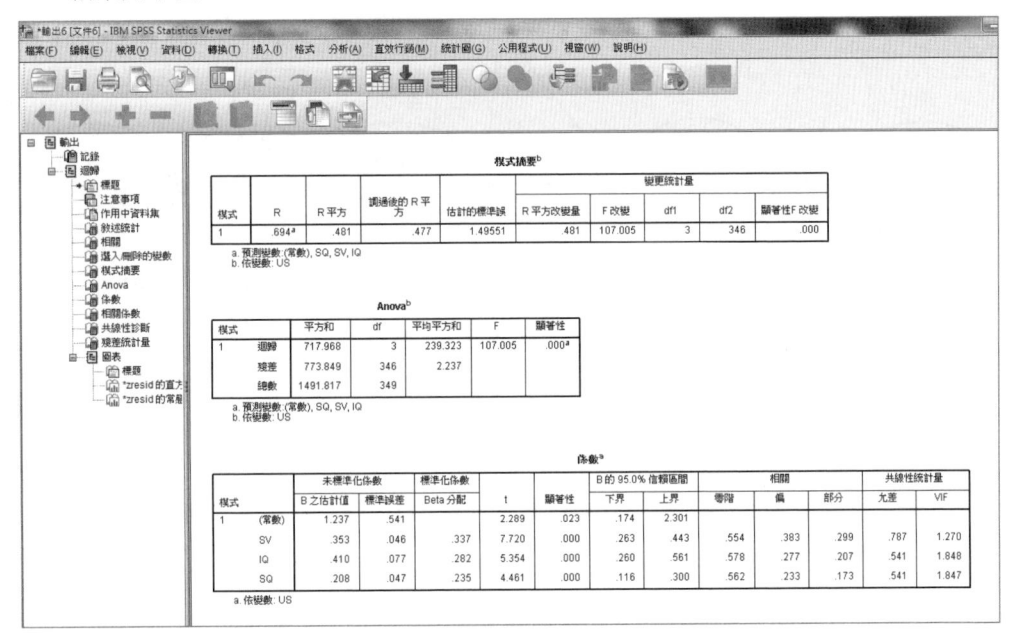

我們需要的值是在模式摘要表和係數表如下：

模式摘要表

Model	R	R Square	Adjusted R Square	Std. Error of the Estimate	Change Statistics R Square Change	F Change	df1	df2	Sig. F Change
1	.694(a)	.481	.477	1.49551	.481	107.005	3	346	.000

a Predictors: (Constant), SV, SQ, IQ
b Dependent Variable: US

9-27

係數表

Model		Unstandardized Coefficients B	Std. Error	Standardized Coefficients Beta	t	Sig.	95% Confidence Interval for B Lower Bound	Upper Bound	Correlations Zero-order	Partial	Part	Collinearity Statistics Tolerance	VIF
1	(Constant)	1.237	.541		2.289	.023	.174	2.301					
	SQ	.208	.047	**.235**	4.461	**.000**	.116	.300	.562	.233	.173	.541	1.847
	IQ	.410	.077	**.282**	5.354	**.000**	.260	.561	.578	.277	.207	.541	1.848
	SV	.353	.046	**.337**	7.720	**.000**	.263	.443	.554	.383	.299	.787	1.270

a Dependent Variable: US

我們從模式摘要表和係數表中整理**團隊合作**(CO)對**服務品質**(SV)的變數解釋力 = .481，顯著性 P=0.0000 和路徑係數 SQ→US= .235 顯著，IQ→US= .282 顯著，SV→US= .337 顯著，我們整理成圖示如下：

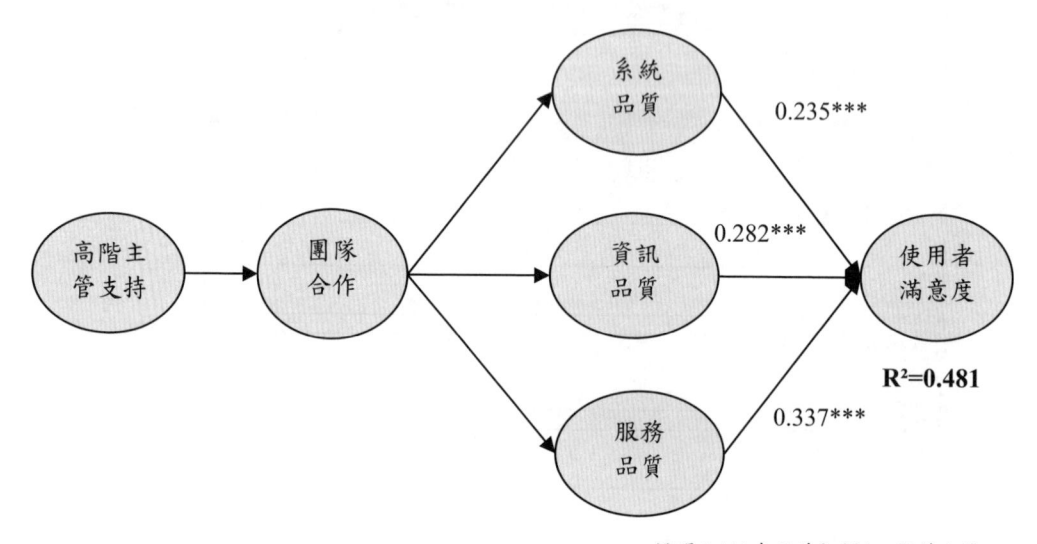

說明：***表示達0.001之顯著水準

高階主管支持(MI)、團隊合作(CO)、系統品質(SQ)、資訊品質(IQ)、服務品質(SV)、使用者滿意度(US)。

我們整理經過多次的簡單迴歸和複迴歸後，得到的最終的研究結果如下圖：

图中内容：

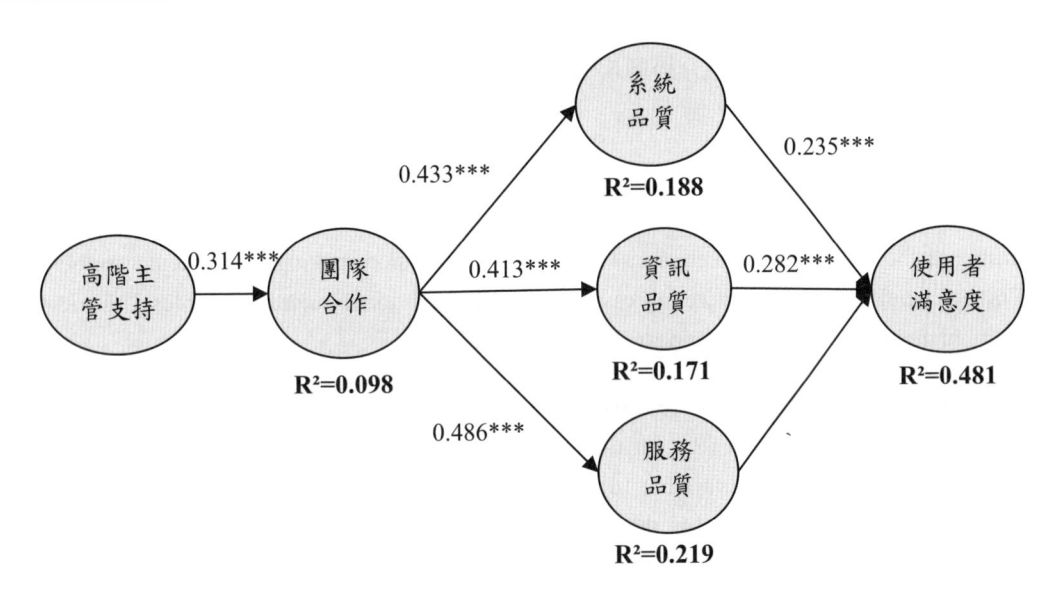

高階主管支持 →(0.314***)→ 團隊合作 (R²=0.098)

團隊合作 →(0.433***)→ 系統品質 (R²=0.188) →(0.235***)→ 使用者滿意度

團隊合作 →(0.413***)→ 資訊品質 (R²=0.171) →(0.282***)→ 使用者滿意度

團隊合作 →(0.486***)→ 服務品質 (R²=0.219) → 使用者滿意度 (R²=0.481)

說明：***表示達0.001之顯著水準

高階主管支持(MI)、團隊合作(CO)、系統品質(SQ)、資訊品質(IQ)、服務品質(SV)、使用者滿意度(US)。

說明：*代表顯著，構面之間為路徑係數，R^2代表解釋力。

9-8 寫作參考範例

迴歸分析是確定兩種或兩種以上變數間相互依賴的定量關係的一種統計分析方法。簡單迴歸是以一個自變數（X）來預測一個數值型應變數（Y）。複迴歸是以兩個（含）以上自變數（X）來預測一個數值型應變數（Y）。

正確的書寫方式，參考以下範例。

- Karim, A. J. 2011. "The Significance of Management Information Systems for Enhancing Strategic and Tactical Planning," Journal of Information Systems and Technology Management (8:2), pp. 459–470.

本研究探討了執行資訊系統在兩個選定的金融機構中成功做出決策的程度。研究調查了選定的巴林金融機構是否在執行資訊系統領導決策中用於戰略和戰術規劃目的方面存在差異。本研究採用定量研究設計來檢驗兩個研究假設，共有 190 份表格平均分配給在選定組織的不同管理層工作的人員。研究結果表明，MIS 主要用於加強兩個金融機構的策略規劃。迴歸分析顯示策略規劃對決策沒有影響,而策略規劃對兩個組織的決策有效性有明顯著影響。

"For further analysis, a Linear Regression analysis was conducted to examine the extent to which the independent variables (Strategic planning and Tactical Planning) influence the succession Effectiveness of the bank's decision making (dependent variable). The independent variables were regressed across organizational outcomes. Tables 2, 3 and 4 summarized the results of the Linear Regression analysis.

The results of regression reveals that the model is significant ($p < 0.01$) and the coefficient of determination (R^2) for the regression is (0.490), indicating that (49%) of the variation in the dependent variable (decision-making effectiveness) was explained by the independent variables included in the regression. The results of regression indicated that the variance in the Effectiveness of the bank's decision making is explained by only one variable; Strategic planning, while Tactical Planning found not to affect the Effectiveness of the bank's decision making process.

The regression analysis was implemented to support the correlation test. However, the study revealed that the Tactical planning is found to have no effect on D.M Effectiveness (Sig=.128 > 0.05). The regression analysis showed that Strategic planning, on the other hand (Sig=.016 < 0.05), affects the D.M Effectiveness in the bank." [pp. 466-467]

表 9-12 變異分析的結果

Table 2: Results of ANOVA test

ANOVA test					
Model	R	df	Mean Square	F	Sig.
1　Regression	0.490	3	4.240	9.594	.000a
Residual		131	.442		
Total		134			
a. Predictors: (Constant), Tactical planning, Strategic planning					
b. Dependent Variable: D.M Effectiveness					

表 9-13 模型匯總的結果

Table 3: Results of Model Summary

Model Summary					
Model	R	R Square	Adjusted R Square	Std. Error of the Estimate	Durbin-Watson
1	.490	.180	.161	.665	1
a. Predictors: (Constant), Tactical planning, Strategic planning					
b. Dependent Variable: D.M Effectiveness					

表 9-14 迴歸係數

Table 4 Coefficients

Model		Unstandardized Coefficients		Standardized Coefficients	t	Sig
		B	Std. Error	Beta (β)		
1	(Constant)	1.395	.415		3.364	.001
	Strategic planning	.212	.087	.218	2.441	.016
	Tactical planning	.124	.081	.136	1.532	.128
a. Dependent Variable: D.M Effectiveness						

Notes:
P= the significant level,
β = Standardized Coefficients

作者在相關分析後，進一步使用線性迴歸檢驗係數（策略計畫和戰術規劃）對因變數（銀行決策的有效性）的影響程度，結果如表 9-12、9-13、9-14 所示。

迴歸結果顯示該模型具有顯著性（p <0.01），迴歸的確定係數 R^2 為 0.490，表明因變數（決策有效性）變異的 49％由迴歸中包含的係數所解釋。迴歸結果表明，銀行決策的有效性差異僅由一個變數解釋，即策略規劃（p= .016 <0.05）。而戰術規劃不影響銀行決策過程的有效性（p= .128> 0.05）。

注意：原作者將原報表的 R=0.49，誤判 R^2=0.49，真正的 R^2=0.18。

CHAPTER 10 區別分析與邏輯迴歸

10-1 區別分析(Discriminant Analysis)

區別分析(Discriminant Analysis)又稱判別分析或鑑別分析。

10-1-1 區別分析介紹

區別分析(Discriminant Analysis)：在已知的樣本分類，建立判別標準(區別函數)，以判定新樣本應歸類於那一群中。換句話說，區別分析主要的目的是用來瞭解群體的差異，先利用區別變數建立判別標準(區別函數)，再由判別標準對個體進行分類，以預測每個受測者屬於那一個組別或群體的可能機率。

區別分析適用於依變數是非計量，自變數是計量的情形，如下圖：

$$Y = X_1 + X_2 + X_3 + \ldots + X_k$$
(非計量，例如：名目)　　　(計量)

區別分析的依變數最好是可以分為幾組，在單一依變數下，可以分為 2 分法，人的性別(男生和女生)、多分法，人的薪資(高、中和低收入)，區別分析的目的是要了解組別的差異和找到區別函數，用來判定單一受測者應該是歸於那一個的組別或群體。

✪ 區別函數(Discriminant Function)

區別分析是 2 個或 2 個以上自變數的線性組合，這個線性組合對於先前定義好的群組，擁有最佳的區別能力。區別能力可以透過設定每個變數的權重，使組間變異和組內變異之比率為最大。擁有區別能力最大的線性組合，就是我們要的區別函數(Discriminant Function)，其形式如下：

Discriminant Function (Hair et al. 1998, P244)

$$Z_{jk}= a + W_1X_{1k} + W_2X_{2k}+\ldots\ldots+ W_nX_{nk}$$

Z_{jk} = 區別函數 j 對物件 k 的區別 Z 分數
a = 截距(intercept)，也通稱為常數
W_i = 對每個變數 I 的區別權重
X_{jk} = 自變數 i，對於物件 k
我們以幾何圖形的解釋，如下圖：

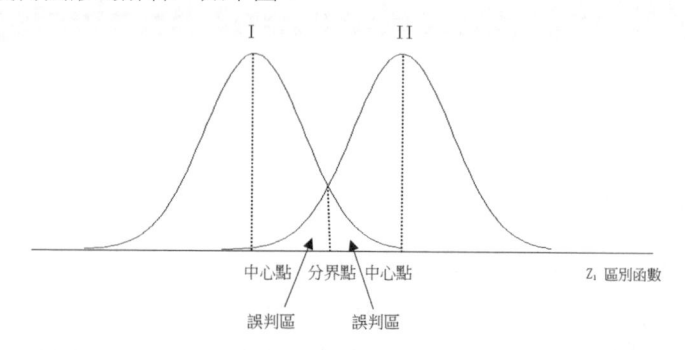

我們有 2 組資料 I 和 II，其資料分佈如上圖，分別映射 mapping 到 Z 軸，Z1 為區別函數的分數(稱為 Z score)，其分界點為兩組平均數的中心，可以得到最佳的區別效果，也就是我們需要的區別函數。II 組落入 I 組(陰暗處)誤判數量和 I 組落入 II 組誤判數量都較低)

若是分界點落在別處，如下圖：

II 組落入 I 組和 I 組落入 II 組的誤判數量都會增加，最好的情形，則會與兩組平均數的中心相同，不會更好。

我們再以 2 個變數，X1 和 X2 為例，I 和 II 代表 2 個群體，2 個群體為常態分佈，如下圖：

區別函數 y = b'x

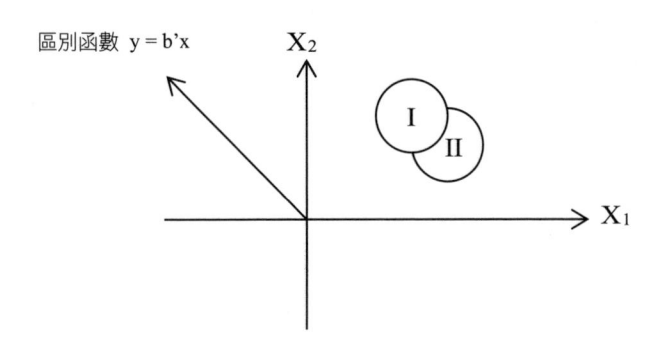

我們可以將群體 I 和 II 投射到 y 軸面，以得到區別最大 I 組和 II 組的函數，(y= b'x)，這就是我們要的區別函數。

我們也可以用另外 2 個變數 X3 和 X4 為例，I 和 II 代表 2 個常態分佈的群體，如下圖：

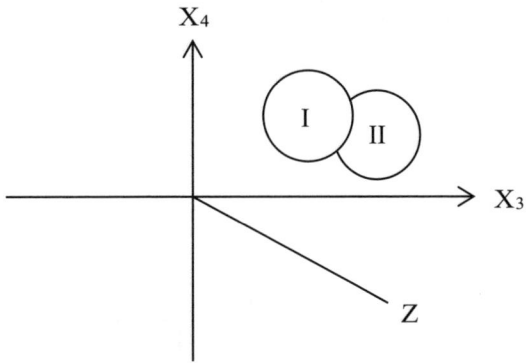

區別函數　$Z_{ji} = a + W_1 X_{1k} + \ldots + W_n X_{nk}$

我們可以將群體 I 和 II 投射到 Z 軸，以得到區別最大 I 組和 II 組的函數，這就是我們要的區別函數。

(研究問題) 區別分析的應用

1. 使用身高，體重來區分性別
2. 使用客戶的性別、收入、教育程度來區別客戶是否會購買產品
3. 使用客戶的職業、收入、資產、負債…等資料來區別客戶是否有還款能力
4. 動、植物分類
5. 商品等級分類
6. 政治：使用年齡、教育程度、議題立場、政黨傾向…等，對已表態的選民作區別分析，以進行未表態者的投票意向的預測

7. 風險評估：使用公司的財務資料、企業主的個人資料…等，以區別分析建立起信用評估模式，用來判定未來企業申貸者的標準。

10-1-2 區別分析範例

我們想了解某顧問公司提供技術(變數 Tech)，服務(變數 Serv)和管理(變數 Manage)，在客戶滿意度(變數 satis)中，高滿意度、中滿意度和低滿意度的區別情形，除了可以預測新客戶的滿意度外，更可以提供顧問公司的改善方向。

實務操作如下：
(請先將範例檔 Ch10 複製到 C:\Ch10)

1. 開啟範例 discriminate.sav (在 C:\Ch10)，點選[分析/分類/判別]

2. 選取「satis」至「分組變數」欄位

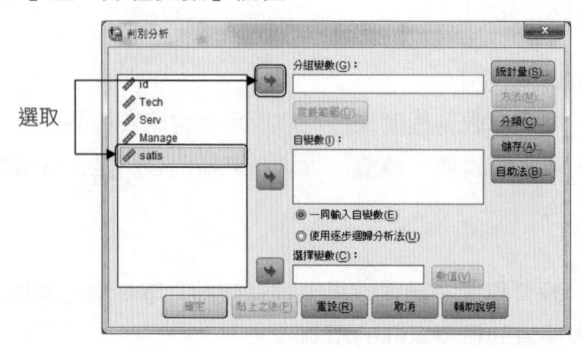

區別分析與邏輯迴歸

3. 點選[定義範圍]

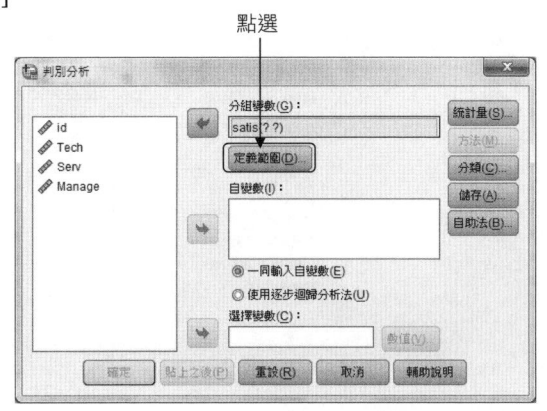

4. 輸入最大值與最小值,輸入完畢後,點選[繼續]

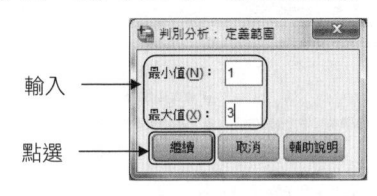

由於 satis 變數的值,最小為 1,最大為 3,所以在 Minimum 輸入 1,Maximum 輸入 3,請自行判定自己變數的最小和最大的值,再輸入。

5. 選取「Tech」、「Serv」和「Manage」至「自變數」欄位

10-5

6. 點選[統計量]

7. 全部勾選，勾選完畢後，點選[繼續]

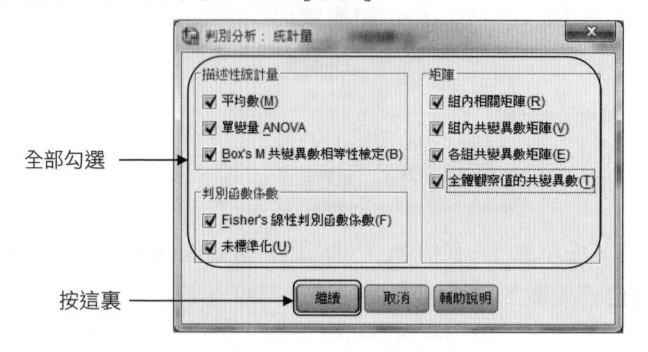

- 描述性統計量(Descriptives)
  - 平均數(Means)
  - 單變量 ANOVAs (Univariate ANOVAs)：單變量的變異數分析。
  - Box's M 共變異數相等性檢定：這是 BOX 共變異矩陣相等性檢定，會列出行列式(determinants)的階數(ranks)和自然對數(natural logarithms)值。
- 矩陣(Matrices)
  - 組內相關矩陣(Within-group correlation)：使用組內的相關矩陣，將樣本的值加以分類。
  - 組內共變異數矩陣(Within-group covariance)：使用組內的共變異矩陣，將樣本的值加以分類。
  - 各組共變異數矩陣(Separate-group covariance)：使用各組的共變異，將樣本的值加以分類。
  - 全體觀察值的共變異數(Total covariance)：顯示所有的共變異。

- 判別函數係數
  - Fisher's 線性判別函數係數：費雪的函數係數，是使用線性判別方式來計算 Fisher's (費雪的)函數係數。
  - 未標準化(Unstandardized)：計算非標準化的判別係數。
8. 點選[分類]

9. 勾選「摘要表」與「Leave-one-out 分類方法」，勾選完畢後，點選[繼續]

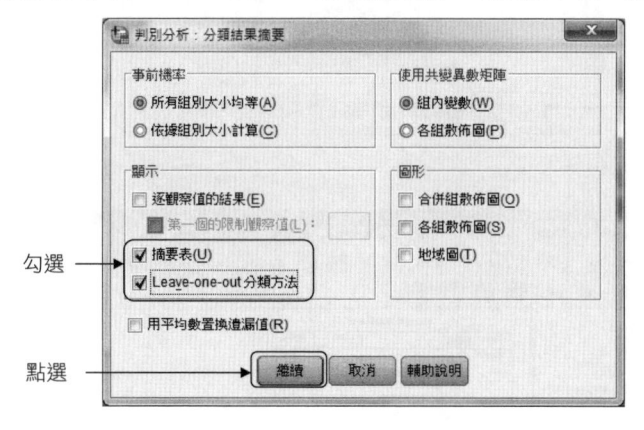

- 事前機率(Prior Probabilities)
  - 所有組別大小均等(All groups equal)：使用所有組別的機率相等進行計算(預設值)。
  - 依據組別大小計算(Compute from group size)：使用組別的大小來決定各組的事前機率。
- 使用共變異數矩陣(Use covariance matrix)
  - 組內變數：Within-group 組內的共變異數矩陣
  - 各組散佈圖

- 顯示(Display)
  - 逐觀察值的結果(Casewise results)：顯示每個樣本值的預測組別，事後機率和判別的值。
  - 摘要表(Summary table)
  - Leave-one-out 分類方法：顯示每個樣本值的分類情形。
- 圖形(Plot)
  - 合併組散佈圖(Combined-group)：合併的組別圖，有直條圖或散佈圖。
  - 各組散佈圖(Separate-group)：各別的組別圖
  - 地域圖(Territorial group)：地域圖，顯示出重心和邊界。
- 用平均數置換遺漏值(Replace missing values with mean)：用平均數取代遺漏值

10. 點選[確定]

11. 結果如下圖

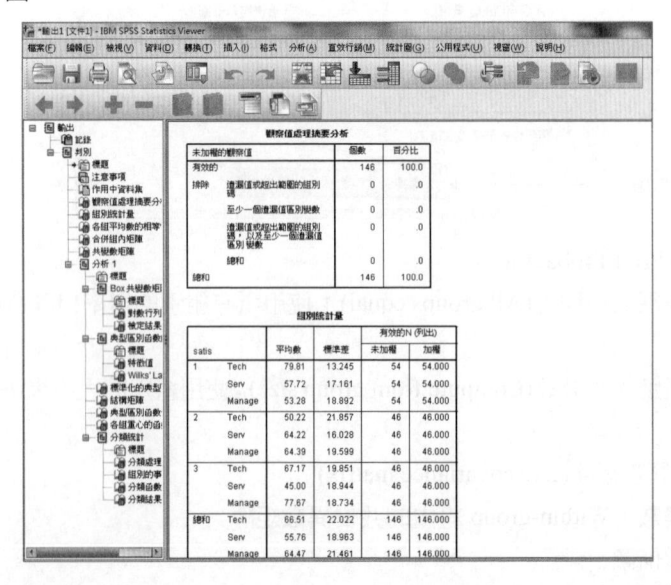

區別分析與邏輯迴歸

上表是有關樣本 N 的處理摘要表，有效樣本數為 146，排除的遺漏值或非範圍的組別碼數為 0，至少一個遺漏的區別變數為 0，上述 2 種情形的值為 0，排除的 Total 總數為 0，所有的總數為 146。

組別統計量(Group Statistics)：組別統計量為各個組別的敘述性統計量，整體滿意度低(1)，中(2)，高(3)，在 Tech(技術)，Serv(服務)和 Manage(管理)等三個變數的平均數，標準差和有效的樣本數。

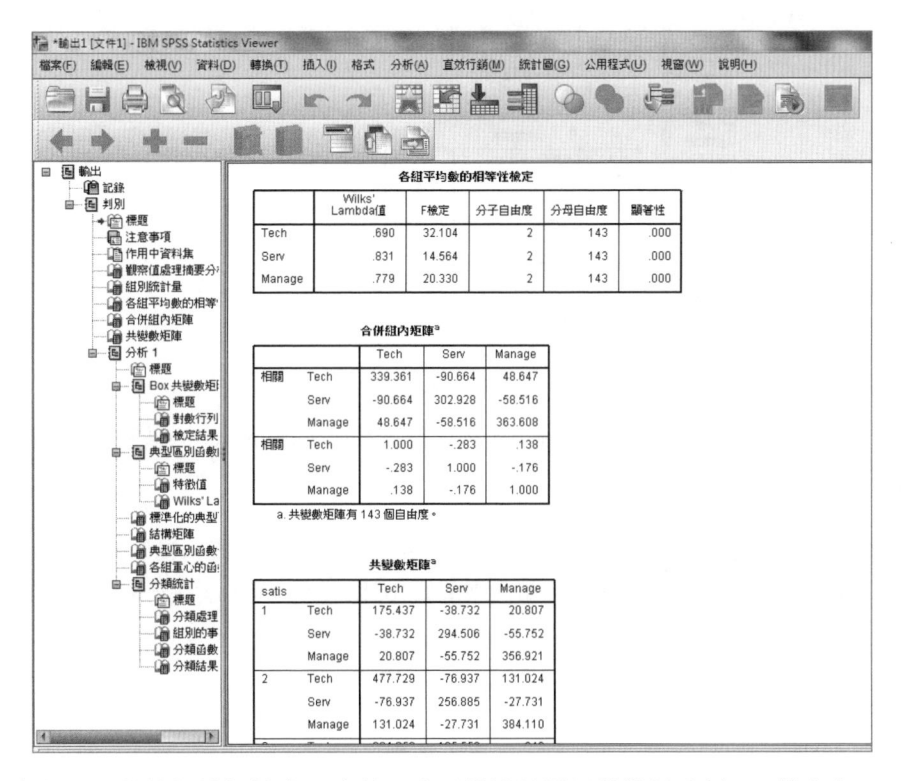

各組平均數的相等性檢定，也就是應用單變量變異數進行分析，F 值愈大，Wiks' Lambda 值會愈小，代表平均數的差異值愈大，從上表比較得知不同的整體滿意度在 Tech(技術)，Serv(服務)和 Manage(管理)的 F 值都達顯著 sig：p=0.000，分別是技術= 32.104，服務= 14.564，管理=20.330。

10-9

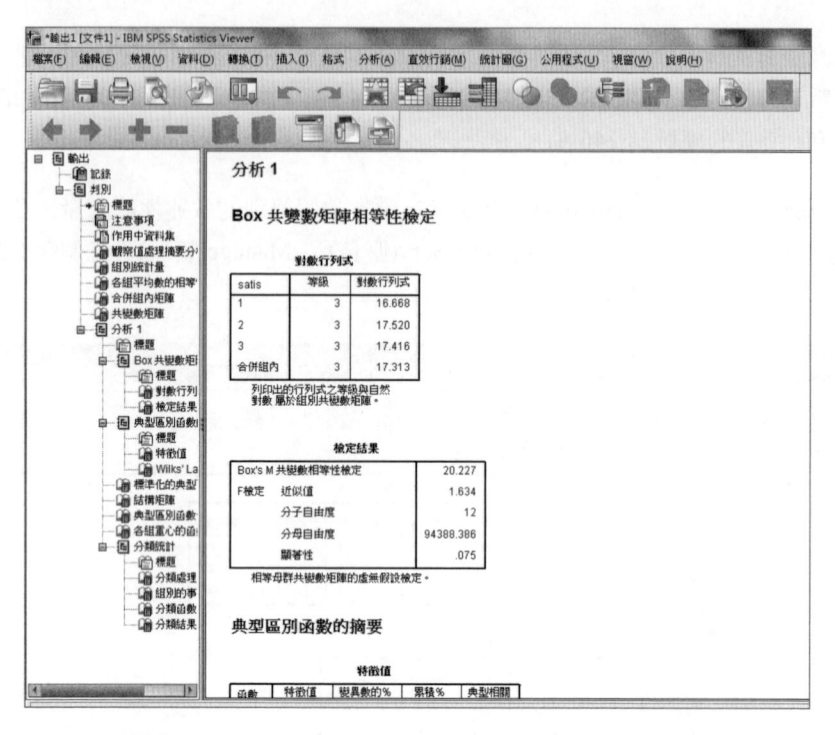

這是 BOX 共變異矩陣相等性檢定，列出行列式(determinants)的階數(ranks)和自然對數(natural logarithms)值。

Box 共變異矩陣相等性檢定的測試結果，非常重要的判定值，我們需要的是 P 值 > 0.05，未達顯著，用來確認各組的組內變異數矩陣是否相等，以符合區別分析的假設前題，從上表得知

Box's M = 20.227
F = 1.634
Sig：P = .075

代表未達顯著，接受虛無假設，表示各組的組內變異數矩陣是相等，可以繼續進行區別分析。

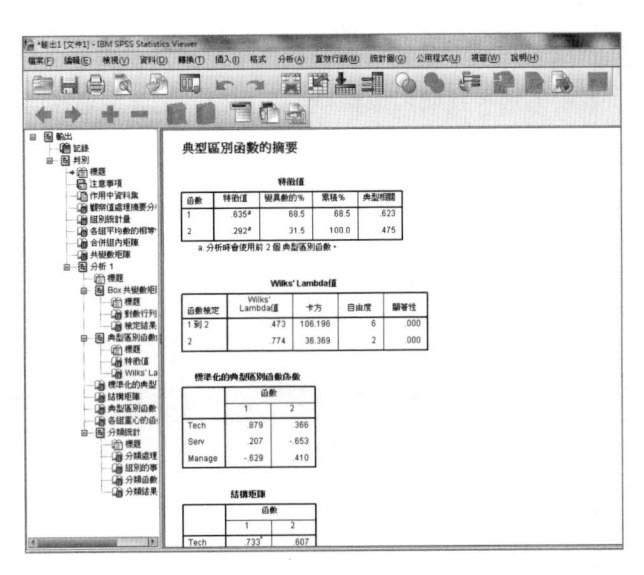

典型的區別函數摘要表，Function 為區別函數，有 1 和 2，以第一個區別函數為例，Eigenvalue 為特徵值= .635，% of Variance 解釋變異量= 68.5，Cumulative % 為累積解釋變異量=68.5，Canonical Correlation 典型相關係數值= .623，區別函數的特徵愈大，代表函數愈有區別力。

Wilk's Lambda 1 thorough 2 代表函數 1 和函數 2 在三個組別的差異程度，X^2=106.196，P = .000 達顯著水準，2 代表排除函數 1 後，單獨函數 2 在三個組別的差異程度，X^2 = 36.369, P = .000 達顯著水準，總合上述的結果是有 2 個區別方程式可以有效地解釋整體滿意度(依變數)的變異量。

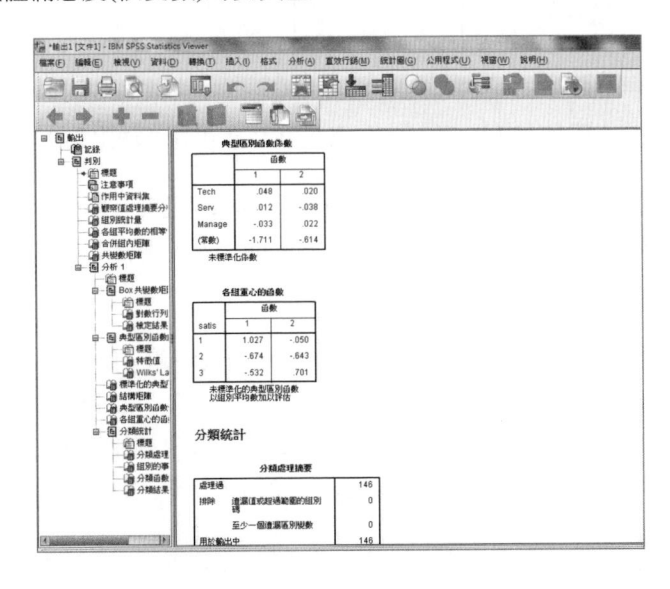

標準化典型區別函數係數，代表自變數對依變數的貢獻程度，係數值愈大，代表影響力愈大，從上表中的值，我們可以整理出 2 個標準化典型區別函數如下：

第一個區別函數 F1 = .879×技術＋.207×服務－.629×管理
第二個區別函數 F2 = .366×技術－.653×服務＋.410×管理

結構矩陣的結果與標準化典型區別函數的結果相同，結構矩陣中的值較大，代表的影響力也較大。

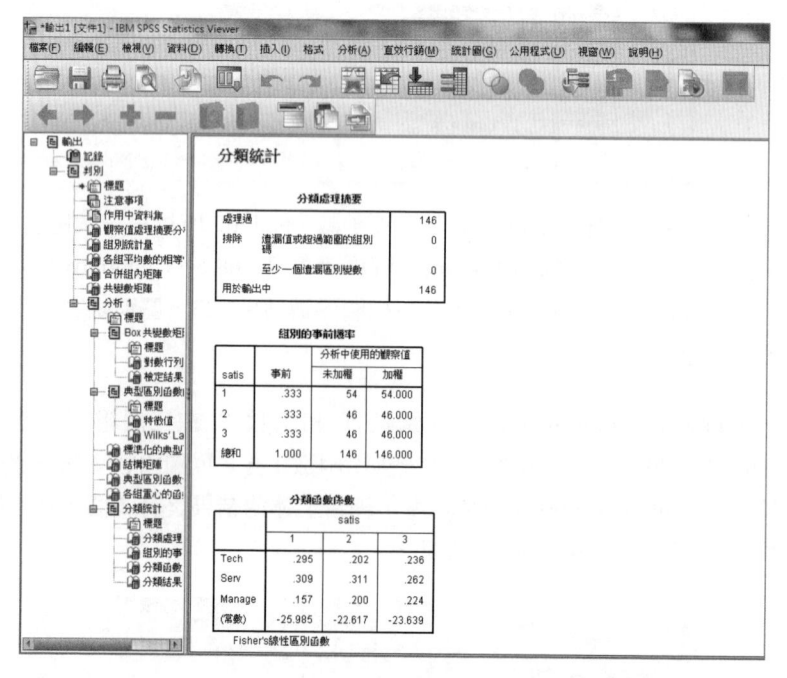

分類摘要表，處理的有 146 個，其它遺漏值…為 0 個，輸出為 146 個。

組別的事前機率值，我們之前選用 All groups equal 選項，所以，每個組別的事前機率均相同為.333，若是選用 Compute from sample size，則會以各組樣本占總樣本的比率進行計算。

分類的函數係數是用來判定收集的樣本是屬於於那一組，我們整理分類函數如下：
分類函數 CF1 = .295×技術＋.309×服務＋.157×管理－25.985
分類函數 CF2 = .202×技術＋.311×服務＋.200×管理－22.617
分類函數 CF3 = .236×技術＋.262×服務＋.224×管理－23.639

我們將收集樣本的值代入分類函數 CF1，CF2 和 CF3，計算得最大值，就歸屬於那一組會形成下面的分類結果。

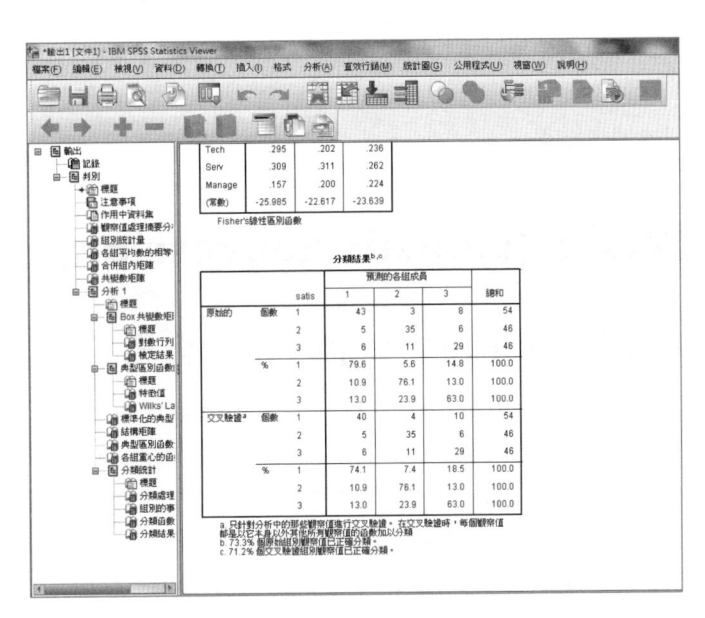

分類結果，可以看出原始(Original)為 1 的，分類到第 1 組的有 43，正確率為 79.6%
原始(Original)為 2 的，分類到第 2 組的有 35，正確率為 76.1%
原始(Original)為 3 的，分類到第 3 組的有 29，正確率為 63%
原始組別可以正確分類的有 73.3%，交叉驗證可以正確分類的有 71.2%。

區別分析結果整理：

　　區別分析(Discriminate Analysis)：在已知的樣本分類，建立判別標準(區別函數)，以判定新樣本應歸類於那一群中。在本範例中，我們找到分類函數結果如下：

　　分類函數 CF1 ＝ .295×技術＋.309×服務＋.157×管理－25.985
　　分類函數 CF2 ＝ .202×技術＋.311×服務＋.200×管理－22.617
　　分類函數 CF3 ＝ .236×技術＋.262×服務＋.224×管理－23.639

　　分類結果：
　　原始(Original)為 1 的，分類到第 1 組的有 43，正確率為 79.6%
　　原始(Original)為 2 的，分類到第 2 組的有 35，正確率為 76.1%
　　原始(Original)為 3 的，分類到第 3 組的有 29，正確率為 63%

　　原始組別可以正確分類的有 73.3%，交叉驗證可以正確分類的有 71.2%。

我們也可以在範例資料檔下，直接執行下列語法：

```
DISCRIMINANT  /GROUPS=satis(1 3)  /VARIABLES=Tech Serv Manage
/ANALYSIS ALL  /PRIORS EQUAL  /STATISTICS=MEAN STDDEV UNIVF BOXM
COEFF RAW CORR COV GCOV TCOV TABLE CROSSVALID  /CLASSIFY=NONMISSING
POOLED .
```

會得到相同的報表結果。

10-2 邏輯迴歸(Logistic Regression)

10-2-1 邏輯迴歸(Logistic Regression)介紹

迴歸分析主要可用來作因果分析與預測分析，一般我們常用線性迴歸(Linear regression)，線性迴歸的依變數 dependent variable(DV)是連續變數(continuous variable)；如果依變數 dependent variable(DV)不是連續變數，而是二分變數(dichotomous variable，例如：男或女、是否通過考試)等情況，我們就必須使用邏輯迴歸(Logistic regression)了。一般我們常用線性迴歸的迴歸係數(regression coefficient)的解釋為「當自變數增加一個單位，依變數則會增加多少單位」，但是在 Logistic regression 的迴歸係數解釋為「當自變數增加一個單位，依變數 1 相對依變數 0 的機率會增加幾倍」，換句話說一件事情發生的機率(依變數 1)與一件事情沒發生機率(依變數 0)的比值，這個比值就是勝算比(Odds ratio, OR)。一般常用線性迴歸和邏輯迴歸分析是相似的，但是對於迴歸係數的解釋是不相同的。

邏輯迴歸(Logistic Regression)，邏輯迴歸適用於依變數(dependent variable)，為名義二分變數，自變數(Independent variable)為連續變數如下：

$$Y = X_1 + X_2 + X_3 + ...$$
（名義二分變數）　　　（連續變數）

✪ 邏輯迴歸，複迴歸和區別分析之比較

邏輯迴歸和複迴歸的差別是複迴歸必須資料符合常態性分佈，常用普通最小平方法(ordinary least square, OLS)，進行估計，而邏輯迴歸則是資料必須呈現 S 型的機率分配，也稱為 Logic 分佈，常用最大概似法(maximum Likelihood Estimate)MLE 進行估計，如下圖：

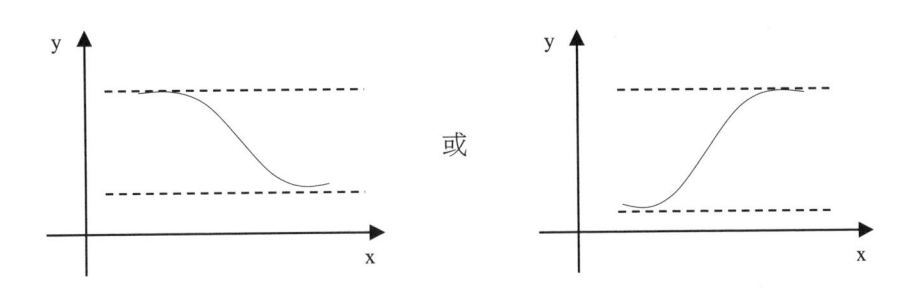

複迴歸的依變數和自變數都是連續性的變數，邏輯迴歸的依變數是名義二分變數，自變數是連續變數。

邏輯迴歸和區別分析的差異是，區別分析需要符合變異數 variance；共變異數 covariance 相等，而邏輯迴歸較不受變異數，共變數影響(Hair, 1998)，但是邏輯迴歸需要符合的是 S 型的 Logic 分佈，邏輯迴歸和區別分析相同的是依變數是名義二分變數，自變數是連續變數。

■ 邏輯迴歸的檢定

我們在 SPSS 軟體輸出報表可以查看 X^2：Chi-square 值和 Hosmer-Lemeshow Test，在 Omnibus Test of Model Coefficient 報表中的 Chi-square 值達顯著($P \leq 0.05$)時，代表至少有一個自變數可以有效地解釋依變數。而 Hosmer-Lemeshow 檢定 Chi-square 值達不顯著，($P>0.05$)代表模式的適配度良好，另外，我們也可以查看 Model Summary 的 Cox&Snell R square 值，值愈高代表有較佳的模式適配度(Hair, 1998)。

注意：我們需要的 Hosmer-Lemeshow 檢定和 Omnibus 檢定的顯著性判定值，正好相反。

10-2-2 邏輯迴歸(Logistic Regression)範例

政府對於中小企業提供的服務項目如下：

C23：經營管理
C24：電腦化管理的輔導
C25：策略聯盟
C26：免費資訊系統的診斷
C27：人才培訓
C28：法律咨詢
C29：軟體種類查詢
C30：政府法令諮詢

C31：融資貸款

C32：經費補助

在使用政府提供的服務後，對於政府服務的內容滿意度調查，0 代表 80 分以下，1 代表 80 分(含)以上，我們想知道中小企業對於政府提供服務的內容，有那些是影響高滿意度的項目。

邏輯迴歸實務操作：
(先前已將範例檔 Ch10 複製到 C:\Ch10)

1. 開啟範例檔 logic.sav (在 C:\Ch10)，點選[分析/迴歸/二元 Logistic]

2. 選取「A2」至「依變數」欄位

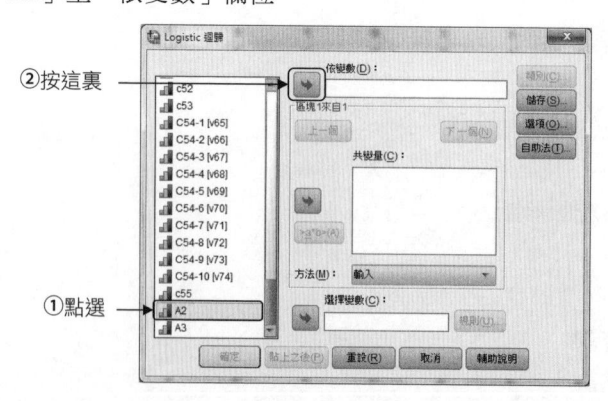

依變數 A2 為名目尺度，0 代表 80 分以下，1 代表 80 分(含)以上。

3. 選取 c23~c32 至「共變量」欄位

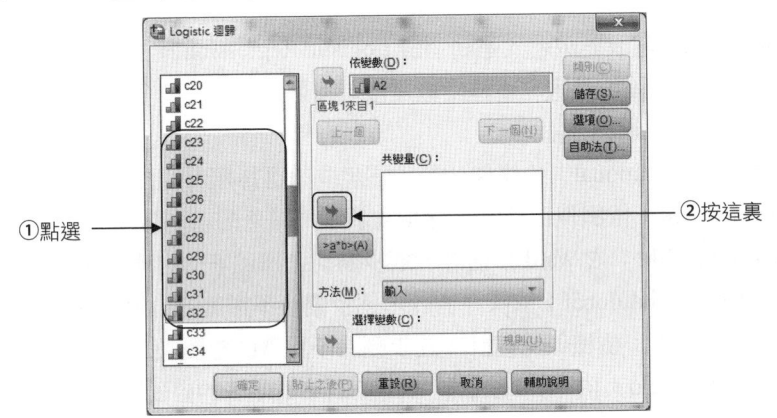

①點選 ②按這裏

4. 點選[選項]

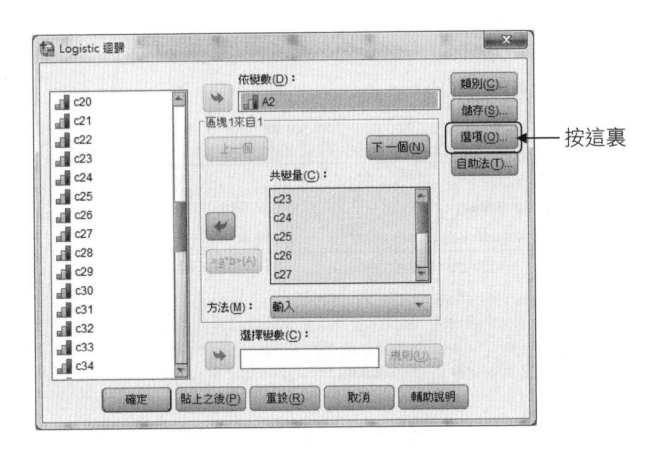

按這裏

這裡的共變數就是自變數，有政府對於中小企業提供的服務項目如下：

C23：經營管理

C24：電腦化管理的輔導

C25：策略聯盟

C26：免費資訊系統的診斷

C27：人才培訓

C28：法律咨詢

C29：軟體種類查詢

C30：政府法令諮詢

C31：融資貸款

C32：經費補助

我們想要建立的是政府提供的服務後,中小企業對於政府服務內容滿意度的邏輯迴歸 Logistic Regression 模式。

- 方法(Method):選取變數進入邏輯迴歸 Logistic Regression 模式的方式如下:
  - 輸入(Enter):強迫進入,不論變數是否有顯著關係,選取全部變數進入邏輯迴歸 Logistic Regression 模式。
  - Forward : conditional:依條件估計,逐步向前選擇顯著的自變數。
  - Forward : LR:依概似比估計,逐步向前選擇顯著的自變數。
  - Forward : Wald:依 Wald 法估計,逐步向前選擇顯著的自變數。
  - Backward: conditional:依條件估計,逐步刪除不顯著的自變數。
  - Backward: LR:依概似比估計,逐步刪除不顯著的自變數。
  - Backward: Wald:依 Wald 法估計,逐步刪除不顯著的自變數。

  我們使用預設值 Enter:強迫進入。

5. 勾選「分類圖」、「Hosmer-Lemeshow 適合度」、「估計值相關性」和「疊代過程」,勾選完畢後,點選[繼續]

- 統計與圖形(tatistics and plots):統計和圖形,常用的有下列四項。
  - 分類圖(Classigication plots):畫出分類統計圖。
  - Hosmer-Lemeshow 適合度(goodness-of-fit):提供 Hosmer-Lemeshow 適合度值。
  - 估計值相關性(Correlations of estimates):提供相關的估計值。
  - 疊代過程(Iteration history):疊代的歷史記錄。
- 顯示(Display):顯示,有下列二項。
  - 在每一個步驟(At each step):每一個步驟都顯示統計量(預設)。
  - 在最後步驟(At last step):最後一個步驟才顯示統計量。

- 逐步之機率(Probability for Stepwise)：有下列二項。
  - 登錄(Entry)：進入的機率值，預設為 0.05。
  - 刪除(Remove)：刪除的機率值，預設為 0.10。
- 分類分割值(Classification cutoff)：分類臨界值，預設為 0.5。
  - 最大疊代(Maximum Iteration)：最大疊代次數，預設為 20 次。

以上的這些值，可以依照需要進行修改。

6. 點選[確定]

7. 結果如下圖

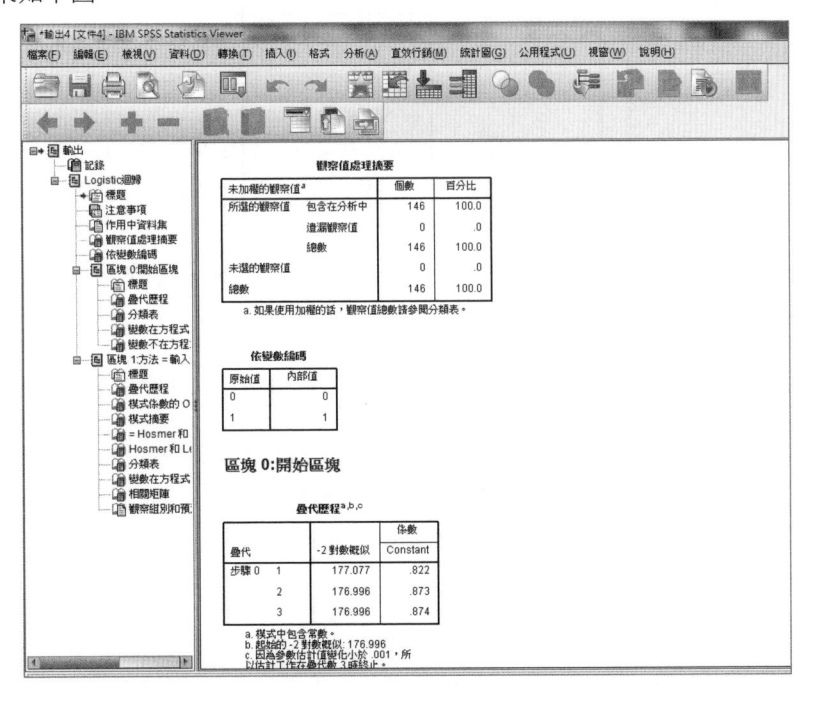

這是有關樣本 N 的處理摘要表，被選擇的有包含在分析的 N=146，遺漏值(0)，被選擇的總數(146)，未被選擇的有(0)，總樣本數(146)。

為依變項的編碼，由於我們的原始編碼和內部值未變動，所以都一樣。

這是運算的疊代歷程，共計 3 次，計算參數估計值變動小於 0.01 時，就會停止疊代。

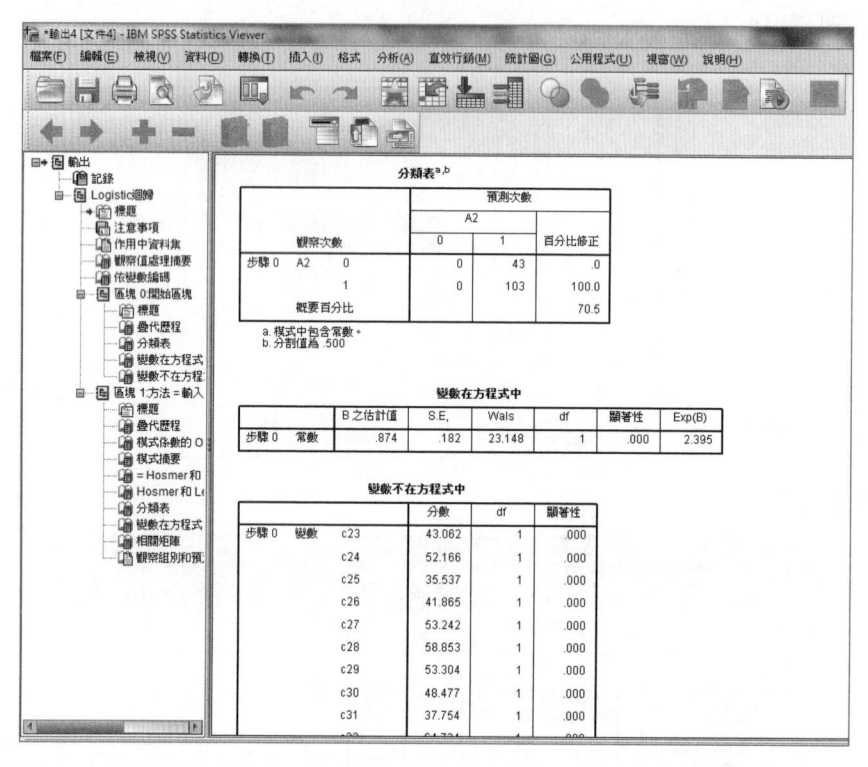

表中的 0 為低意願度，1 為高意願度，分配表中，低滿意度重新分配為高意願，高意願度重新分配還是高意願度，分類正確百分比為 70.5。

變數在此方程式的係數 B=.874，標準誤.182，Wald 值為 23.148。

變數不在方程式中，由於是初步邏輯迴歸分析，進行運算前的檢定 Score，結果，都是顯著，我們選擇 Enter 強迫進入法，代表所有變數都會納入邏輯迴歸分析，若是採用非強迫方式，則需要有顯著的變數，才會納入邏輯迴歸。

區別分析與邏輯迴歸 10

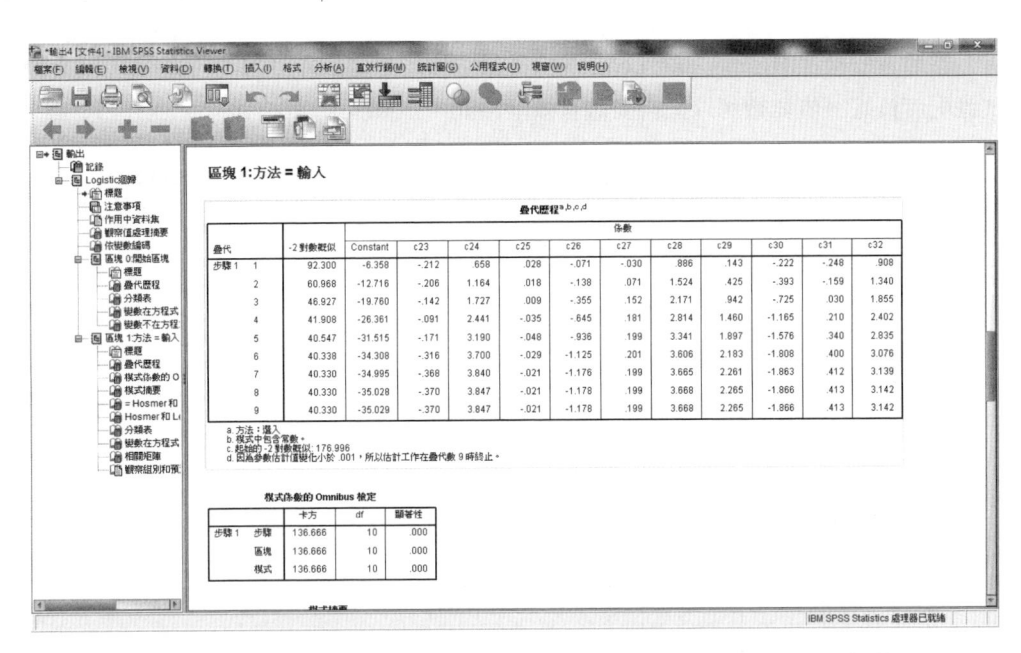

上表中，共計疊代 9 次才停止，參數估計量變動小於 0.01，才會疊代停止。

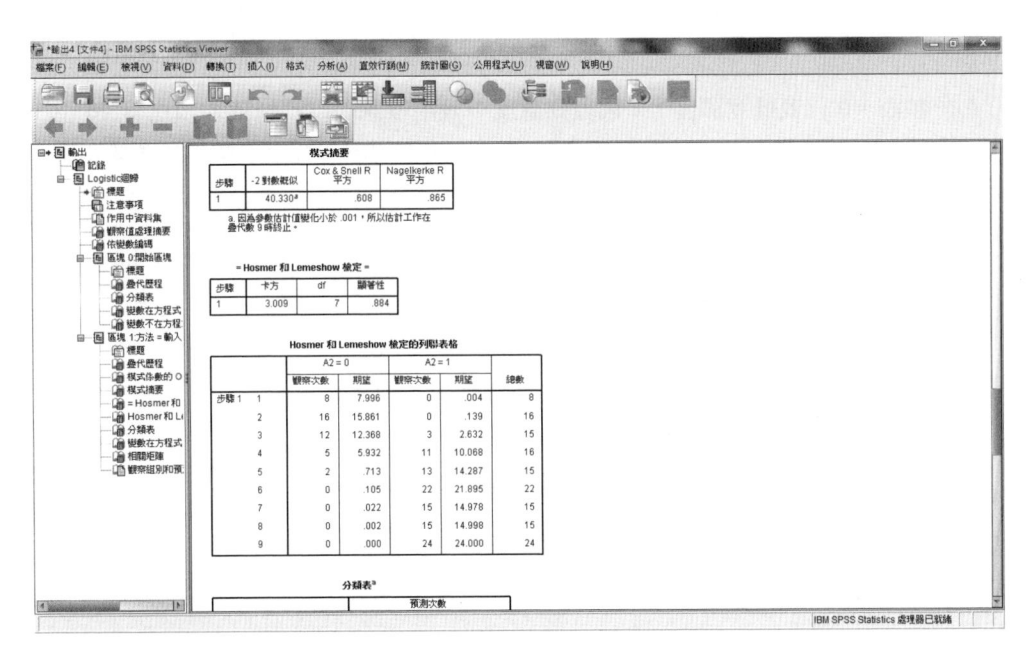

模式摘要表 Cox&Snell R square = 0.608，Nagelkerke Rsquare = 0.865 都表示依變項和自變項具有高度關連，由於邏輯迴歸的依變項並非連續變項，所以無法代表為解釋能力。

整體適配度採 Hosmer and Lemeshow Test 檢定，P=0.884>0.05 為不顯著，代表模式適配度良好，依變數可以被自變數有效地預測。

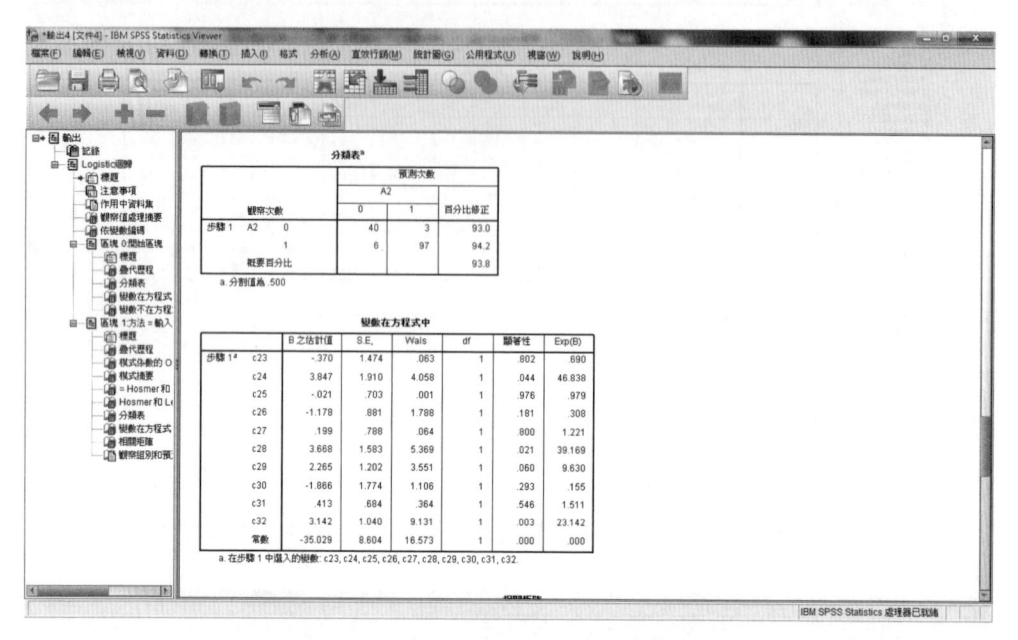

分類表，0 代表低意願度，1 代表高意度，表中依意願度被有效地預測有 40 位，正確率達 93%，高意願度被有效地預測有 97 位，正確率達 94.2%，整體的預測正確率達 93.8%。

變數在方程式中的值，其中只有

C24 = 電腦化管理的輔導

C28 = 法律諮詢

C32 = 經費補助

達顯著水準(P≦0.05)，因此

C24 = 電腦化管理的輔導

C18 = 法律諮詢

C32 = 經費補助

可以有效地預測中小企業有意願採用資訊系統。

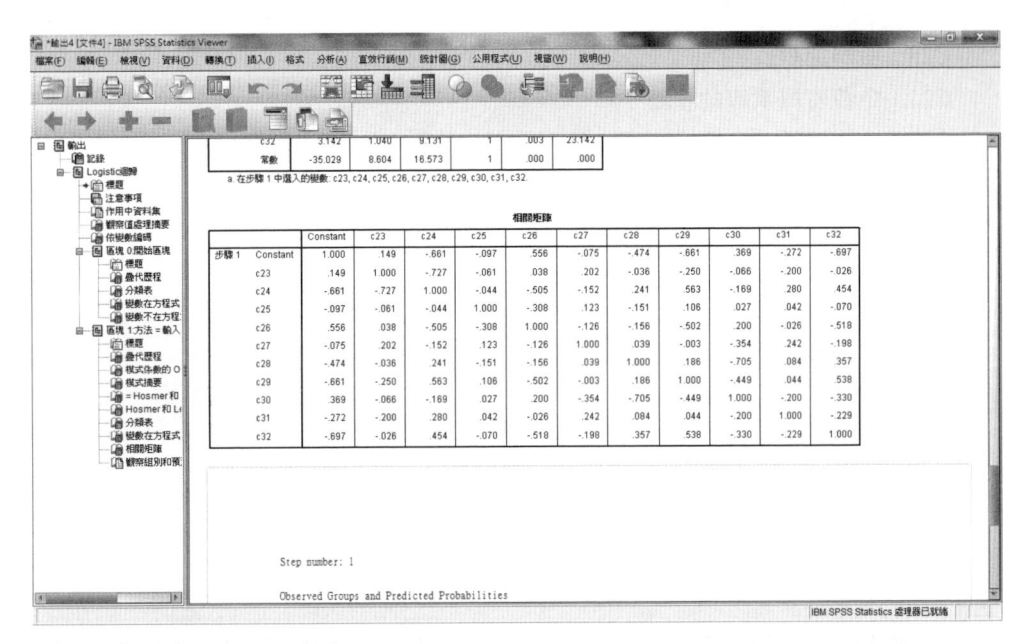

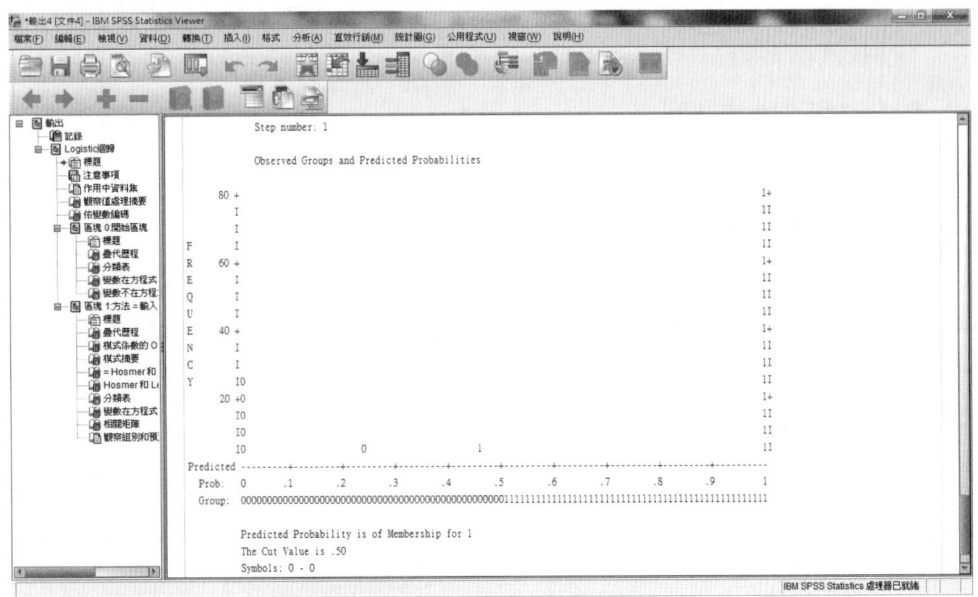

以上表變數參數估計的相關矩陣。

我們整理邏輯迴歸分析的結果如下：

政府對於中小企業提供的服務項目有：

C23：經營管理

C24：電腦化管理的輔導

C25：策略聯盟

C26：免費資訊系統的診斷

C27：人才培訓

C28：法律咨詢

C29：軟體種類查詢

C30：政府法令諮詢

C31：融資貸款

C32：經費補助

在中小企業使用政府提供的服務後，對於政府提供服務的內容，有 C24=電腦化管理的輔導、C18=法律諮詢、C32=經費補助是影響高滿意度的項目，因此也是有效地協助中小企業有意願採用資訊系統。

我們也可以在範例資料檔下，直接執行下列語法：

```
LOGISTIC REGRESSION A2  /METHOD = ENTER c23 c24 c25 c26 c27 c28 c29
c30 c31 c32  /CLASSPLOT  /PRINT = GOODFIT CORR ITER(1)  /CRITERIA =
PIN(.05) POUT(.10) ITERATE(20) CUT(.5) .
```

會得到相同的報表結果。

10-3 寫作參考範例

區別分析是利用已知類別的樣本建立區別模型，為未知類別的樣本區別的一種統計方法。區別分析根據已掌握的、歷史上每個類別的若干樣本的資料資訊，總結出客觀事物分類的規律性，建立區別公式和區別準則。當遇到新的樣本點時，根據總結出來的區別公式和區別準則，預測該樣本點所屬類別的可能性。

邏輯迴歸為迴歸分析中的一種，當因變數為二分變數時，使用邏輯迴歸。邏輯迴歸的迴歸係數解釋為「當自變數增加一個單位，應變數 1 相對於因變數 0 的幾率會增加幾倍」

正確的書寫方式，參考以下範例。

❂ 範例 1：區別分析

- Li, Y., Tan, C. H., and Yang, X. 2013. "It Is All about What We Have: A Discriminant Analysis of Organizations' Decision to Adopt Open Source Software," Decision Support Systems (56:1), pp. 56–62.

"The multivariate technique used in this research is Discriminant Analysis. The design of this study, with two subgroups creating a dummy dependent variable composed of OSS-adopting and non-adopting organizations, ideally suited this type of analysis. The independent or discriminant variables measured the characteristics on which the two subgroups were expected to differ, including availability of internal human capital, accessibility to external human capital, organizational size, IT department size, and IT criticality.

……

The strength of the discriminant function can be depicted by four important statistics. First, the eigenvalue (0.793) is a measure of the total variance in the discriminant variables. Second, the canonical correlation (0.665) is similar to Pearson's correlation r, whereby the value reflects the closeness of the relationship between the discriminant function and the dependent variable. Third, the squared canonical correlation (0.442) can be interpreted as the proportion of the variance in the discriminant function explained by the two subgroups, and serves as a good indicator of the fairly strong explanatory ability of the discriminant function. Table 3 shows the descriptive statistics of the respondents.

Finally, the mean discriminant scores summarize the location of each subgroup in the linear space defined by the discriminant function. The mean discriminant score for non-adopting organizations (N = 111) was 0.858; OSS-adopting organizations (N = 104) had a mean score of −0.915. Table 4 shows the significant differences between non-adopting and adopting organizations in terms of availability of internal human capital, accessibility to external human capital, organizational size, IT department size, and IT criticality in the organization. Combined with the evidence in Table 3, we can conclude that all the five hypotheses are supported.

Table 5 supplements Table 4 by depicting the strength of the discriminant function in classifying respondents as non-adopting and adopting organizations. 79.5% of the grouped cases are correctly classified by the discriminant function, further supporting the power of the discriminant function and the discriminant variables used in this study." [p59-60]

本研究的設計由兩個子組創建由 OSS 採用和非採用組織組成的虛擬應變數，測量兩個子群體預期不同的特徵，包括內部人力資本的可用性、外部人力資本的可獲得性、組織規模、IT 部門規模和 IT 關鍵性。

區別函數的區別力可以用幾個重要的統計資料來描述：特徵值為 .793，典型相關性為 .665，典型相關性平方為 0.442。

平均區別分數總結了由區別函式定義的線性空間中每個子組的位置。非採用組織（N = 111）的平均區別分數為 0.858；採用 OSS 的組織（N = 104）的平均得分為-0.915。表 10-2 顯示了非採用和採用組織在內部人力資本可用性、外部人力資本可訪問性、組織規模、IT 部門規模和組織中 IT 關鍵性方面的顯著差異。結合表 10-1 中的證據，可以得出結論，所有五個假設都得到了支持。

表 10-3 通過描述將受訪者分類為不採用和採用組織的區別函數的強度來補充表 10-2。79.5％的分組案例通過區別函數正確分類，進一步支援區別函數的區別力和本研究中使用的區別變數。

表 10-1 描述性統計

Table 3
Descriptive statistics.

Variable	Non-adopting organizations (N = 111)		Adopting organizations (N = 104)	
	Mean	Std. deviation	Mean	Std. deviation
Internal HC	3.036	1.011	4.058	0.775
External HC	3.269	0.928	4.239	0.766
Org size	3.487	1.572	3.048	1.437
IT size	2.306	1.320	1.952	1.092
IT criticality	5.207	0.861	4.083	0.966

表 10-2 標準化標準區別函數係數、組間變數區別分析的估計係數、組間顯著性差異的檢驗結果

Table 4
Standardized canonical discriminant function coefficients, estimated coefficients of discriminant analysis of variables between groups, and results of test of significant differences between groups.

Variable	Discriminant function coefficients	Classified function coefficients		Test of equality of group means	
		Non-adopting organizations	Adopting organizations	Wilks' lambda	F
Internal HC	−0.312	2.675	3.287	0.757	68.449[***,*]
External HC	−0.483	2.526	3.531	0.754	69.313[***]
Org size	0.050	0.520	0.462	0.979	4.537[**]
IT staff no.	0.087	0.866	0.738	0.979	4.569[**]
IT criticality	0.676	6.084	4.773	0.724	81.276[***]
Constant	−	−26.630	−26.013	−	−

[*] Significant at 0.10.
[**] Significant at 0.05.
[***] Significant at 0.01.

表 10-3 描述樣本中預測組和實際組的分類表

Table 5
Classification table depicting the predicted and actual groups from the sample.

Actual group in sample	Predicted group	
	Non-adopting organizations	Adopting organizations
Non-adopter (N = 111)	82 (73.9%)	29 (26.1%)
Adopter (N = 104)	15 (14.4%)	89 (85.6%)
% of groups correctly classified: 79.5%		

本研究表明，人力資本，即員工擁有的知識、技能、經驗、能力和生產力，在組織採用開源軟體（OSS）方面起著至關重要的作用。基於 104 個 OSS 採用組織和 111 個非採用組織在中國的調查反應，對組織的 OSS 採用行為進行了區別分析。目前的研究結果支持這樣一種觀點，即採用 OSS 的組織可以從內部 OSS 人力資本的可用性、外部 OSS 人力資本的可訪問性、組織規模、IT 部門規模和 IT 運營的關鍵性等方面與未採用 OSS 的組織進行明確區分。

✪ 範例 2：邏輯迴歸

- Goode, S., Hoehle, H., Venkatesh, V., and Brown, S. A. 2017. "User Compensation as a Data Breach Recovery Action: An Investigation of the Sony PlayStation Network Breach," MIS Quarterly (41:3), pp. 703-727.

"We adapted a technique from Whitehead et al. (1993) and Dubin and Rivers (1989), and used a binary logistic regression to compare demographic indicators of round 1 respondents against round 2 respondents. This technique allows for contingent dependencies between both rounds and is robust to shared or dependent error terms between rounds. The dependent variable was set equal to 1 if they participated in round 1 only, and to 2 if they participated in both rounds. We included purchase date, income, weekly use, and gender as independent variables. Table D1 shows the results of this testing.

Table D1 shows that no variables were significant predictors of participation in the second round of the survey. Wald statistics for all variables were not significant, which suggests that they have low or no explanatory power (Agresti 1990). Both the Cox & Snell R2 and Nagelkerke R2 were low, indicating low model explanatory power.

We also ran a non-parametric Mann-Whitney U test on the same variables. The advantage of a non-parametric test is that it is robust to variable skewness and kurtosis. We obtained similar results from these non-parametric tests." [A15]

作者使用二元邏輯迴歸比較第 1 輪受訪者與第 2 輪受訪者的人口統計指標。如果僅參與第 1 輪，則應變數設置為 1，如果參與兩輪，則設為 2。作者將購買日期、收入、每週使用和性別作為自變數。結果顯示（表 10-4），沒有變數是參與第二輪調查的重要預測因數。所有變數的 Wald 統計資料都不顯著，這表明它們具有較低的解釋力或沒有解釋力（Agresti 1990）。Cox & Snell R^2 和 Nagelkerke R^2 都很低，表明模型解釋力很低。

表 10-4 樣本選擇偏差的二元邏輯迴歸檢驗

Table D1. Binary Logistic Regression Test of Sample Select Bias					
	B	S.E.	Wald	Sig.	Exp(B)
Purchase Date	.126	.088	2.034	.154	1.134
Income	.055	.039	2.012	.156	1.057
Weekly Use	-.068	.054	1.578	.209	.934
Gender	-.159	.217	.536	.464	.853
Constant	-253.273	177.052	2.046	.153	.000
Cox & Snell R^2	.013				
Nagelkerke R^2	.019				

借助期望確認研究，作者在重大資料洩露和隨後的服務恢復工作之後，制定關於補償對關鍵客戶結果的影響的假設。索尼客戶在 2011 年的資料洩露事件中對資料進行了縱向實地調查。共有 144 名客戶參與了兩階段資料收集工作，這些資料收集工作是在違規行為宣佈並在賠償完成後開始的。作者使用多項式建模和回應面分析，證明了修改的同化-對比模型解釋了對服務品質和持續意圖的感知，而廣義否定模型解釋了回購意圖。本研究成果通過證明薪酬對客戶結果的影響，有助於研究資料洩露和服務失敗。

單變量變異數分析

11-1 單變量變異數分析簡介

單變量變異數分析 ANOVA 是 Analysis of Variances 的縮寫,是由 Fisher 所提出的統計方法,也是平均數比較(Compare Means)統計分析的一種,在前面章節介紹平均數比較統計分析有:One-Sample T Test 單一樣本 T 檢定,Independent-Sample T Test 獨立樣本 T 檢定,Paired-Samples T Test 成對樣本 T 檢定,One-Way ANOVA 單變量變異數分析。除了 One-Way ANOVA 單變量變異數分析外,上述的 T 檢定都是用來檢定兩個樣本的平均數是否相同,若是要檢定三個或三個以上樣本時,則需要兩兩比較,如此非常的耗時且過程相當複雜。因此 Fisher 所提出的單變量變異數分析 ANOVA,就是用來當成三個或三個以上的樣本平均數的差異顯著性檢定工具。

✪ 變異數分析

變異數分析(Analysis of Variance)一般分為二大類,分別是 ANOVA (Analysis of Variance)單變量變異數分析和 MANOVA (Multivariate Analysis of Variance)多變量變異數分析,我們簡介如下:

單變量變異數分析(ANOVA),只有一個依變數(計量),一個或多個的自變數(非計量,名目),寫成數學式如下:

$$Y_1 = X_1 + X_2 + X_3 + \ldots\ldots + X_n$$
(計量)　　　　　　(非計量)

MANOVA(多變量變異數分析)有多個依變數(計量),一個或多個的自變數(非計量),寫成數學式如下:

$$Y_1 + Y_2 + Y_3 + \ldots\ldots + Y_n = X_1 + X_2 + X_3 + \ldots\ldots + X_n$$
(計量)　　　　　　(非計量,例如:名目)

11-2 單因子變異數分析的設計

自變數只有一個的變異數分析，稱為單因子變異數分析，也就是 $Y_1+Y_2+Y_3+\ldots\ldots+Y_n = X$（Y 可以是一個(含)以上，X 只有 1 個）。單因子變異數分析的二種設計方式：1. 獨立樣本　2. 相依樣本

1. 獨立樣本
   受測者隨機分派至不同組別，各組別的受測者沒有任何關係，也稱為完全隨機化設計
   (1) 各組人數相同：HSD 法，Newman-Keals 法
   (2) 各組人數不同（或每次比較 2 個以上平均數時）：Scheffe 法
2. 相依樣本
   有二種情形
   (1) 重複量數：同一組受測者，重複接受多次(k)的測試以比較之間的差異。
   (2) 配對組法：選擇一個與依變數有關控制配對條件完全相同，以比較 k 組受測者在依變數的差異。

11-3 變異數分析的基本假設條件

變異數分析的基本假設條件有常態、線性、變異數同質性。我們介紹如下：

- 常態：直方圖，偏度(Skewness)和峰度(Kurtosis)，檢定，改正(非常態可以透過資料轉型來改正)。
- 線性：變數的散佈圖，檢定，簡單廻歸+ residual。
- 變異數同質性：1Y 時，用 Levene 檢定
  　　　　　　　>= 2Y 時，用 Box's M 檢定

11-4 單變量變異數分析

單變量變異數分析(ANOVA)主要是看依變數(Y)只有一個,當我們在比較平均數的不同時,若是我們透過自變數(X)將依變數(Y)分成兩組來比較時,稱為 t 檢定,分成三組(含以上)來比較,稱為 ANOVA,t 檢定也是 ANOVA 的一種,我們分別介紹如下:

✪ t 檢定(t Test)

t Test 是用來檢定 2 個獨立樣本的平均數差異是否達到顯著的水準。

這二個獨立樣本可以透過分組來達成,計算 t 檢定時,會需要 2 個變數,依變數(Y)為觀察值,自變數 X 為分組之組別,其資料的排序如下:

序 號	依變數(Y 的值)	自變數(X 分 2 組)
1	Y_{11}	1
2	Y_{12}	1
3	Y_{13}	1
4	Y_{21}	2
5	Y_{22}	2
6	Y_{23}	2
	$\tilde{Y}_1$	1
	$\tilde{Y}_2$	2

$\tilde{Y}_1 = (Y_{11} + Y_{12} + Y_{13}) / 3$
$\tilde{Y}_2 = (Y_{21} + Y_{22} + Y_{23}) / 3$

檢定 2 個獨立樣本的平均數是否有差異(達顯著水準)得考慮從 2 個母體隨機抽樣後,其平均數 u 和變異數 σ 的各種情形,分別有平均數 u 相同而變異數平方相同或不同的情形,平均數 u 不同而變異數平方相同或不同的情形,我們整理如下表:

	σ 變異數平方相同	σ 變異數平方不同
u 平均數相同	a	b
u 平均數不同	c	d

- a 的示意圖如下：

  $u_1 = u_2$

  $\sigma_1^2 = \sigma_2^2$

  母體 1
  母體 2
  $u_1 = u_2$
  抽樣 →
  $u_1 - u_2 = 0$

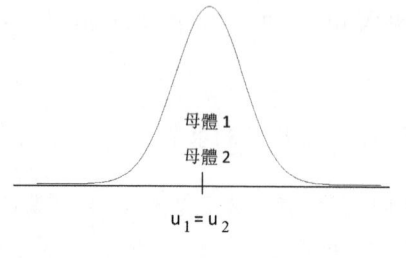

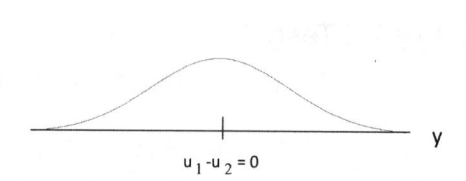

- b 的示意圖如下：

  $u_1 = u_2$

  $\sigma_1^2 \neq \sigma_2^2$

  母體 1
  母體 2
  $u_1 = u_2$
  抽樣 →
  $u_1 - u_2 = 0$

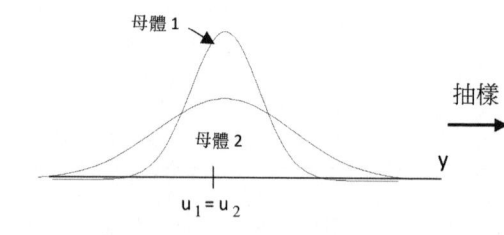

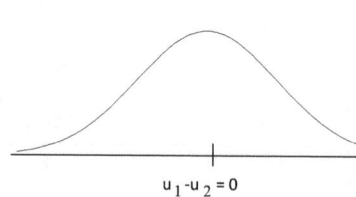

- c 的示意圖如下：

  $u_1 \neq u_2$

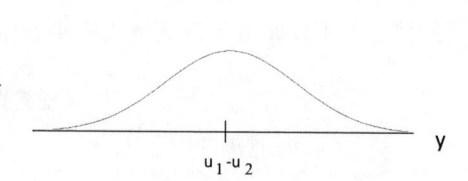

  $\sigma_1^2 = \sigma_2^2$

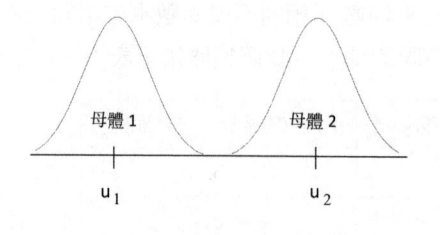

  母體 1
  母體 2
  u_1
  u_2
  抽樣 →
  $u_1 - u_2$

- d 的示意圖如下：

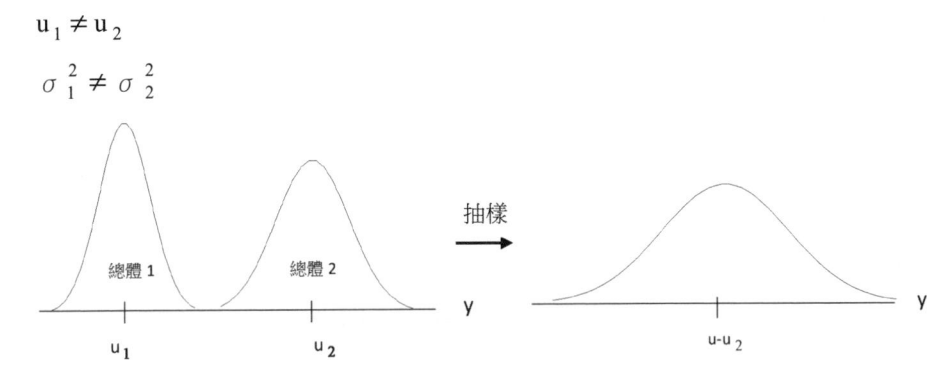

$u_1 \neq u_2$

$\sigma_1^2 \neq \sigma_2^2$

在計算 2 個母體的平均數有無差異時，若是母體的變異數為已知，則使用 z 檢定，不過，一般很少用 z 檢定，在一般情形下，母體的變異數通常為未知，我們都會使用獨立樣本的 t 檢定，若是樣本小，母體不是常態分佈，則會使用無母數分析，我們整理 t 檢定於 2 個獨立母體平均數的比較時，使用時機如下表：

大樣本 ($n \geq 30$)
　　變異數 σ 已知　----　使用 z 檢定
　　變異數 σ 未知　----　使用 t 檢定
小樣本 ($n < 30$)，母體常態分配
　　變異數 σ 已知　----　使用 z 檢定
　　變異數 σ 未知　----　使用 t 檢定
小樣本 ($n < 30$)，母體非常態分配
　　無論變異數已知或未知 – 使用無母數分析

✪ t 檢定的程序

我們進行 t 檢定的目的是要用來拒絕或無法拒絕先前建立的虛無假設(Null hypothesis)，我們整理 t 檢定的程序如下：

- 計算 t 值

　t 值 = u_1(平均數) -u_2(平均數) / 組的平均數標準差
　u_1 是第一組的平均數
　u_2 是第二組的平均數

- 查 t crit 標準值

　研究者可指定接受 t 分配型態 I (type I) 的錯誤機率 α (例如：0.05 或 0.01)
　樣本 1 和樣本 2 的 degree of freedom = ($N_1 + N_2$) – 2

我們可以透過查表，得到 t crit 標準值。

- 比較 t 值和 t crit 標準值

當 t 值＞t crit 值時，會拒絕 Null hypothesis ($u_1 = u_2$)，也就是 $u_1 \neq u_2$，兩群有顯著差異，接著，我們就可以檢定平均數的大小或高低，來解釋管理上意義。

當 t 值＜t crit 值時，不會拒絕(有些研究者視為接受) Null hypothesis，也就是 $u_1 = u_2$，兩群無顯者差異，我們就可以解釋管理上的意義。

✪ F 檢定

除了 t 檢定外，我們也常用 F 值來檢定單變量多組平均數是否顯著

11-5 單變量變異數分析範例

我們想了解不同年齡層 A 組 20～29 歲，B 組 30～39 歲，C 組 40～49 歲，對筆記型 Bubble 喜好程度是否有差異，隨機抽取年齡層各 5 個人，以 1–10 的分數請他們評分如下：

序號	組員	得分
1	A1	8
2	B1	8
3	C1	4
4	A2	4
5	B2	5
6	C2	4
7	A3	5
8	B3	9
9	C3	6
10	A4	5
11	B4	7
12	C4	6
13	A5	4
14	B5	9
15	C5	5

三種不同年齡層對筆記型電腦的喜好

A 組	分數	B 組	分數	C 組	分數
A1	8	B1	8	C1	4
A2	4	B2	5	C2	4
A3	5	B3	9	C3	6
A4	5	B4	7	C4	6
A5	4	B5	9	C5	5
平均 $\widetilde{A}$ = 5.2		平均 $\widetilde{B}$ = 7.6		平均 $\widetilde{C}$ = 5		
總平均 = 5.9					

$$
\begin{aligned}
SST &= 5(5.2-5.9)^2 + 5(7.6-5.9)^2 + 5(5-5.9)^2 \\
&= 2.45 + 14.45 + 4.05 \\
&= 20.95
\end{aligned}
$$

$$
\begin{aligned}
SSE &= (8-5.2)^2 + (4-5.2)^2 + (5-5.2)^2 + (5-5.2)^2 + (4-5.2)^2 \\
&\quad + (8-7.6)^2 + (5-7.6)^2 + (9-7.6)^2 + (7-7.6)^2 + (9-7.6)^2 \\
&\quad + (4-5)^2 + (4-5^2) + (6-5)^2 + (6-5)^2 + (5-5)^2 \\
&= 7.84 + 1.44 + 0.04 + 0.04 + 1.44 \\
&\quad + 0.16 + 6.76 + 1.96 + 0.36 + 1.96 \\
&\quad + 1 + 1 + 1 + 1 + 0 \\
&= 26
\end{aligned}
$$

TSS = SST + SSE = 20.95 + 26 = 46.95

變異來源	SS	自由度	MS	F
組間	20.95	2	10.48	4.83
組內	26	12	2.17	
合計	46.95	14		

查表 F crit = F,05,2,12 = 3.89

本範例 F 值 = 4.83

F＞F crit，所以在 5%水準下，顯著，拒絕接受 Ho

表示三個階層年齡的人對於筆記型電腦的喜好有顯著的不同，這時候，尚需要進一步地作事後檢定。

單變量變異數分析的實務操作如下：
(請先將範例檔 Ch11 複製到 C:\Ch11)

1. 開啟範例 ANOVA.sav (在 C:\Ch11)，點選[分析/一般線性模式/單變量]，出現圖如下：

2. 選取「Score」至「依變數」欄位

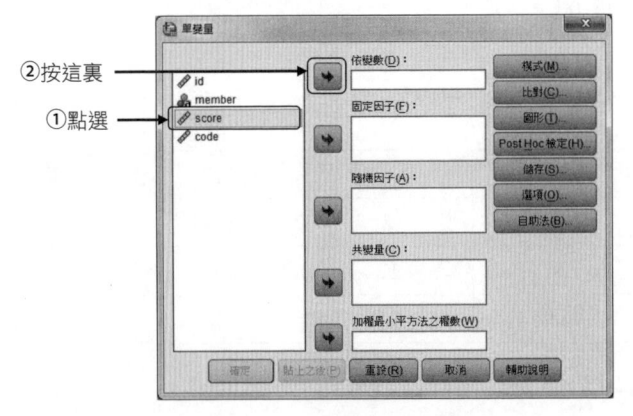

在單變量(Univariate)視窗中，依變數(Dependent variables)只能選取一個，固定因子 Fixed Factor(s)，可以點選一個或多個多變數，如果固定因子中選取二個自變項，則為二因子變異數分析，如果固定因子選取二個以上，就成為多因子變異數分析。共變量 Covariate(s)，可以選取一個或一個以上變數，以進行共變數分析。

3. 選取「code」至「固定因子」欄位

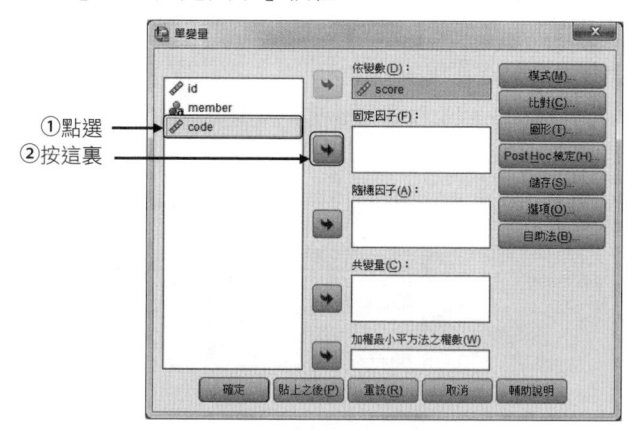

4. 點選[模式]

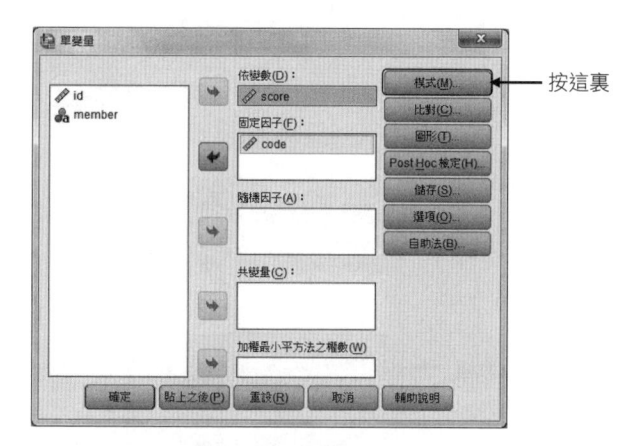

5. 點選「完全因子設計」，選擇完畢後，點選[繼續]

指定模式(Specify Model)有兩項分析模式：
- 完全因子模式(Full factorial)：完全因子模式，分析的包含所有因子和共變數的效果，但不包含共變異的交互作用。
- 自訂(Custom)：自訂模式，用來指定變數和共變數的分析模式。

6. 點選[比對]

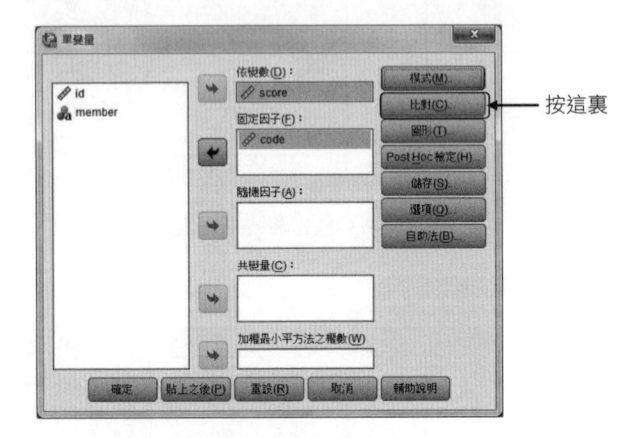

7. 選擇比對為「無」

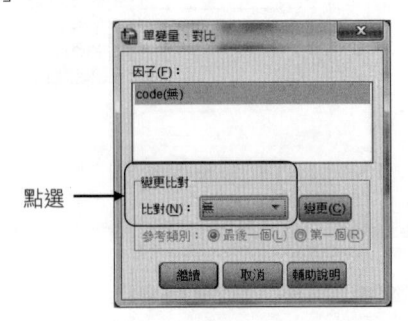

8. 點選[Post Hoc 檢定]

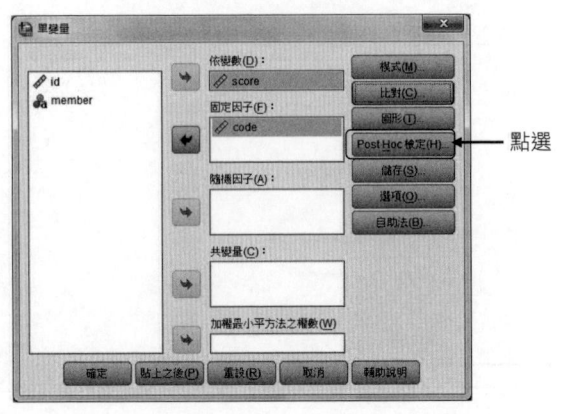

單變量變異數分析 **11**

9. 選取「code」至「Post Hoc 檢定」

   ①點選 → code
   ②按這裏

10. 勾選「Scheffe 法」、「Duncan」和「Tukey 法」，勾選完畢後，點選[繼續]

    ①勾選
    ②按這裏

11. 點選[選項]

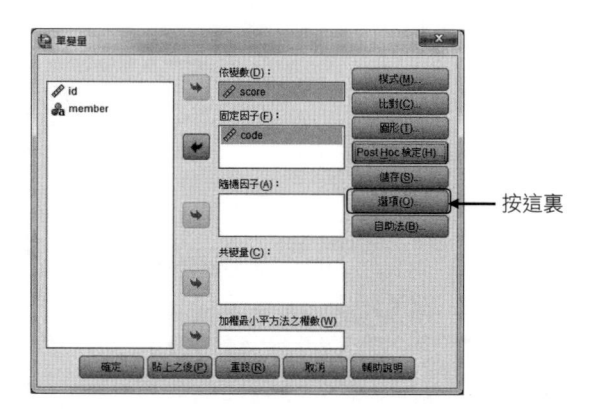

    按這裏

11-11

12. 勾選「敘述統計」、「效果大小估計值」、「觀察的檢定能力」、「參數估計值」和「同質性檢定」，勾選完畢後，點選[繼續]

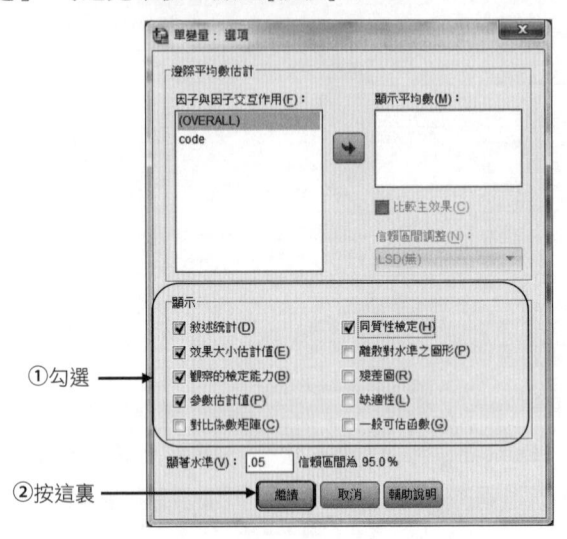

敘述性統計(Descriptive statistics)：敘述性統計包含有平均數、標準差及個數。
效果大小估計值(Estimates of effect size)：關聯強度估計值。
觀察的檢定能力(Observed power)：統計檢定力。
參數估計值(Parameter estimates)：參數估計，包含有參數估計、標準誤、t 檢定、信賴區間等。
同質性檢定(Homogeneity tests)：變異數同質性檢定。
顯著水準(Significance level) .05：代表 95%信心水準。

13. 點選[確定]

14. 結果如下圖

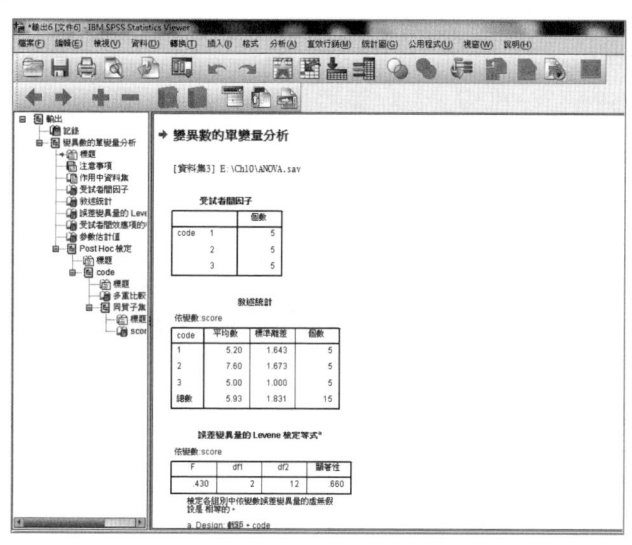

組間各組的有效樣本數，分別是編碼 code 第一組有 5 人，第二組有 5 人，第三組有 5 人。

敘述性統計，依變數為得分 score，包含有：編碼分組的 mean 平均數、Std Deviation 標準差和 N 樣本數。

Levene's Test 是用來判定"變異數同質性"的檢定，我們需要的是不顯著，才不會違反變異數同質性的條件。

我們查看報表結果，F 值 = 0.43，Sig 顯著的 P 值= 0.66 > 0.05 是不顯著，代表變異數是同質性，可以繼續查看結果。

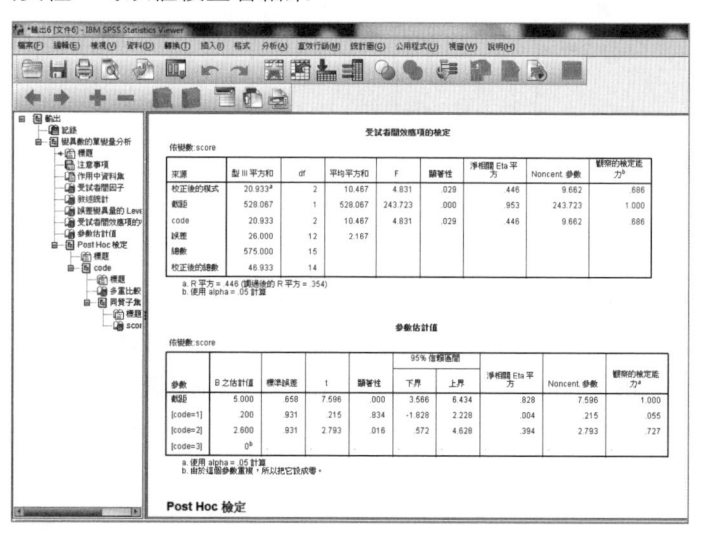

組間效果的檢定，依變數為得分 score。

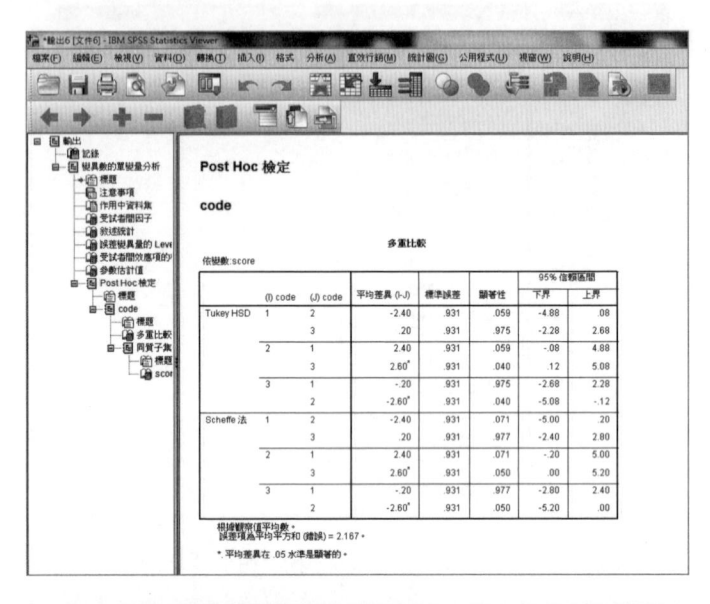

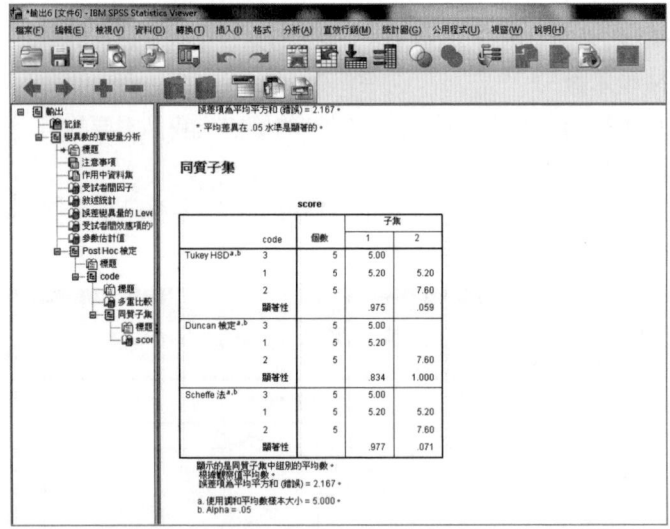

Post Hoc 檢定，從多重比較的表中，可以看出 Turkey 和 Scheffe 的檢定結果是一樣的，都是(I) code 2 和(J) code 3，此時(I-J)達正向顯著，反之，code 3 - code 2 時會呈現負向顯著，代表著 code 2：30～39 歲和 code 3：40～49 歲，對筆記型電腦的喜好是有顯著差異，30～39 歲對於筆記型電腦的平均數高於 40～49 歲對於筆記型電腦的喜好程度。

我們整理 ANOVA 分析的結果如下：

我們經由 Levene 檢定，結果為不顯著，代表變異數是同質性，經由多重比較後得到 30~39 歲和 40~49 歲，對筆記型電腦的喜好是有顯著的差異，最後再經由敘述性統計分析結果加以判定 30~39 歲對於筆記型電腦喜好的平均數高於 40~49 歲對於筆記型電腦的喜好程度。

我們也可以在範例資料檔中，直接執行下列語法：

```
UNIANOVA  score  BY code   /METHOD = SSTYPE(3)   /INTERCEPT = INCLUDE
/POSTHOC = code ( TUKEY DUNCAN SCHEFFE )   /PRINT = DESCRIPTIVE ETASQ
OPOWER PARAMETER HOMOGENEITY   /CRITERIA = ALPHA(.05)   /DESIGN = code .
```

會得到相同的報表結果。

11-6 單變量變異數分析範例：One-Way ANOVA

我們在電腦展中，訪問 27 位人員，經過參觀資訊展後，我們想了解根據適用(Fit)的特性而購買國內品牌、組裝電腦或國外品牌的程度是否有差異？

Category 1 國內品牌，Category 2 組裝電腦，Category 3 國外品牌

我們整理根據適用(Fit)購買國內品牌、組裝電腦或國外品牌電腦的資料如下表：

id	Category	Fit 評分
1	國內品牌電腦 1	4
2	國內品牌電腦 1	2
3	國內品牌電腦 1	3
4	組裝電腦 2	4
5	組裝電腦 2	4
6	組裝電腦 2	5
7	國外品牌電腦 3	5
8	國外品牌電腦 3	6
9	國外品牌電腦 3	5
10	國內品牌電腦 1	5
11	國內品牌電腦 1	6

11-15

id	Category	Fit 評分
12	國內品牌電腦 1	6
13	組裝電腦 2	6
14	組裝電腦 2	6
15	組裝電腦 2	7
16	國外品牌電腦 3	7
17	國外品牌電腦 3	8
18	國外品牌電腦 3	8
19	國內品牌電腦 1	7
20	國內品牌電腦 1	6
21	國內品牌電腦 1	7
22	組裝電腦 2	9
23	組裝電腦 2	8
24	組裝電腦 2	8
25	國外品牌電腦 3	8
26	國外品牌電腦 3	9
27	國外品牌電腦 3	9

我們將購買國內品牌、組裝電腦和國外品牌的評分資料輸入至 SPSS 如下表：

id	Category	fit
1	1	4
2	1	2
3	1	3
4	2	4
5	2	4
6	2	5
7	3	5
8	3	6
9	3	5
10	1	5
11	1	6
12	1	6

第 11 章 單變量變異數分析

id	Category	fit
13	2	6
14	2	6
15	2	7
16	3	7
17	3	8
18	3	8
19	1	7
20	1	6
21	1	7
22	2	9
23	2	8
24	2	8
25	3	8
26	3	9
27	3	9

單變量變異數分析 One-Way ANOVA 實務操作：
(先前已將範例檔 Ch11 複製到 C:\Ch11)

1. 開啟範例檔 ANOVA1.sav (在 C:\Ch11)，點選[分析/比較平均數法/單因子變異數分析]，如下圖：

11-17

2. 選取「Fit」至「依變數清單」欄位

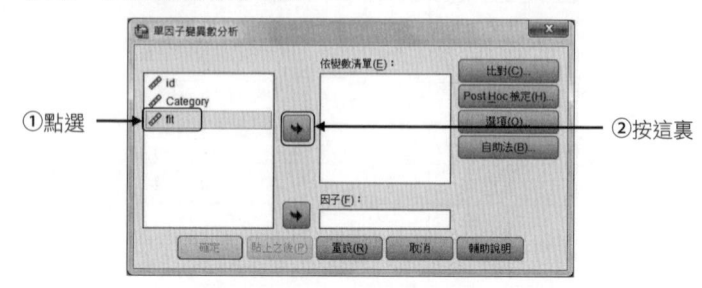

3. 選取「Category」至「因子」欄位

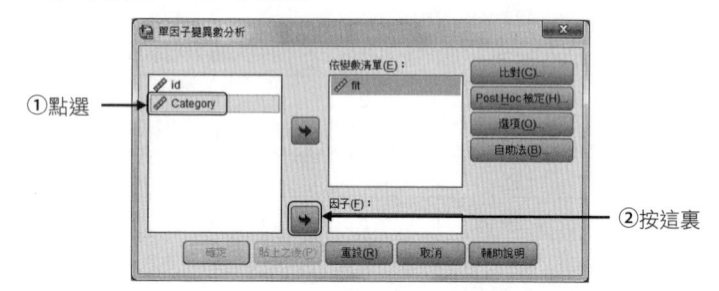

4. 點選[Post Hoc 檢定]

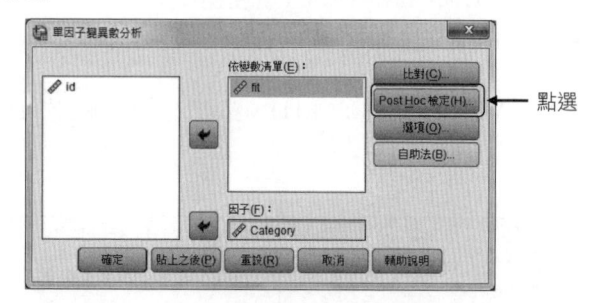

5. 勾選「Scheffe 法」、「Tukey 法」，勾選完畢後，點選[繼續]

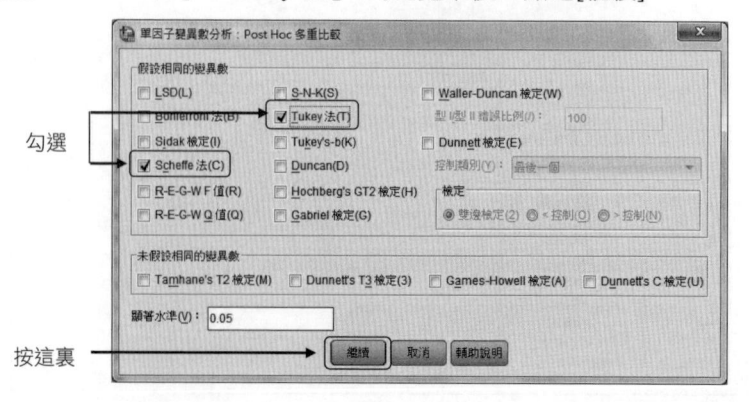

單變量變異數分析 **11**

6. 點選[選項]

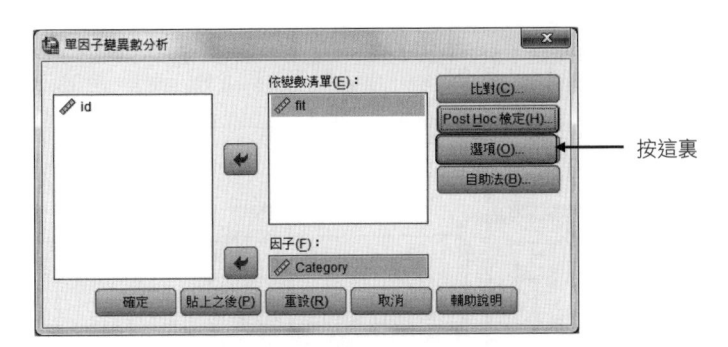

　　　按這裏

7. 勾選「描述性統計量」和「變異數同質性檢定」，勾選完畢後，點選[繼續]

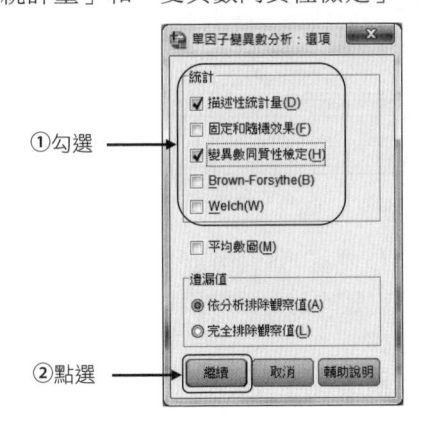

　　①勾選
　　②點選

8. 點選[確定]

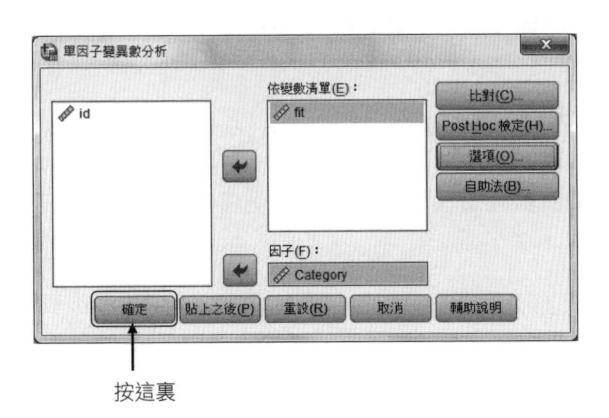

　　　按這裏

11-19

9. 結果如下圖

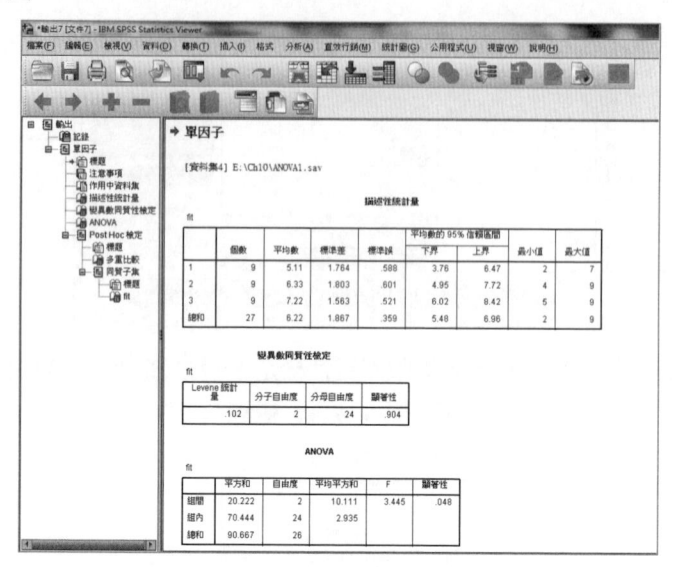

1 國內品牌，2 組裝電腦，3 國外品牌

敘述統計量，由表中可知，以依變項 Fit(適用)而言，全部的觀察值為 27 位，總平均數為 6.22，標準差為 1.867，平均數的估計標準誤為 0.359。三組的敘述統計量分別為

1 國內品牌的平均數=5.11　　標準差=1.764。
2 組裝電腦的平均數=6.33　　標準差=1.803。
3 國外品牌的平均數=7.22　　標準差=1.563。

✪ 變異數同質性檢定

變異數同質性檢定，Levene 統計量之 F 值=.102，p=.904＞.05，未達 .05 的顯著水準，也就是未違反變異數同質性檢定，因此接受虛無假設，表示三組樣本的變異數沒有差異。

變異數分析摘要表有組間(Between Groups)、組內(Within Groups)及全體(Total)三部分。

組間(Between Groups)的離均差平方和(Sum of Squares)=20.222，自由度=2，均方(Mean Square)=10.111，F 值=3.445，顯著性值 p=0.048。

組內(Within Groups)的離均差平方和(Sum of Squares)=70.444，自由度=24，均方(Mean Square)=2.935。

全體(Total)的離均差平方和(Sum of Squares)=90.667，自由度=26。

對 fit (適用)依變項而言，F 達到顯著水準(F=3.445；p=.048＜.05)。因此拒絕虛無假設，接受對立假設，表示不同產品(1 國內品牌，2 組裝電腦，3 國外品牌)的 fit (適用)有顯著差異存在，而那些配對組別的差異達到顯著，須要進行事後比較。

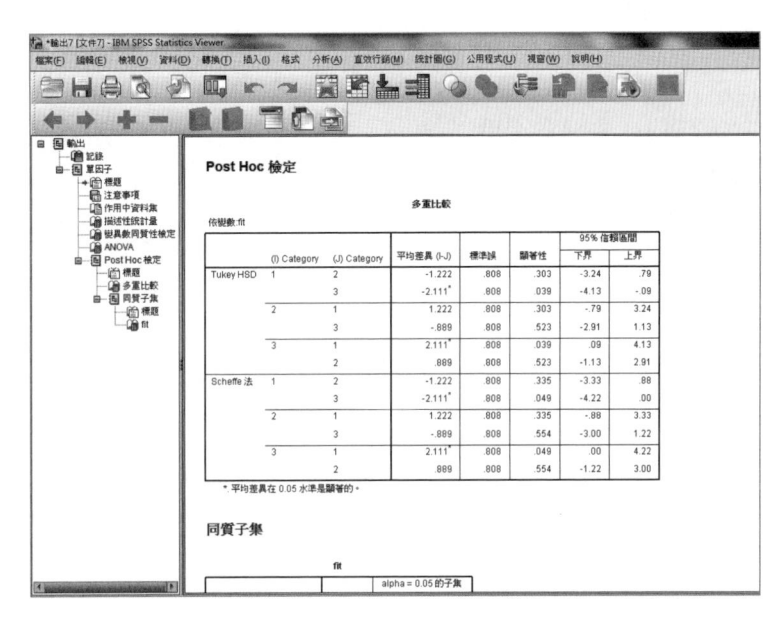

✪ Post Hoc 檢定(事後比較)

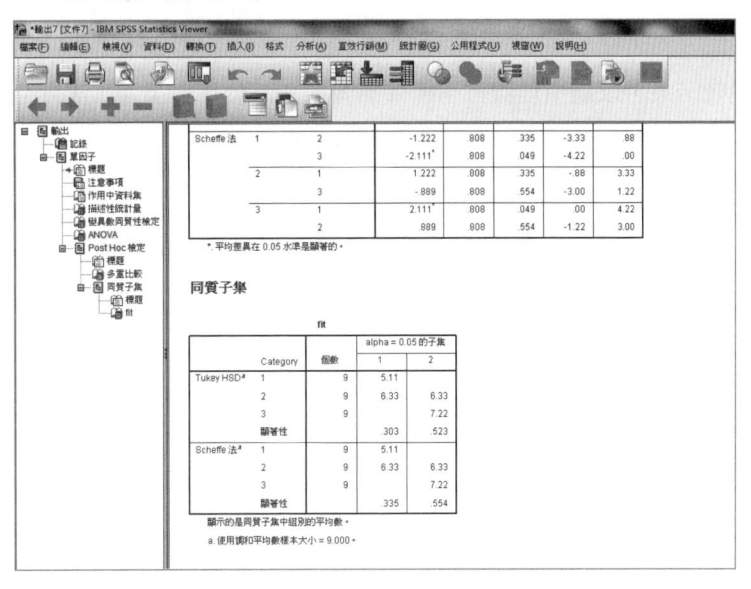

1 國內品牌，2 組裝電腦，3 國外品牌

事後比較結果，採兩兩配對組別比較。從 Scheffe 方法作事後比較可以看出以適用度而言，國外品牌顯著高於國內品牌，國外品牌與組裝電腦沒有顯著差異，國內品牌與組裝電腦沒有顯著差異。

範例結果整理如下：

敘述性統計量

	Mean	Std. Deviation	N
國內品牌	5.11	1.764	9
組裝電腦	6.33	1.803	9
國外品牌	7.22	1.563	9

變異數分析統計表

	Sum of Squares	df	Mean Square	F	事後比較
組間	20.222	2	10.111	3.445*	國外品牌 > 國內品牌
組內	70.444	24	2.935		
全體	90.667	26			

*P<.05

事後比較：

　　事後比較結果，以適用度而言，國外品牌顯著高於國內品牌，國外品牌與組裝電腦沒有顯著差異，國內品牌與組裝電腦沒有顯著差異。

11-7 重複量數 Repeated Measures

同一組受測者，重複接受多次(k)的測試以比較之間的差異。

重複量數 Repeated Measures 範例：

　　在學習統計分析的學生中，我們想知道學生在學習前，學習中和學習後的評價情形，分別請 15 位學生在學習前，學習中和學習後給予評分如下：

單變量變異數分析 11 Chapter

id	Member	code	score1	score2	score3
1	A1	1	8	7	8
2	B1	2	8	9	8
3	C1	3	4	6	8
4	A2	1	4	6	9
5	B2	2	5	5	7
6	C2	3	4	6	6
7	A3	1	5	5	7
8	B3	2	9	7	6
9	C3	3	6	7	8
10	A4	1	5	6	7
11	B4	2	7	6	7
12	C4	3	6	6	5
13	A5	1	4	8	6
14	B5	2	9	7	9
15	C5	3	5	7	9

score1 學習前、score2 學習中、score3 學習後

重複量數的實務操作：
(先前已將範例檔 Ch11 複製到 C:\Ch11)

1. 開啟範例檔 ANOVA2.sav(在 C:\Ch11)，點選[分析/一般線性模式/重複量數]，如下圖：

按這裏

11-23

2. 輸入水準個數為「3」，輸入完畢後，點選[新增]

①輸入
②點選

3. 點選[定義]

按這裏

4. 選取「score1」、「score2」和「score3」至「受試者內變數」欄位

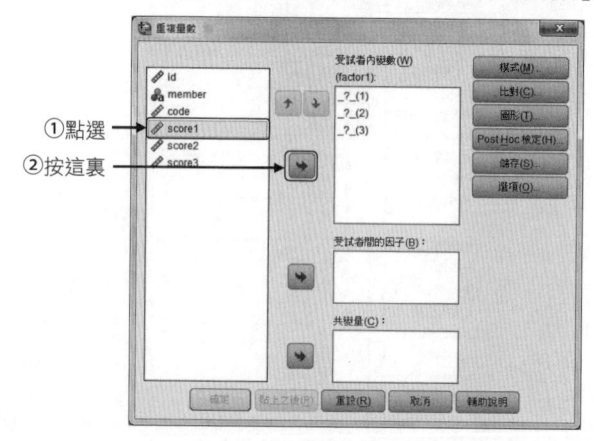

①點選
②按這裏

單變量變異數分析 **11**

5. 點選[選項]

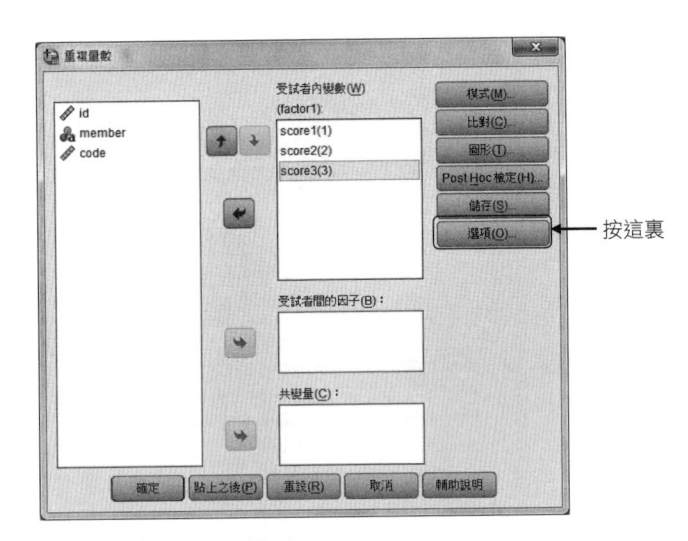

　　　　　　　　　　　　　　　　　　　　　← 按這裏

6. 選取「factor1」至「顯示平均數」欄位

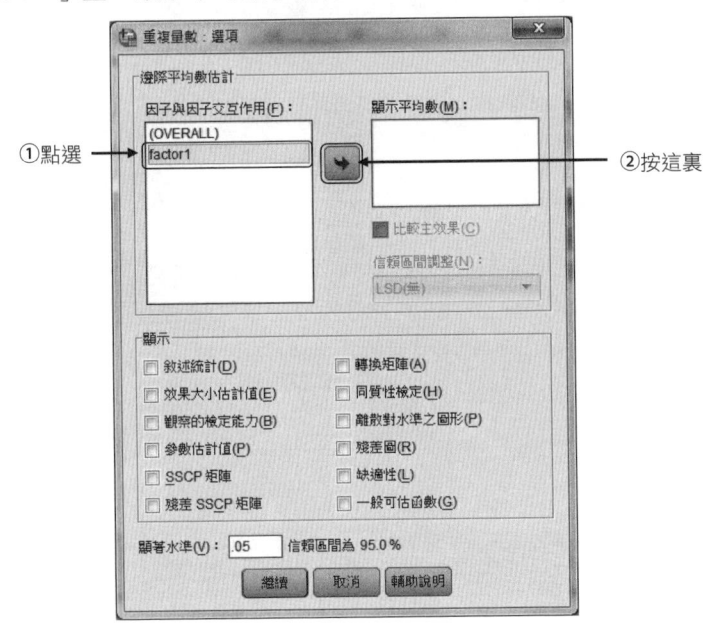

　①點選　　　　　　　　　　　　　　　　　②按這裏

11-25

7. 勾選「比較主效果」和「敘述統計」，勾選完畢後，點選[繼續]

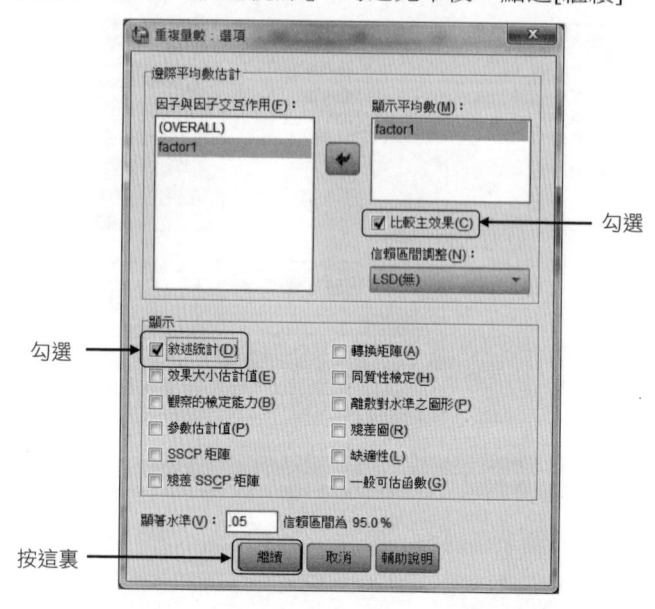

8. 點選[確定]

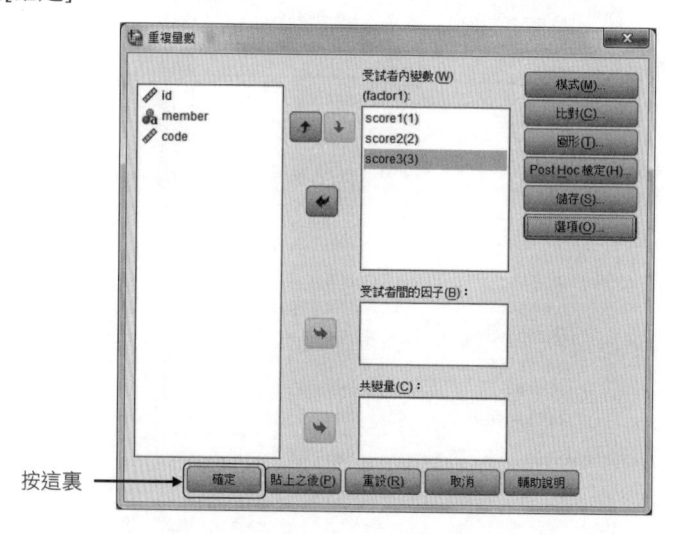

9. 結果如下圖

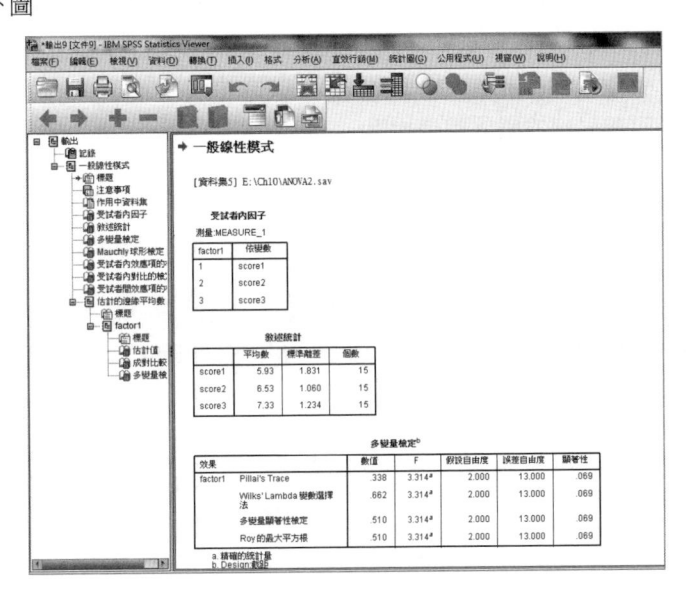

score1 學習前、score2 學習中、score3 學習後
敘述性統計
score1 學習前 的平均數=5.93，標準差=1.831。
score2 學習中 的平均數=6.53，標準差=1.06。
score3 學習後 的平均數=7.33，標準差=1.234。

在單因子相依樣本變異數分析中，無解釋意義，此部分的結果可以省略。

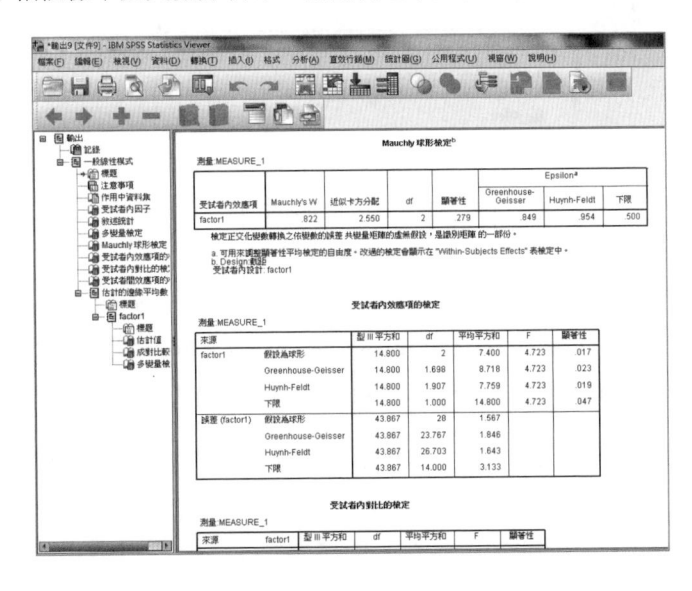

11-27

球形檢定:檢定問卷填答的分數,兩兩成對相減而得到差異值的變異數是否相等,Mauchly's W 值需大於 0.75,Greenhouse-Geisser 值需大於 0.75,Huynh-Feldt 值需大於 0.75,未達顯著水準,表示未違反變異數分析之球形檢定,代表問卷填答的分數,兩兩成對相減而得到差異值的變異數是相等。

本範例的球形檢定 Mauchly 檢定值為 .822,卡方值等於 2.55,df=2,顯著性 p=.279>.05,未達顯著水準,應接受虛無假設,表示未違反變異數分析之球形檢定。

由於之前球面性檢定結果並未違反球面性假定,直接看「假設為球形」(Sphericity Assumed)之橫列資料,typeIII 之 SS=14.8,df=2,MS=7.4,F=4.723,顯著性 p=.017<.05,達到.05 顯著水準,表示自變項的效果顯著。

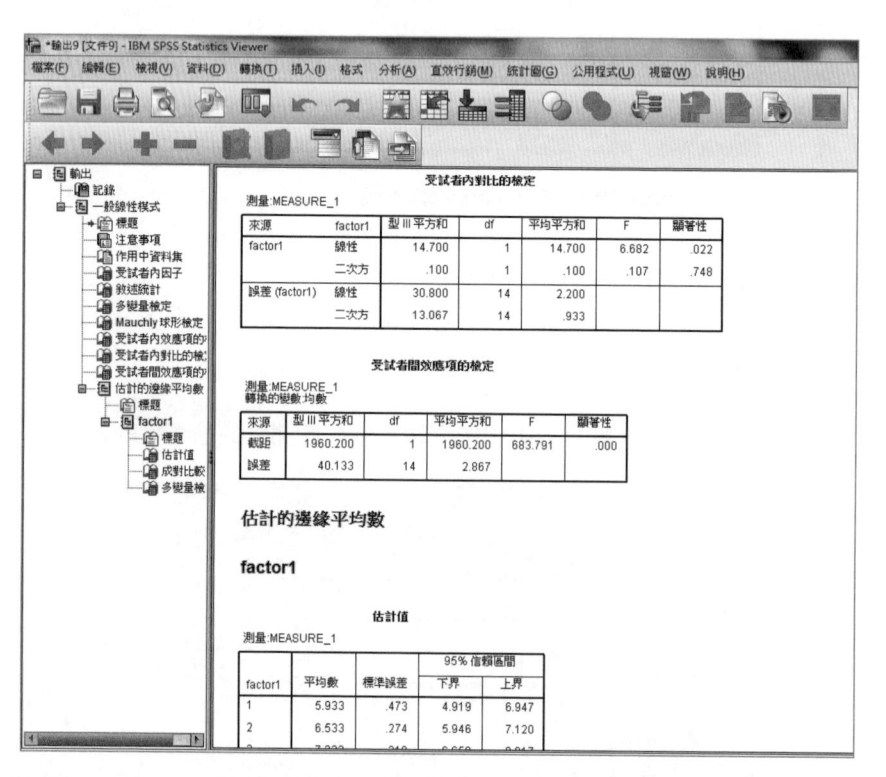

受試者間效應項的檢定(Tests of Between-Subjects Effects):即相依樣本中,區塊(Block)間的差異,包括的離均差平方和=40.133、自由度=14、均方值=2.867。

估計邊緣平均數,其內容包括各水準的平均數、平均數的估計標準誤、平均數 95% 的信賴區間。

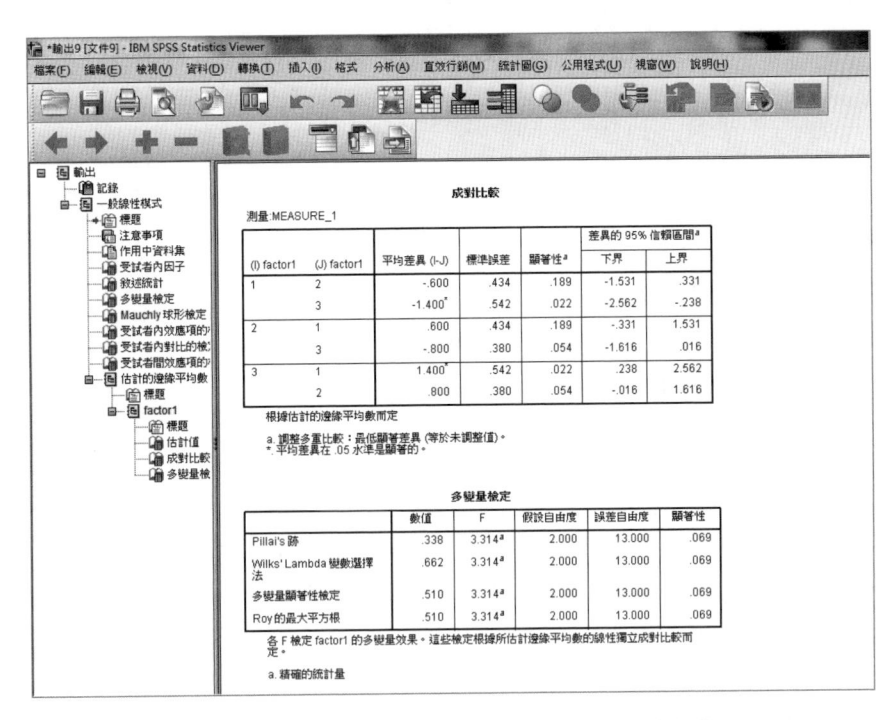

星號(＊)代表平均數差異值(Mean Difference)達到.05 顯著水準。

相依樣本的事後比較：

　　由上表中我們可以發現：學習後之評價(M=7.333)顯著的高於學習前之評價(M=5.933)，學習後之評價與學習中之評價沒有顯著差異，學習中之評價與學習前之評價沒有顯著差異。

範例結果整理如下：

敘述性統計量

	Mean	Std. Deviation	N
score1 學習前	5.93	1.831	15
score2 學習中	6.53	1.060	15
score3 學習後	7.33	1.234	15

變異數分析統計表

變異來源	SS	df	MS	F 值	事後比較
組間	14.8	2	7.4	4.723	Factor3 學習後之評價＞ Factor1 學習前之評價
組內(誤差) 　區塊(組)間 　殘差	 40.133 43.867	 14 28	 2.867 1.567		
全體	98.8	44	11.834		

**P<.01

相依樣本的事後比較：

由上表中我們可以發現：學習後之評價(M=7.333)顯著的高於學習前之評價(M=5.933)，學習後之評價與學習中之評價沒有顯著差異，學習中之評價與學習前之評價沒有顯著差異。

11-8 單變量共變異數分析(ANCOVA) – 控制變數

共變異數分析(covariance analysis)是將自變數，依變數和控制變數(共變異數)納入分析，首先，計算控制變數和依變數的共變異數，再計算共變數對依變數的影響比率，扣除此解釋比率，就完全是自變數的影響，也就是排除控制變數的影響，以得到自變數影響依變數的單純影響量。

共變異數分析(covariance analysis)可以分為單變量共變異數分析和多變量共變異數分析，本小節主要在談單變量共變異數分析。

單變量共變異數分析(ANCOVA)是單變量變數分析(ANOVA)的延伸，例如，我們想要探討不同年齡層(自變數)對於筆記型電腦喜好(依變數)的影響，其中可能影響筆記型電腦喜好的體驗時間是控制變數，也就是我們想要排除體驗時間對筆記型電腦喜好的影響，以得到真正不同年齡層(自變數)對於筆記型電腦喜好(依變數)的影響。

我們收集不同年齡層 A 組 20~29 歲，B 組 30~39 歲，C 組 40~49 歲，對筆記型電腦喜好程度是否有差異，隨機抽取年齡層各 5 個人，體驗筆記型電腦時間(分鐘)，以 1–10 的分數請他們評分如下：

id	member	score	time	code
1	A1	8	3	1
2	B1	8	4	2
3	C1	4	5	3
4	A2	4	4	1
5	B2	5	5	2
6	C2	4	3	3
7	A3	5	5	1
8	B3	9	3	2
9	C3	6	4	3
10	A4	5	3	1
11	B4	7	5	2
12	C4	6	4	3
13	A5	4	3	1
14	B5	9	5	2
15	C5	5	4	3

操作步驟如下：

1. 開啟 11-8 ANCOVA.sav 檔案，如下圖：

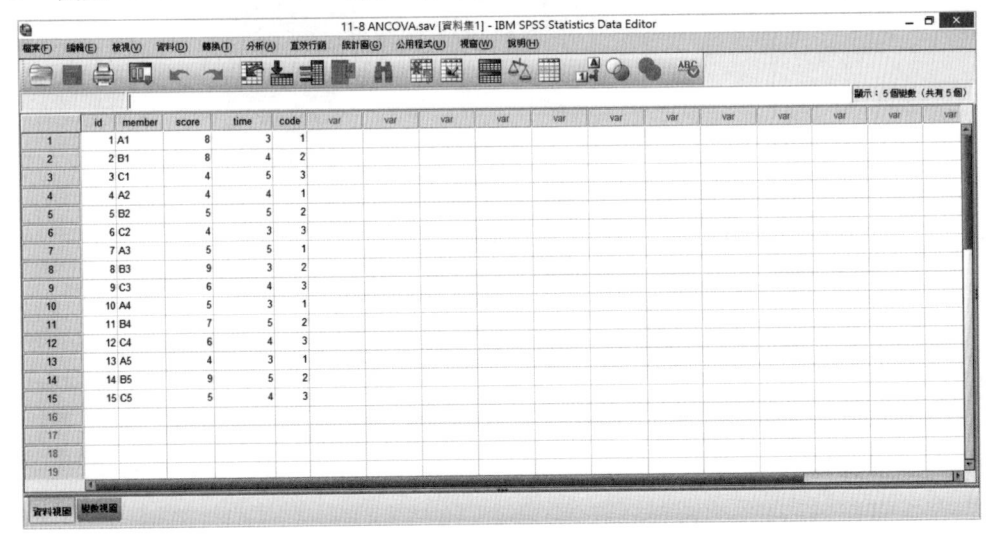

統計分析入門與應用

2. 按 [分析] → [一般線性模型] → [單變量]，如下圖：

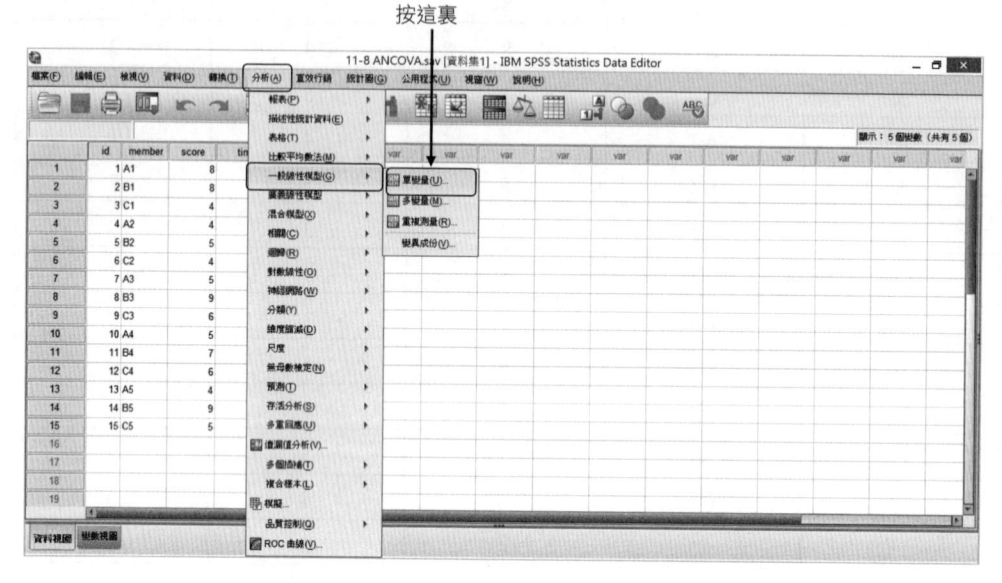

3. 開啟「單變量」視窗如下：

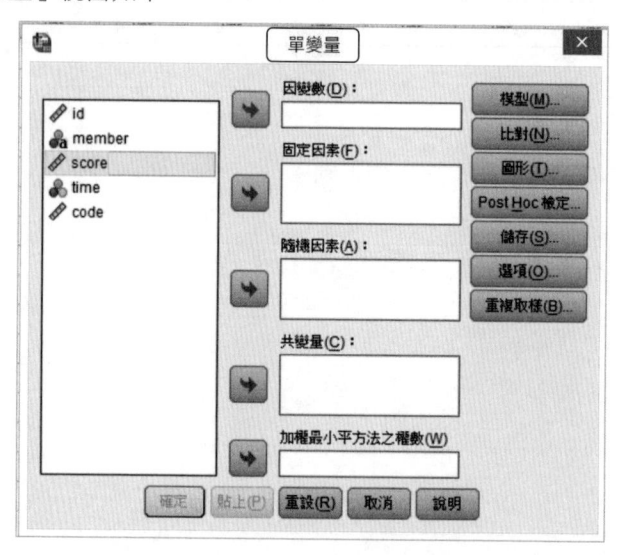

11-32

單變量變異數分析

4. 將 score 選入「因變數」，code 選入「固定因素」，time 選入共變量，如下圖：

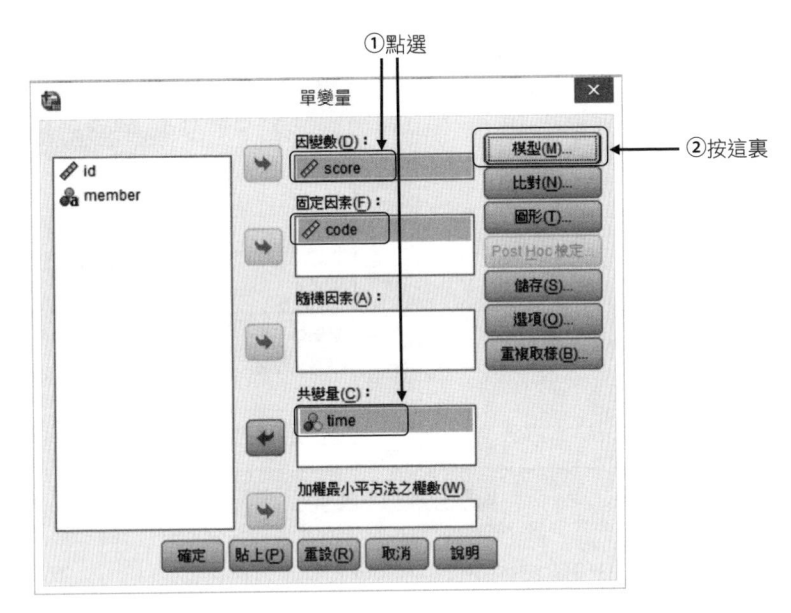

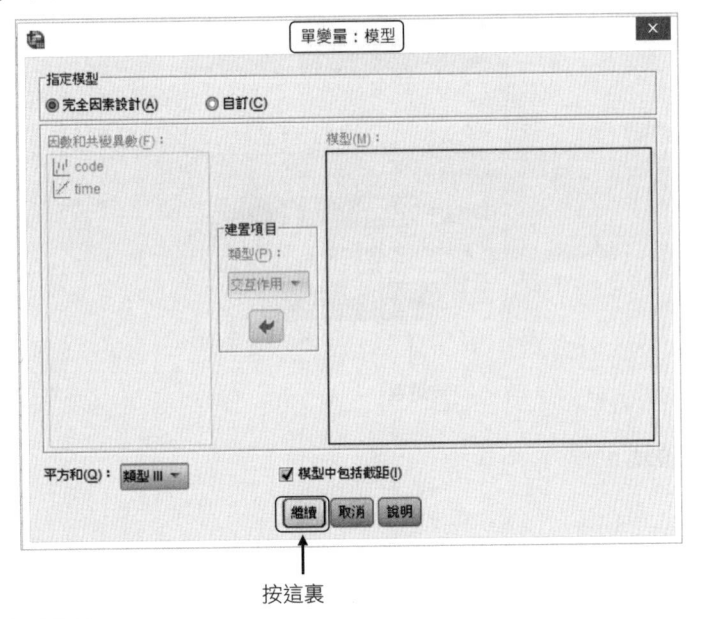

5. 按[模型]，出現視窗如下：

我們使用預設值。

11-33

6. 按[繼續]，回到「單變量」視窗如下：

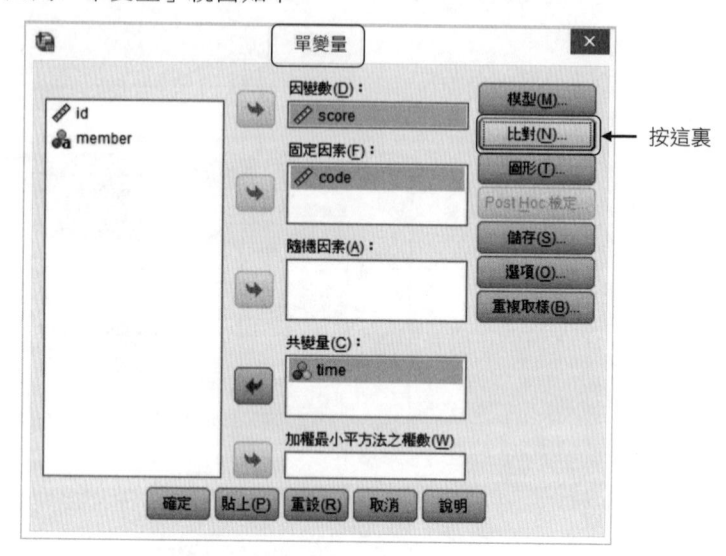

   ← 按這裏

7. 按「對比」，出現視窗如下：

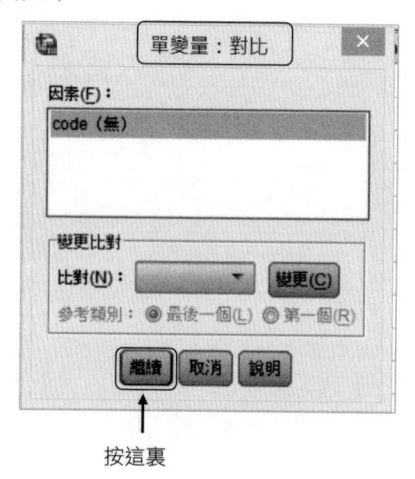

   按這裏

   我們使用預設值。

單變量變異數分析 **11**

8. 按[繼續]，回到「單變量」視窗如下：

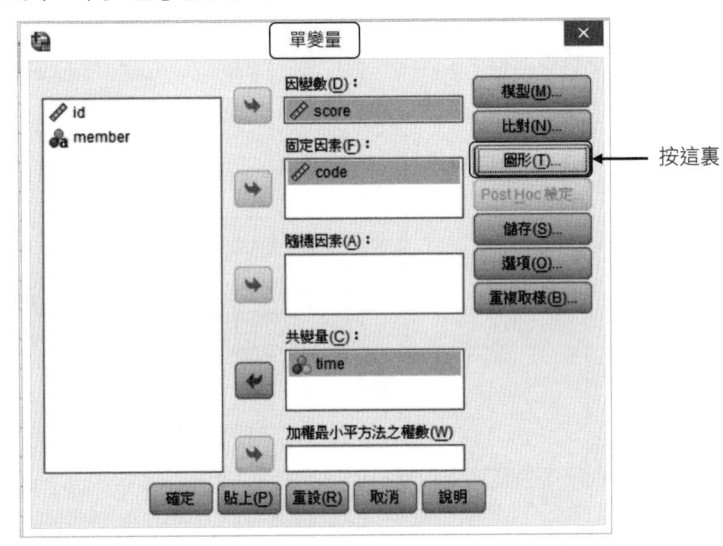

   ［圖形］←按這裏

9. 按[圖形]，出現視窗如下：

   按這裏

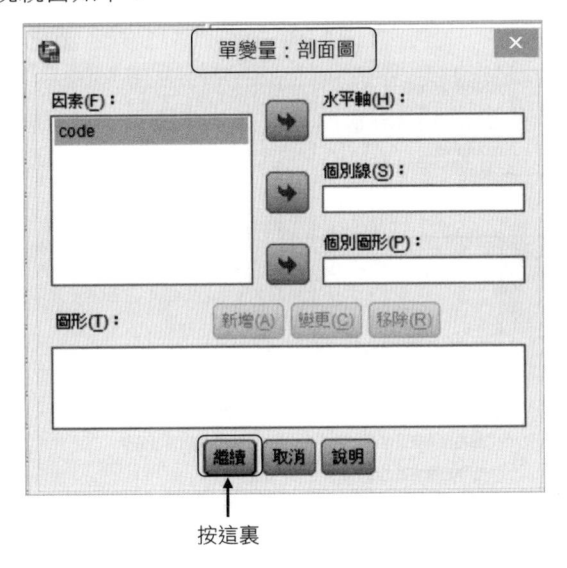

我們使用預設值。

11-35

10. 按[繼續]，回到「單變量」視窗如下：

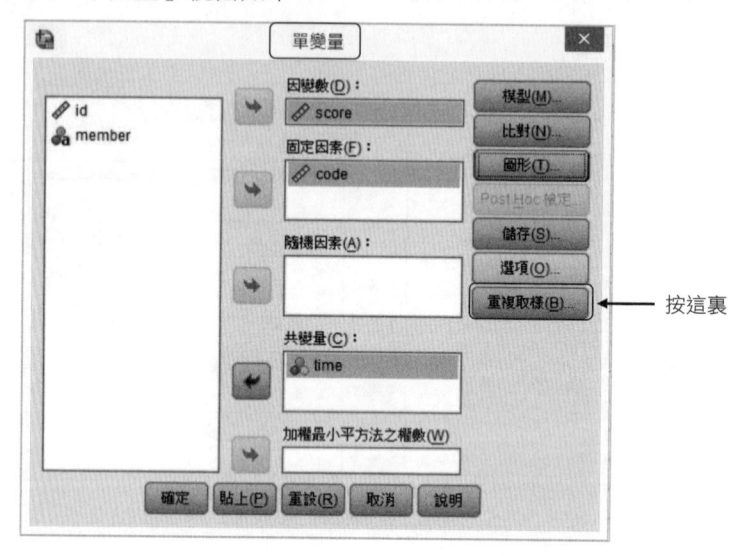

（按這裏 → 重複取樣(B)）

11. 按[選項]，出現視窗如下：

①點選 code
②按這裏

11-36

12. 將 code 選入「顯示平均數」，點選 [比較主效應]，點選 [描述性統計資料]，點選 [同質性檢定]，出現視窗如下：

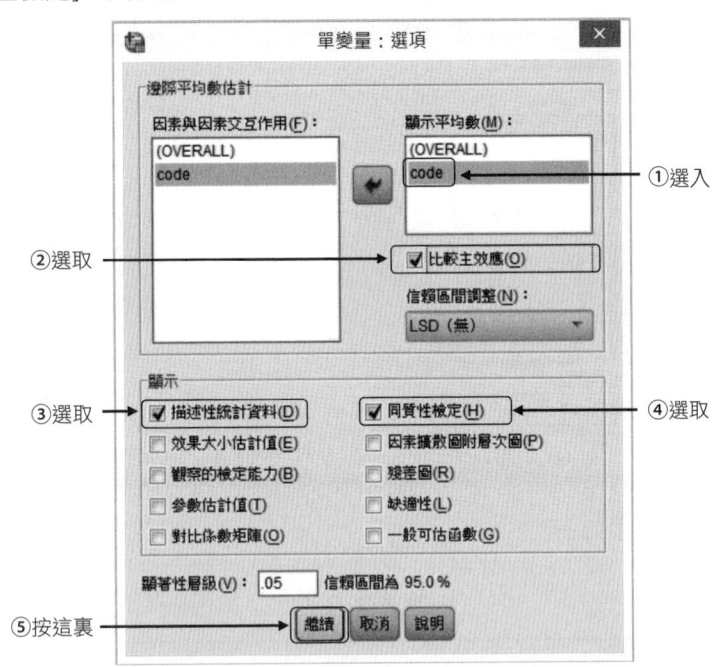

13. 按[繼續]，回到「單變量」視窗如下：

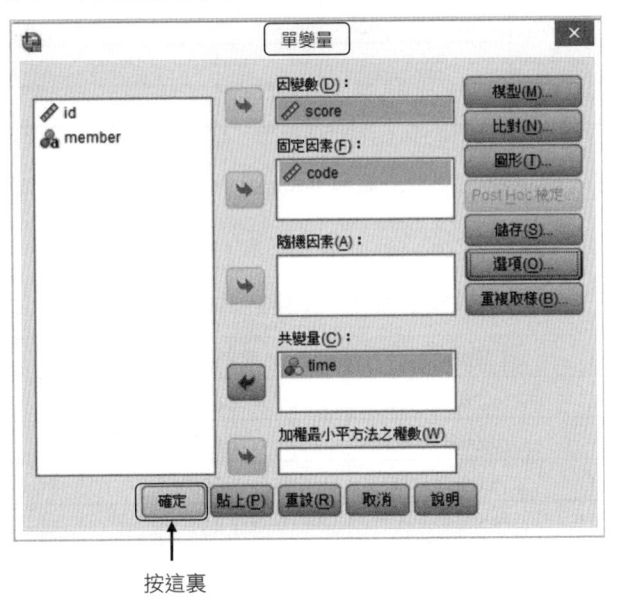

14. 按[確定]，出現輸出[結果]，如下圖：

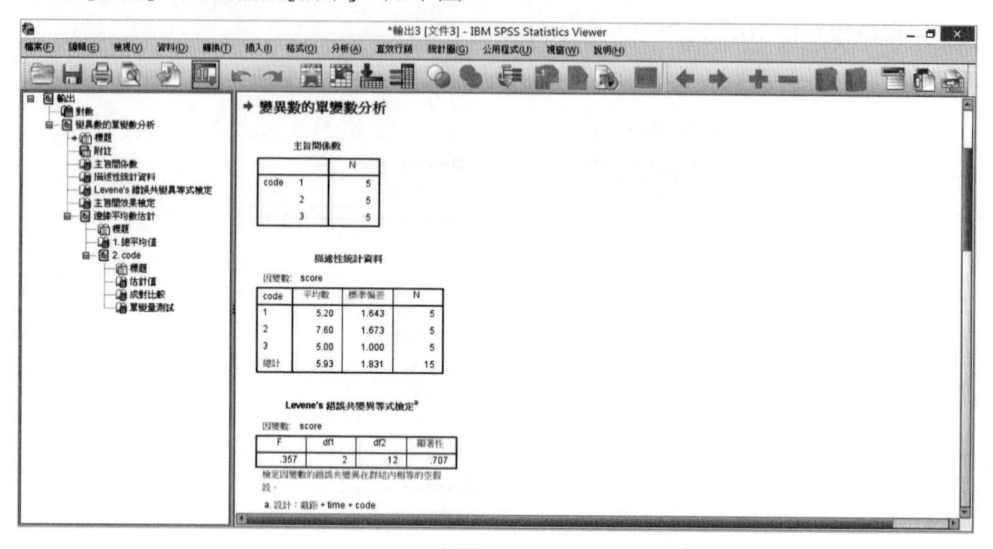

我們整理輸出結果如下：

受測者間因子

		N
code	1	5
	2	5
	3	5

組間各組的有效樣本數，分別是編碼 code 第一組有 5 人，第二組有 5 人，第三組有 5 人。

敘述性統計資料，依變數為得分 score

code	平均數	標準偏差	N
1	5.20	1.643	5
2	7.60	1.673	5
3	5.00	1.000	5
總計	5.93	1.831	15

敘述性統計，依變數為得分 score，包含有：編碼分組的 mean 平均數、Std Deviation 標準差和 N 樣本數。

Levene's 錯誤共變異等式檢定

F	df1	df2	顯著性
.357	2	12	.707
檢定因變數的錯誤共變異在群組內相等的虛無假設（Null hypothesis）。			

Levene's Test 是用來判定"變異數同質性"的檢定，我們需要的是不顯著，才不會違反變異數同質性的條件。

我們查看報表結果，F 值 = 0.357，Sig 顯著的 P 值= 0.707 > 0.05 是不顯著，代表變異數是同質性，可以繼續查看結果。

組間效果的檢定，依變數為得分 score

來源	第 III 類平方和	df	平均值平方	F	顯著性
修正的模型	23.676ª	3	7.892	3.733	.045
截距	34.266	1	34.266	16.207	.002
time	2.743	1	2.743	1.297	.279
code	23.676	2	11.838	5.599	.021
錯誤	23.257	11	2.114		
總計	575.000	15			
校正後總數	46.933	14			
a. R 平方 = .504 (調整的 R 平方 = .369)					

修正的模型：由顯著值 0.045 可知以迴歸模式之全模式去預測依變項達顯著。R 平方.369 顯示模式具有解釋力。

- 控制變數 time 顯著性 0.279，未達顯著。
- 組間效果 code 顯著性 0.021，達顯著。

Code 成對比較，依變數為得分 score

(I) code	(J) code	平均差異 (I-J)	標準錯誤	顯著性[b]	95% 差異的信賴區間[b] 下限	上限
1	2	-2.857*	1.003	.016	-5.066	-.649
	3	-.029	.941	.976	-2.100	2.043
2	1	2.857*	1.003	.016	.649	5.066
	3	2.829*	.941	.012	.757	4.900
3	1	.029	.941	.976	-2.043	2.100
	2	-2.829*	.941	.012	-4.900	-.757

根據估計的邊際平均值
*. 平均值差異在 .05 層級顯著。

從成對比較的表中，可以看出(I) code 2 和 (J) code 1 以及 (I) code 2 和 (J) code 3，此時(I-J)達正向顯著，反之，code3 - code 2 以及 code 3 - code 2 時會呈現負向顯著，代表著 code 2：30~39 歲和 code 1：20~29 歲，對筆記型電腦的喜好是有顯著差異，30~39 歲對於筆記型電腦的平均數高於 20~29 歲對於筆記型電腦的喜好程度。

另外，代表著 code 2：30~39 歲和 code 3：40~49 歲，對筆記型電腦的喜好是有顯著差異，30~39 歲對於筆記型電腦的平均數高於 40~49 歲對於筆記型電腦的喜好程度。

我們整理 ANCOVA 分析的結果如下：

- 我們經由 Levene 檢定，結果為不顯著，代表變異數是同質性。
- 在控制變數 time 體驗時間的結果為不顯著。

經由成對比較後得到 30~39 歲和 20~29 歲 對筆記型電腦的喜好是有顯著的差異，最後再經由敘述性統計分析結果加以判定 30~39 歲對於筆記型電腦喜好的平均數高於 20~29 歲，對於筆記型電腦的喜好程度。

並且 30~39 歲和 40~49 歲，對筆記型電腦的喜好是有顯著的差異，最後再經由敘述性統計分析結果加以判定 30~39 歲對於筆記型電腦喜好的平均數高於 40~49 歲，對於筆記型電腦的喜好程度。

11-9 單變量共變數分析 – 前後測設計

單變量共變異數分析(ANCOVA)經常應用於實驗設計中的單組前後測設計(One group pretest-pottest design)。單組前後測設計是指同一個組別內,實驗前,先測得一個分數,進行實驗,例如,不同的分組、教學方式,或不同的刺激後,再測得實驗後的分數,以進行分析。在統計分析中,我們使用的是單變量共變數分析,自變數是不同的方式,應變數是實驗後測得的分數,共變異數是實驗前測得的分數。

例如,我們想要探討 3 種解說方式,(1)播放影片 (2)銷售人員口述 (3)銷售人員操作說明,對於客戶的筆記型電腦喜好的影響,實驗方式步驟如下,在實驗前,我們先測得客戶對某種筆記型電腦的喜好分數,經由 3 種不同的解說後,我們再測得客戶對筆記型電腦的喜好分數,我們收集到的資料如下:

解說方式	實驗前喜好分數	實驗後喜好分數
1	5	4
1	4	5
1	5	6
1	4	7
1	4	5
2	6	6
2	5	6
2	3	7
2	4	8
2	5	9
3	6	7
3	6	7
3	4	8
3	5	9
3	5	10

統計分析入門與應用

操作步驟如下：

1. 開啟 11-9 解說方式 .sav 檔案，如下圖：

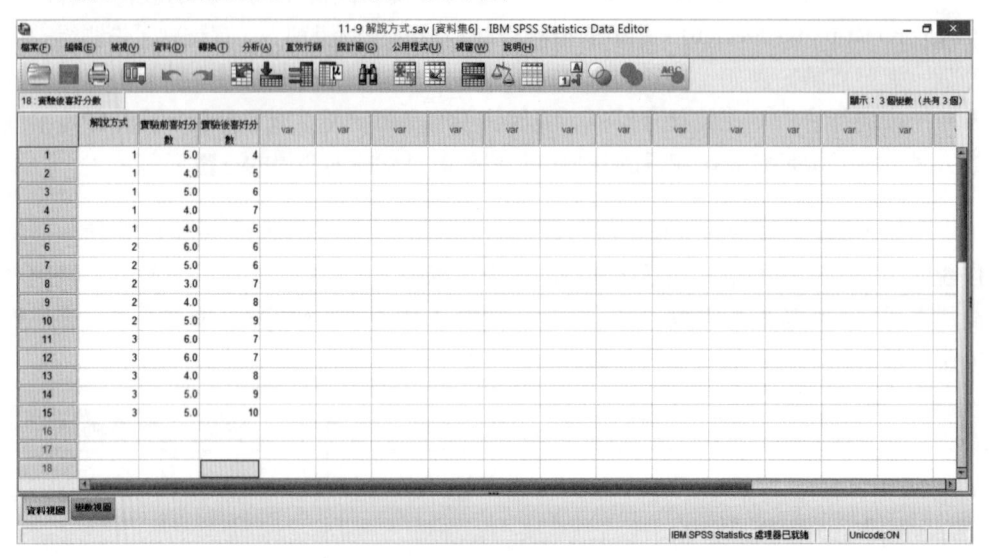

2. 按[分析] → [一般線性模型] → [單變量]，如下圖：

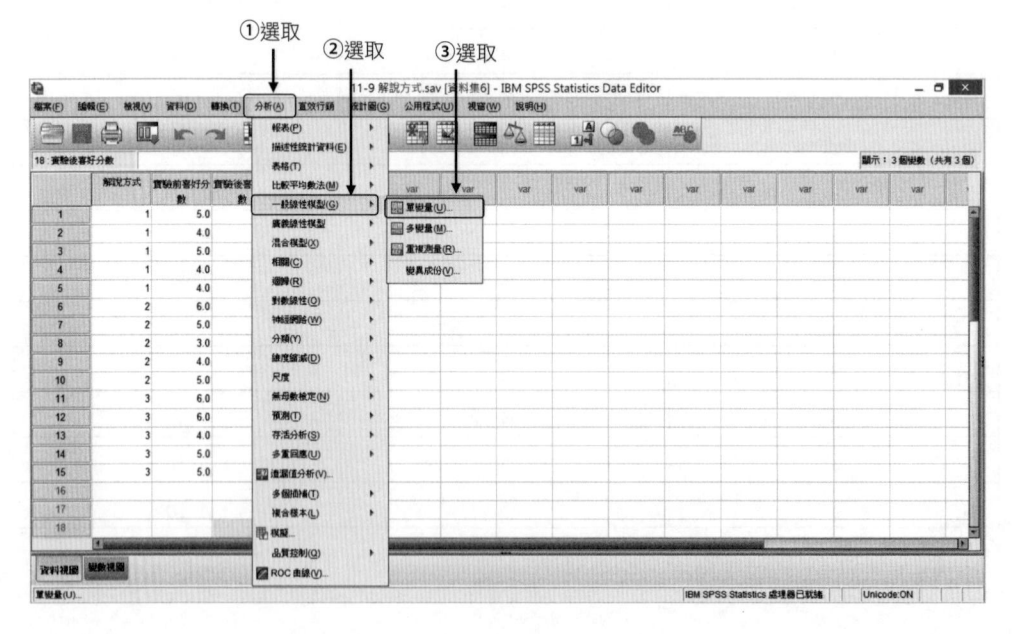

11-42

單變量變異數分析 **11**

3. 開啟「單變量」視窗如下：

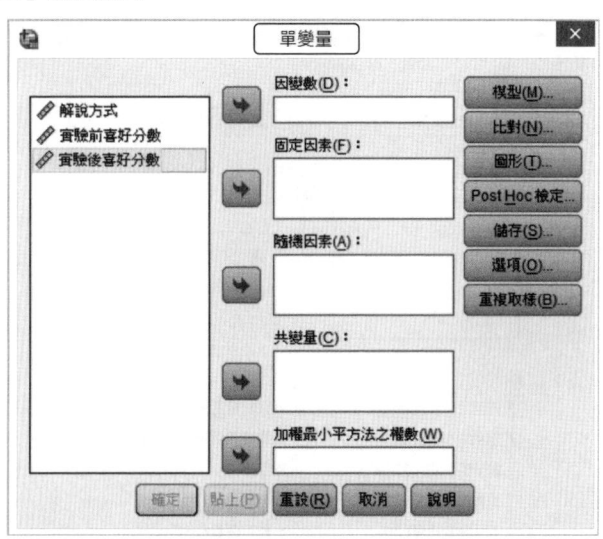

4. 將［實驗後喜好分數］選入「因變數」，[解說方式］選入「固定因素」，[實驗後喜好分數］選入「共變量」，如下圖：

← 按這裏

11-43

5. 按「選項」,出現視窗如下:

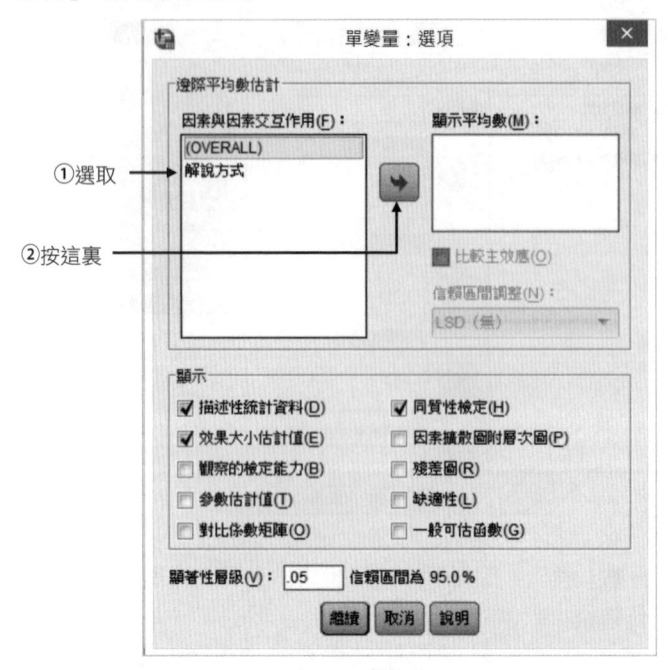

　　①選取
　　②按這裏

6. 將「解說方式」選入「顯示平均數」,點選「比較主效應」,點選「描述性統計資料」,點選「同質性檢定」,「效果大小估計值」,出現視窗如下:

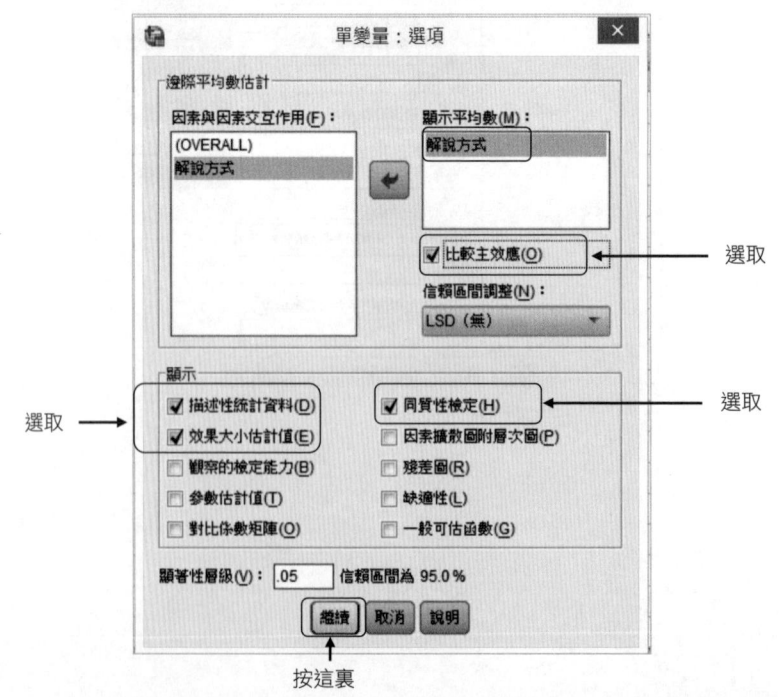

　　選取
　　選取
　　按這裏

單變量變異數分析

7. 按繼續，回到「單變量」視窗如下：

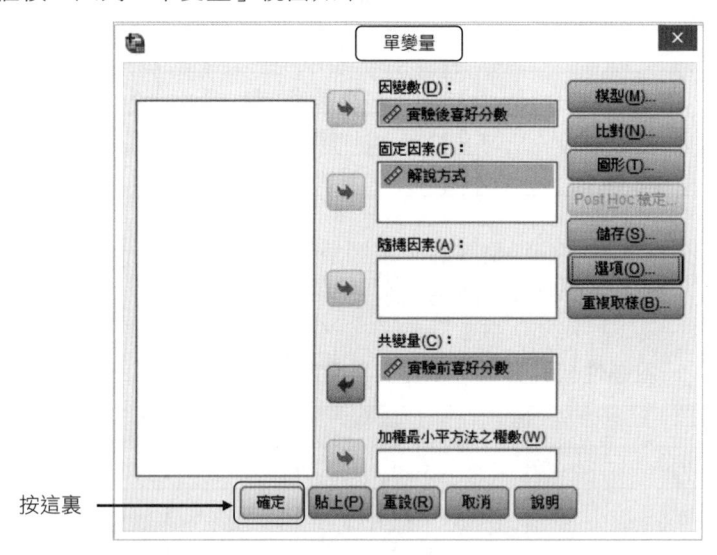

按這裏 →

8. 按 [確定]，出現輸出 [結果]，如下圖：

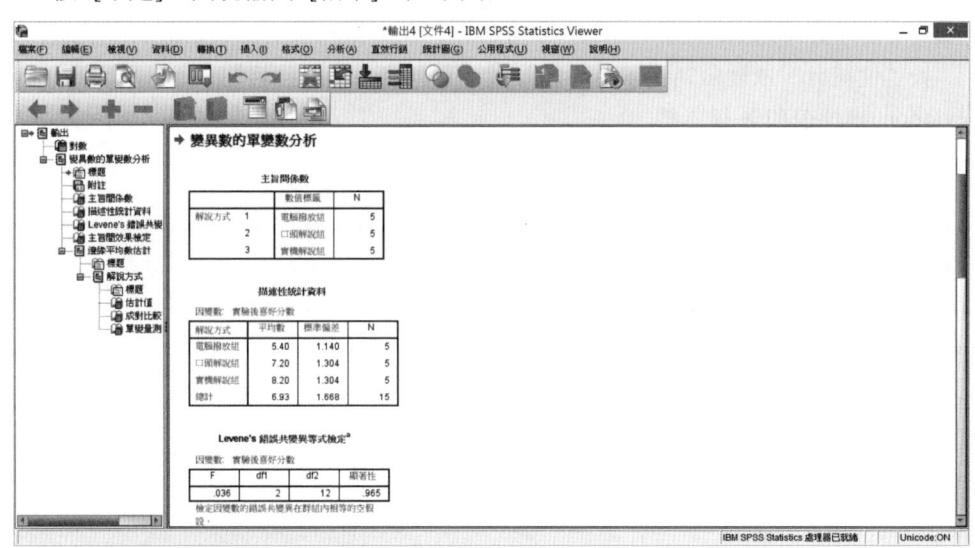

我們整理輸出結果如下：

11-45

受測者間因子

解說方式		數值標籤	N
解說方式	1	電腦播放組	5
	2	口頭解說組	5
	3	實機解說組	5

組間各組的有效樣本數,分別是編碼 1 電腦播放組第一組有 5 人,編碼 2 口頭解說組第二組有 5 人,編碼 3 實機解說組第三組有 5 人。

敘述性統計資料,依變數為實驗後喜好分數

解說方式	平均數	標準偏差	N
電腦播放組	5.40	1.140	5
口頭解說組	7.20	1.304	5
實機解說組	8.20	1.304	5
總計	6.93	1.668	15

敘述性統計,依變數為實驗後喜好分數,包含有:編碼分組的 mean 平均數、Std Deviation 標準差和 N 樣本數。

Levene's 錯誤共變異等式檢定

實驗後喜好分數			
F	df1	df2	顯著性
.036	2	12	.965
檢定因變數的錯誤共變異在群組內相等的虛無假設。			

Levene's Test 是用來判定「變異數同質性」的檢定,我們需要的是不顯著,才不會違反變異數同質性的條件。

我們查看報表結果,F 值 = 0.036,Sig 顯著的 P 值= 0.965 > 0.05 是不顯著,代表變異數是同質性,可以繼續查看結果。

組間效果的檢定，依變數為實驗後喜好分數

來源	第 III 類平方和	df	平均值平方	F	顯著性	局部 Eta 方形
修正的模型	22.433[a]	3	7.478	4.985	.020	.576
截距	34.569	1	34.569	23.046	.001	.677
實驗前喜好分數	2.300	1	2.300	1.533	.241	.122
解說方式	22.384	2	11.192	7.461	.009	.576
錯誤	16.500	11	1.500			
總計	760.000	15				
校正後總數	38.933	14				

a. R 平方 = .576 (調整的 R 平方 = .461)

修正的模型：由顯著值 0.020 可知以迴歸模式之全模式去預測依變項達顯著。R 平方 .461 顯示模式具有解釋力。

- 共變數實驗前喜好分數 F 值 1.533，顯著性 0.241，未達顯著。
- 組間效果解說方式 F 值 7.461，顯著性 0.009，達顯著。

解說方式，依變數為實驗後喜好分數

解說方式	平均數	標準錯誤	95% 信賴區間 下限	95% 信賴區間 上限
電腦播放組	5.233a	.564	3.992	6.475
口頭解說組	7.133a	.550	5.922	8.345
實機解說組	8.433a	.579	7.158	9.708

a. 模型中出現的共變量已估計下列值：實驗前喜好分數 = 4.733。

解說方式成對比較，依變數為實驗後喜好分數

(I) 解說方式	(J) 解說方式	平均差異 (I-J)	標準錯誤	顯著性[b]	95% 差異的信賴區間[b] 下限	95% 差異的信賴區間[b] 上限
電腦播放組	口頭解說組	-1.900*	.779	.033	-3.614	-.186
電腦播放組	實機解說組	-3.200*	.839	.003	-5.047	-1.353
口頭解說組	電腦播放組	1.900*	.779	.033	.186	3.614
口頭解說組	實機解說組	-1.300	.812	.138	-3.086	.486

(I) 解說方式	(J) 解說方式	平均差異 (I-J)	標準錯誤	顯著性[b]	95% 差異的信賴區間[b]	
					下限	上限
實機解說組	電腦播放組	3.200*	.839	.003	1.353	5.047
	口頭解說組	1.300	.812	.138	-.486	3.086

根據估計的邊際平均值

*. 平均值差異在 .05 層級顯著。

從成對比較的表中，可以看出 (I) 口頭解說組和 (J) 電腦播放組以及 (I) 實機解說組和 (J) 電腦播放組，此時 (I-J) 達正向顯著，反之，(I) 電腦播放組- (J) 口頭解說組以及 (I) 電腦播放組- (J) 實機解說組時會呈現負向顯著，

代表著口頭解說組和電腦播放組，客戶對筆記型電腦的喜好是有顯著差異，口頭解說組的客戶對於筆記型電腦的平均數高於電腦播放組客戶對於筆記型電腦的喜好程度。

另外，實機解說組和電腦播放組，客戶對筆記型電腦的喜好是有顯著差異，實機解說組客戶，對於筆記型電腦的平均數高於電腦播放組，客戶對於筆記型電腦的喜好程度。

我們整理 ANCOVA 分析的結果如下：

- 我們經由 Levene 檢定，結果為不顯著，代表變異數是同質性。
- 在共變數實驗前喜好分數的結果為不顯著。

經由成對比較後得到口頭解說組和電腦播放組，客戶對筆記型電腦的喜好是有顯著差異，最後再經由敘述性統計分析結果加以口頭解說組的客戶對於筆記型電腦的平均數高於電腦播放組客戶對於筆記型電腦的喜好程度。

並且實機解說組和電腦播放組，客戶對筆記型電腦的喜好是有顯著差異，最後再經由敘述性統計分析結果加以判定實機解說組客戶，對於筆記型電腦的平均數高於電腦播放組，客戶對於筆記型電腦的喜好程度。

11-10 寫作參考範例

變異數分析用於分析或檢驗多個獨立總體的樣本平均值差別的顯著性檢驗。

正確的書寫方式，參考以下範例。

11-10-1 變異數分析的寫作參考範例

- Mirkovski, K., Gaskin, J. E., Hull, D. M., and Lowry, P. B. 2019. "Visual Storytelling for Improving the Comprehension and Utility in Disseminating Information Systems Research: Evidence from a Quasi-Experiment," Information Systems Journal.

作者借鑒認知學習理論、多媒體學習的認知理論和相關文獻開發了基於 Jiang and Benbasat（2007）模型的研究模型。在實驗環境中測試了模型，其中 269 名研究生和學者被隨機分為四個條件：（1）閱讀基於文本的文章，（2）閱讀有關文章的視頻腳本，（3）觀看文章的視頻故事，以及（4）觀看視頻故事，然後閱讀文章。結果顯示，文章的劇本在傳播研究內容方面被認為是最不實用的。視頻故事和基於文本的文章被認為同樣有用，並且用視頻故事補充基於文本的文章被認為是最有用的。此外，由視頻故事補充的視頻故事和基於文本的文章具有大致相同的有效性；然而，視頻腳本是最有效的，而基於文本的文章相對於傳播學術知識的其他形式而言效率最低。

"Table 4 summarizes the results of our ANOVA testing, in which we examined how the four format manipulations influenced perceived utility and objective comprehension.

Based on the format manipulations, there were significant differences in perceived utility and objective comprehension. A post-hoc Bonferroni's test, which is included in Appendix S1D, showed that the script format was significantly less helpful than the other formats, indicating that an extended abstract was perceived as least useful on its own in disseminating the research content. The video and article formats were perceived to be equally useful, and the presence of both was perceived to be the most useful. In terms of objective comprehension, the article format was significantly less effective than the other three formats, with video alone and video and article together roughly equal in effectiveness; the script was the most effective, although these latter differences were not statistically significant. No significant differences were observed between the format types regarding perceived comprehension (ANOVA p value = 0.647)." [p. 14-15]

表 11-25 變異數分析結果

TABLE 4 ANOVA results

Construct		Sum of Squares	df	Mean Square	F	Sig.
Utility	Between groups	10.612	3	3.537	6.742	.000
	Within groups	139.036	265	0.525		
	Total	149.648	268			
Objective comprehension	Between groups	21.709	3	7.236	5.978	.001
	Within groups	320.797	265	1.211		
	Total	342.506	268			

表 11-26 多重比較

Multiple Comparisons
Dependent Variable: Utility (Bonferroni)

(I) Format	(J) Format	Mean Difference (I-J)	Std. Error	Sig.	95% Confidence Interval Lower Bound	Upper Bound
Video	Script	.33952*	.11866	.027	.0241	.6550
	Article	.01072	.13302	1.000	-.3429	.3643
	Both	-.18154	.12424	.871	-.5118	.1487
Script	Video	-.33952*	.11866	.027	-.6550	-.0241
	Article	-.32880	.12871	.067	-.6709	.0133
	Both	-.52106*	.11962	.000	-.8390	-.2031
Article	Video	-.01072	.13302	1.000	-.3643	.3429
	Script	.32880	.12871	.067	-.0133	.6709
	Both	-.19226	.13387	.913	-.5481	.1636
Both	Video	.18154	.12424	.871	-.1487	.5118
	Script	.52106*	.11962	.000	.2031	.8390
	Article	.19226	.13387	.913	-.1636	.5481

*. The mean difference is significant at the 0.05 level.

表 11-25 總結了變異數分析測試結果，其中我們研究了四種操作形式如何影響感知效用和客觀理解。基於操作形式，感知效用和客觀理解存在顯著差異。表 11-26 中包含的事後 Bonferroni 測試表明，腳本格式比其他格式的幫助要小得多，這表明理論拓展在傳播研究內容時被認為是最不有用的。人們認為視頻和文章格式同樣有用，兩者的存在被認為是最有用的。在客觀理解方面，藝術形式的效果明顯低於其他三種格式，單獨的視頻、視頻和文章的有效性大致相同；儘管後面的這些差異在統計上並不顯著，但該腳本是最有效的。關於感知理解的格式類型之間沒有觀察到顯著差異（變異數分析 p= 0.647）。

11-10-2 單變量變異數分析的寫作參考範例

- Yang, X., Tan, C. H., Li, Y., and Teo, H. H. (2018) "Psychological Paradox of Game Software Trial," Information and Management (55:5), Elsevier, pp. 608－620.

本研究通過定錨理論來考察時間限制和功能限制這兩種形式的試用限制對用戶的心理影響。涉及 128 名用戶的線上研究結果表明，限制功能可能會導致對用戶的認知吸收產生強烈的負面影響，但會提高用戶的自控能力。有趣的是，施加時間限制對這兩個變數沒有顯著的影響。

"one-way ANOVA showed that time restrictions did not cause participants' self-control outcomes to differ (F(2, 125) = 0.075, p < 0.928). By contrast, participants showed significant differences in self-control outcomes in response to the different levels of functionality restrictions (F(2, 125) = 3.575, p < 0.031). Participants who were subjected to a high level of functionality restrictions achieved better self-control outcomes than those in the low level (MD=0.81667, SE = 0.31075, p < 0.035) or absence of functionality restriction conditions (MD = 0.83214, SE = 0.33293, p < 0.046). The results supported our hypotheses that higher functionality restrictions could assist users to exercise self-control better, which resulted in better self-control outcomes." [p. 614]

單變量變異數分析顯示時間限制不會導致參與者的自我控制結果不同（F（2,125）= 0.075，p <0.928）。相比之下，參與者表現出對不同功能限制水準的自我控制結果具有顯著差異（F（2,125）= 3.575，p <0.031）。受到高水準功能限制的參與者比低水準（MD = 0.81667，SE = 0.31075，p <0.035）或缺乏功能限制條件（MD = 0.83214，SE = 0.33293，p <0.046）具有更好的自我控制結果。結果支持假設，即更高的功能限制可以幫助用戶更好地進行自我控制，從而產生更好的自我控制結果。

11-10-3 重複測量的寫作參考範例

- Liu, D., Li, X., and Santhanam, R. 2017. "Digital Games and Beyond: What Happens When Players Compete," MIS Quarterly (37:1), pp. 111－124.

本研究探索不同的數位遊戲設計如何影響玩家的行為和情緒反應。作者討論了流行遊戲設計的一個關鍵要素，競爭。根據對錦標賽和內在動機的現有研究，作者將競技遊戲建模為基於技能的錦標賽，並進行實驗研究，以瞭解不同競爭條件下的玩家行為和情緒反應。研究結果表明，當玩家與具有相似技能水準的玩家競爭時，他們應用更多的努力,如更多遊戲和更長的遊戲持續時間;當玩家與技能水準較低的玩家競爭時,他們會在遊戲後報告更高的享受水準和更低的喚醒水準。作者討論了尋求引入以競爭為前提的遊戲的組織的含義,並提供了一個指導資訊系統研究人員開展遊戲研究的框架。

We conducted repeated measures ANOVA with SPSS to test the treatment effects on effort (number of game attempts and playing time), enjoyment, and arousal. As shown in Table 1 panel 1, as hypothesized, the main treatment effect is statistically significant, both on number of game attempts and on playing time. Players expended significantly more effort under the ESC treatment than under the UESC treatment as indicated by more game attempts (p = .003) and longer playing time (p = .009). Hence we find empirical support for Hypothesis 1: a player will expend more effort when matched with an equally skilled competitor." [p. 6-7]

表 11-27 實驗結果

	Marginal Estimated Mean (Standard Deviation)		Repeated Measures ANOVA^	
			F value	p-value (1-tailed)
Panel 1 Equally skilled competitor (ESC) vs. unequally skilled competitor (UESC) (*n*=70)				
Dependent variables	ESC	UESC	Hypothesis: ESC> UESC	
Number of game attempts	5.47 (0.4)	4.50(0.3)	7.916	.003***
Playing time (in seconds)	908.93 (56.8)	770.60(50.2)	7.196	.009***
Enjoyment	9.33(0.3)	9.37 (0.3)	0.220	.441
Arousal	23.74 (0.8)	23.44 (0.8)	0.210	.324
Panel 2 Equally skilled competitor (ESC) vs. lower-skilled competitor (LSC) (*n*=34)				
Dependent variables	ESC (tying)	LSC (winning)		
Number of game attempts	5.71(0.5)	4.52(0.5)	5.313	.014**
Playing time (in seconds)	926.19 (82.8)	752.18 (76.0)	5.055	.016**
Enjoyment	8.82(0.5)	9.29 (0.5)	1.716	.10*
Arousal	24.87 (1.0)	23.69 (1.1)	2.400	.066*
Panel 3 Equally skilled competitor (ESC) vs. higher-skilled competitor (HSC) (*n*=36)				
Dependent variables	ESC (tying)	HSC (losing)		
Number of game attempts	5.30 (0.5)	4.52 (0.4)	2.668	.056*
Playing time (in seconds)	901.48 (78.3)	796.91 (65.3)	2.187	.074*
Enjoyment	9.78 (0.4)	9.44(0.5)	0.647	.214
Arousal	22.67 (1.2)	23.23 (1.1)	0.288	.30

^: The effects of treatment order were non-significant in all tests
***: $p<.01$ **: $p<.05$ *: $p<.10$

作者使用重複測量的變異數分析測試治療效果對努力(遊戲嘗試次數和遊戲時間)、享受和喚醒的影響。如表 11-27 所示,主要治療效果在遊戲嘗試次數和遊戲時間方面都具有統計學意義。在更多的遊戲嘗試(p = .003)和更長的遊戲時間(p = .009),

在 ESC 下玩家比在 UESC 下花費更多的努力。因此，我們發現對假設 1 的經驗支持：當與同樣熟練的競爭對手匹配時，玩家將花費更多的努力。

11-10-4 單變量共變異數分析的寫作參考範例

- Li, M., Jiang, Q., Tan, C.-H., and Wei, K.-K. 2014. "Enhancing User-Game Engagement Through Software Gaming Elements," Journal of Management Information Systems (30:4), pp. 115–150.

作者推導出軟體遊戲的兩個與認知相關的遊戲元素，即遊戲複雜性和遊戲熟悉度，並認為這些元素對使用者-遊戲參與具有個體和共同的影響。本研究採用多方法實證研究來驗證作者的想法。第一項調查使用腦電圖和自我報告調查來定量研究用戶-遊戲參與的認知活動。第二項調查採用定性訪談方法對定量資料的結果進行三角驗證。該研究以兩種方式為理論做出貢獻，即概念化和實證檢驗用戶遊戲參與，以及分析和展示兩種遊戲元素如何影響使用者遊戲參與。本文通過為遊戲元素提供一套設計原則，來促進遊戲的實踐。

"The preliminary assumption with ANCOVA is that no violation of a regression slope homogeneity assumption occurs. To test this assumption, we added the interaction terms of the covariates to the grouping variable in the ANCOVA model to determine whether the interaction terms are significant; if the terms are significant, the ANCOVA will be deemed as not applicable. The results, in which the p-values (F-values) of the Mood*group and Baseline*group were 0.359 (1.11) and 0.714 (0.458), respectively, indicated no violation of this assumption. Hence, we could perform the ANCOVA. The results of the ANCOVA tests on the various gaming groups using the smartphone showed a significant difference across game complexity (F=12.686, p=0.001) and familiarity (F=9.082, p=0.005). However, the interaction effect between the two dimensions was not significant (F=0.205, p=0.654). Furthermore, the covariates, namely, temporal mood (F=1.771, p=0.191) and baseline (F=0.003, p=0.955), did not show any significant differences across groups. Table 6 shows the detailed results of the hypothesis testing. Two findings were determined. First, low-complexity games utilize individuals' lower-density theta oscillations more as compared with high-complexity games. Low-density theta oscillations also inversely correlate with higher game engagement. Second, participants expend higher-density theta oscillations when faced with a lower level of game familiarity. Thus, game engagement appears to be low in games with low familiarity." [p131]

作者首先檢驗是否違反共變異數分析的基本假設，即沒有違反回歸斜率同質性假設。將變數的交互項添加到單變量共變異數分析模型中的分組變數，以確定交互項是否重要。結果中 Mood *組和 Baseline *組的 p 值分別為 0.359 和 0.714，表明沒有違反該假設。因此，可以執行 ANCOVA。

使用智慧手機對各種遊戲組進行單變量共變異數分析測試的結果顯示，遊戲複雜性（F = 12.686，p = 0.001）和熟悉度（F = 9.082，p = 0.005）之間存在顯著差異。然而，兩個維度的交互效果不顯著（F = 0.205，p = 0.654）。此外，共變數，即短暫情緒（F = 1.771，p = 0.191）和基線（F = 0.003，p = 0.955）未顯示各組之間的任何顯著差異。

11-10-5 單變量變異數分析 – 前後測設計的寫作參考範例

- Zhang, D., Zhou, L., Briggs, R. O., and Nunamaker, J. F. 2006. "Instructional Video in E-Learning: Assessing the Impact of Interactive Video on Learning Effectiveness," Information and Management (43:1), pp. 15–27.

本文實證研究了互動視頻對電子學習環境中學習成果和學習者滿意度的影響。研究了四種不同的設置：三種是電子學習環境-具有互動式視頻、具有非互動式視頻、沒有視頻，第四是傳統的課堂環境。實驗結果表明，視頻對於學習效果的價值取決於交互性的提供。提供互動式視頻的電子學習環境中的學生比其他環境中的學生獲得了更好的學習成績和更高的學習者滿意度。但使用提供非互動式視頻的電子學習環境的學生也沒有改善。研究結果表明，將互動式教學視頻整合到電子學習系統中可能很重要。

"Table 2 shows the means and standard deviations of learning outcomes of students in different experimental groups. We performed a one-way, between- subjects analysis of variance (ANOVA), with differences between pre- and post-test scores (post-gain) as the dependent variable and experimental treatment as the independent variable. The results indicate that there is significant difference among the group means ($F(3, 134) = 9.916$, $P = 0.00$).

Results of a post-hoc Tukey test are shown in Table 3; they show that the post-gain of the e-learning group with interactive video that allowed random content access (group 1) was significantly higher than that of the other three groups. Therefore, hypotheses H1a, H1b, and H1c received support.

In addition, there was no statistically significant difference in the post-gain between the e-learning group with non-interactive video (group 2) and the e-learning group without any video (group 3). This implies that the interactive video with random content access may help students enhance understanding of the material and achieve better performance, while non-interactive video may have little effect." [p. 23]

表 11-28 在不同實驗下學習效果的描述性統計

Table 2
Descriptive statistics of learning outcome in different treatments (post-gain)

Groups	Means	Standard deviations
E-learning group with interactive video (1)	34.1	8.87
E-learning group with linear video (2)	27.7	8.85
E-learning group without any video (3)	26.7	10.02
Traditional classroom group (4)	23.7	8.79

表 11-29 小組之間在學習效果的平均差異

Table 3
Mean differences (*P*-values) between groups on learning outcome (post-gain)

Groups	2	3	4
1	6.49 (0.005)**	7.41 (0.001)**	10.47 (0.00)**
2		0.92 (0.967)	3.98 (0.184)
3			3.06 (0.417)

** The mean difference is significant at the 0.01 level.

作者進行被試間變異分析，將測試前和測試後得分作為應變數，實驗處理之間的差異作為自變數。結果表明，組間平均值存在顯著差異（F（3,134）= 9.916，P = 0.00）。

Tukey 事後檢驗法（Post-hoc Tukey）測試的結果（表 11-29）表明，具有允許隨機內容訪問的互動式視頻（組 1）的電子學習組的後獲得顯著高於其他三組。因此，假設 H1a，H1b 和 H1c 得到了支持。電子學習組與非互動式視頻（組 2）和沒有任何視頻的電子學習組（組 3）之間的後獲得沒有統計學上的顯著差異。這意味著具有隨機內容訪問的互動式視頻可以說明學生增強對材料的理解並獲得更好的性能，而非互動式視頻可能影響不大。

多變量變異數分析

12-1 多變量變異數分析

變異數分析(Analysis of Variance)一般分為二大類,分別是 ANOVA (Analysis of Variance)單變量變異數分析和 MANOVA (Multivariate Analysis of Variance)多變量變異數分析,單變量變異數分析(ANOVA),只有一個依變數(計量),一個或多個的自變數(非計量,名目),多變量變異數分析(MANOVA)是 ANOVA 的延伸使用,用來處理多個母群平均數比較的統計方法,多變量變異數分析有多個依變量(計量),一個或多個的自變量(非計量),寫成數學式如下:

$$Y_1 + Y_2 + Y_3 + \ldots + Y_n = X_1 + X_2 + X_3 + \ldots + X_n$$
(計量)   (非計量,例如:名目)

也就是說,MANOVA 可以指定二個或二個以上依變數的變異數和共變數分析(針對單一依變數的變異數分析,請使用 ANOVA),MANOVA 也可以分別對每個依變數進行檢定(如同 ANOVA),問題是分開的個別檢定無法處理依變數間的複(多個)共線性(Multi Collineareity)問題,必須使用 MANOVA 才能處理。

12-2 MANOVA 的基本假設

MANOVA 的 3 個基本假設與 ANOVA 相同都是共變數分析的基本假設有:

- 常態:直方圖,偏度(Skewness)和峰度(Kurtosis),檢定,改正(非常態可以透過資料轉型來改正)。
- 線性:變數的散佈圖,檢定,簡單廻歸+ residual。
- 變異數同質性:依變數 1 個時,用 Levene 檢定。依變數>= 2y 時,用 Box's M 檢定。

12-3 多變量變異數分析和區別分析的比較

MANOVA(多變量變異數分析)和 Discriminate Analysis(區別分析)的比較，多變量變異數分析和區別分析相似之處是兩者都是使用相同的形式來計算分組間的統計顯著性，也就是求得區別函數使 F 值最大，不同之處是 MANOVA 使用多個依變數來計算區別函數，區別分析則是使用多個自變數來計算區別函數，我們說明如下：

> MANOVA
> $Y_1 + Y_2 + Y_3 + \ldots + Y_n = X_1 + X_2 + X_3 + \ldots + X_n$
> 計算區別函數

> Discriminate Analysis
> $Y = X_1 + X_2 + X_3 + \ldots + X_n$
> 計算區別函數

12-4 MANOVA 與 ANOVA 的比較

MANOVA 除了使用於多個依變數的情形外，更重要地是，MANOVA 將 multicollinearity(多元共線性)考慮進來，單變量無法察覺的線性結合上的差異，MANOVA 也可以計算出來。在控制實驗的錯誤率上，以 3 個依變量為例，若是我們將多變量變異數分析拆成多個單變量來執行時，在 .05 的錯誤率下，多個單變量分析的錯誤率最小會發生在三個依變量都相關為 0.05，最大則會發生在三個依變量都是獨立的，不相關的情形下，為

$(1 - 0.95^3) = (1 - 0.857) = 0.143$

代表著 Type I 的錯誤率會介於 0.05～0.143 之間，將大幅地提高 Type I 的錯誤率，因此，我們不可以把多變量變異數分析拆成多個單變量變異數分析來執行，因為會影響檢定的效力。

12-5 樣本大小的考量

MANOVA 為了要有較大的檢定能力，需要較多的樣本數，最少的樣本數是每組都必須大於依變數的個數，最好是每一組都有至少 20 倍的樣本數，我們以調查 2 種客戶對 2 種產品的喜好為例，共有 2×2 = 4 種組合。

最少的樣本數：每組都必須大於依變數的個數，依變數為 2，所以是 3。
3×4 組＝12 樣本數
建議的樣本數：每組至少 20 個樣本，我們有 2×2＝4 組
4×20＝80 樣本數

12-6 多變量變異數的檢定

多變量變異數的檢定是要檢定多個變量的平均數向量是否相等，也就是計算組間(between group)和組內(within group)的對比。MANOVA 和 ANOVA 的計算差異是：ANOVA 使用的是均方和(Mean Square)，而 MANOV 使用的是將均方和換成平方和與交叉乘積矩陣(SSCP 矩陣)，SSCP 矩陣的全名是 Matrix of sum of square and cross-products。

多變量變異數的檢定方式有許多種，最常用的有 4 種，分別是：Wilks Lambda、Roy's Greatert Root、Hotelling-Lawley 與 Trace Pillai's Trace。我們介紹 Wilks Lambda 計算方式後，再介紹其它三種算法。

$$\text{Wilks Lambda} \quad \Lambda = |W| / |B+W|$$

B 是組間的 SSCP 矩陣，也就是實驗處理部份。
W 是組內的 SSCP 矩陣，也就是誤差部份。
B+W＝T　總樣本的 SSCP 矩陣。
將 Wilks Lambda 轉成 F 值

$$F = [(1-\sqrt{\Lambda})/\sqrt{\Lambda}] \times [(\sum_{J=1}^{g} nj) - g - 1]/(g-1)$$

n 為 cell 數，y 為組別
若 F 值＞F crit 則達顯著，若 F 值＜F crit，則是不顯著。

在計算 Roy's Greast Root、Hotelling's trace 和 Pillai's trace 之前，我們需要先計算 W^{-1} B 的值(W^{-1} 為 W 的反矩陣)，以取得 Eigenvalue λ1λ2……，Roy's Greast Rootamyo 是取 Eigenvalue 值中最大的值。

Hotelling's trace 則是加總 Eigenvalue λ1+ λ2 + ….. 的值。

Pillai's trace 是計算 $\sum_{i=1}^{n} \dfrac{\lambda n}{1+\lambda n}$ 的加總值(n 是 Eigenvalue 的數目)

12-7 二因子交互作用下的處理方式

在多變量變異數分析中,最常見的是二因子變異數分析,也就是自變項有二個因子;依變項則可以是一個,二個或多個。由於是二因子變異數分析,需要考慮二個因子之間是否有交互作用,二因子交互作用顯著或不顯著,有不同的處理方式,我們整理如下圖:

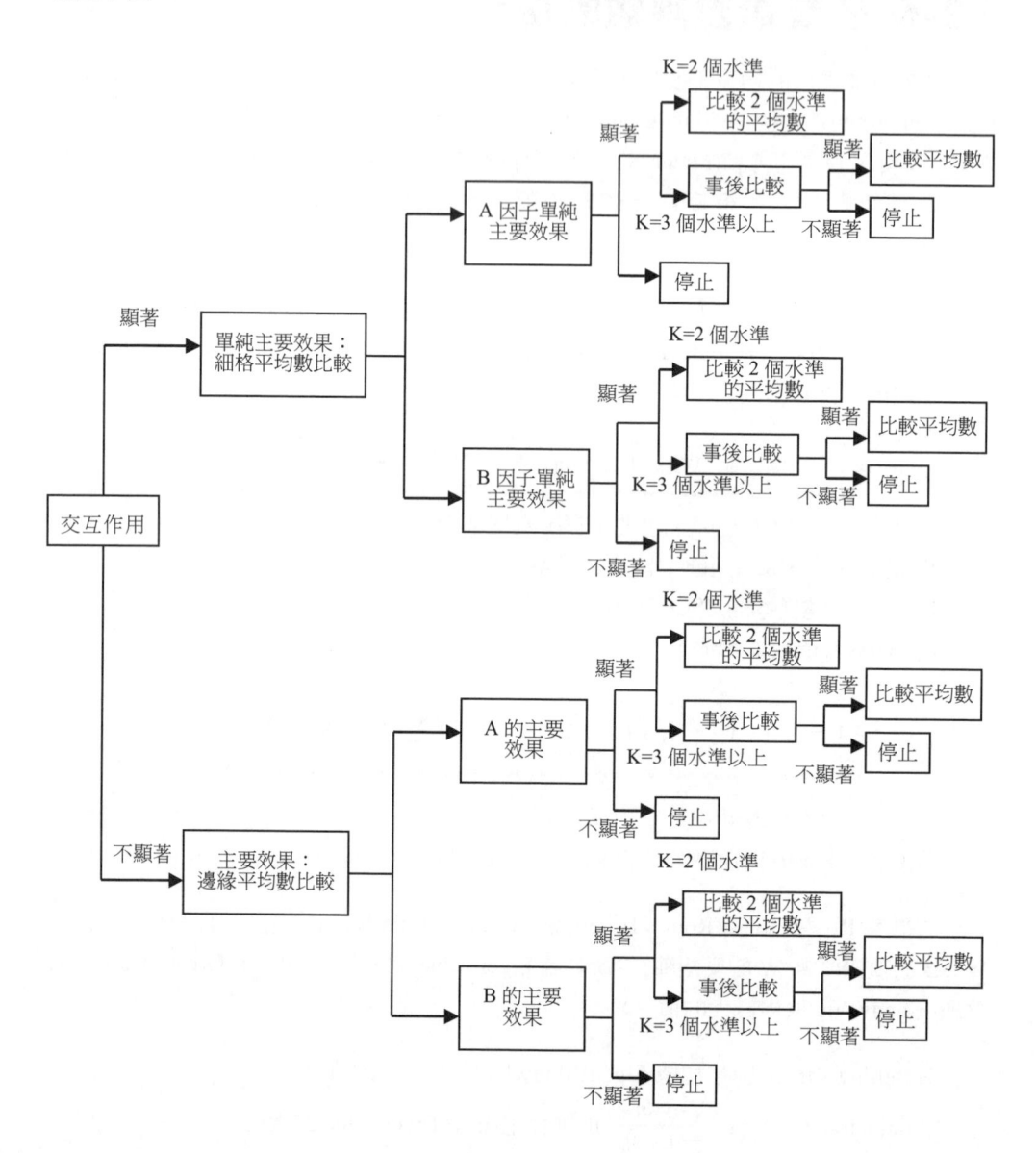

```
交互作用
├─顯著→ 單純主要效果:細格平均數比較
│        ├─→ A 因子單純主要效果
│        │    ├─顯著→ K=2 個水準 → 比較 2 個水準的平均數
│        │    │       K=3 個水準以上 → 事後比較 ─顯著→ 比較平均數
│        │    │                                  └不顯著→ 停止
│        │    └─不顯著→ 停止
│        └─→ B 因子單純主要效果
│             ├─顯著→ K=2 個水準 → 比較 2 個水準的平均數
│             │       K=3 個水準以上 → 事後比較 ─顯著→ 比較平均數
│             │                                  └不顯著→ 停止
│             └─不顯著→ 停止
└─不顯著→ 主要效果:邊緣平均數比較
         ├─→ A 的主要效果
         │    ├─顯著→ K=2 個水準 → 比較 2 個水準的平均數
         │    │       K=3 個水準以上 → 事後比較 ─顯著→ 比較平均數
         │    │                                  └不顯著→ 停止
         │    └─不顯著→ 停止
         └─→ B 的主要效果
              ├─顯著→ K=2 個水準 → 比較 2 個水準的平均數
              │       K=3 個水準以上 → 事後比較 ─顯著→ 比較平均數
              │                                  └不顯著→ 停止
              └─不顯著→ 停止
```

二因子交互作用顯著時，我們需要處理的是「單純主要效果：細格平均數比較」，二因子交互作用不顯著時，我們需要處理的是「主要效果：邊緣平均數比較」，我們解釋細格平均數比較和邊緣平均數比較如下：

細格平均數：裏面的細格，表示如下：

A因子＼B因子	b_1	b_2	b_3	邊緣平均數
a_1	a_1b_1	a_1b_2	a_1b_3	$a_1b_1+a_1b_2+a_1b_3$ 的平均數
a_2	a_2b_1	a_2b_2	a_2b_3	$a_2b_1+a_2b_2+a_2b_3$ 的平均數
a_3	a_3b_1	a_3b_2	a_3b_3	$a_3b_1+a_3b_2+a_3b_3$ 的平均數
邊緣平均數	$a_2b_2+a_2b_2+a_3b_1$ 的平均數	$a_1b_2+a_2b_2+a_3b_2$ 的平均數	$a_1b_3+a_2b_3+a_3b_3$ 的平均數	總平均數

邊緣平均數：外面邊緣的格子，表示如下：

A因子＼B因子	b_1	b_2	b_3	邊緣平均數
a_1	a_1b_1	a_1b_2	a_1b_3	$a_1b_1+a_1b_2+a_1b_3$ 的平均數
a_2	a_2b_1	a_2b_2	a_2b_3	$a_2b_1+a_2b_2+a_2b_3$ 的平均數
a_3	a_3b_1	a_3b_2	a_3b_3	$a_3b_1+a_3b_2+a_3b_3$ 的平均數
邊緣平均數	$a_1b_1+a_2b_1+a_3b_1$ 的平均數	$a_1b_2+a_2b_2+a_3b_2$ 的平均數	$a_1b_3+a_2b_3+a_3b_3$ 的平均數	總平均數

二因子交互作用顯著時，我們需要處理的是「單純主要效果：細格平均數比較」，有 A 因子單純主要效果檢定(限定 B 因子)和 B 因子單純主要效果檢定(限定 A 因子)，我們解釋如下：

A 因子單純主要效果檢定(限定 B 因子，以 b_1 為例)：細格平均數比較

A因子＼B因子	b_1	b_2	b_3
a_1	a_1b_1	a_1b_2	a_1b_3
a_2	a_2b_1	a_2b_2	a_2b_3
a_3	a_3b_1	a_3b_2	a_3b_3

B 因子單純主要效果檢定(限定 A 因子，以 a_1 為例)：細格平均數比較

A 因子 \ B 因子	b_1	b_2	b_3
a_1	a_1b_1	a_1b_2	a_1b_3
a_2	a_2b_1	a_2b_2	a_2b_3
a_3	a_3b_1	a_3b_2	a_3b_3

二因子交互作用不顯著時，我們需要處理的是「主要效果：邊緣平均數比較」，有 A 因子的主要效果和 B 因子的主要效果，我們解釋如下：

A 因子的主要效果：檢定不同的 A 因子下，邊緣平均數的差異

A 因子 \ B 因子	b_1	b_2	b_3	邊緣平均數
a_1	a_1b_1	a_1b_2	a_1b_3	
a_2	a_2b_1	a_1b_2	a_1b_3	
a_3	a_2b_1	a_1b_2	a_3b_3	
邊緣平均數				

B 因子的主要效果：檢定不同的 B 因子下，邊緣平均數的差異

A 因子 \ B 因子	b_1	b_2	b_3	邊緣平均數
a_1	a_1b_1	a_1b_2	a_1b_3	
a_2	a_2b_1	a_2b_2	a_2b_3	
a_3	a_3b_1	a_3b_2	a_3b_3	
邊緣平均數				

接下來我們分別介紹多變量變異數分析中，常用的二因子交互作用顯著和不顯著時的範例。

12-8 MANOVA 範例：二因子交互作用顯著

在二因子變異數分析結果中，交互作用項達顯著時，請比較細格平均數的差異，如下圖。

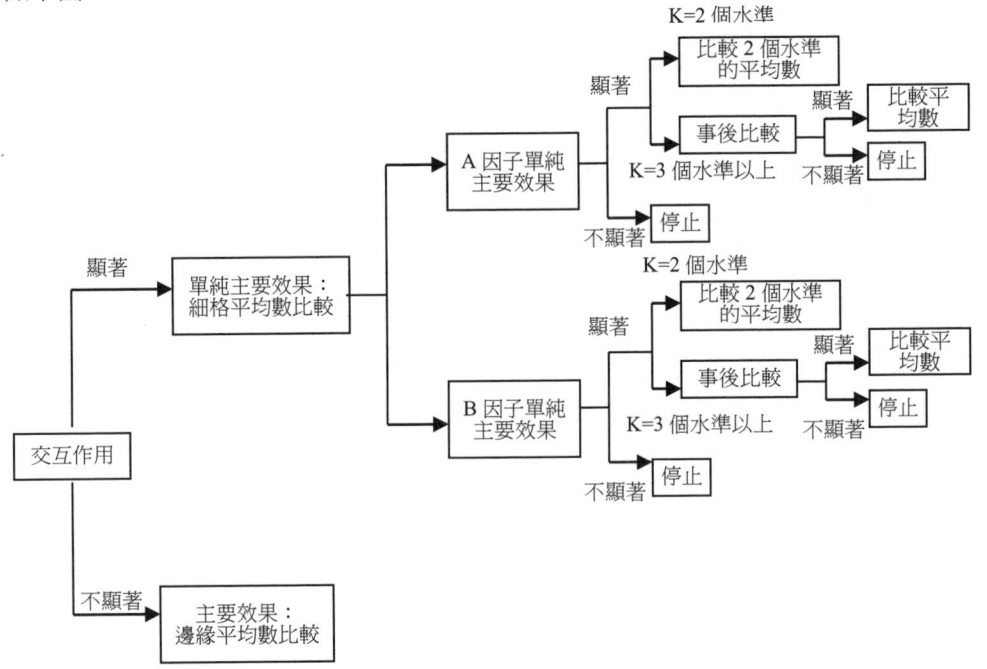

```
                                          K=2 個水準
                                          ┌─ 比較 2 個水準
                                    顯著 ─┤   的平均數                顯著 ─ 比較平
                                          │                              均數
                              ┌─ A 因子單純 ─┤   事後比較 ─────────────┤
                              │   主要效果   K=3 個水準以上           不顯著 ─ 停止
                              │             └
                              │   不顯著 ─ 停止
顯著 ─ 單純主要效果： ─────────┤
        細格平均數比較         │                        K=2 個水準
                              │                        ┌─ 比較 2 個水準
                              │                  顯著 ─┤   的平均數           顯著 ─ 比較平
                              │                        │                          均數
                              └─ B 因子單純 ─┤         事後比較 ──────────┤
                                  主要效果     K=3 個水準以上              不顯著 ─ 停止
                                              └
交互作用                        不顯著 ─ 停止

不顯著 ─ 主要效果：
         邊緣平均數比較
```

我們在資訊展中，隨機訪問學生、上班組和退休人員，共有三組，18 位人員，經過參觀資訊展後，我們想了解學生組、上班組、退休組，會根據外觀(Appearance)或適用(Fit)的特性而購買品牌或組裝電腦的程度是否有差異？

我們整理會根據外觀(Appearance)購買品牌或組裝電腦的資料如下表：

		該組第一位得分	該組第二位得分	該組第三位得分
學生組	品牌電腦	5	6	4
	組裝電腦	10	8	9
上班組	品牌電腦	6	7	8
	組裝電腦	9	8	9
退休組	品牌電腦	9	9	9
	組裝電腦	3	2	4

我們整理會根據適用(Fit)購買品牌或組裝電腦的資料如下表：

		該組第一位得分	該組第二位得分	該組第三位得分
學生組	品牌電腦	4	5	5
	組裝電腦	10	9	10
上班組	品牌電腦	5	7	8
	組裝電腦	8	7	6
退休組	品牌電腦	10	10	10
	組裝電腦	4	3	3

我們整合購買品牌或組裝電腦的資料，共有三組，18 位人員，會根據外觀(Appearance)，適用(Fit)購買品牌或組裝電腦的資料如下表：

id	group	Category	appearance	fit
1	1	1	5	4
2	1	1	6	5
3	1	1	4	5
4	1	2	10	10
5	1	2	8	9
6	1	2	9	10
7	2	1	6	5
8	2	1	7	7
9	2	1	8	8
10	2	2	9	8
11	2	2	8	7
12	2	2	9	6
13	3	1	9	10
14	3	1	9	10
15	3	1	9	10
16	3	2	3	4
17	3	2	2	3
18	3	2	4	3

多變量變異數分析的實務操作：
(請先將範例檔 Ch12 複製到 C:\Ch12)

1. 開啟範例檔 MANOVA.sav (在 C:\Ch12)，點選[分析/一般線性模式/多變量]，如下圖：

2. 選取「appearance」和「fit」至「依變數」欄位

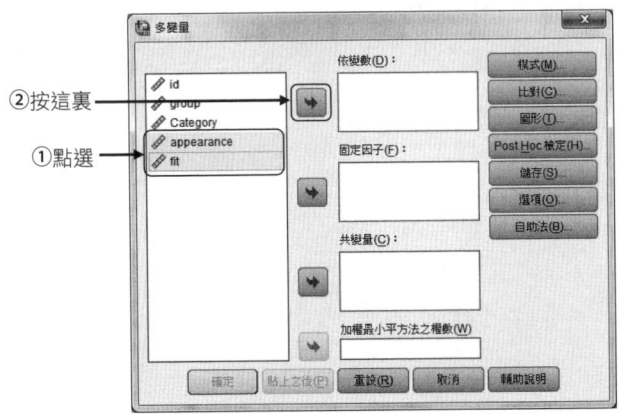

3. 選取「group」和「category」至「固定因子」欄位

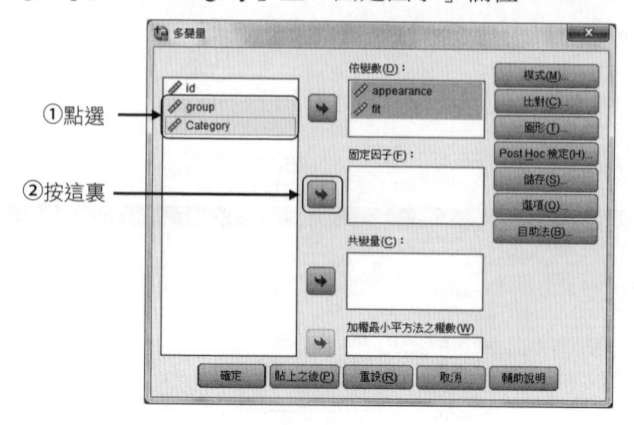

①點選
②按這裏

4. 點選[模式]

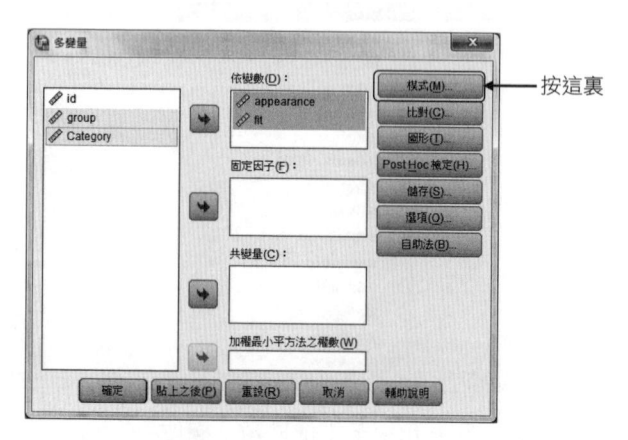

按這裏

5. 點選「完全因子設計」，點選[繼續]

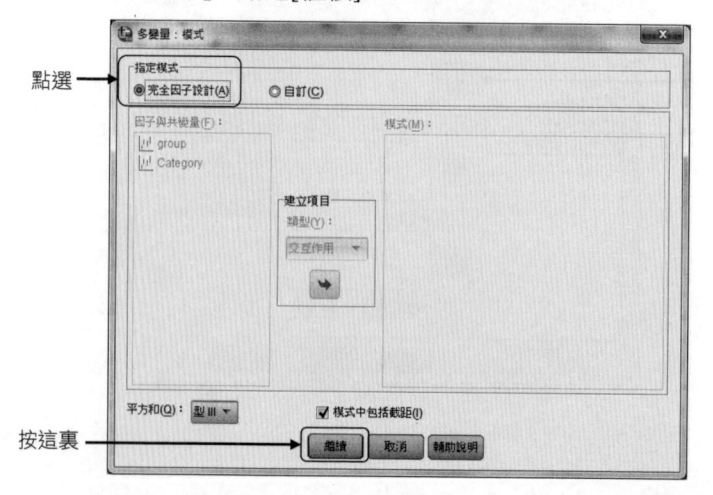

點選

按這裏

多變量變異數分析 **12**

6. 點選[圖形]

按這裏

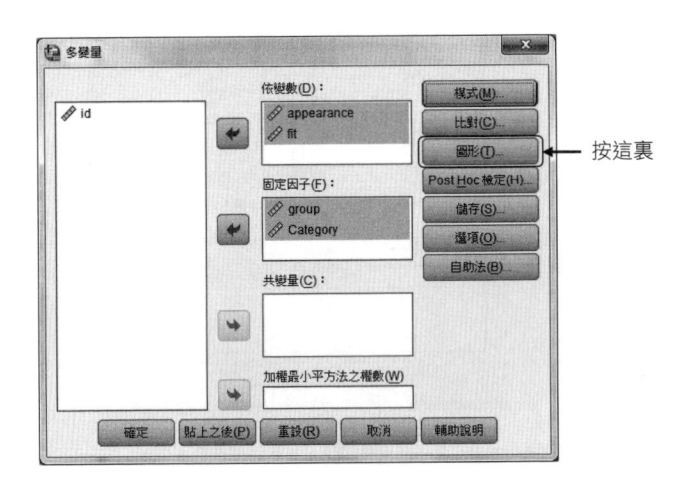

7. 選取「group」至「水平軸」欄位

①點選
②按這裏

8. 選取「category」至「個別線」欄位

①點選
②按這裏

12-11

9. 點選[新增]

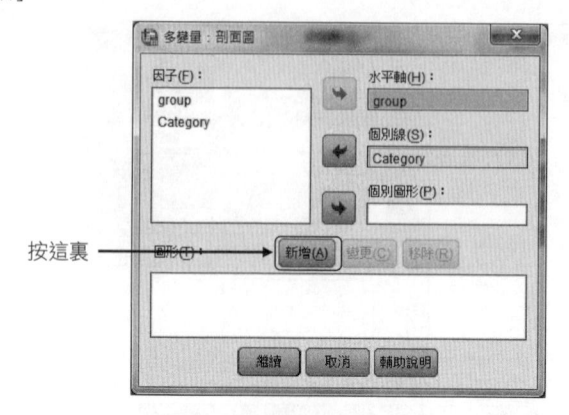

   按這裏

10. 產生「group*Category」，點選[繼續]

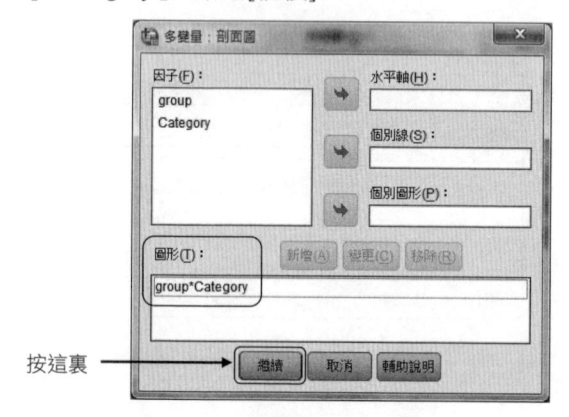

    按這裏

    Plots: group*Category 畫二因子交互作用圖

11. 點選「Post Hoc 檢定」

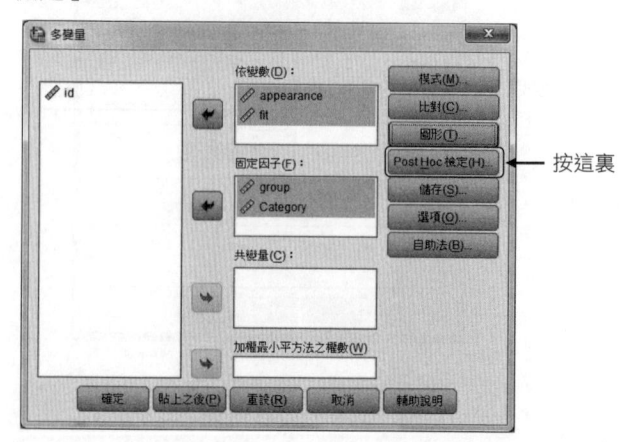

    按這裏

12. 選取「group」和「Category」至「Post Hoc 檢定」欄位

　　①點選　　②按這裏

13. 勾選「Scheffe 法」，點選[繼續]

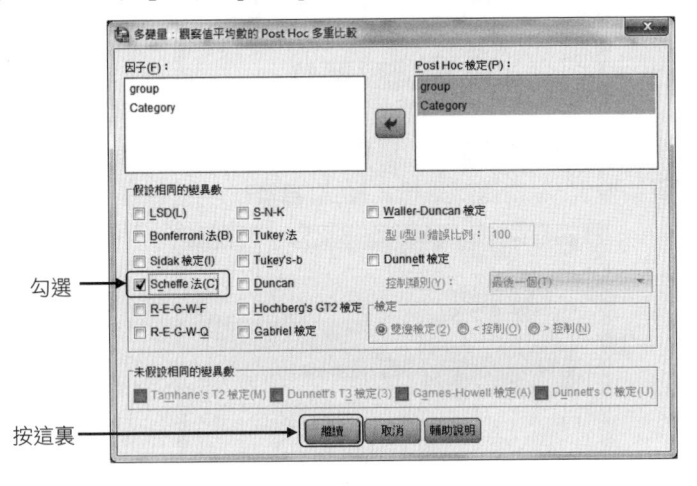

　　勾選　　按這裏

14. 點選[選項]

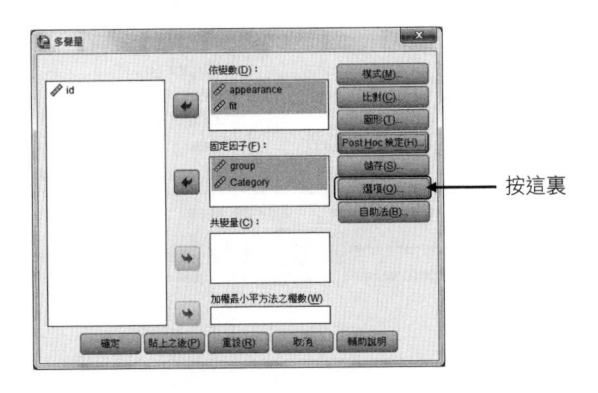

　　按這裏

12-13

15. 選取「group」、「Category」和「group*Category」至「顯示平均數」欄位，選擇完畢後，點選[繼續]

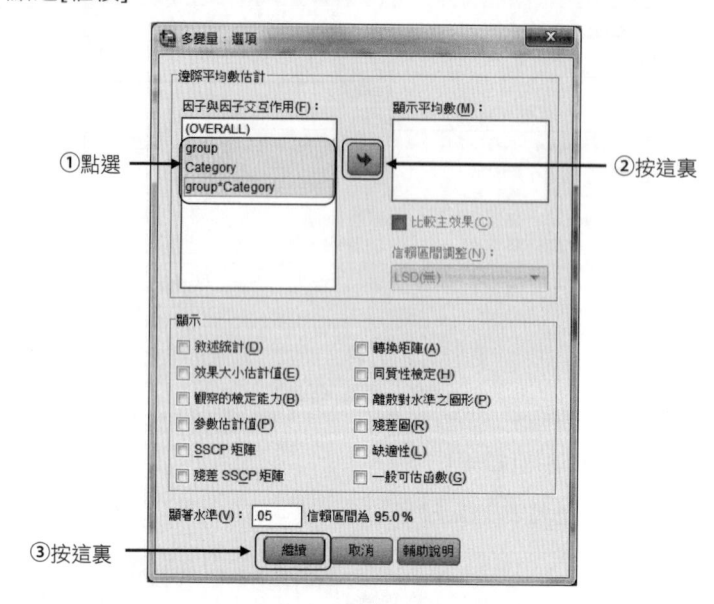

16. 勾選「敘述統計」、「效果大小估計值」、「觀察的檢定能力」、「參數估計值」、「SSCP 矩陣」及「同質性檢定」，勾選完畢後，點選[繼續]

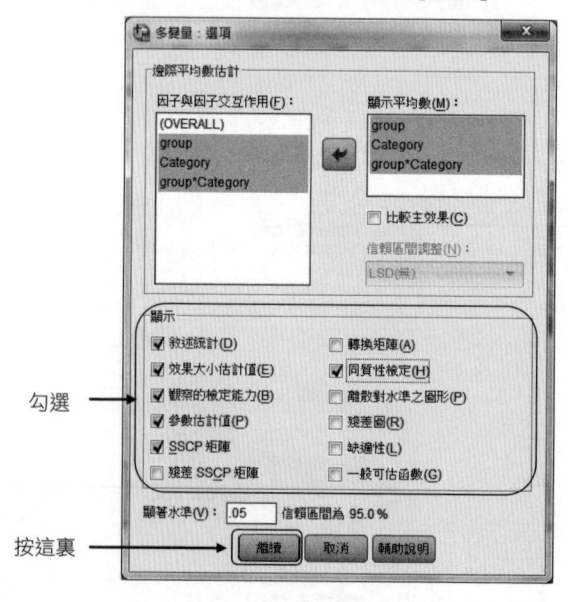

- 敘述統計(Descriptive statistics)：敘述性統計，包含有平均數、標準差及個數。
- 效果大小估計值(Estimates of effect size)：關聯強度估計值，包含有效果項目和所有參數估計之淨相關的 Eta 平方值。
- 觀察的檢定能力(Observed power)：統計檢定力。
- 參數估計值(Parameter estimates)：參數估計，包含有參數估計、標準誤、t 檢定、信賴區間等。
- SSCP 矩陣(matrices)：顯示 SSCP 矩陣值。
- 同質性檢定(Homogeneity tests)：變異數同質性檢定。

顯著水準(Significance level) .05：代表 95%信心水準。

17. 點選[確定]

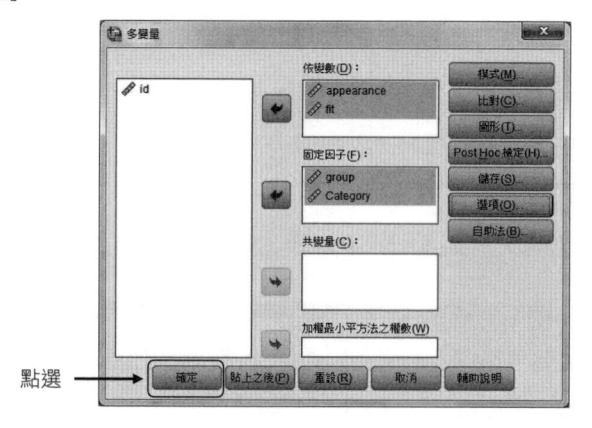

18. 結果如下圖

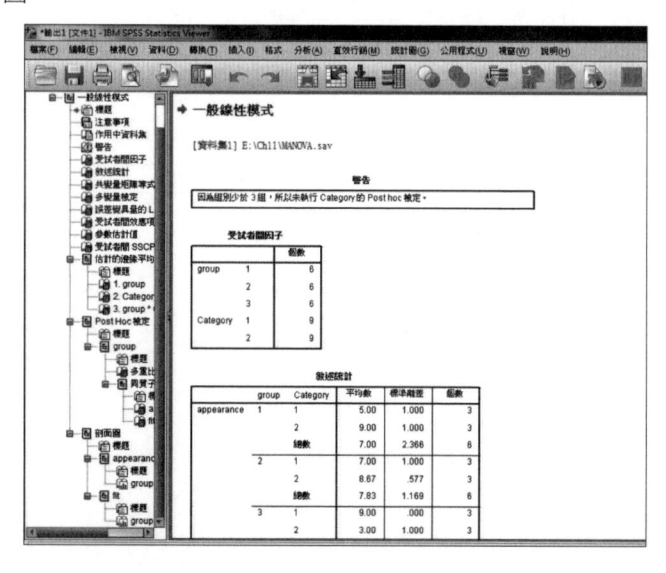

組間各組的有效樣本數，group 1 為學生組，group 2 為上班組，group 3 為退休組，Category 1 為品牌電腦，Category 2 為組裝電腦。

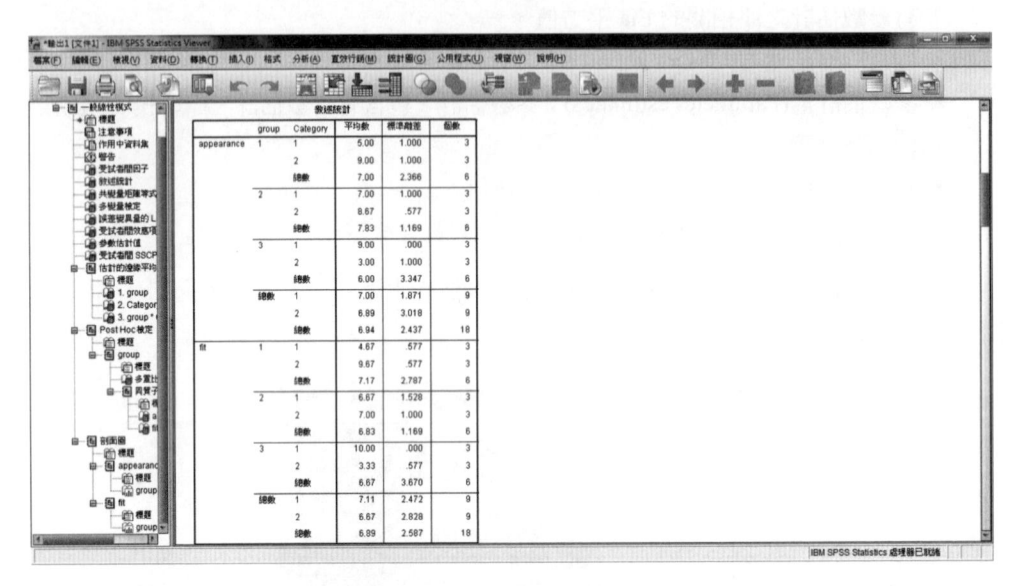

敘述性統計，包含有各分組的 Mean 平均數，Std Deviation 標準差和有效樣本數。

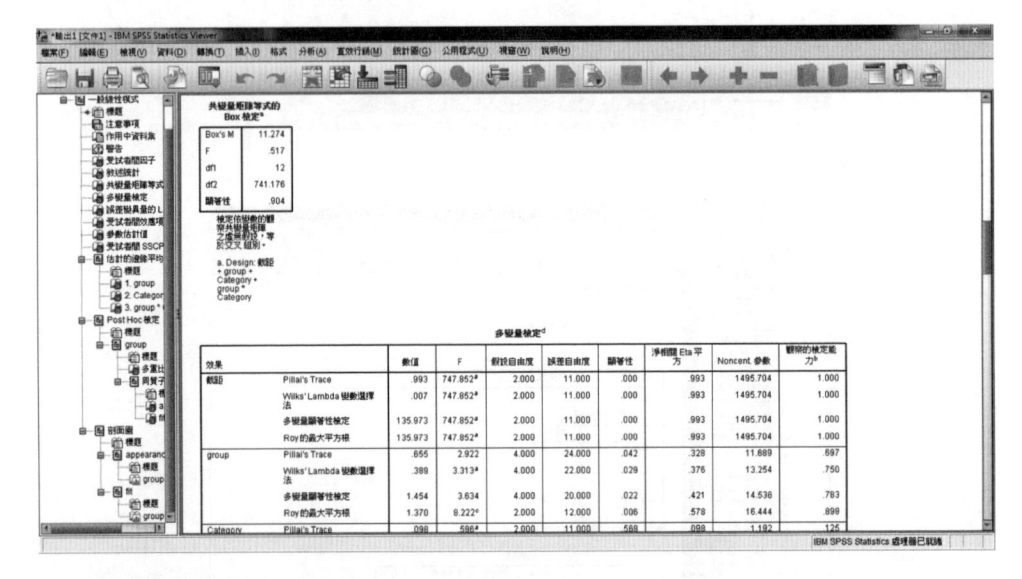

- 共變量矩陣等式的 Box 檢定

Box 檢定，用來判定是否違反變異數同質的檢定，我們需要的結果是不顯著，才不會違反變異數同質的檢定。

我們查看報表的結果，F 值為.517，Sig 顯著的 P 值 = .904>0.05 是不顯著，代表變異數是同質性。

■ 多變量的檢定

我們可以從上表中發現 group 分組(學生組、上班組和退休組)，整體達顯著結果，Wilk's Lambda Sig P 值 = 0.029，Category 分類(品牌電腦、組裝電腦)整體未達顯著 Wilk's Lambda Sig P 值 = 0.568

Group*Category 交互作用達顯者，Wilk's Lambda Sig P 值 = 0.000

12-17

■ Levene's Test 為變異數同質性檢定

電腦外觀 appearance 的 F 值為 0.951，Sig P 值為 0.484

電腦適用 fit 的 F 值為 2.560，Sig P 值為 0.085

電腦的外觀和適用兩者的變異數同質性檢定都未達顯著水準，代表都符合變異數的同質性。

組間的效果檢定：組間的效果檢定是用來處理依變數之單變量顯著性的檢定，我們查看報表得知如下：

group (學生組、上班組、退休組)單變量顯著性檢定結果為電腦外觀 appearance Sig. P 為 0.010 達顯著，電腦適用 Fit 的 Sig. P 值為 0.597，未達顯著。

Group*Category 交互作用在電腦外觀 appearance 和電腦適用 Fit 的 Sig. P 值為 0.000，達顯著，需要再作單純主要效果檢定。

多變量變異數分析 **12**

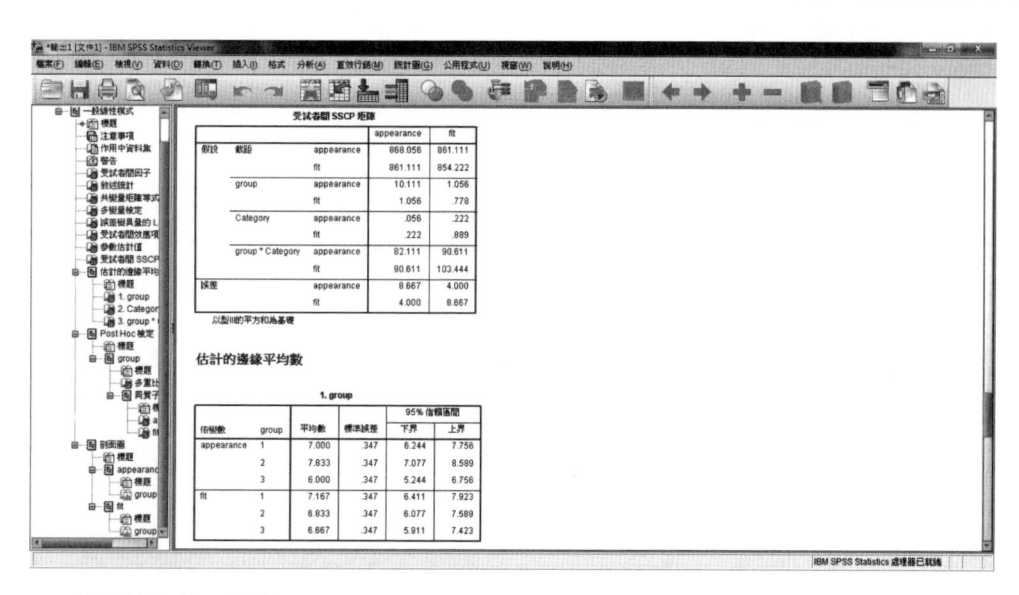

■ 估計的邊緣平均數

　　上表是在作各依變數的邊緣平均數比較，由於 group 分組有三個比較水準，在前面單變量檢定達顯著，須進行事後比較。

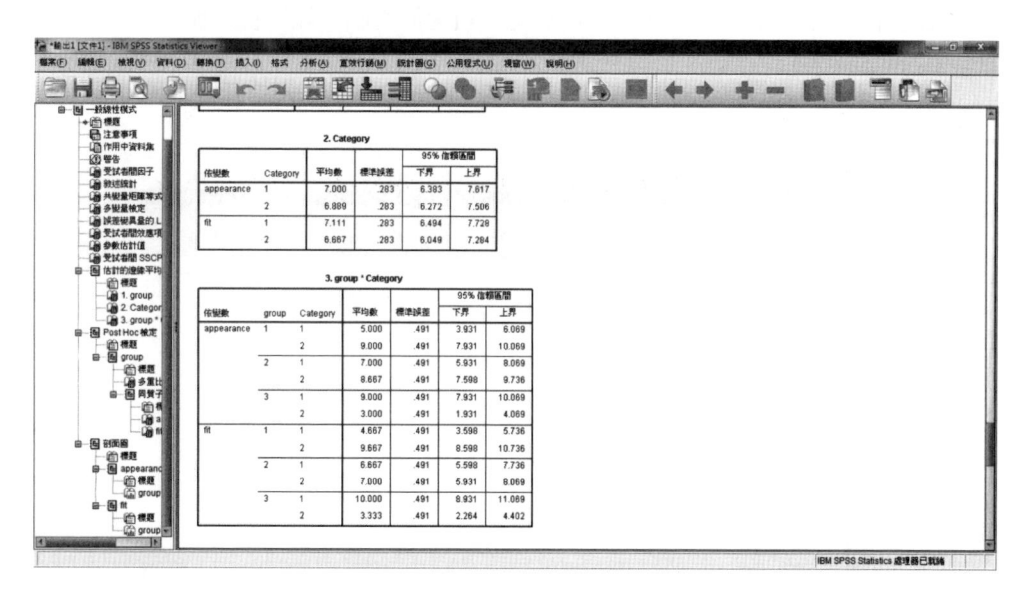

　　在前面 Category 分類的檢定中，整體未達顯著，所以不用再查看邊緣平均數的比較。

12-19

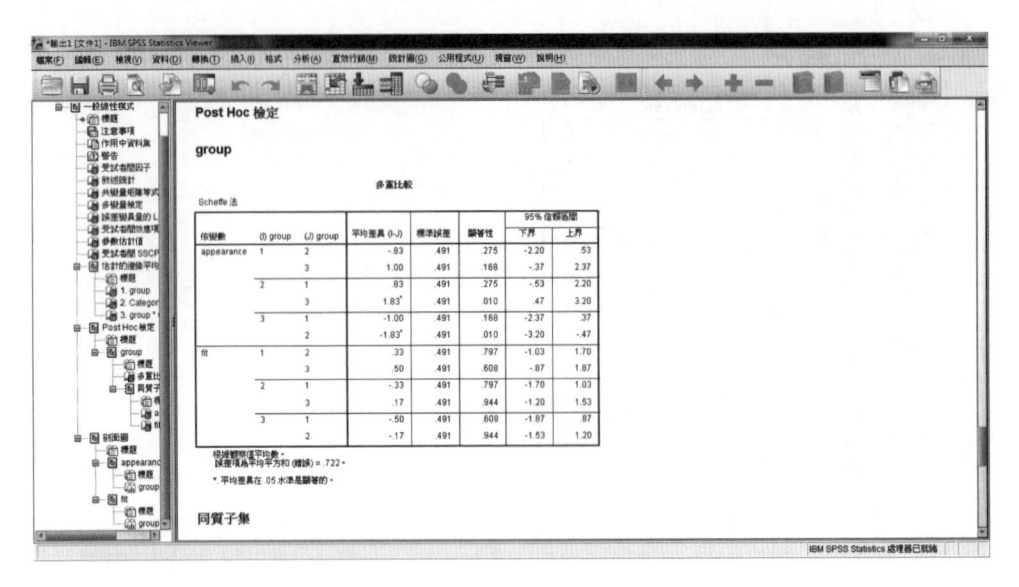

■ 多重比較

在多重比較中可以看出 Scheffe 的檢定結果，在依變數為外觀(appearance)下，只有 group 2(上班組)對 group 3(退休組)有顯著性差異(正向的)，Sig. P 值為 0.010<0.05，表示上班組對於電腦外觀的喜好程度，高於退休組對於電腦外觀的喜好程度。

從上表中也可以得知不同的電腦族群(學生、上班、退休) 對於品牌電腦的適用性，都沒有顯著的差異。

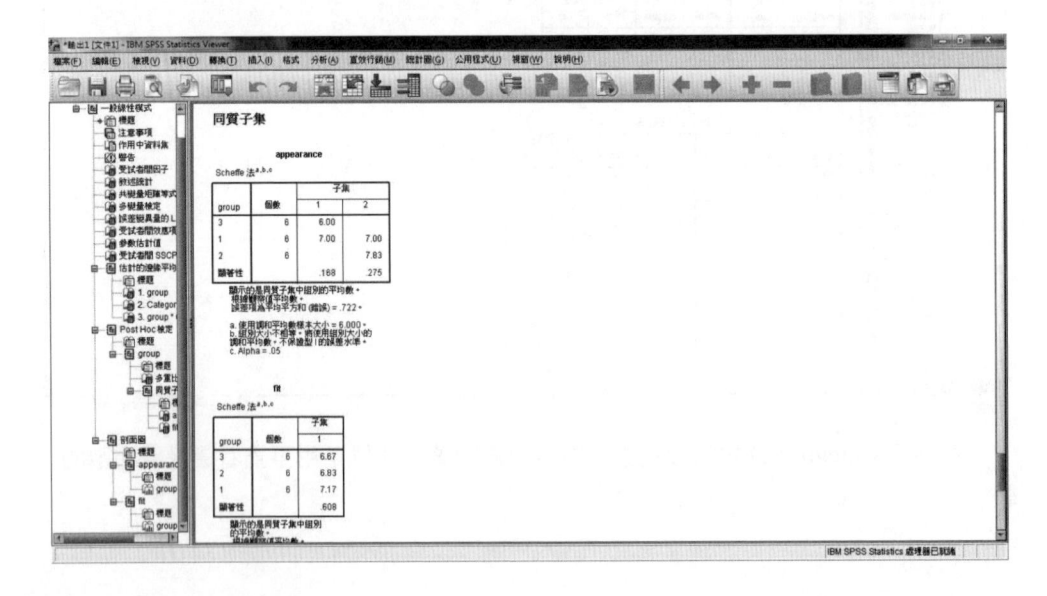

在電腦外觀 appearance 上，Group(學生組、上班組、退休組)和 Category(購買品牌或組裝電腦)有交互作用。

另外在電腦適用 Fit 上，Group(學生組、上班組、退休組)和 Category(購買品牌或組裝電腦)有交互作用。

結果：

Group*Category 交互作用在電腦外觀 appearance 和電腦適用 Fit 的 Sig. P 值為 0.000，達顯著，都需要再作**單純主要效果檢定**。

我們也可以在範例資料檔下，直接執行下列語法：

```
GLM appearance fit BY group Category  /METHOD = SSTYPE(3)
/INTERCEPT = INCLUDE  /POSTHOC = group Category ( SCHEFFE )  /EMMEANS
= TABLES(group)  /EMMEANS = TABLES(Category)  /EMMEANS =
TABLES(group*Category)  /PRINT = DESCRIPTIVE ETASQ OPOWER PARAMETER
TEST(SSCP) HOMOGENEITY  /CRITERIA = ALPHA(.05)  /DESIGN = group
Category group*Category .
```

會得到相同的報表結果。

✪ 單純主要效果檢定

二因子交互作用達顯著，顯示在品牌或組裝電腦的電腦外觀(appearance)分數的高低會因為不同組別(學生組、上班組、退休組)而呈現不同結果。相同的，在品牌或組裝電腦的電腦適用(Fit)分數的高低會因為不同組別(學生組、上班組、退休組)而呈現不同結果。

二因子單純主要效果檢定(以 A 因子和 B 因子為例)
A 因子單純主要效果檢定(限定 B 因子 b_1)：細格平均數比較

A 因子 \ B 因子	b_1	b_2	b_3
a_1	a_1b_1	a_1b_2	a_1b_3
a_2	a_2b_1	a_2b_2	a_2b_3
a_3	a_3b_1	a_3b_2	a_3b_3

B 因子單純主要效果檢定(限定 A 因子 a_1)：細格平均數檢定

A 因子 \ B 因子	b_1	b_2	b_3
a_1	a_1b_1	a_1b_2	a_1b_3
a_2	a_2b_1	a_2b_2	a_2b_3
a_3	a_3b_1	a_3b_2	a_3b_3

A 因子：Group (學生組、上班組、退休組)
B 因子：Category (品牌或組裝電腦)
A 因子單純主要效果檢定(限定 B 因子 b_2)：細格平均數比較

A 因子 \ B 因子	b_1 品牌	b_2 組裝電腦
a_1 學生組	a_1b_1	a_1b_2
a_2 上班組	a_2b_1	a_2b_2
a_3 退休組	a_3b_1	a_3b_2

A 因子單純主要效果檢定(限定 B 因子 b_2)：細格平均數比較

A 因子 \ B 因子	b_1 品牌	b_2 組裝電腦
a_1 學生組	a_1b_1	a_1b_2
a_2 上班組	a_2b_1	a_2b_2
a_3 退休組	a_3b_1	a_3b_2

多變量變異數分析 **12**

實作順序如下：
(1) 將 B 因子：Category (品牌或組裝電腦)分割檔案 Split File。
(2) 電腦外觀(appearance) A 因子 Group (學生組、上班組、退休組)單純主要效果檢定。
(3) 電腦適用(Fit) A 因子 Group (學生組、上班組、退休組)單純主要效果檢定。

實務操作：
1. 開啟範例檔 MANOVA. SAV (在 C:\Ch12)，選[資料/分割檔案]，如下圖：

點選

2. 點選「依群組組織輸出」，選取「category」至「依此群組」欄位

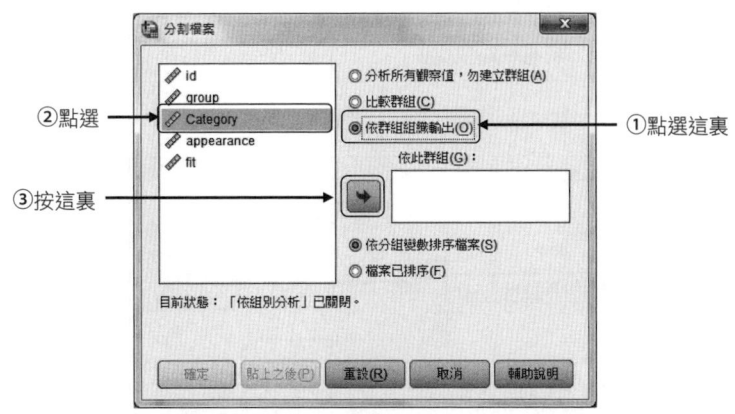

②點選
③按這裏
①點選這裏

12-23

3. 點選[確定]

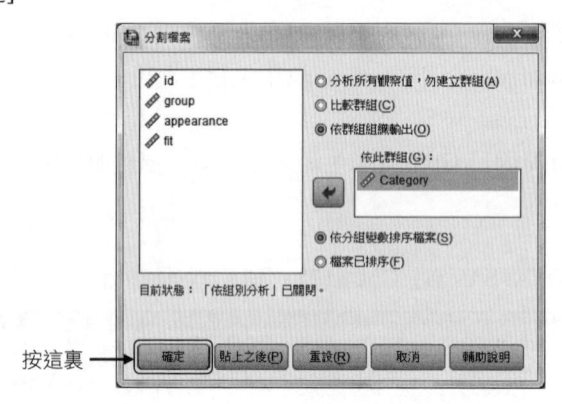

按這裏

4. 點選[分析/比較平均數法/單因子變異數分析]

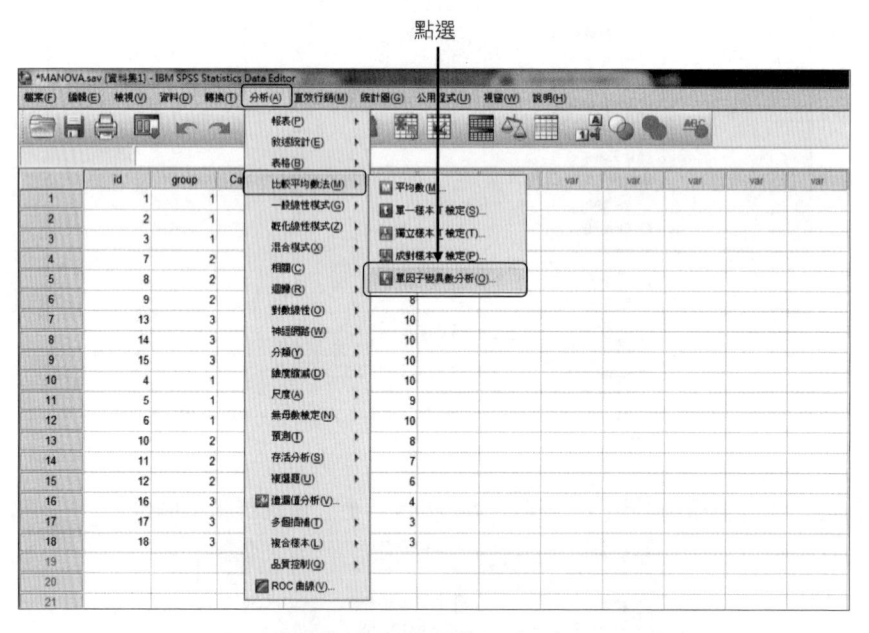

點選

5. 選取「appearance」至「依變數清單」欄位

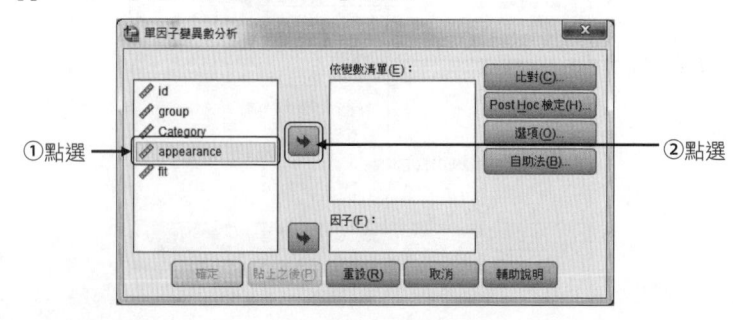

①點選　　②點選

多變量變異數分析

6. 選取「group」至「因子」欄位

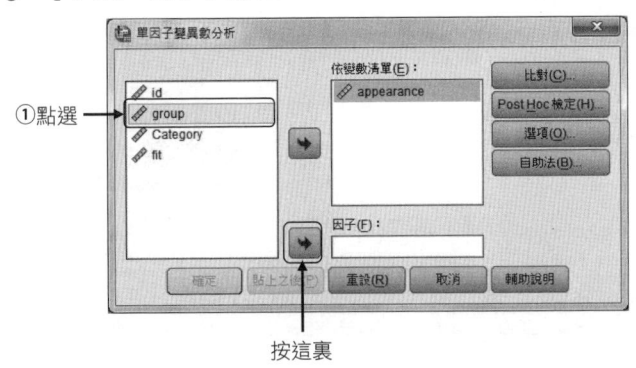

7. 點選[Post Hoc 檢定」

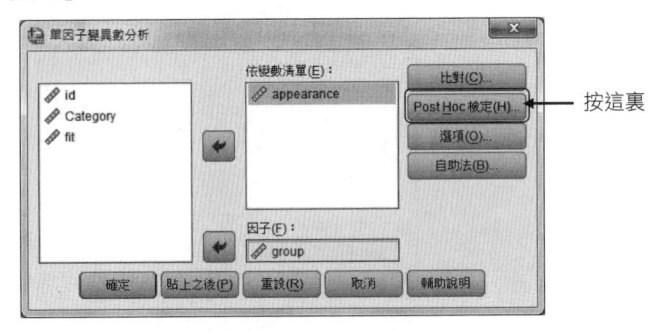

8. 勾選「Scheffe 法」、「Tukey 法」，點選[繼續]

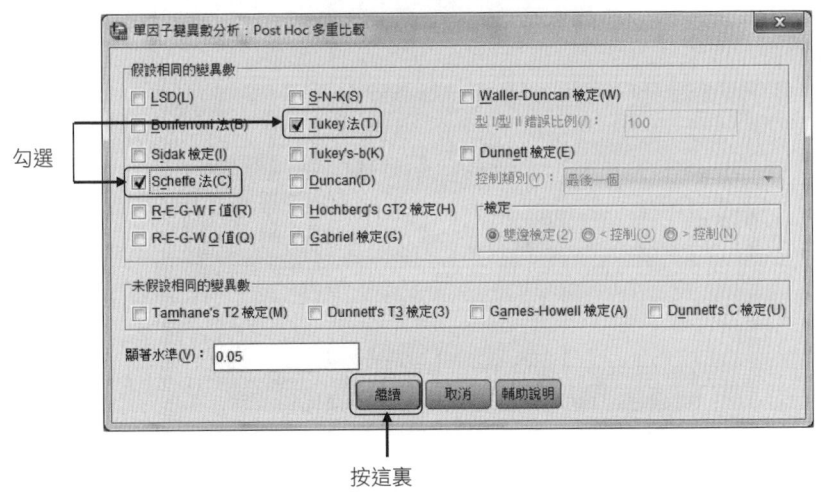

9. 點選[選項]

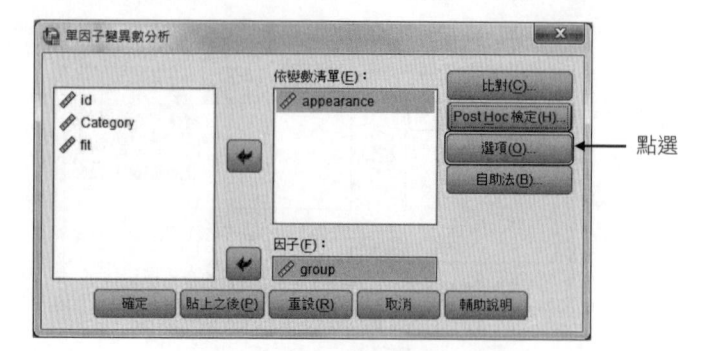

10. 勾選「描述性統計量」及「固定和隨機效果」，點選[繼續]

11. 點選[確定]

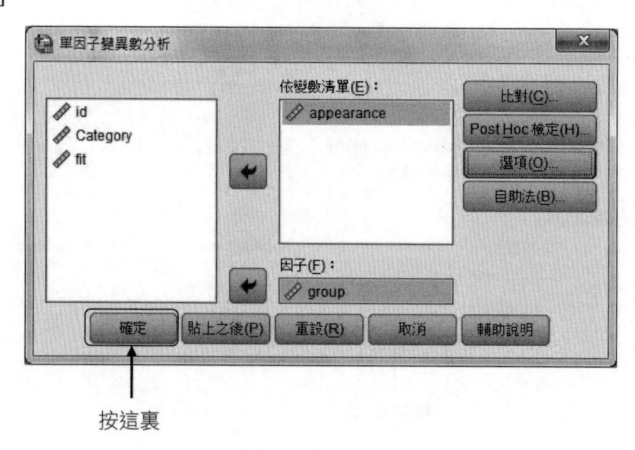

12. 結果如下圖

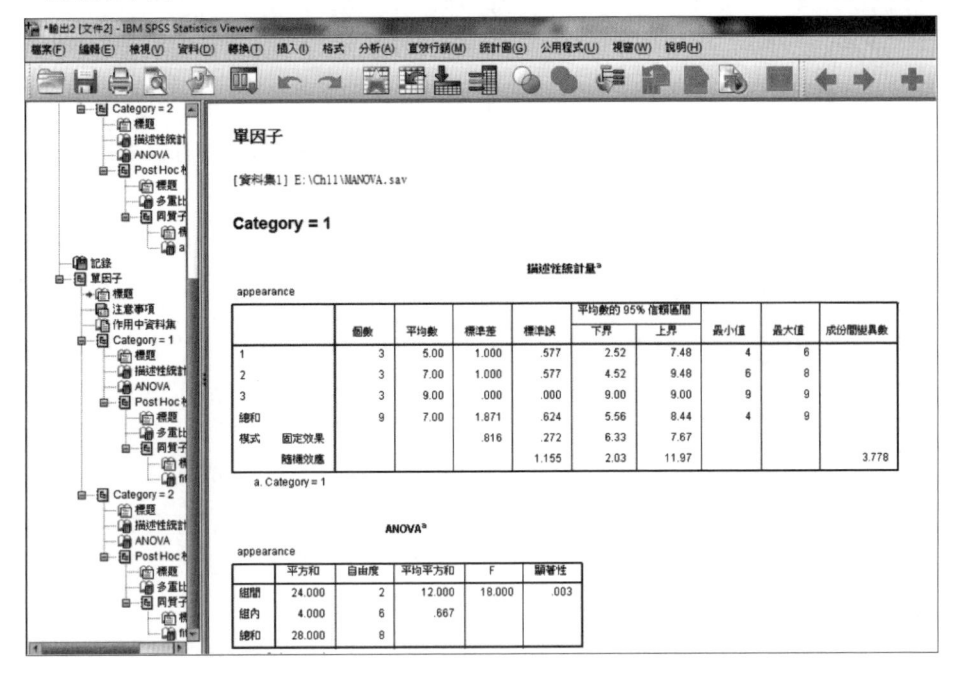

[SPSS 輸出畫面，包含單因子 Category=1 之描述性統計量與 ANOVA 表]

單因子

[資料集1] E:\Ch11\MANOVA.sav

Category = 1

描述性統計量

	個數	平均數	標準差	標準誤	平均數的95%信賴區間 下界	上界	最小值	最大值	成份間變異數
1	3	5.00	1.000	.577	2.52	7.48	4	6	
2	3	7.00	1.000	.577	4.52	9.48	6	8	
3	3	9.00	.000	.000	9.00	9.00	9	9	
總和	9	7.00	1.871	.624	5.56	8.44	4	9	
模式 固定效果			.816	.272	6.33	7.67			
隨機效果				1.155	2.03	11.97			3.778

a. Category = 1

ANOVA

appearance

	平方和	自由度	平均平方和	F	顯著性
組間	24.000	2	12.000	18.000	.003
組內	4.000	6	.667		
總和	28.000	8			

Category =1 (品牌)

A 因子單純主要效果檢定(限定 B 因子 b_1 品牌)：細格平均數比較

A 因子 ＼ B 因子	b_1 品牌	b_2 組裝電腦
a_1 學生組	a_1b_1=5	a_1b_2
a_2 上班組	a_2b_1=7	a_2b_2
a_3 退休組	a_3b_1=9	a_3b_2

在品牌的外觀(Appearance)上，學生組的平均數=5，標準差=0.557，上班組的平均數=7，標準差=0.557，退休組的平均數=9，標準差=0。

單純主要效果檢定之變異數分析摘要表，F 檢定值=18.000，顯著性 P 值=0.003 <0.05，達顯著，顯示在品牌的外觀(Appearance)上，學生組、上班組和退休組有顯著差異，由於有學生組、上班組和退休組三個比較水準，因此需要查看事後比較。

Post Hoc 檢定

多重比較

依變數:appearance

	(I) group	(J) group	平均差異 (I-J)	標準誤	顯著性	95% 信賴區間 下界	上界
Tukey HSD	1	2	-2.000	.667	.054	-4.05	.05
		3	-4.000*	.667	.002	-6.05	-1.95
	2	1	2.000	.667	.054	-.05	4.05
		3	-2.000	.667	.054	-4.05	.05
	3	1	4.000*	.667	.002	1.95	6.05
		2	2.000	.667	.054	-.05	4.05
Scheffe 法	1	2	-2.000	.667	.064	-4.14	.14
		3	-4.000*	.667	.003	-6.14	-1.86
	2	1	2.000	.667	.064	-.14	4.14
		3	-2.000	.667	.064	-4.14	.14
	3	1	4.000*	.667	.003	1.86	6.14
		2	2.000	.667	.064	-.14	4.14

*. 平均差異在 0.05 水準是顯著的。
a. Category = 1

同質子集

appearance[b]

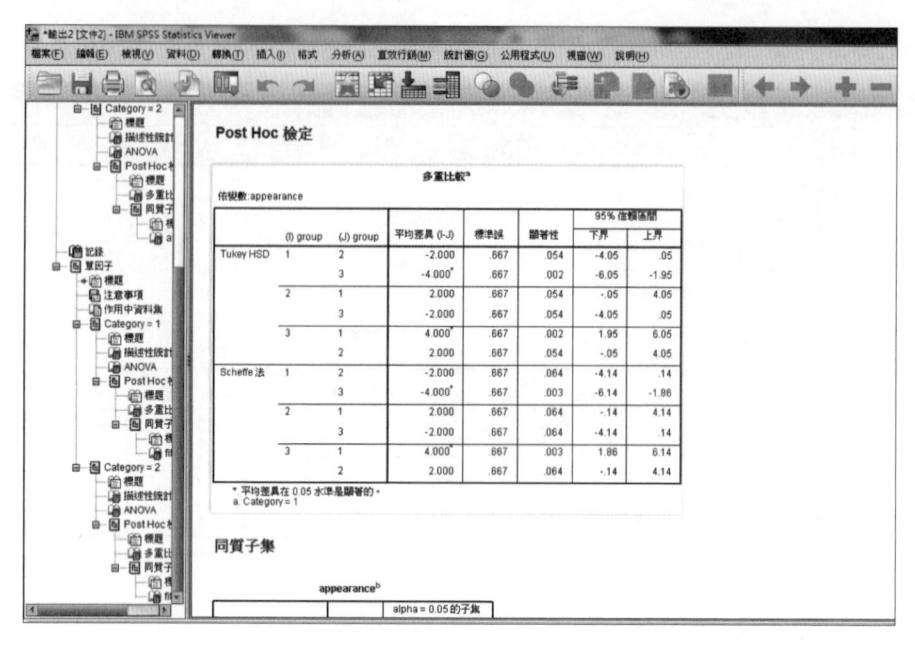

alpha = 0.05 的子集

Category = 1 (品牌)　　學生組=1、上班組=2 和退休組=3

事後比較結果顯示，在品牌的外觀(Appearance)上，退休組比學生組有顯著的喜好，退休組和上班組沒有喜好上的顯著差異，上班組和學生組也沒有喜好上的顯著差異。

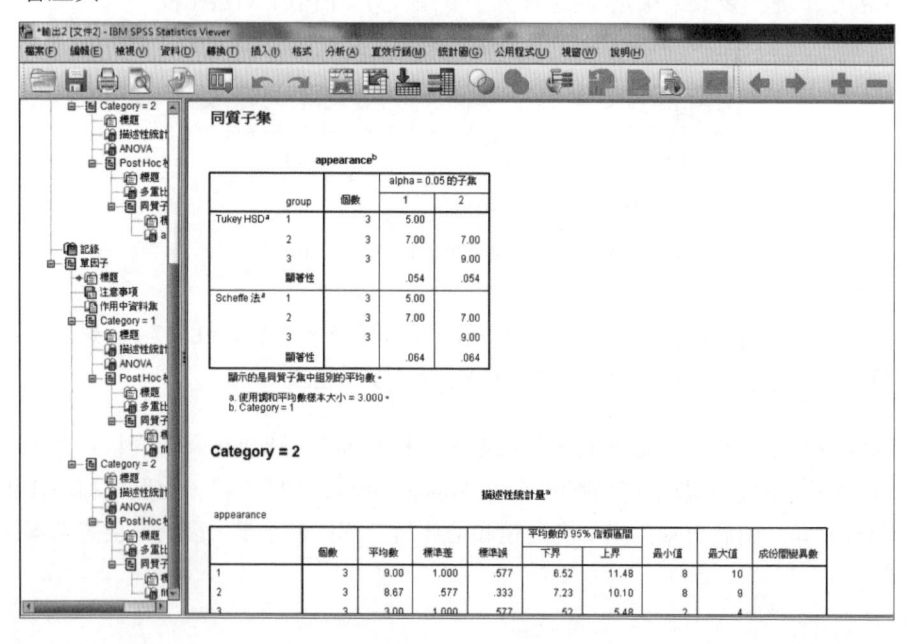

同質子集

appearance[b]

	group	個數	alpha = 0.05 的子集 1	2
Tukey HSD[a]	1	3	5.00	
	2	3	7.00	7.00
	3	3		9.00
	顯著性		.054	.054
Scheffe 法[a]	1	3	5.00	
	2	3	7.00	7.00
	3	3		9.00
	顯著性		.064	.064

顯示的是同質子集中組別的平均數。
a. 使用調和平均數樣本大小 = 3.000。
b. Category = 1

Category = 2

描述性統計量[a]

appearance

	個數	平均數	標準差	標準誤	平均數的 95% 信賴區間 下界	上界	最小值	最大值	成份間變異數
1	3	9.00	1.000	.577	6.52	11.48	8	10	
2	3	8.67	.577	.333	7.23	10.10	8	9	
3	3	3.00	1.000	.577	.52	5.48	2		

12-28

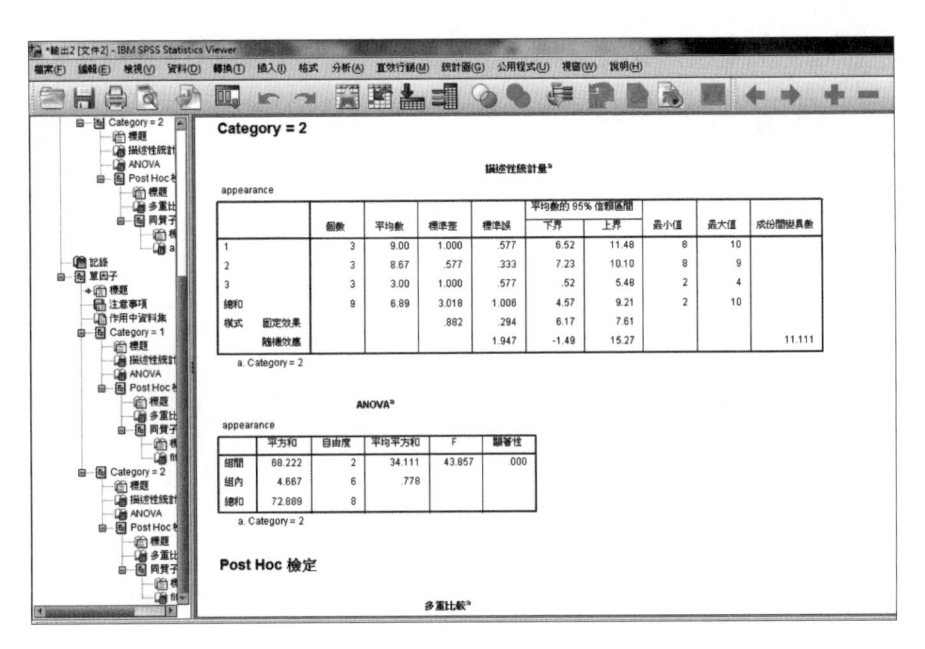

Category = 2 (組裝電腦)

A 因子單純主要效果檢定(限定 B 因子 b_2 品牌)：細格平均數比較

B 因子 A 因子	b_1 品牌	b_2 組裝電腦
a_1 學生組	a^1b^1	a_1b_2=9.00
a_2 上班組	a^2b^1	a_2b_2=8.67
a_3 退休組	a^3b^1	a_3b_2=3.00

在組裝電腦的外觀(Appearance)上，學生組的平均數=9，標準差=0.557，上班組的平均數=8.67，標準差=0.333，退休組的平均數=3，標準差=0.577。

Category = 2 組裝電腦

單純主要效果檢定之變異數分析摘要表，F 檢定值=43.857，顯著性 P 值=0.000<0.05，達顯著，顯示在組裝電腦的外觀(Appearance)上，學生組、上班組和退休組有顯著差異，由於有學生組、上班組和退休組三個比較水準，因此需要查看事後比較。

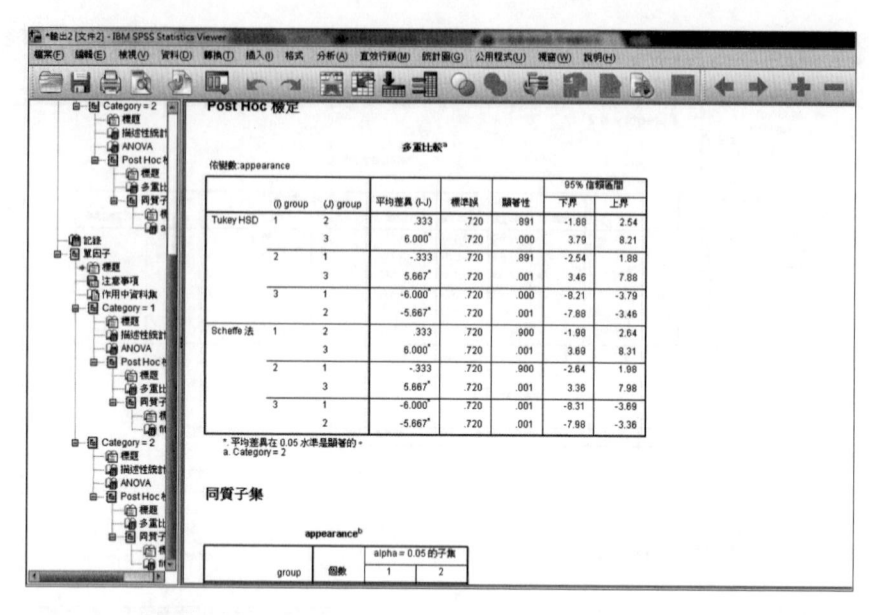

Category = 2 組裝電腦

事後比較結果顯示，在組裝電腦的外觀(Appearance)上，學生組比退休組有顯著的喜好，上班組比退休組有喜好上的顯著差異，學生組和上班組也沒有喜好上的顯著差異。

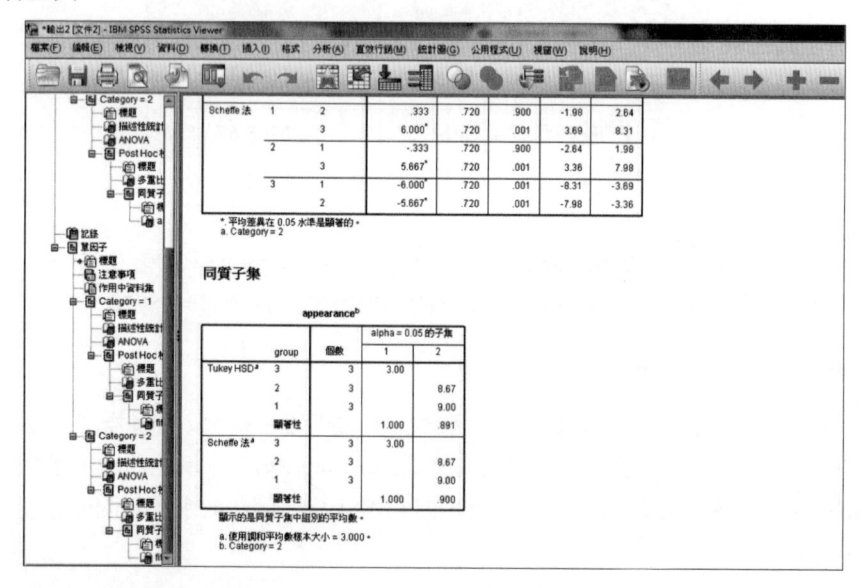

電腦適用(Fit)為依變數

以電腦適用(Fit)為依變數，A 因子 Group(學生組、上班組、退休組)單純主要效果檢定(限定 B 因子)如下：

多變量變異數分析

13. 點選[呼叫最近使用的對話]，選擇「單因子變異數分析」

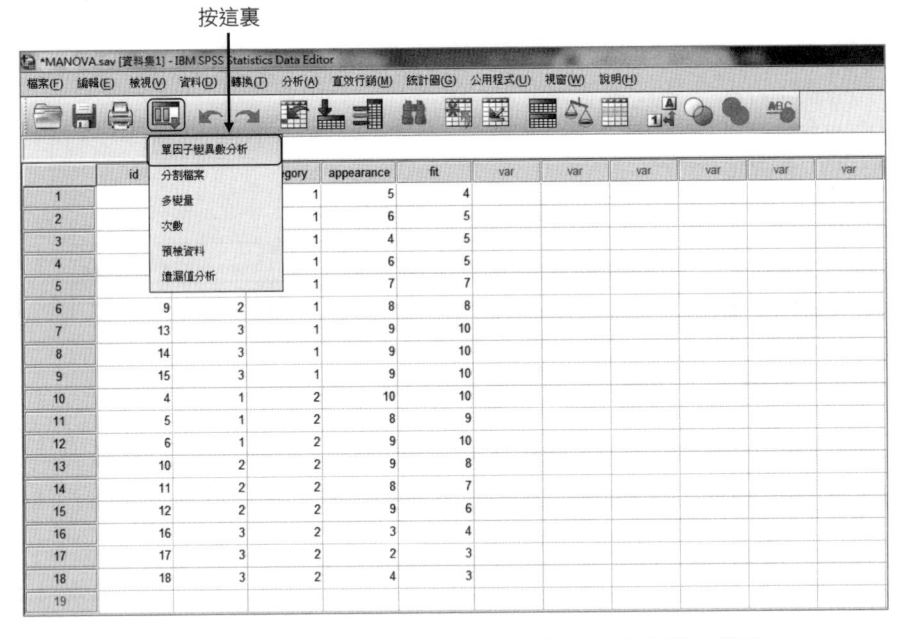

   按這裏

14. 選取「appearance」回左列，並選取「fit」至「依變數清單」欄位

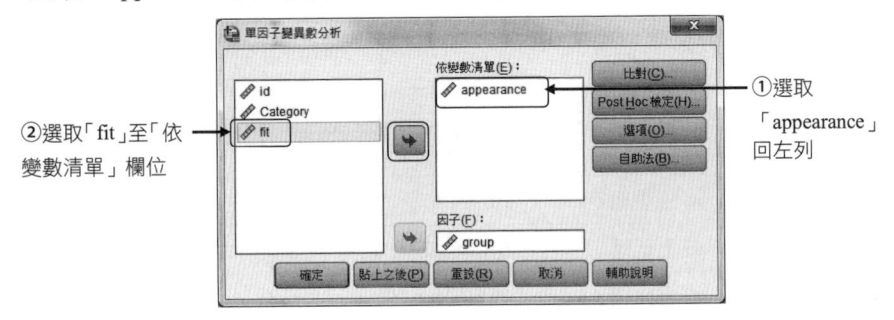

   ①選取「appearance」回左列

   ②選取「fit」至「依變數清單」欄位

15. 點選[確定]

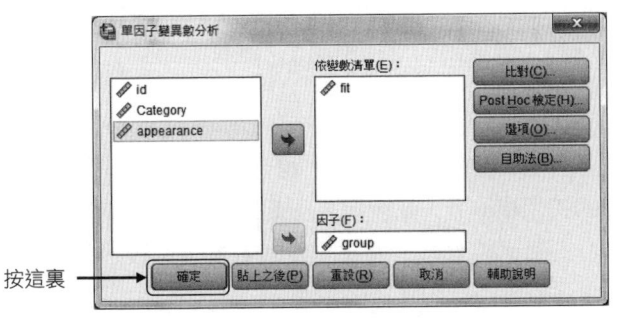

   按這裏

12-31

16. 結果如下圖

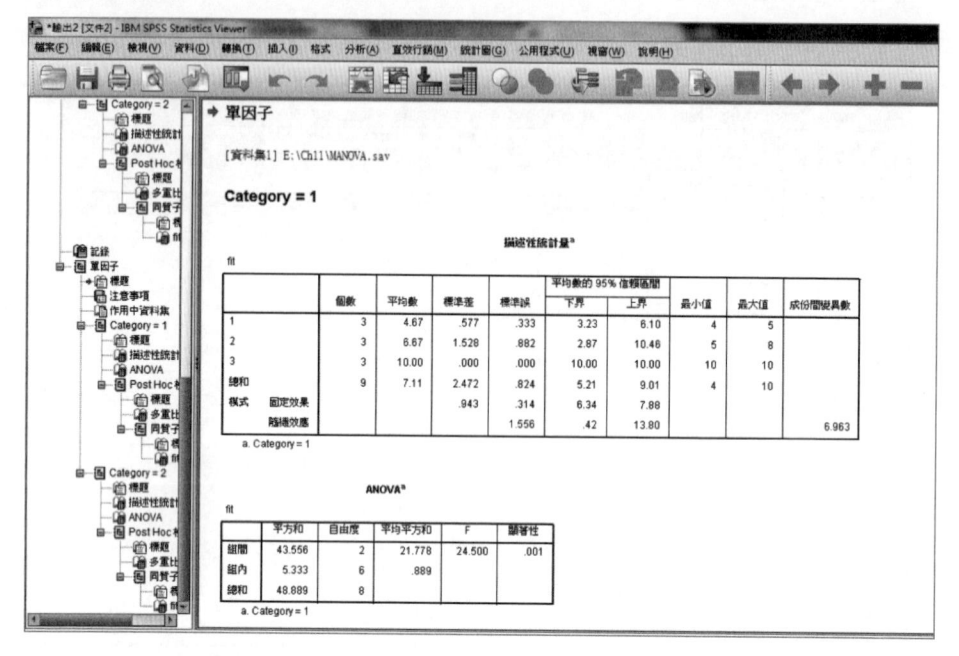

[SPSS Statistics Viewer 螢幕截圖：顯示 Category = 1 的描述性統計量與 ANOVA 表]

描述性統計量：

	個數	平均數	標準差	標準誤	下界	上界	最小值	最大值	成份間變異數
1	3	4.67	.577	.333	3.23	6.10	4	5	
2	3	6.67	1.528	.882	2.87	10.46	5	8	
3	3	10.00	.000	.000	10.00	10.00	10	10	
總和	9	7.11	2.472	.824	5.21	9.01	4	10	
模式 固定效果			.943	.314	6.34	7.88			
隨機效果				1.556	.42	13.80			6.963

ANOVA：

	平方和	自由度	平均平方和	F	顯著性
組間	43.556	2	21.778	24.500	.001
組內	5.333	6	.889		
總和	48.889	8			

Category = 1 (品牌)

A 因子單純主要效果檢定(限定 B 因子 b_1 品牌)：細格平均數比較

A 因子 \ B 因子	b_1 品牌	b_2 組裝電腦
a_1 學生組	a_1b_1=4.67	a_1b_2
a_2 上班組	a_2b_1=6.67	a_2b_2
a_3 退休組	a_3b_1=10	a_3b_2

在品牌的外觀(Appearance)上，學生組的平均數=4.67，標準差=0.333，上班組的平均數=6.67，標準差=0.882，退休組的平均數=10，標準差=0。

ANOVA

單純主要效果檢定之變異數分析摘要表，F 檢定值=24.5，顯著性 P 值=0.001 <0.05，達顯著，顯示在品牌的適用(Fit)上，學生組、上班組和退休組有顯著差異，由於有學生組，上班組和退休組三個比較水準，因此需要查看事後比較。

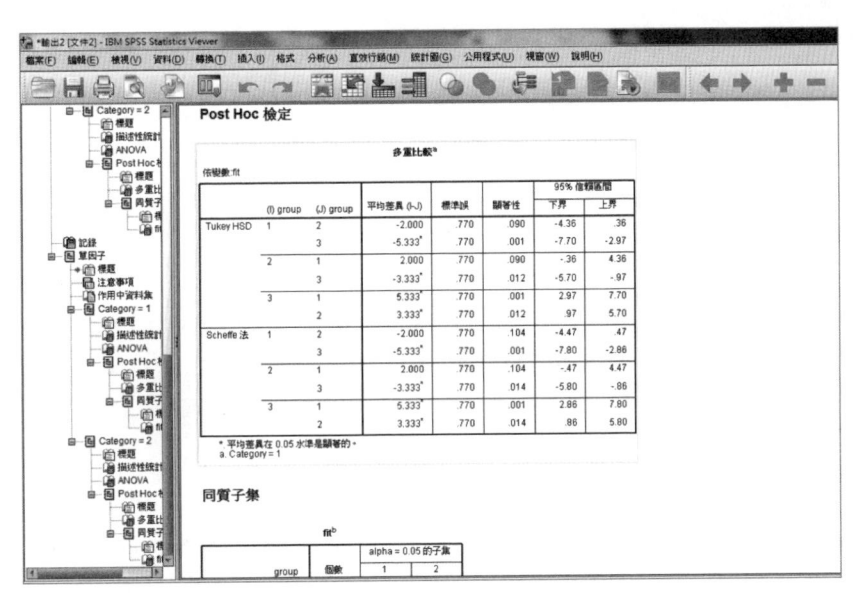

Category = 1 (品牌)　　學生組=1、上班組=2 和退休組=3

事後比較結果顯示，在品牌的適用(Fit)上，退休組比學生組有顯著的喜好，退休組比上班組有喜好上的顯著差異，上班組和學生組也沒有喜好上的顯著差異。

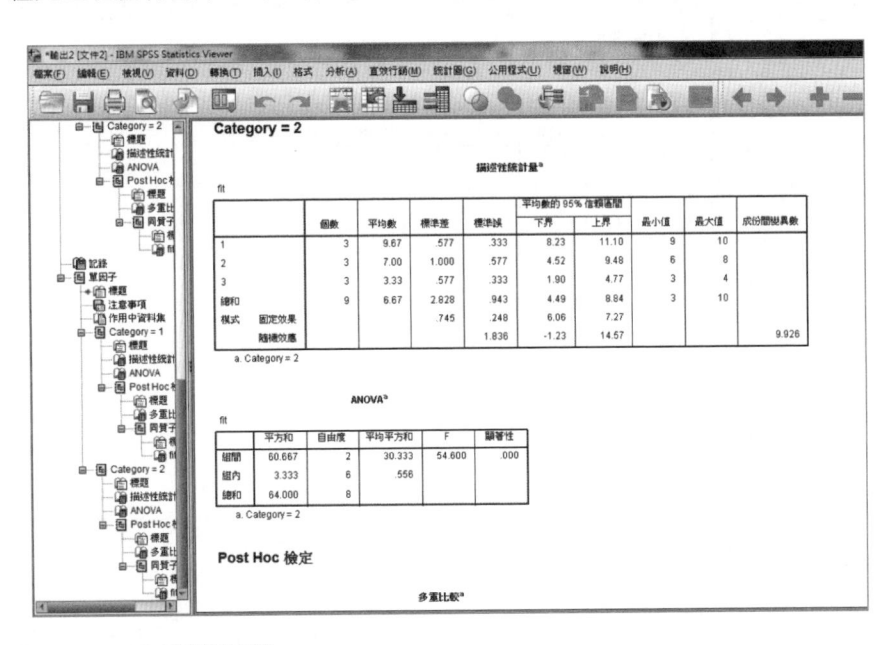

Category = 2　組裝電腦

A 因子單純主要效果檢定(限定 B 因子 b_2 組裝電腦)：細格平均數比較

A 因子 \ B 因子	b₁ 品牌	b₂ 組裝電腦
a₁ 學生組	a₁b₁	a₁b₂=9.67
a₂ 上班組	a₂b₁	a₂b₂=7
a₃ 退休組	a₃b₁	a₃b₂=3.33

在組裝電腦的適用(Fit)上，學生組的平均數=9.67，標準差=0.333，上班組的平均數=8.67，標準差=0.577，退休組的平均數=3.33，標準差=0.333。

ANOVA

Category = 2 組裝電腦

單純主要效果檢定之變異數分析摘要表，F 檢定值=54.6，顯著性 P 值=0.000<0.05，達顯著，顯示在組裝電腦的適用(Fit)上，學生組、上班組和退休組有顯著差異，由於有學生組，上班組和退休組三個比較水準，因此需要查看事後比較。

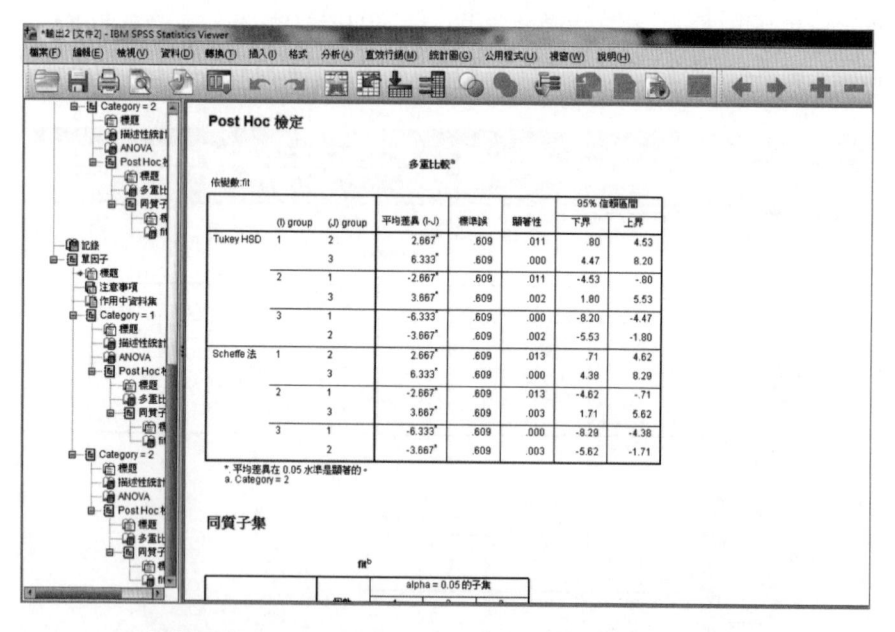

Category = 2 組裝電腦   學生組=1、上班組=2 和退休組=3

事後比較結果顯示，在組裝電腦的適用(Fit)上，學生組比上班組有喜好上的顯著差異，學生組比退休組有顯著的喜好，學生組和上班組也有喜好上的顯著差異，學生組>上班組>退休組。

我們整理 A 因子單純主要效果檢定分析的結果如下：

A 因子(購買組別)單純主要效果檢定之變異數分析摘要表

appearance　外觀

	Sum of Squares	df	Mean Square	F	Sig.
Between Groups	24.000	2	12.000	18.000	.003
Within Groups	4.000	6	.667		
Total	28.000	8			

　a　Category = 1　品牌

單純主要效果檢定之變異數分析摘要表，F 檢定值=18.000，顯著性 P 值=0.003 <0.05，達顯著，顯示在品牌的外觀(Appearance)上，學生組、上班組和退休組有顯著差異，由於有學生組、上班組和退休組三個比較水準，因此需要查看事後比較。

事後比較結果顯示，在品牌的外觀(Appearance)上，退休組比學生組有顯著的喜好，退休組和上班組沒有喜好上的顯著差異，上班組和學生組也沒有喜好上的顯著差異。

A 因子(購買組別)單純主要效果檢定之變異數分析摘要表
appearance (外觀)

	Sum of Squares	df	Mean Square	F	Sig.
Between Groups	68.222	2	34.111	43.857	.000
Within Groups	4.667	6	.778		
Total	72.889	8			

a Category = 2 組裝電腦

單純主要效果檢定之變異數分析摘要表，F 檢定值=43.857，顯著性 P 值=0.000 <0.05，達顯著，顯示在組裝電腦的外觀(Appearance)上，學生組、上班組和退休組有顯著差異，由於有學生組、上班組和退休組三個比較水準，因此需要查看事後比較。

事後比較結果顯示，在組裝電腦的外觀(Appearance)上，學生組比退休組有顯著的喜好，上班組比退休組有喜好上的顯著差異，學生組和上班組也沒有喜好上的顯著差異。

A 因子(購買組別)單純主要效果檢定之變異數分析摘要表
fit 適用

	Sum of Squares	df	Mean Square	F	Sig.
Between Groups	43.556	2	21.778	24.500	.001
Within Groups	5.333	6	.889		
Total	48.889	8			

a Category = 1 (品牌)

單純主要效果檢定之變異數分析摘要表，F 檢定值=24.5，顯著性 P 值=0.001 <0.05，達顯著，顯示在品牌的適用(Fit)上，學生組、上班組和退休組有顯著差異，由於有學生組，上班組和退休組三個比較水準，因此需要查看事後比較。

事後比較結果顯示，在品牌的適用(Fit)上，退休組比學生組有顯著的喜好，退休組比上班組有喜好上的顯著差異，上班組和學生組沒有喜好上的顯著差異。

A 因子(購買組別)單純主要效果檢定之變異數分析摘要表
fit 適用

	Sum of Squares	df	Mean Square	F	Sig.
Between Groups	60.667	2	30.333	54.600	.000
Within Groups	3.333	6	.556		
Total	64.000	8			

a　Category = 2 組裝電腦

單純主要效果檢定之變異數分析摘要表，F 檢定值=54.6，顯著性 P 值=0.000 <0.05，達顯著，顯示在組裝電腦的適用(Fit)上，學生組、上班組和退休組有顯著差異，由於有學生組，上班組和退休組三個比較水準，因此需要查看事後比較。

事後比較結果顯示，在組裝電腦的適用(Fit)上，學生組比上班組有喜好上的顯著差異，學生組比退休組有顯著的喜好，學生組和上班組也有喜好上的顯著差異。在組裝電腦的適用(Fit)上 － 學生組>上班組>退休組。

B 因子單純主要效果檢定

B 因子單純主要效果檢定有限定 A 因子 a_1，限定 A 因子 a_2 和限定 A 因子 a_3，我們分析如下：

B 因子單純主要效果檢定(限定 A 因子 a_1)：細格平均數檢定

A 因子 ＼ B 因子	b_1 品牌	b_2 組裝電腦
a_1 學生組	a_1b_1	a_1b_2
a_2 上班組	a_2b_1	a_2b_2
a_3 退休組	a_3b_1	a_3b_2

B 因子單純主要效果檢定(限定 A 因子 a_2)：細格平均數檢定

A 因子 \ B 因子	b_2 品牌	b_2 組裝電腦
a_1 學生組	a_1b_1	a_1b_2
a_2 上班組	a_2b_1	a_2b_2
a_3 退休組	a_3b_1	a_3b_2

B 因子單純主要效果檢定(限定 A 因子 a_3)：細格平均數檢定

A 因子 \ B 因子	b_1 品牌	b_2 組裝電腦
a_1 學生組	a_1b_1	a_1b_2
a_2 上班組	a_2b_1	a_2b_2
a_3 退休組	a_3b_1	a_3b_2

B 因子單純主要效果檢定的主要處理順序如下：

(1) 將 A 因子：Group (學生組、上班組、退休組)分割檔案 Split File。
(2) 電腦外觀(appearance) B 因子 Category (品牌或組裝電腦)單純主要效果檢定。
(3) 電腦適用(Fit) B 因子 Category (品牌或組裝電腦)單純主要效果檢定。

　　B 因子單純主要效果檢定的步驟和 A 因子單純主要效果檢定的步驟是一樣，我們不重複，差別是點選的變數。B 因子單純主要效果檢定的報表結果整理和 A 因子單純主要效果檢定的報表結果整理是一樣，讀者有需要，請根據 A 因子單純主要效果檢定的報表結果整理步驟，整理一遍。

12-9 MANOVA 範例：二因子交互作用不顯著

在二因子變異數分析結果中，交互作用項未達顯著時，請比較邊緣平均數的差異，如下圖。

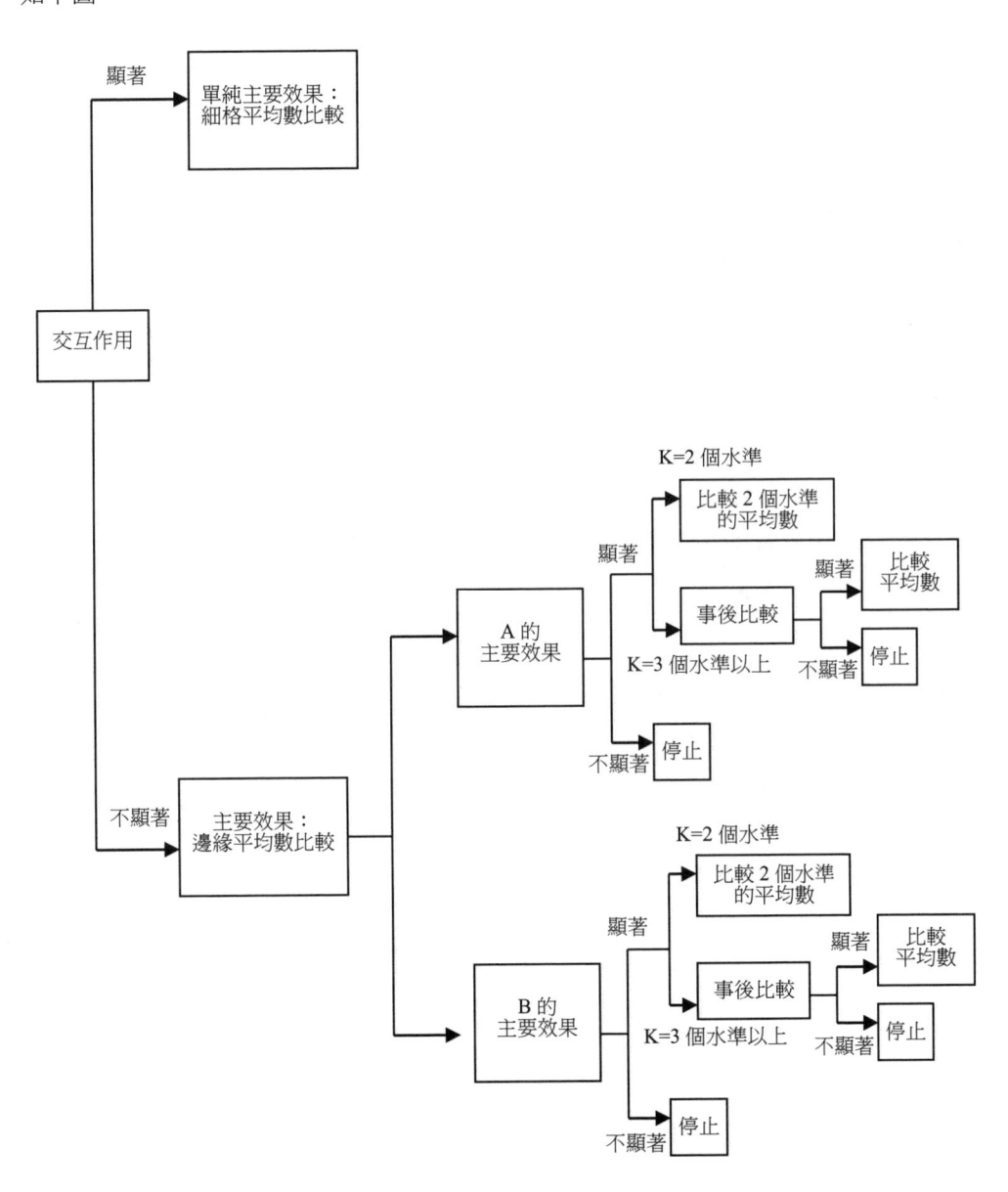

```
交互作用 ──顯著──→ 單純主要效果：細格平均數比較
         │
         └─不顯著─→ 主要效果：邊緣平均數比較
                    │
                    ├─→ A 的主要效果
                    │     ├─顯著─→ K=2 個水準 → 比較 2 個水準的平均數
                    │     │        K=3 個水準以上 → 事後比較 ─顯著─→ 比較平均數
                    │     │                                  ─不顯著→ 停止
                    │     └─不顯著→ 停止
                    │
                    └─→ B 的主要效果
                          ├─顯著─→ K=2 個水準 → 比較 2 個水準的平均數
                          │        K=3 個水準以上 → 事後比較 ─顯著─→ 比較平均數
                          │                                  ─不顯著→ 停止
                          └─不顯著→ 停止
```

我們在電腦展中，隨機訪問學生、上班組和退休人員，共有三組，27位人員，經過參觀資訊展後，我們想了解學生組、上班組、退休組，會根據外觀(Appearance)或適用 (Fit)的特性而購買品牌或組裝電腦的程度是否有差異？

Group1 學生組
Group2 上班組
Group3 退休組

Category 1 國內品牌
Category 2 組裝電腦
Category 3 國外品牌

我們整理會根據外觀(Appearance)購買國內品牌、組裝電腦或國外品牌電腦的資料如下表：

		該組第一位得分	該組第二位得分	該組第三位得分
學生組	國內品牌電腦	2	3	4
	組裝電腦	5	4	4
	國外品牌電腦	5	6	6
上班組	國內品牌電腦	6	4	5
	組裝電腦	7	6	6
	國外品牌電腦	7	8	8
退休組	國內品牌電腦	8	9	7
	組裝電腦	8	8	9
	國外品牌電腦	9	8	9

我們整理會根據適用(Fit)購買國內品牌、組裝電腦或國外品牌電腦的資料如下表：

		該組第一位得分	該組第二位得分	該組第三位得分
學生組	國內品牌電腦	4	2	3
	組裝電腦	4	4	5
	國外品牌電腦	5	6	5

		該組第一位得分	該組第二位得分	該組第三位得分
上班組	國內品牌電腦	5	6	6
	組裝電腦	6	6	7
	國外品牌電腦	7	8	8
退休組	國內品牌電腦	7	6	7
	組裝電腦	9	8	8
	國外品牌電腦	8	9	9

我們整合購買品牌或組裝電腦的資料，共有三組，27 位人員，會根據外觀(Appearance)，適用(Fit)購買國內品牌、組裝電腦和國外品牌的評分資料如下表：

id	group	Category	appearance	fit
1	1	1	2	4
2	1	1	3	2
3	1	1	4	3
4	1	2	5	4
5	1	2	4	4
6	1	2	4	5
7	1	3	5	5
8	1	3	6	6
9	1	3	6	5
10	2	1	6	5
11	2	1	4	6
12	2	1	5	6
13	2	2	7	6
14	2	2	6	6
15	2	2	6	7
16	2	3	7	7
17	2	3	8	8
18	2	3	8	8
19	3	1	8	7
20	3	1	9	6
21	3	1	7	7
22	3	2	8	9
23	3	2	8	8
24	3	2	9	8
25	3	3	9	8
26	3	3	8	9
27	3	3	9	9

二因子交互作用不顯著實務操作：
(先前已將範例檔 Ch12 複製到 C:\Ch12)

1. 開啟範例檔 MANOVA2.SAV(在 C:\Ch12)，點選[分析/一般線性模式/多變量]，如下圖：

2. 選擇「appearance」和「fit」至「依變數」欄位

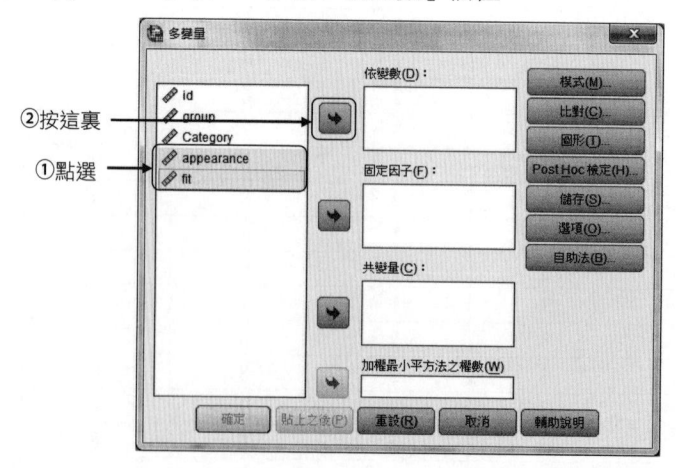

3. 選取「group」和「category」至「固定因子」欄位

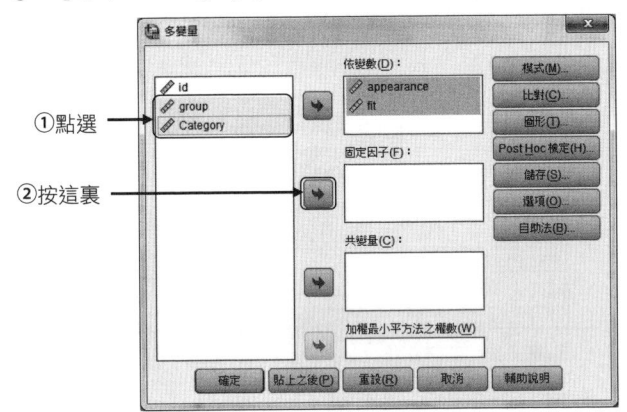

4. 點選[圖形]

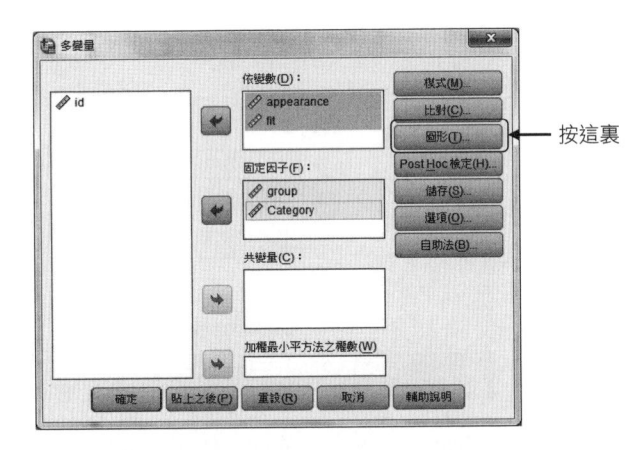

5. 選取「group」至「水平軸」欄位，選取「category」至「個別線」欄位，點選[新增]

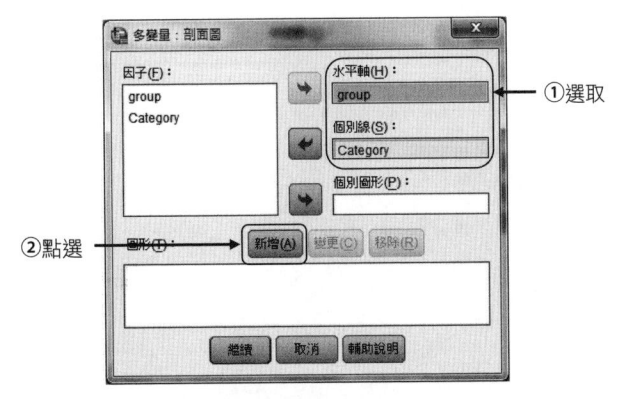

6. 產生「group*Category」，點選[繼續]

按這裏

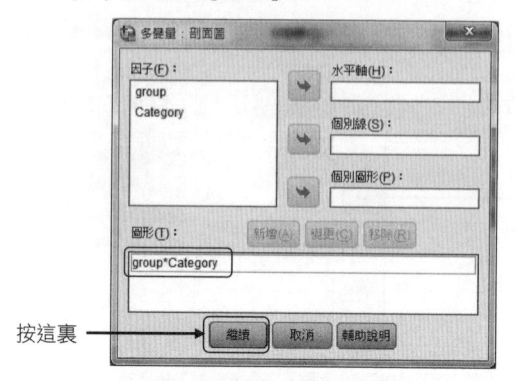

圖形: group*Category 畫二因子交互作用圖

7. 點選[Post Hoc 檢定」

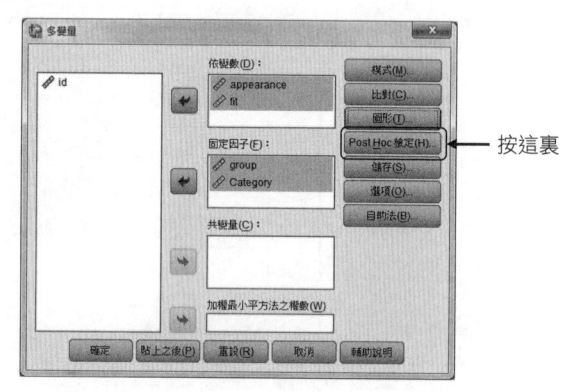

按這裏

8. 選取「group」和「category」至「Post Hoc 檢定」欄位

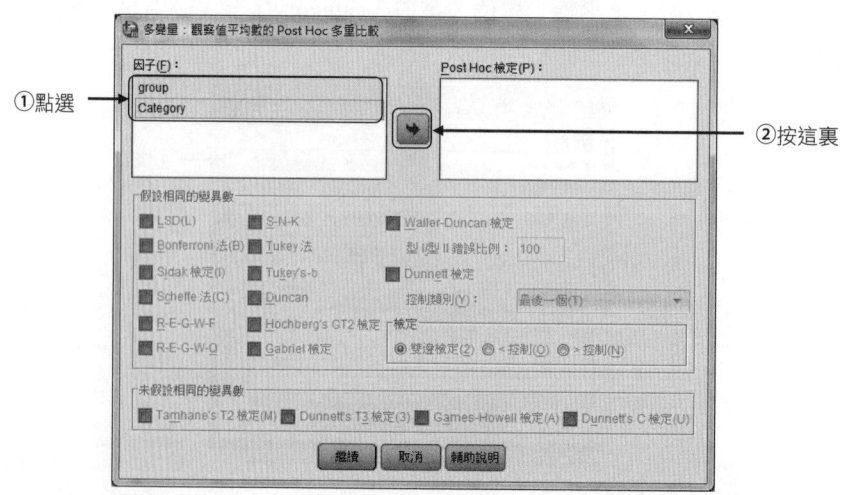

①點選

②按這裏

12-44

多變量變異數分析 **12** Chapter

9. 勾選「Scheffe 法」及「Tukey 法」，點選[繼續]

   ①勾選
   ②按這裏

10. 點選[選項]

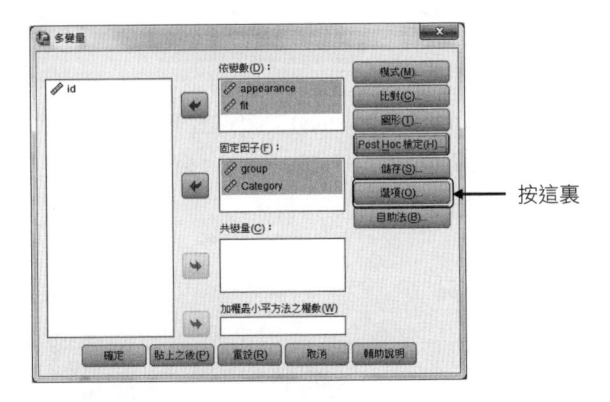

    按這裏

11. 選取「group」、「Category」及「group*category」至「顯示平均數」欄位

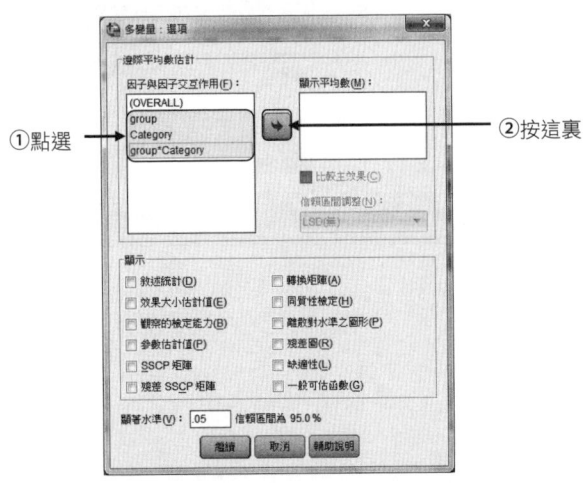

    ①點選
    ②按這裏

12-45

12. 勾選「敘述統計」與「效果大小估計值」，點選[繼續]

①勾選

②按這裏

- 敘述性統計(Descriptive statistics)：敘述性統計包含有平均數、標準差及個數。
- 效果大小估計值(Estimates of effect size)：關聯強度估計值，包含有效果項目和所有參數估計之淨相關的 Eta 平方值。

13. 點選[確定]

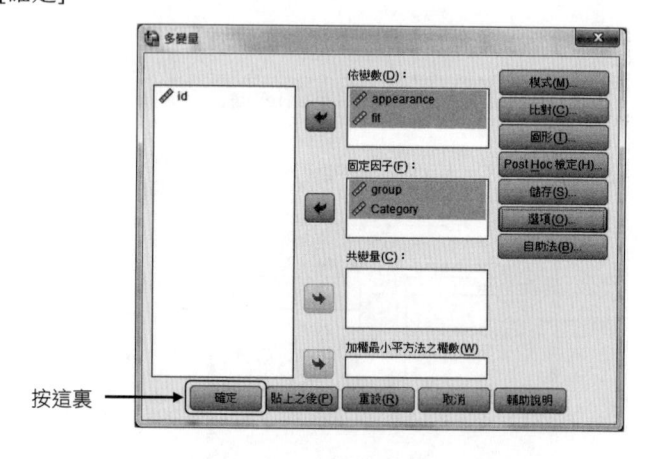

按這裏

14. 結果如下圖

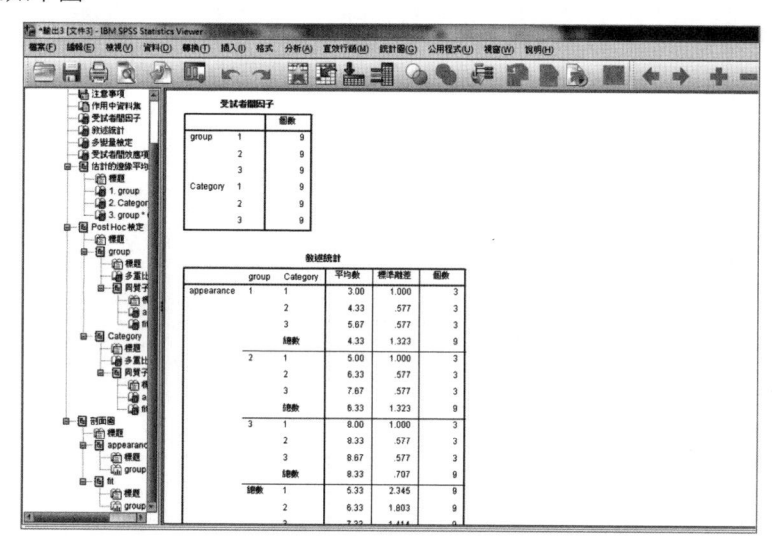

我們將敘述性統計中有關外觀(Appearance)整理成細格平均數和邊緣平均數如下表：

A 因子＼B 因子	Category 1 國內品牌	Category 2 組裝電腦	Category 3 國外品牌	邊緣平均數
Group1 學生組	3	4.33	5.67	4.33
Group2 上班組	5	6.33	7.67	6.33
Group3 退休組	8	8.33	8.67	8.33
邊緣平均數	5.33	6.33	7.33	6.33

我們將敘述性統計中有關適用(Fit)整理成細格平均數和邊緣平均數如下表：

A 因子＼B 因子	Category 1 國內品牌	Category 2 組裝電腦	Category 3 國外品牌	邊緣平均數
Group1 學生組	3	4.33	5.33	4.22
Group2 上班組	5.67	6.33	7.67	6.56
Group3 退休組	6.67	8.33	8.67	7.89
邊緣平均數	5.11	6.33	7.22	6.22

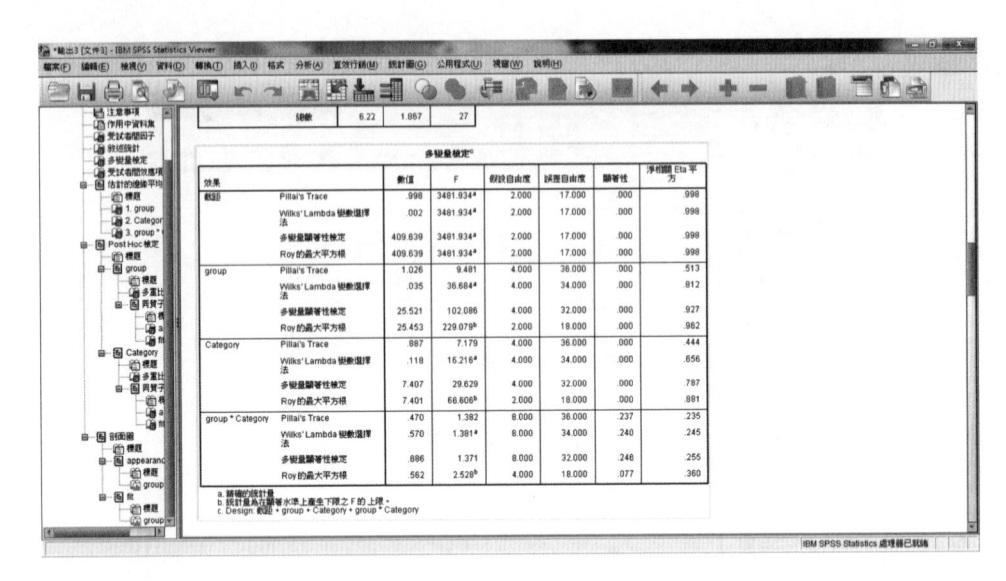

多變量檢定：

　　Group 達顯著

　　Category 達顯著

　　group*Category 交互作用未達顯著

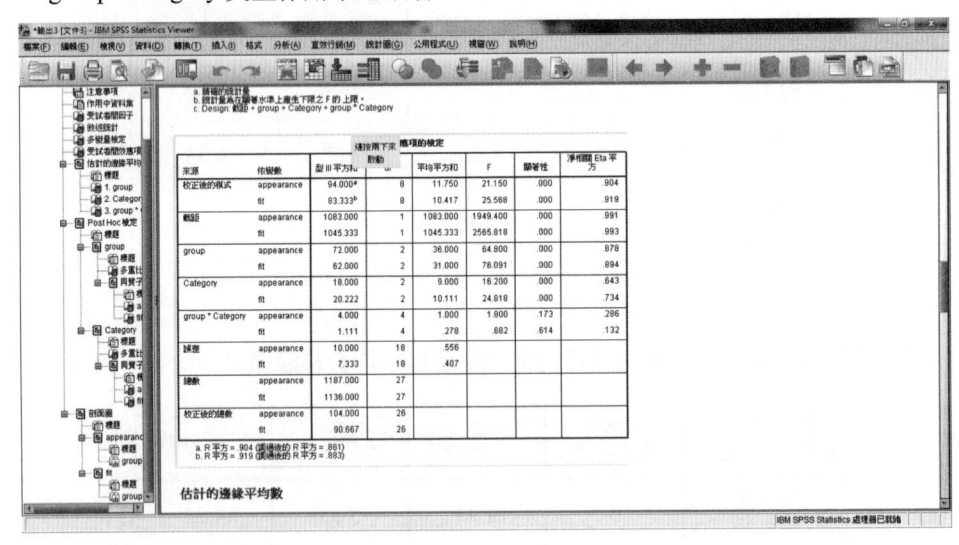

檢定：

　　二因子變異數分析摘要表，從輸出報表中可以看出在外觀(Appearance)上，購買組別和產品類別(group*Category)的交互作用未達顯著，F 值為 1.8，p 值為 0.173 >0.05，未達顯著水準 0.05，表示購買組別：Group1 學生組、Group2 上班組、Group3 退休組對於外觀(Appearance)的購買喜好，不受產品類別：Category 1 國內品牌、Category 2

12-48

組裝電腦、Category 3 國外品牌的影響，相對的，購買產品類別：Category 1 國內品牌、Category 2 組裝電腦、Category 3 國外品牌對於外觀(Appearance)的購買喜好，不受購買組別：Group1 學生組、Group2 上班組、Group3 退休組的影響。

再從輸出報表中可以看出在適用(Fit)，購買組別和產品類別(group*Category) 的交互作用未達顯著，F 值為 0.682，p 值為 0.614 >0.05，未達顯著水準 0.05，表示購買組別：Group1 學生組、Group2 上班組、Group3 退休組對於適用(Fit)的購買喜好，不受產品類別：Category 1 國內品牌、Category 2 組裝電腦、Category 3 國外品牌的影響，相對的，購買產品類別：Category 1 國內品牌、Category 2 組裝電腦、Category 3 國外品牌對於適用(Fit)的購買喜好，不受購買組別：Group1 學生組、Group2 上班組、Group3 退休組的影響。

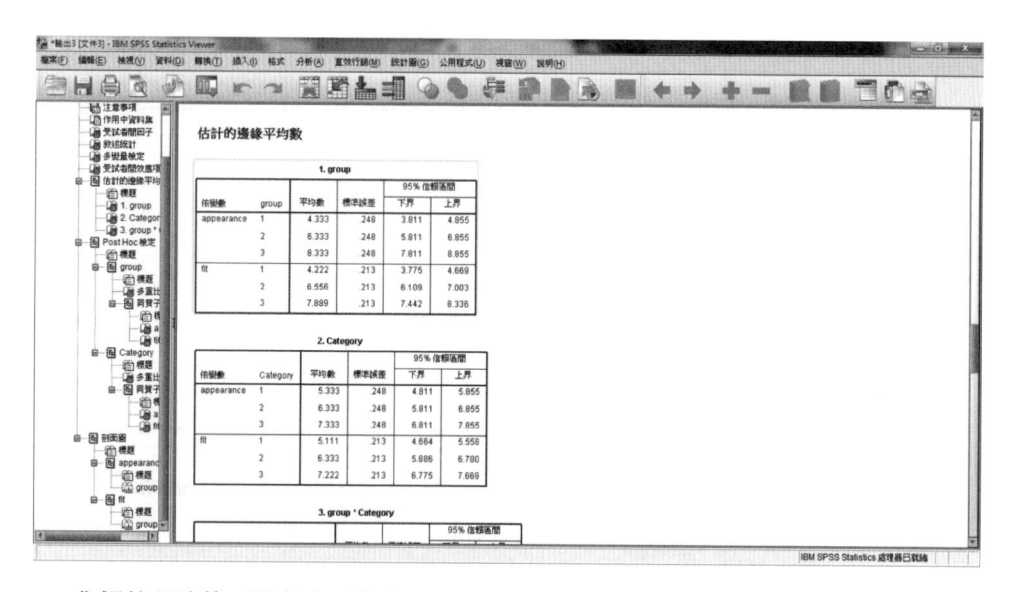

我們整理邊緣平均數有關外觀(Appearance)的邊緣平均數如下表：

A 因子 \ B 因子	Category 1 國內品牌	Category 2 組裝電腦	Category 3 國外品牌	邊緣平均數
Group1 學生組	3	4.33	5.67	**4.33**
Group2 上班組	5	6.33	7.67	**6.33**
Group3 退休組	8	8.33	8.67	**8.33**
邊緣平均數	5.33	6.33	7.33	6.33

12-49

我們整理邊緣平均數有關適用(Fit)的邊緣平均數如下表：

A 因子 \ B 因子	Category 1 國內品牌	Category 2 組裝電腦	Category 3 國外品牌	邊緣平均數
Group1 學生組	3	4.33	5.33	**4.22**
Group2 上班組	5.67	6.33	7.67	**6.56**
Group3 退休組	6.67	8.33	8.67	**7.89**
邊緣平均數	5.11	6.33	7.22	6.22

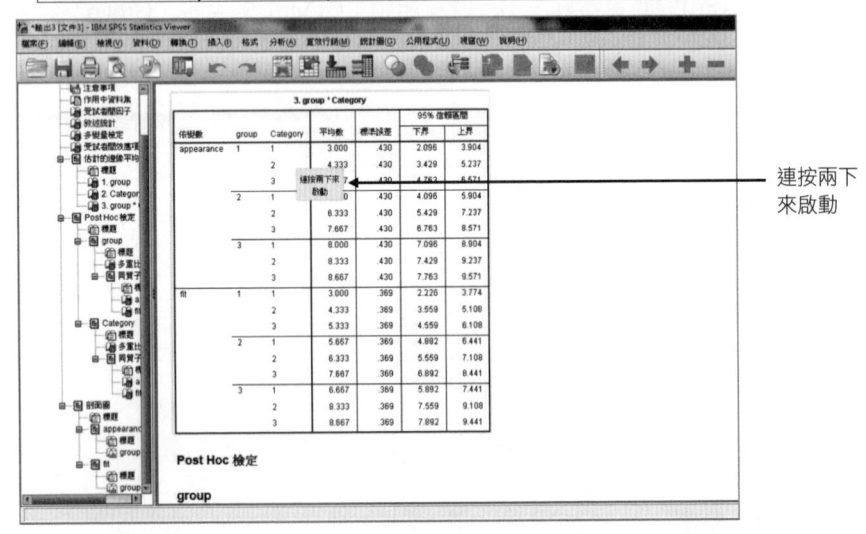

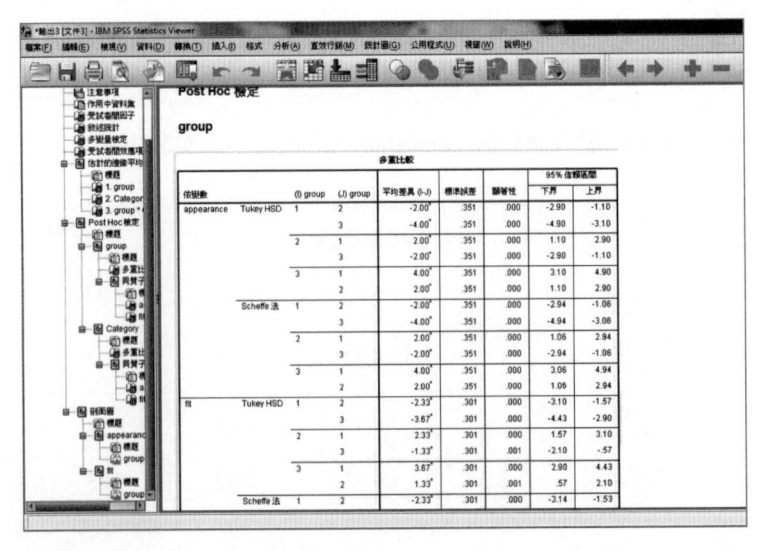

連按兩下來啟動

多變量變異數分析

購買組別：Group1 學生組、Group2 上班組、Group3 退休組的 Multiple Comparisons (多重比較)，在外觀(Appearance)和適用(Fit)中，以 Tukey HSD 和 Scheffe 法比較都呈現顯著，p 值< =0.001。在外觀(Appearance)的注重上，Group3 退休組 > Group2 上班組 > Group1 學生組。在適用(Fit)中的注重上，Group3 退休組 > Group2 上班組 > Group1 學生組。

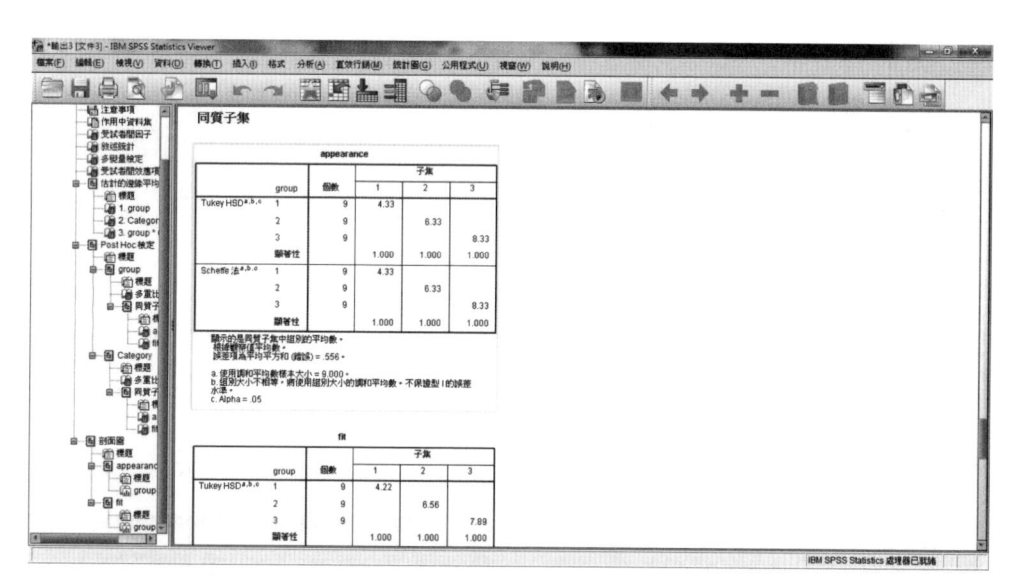

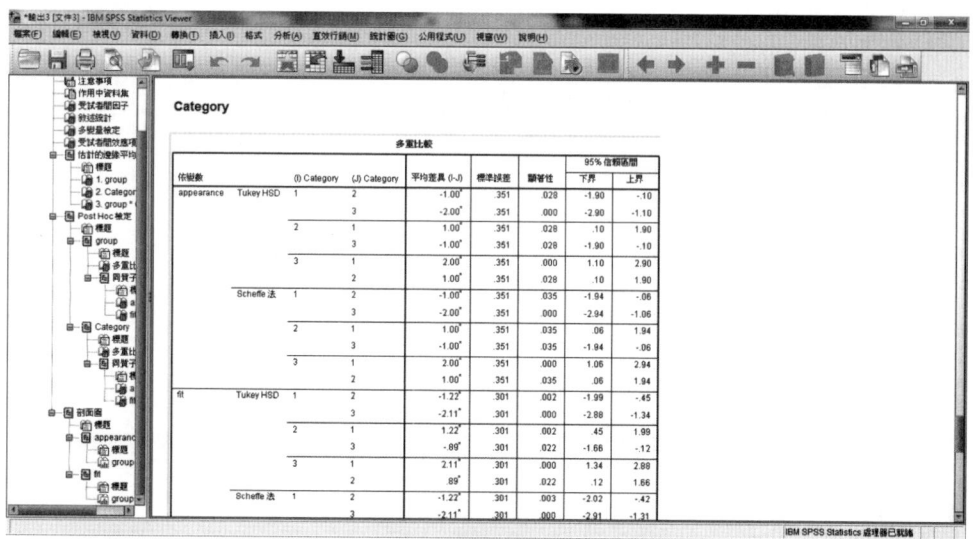

產品類別：Category 1 國內品牌、Category 2 組裝電腦、Category 3 國外品牌的 Multiple Comparisons(多重比較)，在外觀(Appearance)和適用(Fit)中，以 Tukey HSD 和

12-51

Scheffe 法比較都呈現顯著，p 值 < 0.05。在外觀(Appearance)的注重上，Category 3 國外品牌 > Category 2 組裝電腦 > Category 1 國內品牌。在適用(Fit)中的注重上，Category 3 國外品牌 > Category 2 組裝電腦 > Category 1 國內品牌。

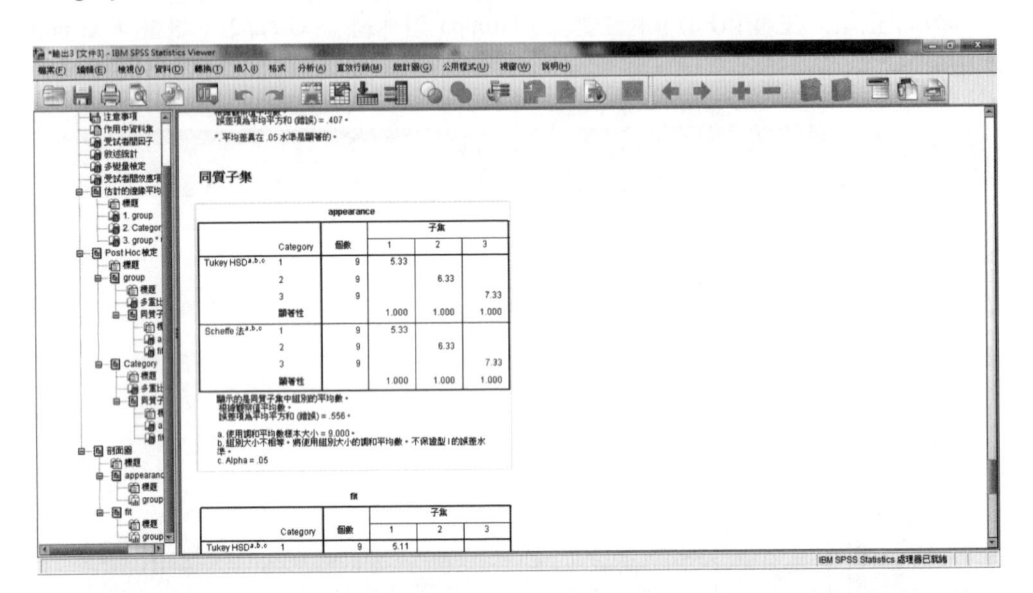

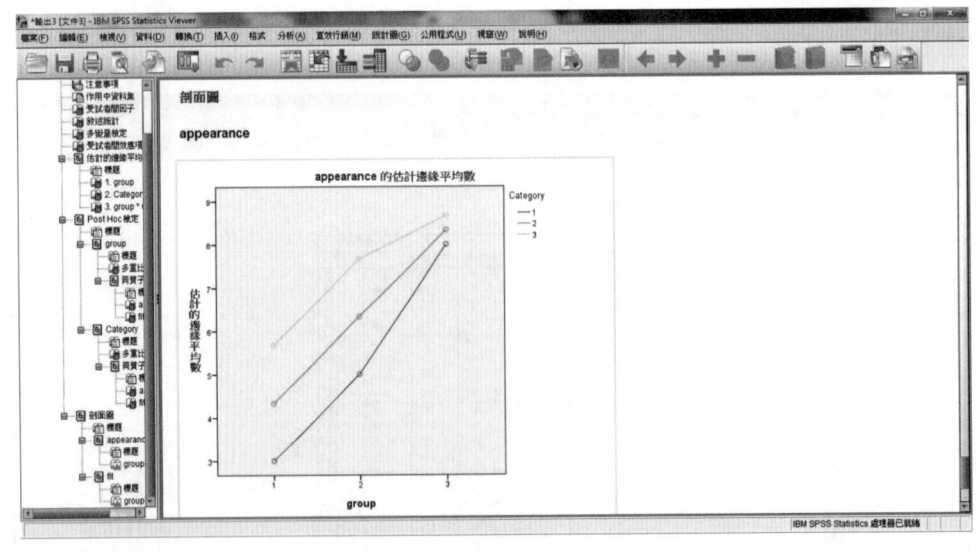

✪ **Appearance:**

　　購買組：Group1 學生組、Group2 上班組、Group3 退休組
　　產品類別：Category 1 國內品牌、Category 2 組裝電腦、Category 3 國外品牌

二個自變項(購買組：Group 和產品類別：Category)在外觀(appearance)之平均數趨勢圖，三條線未有交叉，呈現平行關係，在外觀(Appearance)的平均數，Group3 退休組 > Group2 上班組 > Group1 學生組。Category 3 國外品牌 > Category 2 組裝電腦 > Category 1 國內品牌。

另外：

我們也可以得到 fit 結果如下

購買組：Group1 學生組、Group2 上班組、Group3 退休組
產品類別：Category 1 國內品牌、Category 2 組裝電腦、Category 3 國外品牌
二個自變項(購買組：Group 和產品類別：Category)在適用(Fit)之平均數趨勢圖，三條線未有交叉，呈現平行關係，在適用(Fit)的平均數，Group3 退休組 > Group2 上班組 > Group1 學生組。Category 3 國外品牌 > Category 2 組裝電腦 > Category 1 國內品牌。

結果：

我們整理不同購買組別：(Group1 學生組、Group2 上班組、Group3 退休組)與不同產品類別：Category 1 國內品牌、Category 2 組裝電腦、Category 3 國外品牌對於外觀(Appearance)的購買喜好之二因子變異數分析摘要表如下：

外觀(Appearance)

變異來源	SS	df	MS	F	事後比較	淨 η^2
A 因子 Group	72	2	36	64.8 ***	Group3 > Group2 > Group1	.878
B 因子 Category	18	2	9	16.2 ***	Category 3 > Category 2 > Category 1	.643
group * Category	4	4	1	1.8 n.s.		.286
誤差	10	18	.556			
全體	104	26				

註：n.s. p>.05   **p<.01   ***p<.001
Group1 學生組、Group2 上班組、Group3 退休組
Category 1 國內品牌、Category 2 組裝電腦、Category 3 國外品牌

購買組別和產品類別(group*Category)的交互作用未達顯著，F 值為 1.8，p 值為 0.173 >0.05，未達顯著水準 0.05。

購買組別對於外觀(Appearance)的主要效果達顯著,F 值為 64.8,p 值為 0.000。購買組別變項可以解釋外觀變項 87.8%變異量。經過事後比較發現在外觀(Appearance)注重上,退休組明顯大於上班組,上班組明顯大於學生組。

產品類別對於外觀(Appearance)的主要效果達顯著,F 值為 16.2,p 值為 0.000。

產品類別變項可以解釋外觀變項 64.3%變異量經過事後比較發現在外觀(Appearance) 注重上,國外品牌明顯大於組裝電腦,組裝電腦明顯大於國內品牌。

我們整理不同購買組別:Group1 學生組、Group2 上班組、Group3 退休組,與不同產品類別:Category 1 國內品牌、Category 2 組裝電腦、Category 3 國外品牌,對於適用(Fit)的購買喜好之二因子變異數分析摘要表如下:

適用(Fit)

變異來源	SS	df	MS	F	事後比較	淨 η^2
A 因子 Group	62	2	31	76.091	Group3 > Group2 > Group1	.894
B 因子 Category	20.222	2	10.111	24.818	Category 3 > Category 2 > Category 1	.734
group * Category	1.111	4	.278	.682 n.s.		.132
誤差	7.333	18	.407			
全體	90.667	26				

註:n.s. p>.05   **p<.01   ***p<.001
Group1 學生組、Group2 上班組、Group3 退休組
Category 1 國內品牌、Category 2 組裝電腦、Category 3 國外品牌

購買組別和產品類別(group*Category)的交互作用未達顯著,F 值為 0.682,p 值為 0.614 >0.05,未達顯著水準 0.05。

購買組別對於適用(Fit)的主要效果達顯著,F 值為 76.091,p 值為 0.000。購買組別變項可以解釋外觀變項 89.4%變異量。經過事後比較發現:在適用(Fit)注重上,退休組明顯大於上班組,上班組明顯大於學生組。

產品類別對於適用(Fit)的主要效果達顯著,F 值為 24.818,p 值為 0.000。

產品類別變項可以解釋外觀變項 73.4%變異量經過事後比較發現:在適用(Fit)注重上,國外品牌明顯大於組裝電腦,組裝電腦明顯大於國內品牌。

12-10 寫作參考範例

多變量變異數分析是單變量變異數分析的推廣形式，指定兩個或兩個以上應變數的變異和共變數分析。

正確的書寫方式，參考以下範例。

- Yi, C., Jiang, Z., and Benbasat, I. 2017. "Designing for Diagnosticity and Serendipity: An Investigation of Social Product-Search Mechanisms," Information Systems Research (28:2), pp. 413–429.

"The Cronbach's alphas for perceived diagnosticity and perceived serendipity are 0.81 and 0.90, respectively, demonstrating adequate internal consistency of the measurement (i.e., above 0.70). Multivariate analysis of variance (MANOVA) was first conducted on both perceived diagnosticity and perceived serendipity. We included users' interest in exploring local restaurants as a control variable. Pillai's trace test revealed a significant main effect of product tags ($p < 0.001$) as well as a significant interaction effect between tags and socially endorsed people ($p < 0.05$). We then used follow-up ANOVAs to test the effects on the two dependent variables separately.

ANOVA results on perceived diagnosticity showed that there was a significant main effect of product tags ($F(1, 113) = 20.62$, $p < 0.001$); that is, the website with tags led to a significantly higher level of perceived diagnosticity than the website without tags. Hence, H1 was supported. However, the presence of socially endorsed people did not have a significant effect ($F(1, 113) = 0.03$, $p > 0.05$); hence, H3 was not supported. There was no significant interaction effect between tags and socially endorsed people either ($F(1, 113) = 2.90$, $p > 0.05$; see Tables 1 and 2)." [p9]

多變量變異數分析（MANOVA）首先針對感知診斷性和感知偶然性進行，同時將使用者興趣作為控制變數。Pillai's trace test 揭示產品標籤的顯著主效應（p <0.001）以及標籤和社會認可人群之間的顯著交互作用（p <0.05）。隨後作者使用 ANOVA 分別測試對兩個應變數的影響。

感知診斷性的 ANOVA 結果顯示產品標籤具有顯著主效應（F（1,113）= 20.62，p <0.001），即帶有標籤的網站比沒有標籤的網站帶來了更高的感知診斷水準。因此，支持 H1。然而，社會認可人群沒有顯著影響（F（1,113）= 0.03，p> 0.05）。因此，H3

不受支持。標籤與社會認可人群之間沒有顯著的交互作用（F(1,113) = 2.90，p> 0.05；見表 12-33 和表 12-34）。

表 12-33 ANOVA 檢驗-主要作用和交互作用

Table 1. ANOVA Test—Main and Interaction Effects

Source	Dependent variable	df	Mean square	F	Sig.
Product tags	*Diagnosticity*	1	22.47	20.62	0.00
	Serendipity	1	4.39	4.34	0.04
Socially endorsed people	*Diagnosticity*	1	0.03	0.03	0.87
	Serendipity	1	0.17	0.17	0.68
Tags × Socially endorsed people	*Diagnosticity*	1	3.16	2.90	0.10
	Serendipity	1	7.58	7.49	0.01

Note. The control variable, users' interest in exploring local restaurants, does not have a significant effect on any of the dependent variables.

表 12-34 四個條件的均值和標準差

Table 2. Means and Standard Deviations of the Four Conditions

	With socially endorsed people	Without socially endorsed people
Perceived diagnosticity		
No tags	4.49 (1.30)	4.78 (1.07)
With tags	5.68 (0.85)	5.27 (1.04)
Perceived serendipity		
No tags	5.08 (0.97)	5.52 (0.99)
With tags	5.97 (0.85)	5.38 (1.26)

　　本研究探討了兩種截然不同的社交產品搜索線索，產品標籤和社會認可人群對用戶感知的診斷性和產品搜索體驗的偶然性的影響。雖然產品標籤通過社區標記的各種產品功能支援產品導航，但訪問社會認可的使用人員能夠流覽這些人喜歡的各種高品質的替代品。本研究使用來自中國最大的基於社交網路的產品搜索網站之一的真實資料構建了一個實驗網站，進行實證研究。這項研究的結果表明，產品標籤可以說明使用者定位和評估相關的替代品，從而增強產品搜索的感知診斷性，而產品標籤的集成和對社會認可的人的訪問用戶能夠進行更多偶然的搜索。此外，感知的診斷性和感知的搜索體驗的偶然性都會對使用者的決策滿意度產生積極影響。

CHAPTER 13 典型相關

13-1 典型相關

典型相關是一種統計分析技術,也是一種屬於多變量統計(multivariate statistics)的分析方法。典型相關分析的目的是分析兩組變數之間關係的強度,換句話說是用來解釋一組自變項(2 個以上的 X 變項)與另一組依變項(2 個以上的 Y 變項)之間的關係的分析方法。常見的範例有:遊客的環境態度對環境行為的相關性分析,休閒動機對休閒滿意度的典型相關研究,期望及滿意度之典型相關研究。

典型相關(Canonical Correlation),典型相關適用於依變數為計量或非計量,自變數也是計量或非計量,如下圖:

$$Y_1+Y_2+Y_3+\ldots+Y_j = X_1+X_2+X_3+\ldots+X_k$$
(計量、非計量)　　　　　(計量、非計量)

適用於典型相關分析的資料是 2 組的變數,這二組變數擁有理論上的支持,一組為依變數,一組為自變數,經由分析所得到的典型相關,就可以應用在很多的地方,因此,典型相關的目的,可以有下列幾項:

- 決定二組變數的關係強度
- 計算出依變數和自變數在線性關係最大化下的權重 Weight,另外的線性函數則會最大化,剩餘的相關,並且和前面的線性組合是相互獨立
- 用來解釋依變數和自變數關係存在的本質

13-2 典型相關分析的基本假設

在作典型相關分析之前，必須檢定資料是符合下列 4 種基本的統計假設 (statistical assumption)：

1. 線性關係：兩組變數的相關係數是基於線性關係，若不是線性關係，則變數需要轉換，以達成線性關係。
2. 常態性(normality)：雖然，典型相關並無最嚴格要求常態性，但常態性會使分配標準化以允許變數間擁有較高的相關，因此，符合常態性是較好的作法，由於多變量的常態難以判讀，所以大多都是針對單一變量要求是常態性。
3. 變異數相等(Homoscedasticity)：若不相等，會降低變數間的相關，因此，需要符合變異數相等。
4. 複共線性問題：若是變數間有複共線性問題，則無法說明任何一個變數的影響，導致解釋的結果並不可靠，因此，需要變數無複共線性問題。

13-3 典型函數的估計

我們使用典型相關分析的初始結果，就是要得到一個或多個典型函數，每一個典型函數是由 2 個典型變量(canonical variance)所組成，這二個典型變量中的一個是依變量的線性組合，另一個是自變量的線性組合。典型相關分析會得到多少個典型函數呢？這是由依變數和自變數中較少的個數來決定，例如：依變數有 3 個變數，自變數有 6 個變數，經由典型相關分析後，會得到 3 個典型函數。第一個萃取出來的典型函數是用來解釋兩組變數的最大關連，第二個萃取出來的典型函數，是在第一個典型函數未解釋的變量中，取得兩組變數的最大關連，依此類推，直到的因子(factor)都被萃取出來，因此，愈後面的典型相關會愈來愈小。典型相關的係數代表著兩組典型變量的關係，係數的大小代表著關係的強弱，典型相關係數的平方等於兩個典型變量的共享變異(shared variance)，也就是一個典型變量可以被另一個典型變量所解釋的大小，這個數值就稱為典型根(canonical roots)或特徵值(eigen values)。

13-4 典型函數的選擇

典型函數的選擇主要是用在挑選那些函數來解釋才有意義，在一般情形下，我們都會挑選典型相關係數達 a = 0.1 或 0.05 水準才會加以解釋，Hair et al. (1998) 建議不

要使用單一準則 (統計的顯著性)，而是使用統計顯著的程度，典型相關係數的大小，和重疊指數等 3 個準則，分別簡介如下：

- 統計顯著的程度：典型相關統計顯著的程度最少須達 a = 0.1 或 0.05 水準
- 典型相關係數的大小：沒有一定大小的典型相關係數代表需要去解釋，而是能理解研究問題被解釋了多少，特別是變異被解釋了多少

13-5 重疊指數(Redundancy index)

共享變異可以由典型相係數的平方(特徵值或典型根)所代表，但典型相關係數的來源是共享變量(shared variance)並非變異萃取(variance extracted)，在解釋的時候會有偏見，於是，就有人提出重疊指數(Redundancy index)，如下：

Redundancy index = Average loading Squared*Canonical R^2

我們會先計算每個典型負載(Canonical loading)的平方，再將典型負載的平方加總後平均起來，取得 Average loading Squared，最後再乘以 Canonical R^2，以得到 Redundancy index 的值，這個值代表依變數被自變數解釋了多少，類似於複迴歸所談的 R^2 統計值。

13-6 解釋典型變量

在確認典型相關已經有顯著性，並且，典型根 root 的大小和重疊指數都沒問題的情形下，我們就可以進行解釋典型變量，解釋典型變量就是檢驗典型函數在典型相關中，每個原始多變數的相對重要性，這個檢驗的方法有典型權重(Canonical Weight)，典型負荷量(Canonical loading)，典型交叉負荷量(Canonical cross-loading)這三種，我們分別簡介如下：

- 典型權重：典型權重代表該變數的重要性，權重較大代表變數對典型變量的影響較大，正負號代表著關係的正負方向，由於不同樣本的典型權重變動性較大，會形成這個指標的不穩定，所以建議較少用。
- 典型負荷量：典型負荷量是計算原始依變數中的觀察變數和依變數典型變量的相關性，也計算原始自變數中觀察變數和自變數典型變量的相關性，就像是因素負荷量(factor loading)，愈大的相關係數代表愈重要，由於不同樣本仍有相當的變動性，所以仍有指標不穩定的情形，但是，比典型權重好。

- 典型交叉負荷量：是穩定的指標，建議採用典型交叉負荷量是計算原始依變數中的觀察變數和自變數典型變量的相關性，也計算原始自變數中的觀察變數和依變數典型變量的相關性，由於，會交叉運算依變數和自變數，所計算出來的結果稱之為典型交叉負荷量。

13-7 驗證(validation)結果

我們擔心的是抽樣無法推論到母體，若是樣本較少，至少要作敏感度分析，也就是每次移除一個變數後，測試其典型權重和典型負荷是否一樣的穩定。若是樣本夠多，則分成 2 個樣本進行分析，最後比較 2 個樣本的典型權重、典型負荷量等，若是呈現不一致的情形，則無法從樣本推論到母體，驗證結果是相當重要的一個步驟，使用時，需要特別謹慎，小心，以避免錯誤地使用典型相關和解釋上錯誤。

13-8 典型相關與其他多變量計數的比較和應用

Canonical Correlation(典型相關)和 Regression(迴歸)的不同：

典型相關分析可以視為複迴歸的延伸使用，複迴歸的依變數(Y)只有一個，自變數(X)有多個，典型相關則是可以處理多個依變數和多個自變數。

典型相關分析的目的是要找出依變數的線性結合和自變數的線性結合，這兩個線性結合相關最大化，簡單地說，就是找出 Y 這一組的線性結合，X 這一組的線性結合，這兩個線性結合的最大化，換句話說，典型相關分析就是要求得一組的權重(Weight)以最大化依變數和自變數的相關。

典型相關和主成份的不同：

主成份分析是處理一組變數內，最大的萃取量，而典型相關則是處理兩組變數的關係最大化。

典型相關的應用有：大學生畢業時的成績和入學時成績的相關、就業者員工職位和工作滿意度的相關、員工的領導能力和情緒智力的相關、組織內創新能力和知識管理的相關、親子界限和家庭暴力的關連、醫院醫療費用和醫療品質的關連、產業的環境，廠商的特質對經營績效之關連。

13-9 典型相關的範例

在實務上，SPSS 並沒有提供典型相關圖形化的操作，而是需要直接輸入命令語法，早期會使用 MANOVA 命令語法，後來提供 Cancorr 命令語法(解釋較完整)，我們分別實作如後。

範例：

我們想了解介面複雜度(C14)、新技術(C15)、專業訓練(C16)、系統功能(C17)、訓練課程(C19)分成兩組 Set1 = c14 c15 c16，Set2 = c17 c19 透過典型相關分析以求得一組的權重(Weight)以最大化依變數和自變數的相關。

13-9-1 典型相關使用 MANOVA 命令語法

SPSS 典型相關 MANOVA 命令語法實務操作如下：
(請先將範例檔 Ch13 複製到 C:\Ch13)

1. 開啟範例 Caconicalo.sav (在 C:\Ch13)，點選[檔案/開啟新檔/語法]，出現圖如下：

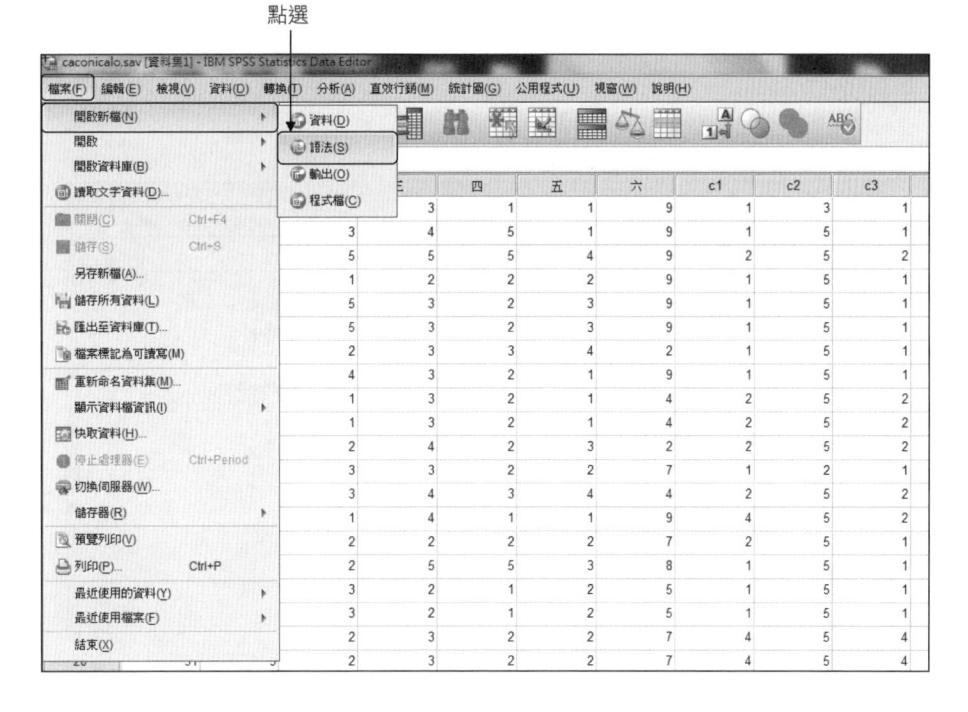

2. 輸入語法

```
MANOVA
c14 To c16 WITH c17 c19
/DISCRIM RAW STAN CORR  ALPHA(0.1)
/PRINT SIGNIF(EIGN DIMENR)
/DESIGN.
```

結果如下圖：

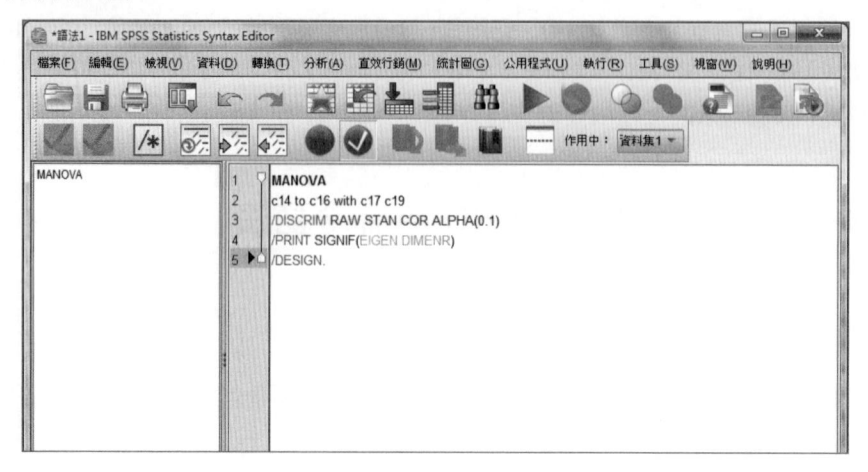

3. 點選[執行/全部]

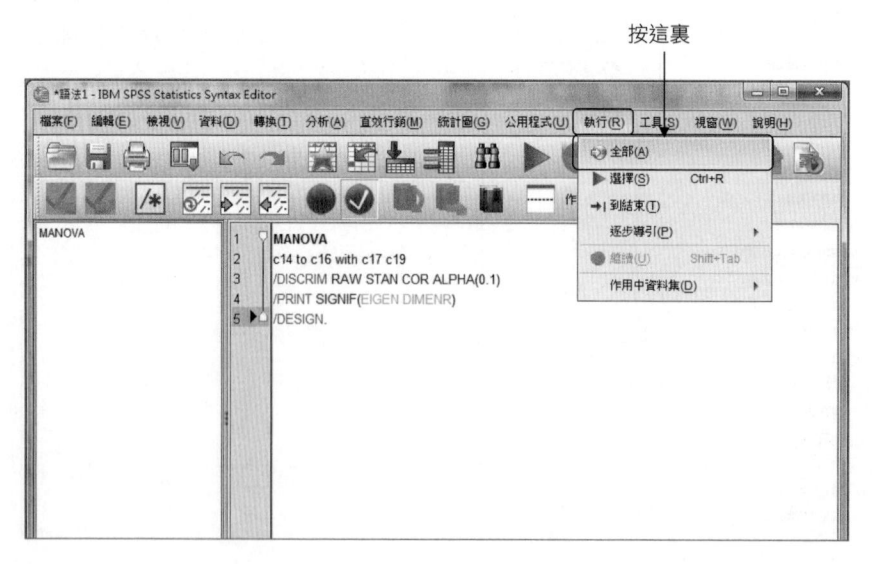

4. 結果如下圖

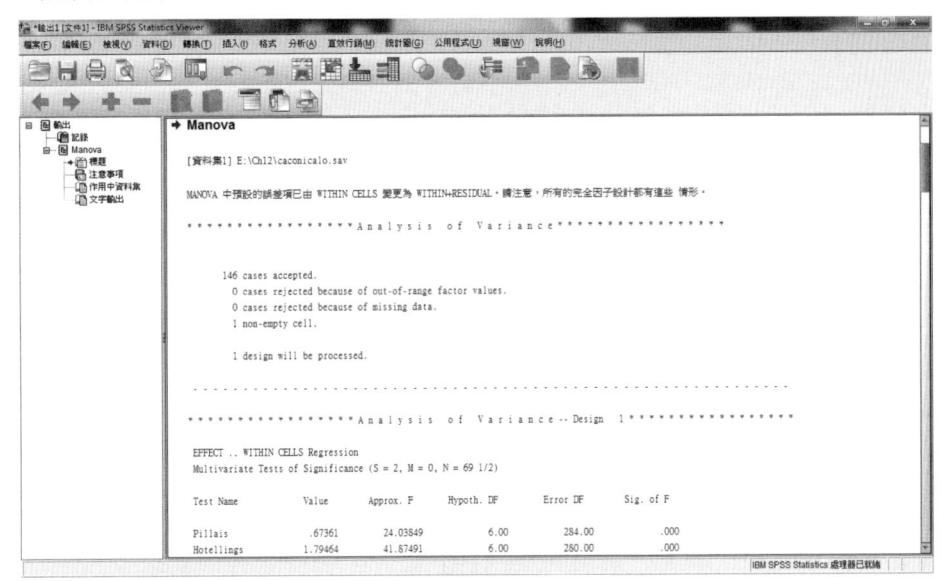

```
* * * * * * * A n a l y s i s   o f   V a r i a n c e * * * * * * *

    146  cases accepted.
      0  cases rejected because of out-of-range factor values.
      0  cases rejected because of missing data.
      1  non-empty cell.

      1 design will be processed.
```

重要的報表分析：

```
* * * * * * A n a l y s i s   o f   V a r i a n c e * * * * * *

    146  cases accepted.
      0  cases rejected because of out-of-range factor values.
      0  cases rejected because of missing data.
      1  non-empty cell.

      1 design will be processed.
```

變異數分析，有 146 樣本進行分析。

```
- - - - - - - - - - - - - - - - - - - - - - - - - - - - - -

* * * A n a l y s i s   o f   V a r i a n c e -- design   1 * * * *

EFFECT .. WITHIN CELLS Regression
Multivariate Tests of Significance (S = 2, M = 0, N = 69 1/2)

Test Name         Value    Approx. F  Hypoth. DF   Error DF  Sig. of F

Pillais          .67361    24.03849       6.00      284.00      .000
Hotellings      1.79464    41.87491       6.00      280.00      .000
Wilks            .34954    32.49649       6.00      282.00      .000
Roys             .63728
Note.. F statistic for WILKS' Lambda is exact.
```

多變量顯著性檢定,一般我們常看 WILKS' Lambda 的 P 值,這裡所有檢定的 P 值都是 0.000 < 0.05,都呈現顯著水準。

```
- - - - - - - - - - - - - - - - - - - - - - - - - - - - - - - - - - - -
Eigenvalues and Canonical Correlations

Root No.     Eigenvalue     Pct.      Cum.Pct.    Canon Cor.   Sq. Cor

    1          1.757        97.899     97.899       .798         .637
    2           .038         2.101    100.000       .191         .036
```

第一組 Eigenvalues 的值 1.757 和典型相關係數 0.798,代表兩組變數有高度相關。第二組 Eigenvalues 的值 0.038 和典型相關係數 0.191,比第一組的值小很多。

我們畫出關係圖如下:

$$\lambda_1 \underline{\quad .798 \quad} \eta_1$$

$$\lambda_2 \underline{\quad .191 \quad} \eta_2$$

```
- - - - - - - - - - - - - - - - - - - - - - - - - - - - - - - - - - - -
Dimension Reduction Analysis

Roots         Wilks L.    F Hypoth.   DF    Error DF    Sig. of F

1 TO 2         .34954     32.49649   6.00    282.00      .000
2 TO 2         .96367      2.67703   2.00    142.00      .072
```

維度遞減分析,每次遞減前一行的維度,以進行典型相關的分析,1 TO 2 維度遞減分析的 P 值 0.000 < 0.05 是顯著水準,2 TO 2 維度遞減分析的 P 值 0.072 > 0.05 未達顯著水準,所以只需要考慮第一組的典型相關即可。

```
- - - - - - - - - - - - - - - - - - - - - - - - - - - - - - - - - - - -
EFFECT .. WITHIN CELLS Regression (Cont.)
Univariate F-tests with (2,143) D. F.

Variable    Sq. Mul. R   Adj. R-sq.   Hypoth. MS    Error MS        F

c14           .37363       .36487      24.36933      .57137     42.65037
c15           .45900       .45143      33.60299      .55393     60.66299
c16           .51675       .50999      35.66998      .46654     76.45687

Variable    Sig. of F

c14            .000
c15            .000
c16            .000
```

單變量 F 值檢定，變數 C14，C15，C16 的 P 值 0.000 < 0.05 達顯著水準。

```
- - - - - - - - - - - - - - - - - - - - - - - - - - - - - - - - - - -
Raw canonical coefficients for DEPENDENT variables
        Function No.

Variable            1           2

c14              -.228        .928
c15              -.398        .339
c16              -.571      -1.091
```

依變數原始典型相關系數，一般很少用。

```
- - - - - - - - - - - - - - - - - - - - - - - - - - - - - - - - - - -
Standardized canonical coefficients for DEPENDENT variables
        Function No.

Variable            1           2

c14              -.216        .880
c15              -.400        .341
c16              -.557      -1.064
```

依變數標準化典型相關系數，

第一組的值 c14 =-0.216　　c15= -0.400　　c16=-0.557。

第二組的值 c14 =0.880　　　c15= 0.341　　c16=-1.064。

我們畫出關係圖如下：

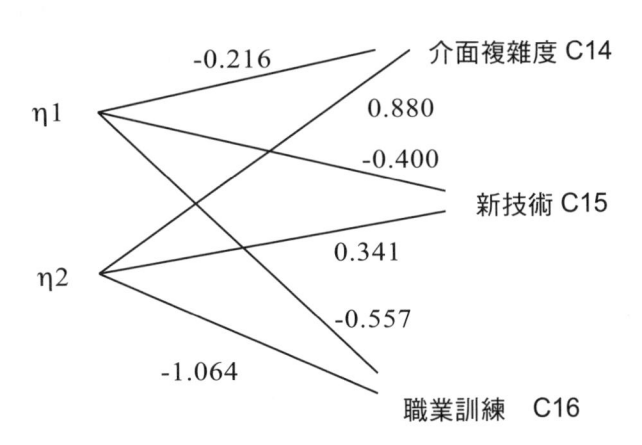

```
                              -0.216                  介面複雜度 C14
            η1  
                                      0.880

                                     -0.400
                                                      新技術 C15
                                      0.341
            η2
                                     -0.557

                              -1.064                  職業訓練　C16
```

```
- - - - - - - - - - - - - - - - - - - - - - - - - - - - - - - - - - -
Raw canonical coefficients for COVARIATES
        Function No.

COVARIATE           1           2
```

```
c17              -.809        -.951
c19              -.353         1.331
```

變數原始典型相關系數，一般很少用。

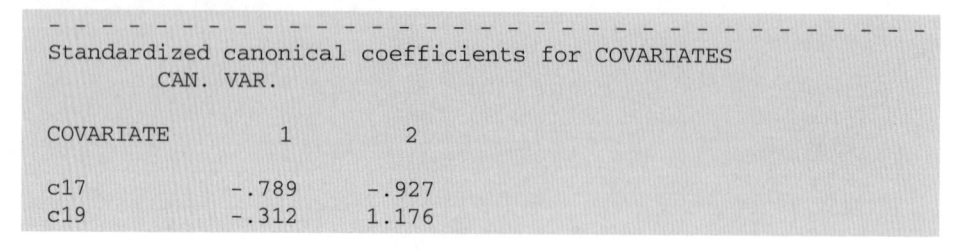

```
Standardized canonical coefficients for COVARIATES
         CAN. VAR.

COVARIATE         1            2

c17              -.789        -.927
c19              -.312         1.176
```

標準化典型相關系數，我們畫出關係圖如下：

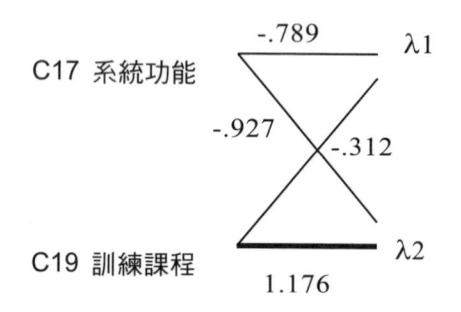

C17 系統功能 ─(-.789)─ λ_1
         ╲(-.927)╱(-.312)
C19 訓練課程 ─(1.176)─ λ_2

我們畫出整體關係圖如下：

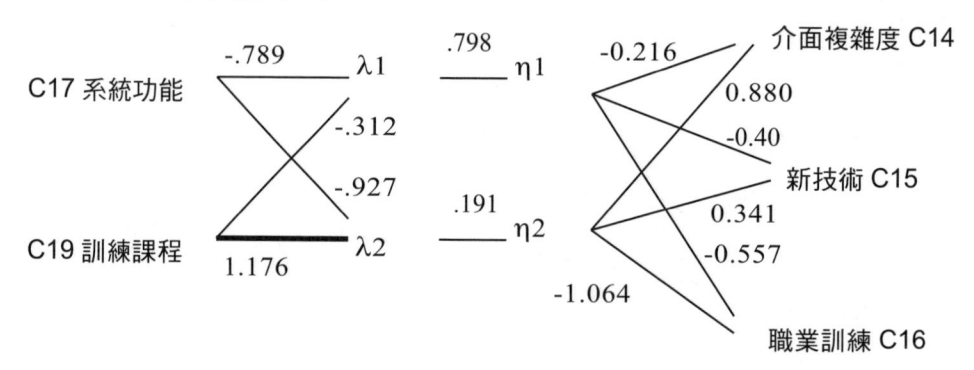

C17 系統功能 ─-.789─ λ_1 ─.798─ η_1 ─-0.216─ 介面複雜度 C14
         ╲-.312╱   ╲0.880
         ╱-.927╲   ╱-0.40 新技術 C15
C19 訓練課程 ─1.176─ λ_2 ─.191─ η_2 ─0.341─
                                       ╲-0.557
                                       -1.064 職業訓練 C16

13-9-2 典型相關使用 Cancorr 命令語法

相同範例：

我們想了解介面複雜度(C14)、新技術(C15)、專業訓練(C16)、系統功能(C17)、訓練課程(C19)分成兩組 Set1 = c14 c15 c16，Set2 = c17 c19 透過典型相關分析以求得一組的權重(Weight)以最大化依變數和自變數的相關。

SPSS 典型相關 Cancorr 命令語法實務操作如下：

1. 開啟 Caconicalo.sav，點選[檔案/開啟新檔/語法]

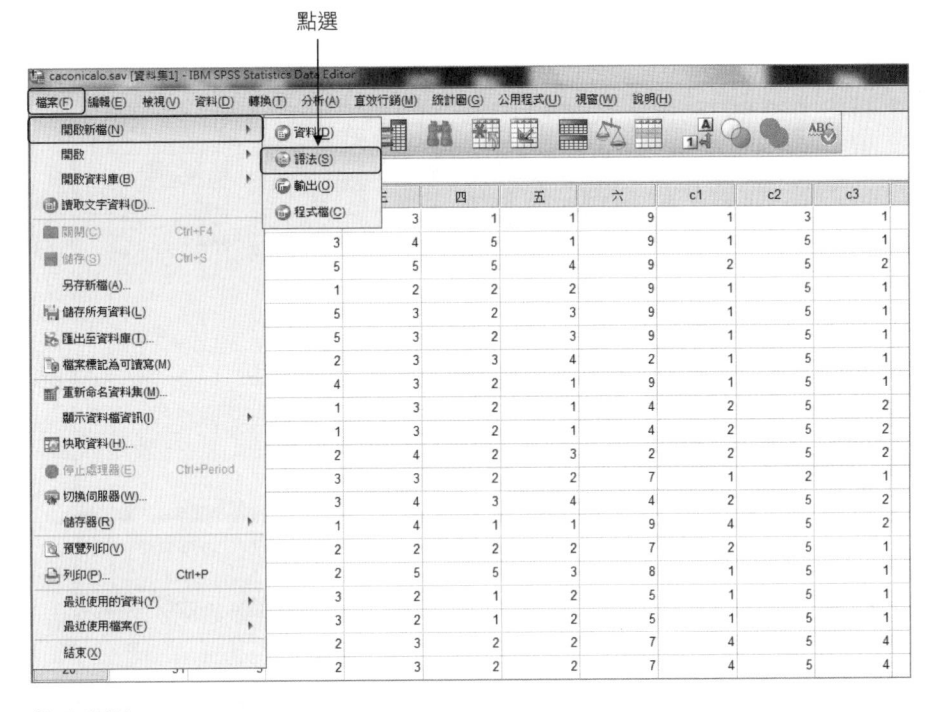

2. 輸入語法：

```
Include file 'C:\Program Files\IBM\SPSS\Statistics\19\Samples\English\Canonical correlation.sps'
cancorr Set1=c14 c15 c16
       /Set2=c17 c19
```

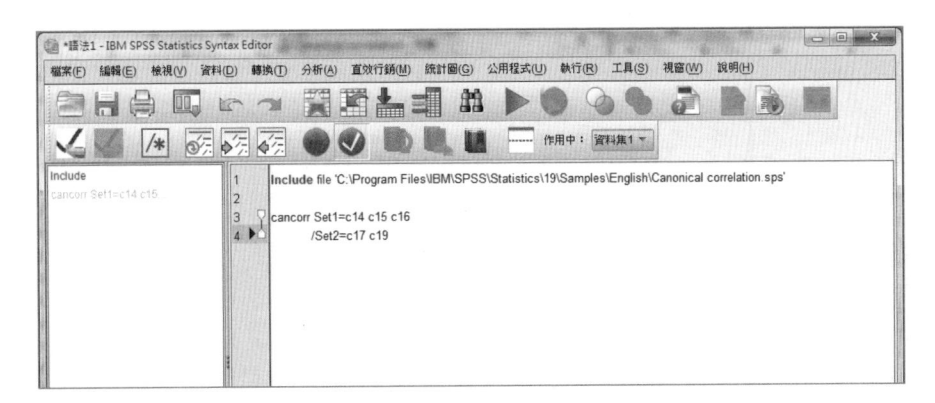

13-11

> 注意：Include file 是用來引入 Canonical correlation.sps 檔案，此檔案為 MACRO 命令，一般是在安裝 SPSS 的根目錄下，請自行確認檔案路徑後，再引入 Canonical correlation.sps 檔案。

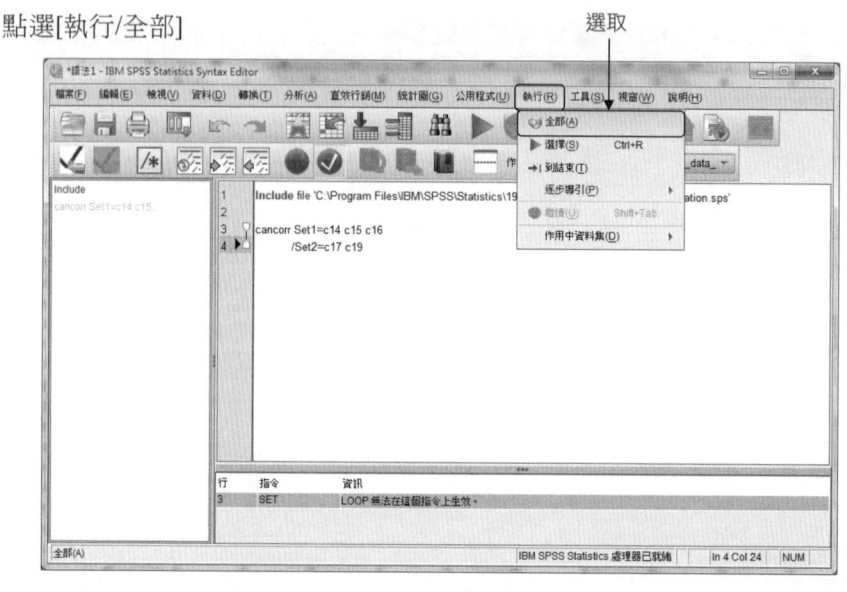

3. 點選[執行/全部]

4. 結果如下圖

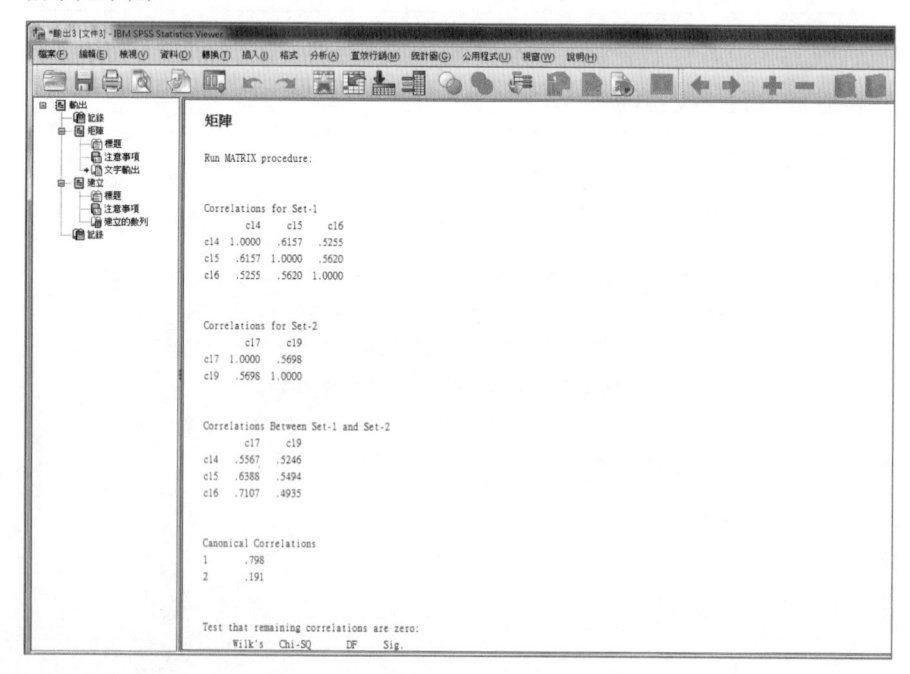

報表結果分析如下:

```
Run MATRIX procedure:


Correlations for Set-1
        c14      c15      c16
c14   1.0000   .6157    .5255
c15    .6157  1.0000    .5620
c16    .5255   .5620   1.0000
```

第一組變數的相關分析

```
Correlations for Set-2
        c17      c19
c17   1.0000    .5698
c19    .5698   1.0000
```

第二組變數的相關分析

```
Correlations Between Set-1 and Set-2
        c17      c19
c14    .5567    .5246
c15    .6388    .5494
c16    .7107    .4935
```

第一組和第二組變數的相關分析

```
Canonical Correlations
1     .798
2     .191
```

■ 典型相關係數

典型相關會先求最大的典型相關係數,並且會依序排順序,愈小的相關係數愈往後排序,第一組典型相關係數 0.798,代表兩組變數有高度相關。第二組典型相關係數 0.191,比第一組的值小很多。

我們畫出關係圖如下:

λ_1 ———— .798 ———— η_1

λ_2 ———— .191 ———— η_2

13-13

```
Test that remaining correlations are zero:
    Wilk's   Chi-SQ      DF      Sig.
1    .350   149.261    6.000    .000
2    .964     5.256    2.000    .072
```

- 典型相關分析的檢定

典型相關分析的檢定結果是第一組的典型相關係數檢定的 P 值 0.000<0.05 達顯著水準，第二個的典型相關係數檢定的 P 值 0.072>0.05，未達顯著水準。

```
Standardized Canonical Coefficients for Set-1
            1         2
c14      -.216      .880
c15      -.400      .341
c16      -.557    -1.064
```

- 第一組標準化典型係數

標準化典型係數相當於迴歸的係數，代表變數的影響力大小，我們可以畫出圖示代表示如下：

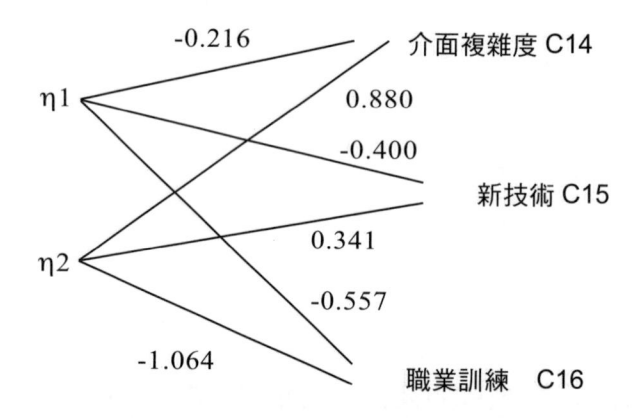

η_1 ─── -0.216 ─── 介面複雜度 C14
        ─── 0.880
        ─── -0.400 ─── 新技術 C15
η_2 ─── 0.341
        ─── -0.557 ─── 職業訓練 C16
        ─── -1.064

```
Raw Canonical Coefficients for Set-1
            1         2
c14      -.228      .928
c15      -.398      .339
c16      -.571    -1.091
```

- 第一組原始典型係數

原始典型係數是將原始變數轉換成典型變量的權數，需要經由標準化後，才能一起比較和使用。

```
Standardized Canonical Coefficients for Set-2
            1         2
c17      -.789     -.927
c19      -.312     1.176
```

■ 第二組標準化典型係數

標準化典型係數相當於迴歸的係數，代表變數的影響力大小，我們可以畫出圖示代表如下：

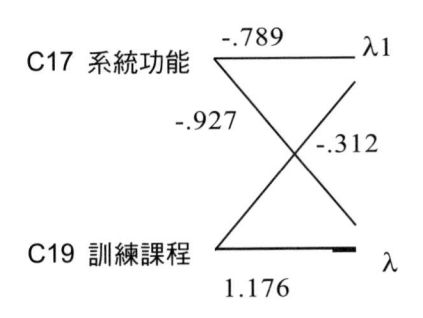

```
                        -.789
         C17 系統功能 ─────────── λ1
                    ╲       ╱
                -.927╲     ╱-.312
                      ╲   ╱
                       ╳
                      ╱   ╲
                     ╱     ╲
         C19 訓練課程 ─────────── λ
                        1.176
```

```
Raw Canonical Coefficients for Set-2
            1         2
c17      -.809     -.951
c19      -.353     1.331
```

■ 第二組原始典型係數

原始典型係數是將原始變數轉換成典型變量的權數，需要經由標準化後，才能一起比較和使用。

```
Canonical Loadings for Set-1
            1         2
c14      -.755      .530
c15      -.846      .284
c16      -.895     -.410
```

第一組典型負荷係數，是第一組變數與典型變量的簡單相關係數。

```
Cross Loadings for Set-1
            1         2
c14      -.603      .101
c15      -.675      .054
c16      -.715     -.078
```

第一組交叉負荷係數，是典型變量與另一組的簡單相關係數。

```
Canonical Loadings for Set-2
         1       2
c17    -.967   -.257
c19    -.762    .648
```

第二組典型負荷係數 是第二組變數與典型變量的簡單相關係數。

```
Cross Loadings for Set-2
         1       2
c17    -.772   -.049
c19    -.608    .124
```

第二組交叉負荷係數，是典型變量與另一組的簡單相關係數。

Redundancy Analysis: (重複分析)

用來解釋因果關係時的使用，特別是自變數對於應變數的解釋能力。

```
Proportion of Variance of Set-1 Explained by Its Own Can. Var.
           Prop Var
CV1-1        .696
CV1-2        .177
```

第一組的組內解釋比率。

```
Proportion of Variance of Set-1 Explained by Opposite Can.Var.
           Prop Var
CV2-1        .443
CV2-2        .006
```

第一組變數由第二組變數所解釋的比率。

```
Proportion of Variance of Set-2 Explained by Its Own Can. Var.
           Prop Var
CV2-1        .757
CV2-2        .243
```

第二組的組內解釋比率。

```
Proportion of Variance of Set-2 Explained by Opposite Can. Var.
           Prop Var
CV1-1        .482
CV1-2        .009
```

第二組變數由第一組變數所解釋的比率。

```
------ END MATRIX -----
```

我們畫出整體關係圖如下：

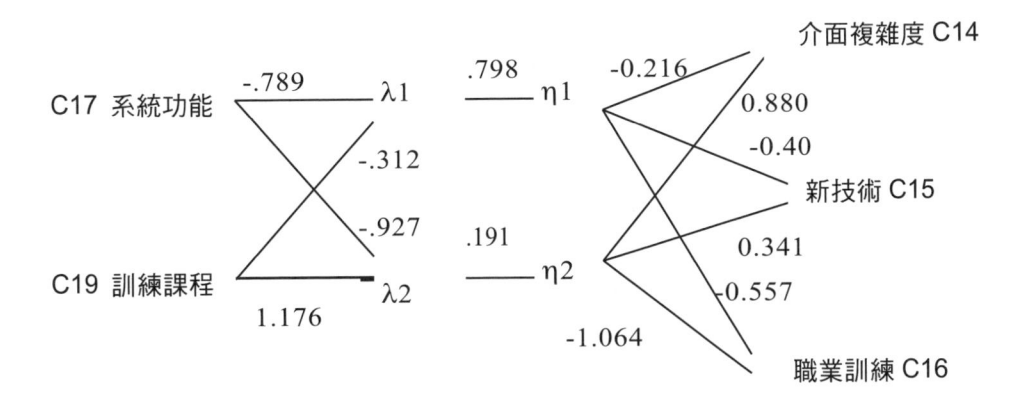

```
                                              介面複雜度 C14
                    -.789          .798    -0.216
C17 系統功能 ─────── λ1 ─────── η1    0.880
                                           -0.40
                    -.312                      新技術 C15
                    -.927
C19 訓練課程 ─────── λ2 ─────── η2    0.341
                    1.176    .191         -0.557
                                    -1.064
                                              職業訓練 C16
```

■ 結果分析注意事項

　　一般在論文中，只需要列出典型相關係數，"Wiks" Lambda 值與 P 值(Sig 值)即可以進行討論和說明，特別要注意的是，若是有因果關係假設時，則會特別集中討論單方向的影響，若是沒有因果關係假設時，則需要進行雙向影響的討論和說明。

13-10 寫作參考範例

　　典型相關分析是研究兩組變數整體之間相關關係的多元分析方法，它借助主成分分析降維的思想，分別對兩組變數提取主成分，且使從兩組變數提取的主成分之間的相關程度達到最大，而從同一組內部提取的各主成分之間互不相關，用從兩組分別提取的主成分的相關性來描述兩組變數整體的線性相關關係。

　　正確的書寫方式，參考以下範例。

- Grandon, E. E., and Pearson, J. M. 2004. "Electronic Commerce Adoption: An Empirical Study of Small and Medium US Businesses," Information and Management (42:1), pp. 197–216.

　　通過結合兩個獨立的研究，本文研究美國中西部地區中小企業（SME）高層管理人員所認為的策略價值和電子商務採用的決定因素。作者提出了一個研究模型，該模型提出了三個因素，這些因素在以前的研究中對其他資訊技術的策略價值的感知有影響：營運支援、管理生產力和策略決策輔助。受到該領域技術接受模型和其他相關研究的啟發，作者還確定了影響電子商務採用的四個因素：組織準備、外部壓力、感知易用性和感知有用性。本文假設電子商務的感知策略價值與電子商務採用之間存在因果關係。為了驗證研究模型,我們使用互聯網調查收集了中小企業高層管理人員/業主的資料。

"Canonical analysis is a multivariate statistical model that studies the interrelationships among sets of multiple dependent variables and multiple independent variables. By simultaneously considering both, it is possible to control for moderator or suppressor effects that may exists among various dependent variables [39].

In canonical analysis there are criterion variables (dependent variables) and predictor variables (independent variables). The maximum number of canonical correlations (functions) between these two sets of variables is the number of variables in the smaller set [23]. In our case, the number of variables for the perception of strategic value construct is three while the number of variables in the adoption construct is five. Thus, the number of canonical functions extracted from the analysis is three; i.e., the smallest set.

In order to test the significance of the canonical functions we followed the guidelines given by Hair et al. They suggest three different measures to interpret the canonical functions:

(a) the significance of the F-value given by Wilk's lambda, Pillai's criterion, Hotteling's trace, and Roy's gcr;
(b) the measures of overall model fit given by the size of the canonical correlations; and
(c) the redundancy measure of shared variance.

Table 8 shows the corresponding multivariate test of significance with 15 degrees of freedom while Table 9 shows the measures of overall model fit in the three canonical functions. Note that the strength of the relationship between the canonical covariates is given by the canonical correlation.

表 13-1 多變量的顯著性檢驗

Table 8
Multivariate test of significance

Test name	Value	Approx. F	Hypoth. DF	Error DF	Sig. of F
Pillais	0.501	3.529	15	264.00	0.00
Hotellings	0.801	4.523	15	254.00	0.00
Wilks	0.535	4.028	15	237.81	0.00
Roys	0.415				

表 13-2 總體模型適配度的測量

Table 9
Measures of overall model fit

Canonical function	Canonical correlation	Canonical R^2	F-statistic	Probability
1	0.644	0.415	4.028	0.000
2	0.266	0.071	0.986	0.448
3	0.122	0.015	0.446	0.720

Even though the multivariate test of significance shows that the canonical functions, taken collectively, are statistically significant at the 0.01 level, from the overall model fit (Table 9) it can be concluded that only the first canonical function is significant (P<0.01). This conclusion is consistent with the canonical R2 values showed in Table 9. For these data, in the first canonical function the independent variables explain approximately 42% of the variance in the dependent variables; the second canonical function explains approximately 7%, and the third one explains only 1.5%. This is not unusual since typically the first canonical function is far more important than the others.

Even though the first canonical function was deemed to be significant, it has been recommended that redundancy analysis be utilized to determine which functions to use in the interpretation. Redundancy is the ability of a set of independent variables, to explain the variation in the dependent variables taken one at a time. Table 10 summarizes the redundancy analysis for the dependent and independent variables for the three canonical functions. The results indicate that the first canonical function accounts for the highest proportion of total redundancy (94.7% including both dependent and independent variables), the second one accounts for 3.5%, and the third one accounts only for 1.8%. In addition, the redundancy indexes are higher for the first canonical function than for the second. Therefore, only the first canonical function is considered for interpretation.

表 13-3 典型相關冗餘分析

Table 10
Canonical redundancy analysis

Canonical function	Variable	Share variance	Canonical R^2	Redundancy index	Proportion of total redundancy (%)
1	Dependent	0.381	0.415	0.158	34.7
	Independent	0.658	0.415	0.273	60.0
2	Dependent	0.129	0.071	0.009	2.0
	Independent	0.101	0.071	0.007	1.5
3	Dependent	0.247	0.015	0.004	0.9
	Independent	0.242	0.015	0.004	0.9

In order to interpret the selected canonical function, three methods were employed: canonical weights, canonical loadings, and canonical cross-loadings. Table 11 shows the summary of these methods for the first canonical function considering both independent and dependent variables.

表 13-4 策略價值和採納的標準化典型係數和典型載荷量

Table 11
Standardized canonical coefficients and canonical loadings for strategic value and adoption

Construct	Variable	Canonical weights	Canonical loading	Canonical cross-loading
Perceived strategic	OS	−0.854	−0.982	−0.633
Value	MP	−0.267	−0.744	−0.479
	DA	0.056	−0.674	−0.434
Adoption	OR	0.179	−0.120	−0.077
	CC	−0.206	−0.563	−0.363
	EP	0.070	−0.482	−0.310
	EU	−0.132	−0.630	−0.406
	PU	−0.881	−0.972	−0.626

The interpretation of canonical weights is subject to some criticism. For example, Hair et al. stated, "a small weight may mean either that its corresponding variable is irrelevant in determining the relationship or that it has been partialed out of the relationship because of a high degree of multicollinearity." Canonical weights are also considered to have low stability from one sample to another. As in the case of weights, canonical loadings are subject to considerable variability from one sample to another. For that reason, and in order to increase the external validity of the findings, the canonical cross-loadings method has been chosen.

These correlate each of the original observed dependent variables directly with the independent canonical variate, and vice versa. Table 11 shows that almost all of the canonical cross-loadings are significant for both dependent and independent variables (cut-off >0.3) with the exception of organizational readiness (OR). The rank order of importance (determined by the absolute value of the canonical cross-loadings) for the perceived strategic values of e-commerce were organizational support (OS), managerial productivity (MP), and decision aids (DA). Similarly, the rank of importance for the adoption construct contributing to the first canonical function were perceived usefulness (PU), ease of use (EU), compatibility (CC), and external pressure (EP). Organizational readiness (OR) seemed to be a non-important factor in the adoption construct." [pp. 206-209]

本研究中,「策略價值感知」構面的變數數量是 3,而「採用」構念中的變數數量是 5。因此,從分析中提取的典型函數的數量是 3 個,即最小的一組。作者為測試典型函數的顯著性,遵循 Hair 等人給出的指導原則,使用統計顯著程度、典型相關係數大小和冗餘指數。表 13-1、表 13-2 給出了測試顯著性的結果。得出結論,只有典型函數 1 顯著。典型函數 1 解釋了 41.5%的變異。

　　再進行冗餘分析,表 13-3 給出了分析結果。同樣地,典型函數 1 的冗餘比例最高,因此只考慮典型函數 1 進行解釋。

　　典型函數的解釋採用三種方法:典型權重、典型載荷量和典型交叉載荷量,表 13-4 顯示了包括自變數和應變數的典型函數 1 的上述方法總結。同時得出結論,除組織準備(OR)外,幾乎所有典型交叉載荷量對於應變數和自變數都是重要的(cut-off 值 ＞0.3),具體結論見表。

14 CHAPTER 聯合分析、多元尺度方法和集群分析

14-1 聯合分析(Conjoint Analysis)

14-1-1 聯合分析介紹

聯合分析適用於依變數是計量或順序,自變數是非計量,如下:

$$Y = X_1+X_2+X_3+....+X_k$$
(計量或非計量)　　　(非計量,例如:名目)

聯合分析是分析因子的效果,其目的是將受測者對受測體的整體評價予以分解,藉由整體評價求出受測體因子的效用。聯合分析特別適用於了解客戶的需求,針對新的產品或服務,我們可以將新的產品或服務分解成各項組合,例如:手機分解成－品牌(2 種)、形狀(2 種)和價格(3 種),如此一來,總共有 2*2*3=12 種組合,客戶對這 12 種組合給予分數,最後再依據客戶的整體評價以求出各個組合的效用,以了解客戶對於新產品的喜好。

研究人員必須要有能力敘述產品和服務的屬性或特性(我們稱之為 factor),也要能確認屬性或特性的質(我們稱之為 level),準備給受測者填答的組合(由 factor 和 level 組合而成),我們稱之為 treatment 或 stimulus,受測者回答物體(組合)的價值,包含有形的(例如:手機功能)和無形的(例如:品牌),我們稱之為效用(Utility),也就是衡量整體喜好的程度,整體喜好的程度我們也稱為產品的總價值(Total worth),而產品的總價值是由部份價值(part-worth)加總而成。

例如:
Total worth = (part-worth 1) + (part-worth 2) + ……..

也等於
Utility = (part-worth 1) + (part-worth 2) + ……..

14-1-2 聯合分析的統計假設

聯合分析使用結構化的實驗設計和自然化的模式，使得一般性的統計假設，例如：常態性(normality)，變異數相等性(homoscedasticity)，獨立性(independence)和線性關係等，都不適用於聯合分析，簡單說，聯合分析不需要在那些統計假設下，就可以執行，並且具有一定的統計力。

雖然，聯合分析不需要一般的統計假設條件，但相對的，研究人員必須要有能力以理論來推估其研究的設計，並且能夠指定模式的一般型式(加法模式 additive model 或互動模式 interactive model)，而這些都需要比其它多變量技術花更多的心思，才能得到較好的解釋與結果。

14-1-3 聯合分析的設計

聯合分析的設計，首重選擇聯合分析的方法，聯合分析的方法決定於物件屬性的多寡，我們整理如下：

- 物件屬性小於或等於 6 個……………適用 Choice_Based 方法
- 物件屬性小於或等於 9 個……………適用 Traditional 方法
- 物件屬性小於或等於 30 個……………適用 Adaptive 方法

我們分別介紹 Choice_Based、Traditional、Adaptive 方法如下：

- **Choice_Based**
  適用於屬性<= 6 個的情形下，factor 和 level 的組合- stimulus 是以單一的形式出現，模式的形式是用 Additive (加法)和 interaction effects(交互作用效果)的模式，分析的層次是用 Aggregate(整體的)。

- **Traditional**
  適用於屬性<= 9 個的情形下，factor 和 level 的組合- stimulus 是一個個的組合，模式是用 Additive(加法)的模式，分析的層次是用 Individual(個別的)，Traditional 傳統式的聯合分析是使用最久，也是最常用的方法。

■ Adaptive

Adaptive (調節式)的方法特別適用於物件屬性多的時候，但也不可以超過 30 個，模式是用 Adaptive (加法)的模式，分析的層次是用 Individual(個別的)，在一般情形下，當傳統式的方法不適用時，我們就會先考慮使用調節式的方法。

14-1-4 選擇 Factors 和 Levels

Factors(屬性因子)的數量會決定聯合分析方法的選擇外，更會影響統計結果的效力，若是物件屬性和值的數量很少，那麼我們就會採用全部組合方式來收集，若是物件屬性和值的數量增加時，我們無法收集全部的資料，就必須採用因子設計(factorial design)方法。

對於研究者而言，選擇 Factors 和 Levels 數量時，必需知道至少要產生多少個 stimulus(Factor 和 Level 的組合)，也就是至少需要回收多少份的問卷(卡)，才能代表原來的物件。

我們以 Traditional 和 Adaptive 的方法為基準，計算 stimuli 最少所需要的數量如下：

> stimuli 最少的數量= factor 和 level 的總組合數 – factor 數 ＋1

[範例]

我們有 8 個 factors，每個 factors 有 4 個 levels
stimuli 最少的數量　　= 8 × 4 – 8 ×1
　　　　　　　　　　= 25

Factors 的共線性問題：

當 Factors 有共線性的問題發生時，代表著有重複量測的問題，解決的方法是將有共線性的 Factors 整合成 1 個，或者是刪去影響力較少的 factor。

Level 的數量和值的問題：

在我們計算 factor 的重要性時，會發現愈多 level 的因子，重要性會偏高，因此，研究人員應該要平衡 factor 的 level 數，至於 level 的值，我們儘可能設定為實際值，若是要預測，也應該在實際值的±20%為佳，不可以設的太離譜，以至於估計和判斷錯誤。

✪ 物件的呈現方法

我們想要收集到優質的代表性資料,就必須考慮我們設計物件的呈現方法,是否可以以最真實的方式展示出來,在一般情形下,我們都是以文字描述的方式進行,當然,我們也可以以圖像或實際的模型來代表,重點還是在呈現的方法,盡可能地能表示出物件最真實的情形,我們常用物件的呈現方法有三種 Full-profile(整體描述),Trade–off (交換法)和 Pairwise comparison (成對比較),分別介紹如下:

■ Full-Profile 整體描述

整體描述是最受歡迎的方式,因為這個方式最能清楚的描述真實的物件,填答者較容易回答所問的問題,我們以手機為範例,整體描述的方式如下:

品　　牌:BenQ
價　　格:$7200
尺　　寸:80.5*44*21 mm
重　　量:90g
通話時間:150～200 分鐘
顏　　色:珍珠白、氣質銀

整體描述的缺點在於整體描述包含了所有重要的因子,當因子數目增加時,會導致填答者無法填答或必須捨去部份因子,另外,受測因子排列的順序也需要考慮,必要時,請旋轉因子,以避免因子順序影響填答的效果。

■ Trade-off 交換法

交換法的優點在於管理容易,另外,填答者也易於回答,其缺點在於每次只能有 2 種屬性呈現,無法看到真實的情形,只能以文字描述,無法以圖像呈現,使用的是非計量,我們以手機為範例,trade-off 的呈現方式如下:

		價　格		
		簡單型 4000 元	照像功能 6000 元	上網功能 8000 元
品牌	Motorola			
	Nokia			
	Errison			
	BenQ			

由於 trade-off 的限制較多，目前的研究傾向使用成對比較(pairwise comparison)來取代 trade-off 的方式。

■ Pairwise comparison 成對比較

成對比較是結合前面 2 種方式的方法，以整體描述 2 種的物件，讓填答者回答那一個物件較佳或較喜好，我們以手機為範例，成對比較的呈現方式如下：

品　　牌：BenQ 價　　格：$7200 尺　　寸：80.5×44×21 mm 重　　量：90g	V.S.	品　　牌：Motorola 價　　格：$9700 尺　　寸：109×53.8×20.5 mm 重　　量：133g

14-1-5 評估模式的適切性

聯合分析的評估模式可以分成 individual(個別的)和 aggregate(總合的，整體的)，我們介紹如下：

- Individual (個別的)：個別的評估模式可以用來預測個別的正確性
- Aggregate (總合的)：總合的評估模式不適用於個別的預測，而是看整體的表現，例如：市佔率的多寡。

若是使用非計量的方式，請使用 superman's rho 評估其相關，若是使用計量的方式，請使用 Pearson correlation 評估其相關。

研究人員可以使用驗證用的樣本(holdout sample)，來評估預測的正確性，也可以用來驗證模式的適切性。

14-1-6 結果的解釋和驗證

聯合分析結果的解釋與評估模式一樣，分為個別的和總合的解釋，個別的解釋常用在估計部份效用值後，解釋那些屬性對整體的影響較大。總合的解釋視個別的分佈情形而定，若是總合內部的同質性高，總合可以預測個別的結果，若是同質性低，則無法預測個別的結果，但仍然可以預測整體的結果，例如：政黨的代表比例，產品的市佔率...等。結果的驗證，聯合分析結果的驗證可以分為 internal validation(內部驗證)和 external validation(外部驗證)，我們分別介紹如下：

- 內部驗證：
  包含驗證加法的(Additive)和互動的(interactive)模式，那一個較適合，同時，使用驗證用的樣本，計算個別或整體的正確性。
- 外部驗證：
  需要特別注意樣本的代表性問題，外部驗證指的是聯合分析用來預測實際選擇的能力，目前，較少有研究作外部驗證。

14-1-7 聯合分析的應用

我們整理聯合分析的應用如下：
- 航運公司品牌權益之評估
- 消費者對於網站購物介面之研究
- 顧客對於各種基金型態的偏好
- 客戶對於各式保險的喜好
- 顧客對於 3C 產品的偏好分析
- 消費者對於行動通訊 – 手機偏好之研究
- 顧客對於寬頻網路服務偏好之研究
- 顧客對於自行車喜好之研究
- 民眾對於醫院偏好之研究

14-2 多元尺度方法

14-2-1 多元尺度方法介紹

多元尺度(Multidimensional Scaling)簡稱為 MDS，是一種可以用圖形(多維度)的方式來表示資料的統計方法，我們只要收集相似的資料，距離的資料或偏好的資料，透過多元尺度的統計方法，可以將資料轉換到我們易於理解的圖形中呈現，這種圖形我們稱為知覺圖 Perceptual Map。

知覺圖 Perceptual Map 的建立，可以使用多種統計技術，Churchill(1995)的文章中是使用「屬性」來區分，建立知覺圖的方式，我們整理如下：

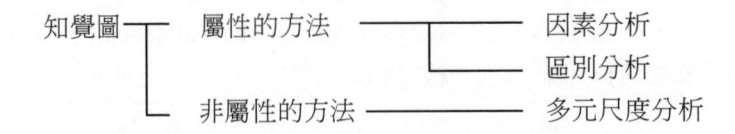

```
知覺圖 ┬─ 屬性的方法  ─┬─ 因素分析
       │               └─ 區別分析
       └─ 非屬性的方法 ─── 多元尺度分析
```

屬性的方法是先找出各個相關的屬性，常用李克特 5 點或 7 點尺度來衡量受測者對各屬性上的回應，進而使用因素分析或區別分析，將資料歸類出來。非屬性的方法是先找出受測者對整體事物的偏好或相似的資料，再使用多元尺度方法將資料的隱藏結構，用圖示的方式將偏好度或相似度歸類後，呈現出來。

多元尺度方法可以處理的資料分為計量(metric)和非計量(nonmetric)，計量部分是使用計算出的距離作為輸入的資料，非計量部份則是使用順序(次序)為輸入的資料，經過多元尺度方法的處理，都能提供計量的輸出結果，如下圖：

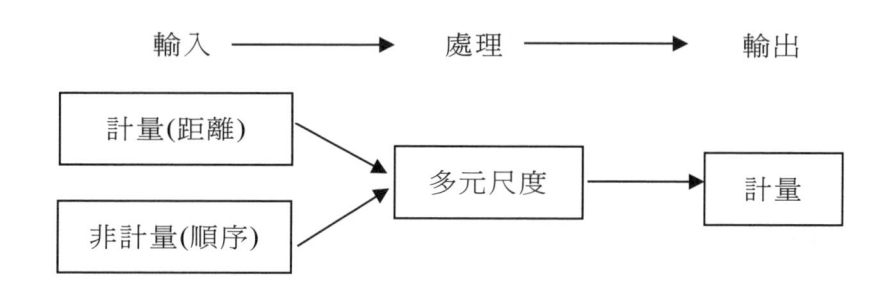

```
輸入 ─────────→ 處理 ─────────→ 輸出

┌──────────────┐
│  計量(距離)   │──┐
└──────────────┘  │    ┌──────────┐        ┌──────┐
                  ├──→ │ 多元尺度  │ ─────→ │ 計量 │
┌──────────────┐  │    └──────────┘        └──────┘
│ 非計量(順序)  │──┘
└──────────────┘
```

14-2-2 多元尺度分析之假設

多元尺度分析並不像許多的統計分析技術需要各種基本假設，而是需要研究者了解知覺上的基本要求如下：

- 受測者的回應不代表有相同的維度，由於我們讓受測者填答的是對整體的認知，至於維度的選擇和訂定則是經由多元尺度分析後，我們才加以選訂的。
- 受測者的回應不代表對單一維度有相同的重要程度，由於我們讓受測者填答的相對重要程度，因此，不同的受測者對於單一維度的回應，並不一定會有相同的重要程度，經由多元尺度的分析，我們才能檢視潛藏的關係。

14-2-3 導出知覺圖(Perceptual Map)

導出知覺圖有 2 大方法，分別是以偏好(Preference)為基礎的方法，和以相似(Similarity)為基礎的方法。

- 以偏好為基礎的方法是要找出理想點(ideal points)，偏好的程度由物體所在的位置與理想點的位置計算而得，分析時，可分為內部分析(internal analysis)和外部分析(external analysis)，內部分析是從偏好資料中估算得到知覺圖和理想點，再計算偏好程度,使用的工具有 MDSCAL 和 MDPREF,外部分析則是先估計以相似為基礎的知覺圖,使用 PREMAP 算出理想點的位置,再計算偏好的程度。
- 以相似(Similarity)為基礎的方法,不需要找出理想點,而是以知覺構面上物體的相對位置來反應出相似的程度,使用的工具有 KYST 和 AISCAL,我們整理導出知覺圖的方法如下:

導出知覺圖的方法

```
         ┌─ 以偏好為基礎      ┌─ 內部分析(MDSCAL, MDPREF)
         │   (使用理想點)  ──┤
         │                   └─ 外部分析(PREMAP)
         │
         └─ 以相似為基礎的方法(KYST, AISCAL)
            構面上物體的相對位置
```

14-2-4 確認 Dimensions(構面)數

在評估 MDS(多元尺度)模式的適配度之前,我們必須先從知覺圖中選出適當的 Dimensions(維度、構面),一般最常用的方式是使用主觀評估(subjective evaluation)和壓力量測(stress measure),我們分別解釋如下

- 主觀評估:由研究人員透過知覺圖的分佈,主觀的判斷構面的數量看起來合不合理,可不可以加以適當的解釋。
- 壓力量測:用來表示未被 MDS(多元尺度)模式所解釋,變量不均等的比率,根據 Kruskal's 的定義如下:

$$\text{Stress} = \sqrt{\frac{(D_{ij} - \hat{D}_{ij})^2}{(D_{ij} - \overline{D})^2}}$$

D_{ij} = 受測者原始資料的距離

$\hat{D}_{ij}$ = 從相似資料計算得到的距離

$\overline{D_{ij}}$ = 知覺圖的平均距離

從壓力量測的公式中,我們可以看出當相似資料 $\hat{D}_{ij}$ 愈接近原始資料 D_{ij} 時,壓力量測之值愈小,當壓力量測之值等於零時,代表相似資料等於原始資料了。

我們透過由構面和壓力量測值所形成的 Scree Plot,可以較輕易地決定構面所需要的數量,如下圖:

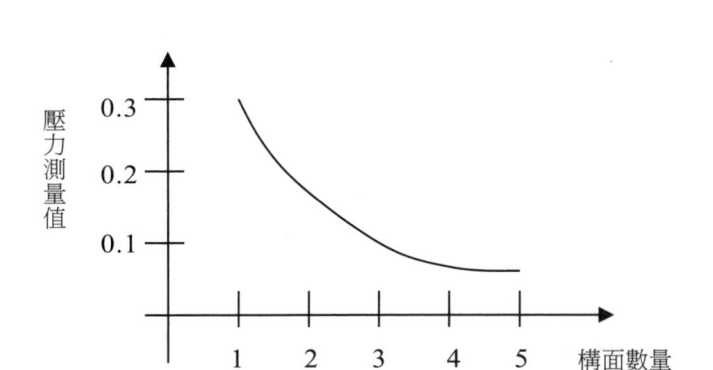

構面數量的判定是壓力測量值和構面數量連成線的斜度下降至平滑時，就是我們要的判定值了，如圖，構面數量增加到 3 時，壓力測量值下降很快，構面數量增加到 4 時，連線的斜度就平滑些了，因此，我們可以決定構面數量是 3 個或 4 個，這要看後續的解釋合不合理。

注意：多元尺度的構面數決定和因素分析陡坡圖的構面數決定方式，十分相似但是意義不同，讀者可以自行比較看看。

14-2-5 評估 MDS 模式的適配度

評估 MDS 模式的適配度常用 R^2 指標，它用來代表原始資料符合 MDS 模式的程度，R^2 值愈高代表適配度愈好，一般的標準是達 0.6 就表示是達到可以接受的程度了。

14-2-6 構面的命名與解釋

在確認 MDS 模式是可以接受的情形下，我們開始進行構面的命名與解釋，一般常用的方式有主觀的(Subjective)和客觀的(objective)二種，我們分別解釋如下：

主觀的(Subjective)：由回應者觀看知覺圖，主觀地解釋構面或由專家們來查看知覺圖，以確認可以解釋的構面。

客觀的(objective)：客觀的方式是對每個物體收集其屬性(attribute)用來發覺哪些屬性最能符合知覺圖上的位置所在，這時候，就可以用這些屬性的結合形成構面，也就是說，構面可以含蓋(代表)這些屬性，若是研究人員無法找出代表性的屬性，則需要依賴研究人員的經驗和專業來為構面命名了。

14-2-7 驗證知覺圖(Perceptual Maps)

驗證知覺圖也就是要驗證我們分析所得到的結果，常用的方式是收集 2 個獨立樣本或分割樣本為二個樣本，分別為 2 個樣本進行 MDS 分析，比較 2 個樣本的結果(知覺圖)是否有一致性，若是有一致性，就達到驗證分析的結果了。

14-2-8 多元尺度方法的應用

我們整理在學術上或實務上，多元尺度(MDS)的應用如下：

- 規劃產品的定位：經由多元尺度的空間定位圖，可以清楚的表示出產品的歸屬(定位)，惟有了解產品的定位，才能訂定出產品的推廣方式和價格的訂定。
- 中醫療效評估之參考：以鼻炎為例，以語意差別量表方式，收集資料加以多元尺度方法的分析，相關的結果可以作為療效評估之參考。
- 調查遊客的喜好：以遊樂區為例，使用多元尺度分析，遊客對遊樂設施之偏好空間。
- 顧客的印象：以飯店為例，透過多元尺度分析法，可以瞭解住宿設施在顧客心中的印象，以提供改善的方向。

14-2-9 多元尺度的實務操作

本範例是以文獻之間的相似度(距離)來進行多元尺度的分析，距離矩陣的計算方式需要選變數之間，若是使用者輸入原始資料，則可以選觀察值之間。

多元尺度的實務操作步驟如下：
(請先將範例檔 Ch14 複製到 C:\Ch14)

聯合分析、多元尺度方法和集群分析 **14**

1. 開啟 SPSS，選更多檔案，如下圖

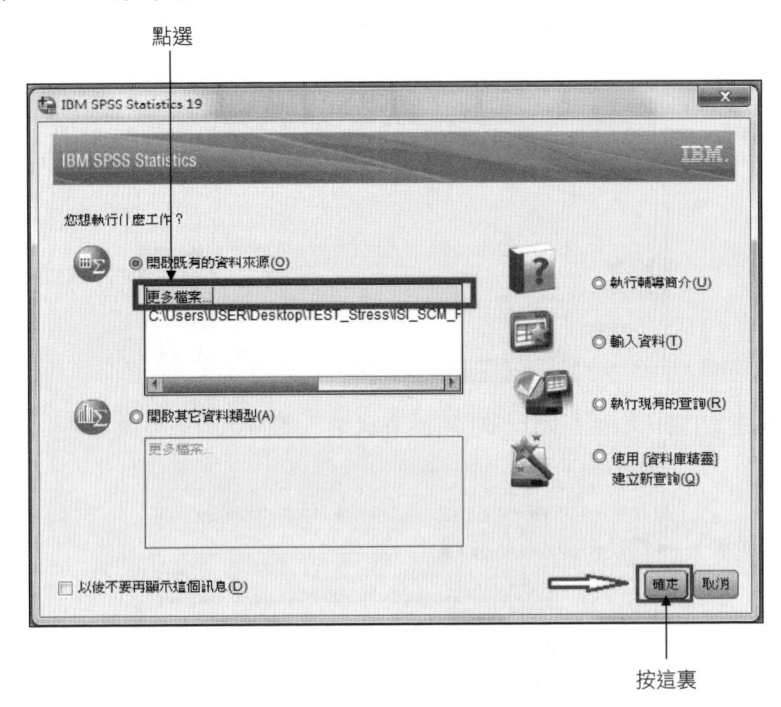

   點選

   按這裏

2. 按[檔案/開啟/資料]，如下圖

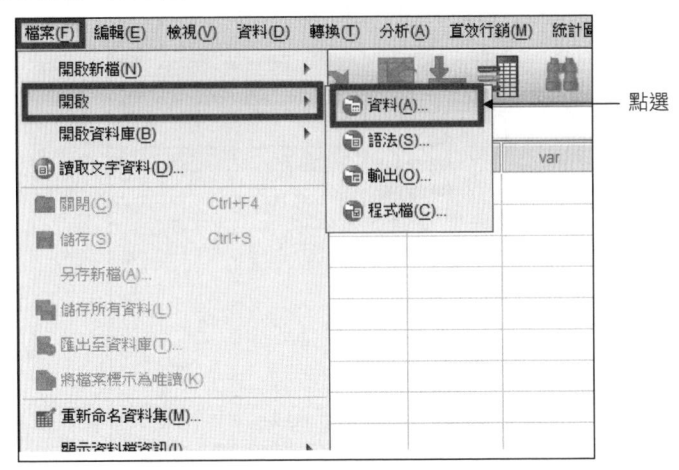

   點選

14-11

3. 檔案類型 / 點選要的類型 / 選取資料 / 點選開啟，如下圖
   因為本資料是 Excel 檔案(在 C:\Ch14)，所以要選取[所有檔案] or [Excel]檔

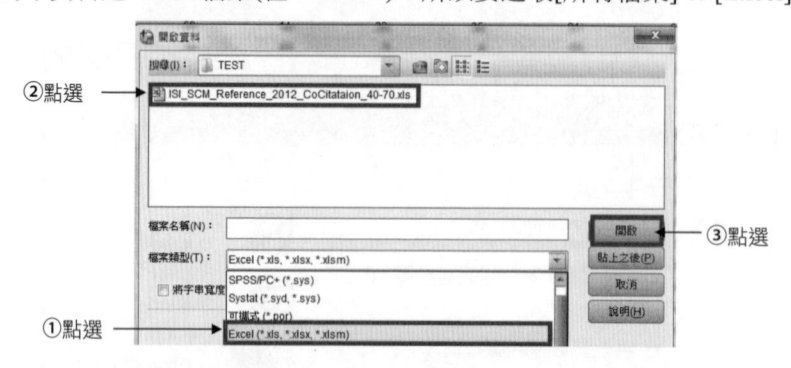

   ②點選
   ③點選
   ①點選

4. 工作單/選取[對角取代矩陣] / 勾選[從資料第一列開始讀取變數名稱]，如下圖

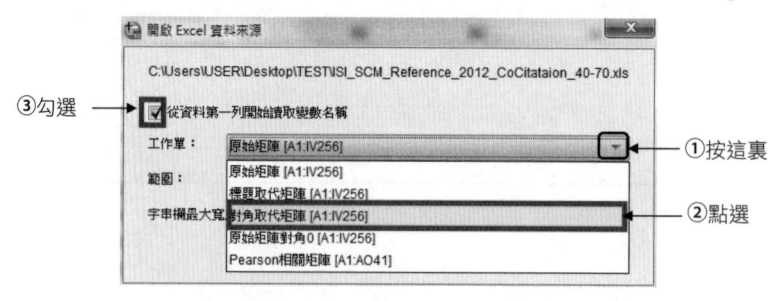

   ③勾選
   ①按這裏
   ②點選

5. 選取[分析/尺度/多元尺度方法]，如下圖

   選取

14-12

聯合分析、多元尺度方法和集群分析 **14**

6. 點選[多元尺度方法(PROXSCAL)]之後,如下圖
   資料格式中點選[建立資料的近似性]/來源數中點選[單一矩陣來源]/點選定義

7. 點選「定義」之後,如下圖

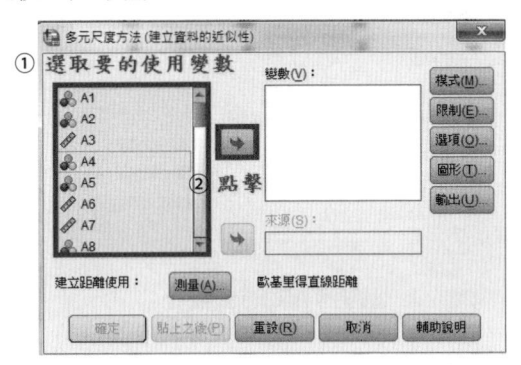

8. [點擊]之後,如下圖

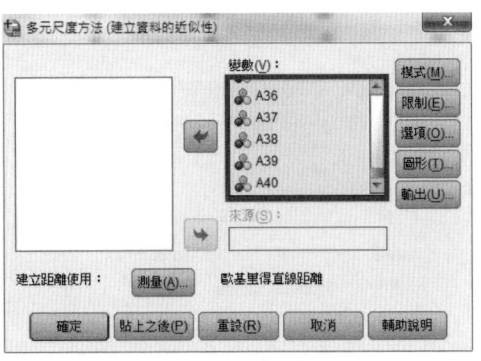

14-13

9. 點選[測量]，如下圖

   點選 建立距離使用：[測量(A)] 歐基里得直線距離

10. 點選「測量」之後，如下圖

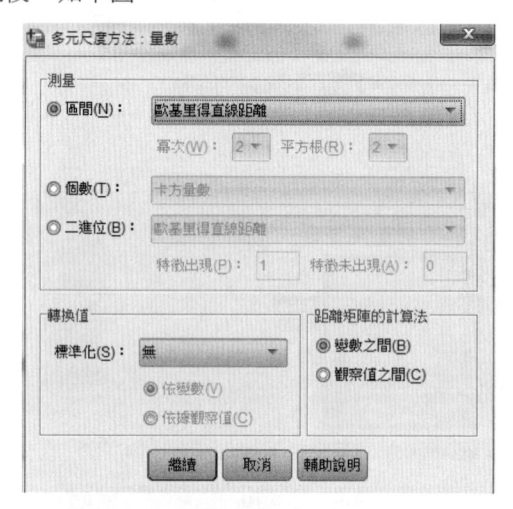

11. 點選[歐基里得直線距離平方]，如下圖
    區間下拉選取[歐基里得直線距離平方]

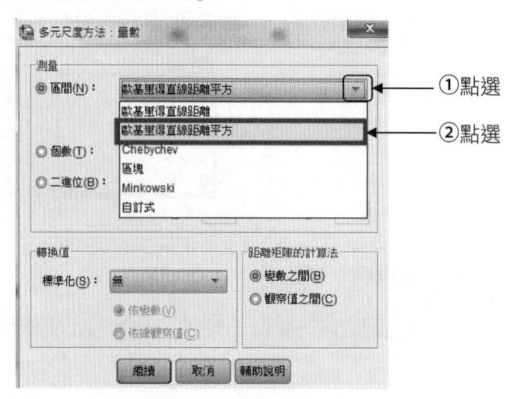

    ①點選
    ②點選

- 歐基里得直線距離(Euclidean distance)：歐基里得距離是以座標軸相減後的平方和再開根號，Euclidean distance (X,Y) = $\sqrt{\sum_i (X_i - Y_i)^2}$。
- 歐基里得直線距離平方：歐基里得距離平方是以座標軸相減後的平方，Squared Euclidean distance (X,Y) = $\sum_i (X_i - Y_i)^2$，若是不開根號則稱為歐基里得直線距離平方，若是遇到物件的變數衡量單位不同(例如：公尺和公厘)，則需要進行標準化，以避免衡量尺度(scale)造成的影響。
- 柴比雪夫(Chebychev)距離：衡量觀察值之間的最大絕對差異，Chebychev Distance(X,Y) = $MAX_i |X_i - Y_i|$。
- 區塊(Block)距離：Block Distance(X,Y) = $\sum_i |X_i - Y_i|$，可稱為 Manhattan 距離，也稱為城市街道距離(City-block distance)區塊的算法是最簡單，相減後取絕對值的和，使用城市街道矩離是有條件的，就是變數間不能有相關性，若是變數間有相關性，則是使用馬氏矩離。馬氏矩離(Mahalanobis distance D^2)是歐基里得直線矩離平方的延伸使用，它不只是標準化資料更加總組內共變數矩陣(within-group covariance matrix)以調整變數間的相互關係，特別適用於變數有相關性時使用。
- 明可夫斯基(Minkowski)距離：Minkowski Distance(X,Y) = $\left[\sum_i |X_i - Y_i|^n\right]^{\frac{1}{n}}$，在觀察值之間，絕對差異第 n 次方和的第 n 次方根。
- 自訂式(Customized)距離：Customized Distance(X,Y) = $\left[\sum_i |X_i - Y_i|^n\right]^{\frac{1}{r}}$，在觀察值之間，絕對差異第 n 次方和的第 r 次方根。

12. 標準化下拉選取[Z 分數]，如下圖

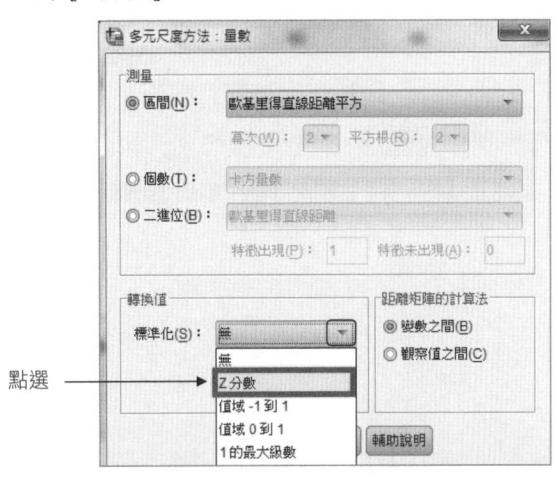

本範例是以文獻之間的相似度(距離)來進行多元尺度的分析，距離矩陣的計算方式需要選變數之間。

注意：在一般原始資料檔中，Row 為欲分析的個體(Cases)、Column 為 Variables，進行分析時會以觀察值為個體點，需要選觀察值之間。

---

13. 點選[繼續]，如下圖

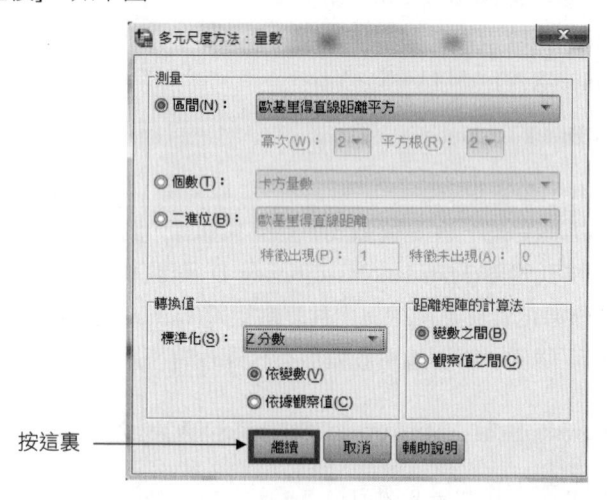

14. 都設定完之後點選[確定]，如下圖

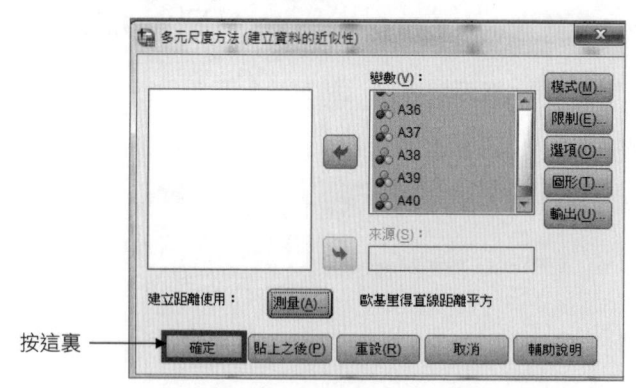

14-16

15. 結果如下圖：
    壓力係數

適合度

壓力和配適測量

常態化的 原始壓力	.03863
壓力-I	.19654[a]
壓力-II	.44914[a]
S-壓力	.10018[b]
離散歸因於 (D.A.F.)	.96137
Tucker's 全等係數	.98049

PROXSCAL 把常態化原始壓力減到最小。
a. 最適尺度因子 = 1.040。
b. 最適尺度因子 = .945。

Object Points
Common Space

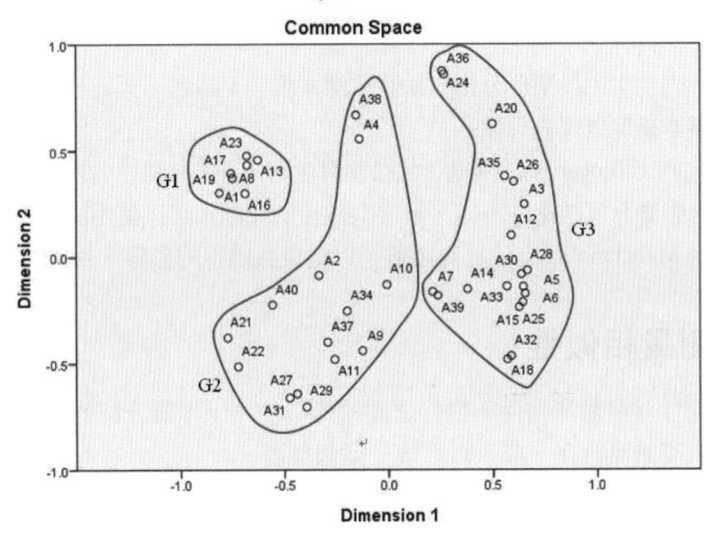

在確認 MDS 模式是可以接受的情形下，我們開始進行供應鏈知覺圖的解釋如下：

- G1 包含有資訊分享的價值，預測的影響，存貨的管理價值
- G2 包含有供應鏈建置和管理、績效的量測、存貨的管理、綠能的供應鏈管理、供應鏈的設計與分析
- G3 包含有供應鏈的整合、客戶服務、績效、研究方法和測量方式、策略

14-3 集群分析

14-3-1 集群分析介紹

集群分析(Cluster Analysis)無依變數或自變數之分，如同因素分析一樣，將所有的變數納入計算，集群分析的目的是基於實體的相似性，將一整組的樣本，分類(classification)成多個互斥(mutual exclusive)的小群組。

14-3-2 集群分析的統計假設

許多的數量方法都是在作統計推論的工作，也就是說，想藉由樣本推論至母體，然而，集群分析則是完全不同，集群分析不作統計推論的工作，而是將觀察值的結構予以量化，也因為如此，適用於一般數量方法的統計假設，例如：線性、常態性和變異數相等性(Homoscedasticity)，都不適用於集群分析，雖然如此，集群分析的統計假設尚須考慮下列 2 點：

- 樣本的代表性：由於集群分析無法藉由樣本推論至母體，因此研究人員必須確定對於取得樣本是足以代表母體的。
- 共線性(multicollinearity)的問題：共線性發生時，具有共線性的變數會有加權的情形產生，會影響計算結果的不同，解決共線性的問題，可以使用減少變數至相同的數目或使用 Mahalanobis 方法計算距離，以避免共線性的影響。

14-3-3 衡量相似性

衡量相似性就是量測物件與物件之間的相似性，以作為分群的基礎，集群分析將物件間相似性高的集合在一起，以形成一個個群體。

量測物件間相似程度的方法有很多種，常用的有相關衡量(Correlational Measures)、距離衡量(Distance Measures)和關連衡量(Association Measures)，各細項的衡量我們整理如下圖：

衡量相似性的方法
- Correlational Measures 相關衡量
- Distance Measures 距離衡量
  - Euclidean distance 歐幾里得距離
  - City block distance 城市街道距離
  - Mahalanobis distance (D^2) 馬氏距離
- Association Measures 關聯衡量

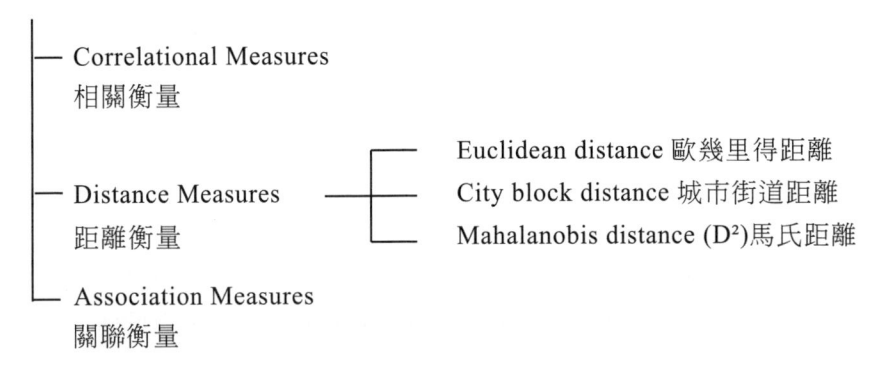

■ 相關係數(Correlation coefficient)

相關衡量是將代表物件的變數，以矩陣方式計算出其相關係數(Correlation coefficient)，相關係數代表兩兩變數的關係，高的相關係數代表有高的相似性，以下圖為例：

變數	1	2	3	4
1	1			
2	-0.42	1		
3	0.75	-.039	1	
4	-0.51	0.84	-0.10	1

變數之間的相關係數

從圖中我們可以看出變數 1 和變數 3 有高的相似性，變數 2 和變數 4 有高的相似性。

■ 距離衡量(Distance Measures)

距離衡量有歐基里得，城市街道和馬氏距離三種，我們簡介如下：

- 歐基里得距離(Euclidean distance)

  歐基里得距離是以座標軸相減後的平方和再開根號，以下圖為例

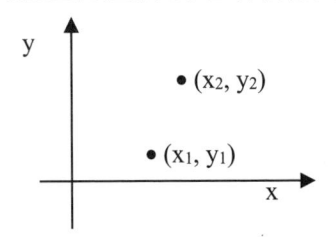

兩點之間的距離為 $\sqrt{(x_2-x_1)^2+(y_2-y_1)^2}$

若是不開根號則稱為歐基里得距離平方，若是遇到物件的變數衡量單位不同(例如：公尺和公厘)，則需要進行標準化，以避免衡量尺度(scale)造成的影響。

- 城市街道距離(City-block distance)
  城市街道矩離的算法是最簡單，相減後取絕對值，使用城市街道矩離是有條件的，就是變數間不能有相關性，若是變數間有相關性，則是使用馬氏矩離。

- 馬氏矩離(Mahalanobis distance D^2)
  馬氏矩離是歐基里得矩離平方的延伸使用，它不只是標準化資料更加總組內共變數矩陣(within-group covariance matrix) 以調整變數間的相互關係，特別適用於變數有相關性時使用。

■ 關連衡量(Association Measures)

關連衡量適用於非量化的變數，例如：名目尺度或順序尺度，常用的方式是回答的百分比來計算，統計軟體較少看到關連衡量的使用。

14-3-4 集群分析的方法

集群分析的方法主要有 3 大類，有階層式非、階層式和二階段法，我們將各細項分析的方法整理如下：

集群分析(cluster analysis)的方法

- 階層式(Hierarchical)
  - 凝聚法 agglomerative methods
    - 單一連結法 single linkage
    - 完全連結法 complete linkage
    - 平均連結法 average linkage
    - 華德法 Ward's method
    - 中心法 centroid method
  - 分離法 divisive methods
- 非階層式(Non hierarchical)
  K-means clusting
  - 循序 sequential threshold
  - 平行 paralleled threshold
  - 最佳化程序 Optimizing procedure
- 結合階層和非階層式的方法(二階段法)

(一) 階層式的集群程序(Hierarchical Clustering Procedures)

階層式的集群程序就像是在建立樹狀的結構程序，主要有 2 種方式凝聚法(aggloerative methods)和分離法(Divisive methods)，凝聚法是物件從自己開始，找臨近的物件形成一群，兩個臨近的群體會結合成一個群體，最後會形成一個樹狀大群體，如下圖：

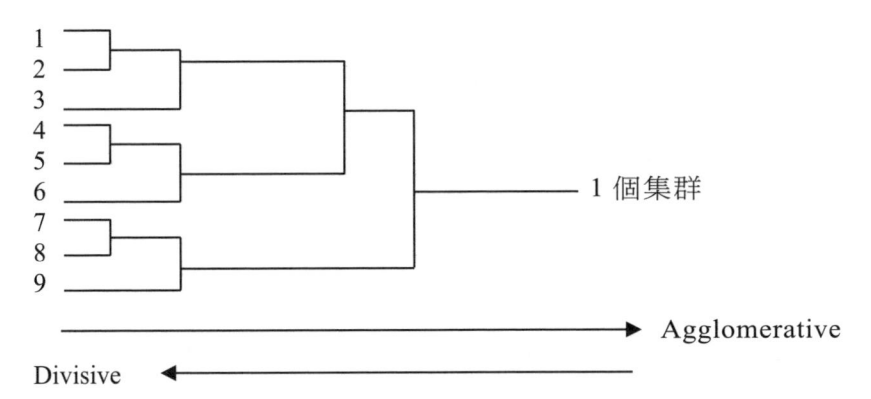

```
1
2
3
4
5
6                           1 個集群
7
8
9
                    ──────▶ Agglomerative
Divisive ◀──────
```

分離法剛好與凝聚法相反，它是由一個已經建構好的群體，開始分割成 2 個或多個群體，直到每個群體都是只有一個項目為止。

■ 凝聚法(agglomerative method)

凝聚法最常用來發展集群，常用的有 5 種方法：單一連結法(Single Linkage)、完全連結法(Complete Linkage)、平均連結法(Average Linkage)、華德法(Ward's method)和中心法(Centroid method)。我們分別介紹如下：

• 單一連結法(Single Linkage)

單一連結法是以最小矩離(minimum distance)為基礎，將最短矩離的兩個群體，連接成一群，也常稱為最近鄰居(nearest-neighbor)法，如下圖：

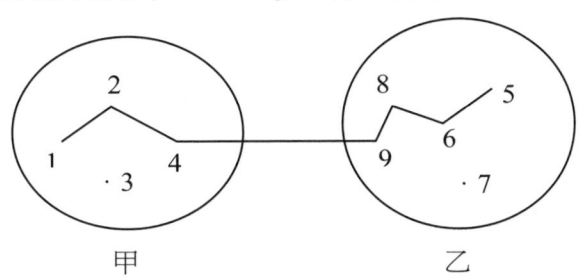

```
   ⎛   2          ⎞     ⎛  8    5 ⎞
   ⎜ 1    ⎯⎯⎯⎯⎯⎯⎯⎯⎯⎯⎯⎯⎯ 6  ⎟
   ⎜    ·3   4    ⎟     ⎜  9   ·7 ⎟
   ⎝              ⎠     ⎝         ⎠
        甲                   乙
```

我們有甲群體和乙群體，最短矩離是 4 到 9，將 4 和 9 連在一起，形成一個大群體。

- 完全連結法(Complete Linkage)

　　完全連結法是每個集群在最小半徑中已經包含所有物件，在群體間以最大矩離(maximum distance)為基準，將兩個群體連接成一個群體，形成所有物件在各自群體間有最小相似性，因為有最遠的矩離，如下圖：

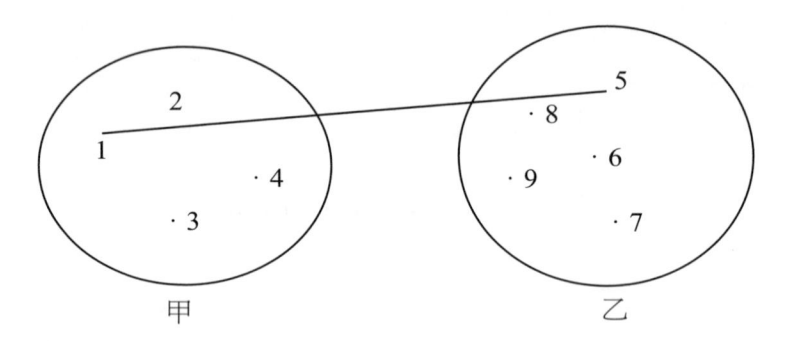

我們有甲群體和乙群體，最遠矩離是 1 到 5，將 1 和 5 連在一起，形成一個大群體。

- 平均連結法(Average Linkage)

　　平均連結法開始的時候和單一或完全連結法相同，不同的是，集群間矩離的選擇是以群體間所有物件的平均矩離(average distance)為準則，如下圖：

平均距離 = (D13+D14+D23+D24) / 4

- 華德法(Ward's method)

　　華德法是以最小變異數為合併的準則，以形成組內平方和最小(within-cluster sum of squares is minimized)，表示群組內的相似性很高。

- 中心法(Centroid method)

　　中心法是先計算各集群的中心值，也就是所有變數的平均值，再計算群體間的歐幾里距離平方，中心法的優點是取平均值，可以避免偏離值的影響。

(二) 非階層式的集群程序(Nonhierarchical Clustering Procedures)

非階層式的集群程序就不是在處理樹狀的結構，而是在處理選擇物件放到先指定好的集群種子(cluster seed)，處理的方式通稱為 K 平均數法，K 平均數法會使用下列三種方法來指定物件至其中的一個群體，這三種方法是循序基準值(sequential threshold)，平行基準值(paralleled threshold)和最佳化程序(optimizing procedure)，我們分別介紹如下：

- 循序基準值(sequential threshold)
  循序基準值會先選一個集群種子(cluster seed))，以集群種子為中心，在指定值的範圍內，將物件都選擇進來，形成一個集群，接著，再選另一個集群種子，重複前面動作，以形成另一個集群，被選用過的集群種子不可以重複被選用。
- 平行基準值(paralleled threshold)
  平行基準值會先同時選取多個集群種子，在指定值的範圍內，將物件配置給最近的集群種子，我們可以調整基準值(threshold)，以調整一個集群包含較多或較少的物件。
- 最佳化程序(optimizing procedure)
  最佳化程序類似循序基準值和平行基準值，差別是最佳化程序可以重新配置物件給集群，以達到最佳化的效果。

(三) 二階段法(結合階層式和非階層式)

階層式和非階層式都各有優缺點，於是 Milligan(1980)提出結合這二種方法以得到最好的方式，首先，先使用階層式華德法或平均連結法來決定集群數，集群的中心和辨識偏離值，再用非階層式進行物件的集群處理。

14-3-5 決定集群數目

到目前為止，沒有一定的標準可以決定集群的數量，我們可以理解的是集群數量增加，集群內的物件的相似性也會增加，解讀資料結構的能力下降，相反的，集群數量減少，集群內物件的相似性會減少，解讀資料的能力上提，因此，決定集群的數目端看研究者的取捨。

雖然，沒有一定的標準可以決定集群的數量，但至少有些方針我們可以遵循，我們整理如下：

- 理論上的支持：由理論延伸到可以說明集群數目。
- 實務上的考量：為了解決某些問題，在實務上必須決定集群的數目才能說明實務上的現象，有時候在實務上會決定集群數的範圍，再逐一評估最佳的集群數。
- 集群距離突增時：使用階層式和非階層式的集群程序時，發現集群突然增加很多時，代表群體間有較大的差異，表示是可以決定集群數的所在了。

14-3-6 解釋和驗證集群

我們在解釋每個集群的目的之一是希望能找出正確代表該集群的名稱，以說明該集群的代表意義，一般情形下，我們會檢視集群的平均值和重心，以描述該集群的表徵，再透過理論或實務上的經驗，找出合理的解釋，也可以和其它的文獻作比較，以檢視集群的分佈情形是否合理。驗證集群解，集群分析的驗證是想要確保集群解可以代表著母體，直接的方式是收集分離的樣本進行分析，以比較其結果的一致性，另一種較務實的方式則是將樣本分成兩群，各自分析再作比較結果的一致性。額外的方式則是將樣本分成兩群，使用一群來建立集群的重心，以應用到另一集群，反之亦然，以達到交叉驗證的功效。

14-3-7 集群分析與區別分析之比較

集群分析與區別分析相同之處在於將觀察值分類或分組，不同之處在於集群分析對於觀察值分類或分組之特性，都是未知，而區別分析在作分析之前就已經知道要將觀察值分成幾組。

14-3-8 集群分析與因素分析之比較

集群分析與因素分析的最大不同是，集群分析經常用在「觀察值個體 case」的分類或分組，而因素分析則是針對「變數」進行分類或分組。

集群分析將觀察值個體分組後，各組內的事物(特性)有高度的同質性，各組間的事物(特性)有高度的異質性，而因素分析將變數分組後，形成幾個構面，以少量的因子，就可以代表多數的變數。

14-3-9 集群分析的應用

集群分析的應用非常廣，我們整理集群分析的應用如下：

醫學：疾病的分類和疾病治療的分群。
教育：大學依教育部的分類有研究、教學及社區等三種類型，集群分析可以用來分析大學的表現指標在哪一類。
經濟學：多個國家經濟指標的分析。
生物學：多種魚類營養含量的分析。
行銷學：家電產品之市場區隔分析。

由此可見集群分析的方法可以廣泛的應用在各個領域

14-3-10 集群分析的應用範例

本範例是以文獻之間的相似度(距離)來進行集群分析，轉換值的標準化可以選依變數，若是使用者輸入原始資料，則可以選「根據觀察值」，進行後續的計算。

集群分析的實務操作步驟如下：
(先前已將範例檔 Ch14 複製到 C:\Ch14)
開啟 ISI_SCM_Reference_2012_CoCitataion_40-70.xls (在 C:\Ch14)

1. 按[分析/分類/階層集群分析法]，如下圖

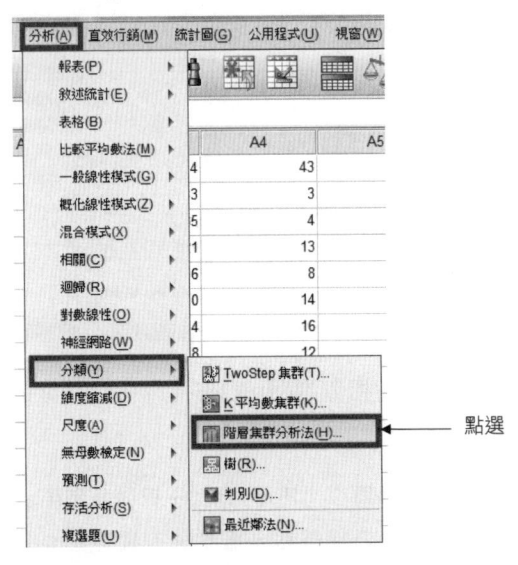

2. 點選[階層集群分析法]，選取所有變數(除了 V1)，如下圖

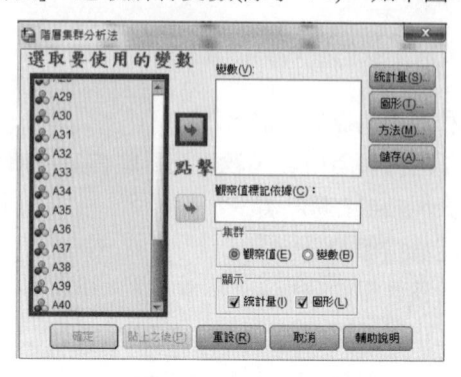

3. 點擊後，如下圖

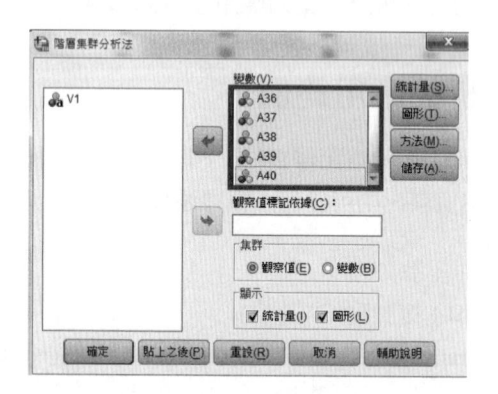

4. 集群欄中點選[變數]，如下圖

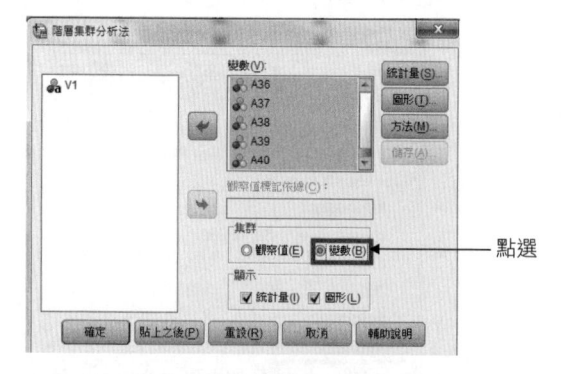

本範例是以文獻之間的相似度(距離)來進行多元尺度的分析，距離矩陣的計算方式需要選「變數」。

注意：在一般原始資料檔中，Row 為欲分析的個體(Cases)、Column 為 Variables，進行分析時會以觀察值為個體點，需要選「觀察值」。

聯合分析、多元尺度方法和集群分析

5. 點選[圖形]，如下圖

6. 點選[圖形]之後，如下圖

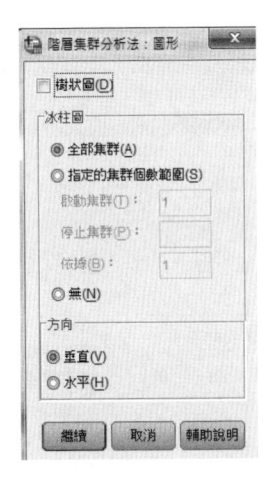

7. [樹狀圖]欄位打勾/點選[繼續]，如下圖

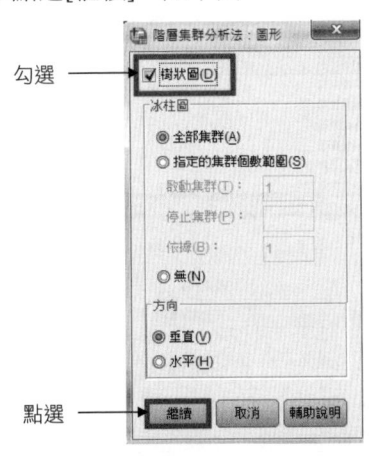

14-27

8. 勾選顯示的[統計量]和[圖形]，如下圖

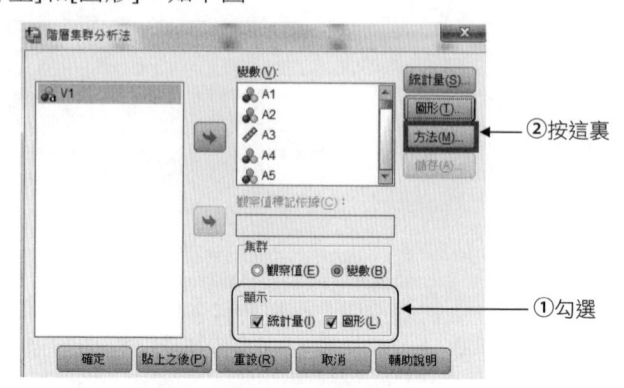

9. 點選[方法]後，如下圖

10. 集群方法欄位下拉選取[Ward's 法]，如下圖

- 群間連結：原文是 Between-group linkage，計算兩群間觀察值間平均值的距離(預設)。
- 組內變數連結：原文是 Within-group linkage，計算兩群間所有觀察值之間的距離。
- 最近鄰法：原文是單一連結法(Single Linkage)，單一連結法是以最小矩離(minimum distance)為基礎，將最短矩離的兩個群體，連接成一群，也常稱為最近鄰居(nearest-neighbor)法。
- 最遠鄰法：原文是完全連結法(Complete Linkage)，完全連結法是每個集群在最小半徑中已經包含所有物件，在群體間以最大距離(maximum distance) 為基準，將兩個群體連接成一個群體，形成所有物件在各自群體間有最小相似性，因為有最遠的矩離。
- 重心集群化：中心法(Centroid method)：中心法是先計算各群的中心值，也就是所有變數的平均值，再計算群體間的歐幾里距離平方，中心法的優點是取平均值，可以避免偏離值的影響。
- 中位數集群化：中位數集群化(Median Clustering)是先計算各群的中位數，再將兩群之間的距離使用兩群的中位數計算得到。
- 華德法(Ward's method)：華德法是以最小變異數為合併的準則，以形成組內平方和最小(within-cluster sum of squares is minimized)；表示群組內的相似性很高。

11 選擇[歐基里德直線距離的平方]，如下圖
區間欄位下拉選取，[歐基里得直線距離平方]

- 歐基里得直線距離(Euclidean distance)：歐基里得距離是以座標軸相減後的平方和再開根號，Euclidean distance (X,Y) = $\sqrt{\sum_i (X_i - Y_i)^2}$ 。

- 歐基里得直線距離平方：歐基里得距離平方是以座標軸相減後的平方，Squared Euclidean distance $(X,Y) = \sum_i (X_i - Y_i)^2$，若是不開根號則稱為歐基里得直線距離平方，若是遇到物件的變數衡量單位不同(例如：公尺和公厘)，則需要進行標準化，以避免衡量尺度(scale)造成的影響。

- 餘弦(Cosine)：項目的相似性度量，Cosine $(x,y) = \dfrac{\sum X_i Y_i}{\sqrt{\sum X_i^2 \sum Y_i^2}}$。

- Pearson 相關：衡量觀察值之間的相似程度，Pearson $(X,Y) = \dfrac{\sum (Z_{xi} Z_{Yi})}{N-1}$。

- 柴比雪夫(Chebychev)距離：衡量觀察值之間的最大絕對差異，Chebychev Distance$(X,Y) = MAX_i |X_i - Y_i|$。

- 區塊(Block 距離)：Block Distance$(X,Y) = \sum_i |X_i - Y_i|$，可稱為 Manhattan 距離，也稱為城市街道距離(City-block distance)，區塊的算法最簡單，相減後取絕對值的和，使用城市街道矩離是有條件的，就是變數間不能有相關性，若是變數間有相關性，則是使用馬氏矩離。馬氏矩離(Mahalanobis distance D²)是歐基里得直線矩離平方的延伸使用，它不只是標準化資料更加總組內共變數矩陣(within-group covariance matrix)以調整變數間的相互關係，特別適用於變數有相關性時使用。

- 明可夫斯基(Minkowski)距離：Minkowski Distance$(X,Y) = \left[\sum_i |X_i - Y_i|^n\right]^{\frac{1}{n}}$，在觀察值之間，絕對差異第 n 次方和的第 n 次方根。

- 自訂式(Customized)距離：Customized Distance$(X,Y) = \left[\sum_i |X_i - Y_i|^n\right]^{\frac{1}{r}}$，在觀察值之間，絕對差異第 n 次方和的第 r 次方根。

聯合分析、多元尺度方法和集群分析 **14** Chapter

12. 標準化欄位下拉選取[Z 分數]，如下圖

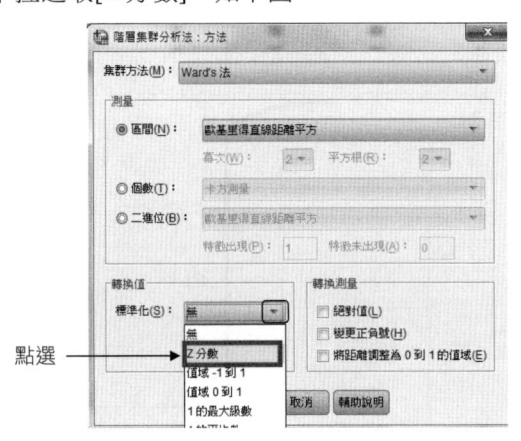

（點選 Z 分數）

13. 點選[繼續]，如下圖

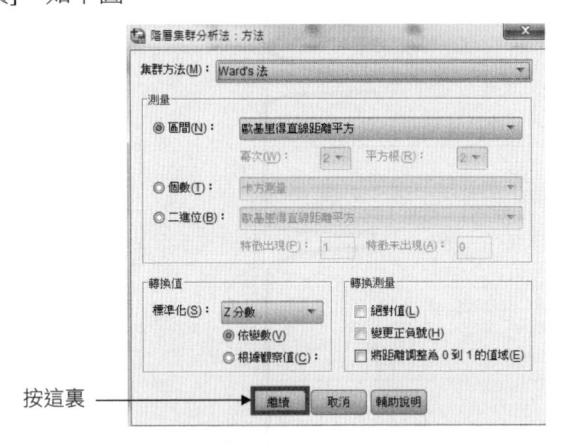

（按這裏 繼續）

本範例是以文獻之間的相似度(距離)來進行集群分析，轉換值的標準化可以選「依變數」。

14. 都調整好之後按[確定]，如下圖

（按這裏 確定）

14-31

15. 結果如下圖

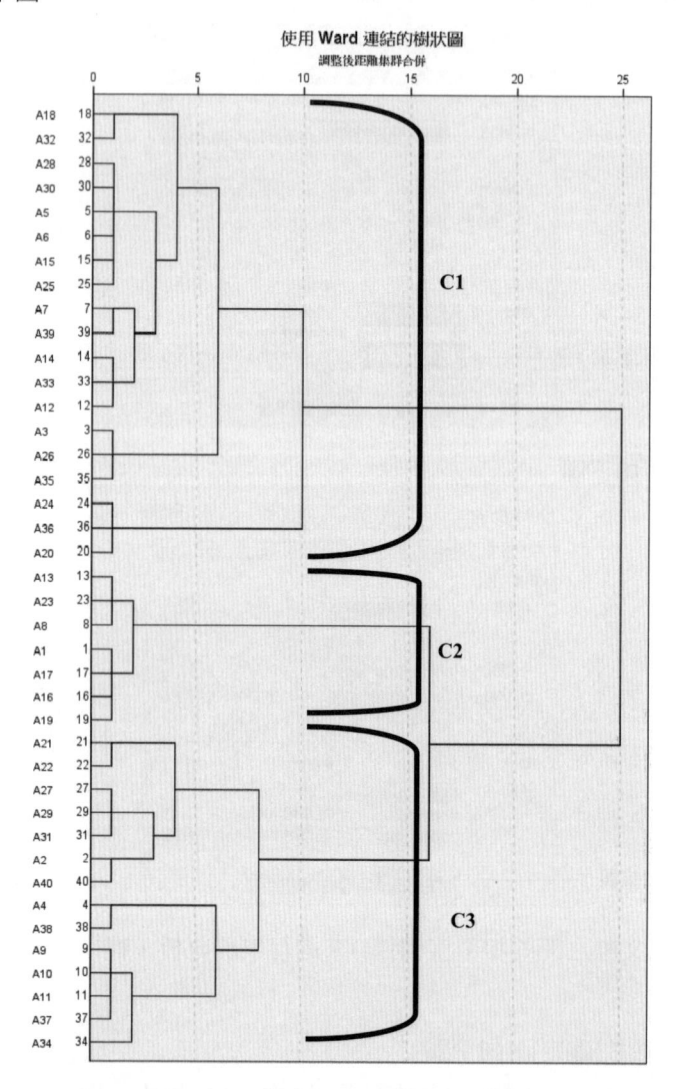

使用 Ward 連結的樹狀圖
調整後距離集群合併

決定供應鏈集群數：為了解決某些問題，在實務上必須決定集群的數目才能說明實務上的現象，有時候在實務上會決定集群數的範圍，再逐一評估最佳的集群數，我們經由逐一評估最佳的集群數，決定集群數=3，進行供應鏈的解釋如下：

- C1 包含有資訊分享的價值，預測的影響，存貨的管理價值。
- C2 包含有供應鏈建置和管理、績效的量測、存貨的管理、綠能的供應鏈管理、供應鏈的設計與分析。
- C3 包含有供應鏈的整合、客戶服務、績效、研究方法和測量方式、策略。

14-4 寫作參考範例

集群分析是根據研究物件的特徵對研究物件進行分類的多元分析技術的總稱。集群分析把性質相近的個體歸為一類，使得同一類中的個體具有高度的同質性，不同類之間的個體具有高度的異質性。

正確的書寫方式，參考以下範例。

✪ 範例 1：多元尺度分析和集群分析

- Shiau, W. L., Yan, C. M., and Lin, B. W. 2018. "Exploration into the Intellectual Structure of Mobile Information Systems," International Journal of Information Management (October), Elsevier, pp. 1-11.

"Hierarchy Cluster Analysis is a multivariate technique that aims to group data based on the characteristics of the data. In each cluster, items exhibit strong internal (within-cluster) homogeneity and high external (between-cluster) heterogeneity (Joseph F. Hair, 2010). In a geometric illustration, the items within clusters are situated close together but far away from different clusters. The article analysis in this study groups similar articles based on their shared attributes; thus, each subgroup provides an insight into a subfield of documents in a specialized field (McCain, 1990). Ward's method is a frequently applied clustering algorithm used in cluster analysis: it minimizes the increase of the total sum of squares between all items in all clusters (Joseph F. Hair, 2010).

The MDS technique displays data graphically and determines the perceived relative image in a set of data. In this study, the co-citation matrix was converted and presented on a two-dimensional plot by means of a squared Euclidean distance conversion. Each point of the plot represents an article, and the distance between two points re- presents the similarity of two articles. The shorter the distance between two points, the higher the degree of similarity between the two articles (Leydesdorff & Vaughan, 2006). For this reason, MDS is useful for revealing implicit dimensions.

……

In order to graphically identify the groups within MobIS, Hierarchy Cluster Analysis with Ward's method and MDS analyses were implemented to graphically identify the MobIS clusters. As displayed in Figs. 3 and 4, 6 clusters were found to represent the core knowledge of MobIS. The 6 clusters were given the following names: (1) Technology

Acceptance; (2) Mobile Commerce; (3) Technology Innovation; (4) Use of Mobile Technology; (5) Measurement and Evaluation of IT; and (6) IS Success.

　　作者首先在研究方法中簡要介紹層次集群分析的作用，以及 Ward 方法的優點，再介紹了 MDS 技術的應用方法。使用 Ward 方法進行層次集群分析和實施多維尺度分析，作者通過圖形化的方式識別行動 IS 中的集群。在圖 14-34、14-35 中發現 6 個代表行動 IS 核心知識的集群。

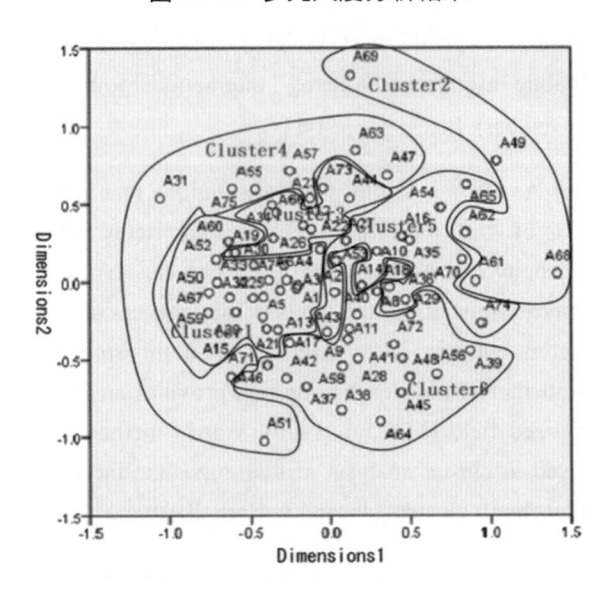

圖 14-34 多元尺度分析結果

圖 14-35 集群分析結果

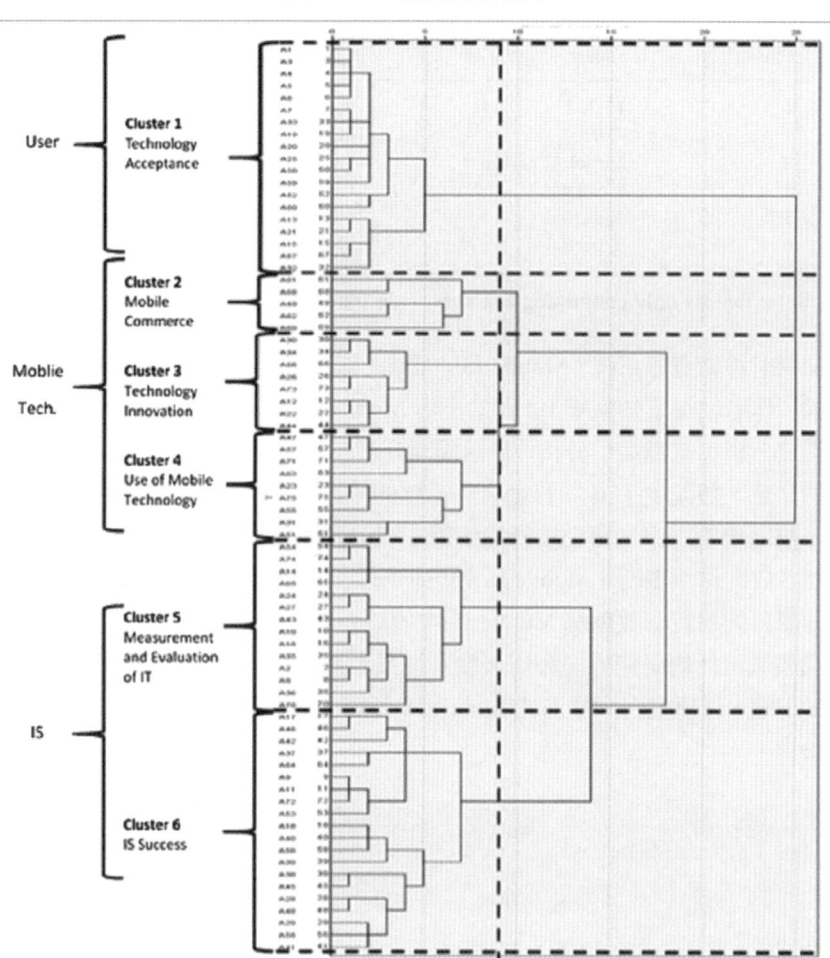

此外，作者將集群分析的分類結果與因素分析的結果進行比較，如表 14-3 證實來自不同分析方法的結果相似。

14-35

表 14-3 集群分析與因素分析對比

Cluster	Factor	Conceptual theme
1	1	Technology Acceptance
2	7, 9	Mobile Commerce
3	partial 1, partial 4	Technology Innovation
4	5, partial 4	Use of Mobile Technology
5	3, partial 1	Measurement and Evaluation of IT
6	2, partial 4	IS Success

Note: factors only containing 1 article were ignored.

　　本文探討移動資訊系統（Mobile IS）領域的關鍵內容以及確定 Mobile IS 研究中的知識結構。作者收集了知識庫 ISI 網站上與 Mobile IS 相關的文章及其引用的文章，然後進行引文分析和文獻共引分析，包括因素分析和集群分析。本研究識別出 75 篇被高度引用的文章，並產生了 6 類移動資訊系統的核心知識：（1）技術接受；（2）移動商務；（3）技術創新；（4）移動技術的使用；（5）資訊技術的測量和評估；（6）資訊系統的成功。研究結果表明，Mobile IS 領域仍處於年輕和發展階段。核心知識類別將有助於不同學科的學者有效理解 Mobile IS 中的核心概念及其相關性，以揭示這一快速擴展的研究領域可能的研究方向和切入點。從業者還可以發現未來發展的趨勢線，並確定擴展的主題，以便整合到當前的 Mobile IS 領域。這將有利於維護當前框架和開發新的業務機會。

15 結構方程模式之 Partial Least Squares (PLS)偏最小平方

15-1 結構方程模式 Structural equation modeling (SEM)

　　一般我們將統計分析的 t test, ANOVA, ANCOVA, MANOVA, MANCOVA, 或 multiple regression 視為第一代統計分析技術，而 **Structural equation modeling (SEM, 結構方程模型)** 則是第二代統計分析技術。結構方程模型 (SEM) 是一種結合了因素分析和路徑分析的統計技術，用來分析觀察變數和潛在變數之間的複雜關係。觀察到的變數是我們可以直接測量的，潛在變數之間的複雜關係是推論出來的。為了有效估計這些關係，結構方程模型分為「測量模型」和「結構模型」兩個主要部分。測量模型指定觀測變數與其對應的潛在變數之間的關係，而結構模型指定潛在變數之間的關係。結構方程模型已成為社會科學近 40 年來的分析典範，常用於企管，資管，心理學、政治學、經濟學、社會學、社會工作、人類學、文化研究、城市研究及地理學⋯等等。

　　目前結構方程模式 Structural equation modeling (SEM) 在社會科學領域中是相當盛行的統計方法，有兩大主流技術，分別是共變數形式結構方程模式(Covariance-based SEM) 和變異形式結構方程模式(Variance-based SEM)：

1. Covariance-based SEM：以變數的共變數結構進行分析，藉由定義一個因素結構來解釋變數的共變關係，稱為共變數形式結構方程模式(Covariance-based SEM)。共變數形式結構方程模式於 1970 年代由 Joreskog 所提出 (Joreskog, K. G. 1973. "A General Method for Estimating a Linear Structural Equation System," in Structural Equation Models in the Social Sciences :A.S. Goldberger and O.D. Duncan, eds.. New York: Seminar, pp. 85-112.)。之後再提出線性結構關係(linear structural relation, LISREL) 統計軟體，成為管理領域、教育與心理 SEM 重要的分析工具。

2. Variance-based SEM：以變數的線性整合定義出一個變異數結構後，再利用迴歸原理來解釋檢驗變異間的預測與解釋關係，稱為變異數型式結構方程模式

(Variance-based SEM)，使用的技術是偏最小平方法(partial least squares; PLS)。PLS 是由 Herman Wold 於 1960 年所發展出來並應用於計量經濟的技術(Wold, H.(1966). "Estimation of principal components and related models by iterative least squares". In *Multivariate Analysis* Krishnaiaah, P.R., New York: Academic Press. pp.391–420). 於 1975 年提出 PLS 路徑模式 (Wold, H. (1975), "Path Models with Latent Variables: The NIPALS Approach," in *Quantitative Sociology: International Perspectives on Mathematical and Statistical Modeling*, H. M. Blalock, A. Aganbegian, F. M. Borodkin, R. Boudon, and V. Cappecchi eds., Academic Press, New York, 307-357.) 在經濟計量分析和化學計量領域獲得重視與普及，目前在資管、行銷、商學領域盛行。

結構方程模式 Structural equation modeling (SEM)不是一次就發展完成，而是有無數專家和學者們，努力發展而成，SEM 的發展和演變如下圖，我們分別說明如後。

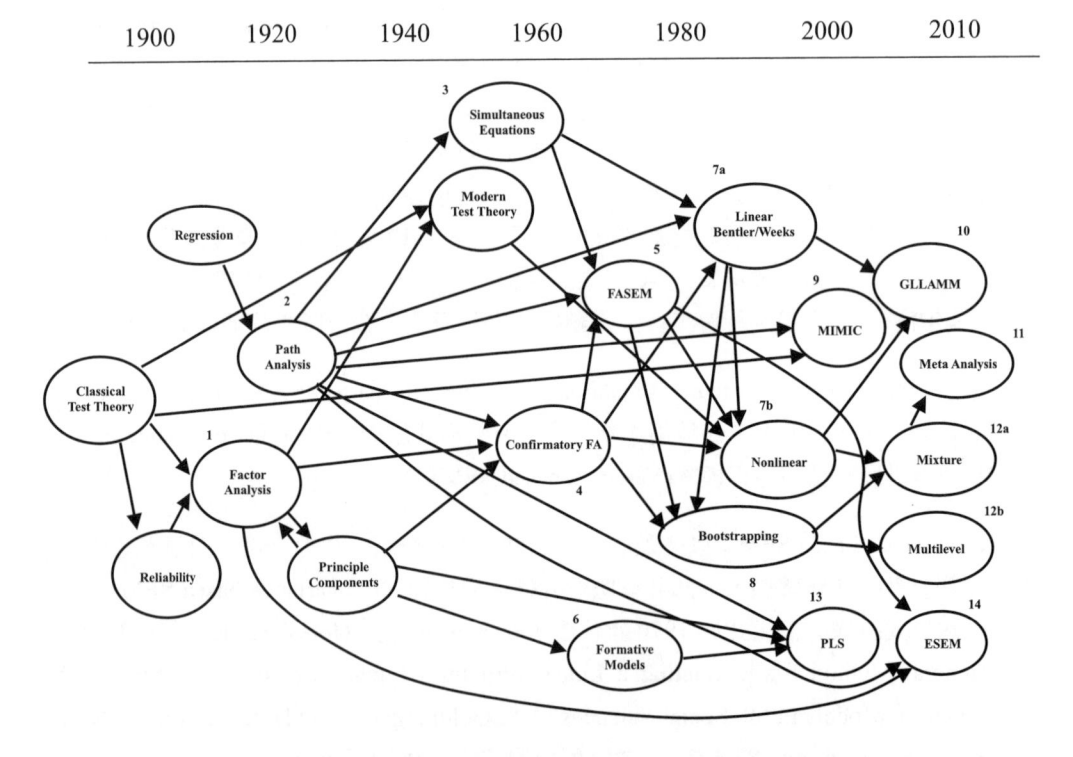

Pseudo path diagram of some developments in SEM model structures

Source: Karimi, L. and Meyer, D. (2014). Structural Equation Modeling in Psychology: The History, Development and Current Challenges. *International Journal of Psychological Studies, 6*(4), 123-133

1. Factor Analysis (因素分析)：最早回溯 1900 年代初期，以古典的測驗理論(Classical Test Theory)和信度(Reliability)為基礎發展的因素分析(Factor Analysis)。因素分析常用在社會科學的探索性因素分析(Exploratory Factor Analysis)，由 Spearman (1904)所貢獻，在多個認知效能(cognitive performance)的相關量測中，找出之間的關係，Thurstone (1947)提出中心點方法的因素分析，在 1960 年代受到認同，到 1980 年代廣受歡迎，因素分析結合古典測驗理論造就了現代測驗理論(Modern Test Theory)，Hotelling 於 1933 提出了主成份分析(Principle Component Analysis)，也成為 PLS 一派主要的基礎。

2. 路徑分析(Path Analysis)：源自於迴歸分析，最早由 Wright (1920)所提出，應用於醫學，用來決定因果的結構分析。

3. Simultaneous Equation Models(同步(時)的方程模式)：同步(時)的方程模式主要應用於經濟領域，Frisch (1934)發展了經濟計量(Econometric)和 SEM 的辨識方式，Haavelmo (1943)在接下來的日子解決 SEM 的估計辨識和檢驗的問題，對於 SEM 的貢獻很大。

4. Confirmatory FA (Confirmatory Factor Analysis)驗證性因素分析：Tuker (1955)提出驗證性因素分析(Confirmatory Factor Analysis; CFA)，接著，使用最大概似法(Maximum Likelihood; ML)也應用到因素分析，直到 1969 年 Jöreskog 發展電腦軟體，其使用最大概似法(ML)來估計 CFA，而廣受歡迎，也成為後來 LISREL 軟體發展重要的基礎。

5. FASEM (Factor Analysis SEM)因素分析的 SEM：FASEM 發展於 1970-1980 年，1973 年 SEM 會議(conference)後，FASEM 和 LISREL 是主要的成果，Simultaneous Equation 方法主要用於 FASEM，Path Analysis 方法主要用於 LISREL。Bentler 於 1986 年第一次應用 FASEM 連續變數於 SEM。

6. Formative Model (形成性模式)：形成性模式最早回溯至 1950 年代，由 Berkson 所提出(Karimi and Meyer 2014)，當時盛行的古典測驗理論(CTT)主張：觀察分數=真實分數+測量誤差，Berkson 主張：真實分數=觀察分數+測量誤差(Carroll et al. 2006)，形成性模式長久以來未受到重視，一直到近代，在行銷領域的 Javis et al. (2003)和資管領域的 Petter et al. (2007)大力推行，加上 PLS 軟體盛行，使的形成性模式逐漸受到重視。

7. (a,b).Linear/ Nonlinear SEM (線性與非線性 SEM)：在 1970 和 1980 年代是線性與非線性 SEM 快速發展時期，特別是另一個軟體 EQS 結構方程模式軟體的掘起，使得 SEM 的應用更加廣泛，典型的推手有 Bentler (1986)，另外，類別資料

(categorical data)處理有 Mislevy (1984)和 Muthén (1984)。非線性 SEM 對於類別資料的處理至今都還是熱門的議題。

8. Bootstrapping 拔靴法：是非參數估計方法，不需要常態分配的要求，拔靴法是從原始資料中，隨機抽出設定的(e.g. 500)的次樣本(sub sample)，來進行估計。

9. MIMIC Model (Multiple-Indication Multiple-Causes Model)多重指標多重原因模式：在 1970 代由 Jöreskog 和 Goldberger 所提出，Karimi and Meyer (2014)將最大概似法(ML)應用在過度辨識(over-identofied) MIMIC 模式。MIMIC 模式也可以用來檢測收斂效度和區別效度，另外，在 LISREL 軟體中，可以使用 MIMIC 模式用來估計和辨識形成性模式。

10. GLLAMM 一般化線性模式(Generalized Linear Model)：Rabe-Hesketh, Skrondal 和 Pickles 於 2004 提出 Generalized linear latent and mixed models (GLLAMM)。GLLAMM 使用 3 種功能(1) a generalized linear model，(2) a structural equation model for latent variable 和(3)distributional assumptions for latent variables，用來解決多層次 SEM 只能用在特定模式的限制，GLLAMM 能處理所有型態的資料，包含有二類別，連續和非連續資料，在軟體部份 Stata 和 MPlus 都支授 GLLAMM 分析方法。

11. SEM Meta-Analysis：使用 SEM 作匯總分析(Meta-Analysis)是 Cheung 於 2008 年所提出，用來整合 SEM 不同的研究結果，以得到長時間穩定的、複雜的因果關係。

12. (a/b) Multilevel and Mixture Models (多層次和混合模式)：使用 SEM 處理多層次問題時，需要分成組內(within)和組間(between)共變異組別，應用多組別分析來同時估計這二個層次的混合模式。

13. PLS (Partial Least Square)偏最小平方方法：使用於 SEM，稱為 PLS-SEM，最早是由 Wold 於 1974 年所提出，其中結合了主成份分析(Principal component)，路徑分析(Path analysis)和形成性模式(Formative model)技術，對於理論尚未完整的複雜模式，提供適當的估計，特別適用於預測模式(predictive model)，在最早發展時期，Jöreskog (LISREL 發展者)和 Wold 於 1982 年共同討論最大概似法(ML)和 PLS 在潛在變數的發展和比較(Jöreskog and Wold 1982)，Dijkstra 於 1983 年對於 ML 和 PLS 技術也提出了一些比較和評論。這時期，最特別的一位是 Jan-Bend Lohmoller，Lohmoller 於 1984 年發展潛在變數偏最小平方方法，LVPLS (Latent Variable PLS)，並且完成第一本最完整的 PLS-SEM 統計教科書，由於是用 FORTRAN 程式寫的，當時 FORTRAN 程式並不普及，因此，這本 PLS-SEM 統計教科書並未受到廣泛的認同，也因此沈寂了下來。一直到 1998 年，PLS 重要的學者也是最大的推手 Wynne

W. Chin 提供圖形化使用者介面的 PLS Graph，並且清楚說明如何使用 PLS，例如，如何執行 PLS，如何評估和解釋結果，因此，PLS Graph 在社會科學中受到廣泛的支持和使用。

14. Exploratory structural equation modeling (ESEM)，探索性結構方程模型是由 Asparouhov and Muthén (2009) 提出來的新方法，整合了 EFA 和 CFA 兩種分析方法的功能和優點(Marsh et al. 2014)。EFA 是用來探索概念的因數結構。CFA 是用來驗證理論上或先前研究的因數結構。ESEM 可以靈活地探索因數結構，又可以系統地驗證因數模型，簡單的說，ESEM 測量模型是 EFA 和 CFA 的混合體(a hybrid approach)，在傳統 CFA 的因數分析步驟中，加入了因數旋轉和允許估計每個題目在多個構面上的負荷這樣複雜的模型可以識別，以利探索因數結構。ESEM 結構模型允許估計每個題目在多個構面上的負荷這樣複雜的模型可以識別(model fit)，最後得到結構模型的結果。

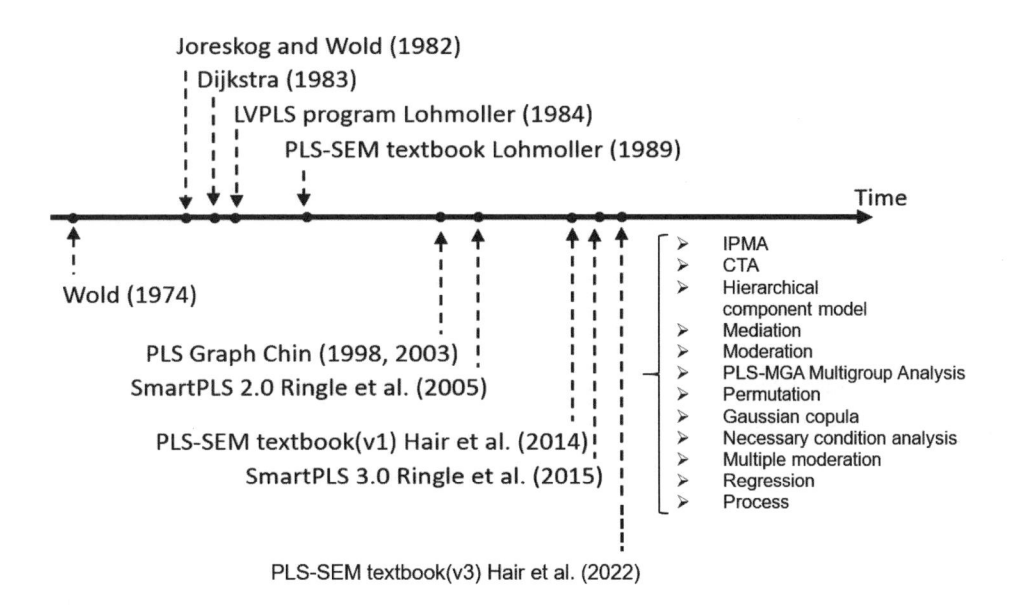

```
Joreskog and Wold (1982)
Dijkstra (1983)
LVPLS program Lohmoller (1984)
PLS-SEM textbook Lohmoller (1989)
                                                          Time
Wold (1974)
                                           ➢ IPMA
                                           ➢ CTA
                                           ➢ Hierarchical
                                             component model
                                           ➢ Mediation
PLS Graph Chin (1998, 2003)                ➢ Moderation
SmartPLS 2.0 Ringle et al. (2005)          ➢ PLS-MGA Multigroup Analysis
                                           ➢ Permutation
                                           ➢ Gaussian copula
PLS-SEM textbook(v1) Hair et al. (2014)    ➢ Necessary condition analysis
                                           ➢ Multiple moderation
SmartPLS 3.0 Ringle et al. (2015)          ➢ Regression
                                           ➢ Process

PLS-SEM textbook(v3) Hair et al. (2022)
```

在近期的發展中，Ringle, Wende and Will (2005)發表了 SmartPLS 2.0，由於容易操作使用，輕易執行出結果，快速註冊取得使用權，且能免費下載使用，深受全球研究者的喜愛，加速 PLS-SEM 在全世界的使用量。在 2014 年 Hair, Hult, Ringle 和 Sarstedt 共同發表了第一本以 SmartPLS 軟體應用為主的教科書，奠定了 SmartPLS 在 PLS 眾多軟體中霸主的地位，在 2015 年 Ringle et al. 等人發展 SmarPLS 3.0 軟體，改善了 SmartPLS 2.0 的缺點，並且增加許多新功能。在 2022 年 Hair et al. 等人發表了 SmarPLS 4.0 軟體和以應用為主的教科書，該教科書立即吸引全球 PLS 愛用者，使用

15-5

SmartPLS 4.0 的使用者快速增加，而成為 PLS 不可或缺的重量級教科書。在中文方面，蕭文龍在 2013 年發表了《統計分析入門與應用--SPSS 中文版+ PLS-SEM (SmartPLS)》教科書，該教科書立即吸引在台灣 PLS 愛用者採用，SmartPLS 2.0 的使用者在台灣快速增加，接著蕭文龍在 2016 & 2018 & 2020 & 2023 年發表了統計分析入門與應用--SPSS中文版+SmartPLS 3 & 4 系列書籍，使得 SmartPLS 4 在華人 SEM 研究中，更是受到歡迎與喜愛。

參考文獻：

- Hair, J. F., Sarstedt, M., Henseler, J. and *Ringle*, C. M. (2014). PLS-SEM: Looking Back and Moving Forward. Journal of Long Range Planning, 47(3), pp. 132-137.
- Hair, J. F., Hult, G. T. M., Ringle, C. M., & Sarstedt, M. (2022). A Primer on Partial Least Squares Structural Equation Modeling (PLS-SEM), 3rd ed. Thousand Oaks, CA: Sage.
- Ringle, Christian M., Wende, Sven, & Becker, Jan-Michael. (2022). SmartPLS 4. Oststeinbek: SmartPLS. Retrieved from https://www.smartpls.com

在研究發表上，針對 PLS-SEM 方法有幾期特刊(special issue)，這幾期特刊有 MIS Quarterly (Marcoulides et al., 2009)、Journal of Marketing Theory and Practice (Hair et al., 2011) 和 Long Range Planning (strategic management field)有2期特刊 (Hair et al., 2012, 2013; Robins, 2012)，對於 PLS 的應用研究有很大的幫助。我們也整理 PLS-SEM 應用在社會科學的各種領域的回顧，列出如下：

- Accounting: Lee, L., Petter, S., Fayard, D., and Robinson, S. 2011. On the Use of Partial Least Squares Path Modeling in Accounting Research. International Journal of Accounting Information Systems, 12(4), 305-328.
- Family Business: Sarstedt, M., Ringle, C. M., Smith, D., Reams, R., and Hair, J. F. 2014. Partial Least Squares Structural Equation Modeling (PLS-SEM): A Useful Tool for Family Business Researcher. Journal of Family Business Strategy, 5(1), 105-115.
- International Business: Richter, N. F., Sinkovic, R. R., Ringle, C. M., and Schlägel, C. 2016. A Critical Look at the Use of SEM in International Business Research. International Marketing Review, 33(3), 376-404.

- International Marketing: Henseler, J., Ringle, C. M., and Sinkovics, R. R. 2009. The Use of Partial Least Squares Path Modeling in International Marketing. Advances in International Marketing. Bingley: Emerald, 277-320.
- Management Information Systems: Ringle, C. M., Sarstedt, M., and Straub, D. W. 2012. A Critical Look at the Use of PLS-SEM in MIS Quarterly, MIS Quarterly, 36(1), iii-xiv.
- Marketing: Hair, J. F., Sarstedt, M., Ringle, C. M., and Mena, J. A. 2012. An Assessment of the Use of Partial Least Squares Structural Equation Modeling in Marketing Research, Journal of the Academy of Marketing Science, 40(3), 414-433.
- Operations Management: Peng, D. X. and Lai, F. 2012. Using Partial Least Squares in Operations Management Research: A Practical Guideline and Summary of Past Research. Journal of Operations Management, 30(6), 467-480.
- Psychology: Willaby, H., Costa, D., Burns, B., MacCann, C., Roberts, R. 2015. Testing Complex Models with Small Sample Sizes: A Historical Overview and Empirical Demonstration of What Partial Least Squares (PLS) Can Offer Differential Psychology. Personality and Individual Differences, 84, 73-78.
- Strategic Management: Hair, J. F., Sarstedt, M., Pieper, T., and Ringle, C. M. 2012. The Use of Partial Least Squares Structural Equation Modeling in Strategic Management Research: A Review of Past Practices and Recommendations for Future Applications. Long Range Planning, 45 (5-6), 320-340.
- Tourism: do Valle, P. O., and Assaker, G. 2015. Using Partial Least Squares Structural Equation Modeling in Tourism Research: A Review of Past Research and Recommendations for Future Applications. Journal of Travel Research, forthcoming.

在應用 PLS 方法上，使用 PLS-SEM 方法的理由：PLS-SEM 的主要優點包括放寬用於使用 CB-SEM 估計模型的最大概似法所需的常態分佈假設，以及 PLS-SEM 能夠估計具有較小樣本量和較複雜模型的能力(Hair et al. 2019; Shiau et al. 2019; Khan et al. 2019; Shiau and Chau 2016)。與 CB-SEM 相比，PLS-SEM 更適用於：當研究目標是對理論發展的探索性研究時；當分析是針對預測的角度時；當結構模型複雜時；當結構模型包括一個或多個形成性模式時；當樣本量較小時；當分佈不是常態時；以及當研究需要潛在變量分數以進行後續分析時(Gefen et al. 2011；Hair et al. 2019；Shiau et al. 2019; Khan et al. 2019; Shiau and Chau 2016; Shiau et al. 2020; Shiau and Huang (2023))。上述原因支持考慮 PLS-SEM 是適合研究的 SEM 方法。

參考文獻：

- Gefen, D; Straub, Detmar W.; and Rigdon, Edward E.. 2011. "An Update and Extension to SEM Guidelines for Admnistrative and Social Science Research," MIS Quarterly, (35: 2) pp.iii-xiv.

- Khan G. F., Sarstedt M., Shiau W, L., Hair J. F., Ringle C. M., Fritze M. P., (2019) "Methodological research on partial least squares structural equation modeling (PLS-SEM): An analysis based on social network approaches", Internet Research, Vol. 29 Issue: 3, pp.407-429

- Shiau W. L., Sarstedt M., Hair J. F., (2019) "Internet research using partial least squares structural equation modeling (PLS-SEM)", Internet Research, Vol. 29 Issue: 3, pp.398-406

- Hair J. F., Risher J. J., Sarstedt M., Ringle C. M., (2019) "When to use and how to report the results of PLS-SEM", European Business Review, Vol. 31 Issue: 1, pp.2-24.

- Shiau, W.-L. and Chau, Y. K. (2016) "Understanding behavioral intention to use a cloud computing classroom: A multiple model-comparison approach", Information & Management Vol. 53 Iss: 3, pp 355–365"

- Shiau, W.-L., Yuan, Y., Pu, X., Ray, S. and Chen, C.C. (2020), "Understanding Fintech continuance: perspectives from self-efficacy and ECT-IS theories", Industrial Management & Data Systems, Vol. 120 No. 9, pp. 1659-1689

- Shiau, W.-L., and Huang, L. -C. (2023) Scale development for analyzing the fit of real and virtual world integration: An example of Pokémon Go, Information Technology & People, Vol. 36 No. 2, pp. 500-531 (SSCI, 2021)

在 SEM 的演變中，PLS 方法逐漸形成一個重要的分支，和以共變異(co-variance)為基礎的 SEM(例如 LISREL 和 AMOS)相輔相成，進而對於社會科學中各種現象的研究有所貢獻，也可以得到更好的研究結果。

參考文獻：

- Bentler, P. M. 1986. "Structural modeling and psychometrika: An historical perspective on growth and achievements," Psychometrika (51:1), pp. 35-51.

- Carroll, R. J., Ruppert, D., Stefanski, L. A., and Crainiceanu, C. M. 2006. Measurement Error in Nonlinear Models: A Modern Perspective (2nd ed.). Chapman and Hall/CRC Press: Boca Raton.

- Cheung, M. W. 2008. "A Model for Integrating Fixed-, Random-, and Mixed-Effects Meta-Analyses Into Structural Equation Modeling," Psychological Methods (13:3), pp. 182-202.

- Chin, W.W., 1998. "The partial least squares approach to structural equation modeling," In: Marcoulides, G.A. (Ed.), Modern Methods for Business Research. Erlbaum, Mahwah.

- Dijkstra, T.K., 1983. "Some comments on maximum likelihood and partial least squares methods," Journal of Econometrics (22 :1/2), pp. 67-90.

- Frisch, R. 1934. Statistical confluence analysis by means of complete regression systems. Oslo: Osto University.

- Haavelmo, T. 1943. "The Statistical Implications of a System of Simultaneous Equations," Econometrica (11), pp. 1-12.

- Hair, J. F., Hult, G. T. M., Ringle, C. M., and Sarstedt, M. 2014. A Primer on Partial Least Squares (PLS) Structural Equation Modeling. Los Angeles: Sage.

- Hair, J. F., Hult, G. T. M., Ringle, C. M., and Sarstedt, M. 2016. A Primer on Partial Least Squares Structural Equation Modeling. (Second edition), Thousand Oaks: Sage.

- Hair, J.F., Ringle, C.M., and Sarstedt, M., 2011. "The use of partial least squares (PLS) to address marketing management topics: from the special issue guest editors," Journal of Marketing Theory and Practice (19:2), pp. 135-138.

- Hair, J.F., Ringle, C.M., and Sarstedt, M., 2012. "Partial least squares: the better approach to structural equation modeling?" Long Range Planning (45:5-6), pp. 312-319.

- Hair, J.F., Ringle, C.M., and Sarstedt, M., 2013. "Partial least squares structural equation modeling: rigorous applications, better results and higher acceptance," Long Range Planning (46:1-2), pp. 1-12.

- Hair, J. F., Sarstedt, M., Henseler, J., and Ringle, C. M. 2014. "PLS-SEM: Looking Back and Moving Forward," Journal of Long Range Planning (47:3), pp. 132-137.

- Hotelling, H. 1933. "Analysis of a Complex of Statistical Variables into Principal Components," Journal of Educational Psychology (24), pp. 498-520.

- Jarvis, C., MacKenzie, S., and Podsakoff, P. A. 2003. "Critical Review of Construct Indicators and Measurement Model Misspecification in Marketing and Consumer Research," Journal of Consumer Research (30:2), pp. 199-218.

- Jöreskog, K. G. 1969. "A general approach to confirmatory maximum likelihood factor analysis," Psychometrika (34), pp. 183-202.

- Jöreskog, K.G., and Wold, H., 1982. "The ML and PLS techniques for modeling with latent variables: historical and comparative aspects," In: Wold, H., Jöreskog, K.G. (Eds.), Systems Under Indirect Observation, Part I. North-Holland, Amsterdam.

- Karimi, L., and Meyer, D. 2014. "Structural Equation Modeling in Psychology: The History, Development and Current Challenges," International Journal of Psychological Studies (6:4), pp. 123-133.

- Lohmöller, J.-B., 1984. LVPLS 1.6. Lohmöller, Cologne.

- Marcoulides, G.A., Chin, W.W., and Saunders, C., 2009. "Foreword: a critical look at partial least squares modeling," MIS Quarterly (33:1), pp. 171-175.

- Mislevy, R. J. 1984. "Estimating latent distributions," Psychometrika (49), pp. 359-381.

- Muthén, B. 1984. "A General Structural Equation Model with Dichotomous, Ordered Categorical, and Continuous Latent Variable Indicators," Psychometrika (49), pp. 115-132.

- Petter, S., Straub, D., and Rai, A. 2007. "Specifying Formative Constructs in Information Systems Research," MIS Quarterly (31:4), pp. 623-656.

- Rabe-Hesketh, S, Skrondal, A., and Pickles, A. 2004. "Generalized Multilevel Structural Equation Modeling," Psychometrika (69), pp. 167-190.

- Rigdon, E.E., 2012. "Rethinking partial least squares path modeling: in praise of simple methods," Long Range Planning (45:5-6), pp. 341-358.

- Ringle, C.M., Sarstedt, M., and Straub, D.W. 2012. "Editor's Comments: A Critical Look at the Use of PLS-SEM in MIS Quarterly," MIS Quarterly (36:1), pp. iii-xiv.

- Ringle, C. M., Wende, S., and Becker, J.-M. 2015. SmartPLS 3. Bönningstedt: SmartPLS. Retrieved from http://www.smartpls.com

- Ringle, C.M., Wende, S., and Will, A., 2005. SmartPLS 2.0. Hamburg.

- Spearman, C. 1904. "General Intelligence, Objectively Determined and Measured," American Journal of Psychology (15), pp. 201-293.

- Thurstone, L. L. 1947. Multiple factor analysis. Chicago: Chicago University Press.

- Tucker, R. 1955. "The Objective Definition of Simple Structure in Linear Factor Analysis," Psychometrika (20), pp. 209-225.

- Wold, H., 1974. "Causal flows with latent variables: partings of ways in the light of NIPALS modelling," European Economic Review (5:1), pp. 67-86.

- Wright, S. 1920. "The relative importance of heredity and environment in determining the piebald pattern of guinea-pigs," Proceedings of the National Academy of Sciences (6), pp. 320-332.

15-2 Partial Least Squares (PLS)偏最小平方

　　Partial Least Squares (PLS) 偏最小平方是結構方程模式 Structural equation modeling (SEM)的一種計算方法，目前越來越多領域獲得重視與普及，例如 Urbach and Ahlemann (2010) 統計在資管頂級期刊 MIS Quarterly 和 ISR (Information Systems Research)中，使用 PLS(偏最小平方) 計算方法的論文數越來越多，呈現正成長趨勢，如下圖：

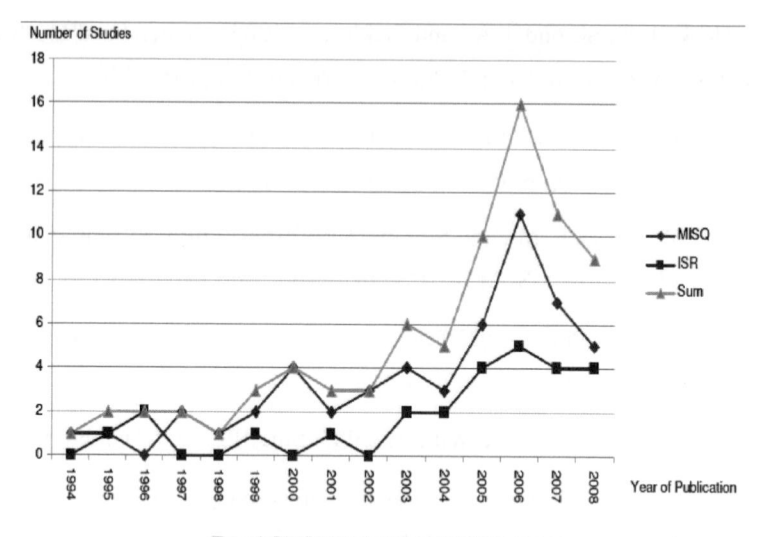

Figure 1: Distribution of studies using PLS over time.

(Source: Urbach, N. and Ahlemann, F. (2010) "Structural Equation Modeling in Information Systems Research Using Partial Least Squares," *Journal of Information Technology Theory and Application (JITTA)*: Vol. 11: Iss. 2, Article 2.)

並且在資管頂級期刊 MISQ 和 ISR 綜合中,比較使用共變數型式結構方程模式(Covariance-based SEM)和變異數型式結構方程模式(Variance-based SEM)的 PLS(偏最小平方)的論文數後發現,使用 PLS(偏最小平方) 計算方法的論文數呈現正大幅成長趨勢,如下圖:

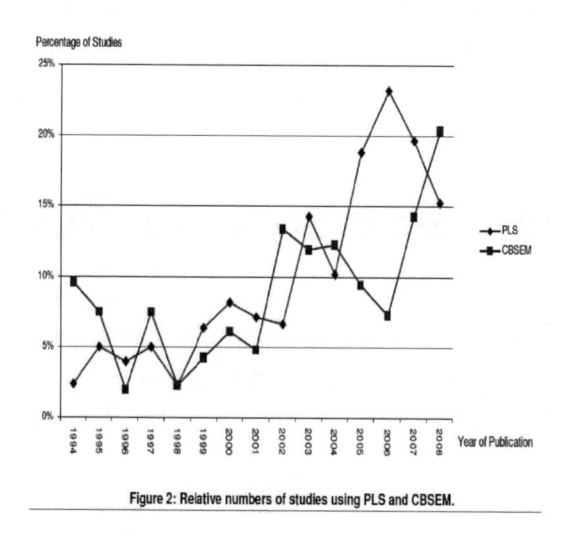

Figure 2: Relative numbers of studies using PLS and CBSEM.

(Source: Urbach, N. and Ahlemann, F. (2010) "Structural Equation Modeling in Information Systems Research Using Partial Least Squares," *Journal of Information Technology Theory and Application (JITTA)*: Vol. 11: Iss. 2, Article 2.)

Ringle, Sarstedt and Straub (2012) 單獨對資管頂級期刊 MIS Quarterly 作統計,同樣發現使用 PLS(偏最小平方) 計算方法的論文數呈現正大幅成長趨勢,如下圖:

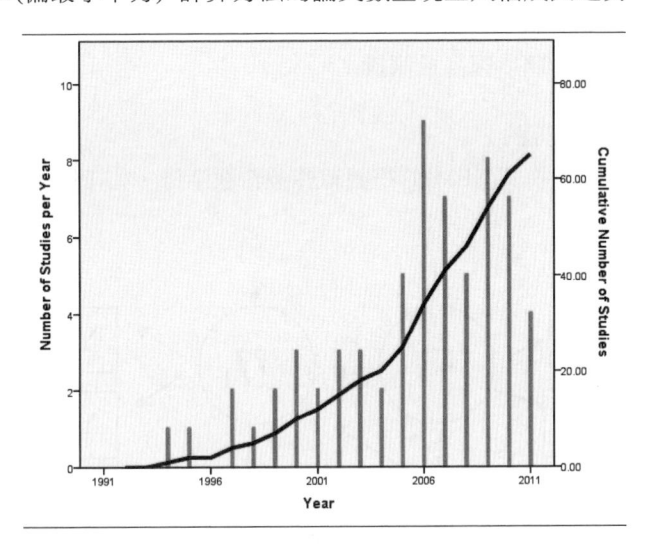

(Source : Ringle et al. (2012) "A Critical Look at the Use of PLS-SEM in MIS Quarterly," MIS Quarterly Vol. 36 No. 1 pp. iii-xiv/March 2012)

由此發現 PLS(偏最小平方)在頂級期刊中越來越受到重視,接下來更是會影響一般的期刊走向,我們可以說以變異數型式結構方程模式(Variance-based SEM)的偏最小平方法(partial least squares; PLS)的時代來臨了。

15-3 SEM 結構方程模式

SEM 結構方程模式是可以處理一組(二個或二個以上)關係的應變數和自變數,數學方程式如下:

$$Y_1 = X_{11} + X_{12} + ...+X_{1j}$$
$$Y_2 = X_{21} + X_{22} + ...+X_{2j} ....$$
$$Yi = X_{i1} + X_{i2} + ...+X_{ij}$$

(計量)　　　(計量,非計量)

SEM 在研究中可以用來處理相關的(可觀察到的)變數或實驗的變數，在一般的情況下，大都使用在相關的變數，結構方程模式中的變數，一般可以分為：

Latent variables (LV)潛在變數和 Measured variables (MV)量測變數或可稱為 Manifest variables (清楚變數)，潛在變數是假設性的變數，通常是經由多個量測變數測量而得；量測變數是可觀察的變數，也就是清楚的變數，可以做為潛在變數的指標，通常是由問卷或量表的問項獲得量測值。

結構方程模式(SEM)的符號

一般表示結構方程模式(SEM)的符號有許多希臘字母，如下圖：

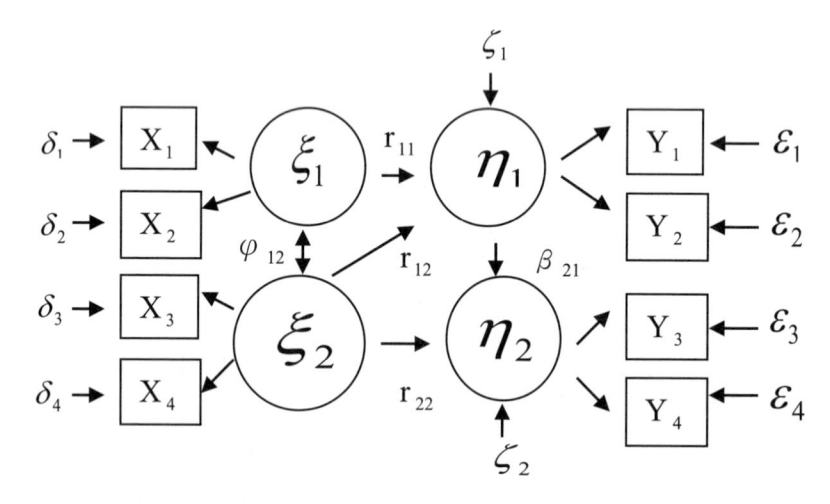

$$\begin{array}{c}\text{[SEM path diagram with } \xi_1, \xi_2, \eta_1, \eta_2, X_1\text{-}X_4, Y_1\text{-}Y_4, \delta_1\text{-}\delta_4, \varepsilon_1\text{-}\varepsilon_4, \zeta_1, \zeta_2, \varphi_{12}, r_{11}, r_{12}, r_{22}, \beta_{21}]\end{array}$$

我們整理一般軟體(LISREL)表示結構方程模式(SEM)符號的解釋如下：

x – 量測的自變數

y – 量測的依變數

ξ (ksi) – 被 x 變數所解釋的潛在外生構面

η (eta) – 被 y 變數所解釋的潛在內生構面

δ (delta) – x 變數的誤差項

ε (epislon) – y 變數的誤差項

λ (lambda) – 量測的變數們和所有潛在構面們的相關，有 λx 和 λy

γ (gamma) – 潛在外生構面 ξ(exogenous)和潛在內生構面 η(endogenous)的相關

φ (phi) – 潛在外生構面們 ξ 的相關

β (beta) – 潛在內生構面們 η 的相關

ζ (zeta) – 內生構面們 η 的估計誤差

符號	說明
○	潛在構面(ξ 或 η)
▭	量測的變數(x 或 y)
▭ ← ○	從潛在構面到量測變數的回歸路徑
ξ ○ → ○ η	外生構面 ξ (因)指向內生構面 η (果)
ξ ○ ↔ ○ ξ	兩個潛在外生構面 ξ 有關聯
○ ⇌ ○	潛在構面們互為因果
δ → ▭	量測的誤差項指向外生構面的變數 x
▭ ← ε	量測的誤差項指向內生構面的變數 y

✪ 結構方程模式(SEM)的模式

SEM 的理論架構是由四項變數之間的關係,所發展出兩部份的模式所構成,亦即結構方程式模式(Structural Equation Model)與測量模式(Measurement Model)。結構方程式模式主要是對潛在自變數與潛在應變數間提出一個假設性的因果關係式,其結構方程式如下:

$$\eta = \gamma \xi + \beta \eta + \zeta$$

由於潛在變數是無法直接測量,必須藉由觀察變數間接推測得知,而測量模式主要是用來辨識並說明潛在變數與觀察變數之間的關係,其分為兩個方程式來描述,一個方程式說明潛在應變數與觀察應變數之間的關係,另一個方程式則是說明潛在自變數與觀察自變數之間的關係。

對應變數而言,其測量方程式如下:

$$Y = \Lambda y \eta + \varepsilon$$

對自變數而言,其測量方程式如下:

$$X = \Lambda x \xi + \delta$$

結構方程模式中的結構模式在廣泛的定義如下:

是一個假設的模式,在一組潛在變數和量測變數中,包含了直接的(因果的)和非直接線性的(相關的)關係。

包含了量測模式(Measurement models)和結構模式(Structural model)。

　量測模式(Measurement models)檢視了潛在變數和量測變數之間的關係。

　結構模式(Structural model)檢視了直接的影響,也就因果的關係。

SEM完整模式(Full model) = 量測模式(measurement model) + 結構模式(structure model)

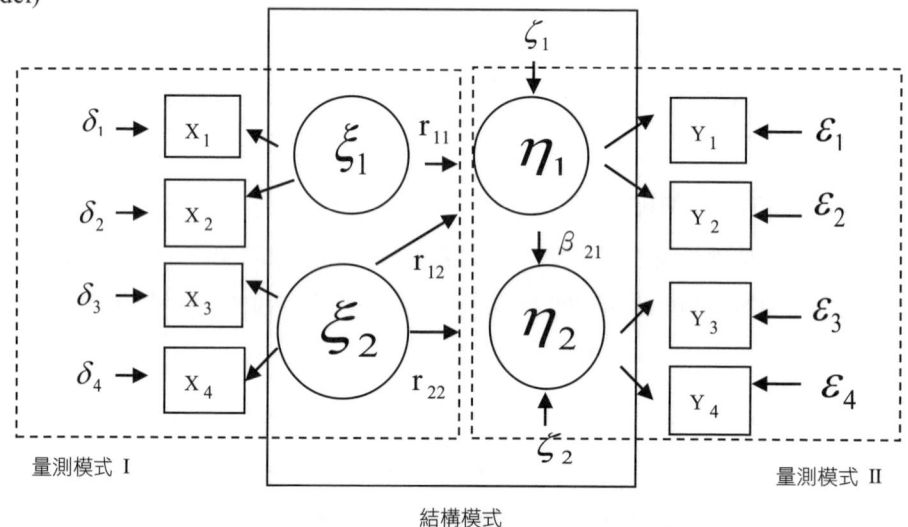

量測模式(包含 I 和 II)是在探討實際量測變數和潛在構面的關係,例如:X_1 和 ξ_1,和 Y_1 和 ε_1,而結構模式則是在探討潛在構面和潛在構面之間的關係,例如:ξ_1 和 η_1,η_1 和 η_2。

在上圖中,量測變數 X_1、X_2、X_3 和 X_4 都有自己的誤差項 δ,X_1 和 X_2 受到潛在構面 ξ_1 的影響,X_3 和 X_4 受到潛在構面 ξ_2 的影響,X_1、X_2、X_3、X_4、ξ_1 和 ξ_2 共同形成了量測模式 I。

量測變數 Y_1、Y_2、Y_3 和 Y_4 都有自己的誤差項 ε，Y_1 和 Y_2 受到潛在構面 η_1 的影響，Y_3 和 Y_4 受到潛在構面 η_2 的影響，Y_1、Y_2、Y_3、Y_4、η_1 和 η_2 共同形成了量測模式 II。

潛在構面和潛在構面之間，形成了因果的關係，以箭頭方向來顯示因果的關係，η_1 受到 ξ_1 和 ξ_2 的影響，ξ_1 和 ξ_2 不能解釋 η_1 的，就是干擾部份 ζ_1，η_2 受到 ξ_2 和 η_1 的影響，ξ_2 和 η_1 不能解決 η_2，就是干擾部份 ζ_2，ξ_1、ξ_2、η_1、ζ_1、η_2 和 ζ_2 共同形成了結構模式。

15-4 PLS 的結構方程模式(SEM)

PLS 的 SEM 模式是由兩部分的模式所構成，亦即外模式(Outer model)與內模式(Inner Model)。

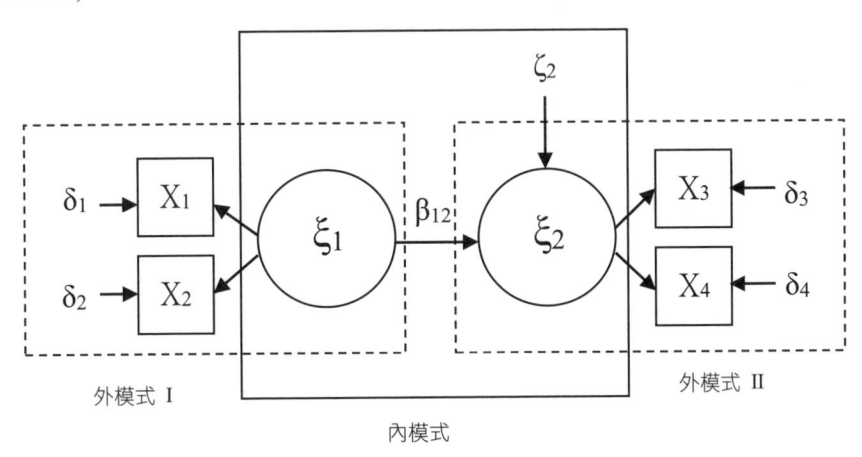

我們整理 PLS 軟體表示結構方程模式(SEM)符號的解釋如下：

x - 量測的自變數

ξ (ksi) – 被 x 變數所解釋的潛在內、外生構面

δ (delta) – x 變數的誤差項

λ (lambda) – 量測的變數們和所有潛在構面們的相關，有 λx

β (beta) – 潛在內生構面們 ξ 的相關

ζ (zeta) – 內生構面們 ξ 的估計誤差

符號	說明
◯	潛在構面（ξ）
▭	量測的變數（x）
▭ ← ◯	從潛在構面到量測變數的迴歸路徑
ξ ◯ → ◯ ξ	外生構面ξ(因)指向內生構面ξ(果)
ξ ◯ ⌒ ◯ ξ	兩個潛在外生構面ξ有關聯
◯ ⇄ ◯	潛在構面們互為因果
δ → ▭	量測的誤差項指向外生構面的變數 x

　　由於潛在變數是無法直接測量，必須藉由觀察變數間接推測得知，而測量模式主要是用來辨識並說明潛在變數與觀察變數之間的關係，其分為兩個方程式來描述，一個方程式說明潛在應變數與觀察應變數之間的關係，另一個方程式則是說明潛在自變數與觀察自變數之間的關係。

對自變數而言，其測量方程式(外模式 I)如右：
λx (lamdba)：權重(因素負荷量)
δ：X 變數的誤差項

$$X = \lambda x\, \xi_1 + \delta$$

對應變數而言，其測量方程式(外模式 II)如右：
λx：權重(因素負荷量)
δ：X 變數的誤差項

$$X = \lambda x\, \xi_2 + \delta$$

結構方程式模式主要是對潛在自變數與潛在應變數間提出一個假設性的因果關係式，其結構方程式(內模式)如下：

$$\xi_2 = \beta_{12}\, \xi_1 + \zeta_2$$

β_{12}：迴歸係數　　ζ_2(zeta) - 內生構面ξ_2的估計誤差

結構方程模式中的結構模式在廣泛的定義如下：

- 是一個假設的模式，在一組潛在變數和量測變數中，包含了直接的(因果的)和非直接線性的(相關的)關係。
- 包含了外模式(Outer Model)與內模式(Inner Model)。
  - 外模式(Outer Model)檢視了潛在變數和量測變數之間的關係。
  - 內模式(Inner Model)檢視了直接的影響，也就因果的關係。

SEM 完整模式(Full model)=外模式(Outer Model) + 內模式(Inner Model)

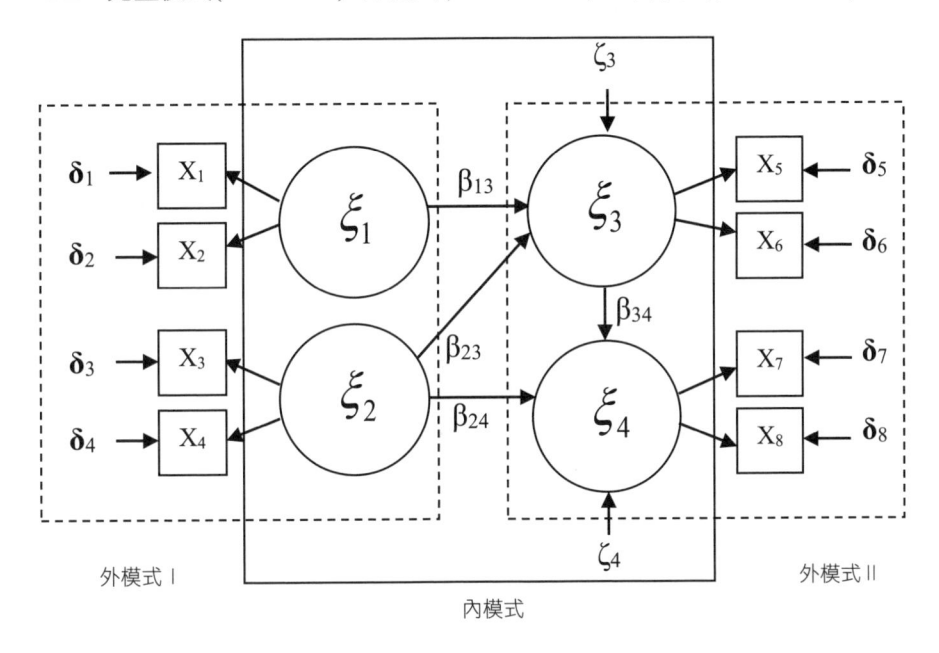

外模式(包含Ⅰ和Ⅱ)是在探討實際量測變數和潛在構面的關係，例如：X_1 和 ξ_1，和 X_1 和 ξ_3，而內模式則是在探討潛在構面和潛在構面之間的關係，例如：ξ_1 和 ξ_3，ξ_2 和 ξ_4。

在上圖中，量測變數 X_1、X_2、X_3 和 X_4 都有自己的誤差項 δ，X_1 和 X_2 受到潛在構面 ξ_1 的影響，X_3 和 X_4 受到潛在構面 ξ_2 的影響，X_1、X_2、X_3、X_4、ξ_1 和 ξ_2 共同形成了外模式Ⅰ。

量測變數 X_5、X_6、X_7 和 X_8 都有自己的誤差項 δ，X_5 和 X_6 受到潛在構面 ξ_3 的影響，X_7 和 X_8 受到潛在構面 ξ_4 的影響，X_5、X_6、X_7、X_8、ξ_3 和 ξ_4 共同形成了外模式Ⅱ。

15-19

潛在構面和潛在構面之間,形成了因果的關係,以箭頭方向來顯示因果的關係,ξ_3 受到 ξ_1 和 ξ_2 的影響,ξ_1 和 ξ_2 不能解釋 ξ_3 的,就是干擾部份 ζ_3,ξ_4 受到 ξ_2 和 ξ_3 的影響,ξ_2 和 ξ_3 不能解釋 ξ_4,就是干擾部份 ζ_4,ξ_1、ξ_2、ξ_3、ξ_4、ζ_3 和 ζ_4 共同形成了內模式。

✪ PLS-SEM 計算方式(演算法)

PLS 的計算方式有二個階段,分別是重覆估計潛在構面分數和最終估計係數,我們以下圖為例,整理其細部估計步驟如下:

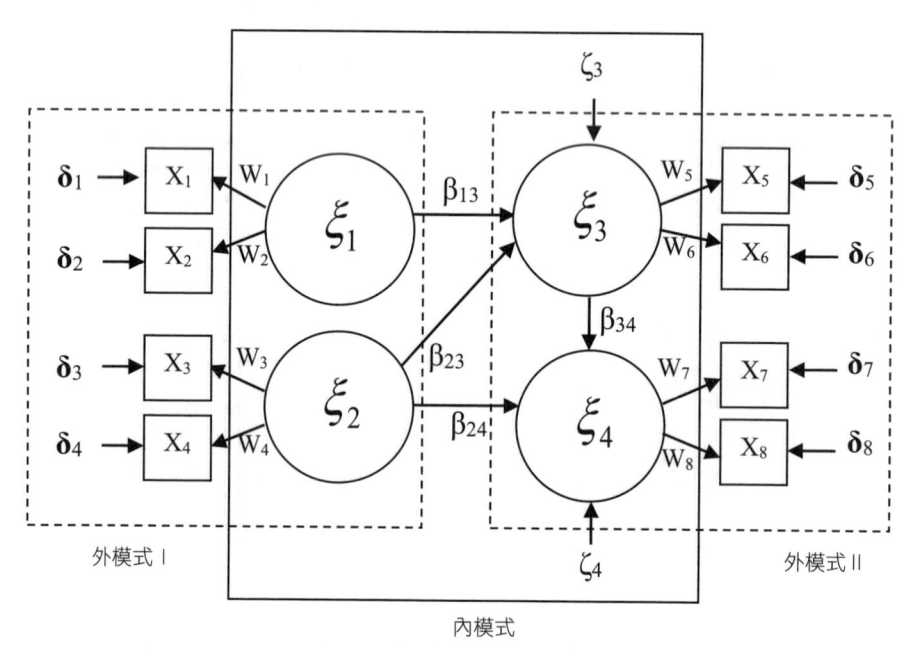

外模式 I　　　　　　　　內模式　　　　　　　　外模式 II

- 演算法:

階段一. 重覆估計潛在構面分數。

步驟 1. 外模式趨近估計潛在構面分數,如圖中的 ξ_1、ξ_2、ξ_3、ξ_4,是由 X_1、X_2、X_3、X_4、X_5、X_6、X_7、X_8 和步驟 4 外模式係數計算得到的

步驟 2. 估計潛在構面關係的代理值,如圖中的 β_{13}、β_{23}、β_{24} 和 β_{34}。

步驟 3. 內模式趨近估計潛在構面分數,使用步驟 1 的 ξ_1、ξ_2、ξ_3、ξ_4 和步驟 2 結構模式關係代理值 β_{13}、β_{23}、β_{24} 和 β_{34} 計算得到的 c

步驟 4. 估計量測模式(外模式)係數的代理值,是由變數們和步驟 3 潛在構面分數計算得到的,如圖的 W_1、$W_2…W_8$。

階段二. 最終估計係數，包含有外模式的權重(weight)和負荷量(loading) 以及結構模式(內模式)的關係，是使用一般最小平方法(ordinary least squares)。

(source : Hair, J. F., Ringle, C. M., and Sarstedt, M. 2011. "PLS-SEM: Indeed a Silver Bullet," Journal of Marketing Theory and Practice (19:2), pp. 139-151.)。

15-5 Covariance-based SEM (CB-SEM)和 Variance-based SEM (PLS-SEM)的比較

結構方程模式有兩大主流技術: 共變數形式結構方程模式(Covariance-based SEM)和變異數型式結構方程模式(Variance-based SEM)，一般因果關係情形下，二種分析方法所顯示的結果都很相似，這樣的現象不一定就適用每次的結果。在統計的測量工具上，沒有哪一項工具是可以完全適合的去處理所有的現象，接下來探討何種情況下Covariance-based SEM(LISREL or AMOS 為代表)和 Component- based SEM(PLS 為代表) 統計技術是適合的。

- 統計技術
  SEM 的統計技術分析上主要可區分成兩種
  - 共變數形式結構方程模式(Covariance-based SEM) –以變數的共變數結構進行分析，藉由定義一個因素結構來解釋變數的共變關係，稱為共變數形式結構方程模式(Covariance-based SEM)。
  - 變異數型式結構方程模式(Variance-based SEM)：以變數的線性整合定義出一個主成份結構後，再利用迴歸原理來解釋檢驗主成份間的預測與解釋關係，稱為變異數型式結構方程模式(Variance-based SEM)，使用的技術是偏最小平方法(partial least squares; PLS)。

- 分析目的不同
  - Covariance-based SEM 技術強調全部的適配對於全部的觀測 covariance 矩陣對於假說的 covariance 模型，主要是在檢測理論的適用性，適合進行理論模型的檢測(驗證性)。
  - Variance-based SEM，PLS 的部分，它的設計主要是在解釋變異(檢測因果關係是否具有顯著的關係)，適合進行理論模型的建置(探索性)，也可以用來驗證所探討推論的因果關係。

- 常態分配
  - Covariance-based SEM (LISREL、EQS、AMOS)是在常態機率模式下以最大概似估計法進行估計求解，會受到多元常態分佈的假設限制，當資料非常態分佈時，估計會得到偏誤解。
  - Variance-based SEM (PLS: SmartPLS、PLS-Graph、VisualPLS) 是在無分配(distribution-free)下以迴歸分析技術進行估計求解，在小樣本時也可以獲得不錯的估計求解。當資料非常態分佈時，PLS 仍需要一定的樣本數才能獲得理想的估計解。

- 共線性
  - Covariance-based SEM (LISREL、EQS、AMOS)建立在常態機率模式下，共線性問題威脅低。
  - Variance-based SEM (PLS: SmartPLS、PLS-Graph、VisualPLS)是在無分配(distribution-free)機率模式下，迴歸分析不會受到傳統的多元共線性問題的影響，但測量變數之間具有高相關時，形成性模式中，共線性問題威脅高。

- 樣本數
  - Covariance-based SEM (LISREL、EQS、AMOS)所需要的樣本最小值介於 100-150。
  - Variance-based SEM (PLS: SmartPLS、PLS-Graph、VisualPLS)，PLS 對於樣本的需求為：樣本數一定要大於所提出的問項總數，最好達 10 倍。

- 測量模式
  - Covariance-based SEM (LISREL、EQS、AMOS)，以反映性為主，形成性為輔。
  - Variance-based SEM (PLS: SmartPLS、PLS-Graph、VisualPLS)反映性和形成性都可以。

- 模式評估
  - Covariance-based SEM (LISREL、EQS、AMOS)，模式適配度評估，組合信度，平均變異萃取量，解釋力 R2。
  - Variance-based SEM (PLS: SmartPLS、PLS-Graph、VisualPLS)路徑係數，解釋力 R^2，GoF 指數。

- 使用的工具軟體
  - Covariance-based SEM 所使用的軟體有：LISREL，AMOS，EQS
  - Variance-based SEM 使用的 PLS 軟體有 PLS graph 3.0，SmartPLS，Visual PLS

(Source: Gefen, D., Straub, D. W., and Boudreau, M.-C. 2000. "Structural Equation Modeling Techniques and Regression: Guidelines for Research Practice," *Communications of AIS* (4:7).)

我們整理 Covariance-based SEM (CB-SEM)和 Variance-based SEM (PLS-SEM)的主要差異比較如下表：

項目	Covariance-based SEM (CB-SEM: LISREL、EQS、AMOS)	Variance-based SEM (PLS-SEM: SmartPLS、PLS-Graph、VisualPLS)
統計技術	以變數的共變數結構進行分析，藉由定義一個因素結構來解釋變數的共變關係，稱為共變數形式結構方程模式(Covariance-based SEM)。	以變數的線性整合定義出一個變異數結構後，再利用迴歸原理來解釋檢驗主成份間的預測與解釋關係，稱為變異數型式結構方程模式(Variance-based SEM)，使用的技術是偏最小平方法(partial least squares; PLS)。
分析目的不同	CB-SEM 技術強調全部的適配對於全部的觀測 covariance 矩陣對於假說的 covariance 模型，主要是在檢測理論的適用性，適合進行理論模型的檢測(驗證性)。	PLS-SEM，PLS 的部分，它的設計主要是在解釋變異(檢測因果關係是否具有顯著的關係)，適合進行理論模型的建置(探索性)，也可以用來驗證所探討推論的因果關係。
常態分配	CB-SEM (LISREL、EQS、AMOS) 是在常態機率模式下以最大概似估計法進行估計求解，會受到多元常態分佈的假設限制，當資料非常態分佈時，會估計得到偏誤解。	PLS-SEM (PLS: SmartPLS、PLS-Graph、VisualPLS) 是在無分配(distribution-free)下以迴歸分析技術進行估計求解，在小樣本時也可以獲得不錯的估計求解。當資料非常態分佈時，PLS 仍需要一定的樣本數才能獲得理想的估計解。
共線性	CB-SEM (LISREL、EQS、AMOS) 建立在常態機率模式下，共線性問題威脅低。	PLS-SEM (PLS: SmartPLS、PLS-Graph、VisualPLS) 是在無分配(distribution-free) 機率模式下，迴歸分析不會受到傳統的多元共線性問題的影響，但測量變數之間具有高相關時，形成性模式中，共線性問題威脅高。
樣本數	CB-SEM (LISREL、EQS、AMOS) 所需要的樣本最小值介於 100-150。	PLS-SEM (PLS: SmartPLS、PLS-Graph、VisualPLS)，PLS 對於樣本的需求為：樣本數上的要求為一定要大於所提出的問項總數，最好達 10 倍。

15-23

項目	Covariance-based SEM (CB-SEM: LISREL、EQS、AMOS)	Variance-based SEM (PLS-SEM: SmartPLS、PLS-Graph、VisualPLS)
測量模式	CB-SEM (LISREL、EQS、AMOS)，以反映性為主，形成性為輔。	PLS-SEM (PLS: SmartPLS、PLS-Graph、VisualPLS) 反映性和形成性都可以。
模式評估	CB-SEM (LISREL、EQS、AMOS)，模式適配度評估，組合信度，平均變異萃取量，解釋力 R^2。	PLS-SEM (PLS: SmartPLS、PLS-Graph、VisualPLS)路徑係數，解釋力 R^2，GoF 指數。
使用的工具軟體	CB-SEM 所使用的軟體有：LISREL、AMOS、EQS	PLS-SEM 所使用的 PLS 軟體有：PLS graph 3.0、SmartPLS、Visual PLS

15-6 當代 SEM 研究(論文)需要呈現的內容

在社會科學和商管領域有越來越多的研究使用結構方程模式，而結構方程模式 Structural equation modeling (SEM)有兩大主流技術，分別是共變數形式結構方程模式(Covariance-based SEM)和變異數型式結構方程模式(Variance-based SEM)。SEM 的優點是可以「克服線性迴歸造成的量測錯誤」和「可以估計多個依變數」。但是由於兩大主流技術計算的不同，呈現結構方程模式(SEM)的內容也有所不同，我們整理由 Gefen, Rigdon, and Straub (2011)所提供當代關於 SEM 研究至少預備的要素，論文呈現共變數形式結構方程模式(Covariance-based SEM)和變異數型式結構方程模式(Variance-based SEM)的基本內容，以提供研究者與閱讀者能有一套清單、準則來瞭解 SEM 研究需要什麼樣的內容，如下：

(Source: Gefen, D., Rigdon, E. E., and Straub, D. "An Update and Extension to SEM Guidelines for Administrative and Social Science Research," *MIS Quarterly* (35:2) 2011, pp iii-A7.)

SEM 研究(論文)需要呈現的內容	
變異數型式結構方程模式(Variance-based SEM)研究論文須具備的內容—(PLS: SmartPLS、PLS-Graph、VisualPLS、)	共變數形式結構方程模式(Covariance-based SEM)研究論文需具備的內容—(LISREL、EQS、AMOS)
研究論文中的內容： 1. 為何本研究要使用 PLS 2. 解釋問項被刪除的原因 3. 比較飽和模式(saturated model)	研究論文中的內容： 1. 解釋估計方法的選用原因 2. 適配指數

SEM 研究(論文)需要呈現的內容	
表格或附件必須呈現的內容： 平均數、標準差、相關係數、組合信度、平均變異萃取、效度、解釋力、T-value	表格或附件必須呈現的內容： 1. 平均數、標準差、信度、效度 2. 解釋力、Squared multiple correlation(SMC) 3. 相關係數矩陣 4. 解釋問項被刪除的原因
建議補充內容： 1. 共同方法偏差分析(Common method bias analysis) 2. 無回應偏差(Non-response bias analysis) 3. 選用一階或二階構面的原因 4. 交互效果的驗證 5. 共線性	建議補充內容： 1. 共同方法偏差分析(Common method bias analysis) 2. 平均變異萃取 3. 選用一階或二階的原因 4. 無回應偏差(Non-response bias analysis) 5. 共線性

以上就是當代 SEM 研究(論文)需要呈現的內容了。

15-7 當代 SEM 研究論文參考範例

我們經過 20 多年的 SEM 學習和實戰經歷，提供正確的 CB-SEM 和 PLS-SEM 研究論文參考範例如下。

✪ 範例 1：Correctly report a CB-SEM paper

- Wen-Lung Shiau and Margaret Meiling Luo (2013) "Continuance intention of blog users: the impact of perceived enjoyment, habit, user involvement and blogging time," Behaviour & Information Technology (BIT) (32:6), pp.570-583. (SSCI)

Shiau & Luo (2013) 研究調查影響持續使用 Blog 意願的因素，在線調查收集到 430 份有效樣本，研究模型通過結構方程模型(SEM)進行評估。結果表明，Blog 的持續使用是通過用戶參與度、滿意度和感知享受共同預測的。然而，習慣與滿意度和持續使用意願沒有很強的關係。預測用戶對博客使用的滿意度主要是感知的享受，其次是用戶對期望和用戶參與的確認。感知到享受是通過用戶的參與和用戶對期望的確認來預測的。Blog 時間顯著調節習慣對感知享受的影響，但不影響滿意度和持續意願。這模型解釋了 65%的滿意度和 57%的持續使用意願。

- Shiau, W.-L. and Huang, L.-C. (2022), "Scale development for analyzing the fit of real and virtual world integration: an example of Pokémon Go", Information Technology & People, Vol. ahead-of-print No. ahead-of-print. https://doi.org/10.1108/ITP-11-2020-0793

研究方法是使用 CB-SEM，結果要正確的呈現 CB-SEM 需要交待的結果，模式適配度有 X square/df, GFI, AGFI, CFI, NFI, RMSEA。量測模式的因數負荷量，信度 CR, AVE，區別效度，結構模式的路徑係數和 R square 解釋力。

✪ 範例 2：Correctly report CB-SEM model comparison

- Wen-Lung Shiau, and Patrick Y.K. Chau, (2012),"Understanding blog continuance: a model comparison approach", Industrial Management & Data Systems (112: 4) pp.663-682 (SCI)

本篇提供研究者正確的呈現 CB-SEM 需要交待的結果外，更提供研究者正確的呈現 CB-SEM 的模式比較結果，有區分為巢狀和非巢狀的模式比較。

✪ 範例 3：Correctly use both CB-SEM & PLS-SEM: Why use PLS?

- Wen-Lung Shiau, and Patrick Y. K. Chau, (2016). "Understanding behavioral intention to use a cloud computing classroom: A multiple model-comparison approach," Information & Management (53:3), pp. 355-365. (SSCI, 2015 IF= 2.163) (Web of Science 80 times cited, ESI 1% high cited article)

這是結合 CB-SEM 和 PLS-SEM 的一篇論文，可以用來提供最新說明和最新參考文獻解釋 PLS-SEM 是適當的分析方法。

在過去的幾十年中，基於共變異數的結構方程建模(CB-SEM)是分析觀測變數和潛在變數之間複雜關係的好方法和主要方法。相比之下，PLS-SEM 方法近年來在行銷管理、組織管理、國際管理、人力資源管理、資訊系統管理、運營管理、管理會計、戰略管理、酒店管理、供應鏈管理和運營管理等諸多領域都發生了很大的變化，成為多變量分析方法之一。PLS-SEM 的主要優點包括放寬使用 CB-SEM 估計模型的最大可能性方法所需的常態分佈假設，以及 PLS-SEM 有使用較小樣本估計更複雜的模型的能力。與 CB-SEM 相比，PLS-SEM 更適合於本研究，理由包括：a. 研究目標為理論發展的探索性研究；b.分析用於預測；c. 結構模型是複雜時；d. 結構模型包括一個或多個形成性構面；e. 較小樣本量是基於由於母體較少時；f. 分佈缺乏常態性時；g. 當研究需要潛在的分數進行後續分析時。上述原因提供了本研究使用 PLS-SEM 是適當的分析方法。

✪ 範例 4：Correctly report a PLS–SEM paper

- Wen-Lung Shiau and Margaret Meiling Luo (2012) "Factors Affecting Online Group Buying Intention and Satisfaction: A Social Exchange Theory Perspective," Computers in Human Behavior (28: 6), pp. 2431-2444. (SSCI, 2011 IF= 2.293, 5-year IF is 2.476, Q1.)

本篇提供研究者正確報告 PLS-SEM 研究論文，包含有無回應偏差，同源偏差 (CMV)，量測模式的因子負荷量，信度 CR, AVE, 區別效度，結構模式的路徑係數和 R square 解釋力。

Shiau & Luo (2012) 研究調查影響消費者在線團購持續使用意願的因素以及社會交換、信任和供應商創造力的互惠和聲譽對消費者在線購買的滿意度和意向的影響程度。使用在線調查搜集了 215 個有效樣本。使用偏最小二乘法(PLS)分析評估研究模型。結果表明，參與網絡團購的意願是由消費者的滿意度、信任度和賣家創造力所影響。預測消費者對在線團購的滿意度方面，首先是信任，其次是消費者互惠。研究模型解釋了 67.7% 的滿意度和 39.7% 的參與在線團購意圖。結果表明互惠、信任、滿意度和賣方創造力為線上團購行為意圖提供了相當大的解釋力。

✪ 範例 5：Correctly report second order, MICOM, and PLS-MGA.

- Li-Chun Huang, and Wen-Lung Shiau, (2017). "Factors affecting creativity in information system development: Insights from a decomposition and PLS-MGA," Industrial Management & Data Systems (117:3), pp. 496-520. (SCI, 2016 IF= 2.205)

本篇提供研究者正確處理 MICOM procedure 和 PLS-MGA。

許多研究者在作群組比較時，以為跑 PLS-MGA 就可以了，那是以前的作法，為了避免拿橘子和蘋果作錯誤的比較，正確的作法是先作 Measurement Invariance (MICOM procedure)，再作 PLS-MGA。

特別小心注意 部分研究者處理 MICOM procedure 和 PLS-MGA 的 CI 信賴區間時，又搞亂了；MICOM procedure 至少平均數 CI 的 5% 和 95% 的區間估計要包含 0 (零)，代表著 2 個群組沒有顯著差異，達到 Measurement Invariance。PLS-MGA 群組的部分路徑係數比較 CI 的 5% 和 95% 的區間估計不包含 0 (零)，代表著 2 個群組有顯著差異，才有意義。

✪ 範例 6：Correctly report second order (Reflective-Formative type)

- Avus C.Y. Hou, Wen-Lung Shiau, and Rong-An Shang, 2019. "The involvement paradox: The role of cognitive absorption in mobile instant messaging user satisfaction," Industrial Management & Data Systems (119:4), pp.881-901. (SCI, 2018 IF= 3.727)

目前有很多二階(Second order)的研究不精確，標示也有問題，結果就不用說了。請參考這篇，二階(Second order)研究常遇到反映性 Reflective 和形成性 Formative 的模式問題。二階的模式有 reflective-reflective (RR)、reflective-formative (RF)、formative-reflective (FR)、formative-formative (FF)四種，R 反映性和 F 形成性。二階研究的估計方式有 Repeated measurement 和 2 stages 兩種。本研究是典型 reflective-formative (RF) 模式，使用的是 2 stages approaches 處理的步驟如下：A) 觀念(建構二階(Second order)研究)；B) 正確的選擇統計軟體；C) 正確的使用統計軟體；D) 正確的報告結果；E) 正確的討論(解釋)結果。

✪ 範例 7：Correctly report moderation effects (ratio type) of PLS-SEM

- Chih-Chin Liang, and Wen-Lung Shiau, 2018. "Moderating effect of privacy concerns and subjective norms between satisfaction and repurchase of airline e-ticket through airline-ticket vendors," Asia Pacific Journal of Tourism Research (23:12), pp. 1142-1159. (SSCI, 2017 IF= 1.352)

- Shiau, W.-L., Liu, C., Zhou, M., and Yuan, Y. (2022), "Insights into Customers' Psychological Mechanism in Facial Recognition Payment in Offline Contactless Services: Integrating Belief–Attitude–Intention and TOE–I Frameworks", Internet Research, (SSCI & SCI Q1, ABS ***，2021 IF= 6.353, 5-year Impact Factor =7.596 Computer science, Information systems,), accepted and forthcoming

提供研究者正確報告 PLS-SEM 研究論文，包含：

1. 無回應偏差(non-response bias)。
2. 同源偏差(CMV)。
3. 為什麼使用 PLS-SEM。
4. 量測模式的因數負荷量，信度 CR, AVE, 區別效度(HTMT) 。

5. 結構模式的路徑係數和 R square 解釋。
6. 正確的呈現調節假設建立和結果討論，並且提供研究者正確處理連續型調節分析，新的連續型調節研究需要交代 slop 斜率和效應大小 f square。

✪ 範例 8：Social network research in PLS-SEM: Why PLS-SEM is popular method?

- Khan, G., Sarstedt, M., Shiau, W., Hair, J., Ringle, C., and Fritze, M. 2019. "Methodological research on partial least squares structural equation modeling (PLS-SEM)," Internet Research (29:3), pp. 407-429. (SSCI, 2018 IF= 4.109)

本篇提供研究者了解 PLS-SEM 是很受歡迎的方法，超過 25 個國家，60,000 位研究者註冊使用，也介紹全球主要 PLS-SEM 的社會網絡分佈情形，主要的核心使用者等等。

✪ 範例 9：Evolution of PLS-SEM: What, when, how to use PLS-SEM (index)?

- Wen-Lung Shiau, Marko Sarstedt, and Joseph F. Hair, 2019. "Internet research using partial least squares structural equation modeling (PLS-SEM)," Internet Research (29:3), pp. 398-406. (SSCI, 2018 IF= 4.109)

本篇提供研究者瞭解 PLS-SEM 方法的演進，有那些重要貢獻的學者，也介紹什麼是 PLS-SEM，什麼時候用 PLS-SEM，以及如何使用 PLS-SEM，研究者可以全面的瞭解 PLS-SEM 的現況和最新的演進情形。

✪ 範例 10：Correctly report mediation effects & predictive model selection (model comparison)

- Wen-Lung Shiau; Ye Yuan; Xiaodie Pu; Soumya Ray; Charlie Chen (2020), Understanding Fintech continuance: Perspectives from Self-efficacy and ECT-IS theories, Industrial Management & Data Systems, Vol. 120 No. 9, pp. 1659-1689. (SCI, Q2,2019 IF= 3.329，5-year Impact Factor：4.379)

本篇提供研究者正確報告 PLS-SEM 研究論文，包含有無回應偏差，同源偏差 (CMV)，為什麼使用 PLS-SEM，量測模式的因數負荷量，信度 CR, AVE, 區別效度，結構模式的路徑系數和 R square 解釋力。特別是正確的中介分析和了解什麼是

PLS-SEM Model comparison，什麼時候用 PLS-SEM 的 PLSpredic 作 Model comparison 的研究，以及如何使用 PLS-SEM 的 PLSpredic 作 Model comparison 的研究，這是引領 PLS-SEM model comparison 的 paper，除了原作者(也是 co-author)外，我們應該是全球 PLSpredict for Model comparison 的第一篇論文(including both model & construct comparisons)。

✪ 範例 11：Correctly report Moderation (Nominal type), Group comparison, and Power statistic

- Shiau, W.-L., Chen, H., Chen, K., Liu, Y.-H., and Tan, F. T. C. (2021). A Cross-Cultural Perspective on the Blended Service Quality for Ride-Sharing Continuance. Journal of Global Information Management (JGIM, SSCI), Vol. 29 No. 6, Article 2, pp. 1-25.

研究者從這篇論文可以學到：

1. 分類的調節(moderation)分析
2. 跨國&跨群組的比較方法 Measurement Invariance (MI) + MGA
3. 最重要的 Power statistic 分析方法

　　為什麼 Type II error 問題這麼重要，因為需要回答我們的研究論文的正確機率有多少？長久以來，IS 領域在方法上一直落後其它領域(例如心理學和行銷)，其中包含 Type II error 的問題，避免 Type II error 是代表著文章的正確機率(Cohen, 1992 建議達 80%)，Mertens and Recker (2020)文章回顧 2013－2016 IS 的頂刊，將近 83.7% 的文章未考慮 type II error，代表著大多數文章的正確性尚欠考慮，多麼驚人的資料，在關注文章能否刊登的同時，也需要特別注意文章的信效度，效度代表的就是正確性，大家一起努力提升研究論文的信效度。

✪ 範例 12：Correctly do Scale development by SEM for new constructs and measurement items
本篇提供研究者使用 SEM 作量表發展(包含構面和問項)

- Shiau, W.-L. and Huang, L.-C. (2022), "Scale development for analyzing the fit of real and virtual world integration: an example of Pokémon Go", Information Technology & People, Vol. ahead-of-print No. ahead-of-print. https://doi.org/10.1108/ITP-11-2020-0793

Shiau and Huang (2022)整合刺激-有機體-反應(S-O-R)模型和信息系統成功與適配理論探索用戶在真實世界和虛擬世界中的適合度和反應。根據 MacKenzie 的量表開發，進行了兩項調查。進行第一項調查是為了進行適合度的量表發展。第二次調查是從 315 名 Pokemon Go 玩家驗證了適合度，並通過結構方程模型對其進行了分析。結果表明，量表開發的擬合度具有良好的信度和效度。此外，遊戲資訊質量、遊戲系統質量和虛擬(神奇寶貝)特性有顯著正向對認知和情緒適合度的影響。認知和情感契合度對用戶有顯著的影響滿意度，用戶滿意度對持續遊戲意願有顯著的正向影響。結果建議在真實世界和虛擬世界之間，保持遊戲質量和改進虛擬界面將提供更好的適合度，提高用戶對適合度的滿意度以及他們持續的使用意。這是最早探索和研究的研究之一，為未來的研究人員和從業者開發一個認知和情感適配量表。

總結：我們新增最新&最正確的中介分析，類別型和連續型的調節分析，以及避免 Type II error 的 power analysis 統計檢定力(功效)分析文章，讀者們可以自行參考如何做正確的 SEM 分析和研究結果如何正確的呈現，請多多參考和引用，謝謝大家的支持。

✪ 範例 13： Correctly do control variables analysis

本篇提供研究者正確使用 control variables 控制變數分析，文章內容有 Becker (2005), Atinc et al. (2012) 和 Shiau et al. (2024) 重要控制變數頂刊使用的比較，希望對大家適當的使用控制變數有所幫助，同時，期刊的編輯和審稿人，也需要再回顧看看，正確使用控制變數。

- Wen-Lung Shiau, Patrick Y.K. Chau, Jason Bennett Thatcher, Ching-I Teng, Yogesh K. Dwivedi (2024), Have we controlled properly? Problems with and recommendations for the use of control variables in information systems research, International Journal of Information Management, Volume 74, Volume 74, February, 102702 (SSCI, 2022 IF= 21 , Information Science & Library Science Q1, 1/161.) https://doi.org/10.1016/j.ijinfomgt.2023.102702

✪ 範例 14：Correctly do an endogeneity analysis for the lantern variables

模型中的一個或多個解釋變數與誤差項存在相關關係就存在內生性問題。越來越多領域的研究要求檢視內生性問題。一般內生性問題的處理方法有：

- ■ 研究設計和模型設定:從根源上理清內生性問題
- ■ 工具變量法與 GMM 估計(IV-GMM)

- 面板數據模型(Panel Data Models)
- Heckman 選擇模型
- Treatment effect 模型
- 双重差分法(DID)
- 傾向得分匹配分析(PSM)
- 斷點回歸設計(RDD)
- 综合控制組(SCG)
- 結構方程模型(SEM：使用 Gaussian Copula Approach）

本篇提供研究者正確 內生性分析，包含有嚴格檢驗 IV, Hausman test, Control variable, Gaussian Copula。

- Wen-Lung Shiau, Chang Liu, Xuanmei Cheng, and Wen-Pin Yu (2024), Employees' Behavioral Intention to Adopt Facial Recognition Payment to Service Customers: From Status Quo Bias and Value-Based Adoption Perspectives, Journal of Organizational and End User Computing , 36(1), 1-32.（JOEUC, SCI & SSCI Q1 2023 IF=3.6 INFORMATION SCIENCE & LIBRARY SCIENCE 28/160）

SmartPLS 統計分析軟體介紹

CHAPTER 16

16-1 SmartPLS 4 統計分析軟體的基本介紹

　　SmartPLS (https://www.smartpls.com) 是德國漢堡大學(University of Hamburg) Ringle, Wende, and Will 的開發團隊在 2005 年以 PLS 方法設計的統計分析軟體，這幾年在組織管理、行銷管理、人力資源管理、資訊管理、企業管理、教育等等領域越來越受歡迎。目前 SmartPLS 軟體進展到第 4 版本，在 SmartPLS 官網 (https://www.smartpls.com/downloads) 提供下載和安裝 SmartPLS 4 軟體。SmartPLS 4 軟體支援 Microsoft Windows 和 Mac OSX 作業系統。提供學生免費版(資料最多只能執行 100 筆)和專業版(資料筆數沒有限制)，專業版需要購買的合法軟體授權序號，可以買一年或一個月授權(請參考 https://www.smartpls.com/purchase)。

功能	Professional 專業版	Student 學生版
Commercial Use Allowed	可以	不可以
Standard algorithms: PLS-SEM, Bootstrapping, Regression	有	沒有
Import data files	CSV, Excel, SPSS	CSV
Data records	資料筆數沒有限制	資料最多只能執行 100 筆
Extended algorithms CB-SEM, CTA, IPMA, PLSpredict, FIMIX, POS, Bootstrapping MGA, Permutation MGA, Path analysis and PROCESS, NCA	有	沒有
Compare reports	有	有
Export reports:	有	沒有

功能	Professional 專業版	Student 學生版
To Excel or as HTML website		
Generate new datasets from results: Useful especially for higher-order models.	有	沒有
Customize models: Change colors, borders, fonts, shapes, arrows etc.	有	沒有
Customize and export charts: Change colors, dots etc.	有	沒有
Fee	買一年或一個月授權（費用請參考 https://www.smartpls.com/purchase）	免費

✪ SmartPLS 4 的功能簡介

SmartPLS 4 的功能可以簡單區分為，新專案 New Project 和進階主題 Advanced topics，研究者在開完新專案後，可以進行進階主題的研究。

如下圖：

```
┌─ New Project─  (1) PLS-SEM
│                (2) Regression
│                (3) Process
│                (4) CB-SEM
│                (5) GSCA
└─ Advanced topics
        ├─ Moderation
        ├─ Mediation
        ├─ Hierarchical component models
        ├─ Multi-group analysis
        ├─ Latent class techniques (Heterogeneity)
        ├─ Gaussian copula
        ├─ Necessary condition analysis (NCA)
        └─ Multiple moderation
```

- 新專案 New Project 有
  - PLS-SEM 結構方程模式分析
  - CB-SEM 共變數形式結構方程模式
  - Regression 回歸分析
  - Process 分析
  - GSCA 廣義結構成分分析

- 進階主題 Advanced topics 有
  - Moderation 調節
  - Mediation 中介
  - Hierarchical component models 階層模式
  - Multi-group analysis 多群組分析
  - Latent class techniques (Heterogeneity) 潛在分級技術(異質性分析)
  - Gaussian copula 高斯耦合(內生性評估)
  - Necessary condition analysis (NCA) 必要條件顯著性測試
  - Multiple moderation 多重調節 (例如，three-way interactions)

SmartPLS 4 軟體在尚未開啟專案前有 1. SmartPLS 功能表和 2 Files 功能表。解釋如下：

✪ SmartPLS 功能表

Switch license　換授權
Preferences　偏愛 SmartPLS 4 的設定
About　關於 SmartPLS 4
Check for update　確認更新 SmartPLS 4
Exit　離開

✪ File 功能表有

Choose workspace　選擇工作空間...
Duplicate　複製
Copy resource　複製資源
Paste resource　貼上資源
Delete resource　刪除資源

Create new 建立新的
- New project 建立新的專案
- New PLS-SEM model 建立新的 PLS-SEM 模式
- New CB-SEM model 建立新的 CB-SEM 模式
- New REGRESSION model 建立新的 REGRESSION 模式
- New PROCESS model 建立新的 PROCESS 模式
- New GSCA model 廣義結構成分分析模式

Import 輸入(導入)
- Import project from backup file 從備份檔輸入專案
- Import projects from a folder 從目錄輸入專案
- Import data file 導入資料檔

Export 輸出
- Export project 輸出專案

Archiving 備份
- Archive project 備份專案
- Restore project from archive 從備份恢復專案

✪ SmartPLS 4 新的改善功能和新的計算方法

　　SmartPLS 4 除了包含 SmartPLS 3 軟體功能外，SmartPLS 4 比起 SmartPLS 3 軟體，有什麼新的改善功能呢？SmartPLS 4 重新設計的圖形用戶界面，從根本上更新和優化的 GUI。SmartPLS 4 在過去幾年中基於最新技術開發了此功能，因此 SmartPLS 擁有良好的、簡單易用的圖形用戶界面。SmartPLS 4 改進的資料導入，資料集通常是 Excel 或 SPSS 格式。SmartPLS 現在可以直接讀取這些數據，而無須事先轉換為 CSV 文件。SmartPLS 4 提高計算性能，許多計算的效能都得到了顯著改善。bootstrapping 或 FIMIX 等算法現在要快得多。SmartPLS 4 可以從結果生成新的數據文件：現在可以直接從計算結果創建新的數據文件，這對於高階模型尤其有用。您可以選擇將哪些資料包含在新文件中，例如 PLS-SEM 計算的分數後，我們可以立即使用該文件進行新的計算。SmartPLS 4 提供並排比較，可以更輕鬆地比較報告，只需在我們的比較視圖頁面中打開它們，當然也可以導出到 Excel 或網頁。SmartPLS 4 提供自定義圖表，研究者現在可以自定義圖表。例如，可以定義新的顏色或點的大小，也可以更改許多其他屬性，也可以將其保存為新的默認值。

SmartPLS 4 提供許多新的計算方法，這些新方法包括：

1. CB-SEM，以共變數形式分析的結構方程模式。
2. 路徑分析(Path analysis)和 Process 功能分析，包括直接和間接影響的計算。
3. 回歸(Regression)模型。
4. 多重調節分析(例如，三向交互)。
5. 在大多數算法中考慮變量的類型資料。
6. 提供標準化、非標準化和以均值為中心的 PLS-SEM 分析。
7. 內生性(Endogeneity)評估使用高斯 copula 方法。
9. 必要條件分析(NCA)，包括顯著性檢驗。

SmartPLS 4 軟體提供許多包範例:直接在軟件中提供有許多不同的範例。因此，即使沒有自己的數據，研究者也可以直接使用 SmartPLS 4 這些新功能。執行 SmartPLS 4 時，會用到的 PLS Algorithm (PLS 演算法)，PLS Algorithm 可以得到路徑係數和 R-square 解釋力，另外 Bootstrapping 可以得到 t 值。我們可以透過報表 HTML 整理研究報告需要的分析：Factor loading、信效度：CR(門檻值標準為 0.7)、AVE(門檻標準值為 0.5) (區別效度為 AVE 值大於構面間相關係數)、Cronbach alpha(信度門檻標準值為 0.7)、研究模式的結果包含路徑係數和 R-square 解釋力。研究者使用 SmartPLS 4 軟體的正確引用如下。

Ringle, Christian M., Wende, Sven, & Becker, Jan-Michael. (2024). SmartPLS 4. Bönningstedt: SmartPLS. Retrieved from https://www.smartpls.com

注意：資料是我們匯入的資料，非數字資料建議是最好先刪除，提醒，中文欄位名稱容易出問題(小心)。

16-2　基本功能介紹

SmartPLS 4 的基本功能介紹，我們以 SmartPLS 4 提供的範例 Corporate reputation 為例，解釋學習如何操作 SmartPLS 4。

1. 開啟 SmartPLS 4，點擊【PLS-SEM】。

   按這裏

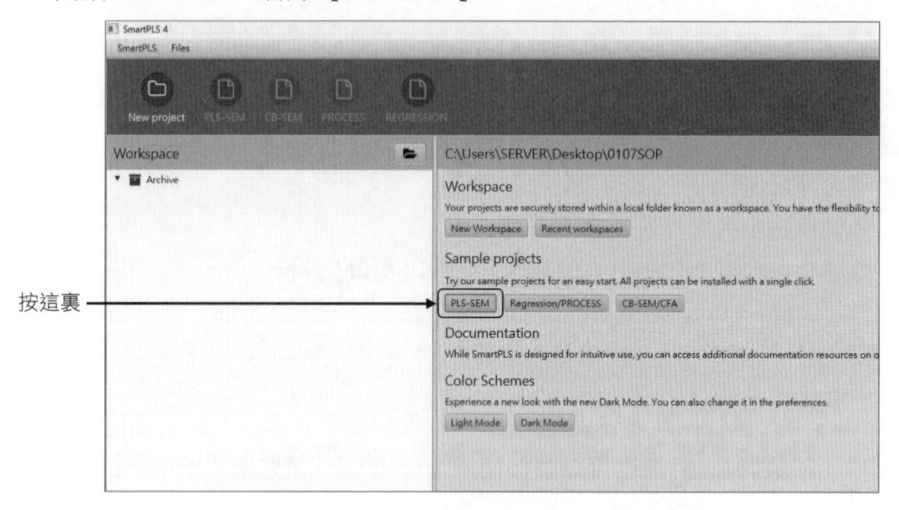

2. 點選【Corporate reputation】，如下圖：

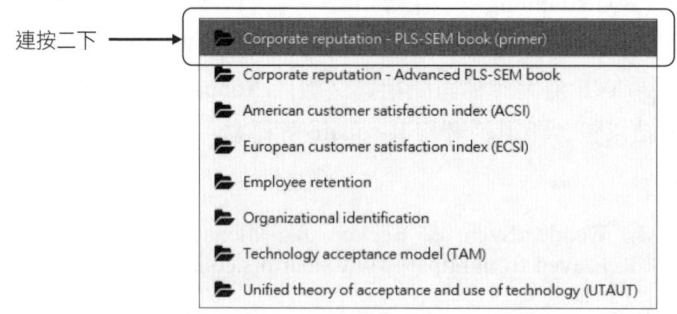

   連按二下

3. 按兩下【Corporate reputation (primer)】，如下圖。

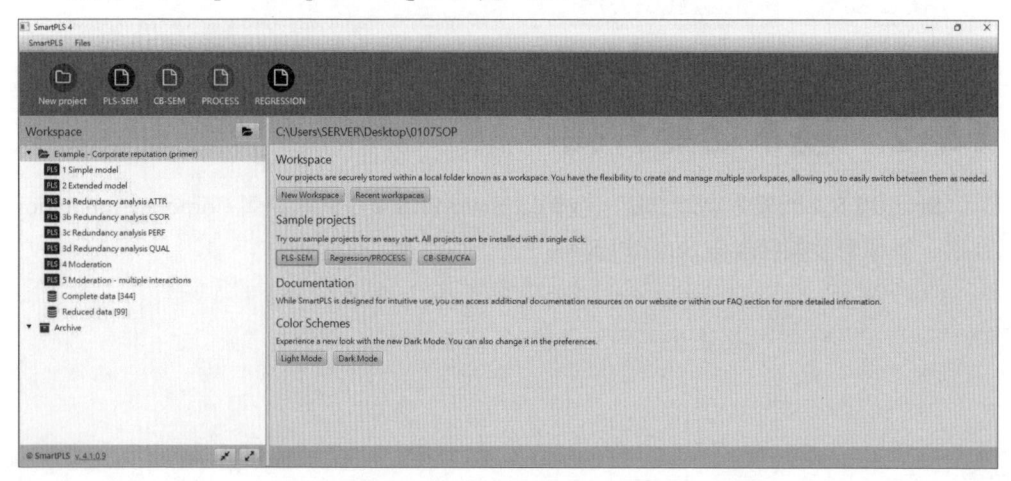

SmartPLS 統計分析軟體介紹 16

4. 點擊功能表的【Files】。

按這裏 ──

SmartPLS 4		
SmartPLS Files		
→ Choose workspace...		
Duplicate		
Copy resource	Ctrl+C	
Paste resource	Ctrl+V	
Delete resource	Delete	
New project		
PLS New PLS-SEM model		
MR New REGRESSION model		
PRC New PROCESS model		
CBS New CBSEM model		

- Choose workspace　選擇工作空間…
- Duplicate　複製
- Copy resource　複製資源
- Paste resource　貼上資源
- Delete resource　刪除資源
- Create new　建立新的
    New project　建立新的專案
    New PLS-SEM model　建立新的 PLS-SEM 模式
    New REGRESSION model　建立新的 REGRESSION 模式
    New PROCESS model　建立新的 PROCESS 模式
- Import　輸入（導入）
    Import project from backup file　從備份檔輸入專案
    Import projects from a folder　從目錄輸入專案
    Import data file　導入資料檔
- Export　輸出
    Export project　輸出專案
- Archiving　備份
    Archive project　備份專案
    Restore project from archive　從備份恢復專案

16-7

5. 點擊功能表的【SmartPLS】。

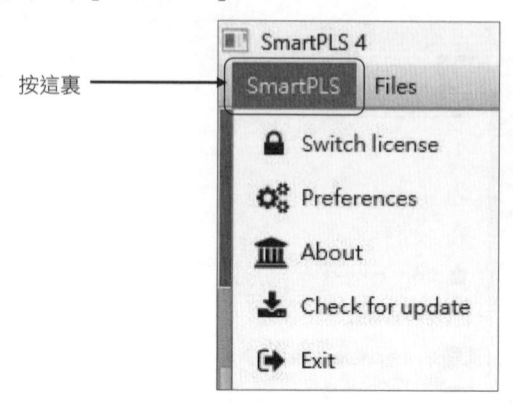

- Switch license 換授權
- Preferences 偏愛 SmartPLS 4 的設定
- About 關於 SmartPLS 4
- Check for update 確認更新 SmartPLS 4
- Exit 離開

✪ 備份檔案

1. 備份檔案：用滑鼠右鍵點擊【Example-C corporate reputation (primer)】，點擊【Archive project】。

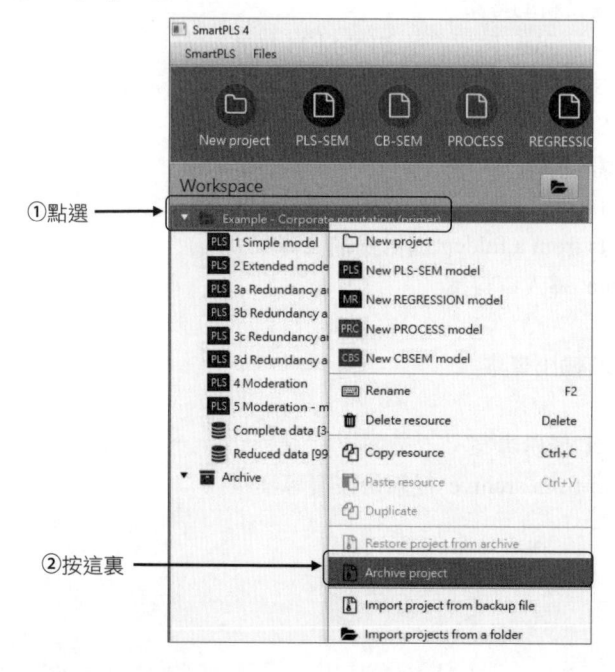

16-8

SmartPLS 統計分析軟體介紹 **16**

2. 結果如下圖。

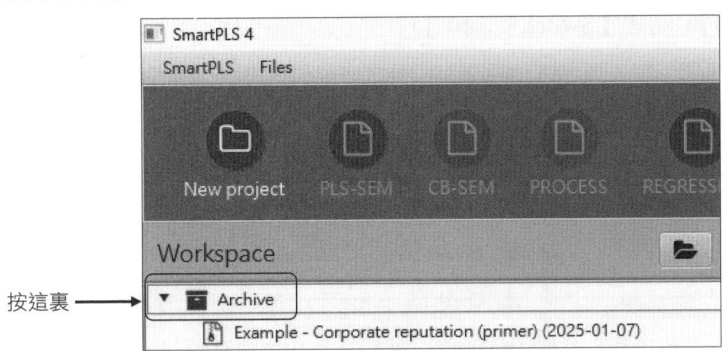

   按這裏 → ▼ Archive

   Example - Corporate reputation (primer) (2025-01-07)

3. 還原備份檔案：在【Archive】目錄下，用滑鼠右鍵點擊【Example-C corporate reputation (primer)】，按【Restore Project from archive】。

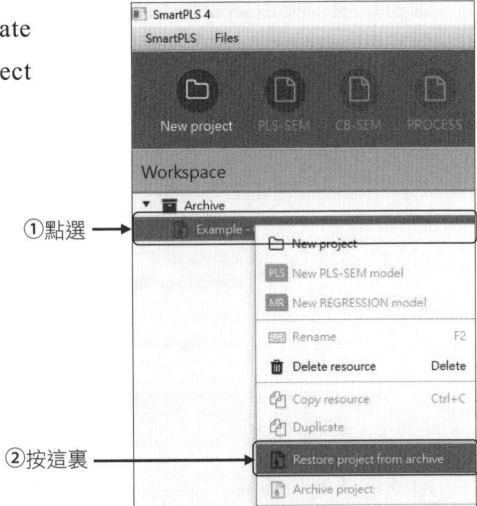

   ①點選
   ②按這裏

4. 完成還原備份檔案結果。

   還原備份了 → Example - Corporate reputation (primer)
   - PLS 1 Simple model
   - PLS 2 Extended model
   - PLS 3a Redundancy analysis ATTR
   - PLS 3b Redundancy analysis CSOR
   - PLS 3c Redundancy analysis PERF
   - PLS 3d Redundancy analysis QUAL
   - PLS 4 Moderation
   - PLS 5 Moderation - multiple interactions
   - Complete data [344]
   - Reduced data [99]
   - ▼ Archive

16-9

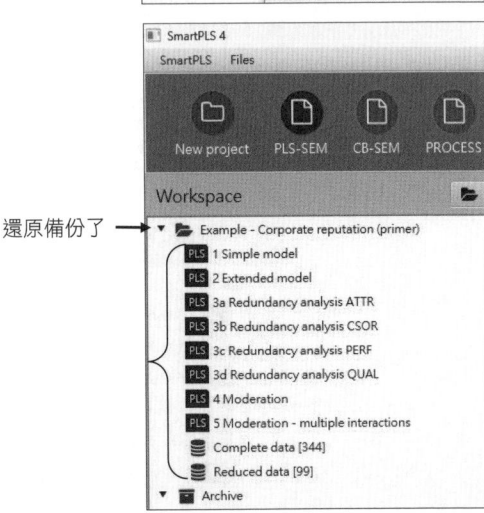

✪ 換授權

1. 按【SmartPLS】，點擊【Switch license】。

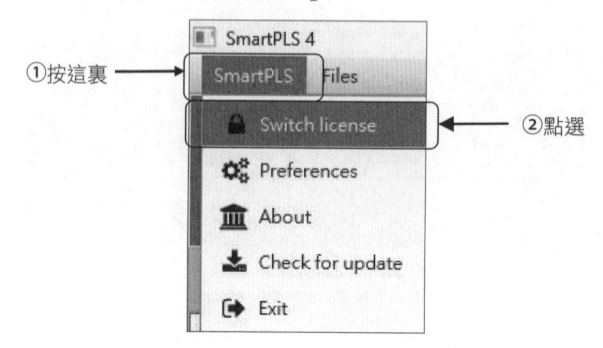

   ①按這裏 → SmartPLS
   Switch license ← ②點選

2. 查看授權或更改需要的授權。

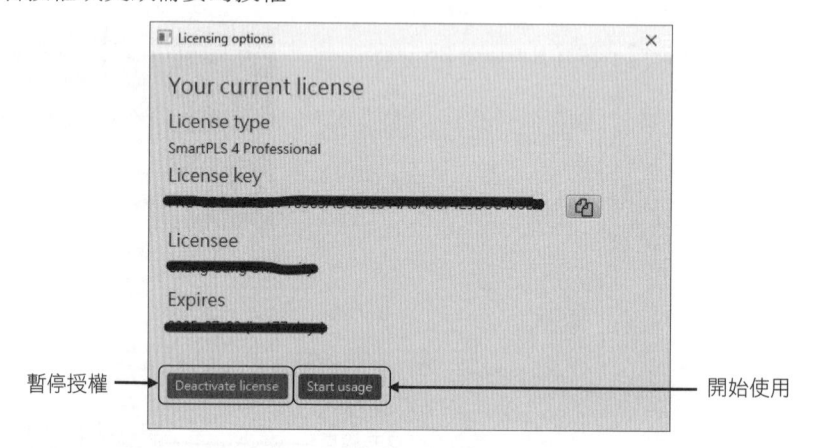

   暫停授權 → Deactivate license   Start usage ← 開始使用

3. 確認需要的授權後，回到 Smart PLS 軟體介面。

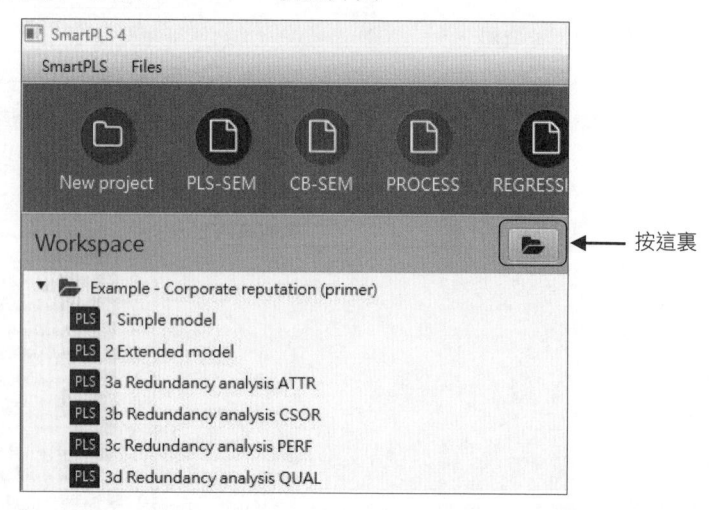

   按這裏

✪ 換工作空間

1. 在右方【Workspace】點擊【Recent workspaces】。

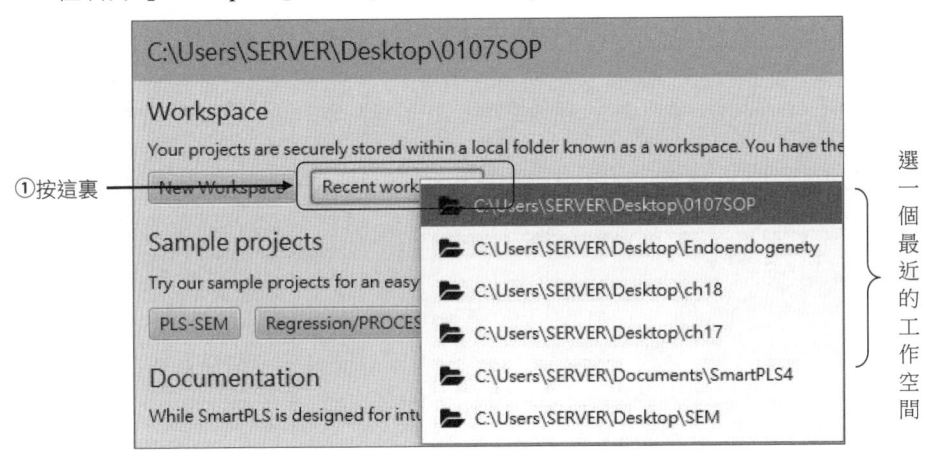

   ①按這裏

   選一個最近的工作空間

2. 選擇資料目錄（請在 C:先建立 SEM 目錄），點擊【選擇資料夾】。

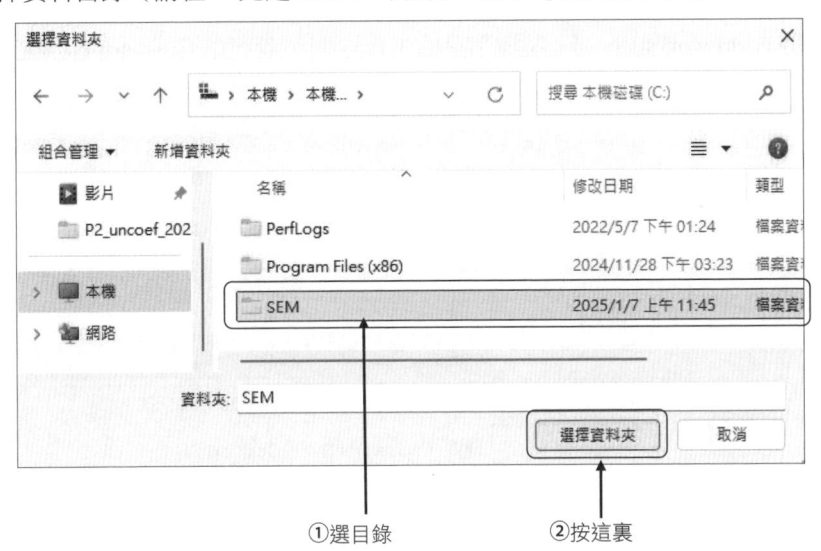

   ①選目錄　　②按這裏

16-11

3. 現在就完成換工作空間到 C:SEM 了。

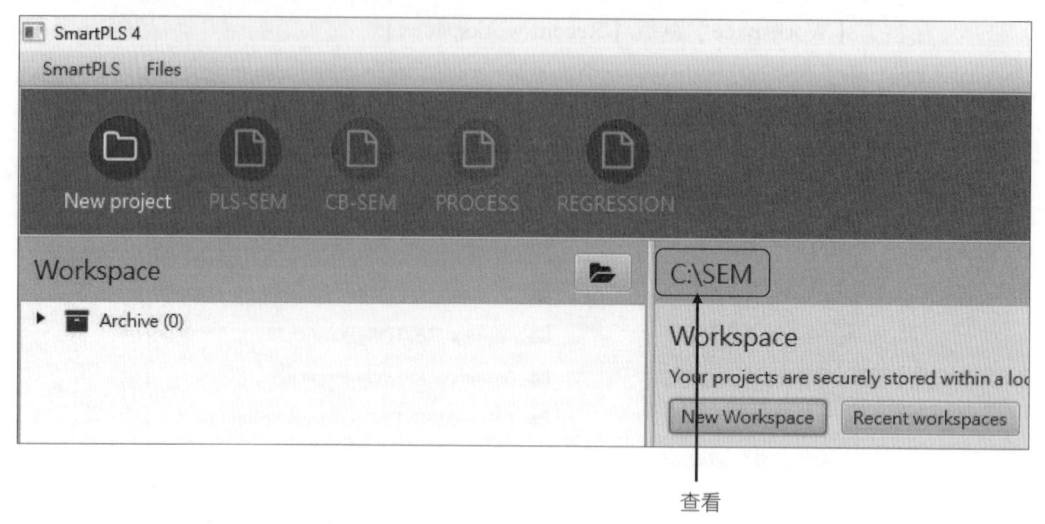

查看

✪ 回到系統預設的工作空間

1. 按【Recent workspaces】，選擇預設的工作空間（我們以 C:\smartpls 為範例）。

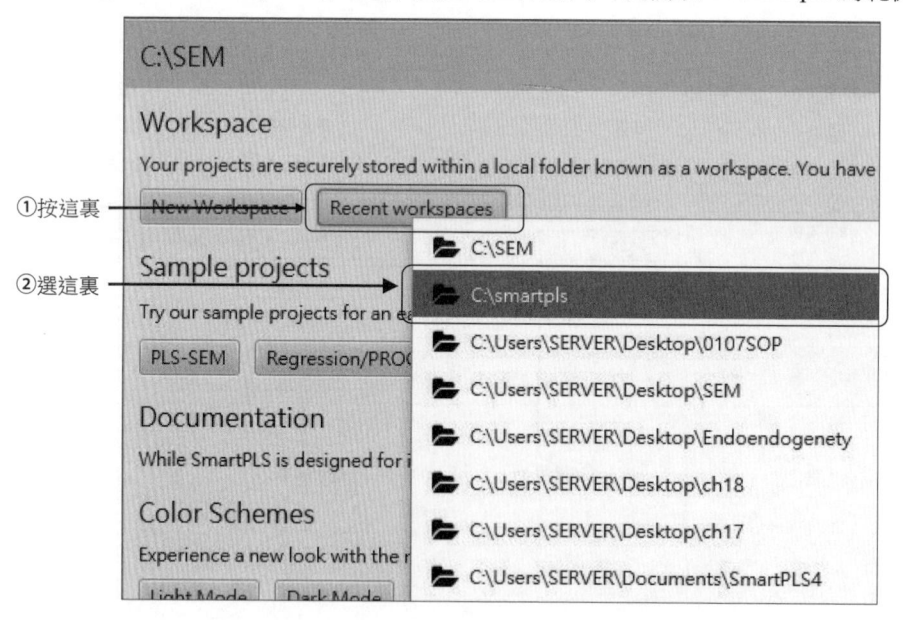

①按這裏
②選這裏

2. 我們已經回到系統預設工作空間。

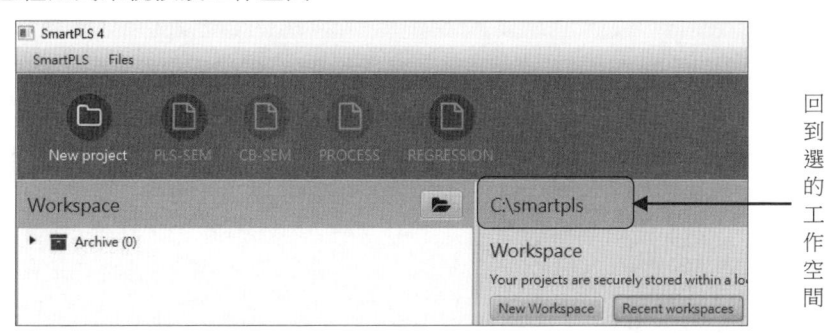

回到選的工作空間

✪ 輸出、刪除和輸入專案

1. 點擊【Example-C corporate reputation (primer)】，選擇【Export project】。

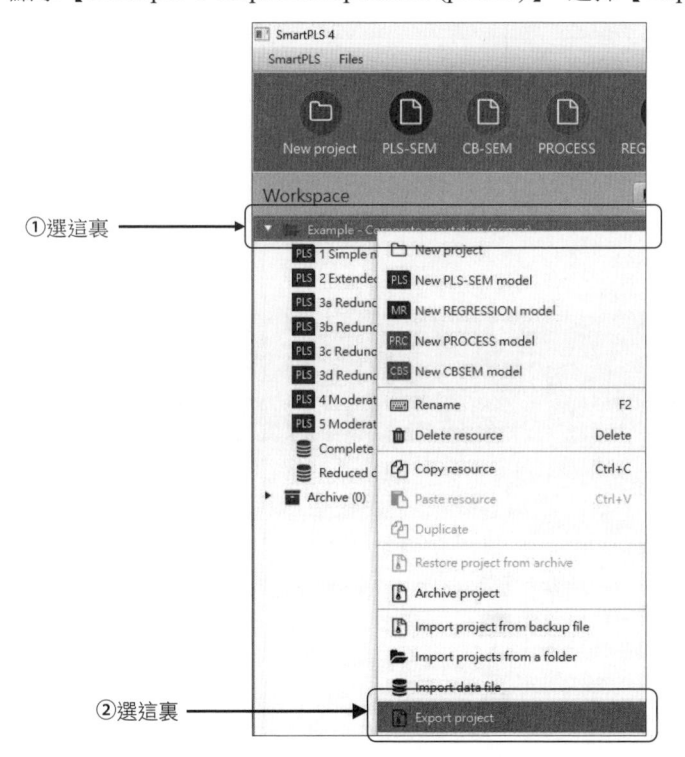

①選這裏

②選這裏

16-13

2. 找到我們想輸出的專案（例如：C://SEM），輸入檔案名稱，點擊【存檔】。

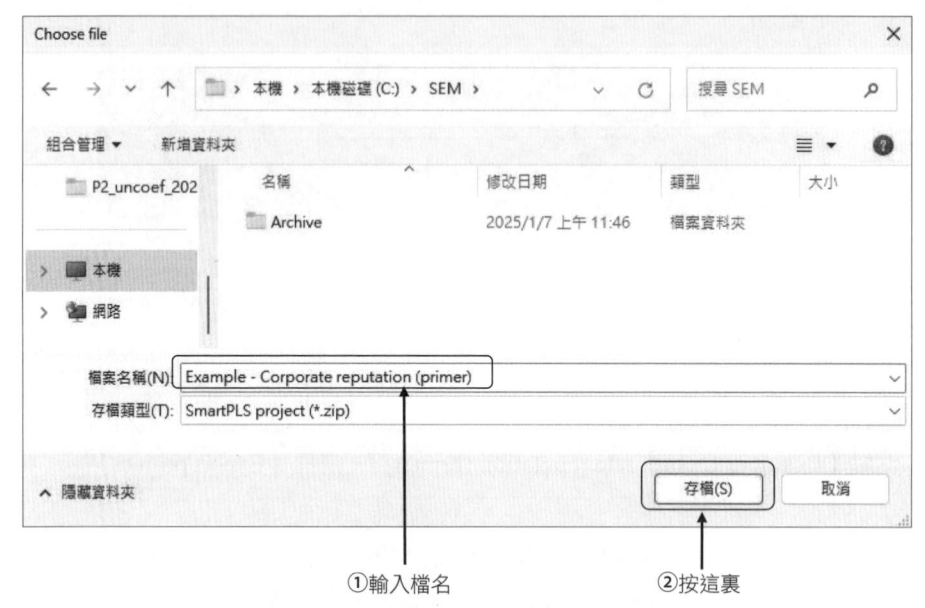

　　　　①輸入檔名　　　　②按這裏

✪ 刪除專案

1. 右鍵點擊想選刪除的專案，點擊【Delete resource】。

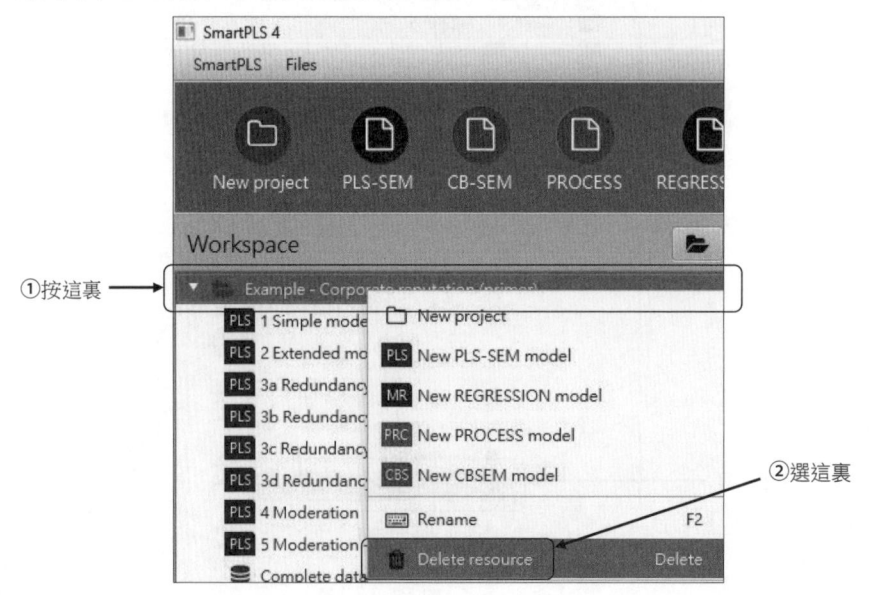

　①按這裏　　　　　　　　　　　　　　②選這裏

2. 選擇【Delete】後。

　　　　　　　　　　　　　　　　　　　　　← 按這裏

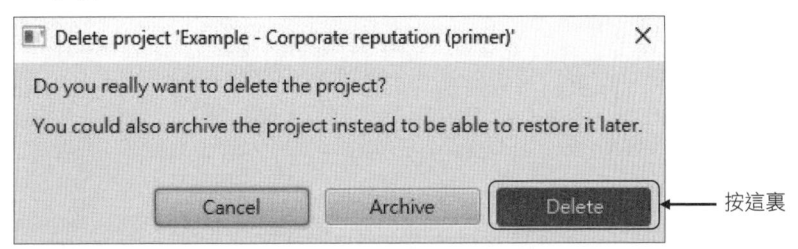

3. 完成刪除專案結果。

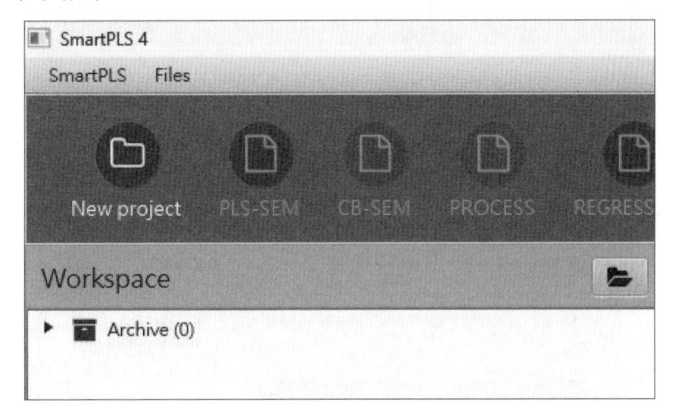

✪ 輸入專案

1. 點擊【Files】，點擊【Import project from backup file】。

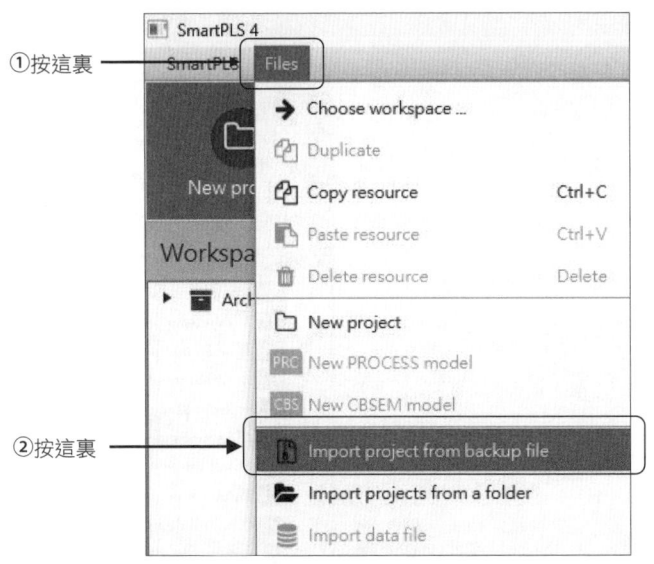

①按這裏

②按這裏

2. 選擇我們需要的資料夾下的專案，點擊【開啟】。

3. 點擊【Save】。

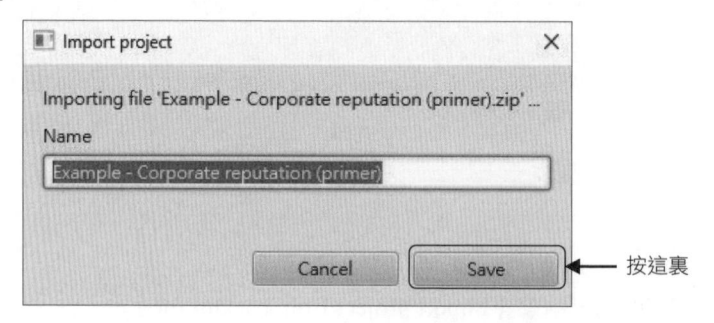

4. 完成輸入專案的操作。

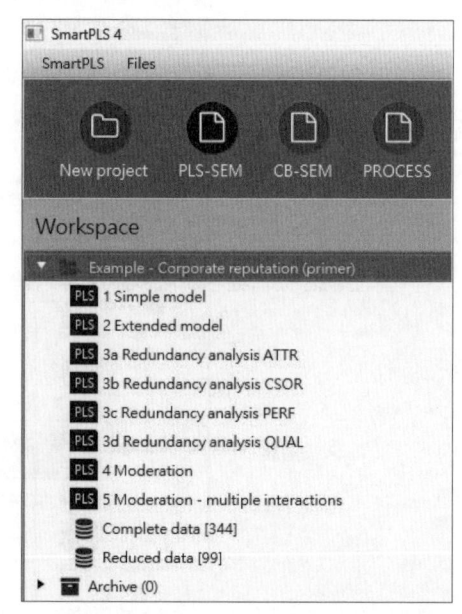

16-16

✪ 建立新專案

1. 用滑鼠左鍵點擊一下【New project】。

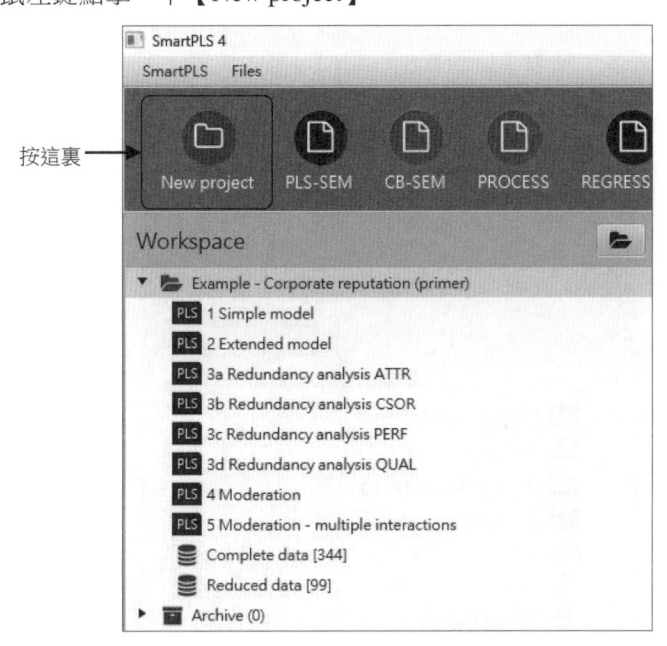

   按這裏

2. 輸入專案名稱（以 PLS-SEM 為例），輸入完按下【Create】。

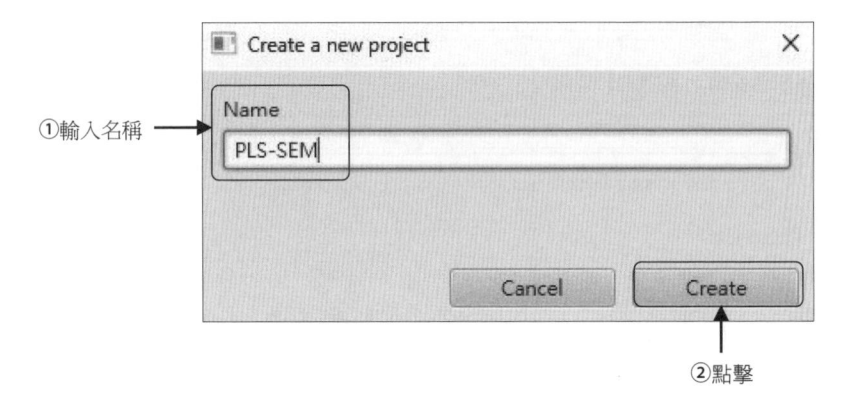

   ①輸入名稱

   ②點擊

✪ 導入資料

請先將書的範例 PLSSEM 專案，複製到 C:SEM 目錄下。

1. 在 PLS-SEM 專案下，點擊【Import data file】，導入資料。

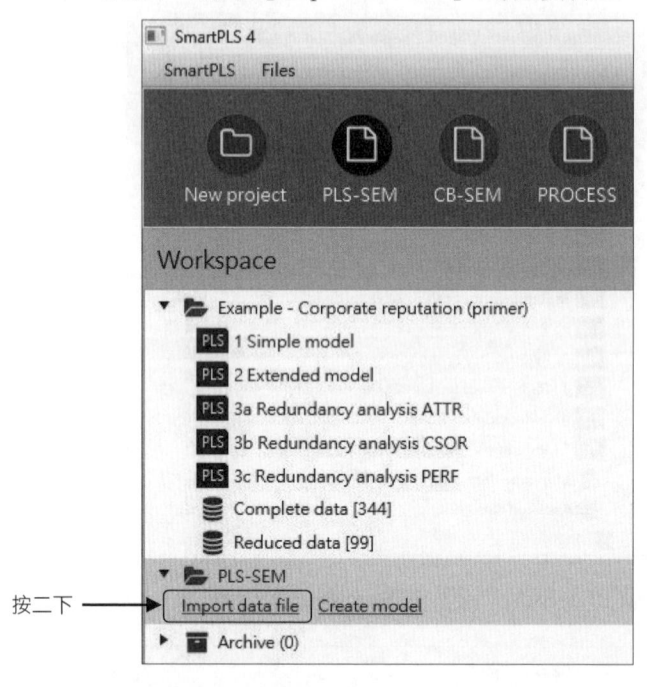

2. 找到範例 PLSSEM 檔，點擊【開啟】。

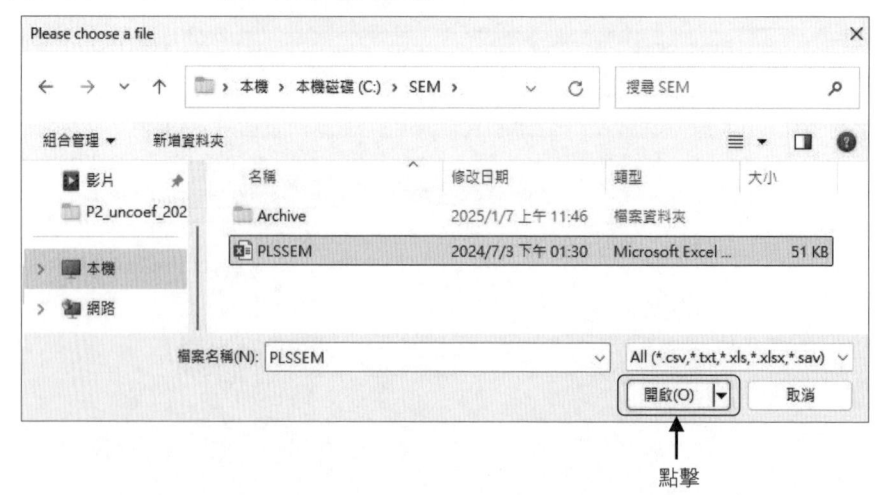

> 建議：資料檔案的類型可以是 csv 檔、xlsx 檔或 sav 檔。

3. 點擊【Import】。

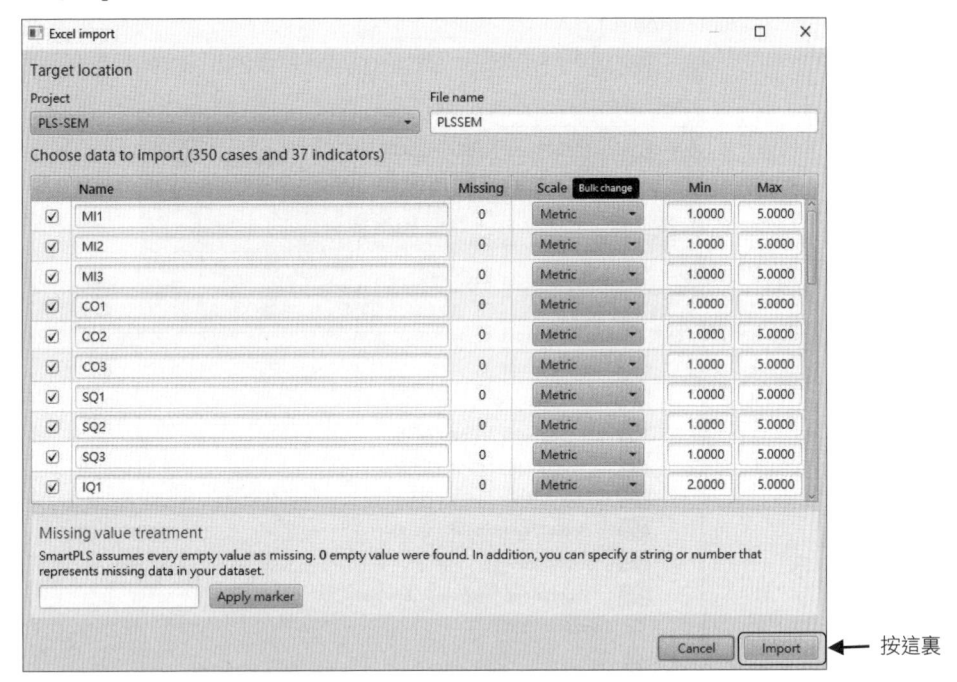

   ← 按這裏

   注意：建議資料中最好沒有遺漏值，資料類型可以是數值型。

4. 輸入完成，顯示資料內容畫面如下圖。

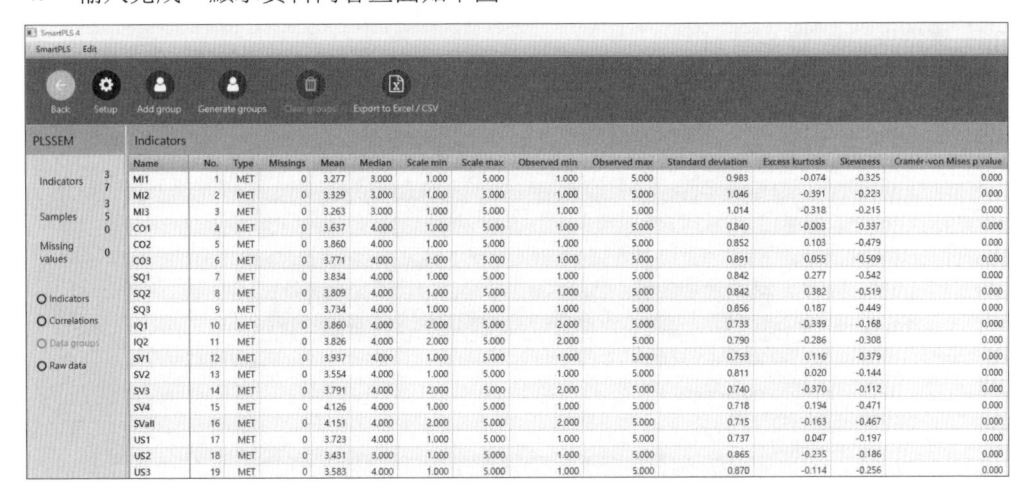

❖ 建立模式

1. 按一下【Create model】。

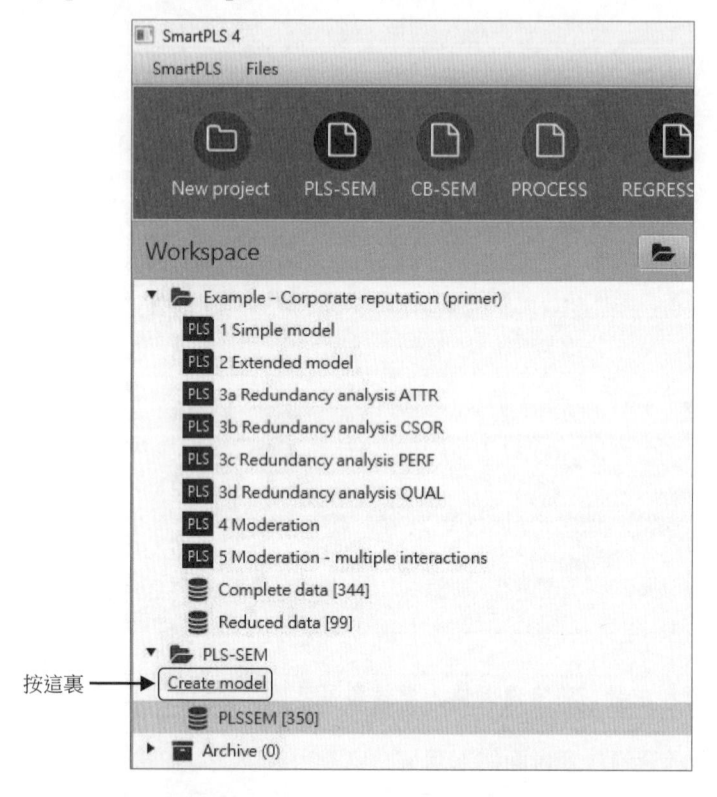

   按這裏 → Create model

2. 選擇模式為"PLS-SEM"。

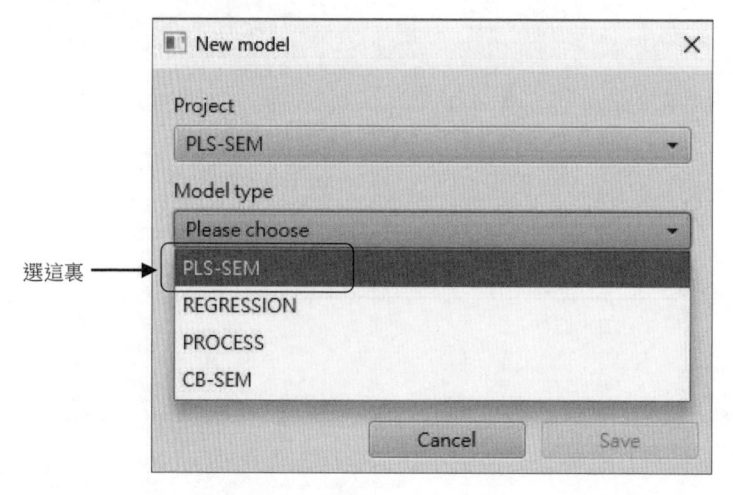

   選這裏 → PLS-SEM

3. 命名為"PLSSEM"，點擊【Save】。

SmartPLS 統計分析軟體介紹 **16**

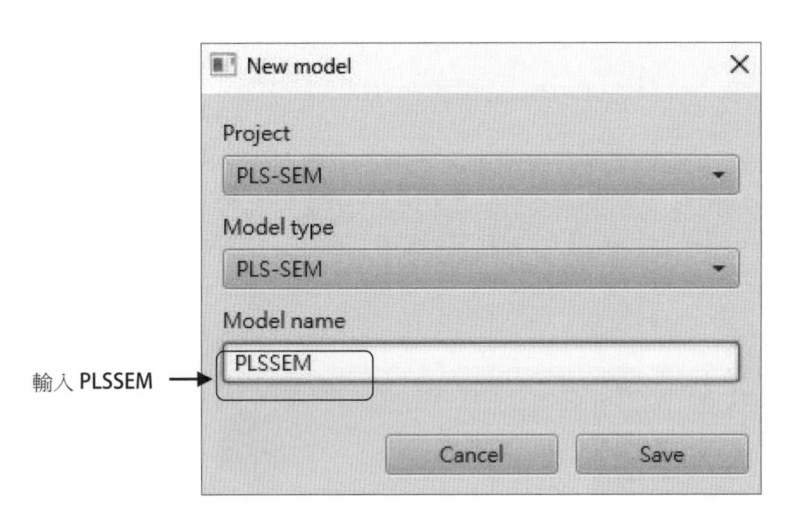

輸入 PLSSEM

4. 點擊【Latent variable】之後，在工作區點一下，建立一個構面 MI。

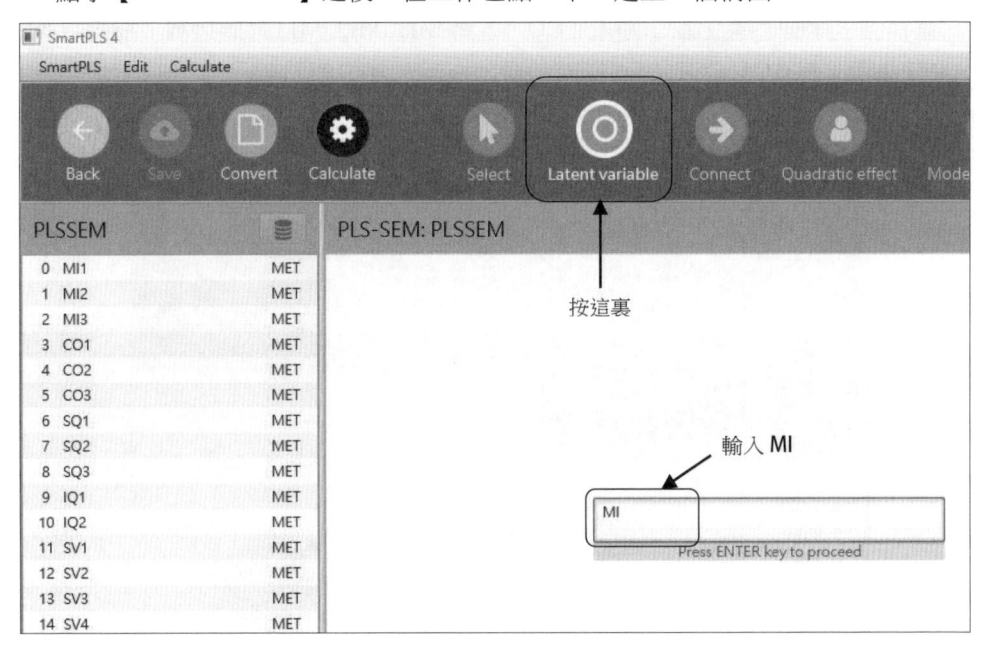

按這裏

輸入 MI

16-21

5. 將其命名為 "MI"。

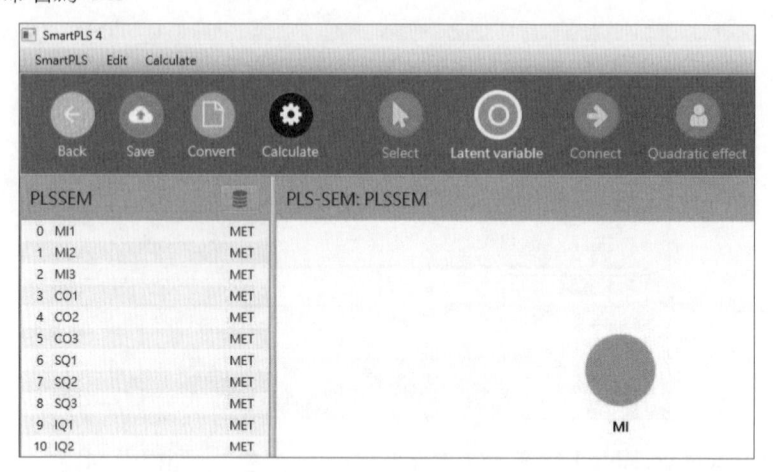

6. 重複上述操作,建立第二個構面 CO,並將 MI1, MI2, MI3 同時選擇,拖至右邊的 MI 構面;將 CO1, CO2, CO3 同時選擇,拖至右邊的 CO 構面。

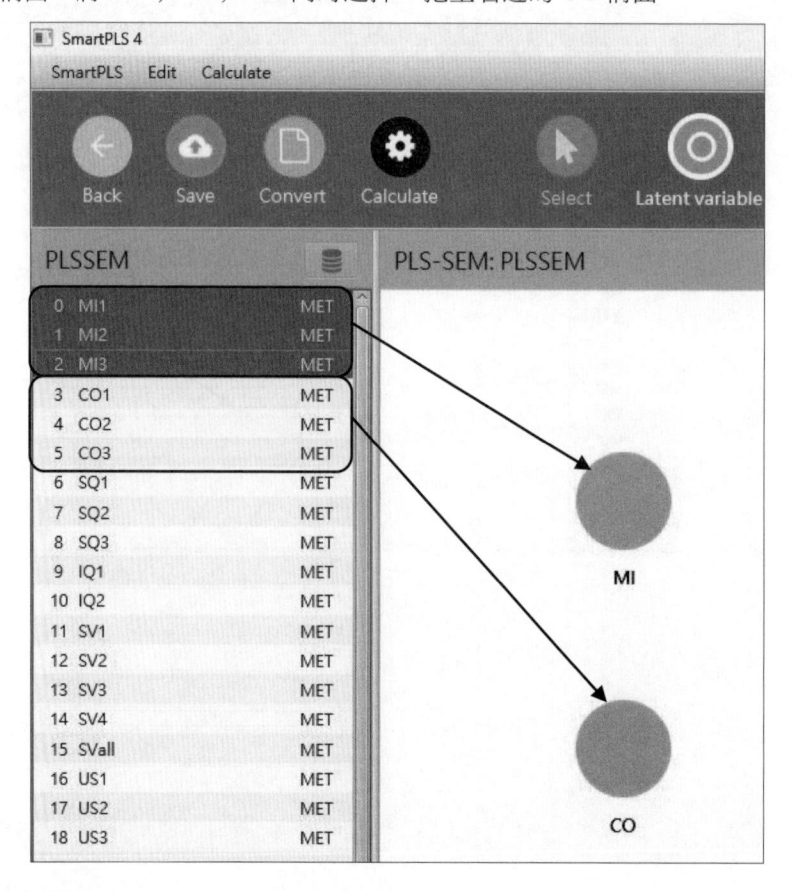

7. 用滑鼠右鍵點擊構面，選擇【Align indicators to the left】。

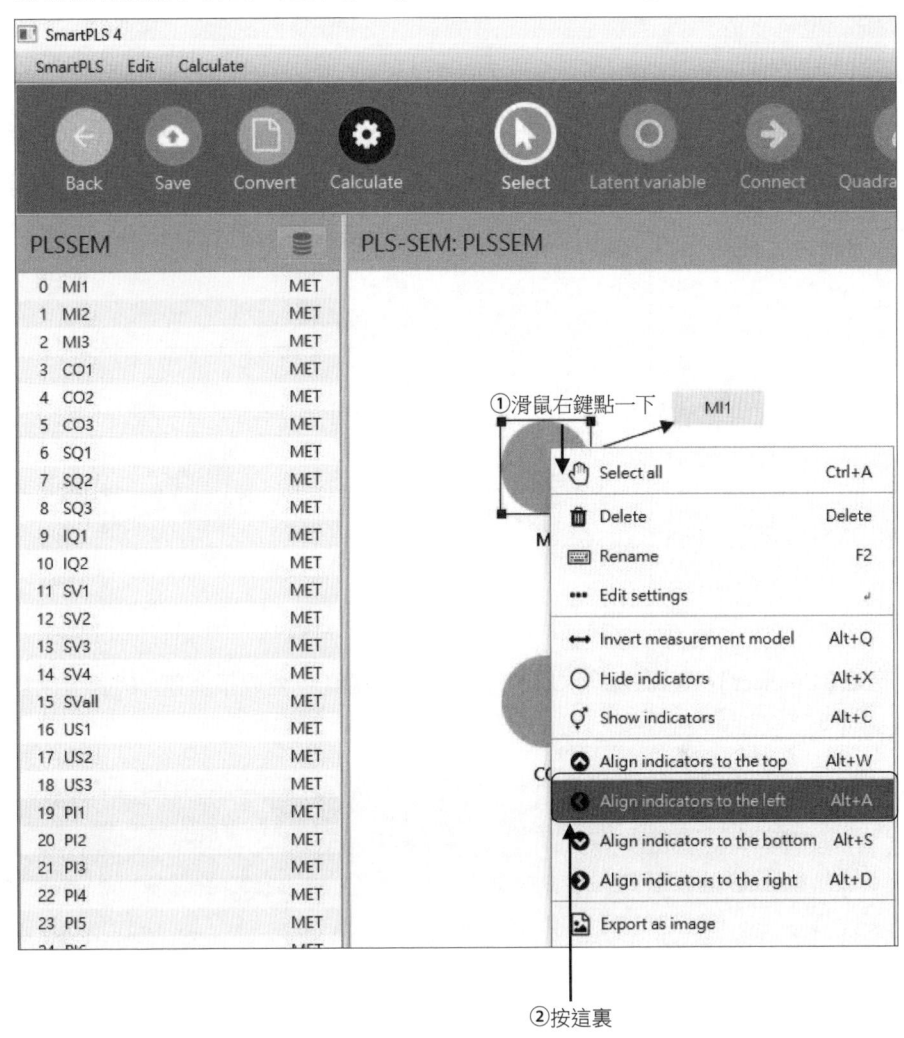

8. 完成將問項設定給構面的 MI 和 CO 後。

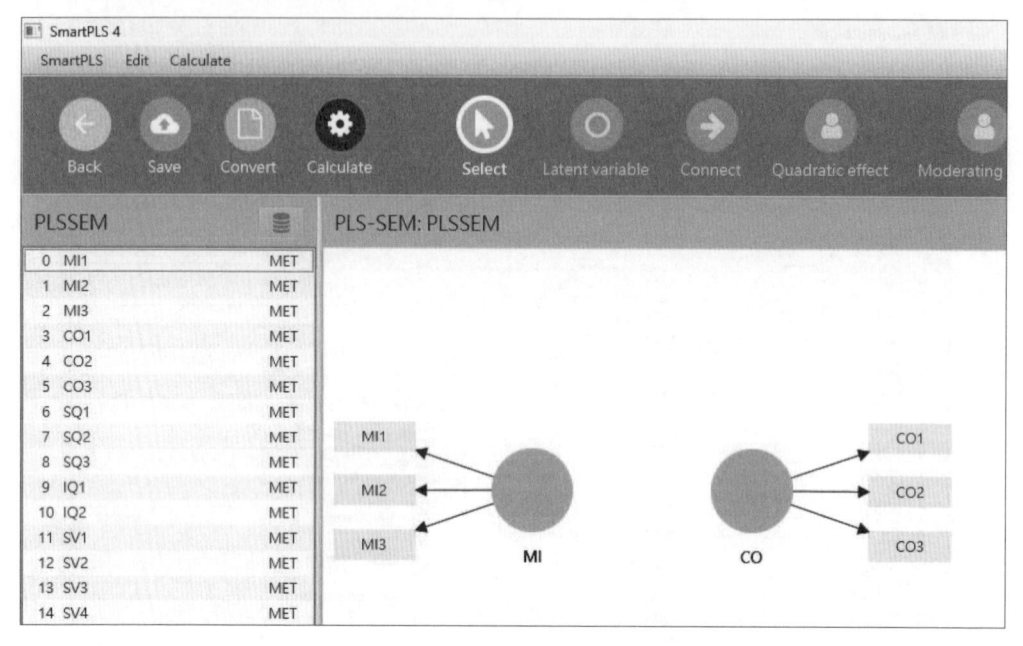

9. 點擊【Connect】，將 MI 拖至 CO 構面上，構面從紅色變成了藍色，代表可以執行。

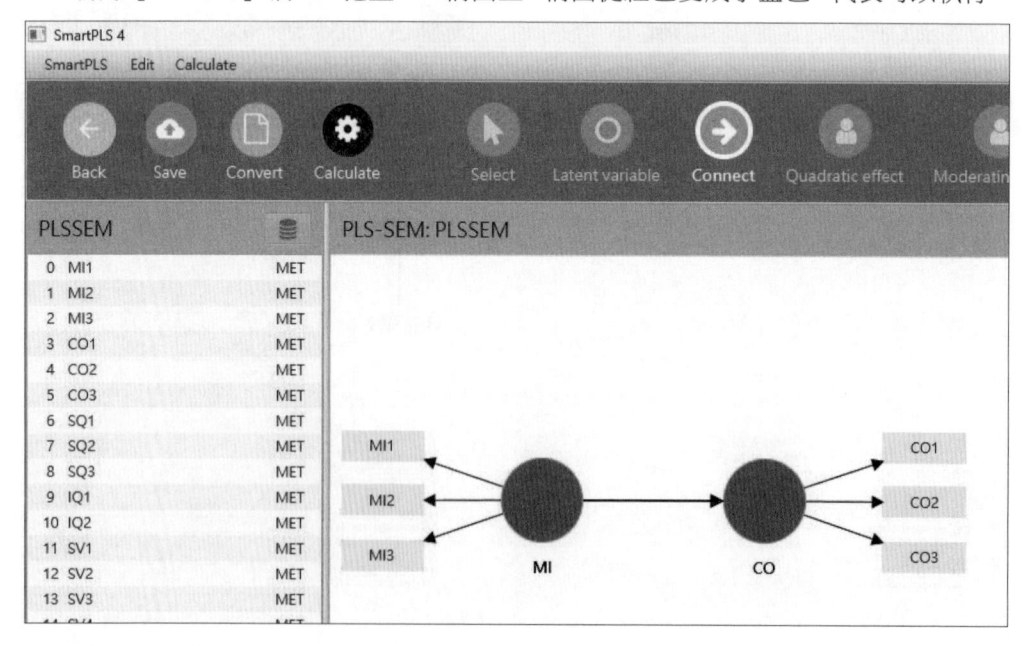

SmartPLS 統計分析軟體介紹 **16**

我們需要路徑係數，解釋力 R 方。

1. 點擊【Calculation】，選擇【PLS-SEM algorithm】。

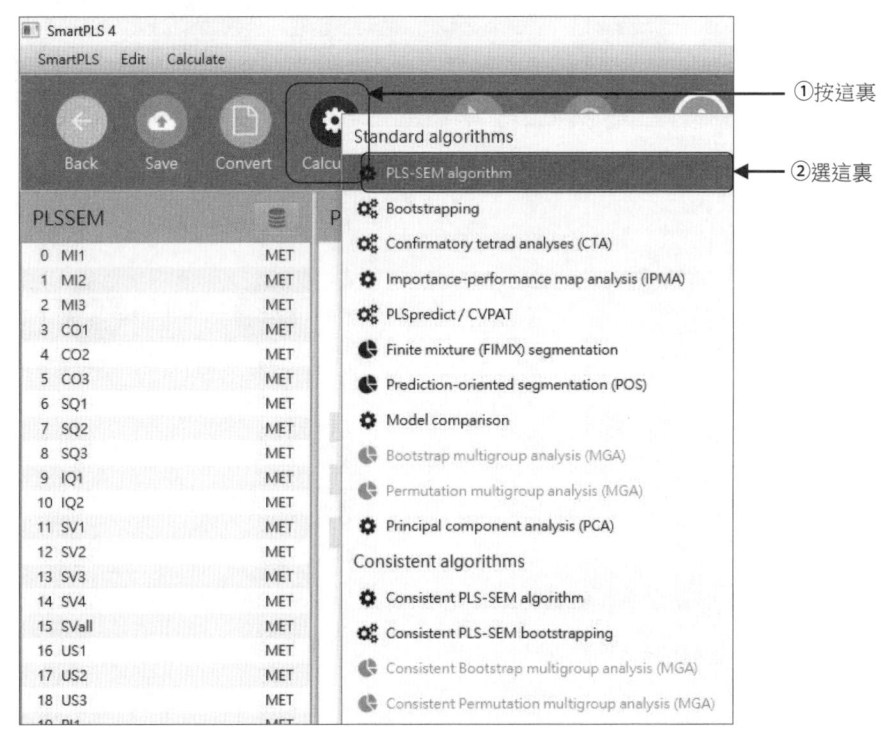

2. 勾選【Open report】，點擊【Start calculation】。

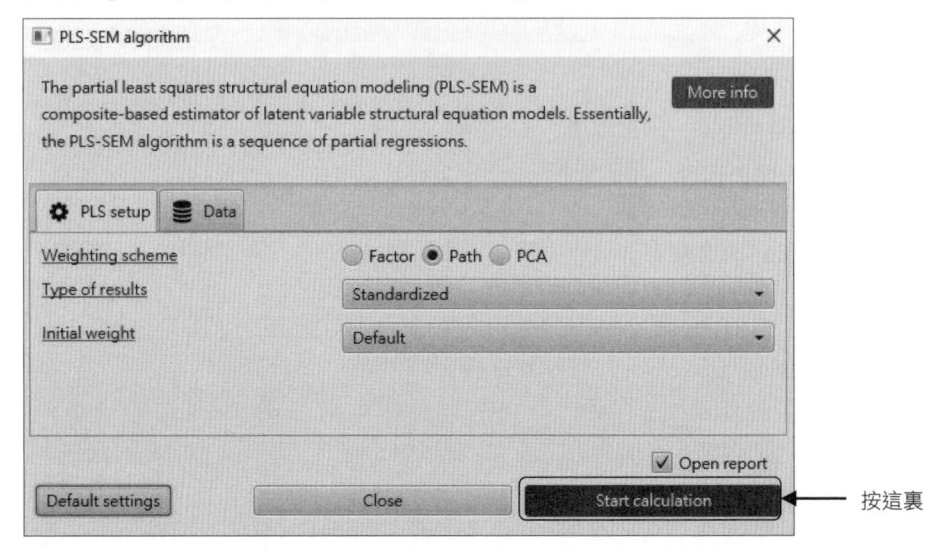

16-25

3. 出現計算後的畫面。再點擊【Structural model】，更換顯示。

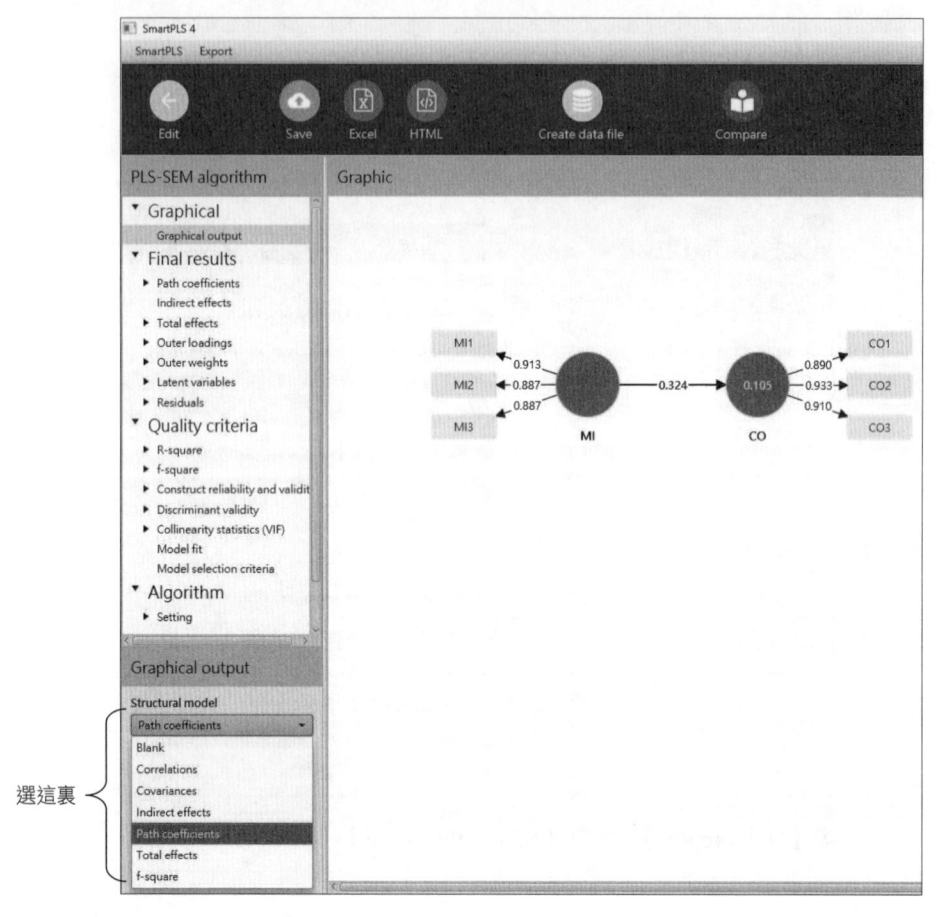

- Blank　空白
- Indirect effects　間接效應
- Path coefficients　路徑係數
- Total effects　總效應
- f-square　f平方

Chapter 16 SmartPLS 統計分析軟體介紹

4. 點擊【Measurement model】，更換顯示量測模式。

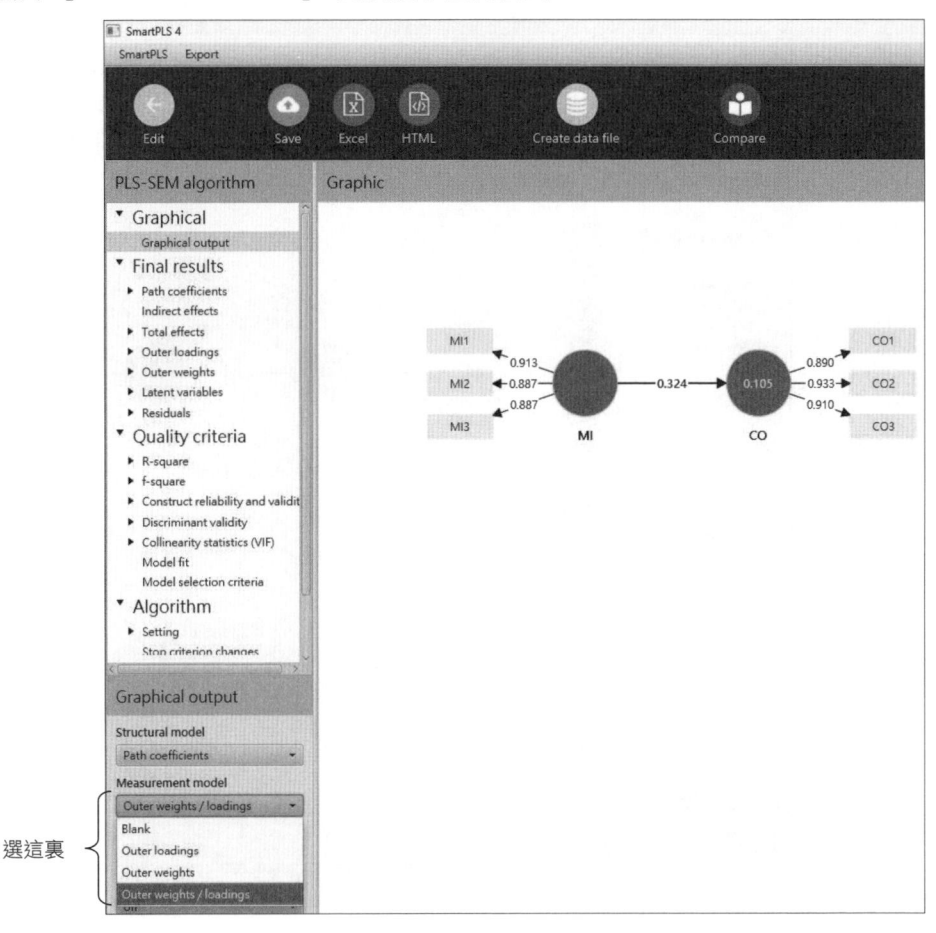

選這裏

- Blank　空白
- Outer loadings　外部負荷量
- Outer weights　外部權重
- Outer weights/loadings　外部權重/外部負荷量

16-27

5. 點擊【Constructs】，更換顯示 R2。

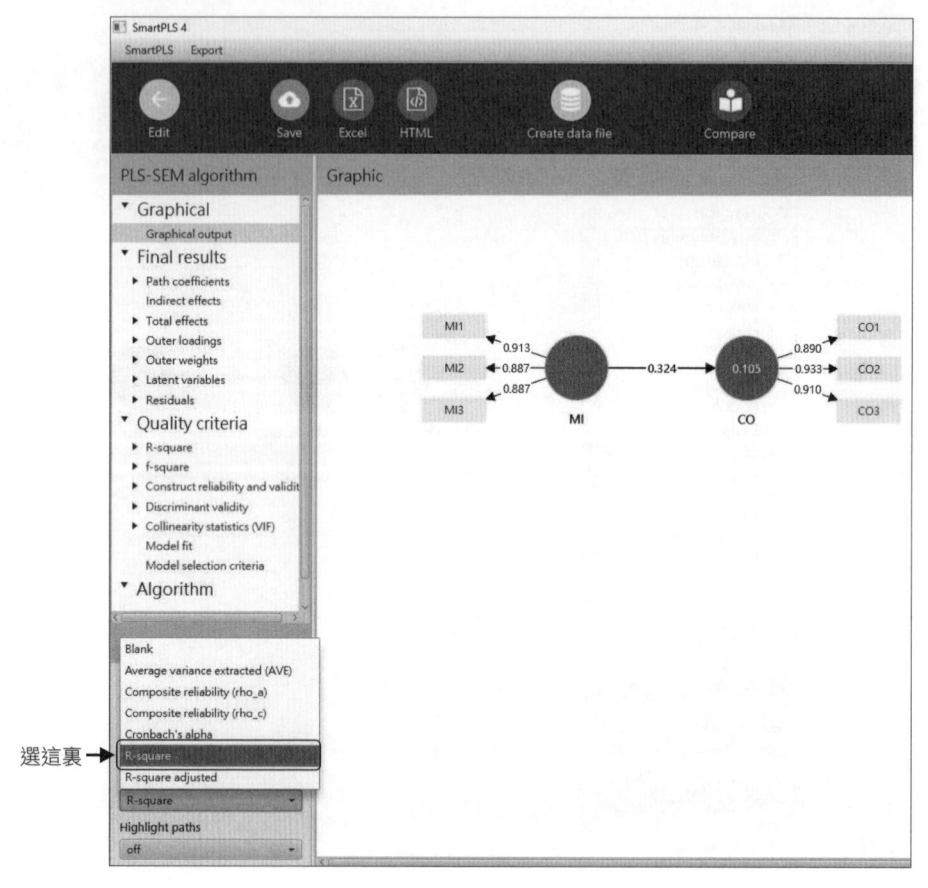

- Blank　空白
- Average variance extracted (AVE)　平均變異萃取
- Composite reliability (rho_a)　組合信度
- Composite reliability (rho_c)　組合信度
- Cronbach's alpha　信度
- R-square　解釋力
- R-square adjusted　調整的解釋力

SmartPLS 統計分析軟體介紹 16

6. 點擊【Constructs】，更換顯示。

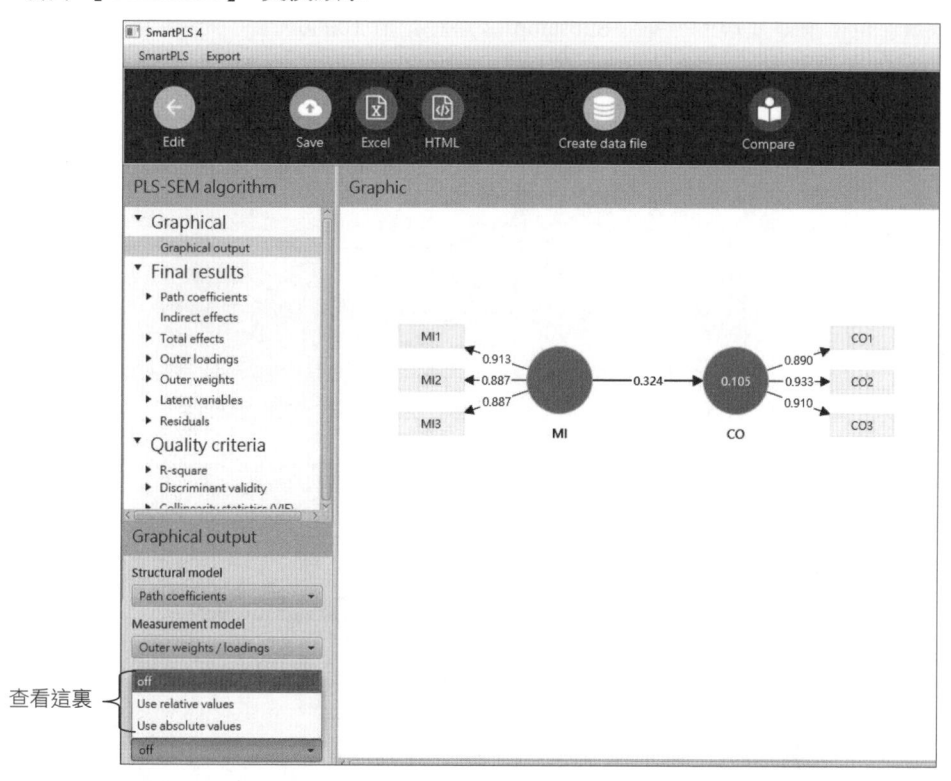

- Off　關閉
- Use relative values　使用相對值
- Use absolute values　使用絕對值

7. 我們需要統計檢定值，例如 t 值、P value，點擊【Calculation】，選擇【Bootstrapping】。

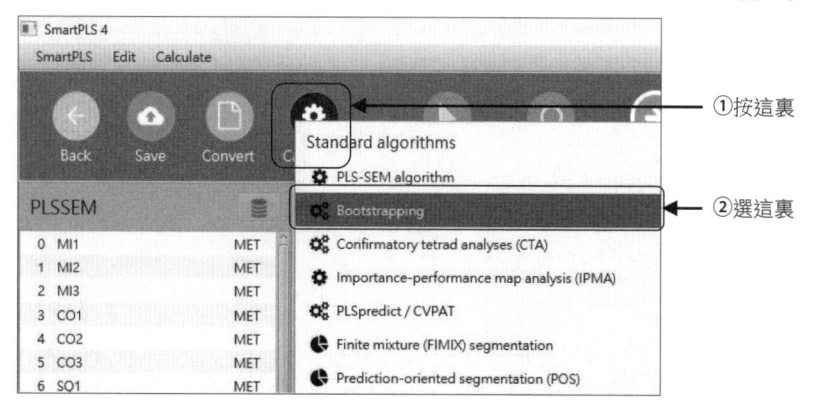

16-29

8. 勾選【Open report】，點擊【Start calculation】。
   (注意：最終呈現的結果，Subsamples 需設定為 10000。)

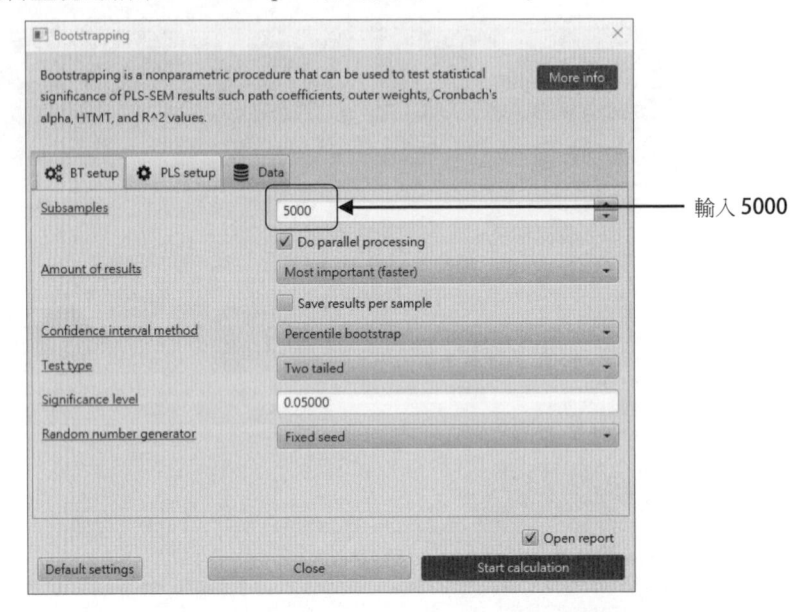

   → 輸入 5000

9. 計算完成後，結果如下圖，點擊改變參數展示，結果如下圖。

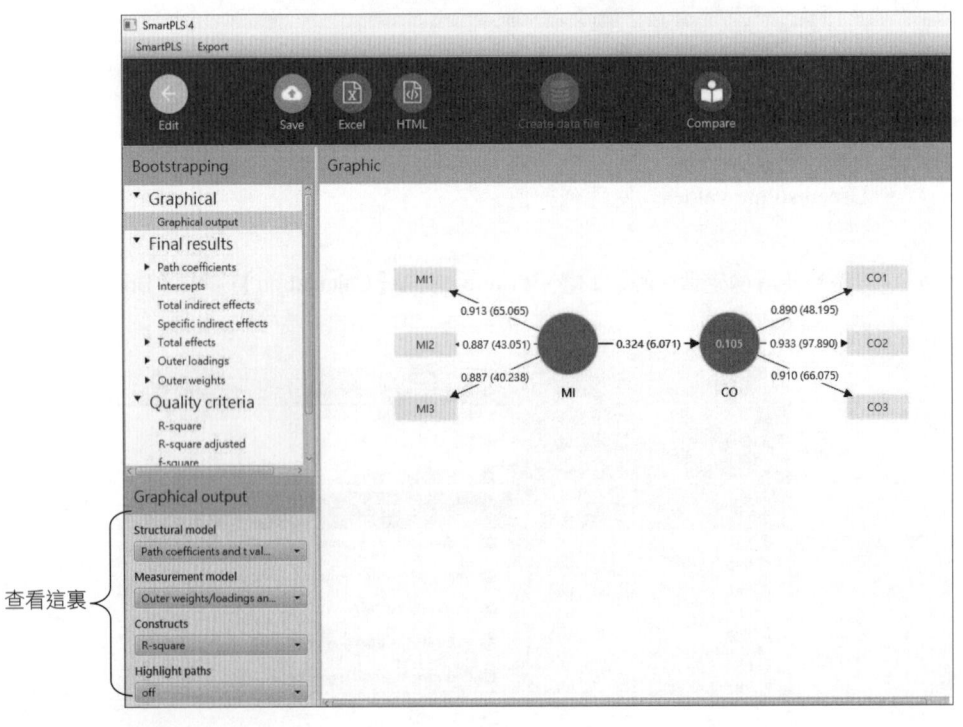

   查看這裏

16-30

- Structural model
  - Blank　空白
  - P values　p 值
  - Path coefficients and p values　路徑係數和 p 值
  - Path coefficients and t values　路徑係數和 t 值
  - T values　t 值
- Measurement model
  - Blank　空白
  - Outer weights/loading and p values　外部權重/負荷量和 p 值
  - Outer weights/loading and t values　外部權重/負荷量和 t 值
  - P values　p 值
  - T values　t 值

10. 點擊【HTML】。　按這裏

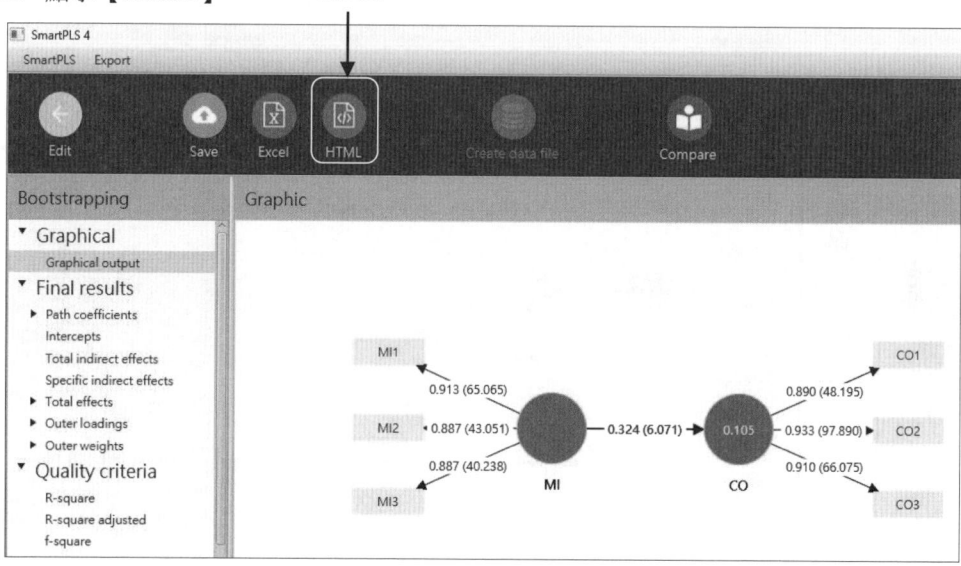

11. 輸入檔案名稱後，點擊【存檔】。

①輸入檔名　　②選這裏

12. HTML 檔案開啟結果，如下圖。

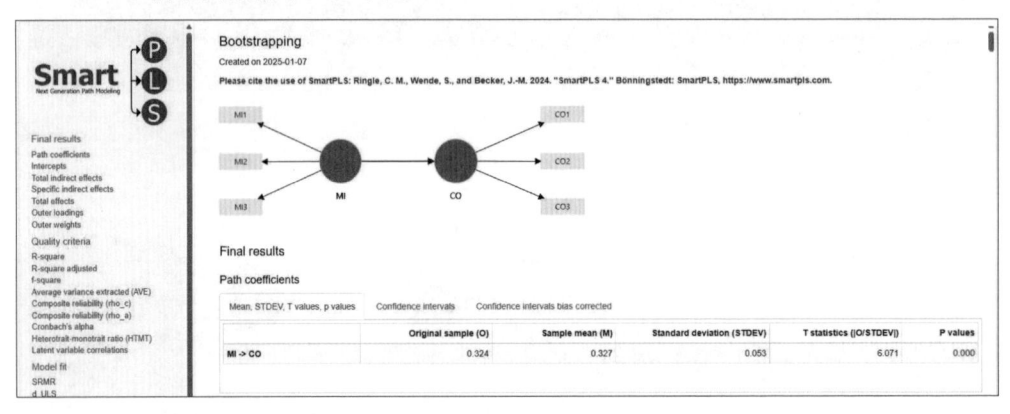

SmartPLS 有提供信效度衡量標準，下面是標準門檻：

1. CR（門檻值為 0.7）
2. AVE（門檻值為 0.5）（區別效度為 AVE 值大於 latent 變數間相關係數）
3. Cronbach's Alpha（門檻值為 0.7）

我們整理結果如下：

因素負荷量

構面	題項	因數負荷量
MI	MI1	0.913
MI	MI2	0.887
MI	MI3	0.887
CO	CO1	0.890
CO	CO2	0.933
CO	CO3	0.910

信度分析

	Cronbach's Alpha	rho_A	Composite Reliability	Average Variance Extracted (AVE)
CO	0.898	0.903	0.936	0.830
MI	0.879	0.915	0.924	0.802

區別效度

Cross Loading

Cross Loadings	CO	MI
CO1	0.890	0.281
CO2	0.933	0.319
CO3	0.910	0.284
MI1	0.349	0.913
MI2	0.246	0.887
MI3	0.255	0.887

HTMT

Heterotrait-Monotrait Ratio (HTMT)	CO	MI
CO		
MI	0.355	

Model_Fit

Fit Summary	Saturated Model	Estimated Model
SRMR	0.057	0.057
d_ULS	0.068	0.068
d_G	0.081	0.081
Chi-Square	151.039	151.039
NFI	0.879	0.879

結構模式

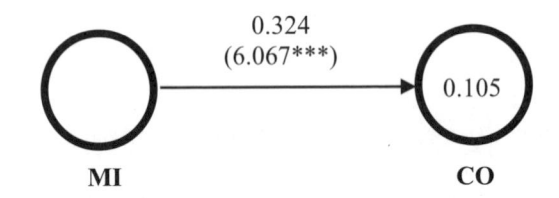

```
         0.324
       (6.067***)
   MI ─────────────► CO
                    0.105
```

*p<0.05, **p<0.01, ***p<0.001
(*t=1.96, **t=2.58, ***t=3.29)

路徑係數 0.324 顯著，解釋力 $R^2 =$ 0.105

我們將 HTML 輸出檔和上面的結果圖中，整理出需要的資料如下：

構面	題項	因數負荷量	T-value	CR	AVE	Cronbach's Alpha
MI	MI1	0.913	62.089	0.924	0.802	0.879
	MI2	0.887	41.888			
	MI3	0.887	42.567			
CO	CO1	0.890	50.004	0.936	0.830	0.898
	CO2	0.933	96.494			
	CO3	0.910	70.889			

區別效度

HTMT

Heterotrait-Monotrait Ratio (HTMT)	CO	MI
CO		
MI	0.355	

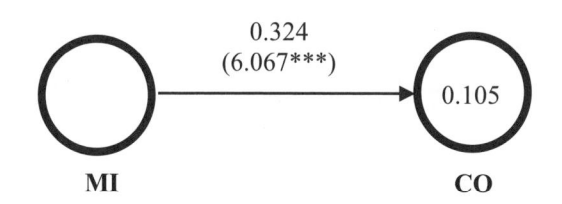

MI 高階主管支持對 CO 團隊合作影響力為 0.324（***），解釋力為 10.5%，顯示模式解釋力偏低。

我們完成了基本模式操作。

16-3　SmartPLS 4 的 Regression 回歸分析

SmartPLS 4 提供完整的回歸分析結果，回歸分析的操作如下。

1. 點擊【REGRESSION】。

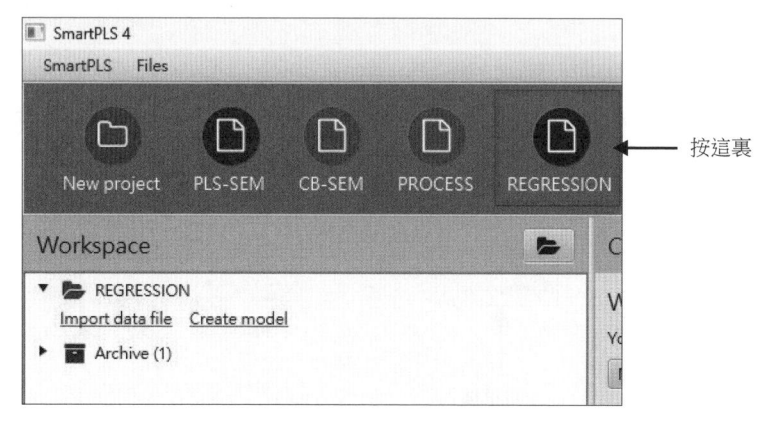

2. 將專案命名為"REGRESSION"。

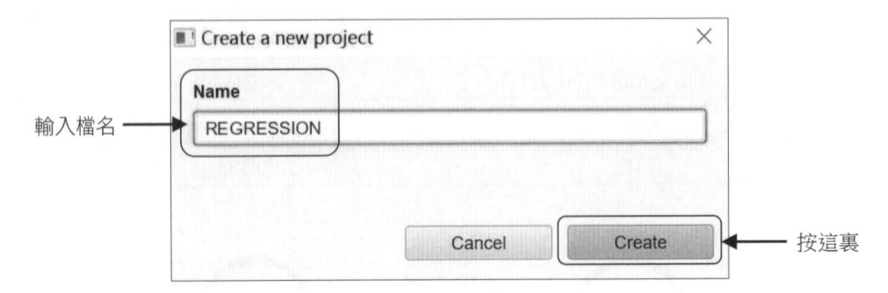

輸入檔名 → Name: REGRESSION

按這裏 → Create

3. 創建專案成功後,再點擊【Import data file】。

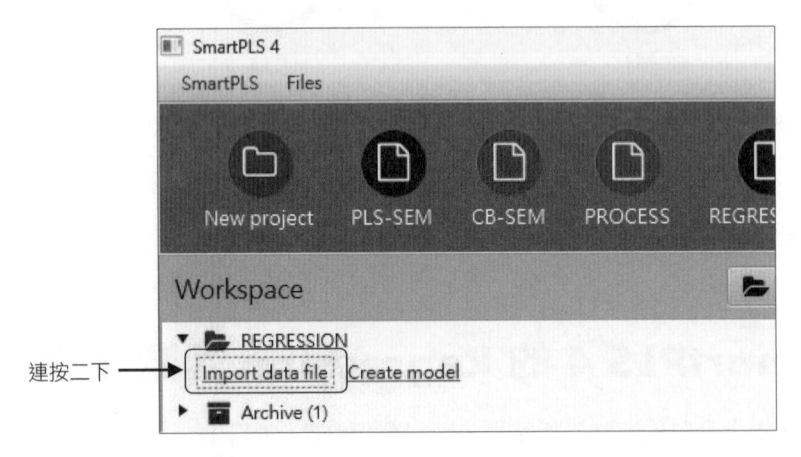

連按二下 → Import data file

4. 選擇資料(以範例 Regression 為例),點擊【開啟】。

①選這裏:Regression

②按這裏:開啟(O)

5. 點擊【Import】。

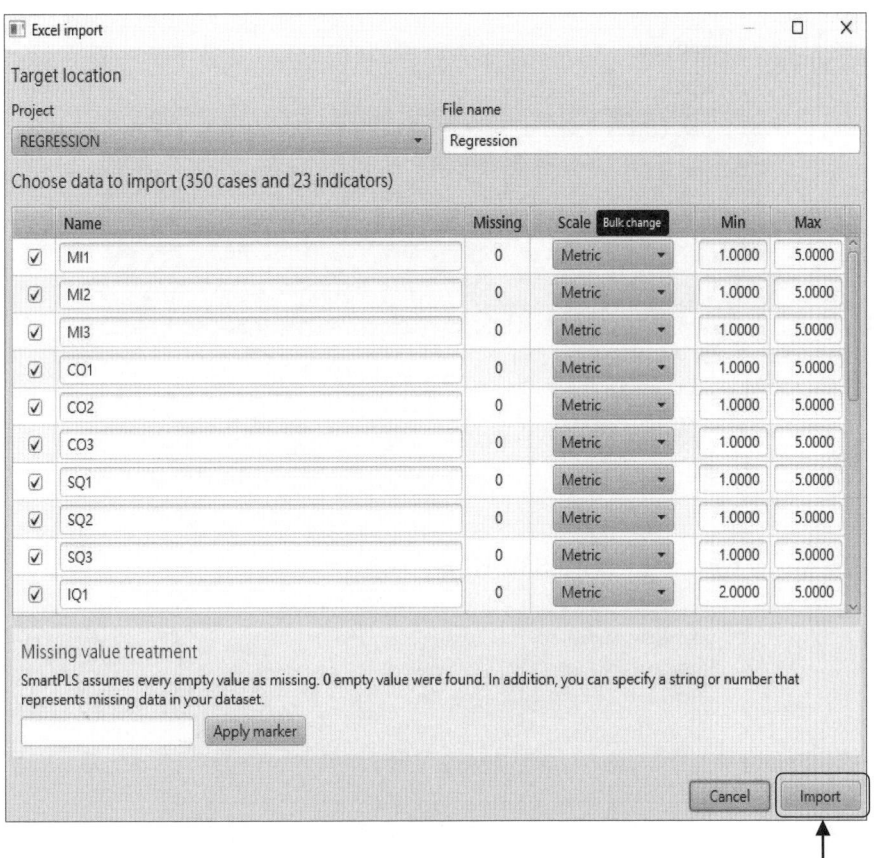

按這裏

6. 資料導入成功，如下圖。

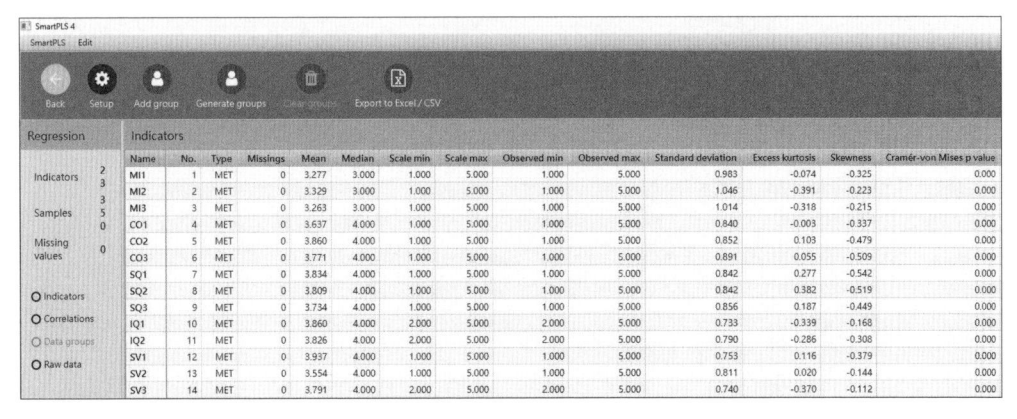

7. 點擊【Create model】。

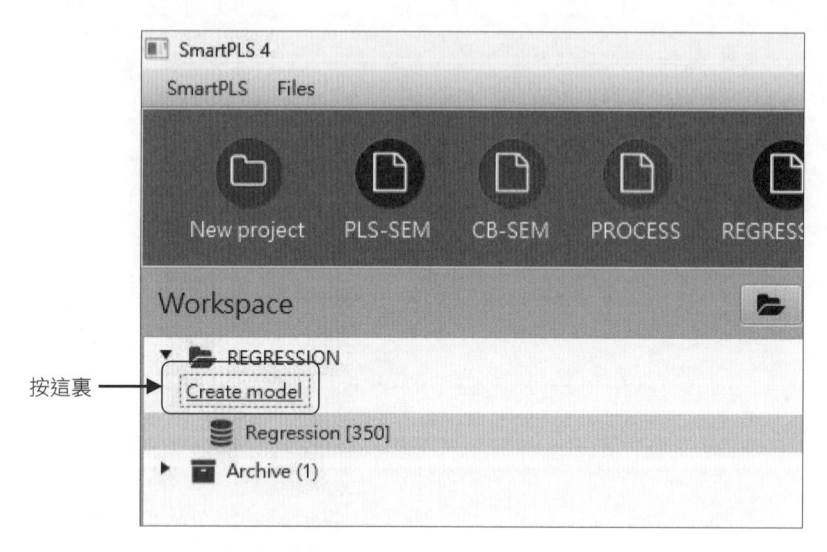

   按這裏

8. 選擇 Model type 為【REGRESSION】。

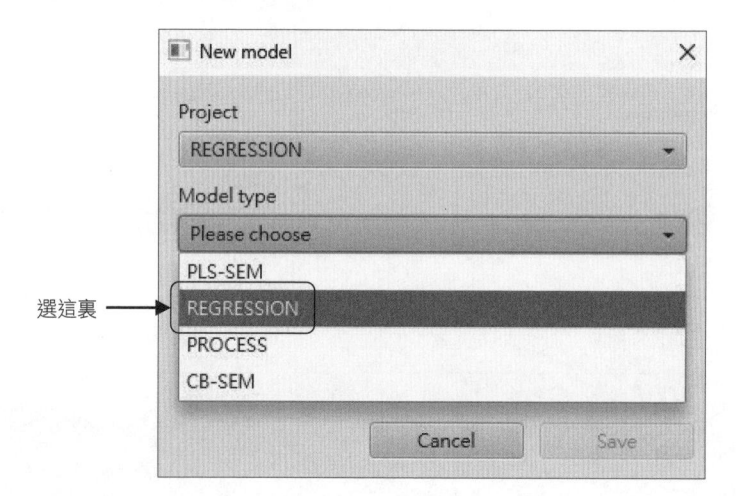

   選這裏

9. 將 Model name 重命名為"REGERSSION",點擊【Save】。

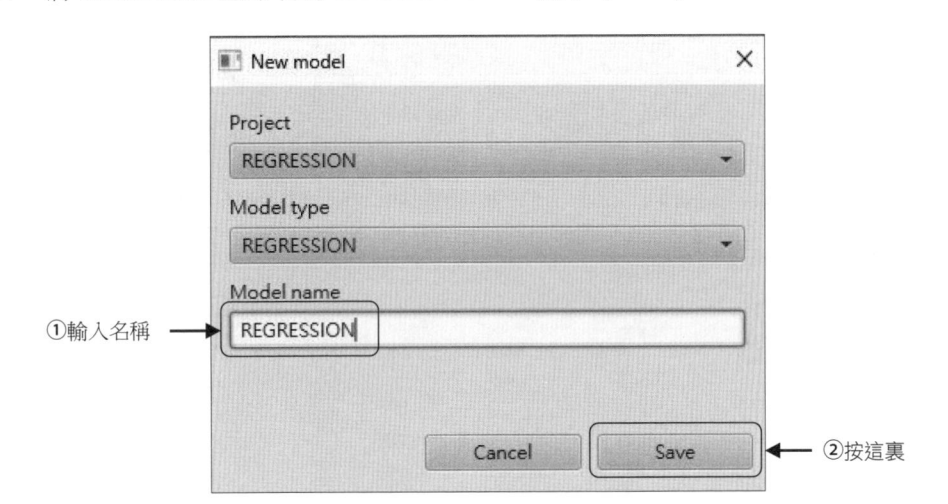

①輸入名稱

②按這裏

10. 進入創建模型介面,將 CO 拖至白色介面。

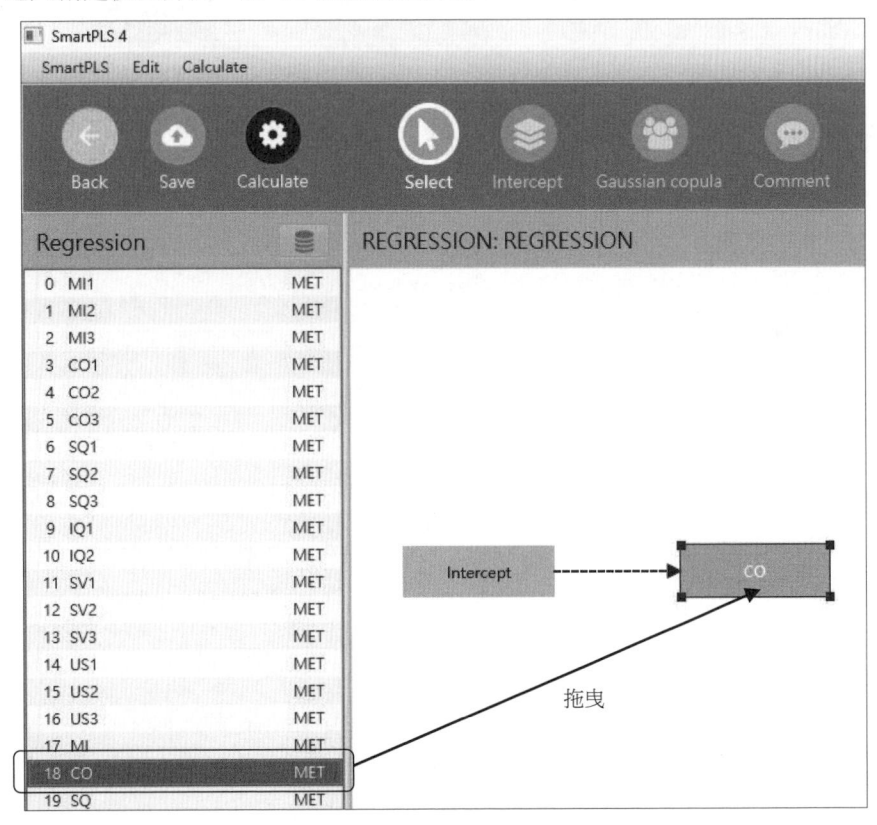

11. 點擊【Intercept】，並將 MI 拖至 CO 上方。

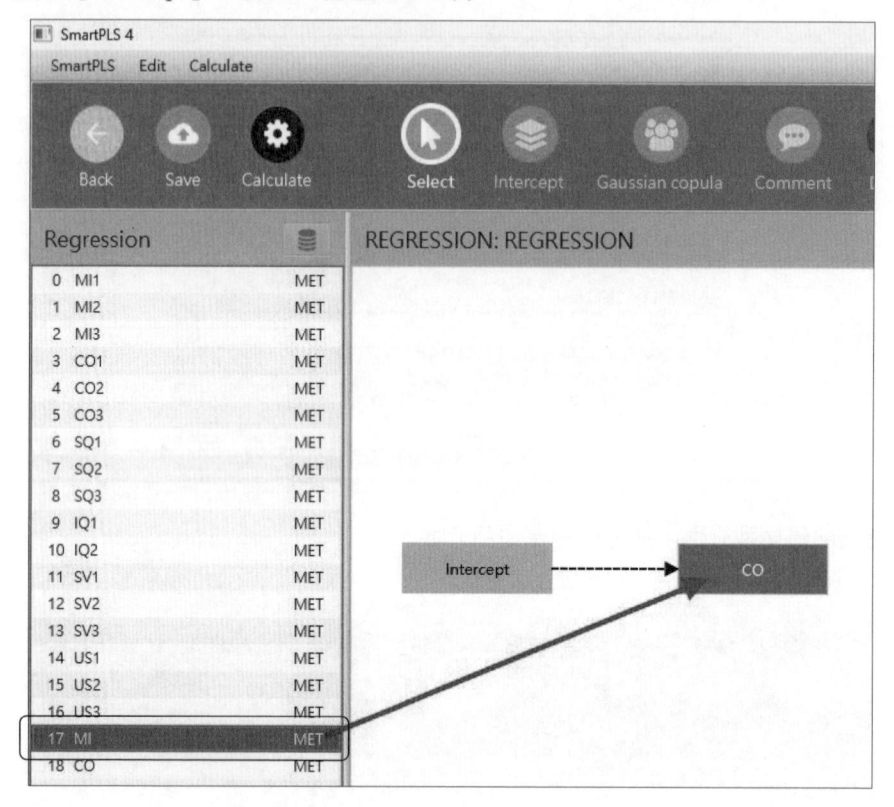

Chapter 16 SmartPLS 統計分析軟體介紹

12. 放開滑鼠，構面由紅色變為藍色，表示可執行，再點擊【Calculate】，選擇【Regression analysis】。

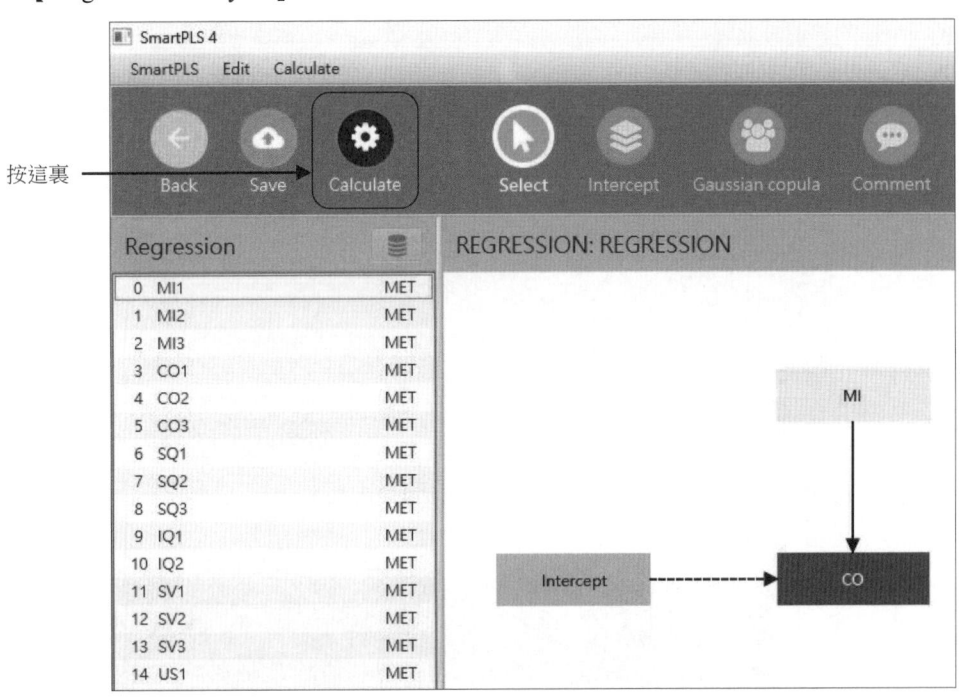

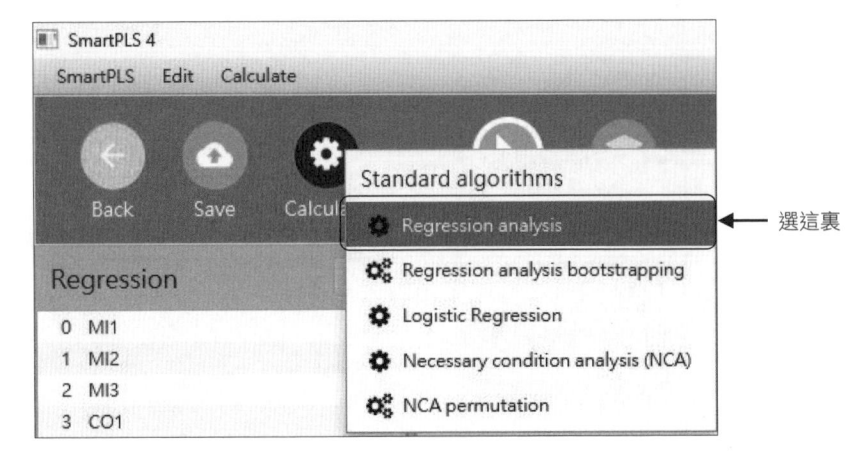

16-41

13. 點擊【Start calculation】。

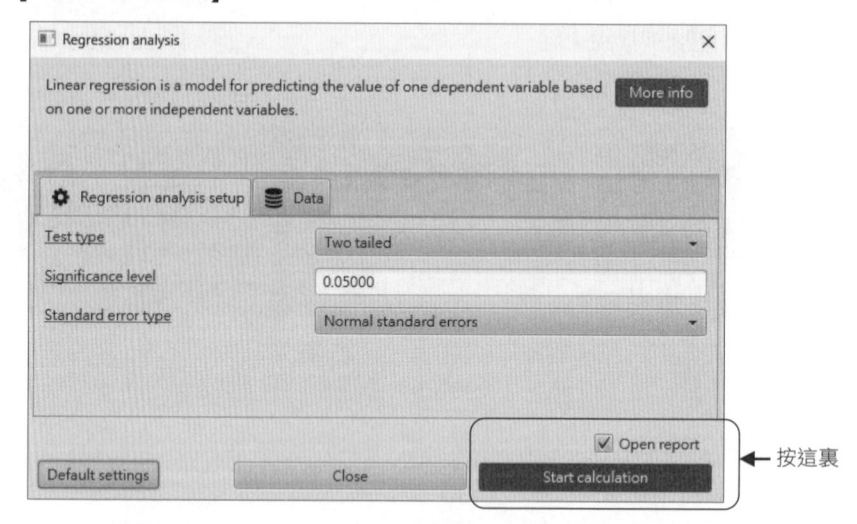

14. 計算後結果，點擊【R-square】，更換介面顯示內容。

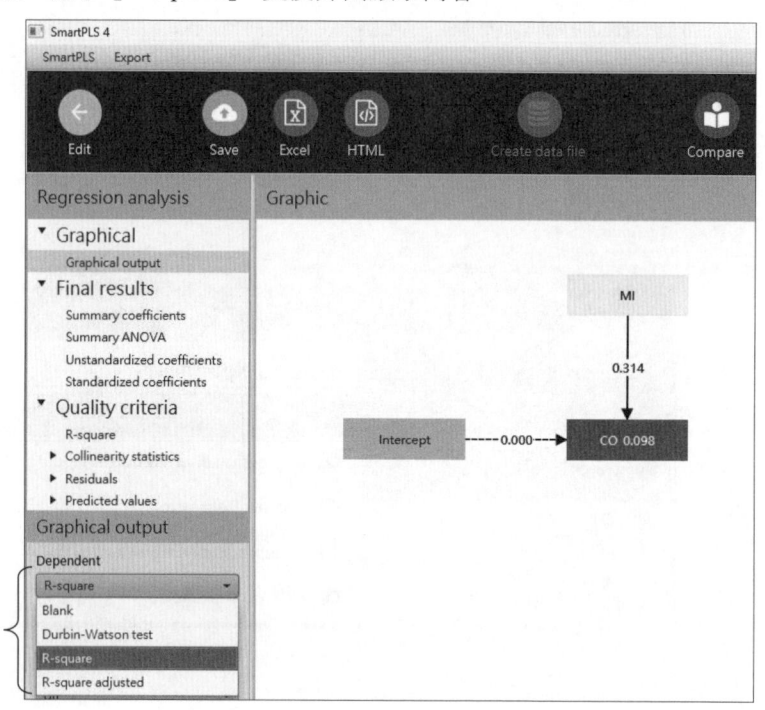

- Blank　空白
- Durbin-Watson test　杜賓-沃特森檢驗
- R square　解釋力 R 平方
- R square adjusted　調整 R 平方

15. 點擊【Standardized coefficients】，更換介面顯示內容。

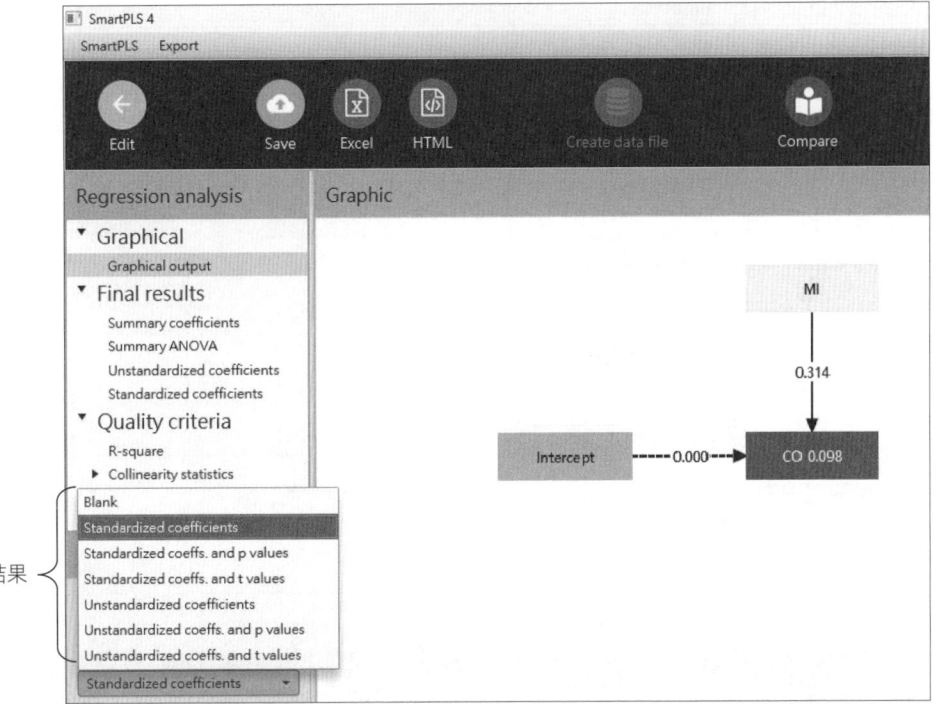

- Blank　空白
- Standardized coefficients　標準化係數
- Standardized coefficients and p values　標準化係數和 p 值
- Standardized coefficients and t values　標準化係數和 t 值
- Unstandardized coefficients　非標準化係數
- Unstandardized coefficients and p values　非標準化係數和 p 值
- Unstandardized coefficients and t values　非標準化係數和 t 值

16. 點擊【Highlight paths】，更換介面顯示內容。

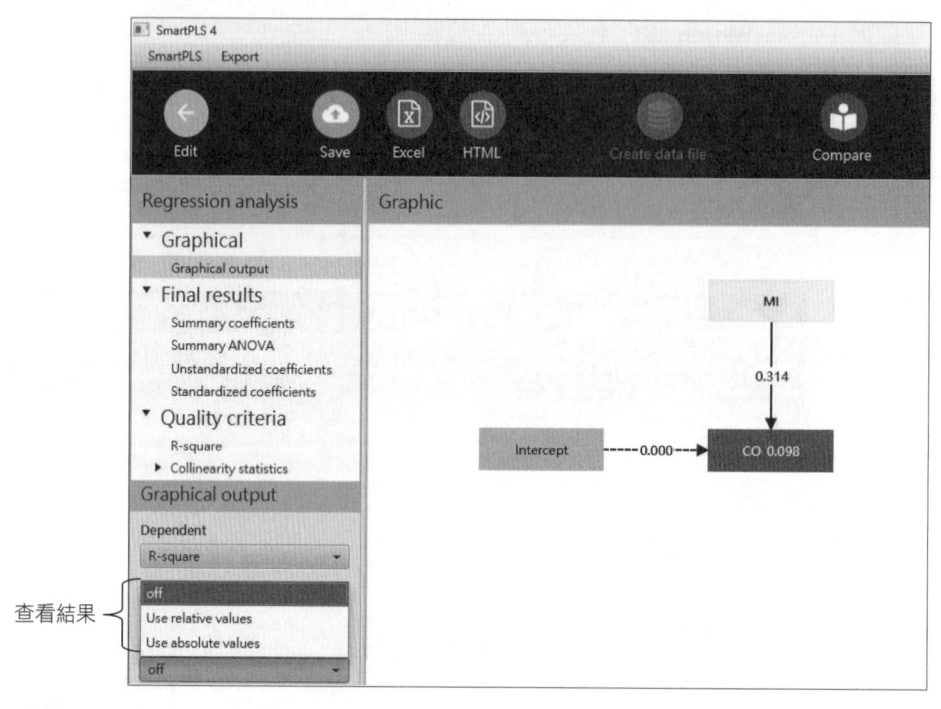

17. 點擊【HTML】。將檔案命名為「REFRESSION」並存檔。

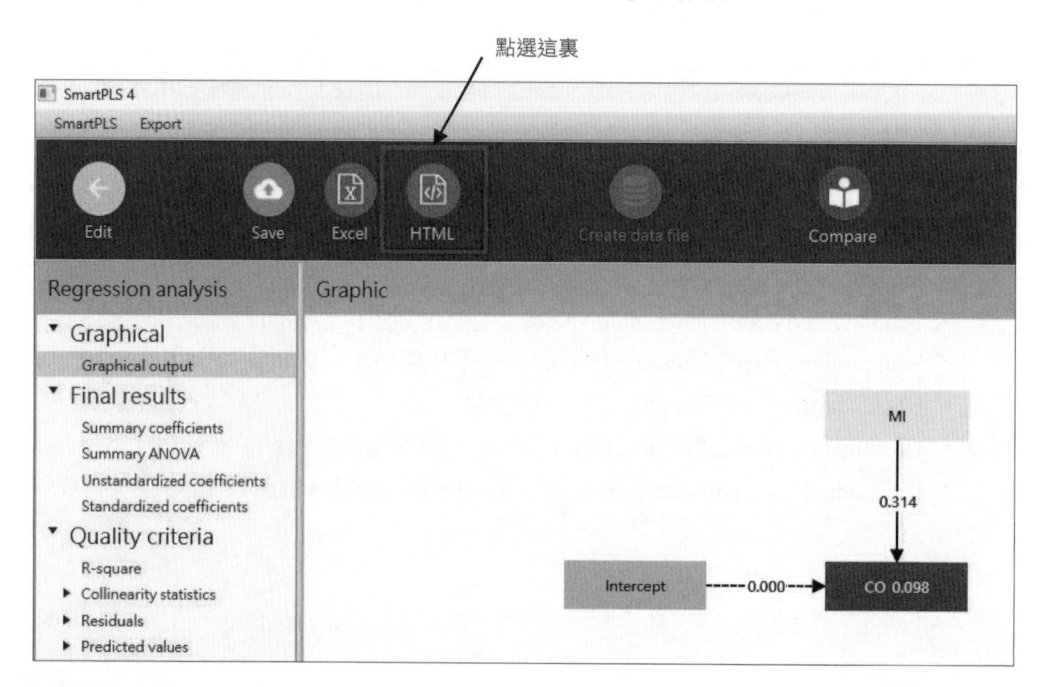

18. 匯出結果。

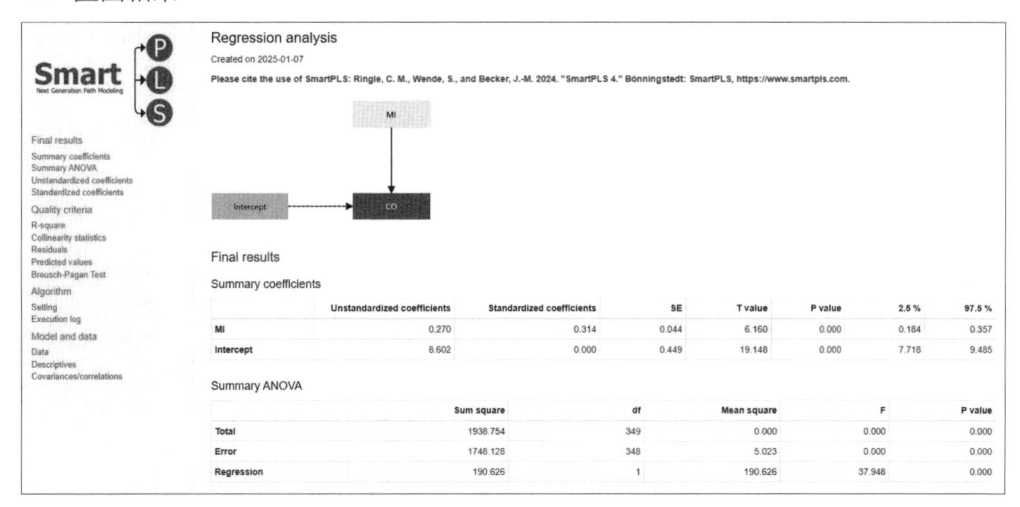

	Unstandardized coefficients	Standardized coefficients	SE	T value	P value	2.5%	97.5%
MI	0.270	0.314	0.044	6.160	0.000	0.184	0.357
Intercept	8.602	0.000	0.449	19.148	0.000	7.718	9.485

Summary ANOVA

	Sum square	df	Mean square	F	P value
Total	1938.754	349	0.000	0.000	0.000
Error	1748.128	348	5.023	0.000	0.000
Regression	190.626	1	190.626	37.948	0.000

19. 我們從所得資料中整理高階主管支持（MI）對團隊合作（CO）的變數解釋力 =0.098，顯著性 P=0.000，和路徑係數=0.314，我們整理成下圖：

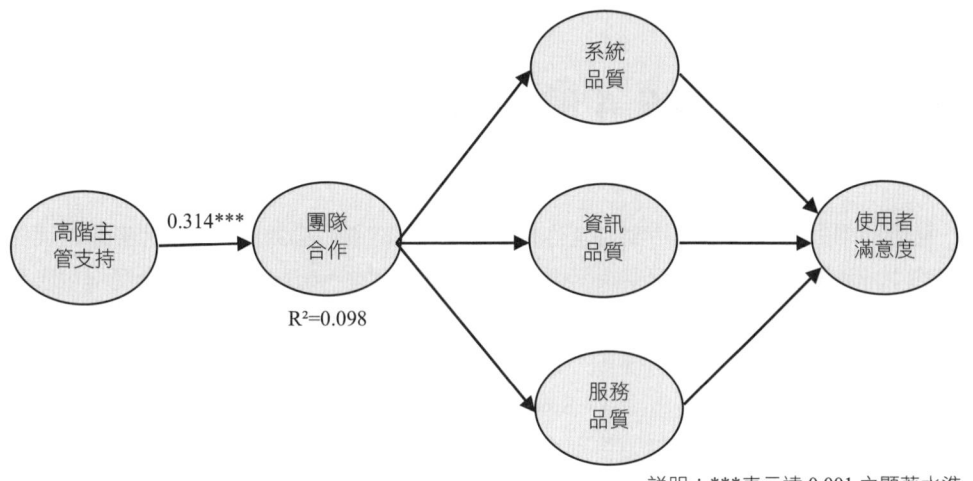

說明：***表示達 0.001 之顯著水準

高階主管支持（MI）、團隊合作（CO）、系統品質（SQ）、資訊品質（IQ）、服務品質（SV）、使用者滿意度（US）。

16-45

處理好高階主管支持（MI）對團隊合作（CO）的影響後，接著我們重複上述操作步驟。我們整理經過多次的簡單回歸後複合回歸後，得到的最終的研究結果如下圖：

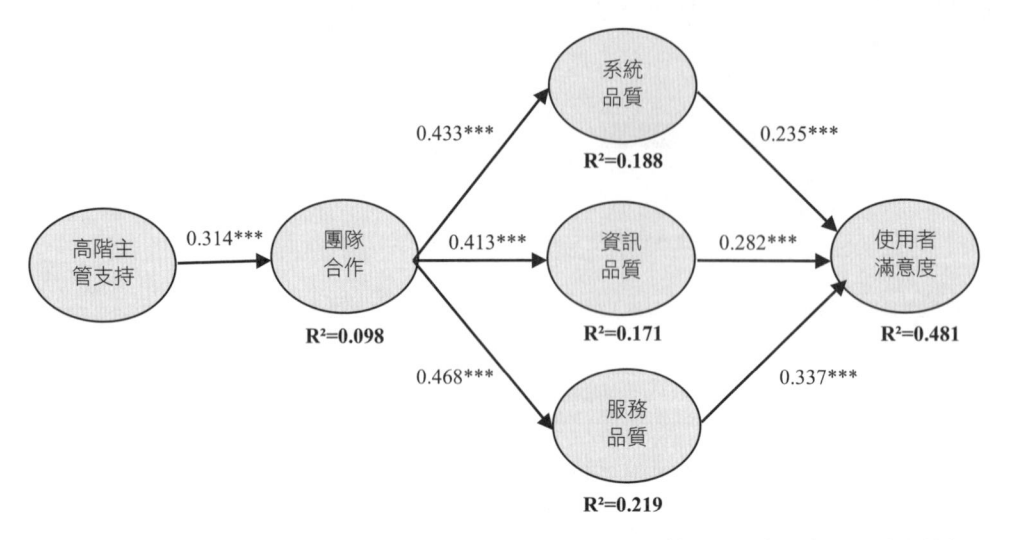

```
                        系統
                        品質
              0.433***  R²=0.188  0.235***
  高階主    0.314***  團隊    0.413***  資訊    0.282***  使用者
  管支持             合作              品質              滿意度
                    R²=0.098          R²=0.171          R²=0.481
              0.468***            0.337***
                        服務
                        品質
                        R²=0.219
```

說明：***表示達 0.001 之顯著水準

16-4 SmartPLS 4 的 Process 簡單中介效果分析

　　社會科學的研究經常使用到交互作用、中介和調節(干擾)的影響，研究者常常面對不同的中介和調節的情境，而深感困擾，Hayes (2022)的 process 4.x 軟體免費提供多種模式的中介和調節給研究者使用，方便研究者簡單及快速地算出研究模式所需要的報表，包含有 Bootstrap、多個自變項、控制變項、簡單中介、遠程中介、Sobeltet、簡單調節、多個調節…等功能模組(式)。SmarPLS 4 提供 Process 軟體提供功能強大的中介和調節計算能力，在使用上需要特別注意使用時機，由於與一般迴歸計算方式一樣，迴歸估計所受到的限制，Process 也會受到限制，我們列舉如下：1. 常態分配：與迴歸估計相同，非常態分配情形下，Process 估計結果會有偏誤。2. 變數型態：Process 與一般線性迴歸分析一樣，只能處理觀察變數，無法處理潛在變數。構面的計算是由題項加總平均得來。潛在變數則需要使用結構方程模式(SEM)來處理。3. 模式指定：現代量測的問項和模式分為反映性(reflective)和形成性(formative)，傳統的量測只有反映性的指標，Process 無法處理形成性的問項和模式，遇到形成性的指標和模式，建議使用 PLS 進行處理。我們在此介紹 SmartPLS 4 的 Process 簡單中介效果操作。

我們想要瞭解團隊合作的簡單中介效果，如下圖：

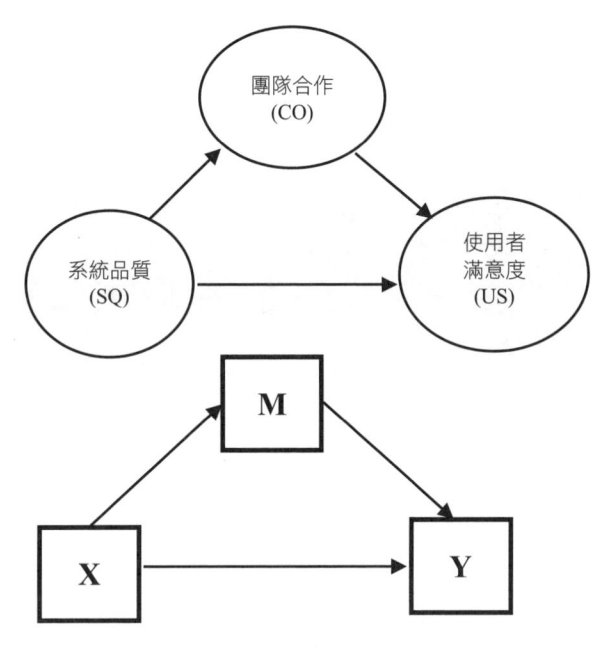

```
           團隊合作
            (CO)
          ↗      ↘
      系統品質 → 使用者
       (SQ)     滿意度
                (US)
```

```
           M
         ↗   ↘
       X  →   Y
```

模型 4 概念圖

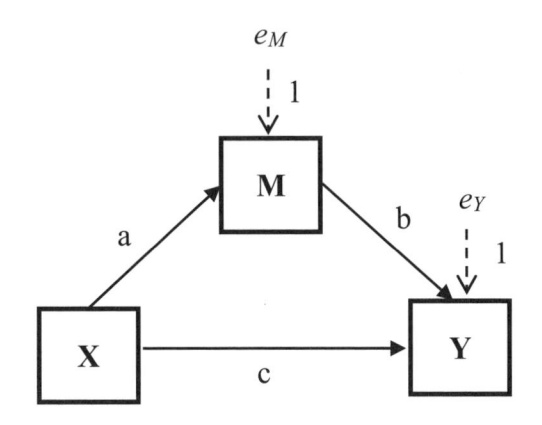

```
           $e_M$
            ↓ 1
            M
         a↗   ↘b   $e_Y$
                    ↓ 1
       X  →   Y
            c
```

Direct effect of X on Y = c
Indirect effect of X on Y through M = ab

模型 4 統計圖

16-47

請先建立 Process project。

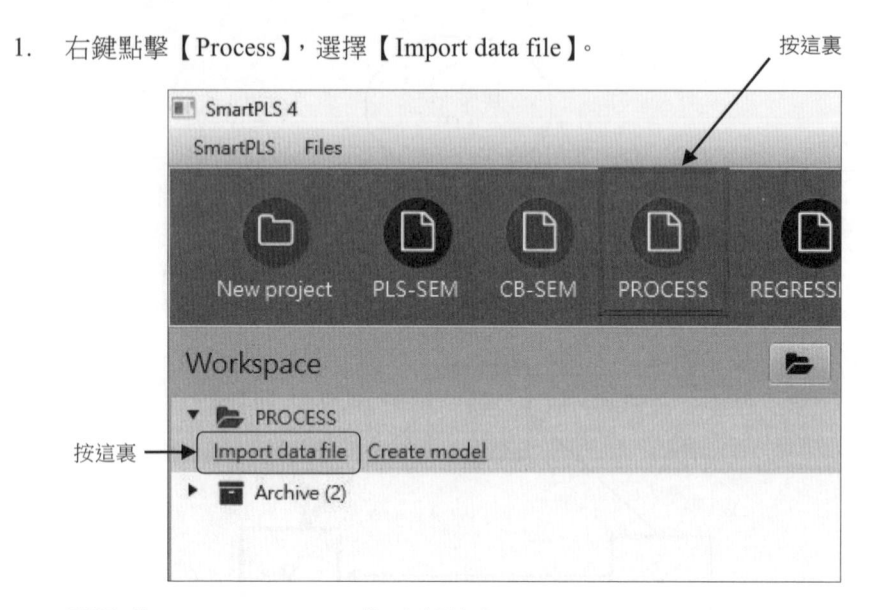

1. 右鍵點擊【Process】，選擇【Import data file】。

2. 選擇 "moderator case 3.sav" 資料檔案。

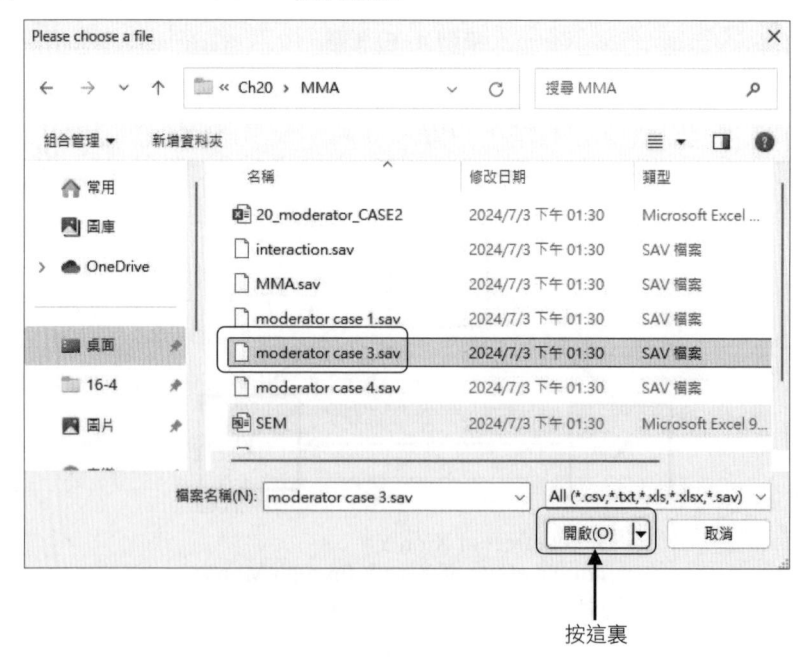

3. 點擊【Import】確認輸入資料。

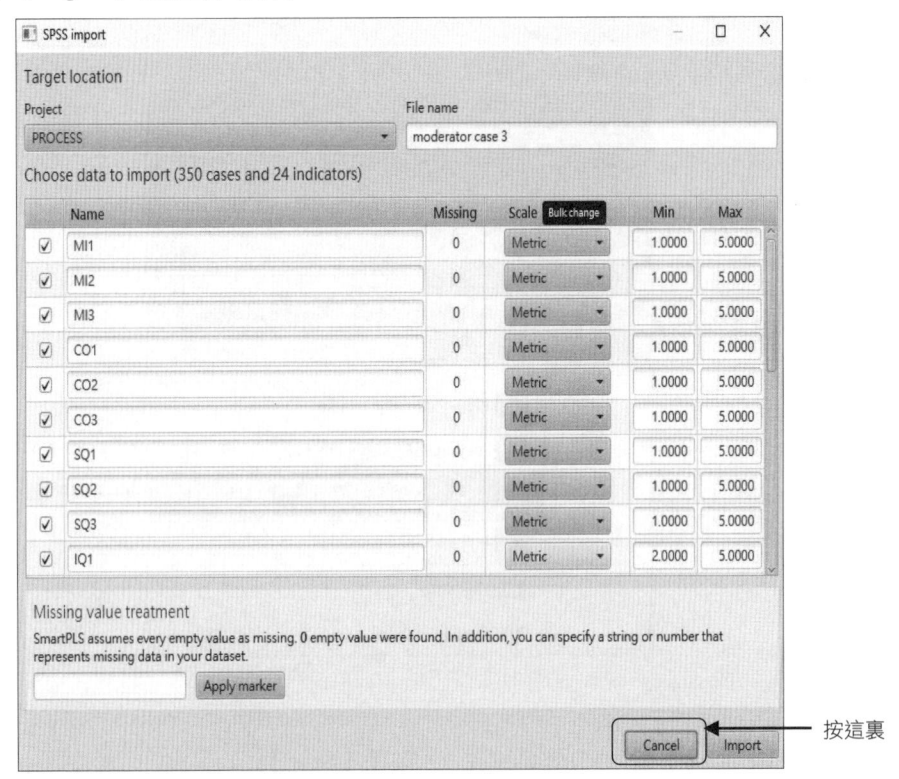

按這裏

4. 點擊【Back】返回主介面。

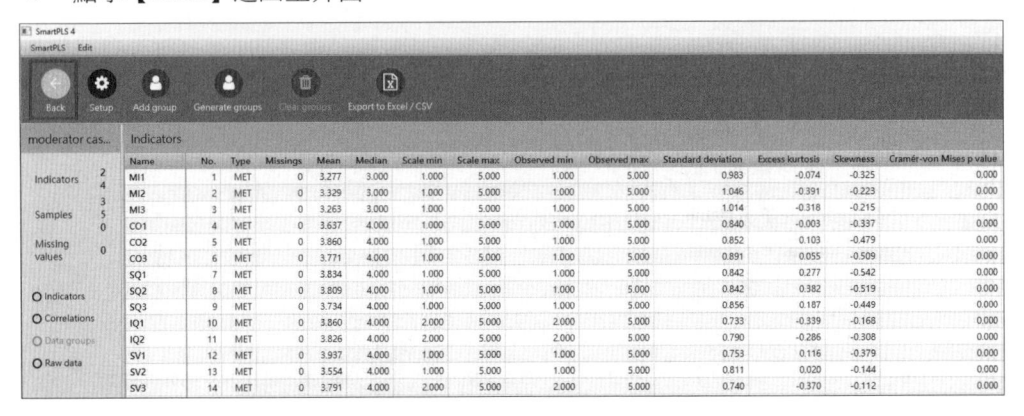

5. 右鍵點擊【Process】,選擇【New PROCESS model】。

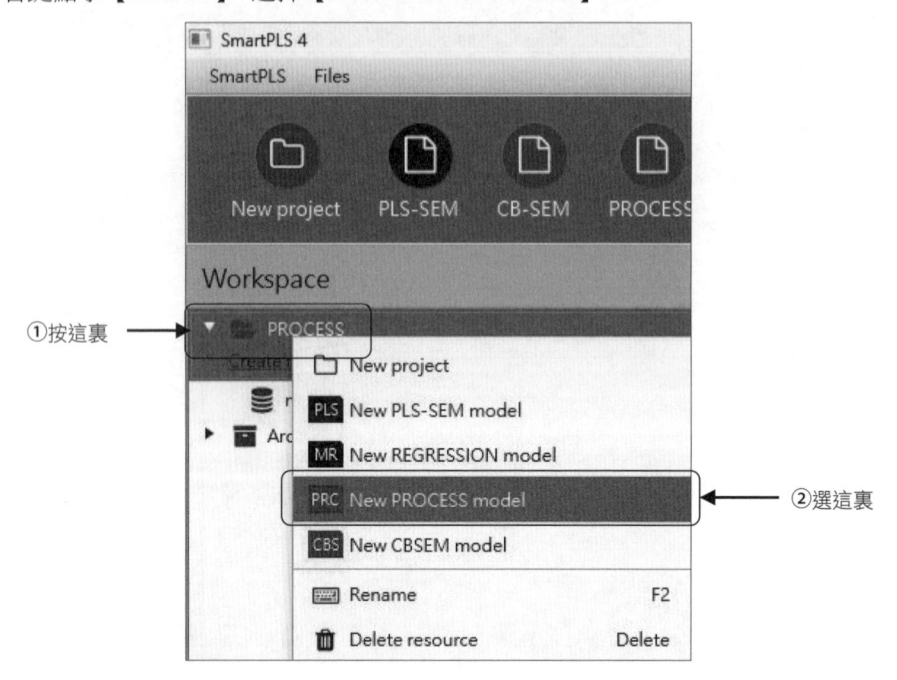

①按這裏

②選這裏

6. 在【File name】輸入 "mediation" ,點擊【Save】。

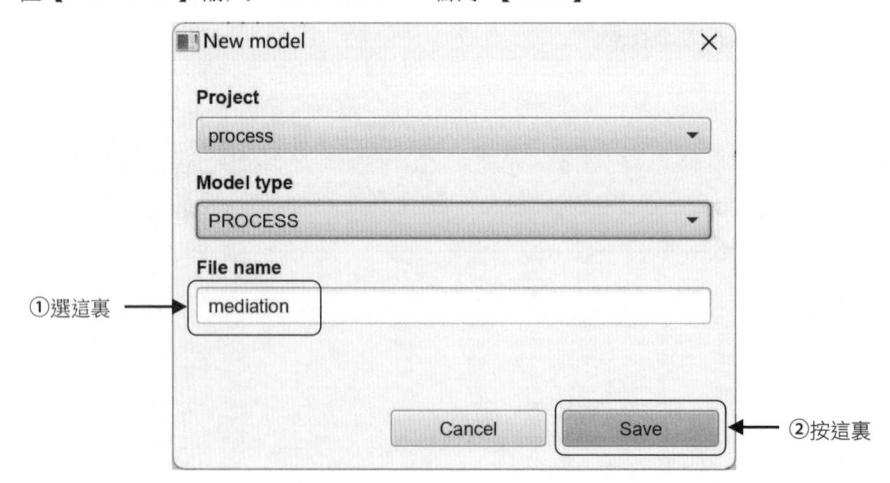

①選這裏

②按這裏

SmartPLS 統計分析軟體介紹

7. 透過匯入題項資料，在 "mediation" 模型中建立 SQ、CO、US 構面，並透過箭頭連接構面。

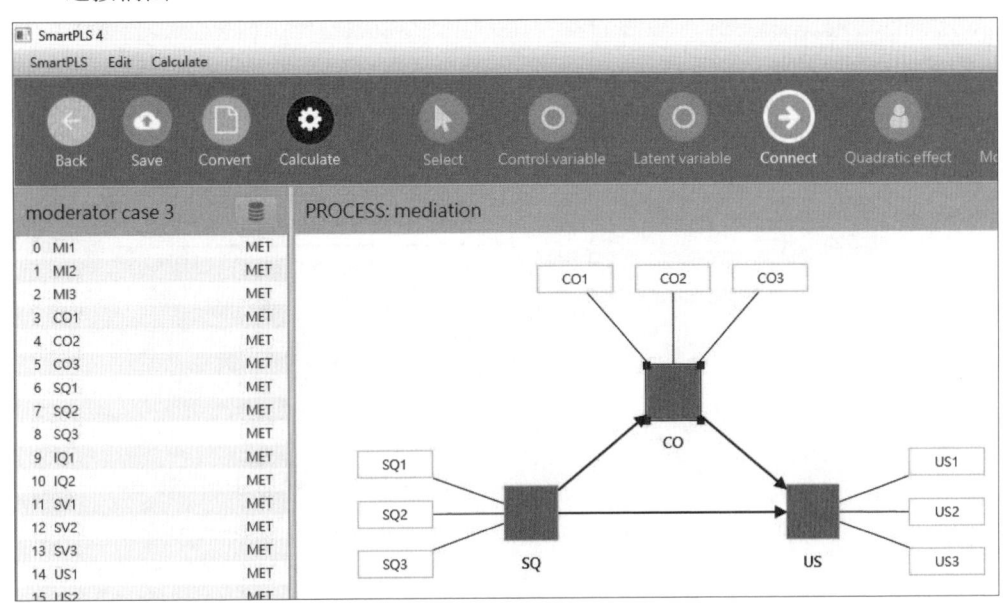

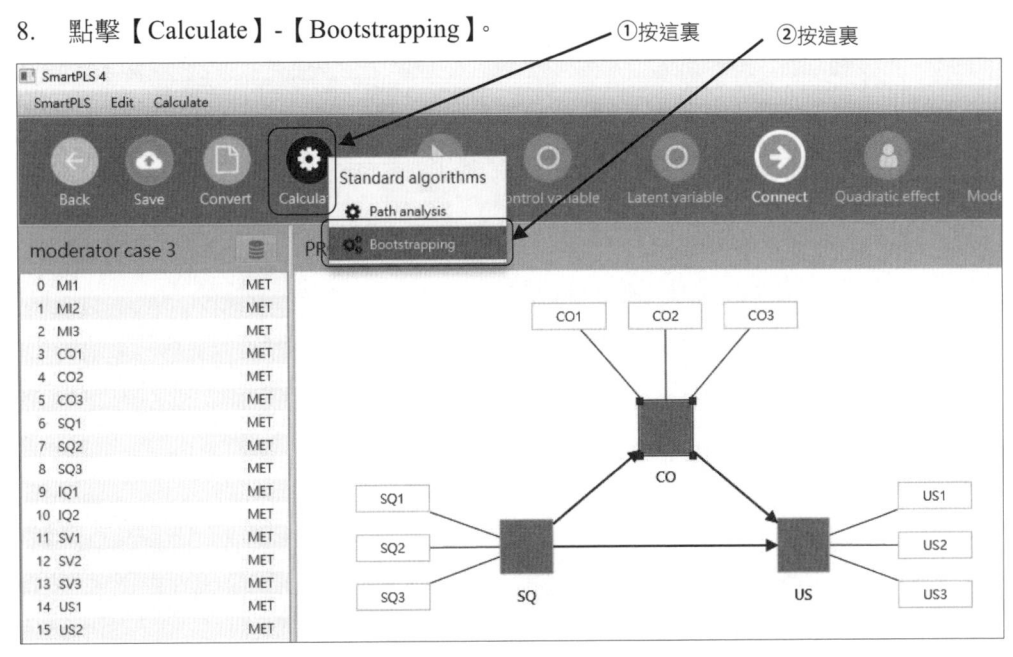

8. 點擊【Calculate】-【Bootstrapping】。

9. 勾選【Open report】,點擊【Start Calculation】。
   (注意:最終呈現的結果,Subsamples 需設定為 10000。)

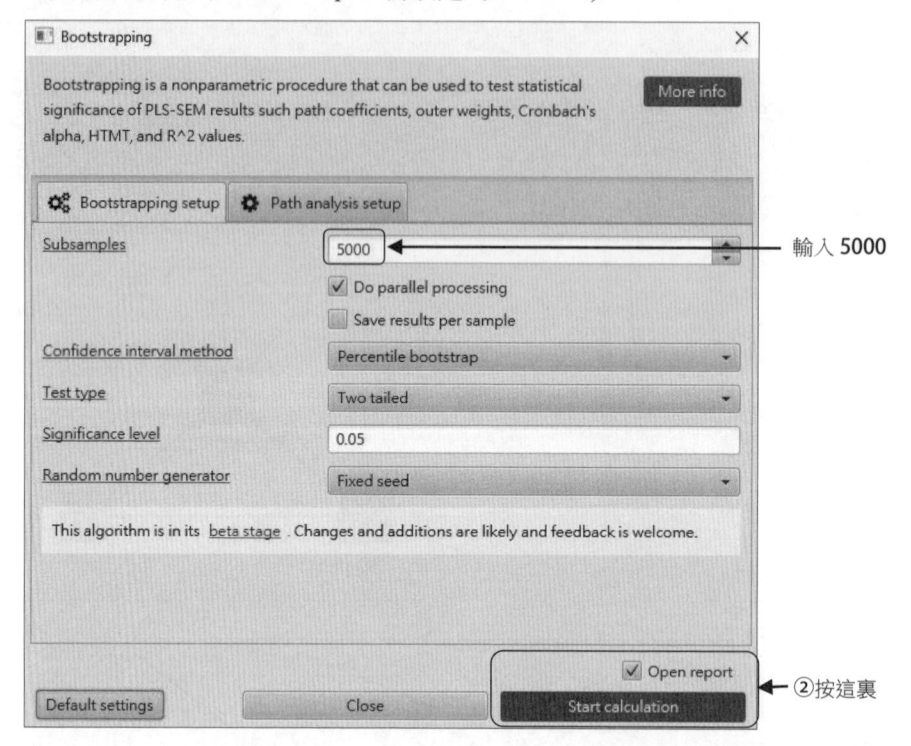

   輸入 5000

   ②按這裏

10. 點擊【Graphical】-【Graphical output】，並在【Structural model】處選擇 "Path coefficients and t values"，可以查看路徑係數和對應 t 值。

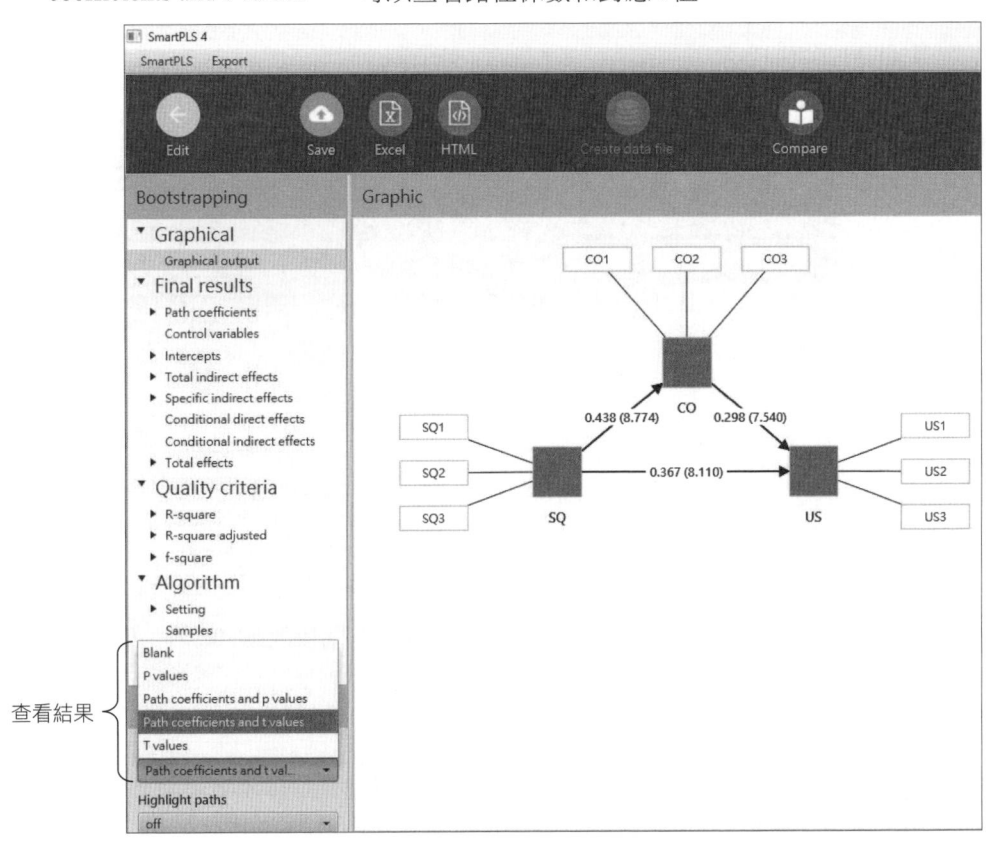

11. 點擊【Final results】-【Path coefficients】-【Mean, STDEV, T values, p values】。

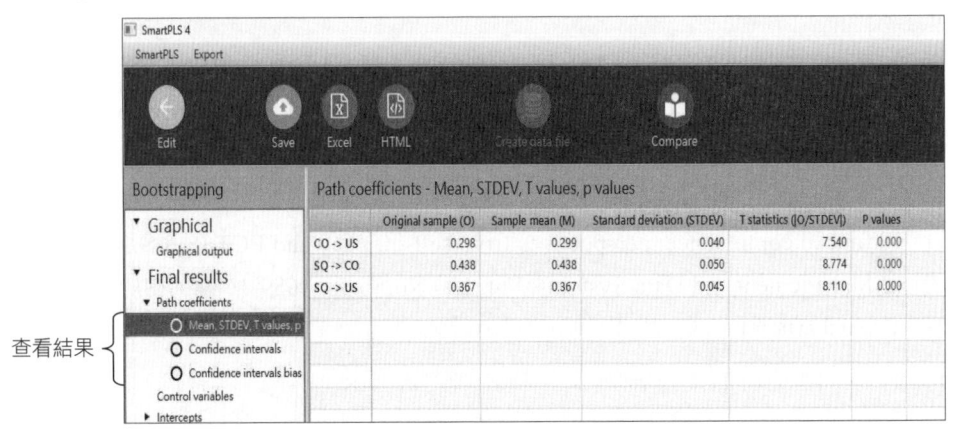

路徑係數服務品質 SQ→使用者滿意度 US=0.367，P=0.000；服務品質 SQ→團隊合作 CO=0.438，P=0.000；團隊合作 CO->使用者滿意度 US，P=0.000 達顯著。

12. 點擊【Specific indirect effects】-【Mean, STDEV, T values, p values】。

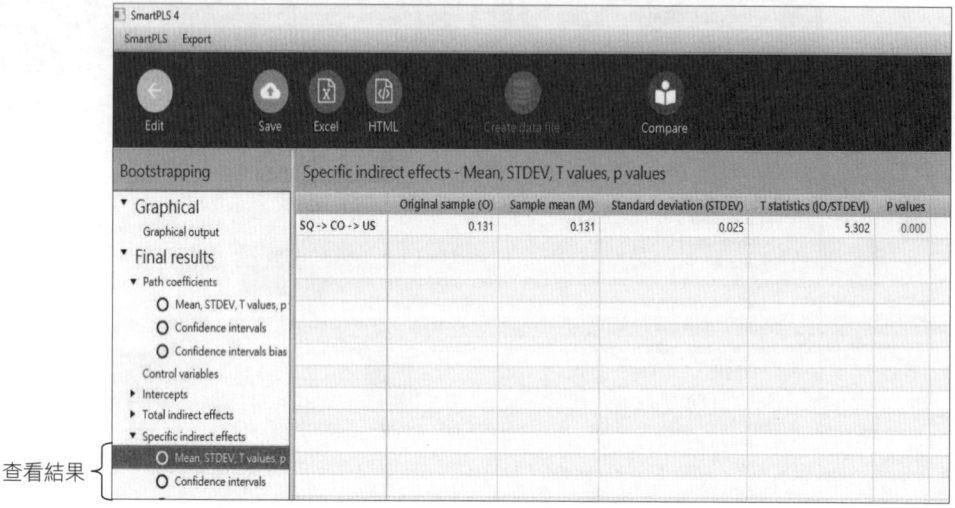

服務品質 SQ→團隊合作 CO→使用者滿意度 US 的間接效應=0.131，P=0.000，達顯著，說明有間接效果，可能存在中介效應。

注意：間接效果是中介效果的第一步，需要更進一步檢驗才能確認是否有中介效應，參考文獻如後。

參考文獻：

- Zhao, X., Lynch, J.G. and Chen, Q. (2010), "Reconsidering Baron and Kenny: Myths and truths about mediation analysis", Journal of Consumer Research, Vol. 37 No. 2, pp. 197-206.

- Shiau, W.L., Yuan, Y., Pu, X., Ray, S. and Chen, C.C. (2020), "Understanding fintech continuance: perspectives from self-efficacy and ECT-IS theories", Industrial Management and Data Systems, Vol. 120 No. 9, pp. 1659-1689. (ESI 1% highly cited article)

16-5　多重直接和間接(中介)的模式

在多重直接和間接(中介)的結構研究模型為，MI 構面是由 3 個因數(MI1, MI2, MI3) 所組成，CO 構面是由 3 個因數(CO1, CO2, CO3) 所組成，SQ 構面是由 3 個因數(SQ1, SQ2, SQ3) 所組成，US 構面是由 3 個因數(US1, US2, US3) 所組成，如下圖：

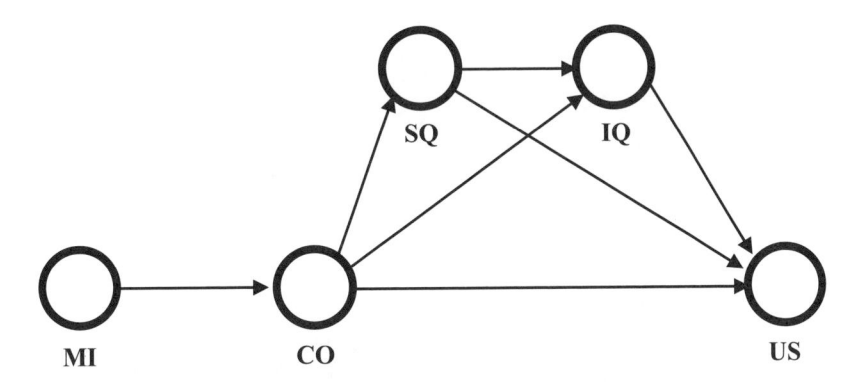

```
        SQ ───────► IQ
       ╱  ╲      ╱   ╲
      ╱    ╲    ╱     ╲
     ╱      ╲  ╱       ╲
    ╱        ╲╱         ╲
   ╱         ╱╲          ╲
  MI ──────► CO ─────────► US
```

1. 點擊【New project】來建立新的檔案。

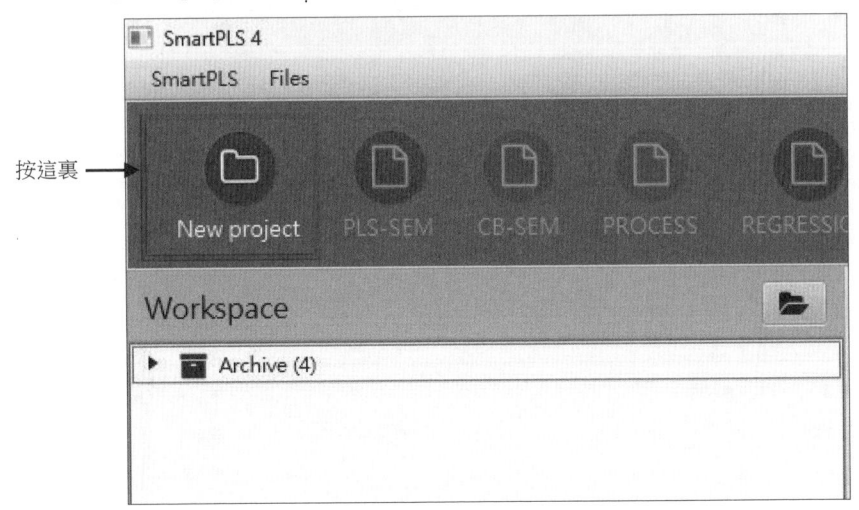

   按這裏 →　(SmartPLS 4 視窗，New project 按鈕，Workspace 中顯示 Archive (4))

16-55

2. 輸入名稱(以 PLSSEMRM 為例)，輸入完成點擊【Create】。

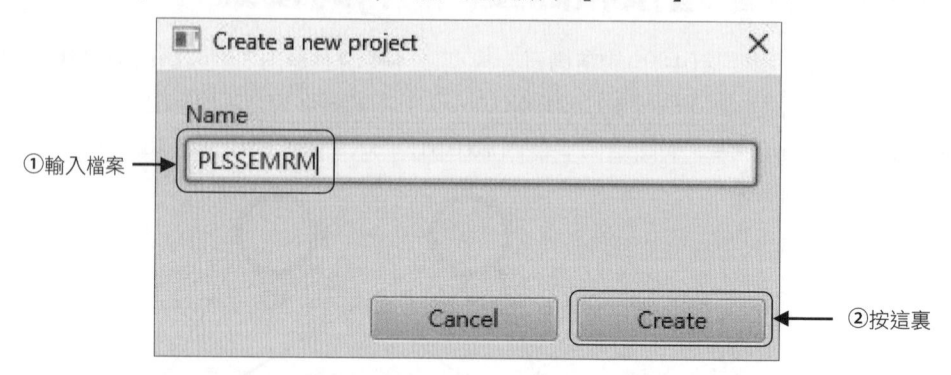

　　①輸入檔案
　　②按這裏

3. 點擊【Import data file】導入數據。

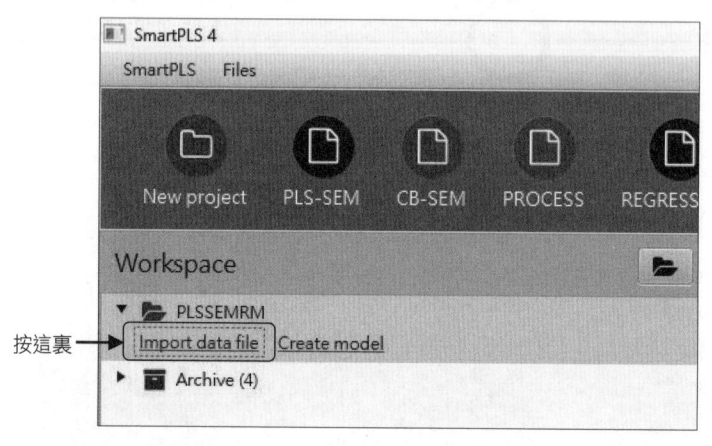

　　按這裏

4. 找到範例檔(在 C:\SEM，文章以 PLSSEM.xlsx 為例)，點擊【開啟】。

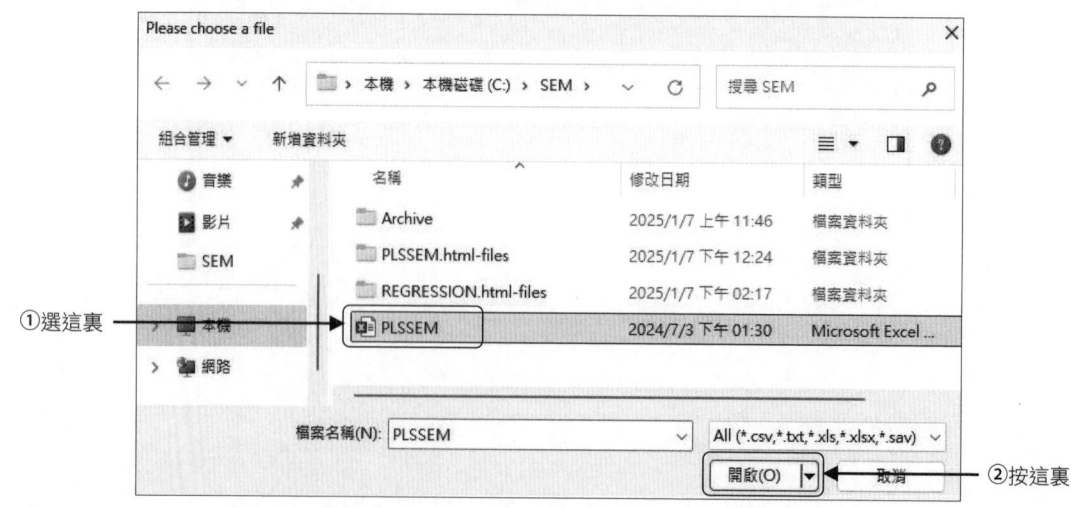

　　①選這裏
　　②按這裏

SmartPLS 統計分析軟體介紹 16

5. 出現資料導入介面，選擇要導入的變數，點擊【Import】。

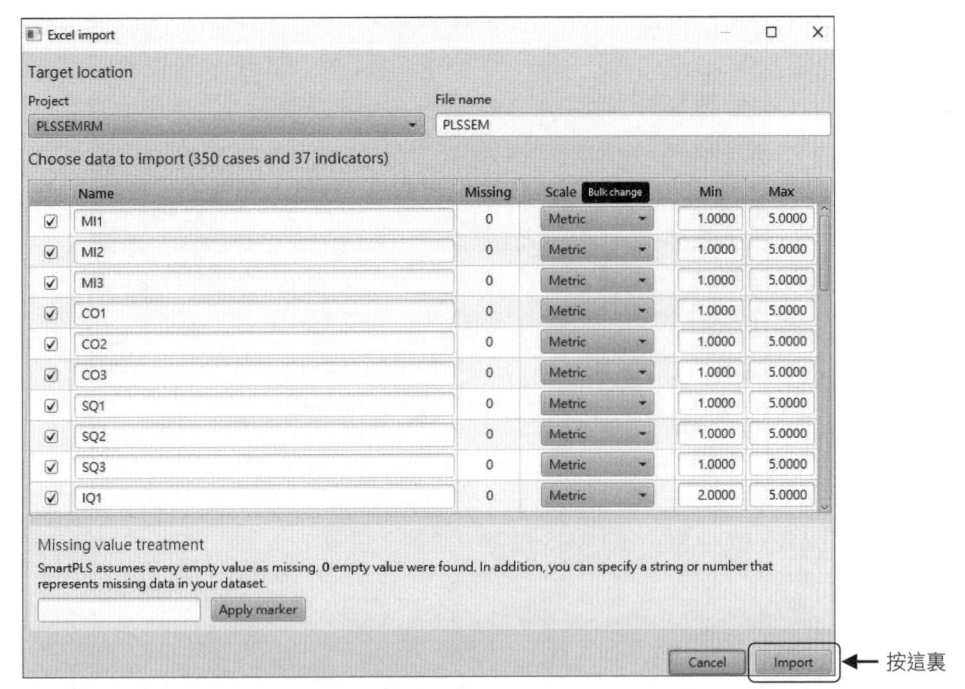

← 按這裏

6. 輸入完成後，顯示資料內容畫面如下圖。

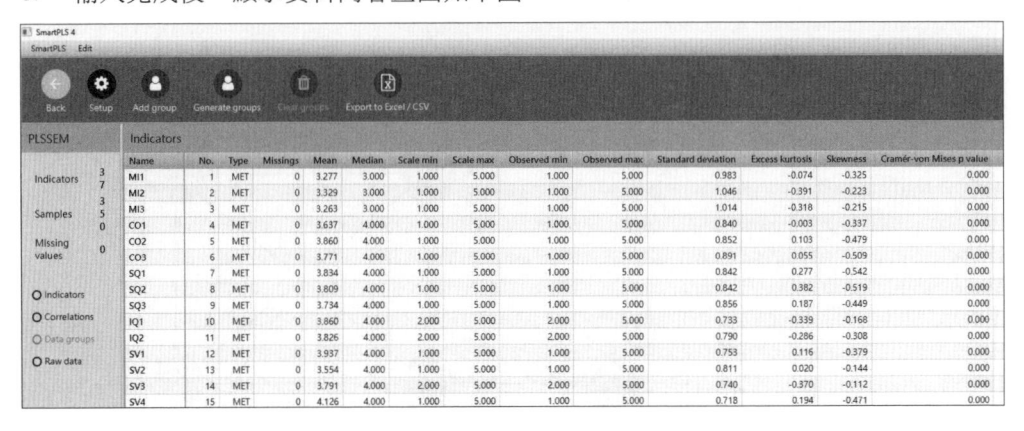

16-57

7. 點擊【Create model】創建模型。

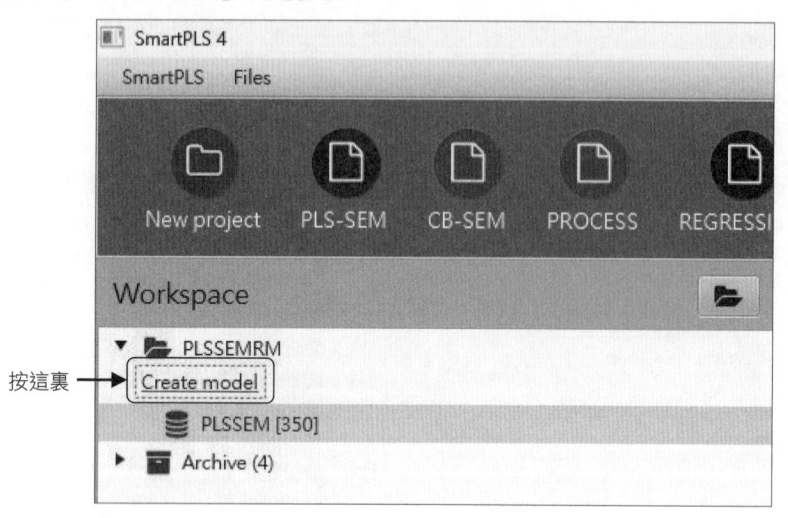

   按這裏 → Create model

8. 建立 MI、CO、SQ、IQ、US 構面，並選入題項。

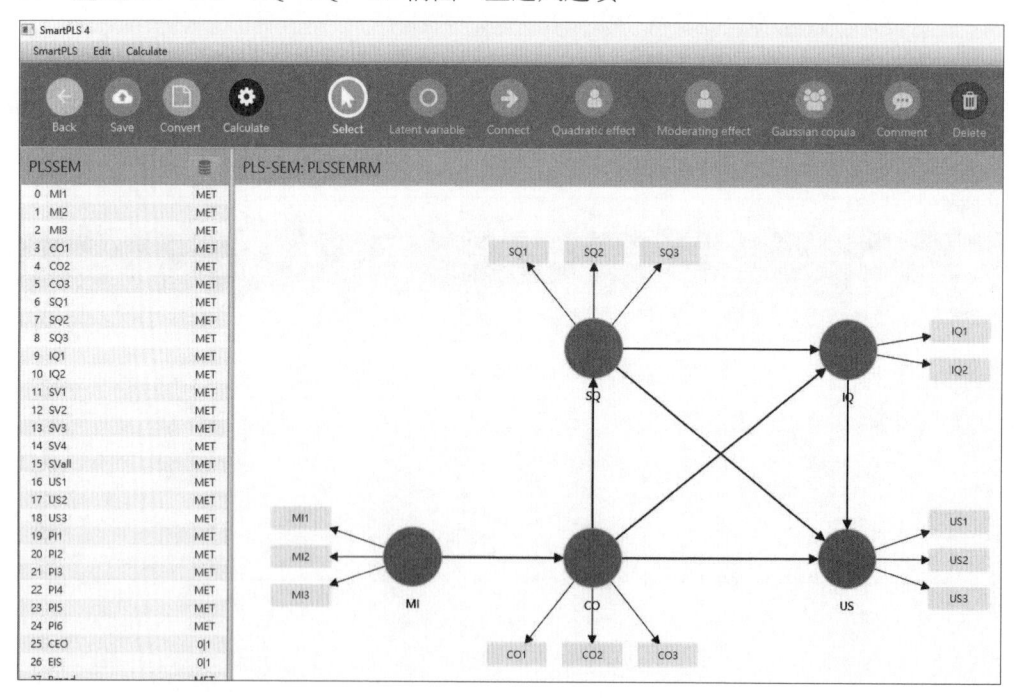

9. 點擊【Calculate】，我們需要路徑係數、解釋力 R 方，選擇【PLS-SEM algorithm】。

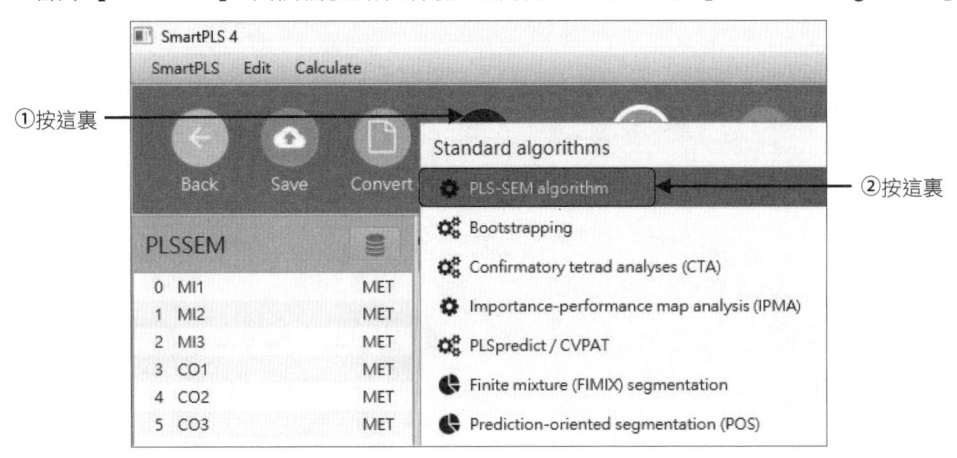

①按這裏

②按這裏

10. 勾選【Open report】，點擊【Start calculation】。

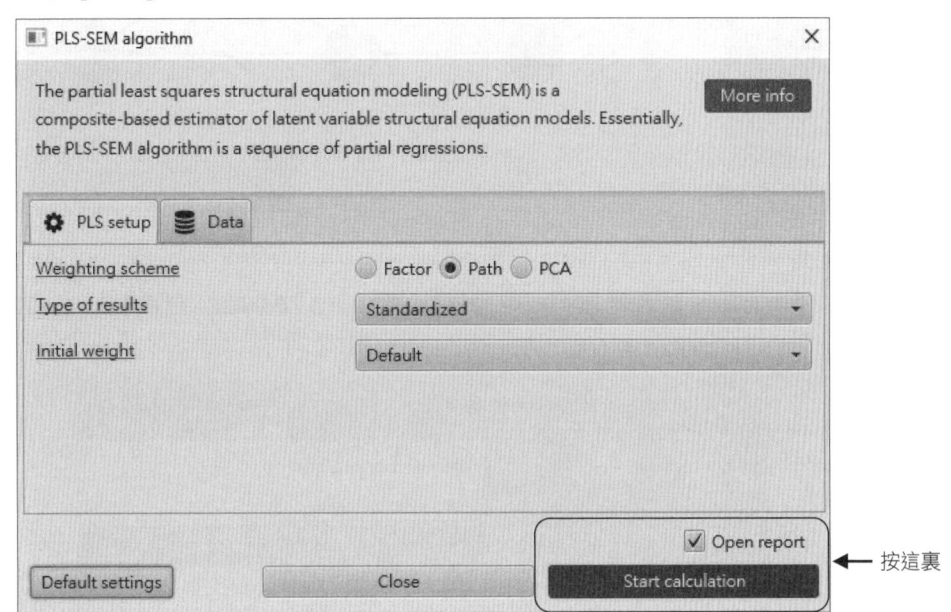

按這裏

16-59

11. 結果如下圖。

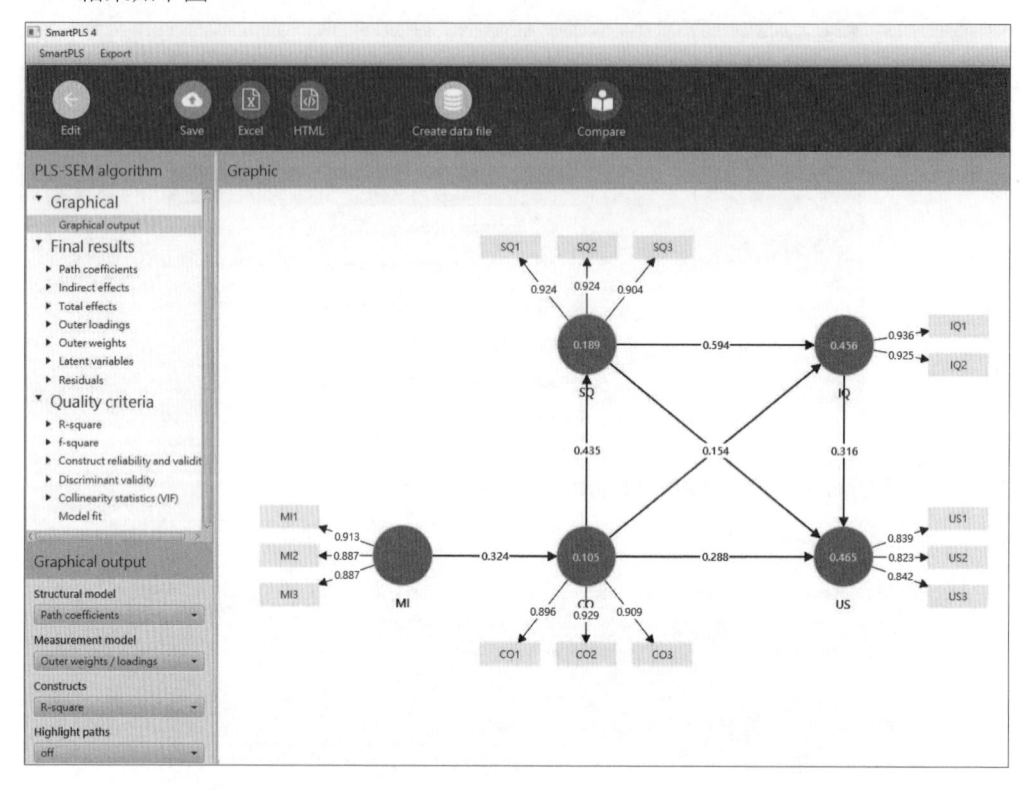

12. 點擊【Calculate】，我們需要統計檢定值，如：t 值、P value，選擇【Bootstrapping】。

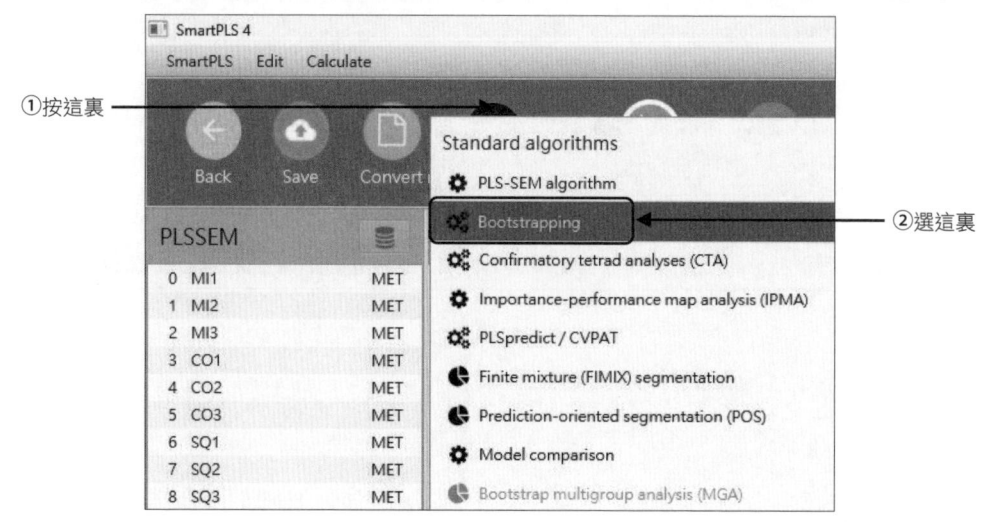

①按這裏

②選這裏

SmartPLS 統計分析軟體介紹 **16**

13. 勾選【Open report】，點擊【Start calculation】。
    (注意：最終呈現的結果，Subsamples 需設定為 10000。)

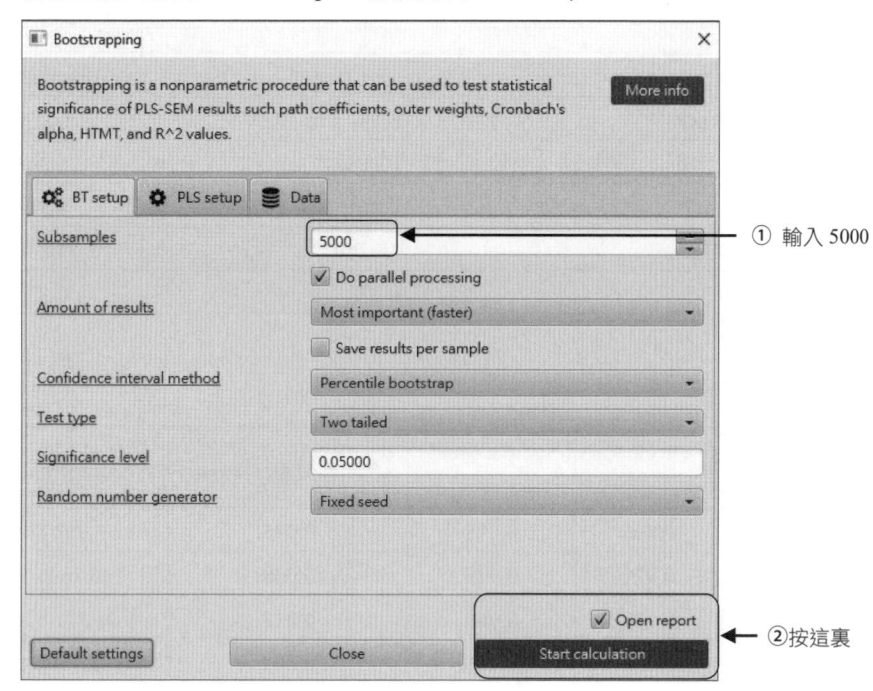

    ① 輸入 5000
    ② 按這裏

14. 計算完成後，結果如下圖。

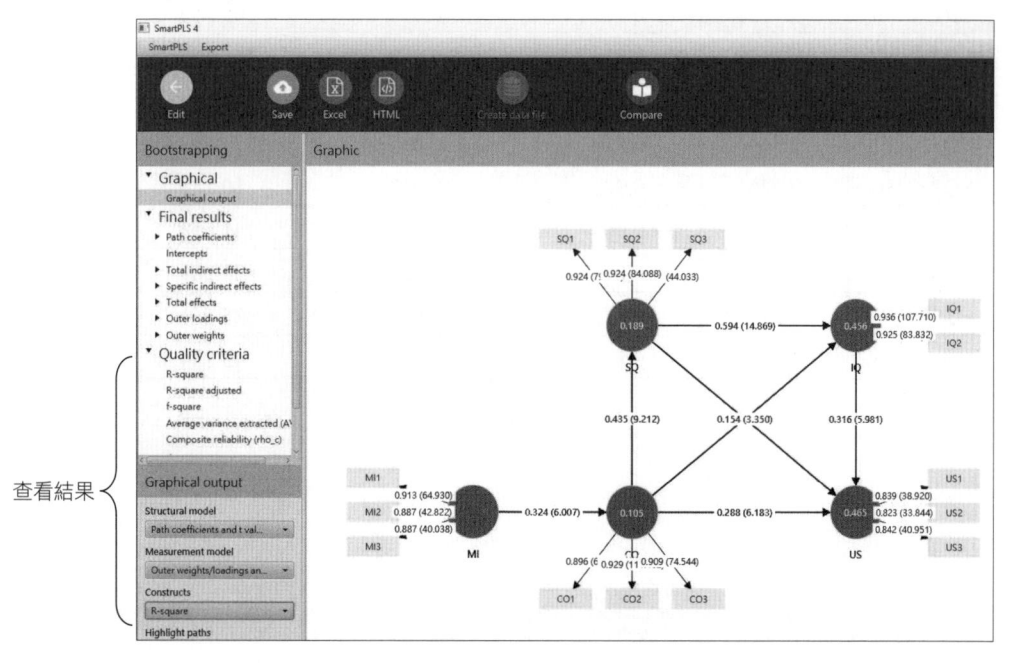

    查看結果

16-61

計算完成後，需要整理的結果如下：

Model_Fit

Fit Summary	Saturated Model	Estimated Model
SRMR	0.050	0.059
d_ULS	0.265	0.366
d_G	0.301	0.304
Chi-Square	515.269	519.501
NFI	0.834	0.833

Outer Loadings

	Original Sample (O)	Sample Mean (M)	Standard Deviation	T Statistics	P Values
CO1 <- CO	0.896	0.895	0.015	60.993	0.000
CO2 <- CO	0.929	0.929	0.008	116.133	0.000
CO3 <- CO	0.909	0.908	0.012	76.117	0.000
IQ1 <- IQ	0.936	0.936	0.009	109.930	0.000
IQ2 <- IQ	0.925	0.924	0.011	84.523	0.000
MI1 <- MI	0.913	0.913	0.014	65.250	0.000
MI2 <- MI	0.887	0.886	0.019	46.695	0.000
MI3 <- MI	0.887	0.882	0.023	38.819	0.000
SQ1 <- SQ	0.924	0.924	0.012	75.182	0.000
SQ2 <- SQ	0.924	0.923	0.012	80.188	0.000
SQ3 <- SQ	0.904	0.903	0.022	41.618	0.000
US1 <- US	0.839	0.837	0.022	38.269	0.000
US2 <- US	0.823	0.823	0.023	35.561	0.000
US3 <- US	0.842	0.841	0.019	43.344	0.000

信效度

	Cronbach's Alpha	rho_A	Composite Reliability	Average Variance Extracted (AVE)
CO	0.898	0.899	0.936	0.830
IQ	0.846	0.849	0.928	0.866
MI	0.879	0.915	0.924	0.802
SQ	0.906	0.909	0.941	0.841
US	0.782	0.782	0.873	0.696

Discriminant Validity
Fornell-Larcker Criterion

	CO	IQ	MI	SQ	US
CO	0.911				
IQ	0.413	0.931			
MI	0.324	0.218	0.896		
SQ	0.435	0.661	0.231	0.917	
US	0.519	0.587	0.240	0.564	0.835

Heterotrait-Monotrait Ratio (HTMT)

	CO	IQ	MI	SQ	US
CO					
IQ	0.474				
MI	0.355	0.252			
SQ	0.481	0.753	0.257		
US	0.619	0.718	0.285	0.669	

結構模式

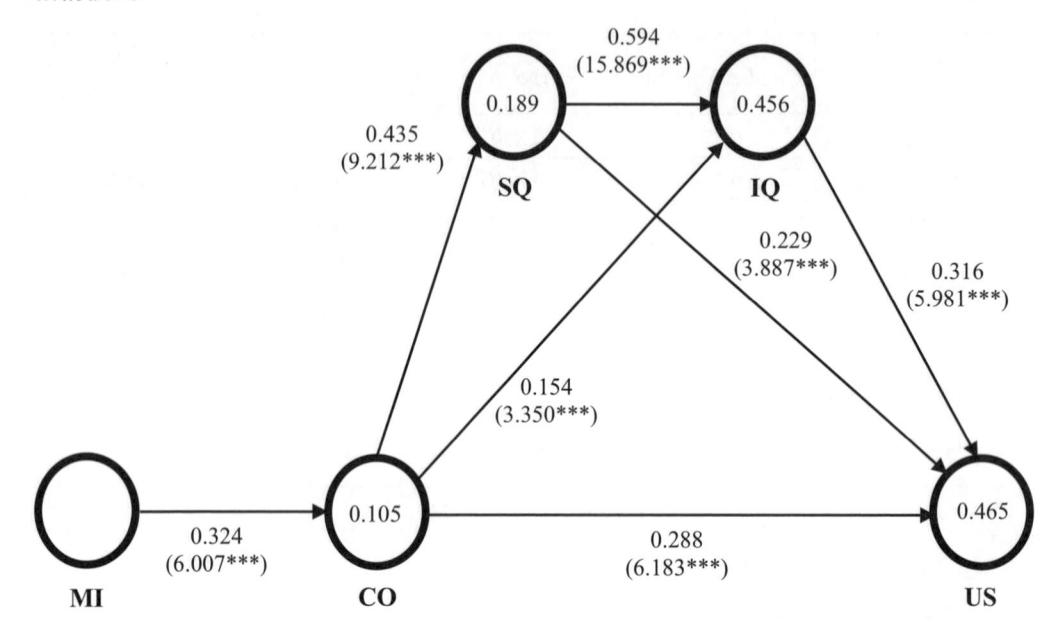

```
                        0.594
                      (15.869***)
              0.189 ─────────────→ 0.456
               SQ                    IQ
         0.435 ↗              ↗
      (9.212***)         0.229
                      (3.887***)      0.316
                                   (5.981***)
                  0.154
                (3.350***)
      ○ ──0.324──→ 0.105 ──0.288──→ 0.465
     MI  (6.007***)  CO  (6.183***)   US
```

*p<0.05 , **p<0.01 , ***p<0.001
(*t=1.96, **t=2.58 , ***t=3.29)

CO 團隊合作、MI 高階主管支援、SQ 系統品質、SV 服務品質、IQ 資訊品質、US 使用者滿意度。

由研究模型的因果關係圖可知，高階主管支持對團隊合作的解釋力為 10.5%，團隊合作對系統品質的解釋力為 18.9%，團隊合作和系統品質對資訊品質的解釋力為 45.6%，團隊合作、系統品質、資訊品質對使用者滿意度的整體解釋力為 46.5%，顯示模式解釋力良好。

SmartPLS 的 CB-SEM

CHAPTER 17

結構方程模式的的全名是 Structural Equation Modeling(SEM)是一種結合了因素分析和路徑分析的統計技術，廣泛應用於社會科學的多個領域。它在社會科學研究中之所以受歡迎，主要原因在於其靈活性和強大的分析能力，能夠同時處理多重變數之間的因果關係，並且將測量誤差納入模型中進行校正。本章介紹的是共變數形式結構方程模式（Covariance-based SEM；CB-SEM）。

17-1 SEM 共變數形式結構方程模式 (Covariance-based SEM；CB-SEM)

目前結構方程模式 Structural equation modeling (SEM) 在社會科學領域中是相當盛行的統計方法，有兩大主流技術，分別是共變數形式結構方程模式(Covariance-based SEM) 和變異形式結構方程模式(Variance-based SEM)，本章介紹共變數形式結構方程模式(Covariance-based SEM)的使用。

Covariance-based SEM：以變數的共變數結構進行分析，藉由定義一個因素結構來解釋變數的共變關係，稱為共變數形式結構方程模式(Covariance-based SEM)。共變數形式結構方程模式於 1970 年代由 Joreskog 所提出，也發展出線性結構關係(linear structural relation, LISREL)統計軟體，早期的發展與心理計量學和經濟計量學息息相關，之後再成為管理領域、教育與心理的重要分析工具。結構方程模式常用在因果模式、因果分析、同時間的方程模式、共變結構的分析、潛在變數路徑分析和驗證性的因素分析，尤其結構方程模式結合了因數分析和路徑分析兩大統計技術外，更成了多用途的多變量分析技術。多變量分析技術，大多都是處理單一關係的應變數和自變數，而 SEM 則是可以處理一組(二個或二個以上)關係的應變數和自變數，數學方程式如下：

$$Y_1 = X_{11} + X_{12} + ... + X_{1j}$$
$$Y_2 = X_{21} + X_{22} + ... + X_{2j}$$
......
$$Y_i = X_{i1} + X_{i2} + ... + X_{ij}$$

(計量)　　　(計量，非計量)

　　SEM 在研究中可以用來處理相關的(可觀察到的)變數或實驗的變數，在一般的情況下，大都使用在相關的變數，結構方程模式中的變數，一般可以分為潛在變數(Latent variables, LV)和量測變數(Measured variables, MV)或可稱為清楚變數(Manifest variables)，潛在變數是假設性的變數，通常是經由多個量測變數測量而得；量測變數是可觀察變數，也就是清楚的變數，可以做為潛在變數的指標，通常是由問卷或量表的問項獲得量測值。SEM 在相關的研究設計中，會使用切斷面的研究設計(Cross-sectional designs)和長時間的研究設計(Longitudinal designs)。切斷面的(Cross-sectional designs)研究設計，簡單的說，就是取得一次的資料，例如：我們最常使用的方式就是發一次問卷；而長時間的研究設計至少就需要取得三次的資料，例如：對於相同的受測者，依時間的不同，發出了三次的問卷，可以做長時間的研究。

17-2 SEM 的統計假設

　　結構方程模式 (SEM)會使用複雜的矩陣運算(八大矩陣)進行統計推論，我們所收集到的資料若是違反 SEM 的統計假設，則會影響 SEM 的分析結果，進而影響我們的推論結果。

　　SEM 的統計假設有 2 大項，分別是多元常態性和線性關係，我們說明如下：

- 多元常態性(Multivariate normality)
  常態分配(normal distribution)是許多的多變量統計技術的基本假設，SEM 會使用多個連續變數，這些連續變數必須同時符合常態分配，才稱為多元常態性，多元常態性的特點是，殘差必須符合常態分配外，也必須符合獨立性(相互獨立)，檢驗多元常態性可以使用散佈圖，偏態(skewness)和峰度(skewness)。

- 線性關係
  線性關係也是許多的多變量統計技術的基本假設，我們收集資料的變數和另一個變數的關係呈現一直線，稱為線性關係，若是自變數間的相關過高會形成多元共線性(multicollinearnality)的問題，使用 SEM 分析時，構面量表的項目相關過高時，也會導致模式估計失敗(無解)，透過容忍值或變異數膨脹因素(VIF)的檢驗，當 VIF≧10 時，表示有多元共線性的問題，應該對變數們進行處理(刪除或加總)，以避免多元共線性問題而導致 SEM 模式估計失敗。

17-3 模式的界定、設計和分析

模式的界定(Specification)、設計(design)和分析(analysis issues)，結構方程模式是需要以理論為基礎發展而成，整個模式的建構是精簡(簡節)為原則。

- 潛在變數和量測變數
- 樣本大小
- 策略
- 相關矩陣(Correlation Matrix)和共變矩陣(Covariance Matrix)
- 結果的解釋

■ 潛在變數和量測變數：單一一個量測變數，無法適度的代表潛在變數，這是因為會產生信度和效度的問題。一般建議每一個構面至少有 3 個量測變數。

■ 樣本大小：如同在其他的多變量統計技術，樣本大小會影響整個估計的正確與否，在 SEM 的處理上，樣本大小並沒有唯一的標準，在一般的建議上，每多一個參數的估計，至少需要有 5 個受測者，最好能夠超過 10 個受測者，若是遇到樣本的分配並非常態，則每多一個參數最好能夠增加到 15 個受測者，以避免取樣的誤差而影響整個模式的適切度。若是使用最大概似法(Maximum likelihood estimation; MLE)來進行估計，樣本數介於 100 到 150 就可以了，當樣本數超過 400 或 500 時，反而會影響整個模式的適切度，所以樣本數最好在 200 左右。

■ 策略：
  - 若是採取嚴格的處理，只要模式不對，就不支持。
  - 若是由資料來引導模式的產生，則無法解釋整個模式的情況會較容易發生。
  - 若是有多個模式可以選擇，則提供競爭模式以確認哪一個模式比較好(比較正確)。

■ 相關矩陣(Correlation Matrix)和共變矩陣(Covariance Matrix)：在 SEM 中傳統的估計方式，是基於統計上分配的理論，這是適用於共變異矩陣，並非適用於相關矩陣，使用相關矩陣計算得到的標準差參數，也會是不正確的，因此，一般建議，盡可能使用共變矩陣。

- 結果的解釋：我們的研究模型是基於理論或實務觀察而得的真實模式，透過 SEM 技術計算而得的結果，我們就可以進行相關結果的解釋，但研究人員必須特別注意到 SEM 提供的適切度指標質，並無法保證我們所提議的效果得到充分的支持，這是因為我們還必須考慮，內伸變數(endogenous variable)的殘差，請參考「標準化假設模型整體殘差(Standardized root mean square residual; SRMR)」和「比較理論模式和飽和模式的差距(Root mean square error of approximation; RMSEA)」指標值。

17-4 結構方程模式(SEM)的符號

　　線性結構關係模式(Linear Structure Relation, LISREL)是最早的一套結構方程模式分析軟體，由兩位瑞典學者 Karl E. Jöreskog 和 Dog Sörbom 在七十年代初期所發展，用以進行複雜的共變結構分析。由於 LISREL 可克服迴歸分析之限制條件，固其理論模式更具彈性。利用因果模式所產生之相關係數矩陣與調查資料之相關係數矩陣之差異比較，來衡量其因果模式之適合程度(Jöreskog & Sörbom, 1993)，是社會科學理論與人類行為研究之重要工具。

　　LISREL 軟體表示結構方程模式(SEM)的符號有許多希臘字母，如下圖：

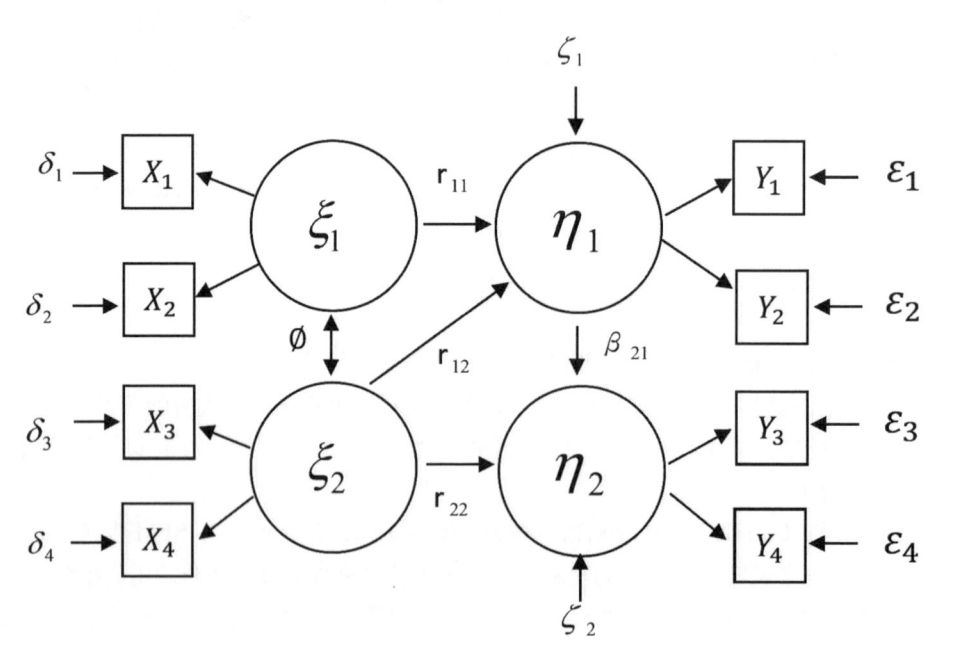

我們整理 LISREL 軟體表示結構方程模式(SEM)符號的解釋如下：

- x -量測的自變數
- y -量測的依變數
- ξ (ksi) - 被 x 變數所解釋的潛在外生構面
- η (eta) - 被 y 變數所解釋的潛在內生構面
- δ (delta) - x 變數的誤差項
- ε (epislon) - y 變數的誤差項
- λ (lambda) - 量測的變數們和所有潛在構面們的相關，有 λx 和 λy
- γ (gamma) - 潛在外生構面 sξ(exogenous)和潛在內生構面 η(endogenous)的相關
- φ (phi) - 潛在外生構面們 ξ 的相關
- β (beta) - 潛在內生構面們 η 的相關

符號	說明
◯	潛在構面（ξ 或 η）
▭	量測的變數（x 或 y）
▭ ← ◯	從潛在構面到量測變數的迴歸路徑
ξ ◯ → ◯ η	外生構面 ξ (因)指向內生構面 η (果)
ξ ◯ ⌒ ◯ ξ	兩個潛在外生構面 ξ 有關聯
◯ ⇄ ◯	潛在構面們互為因果
δ → ▭	量測的誤差項指向外生構面的變數 x
▭ ← ε	量測的誤差項指向內生構面的變數 y

17-5 結構方程模式(SEM)的模式

　　LISREL 的理論架構是由四項變數之間的關係，所發展出兩部分的模式所構成，亦即結構方程式模式(Structural Equation Model)與測量模式(Measurement Model)。結構方程式模式主要是對潛在自變數與潛在應變數間提出一個假設性的因果關係式，其結構方程式如下：

$$\eta = \gamma\xi + \beta\eta + \zeta$$

　　由於潛在變數是無法直接測量，必須藉由觀察變數間接推測得知，而測量模式主要辨識用來說明潛在變數與觀察變數之間的關係，其分為兩個方程式來描述，一個方程式說明潛在應變數與觀察應變數之間的關係，另一個方程式則是說明潛在自變數與觀察自變數之間的關係。

　　對應變數而言，其測量方程式如下：

$$Y = \Lambda y\eta + \varepsilon$$

　　對自變數而言，其測量方程式如下：

$$X = \Lambda x\xi + \delta$$

結構方程模式中的結構模式在廣泛的定義如下：

- 是一個假設的模式，在一組潛在變數和量測變數中，包含了直接的(因果的)和非直接線性的(相關的)關係。
- 包含了量測模式(Measurement models)和結構模式(Structural model)。

量測模式(Measurement models)檢視了潛在變數和量測變數之間的關係。

結構模式(Structural model)檢視了直接的影響，也就因果的關係。

　　SEM 完整模式(Full model) = 量測模式(measurement model)+結構模式(structure model)

SmartPLS 的 CB-SEM

量測模式I   量測模式II

結構模式

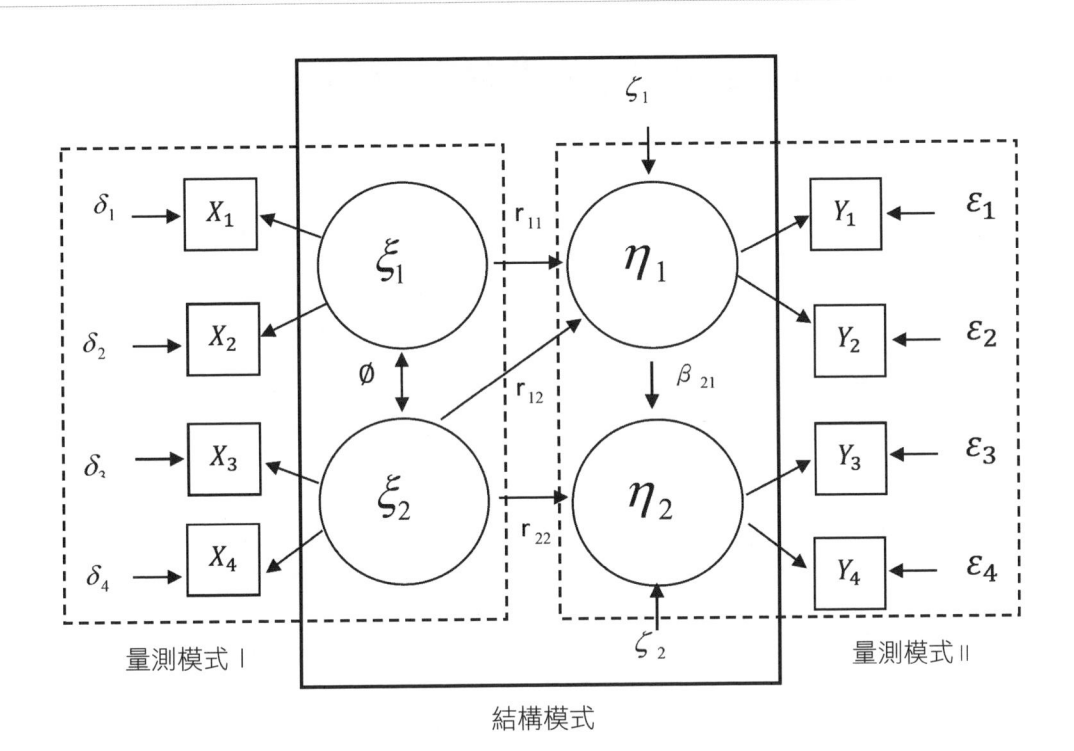

    量測模式(包含I和II)是在探討實際量測變數和潛在構面的關係，例如：X_1 和 ξ_1，和 Y_1 和 ε_1，而結構模式則是在探討潛在構面和潛在構面之間的關係，例如：ξ_1 和 η_1，η_1 和 η_2。

    在上圖中，量測變數 X_1、X_2、X_3 和 X_4 都有自己的誤差項 δ，X_1 和 X_2 受到潛在構面 ξ_1 的影響，X_3 和 X_4 受到潛在構面 ξ_2 的影響，X_1、X_2、X_3、X_4、ξ_1 和 ξ_2 共同成了量測模式I。

    量測變數 Y_1、Y_2、Y_3 和 Y_4 都有自己的誤差項 ε，Y_1 和 Y_2 受到潛在構面 η_1 的影響，Y_3 和 Y_4 受到潛在構面 η_2 的影響，Y_1、Y_2、Y_3、Y_4、η_1 和 η_2 共同成了量測模式II。

    潛在構面和潛在構面之間，形成了因果的關係，以箭頭方向來顯示因果的關係，η_1 受到 ξ_1 和 ξ_2 的影響，ξ_1 和 ξ_2 不能解釋 η_1 的，就是干擾部份 ζ_1，η_2 受到 ξ_2 和 η_1 的影響，ξ_2 和 η_1 不能解決 η_2，就是干擾部份 ζ_2，ξ_1、ξ_2、η_1、ζ_1、η_2 和 ζ_2 共同形成了結構模式。

17-7

17-6 Model(模式)的參數估計與辨識

在進行 SEM 結束方程模式運算之前,我們建議最好先對要研究的模式(Model)進行參數的估計與辨識,若是研究模式是剛好辨識(just identified)或過度變識(over identified)則會有一組或多組的解,若是研究模式是無法辨識 (unidentified),則無法提供參數估計,也就是無解,SEM 軟弱無法計算結果。

我們以下圖為例,說明參數的估計與辨識。

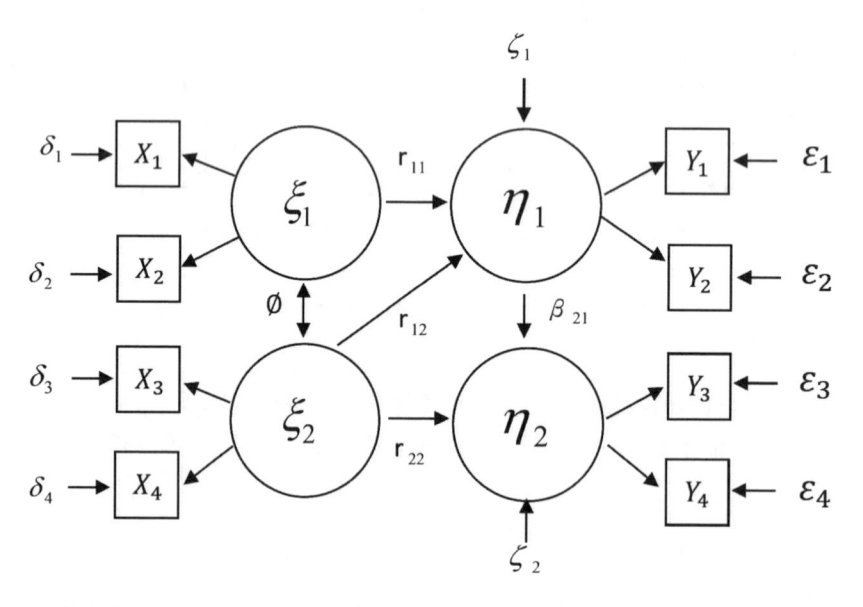

SEM 的運算主要是透過幾個矩陣計算而得到,參數的估計也就是在估算這八大矩陣中會用的參數,以上圖為例,我們一共會用到的矩陣有

$$\lambda_x : \begin{bmatrix} \lambda_{11} & 0 \\ \lambda_{21} & 0 \\ 0 & \lambda_{32} \\ 0 & \lambda_{42} \end{bmatrix}$$

$$\lambda_y : \begin{bmatrix} \lambda_{11} & 0 \\ \lambda_{21} & 0 \\ 0 & \lambda_{32} \\ 0 & \lambda_{42} \end{bmatrix}$$

$$\Gamma : \begin{bmatrix} \gamma_{11} & \gamma_{12} \\ 0 & \gamma_{22} \end{bmatrix}$$

$$\beta : \begin{bmatrix} 0 & 0 \\ \beta_{21} & 0 \end{bmatrix}$$

$$\phi : \begin{bmatrix} \phi_{11} & 0 \\ 0 & \phi_{22} \end{bmatrix}$$

$$\varphi : \begin{bmatrix} \varphi_{11} & 0 \\ 0 & \varphi_{22} \end{bmatrix}$$

$$\theta_\delta : \begin{bmatrix} \delta_{11} & 0 & 0 & 0 \\ 0 & \delta_{22} & 0 & 0 \\ 0 & 0 & \delta_{33} & 0 \\ 0 & 0 & 0 & \delta_{44} \end{bmatrix}$$

$$\theta_\varepsilon : \begin{bmatrix} \delta_{11} & 0 & 0 & 0 \\ 0 & \delta_{22} & 0 & 0 \\ 0 & 0 & \delta_{33} & 0 \\ 0 & 0 & 0 & \delta_{44} \end{bmatrix}$$

✪ 需要估計的參數

λ_x 有 $\lambda_{11} \lambda_{22} \lambda_{32} \lambda_{42}$ 共 4 個

λ_Y 有 $\lambda_{11} \lambda_{22} \lambda_{32} \lambda_{42}$ 共 4 個

Γ 有 $\gamma_{11} \gamma_{12} \gamma_{22}$ 共 3 個

β 有 β_{21} 共 1 個

ϕ 有 $\phi_{11} \phi_{22}$ 共 2 個

φ 有 $\varphi_{11} \varphi_{22}$ 共 2 個

θ_δ 有 $\delta_{11} \delta_{22} \delta_{33} \delta_{44}$ 共 4 個

θ_ε 有 $\varepsilon_{11} \varepsilon_{22} \varepsilon_{33} \varepsilon_{44}$ 共 4 個

總共需要估計的系數有 4 + 4 + 3 + 1 + 2 + 2 + 4 + 4 = 24

✪ 衡量辨識性

模式是否可以被辨識(估計)，常用的是 Bollen (1989)提出的 t - rule 準則：

$$t \leq s$$

t：是需被估計的參數

s：量測變數所形成的共數數

$$s = \frac{1}{2}(p+q)(p+q+1)$$

p：是 x 變數個數

q：是 y 變數個數

在我們的範例中，x 有 4 個變數，y 有 4 個變數：

$$s = \frac{1}{2}(4+4)(4+4+1) = 36$$

$$t = 24$$

符合 t ≤ s 為可辨識的模式。

Bollen (1989)提出的 t - rule 準則，說明如下：

- 當 t = s 時，為剛好辨識(just identified)，有惟一的解。
- 當 t < s 時，為過度辨識(overidentified)，有多組的解。
- 當 t > s 時，為無法辨識(unidentified)，無解。

研究人員遇到研究模式呈現 t > s 時，則需要根據理論或實務經驗將部份參數固定，達到 t ≤ s 為止。

17-7 SEM 的整體適配度

我們由理論或實務所建立的研究模式與收集問卷而得到的資料愈符合，就表示我們的研究模式有良好的整體適配度。從過去的文獻中發現，適配度的指標值一直有爭議，不同的研究面向會有不同的見解，指標值的大小、範圍會依研究議題的不同，而有些不同，因此，多數的學者目前都採用多元指標來判定結構方程模式的整體適配度，當研究人員的研究模式。

由 LISREL 軟體提供 SEM 適配度(Goodness-of-Fit)指標如下：

- Degrees of Freedom = 158
- Minimum Fit Function Chi-Square = 320.12 (P = 0.00)
- Normal Theory Weighted Least Squares Chi-Square = 311.30 (P = 0.00)
- Estimated Non-centrality Parameter (NCP) = 153.30
- 90 Percent Confidence Interval for NCP = (107.02 ; 207.39)
- Minimum Fit Function Value = 1.19
- Population Discrepancy Function Value (F0) = 0.57
- 90 Percent Confidence Interval for F0 = (0.40 ; 0.77)
- Root Mean Square Error of Approximation (RMSEA) = 0.060
- 90 Percent Confidence Interval for RMSEA = (0.050 ; 0.070)
- P-Value for Test of Close Fit (RMSEA < 0.05) = 0.047
- Expected Cross-Validation Index (ECVI) = 1.54
- 90 Percent Confidence Interval for ECVI = (1.37 ; 1.74)
- ECVI for Saturated Model = 1.56
- ECVI for Independence Model = 17.97
- Chi-Square for Independence Model with 190 Degrees of Freedom = 4795.10
- Independence AIC = 4835.10
- Model AIC = 415.30
- Saturated AIC = 420.00
- Independence CAIC = 4927.07
- Model CAIC = 654.42
- Saturated CAIC = 1385.67
- Normed Fit Index (NFI) = 0.93
- Non-Normed Fit Index (NNFI) = 0.96
- Parsimony Normed Fit Index (PNFI) = 0.78
- Comparative Fit Index (CFI) = 0.96
- Incremental Fit Index (IFI) = 0.97
- Relative Fit Index (RFI) = 0.92
- Critical N (CN) = 170.97
- Root Mean Square Residual (RMR) = 0.042
- Standardized RMR = 0.039
- Goodness of Fit Index (GFI) = 0.90

- Adjusted Goodness of Fit Index (AGFI) = 0.86
- Parsimony Goodness of Fit Index (PGFI) = 0.67

適配度(Goodness-of-Fit)的指標值是作者的研究模式結果，在這裡用來解釋用的。

Hair et al.(1998)將由 LISREL 軟體提供 SEM 適配度(Goodness-of-Fit)指標值分成三類進行討論，分別是絕對的適配度(Absolute Fit Measures)，增加的適配度(Incremental Fit Measures)和簡約的適配度(Parsimonious Fit Measures)，我們整理如下：

■ 絕對的適配度(Absolute Fit Measures) - 用來評估整體的適配情形，但未考慮可能發生的過度適配問題
   - Minimum Fit Function Chi-Square = 320.12 (P = 0.00)
   - Degrees of Freedom = 158
   - Estimated Non-centrality Parameter (NCP) = 153.30
   - Goodness of Fit Index (GFI) = 0.90
   - Root Mean Square Residual (RMR) = 0.042
   - Standardized RMR = 0.039
   - Root Mean Square Error of Approximation (RMSEA) = 0.060
   - P-Value for Test of Close Fit (RMSEA < 0.05) = 0.047
   - Expected Cross-Validation Index (ECVI) = 1.54
   - 90 Percent Confidence Interval for ECVI = (1.37; 1.74)
   - ECVI for Saturated Model = 1.56
   - ECVI for Independence Model = 17.97

■ 增加的適配度(Incremental Fit Measures) - 用來比較 Proposed model (建議模式)和研究人員的研究模式的指標
   - Chi-Square for Independence Model with 190 Degrees of Freedom = 4795.10
   - Adjusted Goodness of Fit Index (AGFI) = 0.86
   - Normed Fit Index (NFI) = 0.93
   - Non-Normed Fit Index (NNFI) = 0.96

■ 簡約的適配度(Parsimonious Fit Measures) - 提供不同估計係數下，適配度指標的值
   - Parsimony Normed Fit Index (PNFI) = 0.78
   - Parsimony Goodness of Fit Index (PGFI) = 0.67
   - Independence AIC = 4835.10
   - Model AIC = 415.30

- Saturated AIC = 420.00
- Comparative Fit Index (CFI) = 0.96
- Incremental Fit Index (IFI) = 0.97
- Relative Fit Index (RFI) = 0.92
- Critical N (CN) = 170.97

我們整理 SEM 的適配度(Goodness-of-Fit)指標值，建議的指標值和解釋如下：

指標值(Fit index)	建議的指標值	解釋
Chi-square/d.f.	≦3.0	調整的卡方值，較不受樣本數大小的影響。
GFI	≧0.9	研究者的模式可以解釋觀察資料共變數的程度，用來說明模式的解釋力。
AGFI	≧0.8	GFI 受樣本數影響很大，AGFI 可以調整 GFI 的大小，用來避免受樣本數大小影響。
CFI	≧0.9	比較適配指標，屬於非中心性分配，小樣本也適用，用來說明研究者的模式較虛無模型的改善程度。
NNFI	≧0.9	非規範適配指標，對規範適配指標(NFI)作自由度調整，用來避免受樣本數大小影響。
SRMSR	≦0.1	標準化的均方根殘差，是平均殘差共變標準化的總和，用來標準化研究者模式的整體殘差，以瞭解殘差特性。
RMSEA	≦0.08	近似誤差均方根，比卡方較不受樣本數大小影響，研究者的模式與飽和模式的差距，越小越好。

我們整理重要的適配度(Goodness-of-Fit)指標值和學者的建議：

✪ 卡方檢驗-卡方值

卡方值是所有整體適配最原始的統計值，其公式如下：$x^2 = (n-1) * F$，F 為收集到樣本的共變數矩陣和理論模式共變數矩陣差異的最小值，也就是 Minimum Fit function value，F 的估計有 3 種，分別是最大概似法 ML，一般最小平方法 GLS 和未加權平方法 ULS。

- 最大概似法 M 卡方值 $x^2 = (n-1) F_{ML}$
- 一般最小平方法 GLS 卡方值 $x^2 = (n-1) F_{GLS}$
- 未加權平方法 ULS 卡方值 $x^2 = (n-1) F_{ULS}$

$$F_{ML} = tr(S\Sigma^{-1}) + log|\Sigma| - log|S| - (p+q)$$

tr：跡，矩陣對角線之和
S：樣本共變異矩陣
Σ：估計母體共變異矩陣
-1：反矩陣或倒置矩陣
log：取對數
p + q：測量變項的數目

$$F_{GLS} = \frac{1}{2} tr\{[S-\Sigma]S^{-1}\}^2$$

tr：跡，矩陣對角線之和
S：樣本共變異矩陣
Σ：估計母體共變異矩陣

$$F_{ULS} = \frac{1}{2} tr[(S-\Sigma)^2]$$

tr：跡，矩陣對角線之和
S：樣本共變異矩陣
Σ：估計母體共變異矩陣

選用大概似法的卡方值 $x^2 = (n-1)F_{ML}$

$$x^2 = (n-1)tr(S\Sigma^{-1}) + log|\Sigma| - log|S| - (p+q)$$

選用一般平方法的卡方值 $x^2 = (n-1)F_{GLS}$

$$x^2 = (n-1)\frac{1}{2}tr\{[S-\Sigma]S^{-1}\}^2$$

選用未加權的卡方值 $x^2 = (n-1)F_{ULS}$

$$x^2 = (n-1)\frac{1}{2}tr[(S-\Sigma)^2]$$

當模式配適情形十分良好且契合時，卡方值(Chi-square)會與其自由度相近，當模式配適不恰當時，卡方值便會逐漸的變大。但由於卡方值對於大樣本與觀察值偏離常態分配相當敏感，因此當樣本數多且資料偏離常態分配嚴重時，卡方值自然會變大，此時應再參考其他的衡量指標。因此學者建議可以將卡方值除以自由度，當 $X^2/df < 5$ (Kettinger & Lee 1994) 時，表示模式之配適度為可以接受的範圍。

✪ 適合度指標

GFI (Goodness-of-fit Index)與卡方值不同的地方在於 GFI 與樣本數大小無關，且其對於偏離常態分配具有相當的穩定性，意義為假設模型可以解釋觀察資料的比例。GFI 數值的範圍介於 0 與 1 之間，當 GFI 愈接近 1 時，表示模式適合度愈佳，亦即被該特定模式所能解釋的變異和共變異的相對數額也愈大；反之，GFI 愈接近 0 時，即表示模式適合度愈低，一般而言 GFI 的建議值為 0.9 以上(Scott 1994)。

✪ 調整後適合度指標(Adjusted Goodness-of-fit Index, AGFI)

AGFI 與 GFI 的性質相同，AGFI 是考慮模式複雜度後，將適合度指標 GFI 以自由度調整，使不同自由度的模式能以相同的基礎進行比較，當 AGFI 愈接近 1 時，表示模式適合度愈佳，反之則表示適合度愈低；一般 AGFI 之建議值為 0.8 以上(Scott 1994)。

✪ 殘差平方根(Root Mean Square Residual, RMR)

RMR 是模式推估後所剩下的殘差，其值大於 0，當其值愈小時，表示模式的適合度愈佳。若分析矩陣類型是選擇相關矩陣，則 RMR 值必須低於 0.05，而若是以變異數共變數矩陣作為分析矩陣，則 RMR 值的意義較難判定。學者多採標準化的 SRMR 指數來評估模型的優劣，當 SRMR 低於 0.1 時(Hu and Bentler, 1999)，表示模式契合度佳。

✪ 其他指標及判定標準

模式適合度其他指標之評估與學者的建議

適合度指標	性質	理想數值	學者建議	適合度指標
RMSEA (root mean square error of approximation)	比較理論模式與飽和模式的差距，RMR 的估計量	<0.08	Browne & Cudek (1993) Jarvenpaa et al. (2000)	RMSEA (root mean square error of approximation)

適合度指標	性質	理想數值	學者建議	適合度指標
NFI (normed fit index)	模式基準合適尺度，比較假設模型與獨立模型的卡方差異	>0.9	Bentler & Bonett (1980)	NFI (normed fit index)
IFI (incremental fit index)	模式擴大合適尺度	>0.9	Bentler & Bonett (1980)	IFI (incremental fit index)
CFI (expect for a constant scale factor)	模式比較合適尺度，假設模型與獨立模型的非中央性差異	>0.9	Bentler & Bonett (1980)	CFI (expect for a constant scale factor)

17-8 結構方程模型的應用

結構方程模型常應用在各個社會科學領域，例如：

1. 心理學

   心理學是 SEM 應用最廣泛的領域之一，主要集中於以下方面：心理量表的開發與驗證：SEM 可用於檢驗心理量表的結構效度，例如人格特質、情緒狀態的測量。心理機制的因果分析：例如，研究自尊對學業成就的影響，可能需要考慮學習動機的中介作用。模型比較與跨文化研究：SEM 能檢驗模型在不同文化群體中的一致性。

2. 教育學

   在教育學中，SEM 的應用體現在以下幾方面：學生學業成就的影響因素：研究者可以構建模型，分析家庭背景、學校資源與個人努力對學業成就的直接和間接影響。教育干預效果的評估：SEM 能量化教育干預措施對學生成績或心理健康的影響，提供實證依據。教師效能的影響因素：例如，探討教師的教學風格、專業發展與學生學業表現的關係。

3. 資訊管理

   結構方程模型在資管領域的應用體現在以下幾方面：橫跨技術接受、資訊系統成功、組織績效、知識管理、數位轉型等多個方向。SEM 提供了一種強大的工具，能夠有效地檢驗複雜的因果關係，並為理論構建和實證研究提供有力支持。隨著技術的進步和研究的深化，SEM 在資管領域的應用將繼續擴展，助力企業與學術界解決更複雜的資訊管理問題。

4. 社會學

   社會學研究中，SEM 被廣泛應用於探討社會結構與個體行為之間的交互作用：社會資本與經濟行為：研究社會資本對個體職業成功或社會流動性的影響。社會價值觀的傳遞：分析家庭、教育與媒體在價值觀形塑中的作用。健康與社會支持：探討社會支持網絡對健康行為或心理幸福感的影響。

5. 經濟學與商業研究

   在經濟學和商業領域，SEM 主要應用於：消費者行為研究：分析品牌忠誠度的形成機制，如服務品質、顧客滿意度和情感連結的關係。市場行為模型的驗證：例如，檢驗市場需求對產品價格和廣告投入的響應。組織行為研究：探討員工滿意度、工作壓力與組織績效的相互關係。

6. 公共政策與政治學

   在政策分析和政治學中，SEM 常用於：政策效果評估：研究經濟政策對就業率或收入分配的直接和間接影響。選民行為分析：探討選民的政治信任、媒體使用與投票行為之間的關係。社會公平感的研究：檢驗不同政策對社會公平感的影響機制。

7. 健康科學與醫學社會學

   健康科學領域的 SEM 應用包括：健康行為模型：研究心理壓力、社會支持與健康結果之間的因果關係。疾病預防與健康促進：評估健康教育或干預措施的效果。心理健康的結構模型：分析抑鬱、焦慮等心理疾病的潛在成因。

8. 文化與跨文化研究

   SEM 在文化研究中具有獨特的應用價值：文化價值觀與行為：比較不同文化背景下，價值觀對行為模式的影響。跨文化一致性檢驗：使用多群組 SEM 檢驗不同文化樣本的模型適配性。

在期刊發表部分，SEM 結構方程模式發展至今，早已應用到各種領域的研究，例如經濟（Rao 和 Holt 2005）、行銷研究（Chin et al. 2008）、資訊管理（Shiau and Huang 2023; Shiau et al., 2023）、心理學（Karimi and Meyer 2014）、生物學（Pugesek et al. 2003）、遺傳學（Liu et al . 2008），甚至在醫學科學（Stephenson et al. 2006）和犯罪學（Gau 2010）中。結構方程模型因其靈活性、準確性和直觀的表達方式，已成為社會科學研究中的重要工具。其在心理學、教育學、社會學、經濟學、健康科學和文化研究等多個領域的廣泛應用，不僅推動了理論的發展，還促進了實證研究與實務應用的結合。隨著數據分析技術的進一步發展，SEM 的應用範圍和影響力預計將持續擴大，為社會科學研究提供更多元化的分析工具和方法。

參考文獻：

- Chin, W. W., Peterson, R. A., and Brown, S. P. (2008). "Structural equation modeling in marketing: some practical reminders," *J. Mark. Theory Pract* (16), pp. 287–298.
- Gau, J. M. (2010). "Basic principles and practices of structural equation modeling in criminal justice and criminology research," *J. Crim. Justice Educ.* (21), pp. 136–151.
- Karimi, L., and Meyer, D. (2014). "Structural equation modeling in psychology: the history, development and current challenges," *Int. J. Psychol. Stud.* (6), pp. 123–133.
- Liu, B., De la Fuente, A., and Hoeschele, I. (2008). "Gene network inference via structural equation modeling in genetical genomics experiments," *Genetics* (178), pp. 1763-1776.
- Pugesek, B. H., Tomek, A., and Von Eye, T. (2003). *Structural Equation Modeling—Applications in Ecological and Evolutionary Biology*. Cambridge University Press, Cambridge.
- Rao, P., and Holt, D. (2005). "Do green supply chains lead to competitiveness and economic performance," *Manag. Sci. Oper.* (25), pp. 898-916.
- Shiau, W. L., and Huang, L. C. (2023). "Scale development for analyzing the fit of real and virtual world integration: An example of Pokémon Go," *Information Technology & People* (36:2), pp. 500-531.
- Shiau, W. L., Wang, X. and Zheng, F.(2023). "What are the trend and core knowledge of information security? A citation and co-citation analysis," *Information & Management* (60:3), 103774.
- Stephenson, M. T., Holbert, R. L., and Zimmerman, R. S. (2006). "On the use of structural equation modeling in health communication research," *Health Commun* (20), pp. 159–167.

17-9 SmartPLS 的 CB-SEM 實作

　　CB-SEM 使用統計模型來估計和測試因變數和自變數之間以及其間隱藏結構之間的相關性。SmartPLS 使用最大概似 (ML) 方法建立圖形模型和 CB-SEM 模型估計。允許測試模型假設是否與給定變數一致。這方面將 CB-SEM 定位為具有驗證性特徵的結構方程模式。我們的研究模式是「高階主管支持」與強化 ERP 專案團隊的「團隊合作」有正向關係,「團隊合作」對「系統品質」和「服務品質」有正向之直接影響,「系統品質」和「服務品質」對「使用者滿意度」有正向之直接影響,研究的模式如下圖:

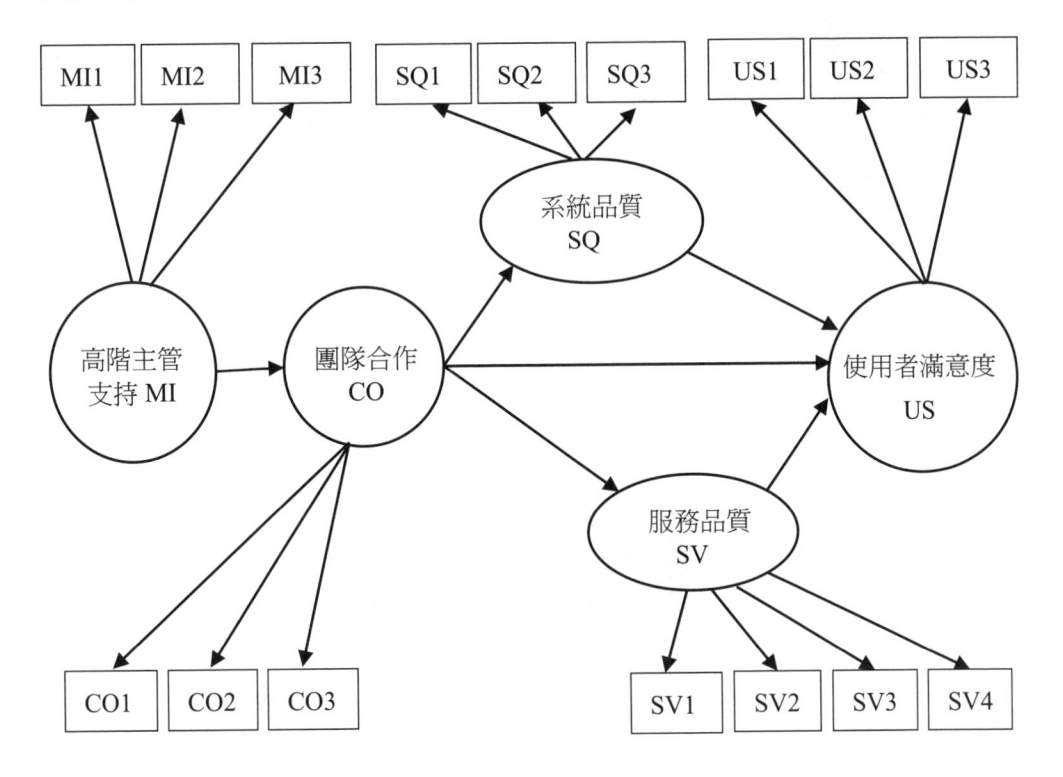

高階主管支持 MI、團隊合作 CO、系統品質 SQ、服務品質 SV、使用者滿意度 US。

請先將範例檔 Ch17\SEM 複製到 C: \SEM，我們使用 SmartPLS 的 CB-SEM 的實務操作步驟如下：

✪ 量測模式(Measurement model)

1. 在專案點擊【New project】創建新的 CB-SEM 模型，輸入名稱(以 CB-SEM 為例)，輸入完成點擊【Create】。

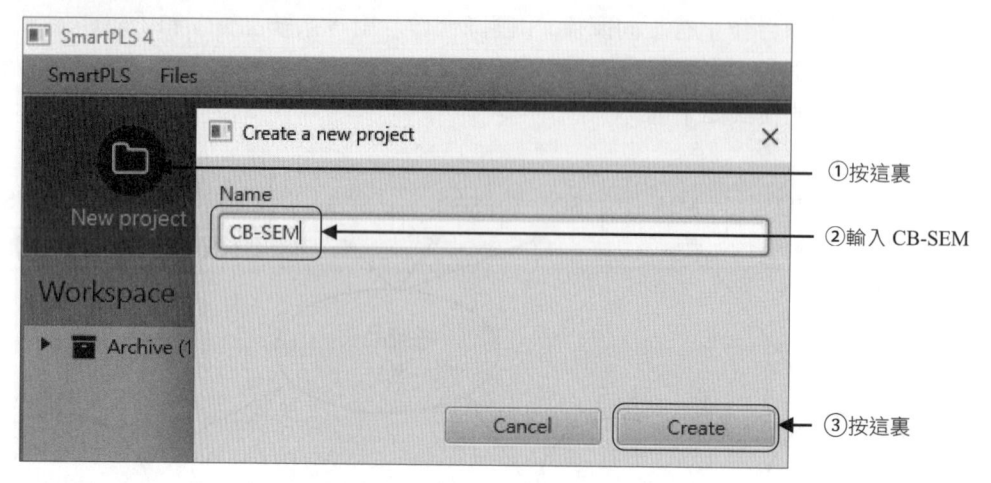

2. 用滑鼠連按兩下圖中的選項來匯入資料

3. 找到範例文檔(本章以 PLSSEM.xlsx 為例)，點擊【開啟】。

　　　　　　　　　　　　　　　　　　　　　　　　　　　　── 按這裏

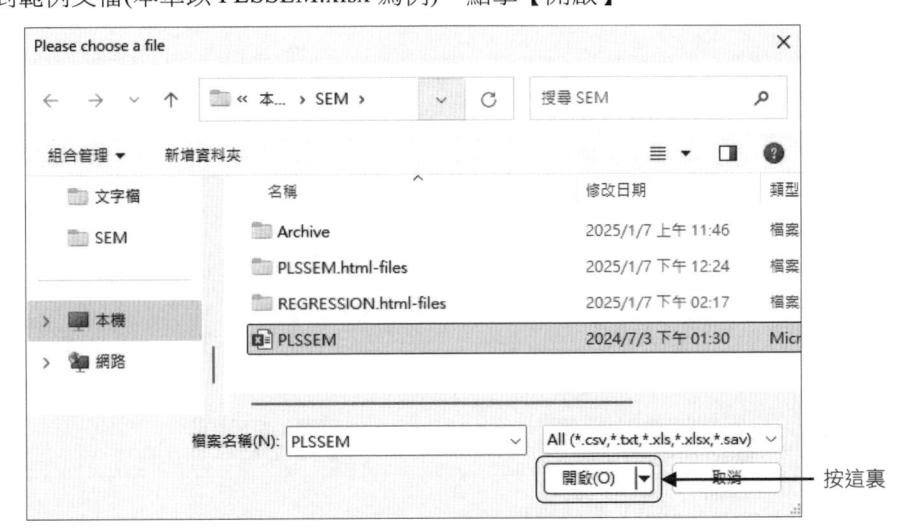

4. 出現資料導入介面，選擇要導入的變數，點擊【Import】

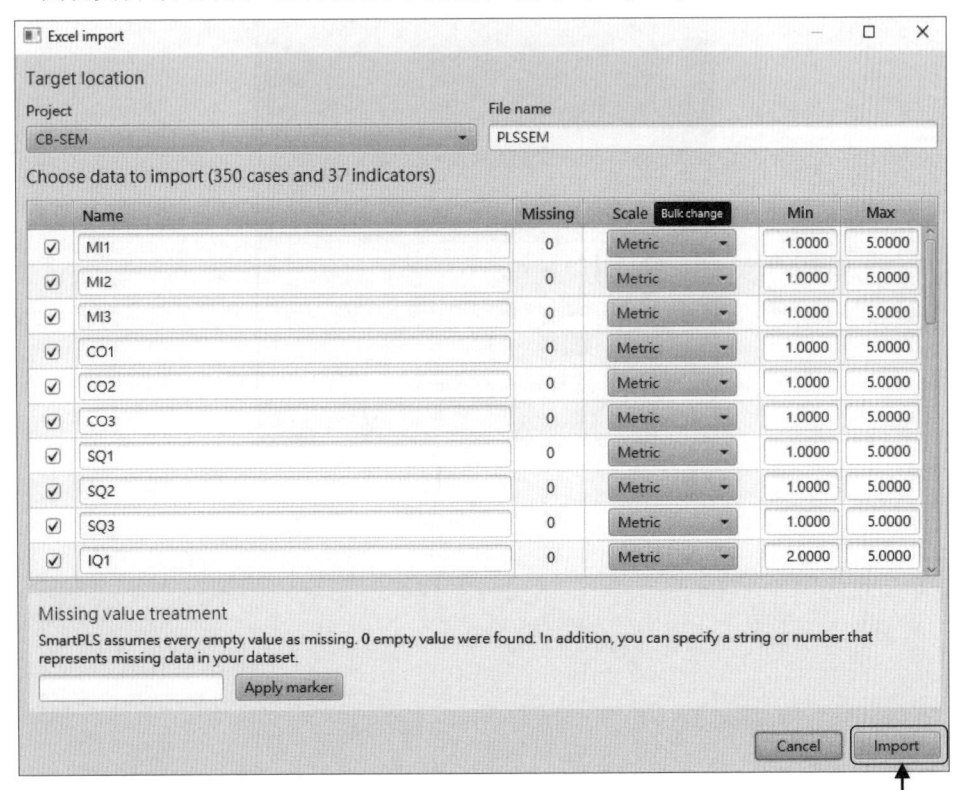

　　　　　　　　　　　　　　　　　　　　　　　　　　　　　　　↑
　　　　　　　　　　　　　　　　　　　　　　　　　　　　　　按這裏

5. 輸入完成後，顯示資料內容畫面如下圖。

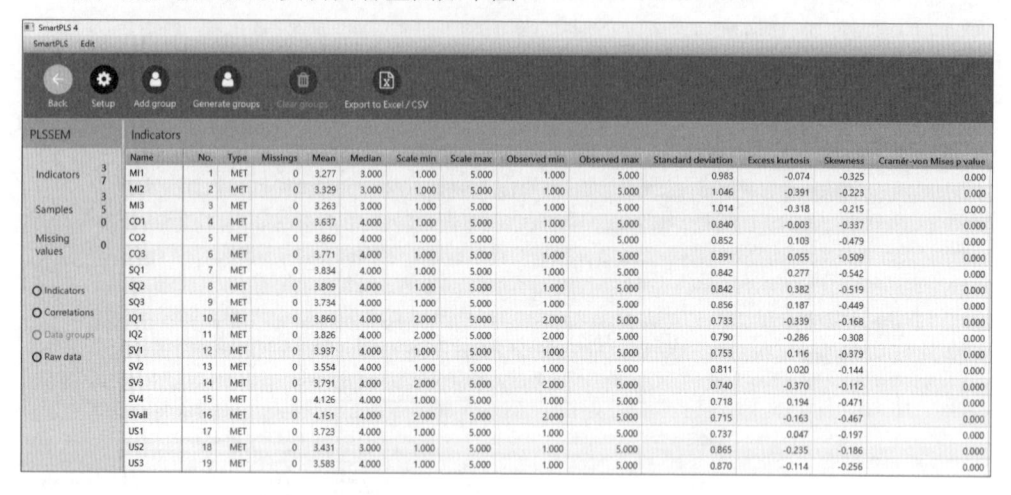

6. 點擊【Create model】創建模型。

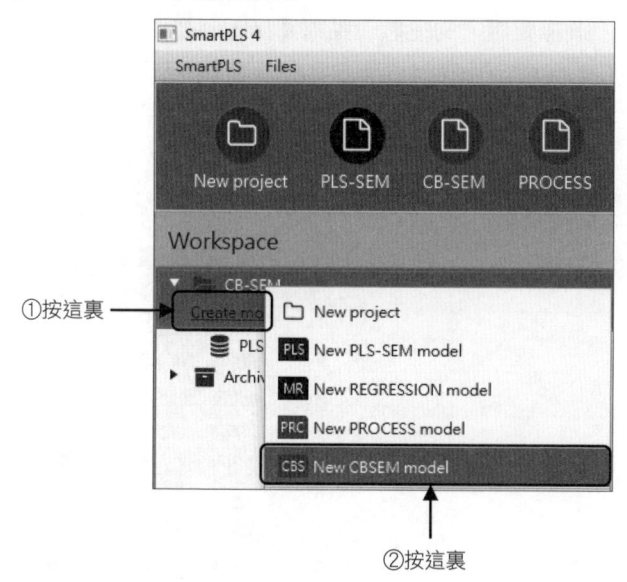

①按這裏

②按這裏

7. 點擊【Model type】選擇 CB-SEM，並將【Model name】命名為 Measurement Model。再點擊【Save】以創建模型。

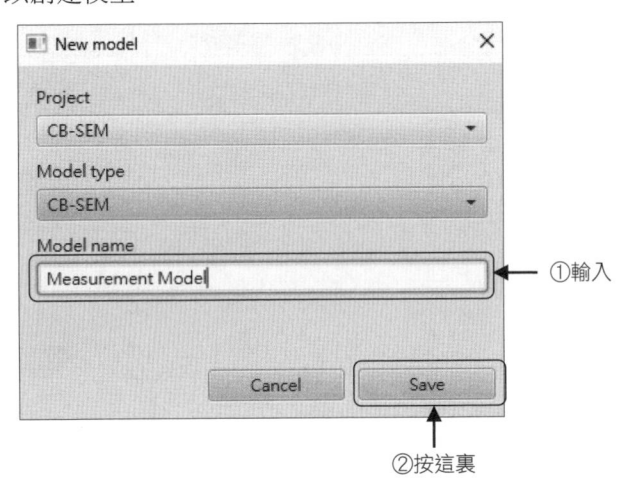

8. 建立 MI、CO、SQ、SV、US 構面，並選入題項。
   （不含 IQ）

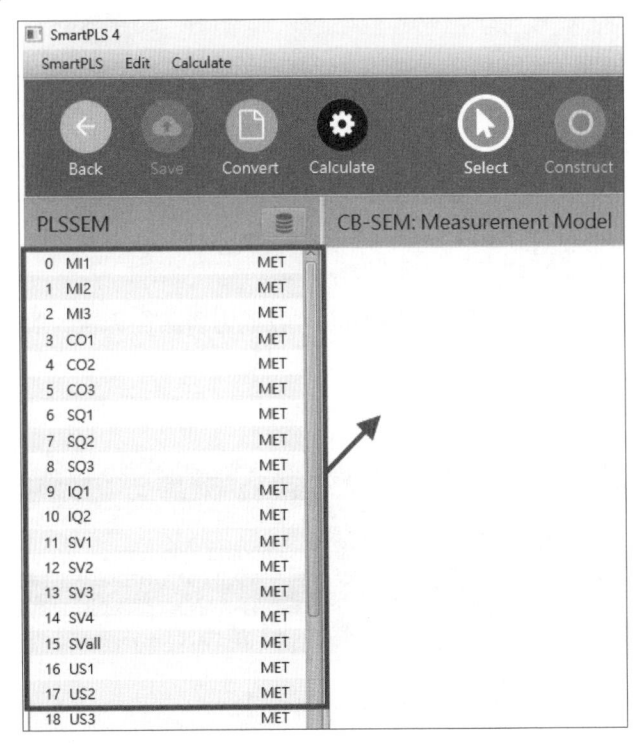

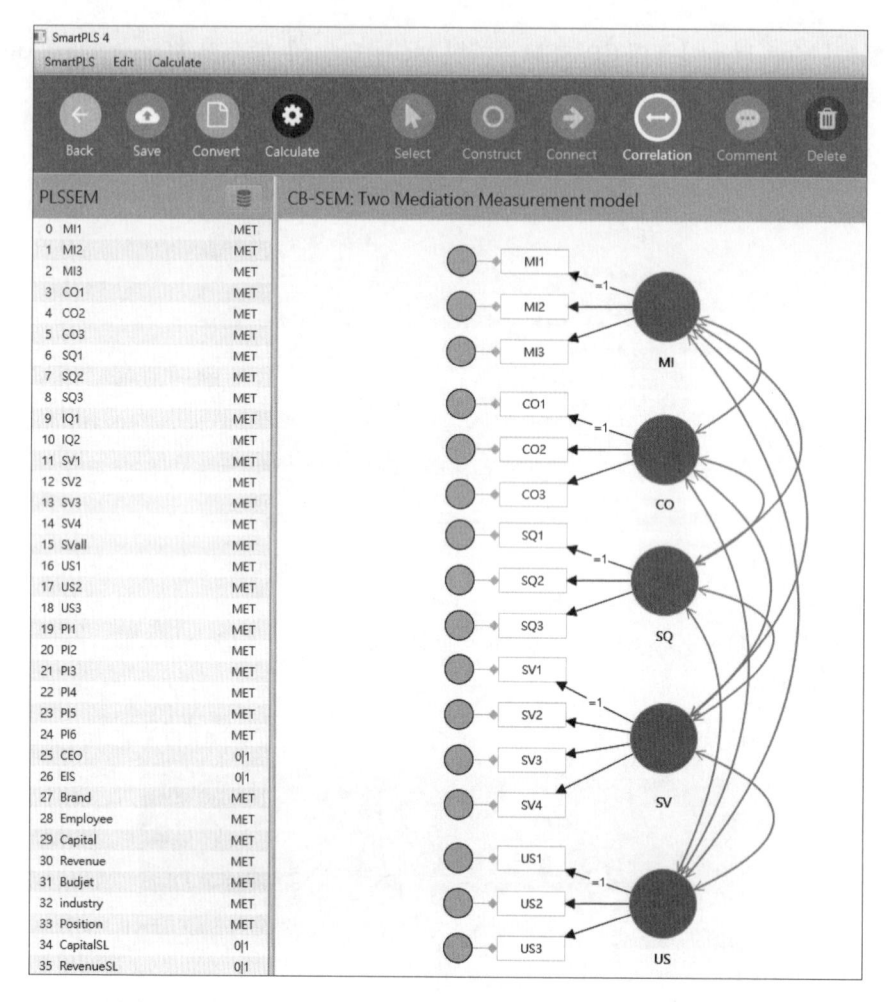

9. 接著再信效度測試，點擊【Calculate】，我們需要路徑係數、解釋力 R 方，選擇【Basic CB-SEM algorithm】

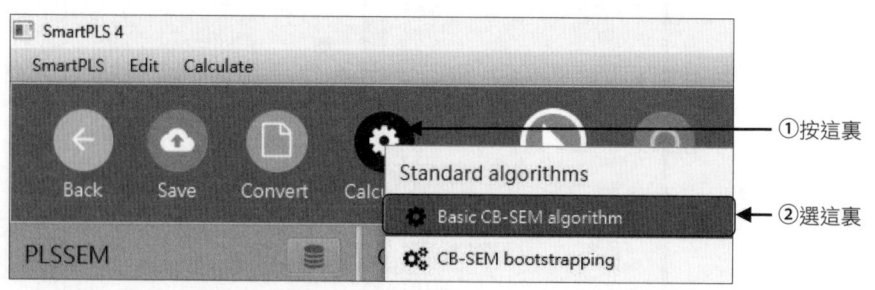

10. 勾選【Open report】，點擊【Start calculation】

SmartPLS 的 CB-SEM　17

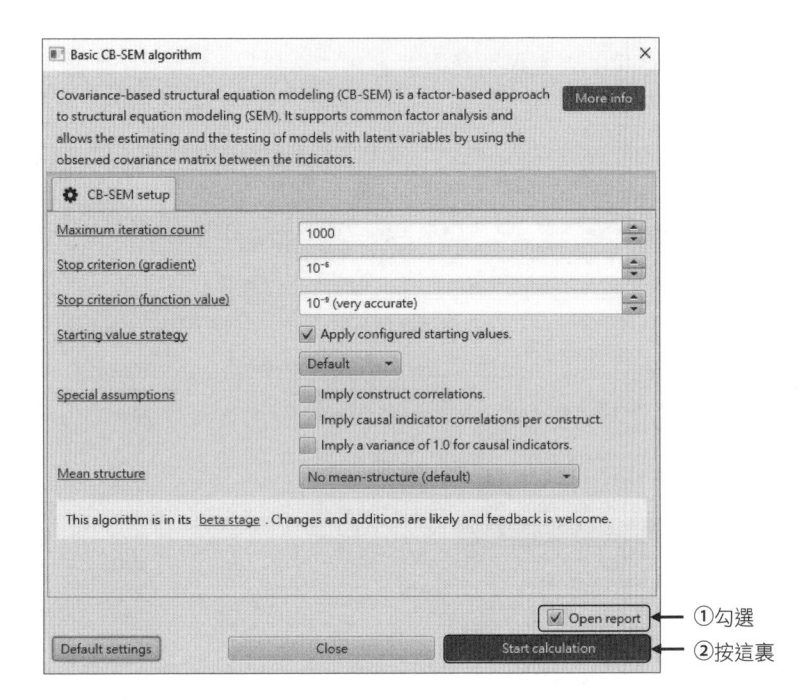

①勾選
②按這裏

11. 結果如下圖。需點擊【Structural model】選擇【Path coefficients】，以查看路徑係數。另外點擊【Measurement model】，選擇【Weights/loadings】，以查看因素負荷量。

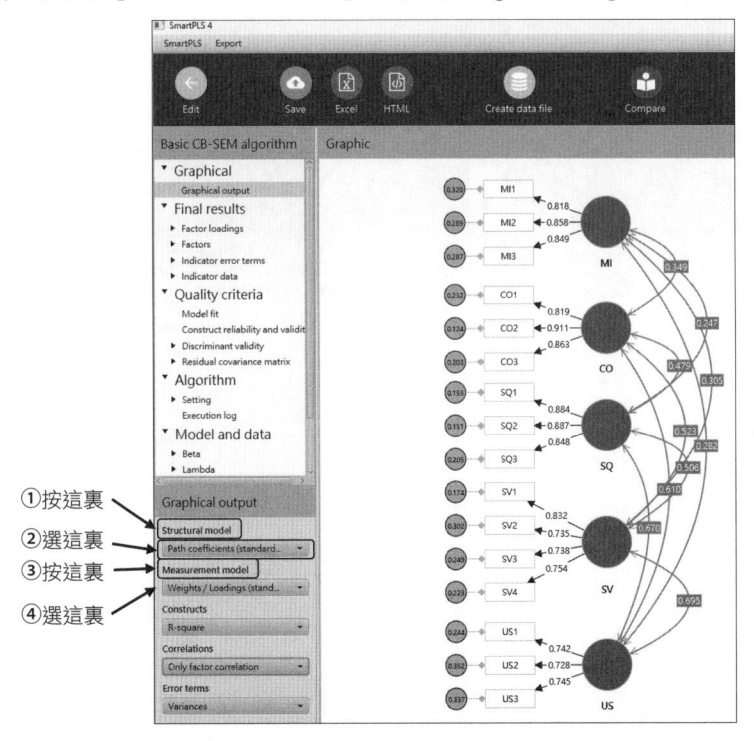

①按這裏
②選這裏
③按這裏
④選這裏

17-25

12. 點擊【Model fit】查看模型適配度。

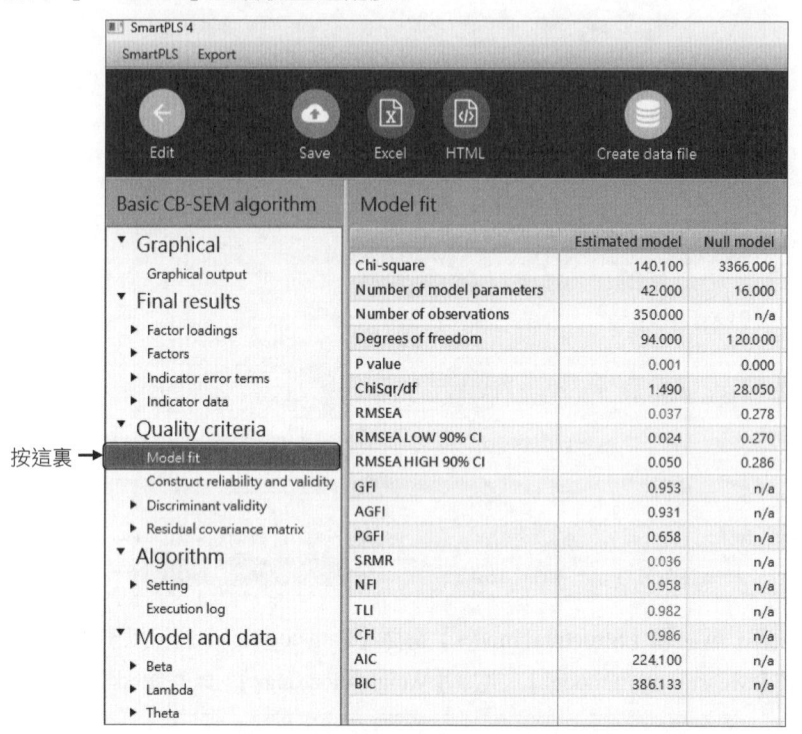

Model fit	Estimated model	Null model
Chi-square	140.100	3366.006
Number of model parameters	42.000	16.000
Number of observations	350.000	n/a
Degrees of freedom	94.000	120.000
P value	0.001	0.000
ChiSqr/df	1.490	28.050
RMSEA	0.037	0.278
RMSEA LOW 90% CI	0.024	0.270
RMSEA HIGH 90% CI	0.050	0.286
GFI	0.953	n/a
AGFI	0.931	n/a
PGFI	0.658	n/a
SRMR	0.036	n/a
NFI	0.958	n/a
TLI	0.982	n/a
CFI	0.986	n/a
AIC	224.100	n/a
BIC	386.133	n/a

按這裏 → Model fit

13. 點擊【Construct reliability and validity】查看信效度。

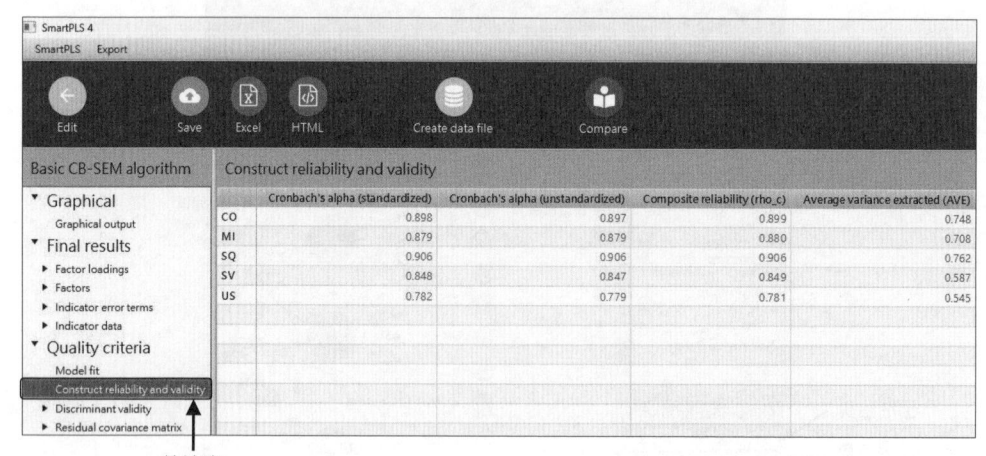

	Cronbach's alpha (standardized)	Cronbach's alpha (unstandardized)	Composite reliability (rho_c)	Average variance extracted (AVE)
CO	0.898	0.897	0.899	0.748
MI	0.879	0.879	0.880	0.708
SQ	0.906	0.906	0.906	0.762
SV	0.848	0.847	0.849	0.587
US	0.782	0.779	0.781	0.545

按這裏

14. 點擊【Discriminant validity】查看區別效度。

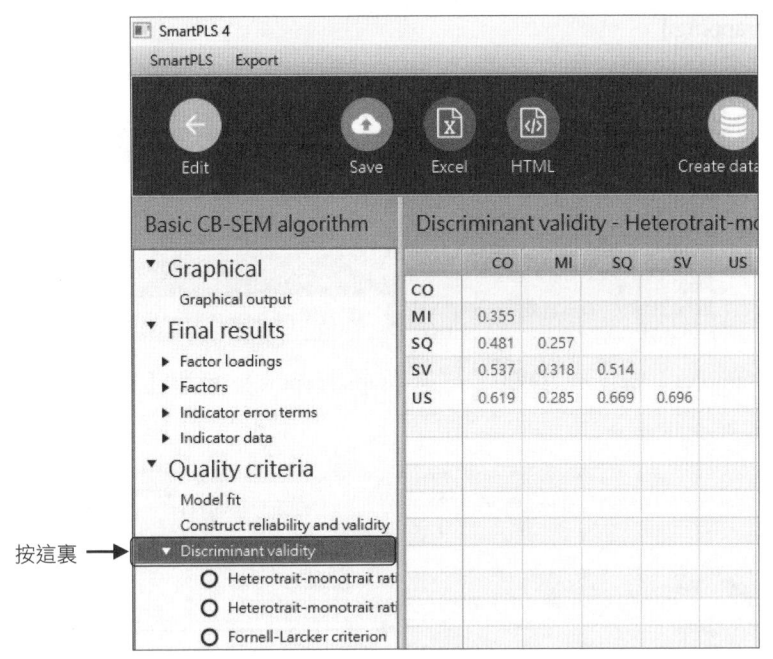

按這裏

15. 點擊【Fornell-Larcker criterion】查看區別效度。

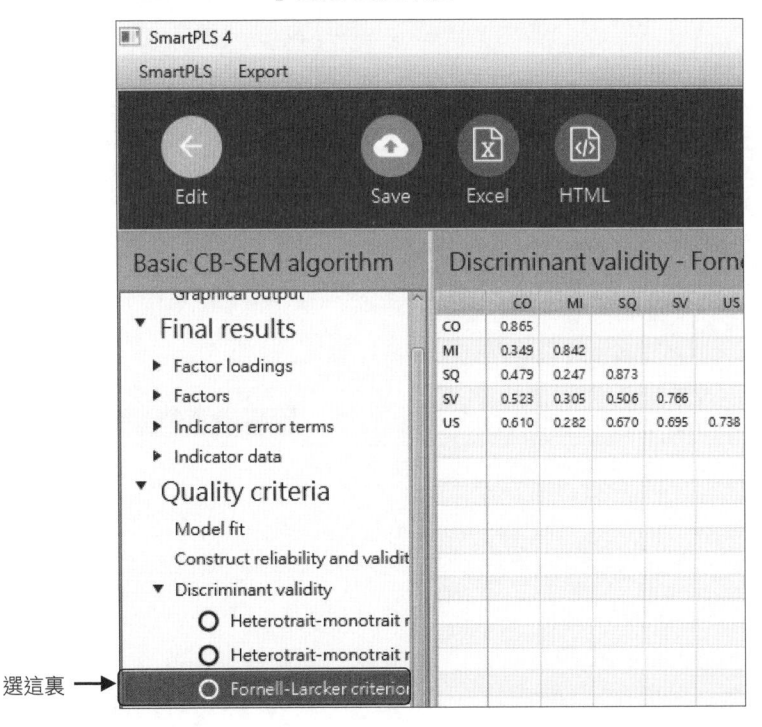

選這裏

17-27

16. 點擊【Calculate】，我們需要統計檢定值，如：t 值、P value，選擇【CB-SEM Bootstrapping】。

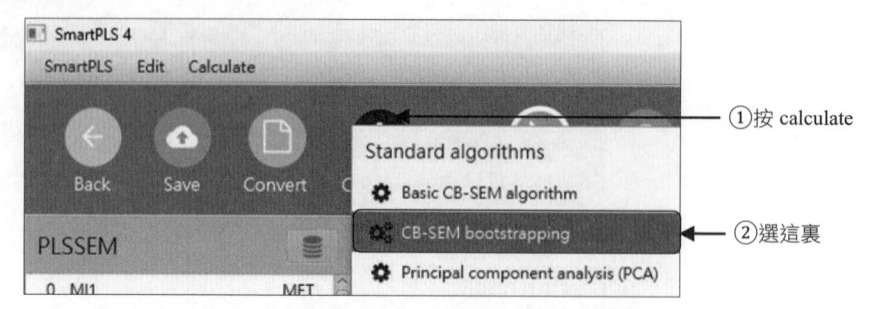

17. 【Subsamples】修正為 10000。勾選【Open report】，點擊【Start calculation】。

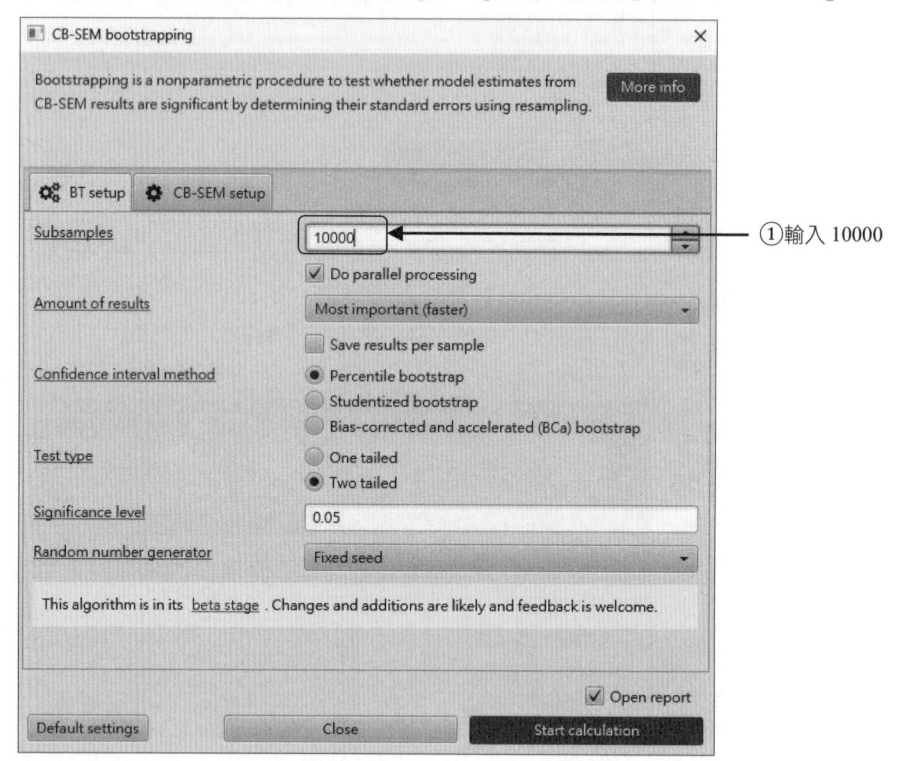

18. 計算完成後，需點擊【Structural model】選擇【Standardized - Path coefficients and t values】，以查看路徑係數與 t 值。另外，點擊【Measurement model】，選擇【Outer weights/loadings and t values】，以查看因素負荷量與 t 值。最後點擊，【Constructs】，選擇【R-square】，以查看構面解釋力。

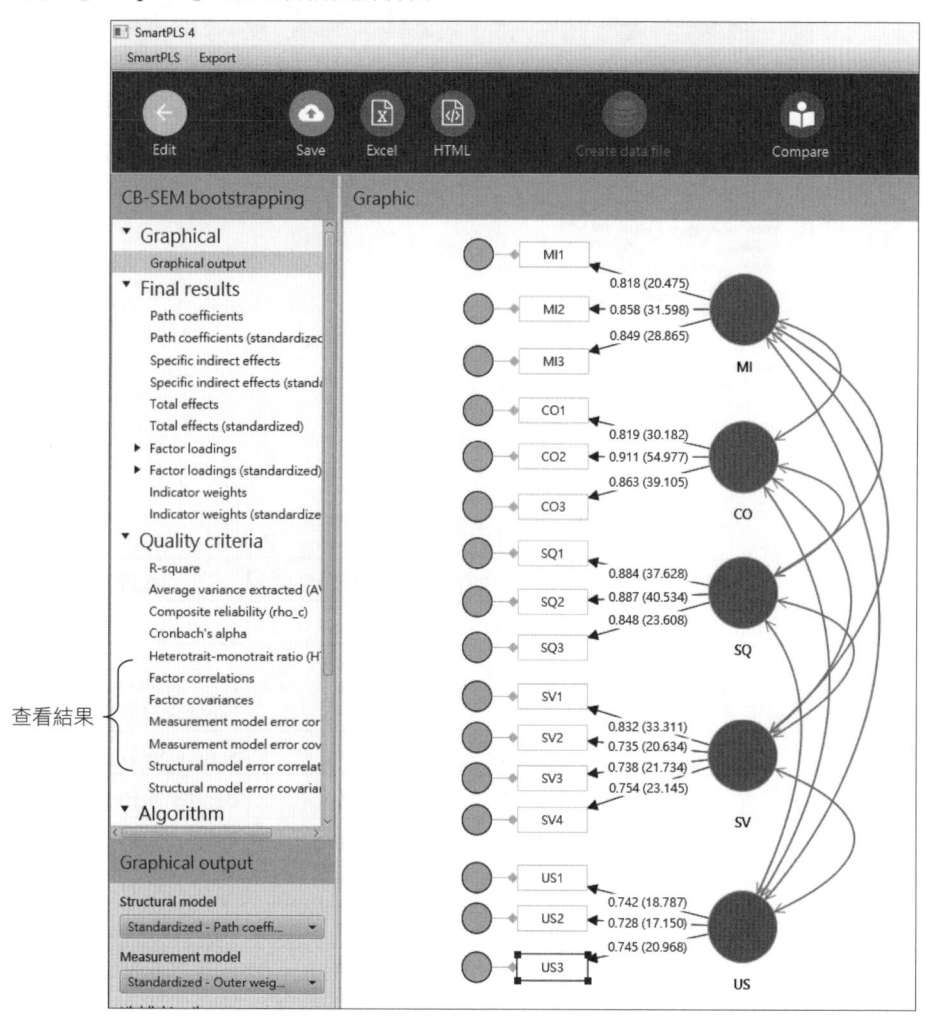

19. 選擇【Factor loadings】查看因素負荷量。
    (因素負荷量>0.5 => 具有良好信度)

	Original sample (O)	Sample mean (M)	Standard deviation (STDEV)	T statistics (|O/STDEV|)	P values
CO1 <- CO	1.000	1.000	0.000	n/a	n/a
CO2 <- CO	1.128	1.131	0.060	18.822	0.000
CO3 <- CO	1.117	1.120	0.061	18.348	0.000
MI1 <- MI	1.000	1.000	0.000	n/a	n/a
MI2 <- MI	1.117	1.121	0.084	13.338	0.000
MI3 <- MI	1.071	1.074	0.078	13.720	0.000
SQ1 <- SQ	1.000	1.000	0.000	n/a	n/a
SQ2 <- SQ	1.003	1.004	0.044	22.821	0.000
SQ3 <- SQ	0.975	0.975	0.045	21.492	0.000
SV1 <- SV	1.000	1.000	0.000	n/a	n/a
SV2 <- SV	0.952	0.956	0.078	12.141	0.000
SV3 <- SV	0.871	0.874	0.064	13.509	0.000
SV4 <- SV	0.863	0.864	0.057	15.264	0.000
US1 <- US	1.000	1.000	0.000	n/a	n/a
US2 <- US	1.152	1.154	0.107	10.767	0.000
US3 <- US	1.187	1.190	0.089	13.392	0.000

20. 整理如下表

    量測模式適配度評估標準

	基本模型	理想數值	建議的學者
Chih-square (CMIN)	140.100		
自由度 DF	94.000		
標準卡方檢定 CMIN/DF	1.490	<3	Hayduk (1987)
CFI	0.986	>0.9	Scott (1994)
NFI	0.958	>0.9	Bentler & Bonett (1980)
GFI	0.953	>0.9	Scott (1994)
AGFI	0.931	>0.8	Scott (1994)
SRMR	0.036	<0.1	Hu & Benteler (1999)
RMSEA	0.037	<0.08	Jarvenpaa et al. (2000)

    注意：

    - Chi square 愈小愈好，卡方值會受到樣本數的影響，也受到模型複雜度的影響，幾乎所有的模式都可能被拒絕（Bnetler & Bonett, 1980），算不上是實用的指標，但它是許多配適度指標的計算基礎，因此必需要呈現。

- GFI 值越接近 1，表示模式配適度越高；反之，則表示模式配適度越低。通常學者建議 GFI 值大於 0.9 時表示模式有良好的適配（Bentler, 1983）。
- SRMR 愈小，表示模型配適度愈好。SRMR=0 表示完美配適，小於 0.05 一般稱為良好配適（Jöreskog & Sörbom, 1989），不過也有學者認為數值低於 0.08 就算是模式配適度佳（Hu & Bentler, 1999）。
- RMSEA 值越大表示假設模型與資料愈不配適，RMSEA 小於 0.05，表示有好的模型配適（Browen & Mels, 1990），Hu and Bentler（1999）建議 RMSEA 要小於等於 0.06，如果介於 0.05~0.08 之間，則稱模型有不錯的配適度（fair fit）（McDonald & Ho, 2002），若指標超過 0.10 則表示模型相當不理想（Browne & Cudeck, 1993）。RMSEA 雖較不受樣本數的影響，但在很小的樣本時，RMSEA 會被高估（Fan, Thompson, & Wang, 1999）。
- NFI 值大於 0.9 為標準（Bnetler & Bonett, 1980），而 Schumacker and Lomax（2004）認為 NFI 要大於 0.95，0.9~0.95 為可接受。但 Ullman（2001）指出，由於 NFI 在樣本數小的時候會被低估，因此建議在此情形下，放寬到 0.8 的標準。
- CFI 介於 0~1 之間，CFI 指數越接近 1 代表模型契合度越理想，表示能夠有效改善中央性的程度。學者認為要以大於 .95 為通過門檻，用來評估模式適配度才夠穩定（Bentler, 1995），但 1 不代表是完美配適，只代表模型卡方值小於假設模型的自由度，CFI 與 RMSEA 一樣較不受到樣本數大小的影響（Fan, Thompson, & Wang, 1999）。

21. 整理如下表格

		非標準化因素負荷量	S.E.	T	P	標準化因素負荷量	SMC	CR	AVE
MI3	高階主管	1.069	0.077	13.907	***	0.849	0.721		
MI2	高階主管	1.113	0.083	13.458	***	0.856	0.736	0.880	0.708
MI1	高階主管	1.000				0.819	0.669		
CO3	團隊合作	1.113	0.061	18.373	***	0.861	0.744		
CO2	團隊合作	1.120	0.059	19.088	***	0.906	0.83	0.898	0.745
CO1	團隊合作	1.000				0.821	0.671		
SQ3	系統品質	0.972	0.046	21.297	***	0.847	0.72		
SQ2	系統品質	0.999	0.045	22.388	***	0.885	0.786	0.906	0.762
SQ1	系統品質	1.000				0.886	0.781		

		非標準化因素負荷量	S.E.	T	P	標準化因素負荷量	SMC	CR	AVE
SV4	服務品質	0.848	0.054	15.721	***	0.748	0.568	0.849	0.586
SV3	服務品質	0.856	0.066	12.950	***	0.733	0.545		
SV2	服務品質	0.943	0.081	11.701	***	0.736	0.541		
SV1	服務品質	1.000				0.841	0.693		
US3	使用者滿意度	1.187	0.089	13.405	***	0.737	0.556	0.772	0.533
US2	使用者滿意度	1.152	0.105	10.922	***	0.719	0.53		
US1	使用者滿意度	1.000				0.734	0.55		

結構模式（Structure model）

創建結構模式的步驟如下：

1. 在專案點擊【New project】創建新的 CB-SEM 模型，輸入名稱(以 CB-SEM 為例，若是已經存在，可以自行輸入其他名稱)，輸入完成點擊【Create】。

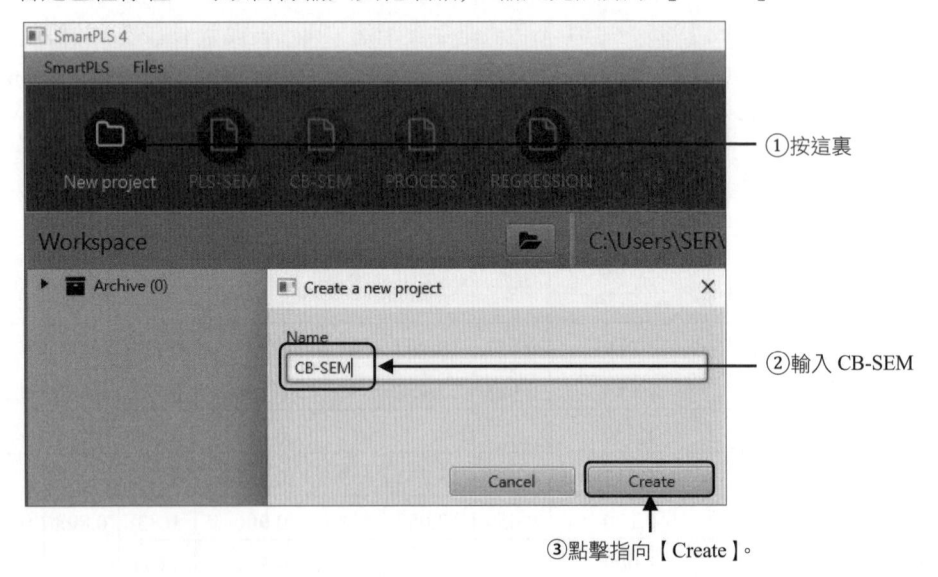

SmartPLS 的 CB-SEM

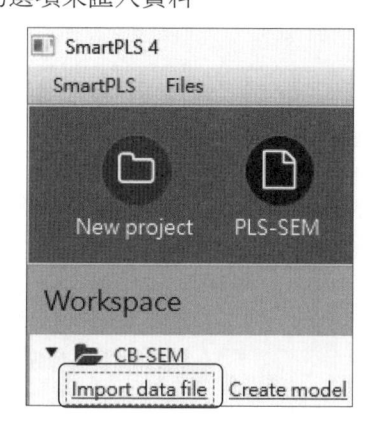

2. 用滑鼠連按兩下圖中的選項來匯入資料

3. 找到範例文檔(在 C:\SEM，本章以 PLSSEM.xlsx 為例)，點擊【開啟】。

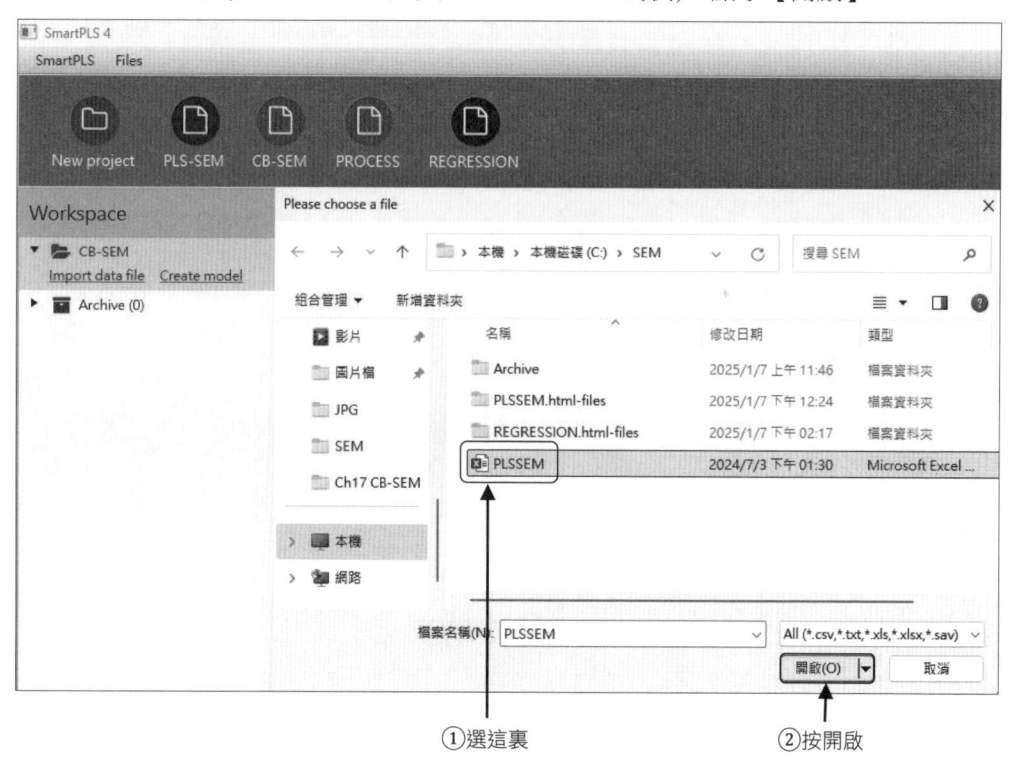

①選這裏　　②按開啟

17-33

4. 出現資料導入介面，選擇要導入的變數，點擊【Import】

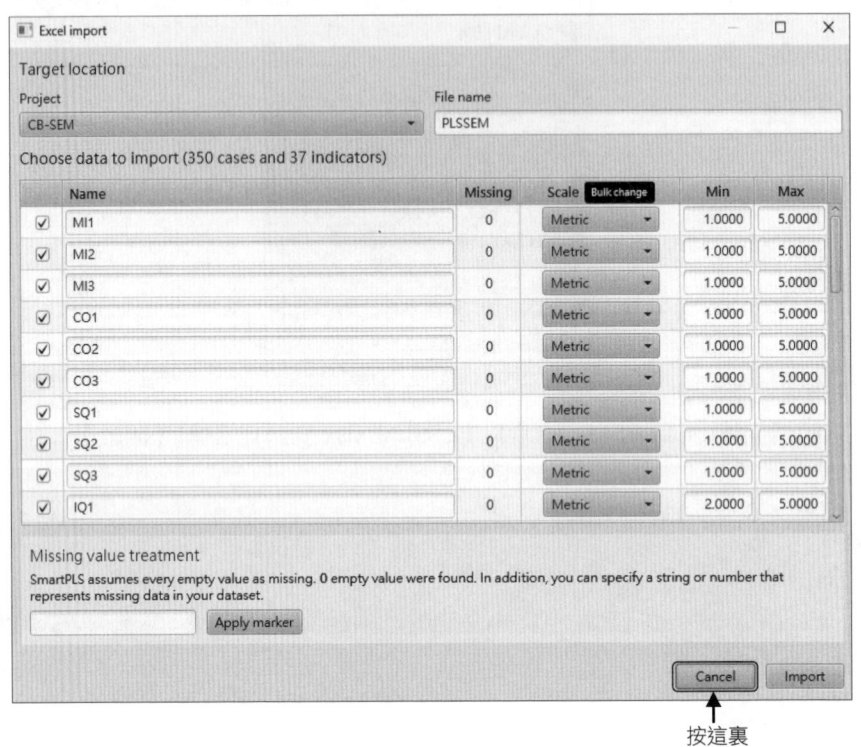

按這裏

5. 輸入完成後，顯示資料內容畫面如下圖。

6. 點擊【Create model】創建模型。

　　①按這裏 → Create m...
　　②按這裏 → CBS New CBSEM model

7. 點擊【Model type】選擇 CB-SEM，並將【Model name】命名為 Structural model。再點擊【Save】以創建模型。

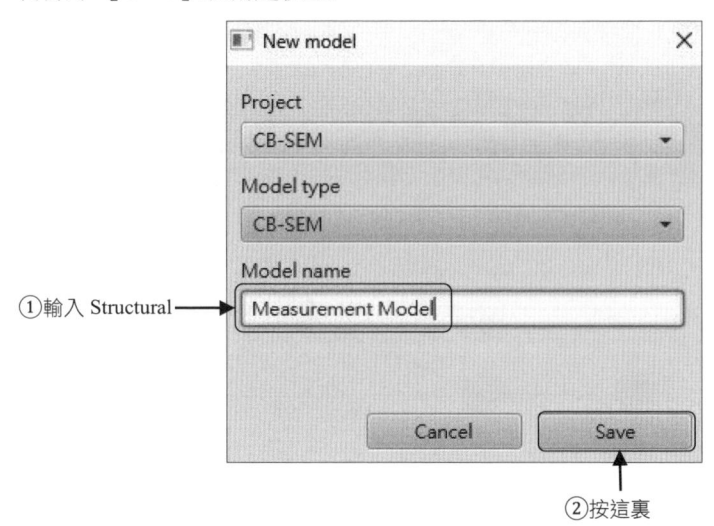

　　①輸入 Structural → Measurement Model
　　②按這裏 → Save

8. 建立 MI、CO、SQ、SV、US 構面，並選入題項。
   (不含 IQ)

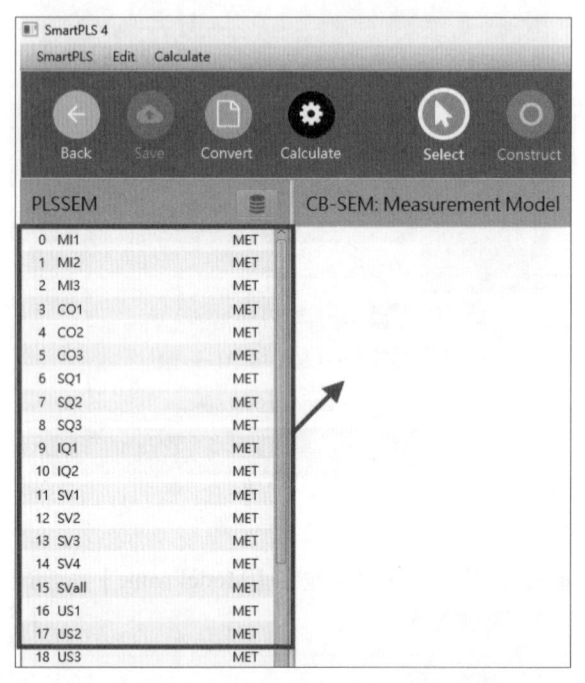

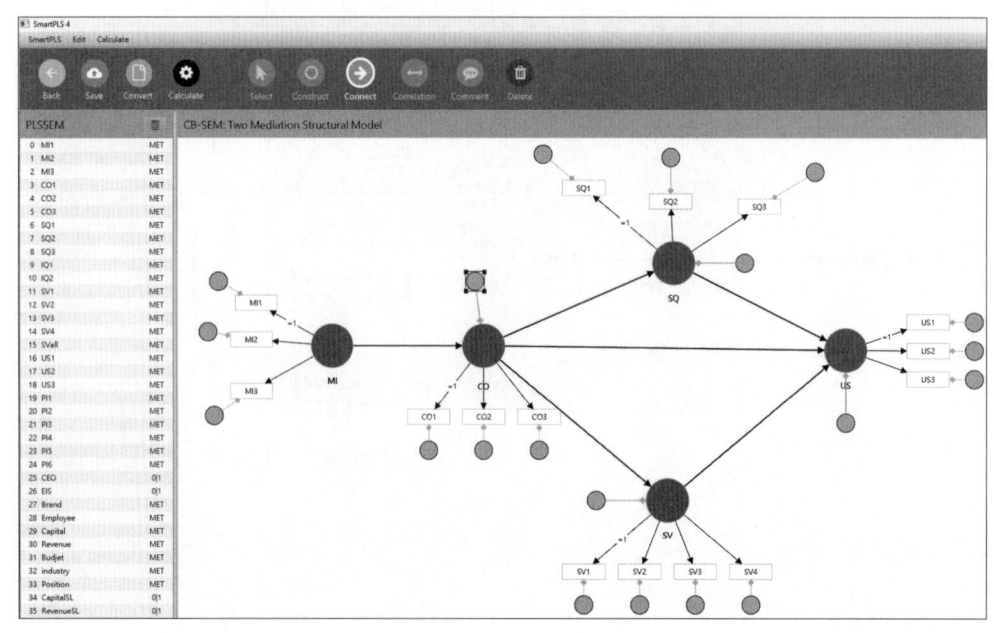

9. 接著再信效度測試，點擊【Calculate】，我們需要路徑係數、解釋力 R 方，選擇【Basic CB-SEM algorithm】

①按這裏
②選這裏

10. 勾選【Open report】，點擊【Start calculation】

按這裏

11. 結果如下圖。需點擊【Structural model】選擇【Path coefficients】，以查看路徑係數。另外點擊【Measurement model】，選擇【Weights/loadings】，以查看因素負荷量。

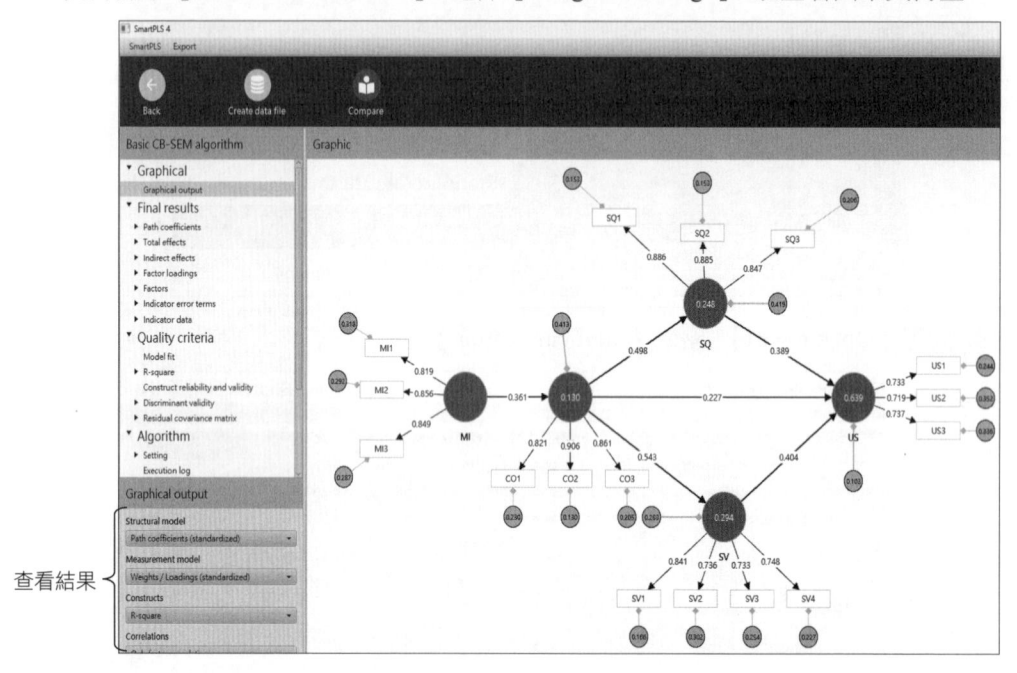

12. 點擊【Calculate】，我們需要統計檢定值，如：t 值、P value，選擇【CB-SEM Bootstrapping】。

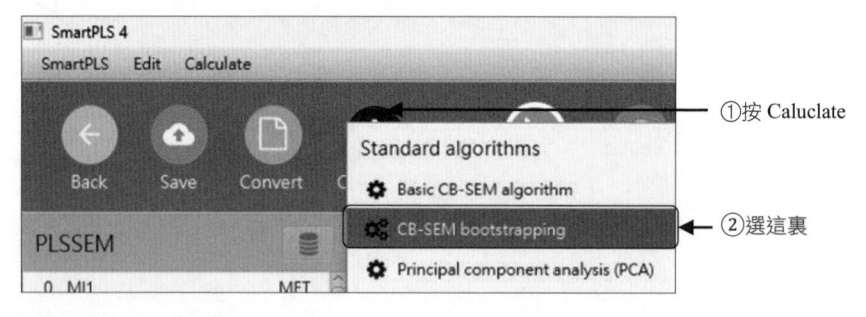

13. 【Subsamples】修正為 10000。勾選【Open report】，點擊【Start calculation】。

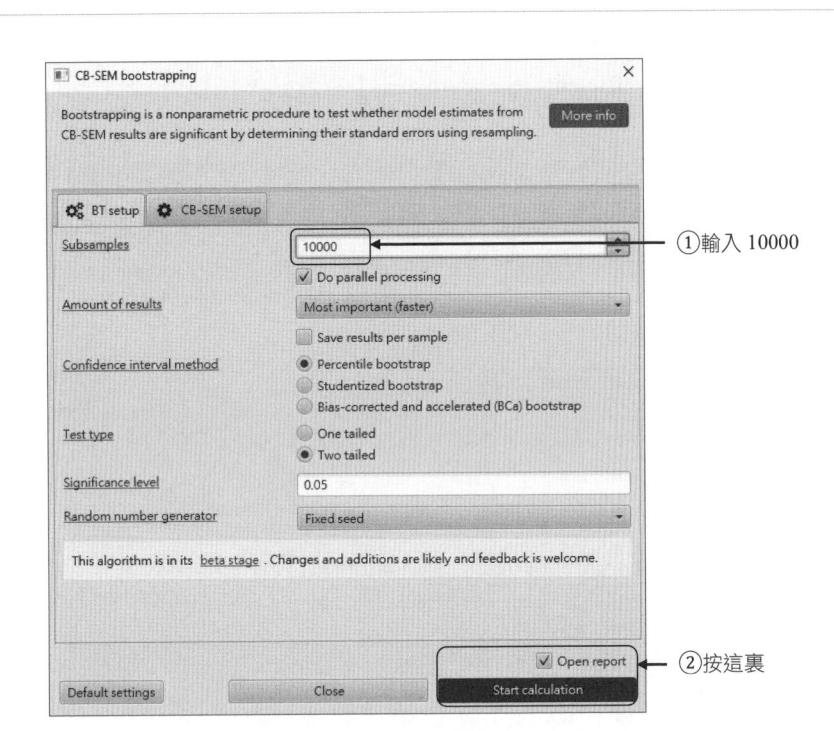

14. 計算完成後，需點擊【Structural model】選擇【Standardized - Path coefficients and t values】，以查看路徑係數與 t 值。另外，點擊【Measurement model】，選擇【Outer weights/loadings and t values】，以查看因素負荷量與 t 值。最後點擊，【Constructs】，選擇【R-square】，以查看構面解釋力。

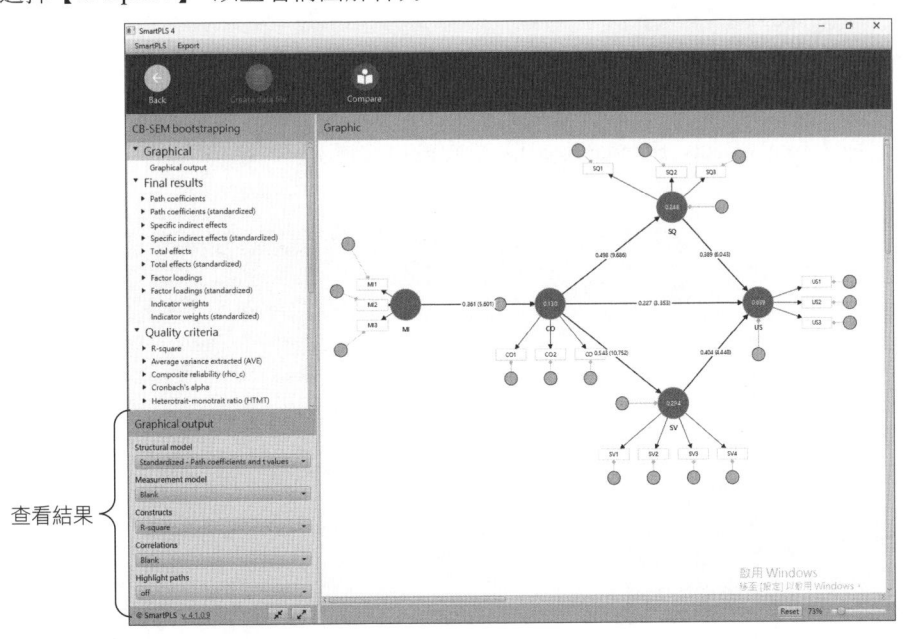

15. 選擇【Path coefficients (Standardized)】查看路徑係數。

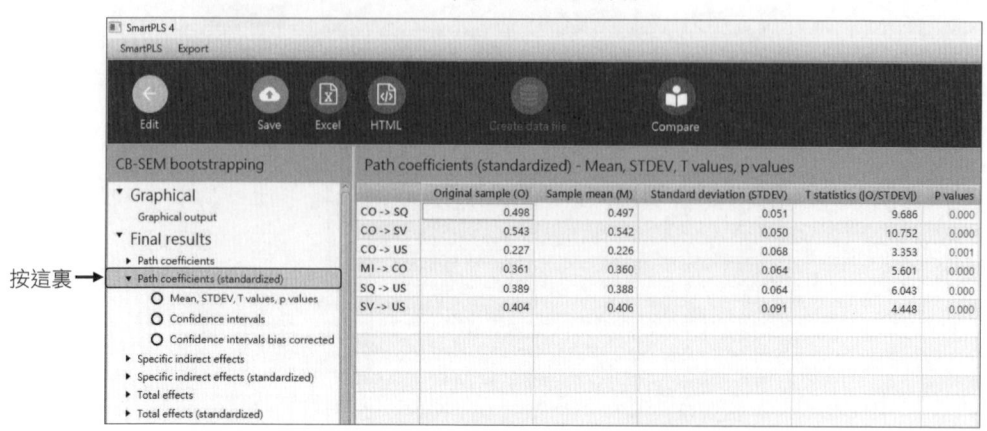

	Original sample (O)	Sample mean (M)	Standard deviation (STDEV)	T statistics (|O/STDEV|)	P values
CO -> SQ	0.498	0.497	0.051	9.686	0.000
CO -> SV	0.543	0.542	0.050	10.752	0.000
CO -> US	0.227	0.226	0.068	3.353	0.001
MI -> CO	0.361	0.360	0.064	5.601	0.000
SQ -> US	0.389	0.388	0.064	6.043	0.000
SV -> US	0.404	0.406	0.091	4.448	0.000

16. 選擇【Specific indirect effects (Standardized)】查看間接效應。

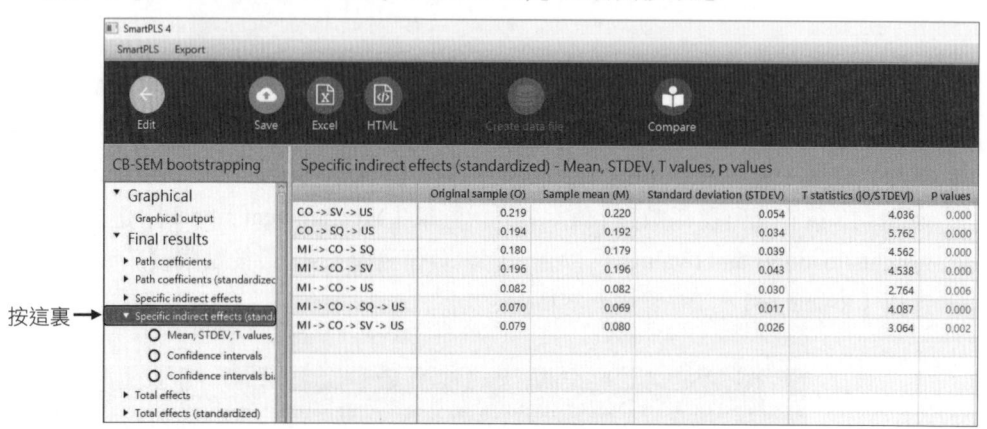

	Original sample (O)	Sample mean (M)	Standard deviation (STDEV)	T statistics (|O/STDEV|)	P values
CO -> SV -> US	0.219	0.220	0.054	4.036	0.000
CO -> SQ -> US	0.194	0.192	0.034	5.762	0.000
MI -> CO -> SQ	0.180	0.179	0.039	4.562	0.000
MI -> CO -> SV	0.196	0.196	0.043	4.538	0.000
MI -> CO -> US	0.082	0.082	0.030	2.764	0.006
MI -> CO -> SQ -> US	0.070	0.069	0.017	4.087	0.000
MI -> CO -> SV -> US	0.079	0.080	0.026	3.064	0.002

17. 選擇【Total effects (Standardized)】查看總和效應。

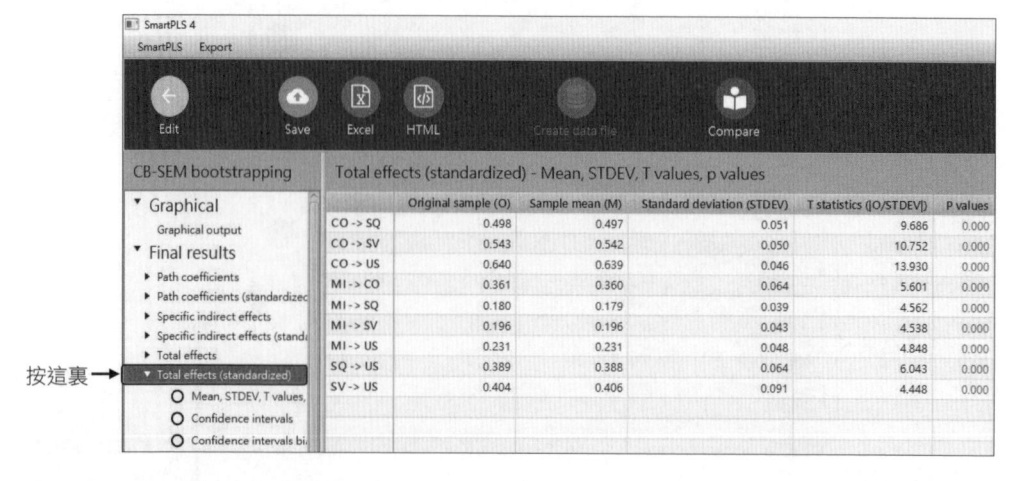

	Original sample (O)	Sample mean (M)	Standard deviation (STDEV)	T statistics (|O/STDEV|)	P values
CO -> SQ	0.498	0.497	0.051	9.686	0.000
CO -> SV	0.543	0.542	0.050	10.752	0.000
CO -> US	0.640	0.639	0.046	13.930	0.000
MI -> CO	0.361	0.360	0.064	5.601	0.000
MI -> SQ	0.180	0.179	0.039	4.562	0.000
MI -> SV	0.196	0.196	0.043	4.538	0.000
MI -> US	0.231	0.231	0.048	4.848	0.000
SQ -> US	0.389	0.388	0.064	6.043	0.000
SV -> US	0.404	0.406	0.091	4.448	0.000

整理路徑係數如下

	CO	MI	SQ	SV	US
CO			0.498	0.543	0.227
MI	0.361				
SQ					0.389
SV					0.404

研究報表整理結果如下：

本研究有高階主管支持、團隊合作、系統品質、服務品質和使用者滿意度等六個潛在變數，我們整理輸出報表結果如下：

構面	問項	因素負荷量	T-value	CR	AVE	Cronbachs' Alpha
MI	MI1	0.818	20.475	0.880	0.708	0.879
	MI2	0.858	31.598			
	MI3	0.849	28.865			
CO	CO1	0.819	30.182	0.899	0.748	0.898
	CO2	0.911	54.977			
	CO3	0.863	39.105			
SQ	SQ1	0.884	37.628	0.906	0.762	0.906
	SQ2	0.887	40.534			
	SQ3	0.848	23.608			
SV	SV1	0.832	33.311	0.849	0.587	0.848
	SV2	0.735	20.634			
	SV3	0.738	21.734			
	SV4	0.754	23.145			
US	US1	0.742	18.787	0.781	0.545	0.782
	US2	0.728	17.150			
	US3	0.745	20.968			

✪ 信效度分析

內容效度(content validity)係指測量工具內容的適切性,若測量內容涵蓋本研究所要探討的架構及內容,就可說是具有優良的內容效度(Babbie 1992)。然而,內容效度的檢測相當主觀,假若問項內容能以理論為基礎,並參考學者類似研究所使用之問卷加以修訂,並且與實務從業人員或學術專家討論,即可認定具有相當的內容效度。本研究的問卷參考來源全部引用國外學者曾使用過的衡量項目並根據本研究需求加以修改,並與專家討論,經由學者對其內容審慎檢視。因此,依據前述準則,本研究使用之衡量工具應符合內容效度之要求。

本研究係針對各測量模型之參數進行估計。檢定各個變項與構面的信度及效度。在收斂效度方面,Hair et al. (1998)提出必須考量個別項目的信度、潛在變項組成信度與潛在變項的平均變異萃取等三項指標,若此三項指標均符合,方能表示本研究具收斂效度。

一、個別項目的信度(Individual Item Reliability):考慮每個項目的信度,亦即每個顯性變數能被潛在變數所解釋的程度,Hair et al. (1992)建議因素負荷應該都在 0.5 以上,本研究所有觀察變項之因素負荷值皆大於 0.5,表示本研究的測量指標具有良好信度。

二、潛在變項組成信度(Composite Reliability, CR):指構面內部變數的一致性,若潛在變項的 CR 值越高,其測量變項是高度相關的,表示他們都在衡量相同的潛在變項,愈能測出該潛在變項。一般而言,其值須大於 0.7 (Hair et al. 1998),本研究中之潛在變項的組成信度值皆大於 0.8,表示本研究的構面具有良好的內部一致性。

三、平均變異萃取(Average Variance Extracted; AVE):測量模式分析係基於檢定模式中兩種重要的建構效度:收斂效度(convergent validity)及區別效度(discriminant validity)。平均變異萃取(AVE)代表觀測變數能測得多少百分比潛在變數之值,不僅可用以評判信度,同時亦代表收斂效度(Discriminate validity),Fornell & Larcker (1981)建議 0.5 為臨界標準,表示具有「收斂效度」,由【上表】之平均變異萃取(AVE)值可看出,本研究之 AVE 介於 0.545~0.762,六個構面的平均變異萃取(AVE)皆大於 0.5 表示具有「收斂效度」。

區別效度 Discriminant Validity：
Fornell-Larcker Criterion

	CO	MI	SQ	SV	US
CO	0.865				
MI	0.349	0.842			
SQ	0.479	0.247	0.873		
SV	0.523	0.305	0.506	0.766	
US	0.610	0.282	0.670	0.695	0.738

* 說明：對角線是 AVE 的開根號值，非對角線為各構面間的相關係數。此值若大於水準列或垂直欄的相關係數值，則代表具備區別效度。

由上表可得各構面 AVE 值皆大於構面間共用變異值，表示本研究構面潛在變項的平均變異抽取量之平方根值大於相關係數值，故顯示各構面應為不同的構面，具有「區別效度」。

量測模式適配度結果如下，量測模式整體適配度良好。

我們將路徑係數和解釋力整理成研究模式的因果關係圖如下：

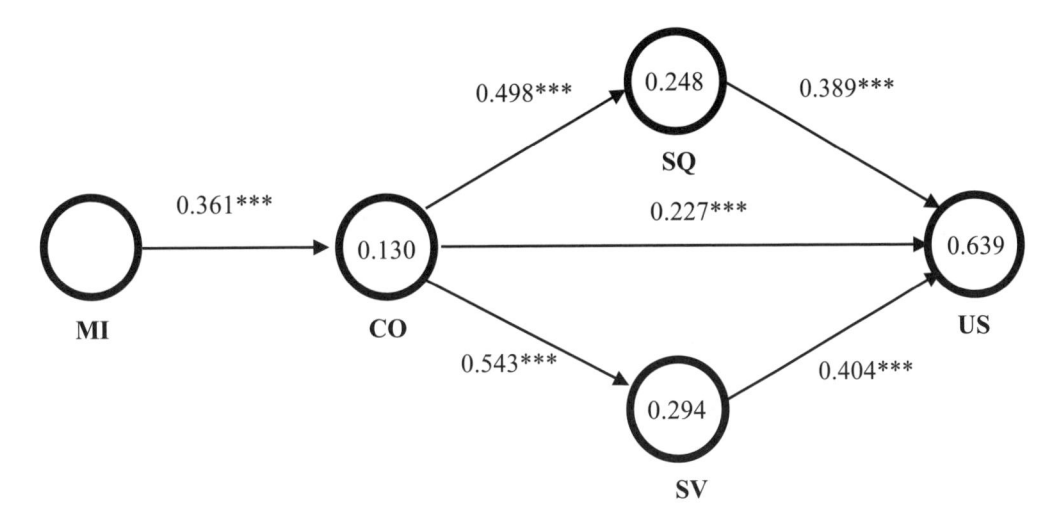

```
                     0.498***    ( 0.248 )    0.389***
                  ↗              SQ              ↘
                 /                                 \
  MI ──0.361***──→ ( 0.130 ) ──0.227***──────────→ ( 0.639 )
                 \      CO                        /     US
                  ↘                              ↗
                     0.543***    ( 0.294 )    0.404***
                                  SV
```

	基本模型	理想數值	建議的學者
Chih-square (CMIN)	140.100		
自由度 DF	94.000		
標準卡方檢定 CMIN/DF	1.490	<3	Hayduk (1987)
CFI	0.986	>0.9	Scott (1994)
NFI	0.958	>0.9	Bentler & Bonett (1980)
GFI	0.953	>0.9	Scott (1994)
AGFI	0.931	>0.8	Scott (1994)
SRMR	0.036	<0.1	Hu & Benteler (1999)
RMSEA	0.037	<0.08	Jarvenpaa et al. (2000)

在 CB-SEM 模式中，當 t 值＞1.96，表示已達到 α 值為 0.05 的顯著水準以*表示；當 t 值＞2.58 以**表示，表示已達到 α 值為 0.01 的顯著水準；當 t 值＞3.29，則表示已達到 α 值為 0.001 的顯著水準以***表示。

由研究模式的因果關係圖可知，高階主管支持影響 ERP 團隊合作，顯著水準為 0.001 以上，而其估計值為 0.361；團隊合作影響 ERP 之系統，服務品質和滿意度，顯著水準為 0.001 以上，而其估計值分別為 0.498，0.543 和 0.227，團隊合作和服務品質這兩者間的關係則呈現正相關；影響使用者滿意度的因素為系統和服務品質，顯著水準為 0.001 以上，而其估計值為 0.389、和 0.404，其中影響使用滿意度最主要的因素為服務品質。

由研究模式的因果關係圖可知，高階主觀支持對團隊合作潛在的解釋能力為 13.0%，團隊合作對系統品質的解釋力為 24.8.%，團隊合作對服務品質的解釋力為 29.4%，系統品質和服務品質三個潛在變數對使用者滿意度潛在變數的整體解釋力為 63.9%，顯示模式解釋潛在變數程度良好。

在 CB- SEM 模式中，當 t 值＞1.96，表示已達到 α 值為 0.05 的顯著水準以*表示；當 t 值＞2.58 以**表示，表示已達到 α 值為 0.01 的顯著水準；當 t 值＞3.29，則表示已達到 α 值為 0.001 的顯著水準以***表示。

參考文獻：

- Bentler, P. M., & Bonett, D. G. (1980). Significance tests and goodness of fit in the analysis of covariance structures. *Psychological Bulletin, 88*(3), 588–606. https://doi.org/10.1037/0033-2909.88.3.588
- Browne, M. W., & Cudeck, R. (1992). Alternative ways of assessing model fit. *Sociological Methods & Research, 21*(2), 230–258. https://doi.org/10.1177/0049124192021002005
- Fan, X., Thompson, B., & Wang, L. (1999). Effects of sample size, estimation methods, and model specification on structural equation modeling fit indexes. *Structural Equation Modeling, 6*(1), 56–83. https://doi.org/10.1080/10705519909540119
- Hayduk, L. A. (1987). *Structural equation modeling with LISREL: Essentials and advances*. Baltimore: Johns Hopkins University Press.
- Hu, L., & Bentler, P. M. (1999). Cutoff criteria for fit indexes in covariance structure analysis: Conventional criteria versus new alternatives. *Structural Equation Modeling, 6*(1), 1–55. https://doi.org/10.1080/10705519909540118
- Jarvenpaa, S. L., & Tractinsky, N. (2000). Consumer trust in an internet store: A cross-cultural validation. *Journal of Computer-Mediated Communication, 5*(2). https://doi.org/10.1111/j.1083-6101.1999.tb00337.x
- Jöreskog, K. G., & Sörbom, D. (1989). *LISREL 7: User's Reference Guide*. Chicago, IL: Scientific Software.
- McDonald, R. P., & Ho, M.-H. R. (2002). Principles and practice in reporting structural equation analyses. *Psychological Methods, 7*(1), 64–82. https://doi.org/10.1037/1082-989X.7.1.64
- Schumacker, R. E., & Lomax, R. G. (2004). *A beginner's guide to structural equation modeling* (2nd ed.). Mahwah, NJ: Lawrence Erlbaum Associates.
- Scott, J. (1994). The measurement of information systems effectiveness: Evaluating a measuring instrument. In *Proceedings of the Fifteenth International Conference on Information Systems* (pp. 111–128). Vancouver, British Columbia.
- Ullman, J. B. (2001). Structural equation modeling. In B. G. Tabachnick & L. S. Fidell (Eds.), *Using multivariate statistics* (4th ed., pp. 653–771). Needham Heights, MA: Allyn and Bacon.

CHAPTER 18 結構方程模式之反映性(Reflective)模式

18-1 PLS-SEM 結構方程模式的各種準則

在討論 PLS-SEM 結構方程模式實例之前，我們需要瞭解 PLS-SEM 結構方程模式的各種準則，方便研究者瞭解後，正確的使用和引用，資料來源如下：

資料來源 Source：

1. Hair, J.F., Sarstedt, M., Ringle,C.M., and Mena, J.A. 2012. "An Assessment of the Use of Partial Least Squares Structural Equation Modeling in Marketing Research," *Journal of the Academy of Marketing Science* (40:3), pp. 414-433.
2. Vinzi, V.E., Chin, W.W., Henseler, J., and Wang, H. 2010. *Handbook of Partial Least Squares: Concepts, Methods and Applications*, Berlin, Germany: Springer-Verlag.

我們整理準則、建議或準則，和參考資料來源如下表：

Criterion (準則)	建議或準則	參考資料來源
PLS-SEM algorithm settings (演算設定)與軟體使用		
軟體使用	報告軟體的版本，來呈現預設的設定值	Ringle et al. 2005
潛在變數分數起始運算值	外部權重的起始計算值設為 1	Henseler 2010
Weighting scheme (權重機制)	使用 path weighting(路徑權重)機制	Henseler 2010；Henseler et al. 2009
停止疊代準則	外權重(outer weights) 兩次疊代的差異值加總 $<10^{-5}$	Wold 1982
最大疊代次數	300 次	Ringle et al. 2005
Parameter settings(參數設定)用來評估 Bootstrapping(拔靴法)結果		Efron 1981

Criterion (準則)	建議或準則	參考資料來源
Sign change option (符號改變選項)	使用 individual sign changes(各別符號的改變)	Henseler et al. 2009
Number of bootstrap samples (拔靴法取樣次數)	5,000；必須大於有效的樣本數	Hair et al. 2011
Number of bootstrap cases (拔靴案例數)	等於有效的樣本數	Hair et al. 2011
Blindfolding	使用於 cross-validated redundancy(交叉驗證重疊數)	Chin 1998; Geisser 1974; Stone 1974
Omission distance d (遺漏距離 d)	樣本數/d 不可以是整數；選用 $5 \leq d \leq 10$	Chin 1998
CTA-PLS Confirmatory (驗證性四價分析)	用來實證量測模式是反映性 reflective 或形成性 formative，5000次拔靴法抽樣，若是 non-redundant vanishing Tetrad 是顯著的不同於零(0)，就拒絕為反映性量測(reflective measurement)方式	Coltman et al. 2008; Gudergan et al. 2008
Multigroup comparison (多個組別的比較)	使用 distribution-free (自由分配)方式來比較多個組別	Sarstedt et al. 2011b
FIMIX-PLS (有限混合的偏最小平方)	異質性分析，常應用於市場區隔	Hahn et al. 2002; Sarstedt et al. 2011a
Stop criterion(停止準則)	ln(L)變動 $<10^{-15}$	Ringle et al. 2010a
Maximum number of iterations (最大疊代次數段的數量)	15,000 次	Ringle et al. 2010a
Number of segments(區隔)	聯合使用 AIC3 和 CAIC；也考慮 EN	Sarstedt et al. 2011a
Data characteristics (資料特性)		
General description of the sample (樣本的基本敘述)	使用至少「10倍問項的法則」於樣本大小	Barclay et al. 1995
Distribution of the sample (樣本的分配)	呈現 Skewness and Kurtosis 常態分配指標值	Cassel et al. 1999; Reinartz et al. 2009
Use of holdout sample (使用持有的樣本)	30%的原始樣本	Hair et al. 2010
資料提供	提供 correlation / covariance matrix(相關/共變異矩陣)或在線上提供原始資料	Hair et al. 2010
量測尺度的使用	建議：不要使用類別變數於內伸構面	Hair et al. 2010
Model characteristics (模式特性)		Hair et al. 2010

結構方程模式之反映性(Reflective)模式

Criterion (準則)	建議或準則	參考資料來源
結構模式/內模式的敘述	使用圖形來呈現內模式關係	Hair et al. 2010
量測模式/外模式的敘述	在附錄附上完整的問項	Hair et al. 2010
潛在變數的量測模式	使用 CTA-PLS 證實量測模式	Diamantopoulos et al. 2008; Gudergan et al. 2008; Jarvis et al. 2003
Outer model evaluation: reflective (外模式評估：反映性)		
Indicator reliability (問項信度)	標準化因素負荷量≥0.70，探索性研究的標準化因素負荷量≥0.40	Hulland 1999
Internal consistency reliability (內部一致性)	不要使用 Cronbach's alpha；請使用 composite reliability (CR) ≥ 0.70 (探索性研究的標準 CR ≥ 0.60)	Bagozzi and Yi 1988
Convergent validity (收斂效度)	AVE ≥ 0.50	Bagozzi and Yi 1988
Discriminant validity (區別效度)	使用 Fornell-Larcker 準則或 Cross loadings (交叉負荷量)	Fornell and Larcker 1981
Fornell-Larcker criterion (準則)	每個構面的 $\sqrt{AVE}$ 必須大於它與其他構面的相關	Fornell and Larcker 1981
Cross loadings (交叉負荷量)	每個問項最高負荷量應該在想量測的構面	Chin 1998; Gregoire and Fisher 2006
Outer model evaluation: formative (外模式評估：形成性)		
問項貢獻於構面	呈現 indicator weights (問項的權重)	Hair et al. 2011
Significance of weights (權重的顯著性)	呈現 t-values，p-values 或 standard errors	Hair et al. 2011
Multicollinearity (多元共線性)	VIF < 5 或 tolerance > 0.20; condition index <30	Hair et al. 2011
Inner model evaluation (內模式評估)		
R^2 (解釋力)	依據研究的主題內容而定	Hair et al. 2010
Effect size f^2 (效用值)	0.02、0.15、0.35 是弱的、中度的、強的效用	Cohen 1988

18-3

Criterion (準則)	建議或準則	參考資料來源
Path coefficient estimates (路徑係數估計)	使用拔靴法評估顯著性；提供信賴區間	Chin 1998; Henseler et al. 2009
Predictive relevance (預測相關性) Q^2 and q^2	使用 blindfolding，$Q^2 >0$ 顯示有預測相關性；q^2: 0.02、0.15、0.35 為弱的、中度的和強的預測相關性	Chin 1998; Henseler et al. 2009
Observed and unobserved heterogeneity (觀測和無法觀測的異質性)	考慮使用類別或連續的調節變數，使用先驗資訊或 FIMIX-PLS (有限混合的偏最小平方法)	Henseler and Chin 2010; Rigdon et al. 2010; Sarstedt et al. 2011a, b
Quality Indexes(品質指標)		Vinzi et al. 2010
共同性指標 (Communality index)	平均共同性指標 $\overline{Com}$ 用來測量整個量測模式的品質	Vinzi et al. 2010
重疊指標(redundancy index)	用平均重疊指標(Average redundancy index)量測一整個結構模式的品質	Vinzi et al. 2010
適配度(GoF)	適配度是用來測量模式的適配度 Test of model fit (estimated model) SRMR <95% bootstrap quantile (HI95 of SRMR) dUL <95% bootstrap quantile (HI95 of dULS) dG <95% bootstrap quantile (HI95 of dG) Approximate model fit (estimated model) SRMR <0.08 Approximate model fit (saturated model) SRMR <0.08	Henseler, J., Hubona, G., & Rai, A. (2016)

Effect size f^2 效用值：計算某一個構面的效用值(使用 R^2 解釋力的影響)，例如：Attitude 對 Intention 的效用值。

$$f^2_{ATT \to INT} = \frac{R^2_{included} - R^2_{excluded}}{1 - R^2_{included}}$$

例如：我們想計算 Attitude 對 Intention 的效用值 f^2

1. 計算包含(included) Attitude 的 R^2 (if Intention R^2 =0.5)
2. 計算排除(excluded) Attitude 的 R^2 (if Intention R^2 =0.4)

Attitude 對 Intention 的效用值 $f^2_{ATT\rightarrow INT} = \dfrac{0.5 - 0.4}{1 - 0.5} = 0.2$

Blindfolding 用來預測相關性：將資料矩陣分隔成 G 群，估計 G 次，一次省略一組的資料不納入分析，再使用模式估計預測省略的部分，Blindfolding 是使用 Q^2 計算來預測相關性 q^2 效用值。

預測相關性 Effect size q^2 效用值：計算某一個構面預測相關性的效用值(使用 Q^2)，例如：Attitude 對 Intention 的效用值。

$$q^2_{ATT\rightarrow INT} = \dfrac{Q^2 \text{induded} - Q^2 \text{excluded}}{1 - Q^2 \text{included}}$$

例如：我們想計算 Attitude 對 Intention 預測相關性的效用值 q^2

1. 計算包含(included) Intention 的 Q^2 (if Intention Q^2 =0.4)
2. 計算排除(excluded) Attitude 的 Q^2 (if Intention Q^2 =0.2)

Attitude 對 Intention 的預測相關性的效用值

$$q^2_{ATT\rightarrow INT} = \dfrac{Q^2 \text{included} - Q^2 \text{excluded}}{1 - Q^2 \text{included}} = \dfrac{0.6 - 0.4}{1 - 0.6} = 0.5$$

Quality Indexes (品質指標)：

PLS-SEM 提供了三種品質指標來驗證研究模式，分別是 Communality index 共同性指標，redundancy index 重疊指標和 Goodness of Fit (GoF) index 適配度指標。

■ 共同性指標(Communality index)：

共同性指標是量測一個區塊內(block)變數的變異被潛在變數分數解釋了多少，也就是平均相關係數的平方，也可以是標準化因素負荷量的平方。

$$Com_q = \dfrac{1}{P_q}\sum_{P=1}^{P_q} cor^2(X_{pq}, \widehat{\xi}_q) \forall_q : P_q > 1$$

$$\overline{Com} = \dfrac{1}{\sum_{q:p_q>1} P_q} \sum_{q:p_q>1} P_q Com_q$$

P_q：量測變數

q：模式的區塊(Block)

cor：相關係數

- **Com**：用來量測整個量測模式的品質重疊指標(redundancy index)：

重疊指標計算第 jth 內伸區塊的變數變異被潛在變數直接連接到的區塊(Block)解釋了多少，換句話說，量測模式對結構模式中一個構面的預測效用。

$$Red_j = comj \cdot XR^2(\hat{\xi}_j, \hat{\xi}_q : \xi_q \to \xi_j)$$

一整個結構模式的品質量測可以用平均重疊指標(Average redundancy index)所量測如下：

$$\overline{Red} = \frac{1}{J}\sum_{j=1}^{J} Red_j$$

j：內伸潛在變數的總數

Standardized Root Mean Square Residual (SRMR) index 標準化均方根殘差適配度指標符合下列指標 Henseler, J., Hubona, G., & Rai, A. (2016)：

Test of model fit (estimated model)
SRMR <95% bootstrap quantile (HI95 of SRMR)
dUL <95% bootstrap quantile (HI95 of dULS)
dG <95% bootstrap quantile (HI95 of dG)

Approximate model fit (estimated model)　SRMR <0.08
Approximate model fit (saturated model)　SRMR <0.08

參考文獻：

- Bagozzi, R.P., and Yi, Y. 1988. "On the evaluation of structural equation models," *Journal of the Academy of Marketing Science* (16:1), pp.74–94.

- Barclay, D.W., Higgins, C.A., and Thompson, R. 1995. "The partial least squares approach to causal modeling: personal computer adoption and use as illustration," *Technology Studies* (2:2)，pp. 285-309.

- Cassel, C., Hackl, P., and Westlund, A.H. 1999. "Robustness of partial least-squares method for estimating latent variable quality structures," *Journal of Applied Statistics* (26:4), pp. 435-446.

- Chin, W. W. 1998. "The partial least squares approach to structural equation modeling," in *Modern methods for business research*, G.A. Marcoulides (ed.), Mahwah, New Jersey: Lawrence Erlbaum Associates, pp. 295-336.

- Cohen, J. 1988. *Statistical power analysis for the behavioral sciences.* Hillsdale, New Jersey: Lawrence Erlbaum Associates.

- Coltman, T., Devinney, T.M., Midgley, D.F., and Venaik, S. 2008. "Formative versus reflective measurement models: two applications of formative measurement," *Journal of Business Research* (61:12), pp. 1250-1262.

- Diamantopoulos, A., Riefler, P., and Roth, K.P. 2008. "Advancing formative measurement models," *Journal of Business Research* (61:12), pp. 1203-1218.

- Efron, B. 1981. "Nonparametric estimates of standard error: the jackknife, the bootstrap and other methods," *Biometrika* (68:3), pp. 589-599.

- Fornell, C.G., and Larcker, D.F. 1981. "Evaluating structural equation models with unobservable variables and measurement error," *Journal of Marketing Research* (18:1), pp. 39-50.

- Geisser, S. 1974. "A predictive approach to the random effects model," *Biometrika* (61:1), pp. 101-107.

- Gregoire, Y., and Fisher, R.J. 2006. "The effects of relationship quality on customer retaliation," *Marketing Letters* (17:1), pp. 31-46.

- Gudergan, S.P., Ringle, C.M., Wende, S., and Will, A. 2008. "Confirmatory tetrad analysis in PLS path modeling," *Journal of Business Research* (61:12), pp. 1238-1249.

- Hahn, C., Johnson, M.D., Herrmann, A., and Huber, F. 2002. "Capturing customer heterogeneity using a finite mixture PLS approach," *Schmalenbach Business Review* (54:3), pp. 243-269.

- Hair, J.F., Black, W.C., Babin, B.J., and Anderson, R. E. 2010. *Multivariate data analysis* (7th ed.). Englewood Cliffs: Prentice Hall.

- Hair, J.F., Ringle, C.M., and Sarstedt, M. 2011. "PLS-SEM: indeed a silver bullet," *Journal of Marketing Theory and Practice* (19:2), pp. 139-151.

- Henseler, J. 2010. "On the convergence of the partial least squares path modeling algorithm," *Computational Statistics* (25:1), pp. 107-120.

- Henseler, J., and Chin, W.W. 2010. "A comparison of approaches for the analysis of interaction effects between latent variables using partial least squares path modeling," *Structural Equation Modeling: A Multidisciplinary Journal* (17:1), pp. 82-109.

- Henseler, J., Ringle, C.M., and Sinkovics, R.R. 2009. "The use of partial least squares path modeling in international marketing," *Advances in international marketing* (20), pp. 277-319.

- Hulland, J. 1999. "Use of partial least squares (PLS) in strategic management research: a review of four recent studies," *Strategic Management Journal* (20:2), pp. 195-204.

- Jarvis, C.B., MacKenzie, S.B., and Podsakoff, P.M. 2003. "A critical review of construct indicators and measurement model misspecification in marketing and consumer research," *Journal of Consumer Research* (30:2), pp. 199-218.

- Rigdon, E.E., Ringle, C.M., and Sarstedt, M. 2010. "Structural modeling of heterogeneous data with partial least squares," in *Review of Marketing Research (7)*，N. K. Malhotra (ed.), pp. 255-296.

- Ringle, C., Wende, S., and Will, A. 2005. *SmartPLS 2.0* (Beta). Hamburg，Germany (www.smartpls.de).

- Ringle, C.M., Sarstedt, M., and Mooi, E.A. 2010. "Response-based segmentation using finite mixture partial least squares: theoretical foundations and an application to American Customer Satisfaction Index data," *Annals of Information Systems* (8), pp. 19-49.

- Sarstedt, M., Becker, J.-M., Ringle, C.M., and Schwaiger, M. 2011a. "Uncovering and treating unobserved heterogeneity with FIMIXPLS: which model selection criterion provides an appropriate number of segments?" *Schmalenbach Business Review* (63:1), pp. 34- 62.

- Sarstedt, M., Henseler, J., and Ringle, C.M. 2011b. "Multi-group analysis in partial least squares(PLS) path modeling: Alternative methods and empirical results," *Advances in International Marketing* (22:S), pp. 195-218.

- Sarstedt, M., and Ringle, C.M. 2010. "Treating unobserved heterogeneity in PLS path modeling: a comparison of FIMIX-PLS with different data analysis strategies," *Journal of Applied Statistics* (37:7–8), pp. 1299–1318.

- Stone, M. 1974. "Cross-validatory choice and assessment of statistical predictions," *Journal of the Royal Statistical Society* (36:2), pp. 111-147.

- Vinzi, V.E., Chin, W.W., Henseler, J., and Wang, H. 2010. *Handbook of Partial Least Squares: Concepts, Methods and Applications*, Berlin, Germany: Springer-Verlag.

- Wetzels, M., Odekerken-Schroder, G., and van Oppen, C. 2009. "Using PLS Path Modeling for Assessing Hierarchical Construct Models: Guidelines and Empirical Illustration," *MIS Quarterly*, (33: 1), pp.177-195.

- Wold, H. 1982. "Soft modeling: The basic design and some extensions," in *Systems under indirect observations: Part II*, K. G. Joreskog and H. Wold (eds.), Amsterdam: North- Holland, pp. 1-54.

18-2 PLS-SEM 研究(論文)需要呈現的內容

我們整理由 Gefen, Rigdon, and Straub (2011)和 Ringle, Sarstedt, and Straub (2012)所提供關於變異形式結構方程模式(Variance-based SEM: PLS-SEM)的基本內容，以提供研究者與閱讀者能有一套清單、準則來瞭解 SEM 研究需要什麼樣的內容，如下：

Source 1: Gefen, D., Rigdon, E. E., and Straub, D. (2011). An Update and Extension to SEM Guidelines for Administrative and Social Science Research, *MIS Quarterly* (35:2), pp iii-A7.

Source 2: Ringle, C.M., Sarstedt, M., and Straub, D.W. (2012). Editor's comments: a critical look at the use of PLS-SEM in MIS quarterly. *MIS Q., 36*(1), iii-xiv.

變異形式結構方程模式(Varianced-based SEM: PLS-SEM)研究論文須具備的內容－
(PLS: SmartPLS、PLS-Graph、VisualPLS)

- 研究論文中的內容：
  1. 為何本研究要使用 PLS
  2. 解釋問項被刪除的原因
  3. 比較飽和模式(saturated model)
- 表格或附件必須呈現的內容：
  平均數、標準差、相關係數、組合信度、平均變異萃取、效度、解釋力、T-value
- 建議補充內容
  1. 共同方法偏差分析(Common method bias analysis)
  2. 無回應偏差(Non-response bias analysis)
  3. 選用一階或二階構面的原因
  4. 交互效果的驗證
  5. 共線性
  6. 內生性

反映性 Reflective 和形成性 Formative 量測(Measurement)/外(Outer)模式需要呈現的內容如下：

反映性 Reflective 量測(Measurement)/外(Outer)模式呈現的內容
Indicator loading 因素負荷量
Internal Consistency 內部一致性：Composite Reliability and/or Cronbach's Alpha
Convergent validity：收斂效度：AVE
Discriminant Validity：區別效度 Fornell-Larcker Criterion and/or Cross-loading and/or HTMT

形成性 Formative 量測(Measurement)/外(Outer)模式需要呈現的內容
Indicator weights 因素權重
Significance of Weight 權重的顯著性（包含 Significant level 顯著水準 t-Value/ p-value）
Multicollinearity 共線性：VIF/Tolearance (建議)
Internal Consistency 內部一致性：Composite Reliability and/or Cronbach's Alpha
Discriminant Validity：區別效度 Fornell-Larcker Criterion and/or Cross-loading and/or HTMT

結構模式(Structural model)/內(Inner model)模式需要呈現的內容如下：
Path Coefficients：路徑係數
Significance of Path Coefficients：路徑係數的顯著性(包含 Significant level 顯著水準 t-Value/ p-value)
Total effects:總效果(直接效果+間接效果)
Coefficient of determination：R^2 解釋力

18-3 PLS-SEM 實例 – 量表的設計與問卷的回收

本研究目的在探討高階主管支持、團隊合作、ERP 系統品質與使用者滿意度之關聯性，以及各因素間的因果關係。經由相關文獻之理論探討，建立初步的研究模式，再經由實證分析與研究，而獲得了本研究最後整體架構關係路徑圖之結果。

SEM 的全名是 Structural Equation Modeling(結構方程模式) 是一種統計的方法學，早期的發展與心理計量學和經濟計量學息息相關，之後，逐漸受到社會學的重視，是多用途的多變量分析技術。在使用 Structural Equation Modeling(結構方程模式)時，

需要有測量的工具 – 量表，量表對於社會科學研究中從事量化研究的人員而言，是相當重要的一環，少了量表，我們就無法作到量化的效果，從事社會科學研究的人員常常會遇到在進行問卷調查設計時，發現自行發展量表並不是一件容易的事，必須經過嚴謹的處理，才能發展出一份適當的、穩定的量表，因此，我們可以借用發展成熟的量表，來進行量測，我們整理問卷發展的步驟如下：

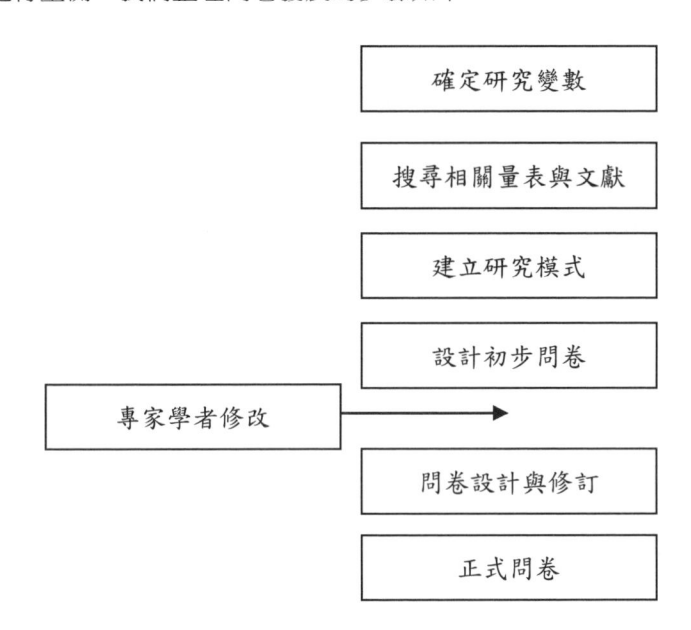

圖一：問卷發展的步驟

問卷結構分為六個部分，以李克特五尺度法(Likert Scale)將程度分為五尺度衡量。在資料編碼上，依照答卷者勾選的程度強弱由 1~5 進行編碼，例如極不同意則編碼為1，而非常同意則編碼為 5。綜合以上述，本研究的問項問卷結構以及操作化參考來源如下表所示：

表一：本研究問卷結構以及參考來源

構面	問項參考來源	問卷對應選項
高階主管支持	McDonald & Eastlack (1971)	ERP 專案團隊的運作-A 部分
團隊合作	Lee & Choi (2003)	ERP 專案團隊的運作-B 部分
系統品質	Wixom & Waston(2001)	大型 ERP 系統的開發/使用-A 部分
資訊品質	Rai et al. (2002)	大型 ERP 系統的開發/使用-B 部分
服務品質	Pitt et al.(1995)	大型 ERP 系統的開發/使用-C 部分
使用者滿意度	Bailey & Pearson (1983)	大型 ERP 系統的開發/使用-D 部分

我們發展的問卷內容如下表：

表二：問卷內容

【ERP 專案團隊的運作】					
A. 他們(她們)在參與專案時，您覺得：	非常不同意	有些不同意	普通	比較同意	非常同意
1. 對 ERP 系統開發給予明確的規範	☐	☐	☐	☐	☐
2. 參與 ERP 系統開發與建置團隊人選的指派	☐	☐	☐	☐	☐
3. 制定新 ERP 系統做與不做的標準	☐	☐	☐	☐	☐
B. 團隊合作方面，我們專案小組的成員					
4. 對於合作的程度是滿意	☐	☐	☐	☐	☐
5. 對專案是支持的	☐	☐	☐	☐	☐
6. 對跨部門的合作是很有意願	☐	☐	☐	☐	☐
【大型 ERP 系統的開發／使用】					
C. 對於系統的品質，您覺得	非常不同意	有些不同意	普通	比較同意	非常同意
7. ERP 系統可以有效地整合來自不同部門系統的資料	☐	☐	☐	☐	☐
8. ERP 系統的資料在很多方面是適用的	☐	☐	☐	☐	☐
9. ERP 系統可以有效地整合組織內各種型態的資料	☐	☐	☐	☐	☐
D. 對於資訊的品質，您覺得					
10. 提供精確的資訊	☐	☐	☐	☐	☐
11. 提供作業上足夠的資訊	☐	☐	☐	☐	☐
E. 對於資訊部門的服務，您覺得					
12. 會在所承諾的時間內提供服務	☐	☐	☐	☐	☐
13. 堅持作到零缺點服務	☐	☐	☐	☐	☐
14. 總是願意協助使用者	☐	☐	☐	☐	☐
F. 就使用者滿意而言，您覺得					
15. 滿意 ERP 系統輸出資訊內容的完整性	☐	☐	☐	☐	☐
16. ERP 系統是容易使用	☐	☐	☐	☐	☐
17. ERP 系統的檔是有用的	☐	☐	☐	☐	☐

本研究問卷共發出 957 份，回收 372 份，扣除填答不全與胡亂填答之無效問卷 22 份，有效問卷 350 份，有效回收率為 36.57 %。

18-4 結構方程模式之反映性(Reflective)模式範例

我們的研究模式是「高階主管支持」與強化 ERP 專案團隊的「團隊合作」有正向關係,「團隊合作」對「系統品質」、「資訊品質」和「服務品質」有正向之直接影響,「系統品質」、「資訊品質」和「服務品質」對「使用者滿意度」有正向之直接影響,研究的模式如下圖:

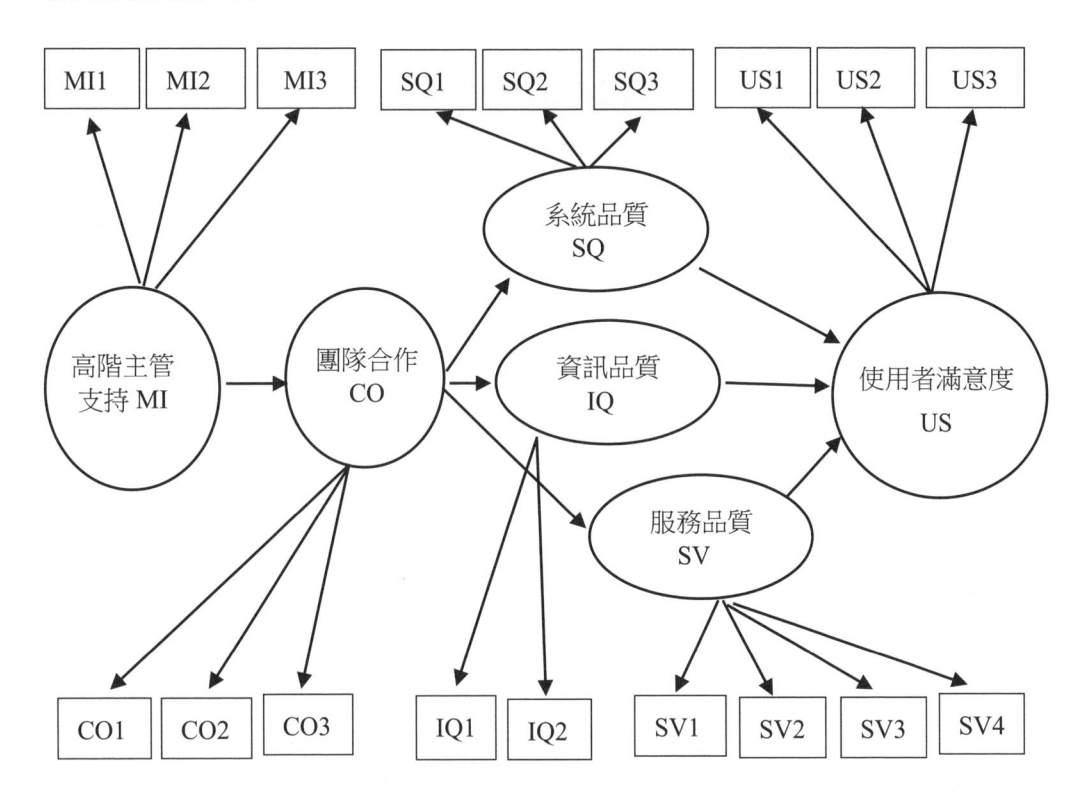

高階主管支持 MI、團隊合作 CO、系統品質 SQ、資訊品質 IQ、服務品質 SV、使用者滿意度 US。

請先將範例檔 Ch18\SEM 複製到 C: \SEM,反映性(Reflective)範例,實務操作步驟如下:

1. 點擊【New project】來建立新的專案。

   按這裏

2. 輸入名稱(以 PLSRSEM 為例)，輸入完成點擊【Create】。

   ①按這裏

   ②按這裏

3. 用滑鼠連按兩下圖中的選項來匯入資料

   滑鼠連按兩下

結構方程模式之反映性(Reflective)模式 **18**

4. 找到範例文檔(在 C:\SEM，本章以 PLSSEM.xlsx 為例)，點擊【開啟】。

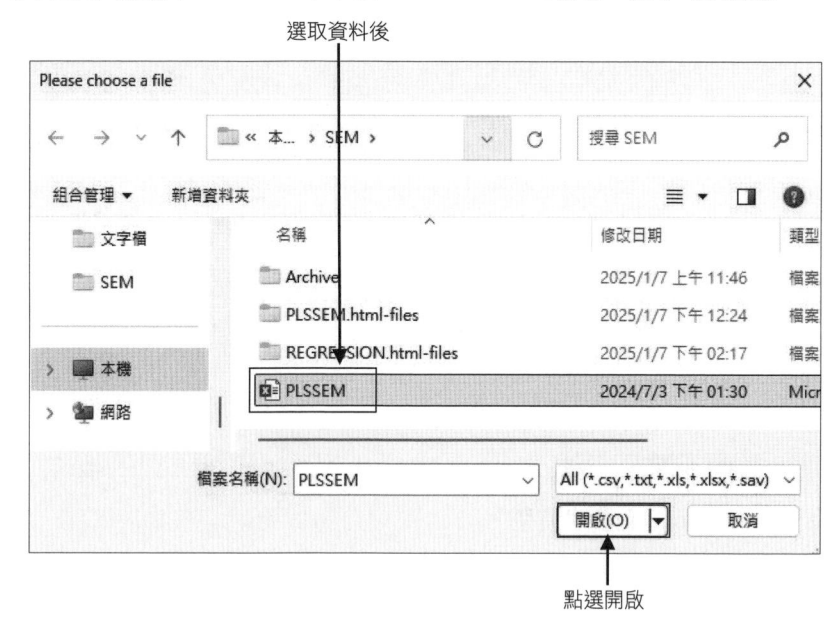

選取資料後

點選開啟

5. 出現資料導入介面，選擇要導入的變數，點擊【Import】。

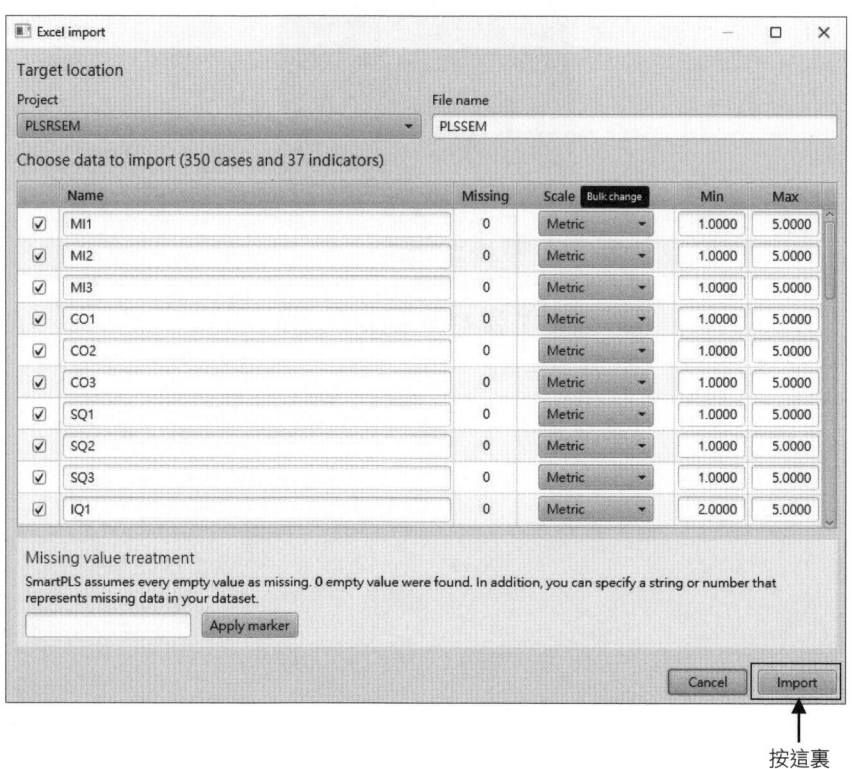

按這裏

18-15

6. 輸入完成後，顯示資料內容畫面如下圖。

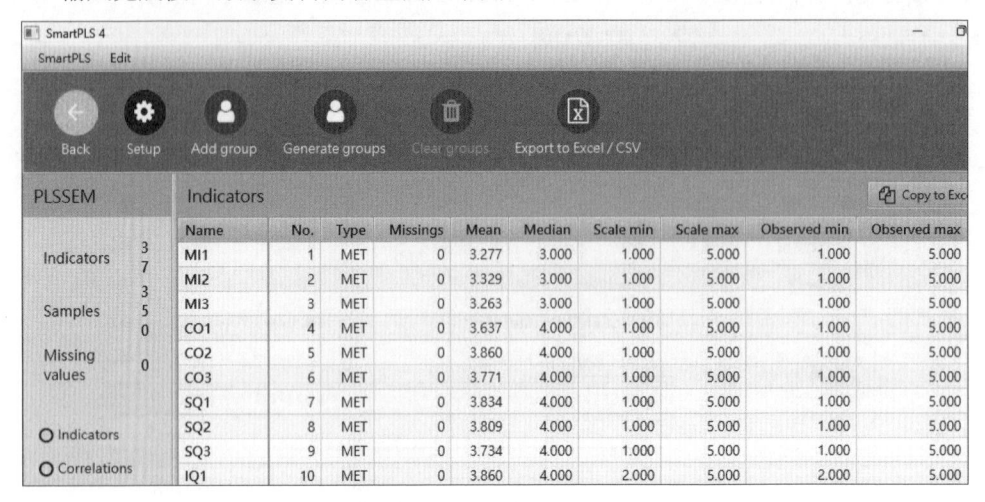

Name	No.	Type	Missings	Mean	Median	Scale min	Scale max	Observed min	Observed max
MI1	1	MET	0	3.277	3.000	1.000	5.000	1.000	5.000
MI2	2	MET	0	3.329	3.000	1.000	5.000	1.000	5.000
MI3	3	MET	0	3.263	3.000	1.000	5.000	1.000	5.000
CO1	4	MET	0	3.637	4.000	1.000	5.000	1.000	5.000
CO2	5	MET	0	3.860	4.000	1.000	5.000	1.000	5.000
CO3	6	MET	0	3.771	4.000	1.000	5.000	1.000	5.000
SQ1	7	MET	0	3.834	4.000	1.000	5.000	1.000	5.000
SQ2	8	MET	0	3.809	4.000	1.000	5.000	1.000	5.000
SQ3	9	MET	0	3.734	4.000	1.000	5.000	1.000	5.000
IQ1	10	MET	0	3.860	4.000	2.000	5.000	2.000	5.000

7. 點擊【Create model】創建模型。

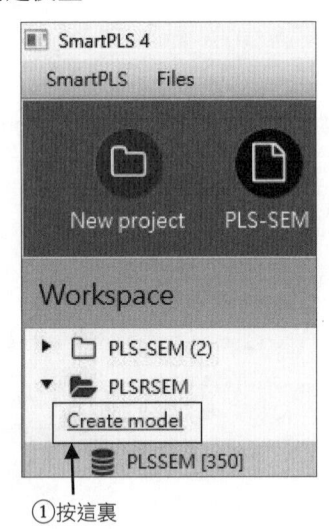

①按這裏

結構方程模式之反映性(Reflective)模式 **18**

8. 點擊【Model type】選擇 PLS-SEM，並將【Model name】命名為 PLSRSEM。再點擊【Save】以創建模型。

①按這裏

New model

Project
PLSRSEM

Model type
PLS-SEM

Model name
PLSRSEM

Cancel　　Save

②按這裏

9. 建立 MI、CO、SQ、IQ、SV、US 構面，並選入題項。

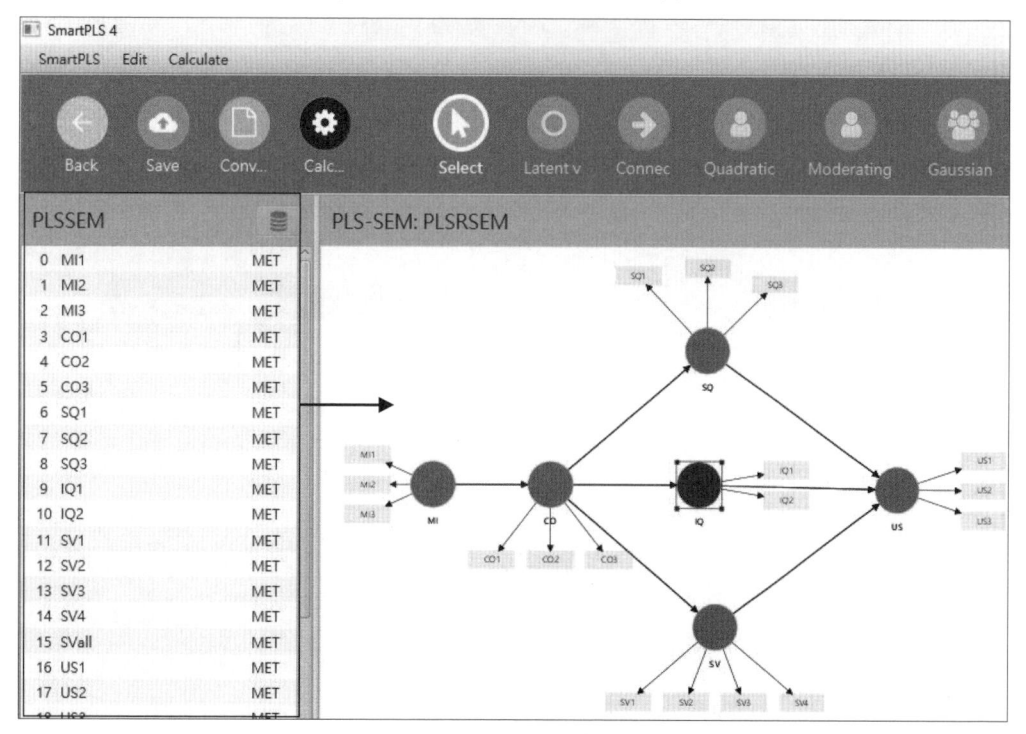

18-17

10. 點擊【Calculate】，我們需要路徑係數、解釋力 R 方，選擇【PLS-SEM algorithm】。

11. 勾選【Open report】，點擊【Start calculation】。

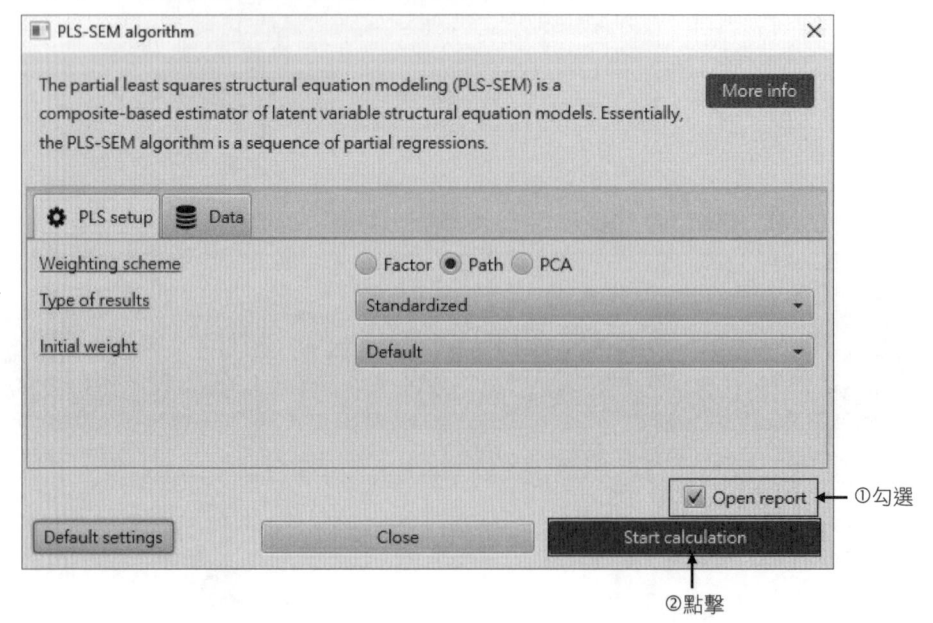

結構方程模式之反映性(Reflective)模式 **18**

12. 結果如下圖。需點擊【Structural model】選擇【Path coeffidcients】，以查看路徑係數。另外點擊【Measurement model】，選擇【Outer weights/loadings】，以查看因素負荷量。

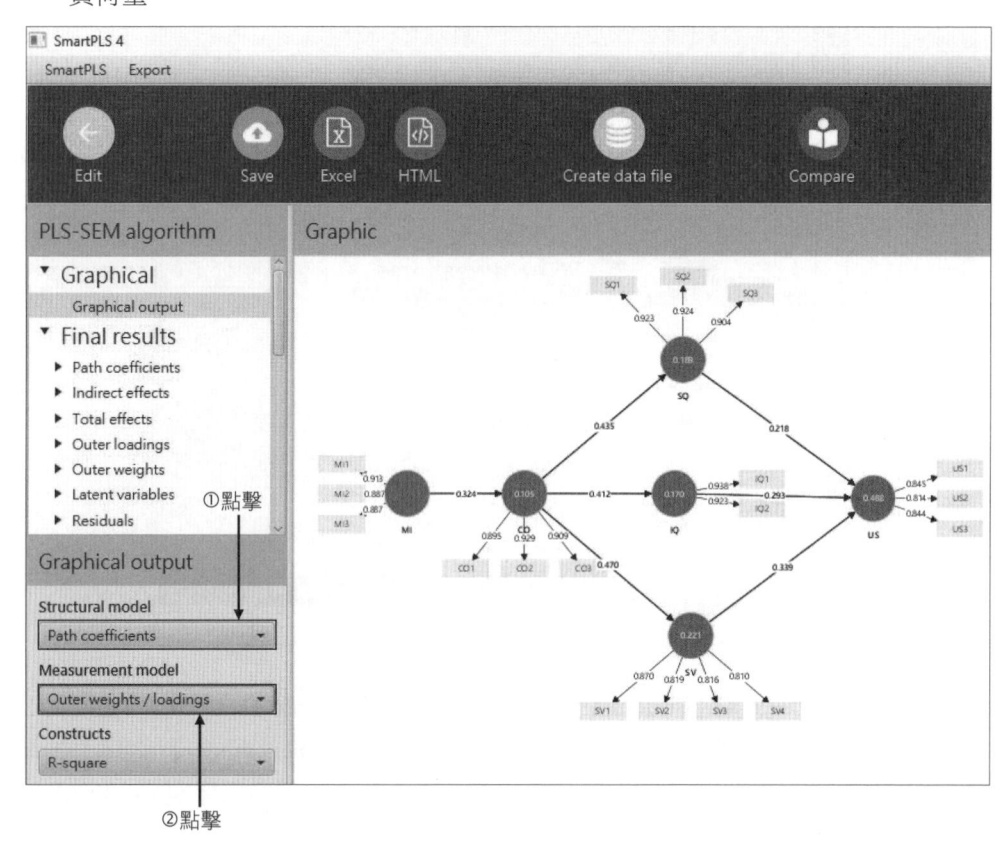

13. 點擊【Calculate】，我們需要統計檢定值，如：t 值、P value，選擇【Bootstrapping】。

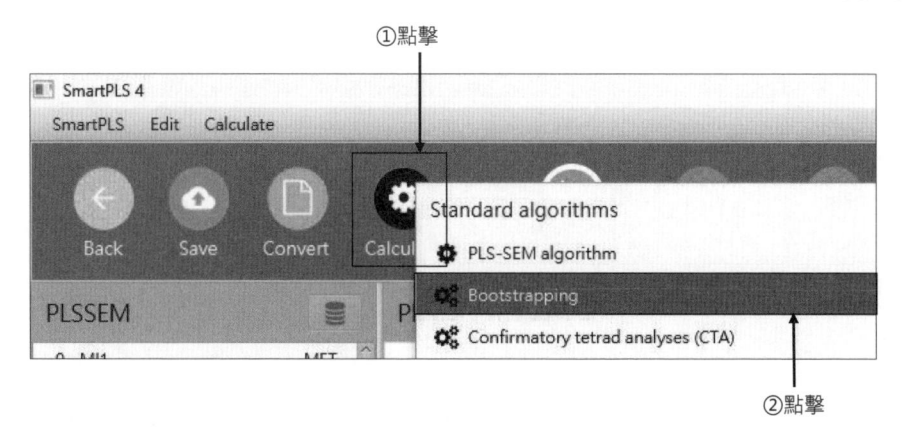

18-19

14. 將【Subsamples】修正為 10000。勾選【Open report】，點擊【Start calculation】。

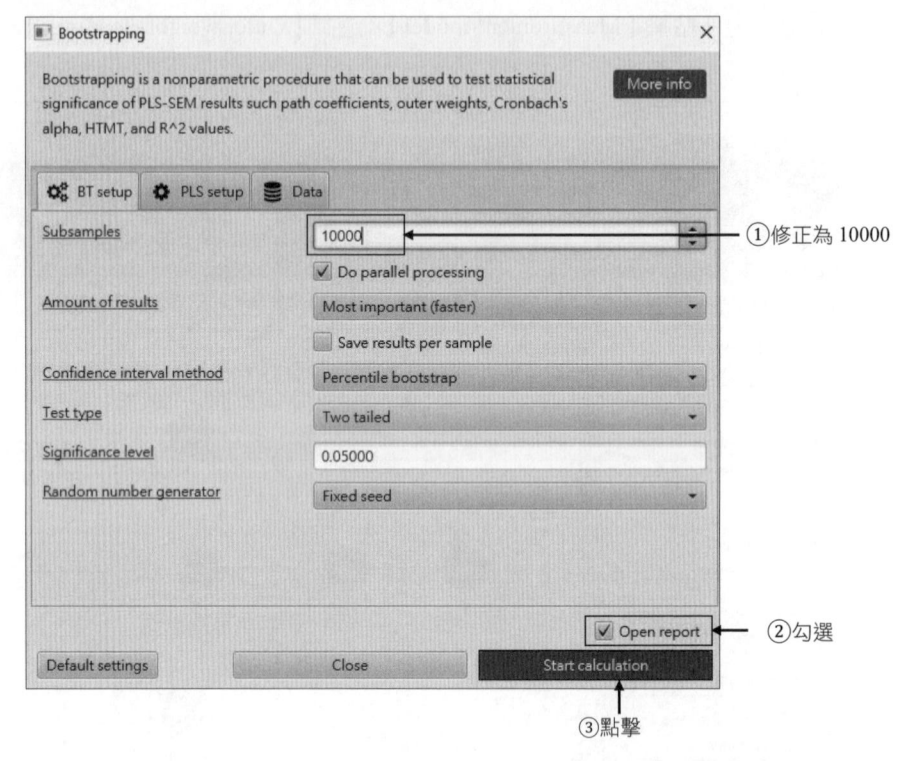

   ①修正為 10000
   ②勾選
   ③點擊

15. 計算完成後，需點擊【Structural model】選擇【Standardized - Path coefficients and t values】，以查看路徑係數與 t 值。另外，點擊【Measurement model】，選擇【Outer weights/loadings and t values】，以查看因素負荷量與 t 值。最後點擊，【Constructs】，選擇【R-square】，以查看構面解釋力。

結構方程模式之反映性(Reflective)模式 **18**

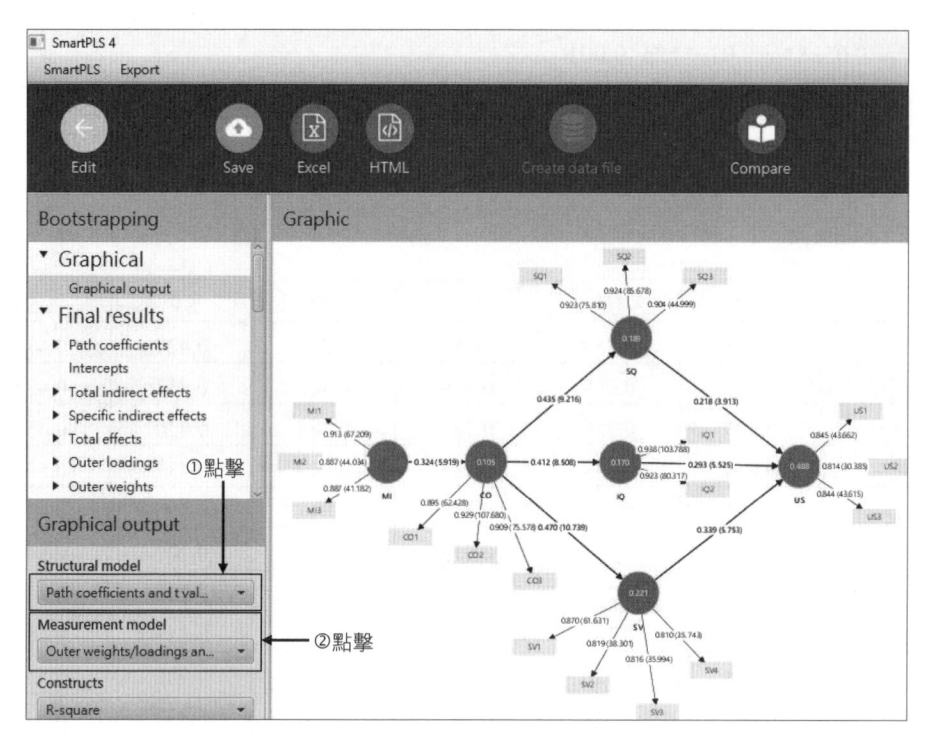

我們整理需要的路徑係數和解釋力 R^2 如下：

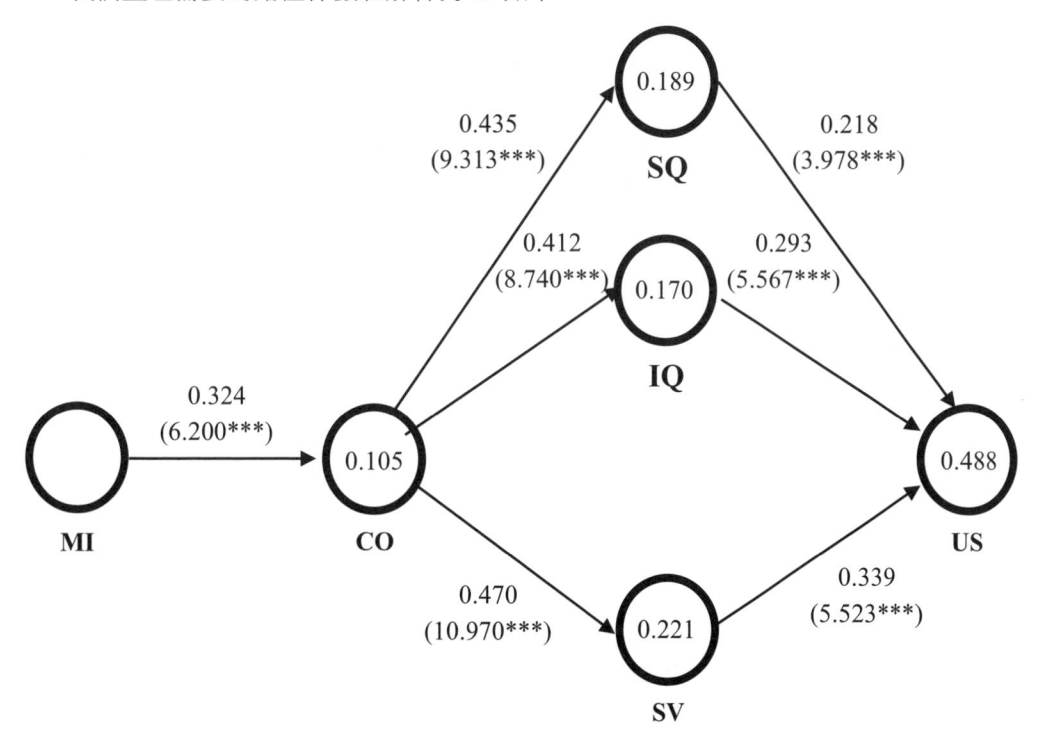

18-21

*p<0.05, **p<0.01, ***p<0.001
(*t=1.96, **t=2.58, ***t=3.29)

計算完成後，需要整理的結果如下：

Cross Loadings

	CO	IQ	MI	SQ	SV	US
CO1	0.895	0.389	0.281	0.398	0.427	0.471
CO2	0.929	0.379	0.319	0.406	0.437	0.485
CO3	0.909	0.359	0.284	0.385	0.420	0.455
IQ1	0.370	0.938	0.223	0.617	0.437	0.597
IQ2	0.399	0.923	0.181	0.613	0.395	0.495
MI1	0.349	0.193	0.913	0.240	0.242	0.249
MI2	0.245	0.209	0.887	0.207	0.248	0.207
MI3	0.255	0.185	0.887	0.164	0.251	0.181
SQ1	0.418	0.626	0.188	0.923	0.408	0.516
SQ2	0.415	0.631	0.192	0.924	0.433	0.544
SQ3	0.361	0.556	0.262	0.904	0.393	0.489
SV1	0.392	0.386	0.192	0.358	0.870	0.517
SV2	0.449	0.328	0.291	0.341	0.819	0.461
SV3	0.355	0.372	0.231	0.381	0.816	0.448
SV4	0.357	0.406	0.194	0.417	0.810	0.456
US1	0.401	0.547	0.219	0.479	0.496	0.845
US2	0.497	0.438	0.152	0.458	0.469	0.814
US3	0.400	0.484	0.231	0.475	0.457	0.844

Heterotrait-Monotrait Ratio (HTMT)

	CO	IQ	MI	SQ	SV	US
CO						
IQ	0.474					
MI	0.355	0.252				
SQ	0.481	0.753	0.257			
SV	0.537	0.530	0.318	0.514		
US	0.619	0.718	0.285	0.669	0.696	

Model_Fit

Fit Summary	Saturated Model	Estimated Model
SRMR	0.049	0.131
d_ULS	0.409	2.915
d_G	0.382	0.511
Chi-Square	644.019	792.454
NFI	0.836	0.798

Discriminant Validity

Fornell-Larcker Criterion

	CO	IQ	MI	SQ	SV	US
CO	0.911					
IQ	0.412	0.931				
MI	0.324	0.218	0.896			
SQ	0.435	0.661	0.231	0.917		
SV	0.470	0.448	0.274	0.449	0.829	
US	0.517	0.589	0.241	0.564	0.568	0.834

Construct Reliability and Validity

	Cronbach's Alpha	rho_A	Composite Reliability	Average Variance Extracted (AVE)
CO	0.898	0.899	0.936	0.830
IQ	0.846	0.852	0.928	0.866
MI	0.879	0.915	0.924	0.802
SQ	0.906	0.909	0.941	0.841
SV	0.848	0.851	0.898	0.688
US	0.782	0.784	0.873	0.696

Outer Loadings

	Original Sample (O)	Sample Mean (M)	Standard Deviation (STDEV)	T Statistics (|O/STDEV|)	P Values
CO1 <- CO	0.895	0.895	0.014	63.739	0.000
CO2 <- CO	0.929	0.928	0.008	111.766	0.000
CO3 <- CO	0.909	0.908	0.012	73.266	0.000

IQ1 <- IQ	0.938	0.938	0.009	102.028	0.000
IQ2 <- IQ	0.923	0.923	0.011	80.616	0.000
MI1 <- MI	0.913	0.914	0.013	68.758	0.000
MI2 <- MI	0.887	0.883	0.021	41.346	0.000
MI3 <- MI	0.887	0.885	0.021	42.792	0.000
SQ1 <- SQ	0.923	0.923	0.012	75.737	0.000
SQ2 <- SQ	0.924	0.924	0.011	83.259	0.000
SQ3 <- SQ	0.904	0.905	0.019	47.174	0.000
SV1 <- SV	0.870	0.870	0.015	59.124	0.000
SV2 <- SV	0.819	0.816	0.022	37.486	0.000
SV3 <- SV	0.816	0.816	0.022	36.366	0.000
SV4 <- SV	0.810	0.810	0.022	36.464	0.000
US1 <- US	0.845	0.844	0.019	45.037	0.000
US2 <- US	0.814	0.812	0.026	31.421	0.000
US3 <- US	0.844	0.843	0.020	42.787	0.000

Path Coefficients

	CO	IQ	MI	SQ	SV	US
CO		0.412		0.435	0.470	
IQ						0.293
MI	0.324					
SQ						0.218
SV						0.339
US						

總效應

	CO	IQ	MI	SQ	SV	US
CO		0.412		0.435	0.470	0.375
IQ						0.293
MI	0.324	0.134		0.141	0.152	0.121
SQ						0.218
SV						0.339
US						

結構模式

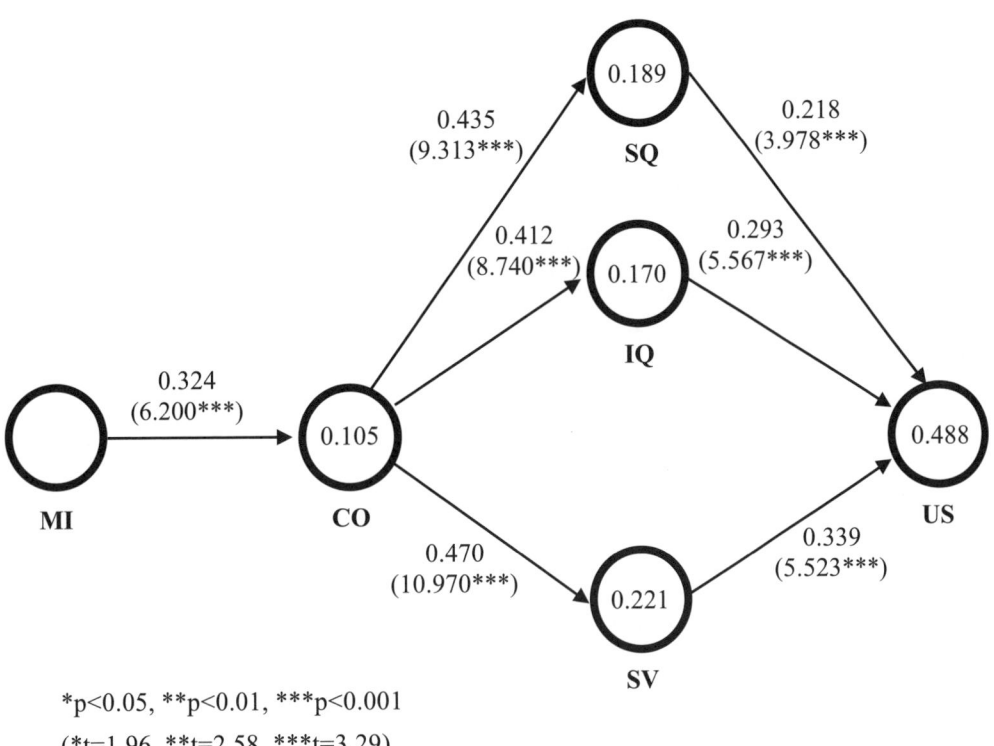

```
       0.435           0.218
      (9.313***)      (3.978***)
            ↗ (0.189) ↘
              SQ
       0.412           0.293
      (8.740***)      (5.567***)
            ↗ (0.170) ↘
  0.324         IQ
 (6.200***)
(MI) ──→ (0.105)              (0.488)
         CO                     US
       0.470           0.339
      (10.970***)     (5.523***)
            ↘ (0.221) ↗
              SV
```

*p<0.05, **p<0.01, ***p<0.001
(*t=1.96, **t=2.58, ***t=3.29)

報表整理結果如下：

本研究有高階主管支持、團隊合作、系統品質、資訊品質、服務品質和使用者滿意度等六個潛在變數，我們整理輸出報表結果如下：

構面	問項	因素負荷量	T-value	CR	AVE	Cronbachs' Alpha	構面
MI	MI1	0.913	65.368	0.924	0.802	0.879	0.924
	MI2	0.887	44.129				
	MI3	0.887	39.086				
CO	CO1	0.895	58.020	0.936	0.830	0.898	0.936
	CO2	0.929	104.619				
	CO3	0.909	73.044				

構面	問項	因素負荷量	T-value	CR	AVE	Cronbachs' Alpha	構面
SQ	SQ1	0.923	76.731	0.941	0.841	0.906	0.941
	SQ2	0.924	85.758				
	SQ3	0.904	46.575				
IQ	IQ1	0.939	103.436	0.928	0.866	0.846	0.928
	IQ2	0.923	79.357				
SV	SV1	0.870	60.611	0.898	0.688	0.848	0.898
	SV2	0.819	38.139				
	SV3	0.816	35.541				
	SV4	0.810	36.677				
US	US1	0.845	47.261	0.873	0.696	0.782	0.873
	US2	0.814	29.896				
	US3	0.844	42.704				

信效度分析

內容效度(content validity)係指測量工具內容的適切性，若測量內容涵蓋本研究所要探討的架構及內容，就可說是具有優良的內容效度(Babbie 1992)。然而，內容效度的檢測相當主觀，假若問項內容能以理論為基礎，並參考學者類似研究所使用之問卷加以修訂，並且與實務從業人員或學術專家討論，即可認定具有相當的內容效度。本研究的問卷參考來源全部引用國外學者曾使用過的衡量項目並根據本研究需求加以修改，並與專家討論，經由學者對其內容審慎檢視。因此，依據前述準則，本研究使用之衡量工具應符合內容效度之要求。

本研究係針對各測量模型之參數進行估計。檢定各個變項與構面的信度及效度。在收斂效度方面，Hair et al. (1998)提出必須考量個別項目的信度、潛在變項組成信度與潛在變項的平均變異萃取等三項指標，若此三項指標均符合，方能表示本研究具收斂效度。

一、個別項目的信度(Individual Item Reliability)：考慮每個項目的信度，亦即每個顯性變數能被潛在變數所解釋的程度，Hair et al. (1992)建議因素負荷應該都在 0.5 以上，本研究所有觀察變項之因素負荷值皆大於 0.5，表示本研究的測量指標具有良好信度。

二、潛在變項組成信度(Composite Reliability, CR)：指構面內部變數的一致性，若潛在變項的 CR 值越高，其測量變項是高度相關的，表示他們都在衡量相同的潛在變項，愈能測出該潛在變項。一般而言，其值須大於 0.7 (Hair et al. 1998)，本研究中之潛在變項的組成信度值皆大於 0.8，表示本研究的構面具有良好的內部一致性。

三、平均變異萃取(Average Variance Extracted; AVE)：測量模式分析係基於檢定模式中兩種重要的建構效度：收斂效度(convergent validity)及區別效度(discriminant validity)。平均變異萃取(AVE)代表觀測變數能測得多少百分比潛在變數之值，不僅可用以評判信度，同時亦代表收斂效度(Discriminate validity)，Fornell & Larcker (1981)建議 0.5 為臨界標準，表示具有「收斂效度」，由【上表】之平均變異萃取(AVE)值可看出，本研究之 AVE 介於 0.696~0.866，六個構面的平均變異萃取(AVE)皆大於 0.5 表示具有「收斂效度」。

區別效度 Discriminant Validity：

Fornell-Larcker Criterion

	CO	IQ	MI	SQ	SV	US
CO	0.911					
IQ	0.412	0.931				
MI	0.324	0.218	0.896			
SQ	0.435	0.661	0.231	0.917		
SV	0.470	0.448	0.274	0.449	0.829	
US	0.517	0.589	0.241	0.564	0.568	0.834

* 說明：對角線是 AVE 的開根號值，非對角線為各構面間的相關係數。此值若大於水準列或垂直欄的相關係數值，則代表具備區別效度。

　　由上表可得各構面 AVE 值皆大於構面間共用變異值，表示本研究構面潛在變項的平均變異抽取量之平方根值大於相關係數值，故顯示各構面應為不同的構面，具有「區別效度」。

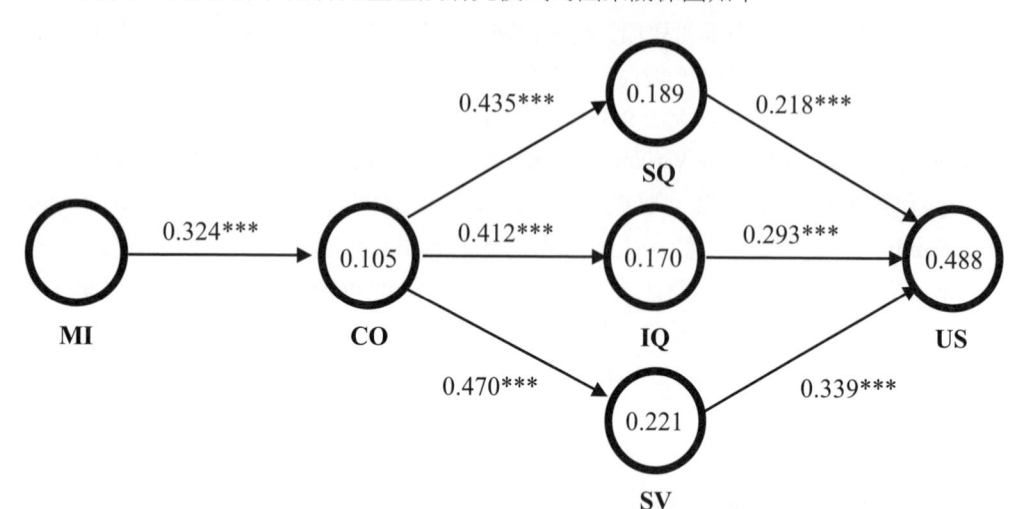

我們將路徑係數和解釋力整理成研究模式的因果關係圖如下：

```
                    0.435***    ( 0.189 )    0.218***
                  ↗              SQ             ↘
        0.324***    0.412***   ( 0.170 )   0.293***
( MI ) ────────→ ( 0.105 ) ──────→  IQ   ──────→ ( 0.488 )
                    CO                              US
                  ↘              ( 0.221 )         ↗
                    0.470***       SV         0.339***
```

在 PLS SEM 模式中，當 t 值＞1.96，表示已達到 α 值為 0.05 的顯著水準以*表示；當 t 值＞2.58 以**表示，表示已達到 α 值為 0.01 的顯著水準；當 t 值＞3.29，則表示已達到 α 值為 0.001 的顯著水準以***表示。

由研究模式的因果關係圖可知，高階主管支持影響 ERP 團隊合作，顯著水準為 0.001 以上，而其估計值為 0.324；團隊合作影響 ERP 之系統、資訊和服務品質，顯著水準為 0.001 以上，而其估計值分別為 0.435、0.412 和 0.470，團隊合作和系統品質、資訊品質和服務品質這三者間的關係則呈現正相關;影響使用者滿意度的因素為系統、資訊和服務品質，顯著水準為 0.001 以上，而其估計值為 0.218、0.293 和 0.339，其中影響使用滿意度最主要的因素為資訊品質。

由研究模式的因果關係圖可知，高階主觀支持對團隊合作潛在的解釋能力為 10.5%，團隊合作對系統品質的解釋力為 18.9%，團隊合作對資訊品質的解釋力 17%，團隊合作對服務品質的解釋力為 22.1%，系統品質、資訊品質和服務品質三個潛在變數對使用者滿意度潛在變數的整體解釋力為 48.8%，顯示模式解釋潛在變數程度良好。

在 PLS SEM 模式中，當 t 值＞1.96，表示已達到 α 值為 0.05 的顯著水準以*表示；當 t 值＞2.58 以**表示，表示已達到 α 值為 0.01 的顯著水準；當 t 值＞3.29，則表示已達到 α 值為 0.001 的顯著水準以***表示。

結構方程模式之反映性(Reflective)模式 18

　　由研究模式的因果關係圖可知，高階主管支持影響 ERP 專案團隊團隊合作，顯著水準為 0.001 以上，而其估計值為 0.324；團隊合作影響 ERP 之系統、資訊和服務品質，顯著水準為 0.001 以上，而其估計值分別為 0.435、0.412 和 0.470，團隊合作與系統品質、資訊品質和服務品質這三者間之關係則呈現正相關；影響使用者滿意的因素為系統、資訊和服務品質，顯著水準皆為 0.001 以上，而其估計值為 0.218、0.293 和 0.339，其中影響使用者滿意度最主要的因素為資訊品質。

　　由研究模式的因果關係圖可知，高階主管支持對團隊合作潛的解釋能力為 10.5%，團隊合作對系統品質的解釋能力為 18.9%，團隊合作對資訊品質的解釋能力為 17%，團隊合作對服務品質的解釋能力為 22.1%，系統品質、資訊品質和服務品質三個潛在變項對使用者滿意度潛在變項的整體解釋能力為 48.8%，顯示模式解釋良好。

18-29

結構方程模式之形成性(Formative)模式

CHAPTER 19

19-1 反映性 Reflective 與形成性 Formative 模式的比較

結構方程模式 Structural equation modeling (SEM)有兩大主流技術，分別是：共變數形式結構方程模式(Covariance-based SEM)和變異數型式結構方程模式(Variance-based SEM)。測量模式是觀察變數對於潛在構面的關聯性，主要可以分成兩種關係：

- 反映性(reflective)的觀察變數：所觀察的變數可以直接反映到潛在變數上，是屬於單向的關聯性。
- 形成性(formative)的觀察變數：它是探討動機(某種原因)的導致，形成潛在構面。

在測量模式中，Covariance-based SEM 以反映性為主，形成性為輔。Variance-based SEM 反映性和形成性都可以。我們整理 Covariance-based SEM 和 Variance-based SEM 在測量模式中的主要差異比較，如下表：

項目	Covariance-based SEM (LISREL、EQS、AMOS)	Variance-based SEM (PLS: SmartPLS、PLS-Graph、VisualPLS)
測量模式	以反映性為主，形成性為輔。	反映性和形成性都可以。

✪ 反映性 Reflective 模式

潛在變數 ξ_1 決定測量變數 Y 變異的反映性下，在圖中是以潛在變數 ξ_1(因)指向測量變數 Y(果)，如下圖：

Reflective Model

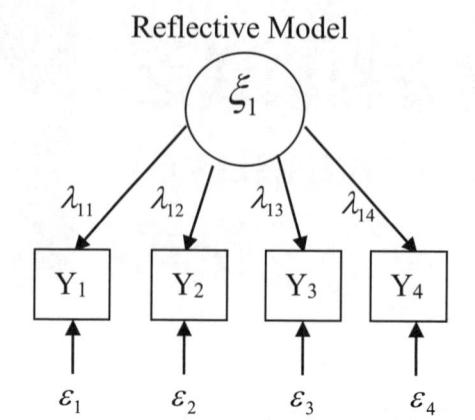

$Y_i = \beta_{i1}\xi_1\varepsilon_i$

Where Y_i = 測量變數
  β_{i1} = 潛在變數在測量變數的係數
  ξ_1 = 潛在變數
  ε_i = 測量誤差項

✪ 形成性 Formative 模式

潛在變數 ξ_1 的變異是由測量變數 X 所決定的形成性下,在圖中是以測量變數 X(因)指向潛在變數 ξ_1(果),如下圖:

Formative Model

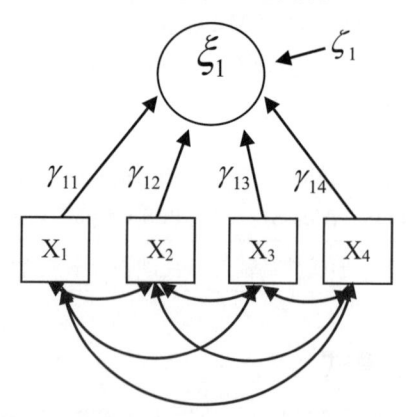

$\xi_1 = \gamma_{11}\chi_1 + \gamma_{12}\chi_2 + \gamma_{13}\chi_3 + \gamma_{14}\chi_4 + \zeta_1$

Where χ_i = 測量變數
  γ_{1i} = 測量變數對潛在變數的期望效果(係數)
  ξ_1 = 潛在變數
  ζ_1 = 誤差

✪ 另一種表現方式

讀者可以在期刊的論文或 PLS 專書中常看到 η (eta)符號取代 ξ (ksi)潛在構面,如下:

Reflective Model

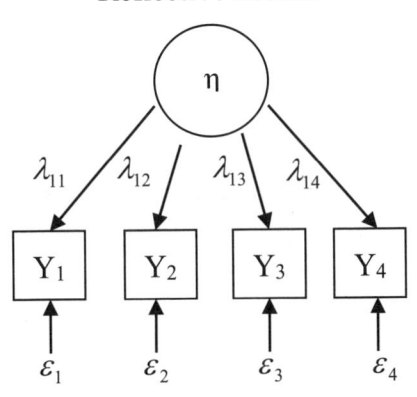

$Y_i = \beta_{i1}\eta\varepsilon_i$

Where Y_i = 測量變數

β_{i1} = 潛在變數在測量變數的係數

η = 潛在構面

ε_i = 測量誤差項

Formative Model

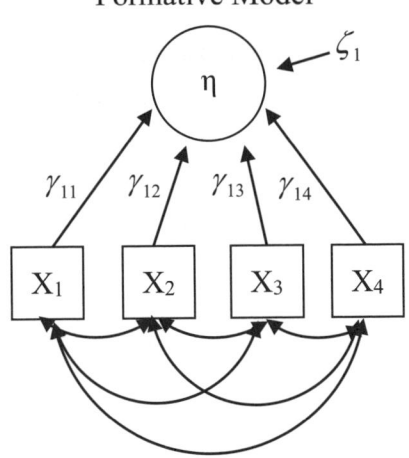

$$\eta = \gamma_{11}\chi_1 + \gamma_{12}\chi_2 + \gamma_{13}\chi_3 + \gamma_{14}\chi_4 + \zeta_1$$

Where　χ_i　=　測量變數
　　　　γ_{1i}　=　測量變數對潛在變數的期望效果(係數)
　　　　η　=　潛在構面
　　　　ζ_1　=　誤差

　　η(eta)和 ξ(ksi)都可以是代表的符號,讀者都需要瞭解,才能讀懂期刊的論文或 PLS 專書的內容。

　　傳統的共變數形式結構方程模式(Covariance-based SEM)也可以處理形成性模型(Jöreskog & Sörbom 2006),但常會遇到關於設定的問題,因為個別外顯變數都是影響潛在變數的單一指標變數。在變異數型式結構方程模式(Variance-based SEM)PLS 中,潛在變數可以設定為影響測量變數的變異來源(反映性模式),也可以設定成潛在變數的變異由測量變數決定(形成性模式)。

19-2 反映性 Reflective 和形成性 Formative 的模式設定錯誤

　　模式設定錯誤的意思是,應該設定成反映性 Reflective 模式時,研究者卻設定成形成性 Formative 模式。或則是應該設定成形成性 Formative 模式時,研究者卻設定成反映性 Reflective 模式。在一般的研究中應該是設定成反映性模式或是形成性模式?研究者需要多瞭解反映性模式和形成性模式的差異,並且可從理論來決定(Bagozzi 1984)。當反映性 Reflective 和形成性 Formative 的模式設定錯誤(model misspecification)時,常會影響研究的正確結果。即使是頂尖的研究者都有可能將模式設定錯誤,例如 Jarvis et al. (2003)整理頂尖的行銷類期刊 *Journal of Consumer Research (JCR)*, *Journal of Marketing (JM)*, *Journal of Marketing Research (JMR)*, and *Marketing Science (MS)*上,從 1977 年到 2000 年 (1982–2000 for *MS*)有高達 28%的模型存在設定錯誤的問題,如下表。

PERCENTAGE OF CORRECTLY AND INCORRECTLY SPECIFIED CONSTRUCTS BY JOURNAL

	Overall			JMR			JM		
	Should be reflective	Should be formative	Total	Should be reflective	Should be formative	Total	Should be reflective	Should be formative	Total
Modeled as reflective	810 (68)	336 (28)	1,146 (96)	319 (70)	120 (26)	439 (96)	368 (63)	187 (32)	555 (95)
Modeled as formative	17ª (1)	29ᵇ (3)	46 (4)	7ª (2)	10ᵇ (2)	17 (4)	10ª (2)	18ᵇ (3)	28 (5)
Total	827 (69)	365 (31)	1,192 (100)	326 (72)	130 (28)	456 (100)	378 (65)	205 (35)	583 (100)

	JCR			MS		
	Should be reflective	Should be formative	Total	Should be reflective	Should be formative	Total
Modeled as reflective	107 (82)	22 (17)	129 (99)	16 (70)	7 (30)	23 (100)
Modeled as formative	0ª (0)	1ᵇ (1)	1 (1)	0ª (0)	0ᵇ (0)	0 (0)
Total	107 (82)	23 (18)	130 (100)	16 (70)	7 (30)	23 (100)

NOTE.—JMR = Journal of Marketing Research, JM = Journal of Marketing, JCR = Journal of Consumer Research, and MS = Marketing Science. Items shown in parentheses are percentages.
ªIndicates that although authors correctly identified the construct as reflective, they modeled it using partial least squares (PLS), which assumes a formative measurement model.
ᵇIndicates that although authors correctly identified the construct as formative, they modeled it using PLS or scale scores—neither of which estimate construct-level measurement error.

在上表中應該設定成反映性 Reflective 模式時，研究者卻設定成形成性 Formative 模式達 1%。或則是應該設定成形成性 Formative 模式時，研究者卻設定成反映性 Reflective 模式達 28%。

(Source: Jarvis, C.B., MacKenzie, S.B. and Podsakoff, P.M. 2003. "A Critical Review of Construct Indicators and Measurement Model Misspecification in Marketing and Consumer Research," *Journal of Consumer Research* (30:2), pp. 199-218.)

在資管頂級期刊 MIS Quarterly 和 ISR(Information Systems Research)中，Petter, Straub and Rai 統計三年(從 2003 年到 2005 年)，有高達 30% 的模型存在設定錯誤的問題，如下表。

	Overall			
	Should be Reflective	Should be Formative	Mixed	Total
Modeled as Reflective	180* (57%)	95 (30%)	34 (11%)	309 (98%)
Modeled as Formative	0 (0%)	7 (2%)	0 (0%)	7 (2%)
Total	80 (57%)	102 (32%)	34 (11%)	307 (100%)

(Source: Petter, S., Straub, D., and Rai, A. 2007. "Specifying Formative Constructs in Information Systems Research", *MIS Quarterly* (31:4), pp. 623-656.)

在上表中應該設定成反映性 Reflective 模式時，研究者卻設定成形成性 Formative 模式為 0%。應該設定成形成性 Formative 模式時，研究者卻設定成反映性 Reflective 模式達 30%，由此可見應該設定成形成性 Formative 模式時，研究者卻設定成反映性 Reflective 模式的模式設定錯誤經常發生，研究者需要多加注意。

在一般的研究中，反映性模式 Reflective 和形成性模式 Formative 的模式設定錯誤 (model misspecification)常常會發生，研究者惟有多瞭解反映性模式和形成性模式的差異，才能正確的指訂出反映性 Reflective 和形成性 Formative 的模式，進而使用統計工具計算出正確的結果，討論出有用的實務價值與理論價值。

19-3 反映性 Reflective 和形成性 Formative 模式的判定

在一般研究中，研究者在不是很瞭解和熟悉反映性 Reflective 和形成性 Formative 模式的情形下，要判定反映性 Reflective 和形成性 Formative 模式是有些困難。反映性 Reflective 模式的題項呈現構面，題項改變不會造成構面的改變，構面改變會造成題項改變，題項是可換性的，題項有相同或類似的內容，也分享應用在同一個主題，刪除題項不會改變構面的概念。形成性 Formative 模式的題項定義了構面的特徵，如果題項改變，構面也會跟著改變，題項不需要有互換性，題項沒有相同或是類似的內容，刪除題項有可能會改變構面的概念。

我們整理確認反映性 Reflective 和形成性 Formative 模式的決策準則如下表：

決策準則	反映性模式	形成性模式
1) 藉由概念上的定義構面來衡量因果關係方向的隱含意思	因果關係的方向是從構面➔題項	因果關係的方向是從題項➔構面
1a. 題項能定義特性或呈現構面？	題向呈現構面	題向定義構面的特徵
1b. 題項的改變會導致構面的改變與否？	題項的改變不會造成構面改變	題項的改變會造成構面改變
1c. 構面的改變會導致題項的改變與否？	構面的改變會造成題項改面	構面的改變不會造成題項改變

決策準則	反映性模式	形成性模式
2) 題項的互換性	題項應該是可換性	題項不需要互換性
2a. 題項應該有相同或相似的內容嗎？分享同一主題？	題項應該有相同或相似的內容，也要分享同一主題	題項不需要相同或相似的內容，也不需分享同一主題
2b. 刪除其一題項會改變構面的概念？	刪除題項不應該改變構面的概念	刪除題項可能會改變構面的概念
3) 題項之間的共變	題項之間有共變	題項不需要和其他題項有共變
3a. 改變其一題項也會改變另一題項嗎？	會	不會
4) 構面題項的 Nomological net 構面關係網，(有人翻譯成理論網絡或理則網)，題項都需要相同的因果嗎？	題項需要同樣的因果	題項不需要同樣的因果

19-4 反映性 Reflective 和形成性 Formative 模式的範例

我們整理由資深學者 Petter，Straub 與 Rai 確認過，是正確的反映性和形成性的模式和量測題項，如後，並翻譯成中文供讀者參考。

讀者可以參考反映性和形成性的判定法則，學習者瞭解反映性和形成性的模式和量測題項，正確的反映性 Reflective 和形成性 Formative 模式的範例如下：

✪ 範例一：線上市集中違反心理契約的研究

(Source: Pavlou, P.A., and Gefen, D. 2005. "Psychological Contract Violation in Online Marketplaces: Antecedents, Consequences, and Moderating Role," *Information Systems Research* (16:4), pp. 372-399.)

- Psychological Contract Violation 形成性(Formative)模式：

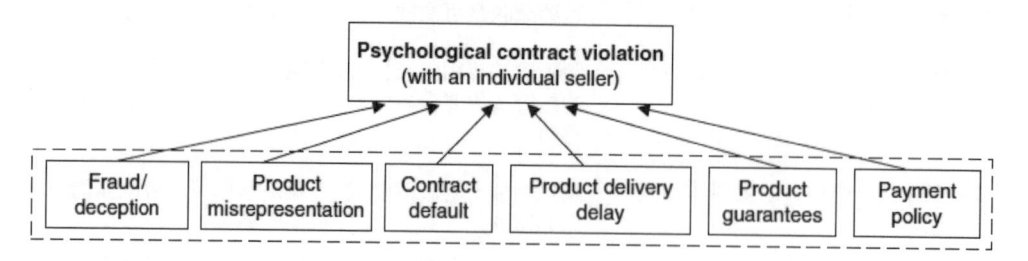

```
                    Psychological contract violation
                        (with an individual seller)
    ↑         ↑         ↑         ↑         ↑         ↑
 Fraud/    Product    Contract  Product   Product   Payment
deception misrepresentation default  delivery  guarantees policy
                                delay
```

- 構面：Psychological contract violation 違反心理契約

形成性 Formative 模式：(題項形成構面、題項改變會造成構面的改變、題項是不可換性的、題項沒有相同或類似的內容、也沒有分享應用在同一個主題、刪除題項會改變構面的概念。)

構面: Psychological contract violation	形成性 Formative
英文題項	中文題項
1. (Fraud): "Have you ever experienced a fraudulent attempt (e.g., collecting money and not delivering the product, product quality deception, selling counterfeit products) by any specific seller in Amazon's/eBay's auctions?" (Yes/No)	1. (詐欺)："在亞馬遜的/ eBay 的拍賣中，你是否經歷過任何特定賣家的詐欺(例如，收錢，不提供產品，產品質量不符，銷售偽劣產品)？"(是/否)
2. (Product Misrepresentation): "Have you ever received a product that significantly differed (e.g., cheaper, lower quality, damaged, used product) from a seller's posted description in Amazon's/eBay's auctions?" (Yes/No)	2. (產品不實陳述)："你收到的產品中，是否曾有過與賣方從亞馬遜/eBay 所發布的說明中有顯著差異(例如，更便宜，品質下降，損壞，使用過的產品)？"(是/否)
3. (Contract Default): "Have you ever experienced contract default (e.g., refuse to receive payment and deliver product) by any seller in Amazon's/eBay's auctions?" (Yes/No)	3. (違反合約)："在亞馬遜/eBay 拍賣上，你是否經歷過任何的賣家違反合約(例如，拒絕接受付款或交付產品)的經驗？"(是/否)
4. (Delay): "Have you ever experienced a significant product delivery delay in Amazon's/eBay's auctions?" (Yes/No).	4. (延遲)："在亞馬遜/ eBay 拍賣中，你是否經歷過產品交付顯著延遲的經驗？"(是/否)。

構面: Psychological contract violation	形成性 Formative
英文題項	中文題項
5. (Product Guarantees): "Have you ever had any seller in Amazon's/eBay's actions fail to acknowledge product guarantees (e.g., product refund, return, warrantees)?" (Yes/No)	5. (產品的保障)："在亞馬遜/ eBay 的拍賣中，你是否曾經遇過任何賣方不承認產品的保障(例如，產品的退款，退貨，維修)？"(是/否)
6. (Payment Policy): "Has any seller in Amazon's/eBay's actions refuse to acknowledge its payment policy (refuse certain forms of payment)?" (Yes/No)	6. (付款政策)："在亞馬遜/ eBay 拍賣中，你是否遇到過賣家拒絕承認他自己提供的付款政策(拒絕一定形式的付款方式)？"(是/否)

■ 構面：Trust propensity 信任的傾向(習性)

反映性 Reflective 模式：(題項呈現構面、題項改變不會造成構面的改變、構面改變會造成題項改變、題項是可換性的、題項有相同或類似的內容，也分享應用在同一個主題、刪除題項不會改變構面的概念。

構面: Trust propensity	反映性 Reflective
英文題項	中文題項
1. I usually trust sellers unless they give me a reason not to trust them.	1. 我通常相信賣家，除非他們給我一個理由不去相信他們。
2. I generally give sellers the benefit of the doubt.	2. 一般情形下，我是姑且相信賣家的。
3. My typical approach is to trust sellers until they prove I should not trust them.	3. 我典型的處理方式是信任賣家，直到他們證實我不該信任他們。

✪ 範例二：延伸科技接受模型：知覺使用者資源的影響

提供二種知覺使用者資源的模式：反映性 Reflective 知覺使用者資源模式和形成性 Formative 知覺使用者資源模式。

(Source: Mathieson, K., Peacock, E., and Chin, W.W. 2001. "Extending the technology acceptance model: the influence of perceived user resources," *ACM SIGMIS Database* (32:3), pp. 86-112.)

■ 第一種構面：Perceived user resources 知覺使用者資源

反映性 Reflective 模式：題項呈現構面、題項改變不會造成構面的改變、構面改變會造成題項改變、題項是可換性的、題項有相同或類似的內容，也分享應用在同一個主題、刪除題項不會改變構面的概念。

構面：Perceived user resources　反映性 Reflective	
英文題項	中文題項
1. I have the resources, opportunities and knowledge I would need to use a database package in my job.	1. 在工作上，我有足夠的資源、機會和知識使用資料庫。
2. There are no barriers to my using a database package in my job.	2. 在工作上，對我來說，使用資料庫是沒有障礙。
3. I would be able to use a database package in my job if I wanted to.	3. 在工作上，如果我想要的話，我可以使用資料庫。
4. I have access to the resources I would need to use a database package in my job.	4. 在工作上，我有足夠的存取資源來使用資料庫。

■ 第二種構面：Perceived user resources 知覺使用者資源

形成性 Formative 模式：題項形成構面、題項改變會造成構面的改變、題項是不可換性的、題項沒有相同或類似的內容，也沒有分享應用在同一個主題、刪除題項會改變構面的概念。

Specific Items 特定項目 構面：Perceived user resources　Formative 形成性	
英文題項	中文題項
1. I have access to the hardware and software I would need to use a database package in my job.	1. 在工作上，我能取得足夠軟硬體去使用資料庫的需求。
2. I have the knowledge I would need to use a database package in my job.	2. 在工作上，我有足夠知識去使用資料庫的需求。
3. I would be able to find the time I would need to use a database package in my job.	3. 在工作上，有使用資料庫的需求時，我能找出足夠的時間。

Specific Items 特定項目	
構面：Perceived user resources　Formative　形成性	
英文題項	中文題項
4. Financial resources (e.g., to pay for computer time) are not a barrier for me in using a database package in my job.	4. 在工作上，財務資源(例如：付出在電腦上的時間)不會是我使用資料庫的阻礙。
5. If I needed someone's help in using a database package in my job, I could get it easily.	5. 在工作上，假使有人幫助我使用資料庫，我能更輕易的取得資源。
6. I have the documentation (manuals, books etc.) I would need to use a database package in my job.	6. 當在工作上我有使用資料庫的需求，我有足夠的文件(手冊、書籍)。
7. I have access to the data (on customers, products, etc.) I would need to use a database package in my job.	7. 當在工作上我有使用資料庫的需求，我能取得足夠的資料。

✪範例三：ERP 建置後會發生什麼？互依性和差異於 Plant-Level 的影響

(Source: Gattiker, T. F., and Goodhue, D. L. "What Happens after ERP Implementation: Understanding the Impact of Interdependence and Differentiation on Plant-Level Outcomes," *MIS Quarterly* (29:3) 2005, pp 559-585.)

■　構面：Task efficiency　作業效率

反映性 Reflective 模式：題項呈現構面、題項改變不會造成構面的改變、構面改變會造成題項改變、題項是可換性的、題項有相同或類似的內容，也分享應用在同一個主題、刪除題項不會改變構面的概念。

Task efficiency 作業效率：Reflective 反映性	
英文題項	中文題項
1. Since we implemented ERP, plant employees such as buyers, planners and production supervisors need less time to do their jobs	1. 自從建置了 ERP，工廠的員工如採購、規劃者和生產主管等，花更少的時間來完成他們的工作。

Task efficiency 作業效率：Reflective 反映性	
英文題項	中文題項
2. ERP saves time in jobs like production, material planning and production management	2. ERP 在生產、物料規劃及生產管理等等工作上節省了許多時間。
3. Now that we have ERP it is more time-consuming to do work like purchasing, planning and production management	3. 現在有了 ERP 系統，在採購，規劃及生產管理等工作上是更耗時的。
4. ERP helps plant employees like buyers, planners, and production supervisors to be more productive	4. ERP 幫助工廠的員工，如採購、規劃者、生產主管等，能更有生產力。

✪ 範例四：為什麼我應該分享？在網絡實務上，檢視社會資本和知識的貢獻

這項研究是探討網絡實務上，個人動機和社會資本影響知識的貢獻。

(Source: McLure W., M., and Faraj, S. "WHY SHOULD I SHARE? EXAMINING SOCIAL CAPITAL AND KNOWLEDGE CONTRIBUTION IN ELECTRONIC NETWORKS OF PRACTICE," *MIS Quarterly* 29 (1) 2005, pp 35-57.)

■ 構面：Reputation 聲譽

反映性 Reflective 模式：題項呈現構面、題項改變不會造成構面的改變、構面改變會造成題項改變、題項是可換性的、題項有相同或類似的內容，也分享應用在同一個主題、刪除題項不會改變構面的概念。

Reputation 聲譽：Reflective 反映性	
英文題項	中文題項
1. I earn respect from others by participating in the Message Boards.	1. 我參與了訊息版獲得了其他人的尊敬。
2. I feel that participation improves my status in the profession.	2. 我感覺參加與會，會改善我的專業地位。
3. I participate in the Message Boards to improve my reputation in the profession.	3. 我參與訊息版可以改善我的專業聲譽。

✪ 範例五：實證調查資料倉儲成功的因素

(Source: Wixom, B.H., and Watson, H.J. 2001. "An empirical investigation of the factors affecting data warehousing success," *MIS Quarterly* (25:1), pp. 17-41.)

- 構面：Champion 推動者

　　形成性 Formative 模式：題項形成構面、題項改變會造成構面的改變、題項是不可換性的、題項沒有相同或類似的內容，也沒有分享應用在同一個主題、刪除題項會改變構面的概念。

Champion 推動者： Formative 形成性	
英文題項	中文題項
A high-level champion(s) for DW came from IS.	來自資訊系統部門的一個高階的推動者
A high-level champion(s) for DW came from a functional area(s)	來自一個功能領域(資料倉儲)的高階推動者

✪ 範例六：實證調查資料倉儲成功的因素

(Source: Wixom, B.H., and Watson, H.J. 2001. "An empirical investigation of the factors affecting data warehousing success," *MIS Quarterly* (25:1), pp. 17-41.)

- 構面：User Participation 使用者參與

　　形成性 Formative 模式：題項形成構面、題項改變會造成構面的改變、題項是不可換性的、題項沒有相同或類似的內容，也沒有分享應用在同一個主題、刪除題項會改變構面的概念。

User Participation 使用者參與：Formative 形成性	
英文題項	中文題項
IS and users worked together as a team on the DW project.	資訊系統和使用者在資料倉儲專案中是一個團隊一起工作
Users were assigned full-time to parts of the DW project.	使用者被賦予全部的時間(專任)負責資料倉儲專案的部分
Users performed hands-on activities (e.g., data modeling) during the DW project.	使用者在資料倉儲專案執行期間有親自操作過，例如：資料建模

✪ 範例七：實證調查資料倉儲成功的因素

(Source: Wixom, B.H., and Watson, H.J. 2001. "An empirical investigation of the factors affecting data warehousing success," *MIS Quarterly* (25:1), pp. 17-41.)

- 構面：Team Skills 團隊技能

形成性 Formative 模式：題項形成構面、題項改變會造成構面的改變、題項是不可換性的、題項沒有相同或類似的內容，也沒有分享應用在同一個主題、刪除題項會改變構面的概念。

Team Skills 團隊技能：Formative 形成性	
英文題項	中文題項
Members of the DW team (including consultants) had the right technical skills for DW.	資料倉儲團隊的成員(包括顧問)有適當的資料倉儲技能。
Members of the DW team had good interpersonal skills.	資料倉儲團隊的成員有良好的人際關係。

✪ 範例八：發展和驗證一個可觀察的電腦軟體訓練和獲得技能的學習模式

(Source: Yi, M.Y., and Davis, F.D. 2003. "Developing and Validating an Observational Learning Model of Computer Software Training and Skill Acquisition," *Information Systems Research* (14:2), pp. 146-169.)

- 構面：Task Performance Test 作業績效測試

形成性 Formative 模式：題項形成構面、題項改變會造成構面的改變、題項是不可換性的、題項沒有相同或類似的內容，也沒有分享應用在同一個主題、刪除題項會改變構面的概念。

Task Performance Test 作業績效測試：Formative 形成性	
英文題項	中文題項
1. Enter a formula to compute profits (=sales−expenses) for each season in cells B8:E8.	輸入計算一季的利潤(銷售-花費)的公式在 B8:E8
2. Using an appropriate function, compute the total amounts of sales, expenses, and profits of year 2000.The computed amounts should be located in cells F6:F8.	使用適當的功能來計算第 2000 年度的銷售、花費和利潤的總額，計算的總額需要在 F6:F8 格式

Task Performance Test 作業績效測試：Formative 形成性	
英文題項	中文題項
3. Using an appropriate function, compute the average amounts of sales, expenses, and profits of year 2000.The computed amounts should be located in cells G6:G8.	使用適當的功能來計算第2000年度的銷售、花費和利潤的平均總額，計算的平均總額需要在 G6:G8 格式
4. Compute YTD (year-to-date) profits.The computed amounts should be located in cells B9:E9.	計算年至日期(yeat-t-date)的利潤，計算的總額需要在 B9:E9 格式
5. Calculate % change of sales from the previous season.The computed amounts should be located in cells C11:E11.	計算前一季銷售的百分比變動，計算的總額需要在 C11:E11 格式

19-5　PLS-SEM 研究(論文)需要呈現的內容

　　反映性 Reflective 和形成性 Formative 量測(Measurement)/外(Outer)模式需要呈現的內容有很大的不同，我們整理由 Gefen, Rigdon, and Straub (2011)和 Ringle, Sarstedt, and Straub (2012)所提供關於變異數型式結構方程模式(Variance-based SEM: PLS-SEM)的基本內容，以提供研究者與閱讀者能有一套清單、準則來瞭解 SEM 研究需要什麼樣的內容，如下：

Source 1:　Gefen, D., Rigdon, E. E., and Straub, D.W. 2011. "An Update and Extension to SEM Guidelines for Administrative and Social Science Research," *MIS Quarterly* (35:2), pp iii-A7.

Source 2:　Ringle, C.M., Sarstedt, M., and Straub, D.W. 2012. "Editor's comments: a critical look at the use of PLS-SEM in MIS quarterly," *MIS Quarterly* (36:1), pp. iii-xiv.

> 變異數型式結構方程模式(Variance-based SEM: PLS-SEM)研究論文須具備的內容—
> (PLS: SmartPLS、PLS-Graph、VisualPLS)
>
> - 研究論文中的內容：
>   1. 為何本研究要使用 PLS
>   2. 解釋問項被刪除的原因
>   3. 比較飽和模式(saturated model)
> - 表格或附件必須呈現的內容：
>   平均數、標準差、相關係數、組合信度、平均變異萃取、效度、解釋力、T-value
> - 建議補充內容：
>   1. 共同方法偏差分析(Common method bias analysis)
>   2. 無回應偏差(Non-response bias analysis)
>   3. 選用一階或二階構面的原因
>   4. 交互效果的驗證
>   5. 共線性
>   6. 內生性

　　反映性 Reflective 和形成性 Formative 量測(Measurement)/外(Outer)模式需要呈現的內容如下：

- 反映性 Reflective 量測(Measurement)/外(Outer)模式呈現的內容：
  - Indicator loading　因素負荷量
  - Internal Consistency 內部一致性：Composite Reliability and/or Cronbach's Alpha
  - Convergent validity　收斂效度 AVE
  - Discriminant Validity　區別效度：Fornell-Larcker Criterion and/or Cross-loading
- 形成性 Formative 量測(Measurement)/外(Outer)模式需要呈現的內容：
  - Indicator weights　因素權重
  - Significance of Weight　權重的顯著性：
    (包含 Significant level 顯著水準 t-Value/ p-value)
  - Multicollinearity　共線性：VIF/Tolearance (建議)
- 結構模式(Structural model)/內(Inner model)模式需要呈現的內容：
  - Path Coefficients　路徑係數
  - Significance of Path Coefficients　路徑係數的顯著性：
    (包含 Significant level 顯著水準 t-Value/ p-value)
  - Total effects　總效果
  - Coefficient of determination R^2 解釋力

19-6　形成性構面量測模式的評估標準

Formative construct 形成性構面，形成性構面量測模式的評估標準如下：

1. Assess convergent validity　評估收斂效度
2. Collinearity test　共線性檢測
3. Significance and relevance of Formative indicator　形成性問項的顯著性與相關

Assess convergent validity 評估收斂效度

Formative construct 形成性構面的收斂效度需要使用 redundancy analysis 重複分析(冗餘分析)，redundancy analysis 是一種方法，使用一組自變數用來萃取和總和(解釋)依變數的變異。在形成性構面的收斂效度中，redundancy analysis (重複分析)顧名思義就是對同一個構面作重複分析，有 2 種做法：

1. 有形成性和反映性
   問項包含有形成性和反映性，如下圖

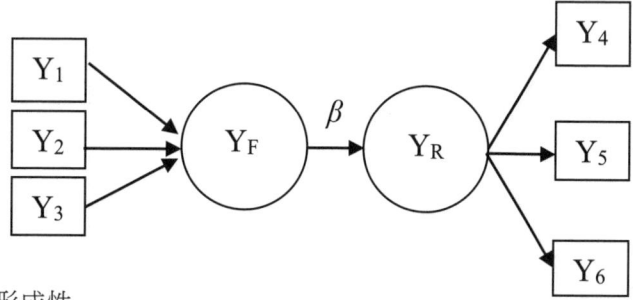

   Y_F 形成性；Y_R 形成性
   標準是至少 $\beta >= 0.7$，最好是 $\beta >= 0.8$

2. 一個整體(global)的問項
   設計一個整體(global)的問項，例如 Y_g，如下圖

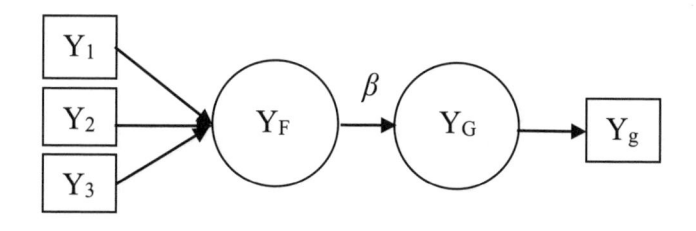

   Y_F 形成性；Y_G Global 構面
   標準是至少 $\beta >= 0.7$，最好是 $\beta >= 0.8$

Collinearity test 共線性檢測

形成性模式的問項,根據定義,不會有高度相關的情形,也就是不應該有共線性的問題,一旦發現有共線性的問題,就需要加以排除。共線性的評估可以使用容忍度 tolerance (TOL)或變異膨漲係數 variance inflation factor (VIF),VIF 等於 TOL 的倒數 (VIF = 1/TOL),在 PLS-SEM 中,TOL<0.2 或 VIF>5,代表存在著可能的共線性問題,目前,SmartPLS 4.X 版本執行的結果有提供 VIF 值,不需要使用 SPSS 軟體計算。

形成性量測模式檢定共線性(collinearity)評估如下:

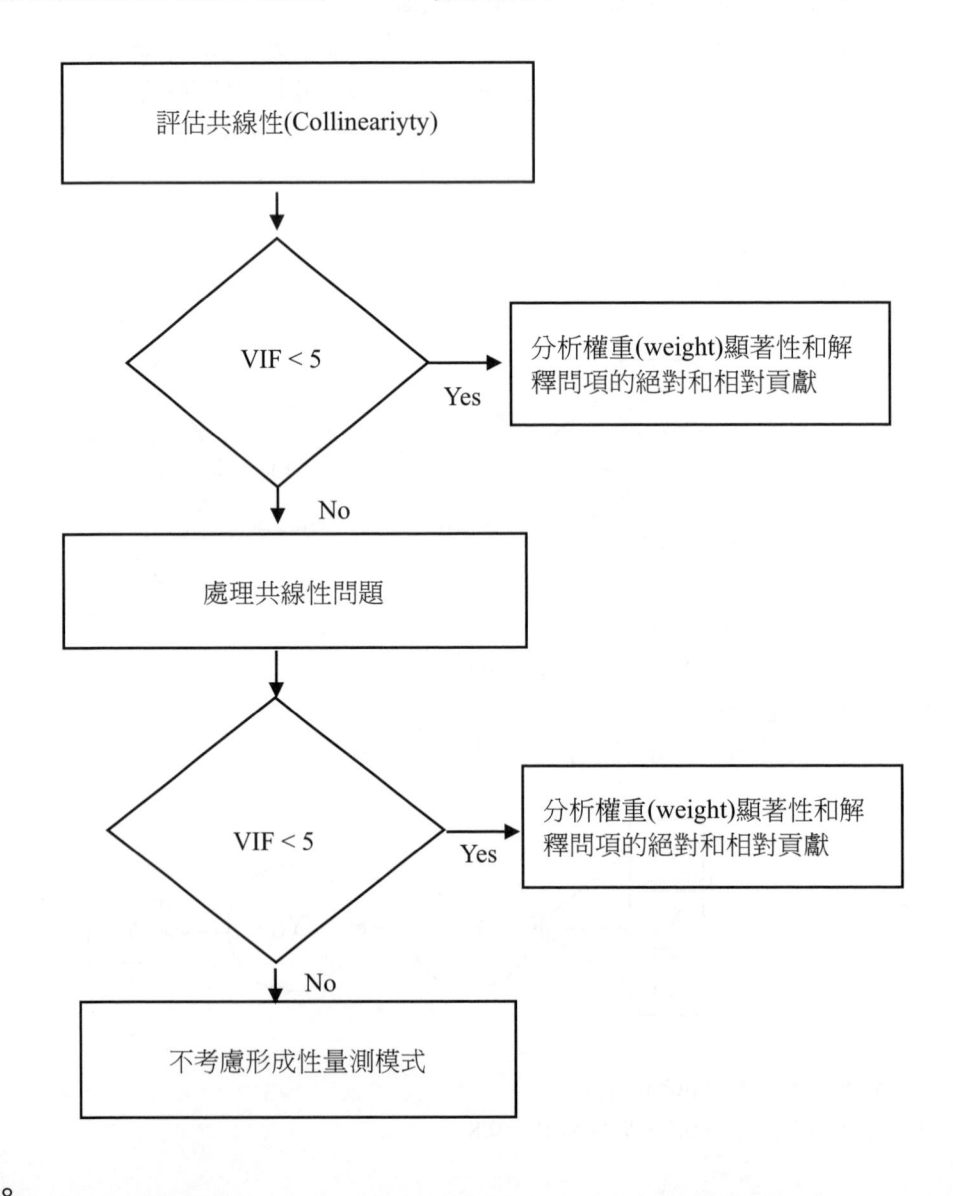

```
        ┌─────────────────────────┐
        │  評估共線性(Collineariyty) │
        └───────────┬─────────────┘
                    ↓
              ╱ VIF < 5 ╲ ──Yes──→ 分析權重(weight)顯著性和解
              ╲         ╱           釋問項的絕對和相對貢獻
                    │ No
                    ↓
        ┌─────────────────────────┐
        │     處理共線性問題         │
        └───────────┬─────────────┘
                    ↓
              ╱ VIF < 5 ╲ ──Yes──→ 分析權重(weight)顯著性和解
              ╲         ╱           釋問項的絕對和相對貢獻
                    │ No
                    ↓
        ┌─────────────────────────┐
        │   不考慮形成性量測模式     │
        └─────────────────────────┘
```

19-18

處理共線性問題有 3 種方式，分別介紹如下：

1. 移除不佳的問項，並確保剩餘的問項在理論觀點下，仍然可以形成構面的意義。
2. 線性組合成一個新的合成(composite)問項，例如平均數，權重平均數或因子分數(factor score)。
3. 形成 Formative-Formative 二階模式，以解決共線性問題。

Significance and relevance of Formative indicator 形成性問項的顯著性與相關性

形成性問項的好壞，會影響研究的信效度，更會影響研究的結果。因此形成性問項的保留與否，就顯得非常重要。我們評估形成問項的處理流程如下：

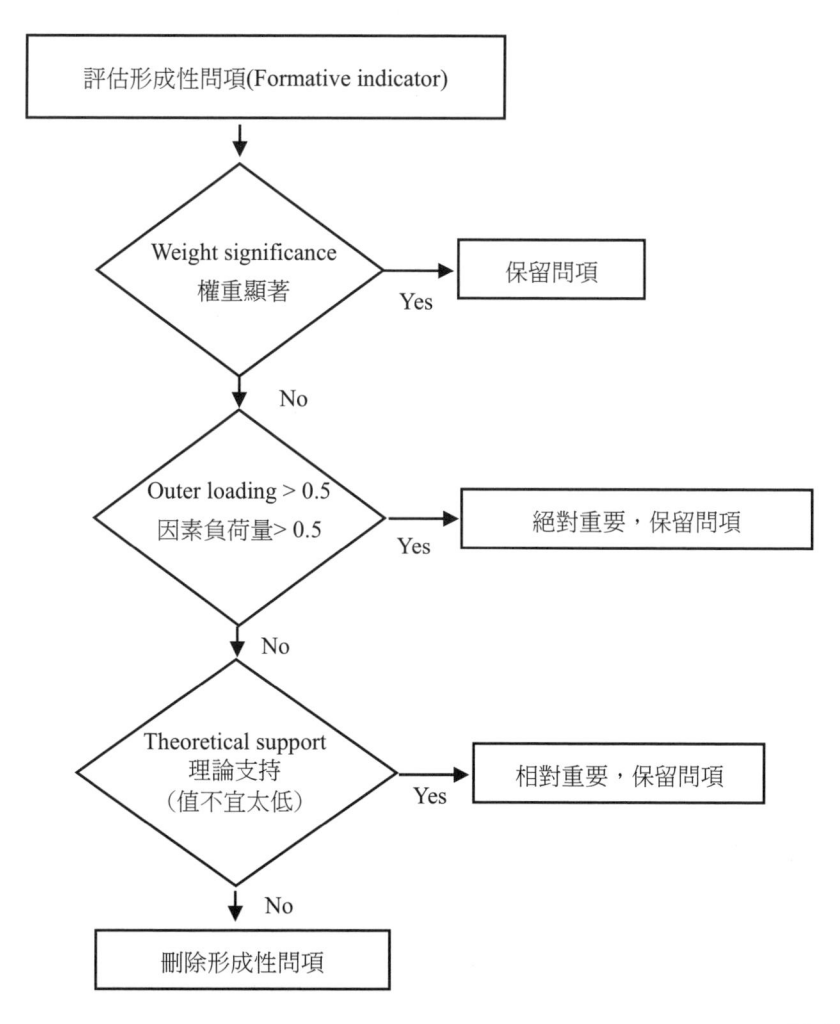

```
         評估形成性問項(Formative indicator)
                        │
                        ▼
                  Weight significance ──Yes──▶ 保留問項
                    權重顯著
                        │ No
                        ▼
                  Outer loading > 0.5 ──Yes──▶ 絕對重要，保留問項
                   因素負荷量> 0.5
                        │ No
                        ▼
                  Theoretical support ──Yes──▶ 相對重要，保留問項
                     理論支持
                    (值不宜太低)
                        │ No
                        ▼
                   刪除形成性問項
```

19-19

評估形成性問項時，先考慮權重顯著性(weight significance)，若是問項的權重達顯著，則保留問項。若是不顯著，則需要檢查 outer loading，也就是因素負荷量是否大於 0.5，若是因素負荷量>0.5，則是絕對重要的問項，我們保留問項。若是因素負荷量≤5，則需要檢查是否有理論上強烈支持，若是理論上強烈支持，並且因素負荷量的值不宜過低，則是相對重要問項，我們保留問項。若是沒有理論上強烈支持，或因素負荷量太低，則是刪除形成性問項。

19-7　結構方程模式之形成性(Formative)模式實例

本研究目的在探討高階主管支持、團隊合作、ERP 系統品質與使用者滿意度之關聯性，以及各因素間的因果關係。經由相關文獻之理論探討，建立初步的研究模式，再經由實證分析與研究，而獲得了本研究最後整體架構關係路徑圖之結果。SEM 的全名是 Structural Equation Modeling(結構方程模式) 是一種統計的方法學，早期的發展與心理計量學和經濟計量學息息相關，之後，逐漸受到社會學的重視，是多用途的多變量分析技術。

在使用 Structural Equation Modeling(結構方程模式)時，需要有測量的工具 ─ 量表，量表對於社會科學研究中從事量化研究的人員而言，是相當重要的一環，少了量表，我們就無法作到量化的效果，從事社會科學研究的人員常常會遇到在進行問卷調查設計時，發現自行發展量表並不是一件容易的事，必須經過嚴謹的處理，才能發展出一份適當的、穩定的量表，因此，我們可以借用發展成熟的量表，來進行量測，我們整理問卷發展的步驟如下：

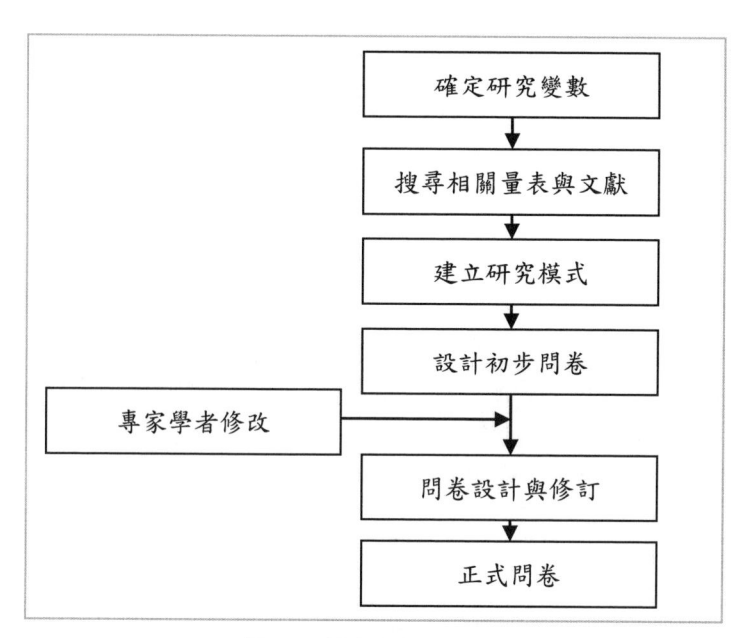

```
                    ┌──────────────┐
                    │  確定研究變數  │
                    └──────┬───────┘
                           ↓
                    ┌──────────────┐
                    │ 搜尋相關量表與文獻 │
                    └──────┬───────┘
                           ↓
                    ┌──────────────┐
                    │  建立研究模式  │
                    └──────┬───────┘
                           ↓
                    ┌──────────────┐
                    │  設計初步問卷  │
  ┌──────────┐      └──────┬───────┘
  │ 專家學者修改 │ ──────→        ↓
  └──────────┘      ┌──────────────┐
                    │  問卷設計與修訂 │
                    └──────┬───────┘
                           ↓
                    ┌──────────────┐
                    │    正式問卷    │
                    └──────────────┘
```

圖一：問卷發展的步驟

問卷結構分為六個部分，以李克特五尺度法(Likert Scale)將程度分為五尺度衡量。在資料編碼上，依照答卷者勾選的程度強弱由 1~5 進行編碼，例如極不同意則編碼為 1，而非常同意則編碼為 5。綜合以上述，本研究的問項問卷結構以及操作化參考來源如下表所示：

表一：本研究問卷結構以及參考來源

構面	問項參考來源	問卷對應選項
高階主管支持	McDonald & Eastlack (1971)	ERP 專案團隊的運作-A 部分
團隊合作	Lee & Choi (2003)	ERP 專案團隊的運作-B 部分
系統品質	Wixom & Waston (2001)	大型 ERP 系統的開發/使用-A 部分
資訊品質	Rai et al. (2002)	大型 ERP 系統的開發/使用-B 部分
服務品質	Pitt et al. (1995)	大型 ERP 系統的開發/使用-C 部分
使用者滿意度	Bailey & Pearson (1983)	大型 ERP 系統的開發/使用-D 部分

我們發展的問卷內容如下表：

表二：問卷內容

【ERP 專案團隊的運作】					
A. 他們(她們)在參與專案時，您覺得：	非常不同意	有些不同意	普通	比較同意	非常同意
1. 對 ERP 系統開發給予明確的規範	☐	☐	☐	☐	☐
2. 參與 ERP 系統開發與建置團隊人選的指派	☐	☐	☐	☐	☐
3. 制定新 ERP 系統做與不做的標準	☐	☐	☐	☐	☐
B. 團隊合作方面，我們專案小組的成員					
4. 對於合作的程度是滿意	☐	☐	☐	☐	☐
5. 對專案是支持的	☐	☐	☐	☐	☐
6. 對跨部門的合作是很有意願	☐	☐	☐	☐	☐
【大型 ERP 系統的開發／使用】					
C. 對於系統的品質，您覺得	非常不同意	有些不同意	普通	比較同意	非常同意
7. ERP 系統可以有效地整合來自不同部門系統的資料	☐	☐	☐	☐	☐
8. ERP 系統的資料在很多方面是適用的	☐	☐	☐	☐	☐
9. ERP 系統可以有效地整合組織內各種型態的資料	☐	☐	☐	☐	☐
D. 對於資訊的品質，您覺得					
10. 提供精確的資訊	☐	☐	☐	☐	☐
11. 提供作業上足夠的資訊	☐	☐	☐	☐	☐
E. 對於資訊部門的服務，您覺得					
12. 會在所承諾的時間內提供服務	☐	☐	☐	☐	☐
13. 堅持作到零缺點服務	☐	☐	☐	☐	☐
14. 總是願意協助使用者	☐	☐	☐	☐	☐
F. 就使用者滿意而言，您覺得					
15. 滿意 ERP 系統輸出資訊內容的完整性	☐	☐	☐	☐	☐
16. ERP 系統是容易使用	☐	☐	☐	☐	☐
17. ERP 系統的檔是有用的	☐	☐	☐	☐	☐

本研究問卷共發出 957 份，回收 372 份，扣除填答不全與胡亂填答之無效問卷 22 份，有效問卷 350 份，有效回收率為 36.57 %。

結構方程模式之形成性(Formative)模式

　　我們的研究模式是高階主管支持」與強化 ERP 專案團隊的「團隊合作」有正向關係,「團隊合作」對「系統品質」、「資訊品質」和「服務品質」有正向之直接影響,「系統品質」、「資訊品質」和「服務品質」對「使用者滿意度」有正向之直接影響,研究模式除了服務品質(SV)構面是形成性 Formative,其他構面全部是反映性 Reflective,如下圖：

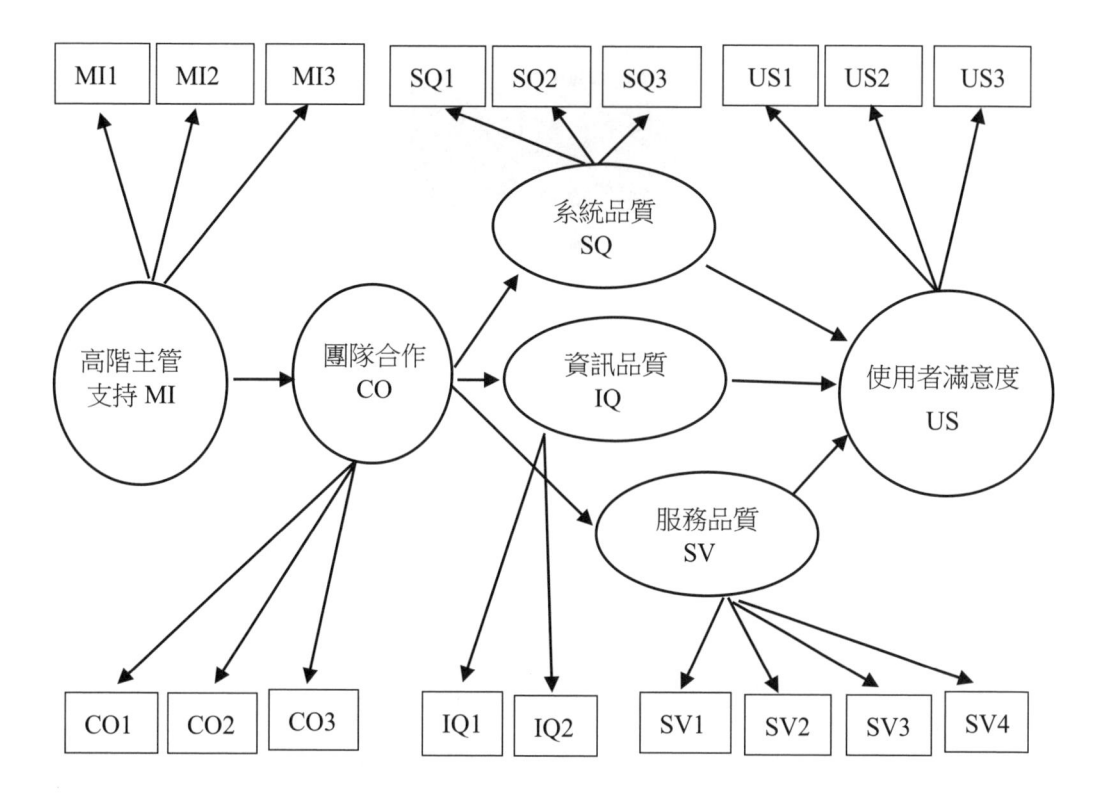

　　高階主管支持 MI、團隊合作 CO、系統品質 SQ、資訊品質 IQ、服務品質 SV、使用者滿意度 US。

請先將範例檔 Ch19\SEM 複製到 C: \SEM，形成性 Formative 範例，實務操作步驟如下：

1. 點擊【New project】來建立新的專案。

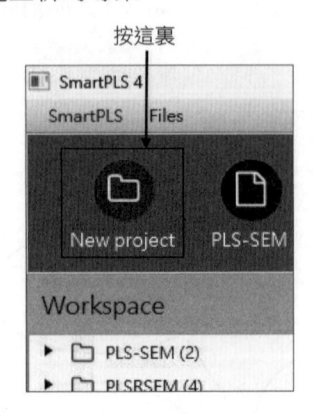

2. 輸入名稱（以 PLSFSEM 為例），輸入完成點擊【Create】。

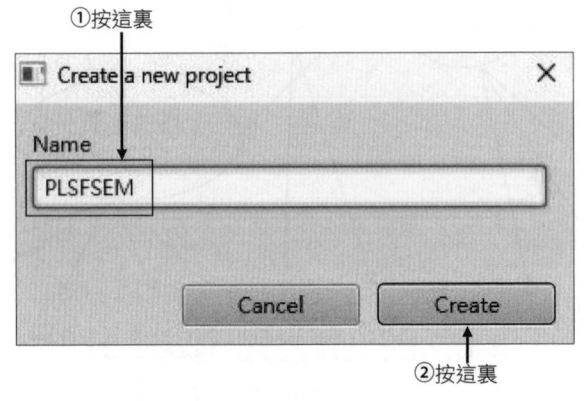

3. 點擊【Import data file】導入資料。

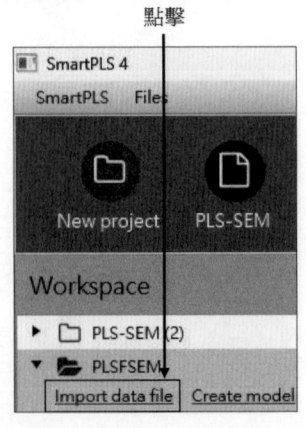

結構方程模式之形成性(Formative)模式 **19**

4. 找到範例文檔（在 C:\SEM，文章以 PLSSEM.xlsx 為例），點擊【開啟】。

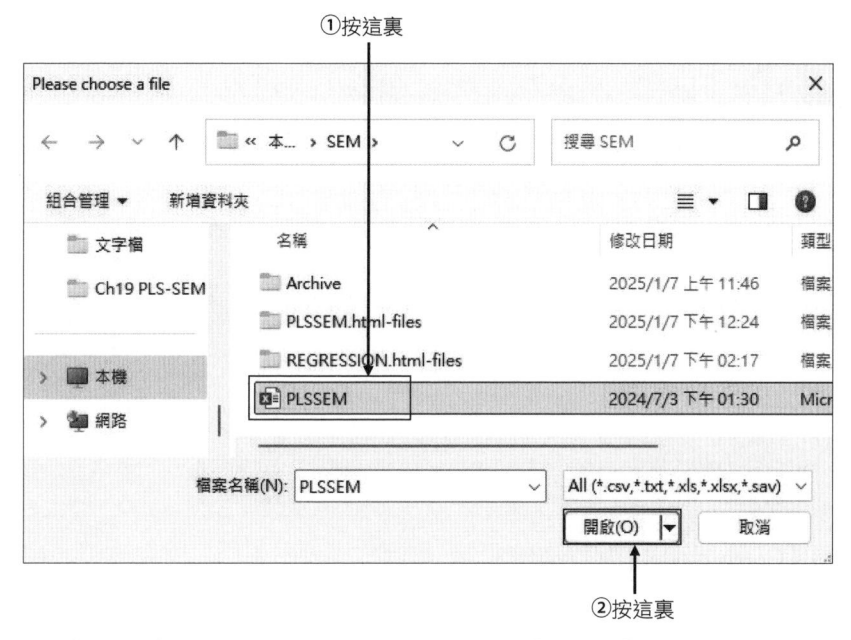

①按這裏

②按這裏

5. 出現資料導入介面，選擇要導入的變數，點擊【Import】。

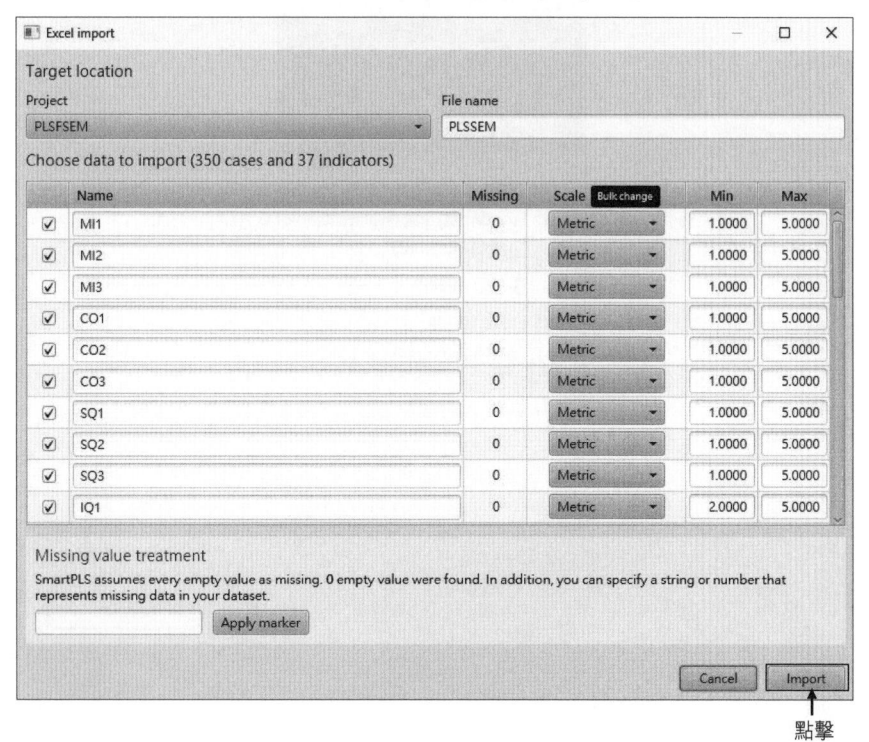

點擊

19-25

6. 輸入完成後，顯示資料內容如下圖。

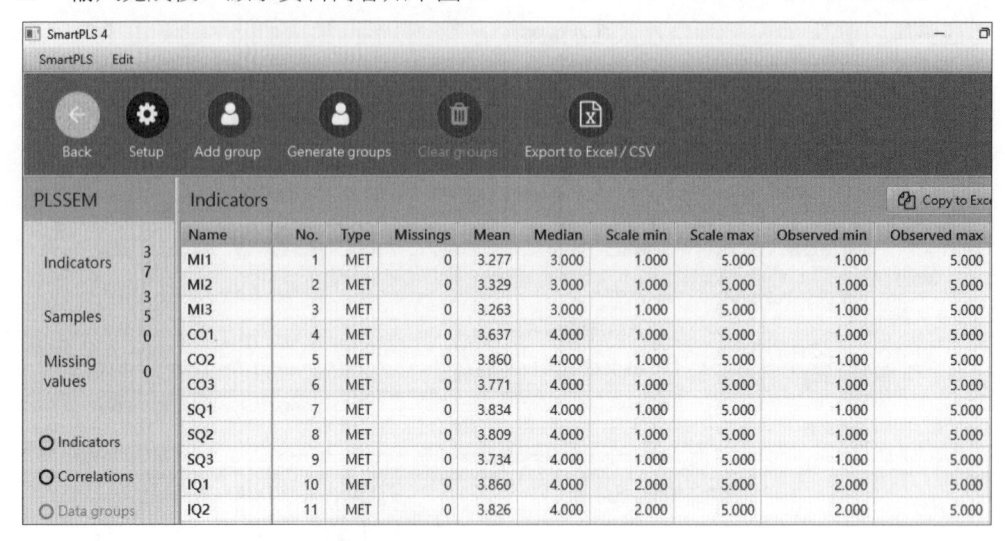

Name	No.	Type	Missings	Mean	Median	Scale min	Scale max	Observed min	Observed max
MI1	1	MET	0	3.277	3.000	1.000	5.000	1.000	5.000
MI2	2	MET	0	3.329	3.000	1.000	5.000	1.000	5.000
MI3	3	MET	0	3.263	3.000	1.000	5.000	1.000	5.000
CO1	4	MET	0	3.637	4.000	1.000	5.000	1.000	5.000
CO2	5	MET	0	3.860	4.000	1.000	5.000	1.000	5.000
CO3	6	MET	0	3.771	4.000	1.000	5.000	1.000	5.000
SQ1	7	MET	0	3.834	4.000	1.000	5.000	1.000	5.000
SQ2	8	MET	0	3.809	4.000	1.000	5.000	1.000	5.000
SQ3	9	MET	0	3.734	4.000	1.000	5.000	1.000	5.000
IQ1	10	MET	0	3.860	4.000	2.000	5.000	2.000	5.000
IQ2	11	MET	0	3.826	4.000	2.000	5.000	2.000	5.000

Indicators 37
Samples 350
Missing values 0

7. 點擊【Create model】建立模型。

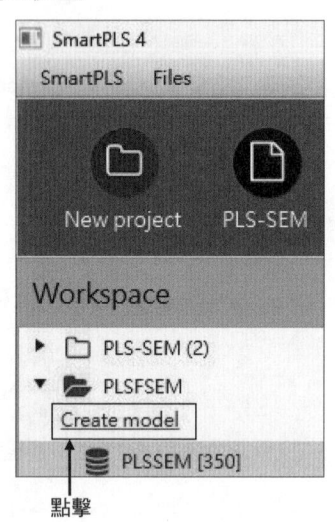

8. 點擊【Model type】選擇 PLS-SEM，並將【Model name】命名為 PLSFSEM。再點擊【Save】以創建模型。

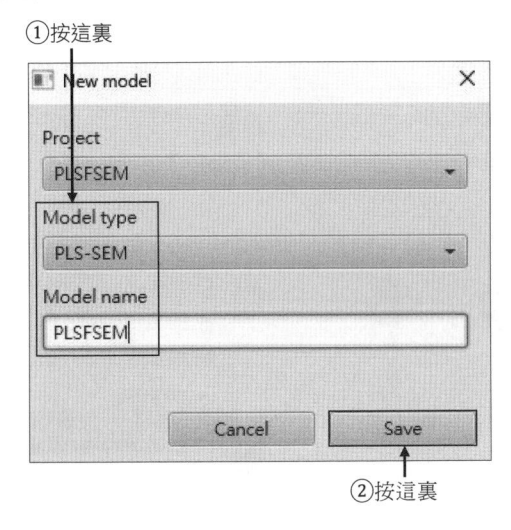

9. 建立 MI、CO、SQ、IQ、SV、US 構面，並選入題項。

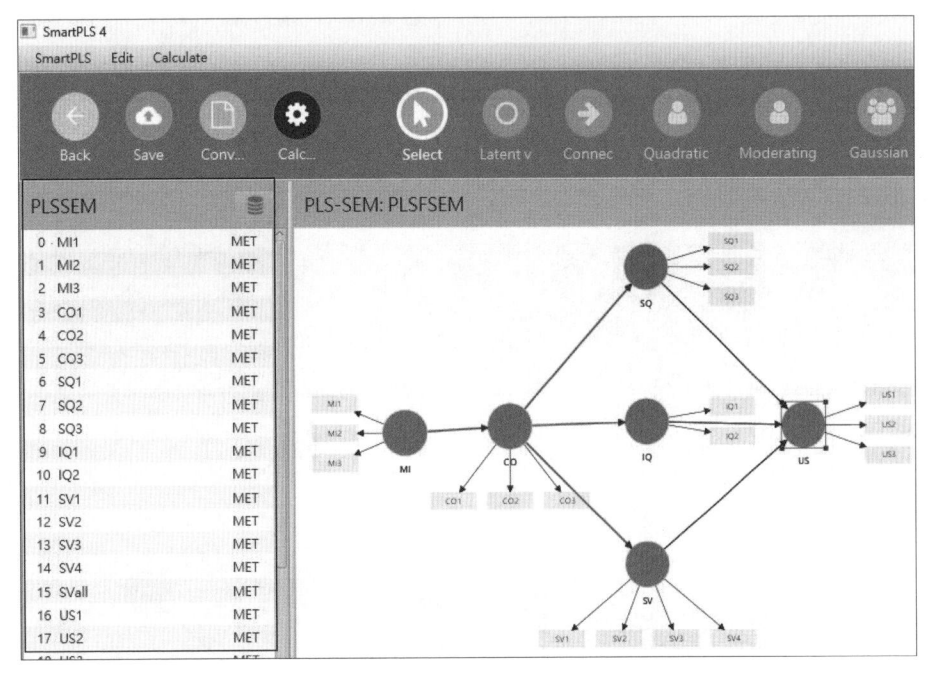

10. 右鍵點擊 SV，點擊【Invert measurement model】。SV 模式變為 formative。
    Formative — 形成性
    Reflective — 反映性

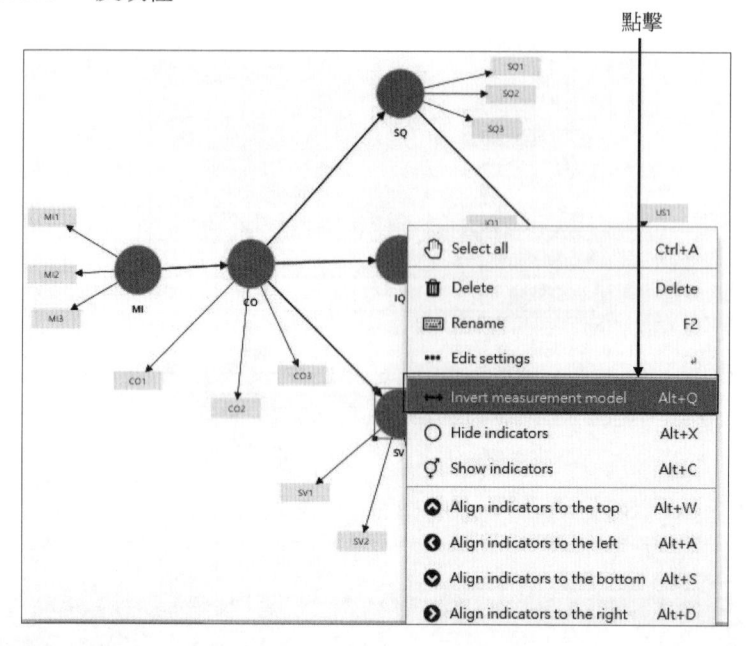

11. 出現結果如下圖。

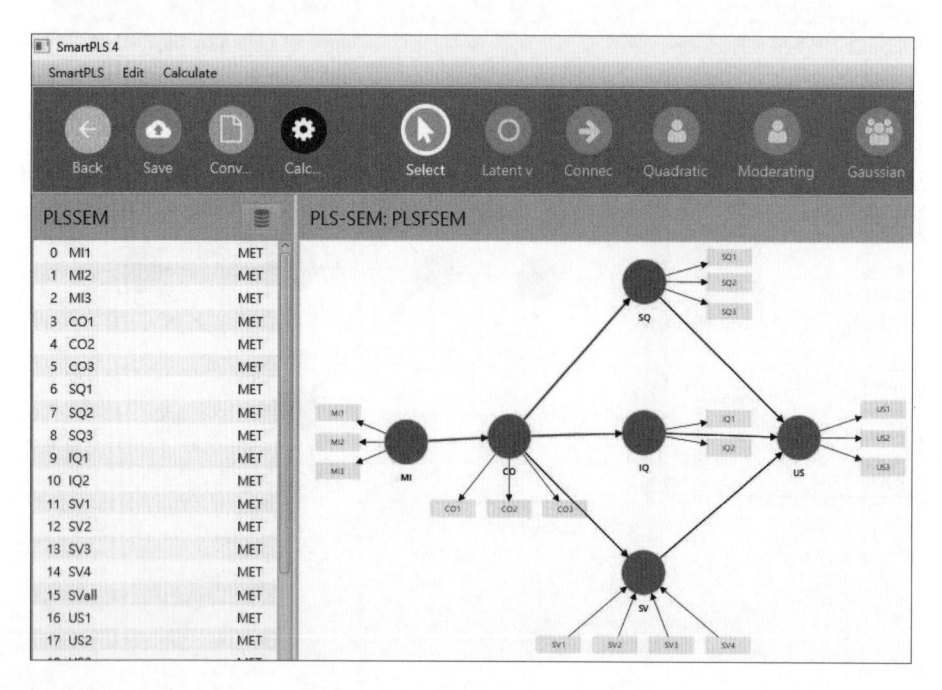

結構方程模式之形成性(Formative)模式 **19**

注意：服務品質（SV）構面是形成性 Formative，其他構面全部是反映性 Reflective。

12. 點擊【Calculate】，我們需要路徑係數、解釋力 R 方，選擇【PLS-SEM algorithm】。

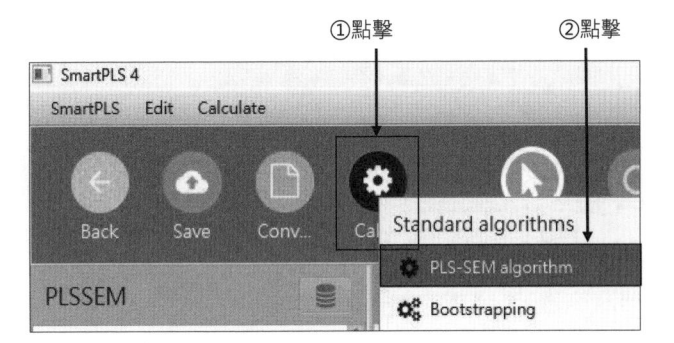

①點擊　　②點擊

13. 勾選【Open report】，點擊【Start calculation】。

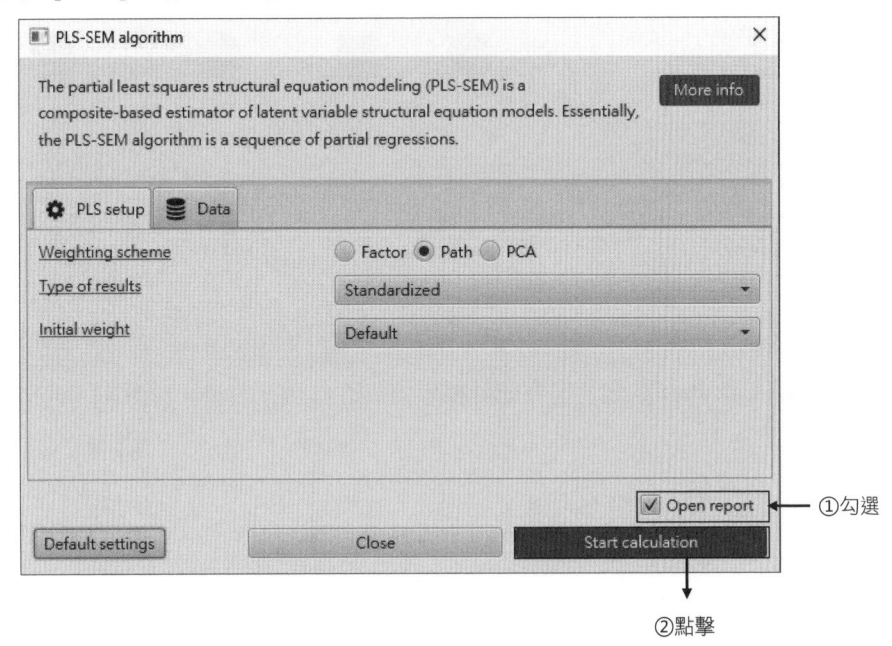

①勾選

②點擊

19-29

14. 結果如下圖。需點擊【Structural model】選擇【Path coeffidcients】，以查看路徑係數。另外點擊【Measurement model】，選擇【Outer weights/loadings】，以查看因素負荷量。

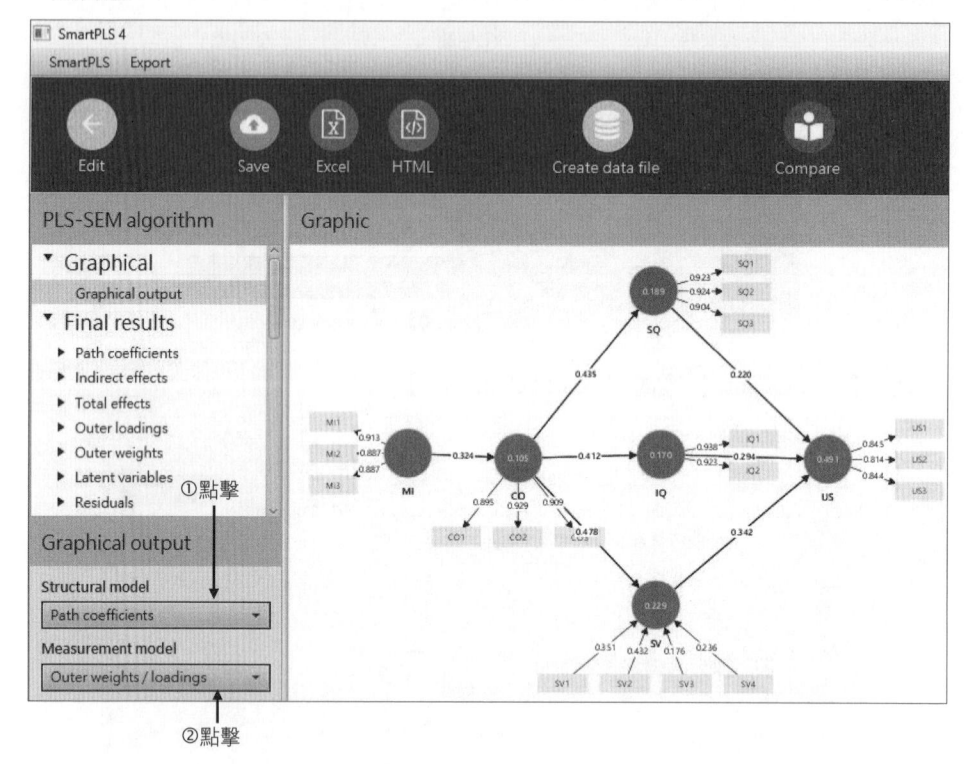

15. 點擊【Calculate】，我們需要統計檢定值，如：t 值、P value，選擇【Bootstrapping】。

16. 將【Subsamples】修正為 10000。勾選【Open report】，點擊【Start calculation】。

結構方程模式之形成性(Formative)模式 **19**

[Bootstrapping 對話框]

- Subsamples: 10000 ←①修正為 10000
- ☑ Do parallel processing
- Amount of results: Most important (faster)
- ☐ Save results per sample
- Confidence interval method: Percentile bootstrap
- Test type: Two tailed
- Significance level: 0.05000
- Random number generator: Fixed seed

②勾選 → ☑ Open report

③點擊 → Start calculation

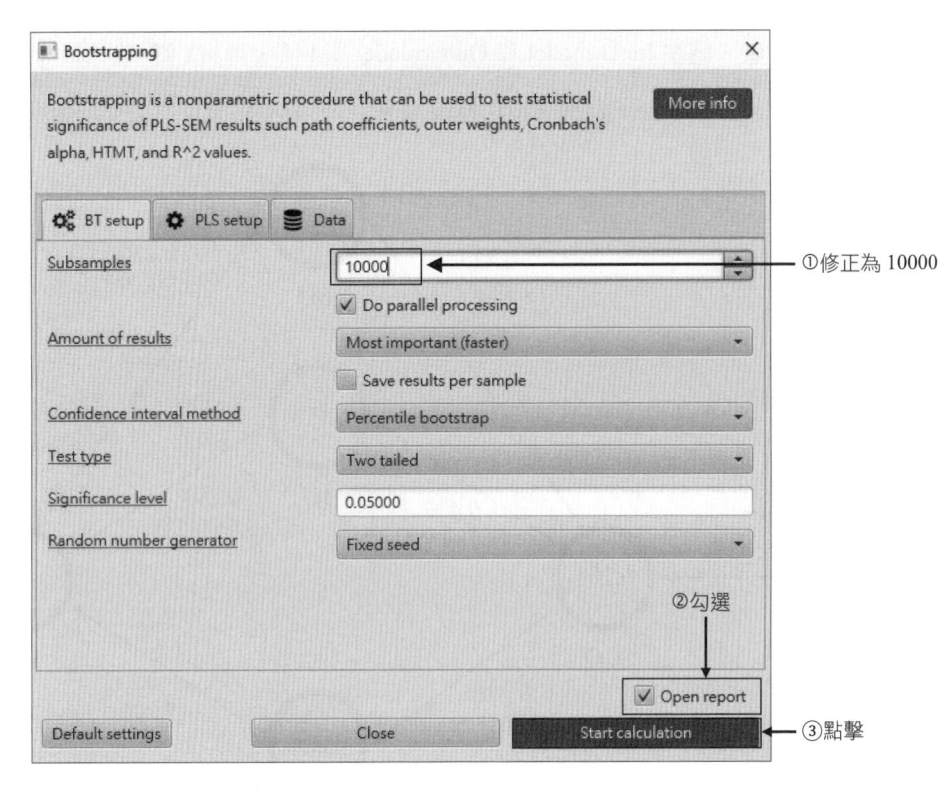

17. 計算完成後，結果如下圖。

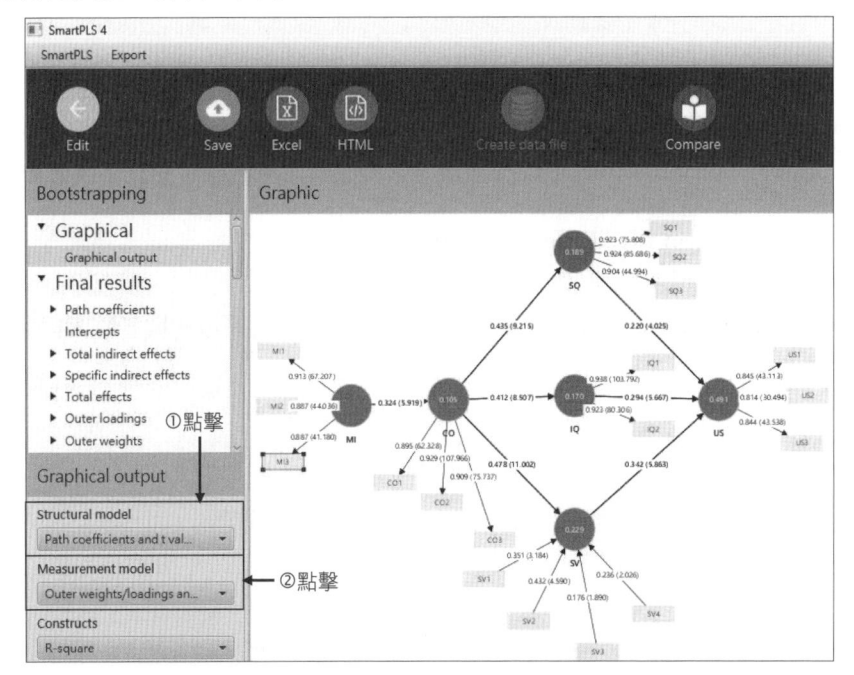

[SmartPLS 4 結果畫面]

Bootstrapping
- ▼ Graphical
  - Graphical output
- ▼ Final results
  - ▶ Path coefficients
  - Intercepts
  - ▶ Total indirect effects
  - ▶ Specific indirect effects
  - ▶ Total effects
  - ▶ Outer loadings ←①點擊
  - ▶ Outer weights

Graphical output
- Structural model: Path coefficients and t val...
- Measurement model: Outer weights/loadings an... ←②點擊
- Constructs: R-square

圖形中顯示各路徑係數與 t 值：
- SQ → SQ1: 0.923 (75.808), SQ2: 0.924 (85.686), SQ3: 0.904 (44.994)
- CO → SQ: 0.435 (9.215)
- SQ → IQ: 0.220 (4.025)
- IQ → IQ1: 0.938 (103.792), IQ2: 0.923 (80.306)
- M1: 0.913 (67.207), M2: 0.887 (44.036), M3: 0.887 (41.180)
- CO → IQ: 0.412 (8.507)
- IQ → US: 0.170 (5.667)
- US → US1: 0.845 (43.113), US2: 0.814 (30.494), US3: 0.844 (43.538)
- MI → CO: 0.324 (5.919)
- CO → CO1: 0.895 (62.328), CO2: 0.929 (107.966), CO3: 0.909 (75.737)
- CO → SV: 0.478 (11.002)
- SQ → US: 0.342 (5.863)
- SV → SV1: 0.351 (3.184), SV2: 0.432 (4.590), SV3: 0.176 (1.890), SV4: 0.236 (2.026)
- R²: SQ=0.189, CO=0.105, IQ=0.170, US=0.691, SV=0.229

19-31

我們需要 t 值，請在 Inner model 和 Outer model 選 t 值，得到 t 值。

我們整理 t 值、P value、路徑係數和解釋力 R^2 如下：

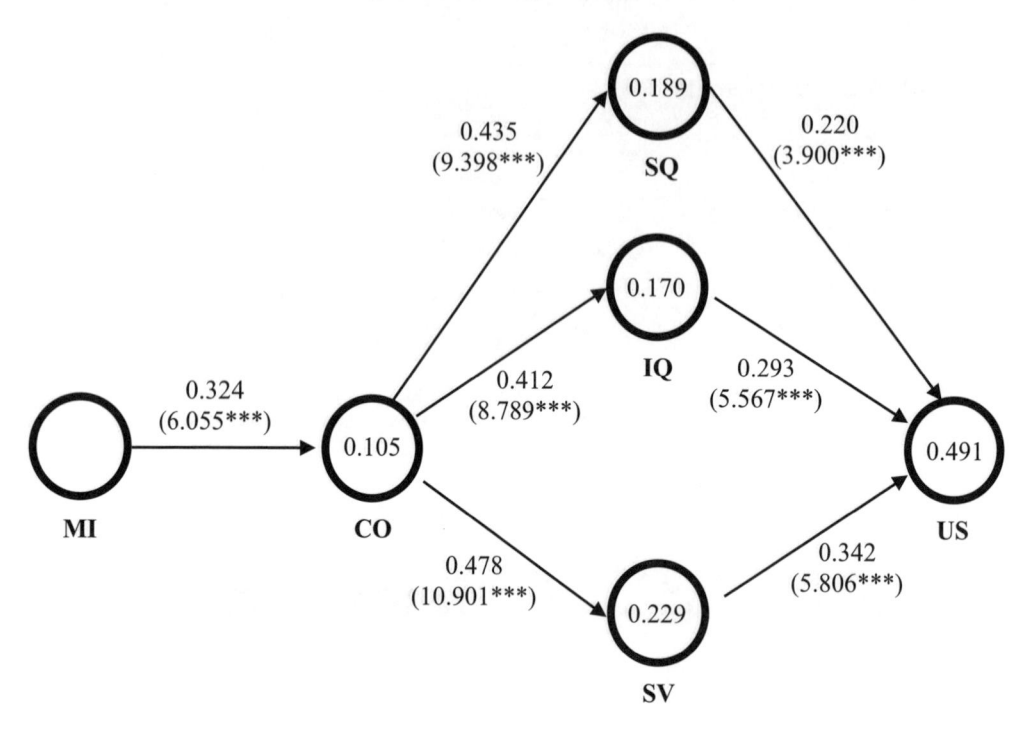

```
                              0.189
                               SQ
                    0.435           0.220
                  (9.398***)      (3.900***)

                              0.170
                               IQ
          0.324      0.412           0.293
       (6.055***) (8.789***)      (5.567***)
  MI ────────→ 0.105 ──────────────────→ 0.491
                CO                        US
                    0.478           0.342
                  (10.901***)     (5.806***)
                              0.229
                               SV
```

報表整理結果如下：

形成性構面量測模式的評估標準

SV 為 Formative construct 形成性構面，形成性構面量測模式的評估標準如下：

1. Assess convergent validity 評估收斂效度
2. Collinearity test 共線性檢測
3. Significance and relevance of Formative indicator 形成性問項的顯著性與相關

Assess convergent validity 評估收斂效度

Formative construct 形成性構面的收斂效度需要使用 redundancy analysis 重複分析 (冗餘分析)，本研究設計一個整體 SV (global)的問項，例如 Y_g，如下圖：

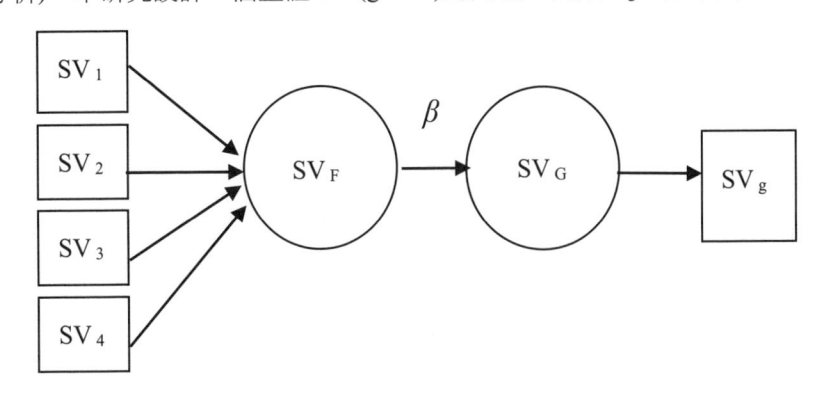

```
SV₁ ─┐
SV₂ ─┤
     ├──► SVf ──β──► SVg ──► SVg
SV₃ ─┤
SV₄ ─┘
```

研究結果 $\beta >= 0.7$，SV 形成性構面具有良好的收斂效度

Collinearity test 共線性檢測

本研究 SV 形成性構面的 VIF<5，代表共線性問題不嚴重。

Significance and relevance of Formative indicator 形成性問項的顯著性與相關性
SV 形成性構面問項的權重都達顯著，顯示都是重要的問項。

本研究有高階主管支持、團隊合作、系統品質、資訊品質、服務品質和使用者滿意度等六個潛在變數，我們整理輸出報表結果如下：

構面	題項	因子載荷量/權重值	t-value	CR	AVE	Cronbachs' Alpha	rho_A
MI	MI1	0.913	63.931	0.924	0.802	0.879	0.915
	MI2	0.887	42.545				
	MI3	0.887	39.060				
CO	CO1	0.895	59.977	0.936	0.830	0.898	0.899
	CO2	0.929	107.448				
	CO3	0.909	71.076				
SQ	SQ1	0.923	73.352	0.941	0.841	0.906	0.909
	SQ2	0.924	83.941				
	SQ3	0.904	43.718				

構面	題項	因子載荷量/權重值	t-value	CR	AVE	Cronbachs' Alpha	rho_A
IQ	IQ1	0.938	101.420	0.928	0.866	0.846	0.852
	IQ2	0.923	80.566				
SV	SV1	0.351	3.045	--	--	--	1
	SV2	0.432	4.711				
	SV3	0.176	1.963				
	SV4	0.236	1.991				
US	US1	0.845	43.165	0.873	0.696	0.782	0.784
	US2	0.814	29.640				
	US3	0.844	42.470				

SV 為 Formative，則需要呈現 Outer Weights 權重值，--沒有值。

注意：SV 權重值的 t-value 需要研究模式執行 bootstrapping 後，找到 Outer weight 的 T statistics。

信效度分析

內容效度(content validity)係指測量工具內容的適切性，若測量內容涵蓋本研究所要探討的架構及內容，就可說是具有優良的內容效度(Babbie 1992)。然而，內容效度的檢測相當主觀，假若問項內容能以理論為基礎，並參考學者類似研究所使用之問卷加以修訂，並且與實務從業人員或學術專家討論，即可認定具有相當的內容效度。本研究的問卷參考來源全部引用國外學者曾使用過的衡量項目並根據本研究需求加以修改，並與專家討論，經由學者對其內容審慎檢視。因此，依據前述準則，本研究使用之衡量工具應符合內容效度之要求。

本研究係針對各測量模型之參數進行估計。檢定各個變項與構面的信度及效度。在收斂效度方面，Hair et al. (1998)提出必須考量個別項目的信度、潛在變項組成信度與潛在變項的平均變異萃取等三項指標，若此三項指標均符合，方能表示本研究具收斂效度。

一、個別項目的信度(Individual Item Reliability)：考慮每個項目的信度，亦即每個顯性變數能被潛在變數所解釋的程度，Hair et al. (1992)建議因素負荷應該都在 0.5

以上,本研究所有觀察變項之因素負荷值皆大於 0.5,表示本研究的測量指標具有良好信度。

二、 潛在變項組成信度(Composite Reliability, CR):指構面內部變數的一致性,若潛在變項的 CR 值越高,其測量變項是高度相關的,表示他們都在衡量相同的潛在變項,愈能測出該潛在變項。一般而言,其值須大於 0.7 (Hair et al. 1998),本研究中之潛在變項的組成信度值皆大於 0.8,表示本研究的構面具有良好的內部一致性。

三、 平均變異萃取(Average Variance Extracted; AVE):測量模式分析係基於檢定模式中兩種重要的建構效度:收斂效度(convergent validity)及區別效度(discriminant validity)。平均變異萃取(AVE)代表觀測變數能測得多少百分比潛在變數之值,不僅可用以評判信度,同時亦代表收斂效度(Discriminate validity),Fornell & Larcker(1981)建議 0.5 為臨界標準,表示具有「收斂效度」,由【上表】之平均變異萃取(AVE)值可看出,本研究之 AVE 介於 0.6988~0.866,六個構面的平均變異萃取(AVE)皆大於 0.5 表示具有「收斂效度」。

區別效度 Discriminant Validity

Fornell-Larcker Criterion

	CO	IQ	MI	SQ	SV	US
CO	0.911					
IQ	0.412	0.931				
MI	0.324	0.218	0.896			
SQ	0.435	0.661	0.231	0.917		
SV	0.478	0.438	0.280	0.438	--	
US	0.517	0.589	0.241	0.564	0.567	0.834

注意:--SV 為 Formative,沒有 AVE 值)。

說明: 對角線是 AVE 的開根號值,非對角線為各構面間的相關係數。
此值若大於水平列或垂直欄的相關係數值,則代表具備區別效度。

由上表可得各構面 AVE 值皆大於概念間共享變異值,表示本研究構面潛在變項的平均變異抽取量之平方根值大於相關係數值,故顯示各概念應為不同的構念,具有「區別效度」。

Heterotrait-Monotrait Ratio (HTMT) 區別效度如下：

	CO	IQ	MI	SQ	US
CO					
IQ	0.474				
MI	0.355	0.252			
SQ	0.481	0.753	0.257		
US	0.619	0.718	0.285	0.669	

由上表可得 HTMT 值皆小於 0.85，具有良好的「區別效度」(Henseler, J., Hubona, G., & Rai, A. 2016)。

我們將總效果，路徑係數和解釋力整理如下：

總效果

	CO	IQ	MI	SQ	SV	US
CO		0.412		0.435	0.478	0.380
IQ						0.294
MI	0.324	0.134		0.141	0.155	0.123
SQ						0.220
SV						0.342

路徑係數和解釋力的因果關係圖如下：

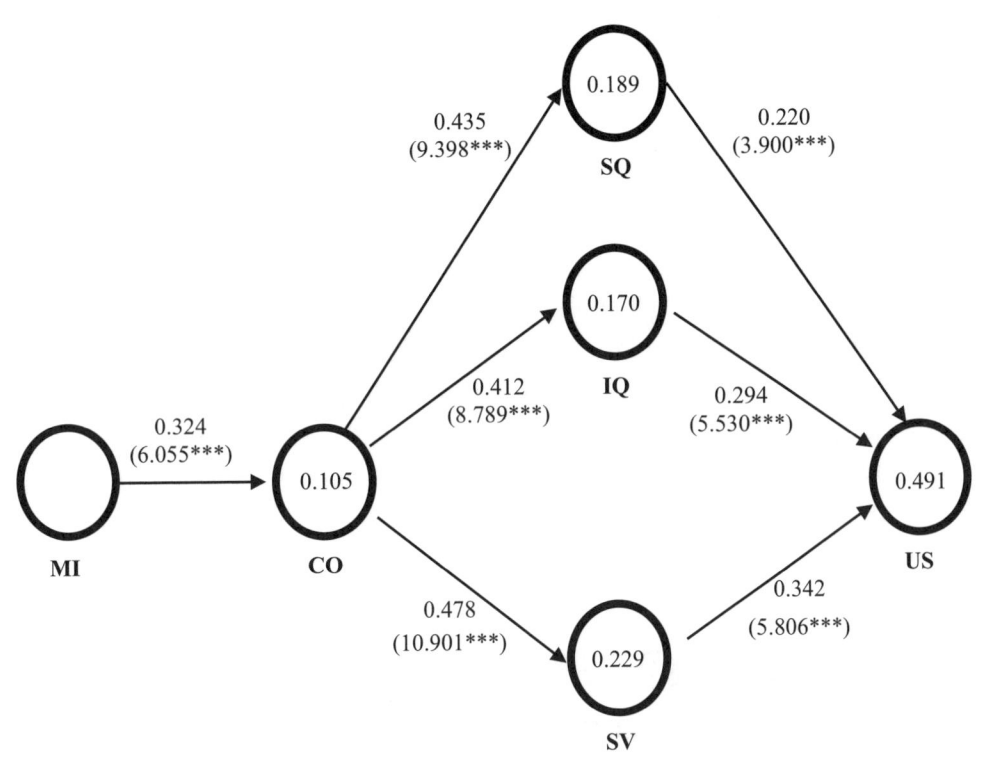

```
                      0.189
                       SQ
           0.435              0.220
          (9.398***)         (3.900***)

                      0.170
                       IQ
               0.412         0.294
              (8.789***)    (5.530***)
    0.324
   (6.055***)  0.105                      0.491
      MI ────→  CO                          US
                      0.478         0.342
                     (10.901***)   (5.806***)
                       0.229
                        SV
```

*p<0.05, **p<0.01, ***p<0.001
(*t=1.96, **t=2.58, ***t=3.29)

在 PLS SEM 模式中，當 t 值＞1.96，表示已達到 α 值為 0.05 的顯著水準以*表示；當 t 值＞2.58 以**表示，表示已達到 α 值為 0.01 的顯著水準；當 t 值＞3.29，則表示已達到 α 值為 0.001 的顯著水準以***表示。

由研究模式的因果關係圖可知，高階主管支持影響 ERP 專案團隊團隊合作，顯著水準為 0.001 以上，而其估計值為 0.324；團隊合作影響 ERP 之系統、資訊和服務品質，顯著水準為 0.001 以上，而其估計值分別為 0.435、0.412 和 0.478，團隊合作與系統品質、資訊品質和服務品質這三者間之關係則呈現正相關；影響使用者滿意的因素為系統、資訊和服務品質，顯著水準皆為 0.001 以上，而其估計值為 0.220、0.294 和 0.342，其中影響使用者滿意度最主要的因素為資訊品質。

由研究模式的因果關係圖可知，高階主管支持對團隊合作潛的解釋能力為 10.5%，團隊合作對系統品質的解釋能力為 18.9%，團隊合作對資訊品質的解釋能力為 17%，團隊合作對服務品質的解釋能力為 22.9%，系統品質、資訊品質和服務品質三個潛在變項對使用者滿意度潛在變項的整體解釋能力為 49.1%，顯示模式解釋潛在變項程度良好。

我們比較以服務品質 SV 為反映性 Reflective 模式(第 18 章)和以服務品質 SV(本章)為形成性 Formative 模式的結果後，發現這二個模式的結果相近，這是資料分配近似常態以及只有單一構面的不同(反映性 Reflective 模式或 Formative 模式)，許多研究會有多個反映性 Reflective 模式或 Formative 模式，這時候反映性 Reflective 模式或 Formative 模式的結果就會有差距，另外，比較嚴重的問題是「模式設定錯誤」，模式設定錯誤的意思是應該設定成反映性 Reflective 模式時，研究者卻設定成形成性 Formative 模式。或則是應該設定成形成性 Formative 模式時，研究者卻設定成反映性 Reflective 模式。在一般的研究中應該是設定成反映性模式和形成性模式？研究者需要多瞭解反映性模式和形成性模式的差異，並且可從理論來決定(Bagozzi, 1984)。當反映性 Reflective 和形成性 Formative 的模式設定錯誤(model misspecification)時，常常會影響研究的正確結果。

19-8 階層式潛在變數模式
Hierarchical latent variable Model (Second or higher order analysis)

階層式潛在變數模式 (Hierarchical latent variable Model) 是二階 (包含) 以上的潛在變數模式，例如：有三階的潛在變數模式，四階的潛在變數模式，五階的潛在變數模式。階層式潛在變數模式的反映性 Reflective 與形成性 Formative 模式是相當複雜，其中，最基本的是二階 (Second order) 的反映性 Reflective 與形成性 Formative 模式，我們介紹如後。

二階 (Second order) 的反映性 Reflective 與形成性 Formative 模式是屬於階層式潛在變數模式 (Hierarchical latent variable Model) 最簡單的模式，二階的反映性與形成性模式與一階的反映性與形成性模式結合會形成四種模式，分別是：模式一 reflective-reflective，模式二 reflective-formative，模式三 formative-reflective，模式四 formative-formative，如下圖示：

結構方程模式之形成性(Formative)模式

✪ 模式一：reflective-reflective：是一階的反映性與二階的反映性模式結合

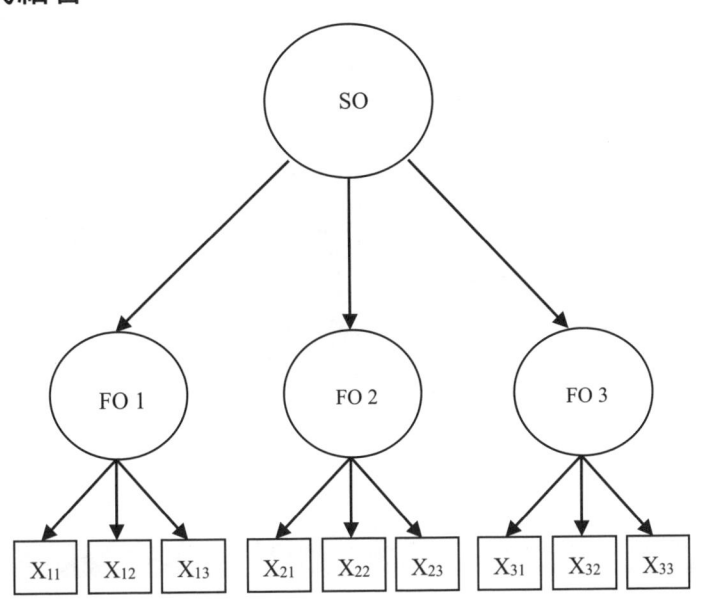

```
                    ┌─────┐
                    │ SO  │
                    └─────┘
                   ╱   │   ╲
                  ╱    │    ╲
              ┌────┐ ┌────┐ ┌────┐
              │FO 1│ │FO 2│ │FO 3│
              └────┘ └────┘ └────┘
              ╱ │ ╲  ╱ │ ╲  ╱ │ ╲
           X₁₁ X₁₂ X₁₃ X₂₁ X₂₂ X₂₃ X₃₁ X₃₂ X₃₃
```

FO: First Order (一階)
SO: Second Order (二階)

reflective-reflective 分析方法：Repeated indicator approach

(Source: Martin Wetzels, Gaby Odekerken-Schrder, & Claudia van Oppen. (2009). "Using PLS path modeling for assessing hierarchical construct models: guidelines and empirical illustration." MIS Quarterly. 33(1): 177-195.)

[Figure 2. Designing a Higher-Order Model in PLS Using Repeated Indicators]

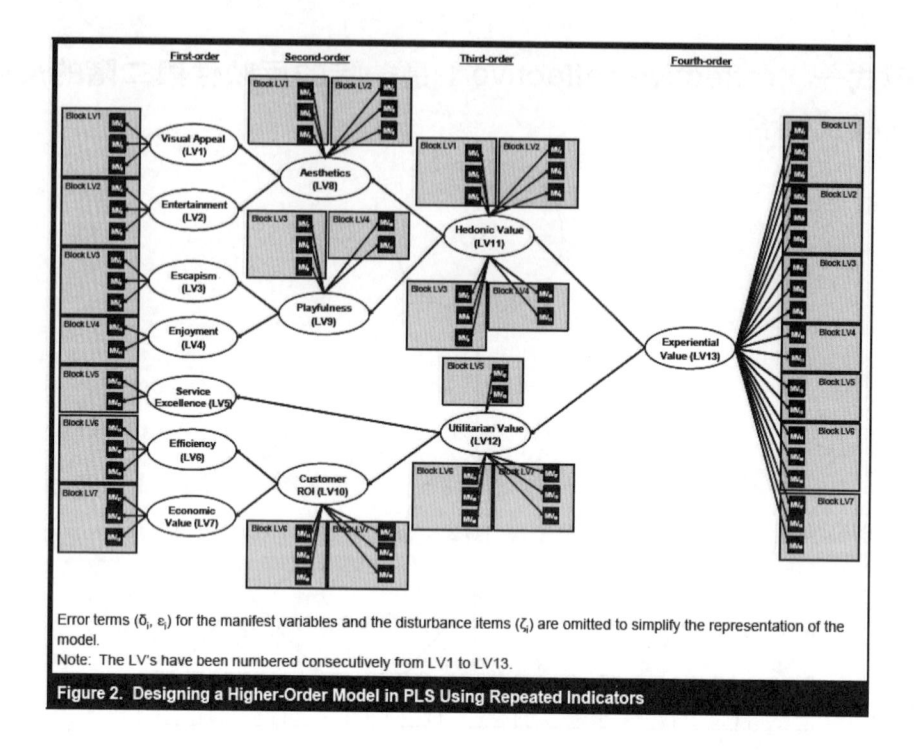

Error terms (δᵢ, εᵢ) for the manifest variables and the disturbance items (ζᵢ) are omitted to simplify the representation of the model.
Note: The LV's have been numbered consecutively from LV1 to LV13.

⭐ 模式二：reflective-formative：是一階的反映性與二階的形成性模式結合

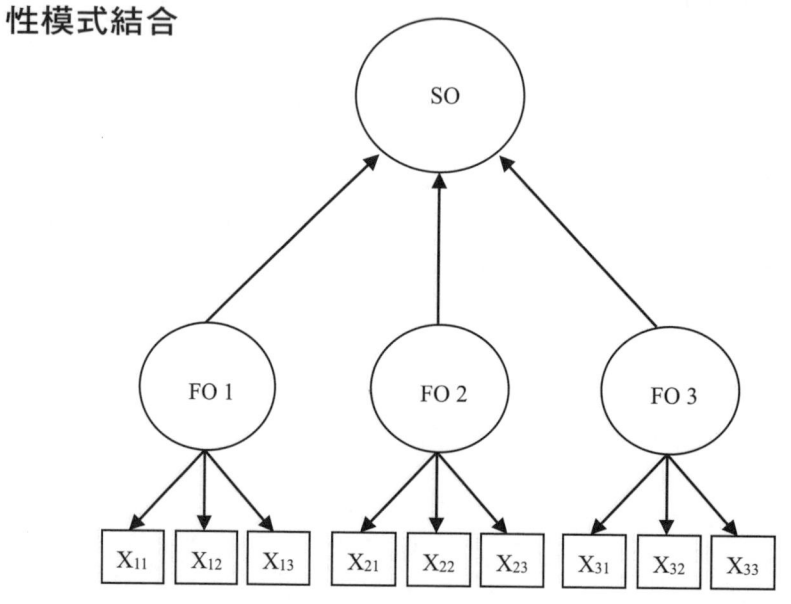

[Diagram: SO (Second Order) with three First Order constructs FO 1, FO 2, FO 3, each with three indicators X_{11}, X_{12}, X_{13}; X_{21}, X_{22}, X_{23}; X_{31}, X_{32}, X_{33}. Arrows from indicators to FO (reflective at first order); arrows from FO to SO (formative at second order).]

FO: First Order (一階)
SO: Second Order (二階)

方法一：Repeated indicator approach
方法二：two-stage approach

方法一：Repeated indicator approach 和方法二：two-stage approach 都有學者使用，不同狀況下使用不同方法，在一般情形下請使用方法二：two-stage approach。

(Source: Becker, J.-M., Klein, K., & Wetzels, M. (2012). Hierarchical Latent Variable Models in PLS-SEM: Guidelines for Using Reflective-Formative Type Models. Long Range Planning, 45(5-6), 359-394.)

✪ 模式三：formative-reflective：是一階的形成性與二階的反映性模式結合

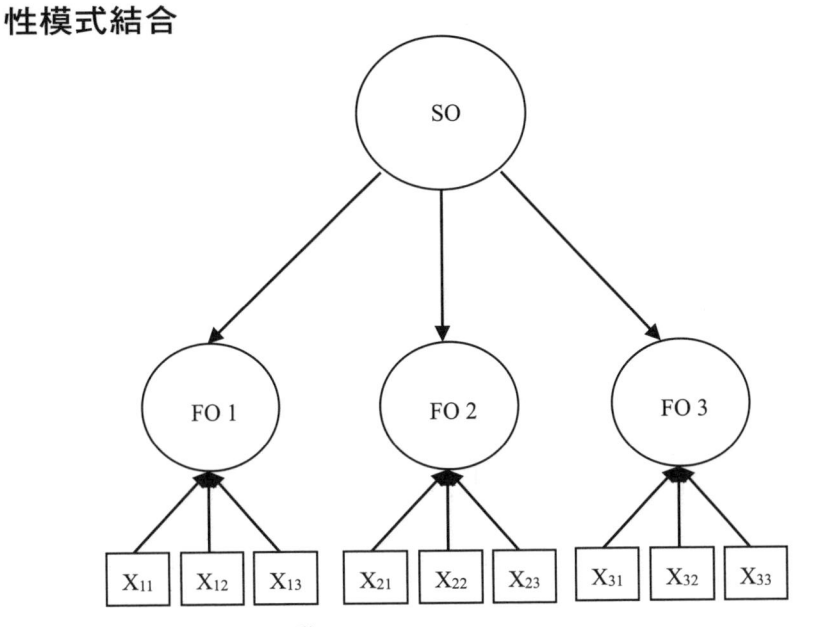

```
                    SO
           ／        ｜         ＼
        FO 1       FO 2        FO 3
       ／｜＼      ／｜＼       ／｜＼
    X₁₁ X₁₂ X₁₃  X₂₁ X₂₂ X₂₃  X₃₁ X₃₂ X₃₃
```

（圖中變數：X_{11}, X_{12}, X_{13}, X_{21}, X_{22}, X_{23}, X_{31}, X_{32}, X_{33}）

FO: First Order (一階)
SO: Second Order (二階)

Trustworthiness – Formative (Serva et al. 2005)	Integrity (Reflective)	Truthful
		Honest
		Keeps commitments
		Sincere and genuine
	Benevolence (Reflective)	Acts in my best interests
		Does its best to help me
		Concerned about my well-being

19-41

	Ability (Reflective)	Competent and effective Performs role well Capable and proficient Knowledgeabel

(Source: Serva, M.A., Benamati, J.S., and Fuller, M.A. "Trustworthiness in B2C e-Commerce: An Examination of Alternative Models," *The DATA BASE for Advances in Information Systems* (36:3), Summer 2005, pp. 89-108.)

模式三. 使用 Repeated indicator approach
(Source : Christian M. Ringle, Marko Sarstedt & Detmar, W. Straub. Editor's comments: a critical look at the use of PLS-SEM in MIS quarterly. *MIS Quarterly, 36*(1), iii-xiv.)

✪ 模式四：formative—formative：是一階的形成性與二階的形成性模式結合

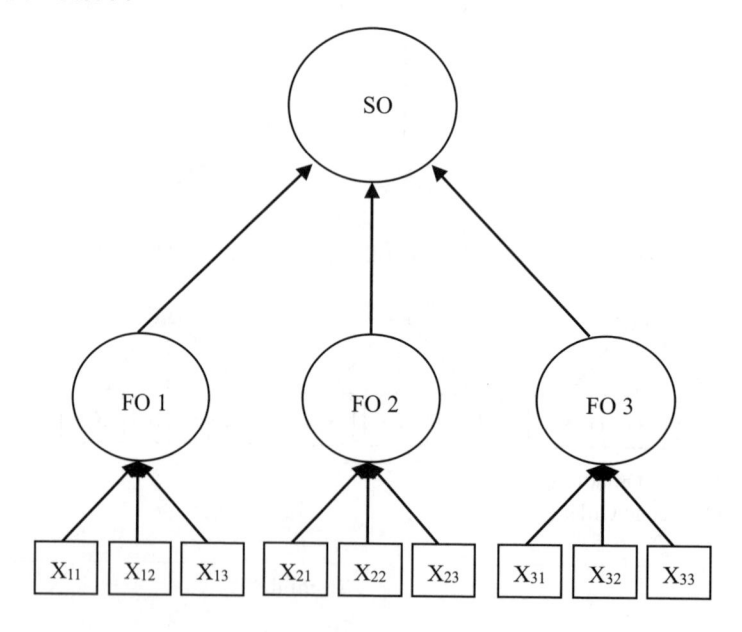

FO: First Order (一階)
SO: Second Order (二階)

Firm Performance – Formative (Rai et al. 2006)	Operational Excellence (Formative)	Product delivery cycle time Timeliness of after sales service Productivity improvements
	Customer Relationship (Formative)	Strong and continuous bond with customers Knowledge of buying pattern of customers
	Revenue Growth (Formative)	Increasing sales of existing products Finding new revenue streams

(Source: Rai, A., Patnayakuni, R., and Seth, N. "Firm Performance Impacts of Digitally Enabled Supply Chain Integration Capabilities," *MIS Quarterly* (30:2), June 2006, pp. 225-246.)

模式四. 使用兩階段分析模式 (Two-Stage Approach for the second order analysis) (Source : Christian M. Ringle, Marko Sarstedt & Detmar, W. Straub. 2012. "Editor's comments: a critical look at the use of PLS-SEM in MIS quarterly." *MIS Quarterly*, 36(1), iii-xiv.)

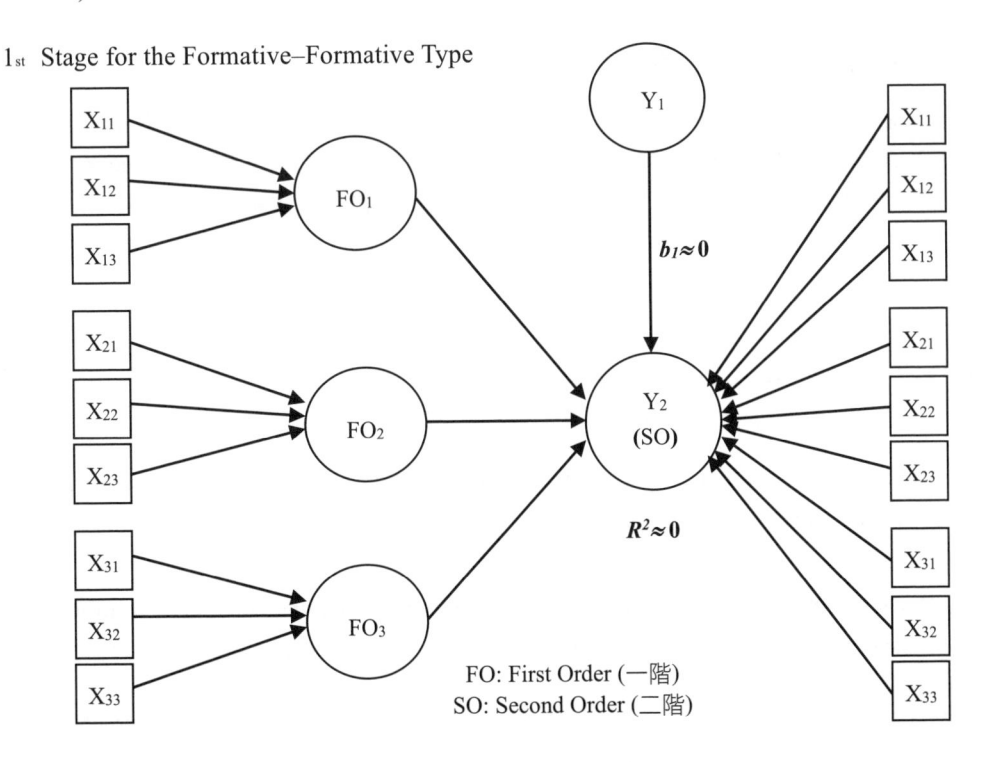

1st Stage for the Formative–Formative Type

$b_1 \approx 0$

$R^2 \approx 0$

FO: First Order (一階)
SO: Second Order (二階)

19-43

2nd Stage for the Formative–Formative Type

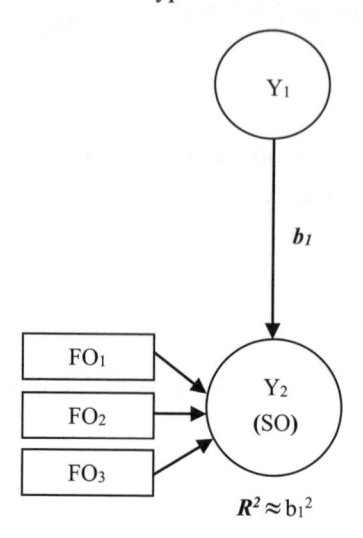

```
                    ┌─────┐
                    │ Y₁  │
                    └──┬──┘
                       │
                       │ b₁
                       ▼
    ┌─────┐      ┌─────────┐
    │ FO₁ │─────▶│         │
    └─────┘      │   Y₂    │
    ┌─────┐      │  (SO)   │
    │ FO₂ │─────▶│         │
    └─────┘      └─────────┘
    ┌─────┐       ↗
    │ FO₃ │──────
    └─────┘
                  $R^2 \approx b_1^2$
```

FO: First Order (一階)，SO: Second Order (二階)

PLS book: Vinzi, V.; Chin, W.W.; Henseler, J. et al., eds. (2010).
Handbook of Partial Least Squares. ISBN 978-3-540-32825-4.Displayeditors

✪ 正確的二階潛在變數模式範例

　　正確的二階潛在變數模式由於二階模式是有點難度的，不像一般書說的簡單，因此作者說明 SmartPLS and AMOS 二階模式的指導方針，先綜合說明二階(Second order)研究的確很難，難在哪裡？有五部分如下：A 觀念(建構二階(Second order)研究)、B 正確的選擇統計軟體、C 正確的使用統計軟體、D 正確的報告結果、E 正確的討論(解釋)結果。

A 觀念（建構二階（Second order）研究）

　　大部分的碩士論文和送審期刊論文都在第一關敗下陣來，需熟讀：

- Jarvis, Cheryl, Scott B. MacKenzie, and Philip M. Podsakoff (2003), "a critical review of construct indicators and measurement model misspecification in marketing and consumer research," journal of consumer research, vol. 30, no. 2, pp. 199-218.
- stacie petter, detmar straub and arun rai "specifying formative constructs in information systems research" mis quarterly vol. 31, no. 4 (dec., 2007), pp. 623-656

B 正確的選擇統計軟體

我所熟悉的 Regression, CB-SEM (LISREL and AMOS), PLS-SEM (Pls graph and SmatPLS)，PLS 對二階的處理是最強的，2016 年 PLS-SEM 已改稱 VB-SEM。

- Regression 無力處理二階的問題
- CB-SEM (LISREL and AMOS) 僅能處理少部份二階的問題
- PLS-SEM 能處理大部分二階的問題
- 選擇順序 1. CB-SEM (LISREL and AMOS)，2. PLS-SEM (PLSgraph and SmatPLS)

> 注意：CB-SEM 估計較精準，條件嚴苛。

C 正確的使用統計軟體

二階(Second order)研究常遇到反映性 Reflective 和形成性 Formative 的模式問題。

Formative 的 Construct 使用上有一定的難度，加上二階的形成模式有 RR、RF、FR、FF 四種，R 反映性和 F 形成性。

二階研究的估計方式有 Repeated measurement 和 2 stages 兩種，使用統計軟體時會遇到 4×2 = 8 種組合，要用哪一種才對？

新進研究者只有 1/8 機會做對，這是為什麼新進研究者大部分的研究到這一關都卡著了，書上很難講的清楚，這是為什麼本書只帶入門，修行靠 papers，目前我是同時使用 LISREL, AMOS and SmatPLS。LISREL and AMOS 的確只能處理少部份二階的問題。

D 正確的報告結果

二階的研究報告隨著形成模式的不同，有不同的報告，相對困難。

E 正確的討論（解釋）結果

如果正確的報告結果，正確的討論(解釋)結果就 OK 了。如果不正確的報告結果，就不必討論(解釋)結果。

我們特別整理正確二階潛在變數模式的二篇期刊文章如下：

期刊文章一：Huang, Li-Chun and Shiau, Wen-Lung (2017), "Factors affecting creativity in information system development: Insights from a decomposition and PLS–MGA", Industrial Management & Data Systems, Vol. 117 Iss: 3, pp. 496 - 520 - (SCI, ABS 2**)

  Huang and Shiau (2017)基於 Amabile 的創造力理論，試圖闡明影響資訊系統開發的創造力的因素，本研究比較了兩組，學生和從業者，通過使用分解和二階研究模型分析(創造力的二階研究模型如下圖)，以便確定影響該領域創造力的顯著因素。通過在線調查收集有資訊系統開發經驗的的大學生(n=220)和從業者(n=187)，並使用偏最小平方法進行了分析(PLS-SEM)結構方程模型，研究結果顯示影響學生和從業者創意的最顯著因素行為是對創造性技術的使用。 此外，認知風格、識別和資料庫管理對學生的創造性行為有顯著的正向影響，但對從業者無顯著的影響。PLS-MGA 結果表明，學生和從業者之間的創造性行為存在差異，資訊系統開發的管理者對此差異需要加以關注。

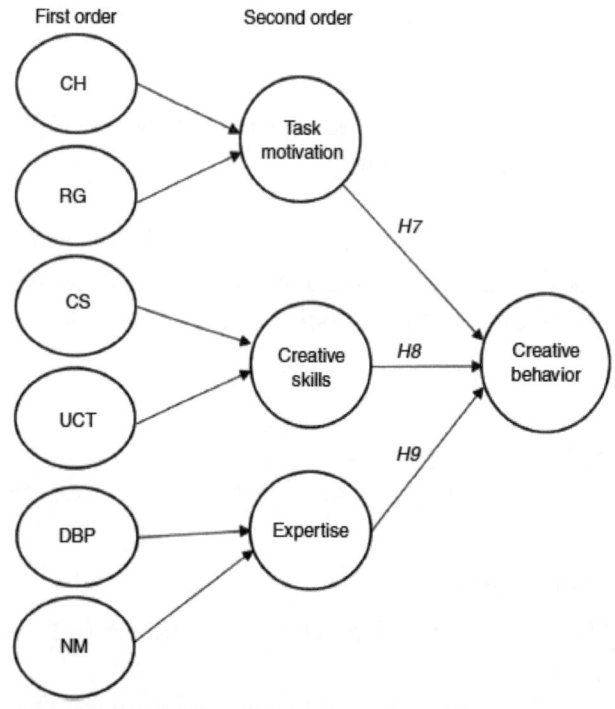

Notes: CH, challenge; RG, recognition; CS, cognitive style; UCT, use of creativity techniques; DBP, database programming; NM, network management

創造力的二階研究模型

結構方程模式之形成性(Formative)模式

期刊文章二：Hou, A.C.Y., Shiau, W.-L., and Shang, R.-A. 2019. "The involvement paradox: The role of cognitive absorption in mobile instant messaging user satisfaction," Industrial Management & Data Systems (119:4), pp. 881-901. (SCI, ABS 2**)

二階的形成模式有 RR、RF、FR、FF 四種，R 反映性和 F 形成性。Hou et al. (2019) 的研究模型如下圖，是典型 reflective-formative (RF)模式，使用的是 2 stages approaches 處理的步驟。

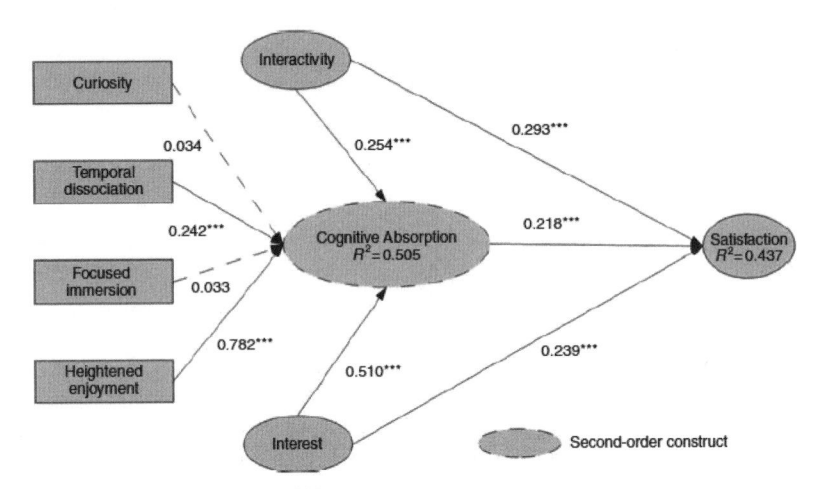

認知吸收的二階研究模型

Hou et al. (2019) 研究移動即時通訊(MIM)能否讓人進入認知吸收狀態？認知吸收狀態是由「好奇」、「專注沉浸」、「增強享受」和「時間分離」四個反射維度的二階形成結構，與交互性和興趣一起影響滿意度。資料收集有 LINE 長期的使用經驗 472 名，使用偏最小平方法來評估研究模型。研究結果顯示移動即時通訊中的認知吸收，互動性和興趣正向顯著影響滿意度，驚訝的是「好奇」和「專注沉浸」並沒有在移動即時通訊中形成認知吸收。

注意：
(a) 二階的 construct 是由一階的 construct 所反映(reflective)或形成(formative)，構面(念)代表著現象，需要解釋或預測的現象，所以二階的構面(念)需要操作型定義。
(b) 階層式潛在變數模式之間，不存在假設和因果關係，二階的 construct 是由一階的 construct 所反映(reflective)或形成(formative)例如：一階(1st order)和二階(2nd order)模式之間不存在假設和因果關係。= suggested (help)

CHAPTER 20 交互作用、中介和調節(干擾)

交互作用、中介和調節(干擾)的影響經常在社會科學的研究中出現，研究人員(老師、學生、研究員…等等)面臨交互作用、中介和調節(干擾)的問題時常常覺得不好處理。本章節特別介紹交互作用、中介和調節(干擾)效果之驗證，我們引用 Baron and Kenny 於 1986 之經典文章如下：

Baron, R.M., and Kenny, D.A. 1986. "The Moderator-Mediator Variable Distinction in Social Psychological Research：Conceptual, Strategic, and Statistical Considerations," *Journal of Personality and Social Psychology* (51:6), pp. 1173-1182.

Baron and Kenny 於 1986 的經典文章特別介紹調節(干擾)和中介效果之概念、策略和統計考量，在實作部份，我們參考重要資料如下：

1. Chin, W.W., Marcolin, B.L., and Newsted, P.R. 2003. "A partial least squares latent variable modeling approach for measuring interaction effects: Results from a Monte Carlo simulation study and an electronic-mail emotion/adoption study," *Information Systems Research* (14), pp.189-217.
2. Ringle, Christian M., Wende, Sven, & Becker, Jan-Michael. (2022). SmartPLS 4. Oststeinbek: SmartPLS. Retrieved from https://www.smartpls.com
3. Henseler, J., and Chin, W.W. 2010. "A comparison of approaches for the analysis of interaction effects between latent variables using partial least squares path modeling," *Structural Equation Modeling* (17:1), pp. 82-109.

本章節我們使用 SPSS 和 SmartPLS 4 來實作這些議題。

20-1 交互作用(Interaction)

交互作用顧名思義就是雙方會互相影響。在我們研究社會現象時，若是有二個自變數，則稱為二因子變異數分析，若是有三個自變數，則稱為三因子變異數分析，以二個自變數 A 和 B 影響一個依變數 Y 為例，除了 A 和 B 分別會影響依變數 Y 外，也會有 A×B 交互作用影響著 Y，如下圖：

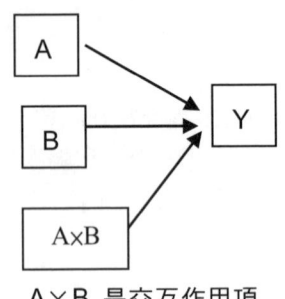

A×B 是交互作用項

我們再以三個自變數 A、B 和 C 影響一個依變數 Y 為例，除了 A、B 和 C 分別影響依變數 Y 外，還有 A×B、A×C、B×C 和 A×B×C 等四個交互項影響依變數 Y。

我們整理二和三個自變數產生的交互作用項，如下表：

自變數	交互作用項	
	Two-Way (二項)	Three- Way (三項)
A、B	A×B	
A、B、C	A×B A×C B×C	A×B×C

在社會現象中，交互作用時常出現，我們舉例如下：

範例一：工作單位與性別對組織文化之交互作用
　　A：工作單位(例如：財務、工務、業務…)
　　B：性別(例如：男、女)
　　Y：組織文化(例如：成果取向、人員取向、團隊取向)
　　交互作用項 = 工作單位×性別

範例二：電腦自我效能與目標取向在學習方法的交互作用
　　A：電腦自我效能
　　B：目標取向

Y：學習方法

交互作用項 = 電腦自我效能×目標取向

範例三：品牌組成策略與品牌擴張類型對品牌評價的交互作用

A：品牌組成策略

B：品牌擴張類型

Y：品牌評價

交互作用項 = 品牌組成策略×品牌擴張類型

實作範例：在一個混合式的組織中(同時存在機械式和有機式)，我們想了解組織的型態與領導特質對於組織績效的交互作用

A：組織的型態 – 機械式和有機式

B：領導特質 – 交易型領導和轉換型領導

Y：組織績效 – 組織表現的好壞程度

交互作用項 = 組織的型態×領導特質

將範例檔 MMA 目錄複製到 C:\ MMA 後，操作步驟如下：

開啟 SPSS 檔案 interaction，按卷軸向右，看到 OS：組織的型態有機械式(1)和有機式(2)，LS：領導特質有交易型領導(1)和轉換型領導(2)，Performance：組織績效 (Linkert scale 1-5)，如下圖：

✪ 交互作用

1. 開啟 interaction.sav，點選[分析/一般線性模式/單變量]

2. 選取「Performance」至「依變數」欄位

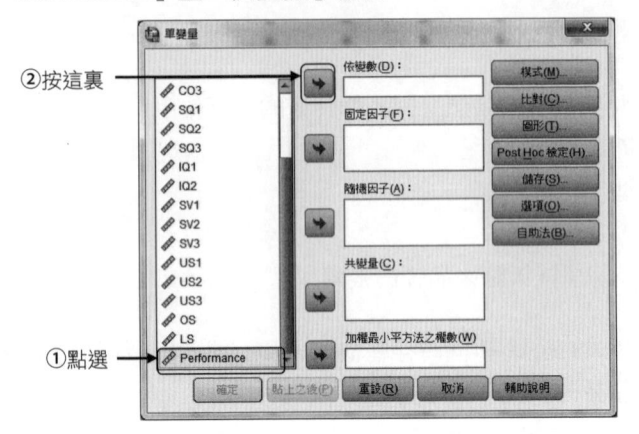

3. 選取「OS」、「LS」至「固定因子」欄位

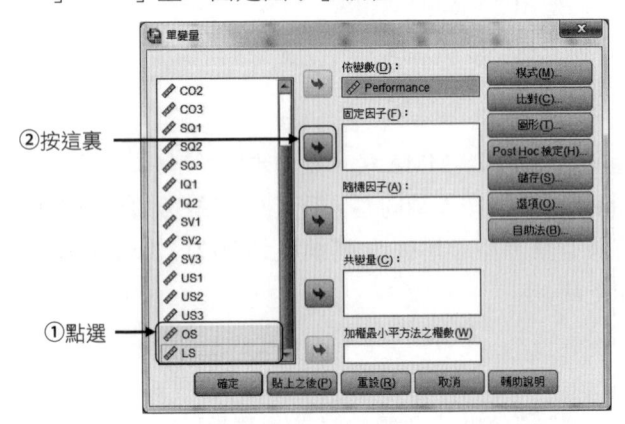

4. 點選[圖形]

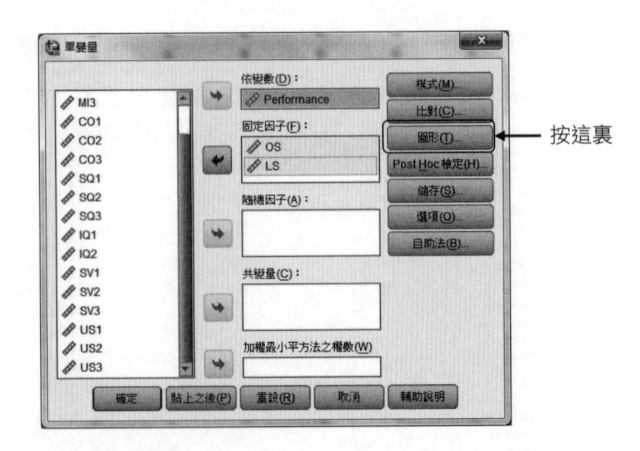

交互作用、中介和調節（干擾） **20**

5. 選取「OS」至「水平軸」欄位，選取「LS」至「個別線」欄位

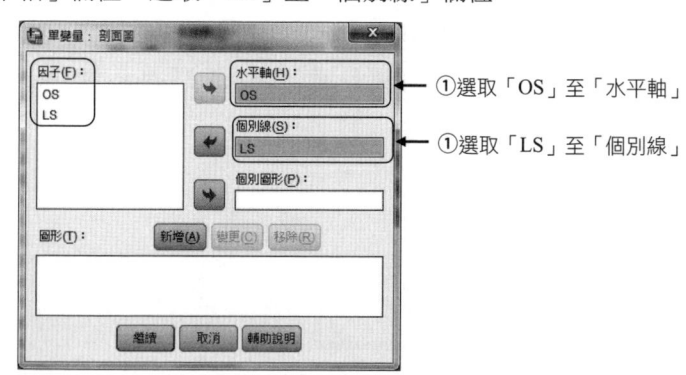

   ①選取「OS」至「水平軸」
   ①選取「LS」至「個別線」

6. 產生「OS*LS」，點選[繼續]

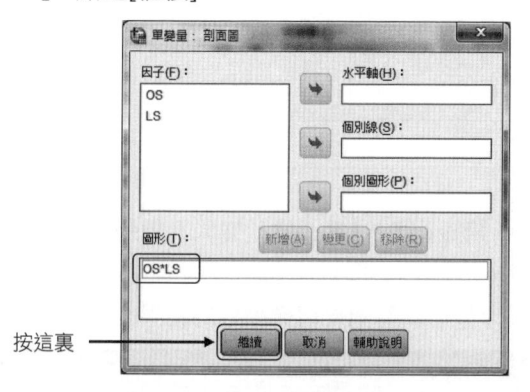

   按這裏

   圖形的 OS*LS 就是要畫出交互作用的變數。

7. 點選[確定]

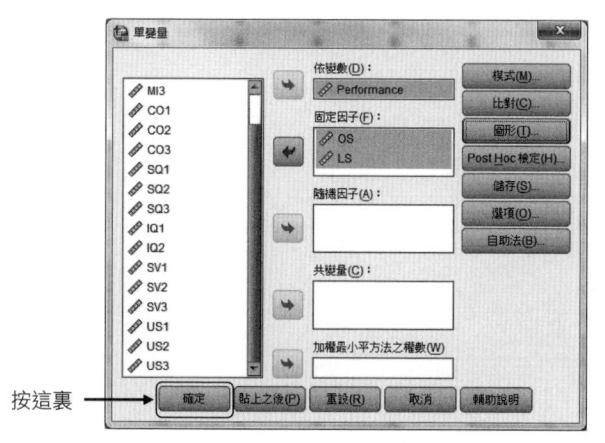

   按這裏

20-5

8. 結果如下圖

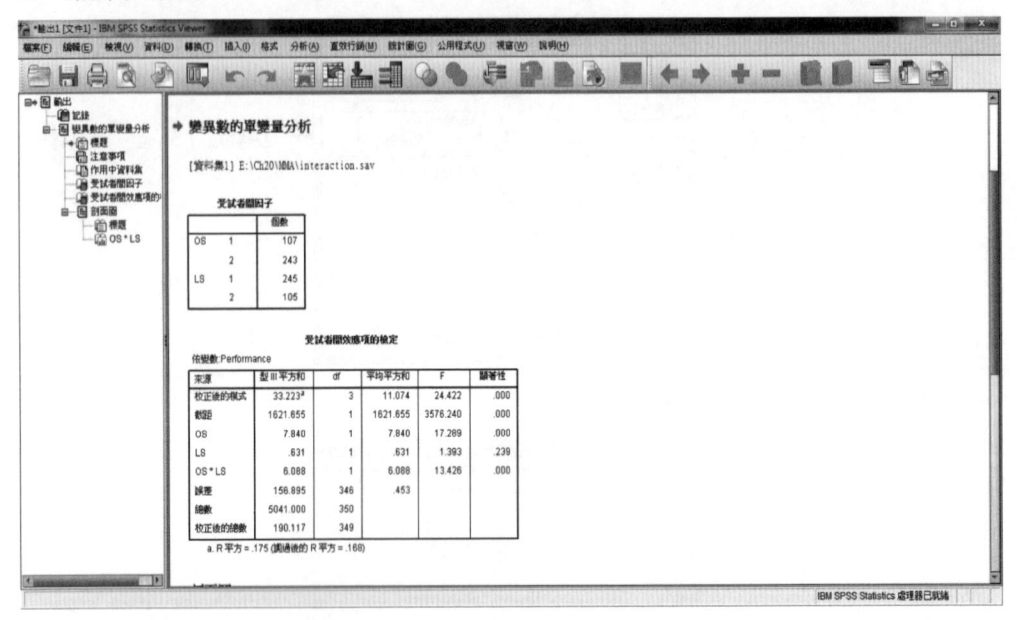

[SPSS 輸出結果截圖]

我們看交互作用項 OS 組織型態* LS 領導型態的 F 值=13.426，P=0.000 達顯著，顯示有交互作用影響。

OS 組織型態與 LS 領導型態同時對於組織績效的結果如下圖：

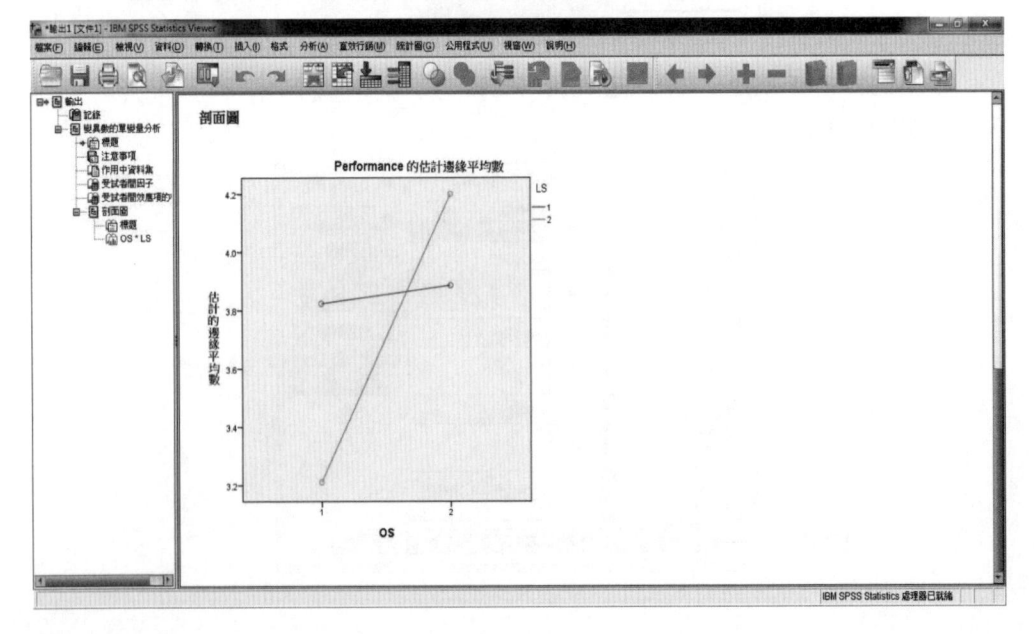

[SPSS 剖面圖截圖]

OS：組織的型態有機械式(1)和有機式(2)，LS：領導特質有交易型領導(1)和轉換型領導(2)，Performance：組織績效(Linkert scale 1-5)

交互作用的簡易判定方式：
圖中有交叉線，代表有交互作用影響。
圖中無交叉線，代表無交互作用影響。
我們將結果圖放入報告中如下：

Estimated Marginal Means of Performance

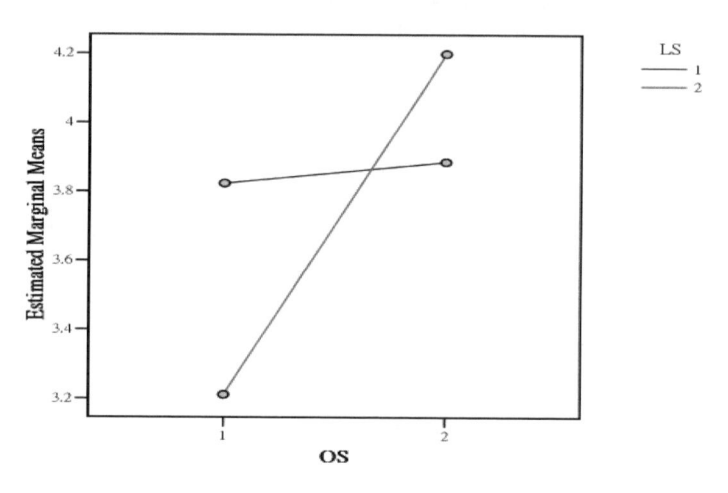

註解：OS：組織的型態有機械式(1)和有機式(2)，LS：領導特質有交易型領導(1)和轉換型領導(2)，Performance：組織績效。

　　從圖中的交叉線，我們可以確定領導型態與組織型態同時對於組織績效有交互作用影響。轉換型的領導型態在機械式的組織中績效較差，在有機式的組織中績效較好，而交易型的領導在機械式和有機式組織的績效差異不大，我們也可以將結果整理成下表：

(領導型態)

交易型	績效適中	績效適中
轉換型	績效最差	績效最好
	機械式	有機式	(組織型態)

我們已經完成交互作用的實務操作了。

20-2 中介效果之驗證

在社會科學的研究中,自變數與調節(干擾)變數透過中介變數來影響依變數。中介變數可以定義為影響依變數的理論性因素,其對依變數的影響,必須從觀察現象之自變數中進行推論。中介效果是指自變數透過中介變數來影響依變數的效果,也就是一般常畫的中介效果之驗證圖如下:

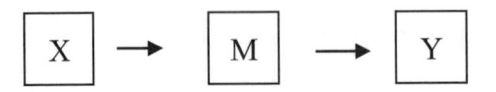

$$X \longrightarrow M \longrightarrow Y$$

我們要如何判斷一個模型是否具備中介效應。Fritz & Mackinnon (2007) 提到的六個檢驗中介效應的方法。

方法一:Baron and Kenny's Causal-Steps Test (Baron and Kenny 的因果關係步驟檢驗法)

1. X 對 Y 的總效應必須是顯著的;
2. X 對 M 的效應必須是顯著的;
3. 調整了 X 後的 M 對 Y 的效用必須是顯著的。
4. 調整了 M 後的 X 對於 Y 的效應必須比 X 對 Y 的總效應要小。

後面會詳細介紹。

方法二:Joint Significance Test (聯合顯著性檢驗法)

聯合顯著性檢驗法是 Baron and Kenny 的因果關係步驟檢驗法的變形。聯合顯著性檢驗法忽略了直接效果,用 a 和 b 係數的顯著性來分析中介性。如果 a 和 b 都顯著,那麼中介效應是存在的。

方法三:Sobel First-Order Test (Sobel 一階檢驗法)

Sobel 一階檢驗法是最常見的係數乘積檢驗,通過把間接效應 ab 除以間接效應一階 delta 法標準誤差,來評估中介效應是否存在。如果結果顯著,中介效應就存在。

方法四:PRODCLIN

係數乘積檢驗(如,Sobel 一階檢驗法)的一個問題是依賴於正態理論,然而兩個正態隨機分佈變數,在這裡就是 a 和 b,的乘積大多不是正態分佈的。

PRODCLIN 需要把 a 和 b 標準化，並把型一錯誤率作為輸入。PRODCLIN 然後返回對應的標準化的臨界值。這些標準化的臨界值用轉化回 a 和 b 的原始指標。用來評估中介效應是否存在。如果結果顯著，中介效應就存在。

方法五：Percentile Bootstrap (百分位拔靴法、百分位自助法)

百分位元拔靴法中介檢驗需要從原始資料進行有放回的隨機抽樣。通過新的拔靴樣本找到 a 和 b 的值，然後計算間接效應 ab。大量的間接效應估計值形成了一個拔靴分佈。百分位拔靴法通過拔靴估計間接效應，間接效應對相當於 $\omega/2$ 和 $1-\omega/2$ 拔靴樣本分佈的百分比形成一個 $100(1-\omega)\%$ 的置信區間，其中 ω 等於型一錯誤。如果置信區間不包含 0，則表示中介效應存在。

方法六：Bias-Corrected Bootstrap (偏誤糾正拔靴法、偏誤糾正自助法)

偏誤糾正拔靴法和百分位拔靴法是一樣的，除了它修正了總體中的偏差。百分位拔靴法的問題是：有可能置信區間不以真實的參數值為中心。偏誤糾正拔靴法包含對由估計的集中趨勢產生偏誤的糾正。

✪ 早期中介效果檢測的典範

早期中介效果的典範檢測，都是透過 Sobel 於 1982 年提出的 Sobel test 檢驗—Sobel Z- test 來檢定中介效果。

中介效果路徑係數 $= a \times b$

標準差 $= \sqrt{b^2 S_a^2 + a^2 S_b^2 + S_a^2 S_b^2}$

由於 $S_a^2 S_b^2$ 很小，可以忽略

因此 $Z = \dfrac{a \times b}{\sqrt{b^2 S_a^2 + a^2 S_b^2}}$

Sobel, M. E. (1982). "Asymptotic confidence intervals for indirect effects in structural equations models," in S. Leinhart (Ed.), *Sociological methodology* 1982 (pp. 290-312). San Francisco: Jossey-Bass.

Baron and Kenny (1986) 也建議使用 Sobel Z- test 來檢定中介效果，談到中介，大家都會對 Baran and Kenny (1986) 所提出的中介效果檢驗肅然起敬，因為大家都使用了這項典範的中介檢驗程序。Baron and Kenny 於 1986 的經典文章特別介紹調節(干擾)和中

介效果之概念、策略和統計考量 Baron and Kenny (1986)。我們特別引用 Reuben M. Baron and David A. Kenny 於 1986 之經典文章如下：

"Reuben M. Baron and David A. Kenny (1986). The Moderator-Mediator Variable Distinction in Social Psychological Research：Conceptual, Strategic, and Statistical Considerations. Journal of Personality and Social Psychology, Vol. 51, No. 6, 1173-1182."

簡單中介效果如下圖：

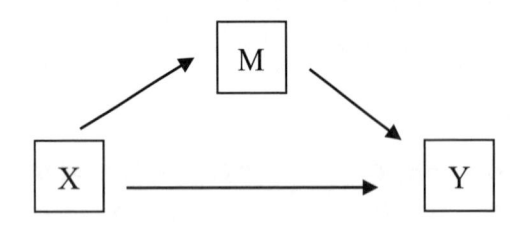

```
          ┌───┐
          │ M │
          └───┘
         ↗     ↘
    ┌───┐       ┌───┐
    │ X │ ────→ │ Y │
    └───┘       └───┘
```

Baran and Kenny (1986) 中介效果之驗證三步曲：

1. 以 X 預測 Y
2. 以 X 預測 M
3. 以 X 和 M 同時預測 Y

我們解釋如下：

- 第一步驟：以 X 預測 Y
  以圖形和迴歸方程式表示如下：

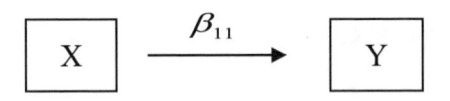

$$X \xrightarrow{\beta_{11}} Y$$

Y= $\beta_{10} + \beta_{11}\chi$

β_{10} 為常數　　β_{11} 為迴歸係數

檢驗：β_{11} 要達顯著，執行第二步驟，否則中止中介效果分析

- 第二步驟：以 X 預測 M

  以圖形和迴歸方程式表示如下：

  $$X \xrightarrow{\beta_{21}} M$$

  M = $\beta_{20} + \beta_{21}\chi$

  β_{20} 為常數　　β_{21} 為迴歸係數

  檢驗：β_{21} 要達顯著，執行第三步驟，否則中止中介效果分析

- 第三步驟：以 X 和 M 同時預測 Y

  以圖形和迴歸方程式表示如下：

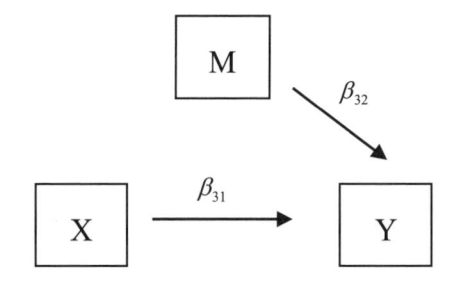

  $$X \xrightarrow{\beta_{31}} Y \quad M \xrightarrow{\beta_{32}} Y$$

  Y = $\beta_{30} + \beta_{31}\chi + \beta_{32}M$

  β_{30} 為常數，β_{31} 為 X 的迴歸係數，β_{32} 為 M 的迴歸係數

  檢驗：　β_{31} 若為不顯著且接近於 0 → 結果為完全中介
  　　　　β_{31} 若為顯著，且係數小於第一步驟的 β_{11} → 結果為部份中介

✪ Baron and Kenny(1986)中介效果驗證流程

```
                        開始
                          │
                          ▼
第一步驟           ┌─────────────┐
              │ X 預測 Y 檢    │ ─── 不顯著 ───┐
              │ 驗係數顯著     │              │
              └─────────────┘              │
                    │ 顯著                   │
                    ▼                       │
第二步驟           ┌─────────────┐              │
              │ X 預測 M 檢    │ ─── 不顯著 ───┤
              │ 驗係數顯著     │              │
              └─────────────┘              ▼
                    │ 顯著              ┌─────────┐
                    ▼                   │ 停止中介 │
第三步驟           ┌─────────────┐          │ 效果分析 │
              │ X 和 M 同時預  │          └─────────┘
              │ 測 Y 檢驗 X→Y │
              │ 係數是否顯著   │ ── 不顯著且
              └─────────────┘    X→Y 係
                    │             數接近 0
         顯著且小於第一            │
         步驟 X→Y 的係數           ▼
                    ▼        ┌─────────────┐
            ┌─────────────┐   │ 完全中介效果顯著 │
            │ 部份中介效果顯著 │   └─────────────┘
            └─────────────┘
```

在過去的 30 年間，不斷有學者提出建議，修正和重新考量中介效果的檢驗，例如：

Bollen (1989) 指出檢測中介時，未注意量測誤差 (measurement error) 問題，Baron and Kenny (1986) 說明 X 和 M 的量測誤差會導致路徑係數估計的偏誤，使用回歸檢測中介效果時，時常忽略量測誤差所帶來的影響。因此建議使用可信賴的量測，並且量測的構面可以使用多個題項，分析時使用結構方程模式 (SEM)，可以較正確估計量測誤差和所帶來的影響 (Bollen, 1989)。

Kenny, Kashy, and Bolger (1998) 指出檢測直接效果為中介效果的一個情形。Y = bM + C' + e 檢測 C' 在 Baron and Kenny (1986) 是需要的，但是在 Kenny et al. (1998)

的修正中，已經說明檢測 C' 不是必要的。我們想確認中介效果是否存在，只需要檢驗間接效果是否得到支援就可以了。

Shrout and Bolger (2002) 主張 Baran and Kenny (1986) 中介效果檢驗的第一項條件 X 顯著影響 Y，並不是中介效果存在的必要條件。Zhao et al. (2010) 也支持相同的看法，並且加以解釋清楚。

MacKinnon, Lockwood, & Willians (2004) 指出先前中介效果檢驗未注意間接效果 (Indirect Effect) 的大小和顯著性問題，雖然 Baronn and Kenny (1986) 提到要計算間接效果 $a \times b$，但未提供計算方式，因此，許多研究者會仰賴 Sobel (1982) 提出間接效果的檢驗，然而 Sobel (1982) 的間接效果的計算是假設間接效果 $a \times b$ 是常態分佈，這個假設是不適當的，所以不建議使用 Sobel test。目前建議研究者使用跋靴法 (Bootstrap) 來估計間接效果的大小和顯著性 (MacKinnon, Lockwood, & Willians, 2004)。

Preacher and Hayers (2004, 2008) 指出中介效果的 $a \times b$ 不是常態分布，Sobel test 要求常態分布，所以 Sobel test 並不適用。

Iacobucci et al. (2007) and Hair et al. (2010) 說明 CB-SEM 的中介效果檢驗也適用跋靴法 (Bootstrap) 來估計間接效果的大小和顯著性。

LeBreton et al. (2008) 和 Aguinis et al. (2016) 都指出中介效果的檢驗步驟中，檢測直接效果而沒有概念上的評斷的問題。一般研究者檢測中介效果時，習慣遵守 Baron and Kenny (1986) 步驟，將直接效果 C' 包含進來檢測，而不管中介效果是被假設成完全中介或部份中介，當理論上指出是完全中介時，研究者應該使用完全中介為基礎模式，檢測 $a \times b$，而忽略直接效果 $c'=0$。

Kenny (2008) 指出中介效果的檢驗，需要考慮時間因素，所以建議使用縱貫性資料。一般研究者收集的是橫斷性資料，檢測中介效果時，就直接使用了，然而，中介模式所包含的因果路徑，常涉及時間的過往 (LeBreton et al., 2008) 使用橫斷性資料在檢測中介時，可能產生估計上的偏誤，建議使用縱貫性資料 (Kenny, 2008)。

Hair et al. (2014) 提出 VAF (variance account for) 變異解釋百分比。

在檢測中介效果時，一般我們常用 Sobel (1982) 檢驗，Soble 檢驗是計算中介效果的 t 值，以檢測是否顯著，由於 Sobel test 要求常態分佈，而中介效果（例如：$P_{12}*P_{23}$）並無法支持為常態分佈，所以並不適用於 PLS 方法（無常態分佈要求），加上樣本較小的時候，Sobel test 缺乏統計檢定力 (Hair et al. 2014 p.225)，因此 Hair et al. (2014) 使用 PLS 檢測中介效果時，不建議搭配使用 Sobel test。

VAF (variance account for) 變異解釋是指間接效果對於總效果的百分比例，如下圖：

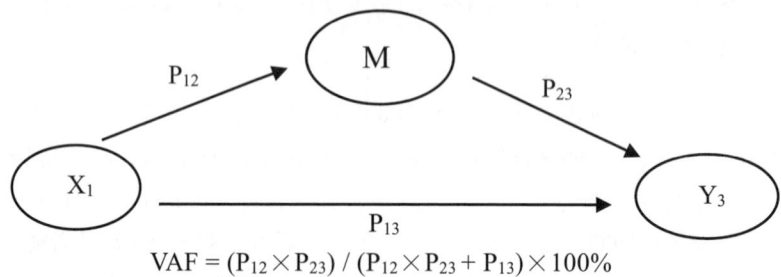

$$VAF = (P_{12} \times P_{23}) / (P_{12} \times P_{23} + P_{13}) \times 100\%$$

1. VAF<20%：沒有中介效果
2. 20%≤VAF≤80%：部份中介
3. VAF>80%：完全中介

Zhao et al. (2010) 提出中介因子的 5 種型態和中介效果檢驗流程，Hair et al. (2017) 也支持相同的作法。中介因子的 5 種型態有：1. Complementary (Mediation) 互補的中介 2. Competitive (Mediation) 競爭的中介 3. Indirect-only (Mediation) 完全中介 4. Direct-only (Non Mediation) 只有直接影響 (無中介) 5. No-effect (Non Mediation) 沒有影響 (無中介)，稍後說明。

中介效果的檢驗，最近幾年中，以 Zhao et al. (2010) 整體的說明最為重要，Zhao et al. (2010) 也支持中介效果檢驗的第一項條件 X 顯著影響 Y，並不是中介效果存在的必要條件，並且加以解釋清楚，Baran and Kenny (1986) 的第一項條件「X 顯著影響 Y」，其必要存在的條件是直接效果 c 和間接效果 $a \times b$ 有相同的效果方向，也就是說 c 和 $a \times b$ 同時是正向或負向值，而形成 complementary mediation 互補型中介。當 c 和 $a \times b$ 不同方向，而形成 competitive mediation 競爭型中介時，Baron and Kenny (1986)中介效果檢驗的第一條件「X 顯著影響 Y」，就不是必要的條件，原因是即使中介效果 $a \times b$ 存在時，直接效果 c 可能是不顯著，因此，會誤導中介效果的判定，嚴重影響研究結果。

Baron and Kenny (1986) 建議使用 Sobel Z- test 來檢定中介效果。

中介效果路徑係數 $= a \times b$

標準差 $= \sqrt{b^2 S_a^2 + a^2 S_b^2 + S_a^2 S_b^2}$

由於 $S_a^2 S_b^2$ 很小，可以忽略

因此 $Z = \dfrac{a \times b}{\sqrt{b^2 S_a^2 + a^2 S_b^2}}$

✪ Sobel Z- test problem

分佈為常態分配，因此 Sobel Z- test 的中介效果檢定要求 $a \times b$ 乘積項需要常態分佈，Preacher and Hayes (2004, 2008) 都指出使用 Sobel Z- test 檢定中介效果並不適當，因為 Sobel Z- test 使用的是參數估計，特別需要變數的資料，但是，中介效果 $a \times b$ 經常不是常態分佈，這時應該如何處理呢？研究者可以使用拔靴法 (bootstrap) 來檢定中介效果。拔靴法 (bootstrap) 是非參數估計方法，不需要常態分配的要求，拔靴法是從原始資料中，隨機抽出設定的 (e.g. 5000) 的次樣本 (sub sample)，來進行估計 $a \times b$ 的中介效果大小和標準差，再使用 t 檢定來檢驗 $a \times b$ 是否達到顯著結果，也就是信賴區間估計是否包含零，若不包含零，則達到顯著要求。

✪ 現代中介效果檢測的典範

Zhao et al. (2010) 是公認現代中介效果檢測的典範，Zhao et al. (2010) 對於 Baron and Kenny (1986) 提出 3 項有爭議的部份：

1. Baron and Kenny 提出當沒有直接效果，而有間接效果時，中介效果是最強的。事實上，中介效果的強弱，並不是在於有無直接效果，而是需要計算間接效果 (i.g. $a \times b$) 的大小。
2. 檢測中介效果只有一個要求，那就是計算間接效果 (i.g. $a \times b$) 是否顯著，Baron and Kenny 的其它檢測可以用來區分中介因子的型態。
3. Sobel test 的統計檢定力比 bootstrap 低 (Preacher and Hayes 2004)，另外，間接效果 $a \times b$ 並不一定是正值 (positive)，而是有可能是顯著和負值 (significant and negative)。

Zhao et al. (2010) 文章中提出中介因子的 5 種型態和中介效果檢驗流程如下：

✪ 中介因子的 5 種型態

1. Complementary (Mediation) 互補的中介
2. Competitive (Mediation) 競爭的中介
3. Indirect-only (Mediation) 完全中介
4. Direct-only (Non Mediation) 只有直接影響 (無中介)
5. No-effect (Non Mediation) 沒有影響 (無中介)

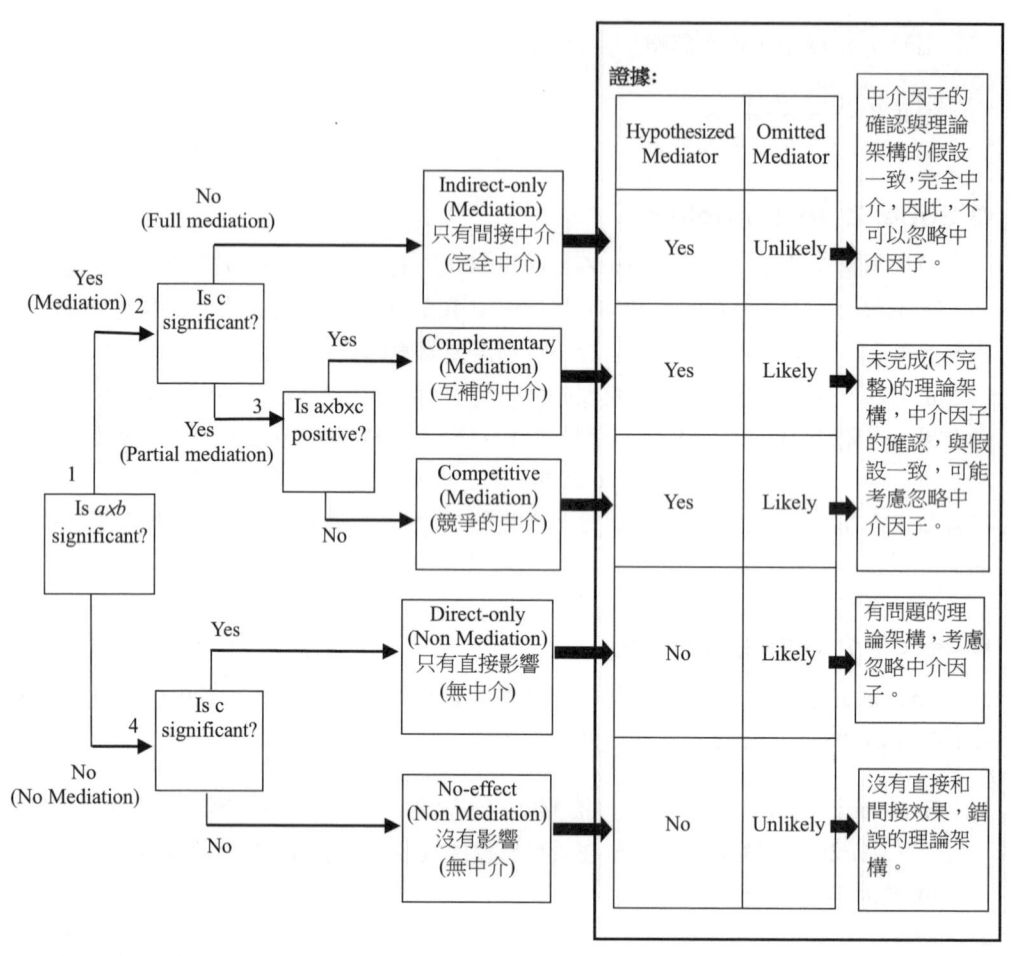

✪ 中介效果檢驗流程

Zhao et al. (2010) 中介效果檢驗流程說明如下：

1. 先查看中介效果 $a \times b$ 是否顯著？若是 Yes 是，代表有中介效果。若是 No 否，代表沒有中介效果。
2. 查看直接效果 c 是否顯著？若是 No 否，代表只有間接中介，也就是完全中介效果。中介因子的確認與理論架構的假設一致，完全中介，因此，不可以忽略中介因子。
3. 在直接效果 c 是顯著結果下，查看方向 $a \times b \times c$ 是否為正值？若是 Yes 是，代表是 Complementary Mediation (互補的中介)。若是 No 否，代表 Competitive Mediation (競爭的中介)。未完成（不完整）的理論架構，中介因子的確認，與假設一致，可能考慮忽略中介因子。

4. 在中介效果 $a \times b$ 不是顯著結果下，查看直接效果 c 是否顯著？Yes 是，代表 Direct-only (Non Mediation) 只有直接影響 (無中介)，有問題的理論架構，考慮忽略中介因子。若是 No 否，代表 No-effect (Non Mediation) 沒有影響 (無中介)，沒有直接和間接效果，錯誤的理論架構。

我們整理 Baron and Kenny (1986) 和 Zhao et al. (2010) 中介因子型態的對應，如下表：

Baron and Kenny (1986) mediation type	Zhao et al. (2010) mediation type
Partial mediation	Complementary mediation
Partial mediation	Competitive mediation
Full mediation	Indirect-only mediation
No mediation	Direct-only nonmediation
No mediation	No-effect nonmediation

Baron and Kenny (1986) 對應 Zhao et al. (2010) 中介因子型態：

- Baron and Kenny (1986) 的 Partial mediation 部份中介，Zhao et al. (2010) 分成 Complementary Mediation (互補的中介) 和 Competitive Mediation (競爭的中介)。
- Baron and Kenny (1986) 的 Full mediation 完全中介對應 Zhao et al. (2010) Direct-only (Non Mediation) 只有直接影響 (無中介)。Baron and Kenny (1986) 的 No mediation (無中介)，Zhao et al. (2010) 分成 Direct-only (Non Mediation) 只有直接影響 (無中介) 和 No-effect (Non Mediation) 沒有影響 (無中介)。

參考文獻：

- Aguinis, H., Edwards, J. R., and Bradley, K. J. 2016. "Improving Our Understanding of Moderation and Mediation in Strategic Management Research," *Organizational Research Methods*.

- Baron, R. M. and Kenny, D. A. (1986), "The Moderator-Mediator Variable Distinction in Social Psychological Research: Conceptual, Strategic and Statistical Considerations", Journal of Personality and Social Psychology, Vol. 51 No. 6, pp. 1173-1182.

- Bollen, K. A. 1989. *Structural equations with latent variables*. New York, NY: Wiley.

- Fritz, M. S., & Mackinnon, D. P. (2007). Required sample size to detect the mediated effect. Psychological Science, 18(3), 233-239.

- Hair, J. F., Black, W. C., Babin, B. J. and Anderson, R. E. (2010), Multivariate Data Analysis, Prentice Hall, Englewood Cliffs.

- Hair, J. F., Hult, G. T. M., Ringle, C. M., & Sarstedt, M. (2014). A Primer on Partial Least Squares Structural Equation Modeling. Thousand Oaks: Sage.

- Hair, J. F., Hult, G. T. M., Ringle, C. M., & Sarstedt, M. (2017). A Primer on Partial Least Squares Structural Equation Modeling (PLS-SEM). 2nd Edition. Thousand Oaks: Sage

- Iacobucci, D., Saldanha, N. and Deng, X. (2007), "A Mediation on Mediation: Evidence That Structural Equation Models Perform Better Than Regression", Journal of Consumer Psychology, Vol. 17 No. 2, pp. 140-154.

- Kenny, D. A. 2008. "Reflections on mediation," *Organizational Research Methods* (11), pp. 353-358.

- Kenny, D. A., Kashy, D. A., and Bolger, N. 1998. "Data analysis in social psychology," *The Handbook of Social Psychology* (1), pp. 233-265.

- LeBreton, J. M., Wu, J., and Bing, M. N. 2008. The truth(s) on testing for mediation in the social and organizational sciences. In C. E. Lance & R. J. Vandenberg (Eds.), *Statistical and methodological myths and urban legends: Received doctrine, verity, and fable in the organizational and social sciences.* (pp. 107-141). New York, NY: Routledge.

- MacKinnon, D. P., Lockwood, C. M., and Williams, J. 2004. "Confidence limits for the indirect effect: Distribution of the product and resampling methods," *Multivariate Behavioral Research* (39), pp. 99-128.

- Preacher, K. J. and Hayes, A. F. (2004), "SPSS and SAS Procedures for Estimating Indirect Effects in Simple Mediation Models", Behavior Research Methods Instruments, and Computers, Vol. 36 No. 4, pp. 717-731.

- Preacher, K. J. and Hayes, A. F. (2008), "Asymptotic and Resampling Strategies for Assessing and Comparing Indirect Effects in Multiple Mediator Models", Behavior Research Methods, Vol. 40 No. 3, pp. 879-891.

- Shrout, P. E. and Bolger, N. (2002), "Mediation in Experimental and Nonexperimental Studies: New Procedures and Recommendations", Psychological Methods, Vol. 7 No. 4, pp. 422- 445.

- Sobel, M. E. (1982), "Asymptotic Confidence Intervals for Indirect Effects in Structural Equation Models", Sociological Methodology, Vol. 13, pp. 290-312.

- Zhao, X., Lynch, J. G. and Chen, Q. (2010), "Reconsidering Baron and Kenny: Myths and Truths about Mediation Analysis", Journal of Consumer Research, Vol. 37 No. 3, pp. 197-206.

交互作用、中介和調節（干擾） 20

範例：我們想要驗證「高階主管的參與」對於「資訊品質」的影響中，「團隊合作」是否有中介效果？如下圖：

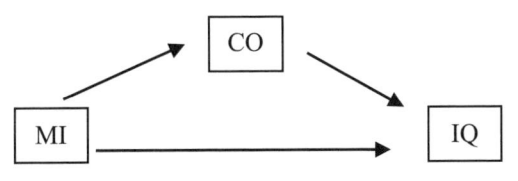

```
        CO
       ↗  ↘
     MI ────→ IQ
```

MI：高階主管的參與
CO：團隊合作
IQ：資訊品質

■ 第一步驟：以 MI 預測 IQ
以圖形和迴歸方程式表示如下：

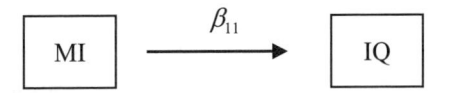

$$MI \xrightarrow{\beta_{11}} IQ$$

將範例檔 MMA 目錄複製到 C:\ MMA 後，操作步驟如下：

1. 開啟 SPSS 檔案 MMA.sav，按[分析/迴歸/線性]，如下圖：

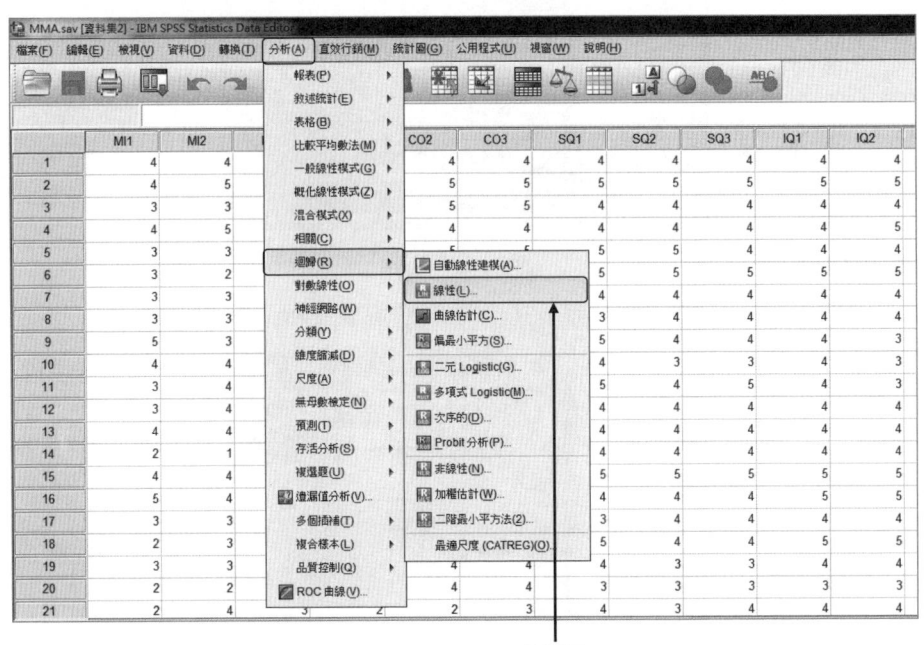

按這裡

20-19

2. 選取「IQ」至「依變數」欄位

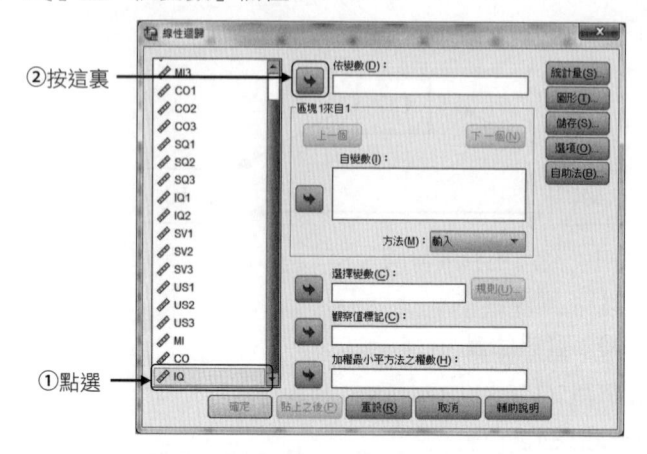

②按這裏

①點選

3. 選取「MI」至「自變數」欄位

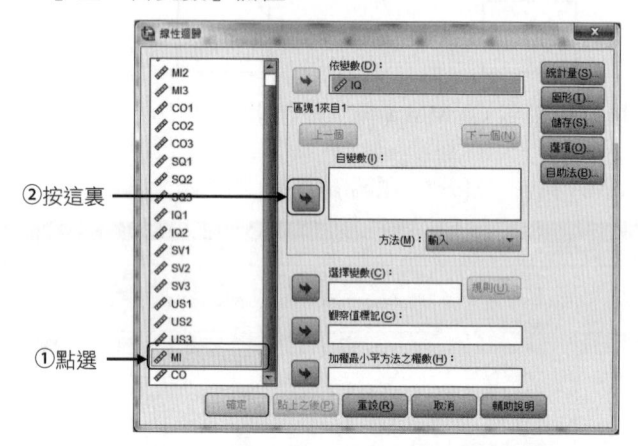

②按這裏

①點選

4. 點選[確定]

點選

5. 結果如下圖

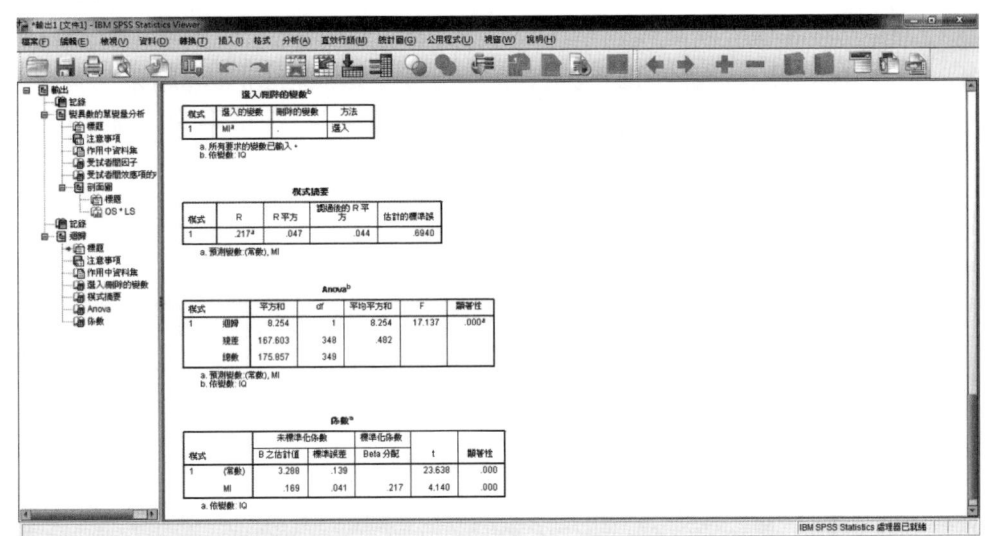

整理結果如下：

	IQ 資訊品質 M_1
自變項 MI：高階主管的參與 CO：團隊合作	0.217***
R^2	0.047
調整 R^2	0.044
F 值	17.137***

*P<0.05　　**P<0.01　　***P<0.001

檢驗：β_{11} 為迴歸係數，β_{11} 要達顯著，執行第二步驟，否則中止中介效果分析。β_{11} =0.217，P=0.000 達顯著，執行第二步驟。

- 第二步驟：以 MI 預測 CO
以圖形表示如下：

MI $\xrightarrow{\beta_{21}}$ CO

20-21

統計分析入門與應用

6. 點選 [呼叫最近的對話]/線性迴歸

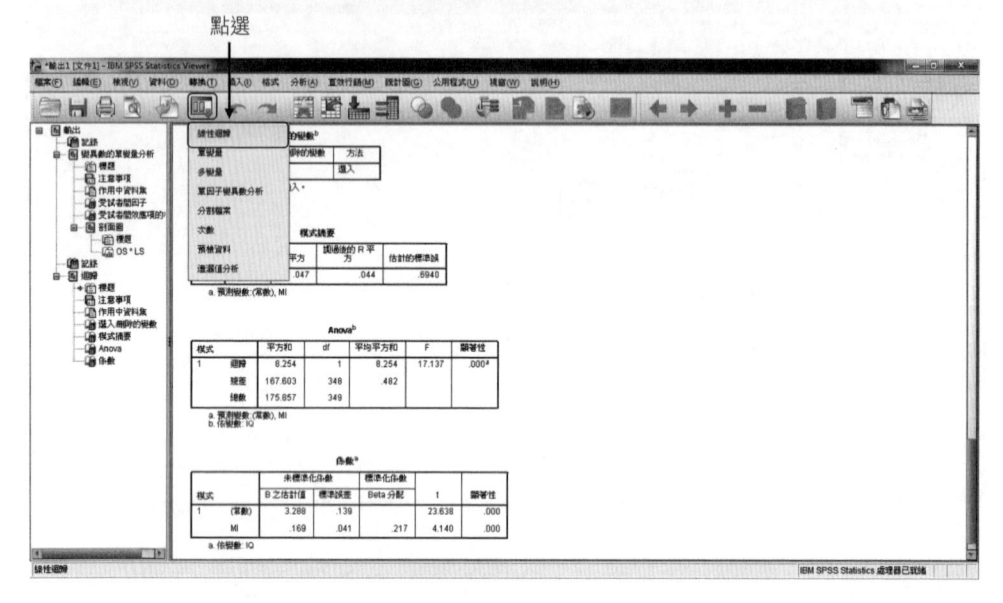

點選

7. 「IQ」取出，選取「CO」至「依變數」欄位

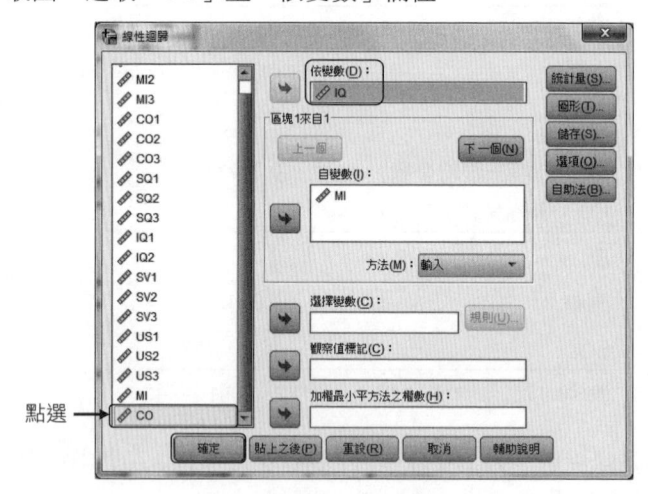

點選

20-22

8. 請確認依變數 CO，自變項 MI，點選[確定]

9. 結果如下圖

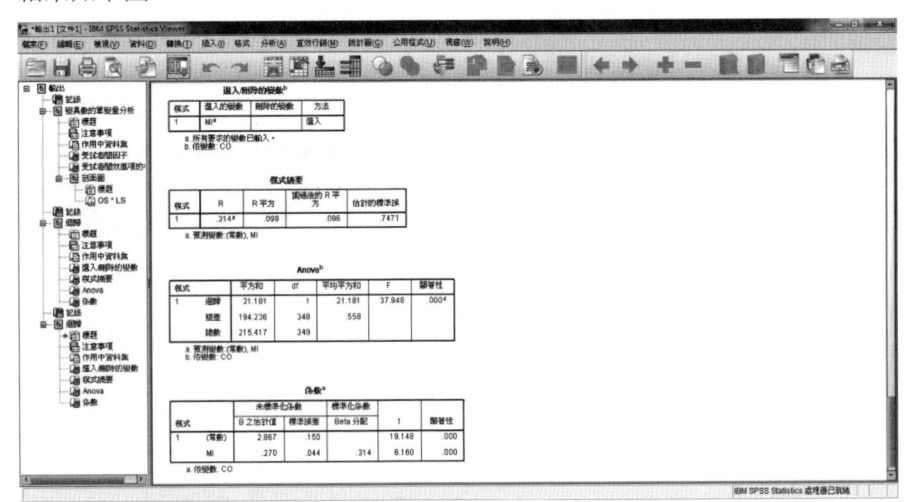

整理結果如下：

	CO：團隊合作
自變項 MI：高階主管的參與 CO：團隊合作	0.314***
R^2	0.098
調整 R^2	0.096
F 值	37.948***

*P<0.05　　**P<0.01　　***P<0.001

β_{21} 為迴歸係數

檢驗：β_{21} 要達顯著，執行第三步驟，否則中止中介效果分析。

β_{11} =0.314，P=0.000 達顯著，執行第三步驟。

- 第三步驟：以 MI 和 CO 同時預測 IQ

  以圖形和迴歸方程式表示如下：

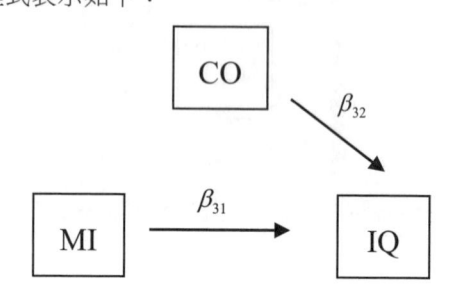

```
              CO
               │ β₃₂
               ▼
  MI ──β₃₁──► IQ
```

10. 點選[呼叫最近的對話]/線性迴歸

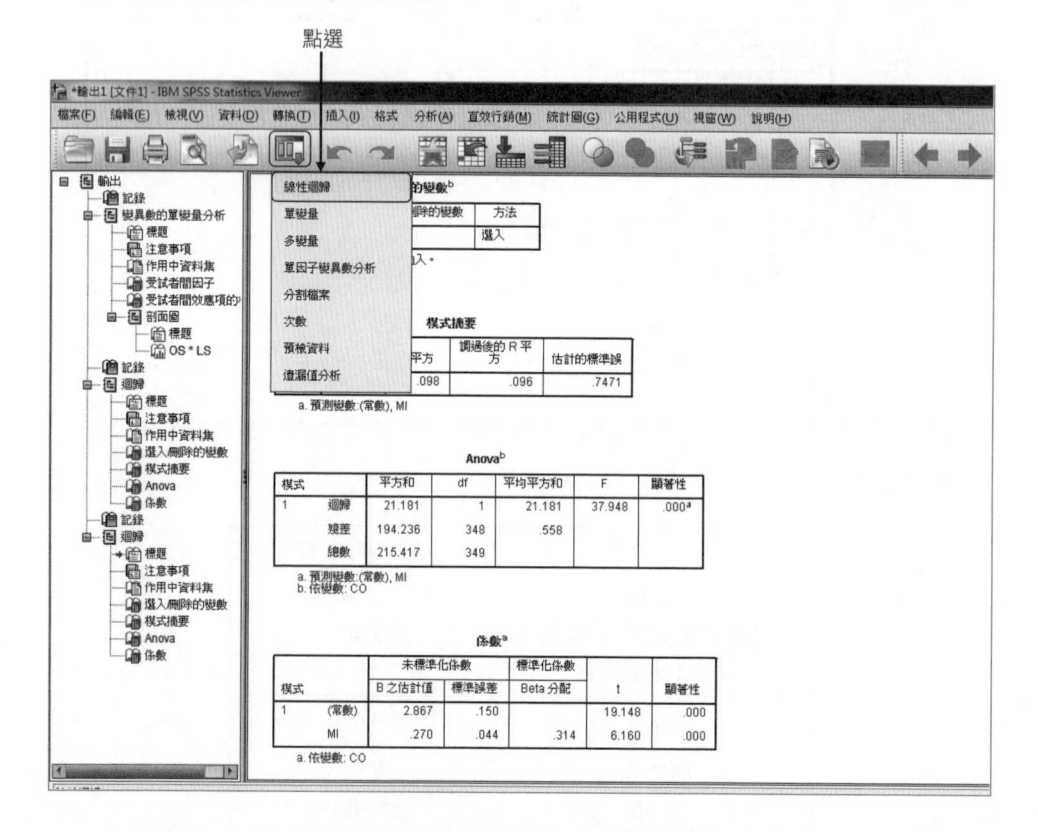

點選

模式摘要

	平方	調過後的R平方	估計的標準誤
	.098	.096	.7471

a. 預測變數:(常數), MI

Anova^b

模式		平方和	df	平均平方和	F	顯著性
1	迴歸	21.181	1	21.181	37.948	.000^a
	殘差	194.236	348	.558		
	總數	215.417	349			

a. 預測變數:(常數), MI
b. 依變數: CO

係數^a

模式		未標準化係數		標準化係數	t	顯著性
		B之估計值	標準誤差	Beta 分配		
1	(常數)	2.867	.150		19.148	.000
	MI	.270	.044	.314	6.160	.000

a. 依變數: CO

20-24

11. 取出「CO」

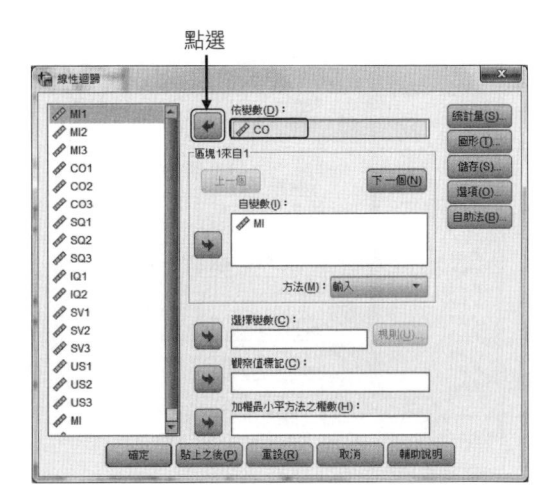

12. 選取「IQ」至「依變數」欄位

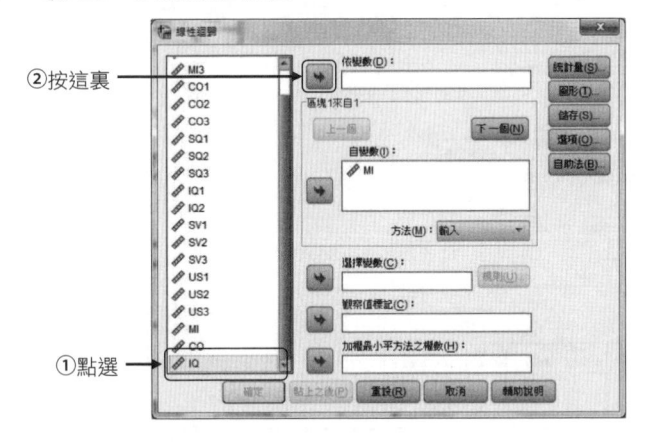

13. 選取「CO」至「自變數」欄位

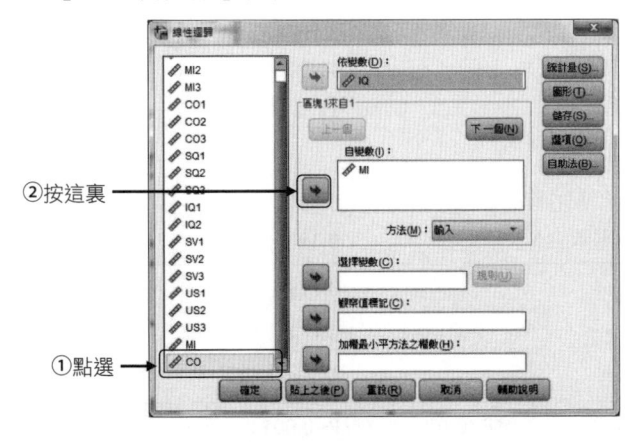

20-25

14. 點選[確定]

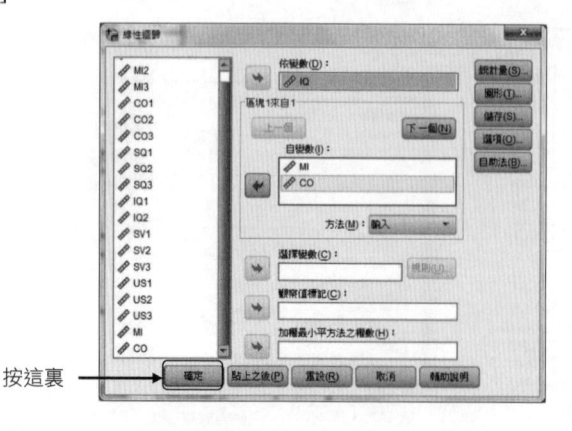

15. 結果如下圖：

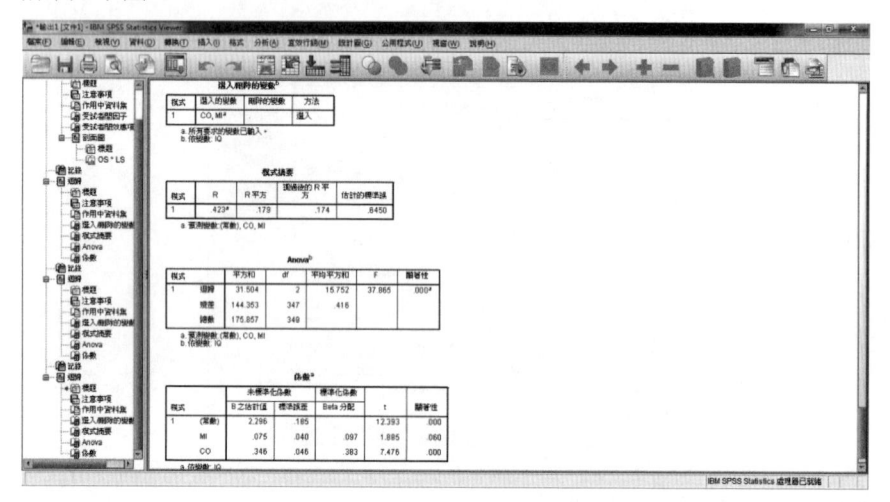

整理結果如下：

	IQ 資訊品質 M_2
自變項	
MI：高階主管的參與	0.097
CO：團隊合作	0.383***
R^2	0.179
調整 R^2	0.174
F 值	37.865***

*P<0.05　　**P<0.01　　***P<0.001

$\beta_{31}x$ 為 X 的迴歸係數，β_{32} 為 M 的迴歸係數

檢驗： β_{31} 若為不顯著，且接近於 0 → 結果為完全中介

β_{31} 若為顯著，且係數小於第一步驟的 β_{11} → 結果為部份中介

β_{31}=0.097，P=0.06 未達顯著且接近於 0

β_{32}=0.383，P=0.00 達顯著

結果為完全中介。

中介效果之整理

我們將中介的效果整理如下：

	CO: 團隊合作	IQ 資訊品質	
	M_1	M_1	M_2
自變項			
MI：高階主管的參與	0.314***	0.217***	0.097
CO：團隊合作			0.383***
R^2	0.098	0.047	0.179
調整 R^2	0.096	0.044	0.174
F 值	37.948***	17.137***	37.865***

*P<0.05　　**P<0.01　　***P<0.001

β_{31}=0.097，P=0.06 未達顯著且接近於 0。

β_{32}=0.383，P=0.00 達顯著 。

結果為完全中介。

PLS-SEM (SmartPLS) 中介效果之驗證

PLS-SEM 中介模式如下：

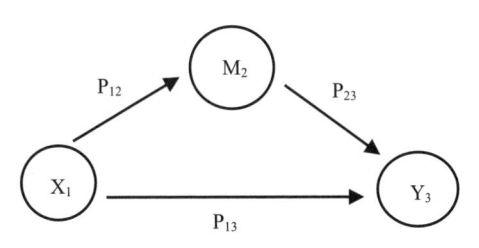

中介效果之驗證，同時 X1 預測 Y_3 (P_{13})，X_1 預測 M_2 (P_{12})，和 M_2 預測 Y_3 (P_{23})。

✪ PLS-SEM 範例

範例：我們想要驗證「高階主管的參與」對於「資訊品質」的影響中,「團隊合作」是否有中介效果？如下圖：

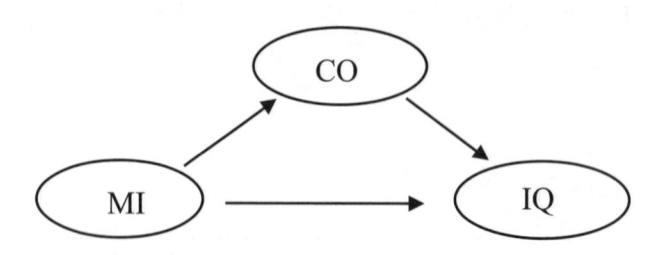

```
        CO
       ↗  ↘
      MI → IQ
```

MI：高階主管的參與
CO：團隊合作
IQ：資訊品質

執行中介效果之驗證，同時 X_1 預測 $Y_3(P_{13})$，X_1 預測 $M_2(P_{12})$，和 M_2 預測 $Y_3(P_{23})$，操作步驟如下：

1. 點擊【New Project】，建立新專案。

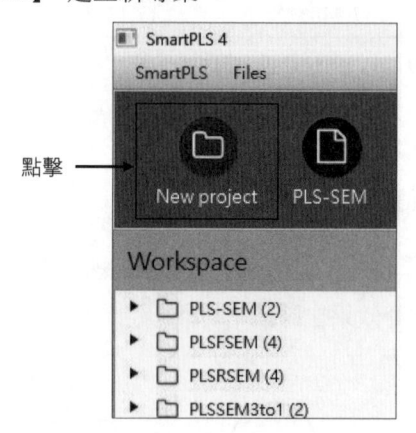

交互作用、中介和調節（干擾） **20**

2. 輸入項目名稱"mediation"，點擊【Create】。

①按這裏

②按這裏

3. 點擊【Import data file】，導入 PLSSEM.xlsx 文件。

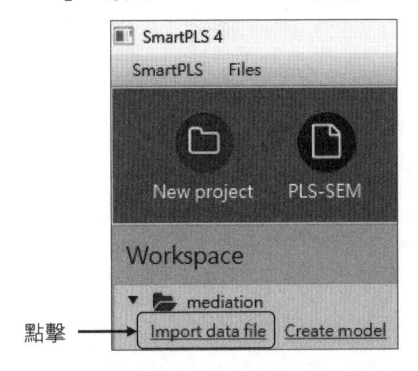

點擊

4. 找到範例文檔(在 C:\SEM，本章以 PLSSEM.xlsx 為例)，點擊【開啟】。

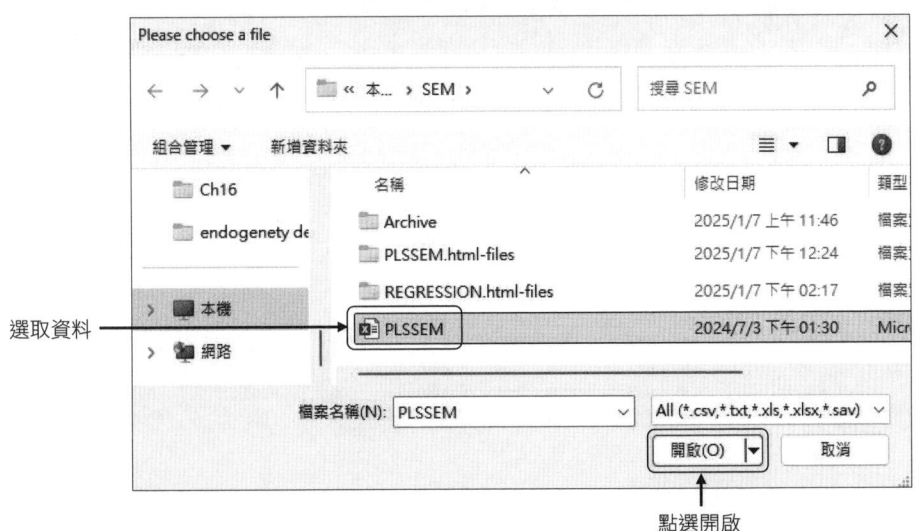

選取資料

點選開啟

20-29

5. 出現資料導入介面，選擇要導入的變數，點擊【Import】。

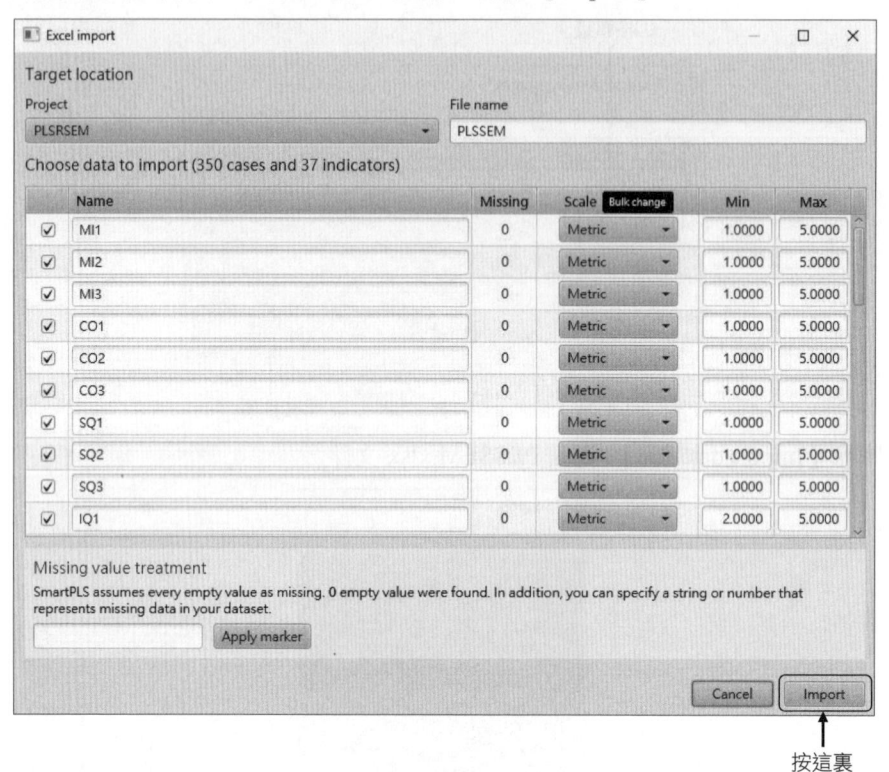

按這裏

6. 輸入完成後，顯示資料內容畫面如下圖。

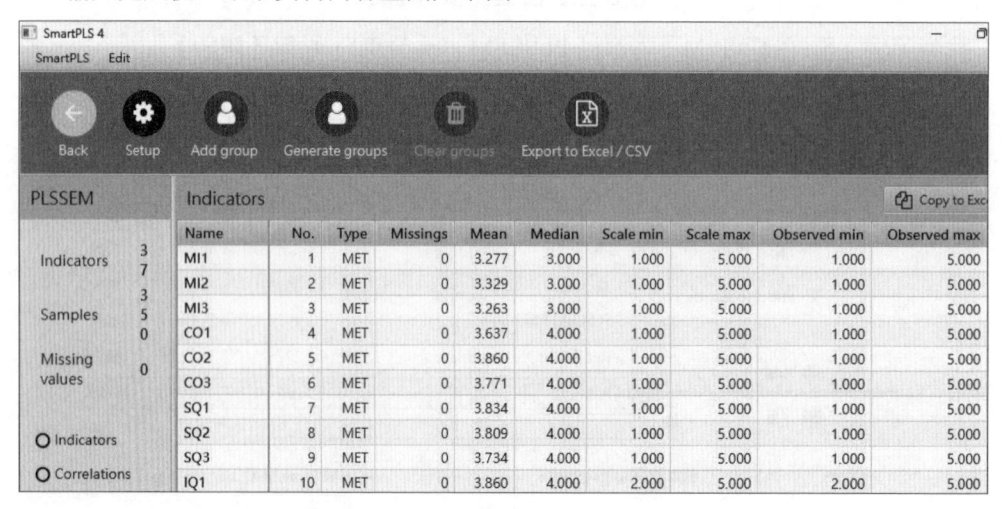

7. 首先點擊【Create model】創建模型。點擊【Model type】選擇 PLS-SEM，並將【Model name】命名為 mediation。再點擊【Save】以創建模型。

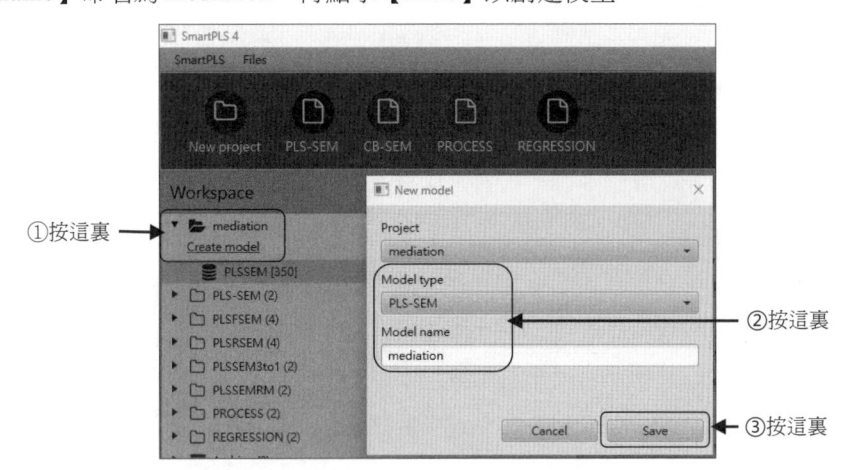

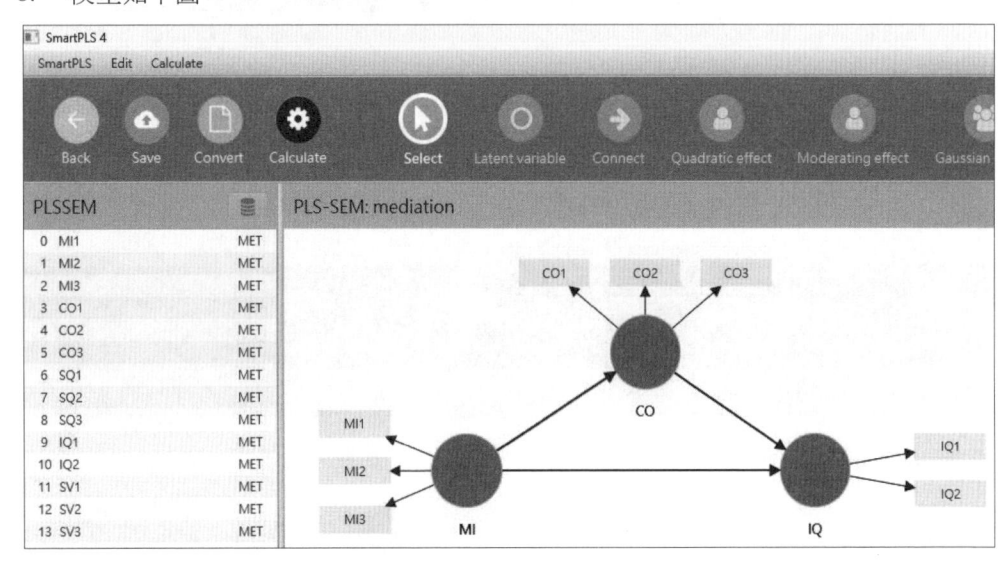

8. 模型如下圖。

9. 點擊【Calculate】，在下拉式功能表中點擊【PLS-SEM algorithm】。

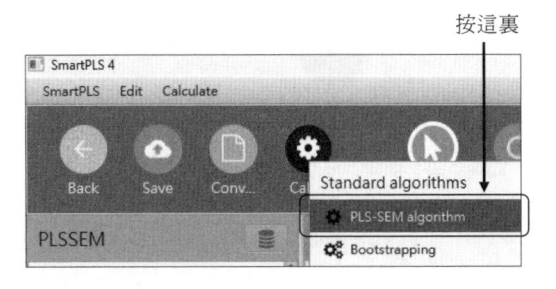

20-31

10. 勾選【Open report】，點擊【Start calculation】。

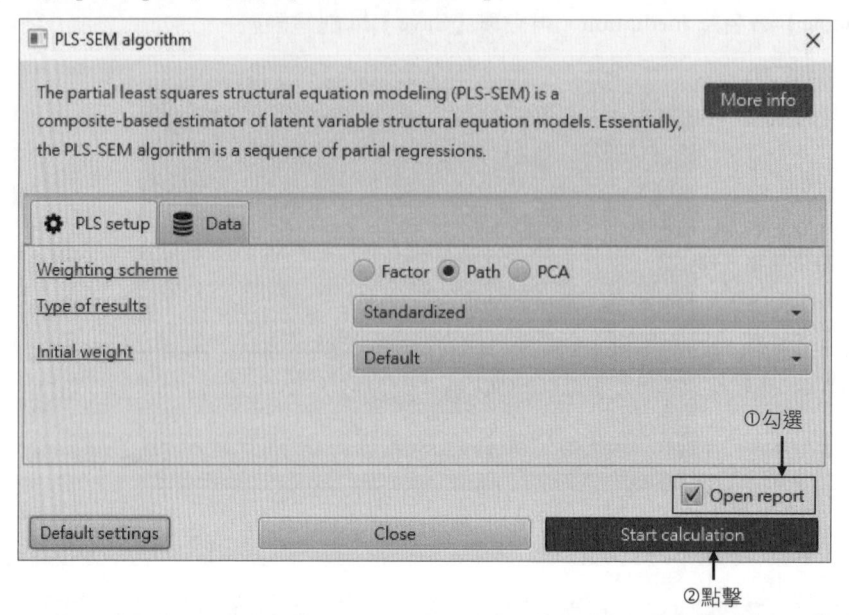

①勾選
②點擊

11. 出現結果如下圖。需點擊【Structural model】選擇【Path coeffidcients】，以查看路徑係數。另外點擊【Measurement model】，選擇【Outer weights/loadings】，以查看因素負荷量。

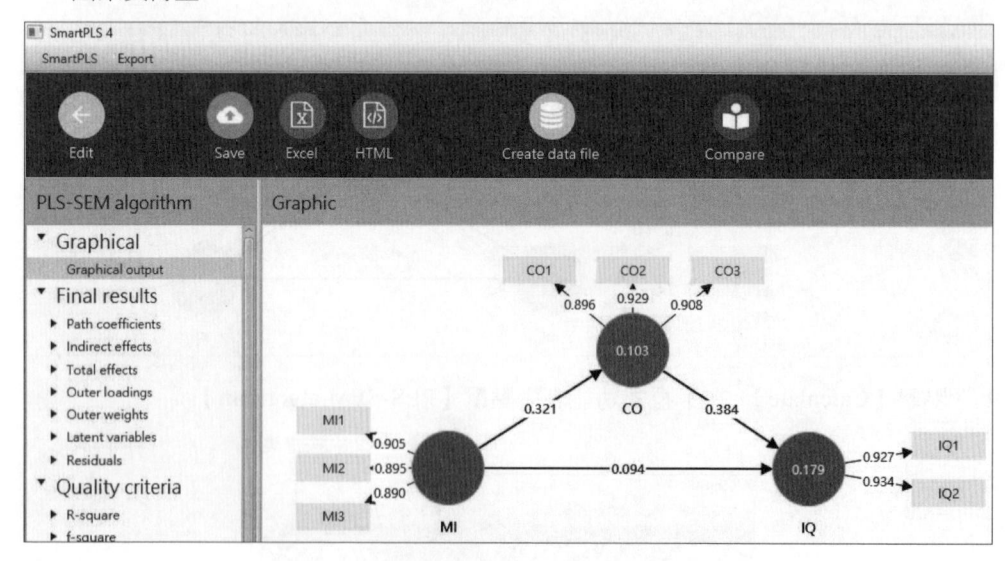

12. 點擊【Calculate】，在下拉式功能表中點擊【Bootstrapping】。

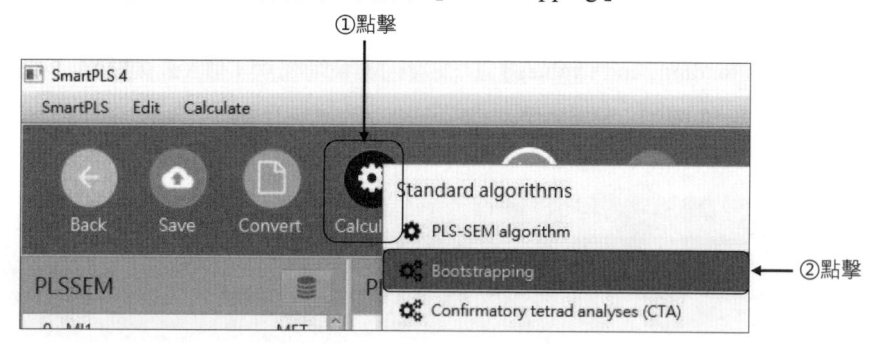

①點擊

②點擊

10. 設定後點擊【Start calculation】。

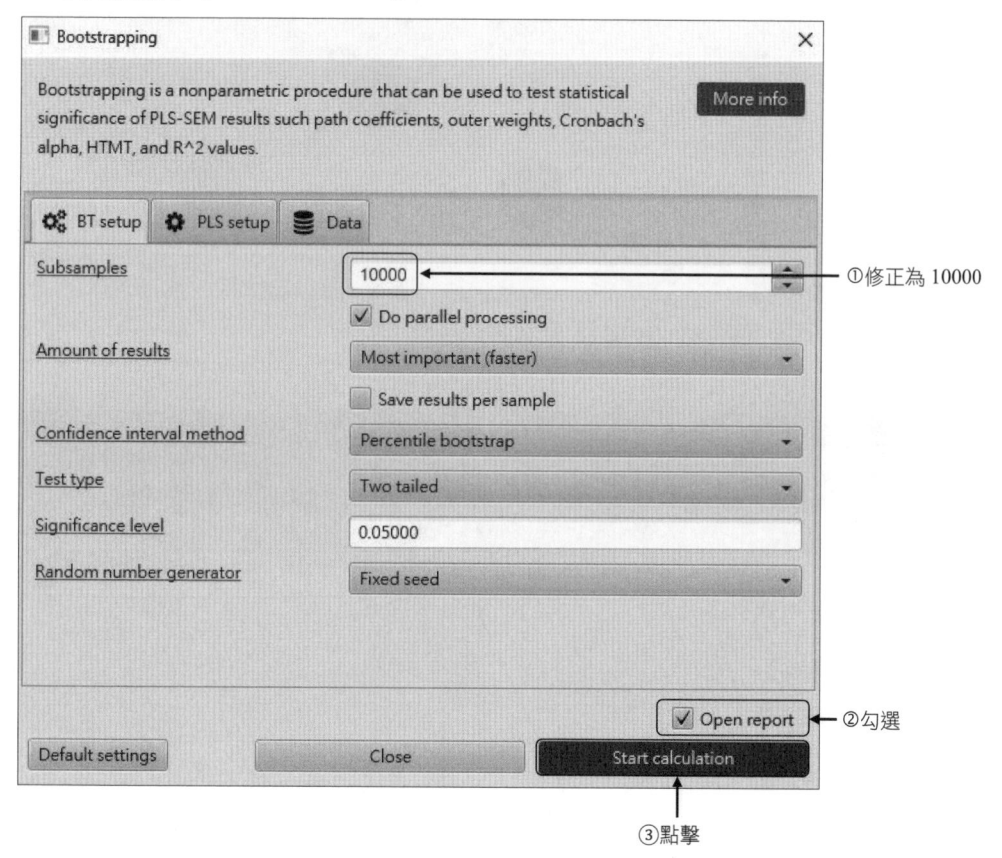

①修正為 10000

②勾選

③點擊

20-33

11. 計算完成後，需點擊【Structural model】選擇【Standardized - Path coefficients and t values】，以查看路徑係數與 t 值。另外，點擊【Measurement model】，選擇【Outer weights/loadings and t values】，以查看因素負荷量與 t 值。最後點擊,【Constructs】，選擇【R-square】，以查看構面解釋力。

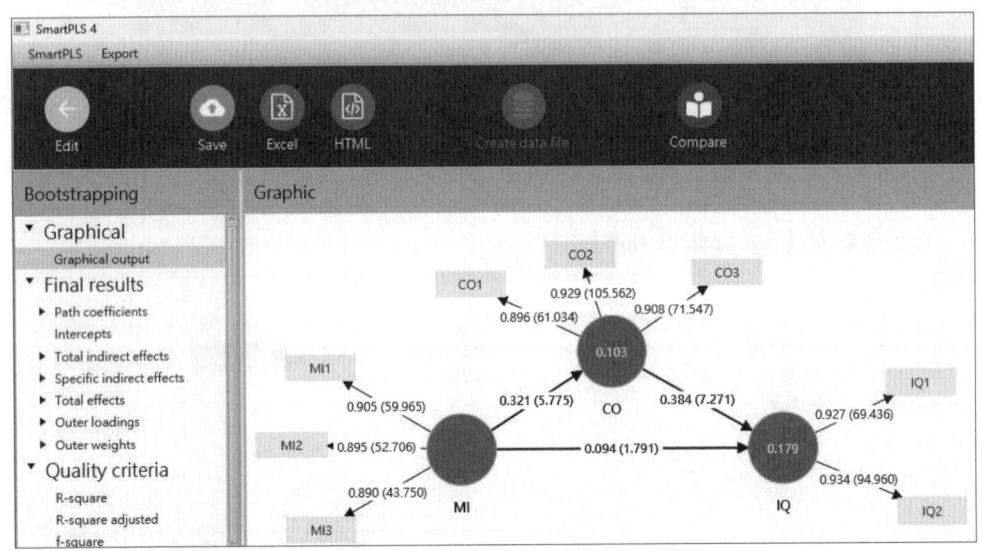

12. 點擊【Specific indirect effects】，查看間接效應。

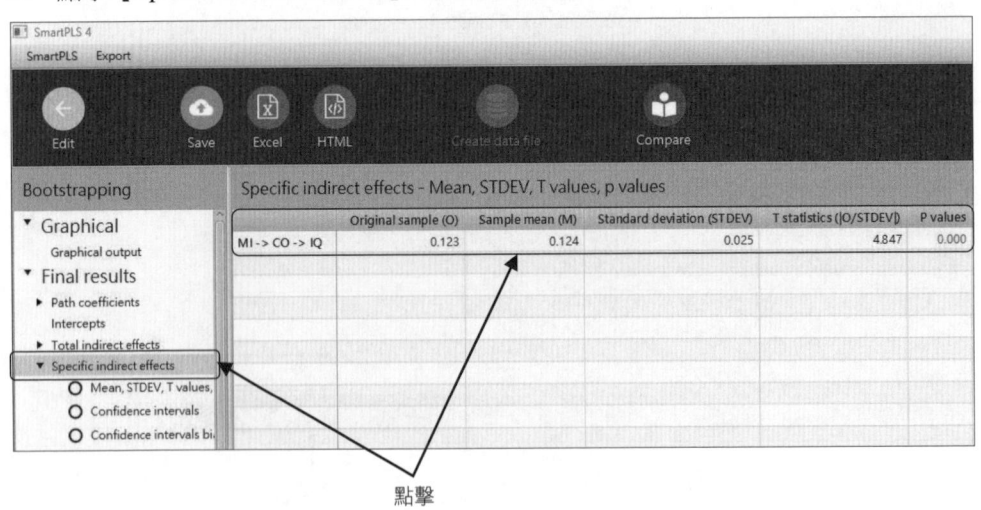

13. 整理報告分析結果。

    t 值：MI→CO：5.857 顯著
    　　　CO→IQ：7.255 顯著
    　　　MI→IQ：1.800 不顯著

    MI 高階主管的參與對於 IQ 資訊品質的間接影響 0.123，(t 值＝4.795)顯著的檢驗：
    MI 高階主管的參與對於 IQ 資訊品質的直接影響是不顯著的。
    MI 高階主管的參與對於 CO 團隊合作的直接影響是顯著的。
    CO 團隊合作對於 IQ 資訊品質的直接影響是顯著的。

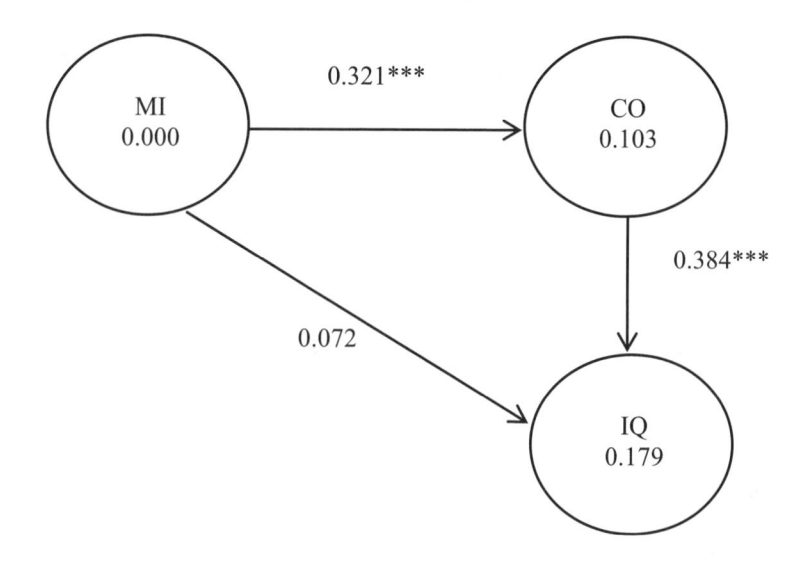

```
         0.321***
  MI ─────────────→  CO
 0.000                0.103
   │                   │
   │                   │ 0.384***
   │ 0.072             │
   │                   ↓
   └──────────────→   IQ
                     0.179
```

✪ 中介因子的 5 種型態和中介效果檢驗流程

Zhao et al. (2010) 文章中提出中介因子的 5 種型態和中介效果檢驗流程如下：

✪ 中介因子的 5 種型態

1. Complementary (Mediation) 互補的中介
2. Competitive (Mediation) 競爭的中介
3. Indirect-only (Mediation) 完全中介
4. Direct-only (Non Mediation) 只有直接影響（無中介）
5. No-effect (Non Mediation) 沒有影響（無中介）

	證據:	
	Hypothesized Mediator	Omitted Mediator
Indirect-only (Mediation) 只有間接中介 (完全中介)	Yes	Unlikely
Complementary (Mediation) (互補的中介)	Yes	Likely
Competitive (Mediation) (競爭的中介)	Yes	Likely
Direct-only (Non Mediation) 只有直接影響 (無中介)	No	Likely
No-effect (Non Mediation) 沒有影響 (無中介)	No	Unlikely

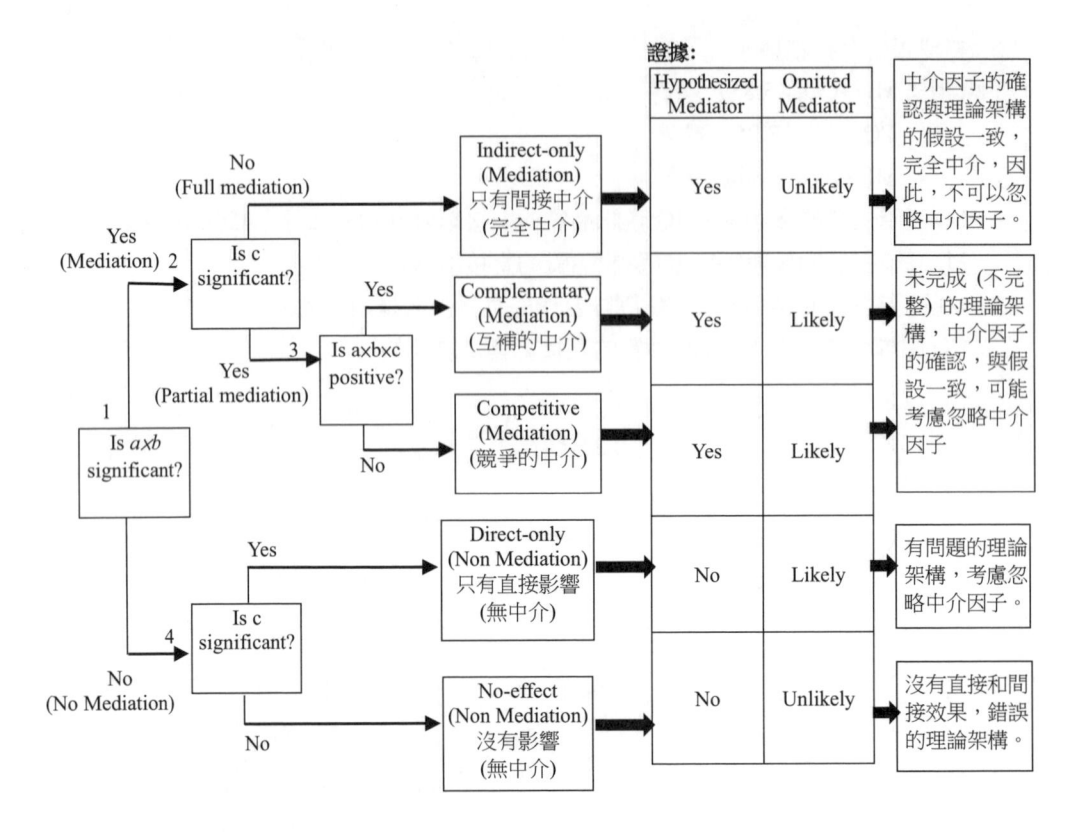

流程判斷：

1. Is a×b significant?
   - Yes (Mediation) → 2. Is c significant?
     - No (Full mediation) → Indirect-only (Mediation) 只有間接中介 (完全中介) → 中介因子的確認與理論架構的假設一致，完全中介，因此，不可以忽略中介因子
     - Yes (Partial mediation) → 3. Is a×b×c positive?
       - Yes → Complementary (Mediation) (互補的中介)
       - No → Competitive (Mediation) (競爭的中介)
       - → 未完成 (不完整) 的理論架構，中介因子的確認，與假設一致，可能考慮忽略中介因子
   - No (No Mediation) → 4. Is c significant?
     - Yes → Direct-only (Non Mediation) 只有直接影響 (無中介) → 有問題的理論架構，考慮忽略中介因子。
     - No → No-effect (Non Mediation) 沒有影響 (無中介) → 沒有直接和間接效果，錯誤的理論架構。

✪ 中介效果檢驗流程

中介效果檢驗流程說明如下：

1. 先查看中介效果 $a \times b$ 是否顯著？若是 Yes 是，代表有中介效果。若是 No 否，代表沒有中介效果。
2. 查看直接效果 c 是否顯著？若是 No 否，代表只有間接中介，也就是完全中介效果。中介因子的確認與理論架構的假設一致，完全中介，因此，不可以忽略中介因子。
3. 在直接效果 c 是顯著結果下，查看方向 a×b×c 是否為正值？若是 Yes 是，代表是 Complementary Mediation (互補的中介)。若是 No 否，代表 Competitive Mediation (競爭的中介)。未完成 (不完整) 的理論架構，中介因子的確認，與假設一致，可能考慮忽略中介因子。
4. 在中介效果 $a \times b$ 不是顯著結果下，查看直接效果 c 是否顯著？Yes 是，代表 Direct-only (Non Mediation) 只有直接影響 (無中介)，有問題的理論架構，考慮忽略中介因子。若是 No 否，代表 No-effect (Non Mediation)沒有影響(無中介)，沒有直接和間接效果，錯誤的理論架構。

交互作用、中介和調節(干擾) **20** Chapter

中介效果檢驗結果：

- 中介效果 MI 高階主管的參與對於 IQ 資訊品質的間接效果 (0.321×0.384) = 0.123 (t 值＝4.795) 達顯著，代表有中介效果。
- 查看直接效果，MI 高階主管的參與對於 IQ 資訊品質的直接效果 0.072 (t 值＝1.8) 未達顯著，也就是完全中介效果。
- 結果確認是「高階主管的參與」對於「資訊品質」的影響中，「團隊合作」有完全中介效果。

✪ 中介分析的範例

正確的中介分析範例，請參考 Shiau et al. (2020)，這篇高被引文章是根據 Zhao et al. (2010) 典範的中介分析步驟而成，研究者可以參考典範和範例，進而完成一篇正確的中介分析文章。

Shiau et al. (2020) 整合自我效能理論的期望確認模型來研究金融科技持續使用意圖。我們區分 financial self-efficacy (財務自我效能)和 technological self-efficacy (科技自我效能)，通過收集 753 名金融科技用戶的資料，研究結果表明，財務自我效能、科技自我效能和確認影響感知有用性。在這些因素中，財務自我效能感和科技自我效能通過確認，直接和間接的影響感知有用性。感知有用性和確認影響滿意度。最後，感知有用性和滿意度影響金融科技的持續使用意圖。這是最早調查自我效能對金融科技持續使用意圖的的研究之一，豐富了現有的研究金融科技並加深我們對用戶金融科技持續意圖的理解。

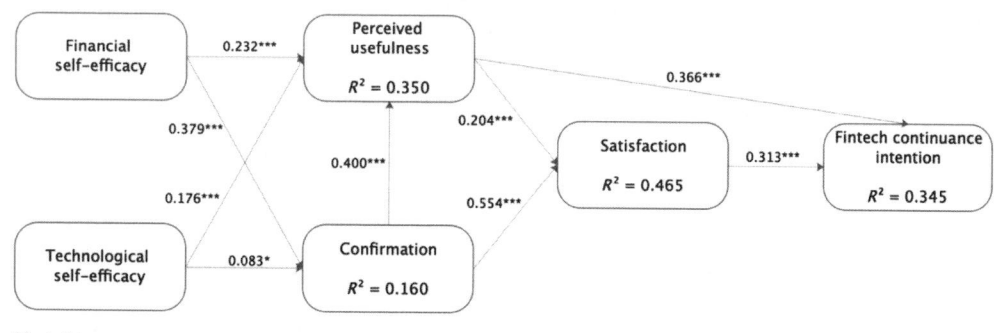

Note(s): *$p < 0.05$; ***$p < 0.001$

20-37

Effect	Std β	t-value
Direct effects		
Financial self-efficacy → confirmation	0.379	10.840***
Confirmation → perceived usefulness	0.400	10.304***
Financial self-efficacy → perceived usefulness	0.232	6.528***
Technological self-efficacy → confirmation	0.083	2.190*
Technological self-efficacy → perceived usefulness	0.176	5.231***
Indirect effects		
Financial self-efficacy → confirmation → perceived usefulness	0.151	7.439***
Technological self-efficacy → confirmation → perceived usefulness	0.033	2.183*

Note(s): *$p < 0.05$; ***$p < 0.001$

根據 Zhao et al. (2010)中介效果檢驗流程得到兩個都是互補的中介，那麼 Shiau et al. (2020)也就此作出了詳細的討論，強調了 financial self-efficacy (財務自我效能) 和 technological self-efficacy (科技自我效能)的重要性，因為他們不僅直接影響 perceived usefulness 還會通過 confirmation 間接影響 perceived usefulness。除此之外，我們還討論了，產生互補中介效應的原因，可能存在的第二個被遺漏的中介，那麼也可以是作為未來研究的方向。

參考文獻：

- Zhao, X., Lynch, J.G., Chen, Q.,(2010) "Reconsidering Baron and Kenny: Myths and Truths about Mediation Analysis." Journal of Consumer Research, vol. 37, no. 2, pp. 197–206.

- Shiau, W. L., Yuan, Y., Pu, X., Ray, S. and Chen, C.C. (2020), "Understanding fintech continuance: perspectives from self-efficacy and ECT-IS theories", Industrial Management & Data Systems, Vol. 120 No. 9, pp. 1659-1689 ESI 1% high cited article.

20-3 調節(干擾)效果的驗證

調節 (干擾) 效果是用來探討影響自變數和依變數之間關係的強弱和方向 (正或負)，也就是定義一個變數調節 (干擾) 自變數和依變數之間的相關形式或強度。在一般的因果關係研究中，依變數 Y 受到自變數 X 的影響表示如下圖：

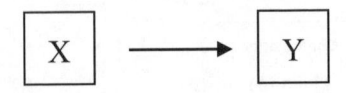

$$X \longrightarrow Y$$

若是 X 和 Y 的關係受到第三個變數 M 的影響，包含方向 (正和負) 和強弱 (大、小)，我們稱為 M 有調節 (干擾) 效果，表示如下圖：

交互作用、中介和調節(干擾) 20

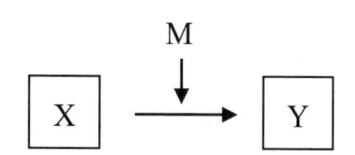

```
        M
        ↓
  ┌───┐   ┌───┐
  │ X │ ──→ │ Y │
  └───┘   └───┘
```

調節變數 M 的資料型態，可以是類別或連續的資料型態。

在社會科學的研究中，可以進行調節（干擾）效果的研究相當普遍，我們舉例如下：

- 通路型態對於產品知覺品質與客戶滿意度的調節（干擾）效果研究

  調節變數 M 是通路型態（例如：電視購物和網路購物），自變數 X 是產品知覺品質，依變數 Y 是客戶滿意度，整體關係如下圖：

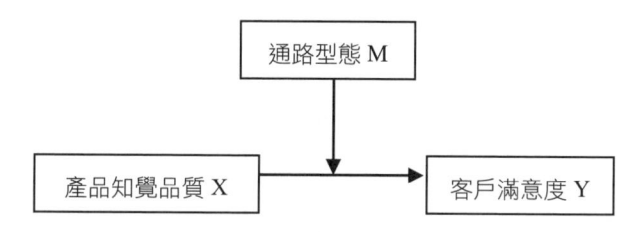

```
              ┌──────────┐
              │ 通路型態 M │
              └──────────┘
                   │
                   ↓
  ┌────────────┐      ┌────────────┐
  │ 產品知覺品質 X │ ──→ │ 客戶滿意度 Y │
  └────────────┘      └────────────┘
```

- 科技任務適配 (ITF) 對組織知識與組織效能之調節（干擾）效果研究

  調節變數 M 是科技任務適配（例如：Task 作業和 Technology 技術），自變數 X 是組織知識，依變數 Y 是組織效能，整體關係如下圖：

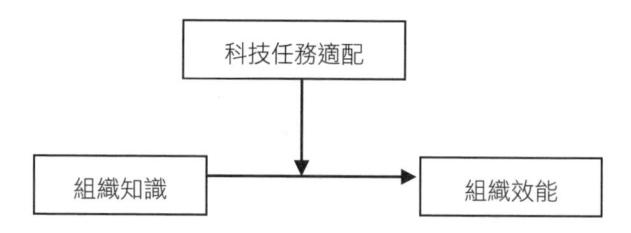

```
              ┌──────────┐
              │ 科技任務適配 │
              └──────────┘
                   │
                   ↓
  ┌────────┐          ┌────────┐
  │ 組織知識 │ ───────→ │ 組織效能 │
  └────────┘          └────────┘
```

- 領導型態對觀光旅館等級與服務品質之調節（干擾）效果研究

  調節變數 M 是領導型態（例如：魅力型、轉換型、交易型），自變數 X 是觀光旅館等級，依變數 Y 是服務品質，整體關係如下圖：

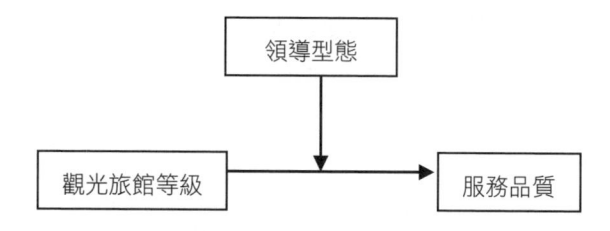

```
              ┌──────────┐
              │ 領導型態   │
              └──────────┘
                   │
                   ↓
  ┌──────────┐        ┌────────┐
  │ 觀光旅館等級 │ ───→ │ 服務品質 │
  └──────────┘        └────────┘
```

20-39

- 無線網路系統之熟悉度、易用性、兩用性與使用行為意圖之研究 – 知覺加價之干擾效果

    調節變數 M 是知覺加價，自變數 X 有熟悉度、易用性、兩用性，依變數 Y 有行為意圖，整體關係如下：

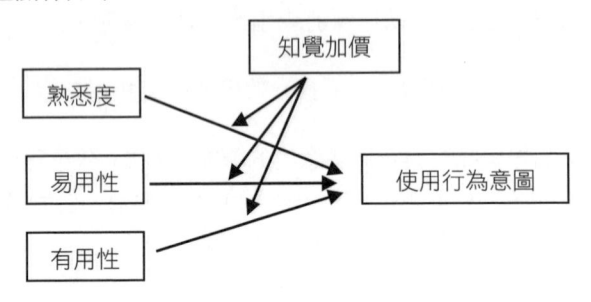

- 品牌對消費者評價的影響：廣告的干擾效果

    調節變數 M 是廣告（電視廣告、網路廣告），自變數 X 是品牌（國外品牌、國內品牌），依變數 Y 是消費者評價，整體關係如下：

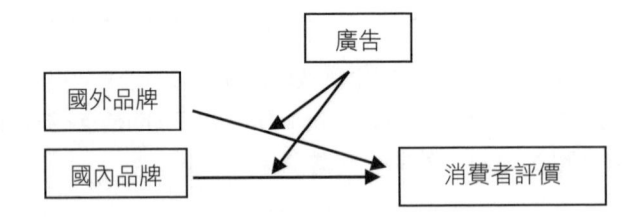

- 調節效果分析的方法

    調節效果分析的變數，依變數 Y，自變數 X 和調節變數 M，可以是直接觀測變數 (observable variable) 或潛在變數 (latent variable)，想要進行調節效果的分析就必須知道依變數 Y、自變數 X 和調節變數 M 的資料型態，我們整理如下：
    - 依變數 Y 的資料型態：連續的變數
    - 自變數 X 的資料型態：類別或連續的變數
    - 調節變數 M 的資料型態：類別或連續的變數

    由於依變數 Y 是由自變數 X 和調節變數 M 所共同預測，而且自變數 X 和節調變數 M 都是有 2 種資料型態（類別或連續），形成有四種組合來預測依變數 Y(連續)，我們整理如下：

交互作用、中介和調節（干擾） **20**

變數＼Case	自變數 X	調節變數 M	依變數 Y
Case 1	類別	類別	連續
Case 2	連續	類別	連續
Case 3	類別	連續	連續
Case 4	連續	連續	連續

當我們使用 SPSS 和 SmartPLS 統計工具時，經常使用的情形，整理如下：

變數＼Case	X	M	Y	SPSS	SmartPLS (潛在變項)
Case 1	類別	類別	連續	∨	x
Case 2	連續	類別	連續	∨	∨
Case 3	類別	連續	連續	∨	x
Case 4	連續	連續	連續	∨	∨

我們就這四種 Case，分別解釋如後。

20-3-1　Case 1：自變數 X 為類別，調節變數 M 為類別

當自變數 X 為類別，二分變項 dichotomous variable，例如：性別的男女、成績高低，調節變數 M 為類別，二分變項 dichotomous variable，例如：性別的男女、成績高低，依變數 Y 為連續變數時，適用 2x2 ANOVA (單變量變異數分析)，交互作用的效用就是調節的效果，我們直接檢定自變數 X 和調節變數 M 是否有交互作用，我們以下列範例說明：

範例：探討員工滿意度對組織績效的影響：領導型態之調節 (干擾) 效果研究

調節變數 M 是領導型態 (例如：魅力型、交易型)，自變數 X 是探討員工滿意度 (例如：高和低)，依變數 Y 是組織績效，整體關係如下圖：

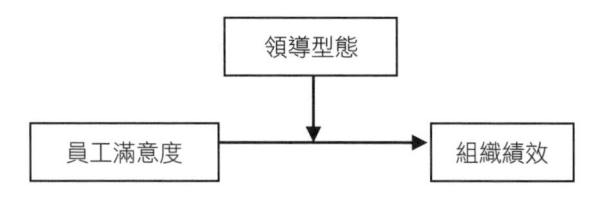

領導型態 → (員工滿意度 → 組織績效)

20-41

將範例檔 MMA 目錄複製到 C:\ MMA 後，操作步驟如下：

1. 開啟 SPSS 檔案 moderator case 1，按卷軸向右，看到 Satisfaction：員工滿意度有低(1)和高(2)，LS：領導特質有交易型領導(1)和魅力型領導(2)，Performance：組織績效 (Linkert scale 1-5)，按[分析/一般線性模式/單變量]，如下圖：

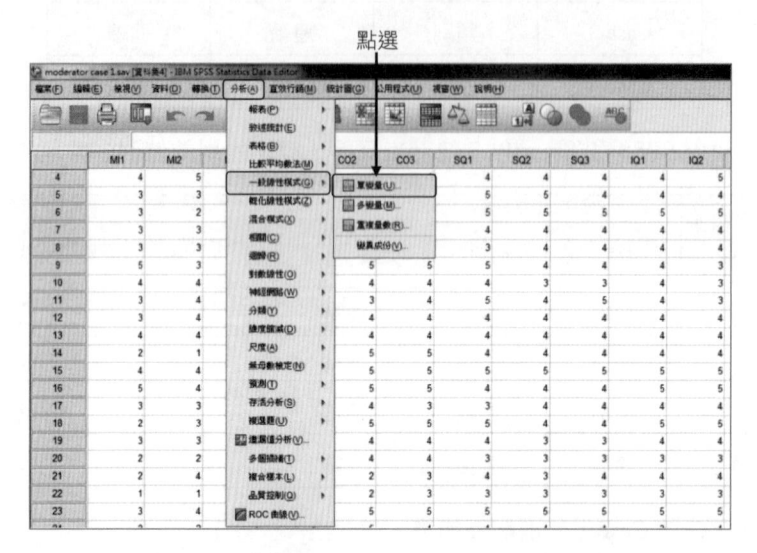

2. 選取「Performance」至「依變數」欄位

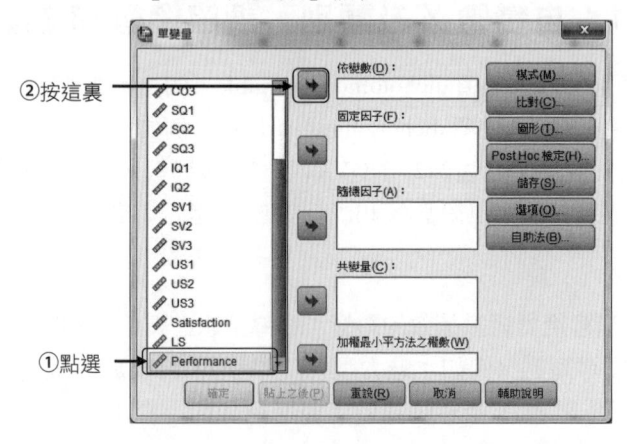

3. 選取「Satisfaction」、「LS」至「固定因子」欄位

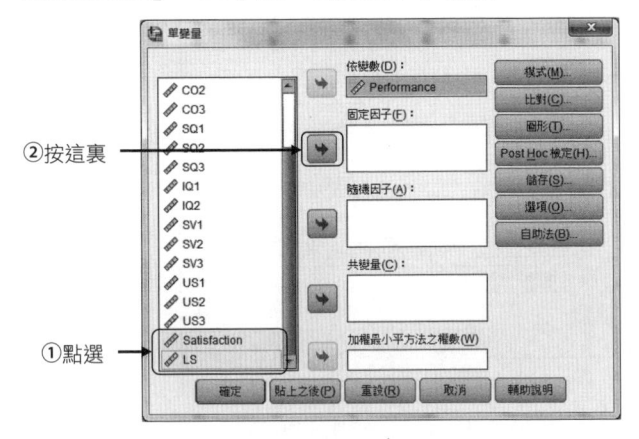

4. 點選[圖形]

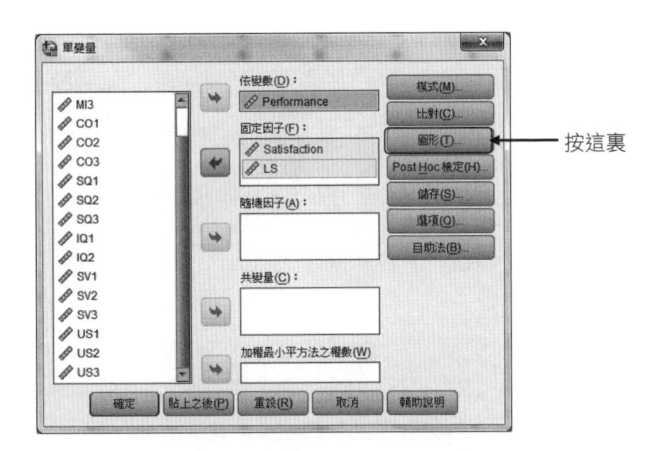

5. ①選取「Satisfaction」至「水平軸」欄位，選取「LS」至「個別線」欄位，②按「新增」

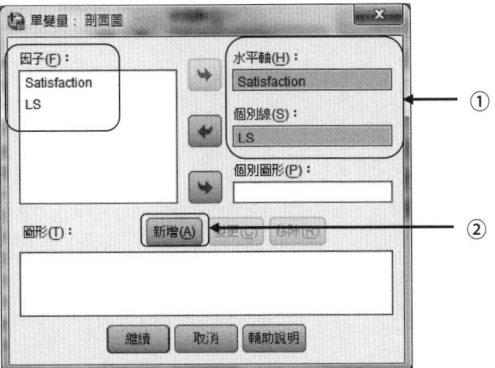

6. 產生「Satisfaction*LS」，點選[繼續]

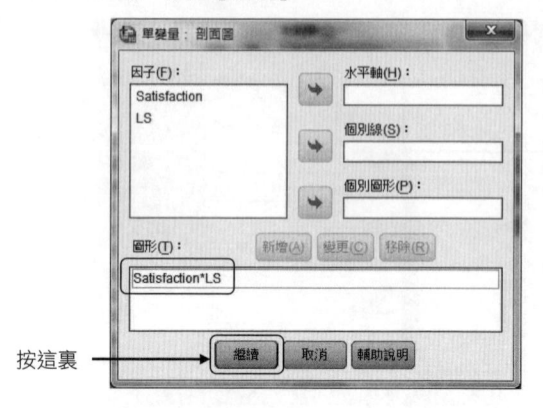

圖形的 Satisfaction*LS 就是要畫出交互作用的變數。

7. 點選[確定]

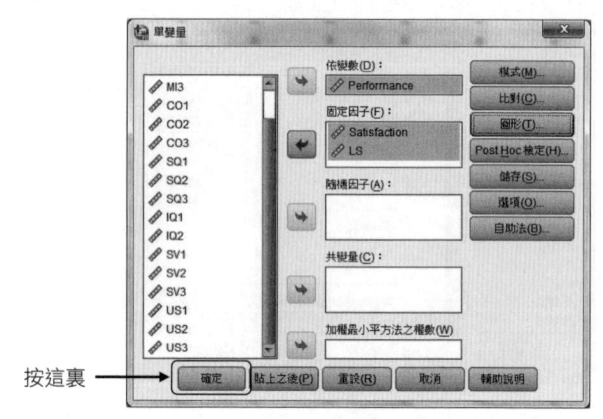

8. 結果如下圖

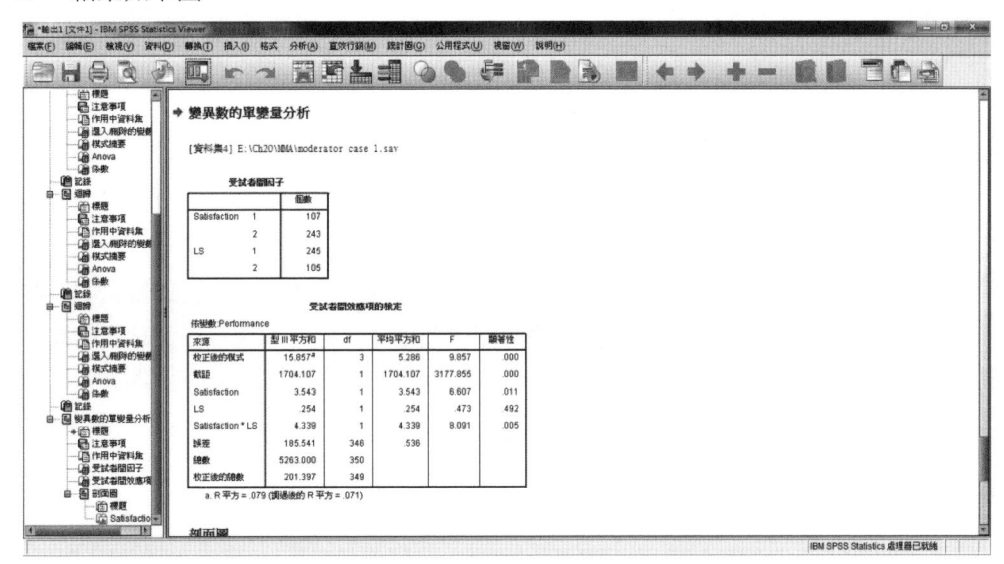

我們看交互作用項 Satisfaction 員工滿意度*LS 領導型態的 F 值=8.091，P=0.005 達顯著，顯示有交互作用影響。

| Satisfaction * LS | 4.339 | 1 | 4.339 | 8.091 | .005 |

Satisfaction：員工滿意度與 LS 領導型態同時對於組織績效的結果如下圖：

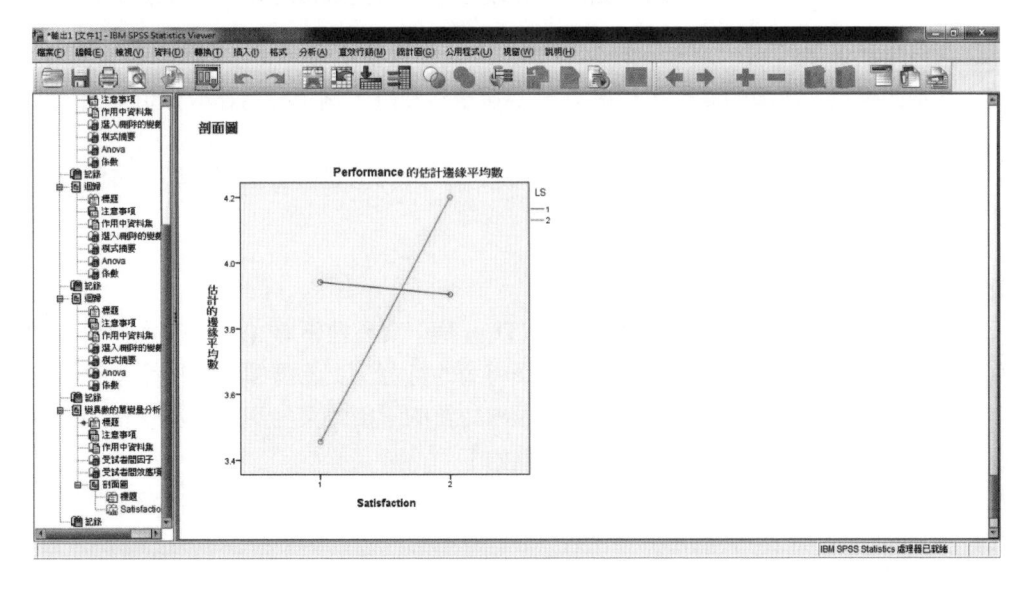

20-45

Satisfaction：員工滿意度有低 (1) 和高 (2)，LS：領導特質有交易型領導 (1) 和魅力型領導 (2)，Performance：組織績效。

調節 (干擾) 效果的簡易判定方式：

- 圖中有交叉線，代表有調節 (干擾) 效果。
- 圖中無交叉線，代表無調節 (干擾) 效果。

從圖中的交叉線，我們可以瞭解員工滿意度對組織績效的影響，領導特質有調節 (干擾) 效果。交易型的領導在滿意度較高時績效較差，而魅力型領導在滿意度較高時績效較好。我們已經完成員工滿意度對組織績效的影響：領導特質是否有調節 (干擾) 效果的實務操作了。

調節 (干擾) 效果和交互作用的比較：

- 相同點：兩者的檢定方 (步驟) 是一樣的。
- 不同點：統計上的意義是不一樣的，在調節的模式中，隱含著因果關係自變數 X 和調節變數 M 是不可以互換的。而在交互作用中，兩個自變數是可以交換的，也就是兩個變數中的任何一個，都可以是對方的調節 (干擾) 變數。

20-3-2 Case 2-1：自變數 X 為連續，調節變數 M 為類別

當自變數 X 為連續，調節變數 M 為類別，二分變項 dichotomous variable，例如：性別的男女、成績的高低，依變數 Y 為連續變數時，適用分組比較分析。

以 SPSS 為例，分別執行迴歸分析，再檢定 R^2 解釋力是否有顯著差異，有顯著差異就代表有調節 (干擾) 效果。

範例：高階管理者介入對專案成功之影響

高階主管的領導特質有「轉換型領導 (TF)」與「交易型領導 (TS)」二大類型。轉換型領導是指領導者的行為轉化或改變被領導者的行為。交易型領導是指領導者與被領導者之間是以交換利益為基礎的行為。領導特質的干擾效果對高階管理者介入和團隊合作 (CO) 對專案成功之影響整體關係圖如下：

20 交互作用、中介和調節（干擾）

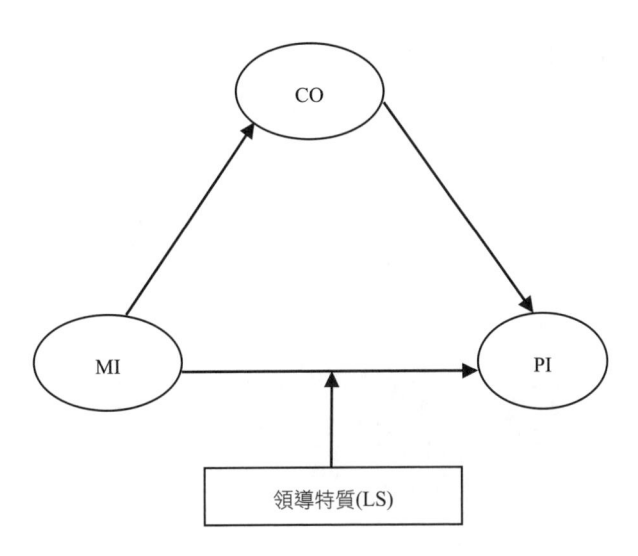

```
            CO
           ╱  ╲
          ╱    ╲
         ╱      ╲
        ╱        ╲
       MI ──────→ PI
              ↑
        領導特質(LS)
```

高階主管的介入 (MI)、團隊合作 (CO)、專案導入成功 (PI)、領導特質 (LS)

高階主管的領導特質有「轉換型領導 (TF)」與「交易型領導 (TS)」二大類型，我們已經根據領導特質將檔案分成「轉換型領導 (TFM)」與「交易型領導 (TSM)」二個檔，分別作回歸分析，請將範例檔 MMA 目錄複製到 C:\ MMA 後，操作步驟如下：

1. 開啟 SPSS 檔案 TFM case 2.sav (轉換型領導)，按卷軸向右，看到高階主管的介入 (MI)、團隊合作 (CO)、專案導入成功 (PI) 的平均數，點選[分析/迴歸/線性]如下圖：

20-47

2. 選取「CO」至「依變數」欄位

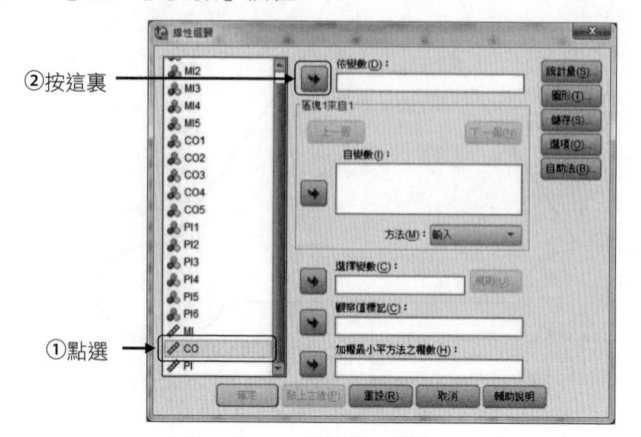

3. 選取「MI」至「自變數」欄位

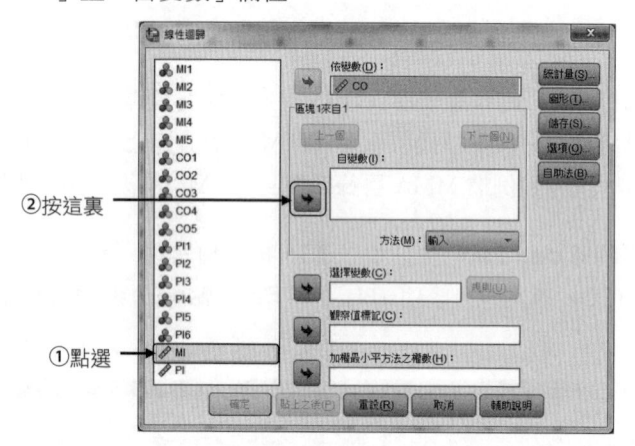

4. 點選[確定]

20-48

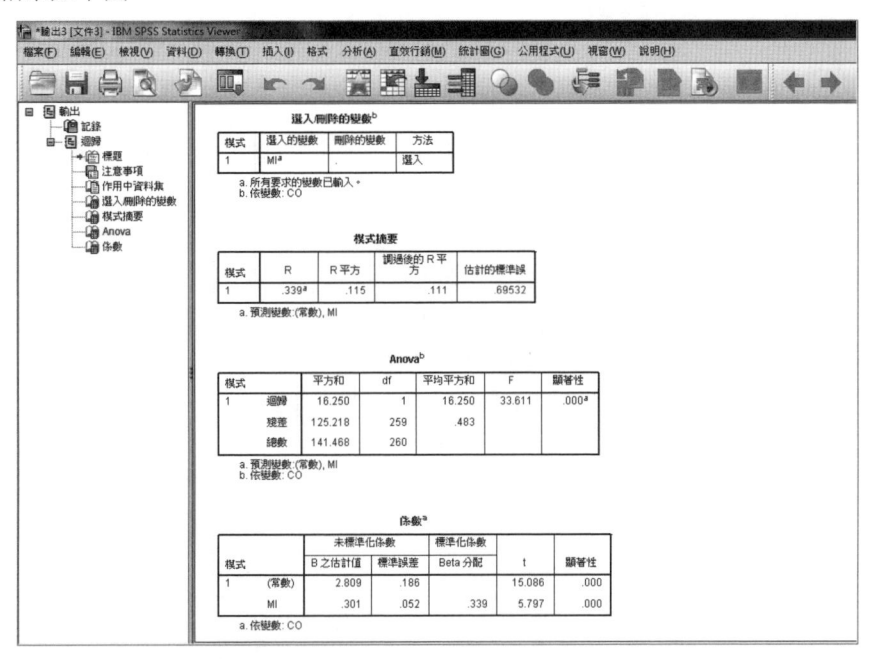

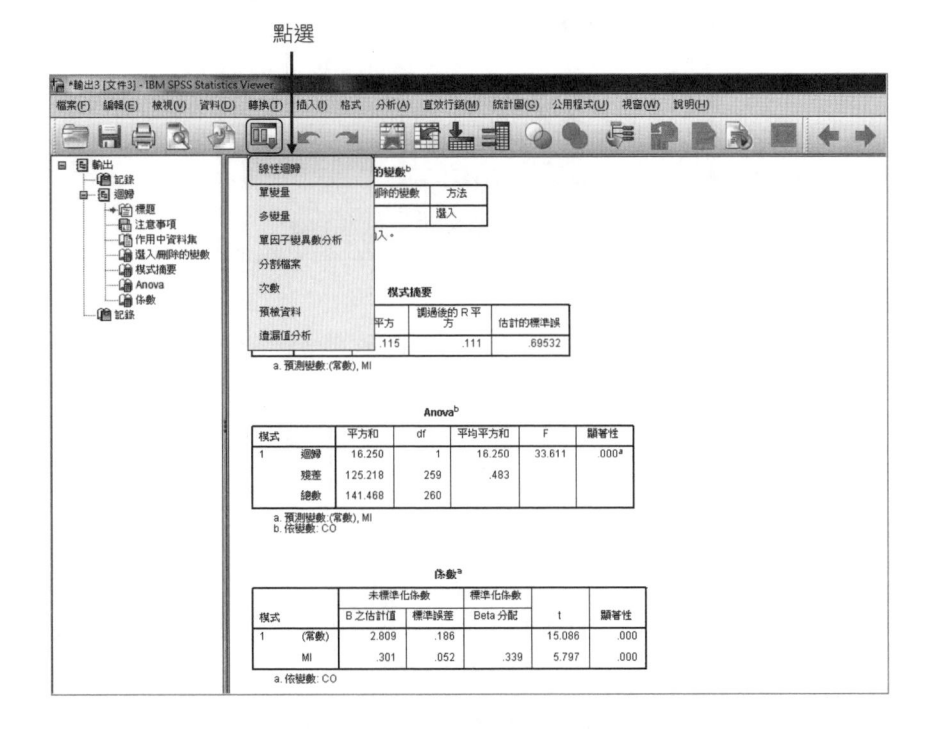

5. 結果如下圖

點選

6. 取出「CO」

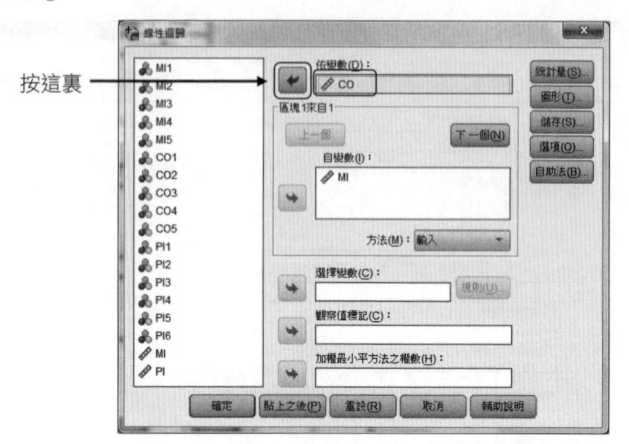

   按這裏

7. 選取「PI」至「依變數」欄位，選取「CO」至「自變數」欄位

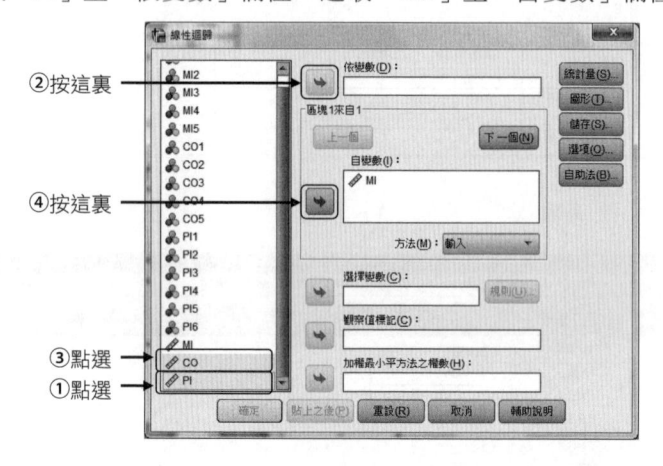

   ②按這裏
   ④按這裏
   ③點選
   ①點選

8. 點選[確定]

   按這裏

20-50

9. 結果如下圖：

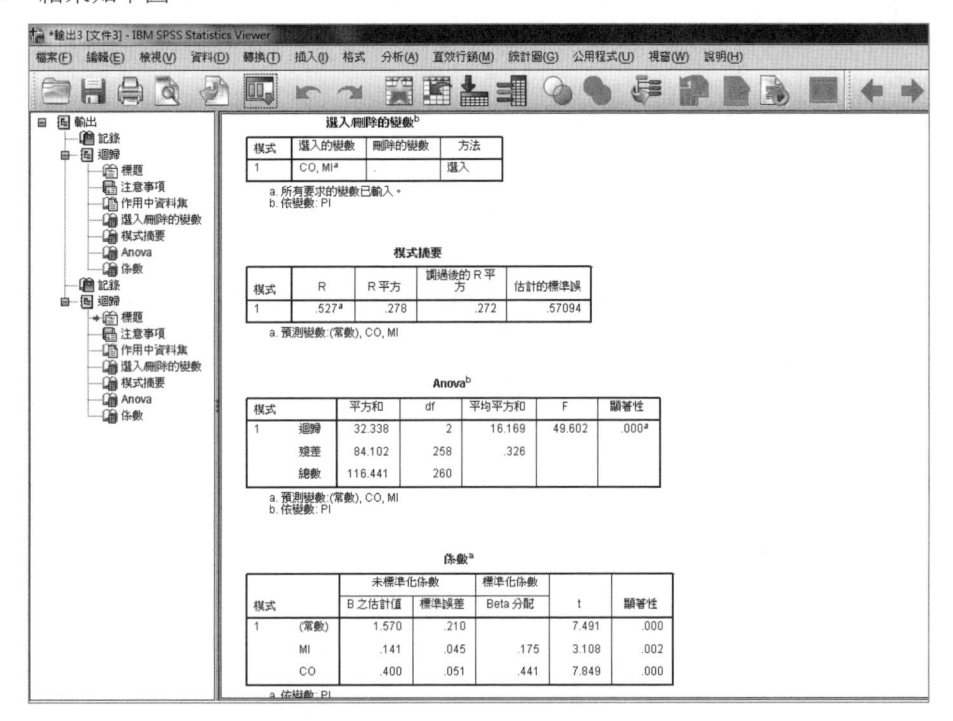

[SPSS 輸出畫面]

模式	R	R平方	調過後的R平方	估計的標準誤
1	.527ª	.278	.272	.57094

a. 預測變數:(常數), CO, MI

Anovaᵇ

模式		平方和	df	平均平方和	F	顯著性
1	迴歸	32.338	2	16.169	49.602	.000ª
	殘差	84.102	258	.326		
	總數	116.441	260			

a. 預測變數:(常數), CO, MI
b. 依變數: PI

係數ª

模式		未標準化係數 B 之估計值	標準誤	標準化係數 Beta 分配	t	顯著性
1	(常數)	1.570	.210		7.491	.000
	MI	.141	.045	.175	3.108	.002
	CO	.400	.051	.441	7.849	.000

a. 依變數: PI

我們整理結果如下圖：

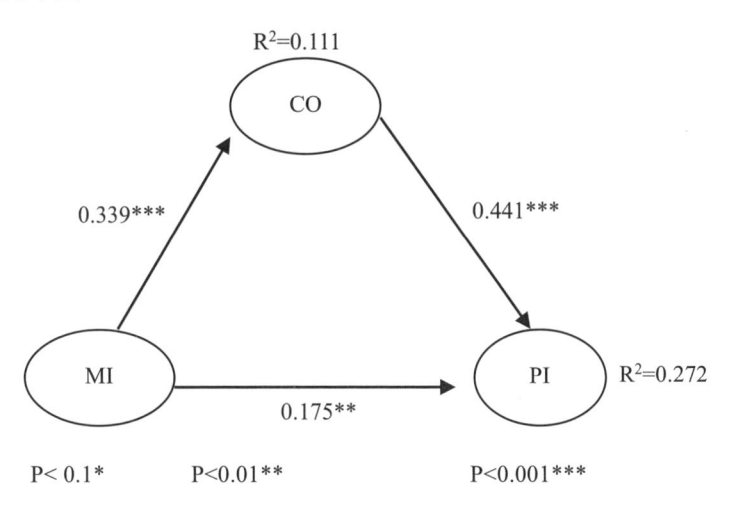

```
                    R²=0.111
                      CO
                    ╱      ╲
            0.339***        0.441***
              ╱                ╲
            ╱                    ╲
          MI ──────0.175**──────→ PI    R²=0.272
```

P< 0.1*   P<0.01**   P<0.001***

　　開啟 SPSS 檔案 TSM case 2.sav (交易型領導)，按捲軸向右，看到高階主管的介入 (MI)、團隊合作 (CO)、專案導入成功 (PI) 的平均數。

20-51

10. 點選[分析/迴歸/線性]

11. 選取「CO」至「依變數」欄位

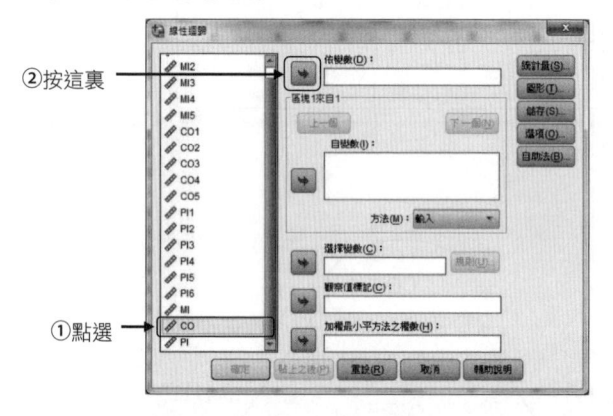

12. 選取「MI」至「自變數」欄位

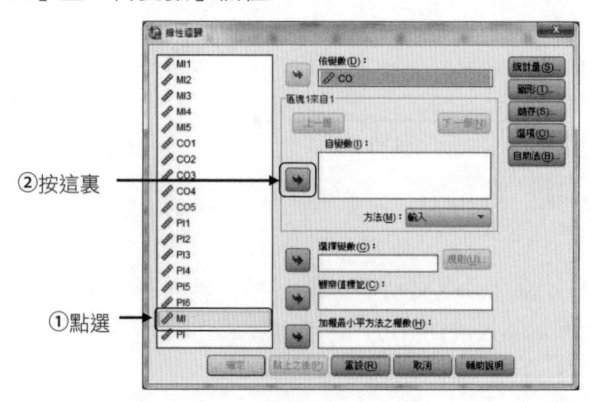

13. 點選[確定]

14. 結果如下圖：

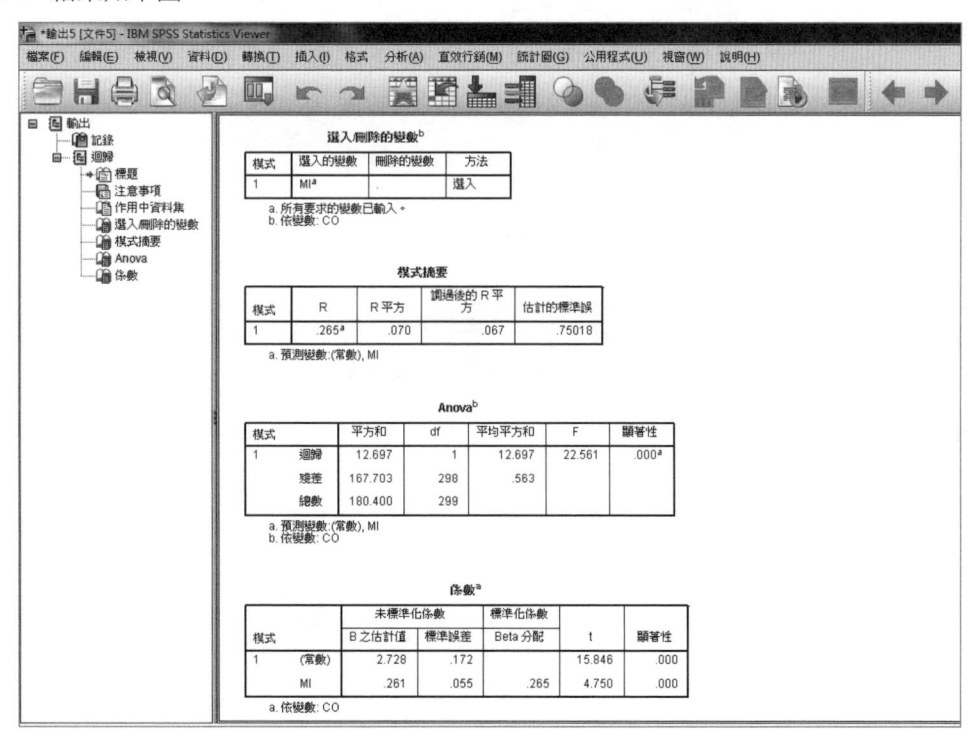

15. 取出「CO」並選取至「自變數」欄位

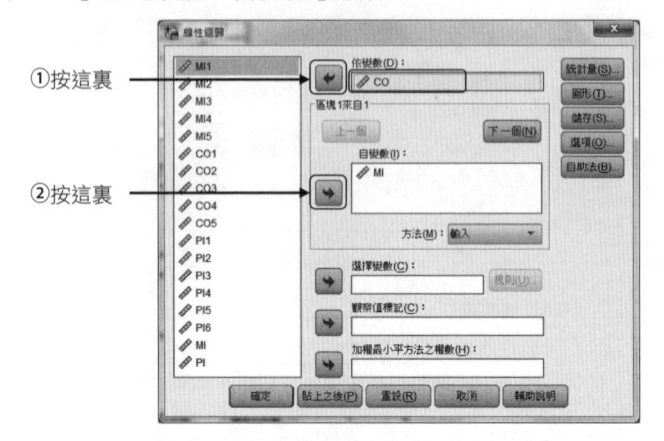

16. 選取「PI」至「依變數」

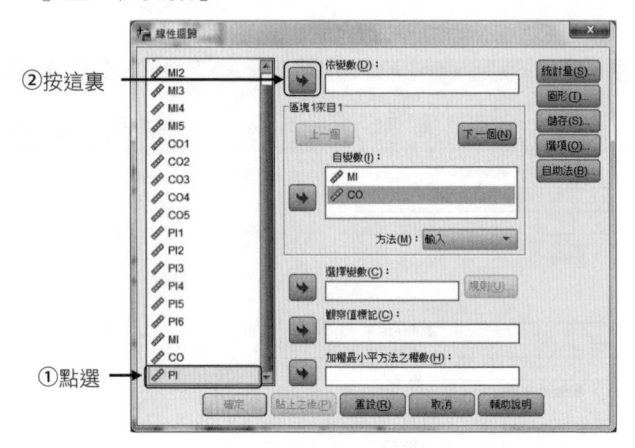

17. 點選[確定]

18. 結果如下圖：

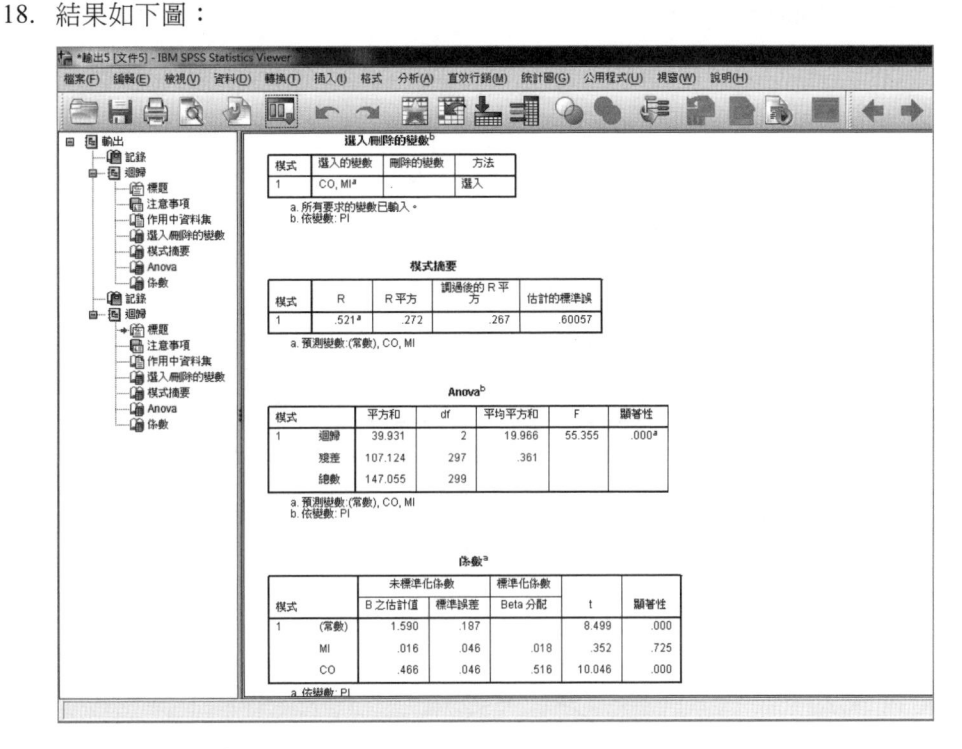

我們整理結果如下圖：

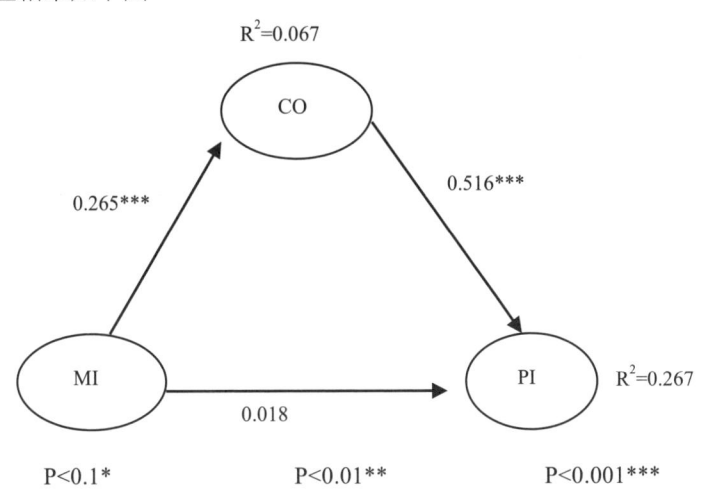

$R^2=0.067$ (CO)

$0.265***$ (MI→CO)

$0.516***$ (CO→PI)

0.018 (MI→PI)

$R^2=0.267$ (PI)

$P<0.1*$　　　$P<0.01**$　　　$P<0.001***$

　　高階主管的領導特質有「轉換型領導 (TF)」與「交易型領導 (TS)」二大類型，為了計算 Fisher'z transformation，我們再次整理轉換型領導和交易型領導的階層回歸模式如下：

20-55

轉換型領導階層回歸模式

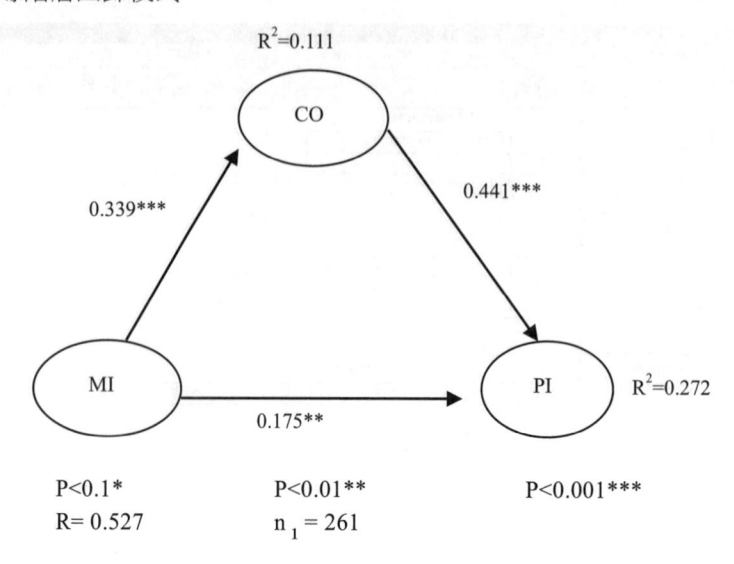

```
              R²=0.111
                CO
         0.339***    0.441***
        MI ──── 0.175** ──── PI   R²=0.272
```

P<0.1*   P<0.01**   P<0.001***
R= 0.527 n_1 = 261

交易型領導的階層回歸模式

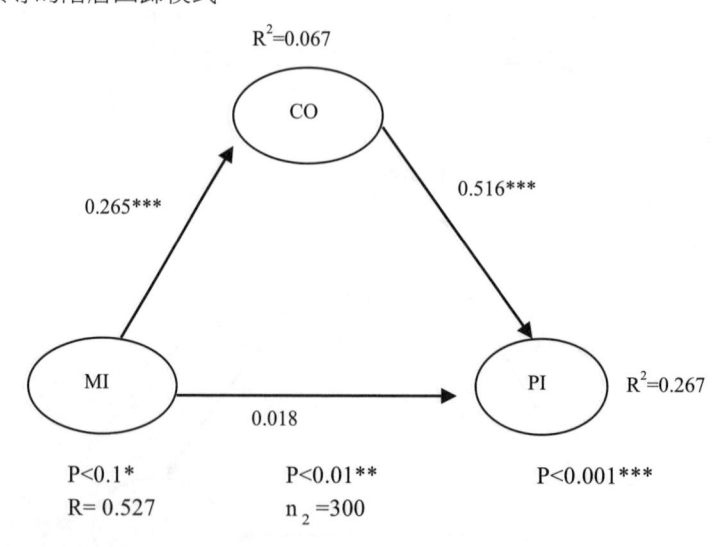

```
              R²=0.067
                CO
         0.265***    0.516***
        MI ──── 0.018 ──── PI   R²=0.267
```

P<0.1*   P<0.01**   P<0.001***
R= 0.527 n_2 =300

Fisher'z transformation

r (y,1) = 0.527 n_1 = 261   r (y,2) = 0.521 n_2 =300

計算結果

Z trans 1 = 0.58   Z trans 2 = 0.578   Z test = 0.097

顯著判定值

Z = 1.96　　　　P < 0.05　　　Z = 2.58　　　　P < 0.01

Z test = 0.097 小於 1.96 所以是不顯著，代表轉換型領導(TF)」與「交易型領導(TS)」沒有顯著的差別，也就是領導型態沒有調節(干擾)效果。

使用 SmartPLS 分析

多群組分析在社會科學中是相當重要的統計技術，例如：個人分析中的性別（男,女）差異分析。本研究模式高階主管的領導特質有「轉換型領導(TF)」與「交易型領導(TS)」二大類型。SmartPLS 提供處理的方式是：執行「轉換型領導(TF)」與「交易型領導(TS)」二個 SEM 模式，再使用特別的 t 檢定比較二個 SEM 模式的結果，也就是使用 PLS-MGA (Multi Group analysis) 功能。

在分析技術上，Chin (2000) 提供分組比較的參數估計如下：
兩組的變異是相同的，分配接近常態。

複雜型公式

$$t = \frac{Path_{sample\_1} - Path_{sample\_2}}{\left[\sqrt{\frac{(m-1)^2}{(m+n-2)} \cdot S.E.^2{}_{sample\_1} + \frac{(n-1)^2}{(m+n-2)} \cdot S.E.^2{}_{sample\_2}}\right] \cdot \left[\sqrt{\frac{1}{m} + \frac{1}{n}}\right]}$$

自由度 = m+n-2

若是兩組的變異是不同的，分組比較的參數估計如下：

簡單型公式

$$t = \frac{Path_{sample\_1} - Path_{sample\_2}}{\left[\sqrt{S.E.^2{}_{sample\_1} + S.E.^2{}_{sample\_2}}\right]}$$

若是 n 很大時，自由度才需要調整如下。

$$df = round\ to\ nealist\ integer \left[\frac{(S.E.^2{}_{sample\_1} + S.E.^2{}_{sample\_2})^2}{\left(\frac{S.E.^2{}_{sample\_1}}{m+1} + \frac{S.E.^2{}_{sample\_2}}{n+1}\right)} - 2\right]$$

- Sample_1 = 第一組的樣本數
- Sample_2 = 第二組的樣本數

- Path =路徑係數
- S.E. =標準差
- m =sampl_1 的樣本數
- n =sample_2 的樣本數

參考文獻：

- Marko Sarstedt, Jörg Henseler, and Christian M. Ringle, (2011), "Multigroup Analysis in Partial Least Squares (PLS) Path Modeling: Alternative Methods and Empirical Results", Marko Sarstedt, Manfred Schwaiger, Charles R. Taylor, in (ed.) Measurement and Research Methods in International Marketing (Advances in International Marketing, Volume 22), Emerald Group Publishing Limited, pp. 195 – 218

- Chin, W. W., (2000). Frequently Asked Questions – Partial Least Squares & PLS-Graph. Home Page.[On-line]. Available: http://disc-nt.cba.uh.edu/chin/plsfaq.htm

20-3-3 Case 2-2：自變數 X 為連續，調節變數 M 為類別 (使用 SmartPLS 操作範例)

範例：我們高階主管的領導特質有「轉換型領導 (TFM)」與「交易型領導 (TSM)」二大類型資料：TSM 和 TFM 資料，需要建立新的欄位：Group，將 TFM 編碼設為 0，其 TSM 編碼設為 1，再進行 PLS-MGA 分析。

領導特質調節的研究模式

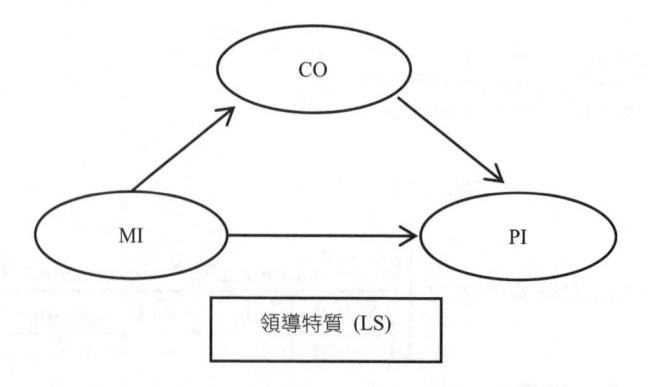

領導特質分為「轉換型領導 (TF)」與「交易型領導 (TS)」。

交互作用、中介和調節(干擾) 20

使用 SmartPLS 操作範例：彙整 TSM 和 TFM 資料，使用欄位：CEO，將其 TSM 編碼為 1，TFM 編碼為 0。

1. 建立 Project:CH_moderator_CASE2，選擇 Model type 為 PLS-SEM，輸入 File name 後點擊【Create】。

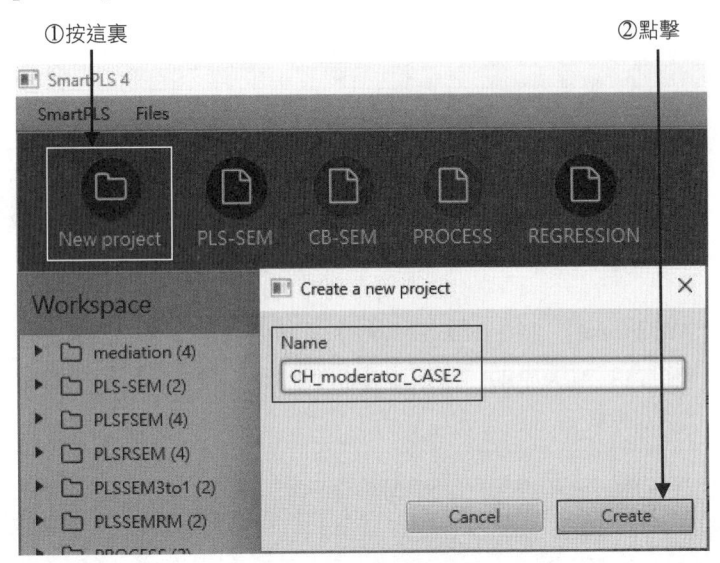

2. 點擊【Import data file】，選擇檔"PLSSEM.xlsx"，點擊【Open】，匯入資料。匯入資料結果如下圖所示。最後，點擊【Add group】。

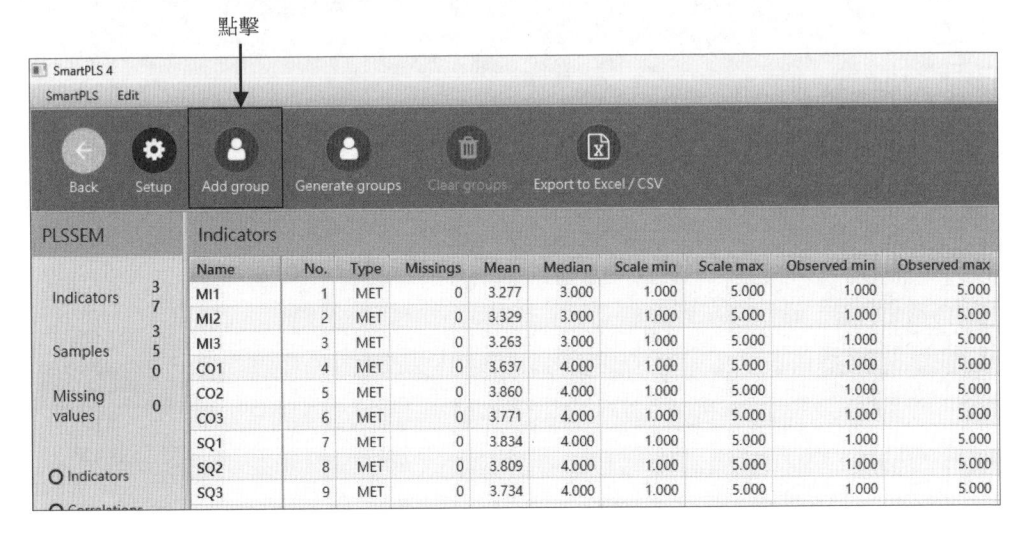

20-59

3. 將【Group Name】名稱命名為"Group_TFM"，將 CEO 條件設立為 0，符合其編碼原則，再按下【Apply】。

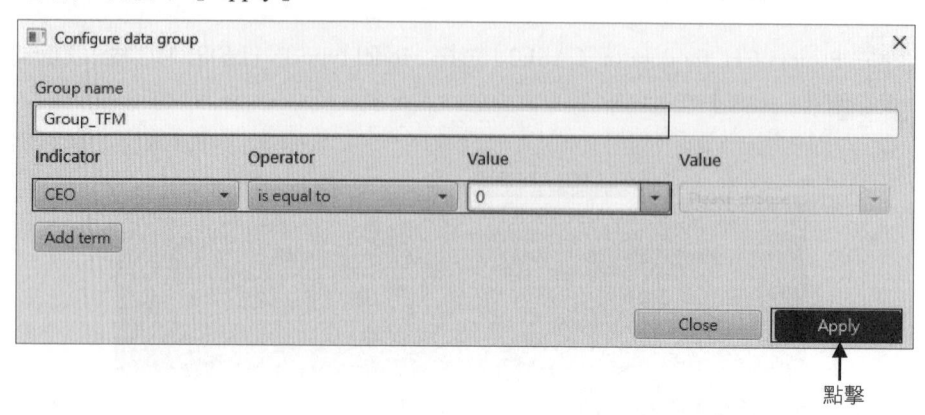

   點擊

4. 再點擊【Add group】，將【Group Name】名稱命名為"Group_TSM"，將 CEO 條件設立為 1，符合其編碼原則，再按下【Apply】。

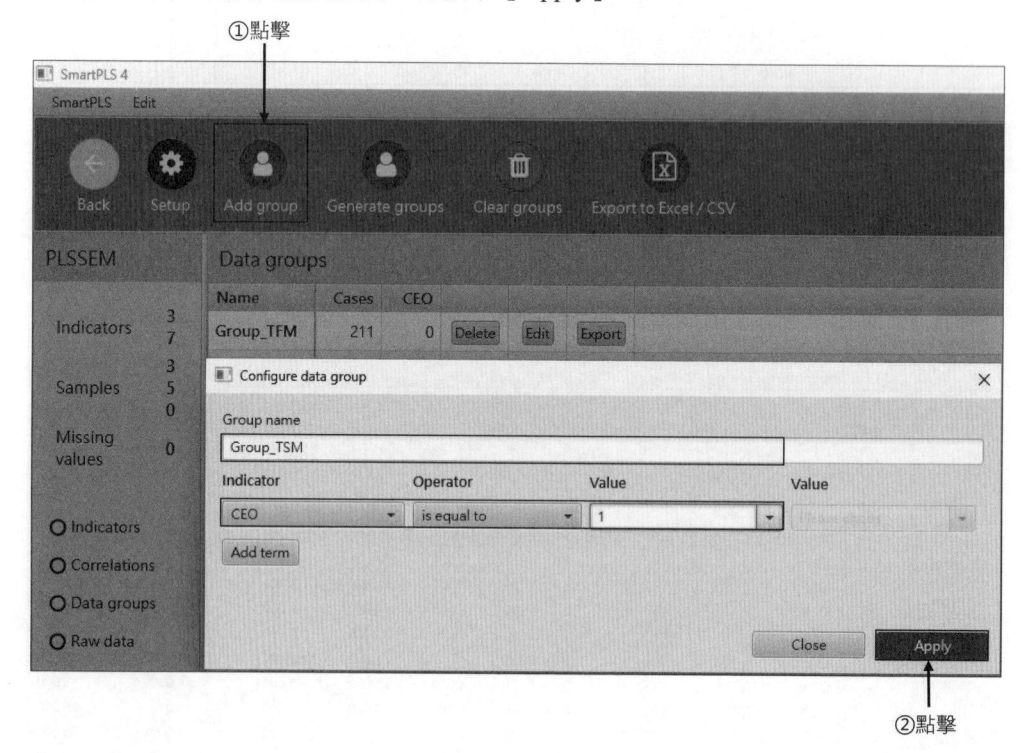

   ①點擊

   ②點擊

交互作用、中介和調節（干擾） **20**

5. 顯示其群組資料，再點擊【Back】回到模型視窗頁面。

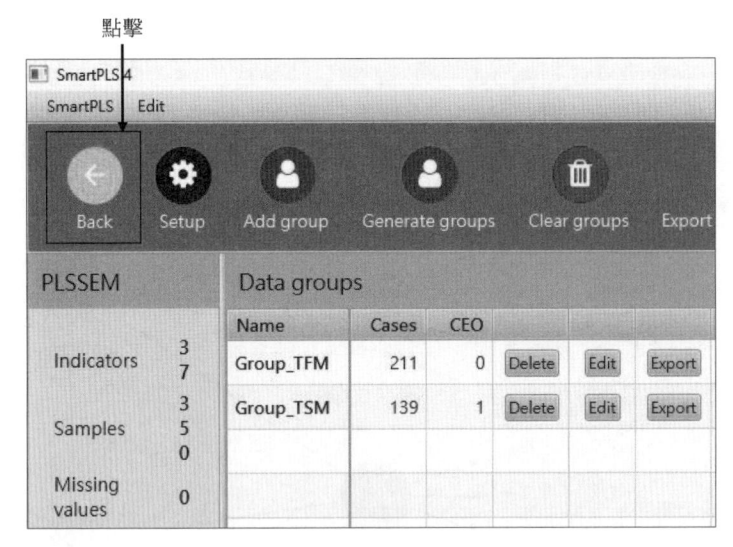

6. 首先，點擊【Create model】進行模型創建。其次，點擊【Model type】選擇 PLS-SEM，並將【Model name】命名為 CH_moderator_CASE2。再點擊【Save】以創建模型。

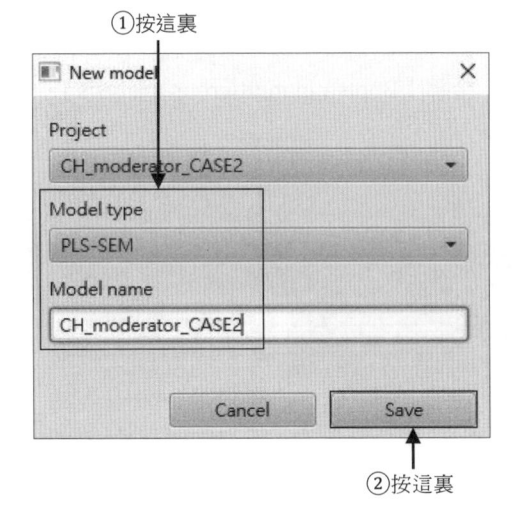

20-61

7. 模型創建圖如下所示。

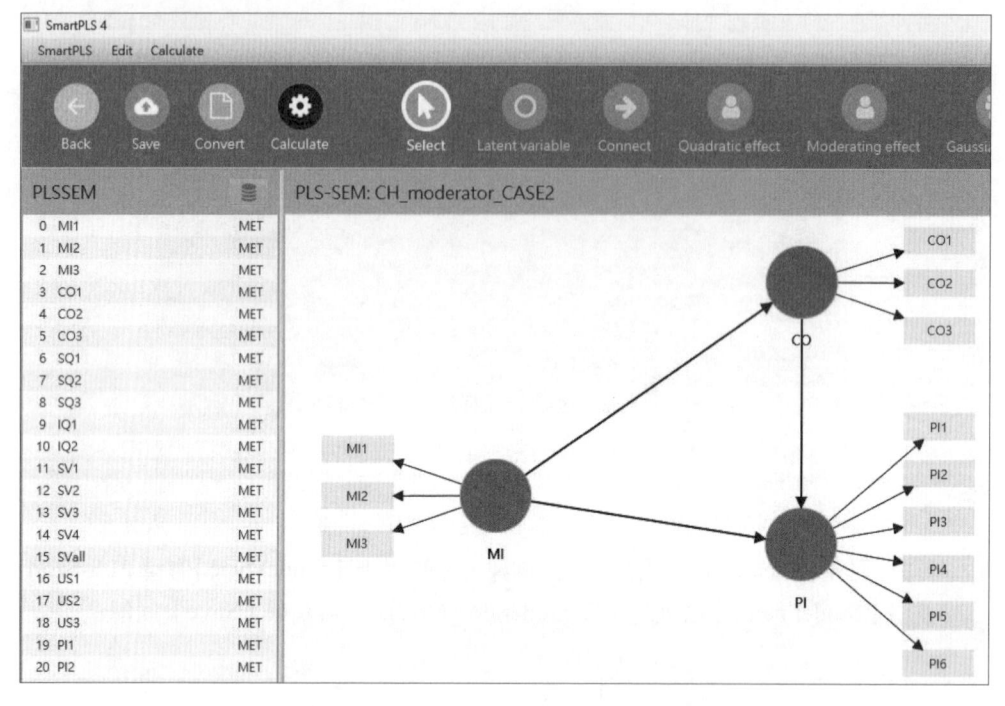

8. 打開【Calculate】，點擊【Bootstrap multigroup analysis】。

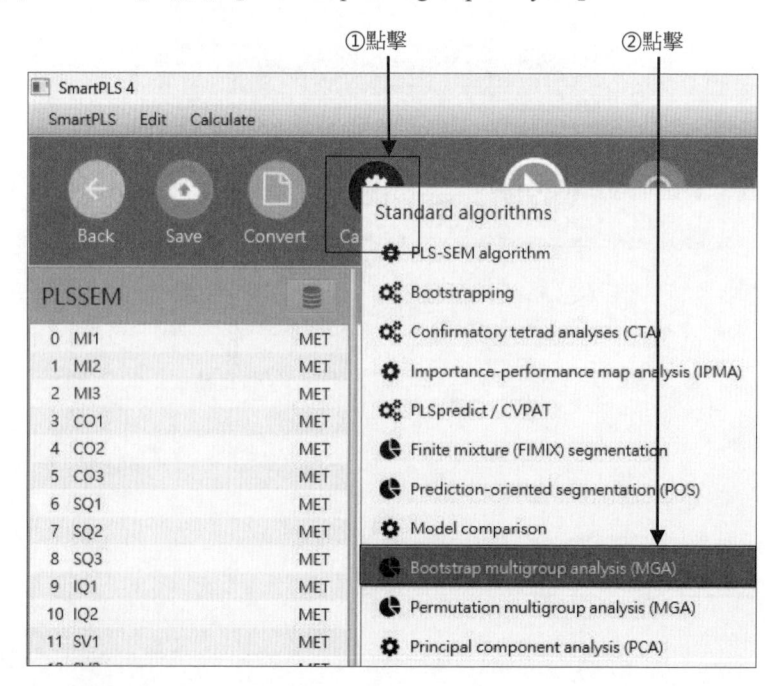

交互作用、中介和調節（干擾） 20

9. 勾選其分組，再點擊【Start calculation】。

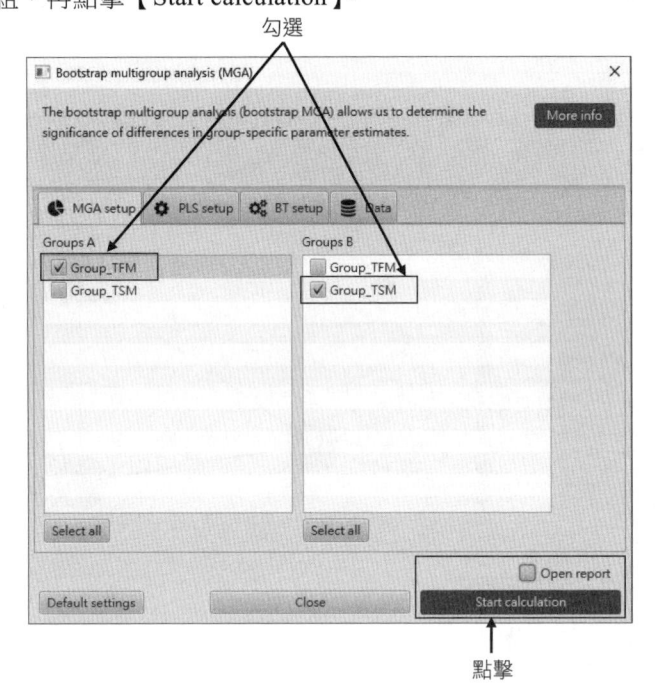

10. 點擊【Path coefficients】，顯示其結果如下圖。

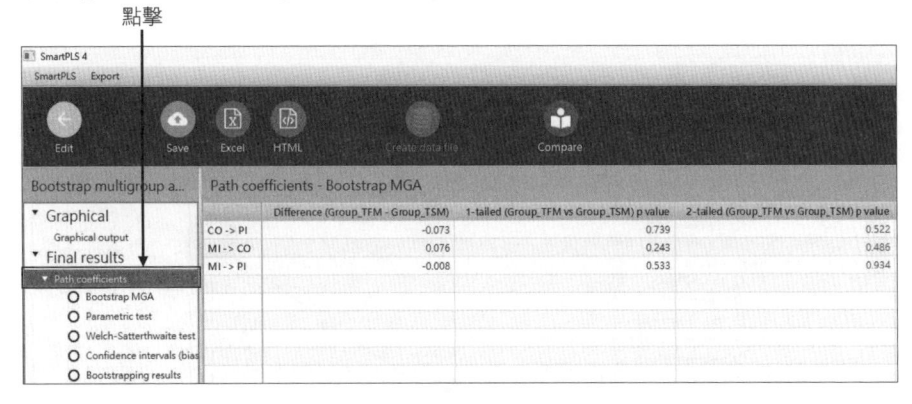

11. 查看路徑係數及顯著性，如下圖。

20-63

12. 點擊【Grapical output】，分別勾選"Group_TFM"或"Group_TSM"，可查看不同組別的結果，如以下兩張圖。

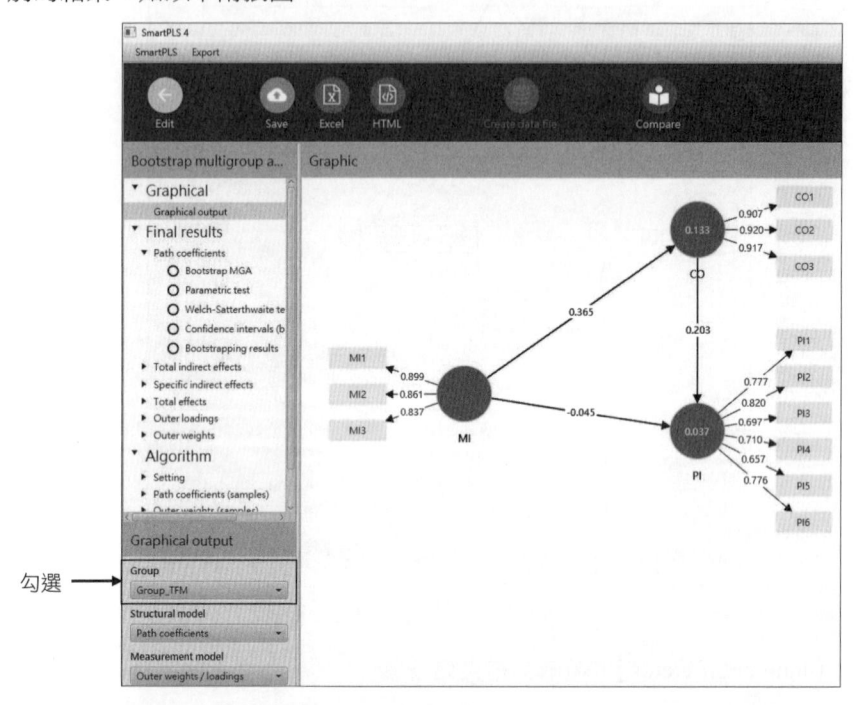

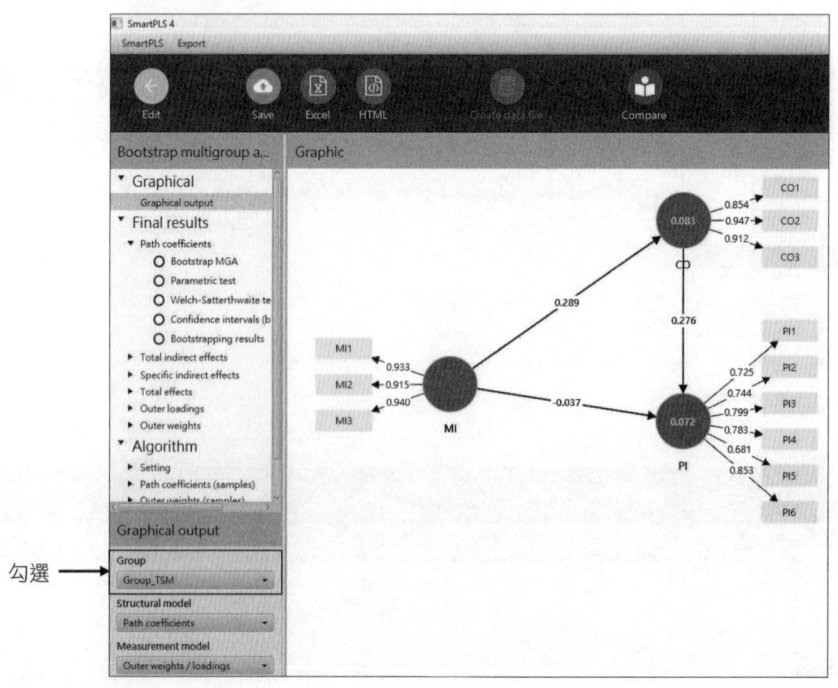

整理結果如下：
領導特質調節的研究模式

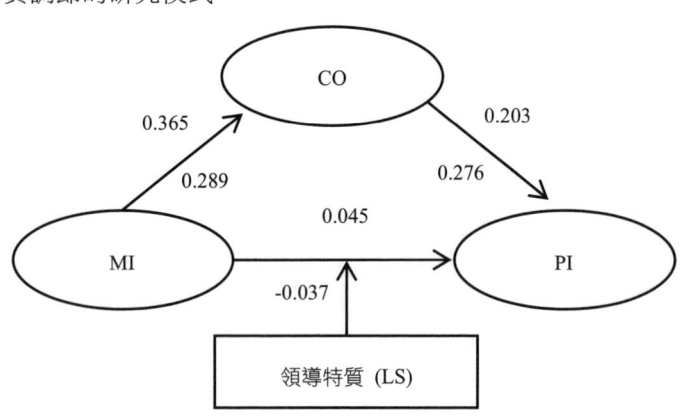

```
         CO
  0.365  ↗ ↘ 0.203
  0.289 ↗   ↘ 0.276
         0.045
  MI ──────────→ PI
         -0.037 ↑
      ┌──────────┐
      │ 領導特質 (LS) │
      └──────────┘
```

TFM group / TSM group

領導特質分為「轉換型領導 (TF)」與「交易型領導 (TS)」，結果分別如下：

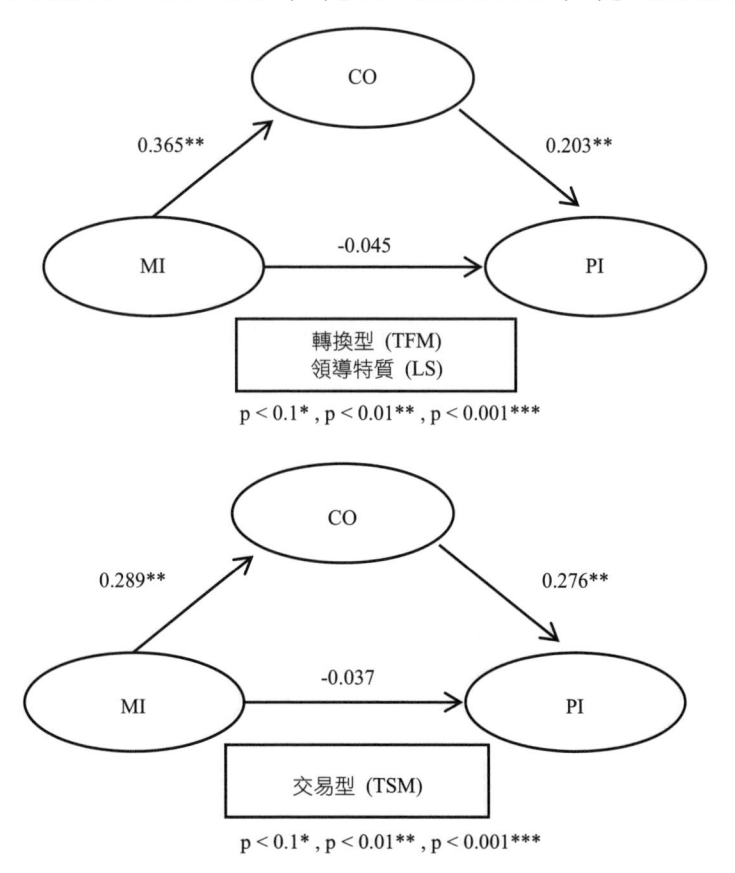

```
          CO
  0.365** ↗  ↘ 0.203**
  MI ──────────→ PI
         -0.045
      ┌──────────┐
      │ 轉換型 (TFM)   │
      │ 領導特質 (LS) │
      └──────────┘
```

$p < 0.1*$, $p < 0.01**$, $p < 0.001***$

```
          CO
  0.289** ↗  ↘ 0.276**
  MI ──────────→ PI
         -0.037
      ┌──────────┐
      │ 交易型 (TSM) │
      └──────────┘
```

$p < 0.1*$, $p < 0.01**$, $p < 0.001***$

PLS-MGA 結果

MI→ PI   p-Value = 0.934 > 0.05

未達顯著,代表「轉換型領導 (TF)」與「交易型領導 (TS)」沒有顯著的差別,也就是領導型態沒有調節 (干擾) 效果。

20-3-4 Case 3:自變數 X 為類別,調節變數 M 為連續

當自變數 X 為類別,調節變數 M 為連續,依變數 Y 為連續變數時,適用於使用虛擬變項 (dummy variable) 的迴歸分析。

虛擬變項:
自變數 X 為類別,例如:性別、年級別,無法適用於線性的迴歸分析,此時應該如何處理?在迴歸分析方法中,特別使用虛擬變項 (dummy variable) 來解決這個問題,也就是先將類別變項轉換成連續性變項,再進行迴歸分析,我們以性別為例。

問卷編號	性別
001	男
002	女
003	女
004	男

問卷編號	性別	虛擬變項男	虛擬變項女
001		1	0
002		0	1
003		0	1
004		1	0

我們由性別 (男、女) 2 個變項,可以轉換成 2 個虛擬變項,但是在執行迴歸分析時,未經虛擬處理的參照組 (例如:0 的樣本),也是一個變項,所以會有 2-1=1 個虛擬變項,我們以男性為參照組,當成 0 的樣本,範例如下:

問卷編號	性別
001	男
002	女
003	女
004	男

問卷編號	性別 虛擬變項
001	0
002	1
003	1
004	0

我們再以年級別為例,大學有四個年級,可以轉換成 4 個虛擬變項,我們假設未經虛擬處理的參照組為大一 (變成 0 的樣本),所以會有 3 個虛擬變項。

問卷編號	年級
001	1
002	2
003	3
004	4
005	1
006	2
007	3
008	4

問卷編號	年級 虛擬變項		
	二	三	四
001	0	0	0
002	1	0	0
003	0	1	0
004	0	0	1
005	0	0	0

問卷編號	年級		虛擬變項	
006	1	0		0
007	0	1		0
008	0	0		1

Case 3 的調節 (干擾) 處理步驟

在 Case 3 中，適用的 X 類別為二分變項 (性別、成績高低…)，調節變數和依變數都是連續變數，調節 (干擾) 效果的處理步驟如下：

步驟一	將自變數轉換成 Dummy variable
步驟二	執行 Y=C+β_{11}X 得到解釋力 R_1^2
步驟三	執行 Y=C+$\beta_{11}\chi$ + β_{12}M 得到解釋力 R_2^2
步驟四	執行 Y=C+β_{21}X + β_{22}M + β_{31}XM 得到解釋力 R_3^2 注意：X 和 M 當控制變項，XM 是 X 和 M 的乘積
步驟五	判定是否有調解效果有 2 種方式： 方式一：XM 顯著，代表有調節效果 方式二：解釋力 R_3^2 顯著高於 R_2^2，代表著 M 有調節效果

使用交互項 XM 的迴歸分析 (以 SPSS 為例)

範例：系統品質 (SQ) 對使用者滿意度 (US) 之影響：以團隊合作 (CO) 為調節 (干擾) 效果

系統品質 (SQ) 對使用者滿意度 (US) 之影響：系統品質 (SQ) 有高與低二個類型。使用者滿意度 (US) 和團隊合作 (CO) 程度都是連續變數。團隊合作 (CO) 的干擾效果對系統品質 (SQ) 和團隊合作 (CO) 對使用者滿意度 (US) 之影響整體關係圖如下：

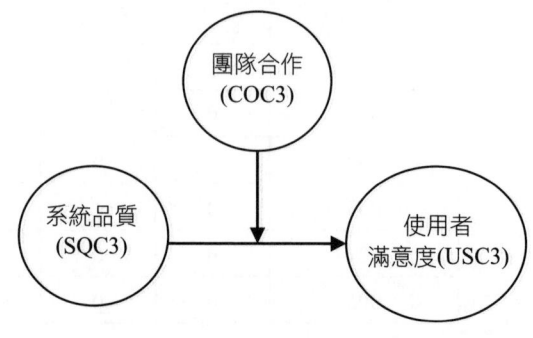

交互作用、中介和調節(干擾) 20

系統品質 (SQC3)、團隊合作 (COC3)、使用者滿意度 (USC3)

系統品質 (SQ) 有高與低二個類型,我們已經根據系統品質 (SQ) 高低轉換成 Dummy variable (1 和 0),作階層回歸分析,請將範例檔 MMA 目錄複製到 C:\ MMA 後,操作步驟如下:

1. 開啟 SPSS 檔案 moderator case 3,按卷軸向右,看到系統品質 (SQC3)、團隊合作 (COC3)、使用者滿意度 (USC3),點選[分析/迴歸/線性]如下圖:

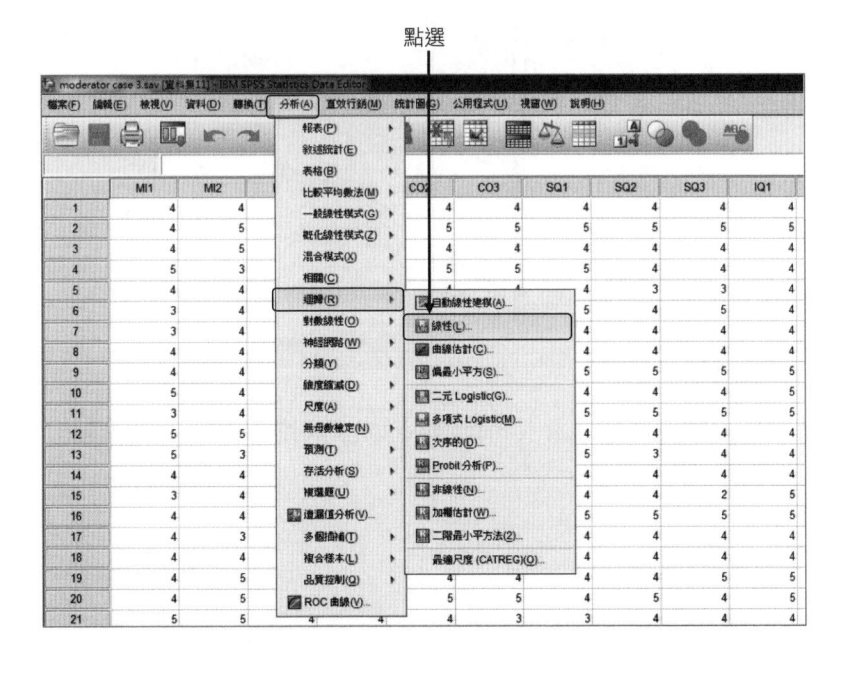

20-69

註解：C3 是 Case 3 的意思。SQC3 是系統品質 Case 3 的意思。

注意：SQC3 和 COC3 當控制變項，SQC3COC3 是 SQC3 和 COC3 的乘積。

2. 選取「SQC3」和「COC3」至「自變數」欄位

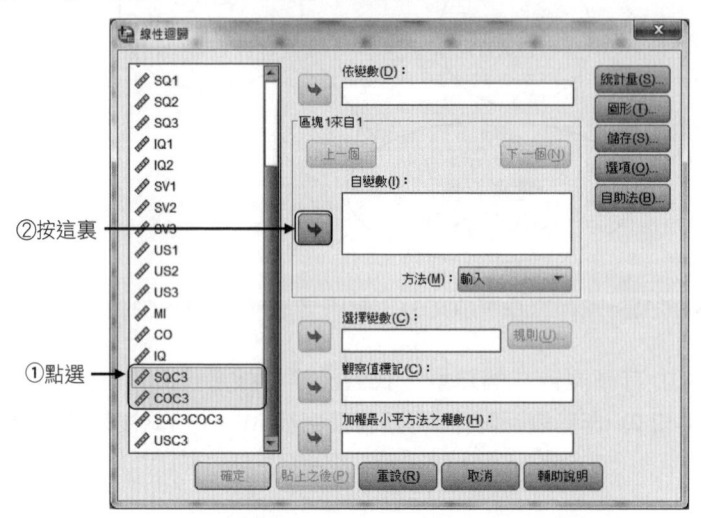

①點選 → SQC3 COC3
②按這裏

3. 選取「USC3」至「依變數」欄位

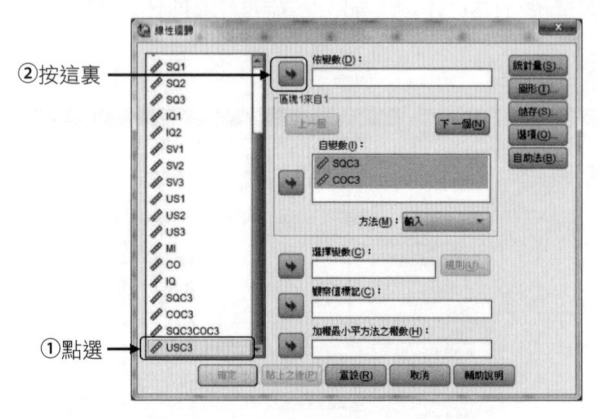

①點選 → USC3
②按這裏

註解：將 SQC3 和 COC3 放入 Independent(s)當成控制變數 (control variable)。

交互作用、中介和調節（干擾） **20**

4. 點選[下一個]

    ［按這裏］

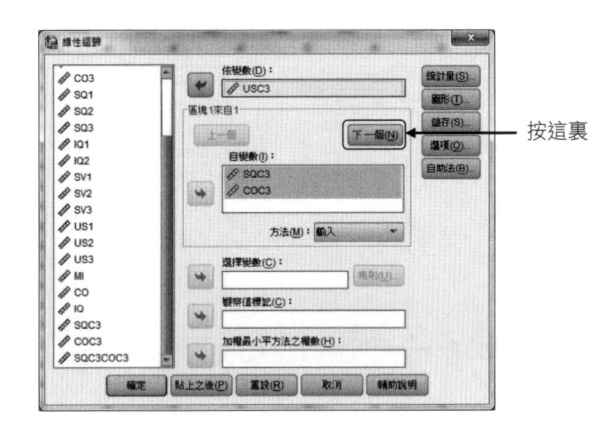

5. 選取「SQC3COC3」至「自變數」欄位

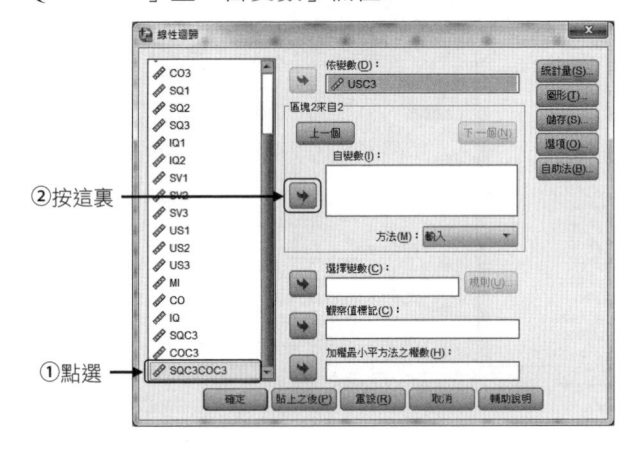

    ①點選
    ②按這裏

6. 點選[統計量]

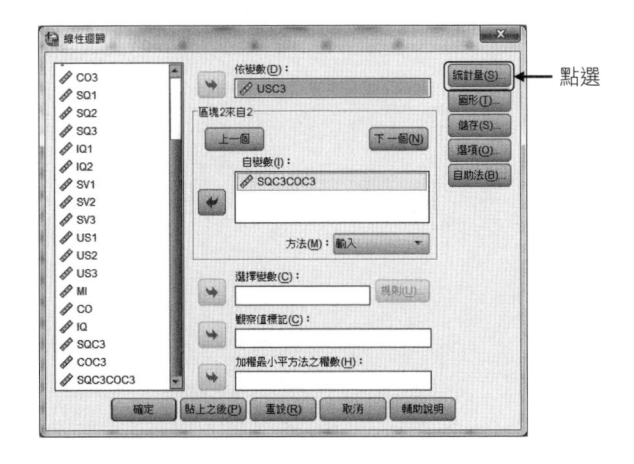

    點選

20-71

7. 勾選「估計值」、「模式適合度」、「R 平方改變量」和「描述性統計量」，點選[繼續]

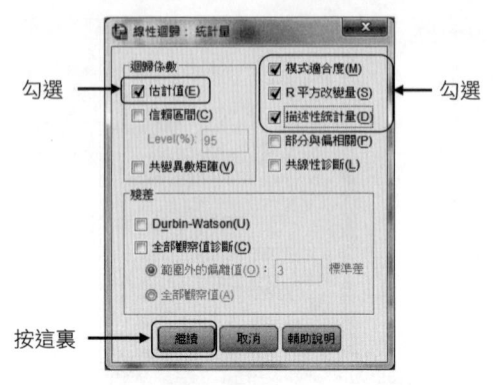

8. 點選[確定]

交互作用、中介和調節（干擾）

9. 結果如下圖

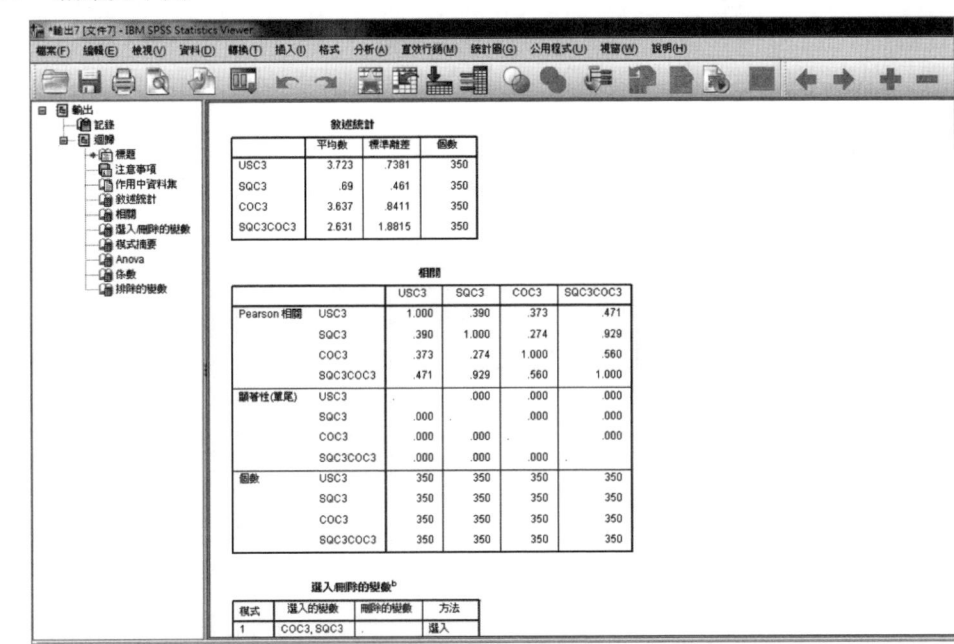

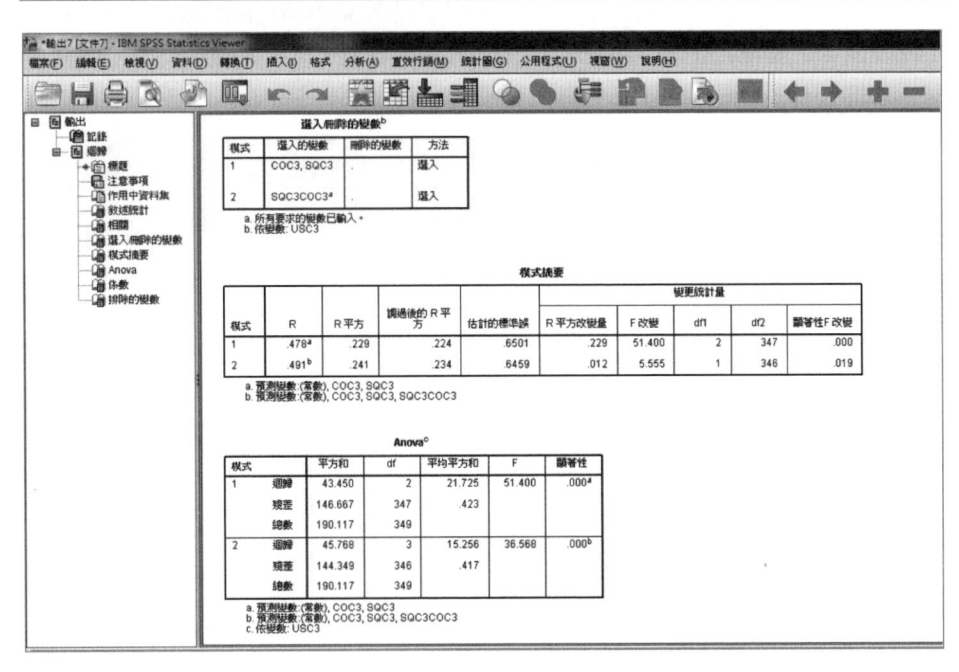

敘述統計

	平均數	標準離差	個數
USC3	3.723	.7381	350
SQC3	.69	.461	350
COC3	3.637	.8411	350
SQC3COC3	2.631	1.8815	350

相關

		USC3	SQC3	COC3	SQC3COC3
Pearson 相關	USC3	1.000	.390	.373	.471
	SQC3	.390	1.000	.274	.929
	COC3	.373	.274	1.000	.560
	SQC3COC3	.471	.929	.560	1.000
顯著性(單尾)	USC3		.000	.000	.000
	SQC3	.000		.000	.000
	COC3	.000	.000		.000
	SQC3COC3	.000	.000	.000	
個數	USC3	350	350	350	350
	SQC3	350	350	350	350
	COC3	350	350	350	350
	SQC3COC3	350	350	350	350

選入/刪除的變數[b]

模式	選入的變數	刪除的變數	方法
1	COC3, SQC3	.	選入
2	SQC3COC3[a]	.	選入

a. 所有要求的變數已輸入。
b. 依變數: USC3

模式摘要

模式	R	R 平方	調過後的 R 平方	估計的標準誤	R 平方改變量	F 改變	df1	df2	顯著性F 改變
1	.478[a]	.229	.224	.6501	.229	51.400	2	347	.000
2	.491[b]	.241	.234	.6459	.012	5.555	1	346	.019

a. 預測變數:(常數), COC3, SQC3
b. 預測變數:(常數), COC3, SQC3, SQC3COC3

Anova[c]

模式		平方和	df	平均平方和	F	顯著性
1	迴歸	43.450	2	21.725	51.400	.000[a]
	殘差	146.667	347	.423		
	總數	190.117	349			
2	迴歸	45.768	3	15.256	36.568	.000[b]
	殘差	144.349	346	.417		
	總數	190.117	349			

a. 預測變數:(常數), COC3, SQC3
b. 預測變數:(常數), COC3, SQC3, SQC3COC3
c. 依變數: USC3

20-73

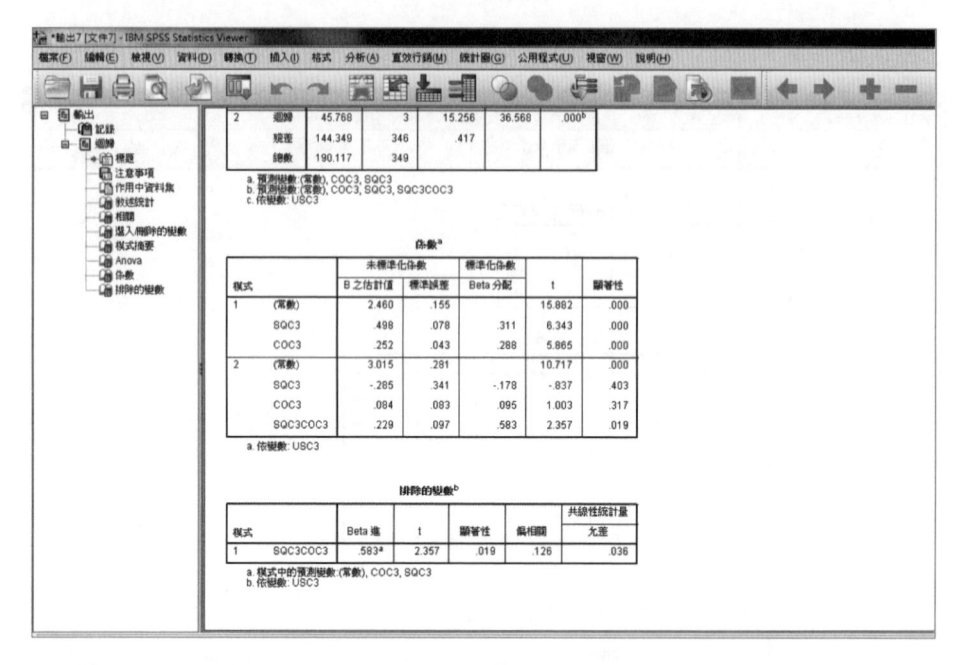

系統品質 (SQ) 對使用者滿意度 (US) 之影響：

系統品質 (SQ) 有高與低二個類型。使用者滿意度 (US) 和團隊合作 (CO) 程度都是連續變數。團隊合作 (CO) 的干擾效果對系統品質 (SQ) 和團隊合作 (CO) 對使用者滿意度 (US) 之影響效果，我們整理階層回歸分析結果如下：

系統品質 (SQ) 對使用者滿意度 (US) 之影響		
	Model 1	Model 2
Independent variables 自變數		
系統品質 (SQ)	.311***	-.178
Moderators 調節變數		
團隊合作 (CO)	.288***	-.095
Interaction terms 交互作用項		
SQ×CO		.583**
Model F	51.4	5.555
R^2	.229***	.241***
ΔR^2		.012**

*p＜.10　**p<.05　***p<.01

判定是否有調解效果有 2 種方式：
- 方式一：SQC3COC3 顯著，代表有調節效果。
  SQC3COC3 的 Standardized Coefficients=0.583
  t=2.357>1.96 達顯著，代表有調節效果。
  或 F=.019<0.05 達顯著，代表有調節效果。

- 方式二：解釋力 R_3^2 顯著高於 R_2^2，代表有調節效果。
  R Square Change =.012
  F=.019<0.05 達顯著，代表有調節效果。

20-3-5 Case 4：自變數 X 為連續，調節變數 M 為連續

當自變數 X，調節數 M 和依變數 Y 都是連續變數時，適用使用交互項 XM 的迴歸分析。

> 注意：若是 X→Y 關係中，二分類關係時，則需要使用調節變項分成二類，再使用本節 Case 2 的方式處理。

在 Case 4 中，適用的自變數 X，調節變數 M 和依變數 Y 都是連續變數，調節（干擾）效果的處理步驟如下：

步驟一	執行 Y=C+β_{11}X 得到解釋力 R_1^2
步驟二	執行 Y=C+$\beta_{11}\chi + \beta_{12}$M 得到解釋力 R_2^2
步驟三	執行 Y=C+$\beta_{21}X + \beta_{22}M + \beta_{31}XM$ 得到解釋力 R_3^2 注意：XM 是 X 和 M 的乘積
步驟四	判定是否有調解效果：XM 顯著，代表有調節效果

❂ 使用交互項 XM 的迴歸分析 (以 SPSS 為例)

範例：系統品質 (SQ) 對使用者滿意度(US)之影響：以團隊合作(CO)為調節(干擾)效果

系統品質 (SQ)、使用者滿意度 (US) 和團隊合作 (CO) 程度都是連續變數。團隊合作 (CO) 的干擾效果對系統品質 (SQ) 和團隊合作 (CO) 對使用者滿意度 (US) 之影響整體關係圖如下：

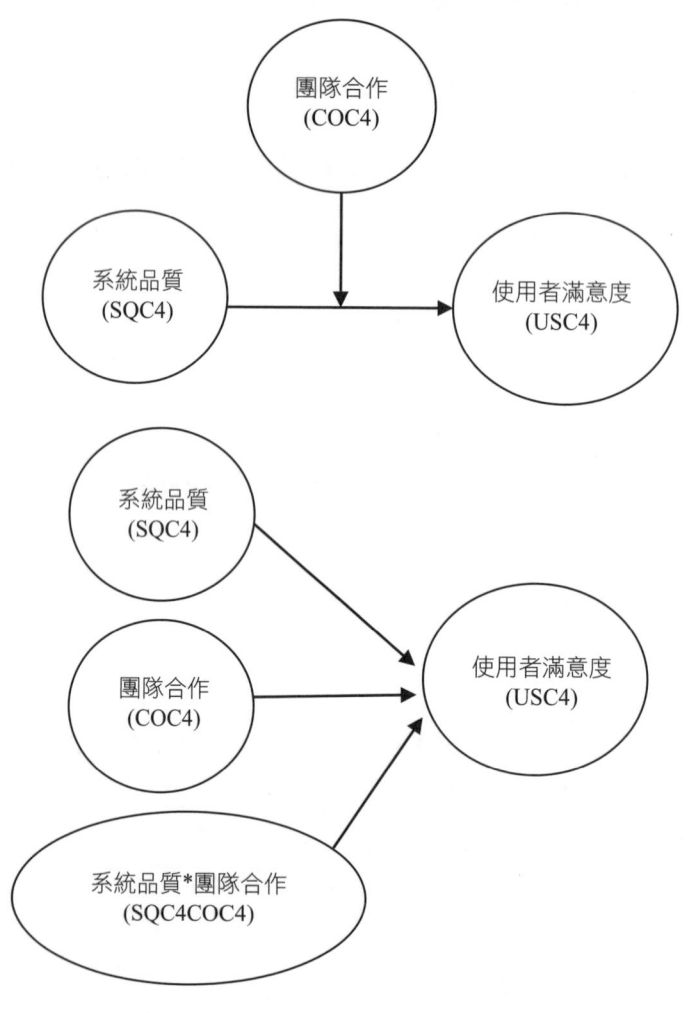

系統品質 (SQC4)、團隊合作 (COC4)、使用者滿意度 (USC4)

系統品質 (SQ)、使用者滿意度 (US) 和團隊合作 (CO) 程度都是連續變數，我們作階層回歸分析，請將範例檔 MMA 目錄複製到 C:\ MMA 後，操作步驟如下：

交互作用、中介和調節(干擾) 20

1. 開啟 SPSS 檔案 moderator case 4，按卷軸向右，看到系統品質 (SQC4)、團隊合作 (COC4)、使用者滿意度 (USC4)，點選[分析/迴歸/線性]如下圖：

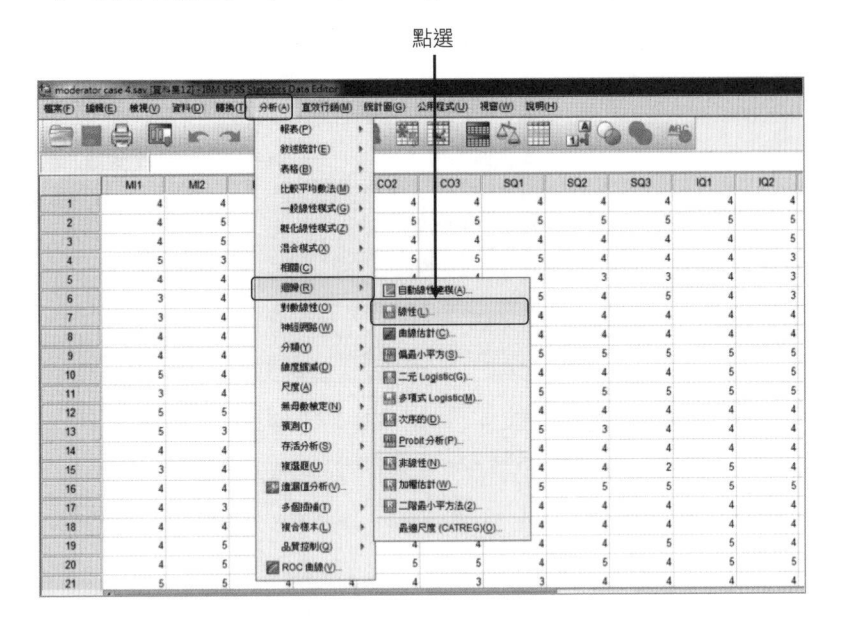

註解：C4 是 Case 4 的意思。SQC4 是系統品質 Case 4 的意思。

注意：SQC4 和 COC4 當控制變項，SQC4COC4 是 SQC4 和 COC4 的乘積。

2. 選取「USC4」至「依變數」欄位

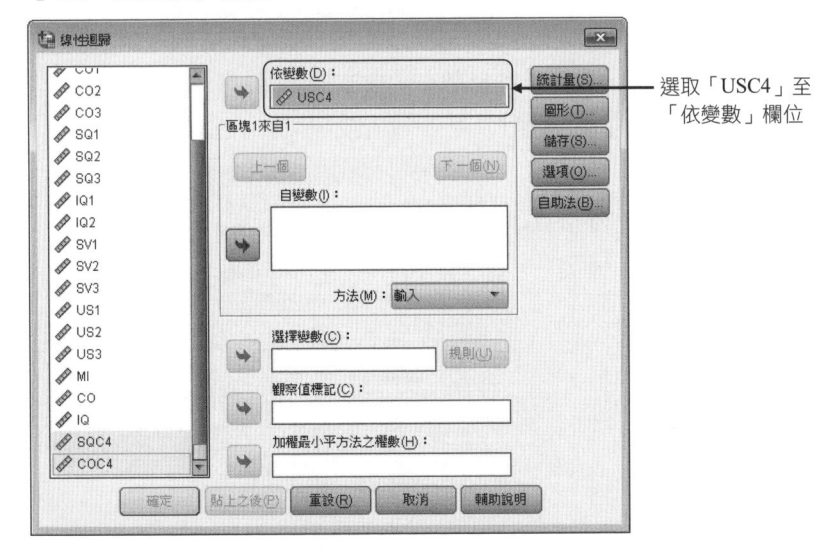

20-77

3. 將 SQC4 和 COC4 放入 Independent(s) 當成控制變數 (control variable)。

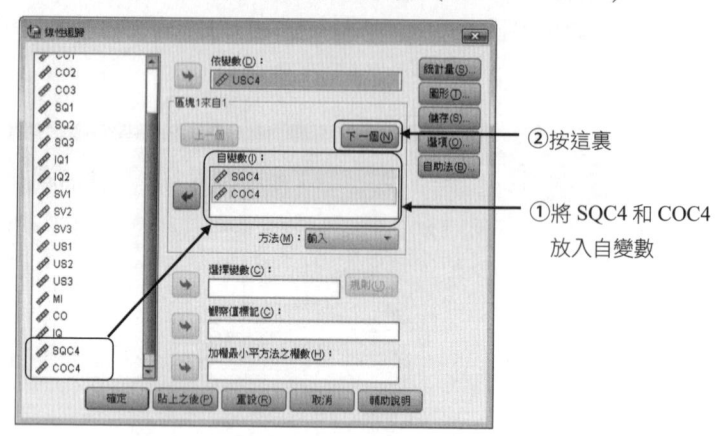

4. 點選[下一個]，選取「SQC4COC4」至「自變數」欄位

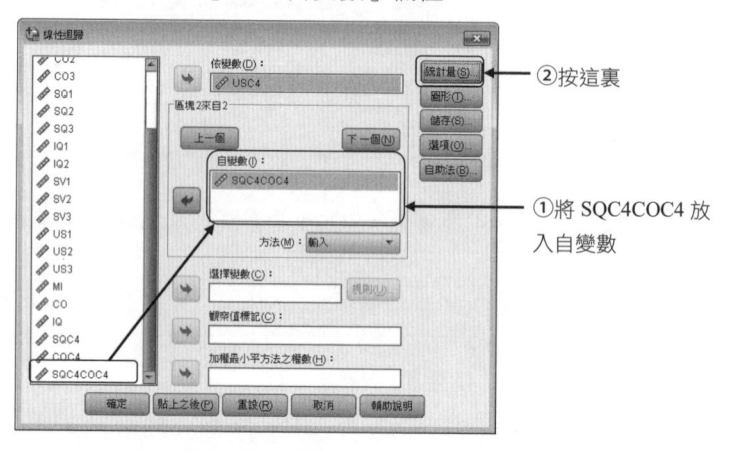

5. 點選[統計量]，勾選「估計值」、「模式適合度」、「R 平方改變量」和「描述性統計量」，完成後點選[繼續]

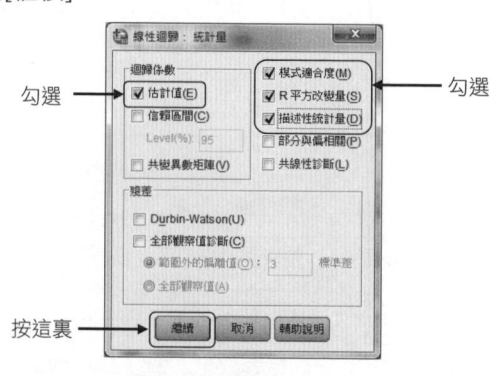

交互作用、中介和調節(干擾) **20**

6. 點選[確定]

   按這裏 →

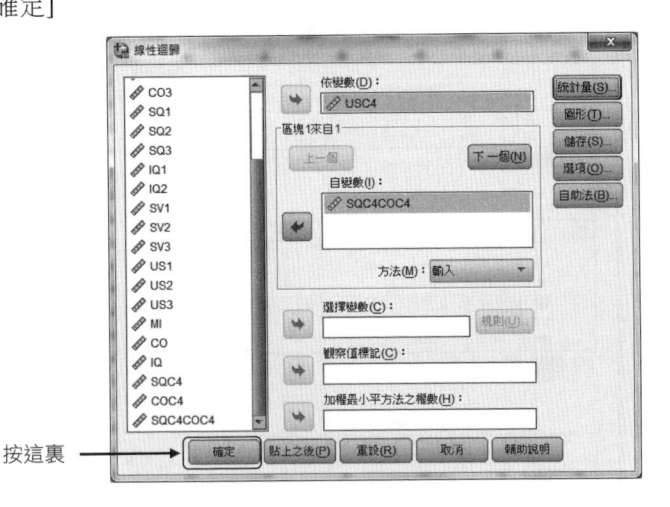

7. 結果如下圖：

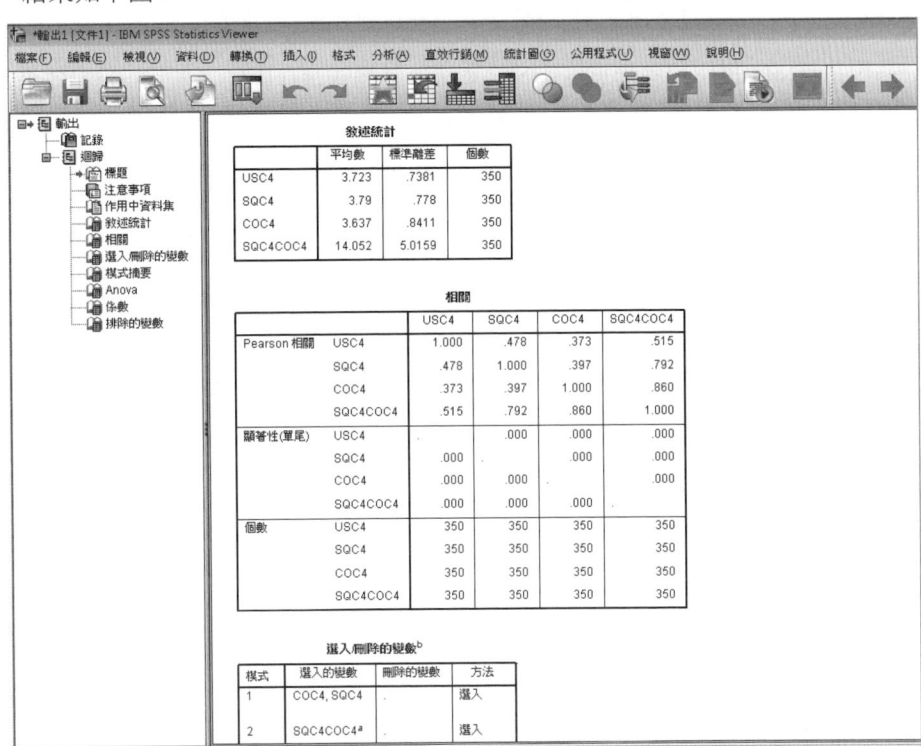

敘述統計

	平均數	標準離差	個數
USC4	3.723	.7381	350
SQC4	3.79	.778	350
COC4	3.637	.8411	350
SQC4COC4	14.052	5.0159	350

相關

		USC4	SQC4	COC4	SQC4COC4
Pearson 相關	USC4	1.000	.478	.373	.515
	SQC4	.478	1.000	.397	.792
	COC4	.373	.397	1.000	.860
	SQC4COC4	.515	.792	.860	1.000
顯著性(單尾)	USC4	.	.000	.000	.000
	SQC4	.000	.	.000	.000
	COC4	.000	.000	.	.000
	SQC4COC4	.000	.000	.000	.
個數	USC4	350	350	350	350
	SQC4	350	350	350	350
	COC4	350	350	350	350
	SQC4COC4	350	350	350	350

選入/刪除的變數[b]

模式	選入的變數	刪除的變數	方法
1	COC4, SQC4	.	選入
2	SQC4COC4[a]	.	選入

20-79

系統品質(SQ)對使用者滿意度(US)之影響：以團隊合作(CO)為調節(干擾)效果，我們整理階層回歸分析結果(參考報表)如下：

系統品質 (SQ) 對使用者滿意度 (US) 之影響		
	Model 1	Model 2
Independent variables 自變數		
系統品質 (SQ)	.392***	-.090
Moderators 調節變數		
團隊合作 (CO)	.217***	-.366*
Interaction terms 交互作用項		
SQ×CO		.901**
Model F	63.745	7.669
R^2	.269***	.285***
ΔR^2		.016***

*p＜.10　　**p<.05　　***p<.01

判定是否有調解效果：SQC4COC4 顯著，代表有調節效果

SQC4COC4 的 Standardized Coefficients=0.901。

t=2.769 >1.96 達顯著，代表有調節效果。

或 F =.006 <0.05 達顯著，代表有調節效果。

SmartPLS 使用交互項 XM

執行 SEM

$Y = C + \beta_{21}X + \beta_{22}M + \beta_{31}XM$

XM 顯著，代表有調節效果

XM 是 X 和 M 的乘積

20-3-6 Case 4：自變數 X 為連續，調節變數 M 為連續

✪ SmartPLS

範例：系統品質(SQ)對使用者滿意度(US)之影響：以團隊合作(CO)為調節(干擾)效果。

系統品質(SQ)、使用者滿意度(US)和團隊合作(CO)程度都是連續變數。團隊合作(CO)的干擾效果對系統品質(SQ)和團隊合作(CO)對使用者滿意度(US)之影響整體關係圖如下：

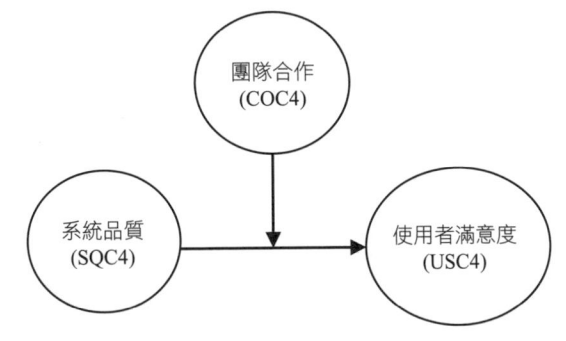

我們也可以用另一種圖表示團隊合作 (CO) 的干擾效果對系統品質 (SQ) 和團隊合作 (CO) 對使用者滿意度 (US) 之影響如下：

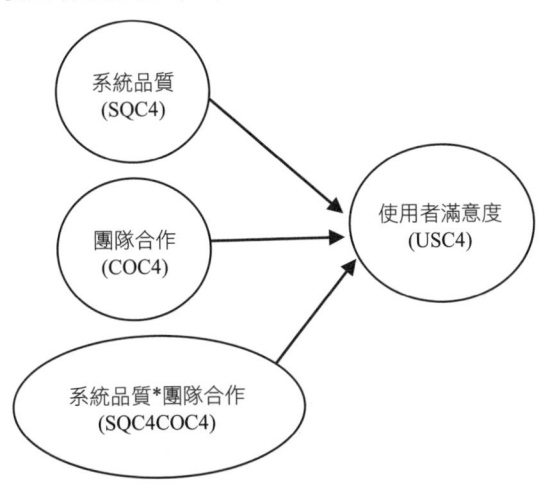

系統品質 (SQC4)、團隊合作 (COC4)、使用者滿意度 (USC4)、系統品質*團隊合作 (SQC4COC4) 是交互作用項。

✪ 交叉乘項的產生

使用變數來產生交叉乘項有 3 種如下：

- Unstandardized (非標準化)
  非標準化也就是使用原始資料進行交叉相乘，容易產生共線性問題。
- Mean Centered (平均數中心化)
  平均數中心化是將變數取平均數後，變數的每個數值減去平均數而形成一個新數值，用來避免共線性問題。
- Standardized (標準化) 是預設選項
  標準化是將變數中的每一個值進行標準化，也就是平均數設為 0，標準差為 1 的新數值，可避免共線性問題。

✪ 模式的評估（評估調節效果）

在評估調節效果時，看整體模式 R^2 是不精確的，而是要看調節項 (交互作用項) 的效用值 effect size(f^2)，f^2 的計算公式如下：

$$f^2 = \frac{R^2_{included} - R^2_{excluded}}{1 - R^2_{included}}$$

Included 是將調節項包含在研究模式中
Excluded 是將調節項排除在研究模式外

Cohen (1988) 提出的調節效果 f^2 的評估標準為 0.02 (small), 0.15 (medium) 和 0.35 (large)，這樣的標準較嚴苛，Aguinis et al. (2005)的研究顯示平均調節效用值為 0.009，因此，Kenny (2016) 提出較可行的標準 0.005 (small), 0.01 (medium) 和 0.025 (large)。

參考文獻：

- Aguinis, H., Beaty, J. C., Boik, R. J., & Pierce, C. A. (2005). Effect size and power in assessing moderation effects of categorical variables using multiple regression: A 30-year review. *Journal of Applied Psychology,* 90, 94-107.

- Kenny, D. A. (2016). Moderation. Retrieved form http://davidakenny.net/cm/moderation.htm

使用交互項 XM 的 PLS-SEM (以 SmartPLS 為例)

系統品質(SQ)、使用者滿意度(US)和團隊合作(CO)程度都是連續變數，我們作 SEM 分析，請將 CH20\SEM 目錄複製到 C:\ SEM 後，執行結構方程模式(SEM)調節效果的步驟如下：

1. 建立 Project:CH20_moderator_CASE4，點擊【Create】。

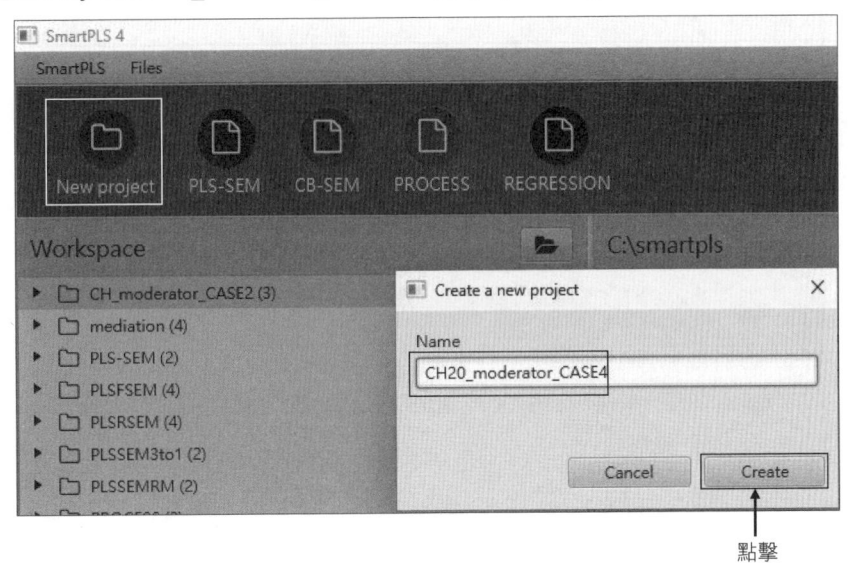

2. 點擊【Import data file】，選擇檔"PLSSEM.xlsx"，點擊【Open】，匯入資料，點擊【Back】回到 workspace。

3. 進行創建模型。

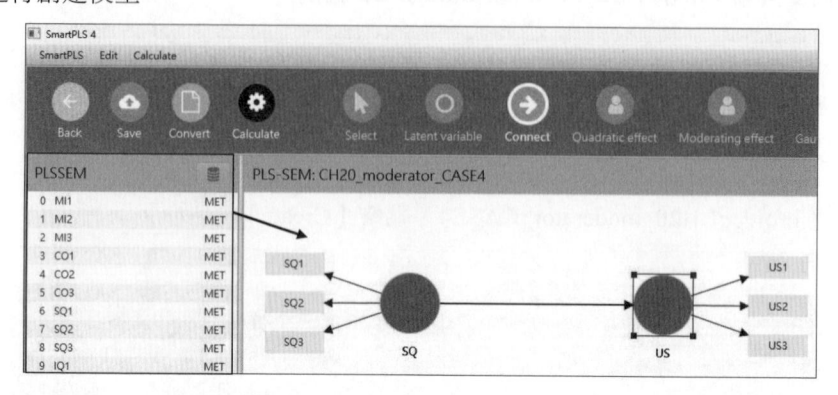

4. 點擊【Moderating effect】。

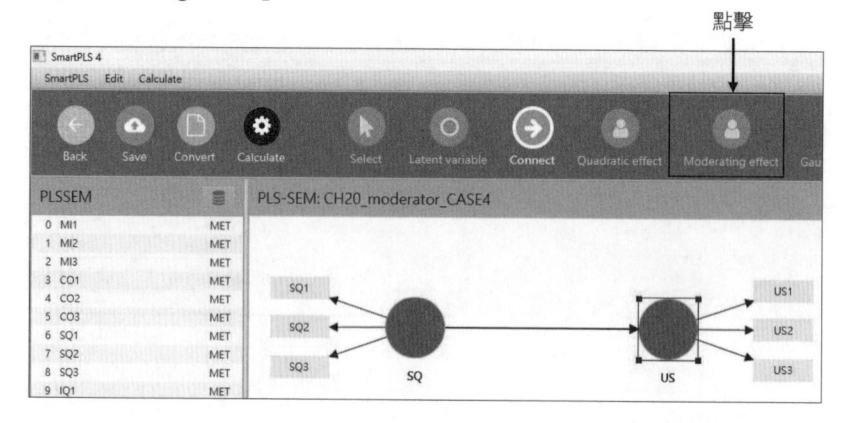

5. 增加調節變數 CO，命名為 CO，並建立 CO 對 SQ—US 的調節關係。

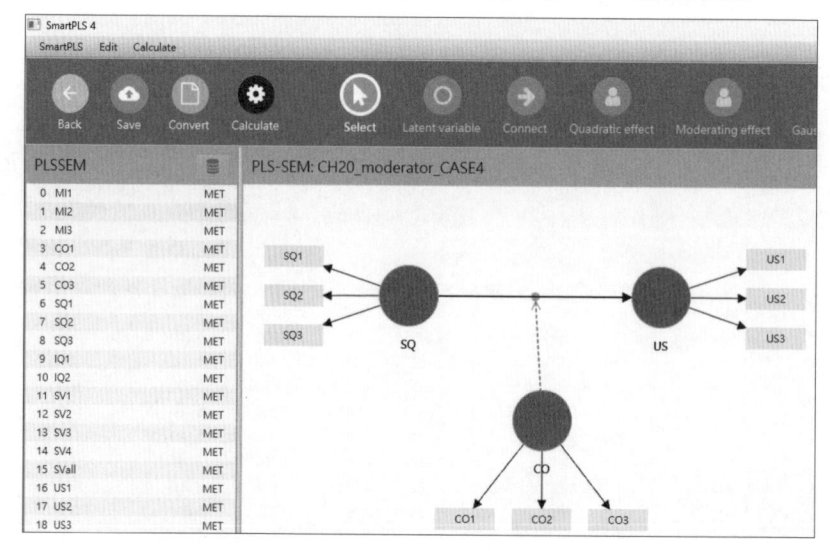

交互作用、中介和調節(干擾) **20**

6. 打開【Calculate】，點擊【PLS-SEM algorithm】。

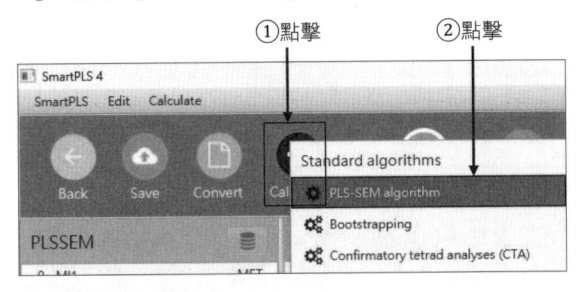

7. 顯示其結果如下圖，再點擊【Edit】回到模型視窗頁面。

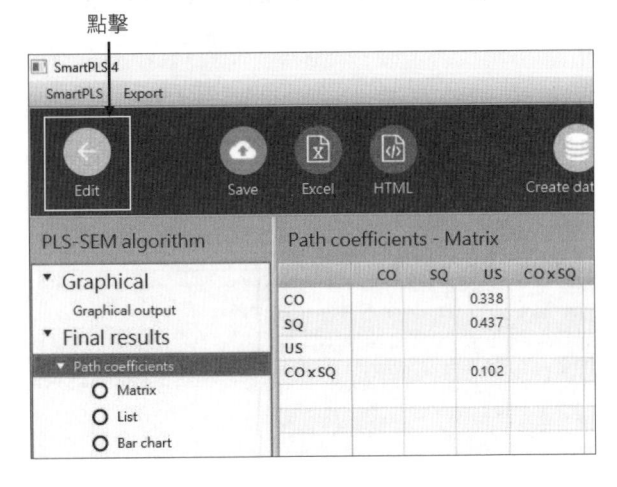

8. 在模型視窗頁面。

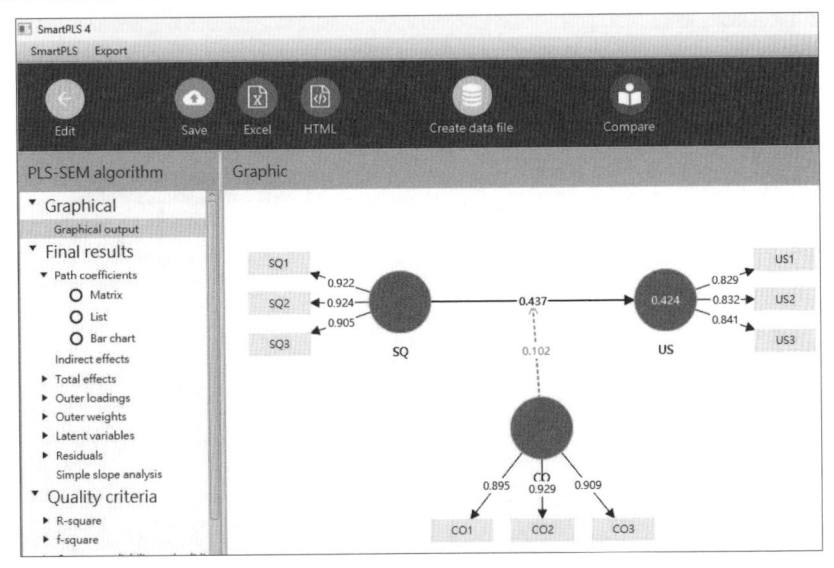

20-85

9. 打開【Calculate】，點擊【Bootstrapping】。

10. 將【Subsamples】修正為 10000。勾選【Open report】，點擊【Start calculation】。

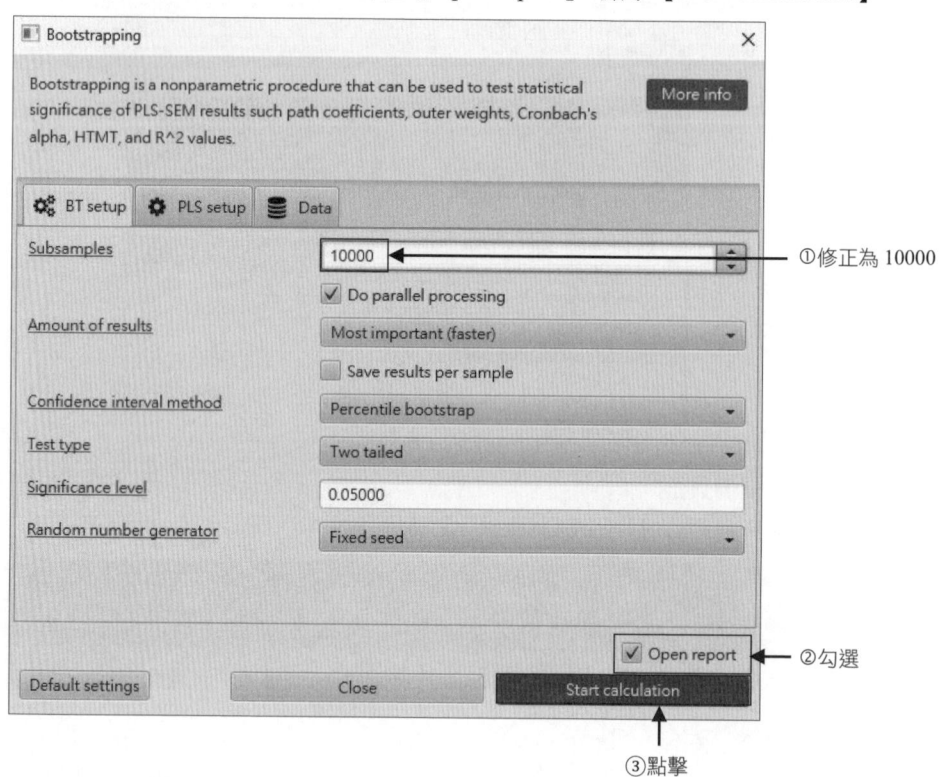

11. 點擊【Path coefficients】，顯示其結果如下圖。

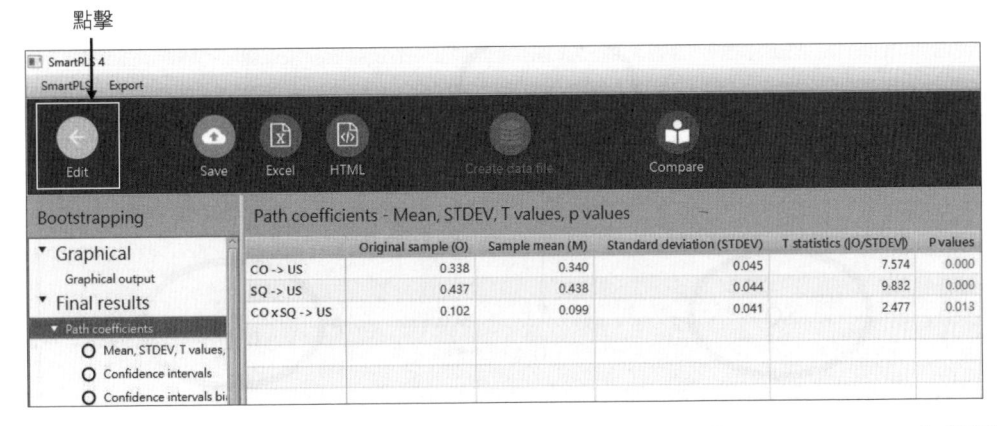

12. 點擊【Graphical output】回到模型視窗頁面。需點擊【Structural model】選擇【Standardized - Path coefficients and t values】，以查看路徑係數與 t 值。另外，點擊【Measurement model】，選擇【Outer weights/loadings and t values】，以查看因素負荷量與 t 值。最後點擊，【Constructs】，選擇【R-square】，以查看構面解釋力。

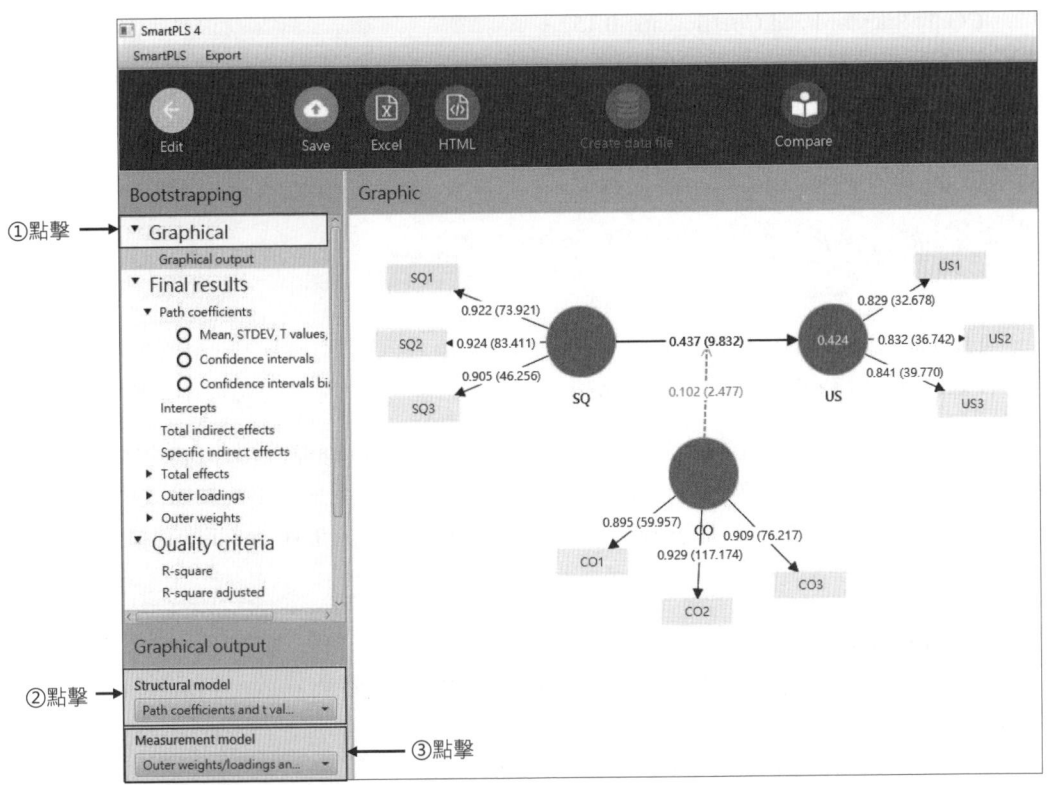

報表分析整理結果如下圖：

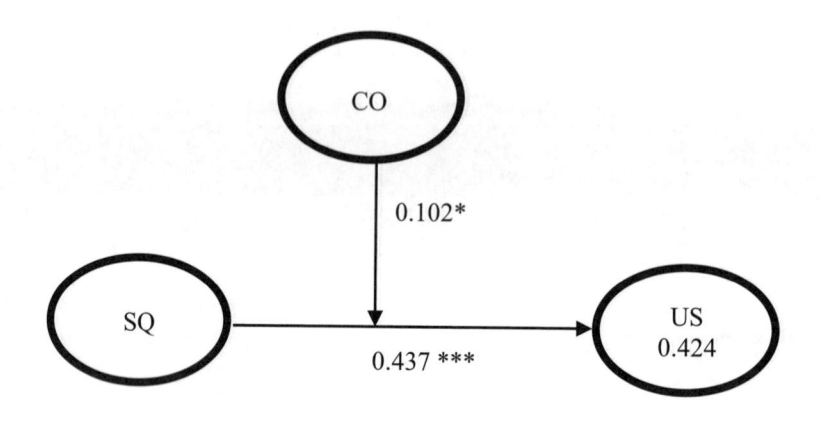

```
        CO
         |
       0.102*
         ↓
SQ ─── 0.437 *** ───→  US
                        0.424
```

*p<0.05 ,**p<0.01 ,***p<0.001
(*t>=1.96,**t>=2.58 ,***t>=3.29)

判定是否有調節效果：CO 顯著，代表有調節效果。
CO 的 Standardized Coefficients=0.152，
t = 2.470 >1.96 達顯著，代表有調節效果。

在評估調節效果時，看整體模式 R^2 是不精確的，而是要看調節項 (交互作用項) 的效用值 effect size(f^2)，f^2 的計算公式如下：

$$f^2 = \frac{R^2_{included} - R^2_{excluded}}{1 - R^2_{included}}$$

Included 是將調節項包含在研究模式中
Excluded 是將調節項排除在研究模式外

Cohen (1988) 提出的調節效果 f^2 的評估標準為 0.02 (small)，0.15 (medium) 和 0.35 (large)，這樣的標準較嚴苛，Aguinis et al. (2005) 的研究顯示平均調節效用值為 0.009，因此，Kenny (2016) 提出較可行的標準 0.005 (small)、0.01 (medium) 和 0.025 (large)。

判定 CO 調節項的效用值
我們可以在 Quality Criteria 查看 CO 調節項的效用值，CO 的 f^2=0.022 (medium) 效果(Kenny, 2016)。

調節（干擾）效果方法的整理

依變數 Y 都是連續變數

調節（干擾）變項(M)	自變項 (X)	
	類別	連續
類別	Case1： SPSS：使用交互作用的變異數分析 (ANOVA)，交互作用即調節（干擾）效果。	Case2： 分組執行迴歸分析。 SPSS：分組執行迴歸分析，用費雪 Z 轉換檢定 R^2 解釋力是否有顯著差異，有顯著差異就代表有調節（干擾）效果。 SmartPLS:使用分組執行 SEM 模式，再使用特別的 t 檢定比較二個 SEM 模式的結果，執行 PLS-MGA 功能

調節（干擾）變項(M)	自變項 (X)	
	類別	連續
連續	Case3： SPSS： 將自變數轉換成 Dummy variable 執行 Y=C+ β_{11}X 得到解釋力 R_1^2 執行 Y=C+ $\beta_{11}\chi + \beta_{12}$M 得到解釋力 R_2^2 執行 Y=C+ $\beta_{21}X + \beta_{22}M + \beta_{31}XM$ 得到解釋力 R_3^2 注意：X 和 M 當控制變項，XM 是 X 和 M 的乘積。 • 判定是否有調解效果有 2 種方式： 方式一：XM 顯著，代表有調節效果 方式二：解釋力 R_3^2 顯著高於 R_2^2，代表著 M 有調節效果	Case4： SPSS：執行層級迴歸分析 Y=C+ $\beta_{21}X + \beta_{22}M + \beta_{31}XM$ XM 顯著，代表有調節效果 注意：X 和 M 當控制變項，XM 是 X 和 M 的乘積。 SmartPLS：執行 SEM Y=C+ $\beta_{21}X + \beta_{22}M + \beta_{31}XM$ XM 顯著，代表有調節效果，XM 是 X 和 M 的乘積。

20-4 調節分析的新指導方針

研究者在設計研究模式時,需要了解在應用調節分析時,會常遇到的問題有:

- 模型設置的正確性:是否在模型中包含調節變項與交互項,會影響結果的解釋。例如,直接效果與調節效果的同時檢驗常會引發混淆,可以參考 Becker et al., (2023) 的文章。

  - 交互項生成的錯誤:手動生成交互項或使用不合適的方法(如傳統的乘積指標方法),會導致統計效能降低或參數估計偏差。一般建議採用二階段方法(Two-Stage Approach):第一階段:估算不含交互項的模型,取得構念分數。第二階段:利用構念分數生成交互項,再估算包含交互項的模型。注意:交互項應使用非標準化的分數進行估算與解釋,避免標準化後的誤差。

  - 二元變項解釋困難:當二元調節變項被標準化後,其均值可能不具實際意義,這使得結果難以解釋並可能導致錯誤的結論。二元變項(如是/否、0/1 等)應以 0/1 編碼表示,避免使用其他數值編碼(如 1/2)。如果調節變項已被標準化,需注意標準化的二元變項其參考點(即均值)可能無法解釋實際意義,需進行手動校正。透過計算類別間的標準差變化,校正調節效果以確保解釋具實際意義。

> 注意:二元變項可以使用 SEM 的 MGA 處理,請參考,Shiau, et al., (2021) 的文章。而交互項生成的研究可以請參考 Liang, Chih-Chin & Shiau, Wen-Lung (2018);Shiau, et al., (2024) 的文章。

另外,現代的研究經常需要處理多層次的變項和複雜的交互關係,例如:

- 高階交互效應:例如三階交互分析(Three-Way Interaction Analysis)需要同時考慮多個調節變項之間的互動關係。

- 多樣的數據類型:包括連續變項、類別變項和二元變項,這對模型設計與結果解釋提出了更高要求。

調節分析的指導方針能夠幫助研究者解決模型設計與分析中的常見錯誤,支援更複雜的研究設計需求,以提升結果的信效度和實用性。

研究者在進行調節分析時,研究者常面臨是否應包含調節變項的疑問。Becker et al., (2023) 提供指導方針是根據研究目的的不同,可分為三種情境,並採取對應的分析方法:

1. 僅檢驗調節效果
    - 目的：檢驗調節變項（Moderator）如何影響預測變項與結果變項之間的關係強度或方向。
    - 做法：直接在模型中加入調節變項及交互項（Interaction Term）。
    - 原因：因研究目的僅關注調節效果，無須分析不含調節變項的模型。

2. 同時檢驗直接效果與調節效果
    - 目的：同時檢驗預測變項對結果變項的直接效果，以及調節變項的影響。
    - 做法：
        1. 首先估算不含調節變項與交互項的基礎模型（Base Model），以檢驗直接效果是否顯著。
        2. 接著估算包含調節變項與交互項的完整模型（Full Model），以檢驗調節效果。
    - 注意事項：
        - 若交互項顯著，基礎模型中的直接效果可能存在偏差，因為未考慮調節變項的影響。

3. 作為穩健性檢查的調節分析
    - 目的：非主要假設中探索直接效果是否受情境因素影響，作為研究的補充分析。
    - 做法：
        1. 先分析不含調節變項的模型。
        2. 再進一步加入調節變項與交互項進行分析，以檢查結果的穩健性。

調節分析的新指導方針強調合理選擇模型配置（包含或不包含調節變項）、使用先進的二階段方法生成交互項，以及對二元變項進行適當的處理與校正。此外，對於更複雜的三階交互分析，需全面考慮所有低階交互項，以確保模型的準確性。

總而言之，這些指導方針可以幫助研究者根據具體研究目的選擇適當的模型設置與分析步驟，確保結果的準確性與可解釋性。當研究重點在於檢驗調節效果時，應直接分析完整模型。若需同時檢驗直接效果與調節效果，應逐步分析基礎模型與完整模型。調節分析也可用於穩健性檢查，以驗證結果在不同情境下的穩健性。由於調節分析的複雜性增加及實務應用分析中常見的問題，所以需要調節分析的新指導方針，透過這些新指導方針，研究者能更有效地應用調節分析來回答理論與實務中的重要問題。

參考文獻：

- Becker, J.-M., Cheah, J.H. , Gholamzade,R. , Ringle, C.M., Sarstedt M.(2023) PLS-SEM's most wanted guidance International Journal of Contemporary Hospitality Management, 35 (1) (2023), pp. 321-346
- Shiau, W.-L., Chen, H., Chen, K., Liu, Y.-H., and Tan, F. T. C.(2021). A Cross-Cultural Perspective on the Blended Service Quality for Ride-Sharing Continuance. Journal of Global Information Management (JGIM, SSCI), Vol. 29 No. 6, Article 2, pp. 1-25.
- Liang, Chih-Chin & Shiau, Wen-Lung (2018): Moderating effect of privacy concerns and subjective norms between satisfaction and repurchase of airline e-ticket through airline-ticket vendors, Asia Pacific Journal of Tourism Research, Vol. 23, Issue 12, Pages 1142-1159, (SSCI, 2017 IF= 1.352) DOI: 10.1080/10941665.2018.1528290
- Shiau,Wen-Lung, Liu, Chang, Cheng, Xuanmei , and Yu, Wen-Pin (2024), Employees' Behavioral Intention to Adopt Facial Recognition Payment to Service Customers: From Status Quo Bias and Value-Based Adoption Perspectives, Journal of Organizational and End User Computing , 36(1), 1-32.（JOEUC, SCI & SSCI Q1 2023 IF=3.6 INFORMATION SCIENCE & LIBRARY SCIENCE 28/160)

20-5 期刊文章的調節效果整理

在驗證調節效果後，初學研究者都會遇到的問題就是該如何整理結果至專題、論文或期刊上，因此，我們特別整理四篇期刊文章如下：

- 期刊文章一：Shiau, W.-L., Chen, H., Chen, K., Liu, Y.-H., and Tan, F.T.C. 2021. "A Cross-Cultural Perspective on the Blended Service Quality for Ride-Sharing Continuance," Journal of Global Information Management (29:6/2), pp. 1-25. (SSCI) (國科會管理二學門資管推薦期刊 排名第 25)

Shiau et al. (2021)研究在共享汽車服務中，影響客戶滿意度的服務質量的因素。特別是，這項研究比較了中國和美國的消費者，以確定國家文化對用戶態度的影響(分類的調節 moderation 分析)。實證研究是通過兩個在線調查進行的在中國和美國。使用偏最小平方方法 (PLS) 分析收集和分析數據。研究結果顯示，雖然中國共享汽車消費者的滿意度主要受到可靠性影響，其次是平台保證和同理心，美國消費者的滿意度主要受共享汽車(有形資產)狀況的影響。PLS-MGA 結果表明對共享汽車服務的滿意度對持續使用意圖是顯著受到文化(個人主義/集體主義)調節的影響，如下圖。

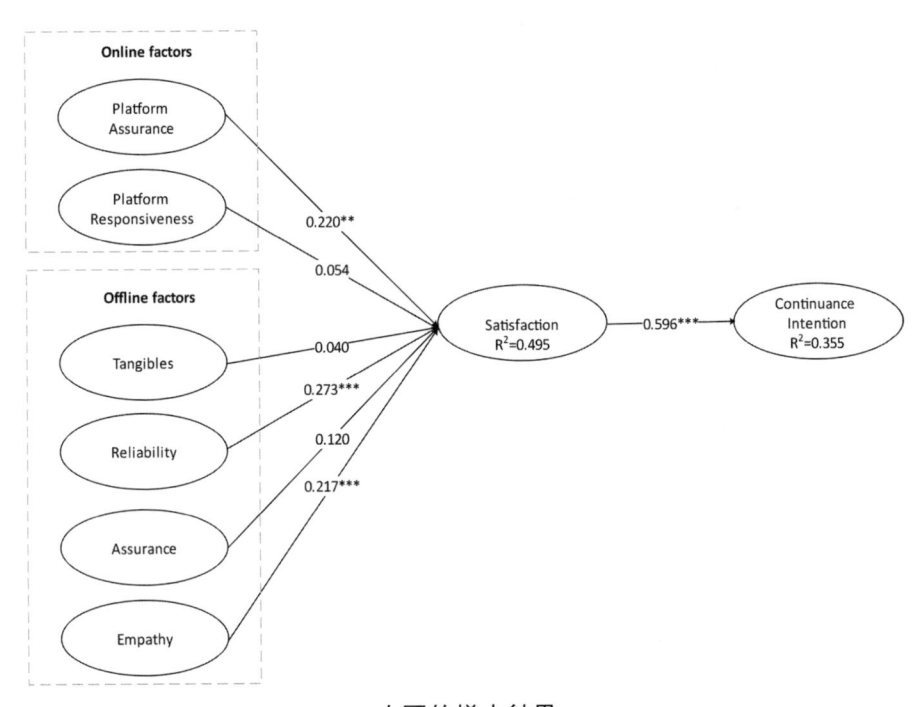

中國的樣本結果

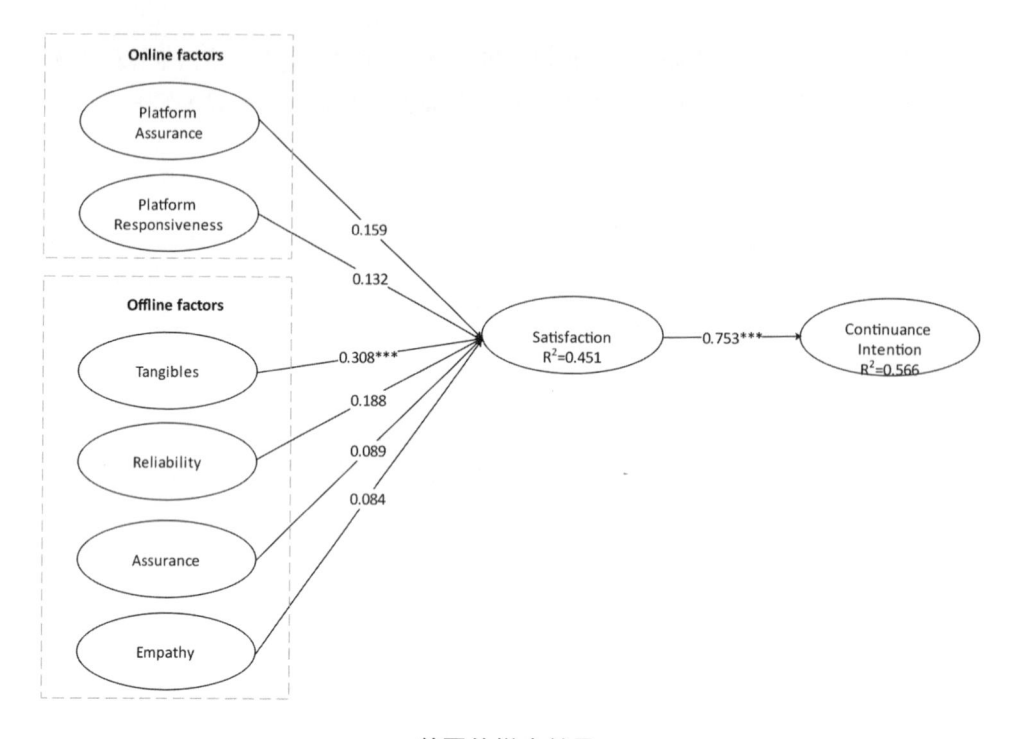

美國的樣本結果

Hypothesis relationship	Path coefficients of Chinese	Path coefficients of Americans	Path coefficients-diff (｜Chinese group - American group｜)	$t_{Parametric}$ (Chinese group vs American group)	Supported
H8	SAT@CI (moderating effect of IDV/COL)	0.596***	0.753***	0.157	2.280*	Yes

Note(s): SAT=Satisfaction; CI=Continuance intention. *p<0.05; ***p<0.001.

跨國&跨群組的比較結果

- 期刊文章二：Shiau, W.-L., Liu, C., Zhou, M., and Yuan, Y. (2023), "Insights into Customers' Psychological Mechanism in Facial Recognition Payment in Offline Contactless Services: Integrating Belief–Attitude–Intention and TOE–I Frameworks," Internet Research, accepted and forthcoming. (SSCI & SCI Q1, ABS ***，國科會管理二學門資管推薦期刊 排名第 18)

Shiau et al. (2023) 使用信念-態度-意圖 (B-A-I) 模型和擴展的 TOE-I 框架研究人臉識別支付的決策心理機制，研究的目的是檢驗用戶對技術-組織-環境-個人 (TOE-I) 信念維度如何顯著影響他們的態度以及態度如何影響線下非接觸式服務中的人臉識別支付的使用意圖。通過在線調查收集了 420 個有效樣本，並使用偏最小平方法進行了結構方程模型分析結果如下。

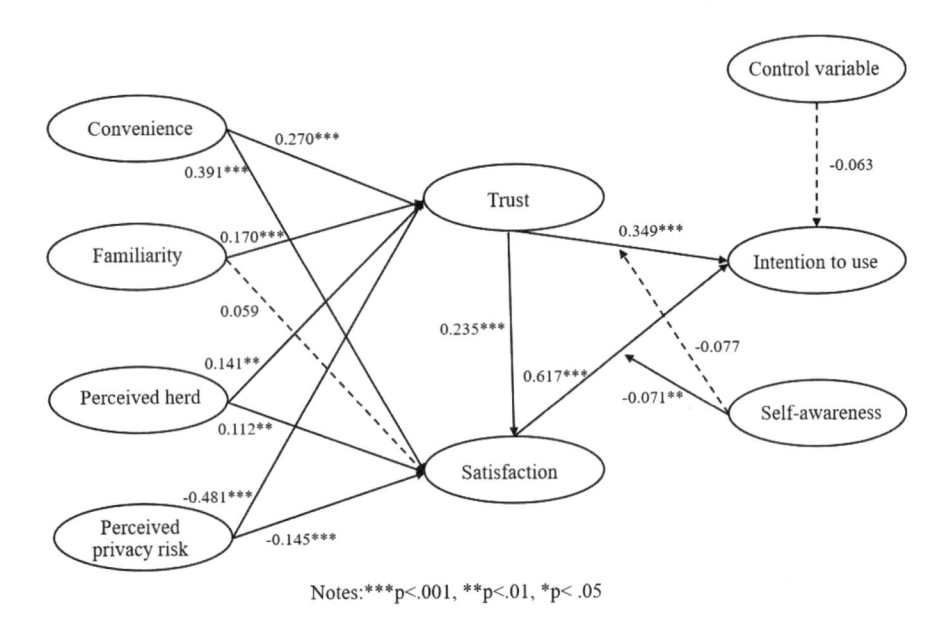

連續型調節分析結果

研究結果表明，便利性和感知群體正向影響信任和滿意度。熟悉度會產生顯著的正向影響信任而不是滿意。相比之下，感知隱私風險負向影響信任和滿意度上。信任和滿意度對使用意向有正向影響刷臉支付。出乎意料的是，自我意識負面地緩和(調節)了滿意度對使用意圖的影響，但它對信任和使用意圖之間關係沒有調節影響。

Shiau et al. (2023) 提供研究者正確處理連續型調節分析，新的連續型調節研究需要交代 slop 斜率和效應大小 f square。

- 期刊文章三：Hsu, J.S.-C., Chan, C.-L., Liu, J.Y.-C., and Chen, H.-G. 2008. "The impacts of user review on software responsiveness: Moderating requirements uncertainty," *Information & Management* (45:4), pp. 203-210.

Hsu et al. (2008) 探討需求的不確定 (requirements uncertainty) 對軟體回應 (software responsiveness) 的關係：

使用者檢視 User Review 的調節影響

研究模式如下：

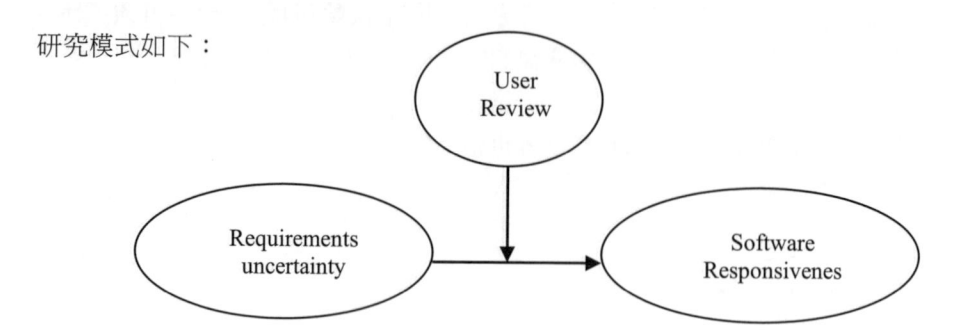

```
                    User
                   Review
                     │
                     ▼
  Requirements ──────────────▶ Software
  uncertainty                  Responsivenes
```

我們整理文章主要的處理順序如下：

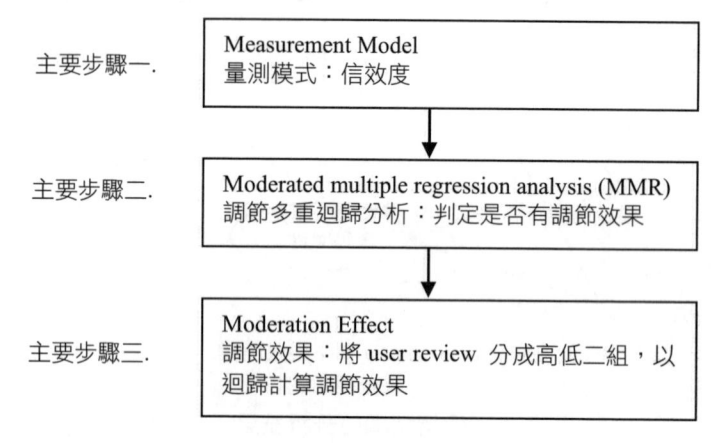

主要步驟一.　| Measurement Model
　　　　　　　| 量測模式：信效度

主要步驟二.　| Moderated multiple regression analysis (MMR)
　　　　　　　| 調節多重迴歸分析：判定是否有調節效果

主要步驟三.　| Moderation Effect
　　　　　　　| 調節效果：將 user review 分成高低二組，以
　　　　　　　| 迴歸計算調節效果

主要步驟一. Measurement Model 量測模式：用來交待信效度。

主要步驟二. Moderated multiple regression analysis (MMR) 調節迴歸分析：判定是否有調節效果。

在主要步驟二中，作者執行如下：

Model 1：

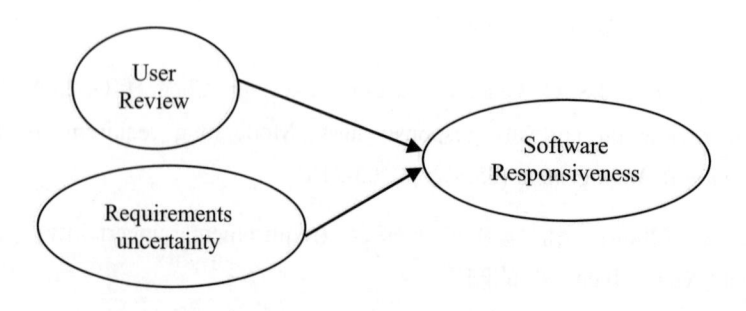

```
      User
     Review ──────┐
                  ▼
                Software
                Responsiveness
                  ▲
  Requirements ───┘
  uncertainty
```

20-96

Model 2：

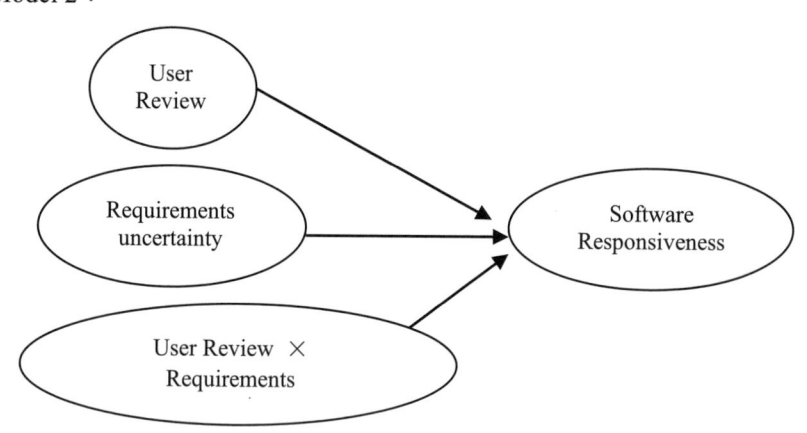

```
         ┌──────────┐
         │   User   │
         │  Review  │
         └────┬─────┘
              │
  ┌────────────┐      ↓
  │Requirements│──→┌──────────────┐
  │ uncertainty│   │   Software   │
  └────────────┘   │Responsiveness│
                 ↗ └──────────────┘
  ┌──────────────┐
  │User Review × │
  │ Requirements │
  └──────────────┘
```

調節迴歸分析如下表：

Table Interaction effect			
Independent variable	Direct effect	Moderation effect	
	Model 0	Model 1	Model 2
Completing on time	0.19	0.17	0.19 *
Staying within the budget	0.07	0.05	0.03
Requirement uncertainty (RU)	-0.20 *	-0.15 *	-0.17 *
User review (UR)		0.20 *	0.13 *
UR*RU			0.27 *
R^2	R_0^2=0.134	R_1^2=0.170	R_2^2=0.232
R^2 difference	0.134*	0.036*	0.062*

Dependent variable：software responsiveness; moderator: user review.
* p <0.05. the f-value of R^2 difference is estimated by $[(R_2^2-R_1^2)/(df_2-df_1)]/[(1-R_2^2)/(n-df_2-1)]$.

判定方式：model 2 的 R_2^2 - model 1 的 R_1^2 是否達顯著 (F 值)。

注意：作者有先執行直接效果 model 0 的測試。

主要步驟三：Moderation effect 調節效果

作者將 user review 分成高低二組，分別作迴歸分析，以迴歸分析的 β 係數和截距項計算調節效果。

■ 期刊文章四：Garcia, R., and Kandemir, D. 2006. "Illustration of moderating effects in multi-national studies?" *International Marketing Review* (23:4), pp. 371-389.

Garcia and Kandemir (2006) 探討跨國比較下調節變數的使用，Garcia and Kandemir 提出一個跨國，澳洲、紐西蘭和美國消費者研究，探討跨國比較下，調節變數的模式應用，研究模式如下：

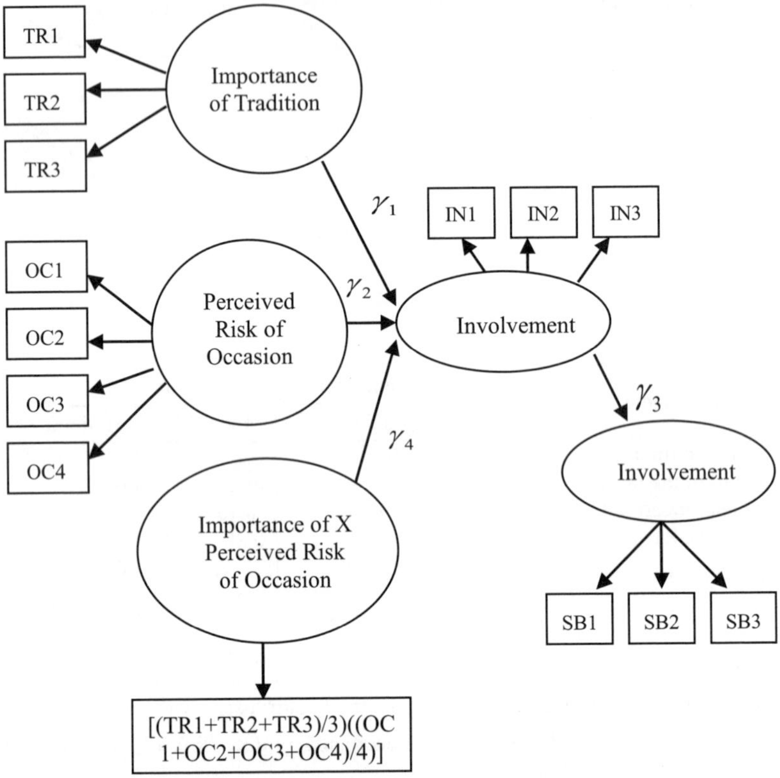
TR1
TR2
TR3
Importance of Tradition
γ_1
IN1
IN2
IN3
OC1
OC2
OC3
OC4
Perceived Risk of Occasion
γ_2
Involvement
γ_3
γ_4
Involvement
Importance of X Perceived Risk of Occasion
SB1
SB2
SB3
[(TR1+TR2+TR3)/3)((OC 1+OC2+OC3+OC4)/4)]

交互作用項說明：本篇文章使用的是潛在變項，加總平均數的乘積項

我們整理文章的主要處理順序如下：

```
步驟一 → Measurement Model
         量測模式：信效度

步驟二 → Measurement invariance
         測量恆等性

步驟三 → Test Hypothesized model individually 假設檢定，
         檢定各國樣本的假設是否成立，包含交互作用

步驟四 → Test Hypothesized model by multi-group
         comparison 檢視跨群組（國）的結構模式比較
```

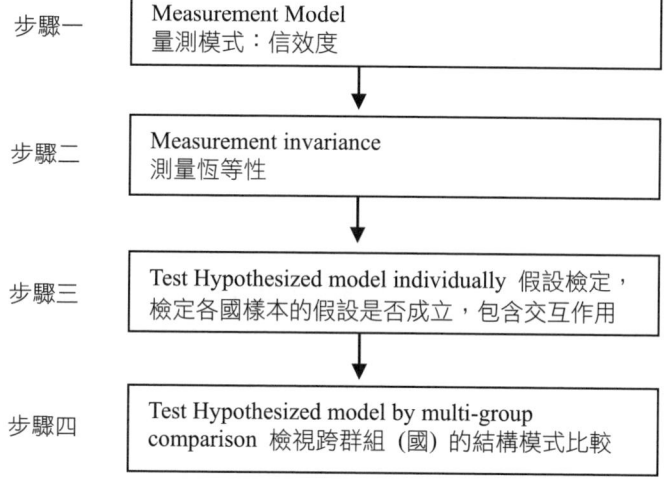

說明：

主要步驟一. Measurement Model 量測模式：用來交待信效度。

主要步驟二. Measurement invariance 測量恆等性。

在作跨國（文化）比較時，SEM 中較嚴謹的作法是需要在步驟二中交待 measurement + invariance 測量恆等性，因為在跨國（文化）CFA 的測量恆等性若是顯示有顯著差異，則無法進行結構模式的比較，跨國（文化）測量恆等性的作法如下：

Model 1： multi-group – unconstrained 恆等基本模式：未限制模式，用來測試相同因素結構 (factor structure)

Model 2： multi-group – ϕ constrained 限制相關恆等：測試 nomological validity 也就是測試因素共變異 (factor covariance) 使用命令 PH = IN

Model 3： multi-group – λ constrained 限制因素負荷恆等：建立測量 metric 恆等，也就是檢測所有問項相等，使用命令 LX = IN

Model 4： multi-group –ϕ、λ constrained 限制相關和因素負荷恆等，檢視跨國（文化）構面的結合性

測量恆等性結果如下：

Model	X^2	df	p-value	CFI	RMSEA
Model 1: Multi-group - unconstrained	567.783	177	0.00	0.963	0.034
Model 2: Multi-group - φ constrained	578.966	189	0.00	0.963	0.033
Model 3: Multi-group - λ constrained	614.668	203	0.00	0.961	0.033
Model 4: Multi-group - φ, λ constrained	626.749	215	0.00	0.961	0.032

判定方式：使用卡方檢定，在比較自由度 df 和卡方 (x^2) 的差異後，查卡方檢定表，判定是否有顯著差異。

Model 1： 所有指標符合，代表三個國家有相同因素結構。

Model 2： 測試因素共變異 factor covariance 是否相等，使用卡方檢定方式，將 Model 2 減去 Model 1 之後的卡方與自由度為 $\Delta\chi^2 = 11.183$，Δ df = 12，查卡方分配表，未達顯著，代表因素共變異相同。

Model 3： 建立測量恆等，將 Model 3 減去 Model 1 之後，卡方與自由度為 $\Delta\chi^2 = 46.885$，Δ df = 26，查卡方分配表，達顯著，有測量上的差異，作者再測試後有 4/13 因素負荷是有差異的。

Model 4： 測試跨國構面的結合性，將 Model 4 減去 Model 3 之後，卡方與自由度為 $\Delta\chi^2 = 12.081$，Δ df = 12，查卡方分配表，未達顯著，代表三個國家構面相同。

結果：這三個國家樣本的測量具有恆等性測量。

主要步驟三：檢定各國樣本的假設，包含交互作用項，使用三個國家的樣本，執行 SEM，呈現因果模式的路徑係數，也包含交互作用的路徑係數，交互作用路徑係數達顯著，代表著有調節效果。

主要步驟四：跨群組(國)的結構模式比較，用來顯示調節效果的強度，使用的方式是將跨群組(三個國家)的一個路徑(例如 r_1)，設定成一樣，再釋放估計這個路徑，以比較在那二個國家限制相同路徑下，與另一個國家的路徑的比較(大小)。

各步驟的細部結果整理，請參閱原期刊論文。

參考文獻：

- Baron, R.M., and Kenny, D.A. 1986. "The Moderator-Mediator Variable Distinction in Social Psychological Research：Conceptual, Strategic, and Statistical Considerations," Journal of Personality and Social Psychology (51:6), pp. 1173-1182.
- Bentler, P.M., and Bonnet, D.G. 1980. "Significance Tests and Goodness-of-Fit in the Analysis of Covariance Structure," Psychological Bulletin (88:3), pp. 588-606.
- Bontis, N., and Serenko, A. 2007. "The moderating role of human capital management practices on employee capabilities," Journal of Knowledge Management (11:3), pp. 31-51.
- Deng, X., Doll, W.J., Al-Gahtani, S.S., Larsen, T.J., Pearson, J.M., and Raghunathan, T.S. 2008. "A cross-cultural analysis of the end-user computing satisfaction instrument: A multi-group invariance analysis," Information & Management (45:4), pp. 211-220.
- Hsu, J.S.-C., Chan, C.-L., Liu, J.Y.-C., and Chen, H.-G. 2008. "The impacts of user review on software responsiveness: Moderating requirements uncertainty," Information & Management (45:4), pp. 203-210.
- MacKenzie, S.B., and Spreng, R.A. 1992. "How does motivation moderate the impact of central processing on brand attitudes and intentions?" Journal of Consumer Research (18), pp. 519-529.
- McGee, G.W., and Ford, R.C.1987. "Two (or More) Dimensions of Organization Commitment: Reexamination of the Affective and Continuance Commitment Scales," Journal of Applied Psychology 72(4), pp. 638-642.
- Mitchell, M.S., and Ambrose, M.L. 2007. "Abusive supervision and workplace deviance and the moderating effects of negative reciprocity beliefs," Journal of Applied Psychology (92:4), pp. 1159-1168.
- Shiau, W.-L., Chen, H., Chen, K., Liu, Y.-H., and Tan, F.T.C. 2021. "A Cross-Cultural Perspective on the Blended Service Quality for Ride-Sharing Continuance," Journal of Global Information Management (29:6/2), pp. 1-25. (SSCI，國科會管理二學門資管推薦期刊 排名第 25)
- Shiau, W.-L., Liu, C., Zhou, M., and Yuan, Y. (2023), "Insights into Customers' Psychological Mechanism in Facial Recognition Payment in Offline Contactless Services: Integrating Belief–Attitude–Intention and TOE–I Frameworks," Internet Research, accepted and forthcoming. (SSCI & SCI Q1, ABS ***，國科會管理二學門資管推薦期刊 排名第 18)

CHAPTER 21

SmartPLS 4 進階應用介紹

21-1 一致性的 PLS：PLS$_c$ (PLS Consistence)

　　PLS-SEM 已經廣泛地應用在企管、行銷、資管、作業管理、管理科學、教育...等領域，PLS 最小偏平方估計方法已被公認是分析 SEM 的其中一種好方法，然而，PLS 一直被垢病的缺點就是估計不一致的問題，特別是因素負荷量、權重和路徑，只有在大樣本下，估計會有一致性 (Wold 1982)；因此，Dijkstra and Henseler (2012) 發展了一致性的 PLS 方法來進行估計，一致性的 PLS$_c$ 是用 PLS$_c$ 符號為代表。PLS$_c$ 估計的方式是使用 asymptotically normal estimators (CAN-estimators)，漸進式常態估計來達到一致性，PLS$_c$ 核心的計算方式為 2SLS (two stage least square)，2 階段最小平方法，2SLS 可以各自估計每個方程式，是一種使用有限資訊的技術，也是最簡單估計方式。分別有：一致性的 PLS 演算法 (Consistent PLS Algorithm) 和一致性的 PLS 拔靴法 (Consistent PLS Bootstrapping)。

　　另一個被垢病的缺點是缺乏模式適配度 (Model fit)，SmartPLS 提供了一個新的模式適配度，標準化均方根殘差 standardized root mean square residual (SRMR)，原本 root mean square residual (RMSR) 是量測共變殘差的平均絕對值；SRMR 則定義為觀察相關和預測相關的差異，用來評估模式的適配度，小於 0.1 或 0.08 (保守估計) 時，就具有良好的適配度，SmartPLS 提供 2 種計算結果，組合模式 (composite model) 和一般因素模式 (common factor model)，當使用 PLS 演算法時，請選用 Composite model SRMR，若是量測模式都是反應性 (reflective)，而使用 PLSc 演算法時，則是適用 common factor model SRMR。

　　傳統的 PLS 演算法對缺失資料(missing value)敏感，比較無法處理好缺失值數據，因此可能無法從缺失資料中提取最優潛變量，一致性的 PLS 演算法，引入一致性約束來處理缺失資料和共線性，能提取最佳潛在變量，因此比較能處理好缺失資料和共線性問題。

一致性的 PLS 演算法 (Consistent PLS Algorithm)，PLS_C 可以設定要不要連接所有潛在變數當成初始的計算，PLS_C 與 PLS 一樣提供品質標準 (quality criteria) 的值和最後結果 (final results) 的值。品質標準的值 — 有 R2、f 2、AVE、CR、Cronbachs Alpha、Discriminant Validity、Collinearity statistie (VIF) 和 SRMR。最後結果的值有 Path Coefficients、Indirect Effects、Total Effects、Outer Weights、Outer loading 和 Lantent Variable。一致性的 PLS 拔靴法 (Consistent PLS Bootstrapping)，可以設定要不要連接所有潛在變數當成初始的計算，Consistent PLS Bootstrapping 與 PLS Bootstrapping 一樣提供 Mean、STOEV、T-value、D-value。

✪ 實務操作

我們的研究模式是「高階主管支持」與強化 ERP 專案團隊的「團隊合作」有正向關係，「團隊合作」對「系統品質」、「資訊品質」和「服務品質」有正向之直接影響，「系統品質」、「資訊品質」和「服務品質」對「使用者滿意度」有正向之直接影響，研究的模式如下圖：

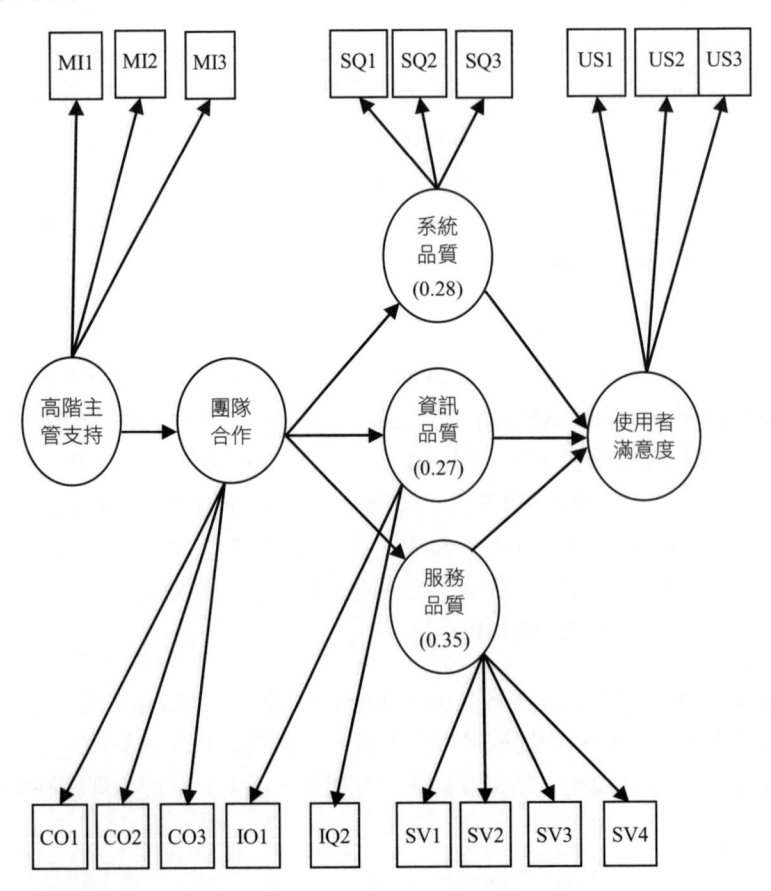

21-1-1 範例 PLS$_c$

請先將範例檔 Ch21\SEM 複製到 C:\SEM，反映性 (Reflective) 範例，實務操作步驟如下：

1. 點擊【New Project】來建立新的專案。

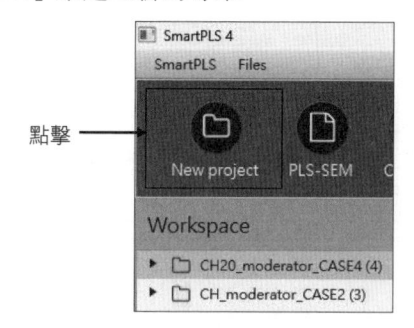

   點擊 → New project

2. 輸入專案名稱(以 "PLSc" 為例)，輸入完按下【Create】。

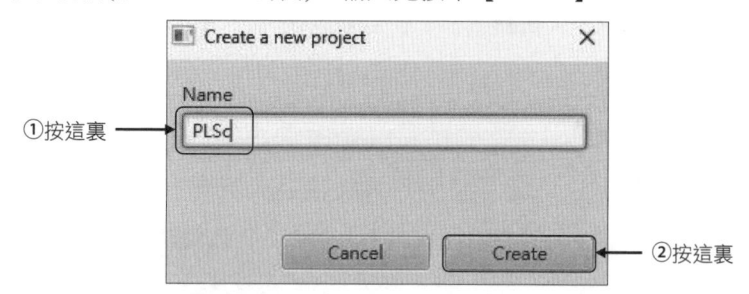

   ①按這裏 → PLSc
   ②按這裏 → Create

3. 點擊【Import data file】，導入檔。

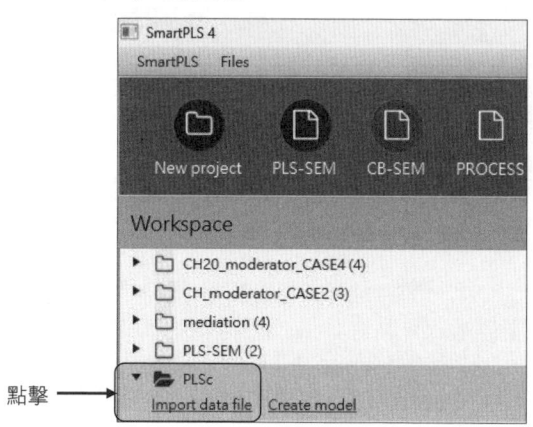

   點擊 → Import data file

4. 選擇 "PLSSEM" 資料檔案。

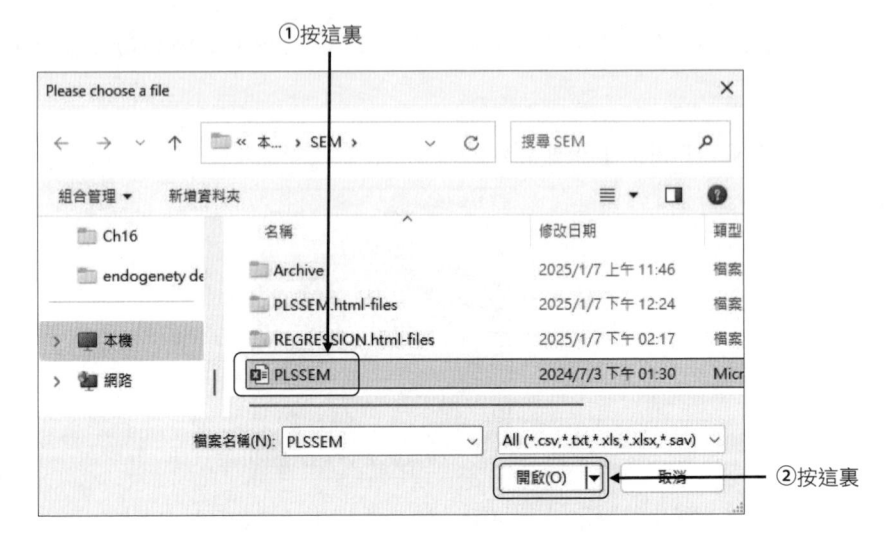

①按這裏

②按這裏

5. 點擊【Import】確認輸入資料。

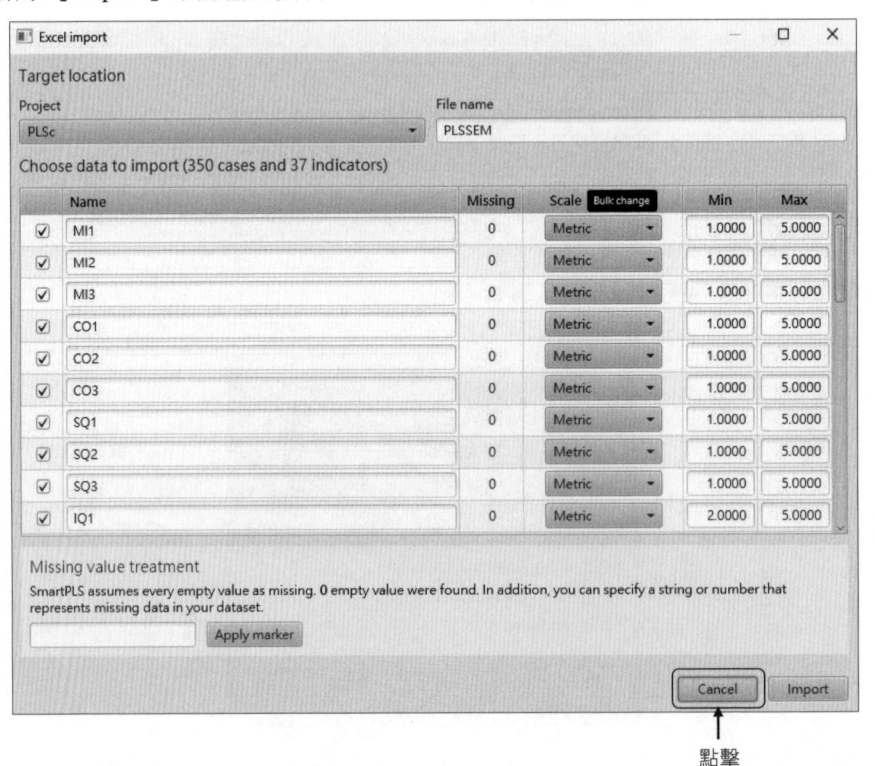

點擊

6. 點擊【Back】返回主介面。

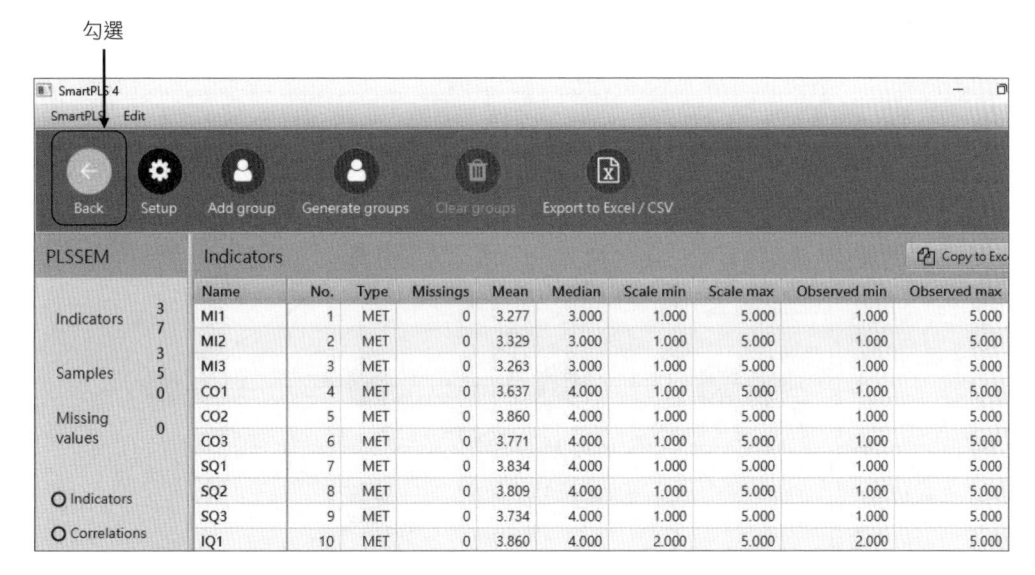

勾選

PLSSEM	Indicators									
	Name	No.	Type	Missings	Mean	Median	Scale min	Scale max	Observed min	Observed max
Indicators 37	MI1	1	MET	0	3.277	3.000	1.000	5.000	1.000	5.000
	MI2	2	MET	0	3.329	3.000	1.000	5.000	1.000	5.000
Samples 350	MI3	3	MET	0	3.263	3.000	1.000	5.000	1.000	5.000
	CO1	4	MET	0	3.637	4.000	1.000	5.000	1.000	5.000
Missing values 0	CO2	5	MET	0	3.860	4.000	1.000	5.000	1.000	5.000
	CO3	6	MET	0	3.771	4.000	1.000	5.000	1.000	5.000
	SQ1	7	MET	0	3.834	4.000	1.000	5.000	1.000	5.000
○ Indicators	SQ2	8	MET	0	3.809	4.000	1.000	5.000	1.000	5.000
○ Correlations	SQ3	9	MET	0	3.734	4.000	1.000	5.000	1.000	5.000
	IQ1	10	MET	0	3.860	4.000	2.000	5.000	2.000	5.000

7. 首先，點擊【Creating model】來創建研究模型。其次，點擊【Model type】選擇 PLS-SEM，並將【Model name】命名為 PLSc。再點擊【Save】以創建模型。

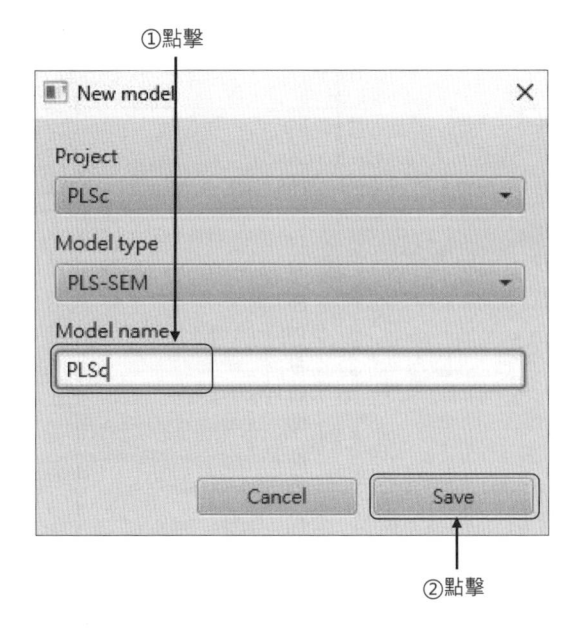

①點擊

②點擊

21-5

8. 通過匯入資料，在"PLSc"模型中建立 MI、CO、SQ、IQ、SV、US 構面，並透過箭頭連接構面。

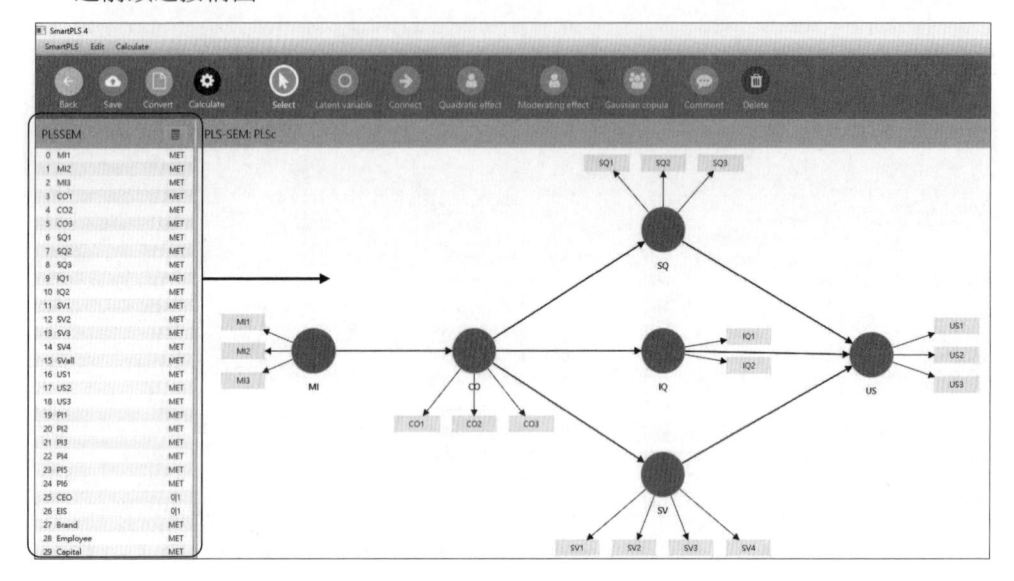

10. 點擊【Calculate】，我們需要路徑係數、解釋力 R^2，選擇【Consistent PLS-SEM algorithm】。

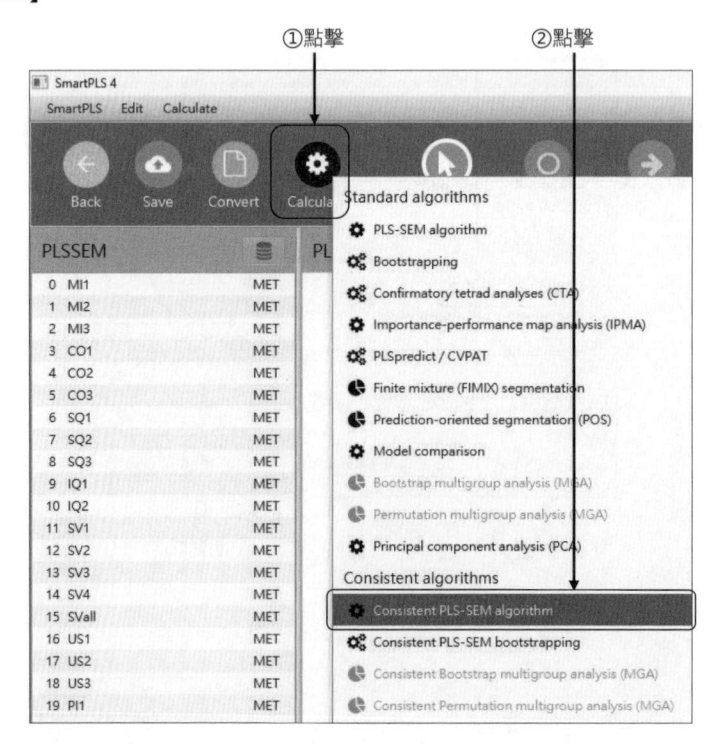

11. 勾選【Open report】，點擊【Start calculation】。

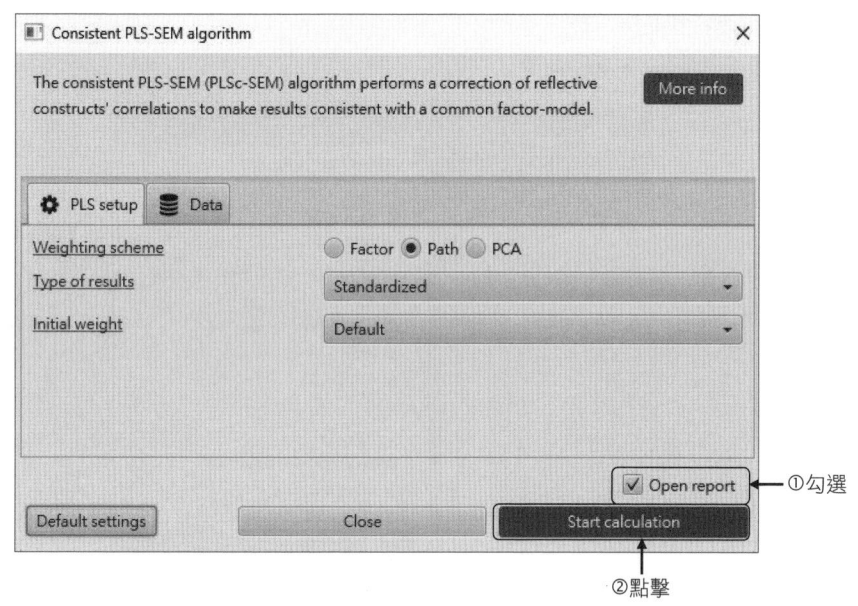

①勾選
②點擊

12. 計算完成後，畫面如下圖。需點擊【Structural model】選擇【Path coeffidcients】，以查看路徑係數。另外點擊【Measurement model】，選擇【Outer weights/loadings】，以查看因素負荷量。

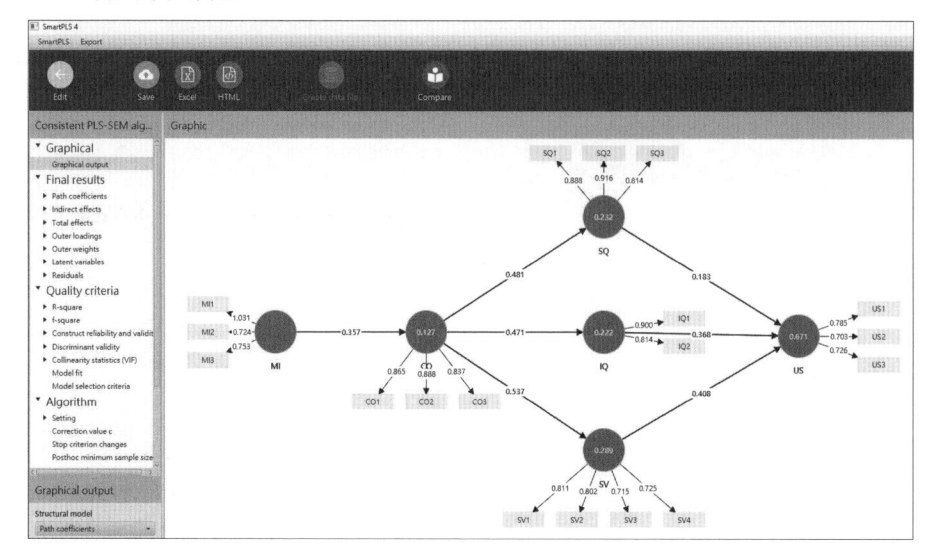

13. 通過匯入資料，在 "PLSc" 模型中建立 MI、CO、SQ、IQ、SV、US 構面，並透過箭頭連接構面。

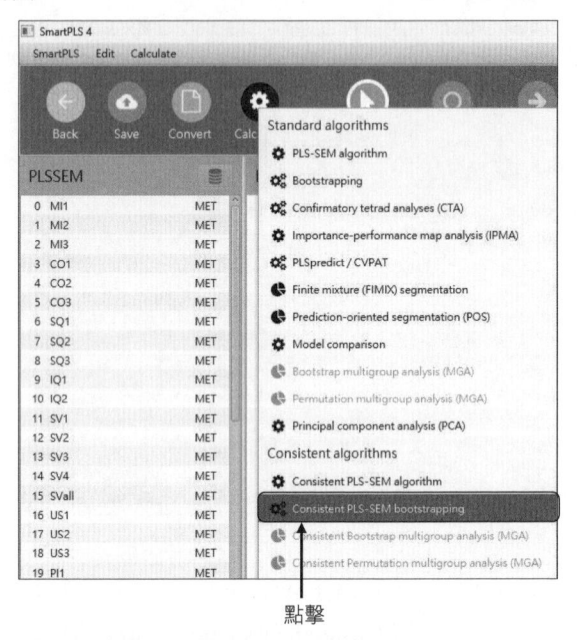

點擊

14. 勾選【Open report】，點擊【Start calculation】。

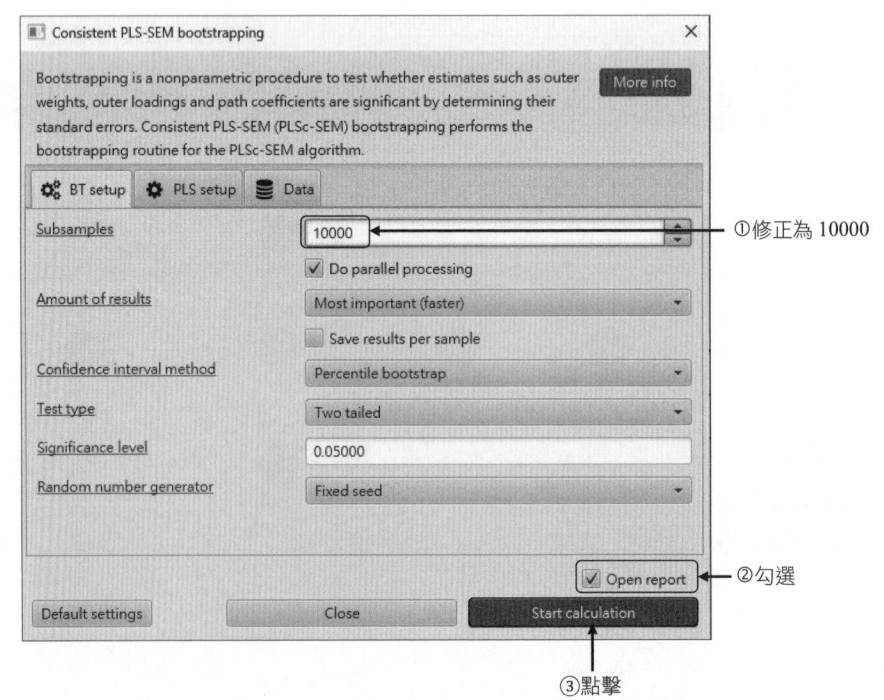

①修正為 10000

②勾選

③點擊

SmartPLS 4 進階應用介紹 **21**

15. 計算完成後，需點擊【Structural model】選擇【Standardized - Path coefficients and t values】，以查看路徑係數與 t 值。另外，點擊【Measurement model】，選擇【Outer weights/loadings and t values】，以查看因素負荷量與 t 值。最後點擊，【Constructs】，選擇【R-square】，以查看構面解釋力。

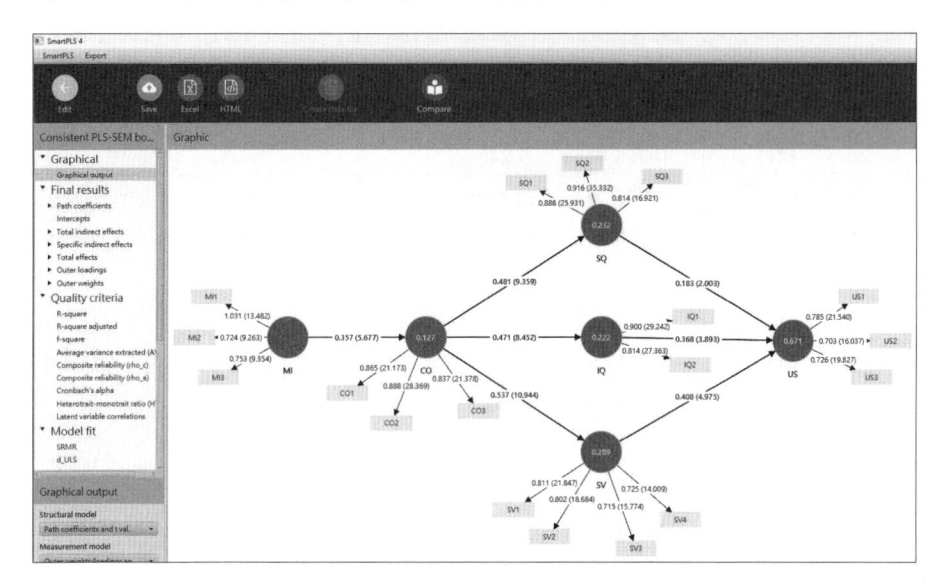

我們整理 t 值、P value、路徑係數和解釋力 R^2 如下：

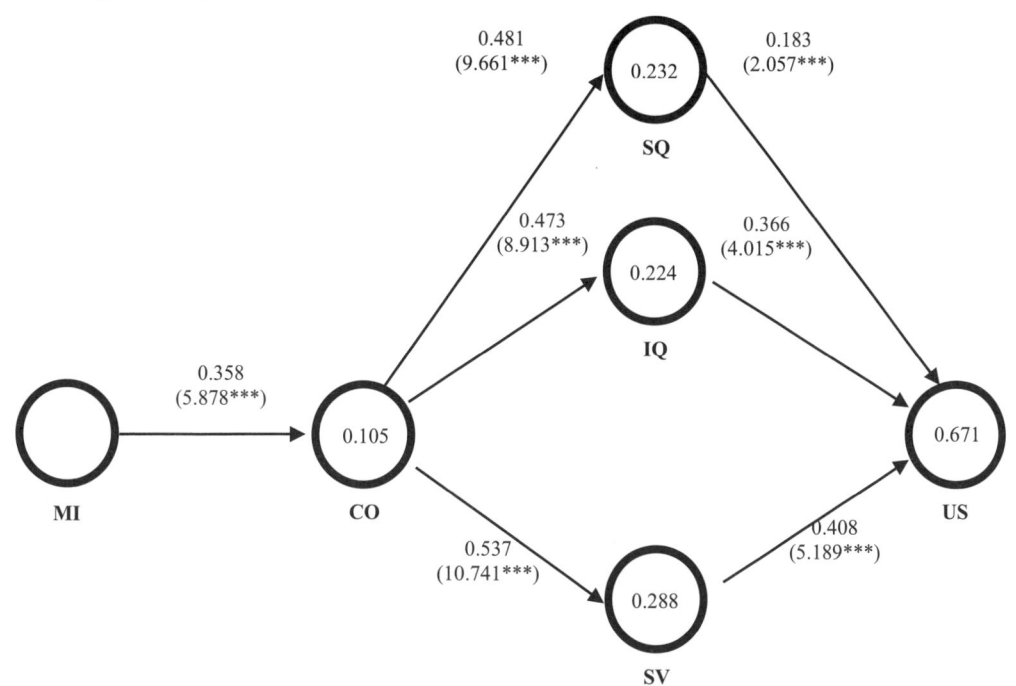

21-9

報表整理結果如下：

本研究有高階主管支持、團隊合作、系統品質、資訊品質、服務品質和使用者滿意度等六個潛在變數，我們整理輸出報表結果如下：

構面	問項	因素負荷量	T-value	CR	AVE	Cronbachs Alpha
MI	MI1	1.031	12.721	0.881	0.718	0.879
	MI2	0.724	9.068			
	MI3	0.753	9.242			
CO	CO1	0.865	21.660	0.898	0.746	0.898
	CO2	0.888	30.613			
	CO3	0.837	20.703			
SQ	SQ1	0.888	27.456	0.906	0.764	0.906
	SQ2	0.916	35.736			
	SQ3	0.814	17.328			
IQ	IQ1	0.900	29.029	0.848	0.736	0.846
	IQ2	0.814	28.418			
SV	SV1	0.811	21.832	0.849	0.584	0.848
	SV2	0.802	18.411			
	SV3	0.715	16.800			
	SV4	0.725	14.462			
US	US1	0.785	40.809	0.782	0.546	0.782
	US2	0.703	30.249			
	US3	0.726	40.305			

■ 信效度分析

「內容效度」(content validity)係指測量工具內容的適切性，若測量內容涵蓋本研究所要探討的架構及內容，就可說是具有優良的內容效度(Babbie 1992)。然而，內容效度的檢測相當主觀，假若問項內容能以理論為基礎，並參考學者類似研究所使用之問卷加以修訂，並且與實務從業人員或學術專家討論，即可認定具有相當的內容效度。本研究的問卷參考來源全部引用國外學者曾使用過的衡量項目並根據本研究需求加以修改，並與專家討論，經由學者對其內容審慎檢視。因此，依據前述準則，本研究使用之衡量工具應符合內容效度之要求。

本研究係針對各測量模型之參數進行估計。檢定各個變項與構面的信度及效度。在收斂效度方面，Hair et al. (1998) 提出必須考量個別項目的信度、潛在變項組成信度與潛在變項的平均變異萃取等三項指標，若此三項指標均符合，方能表示本研究具收斂效度。

一、 個別項目的信度 (Individual Item Reliability)：考慮每個項目的信度，亦即每個顯性變數能被潛在變數所解釋的程度，Hair et al. (1992) 建議因素負荷應該都在 0.5 以上，本研究所有觀察變項之因素負荷值皆大於 0.5，表示本研究的測量指標具有良好信度。

二、 潛在變項組成信度 (Composite Reliability, CR)：指構面內部變數的一致性，若潛在變項的 CR 值越高，其測量變項是高度互相關的，表示他們都在衡量相同的潛在變項，愈能測出該潛在變項。一般而言，其值須大於 0.7 (Hair et al. 1998)，本研究中之潛在變項的組成信度值皆大於 0.8，表示本研究的構面具有良好的內部一致性。

三、 平均變異萃取 (Average Variance Extracted, AVE)：測量模式分析係基於檢定模式中兩種重要的建構效度：「收斂效度」(convergent validity) 及「區別效度」(discriminant validity)。平均變異萃取 (AVE) 代表觀測變數能測得多少百分比潛在變數之值，不僅可用以評判信度，同時亦代表收斂效度 (Discriminate validity)，Fornell & Larcker (1981) 建議 0.5 為臨界標準，表示具有「收斂效度」，由【上表】之平均變異萃取 (AVE) 值可看出，本研究，六個構面的平均變異萃取 (AVE) 皆大於 0.5 表示具有「收斂效度」。

■ Discriminant Validity Fornell-Larcker Criterion

	CO	IQ	MI	SQ	SV	US
CO	0.864					
IQ	0.471	0.858				
MI	0.357	0.247	0.847			
SQ	0.481	0.751	0.254	0.874		
SV	0.537	0.527	0.311	0.511	0.764	
US	0.615	0.721	0.285	0.668	0.695	0.739

*說明：對角線是 AVE 的開根號值，非對角線為各構面間的相關係數。
此值若大於水平列或垂直欄的相關係數值，則代表具備區別效度。

由上表可得各構面 AVE 值皆大於構面間共享變異值，表示本研究構面潛在變項的平均變異抽取量之平方根值大於相關係數值，故顯示各構面應為不同的構面，具有「區別效度」。

Heterotrait-Monotrait Ratio (HTMT) 區別效度如下：

	CO	IQ	MI	SQ	SV	US
CO						
IQ	0.474					
MI	0.355	0.252				
SQ	0.481	0.753	0.257			
SV	0.537	0.530	0.318	0.514		
US	0.619	0.718	0.285	0.669	0.696	

由上表可得 HTMT 值皆小於 0.85，具有良好的「區別效度」(Henseler, J., Hubona, G., & Rai, A. 2016)。

我們將總效果，路徑係數和解釋力整理如下：

總效果

	CO	IQ	MI	SQ	SV	US
CO		0.471		0.481	0.537	0.480
IQ						0.368
MI	0.357	0.168		0.172	0.192	0.170
SQ						0.183
SV						0.408

路徑係數和解釋力的因果關係圖如下：

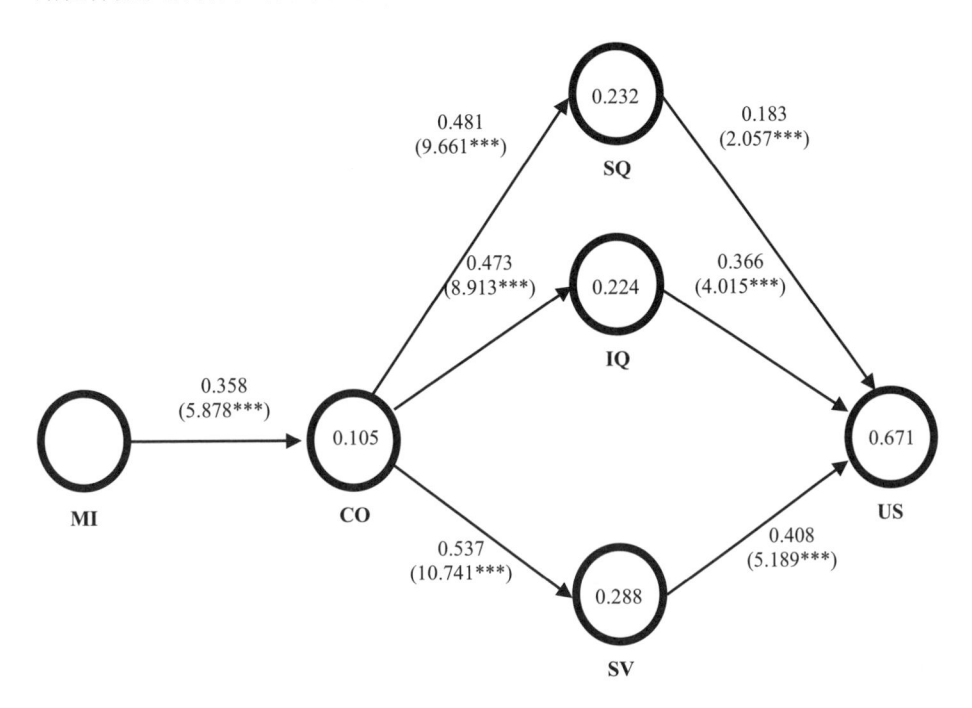

```
                    0.232
            0.481   SQ    0.183
          (9.661***)    (2.057***)

            0.473  0.224  0.366
          (8.913***) IQ  (4.015***)

   0.358
 (5.878***)  0.105                    0.671
  MI ──────→ CO                        US

            0.537         0.408
          (10.741***) 0.288 (5.189***)
                      SV
```

在 PLS-SEM 模式中，當 t 值＞1.96，表示已達到 α 值為 0.05 的顯著水準以*表示；當 t 值＞2.58 以**表示，表示已達到 α 值為 0.01 的顯著水準；當 t 值＞3.29，則表示已達到 α 值為 0.001 的顯著水準以***表示。

由研究模式的因果關係圖可知，高階主管支持影響 ERP 專案團隊團隊合作，顯著水準為 0.001 以上，而其估計值為 0.357；團隊合作影響 ERP 之系統、資訊和服務品質，顯著水準為 0.001 以上，而其估計值分別為 0.481、0.471 和 0.537，團隊合作與系統品質、資訊品質和服務品質這三者間之關係則呈現正相關；影響使用者滿意的因素為系統、資訊和服務品質，顯著水準皆為 0.001 以上，而其估計值為 0.183、0.368 和 0.408，其中影響使用者滿意度最主要的因素為資訊品質。

由研究模式的因果關係圖可知，高階主管支持對團隊合作潛的解釋能力為 10.5%，團隊合作對系統品質的解釋能力為 23.2%，團隊合作對資訊品質的解釋能力為 22.2%，團隊合作對服務品質的解釋能力為 28.9%，系統品質、資訊品質和服務品質三個潛在變項對使用者滿意度潛在變項的整體解釋能力為 67.1%，顯示模式解釋潛在變項程度良好。

21-2 IPMA 重要性與績效的矩陣分析

IPMA 的全名是 Importance-performance matrix analysis,重要性與績效的矩陣分析,在一般的 SEM 分析中,我們常常用構面對於其它構面的影響來解釋構面的重要性,然而,構面 (現象) 的績效 (performance) 並未加以考慮,IPMA 延伸傳統 SEM 分析,增加了績效 (performance) 分析指標,提供 2 維矩陣分析給研究者參考、解讀,分析後提供給管理者行動上網的優先順序。

PLS-SEM 可以估計潛在變數的分數,因此在路徑分析時,可以計算出潛在變數的平均值,當我們指定某依變數 (構面) 為目標分析構面,而進行分析時,IPMA 可以計算出重要性 (importance (total effects)) 和績效 (performance),我們需要關注的是「是否有重要性很高的構面,卻是績效相對較低的情形」,管理者需要多注意這些現象 (構面),藉由改善這些現象,可以大幅改善目標構面 (現象)。

IPMA 的績效如何計算?
IPMA 的重要性是計算路徑總效果 = 直接效果 + 間接效果 (total effects = direct effect + indirect effects),那 IPMA 的績效是如何計算呢?我們需要對潛在變數重新計算量尺,將所有問項重新計算完後,再以 PLS 路徑模式分析得到潛在變數的指標值 (index value),也就是績效。重新計算量尺的公式如下:

$$X_i^{rescaled} = \frac{(X_i - Minscale[x])}{(Maxscale[x] - Minscale[x])} \times 100$$

例如量尺是李克特尺度的 1-7,最小是 1,代表不滿意,最大是 7,代表滿意,第 10 個 Sat10 的填答是 5。

$$Sat10 = \frac{5-1}{7-1} \times 100 = 0.66$$

假設我們的構面 $Y = X_1+X_2+X_3$,目標構面是 Y,計算得到 IPMA,如下:

	importance	performance
X1	0.8 (80%)	0.4
X2	0.4 (40%)	0.6
X3	0.6 (60%)	0.8

畫出 IPMA 圖如：

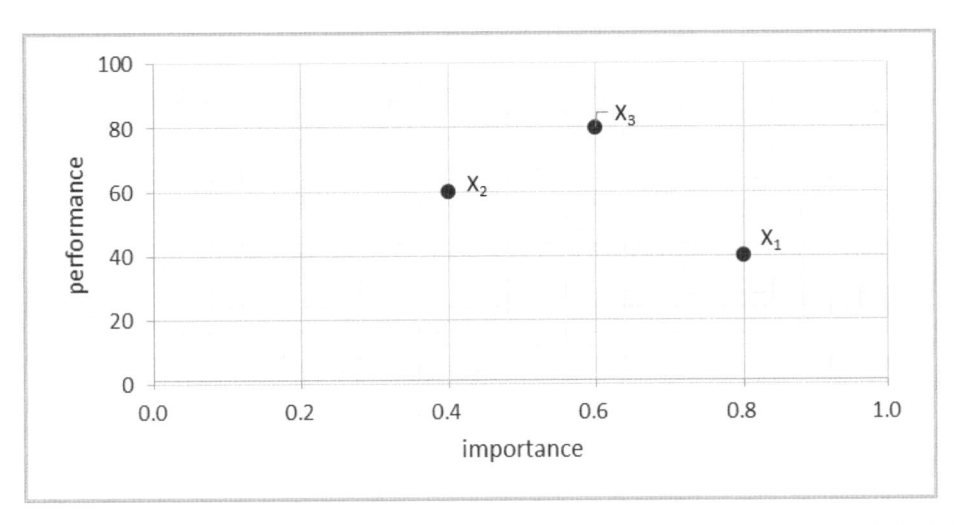

我們需要特別注意重要性高 0.8 且績效差 0.4 的 X_1，因為改善 X_1 可以大幅提高績效，使用 IPMA 注意事項：

1. 所有問項需要相同方向，不然量尺無法代表真實意義，若有反向題，請自行重新編碼。
2. 因素負荷量和權重必須為正向估計值，不然 Rescale 可能得到不是 0-100，而是 -10 ~ 90。

21-3 多群組分析 Multigroup Analysis (MGA)

多群組比較分析在社會科學中是相當重要的統計技術，從個人群體、組織、產業、到國家層級，都會用到多群組分析，例如：個人分析中的性別（男、女）差異分析，群體中的團隊氣氛的比較（高度合作 vs 低度合作），組織層級的行動化(M 化) vs 非行動化（非 M 化）的比較，國家層級的文化（自由，非自由）市場比較，我們想了解或比較 2 組（含）以上的差異分析，就會用到多群組比較分析。

在一般 PLS 的應用中，常常假設收集到的資料是單一母體，也就是相同性質 (homogeneity) 的資料，在實際的現象中，卻不盡然，因為收集到個人的知覺和評估常常是異質性 (heterogeneous) 的資料，這些異質性的資料若是無法觀察 (unobserved) 的，則可以使用區段化方式來，例如：Finite mixture PLS (FIMIX-PLS) 或 PLS-POS，研究者檢測無法觀察異質性資料的目的是為了 a. 確認研究結果不會受到無法觀察異質性資料的扭曲，或 b. 確認忽略的變數是可以敘述顯示出來的資料區段。

無論使用 FIMIX-PLS 或 PLS-POS，他們都有相同的分析步驟就是比較 2 個確認的潛在區段 (segment) 的 PLS 參數估計，因此，無論是可觀察 (observed) 的異質性資料 (例如：性別的，男、女) 或無法觀察的異質性資料，都需要多群組分析。

✪ Parametric and Nonparametric confidence set approach 參數和非參數信賴組估計方式

PLS 的多群組分析有 2 大方法，分別是參數估計和非參數信賴組方式。

■ 參數信賴組 Parametric confidence set approach

參數估計最早是由 Keil et al. (2000)所提出，所使用的方式是 2 個獨立樣本 t-test，此估計方法需要在常態分佈(例如：Kolmogorov-Smirnov 檢定) 情形下，統計檢定才有意義。研究者先各自對每一組執行 PLS 路徑模式演算和 bootstrapping 拔靴法，以取得各組的參數估計和標準差。

若是 Levene's test 檢定參數估計的標準差是一樣的，則使用以下的估計方式：

$$t = \frac{Path_{sample\_1} - Path_{sample\_2}}{\left[\sqrt{\frac{(m-1)^2}{(m+n-2)} \cdot S.E.^2_{sample\_1} + \frac{(n-1)^2}{(m+n-2)} \cdot S.E.^2_{sample\_2}}\right] \cdot \left[\sqrt{\frac{1}{m} + \frac{1}{n}}\right]}$$

- Sample_1 =第一組的樣本數
- Sample_2 =第二組的樣本數
- Path =路徑係數
- S.E. =標準差
- m =sample_1 的樣本數
- n =sample_2 的樣本數

若是 Levene's test 檢定參數估計的標準差是不一樣的，則使用以下的估計方式：

$$t = \frac{Path_{sample\_1} - Path_{sample\_2}}{\sqrt{\frac{m-1}{m} \cdot S.E.^2_{sample\_1} + \frac{n-1}{n} \cdot S.E.^2_{sample\_2}}}$$

- Sample_1 =第一組的樣本數
- Sample_2 =第二組的樣本數
- Path =路徑係數
- S.E. =標準差
- m =sample_1 的樣本數
- n =sample_2 的樣本數

自由度的估計方式如下：

$$df = \left\| \frac{\frac{m-1}{m} \cdot S.E.^2{}_{sample\_1} + \frac{n-1}{n} \cdot S.E.^2{}_{sample\_2}}{\frac{m-1}{m^2} \cdot S.E.^4{}_{sample\_1} + \frac{n-1}{n^2} \cdot S.E.^4{}_{sample\_2}} \right\|$$

- Sample_1 =第一組的樣本數
- Sample_2 =第二組的樣本數
- Path =路徑係數
- S.E. =標準差
- m =sample_1 的樣本數
- n =sample_2 的樣本數

Chin (2000) 提供分組比較的參數估計如下：

兩組的變異是相同的，分配接近常態。

複雜型公式

$$t = \frac{Path_{sample\_1} - Path_{sample\_2}}{\left[\sqrt{\frac{(m-1)^2}{(m+n-2)} * S.E.^2{}_{sample\_1} + \frac{(n-1)^2}{(m+n-2)} * S.E.^2{}_{sample\_2}} \right] * \left[\sqrt{\frac{1}{m} + \frac{1}{n}} \right]}$$

自由度= m+n-2

若是兩組的變異是不同的，分組比較的參數估計如下：

簡單型公式

$$t = \frac{Path_{sample\_1} - Path_{sample\_2}}{\left[\sqrt{S.E.^2{}_{sample\_1} + S.E.^2{}_{sample\_2}} \right]}$$

21-17

若是 n 很大時，自由度才需要調整如下。

$$df = round\ to\ nealist\ integer \left[\frac{(S.E.^2{}_{sample\_1} + S.E.^2{}_{sample\_2})^2}{\left(\frac{S.E.^2{}_{sample\_1}}{m+1} + \frac{S.E.^2{}_{sample\_2}}{n+1}\right)} - 2 \right]$$

- Sample_1 =第一組的樣本數
- Sample_2 =第二組的樣本數
- Path =路徑係數
- S.E. =標準差
- m =sample_1 的樣本數
- n =sample_2 的樣本數

Chin (2000) 特別說明，在樣本數夠大時，這二種 t 值算出來應該是接近的。

- Marko Sarstedt, Jörg Henseler, and Christian M. Ringle, (2011),"Multigroup Analysis in Partial Least Squares (PLS) Path Modeling: Alternative Methods and Empirical Results", Marko Sarstedt, Manfred Schwaiger, Charles R. Taylor, in (ed.) Measurement and Research Methods in International Marketing (Advances in International Marketing, Volume 22), Emerald Group Publishing Limited, pp. 195 - 218
- Chin, W. W., (2000). Frequently Asked Questions – Partial Least Squares & PLS-Graph. Home Page.[On-line]. Available: http://disc-nt.cba.uh.edu/chin/plsfaq.htm

❂ 範例

Source from Sarstedt, Henseler and Ringle (2011) "Multigroup analysis in partial least squares (PLS) path modeling: Alternative methods and empirical results", Advances in International Marketing (AIM), Vol. 22, Bingley 2011, pp. 195-218.

Table 3 shows the differences in three comparisons' path coefficient estimates (Germany vs. the United Kingdom, Germany vs. France, and the United Kingdom vs. France), and provides the results of multigroup comparisons based on the parametric approach, the permutation test, and Henseler's (2007) approach.

Sarstedt, Henseler and Ringle (2011) 提供滿意對忠誠度參數估計方式範例，有一間工業公司調查分布在德國、英國和法國的客戶，其客戶對服務滿意度對忠誠度的影響，其客戶對產品滿意度對忠誠度的影響，其客戶對價格滿意度對忠誠度的影響。在多群組比較參數估計之下，其路徑係數比較三種 parametric approach, the permutation test, and Henseler's (2007) approach 的結果如下：

Multigroup Comparison Test Results.

Relationship	Comparison	|diff|	$t_{Parametric}$	$t_{Permutation}$	$P_{Henseler}$
Services → Loyalty	Germany vs. United Kingdom	0.198	1.930*	1.632	0.095
	Germany vs. France	0.155	1.530	1.351	0.130
	United Kingdom vs. France	0.043	0.410	0.441	0.363
Products → Loyalty	Germany vs. United Kingdom	0.539	4.285***	3.285***	0.005
	Germany vs. France	0.270	2.662***	2.614***	0.013
	United Kingdom vs. France	0.159	1.503	1.367	0.107
Prices → Loyalty	Germany vs. United Kingdom	0.338	2.156**	2.052**	0.021
	Germany vs. France	0.235	1.967**	1.802*	0.063
	United Kingdom vs. France	0.102	0.930	0.959	0.193

Notes: *Significant at 0.10，**significant at 0.05，***significant at 0.01.
Results for Henseler (2007) eligible for a one-sided test.

判定法則：
研究者可以依情境，選擇適當的估計方式，parametric approach 的方式是最寬鬆 (liberal)，permutation test 是適中的，Henseler's (2007) approach 是最保守的 (most conservative)。

非參數信賴組 Nonparametric confidence set approach
非參數信賴組是為了改善參數估計的缺點，在使用參數估計方法時，會受限於抽樣是常態分佈，這違反了 PLS 是不受常態分配影響的估計，因此 Sarstedt, Henseler and Ringle (2011) 發展非參數信賴組方法，藉由修正 Keil et al. (2000) 的參數估計方式，也就是修改 2 個獨立樣本 t 檢定的標準差是經由 bootstrapping (拔靴法) 而得到研究者可以比較指定組別拔靴法的信賴區間，簡單的說，就是不管分配是否常態分配，都可以使用信賴區間方式進行群組的比較分析。

非參數信賴組的處理方式如下：

1. 分別為各群組執行 PLS 路徑模式演算
2. 建立修正偏誤 (bias_corrected) α% 拔靴法的信賴區間，(α = 5，95%信賴區間)
3. 比較參數估計，若是第 1 組的路徑係數，座落在第二組的信賴區間，或第 2 組的路徑係數座落在第 1 組的信賴區間，則表示兩組沒有顯著差異。只有兩組的路徑係數，都不座落在對方的信賴區間時，才表示兩組的路徑係數有顯著的差異。

✪ 範例

Source from Sarstedt, Henseler and Ringle (2011) "Multigroup analysis in partial least squares (PLS) path modeling: Alternative methods and empirical results", Advances in International Marketing (AIM), Vol. 22, Bingley 2011, pp. 195-218.

Sarstedt, Henseler and Ringle (2011) 提供滿意對忠誠度非參數信賴組估計方式範例，有一間工業公司調查分布在德國、英國和法國的客戶，其客戶對服務滿意度對忠誠度的影響，其客戶對產品滿意度對忠誠度的影響，其客戶對價格滿意度對忠誠度的影響。在多群組比較非參數信賴組估計之下，先計算各自的路徑係數的結果，再計算多群組的信賴區間結果，最後判定法則是：比較參數估計，若是第 1 組的路徑係數，座落在第 2 組的信賴區間，或第 2 組的路徑係數座落在第 1 組的信賴區間，則表示兩組沒有顯著差異。只有兩組的路徑係數，都不座落在對方的信賴區間時，才表示兩組的路徑係數有顯著的差異。

計算各自的路徑係數的結果如下：

	Germany	United Kingdom	France
n	65	115	170
Path relationships			
Satisfaction with services →Loyalty	0.040	0.238***	0.195***
Satisfaction with products →Loyalty	0.669***	0.130*	0.289***
Satisfaction with prices →Loyalty	0.163*	0.500***	0.398***
R2	0.690	0.600	0.609

Notes: *Significance at 0.10，**significance at 0.05，***significance at 0.01.

計算多群組的信賴區間結果如下:

Multigroup Comparison Results and 95% Confidence Intervals

Relation	Confidence Intervals			Comparison	Significance
	Germany	United Kingdom	France		
Services → Loyalty	[-0.206,0.250]	[0.035,0.380]	[0.065,0.325]	Germany vs. United Kingdom	Nsig.
				Germany vs. France	Nsig.
				United Kingdom vs. France	Nsig.
Products → Loyalty	[0.329,0.991]	[-0.021,0.275]	[0.115,0.469]	Germany vs. United Kingdom	Sig.
				Germany vs. France	Sig.
				United Kingdom vs. France	Nsig.
Prices → Loyalty	[-0.158,0.447]	[0.303,0.658]	[0.239,0.551]	Germany vs. United Kingdom	Sig.
				Germany vs. France	Nsig.
				United Kingdom vs. France	Nsig.

Notes: Sig. denotes a significant difference at 0.05；Nsig. denotes a nonsignificant difference at 0.05.

判定法則：
比較參數估計，若是第 1 組的路徑係數，座落在第 2 組的信賴區間，或第 2 組的路徑係數座落在第 1 組的信賴區間，則表示兩組沒有顯著差異。只有兩組的路徑係數，都不座落在對方的信賴區間時，才表示兩組的路徑係數有顯著的差異。

Bias-corrected 95% Confidence Intervals (Shi 1992) and Multigroup Comparison Results. (比較表格)

Relation	Confidence Intervals			Comparison	Significance
	Germany	United Kingdom	France		
Services → Loyalty	[-0.206，0.250]	[0.035，0.380]	[0.065，0.325]	Germany vs. United Kingdom	Nsig.
Path coefficient 0.04		0.238	0.195	Germany vs. France	Nsig.
				United Kingdom vs. France	Nsig.
Products → Loyalty	[0.329，0.991]	[-0.021，0.275]	[0.115，0.469]	Germany vs. United Kingdom	Sig.
Path coefficient 0.669		0.130	0.289	Germany vs. France	Sig.
				United Kingdom vs. France	Nsig.
Prices → Loyalty	[-0.158，0.447]	[0.303，0.658]	[0.239，0.551]	Germany vs. United Kingdom	Sig.
Path coefficient 0.163		0.5	0.398	Germany vs. France	Nsig.
				United Kingdom vs. France	Nsig.

Notes: Sig. denotes a significant difference at 0.05；Nsig. denotes a nonsignificant difference at 0.05.

　　只有兩組的路徑係數，都不座落在對方的信賴區間時，才表示兩組的路徑係數有顯著的差異。也就是兩個都 No，才有顯著的差異。

判定範例 1
Services → Loyalty　　Germany vs. United Kingdom
0.04　不在[0.035，0.380] →No
0.238　在[-0.206，0.250] →Yes
兩組比較，沒有顯著不同

判定範例 2

Products → Loyalty　　Germany vs. United Kingdom
0.669 不在[-0.021，0.275] →No
0.130 不在[0.329，0.991] →No
兩組比較，有顯著不同

判定範例 3

Prices → Loyalty　　Germany vs. United Kingdom
0.163 不在[0.303，0.658] →No
0.5 不在[-0.158，0.447] →No
兩組比較，有顯著不同

✪ PLS-SEM 多群組分析

PLS-SEM 多群組分析演進如下：

- E.1 單純分組比較結果：分成多群組，各自執行結構模式後，比較結果。
- E.2 分組統計檢定：先執行多群組的結果，再進行統計檢定。
- E.3 先執行測量恆等性，接著，進行單純分組比較，最後分組統計檢定。

大部份的 MGA 多群組分析，還停留在 E.1 單純分組比較結果，因為簡單，容易比較結果。問題是遇到分組的結果都達顯著時，兩群是否有顯著差異？於是演進至 E.2 分組統計檢定，分組統計檢定是先執行 E.1 單純分組比較結果後，再進行統計檢定。問題是不同組群如何比較？會不會拿著橘子比蘋果？因此，演進至 E.3 先執行測量恆等性，再進行單純分組比較，最後執行分組統計檢定。

測量恆等性

Measurement invariance is also referred to as measurement equivalence. 測量不變性又稱為測量恆等性，一般我們通常使用測量恆等性，是用來確認群組間的差異是來自於不同群組潛在變數的內含或意義，換句話說，無法確立測量恆等性時，群組間的差異可能是來自於測量誤差，這會使得比較群組的結果失效。當測量恆等性未呈現時，會降低統計檢定力，影響估計的精確，甚至可能會誤導結果。總而言之，作多群組分析時，若是未能建立測量恆等性，則所有的結果都可能是有問題的，因此，測量恆等性在多群組分析中，是必要的檢測，也是必需要通過的測試。

PLS-SEM 使用的是 measurement invariance of composit models (MICOM) 程序來評估測量恆等性有三 Configurall invariance 設定恆等性，Compositional invariance 組成恆等性和 Equal mean values and variances 平均數和變異恆等性，如下圖：

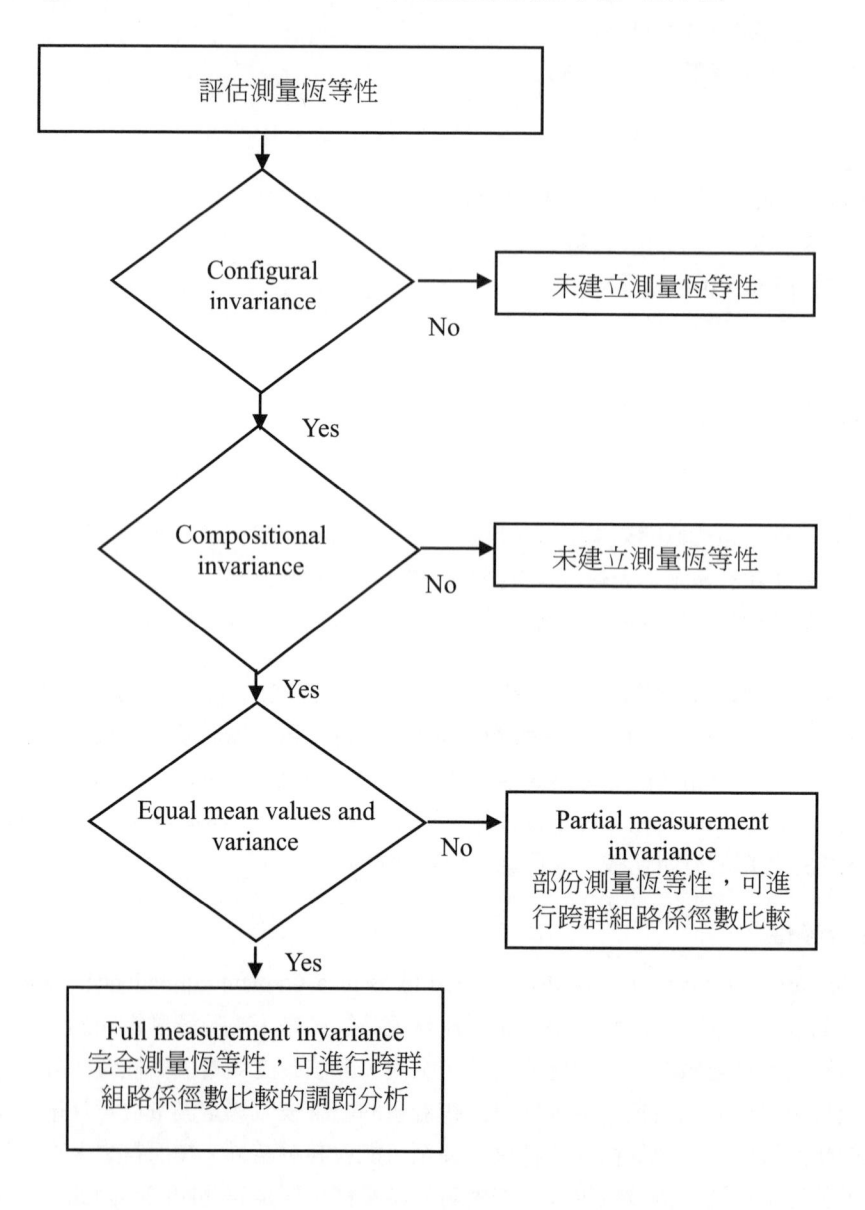

```
                    ┌─────────────────┐
                    │  評估測量恆等性  │
                    └─────────────────┘
                             │
                             ▼
                       ╱Configural╲        No      ┌──────────────┐
                      ╱ invariance ╲──────────────▶│未建立測量恆等性│
                       ╲           ╱               └──────────────┘
                        ╲         ╱
                             │ Yes
                             ▼
                       ╱Compositional╲     No      ┌──────────────┐
                      ╱  invariance   ╲───────────▶│未建立測量恆等性│
                       ╲              ╱            └──────────────┘
                        ╲            ╱
                             │ Yes
                             ▼
                    ╱Equal mean values and╲  No   ┌─────────────────────┐
                   ╱      variance         ╲────▶│Partial measurement   │
                    ╲                      ╱      │   invariance         │
                     ╲                    ╱       │部份測量恆等性，可進  │
                             │ Yes                │行跨群組路係徑數比較  │
                             ▼                    └─────────────────────┘
                    ┌──────────────────────┐
                    │Full measurement      │
                    │  invariance          │
                    │完全測量恆等性，可進行 │
                    │跨群組路係徑數比較的   │
                    │調節分析               │
                    └──────────────────────┘
```

21-24

✪ Configual invariance 設定恆等性

設定恆等性是為了讓組成的成份是一樣的，也就是需要確保(1)每個量測構面的問項相同，(2)資料的處理是相同，(3)演算的設定也是一樣的，以避免不同組別的設定不同，造成比較上的問題，因此，設定恆等性也是組成恆等性的前置條件。

Compositional invariance 組成恆等性

組成恆等性是分析跨群組比較時，組成分數是否有不同，MICOM 程序提供組成分數的統計檢定，我們需要的是不顯著，以確保跨群組的組成是沒有顯著差異。

Equal mean values and variance 平均數和變異恆等性

平均數和變異恆等性是檢測跨群組的平均數和變異是恆等的，MICOM 程序提供跨群組平均數和變異恆等性的統計檢定，若是所有的平均數和變異的檢定未達顯著，就是完全測量恆等性，若是有部份的平均數和變異檢定呈現顯著，則是部份測量恆等性。無論是完全測量恆等性或部份恆等性，都可以執行跨群組路徑係數的比較，差別是完全測量恆等性才可以進行調節分析。

SmartPLS 作法

- E.1：SmartPLS 2.0，資料分成 2 組或多組，各自執行結果，進行比較。
- E.2：SmartPLS 3.1X，資料分成 2 組或多組，執行 PLS-MGA。分組比較結果，PLS-MGA 提供各組的結果，並且比較兩組的路徑係數的統計檢定結果是否達顯著。
- E.3：SmartPLS 3.2X 和 Smart PLS 4.X，資料分成 2 組或多組，執行 Permutation+ PLS-MGA。Permutation (排列)，執行結果，提供 Mincom 程序，檢測 Compositional invariance 組成恆等性和 Equal mean value and variance 平均數和變異恆等性。PLS-MGA 提供各組的結果，並且比較兩組的路徑係數的統計檢定結果是否達顯著。

✪ 範例

Li-Chun Huang and Wen-Lung Shiau (2017) "Factors affecting creativity in information system development: Insights from a decomposition and PLS–MGA," Industrial Management & Data Systems, Vol. 117 Iss: 3，pp. 442 – 458.

Configual invariance 設定恆等性

學生和實務人員兩群組的 (1)每個量測構面的問項相同，(2)資料的處理是相同，(3)演算的設定也是一樣的，如下圖。因此具有設定恆等性。

21-25

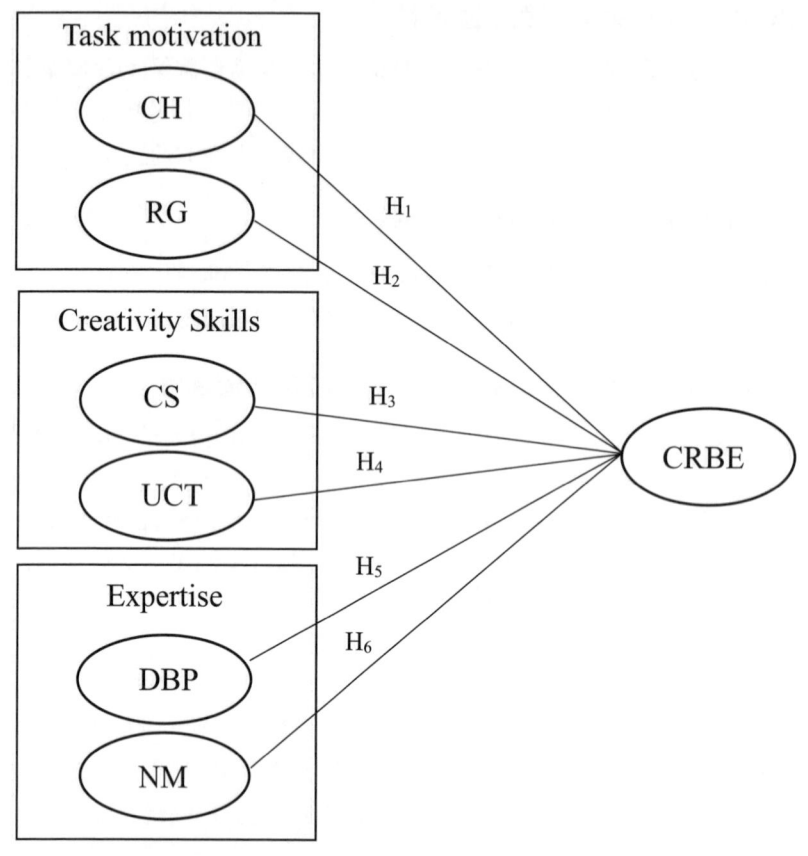

Decomposed research model

CH: Challenge　RG: Recognition　CS: Cognitive Style
UCT: Use of Creativity techniques　DBP: Database Programming
NM: Network Management　CRBE: Creativity Behavior

✪ Compositional invariance 組成恆等性和
　 Equal mean value and variance 平均數和變異恆等性

執行 Permutation

　　Permutation (排列)，執行結果，提供 Mincom 程序，檢測 Compositional invariance 組成恆等性和 Equal mean value and variance 平均數和變異恆等性。

如下圖，學生和實務人員兩群組的結果顯示具有 Compositional invariance 組成恆等性和 Equal mean value and variance 平均數和變異恆等性。

Composite	c value (=1)	95% confidence interval	Compositional invariance?
CH	0.998	[0.996; 1.000]	Yes
CRBE	1	[1.000; 1.000]	Yes
CS	0.998	[0.996; 1.000]	Yes
DBP	0.997	[0.995; 1.000]	Yes
NM	0.999	[0.998; 1.000]	Yes
RG	0.998	[0.977; 1.000]	Yes
UCT	0.928	[0.904; 1.000]	Yes
Composite	Difference of the composite's mean value (=0)	95% confidence interval	Equal mean values?
CH	−0.078	[−0.183; 0.191]	Yes
CRBE	−0.116	[−0.203; 0.212]	Yes
CS	−0.198	[−0.192; 0.201]	Yes
DBP	−0.179	[−0.195; 0.201]	Yes
NM	0.859	[−0.193; 0.199]	Yes
RG	0.3	[−0.192; 0.185]	Yes
UCT	−0.136	[−0.197; 0.192]	Yes
Composite	Difference of the composite's variance value (=0)	95% confidence interval	Equal variances?
CH	−0.234	[−0.295; 0.305]	Yes
CRBE	−0.086	[−0.311; 0.298]	Yes
CS	−0.039	[−0.256; 0.245]	Yes
DBP	−0.484	[−0.26; 0.247]	Yes
NM	−0.646	[−0.237; 0.251]	Yes
RG	−0.105	[−0.3; 0.315]	Yes
UCT	−0.214	[−0.312; 0.306]	Yes

Notes: CH, challenge; RG, recognition; CS, cognitive style; UCT, use of creativity techniques; DBP, database programming; NM, network management

執行 PLS-MGA

PLS-MGA 提供各組的結果，如下圖，學生和實務人員兩組的路徑係數的結果是有不同。

並且比較兩組的路徑係數的統計檢定結果是否達顯著。學生和實務人員兩群組的結果顯示 RG->CB 具有顯著的差異。

Hypothesis	Cause and effect	Path coefficients of students	Path coefficients of practitioners	Path coefficients-diff (| Student group − practitioner group |)	p-value (Student group vs practitioner group)
H1	CH→CB	−0.015	0.026	0.041	0.674
H2	RG→CB	0.141***	0.026	0.115	0.080*
H3	CS→CB	0.166**	0.158	0.008	0.480
H4	UCT→CB	0.460***	0.552***	0.092	0.721
H5	DBP→CB	0.105	0.060	0.045	0.327
H6	NM→CB	0.048	0.050	0.002	0.508
H7	TM→CB	0.147**	0.064	0.084	0.213
H8	CS→CB	0.505***	0.661***	0.156	0.898
H9	EP→CB	0.107	0.089	0.018	0.435

Notes: CH, challenge; RG, recognition; CS, cognitive style; UCT, use of creativity techniques; DBP, database programming; NM, network management; CB, creative behavior; TM, task motivation; CS, creative skills; EP, expertise. *$p < 0.1$; **$p < 0.05$; ***$p < 0.01$

我們已經完成 PLS-SEM 多群組分析。

✪ MGA of CB-SEM 和 MGA of PLS-SEM 的完整的基本處理程序

CB-SEM 和 PLS-SEM 處理多群組分析的概念是相同的，但是分析方法和步驟是不同的，我們整理提供 MGA of CB-SEM 和 MGA of PLS-SEM 完整的基本處理程序如下。

MGA of CB-SEM 完整的處理程序如下：

Measurement model 需要包含三步驟，分別以 a、b 和 c 說明：

a. 整體量測模式需要符合 model fit 和信效度。
b. Configural invariance 需要相同的量測模式，一樣多的構面，問項和結構，分 2 組執行 Free estimate of unconstrained model，2 組各自 model fit 需符合標準。
c. Metric invariance 也是分 2 組，需要設定 2 組所有因素負荷量恆等 (constrained all factor loading)，執行結果。

我們比較 b，c 結果，執行卡方檢定，p 值不要顯著，也就是不要顯著差異，就完成量測恆等性，包含 Configural invariance 和 Metric invariance，代表兩組的量測因素和結構恆等。

Structure model 限制兩組單一路徑 (相等)，比較卡方 3.84 df/X^2，在一個自由度下，≥3.84 卡方，兩組就達顯著差異 (研究人員希望看到的結果)。

AMOS 有 2 種作法：

1. 使用圖示 MGA 建立所有的恆等性，只保留 structure weight 模式，限制單一路徑相等，執行後，查看 multigroup comparison，p 值要達顯著 (研究人員希望看到的結果)。
2. 勾選 Bootstoop，輸出自行建立所有的路徑代號，使用 VB 語法限制單一路徑相等，執行後，查看 estimates→scalars→user-defined estimates，再查看 Estimates/Bootsrap→Bias_corrected percentile method 估計值和 p 值要達顯著 (研究人員希望看到的結果)。

MGA of PLS-SEM 完整的處理程序如下：

PLS-SEM 使用的是 measurement invariance of composit models (MICOM) 程序來評估測量恆等性有三種：

- Configurall invariance 設定恆等性
- Compositional invariance 組成恆等性
- Equal mean values and variances 平均數和變異恆等性。

設定恆等性是為了讓組成的成份是一樣的，也就是需要確保安(1)每個量測構面的問項相同，(2)資料的處理是相同，(3)演算的設定也是一樣的。
Compositional invariance 組成恆等性和 Equal mean values and variances 平均數和變異恆等性 需要使用使用 SmartPLS 4 軟體。

SmartPLS 4 的處理程序是將資料分成 2 組或多組，執行 Permutation+PLS-MGA。

Permutation(排列)，執行結果，提供 Mincom 程序，檢測 Compositional invariance 組成恆等性和 Equal mean value and variance 平均數和變異恆等性。PLS-MGA 提供各組的結果，並且比較兩組的路徑係數的統計檢定結果是否達顯著。

21-4 異質性(Heterogeneity)

使用時機：如果理論支持著有不同組別的資料存在，我們就可以執行 PLS 多群組比較或者是調節分析；如果，沒有理論或者是已知的資訊區分資料，FIMIX-PLS 或 PLS-POS 方法可以用來評估不可觀察異質性的存在。

社會科學的現象十分複雜，異質性 (Heterogeneity) 的資料常常存在我們所收集的樣本中，危害到研究結果的正確，異質性資料可以分為 2 大類，observed heterogeneity 可觀察的異質性和 unobserved heterogeneity 不可觀察的異質性，

- 可觀察的異質性
  在群組間參數估計有差異存在於可預期的先驗 (a priori) 現象，也可以被現存的理論解釋，常用在調節因子，例如：性別，教育程度，收入高低，公司大小，作業形態，個人的創新。
- 不可觀察的異質性
  不可觀察的異質性會發生於：(1)理論無法說明它的存在，或(2)理論顯示有異質性，但是指定的群組變數無法捕抓到母體的異質性；因此，研究者就需要將樣本區段化(segment)，以發現異質性資料，來建立同質性的群組。

當不可觀察的異質性差異存在我們的區段化後的群組，可以用事後的情境 (contextual) 變數 (信任) 或人口統計 (demographic) 變數 (性別、年齡) 做群組測試，將不可觀察的異質性轉換成可觀察的異質性，若是異質性的差異無法被已知情境變數所解釋，研究者需要為現象考慮補充 (互補) 理論上解釋。

異質性（Heterogeneity）在結構方程模式中的影響

異質性會影響結構方程模式的量測模式和結構模式，不可觀察的異質性會影響路徑係數，因為參數估計來自於整體的樣本，也因此研究的偏誤有下列幾點：

1. 路徑係數估計的偏誤
2. 分組和整體樣本的顯著不同
3. 跨組的正負影響不同，也與整體樣本的顯著不同
4. 低估模式的預測或解釋能力(R^2)

無法觀察的異質性在量測模式的影響

量測模式有 2 種，分別是反應性 (reflective) 量測和形成性 (Formative) 量測，在反應性量測中評估的是因素負荷量 (factor loading)，在形成性量測中所評估的是權重 (weight)，在跨群組時，無法觀察的異質性會導致不同群組的因素負荷量不同和權重的不同，這些差異是來自於不同群組的填答者 (樣本) 詮釋和回應問卷的不一樣或者是來自於提供不同程度的正確資訊。

當跨群組的量測不相同時，我們所謂的量測等值不變性 (measurement equivalence or invariance)就不存在，這時候對於研究的影響可大了，我們所使用的構面(construct)在跨群組沒有量測到相同的理論意義導致構面間關係的差異在跨群間無法比較，這意味著，群組量測到參數只能詮釋該群組，資料是不可跨群組匯集，也就是不可以合併計算，若是合併計算，在整體樣本下，會得到不正確的結論。

無法觀察的異質性對於模式效度的影響

效度指的是正確性，模式效度談的是結構方程模式的正確，換句話說，這裡談的是無法觀察的異質性對於結構方程模式正確性的影響，這些影響包含有：

1. 內部效度 (internal validity)
   無法觀察的異質性會影響到內部效度是因為群組變數或情境變數影響的結果被忽略了，因此而形成了不完整的模式。

2. 工具效度 (instrumental validity)，包含內容效度 (content)、構面效度 (construct)、標準效度 (criterion validity) 和信度 (reliability)。

   2a. 內容效度

   內容效度指的是問卷的問項是否正確反應出理論上的意義，跨群組的問項的不顯著 (nonsignificant) 有變化時，代表沒有正確反應出現象。若是有不顯著的問項，在理論上支撐下應該要保留下來，不應該刪除。

   2b. 構面效度

   構面效度指的是構面的操作化定義是否正確，我們所選用的量測問項是否真的代表構面的現象，跨群組的量測等值/不變性 (ME/I) 是建立起來的。

   2c. 準則效度

   準則效度指的是從構面到相關行為準則的參考是否正確，在跨群組中，知覺構面的差異會導致構面分數的差異，進而影響與其它構面關係的估計異差，也就是整體樣本的量測不能代表指定群組的量測，這時候，跨群組中的量測等值不變性 (ME/I) 建立不起來。

   2d 信度

   信度指的是內部一致性，當群組間顯示量測的相關和誤差變異不一樣的時候，無法觀察的異質性就會影響信度。

3. 統計結論的效度 (statistical conclusion validty)

   我們使用統計分析整體樣本而未考慮「無法觀察的異質性」會增加標準誤差 (standard errors) 和降低效用值，因而產生估計偏誤。處理的方法有：(a)正確的抽樣程序，(b)可信賴的量測問項。

4. 外部效度 (external validity)

   外部效度指的是發現的結果能否一般化到其它的母體，我們在詮釋整體的樣本時，可能會不清楚 (ambiguous) 而且會錯誤引導，導致結果無法一般化到其它母體只能適用於特定的狀況。

SEM 中解決無法觀察異質性的方法

無法觀察的異質性，為 SEM 帶來了信效度的威脅 (問題)，如何檢測資料是否有無法觀察異質性的問題，就顯的非常重要，SEM 的方法有 2 類，分別是以共變異分析的 CB_XEM 和以主成份分析 (最小平法) 的 PLS_SEM，這二種 SEM 都提供處理無法觀察的異質性的方法，如下圖：

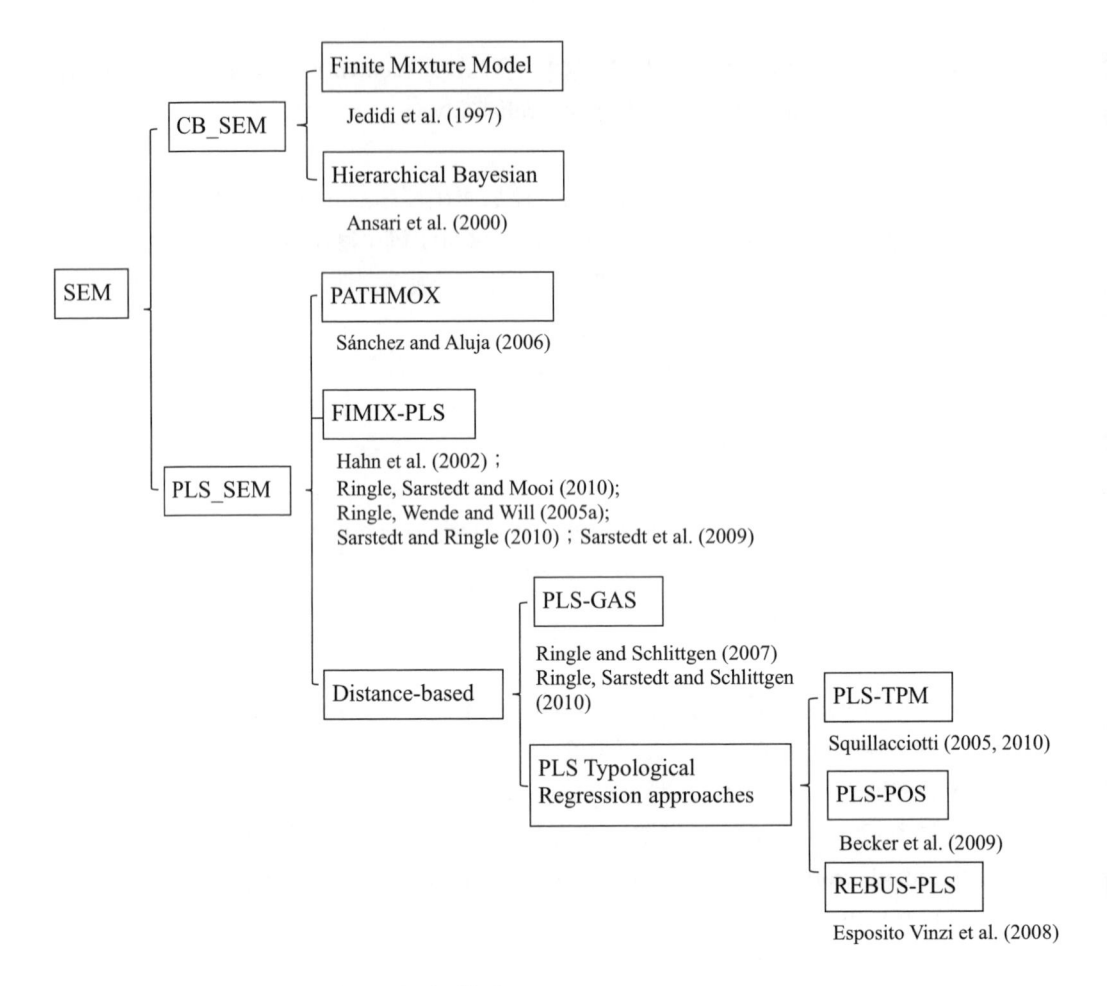

```
                                ┌─ Finite Mixture Model
                                │   Jedidi et al. (1997)
                 ┌─ CB_SEM ─────┤
                 │              └─ Hierarchical Bayesian
                 │                  Ansari et al. (2000)
                 │
                 │              ┌─ PATHMOX
                 │              │   Sánchez and Aluja (2006)
                 │              │
 SEM ────────────┤              ├─ FIMIX-PLS
                 │              │   Hahn et al. (2002) ;
                 │              │   Ringle, Sarstedt and Mooi (2010);
                 │              │   Ringle, Wende and Will (2005a);
                 └─ PLS_SEM ────┤   Sarstedt and Ringle (2010) ; Sarstedt et al. (2009)
                                │
                                │                    ┌─ PLS-GAS
                                │                    │   Ringle and Schlittgen (2007)
                                │                    │   Ringle, Sarstedt and Schlittgen (2010)
                                └─ Distance-based ───┤                              ┌─ PLS-TPM
                                                     │                              │   Squillacciotti (2005, 2010)
                                                     │   PLS Typological            │
                                                     └─ Regression approaches ──────┤─ PLS-POS
                                                                                    │   Becker et al. (2009)
                                                                                    │
                                                                                    └─ REBUS-PLS
                                                                                        Esposito Vinzi et al. (2008)
```

Finite Mixture Model 有限混合模式

　　有限混合模式是由 Jedidi et al. (1997) 所提出來的，有 2 個特點 (1) 基本假設是次母體(群組)資料從母體中取得是混合的，(2) 一般化 "多群組的 CB-SEM" 至無法觀察潛在群組，是假設結構化參數和因素平均數也是混合的。有限混合模式是將觀察的變數使用模糊 (機率) 聚集方式 (fuzzy (probabilistic) clustering)，分配到先指定的群組，同時估計指定組別的參數。換句話說，有限混合模式透過機率的群組化觀察變數和同時估計指定組別參數方式，避免分開估計指定組別會發生的偏誤。

Hierarchical Bayesian Model 階層式貝氏模式

在 CB-SEM 中，階層式貝氏模式是由 Ansari et al. (2000) 所提出的，是在個人層級使用隨機係數模式來估計無法觀察的異質性，階層式貝氏模式可以找出因素平均數 (factor means) 和共變異結構 (Covariance Structure) 包含有結構參數、量測誤差和因素共變異，以一般化多層次 SEM 模式，但是只能解釋平均數結構異質性並且限制在個人層級。

PATHMOX 路徑模式區段化樹

PATHMOX 的全名是 path modeling segmentation tree 路徑模式區段化樹，這個演算法特別設計成將外部資訊考慮進來，例如：人口統計變項，可以用來辨識和分別區段化 segmentation。PATHMOX 利用人口統計變項對於每一個已定義次群組會使用雙向 (two-way) 分離和估計 PLS 模式，以找出群組間模式估計的最大差異，因此 PATHMOX 最大特點是需要外部資料和仰賴樣本的異質性 (此異質性來自於外部變數值的最大差異)。

FIMIX-PLS 有限混合偏最小平方

FIMIX-PLS 的全名是 Finite mixture partial least square 有限混合偏最小平方，FIMIX-PLS 結合了 PLS 的優點，用最大概似法估計和使用有限混合法區段化資料，基本上此方法假設內部潛在變數 (endogenous latent variable) 在有限混合模式下的分配為常態，因此，先找出異質性的機率，接著最大化區段指定解釋的變異 (例如 R^2)。

FIMIX-PLS 適用於反應性模式，但是無法解釋量測。基本假設是內部潛在變數為常態，與非參數估計的 PLS 的要求並不一致。

PLS-GAS PLS 基因演算區段

PLS-GAS 的全名是 Partial Least Square Genetic Algorithm Segmentation，PLS 基因演算區段最早是由 Ringle and Schlittgen (2007) 所提出，是使用基因演算法將資料區段化 (segmentation) 後，再行估計，也可以說當估計量測和結溝模式時，是使用基因演算來解釋異質性。

PLS-TPM PLS 形態路徑模式

PLS-TPM 的全名是 PLS typological path modeling，PLS 形態路徑模式最早由 Squillacciotti (2005) 所提出，此方法設計預測導向路徑模式區段化 (prediction-oriental path model segmentation) 用來處理變數的分配問題。估計的方式是剛開始會對所有觀察變數估計一個全域模式 (global model)，基於餘數聚集 (cluster) 觀察變數。研究者會從聚集的餘數選擇幾個 class (段) 式次群組 (subgroup)，對於每個 class 會估計個別模式，每次的估計 case 會分配到不同的 class，以求得全體距離 (distance) 估計的最小化。距離的量測需要指定單一目的的依變構面 (single target-dependent construct)，但是問題是如何選擇單一目的構面並不是很清楚。

REBUS-PLS 以回應為基礎單位區段化的 PLS 模式

REBUS-PLS 的全名 Responsed-Based Unite Segmentation in PLS path model，以回應為基礎單位區段化的 PLS 模式。最早是由 Esposito et al. (2008) 所提出，用來克服 PLS-TPM 方法上的問題，使用的方式是將內部和外部潛在變數的內模式和外模式的異質性都考慮進來估計。距離的量測是使用平均共同性 (average communality) 的函數，觀察變數和潛在變數的相關以及平均結構的 R^2。

PLS-POS PLS 預測導向區段

PLS-POS 的全名是 Prediction-oriented Segmentation method for PLS，PLS 預測導向區段化方法，最早由 Becker et al. (2009) 所提出，就像是 PLS-GAS，PLS-POS 設計是為了克服存在 PLS 區段化遇到的問題和限制。PLS-POS 有 3 大創新，(1) 使用客觀準測 (objective criteria) 來形成同質化群組，以最大化解釋力(R^2)，(2) 包含最新距離的量測可用於形成性量測(formative measure)，(3) 具有在重新分配觀察值可以改善客觀準則的情形下，會進行重新分配觀察值。

在異質性的處理中 SmartPLS 提供 FIMIX-PLS (有限混合偏最小平方) 和 PLS-POS (PLS 預測導向區段)，我們整理這兩種方法的差異如下：

異質性偵測區段化方法	處理非常態資料	偵測反應性量測的異質性	偵測形成性量測的異質性	偵測結構模式異質性	最大化指定組別的解釋力 R^2
FIMIX-PLS	X	-X	X	V	V
PLS-POS	V	-X	V	V	V

由比較表可以看出 FIMIX-PLS 和 PLS-POS 的優勢，在反應性量測的情形下，我們也建議使用 FIMIX-PLS，在非常態資料或形成性量測的情形下，我們建議使用 PLS-POS 來處理偵測異質性資料的問題。

FIMIX-PLS 分析

FIMIX-PLS 分析的步驟

步驟 1.	執行標準 PLS 路徑模式於集合資料層級 (aggvegate data level)
步驟 2.1	在內模式中取得潛在變數的分數(scores)，當成 FIMIX-PLS 的輸入資料
	執行 FIMX-PLS　K=2　K=3　…….　K= n
	評估 K=2….n 的結果，確認適當的區段數
步驟 2.2	執行事後(Ex: pest)分析和選擇可解釋的變數
步驟 2.3	先驗的區段資料和執行指定區段的 PLS 路徑分析
步驟 2.4	評估和詮釋指定區段的 PLS 結果

建議研究者使用多重指標來決定區段 (segment) 數：

- Akaiko information criterion: AIC
- Baysesian information criterion: BIC
- Consistent AIC: CAIC
- Modified AIC with factor 3: AIC_3
- Normad entropy statistic: EN

AIC 在計算時，會趨向偏高 (高估) 值給正確數，因此，得到數值較小。
BIC 在計算時，會趨向偏低 (低估) 值給正確數，因此，得到數值較大。
CAIC 與 AIC_3 在 85%的正確數時，值會接近一樣。
EN 代表分離區段數的品質，值從 0 到 1，數值愈高愈好，至少大於 0.5。

✪ 範例

Source:

- Edward E. Rigdon, Christian M. Ringle, and Marko Sarstedt (2010), "Structural modeling of heterogeneous data with partial least squares", Naresh K. Malhotra, in (ed.) 7 (Review of Marketing Research, Volume 7), Emerald Group Publishing Limited, pp. 255-296

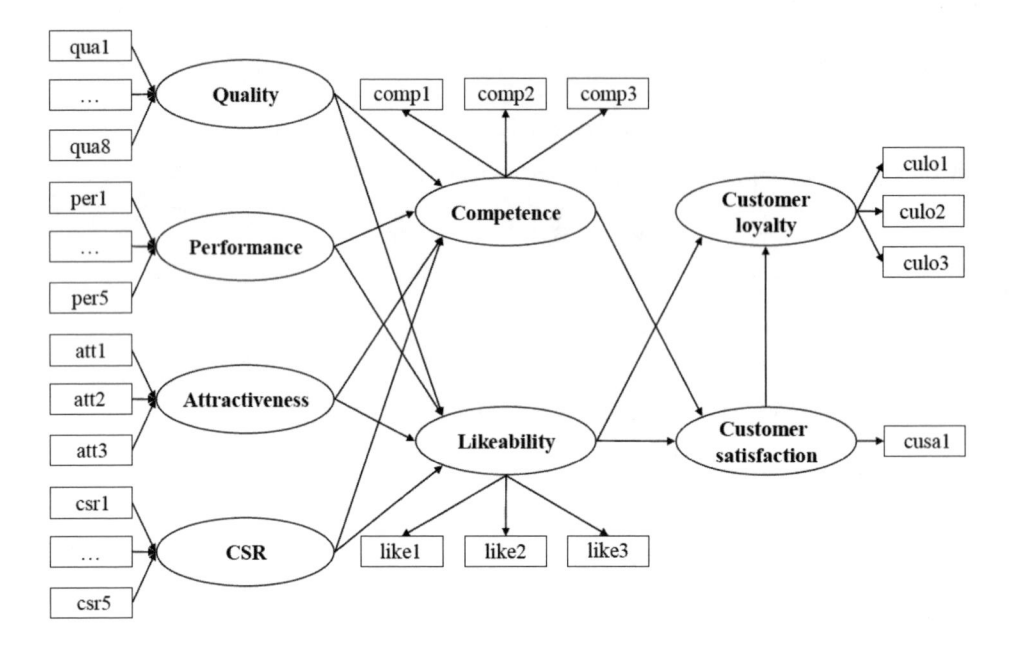

Research model

	PLS Path Coefficients
Quality → competence	.383**
	(7.502[†])
Performance → competence	.375**
	(7.680[†])
Attractiveness → competence	.003
	(.218[†])
CSR → competence	.113**
	(3.031)
Quality → likeability	.397**
	(7.843[†])
Performance → likeability	.085*
	(1.836[†])
Attractiveness → likeability	.184**
	(3.718[†])
CSR → likeability	.202**
	(4.290)
Competence → customer satisfaction	.155**
	(2.721[†])
Likeability → customer satisfaction	.454**
	(8.761[†])
Customer satisfaction → customer loyalty	.522**
	(14.960[†])
Likeability → customer loyalty	.348**
	(9.800[†])
ρ_k	1.0
R^2 (competence)	.641
R^2 (likeability)	.585
R^2 (customer satisfaction)	.316
R^2 (customer loyalty)	.593

(*) Significant at $p<.10$; (**) significant at $p<.05$; ([†]) bootstrap t-value.

Results of the Aggregate-Level Data Analysis

	$K=2$	$K=3$	$K=4$	$K=5$	$K=6$
AIC	1,557.822	1,580.439	1,631.934	1,590.232	1,616.995
BIC	1,663.189	1,740.087	1,845.862	1,858.440	1,939.483
CAIC	1,696.189	1,790.087	1,912.862	1,942.440	2,040.483
AIC_3	1,590.822	1,630.439	1,698.934	1,674.232	1,717.995
EN	.610	.658	.649	.748	.731

Model selection

	$k=1$ (%)	$k=2$ (%)	$k=3$ (%)	$k=4$ (%)	$k=5$ (%)	$k=6$ (%)	Sum (%)
$K=2$	38.9	61.1					100
$K=3$	40.5	43.9	15.6				100
$K=4$	45.0	11.6	16.7	26.7			100
$K=5$	33.9	23.9	12.8	7.2	22.2		100
$K=6$	24.4	23.9	36.1	5.0	5.0	5.6	100

使用多重指標來決定區段 (segment) 數=2

Data Analysis Strategy	FIMIX-PLS $k=1$	$k=2$	|Diff|
Quality→competence	.682** (27.754†)	.232** (4.160†)	.450**
Performance→competence	.521** (17.773†)	.297** (5.229†)	.224**
Attractiveness→competence	−.041* (2.374†)	.060 (1.499†)	.101**
CSR→competence	.231** (11.332†)	.247** (5.922†)	.016**
Quality→likeability	.516** (11.458†)	.343** (7.184†)	.173*
Performance→likeability	.107** (2.674†)	.092** (2.042†)	.015
Attractiveness→likeability	.246** (7.361†)	.178** (3.633†)	.068
CSR→likeability	.142** (3.390†)	.193** (4.329†)	.051
Competence→customer satisfaction	.834** (43.310†)	−.134** (2.538†)	.968**
Likeability→customer satisfaction	.114** (5.281†)	.461** (10.330†)	.347**
Customer satisfaction→customer loyalty	.748** (25.086†)	.480** (16.335†)	.268**
Likeability→customer loyalty	.187** (6.142†)	.370** (12.998†)	.183**
ρ_k	.389	.611	
R^2 (competence)	.649		
R^2 (likeability)	.601		
R^2 (customer satisfaction)	.440		
R^2 (customer loyalty)	.627		

K=1 和 k=2 大部分的路徑係數是有顯著差異,證明具有異質性資料的問題。

✪ PLS-POS PLS 預測導向區段分析 分析的步驟

UHD unobserved heterogeneity Discovery 發現無法觀察異質性程序。

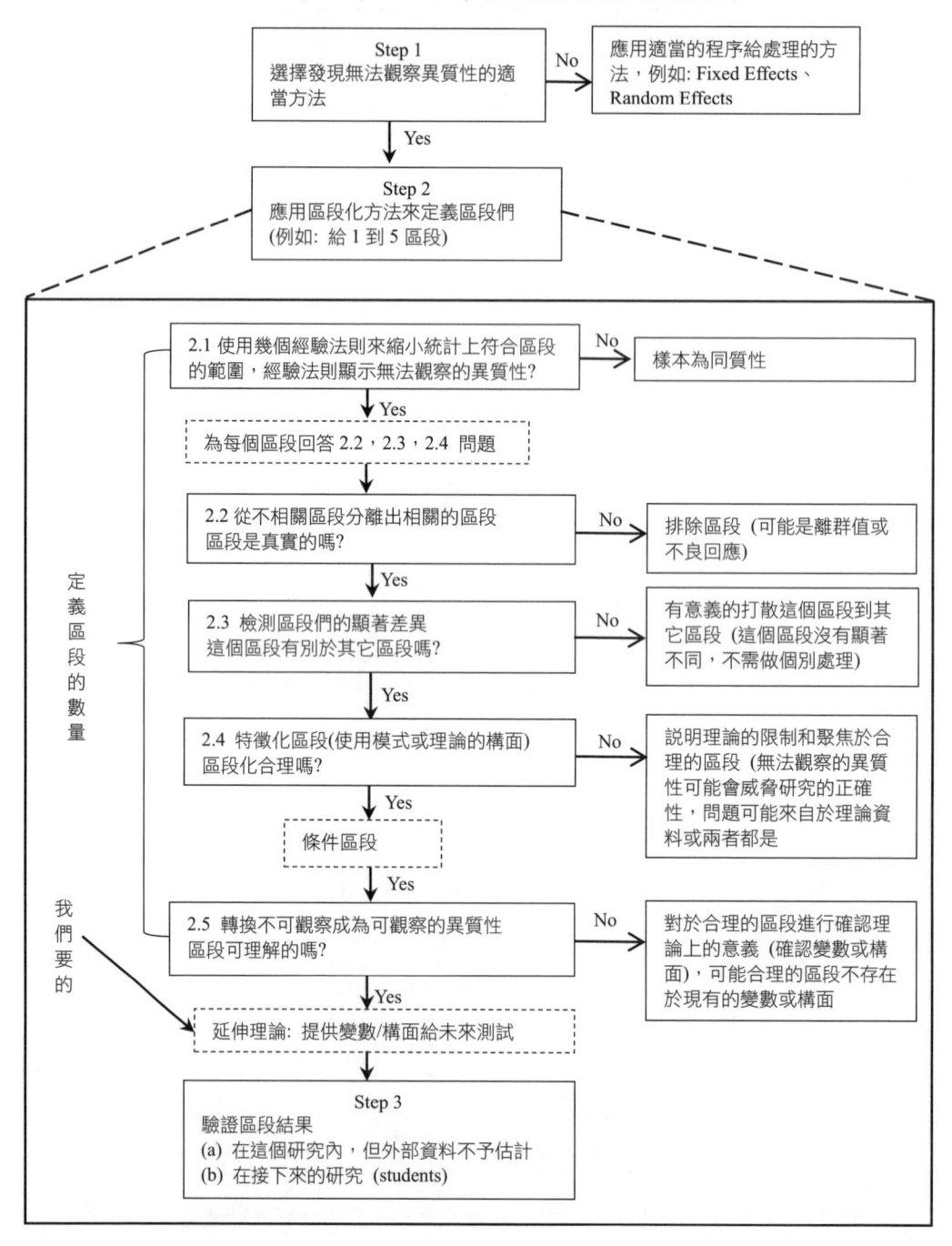

Step 1
選擇發現無法觀察異質性的適當方法
— No → 應用適當的程序給處理的方法，例如: Fixed Effects、Random Effects
↓ Yes

Step 2
應用區段化方法來定義區段們
(例如：給 1 到 5 區段)

定義區段的數量 {

2.1 使用幾個經驗法則來縮小統計上符合區段的範圍，經驗法則顯示無法觀察的異質性？
— No → 樣本為同質性
↓ Yes

為每個區段回答 2.2，2.3，2.4 問題

2.2 從不相關區段分離出相關的區段
區段是真實的嗎？
— No → 排除區段 (可能是離群值或不良回應)
↓ Yes

2.3 檢測區段們的顯著差異
這個區段有別於其它區段嗎？
— No → 有意義的打散這個區段到其它區段 (這個區段沒有顯著不同，不需做個別處理)
↓ Yes

2.4 特徵化區段(使用模式或理論的構面)
區段化合理嗎？
— No → 說明理論的限制和聚焦於合理的區段 (無法觀察的異質性可能會威脅研究的正確性，問題可能來自於理論資料或兩者都是)
↓ Yes

條件區段

我們要的 {

2.5 轉換不可觀察成為可觀察的異質性
區段可理解的嗎？
— No → 對於合理的區段進行確認理論上的意義 (確認變數或構面)，可能合理的區段不存在於現有的變數或構面
↓ Yes

延伸理論：提供變數/構面給未來測試

Step 3
驗證區段結果
(a) 在這個研究內，但外部資料不予估計
(b) 在接下來的研究 (students)

參考文獻：

- Jedidi, K, Jagpal, H.S., and DeSarbo, W.S. 1997. "Finite-Mixture Structural Equation Models for Response-Based Segmentation and Unobserved Heterogeneity," Marketing Science (16:1), pp. 39-59.

- Ansari, A., Jedidi, K. and Jagpal, S., 2000. "A Hierarchical Bayesian Methodology for Treating Heterogeneity in Structural Equation Models," Marketing Science (19:4), pp. 328-347.

- Sánchez, G., and Aluja, T. 2006. PATHMOX: A PLS-PM Segmentation Algorithm, In Proceedings of the IASC Symposium on Knowledge Extraction by Modelling, International Association for Statistical Computing Island of Capri, Italy.

- Hahn, C.H., Johnson, M.D., Herrmann, A., and Huber, F. 2002. "Capturing customer heterogeneity using a finite mixture PLS approach. Schmalenbach Business Review", 54(3), pp. 243-269.

- Ringle, C.M., Sarstedt, M., and Mooi, E.A. 2010. "Response-Based Segmentation Using Finite Mixture Partial Least Squares: Theoretical Foundations and an Application to American Customer Satisfaction Index Data," Annals of Information Systems (8), pp. 19-49.

- Ringle, C.M., Wende, S., and Will, A. 2005a. Customer segmentation with FIMIX-PLS. In: T. Aluja, J. Casanovas, V. Esposito Vinzi, A. Morrineau & M. Tenenhaus (Eds.), PLS and related methods – Proceedings of the PLS'05 international symposium (pp. 507-514). Paris, France: Decisia.

- Sarstedt, M. and Ringle, C.M. 2010. "Treating unobserved heterogeneity in PLS path modeling: a comparison of FIMIX-PLS with different data analysis strategies," Journal of Applied Statistics (37:8)http://www.tandfonline.com/loi/cjas20?open=37 - vol_37, pp. 1299-1318.

- Sarstedt, M., Schwaiger, M. and Ringle, C.M. 2009. "Do we fully understand the critical success factors of customer satisfaction with industrial goods? - Extending Festge and Schwaiger's model to account for unobserved heterogeneity," Journal of Business Market Management (3:3), pp. 185-206.

- Ringle, C.M. and Schlittgen, R. 2007. A Genetic Algorithm Segmentation Approach for Uncovering and Separating Groups of Data in PLS Path Modeling. In: H. Martens, T. Nas & M. Martens (Eds), PLS and related methods – Proceedings of the PLS'07 international symposium (pp.75-78). As, Norway: Matforsk.

- Ringle, C.M., Sarstedt, M. and Schlittgen, R. 2010. Finite Mixture and Genetic Algorithm Segmentation in Partial Least Squares Path Modeling: Identification of Multiple Segments in Complex Path Models. In: A. Fink, B. Lausen, W. Seidel & A. Ultsch (Eds.), Advances in Data Analysis, Data Handling and Business Intelligence (pp 167-176). Berlin, Germany: Springer-Verlag.

- Esposito Vinzi, V., Squillacciotti, S., Trinchera, L., and Tenenhaus, M. (2008). "A response-based procedure for detecting unit segments in PLS path modeling." Applied Stochastic Models in Business and Industry, 24(5), pp. 439-458.

- Squillacciotti, S. 2005. Prediction-oriented classification in PLS path modeling. In: T. Aluja, J. Casanovas, V. Esposito Vinzi, A. Morrineau & M. Tenenhaus (Eds.), PLS and related methods – Proceedings of the PLS'05 international symposium (pp. 499-506). Paris, France: Decisia.

- Squillacciotti, S. 2010. Prediction-oriented classification in PLS path modeling. In: V. Esposito Vinzi, W.W. Chin, J. Henseler & H. Wang (Eds.), Handbook of partial least squares: Concepts, methods and applications in marketing and related fields (pp. 219-233). Berlin, Germany:Springer-Verlag.

21-5 CTA-PLS (PLS 驗證四價分析)

　　CTA-PLS 的全名是 Confirmatory tetrad analysis in PLS path modeling，tetrad 是 4 個 1 組的意思，我們稱之為 PLS 驗證四價分析，最早是由 Gudergan et al. (2008) 所提出來，是使用拔靴程序法來完成檢驗四價分析的統計檢定，此方法可以從反應性指標 (reflective indicator) 中，區分出形成性指標 (formative indicator)。

　　CTA-PLS 採用線性條件的預期關係於自變數和依變數以計算內模式 (inner model) 和外模式 (outer model) 線性模式。使用消失的四價測試方式是根據 Bollen and Ting's (2000) 驗證方式；測試模式中意涵著四價分析 (model-implied vanishing tetrads) 用來區分在 PLS 線性模式中的反應性和形成性量測模式。

　　CTA-PLS 建立統計測試：

1. 先對每一個單一模式意涵消失四價，以克服分配上的假設限制（例如：常態分佈），使用的是拔靴 (bootstrapping) 方法；得到拔靴分配，進而計算四價測試的統計 t，以得到拔靴機率 (bootstrap probability) 值 (P-value)。

2. CTA-PLS 使用每個單一模式意涵消失四價分析的結果,用來判定反應性模式是否符合實證的資料,若是拒絕反應性模式,則提供支持形成性模式的指定。

CTA-PLS 的測試方式如下: (Gudergan et al. 2008)

1. 形成和計算量測模式中潛在變數所有消失的四價分析
2. 辨識模式意涵消失的四價
3. 刪除多餘的模式意涵消失的四價
4. 對於每一個消失的四價作統計的顯著測試
5. 評估每個量測模式中所有非多餘模式意涵,消失四價的結果以解釋多重測試意願

如何形成量測模式中潛在變數所有消失的四價?

我們以 Gudergan et al. (2008) 介紹的範例:

範例 1. 潛在變數 ξ_1,一個量測模式擁有 4 個變數。

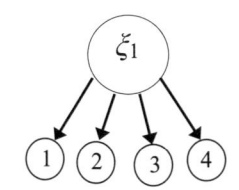

Reflective 模式意涵消失的四價 τ_{1234},τ_{1342},τ_{1423}。Formative,沒有 τ。

範例 2. 潛在變數 ξ_1 有 3 個變數,潛在變數 ξ_2 有 1 個變數,在量測模式中有一個路徑關係,如下圖。

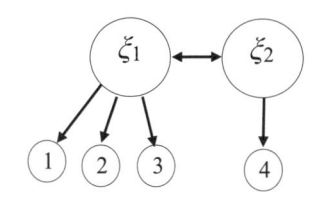

ξ_1	ξ_2	模式意涵消失的四價分析
reflective	reflective	τ_{1234},τ_{1342},τ_{1423}
reflective	formative	沒有 τ
formative	reflective	沒有 τ
formative	formative	沒有 τ

21-41

範例 3. 潛在變數 ξ_1 和 ξ_2 各有 2 個變數，在量測模式中有一個路徑關係，如下圖：

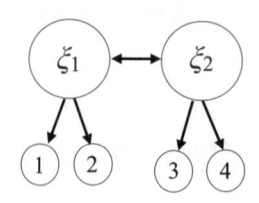

潛在變數

ξ_1	ξ_2	模式意涵消失的四價分析
reflective	reflective	τ_{1342}
reflective	formative	τ_{1342}
formative	reflective	τ_{1342}
formative	formative	沒有 τ

這裡

τ 是每個 TeTrad 值

se 是 standard error

t-value = τ/se

虛無假設(null hypothesis) $H_0: \tau = 0$，t(雙尾)在大於或小於臨界值，d 水準時，會拒絕 H_0，換句話說，也就是在 1-α信賴區間，不包含 $\tau = 0$，則會拒絕 H_0，接受 H_1。

CTA-PLS 在檢驗時，會建立 reflective 模式，利用驗證四價分析中的每一個消失的四價作統計檢測，若是 CI 值(信賴區間值)不含 0，會拒絕 $H_0: \tau = 0$ 反應性模式，研究者需要加以檢視，重要的模擬和實證範例可以參考 Gudergan et al. (2008)期刊文章。

注意：CTA-PLS 驗證四價分析，提供的是檢測方式，用來協助研究者分析是否有模式指定錯誤(model missecification)的情形，當研究者將反應性模式改變為形成性模式時，仍然需要參考 Javis et al. (2003)質化的決策法則。

中介式調節(被中介的調節)和調節式中介(被調節的中介)分析

CHAPTER 22

　　中介與調節一直以來是研究者用來了解社會科學科學現象的重要變數，也常用 SPSS 的 Regression, Process, AMOS, SmartPLS 軟體分析。在探討現象時，常常是各自探討中介與調節效果，即使在整體模式中，常見的是獨立出來計算呈現，再合併回整體模式中，其原因不外乎是簡單，容易了解。然而，對於整體現象(模式)而言，卻是無法正確的解釋整體現象(模式)的影響，因此，有許多學者，例如 Baron & Kenny (1986); Druley & Townsend (1998); Tepper, Eisenbach, Kirby & Potter, P. W. (1998); Muller, Judd & Yzerbyt (2005); Morgan-Lopez & MacKinnon (2006); Edwards, & Lambert, (2007); Preacher, Rucker & Hayes (2007); Fairchild & MacKinnon (2009); Antheunis, Valkenberg, & Peter (2010); Parade, Leerkes, & Blankson, (2010); Van Dijke & de Cremer (2010); Zhao et al. (2010); Hayes & Preacher (2013); Hayes (2013); Hayes (2015); Hair, Hult, Ringle, & Sarstedt (2017) 針對結合中介和調節，也就是中介式調節(又稱被中介的調節)和調節式中介(又稱被調節的中介)分析，作深入的探討。接下來，我們就從著名的中介和調節的期刊文章 Baron and Kenny (1986) 談起，整理 Mediated moderation and Moderated Mediation analysis (中介式調節和調節式中介分析)最新的演進如下圖：

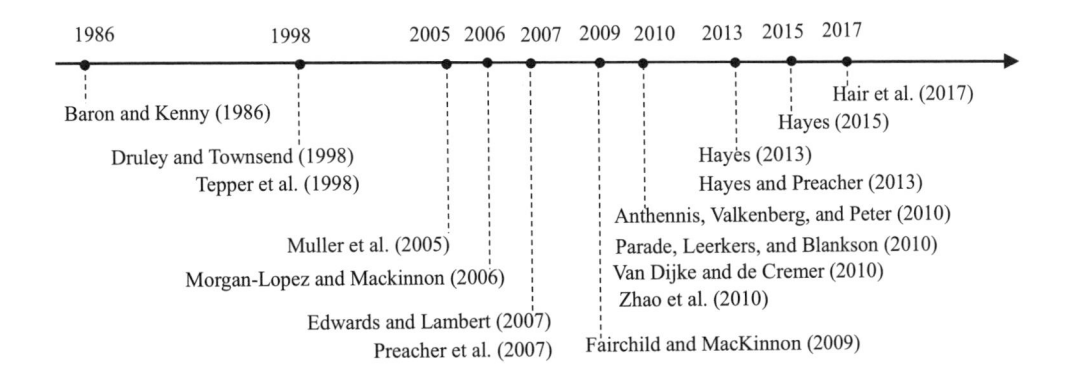

```
1986      1998         2005  2006 2007  2009 2010   2013  2015  2017
──●────────●───────────●────●────●─────●────●──────●─────●─────●──────▶
                                                                 Hair et al. (2017)
                                                         Hayes (2015)
  Baron and Kenny (1986)
                                                   Hayes (2013)
           Druley and Townsend (1998)
                                                   Hayes and Preacher (2013)
           Tepper et al. (1998)
                                          Anthennis, Valkenberg, and Peter (2010)
                      Muller et al. (2005)
                                          Parade, Leerkers, and Blankson (2010)
                      Morgan-Lopez and Mackinnon (2006)
                                          Van Dijke and de Cremer (2010)
                                          Zhao et al. (2010)
                            Edwards and Lambert (2007)
                            Preacher et al. (2007)
                                     Fairchild and MacKinnon (2009)
```

Baron and Kenny (1986) 發表了著名的中介和調節的分析，其中對於中介式調節 (mediated moderation) 和調節式中介 (moderated mediation) 加以解釋 (Baron and Kenny, 1986; p. 1179)。文章中 Baron and Kenny (1986) 以下列的圖為例，解釋結合的中介和調節效果。

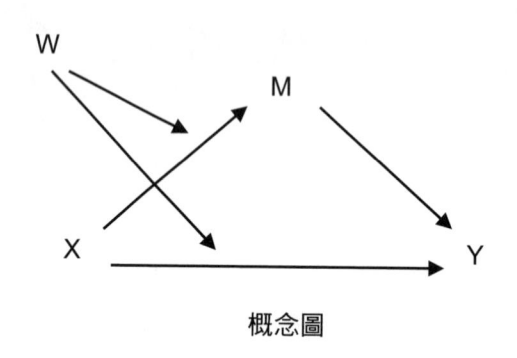

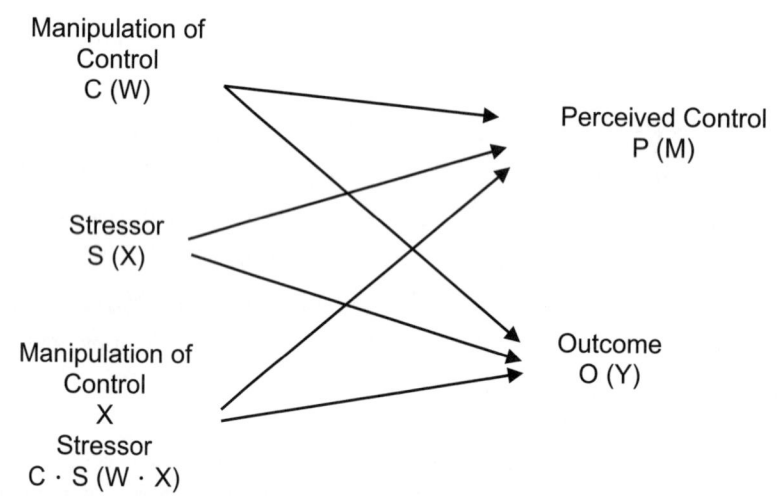

概念圖

括號為我們常用的中介和調節代號。

C：manipulation of control　　(W)：調節變數
P：perceived control　　　　　(M)：中介變數
S：stressor　　　　　　　　　　(X)：自變數
O：outcome　　　　　　　　　　(Y)：依變數
CS：manipulation of control x stressor (W・X)：調節變數 x 自變數

中介式調節(被中介的調節)和調節式中介(被調節的中介)分析

整體分析三步驟：

1. 對 O 有影響的變數作分析
2. 對 P 有影響和被 P 影響的變數作分析
3. 對被 PS 影響的變數作分析

✪ Mediated moderation 分析

1. CS 影響 O 顯著 (有調節效果)
2. 迴歸式 C + S + P + CS = O

    CS 影響 O 必須小於 step 1 的 CS 影響 O，就稱為 Mediated moderation

✪ Moderated mediation 分析

我們依 Baron and Kenny (1986, p. 1179) 的延伸模式畫出概念圖如下：

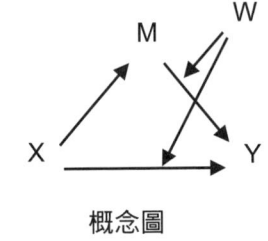

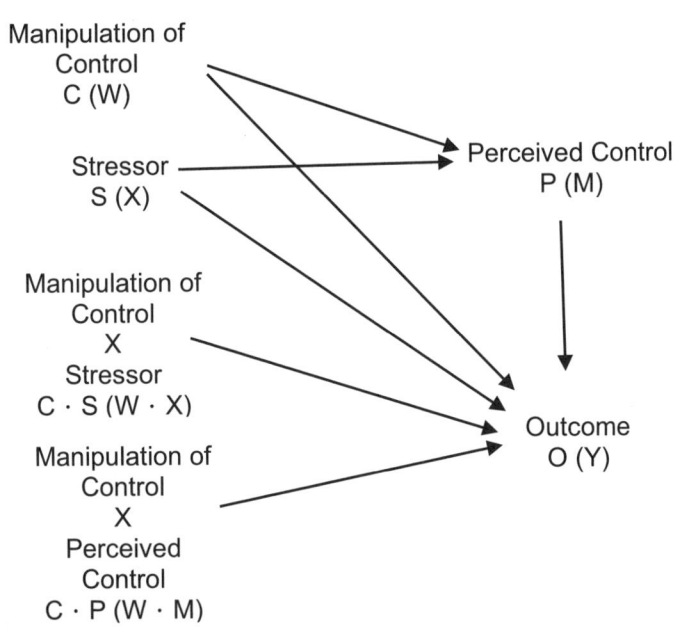

概念圖

Manipulation of Control C (W)

Stressor S (X)

Manipulation of Control X Stressor C · S (W · X)

Manipulation of Control X Perceived Control C · P (W · M)

Perceived Control P (M)

Outcome O (Y)

括號為我們常用的中介和調節代號。

C：manipulation of control （W）：調節變數
P：perceived control （M）：中介變數
S：stressor （X）：自變數
O：outcome （Y）：依變數
C．S：manipulation of control x stressor（W．X）：調節變數 x 自變數
C．P：manipulation of control x perceived control（W．M）：調節變數 x 中介變數

迴歸式 C + S + P + CS + CP = O

檢視 CP 的效果和中介效果（P 中介 S 到 O 的關係），也就是中介效果（S →P→O）依調節變數 C 而定，我們稱為 moderated mediation。

Druley & Townsend (1998) 和 Tepper, Eisenbach, Kirby & Potter (1998) 這二篇文章提供了非全面（片段）的方法來評估 Mediated moderation and Moderated Mediation（中介式調節和調節式中介），例如 Druley & Townsend (1998) 研究自尊（self-esteem）是中介因子於配偶支持（spousal support）和憂鬱症（depressive symptom）的關係，以比較健康的和患有關節炎（arthristis）的個人為例，他們檢驗自尊是否有中介效果於正負向婚姻關係影響憂鬱症，作者們使用 SEM 分組比較，結果顯示：對於有關節炎 (arthristis) 組的人，自尊在負向婚姻互動和憂鬱症的關係有中介效果，對於健康組的人，自尊在負向婚姻互動和憂鬱症之間，沒有中介效果。

Muller, Judd & Yzerbyt (2005) 發表了 When Moderation is Mediated and Mediation is Moderated。

Muller et al. (2005) 用數學證明中介式調節和調節式中介在一個模式下的迴歸式是一樣的（2 sides of a coin），差別在於聚焦的重點不一樣，假設檢定不同，檢驗的步驟略有不同，檢視結果的係數也不同，呈現的就會是完全不一樣的文章。

Muller et al. (2005) 首先呈現中介和調節效果經典文章 Baron and Kenny (1986) 的三項迴歸式。

$Y = \beta_{10} + \beta_{11}X + \varepsilon_1$ (1)
$M = \beta_{20} + \beta_{21}X + \varepsilon_2$ (2)
$Y = \beta_{30} + \beta_{31}X + \varepsilon_3$ (3)

中介式調節(被中介的調節)和調節式中介(被調節的中介)分析 22

對於分析中介式調節和調節式中介，Muller et al. (2015) 提出了下列概念圖和迴歸式 (4) ~ (7)：

Overall effect

$$X \xrightarrow{\beta_{41} + \beta_{43}W} Y$$

Direct and Indirect effect

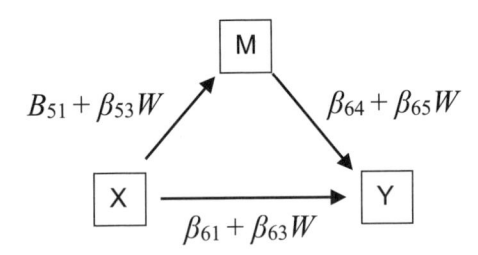

$$\begin{array}{c} M \\ \nearrow \quad \searrow \\ B_{51} + \beta_{53}W \quad \beta_{64} + \beta_{65}W \\ X \xrightarrow{\beta_{61} + \beta_{63}W} Y \end{array}$$

Models illustrating moderated mediation and mediated moderation

$Y = \beta_{40} + \beta_{41}X + \beta_{42}W + \beta_{43}XW + \varepsilon_4$ (4) **Overall effect**

$M = \beta_{50} + \beta_{51}X + \beta_{52}W + \beta_{53}XW + \varepsilon_5$ (5) ⎫ **Direct and**

$Y = \beta_{60} + \beta_{61}X + \beta_{62}W + \beta_{63}XW + \beta_{64}M + \beta_{65}MW + \varepsilon_6$ (6) ⎬ **indirect effect**

$\beta_{43} - \beta_{63} = \beta_{64}\beta_{54} + \beta_{65}\beta_{51}$ (7)

針對迴歸式的斜率，Muller et al. (2005) 解釋如下表：

Slope parameters	Interpretation of slope parameters
β_{41}	Overall treatment effect on Y at the average level of W
β_{42}	Moderator effect on Y on average across the two treatment levels
β_{43}	Change in overall treatment effect on Y as W increases
β_{51}	Treatment effect on M at the average level of W
β_{52}	Moderator effect on M on average across the two treatment levels
β_{53}	Change in treatment effect on M as W increases
β_{61}	Residual direct treatment effect on Y at the average level of W

Slope parameters	Interpretation of slope parameters
β_{62}	Moderator effect on Y on average within the two treatment levels and at the average level of M
β_{63}	Change in residual direct treatment effect on Y as W increases
β_{64}	Mediator effect on Y on average within the two treatment levels and at the average level of W
β_{65}	Change in mediator effect on Y as W increases

Overall effect

$$X \xrightarrow{\beta_{41} + \beta_{43}W} Y$$

Direct and Indirect effect

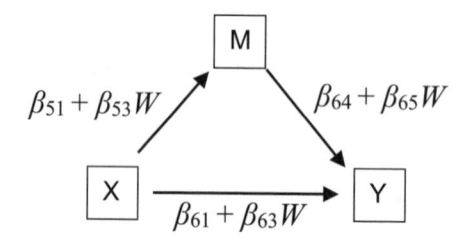

$$X \xrightarrow{\beta_{51} + \beta_{53}W} M \xrightarrow{\beta_{64} + \beta_{65}W} Y$$
$$X \xrightarrow{\beta_{61} + \beta_{63}W} Y$$

Models illustrating moderated mediation and mediated moderation

在 Mediated moderation 分析中,我們預期如下:

- 迴歸式 (4) 中的 β_{43} 顯著
- 迴歸式 (5) 和 (6) 中的係數:

    β_{53} 和 β_{64} 同時顯著
    或 (和)
    β_{51} 和 β_{65} 同時顯著

因此,調節的效果 β_{63} 大小會下降,若是下降到不顯著,則稱為 Full (完全) 的中介式調節 (mediated moderation)。

Overall effect

```
    X  ──────────────▶  Y
       β₄₁ + β₄₃W
```

Direct and Indirect effect

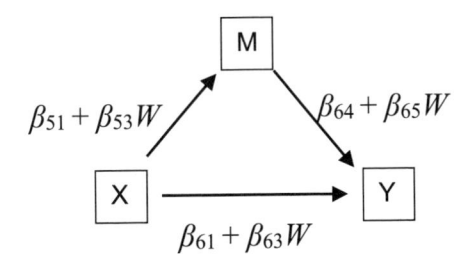

```
              M
           ↗     ↘
    β₅₁+β₅₃W    β₆₄+β₆₅W
         ↗         ↘
    X ─────────────▶ Y
         β₆₁ + β₆₃W
```

Models illustrating moderated mediation and mediated moderation

在 Moderated mediation 分析中,我們預期如下:

- 迴歸式 (4) 中的 β_{41} 顯著,β_{43} 為不顯著

- 迴歸式 (5) 和 (6) 中的係數:

   β_{53} 和 β_{64} 同時顯著
   或 (和)
   β_{51} 和 β_{65} 同時顯著

顯示結果有調節效果,也就是 β_{63} 可能是顯著,但是對於 moderated mediation 而言,不是必要的條件 (Muller et al. 2005, p. 856)。

Muller et al. (2005) 示範了 2 個範例。

✪ 範例：Mediated Moderation example(p. 858)

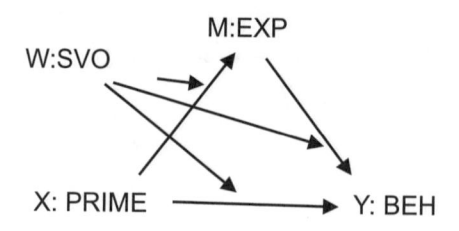

```
        W:SVO         M:EXP


        X: PRIME  ────────▶  Y: BEH
```

Table
Least Squares Regression Results for Mediated Moderation Example

Predictors	Equation 4 (Criterion BEH) b	t	Equation 5 (Criterion EXP) b	t	Equation 6 (Criterion BEH) b	t
X:PRIME	4.580 (β_{41})	3.40**	2.692 (β_{51})	3.57**	2.169 (β_{61})	2.03*
W:SVO	-2.042 (β_{42})	2.09*	-0.085 (β_{52})	-0.16	2.569 (β_{62})	3.54
XW:PRIMESVO	2.574 (β_{43})	2.64**	0.089 (β_{53})	0.16	0.041 (β_{63})	0.05
M:EXP					0.840 (β_{64})	6.05**
MW:EXPSVO					0.765 (β_{65})	7.91**

BEH=behavior; EXP=expectations about partner's behavior; W=moderator variable; SVO=social value orientation; M=mediator variable. *p<.05. **p<.01.

✪ 範例：Moderated mediation example(p. 859)

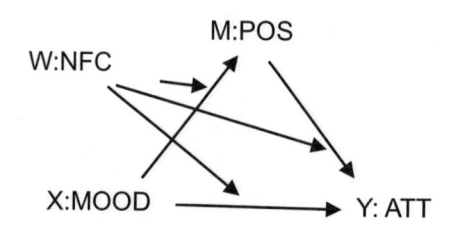

```
        W:NFC         M:POS


        X:MOOD  ────────▶  Y: ATT
```

22-8

Table
Least Squares Regression Results for Moderated Mediation Example

Predictors	Equation 4 (Criterion ATT) b	t	Equation 5 (Criterion POS) b	t	Equation 6 (Criterion ATT) b	t
X:MOOD	6.813 (β_{41})	4.415**	4.336 (β_{51})	6.219**	1.480 (β_{61})	.957
W:NFC	1.268 (β_{42})	1.117	.767 (β_{52})	1.496	.356 (β_{62})	.366
XW:MOODNFC	-.691 (β_{43})	-.609	1.256 (β_{53})	2.450*	-2.169 (β_{63})	-2.112*
M:POS	①		②		1.248 (β_{64}) ③	6.613**
MW:POSNFC					-.036 (β_{65})	-.279

Note. ATT = attitude change; POS = positive valenced thoughts; W = moderator variable; NFC = need for cognition; M = mediator variable. *p<.05. **p<.01.

　　Morgan-Lopez & MacKinnon (2006) 對於如何適當的建立中介式調節和調節式中介的模式，提供了範例和建議。Edwards & Lambert (2007) 對於調節的路徑分析，提出分析的架構，而且更提供推導公式和分析工具，用來量化和檢定所提出的假設。Preacher, Rucker & Hayes (2007) 提出 conditional indirect effect (條件下的間接效果)，也就是一個變數，在另一個變數的間接效果是經由第三方 (可以表示式一個或二個調節變數所形成的函數)，更提供推導公式和分析工具，用來量化和檢定所提出的假設。Fairchild & MacKinnon (2009) 對於如何適當的建立中介式調節和調節式中介的模式，提供了範例和建議。

　　Antheunis, Valkenberg, & Peter (2010); Parade, Leerkes, & Blankson (2010) 和 Van Dijke & de Cremer (2010) 都提供了同時估計中介和調節效果，以說明中介和調節對整體現像(模式)的影響。

　　Zhao, Xinshu, John G. Lynch, and Qimei Chen (2010). "Reconsidering Baron and Kenny: Myths and truths about mediation analysis." *Journal of Consumer Research* (37:2), pp. 197-206.

SEM mediation：5 Catogories

1. Complementary (Mediation)
2. Competitive (Mediation)
3. Indirect-only (Mediation)
4. Direct-only (Non Mediation)
5. No-effect (Non Mediation)

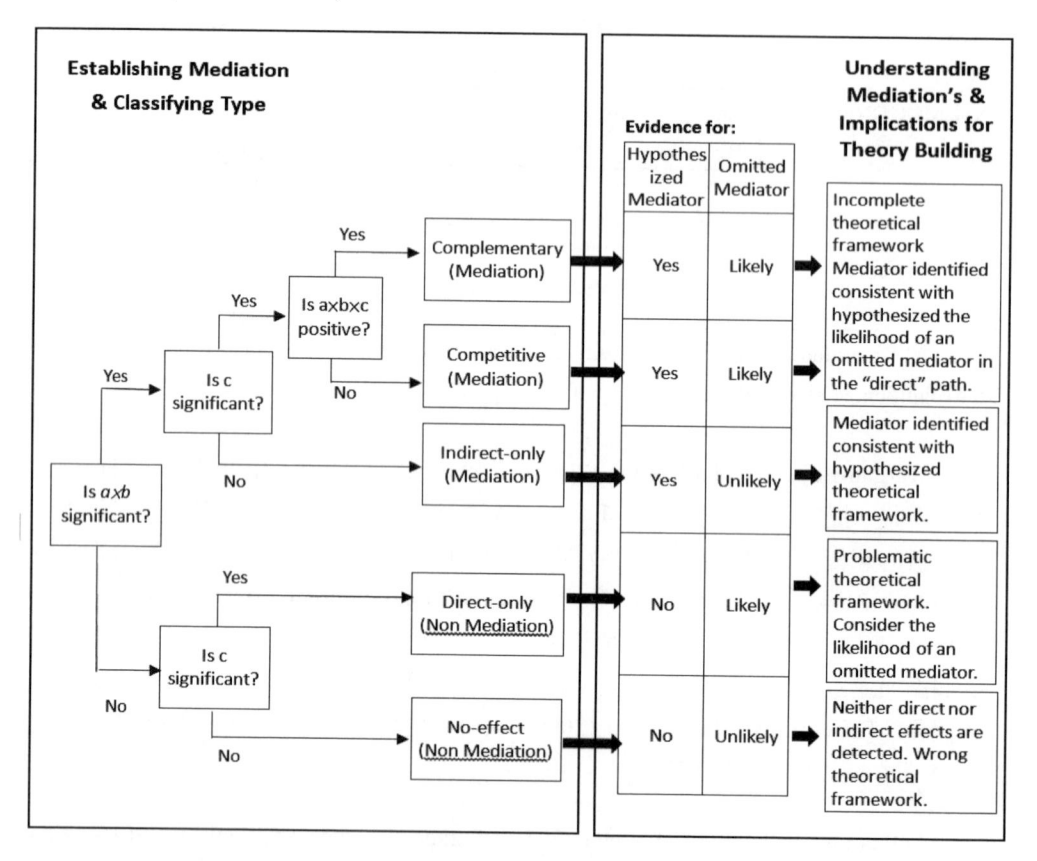

Establishing Mediation & Classifying Type	Evidence for: Hypothesized Mediator	Omitted Mediator	Understanding Mediation's & Implications for Theory Building
Complementary (Mediation)	Yes	Likely	Incomplete theoretical framework Mediator identified consistent with hypothesized the likelihood of an omitted mediator in the "direct" path.
Competitive (Mediation)	Yes	Likely	
Indirect-only (Mediation)	Yes	Unlikely	Mediator identified consistent with hypothesized theoretical framework.
Direct-only (Non Mediation)	No	Likely	Problematic theoretical framework. Consider the likelihood of an omitted mediator.
No-effect (Non Mediation)	No	Unlikely	Neither direct nor indirect effects are detected. Wrong theoretical framework.

Hayes & Preacher (2013) 的文章中有 2 大重點，分別是：

1. 如何分析 conditional process modeling 條件下的處理模式
2. 使用 SEM 檢驗 conditional process modeling

中介式調節(被中介的調節)和調節式中介(被調節的中介)分析 22

⭕ 如何分析 conditional process modeling 條件下的處理模式

Conditional process modeling 的 conditional 源自於調節分析中的交互作用項，當 X 影響 Y 是依賴第 3 變數 W，也就是說，X 的效果是被調節或是條件於(conditional) W，換句話說，X 和 W 的交互作用項影響 Y，交互作用效果就是調節效果，用來估計條件下的效果 (conditional effect)，也稱為簡單斜率 (simple slopes) 或簡單效果 (simple effects)。Simple slopes 或 Simple effects 是用來量化 X 對 Y 的影響是在不同 W 的值下，這樣的估計將有理論上和實務上的意義。

處理模式 (Process Modeling) 說的是指定的因果鏈 (specify the causal chain)，現在則是大家所熟知的中介分析 (mediation analysis)，也就是當 X 影響 Y 是經由第 3 變數 M，我們所估計的是間接效果 (indirect effects)。

Conditional process modeling 是 conditional 和 process modeling 的結合，有 2 種情形，第一種情形是一個中介效果可能被調節 (moderated mediation)，第二個是調節效果可能被中介 (mediated moderation)，那如何分析條件下的處理模式 (conditional process modeling)？

Hayes & Preacher (2013) 提出 6 大步驟後，再進行模式估計如下：

Step 1. Derive the Number of Linear Models Necessary to Model the Process Statistically

Step 2. Label the Points of Moderation in the Conceptual Model

Step 3. Construct Sequences of Variable Names for Each Consequent

Step 4. Expansion of Sequences with at Least Three Variable Names

Step 5. Use the List of Sequences to Generate the Linear models for Each Consequent

Step 6. Fine-Tuning the Models

模式估計

模式估計的方式是推導和參考條件下的直接和間接效果 (conditional direct and indirect effects)，又可以分成下列 3 個步驟：

1. Deriving Direct and Indirect Effects as Functions
2. Quantification and Visualization of Conditional Direct and Indirect Effects
3. Statistical Inference: Probing the Direct and Indirect Effects at Levels of the Moderator(s)

✪ 使用 SEM 檢驗 conditional process model

當量測的現象為 unoberved variable 非觀察的變數時，就必須使用 SEM。

而使用 SEM 檢驗 conditional process model 時，需要有潛在構面 latent construct (variable)，舉例來說，我們有一個中介的 SEM 模式，其中，W 調節 M 到 Y 的關係，其概念圖 (conceptual model) 如下：

Conceptual Model

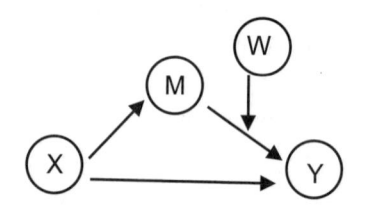

我們轉換到統計模式圖如下：

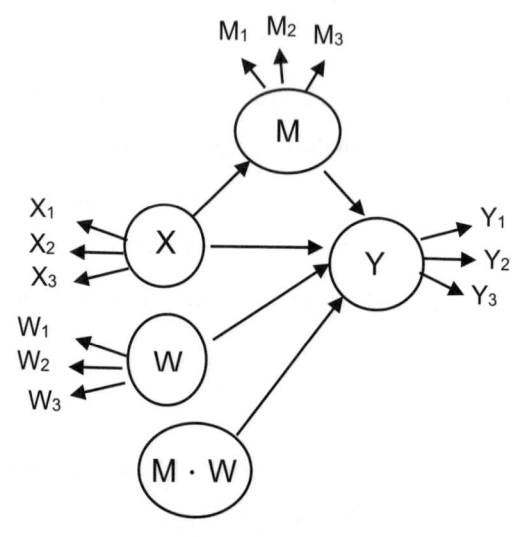

M · W 的交互作用項，就是調節效果。

Hayes (2013) 發表了中介和調節分析的書 Introduction to mediation, moderation, and conditional process analysis，這是使用 Process 軟體分析中介和調節重要的書籍，其中第 10 章介紹 moderated mediation analysis 調節式中介分析，第 11 章介紹 mediated moderation analysis 中介式調節分析。

對於 moderated mediation analysis 調節式中介分析，Hayes (2013) 強調 moderated mediation 的重要性，也就是估計中介的效果和中介效果如何隨著調節因子的函數變動。

對於 mediated moderation 中介式調節分析 Hayes (2013) 則是用辯論說明 mediated moderation 不是一個有趣的概念或現象，Hayes (2013) 在書中第 387-389 頁說明了此觀點，中介式調節討論的是 X 和調節因子 M 交互作用項的運作的機制，也就是 X．M 交互作用項被解釋為因果的代理 (causal agent) 經由 M 影響 Y，換句話說，mediated moderation 中介式調節聚焦於估計交互作用項的中介效果，Hayes (2013) 認為 X．M 交互作用項是沒有意義的，因為 X．M 交互作用項是源自於設想 X 影響 Y 當作是調節因子 M 的線性函數，也就是 X．M 交互作用項在模式中是沒有功能的，除非 X 影響 Y 是依調節因子 M 而定的。X 和 M 分開看時，各自有各自要量測的構面(意義)，但是，X．M 交互作用項並沒有量測任何事物，而是因果的代理 (causal agent)，所以是沒有實質解釋的意義，因此，X．M 交互作用的中介效果也是沒有意義的。

Hayes (2015) 整理了一系列線性的被調的中介分析 (moderated mediation analysis)，稱之為檢測線性調節式中介索引，使用的是區間估計方式。這一系列整合中介和調節分析的模式主要來自於下列三項：

1. Edwards, J. R., & Lambert, L. S. (2007). Methods for integrating moderation and mediation: A general analytical framework using moderated path analysis. Psychological Methods, 12, 1–22.
2. Preacher, K. J., Rucker, D. D., & Hayes, A. F. (2007). Assessing moderated mediation hypotheses: Theory, methods, and prescriptions. Multivariate Behavioral Research, 42, 185–227.
3. 延伸的模式

延伸的模式主要有平行和序列的 multiple mediator，在處理 moderated mediation 的主要步驟是將概念模式轉成統計模式，我們整理 Hayes (2015) 所提供的檢測線性調節式中介模式索引如下：

模式一

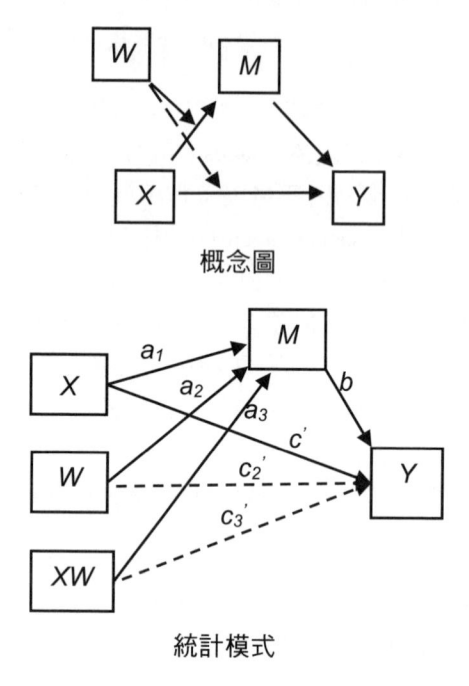

概念圖

統計模式

模式二

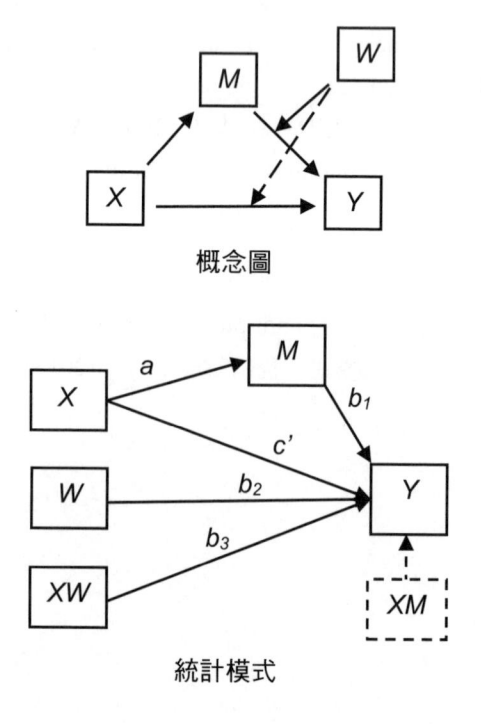

概念圖

統計模式

22-14

模式三

概念圖

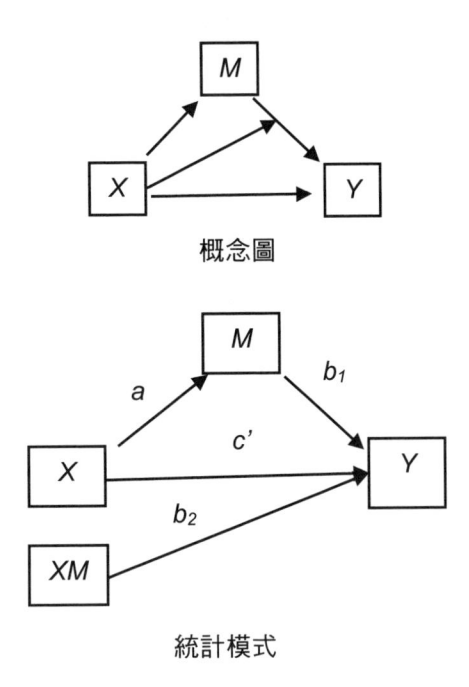

統計模式

模式四

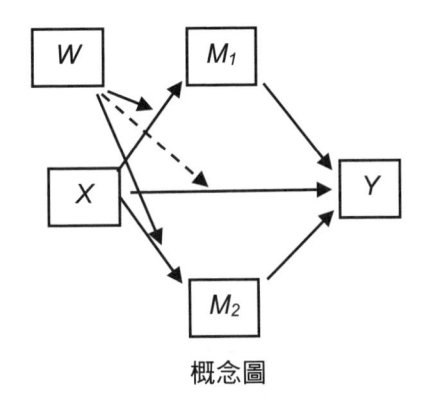

概念圖

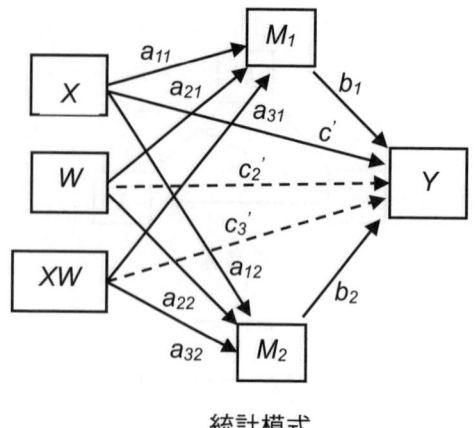

統計模式

模式五

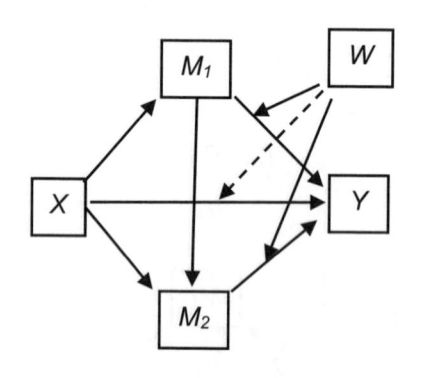

概念圖

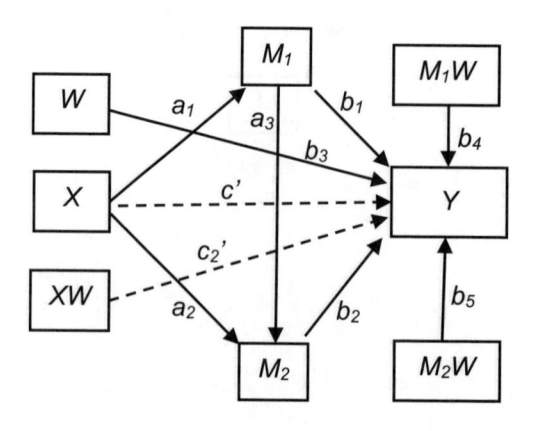

統計模式

22 中介式調節(被中介的調節)和調節式中介(被調節的中介)分析

Hayes(2015)更提供 3 個範例分析的結果呈現如下：

✪ 範例一

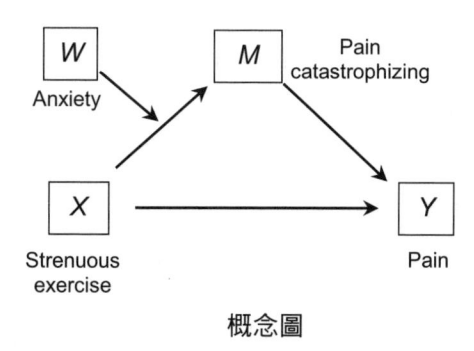

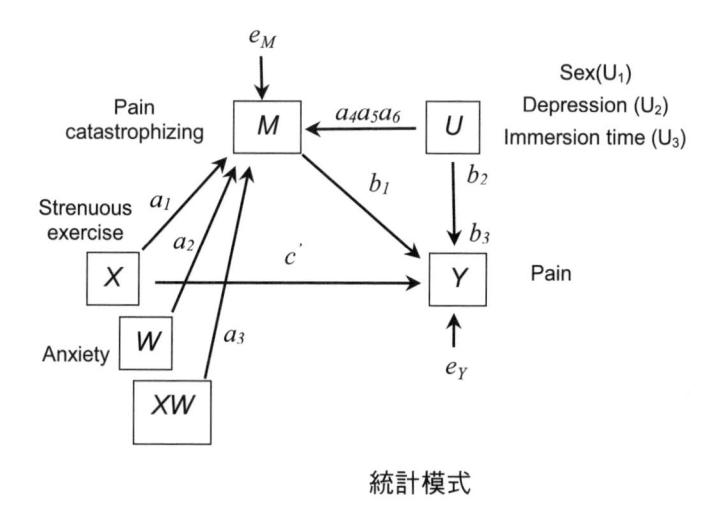

```
        W              M    Pain
      Anxiety              catastrophizing
          ╲              ╱
           ╲            ╱
            ╲          ╱
        X    ─────────────────►   Y
     Strenuous                    Pain
     exercise
```

概念圖

```
                    e_M
                     ↓
         Pain                    Sex(U₁)
     catastrophizing   a₄a₅a₆    Depression (U₂)
              M  ◄──────── U     Immersion time (U₃)
             ↗↑↑                │
        a₁ ╱  │           b₁    │ b₂
   Strenuous  │                 ▼
   exercise   │ a₂       ┌────► Y    b₃
       X ─────┼──────────┘ c'   Pain
              │                  ↑
       W      │ a₃               e_Y
    Anxiety   │
       XW ────┘
```

統計模式

22-17

Table

Unstandardized OLS Regression Coefficients With Confidence Intervals (Standard Errors in Parentheses) Estimating Pain Catastrophizing and Experience of Pain. Strenuous Exercise and Anxiety are Mean Centered

		Pain Catastrophizing (M)			Pain Experience (Y)	
		Coeff.	95% CI		Coeff.	95% CI
Physical Activity (X)	$a_1 \rightarrow$	-6.392(4.481)	-15.324, 2.540	$c' \rightarrow$	-3.294(2.158)	-7.594, 1.007
Pain Catastrophizing (M)				$b_1 \rightarrow$	0.328*(0.055)	0.219, 0.437
Anxiety (W)	$a_2 \rightarrow$	0.328(0.212)	-0.095, 0.751			
$X \cdot W$	$a_3 \rightarrow$	-1.089⁺(0.605)	-2.295, 0.116			
Sex(U_3)	$a_4 \rightarrow$	-3.901(2.646)	-9.176, 1.375	$b_2 \rightarrow$	-2.733*(1.272)	-5.268, -0.198
Depressive Symptoms(U_2)	$a_5 \rightarrow$	0.112(0.298)	-0.481, 0.706	$b_3 \rightarrow$	-0.010(0.129)	-0.267, 0.247
Immersion Time (U_3)	$a_6 \rightarrow$	-.0.030⁺(0.017)	-0.065, 0.005	$b_4 \rightarrow$	-0.008(0.008)	-0.024, 0.009
Constant	$i_M \rightarrow$	24.880***(0.358)	17.766, 31.993	$i_Y \rightarrow$	13.209***(2.145)	8.935, 17.483
		$R^2 = 0.224$			$R^2 = 0.487$	
		$F(6, 72) = 3.454, p = .005$			$F(5, 73) = 13.883, p < .001$	

⁺$p < .10$, *$p < .05$, **$p < .01$, ***$p < .001$.

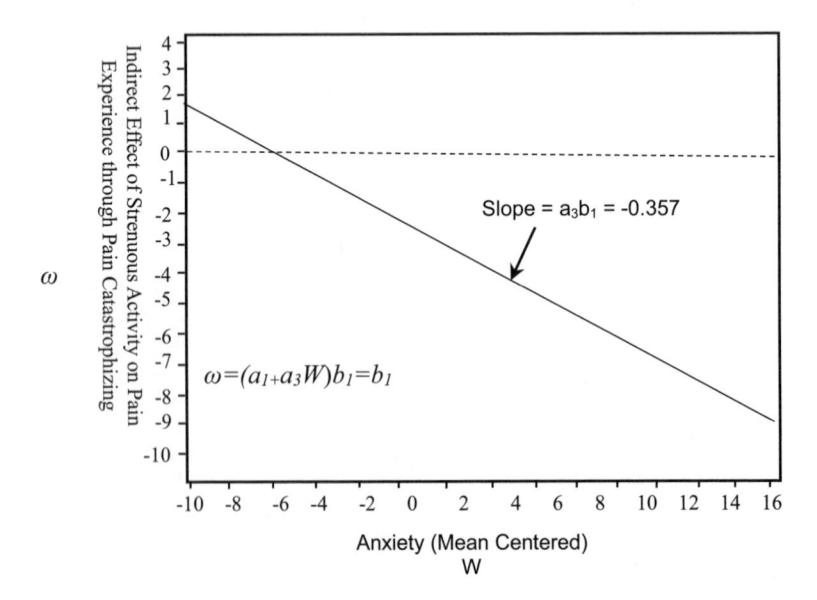

$\omega = (a_1 + a_3 W)b_1 = b_1$

Slope = $a_3 b_1$ = -0.357

ω — Indirect Effect of Strenuous Activity on Pain Experience through Pain Catastrophizing

Anxiety (Mean Centered) W

中介式調節(被中介的調節)和調節式中介(被調節的中介)分析　22

✪ 範例二

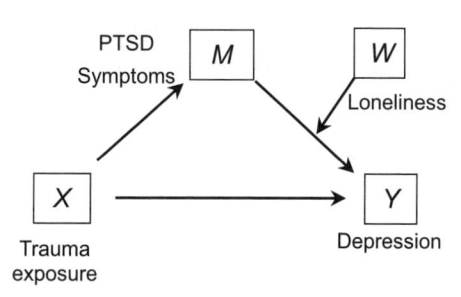

概念圖

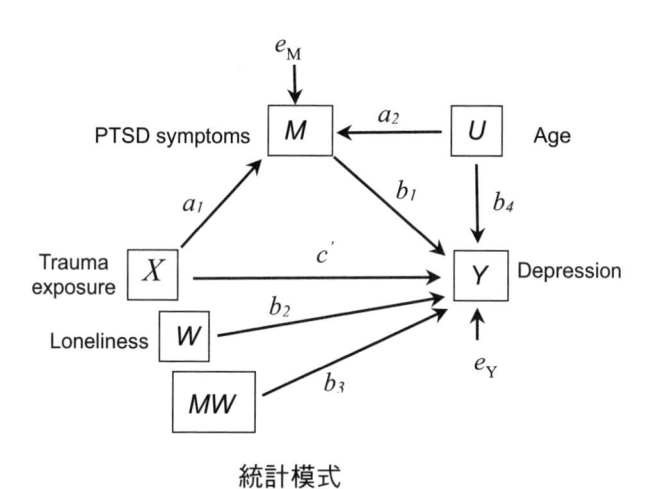

- X: Trauma exposure
- M: PTSD Symptoms
- W: Loneliness
- Y: Depression

統計模式

- X: Trauma exposure
- M: PTSD symptoms
- W: Loneliness
- U: Age
- Y: Depression
- 路徑係數：a_1, a_2, b_1, b_2, b_3, b_4, c'
- 誤差項：e_M, e_Y

22-19

Table

Unstandardized OLS Regression Coefficients With Confidence Intervals (Standard Errors in Parentheses) Estimating PTSD Symptoms and Depression. PTSD Symptoms and Loneliness are Mean Centered

		PTSD Symptoms (M)			Depressions (Y)	
		Coeff.	95% CI		Coeff.	95% CI
Trauma Exposure (X)	$a_1 \rightarrow$	0.590* (0.288)	0.019, 1.162	c'	-0.246 (0.154)	-0.551, 0.059
PTSD Symptoms (M)				$b_1 \rightarrow$	0.050 (0.050)	-0.049, 0.148
Loneliness (W)				$b_2 \rightarrow$	2.816***(0.624)	1.580, 4.053
M · W				$b_3 \rightarrow$	0.130* (0.049)	0.033, 0.228
Age (U_1)	$a_2 \rightarrow$	-4.523*** (1.020)	-6.543, -2.502	$b_4 \rightarrow$	1.065⁺ (0.580)	-0.084, 2.214
Constant	$i_M \rightarrow$	47.829***(11.793)	24.459, 71.199	$i_Y \rightarrow$	-0.025 (6.615)	-13.139, 13.088
		$R^2 = 0.166$			$R^2 = 0.209$	
		$F(2, 110) = 10.956, p < .001$			$F(5, 107) = 5.539, p < .001$	

⁺$p < .10$, *$p < .05$, **$p < .01$, ***$p < .001$

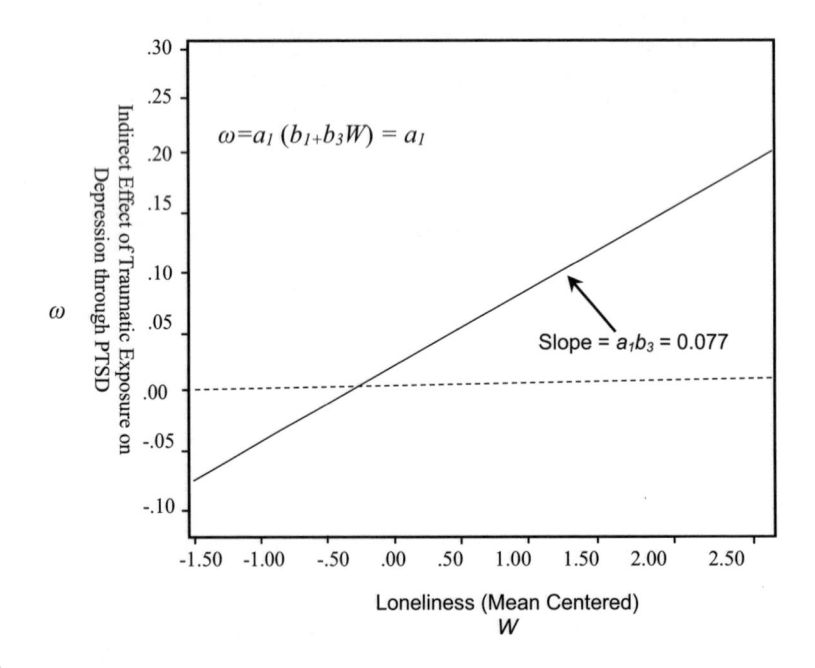

Chapter 22 中介式調節（被中介的調節）和調節式中介（被調節的中介）分析

✪ 範例三

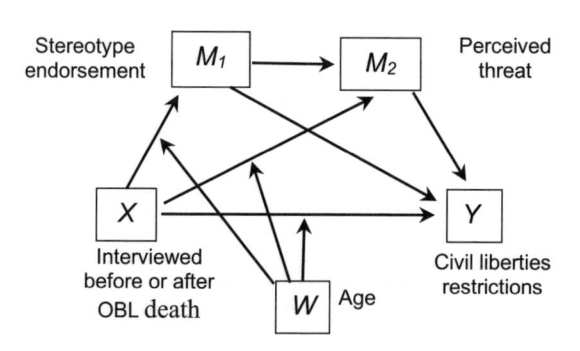

概念圖

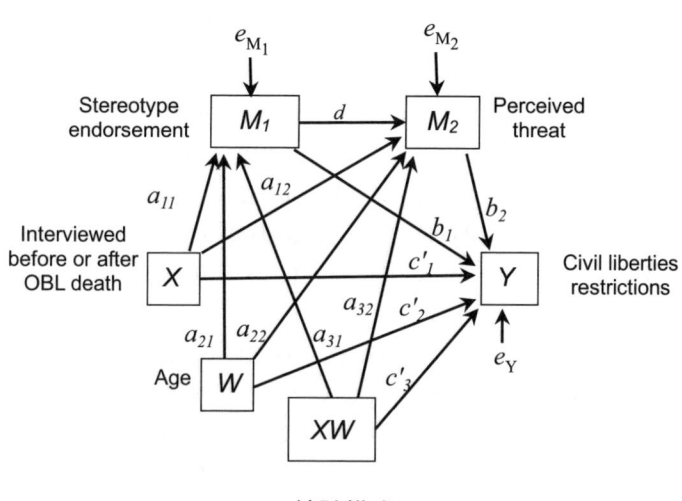

- M_1: Stereotype endorsement
- M_2: Perceived threat
- X: Interviewed before or after OBL death
- W: Age
- Y: Civil liberties restrictions

統計模式

- e_{M_1}, e_{M_2}, e_Y
- M_1: Stereotype endorsement
- M_2: Perceived threat
- X: Interviewed before or after OBL death
- W: Age
- XW
- Y: Civil liberties restrictions
- 係數：a_{11}, a_{12}, a_{21}, a_{22}, a_{31}, a_{32}, d, b_1, b_2, c'_1, c'_2, c'_3

22-21

Table

Unstandardized OLS Regression Coefficients With Confidence Intervals (Standard Errors in Parentheses) Estimating Stereotype Endorsement, Perceived Threat of Muslims, and Restriction of Muslim American Civil Liberties. Pre/Post Bin Laden Death and Age (in 10s of Years) are Mean Centered

	Stereotype Endorsement (M1)		Perceived Threat (M2)		Civil Liberties Restrictions (Y)	
	Coeff.	95% CI	Coeff.	95% CI	Coeff.	95% CI
Pre or Post (X) Death	a11 → 0.136* (0.064)	0.011, 0.261	a12 → 0.038 (0.062)	-0.083, 0.160	c'1 → -0.031 (0.061)	-0.151, 0.089
Stereotype (M1) Endorsement			d → 0.700*** (0.038)	0.625, 0.774	b1 → 0.105* (0.046)	0.014, 0.195
Perceived (M2) Threat					b2 → 0.547*** (0.039)	0.471, 0.623
Age (W)	a21 → 0.049* (0.019)	0.011, 0.087	a22 → 0.044** (0.019)	0.008, 0.081	c'2 → -0.011 (0.019)	-0.047, 0.026
X · W	a31 → -0.083* (0.039)	-0.159, -0.008	a32 → -0.062 (0.038)	-0.136, 0.012	c'3 → -0.030 (0.037)	-0.103, 0.043
Sex (U1)	a41 → 0.039 (0.063)	-0.086, 0.163	a42 → 0.128* (0.061)	0.008, 0.248	b3 → -0.100+ (0.061)	-0.219, 0.019
Ideology (U2)	a51 → 0.130*** (0.014)	0.102, 0.158	a52 → 0.091*** (0.015)	0.062, 0.120	b4 → 0.055*** (0.015)	0.026, 0.084
Constant	i_{M_1} → 2.201*** (0.089)	2.026, 2.376	i_{M_2} → -0.012 (0.120)	-0.248, 0.224	i_Y → 0.658*** (0.118)	0.426, 0.890
	R2 = 0.133		R2 = 0.460		R2 = 0.453	
	F(5, 655) = 20.045, p < .001		F(6, 654) = 92.765, p < .001		F(7, 653) = 77.289, p < .001	

+p < .10, *p < .05, **p < .01, ***p < .001

― Through only stereotype endorsement (M_1)
⋯⋯ Through only perceived threat (M_2)
― ― ― Through stereotype endorsement and perceived threat

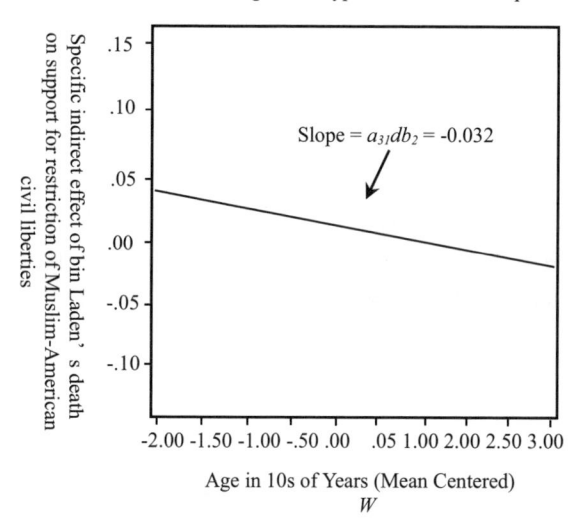

Slope = $a_{31}db_2$ = -0.032

Specific indirect effect of bin Laden's death on support for restriction of Muslim-American civil liberties

Age in 10s of Years (Mean Centered)
W

　　Hair, Hult, Ringle, & Sarstedt (2017) 介紹了 mediated moderation analysis 中介式調節分析和 moderated mediation analysis 調節式中介分析 (pp. 259-271)，並且提供 moderated mediation analysis 調節式中介分析實際範例展示。但是對於 mediated moderation analysis 中介式調節分析，Hair et al. 同意 Hayes (2013) 的建議，檢定 mediated moderation analysis 中介式調節分析無法針對路徑模式效果增加任何的洞悉，也就是說，交互作用項在中介式調節分析模式中，是沒有任何根據的是量測 (measurement)，交互作用項 (interaction term) 是必須存在於 X 影響 Y，而且是依賴在第三個變數 M。當交互作用項沒有量測 (量化) 任何事，也就是沒有意義和沒有實際解釋，所以也就沒有交互作用的中介效果，因此 Hair et al. (2017) 不往下探討 mediated moderation analysis 中介式調節分析，而是聚焦在調節式中介分析 (moderated mediation analysis)。

22-23

Hair et al. (2017) 提出了調節分析和調節式中介分析的指導方針如下：

1. 調節分析

    - 選擇產生交互作用項的方式如下：

        STEP 1：確認調節構面和自變數構面

        若是調節構面和自變數構面兩者或其中一個是形成性 (Formative) 模式，請使用 2 階段方式 (Two-stage approach)，若是調節構面和自變數構面都是反映性 (Reflective) 模式，則進入 STEP 2。

        STEP 2：確認分析的目的

        - 若目的是顯示調節效果的顯著性，請使用 Two-stage approach
        - 若目的是最小化調節效果估計的偏誤，請使用 Orthogonalizing approach
        - 若目的是最大化預測效果，請使用 Othogonalizing approach

    - 調節因子必須經過 Reflective 或 Formative 量測的信效度評估，交互作用預測不需要
    - 當執行調節分析時，請標準化資料 (data)
    - 解析和測試假設檢定時，區分出直接效果 (主要效果) (direct effect (main effect)) 和簡單效果 (simple effect)
        - 直接效果：未包含調節因子的兩個構面關係的效果
        - 簡單效果：兩個構面的關係被第三個變數所調整

    注意：實作時，需要執行 direct effect (mail effect) 和 simple effect 兩個 SEM 模式，而且在 simple effect 中交待 simple slope 的結果或呈現 simple slope 圖。

    ---

2. 調節式中介分析 (moderated mediation analysis)
   調節式中介分析請使用 Hayes's (2015) index of moderated mediation 分析準則
3. 不要使用中介式調節分析 (mediated moderation analysis)

我們完成了從著名的中介和調節的期刊文章 Baron and Kenny (1986) 談起，整理 Mediated moderation and Moderated Mediation analysis (中介式調節和調節式中介分析) 最新的演進了。

參考文獻：

- Antheunis, M. L., Valkenberg, P. M., & Peter, J. (2010). Getting acquainted through social network sites: Testing a model of online uncertainty reduction and social attraction. Computers in Human Behavior, 26, 100-109.

- Baron, R. M., & Kenny, D. A. (1986). The moderator-mediator variable distinction in social psychological research: Conceptual, strategic, and statistical considerations. Journal of Personality and Social Psychology, 51, 1173-1182.

- Druley, J. A., & Townsend, A. L. (1998). Self-esteem as a mediator between spousal support and depressive symptoms: A comparison of healthy individuals and individuals coping with arthritis. Health Psychology, 17, 255-261.

- Edwards, J. R., & Lambert, L. S. (2007). Methods for integrating moderation and mediation: A general analytical framework using moderated path analysis. Psychological Methods, 12, 1-22.

- Fairchild, A. J., & MacKinnon, D. P. (2009). A general model for testing mediation and moderation effects. Prevention Science, 10, 87-99.

- Hair, J. F., Hult, G. T. M., Ringle, C. M., & Sarstedt, M. (2017). A Primer on Partial Least Squares Structural Equation Modeling. 2nd Edition. Thousand Oaks: Sage.

- Hayes, A. F. (2013). Introduction to mediation, moderation, and conditional process analysis. New York, NY: The Guilford Press.

- Hayes, A. F. (2015). An index and test of linear moderated mediation. Multivariate Behavioral Research, 50, 1-22.

- Hayes, A. F., & Preacher, K. J. (2013). Conditional process modeling: Using structural equation modeling to examine contingent causal processes. In G. R. Hancock and R. O. Mueller (Eds.) *Structural equation modeling: A second course* (2nd Ed). Charlotte, NC: Information Age Publishing

- Morgan-Lopez, A., & MacKinnon, D. P. (2006). Demonstration and evaluation of a method for assessing mediated moderation. Behavior Research Methods, 38, 77-89.

- Muller, D., Judd, C. M., & Yzerbyt, V. Y. (2005). When mediation is moderated and moderation is mediated. Journal of Personality and Social Psychology, 89, 852- 863.

- Parade, S. H., Leerkes, E. M., & Blankson, A. (2010). Attachment to parents, social anxiety, and close relationships of female students over the transition to college. Journal of Youth and Adolescence, 39, 127-137.

- Preacher, K. J., Rucker, D. D., & Hayes, A. F. (2007). Assessing moderated mediation hypotheses: Theory, methods, and prescriptions. Multivariate Behavioral Research, 42, 185-227.

- Tepper, B. J., & Eisenbach, R. J., Kirby, S. L., & Potter, P. W. (1998). Test of a justicebased model of subordinates' resistance to downward influence attempts. Group and Organization Management, 23, 144-160.

- Van Dijke, M., & de Cremer, D. (2010). Procedural fairness and endorsement of prototypical leaders: Leader benevolence or follower control? Journal of Experimental Social Psychology, 46, 85-96.

- Zhao, X., Lynch, J. G. & Chen, Q. (2010). Reconsidering Baron and Kenny: Myths and truths about mediation analysis. Journal of Consumer Research (37:2), 197-206.

23 混合方法、論文結構與發表於期刊的建議

23-1 混合方法研究

混合方法研究（A mixed methods study）是結合定性與定量方法，將資料蒐集與分析整合於單一研究中（Tashakkori 和 Teddlie，1998；Plano Clark，2005）。過去的研究對混合方法研究並無一致定義，例如：Greene、Caracelli 和 Graham（1989）將其定義為至少包含一種定量方法（蒐集數據）與一種定性方法（蒐集語詞）的研究。Tashakkori 和 Teddlie（1998）則將混合方法研究描述為將定性與定量方法結合於單一研究的方法。Creswell 等人（2003）則定義混合方法研究為在一個研究中，同時或依序蒐集與分析定量及/或定性資料，並對這兩類資料賦予不同優先順序，且在研究過程中的一個或多個階段涉及資料的整合。

Johnson 和 Onwuegbuzie（2004）指出，混合方法研究是研究者將定量與定性研究的技術、方法、概念或語言混合或組合於一項研究中。為使用混合方法研究，研究者需了解混合方法設計中所需的符號。Johnson 和 Onwuegbuzie（2004）引用 Morse（1991）提出的符號系統，主要或主導方法以大寫字母（QUAN，QUAL）表示，輔助方法則以小寫字母（quan，qual）表示；符號「＋」代表同時進行的設計，而箭頭「→」則表示順序設計。因此，基於這兩個設計維度（Johnson 和 Onwuegbuzie，2004），可以衍生出以下四大類別與九種混合方法設計類型。

- I-等效狀態/同步設計：QUAL + QUAN。
- II-等效狀態/順序設計：QUAL→QUAN；QUAN→QUAL。
- III-主導/同步設計：QUAL + quan；QUAN+ qual。
- IV-主導/順序設計：qual→QUAN；QUAL→quan；quan→QUAL；QUAN→qual。

總而言之，混合方法研究的核心要素有：質性方法：通常涉及語言、文字、影像等資料，用於探索深層的現象與背景，回答「為什麼」和「如何」的問題。量化方法：通常涉及數字、統計分析，用於測量變數的關係與影響，回答「多少」和「是否」的問題。而資料整合：強調在研究設計的某些階段（如資料收集、分析或解釋），將質性與量化方法進行整合，以形成更具洞見的結論。

✪ 優質的混合方法研究

關於優質的混合方法研究，Creswell 和 Tashakkori（2007b）提出以下四個主要特點：

1. 明確展現混合方法的必要性：研究應清楚說明為什麼需要採用混合方法來回答研究問題，並包含質性與量化部分的清晰連結。
2. 清楚呈現質性與量化資料：質性與量化資料（或從一種方法轉換到另一種方法的資料）應清晰分別地分析與展示，確保兩種資料的完整性和獨立性。
3. 適當的資料分析與推論：基於質性與量化資料的適當分析，研究能夠得出有效的推論與結論。
4. 整合多種方法以達成全面結論：研究需清楚地整合兩種或更多的質性與量化研究方法，比單一方法研究更能得出全面且有意義的推論與結論。

此外，優質的混合方法研究需要具有明確且良好的研究問題，這對於混合方法的運用至關重要。Tashakkori 和 Creswell（2007b）針對混合方法的研究問題提出了三點建議：

1. 清晰地形成混合方法的研究問題：研究應明確提出混合方法的研究問題，或清楚說明混合特性的目標，強調質性與量化問題的連結或整合，讓兩者互為補充或加強，以確保混合研究問題在研究中得到充分探索和呈現。
2. 有效地連結研究目的與問題：混合方法研究的總體問題應在質性與量化方法間產生互補的效益，從而有效連結研究目的、研究問題，以及完整的混合方法推論與結論。
3. 適應不同研究設計的研究問題：無論是順序設計、平行設計還是同步設計，混合方法研究的研究問題可能各不相同，需根據研究設計類型進行適當調整。

順序研究：前面的研究結果會影響後面研究問題的出現。平行研究：一開始就形成各自的研究問題們。同時研究：在一個動態過程，研究問題會再次核對總和新形成 2 個或多個研究過程。

進行優質的混合方法研究，需充分了解其操作流程。對於碩博士生、研究人員及初次接觸混合方法研究的人來說，可能會感到困惑。為此，許多知名混合方法研究學者提出了相關步驟與原則，概述如下：

Creswell（1999）提出的九個混合方法研究步驟：

1. 確定研究問題是否需要採用混合方法。
2. 評估混合方法研究的可行性。
3. 撰寫定性與定量的研究問題。
4. 檢視並確定適合的資料收集類型。
5. 評估每種方法的相對權重與實施策略。
6. 設計並呈現視覺化模型。
7. 制定資料分析計畫。
8. 評估研究標準與品質。
9. 制定學習與執行計畫。

Teddlie 和 Tashakkori（2006）提供的七個設計選擇步驟：

1. 研究者需先確認研究問題是否需要單一方法或混合方法設計。
2. 了解混合方法研究設計的多樣性及其詳細資訊。
3. 根據研究需求選擇最適合的混合方法設計，並參考已發表的設計類型。
4. 使用特定標準區分不同設計類型，研究者需熟悉這些標準。
5. 將重要的設計標準列出，並篩選出適合特定研究需求的標準。
6. 將選定的標準應用於可能的設計方案中，最終確定最佳設計。

Creswell 和 Plano Clark（2010）提出的混合方法設計原則：

1. 了解設計類型：固定或浮動設計
   - 固定設計：研究開始前即預先計劃並明確定量與定性方法的使用，並按計畫執行。
   - 浮動設計：研究過程中因出現新問題而臨時加入混合方法。
2. 確定設計方法類型
   - 設計方法可分為基於類型學與動態學兩類，研究者可依需求選擇適合的方式。

3. 設計需匹配研究問題與目的
   - 研究問題與目的的重要性是混合方法研究設計的核心。採用混合方法時應選擇最能有效解決研究問題的設計方式。
4. 明確混合方法的原因
   - 混合方法的使用需有明確且特定的理由，因為方法組合相對複雜且具有挑戰性，僅在必要時採用。

優質的混合方法研究往往需要清晰的指導方針。Venkatesh 等人（2013）指出，混合方法的優勢在於其能夠達到單一質性或量化研究無法實現的效果，尤其是在深入理解各種複雜現象方面。以資訊管理領域為例，混合方法研究的發展相對不足，其中部分原因可能是缺乏完善的指導方針。作者強調了混合方法研究的三大特徵：（1）混合方法的適切性，（2）通過混合方法研究發展真實可靠的理論，（3）評估混合方法研究的品質。此外，他們還提供了一套有用的混合方法研究指導方針，供研究者參考與應用。延伸與深化的指導方針，Venkatesh 等人（2016）進一步拓展了其 2013 年的研究，提出了更全面的混合方法研究指導方針。他們考慮了混合方法研究的多種特性，包括研究目的、研究問題與知識論假設等共 14 個特性，並特別設計了決策樹圖示，幫助研究者更靈活且輕鬆地運用混合方法進行研究。實際應用的範例，優質的混合方法研究範例能幫助研究者快速學習前人的智慧。例如，Sarker 等人（2018）運用混合方法研究了全球化分散軟體開發背景下的個人工作與生活衝突問題。在人力資源管理領域，工作與生活的衝突一直是一個重要議題。然而，資訊科技專業人員在全球化軟體開發情境中的相關研究卻較為稀少。該研究採用邊界理論的視角，探討工作與生活衝突對工作產出的影響。研究方法與發現，Sarker 等人採用了以下混合方法步驟：1 質性階段：透過個案研究探索工作與生活衝突的現象，結合文獻進行深入分析，構建研究模型。2 量化階段：設計問卷，針對來自三個國家的 1000 名工作者進行調查。研究結果顯示以下因素對「工作與生活衝突」的顯著影響：

正向影響：

1. 分散的工作地點
2. 分散的工作時間
3. 彈性的工作安排
4. 作業的依賴性
5. 工作需求的不穩定性
6. 技術的多樣性

負向影響：

1. 敏捷方法論的使用
2. 上級的支援
3. 組織的友善家庭政策

　　研究還發現，雖然工作與生活的衝突對工作績效沒有顯著影響，但對員工的轉換工作意願具有顯著影響。因此，組織若能提供良好的工作與生活整合環境，幫助員工無縫銜接工作與生活，將有助於提升員工的整體滿意度與穩定性。

✪ 混合方法研究的未來展望

　　近年來，混合方法研究的發展不僅局限於案例研究結合量化研究，也逐漸融入了 QCA/fsQCA（質性比較分析/模糊集合質性比較分析）與量化研究的結合。以下為一些範例：

- 健康領域的研究：Hasan & Bao（2022）
- 決策研究：Sukhov et al.（2023）
- 旅遊公民行為的研究 Rather et al.（2023）

　　更多有關混合方法研究的未來，可參考 Aguinis et al. (2019) 文章。重要的期刊 Organization Research Methods (ORM)也刊登了多篇關於混合方法研究的文章，Aguinis et al. (2019)的文章指出，混合方法研究結合質性與量化兩種方法，能夠深入探討現象並為 ORM 帶來更多研究契機。該期刊也藉此契機尋求並發展最佳實務文章，供研究者參考與應用。此外，Prof.Tashakkori 和 Prof.Creswell 於 2007 年擔任主編，創辦了專屬於混合方法研究的學術期刊《Journal of Mixed Methods Research》（JMMR）https://journals.sagepub.com/home/mmr。JMMR 的創刊象徵著混合方法研究邁入新時代，為當代研究者提供了一個全面理解與應用混合方法的寶貴平台。研究者們可透過該期刊瞭解混合方法研究的過去、現在與未來，並藉由運用混合方法研究解決重要的研究議題，混合方法研究的學習可以參考 JMMR 創刊主編 Prof.Creswell 的相關書籍，網址是 https://www.johnwcreswell.com/books，目前混合方法研究的進一步發展，無疑將在多領域帶來嶄新的洞見與機會。

Reference

- Tashakkori, A., & Teddlie, C. (1998). Mixed methodology: Combining qualitative and quantitative approaches. Thousand Oaks, CA: Sage.
- Plano Clark, V.L. (2005) Cross-disciplinary Analysis of the Use of Mixed Methods in Physics Education Research, Counseling Psychology, and Primary Care. Doctoral dissertation, University of Nebraska-Lincoln.
- Greene, J., Caracelli, V. and Graham W. (1989) "Toward a Conceptual Framework for Mixed-Method Evaluation Designs", Educational Evaluation and Policy Analysis, Vol. 11, pp 255-274.
- Creswell, J. W., Plano Clark, V. L., Gutmann, M. L., & Hanson, W. E.(2003). Advanced mixed methods research designs. In A. Tashakkori & C. Teddlie (Eds.), Handbook of mixed methods in social and behavioral research
- Johnson, B. and Onwuegbuzie A. (2004) "Mixed Methods Research: A Research Paradigm Whose Time Has Come", Educational Researcher, Vol. 33, No. 7, pp 14-26.
- Morse, J. M. (1991). Approaches to qualitative-quantitative methodological triangulation.
- Nursing Research, 40, 120–123.
- Creswell, J. W., & Tashakkori, A. (2007b). Editorial: Differing Perspectives on Mixed Methods Research. Journal of Mixed Methods Research, 1(4), 303–308. https://doi.org/10.1177/1558689807306132
- Tashakkori, A., & Creswell, J. W. (2007b). Editorial: Exploring the Nature of Research Questions in Mixed Methods Research. Journal of Mixed Methods Research, 1(3), 207–211. https://doi.org/10.1177/1558689807302814
- Creswell, J. (1999) Mixed-Method Research: Introduction and Application. In Handbook of Educational Policy, Cizek, G. (ed.), Academic Press, San Diego, pp 455-472.
- Teddlie, C. and Tashakkori, A. (2006) "A General Typology of Research Designs Featuring Mixed Methods", Research in the Schools, Vol. 13, pp 12-28.
- Creswell, J. and Plano Clark, V. (2010) Designing and Conducting Mixed Methods Research, 2nd Edition, Sage, Thousand Oaks.
- Venkatesh, V., Brown, S. A., & Bala, H. (2013). Bridging the qualitative-quantitative divide: Guidelines for conducting mixed methods research in information systems. MIS Quarterly, 37(1), 21-54.

- Venkatesh, Viswanath; Brown, Sue A.; and Sullivan, Yulia W. (2016) "Guidelines for Conducting Mixed-methods Research: An Extension and Illustration," Journal of the Association for Information Systems: Vol. 17 : Iss. 7 , Article 2. DOI: 10.17705/1jais.00433
- Saonee Sarker, Manju Ahuja, Suprateek Sarker (2018) Work–Life Conflict of Globally Distributed Software Development Personnel: An Empirical Investigation Using Border Theory. Information Systems Research
- Hasan, N., & Bao, Y. (2022). A mixed-method approach to assess users' intention to use mobile health (mHealth) using PLS-SEM and fsQCA. Aslib Journal of Information Management, 74(4), 589-630. https://doi.org/10.1108/AJIM-07-2021-0211
- Sukhov, A., Friman, M., & Olsson, L. E. (2023). Unlocking potential: An integrated approach using PLS-SEM, NCA, and fsQCA for informed decision making. Journal of Retailing and Consumer Services, 74, 103424.
- Rather, R. A., Raisinghani, M., Gligor, D., Parrey, S. H., Russo, I., & Bozkurt, S. (2023). Examining tourist citizenship behaviors through affective, cognitive, behavioral engagement and reputation: Symmetrical and asymmetrical approaches. Journal of Retailing and Consumer Services, 75, 103451.
- Aguinis, H., Ramani, R. S., & Villamor, I. (2019). The First 20 Years of Organizational Research Methods: Trajectory, Impact, and Predictions for the Future. Organizational Research Methods, 22(2), 463-489. https://doi.org/10.1177/1094428118786564

23-2 研究流程

一般的研究流程：確立研究動機 → 擬定研究目的 → 相關文獻探討 → 建立研究架構 → 決定研究分法 → 資料蒐集與分析 → 研究結論與建議，我們整理一般的研究流程如右圖：

在產生研究動機後，進而擬定研究目的。接著根據研究動機與目的來進行文獻探討，從文獻探討中建立觀念性的研究架構，根據此架構決定所應使用的研究方法，包括問卷設計、資料分析工具的選擇及分析方法的使用。在問卷回收期滿結束後開始進行資料分析，最後作出研究結論及建議。

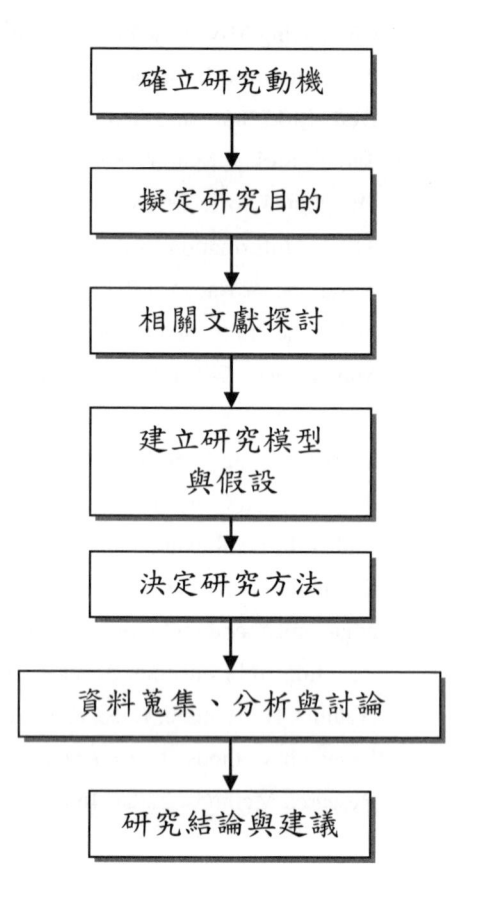

```
確立研究動機
     ↓
擬定研究目的
     ↓
相關文獻探討
     ↓
建立研究模型與假設
     ↓
決定研究方法
     ↓
資料蒐集、分析與討論
     ↓
研究結論與建議
```

23-3 論文結構

我們整理一般碩博士論文的結構如下：

封面

摘要

目錄	I
圖次	III
表次	IV
第一章 緒論	1
1.1 研究動機	1
1.2 研究目的	3

1.3 研究流程與論文結構 5
第二章 文獻探討 7
　2.1 高階主管支持 7
　2.2 團隊合作 13
　2.3 系統資訊品質 20
　2.4 服務品質 27
　2.5 使用者滿意度 35
第三章 研究模型與假說 40
　3.1 概念形成與模型建構 40
　3.2 研究假說 42
　　3.2.1 高階主管支持與團隊合作 44
　　3.2.2 團隊合作與系統、資訊和服務品質 46
　　3.2.3 系統、資訊和服務品質與使用者滿意度 48
　3.3 研究變數的定義 51
第四章 研究方法 53
　4.1 研究設計 53
　　4.1.1 抽樣方法 53
　　4.1.2 問卷設計 54
　　4.1.3 問卷結構與問項內容 55
　4.2 資料分析方法 88
　　4.2.1 敘述性統計分析 58
　　4.2.2 線性結構關係模式 60
第五章 研究結果與分析 65
　5.1 敘述統計分析 65
　　5.1.1 回收樣本基本資料描述 65
　　5.1.2 研究變項初步分析 71
　　5.1.3 樣本無回應偏差與皮爾森相關分析 72
　5.2 測量模式分析 75
　　5.2.1 模式基本適配度 75
　　5.2.2 信效度分析 77
　5.3 整體關係模式分析 82
　　5.3.1 結構關係模式建立 82
　　5.3.2 整體模式之結構關係 88
　　5.3.3 理論模型之解釋與因果關係之檢定 91
第六章 討論 96
第七章 建議 110
　　管理實務的建議 110
第八章 結論和研究限制 114
　8.1 結論 114
　8.2 研究限制 118
參考文獻 120
附錄：研究問卷 140

✪ 論文投稿結構

　　一般我們寫碩士論文前後或博士論文前，都會被要求寫成文章投稿至會議論文或期刊中，我們整理中英文論文投稿的結構如下：

■　英文論文投稿結構

　　英文論文投稿的結構可以依研究內容調整章節，我們整理常用英文論文投稿結構如下：

 Abstract
 Key words
 1. Introduction
 2. Literature Reivew
 3. The Research Model and Hypotheses
 4. Research Method
 5. Results
 6. Discussion
 7. Implications
 8. Conclusion and Limitation
 References

■　中文論文投稿結構

　　中文論文投稿結構和英文論文投稿結構相同，論文的結構可以依研究內容調整章節，我們整理常用中文論文投稿結構如下：

第一章	緒論
第二章	文獻探討
第三章	研究模型與假說
第四章	研究方法
第五章	研究結果與分析
第六章	討論
第七章	建議
第八章	結論和研究限制

參考文獻

我們整理各章的內容簡述如下：

第一章　緒論
　　　說明研究動機、研究目的與研究問題與文章架構等。
第二章　文獻探討
　　　說明與本研究相關的文獻，並進行文獻整理與探討。
第三章　研究模型與假說
　　　說明本研究的研究架構、研究命題、變數操作、研究假說。
第四章　研究方法
　　　說明問卷設計、取樣、資料蒐集及資料分析方法等。
第五章　研究結果
　　　說明本研究之研究結果。
第六章　討論
　　　說明本研究理論模型之解釋與因果關係的解釋。
第七章　建議
　　　說明本研究之管理實務的建議或意涵 (Implication)。
第八章　結論和研究限制
　　　說明本研究之結論和研究限制。

23-4 研究發表於期刊的建議

我們整理 A 級期刊 I&M (前 EIC) Patrick Y.K. Chau 和 E.H. Sibley 演講時，提出想要發表在高品質社會科學領域期刊的建議如下：

Title
□抬頭不要太絢麗或太慫動
□盡可能在 10 字內
□正確反映文章的內容

Abstract
□提供讓 ELS/SE/AE/reviewers 樂於閱讀的資訊
□確認字數限制
□建議參考想要投稿期刊的最新一期文章的摘要

Introduction (~ 3 to 4 pages)
- 研究的背景、研究問題的重要性、先前的一些研究、研究的利基
- 包含一些文獻，文獻回顧則是另闢章節
- 限制理論呈現的長度，較完整的呈現在理論章節
- 延後討論方法的議題，留到方法的章節
- 提供研究目的和可能的研究貢獻

Theory (~ 4 to 6 pages)
- 說明使用的理論、為什麼使用這些理論，而不是其它理論
- 本篇文章的理論貢獻
- 試著延伸或修整現有的理論
- 試著比較和對比不同的理論
- 試著整合不同理論觀點來探討一個特定的現象
- 試著在一個新架構中，探討已經文件化的現象
- Etc. 建議列表(整理文獻)

Method (~ 2 to 3 pages)
- 資料收集策略和目標對象
- 量測模式/使用的實驗
- 資料來源(問卷和樣本)
- 說明自變數、依變數、中介和調節變數、控制變數
- 詳細列在附錄

Data Analysis and Results (~ 3 to 5 pages)
- 資料分析的策略和工具
- 樣本的敘述性統計
- 量測模式的特性
- 每個假設的結果(例如：因果關係的結構模式)
- 適當的圖表來呈現結果
- 對於質化研究，特別需要交待是誰編碼(coding)和編碼(coding)是如何完成的

Discussion (~ 4 to 6 pages)
- 重點是呈現出那些結果是我們現在知道但是以前所不知道的
- 簡要的總結研究結果

☐ 討論每個發現
☐ 特別說明(解釋)未預期或非顯著的結果

Conclusions (~ 2 to 3 pages)
☐ 說明本篇的研究和主要的發現
☐ 討論研究的限制，特別是影響研究的信效度
☐ 建議未來研究的方向
☐ 理論學術上的意涵以及管理上的意涵

Miscellaneous
☐ 所有追蹤編修都得去除
☐ 參考文獻是完整的
☐ 參考文獻需足夠，但是不超過，確認最近期的文章
☐ 專業編修
☐ 小心可能發生(非意圖的)剽竊
☐ 不要一稿多投

建議延伸閱讀文獻如下：

- Feldman, D. C. 2004. "Being a Developmental Reviewer: Easier Said Than Done", *Journal of Management* (30: 2), pp. 161-164.
- Feldman, D. C. 2004. "The Devil is in the Details: Converting Good Research into Publishable Articles", *Journal of Management* (30:1), pp. 1-6.
- Lee, A.S. 1995. "Reviewing a Manuscript for Publication," *Journal of Operations Management* (13:1), pp. 87-92.
- Lee, A.S. 2000. "Submitting a Manuscript for Publication: Some Advice and an Insider's View," *MIS Q* (24:2), pp. iii-vii.
- Lee, A.S. 2007. "Crafting a Paper for Publication," *Communications of AIS* (20), pp. 33-40.
- Lee-Partridge, J.E. 2007. "Preparing Doctoral Students for Scholar Communities," *Communications of AIS* (20), pp. 41-45.

統計分配表

統計分配表是用來查表，常用的統計分配表有卡方分配表、Z 分配表、t 分配表和 F 分配表，我們整理在附錄如下。

A-1 Z 分配表

Z	0.0	0.01	0.02	0.03	0.04	0.05	0.06	0.07	0.08	0.09
0.0	0.5	0.504	0.508	0.512	0.516	0.5199	0.5239	0.5279	0.5319	0.5359
0.1	0.5398	0.5438	0.5478	0.5517	0.5557	0.5596	0.5636	0.5675	0.5714	0.5753
0.2	0.5793	0.5832	0.5871	0.591	0.5948	0.5987	0.6026	0.6064	0.6103	0.6141
0.3	0.6179	0.6217	0.6255	0.6293	0.6331	0.6368	0.6406	0.6443	0.648	0.6517
0.4	0.6554	0.6591	0.6628	0.6664	0.67	0.6736	0.6772	0.6808	0.6844	0.6879
0.5	0.6915	0.695	0.6985	0.7019	0.7054	0.7088	0.7123	0.7157	0.719	0.7224
0.6	0.7257	0.7291	0.7324	0.7357	0.7389	0.7422	0.7454	0.7486	0.7517	0.7549
0.7	0.758	0.7611	0.7642	0.7673	0.7704	0.7734	0.7764	0.7794	0.7823	0.7852
0.8	0.7881	0.791	0.7939	0.7967	0.7995	0.8023	0.8051	0.8078	0.8106	0.8133
0.9	0.8159	0.8186	0.8212	0.8238	0.8264	0.8289	0.8315	0.834	0.8365	0.8389
1.0	0.8413	0.8438	0.8461	0.8485	0.8508	0.8531	0.8554	0.8577	0.8599	0.8621
1.1	0.8643	0.8665	0.8686	0.8708	0.8729	0.8749	0.877	0.879	0.881	0.883
1.2	0.8849	0.8869	0.8888	0.8907	0.8925	0.8944	0.8962	0.898	0.8997	0.9015
1.3	0.9032	0.9049	0.9066	0.9082	0.9099	0.9115	0.9131	0.9147	0.9162	0.9177
1.4	0.9192	0.9207	0.9222	0.9236	0.9251	0.9265	0.9279	0.9292	0.9306	0.9319
1.5	0.9332	0.9345	0.9357	0.937	0.9382	0.9394	0.9406	0.9418	0.9429	0.9441
1.6	0.9452	0.9463	0.9474	0.9484	0.9495	0.9505	0.9515	0.9525	0.9535	0.9545
1.7	0.9554	0.9564	0.9573	0.9582	0.9591	0.9599	0.9608	0.9616	0.9625	0.9633
1.8	0.9641	0.9649	0.9656	0.9664	0.9671	0.9678	0.9686	0.9693	0.9699	0.9706
1.9	0.9713	0.9719	0.9726	0.9732	0.9738	0.9744	0.975	0.9756	0.9761	0.9767
2.0	0.9772	0.9778	0.9783	0.9788	0.9793	0.9798	0.9803	0.9808	0.9812	0.9817
2.1	0.9821	0.9826	0.983	0.9834	0.9838	0.9842	0.9846	0.985	0.9854	0.9857
2.2	0.9861	0.9864	0.9868	0.9871	0.9875	0.9878	0.9881	0.9884	0.9887	0.989
2.3	0.9893	0.9896	0.9898	0.9901	0.9904	0.9906	0.9909	0.9911	0.9913	0.9916
2.4	0.9918	0.992	0.9922	0.9925	0.9927	0.9929	0.9931	0.9932	0.9934	0.9936
2.5	0.9938	0.994	0.9941	0.9943	0.9945	0.9946	0.9948	0.9949	0.9951	0.9952
2.6	0.9953	0.9955	0.9956	0.9957	0.9959	0.996	0.9961	0.9962	0.9963	0.9964
2.7	0.9965	0.9966	0.9967	0.9968	0.9969	0.997	0.9971	0.9972	0.9973	0.9974
2.8	0.9974	0.9975	0.9976	0.9977	0.9977	0.9978	0.9979	0.9979	0.998	0.9981
2.9	0.9981	0.9982	0.9982	0.9983	0.9984	0.9984	0.9985	0.9985	0.9986	0.9986
3.0	0.9987	0.9987	0.9987	0.9988	0.9988	0.9989	0.9989	0.9989	0.999	0.999

A-2 卡方分配表

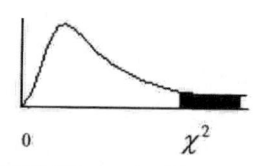

自由度	.995	.990	.975	.950	.900	.100	.050	.025	.010	.005
1	0.000	0.000	0.001	0.004	0.016	2.706	3.841	5.024	6.635	7.878
2	0.010	0.020	0.051	0.103	0.211	4.605	5.991	7.378	9.210	10.597
3	0.072	0.115	0.216	0.352	0.584	6.251	7.815	9.348	11.345	12.838
4	0.207	0.297	0.484	0.711	1.064	7.779	9.488	11.143	13.277	14.860
5	0.412	0.554	0.831	1.145	1.610	9.236	11.070	12.833	15.086	16.750
6	0.676	0.872	1.237	1.635	2.204	10.645	12.592	14.449	16.812	18.548
7	0.989	1.239	1.690	2.167	2.833	12.017	14.067	16.013	18.475	20.278
8	1.344	1.646	2.180	2.733	3.490	13.362	15.507	17.535	20.090	21.955
9	1.735	2.088	2.700	3.325	4.168	14.684	16.919	19.023	21.666	23.589
10	2.156	2.558	3.247	3.940	4.865	15.987	18.307	20.483	23.209	25.188
11	2.603	3.053	3.816	4.575	5.578	17.275	19.675	21.920	24.725	26.757
12	3.074	3.571	4.404	5.226	6.304	18.549	21.026	23.337	26.217	28.300
13	3.565	4.107	5.009	5.892	7.042	19.812	22.362	24.736	27.688	29.819
14	4.075	4.660	5.629	6.571	7.790	21.064	23.685	26.119	29.141	31.319
15	4.601	5.229	6.262	7.261	8.547	22.307	24.996	27.488	30.578	32.801
16	5.142	5.812	6.908	7.962	9.312	23.542	26.296	28.845	32.000	34.267
17	5.697	6.408	7.564	8.672	10.088	24.769	27.587	30.191	33.409	35.718
18	6.265	7.018	8.231	9.390	10.865	25.989	28.869	31.526	34.805	37.156
19	6.844	7.633	8.907	10.117	11.651	27.204	30.144	32.852	36.191	38.587
20	7.434	8.260	9.591	10.851	12.443	28.412	31.410	34.170	37.566	39.997
21	8.034	8.897	10.283	11.591	13.240	29.615	32.671	35.479	38.932	41.401
22	8.643	9.542	10.982	12.338	14.041	30.813	33.924	36.781	40.289	42.796
23	9.260	10.196	11.689	13.091	14.848	32.007	35.172	38.076	41.638	44.181
24	9.886	10.856	12.401	13.848	15.659	33.196	36.415	39.364	42.980	45.559
25	10.520	11.524	13.120	14.611	16.473	34.382	37.652	40.646	44.314	46.928
26	11.160	12.198	13.844	15.379	17.292	35.563	38.885	41.923	45.642	48.290
27	11.808	12.879	14.573	16.151	18.114	36.741	40.113	43.195	46.963	49.645
28	12.461	13.565	15.308	16.928	18.939	37.916	41.337	44.461	48.278	50.993
29	13.121	14.256	16.047	17.708	19.768	39.087	42.557	45.722	49.588	52.330
30	13.787	14.953	16.791	18.493	20.599	40.256	43.773	46.979	50.892	53.672
40	20.707	22.164	24.433	26.509	29.051	51.805	55.58	59.342	63.691	66.766
50	27.991	29.707	32.357	34.764	37.689	63.167	67.505	71.420	76.154	79.490
60	35.534	37.485	40.482	43.188	46.459	74.397	79.082	83.298	88.379	91.952
70	43.275	45.442	48.758	51.739	55.329	85.527	90.531	95.023	100.425	104.215
80	51.172	53.540	57.153	60.391	64.278	96.578	101.879	106.629	112.329	116.321
90	59.196	61.754	65.647	69.126	73.291	107.565	113.145	118.136	124.116	128.299
100	67.328	70.065	74.222	77.929	82.358	118.498	124.342	129.561	135.807	140.169

A-3 t 分配表

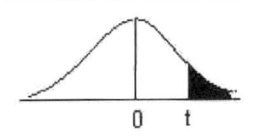

自由度	\multicolumn{6}{c}{t 分配下之右尾面積}
	.10	.05	.025	.01	.005	.001
1	3.078	6.314	12.706	31.821	63.657	318.309
2	1.886	2.920	4.303	6.965	9.925	22.327
3	1.638	2.353	3.182	4.541	5.841	10.215
4	1.533	2.132	2.776	3.747	4.604	7.173
5	1.476	2.015	2.571	3.365	4.032	5.893
6	1.440	1.943	2.447	3.143	3.707	5.208
7	1.415	1.895	2.365	2.998	3.499	4.785
8	1.397	1.860	2.306	2.896	3.355	4.501
9	1.383	1.833	2.262	2.821	3.250	4.297
10	1.372	1.812	2.228	2.764	3.169	4.144
11	1.363	1.796	2.201	2.718	3.106	4.025
12	1.356	1.782	2.179	2.681	3.055	3.930
13	1.350	1.771	2.160	2.650	3.012	3.852
14	1.345	1.761	2.145	2.624	2.977	3.787
15	1.341	1.753	2.131	2.602	2.947	3.733
16	1.337	1.746	2.120	2.583	2.921	3.686
17	1.333	1.740	2.110	2.567	2.898	3.646
18	1.330	1.734	2.101	2.552	2.878	3.610
19	1.328	1.729	2.093	2.539	2.861	3.579
20	1.325	1.725	2.086	2.528	2.845	3.552
21	1.323	1.721	2.080	2.518	2.831	3.527
22	1.321	1.717	2.074	2.508	2.819	3.505
23	1.319	1.714	2.069	2.500	2.807	3.485
24	1.318	1.711	2.064	2.492	2.797	3.467
25	1.316	1.708	2.060	2.485	2.787	3.450
26	1.315	1.706	2.056	2.479	2.779	3.135
27	1.314	1.703	2.052	2.473	2.771	3.421
28	1.313	1.701	2.048	2.467	2.763	3.408
29	1.311	1.699	2.045	2.462	2.756	3.396
30	1.310	1.697	2.042	2.457	2.750	3.385
31	1.309	1.696	2.040	2.453	2.744	3.375
32	1.309	1.694	2.037	2.449	2.738	3.365
33	1.308	1.692	2.035	2.445	2.733	3.356
34	1.307	1.691	2.032	2.441	2.728	3.348
35	1.306	1.690	2.030	2.438	2.724	3.340

A-4 F 分配表

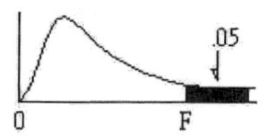

α =0.05	分子自由度

分母自由度	1	2	3	4	5	6	7	8	9	10
1	161.5	199.5	215.7	224.6	230.2	234.0	236.8	238.9	240.5	241.9
2	18.51	19.00	19.16	19.25	19.30	19.33	19.35	19.37	19.38	19.40
3	10.13	9.55	9.28	9.12	9.01	8.94	8.89	8.85	8.81	8.79
4	7.71	6.94	6.59	6.39	6.26	6.16	6.09	6.04	6.00	5.96
5	6.61	5.79	5.41	5.19	5.05	4.95	4.88	4.82	4.77	4.74
6	5.99	5.14	4.76	4.53	4.39	4.28	4.21	4.15	4.10	4.06
7	5.59	4.74	4.35	4.12	3.97	3.87	3.79	3.73	3.68	3.64
8	5.32	4.46	4.07	3.84	3.69	3.58	3.50	3.44	3.69	3.35
9	5.12	4.26	3.86	3.63	3.48	3.37	3.29	3.23	3.18	3.14
10	4.96	4.10	3.71	3.48	3.33	3.22	3.14	3.07	3.02	2.98
11	4.84	3.98	3.59	3.36	3.20	3.09	3.01	2.95	2.90	2.85
12	4.75	3.89	3.49	3.26	3.11	3.00	2.91	2.85	2.80	2.75
13	4.67	3.81	3.41	3.18	3.03	2.92	2.83	2.77	2.71	2.67
14	4.60	3.74	3.34	3.11	2.96	2.85	2.76	2.70	2.65	2.60
15	4.54	3.68	3.29	3.06	2.90	2.79	2.71	2.61	2.59	2.54
16	4.49	3.63	3.24	3.01	2.85	2.74	2.66	2.59	2.54	2.49
17	4.45	3.59	3.20	2.96	2.81	2.70	2.61	2.55	2.49	2.45
18	4.41	3.55	3.16	2.93	2.77	2.66	2.58	2.51	2.46	2.41
19	4.38	3.52	3.13	2.90	2.74	2.63	2.54	2.48	2.42	2.38
20	4.35	3.49	3.10	2.87	2.71	2.60	2.51	2.45	2.39	2.35
21	4.32	3.47	3.07	2.84	2.68	2.57	2.49	2.42	2.37	2.32
22	4.30	3.44	3.05	2.82	2.66	2.55	2.46	2.40	2.34	2.30
23	4.28	3.42	3.03	2.80	2.64	2.53	2.44	2.37	2.32	2.27
24	4.26	3.40	3.01	2.78	2.62	2.51	2.42	2.36	2.30	2.25
25	4.24	3.39	2.99	2.76	2.60	2.49	2.40	2.34	2.28	2.24
30	4.17	3.32	2.92	2.69	2.53	2.42	2.33	2.27	2.21	2.16
40	4.08	3.23	2.84	2.61	2.45	2.34	2.25	2.18	2.12	2.08
50	4.03	3.18	2.79	2.56	2.40	2.29	2.20	2.13	2.07	2.03
100	3.94	3.07	2.70	2.46	2.31	2.19	2.10	2.03	1.97	1.93

統計分析入門與應用(第五版)｜
SPSS 中文版+SmartPLS 4(CB-
SEM+PLS-SEM)

作　　者：蕭文龍
企劃編輯：江佳慧
文字編輯：王雅雯
設計裝幀：張寶莉
發 行 人：廖文良

發 行 所：碁峰資訊股份有限公司
地　　址：台北市南港區三重路 66 號 7 樓之 6
電　　話：(02)2788-2408
傳　　真：(02)8192-4433
網　　站：www.gotop.com.tw
書　　號：AEM002900
版　　次：2025 年 06 月五版
建議售價：NT$920

國家圖書館出版品預行編目資料

統計分析入門與應用：SPSS 中文版+SmartPLS 4(CB-SEM+PLS-
SEM) / 蕭文龍著. -- 五版. -- 臺北市：碁峰資訊, 2025.06
　　面； 　公分
　ISBN 978-626-425-086-3(平裝)

　　1.CST：統計套裝軟體 　2.CST：統計分析 　3.CST：量性研究

512.4　　　　　　　　　　　　　　　　　　　114006024

商標聲明：本書所引用之國內外公司各商標、商品名稱、網站畫面，其權利分屬合法註冊公司所有，絕無侵權之意，特此聲明。

版權聲明：本著作物內容僅授權合法持有本書之讀者學習所用，非經本書作者或碁峰資訊股份有限公司正式授權，不得以任何形式複製、抄襲、轉載或透過網路散佈其內容。
版權所有．翻印必究

本書是根據寫作當時的資料撰寫而成，日後若因資料更新導致與書籍內容有所差異，敬請見諒。若是軟、硬體問題，請您直接與軟、硬體廠商聯絡。